자연사 2판

자연사

2판

THE NATURAL HISTORY BOOK

지구 생명의 모든 것을 담은 자연사 대백과사전

DK『자연사』제작 위원회

김동희, 이상준, 장현주, 황연아 옮김

사이언스 북스
SCIENCE BOOKS

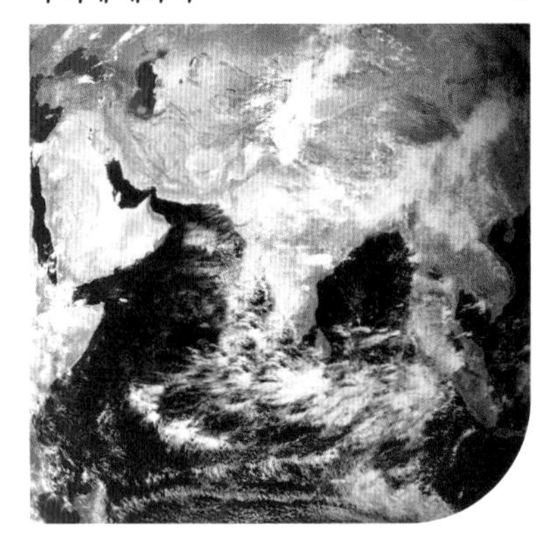

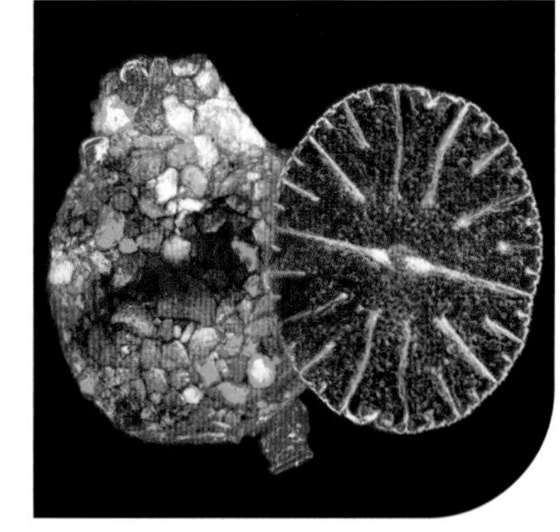

살아 있는 지구

광물, 암석, 화석

미생물

식물

차례

자연사 2판

1판 1쇄 펴냄 2012년 9월 30일
1판 4쇄 펴냄 2018년 10월 5일
2판 1쇄 찍음 2024년 4월 1일
2판 1쇄 펴냄 2024년 5월 1일

지은이 DK『자연사』 제작 위원회
옮긴이 김동희, 이상준, 장현주, 황연아
펴낸이 박상준
펴낸곳 (주)사이언스북스

출판등록 1997. 3. 24.(제16-1444호)
(우)06027 서울시 강남구 도산대로1길 62
대표전화 515-2000 팩시밀리 515-2007
편집부 517-4263 팩시밀리 514-2329
www.sciencebooks.co.kr

ISBN 979-11-92908-37-3 04400
ISBN 978-89-8371-410-7 (세트)

옮긴이

김동희
충북 대학교 과학 교육학과를 졸업하고 서울 대학교 지질 과학과에서 화석 연구로 이학 박사 학위를 받았다. 미국 오클라호마 대학교 자연사 박물관과 서울 대학교 지구 환경 과학부에서 박사 후 과정을 마쳤으며, 현재 국립 중앙 과학관 산업기술팀장으로 있다.『지구』를 번역하고『화석이 말을 한다면』을 썼다.

이상준
서울 대학교 생명 과학부를 졸업하고 서울 대학교 생명 과학부에서 양치식물 연구로 이학 석사 및 이학 박사 학위를 받았다. 현재 국립 생물 자원관에서 환경 연구관으로 근무하고 있다.

장현주
한국 외국어 대학교 생명 공학과를 졸업하고 서울 대학교 생명 과학부에서 까치 연구로 이학 석사 학위를 받았다. 환경 컨설팅 회사에 근무했으며 UNDP 습지 프로젝트에 참여했다. 현재 서울동물원에서 동물행동풍부화 담당 큐레이터로 근무하고 있다.

황연아
서울 대학교 생명과학부를 졸업하고 동 대학원에서 동물 행동 생태학으로 석사 학위를 받았다. 미국 하버드 대학교에서 까치의 분자계통분류연구에 참여했다. 지은 책으로는『까치』, 옮긴 책으로는『동물 대백과사전』등이 있다.

균류

동물

Penguin Random House

THE NATURAL HISTORY BOOK

www.dk.com

이 책은 지속 가능한 미래를 위한 DK의 작은 발걸음의 일환으로 Forest Stewardship Council® 인증을 받은 종이로 제작했습니다.
자세한 내용은 다음을 참조하십시오.
www.dk.com/our-green-pledge

스미스소니언 협회

1846년에 설립되었으며 19개의 박물관과 갤러리, 국립 동물원을 소유하고 있는 전 세계 최대 규모의 박물관과 연구소 복합체이다. 스미스소니언에서 소장하고 있는 유물과 예술 작품, 종 표본을 합한 수는 대략 1억 5550만 개에 달하며 그중 대다수인 1억 2600만 개의 표본이 미국 워싱턴에 위치한 국립 자연사 박물관에 소장, 전시되고 있다. 설립 이후 지금까지 전시 및 출판을 통한 대중 교육과 과학, 역사, 예술 등 학계 장학금 지원 등을 통해 최고 연구 기관으로서의 명성을 충실히 이어 오고 있다.

감수

데이비드 버니
영국 왕립 학회 아벤티스 과학 도서상(Royal Society Prizes for Science Books) 수상자. DK 대백과사전『동물』을 책임 편집하고 100여 권의 책을 저술, 편집했다. 런던 동물 학회 회원으로 있다.

참여 필자

리처드 비티, 에이미제인 비어, 찰스 디밍, 킴 데니스브라이언, 프랜시스 디퍼, 크리스 깁슨, 데릭 하비, 팀 헬리데이, 롭 흄, 제프리 키비, 리처드 커비, 조엘 레비, 크리스 매티슨, 펠리시티 맥스웰, 조지 맥개빈, 팻 모리스, 더글러스 파머, 케이티 파슨스, 크리스 펠런트, 헬렌 펠런트, 마이클 스코트, 캐럴 어셔, 마크 바이니, 데이비드 워드, 엘리자베스 우드

서문

어렸을 때, 나는 지역 공공 도서관을 방문해서 과학책과 참고 도서를 읽으며 가능한 한 오랜 시간을 보내곤 했다. 특히 나를 사로잡았던 책들은 지금 출간하는 이 책의 선구자였다. 컬러 도표, 이국적인 생물 사진, 유익한 정보가 어우러진 머나먼 장소들로 가득한 선구적인 그 책들은 내가 평생 연구하고 가르치는 일을 수행할 수 있었던 원동력이었다. 그 당시에 나를 둘러싼 자연 세계는 미지의 세계였고, 나는 미지의 세계에 대한 모든 것을 알기를 원했다. 배움은 인간의 원초적 욕망이지만 생물학의 어느 분야가 가장 매력적인지 그 누구도 알지 못했고, 나는 생물 군집 중 가장 광범위하고 가장 다양한 생물군을 골랐다. 만약 내가 삶을 여러 번 살아도, 곤충에 대한 모든 것을 알지는 못할 것이다.

『자연사』는 지구에 살았던 생물 중 단지 1퍼센트를 다루지만 그 어떤 책보다도 현존하는 생물들을 더 포괄적으로 다루었다. 그래서 여러분은 두꺼운 책이 가득한 도서관이 필요할 것이다. 여러분의 손에 들린 책들을 더 활용해야 한다. 이 책은 뜨거운 열대 우림부터 극지의 추운 지역까지, 산 정상에서부터 깊은 바닷속까지의 여행에서 여러분을 안내하는 확실한 로드맵이다. 이 책은 수십억 년 진화를 탐구한 결과를 요약해 지구상 생물들의 진화 방식 수백만 가지 중 일부를 보여 준다.

여러분이 떠올릴 법한 주제에 대해 자세하고 길게 쓰는 것은 상대적으로 쉽겠지만 전문가가 아닌, 살아 있는 세계를 알고 싶은 사람들에게는 별로 도움이 안 될 것 같다. 이 책의 진짜 목적과 능력은 무수한 연구자들이 쌓아 온, 권위 있으면서도 접근 가능한 정보를 제공하기 위해 방대한 자연사 지식에서 정수를 뽑았다는 데 있다.

먼 미래에 우리가 우리 은하계와 그 너머 어딘가를 여행할 수 있는 시기가 올 것이다. 아주 먼 암석 행성에서 외계 생명체를 찾을 수 있을까? 그렇다면 그 생명체는 인간이나 혹등고래의 경쟁자인 단순한 단세포 생물이거나 복잡한 생물일까? 광대한 우주에서 우리의 자그마한 행성 지구가 생명이 진화한 유일한 장소라고 상상해 보자. 믿을 수 없을 정도의 우연이지만 거의 불가능하게 보일 정도다. 확실한 것은 엄청나게 복잡하고 숨 막히도록 아름다우며 끊임없이 변화하는 행성에서 우리가 거주한다는 것이다. 우리는 단지 거대한 상호 의존적 종 공동체의 일부이지 지배자가 아님을 시급히 깨달아야 한다.

자연사를 처음 접하는 독자라도 『자연사』에 어느새 몰두할 수밖에 없을 것이다. 심지어 생명의 나무의 작은 부분의 상세한 내용에 흠뻑 빠져 있는 전문가들도 꼼꼼한 연구 결과를 장대하고 넓게 훑은 것에 가치를 매길 것이다. 만일 내가 삶을 다시 산다면, 나는 가장 먼저 이 책을 읽을 것이다.

조지 맥개빈

(옥스퍼드 대학교 자연사 박물관 명예 연구원,
임페리얼 칼리지 런던 선임 수석 연구원)

이 책에 대하여

이 책은 지구상의 생물들에 대한 일반적인 소개, 즉 생물의 지질학적 기원과 생물의 진화 그리고 생물은 어떻게 분류되는지로 시작한다. 그 다음 5개의 장은 광물에서 포유류에 이르기까지 광범위하고 접근 가능한 종 목록으로, 각각의 생물군에 대해 사실 가득한 개관 및 깊이 있는 특징 소개로 이루어져 있다.

쉽게 참조할 수 있도록 해당 집단 내에 속하는 하위 집단과 해당 쪽수를 시각 자료와 함께 표기해 두었다.

장 도입부 >

각각의 장은 주요 분류 집단들을 나타내는 부분들로 나누어진다. 도입부에서는 해당 집단을 정의하는 특징들과 행동들을 강조하며, 시간에 따른 이들의 진화를 논의한다.

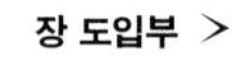

각각의 도입부에서 분류 상자는 현재의 분류 체계를 보여 준다. 이 책에서 다루는 집단의 수준은 강조되어 있다.

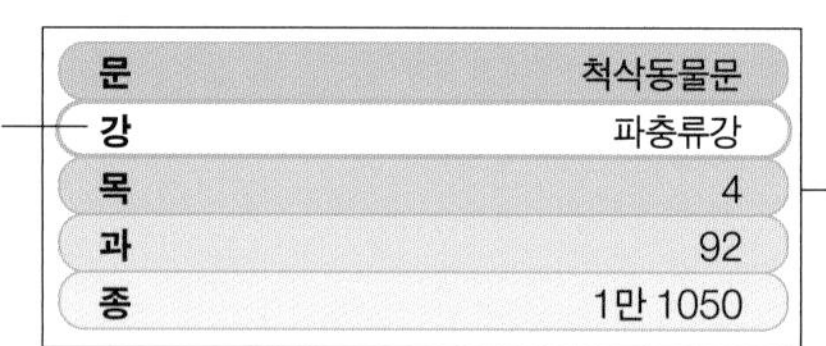

문	척삭동물문
강	파충류강
목	4
과	92
종	1만 1050

새로운 발견에 따른 과학적인 논란과 분류학적 논의들은 따로 상자를 마련해 정리해 주었다.

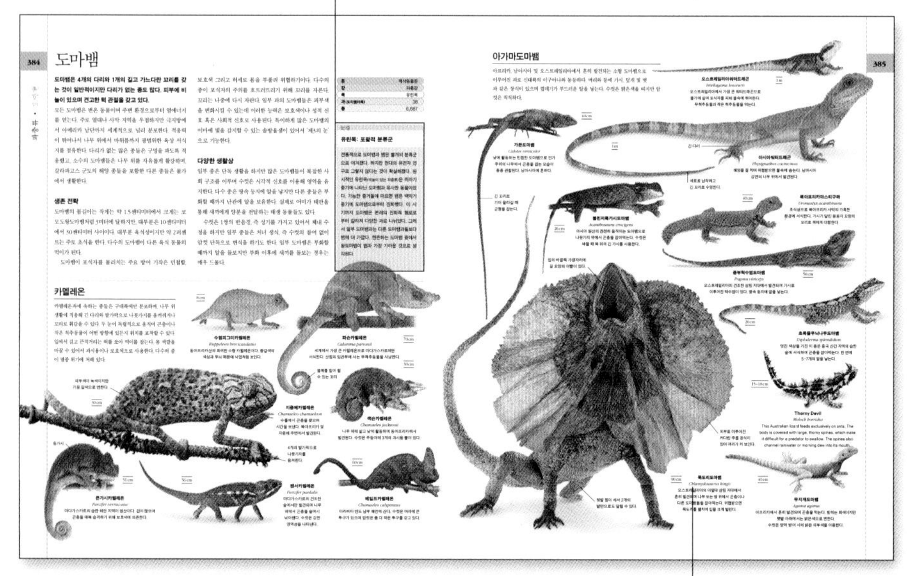

^ 집단 소개

예를 들어 파충류와 같은 각 분류군 내에서 하위 분류 집단(이 경우 도마뱀)을 탐구했다. 분포, 서식지, 물리적 특성, 생활사, 행동, 번식 습관 등 주요 특징을 기재했다.

각각의 이미지에 종 단위의 구체적 정보를 기술했다.

수컷 ♂

♀ 암컷

종 목록 >

약 5,000종에 이르는 사진들은 각각의 종에 대한 독특한 시각적 특징들을 보여 준다. 밀접히 연관된 종들은 유용한 비교를 위해 함께 배치하였으며, 요점 자료로 각 생물의 독특하고 흥미로운 측면을 강조하고 있다.

크기, 서식지, 분포, 먹이 같은 세부 사항을 한눈에 볼 수 있도록 정리했다.

몸길이 1.4~2.9미터
서식지 숲, 습지, 덤불숲, 사바나, 바위가 많은 지역
분포 인도에서 중국, 시베리아, 말레이 반도, 수마트라
먹이 주로 사슴과 멧돼지 같은 유제류. 좀 더 작은 포유류와 새도 사냥함

∨ 특별한 소개

한 종의 표본에 집중하면서 다각도로 촬영한 근접 사진을 이용해 전 세계에서 가장 극적인 몇몇 종에 대해 상세히 소개한다.

각각의 특징에는 동물이나 식물의 옆모습이 포함되어 있다.

세인트빈센트아마존앵무
Amazona guildingii
앵무과

종의 일반 이름은 굵게, 학명은 이탤릭체로 강조되어 있다. 경우에 따라 종이 속한 과의 이름을 아래에 기재했다.

30cm

생물의 평균적인 치수를 사진 옆에 함께 표기해 두었다. (오른쪽 참고)

정보

치수

생물의 정확한 크기는 사진과 함께 따로 상자 안에 표기했다. 사용된 치수 목록은 다음과 같다.

미생물
길이

식물
지면에서 최대 높이 다음 생물은 예외
수면 위 높이 등심초
펼친 넓이 수초

균류
너비(가장 넓은 부분) 다음 생물은 예외
높이 말뚝버섯, 뱀버섯

무척추동물
성체의 몸길이 다음 생물은 예외
높이 해면, 바다나리, 히드라, 깃털히드로이드, 핑크하트히드로이드, 불히드라산호, 말미잘, 산호
지름 소라털, 푸른단추, 여덟줄히드로메두사, 컵히드로메두사, 민물해파리
가시 제외 지름 극피동물
해파리 지름 해파리
날개 길이 나비와 나방
군집 길이 태형동물
껍데기 길이 연체동물, 껍데기 있는 복족류
촉수의 펼친 넓이 문어류

어류, 양서류, 파충류
성체의 몸길이(머리에서 꼬리까지)

조류
성체의 몸길이(부리에서 꼬리까지)

포유류
성체의 몸길이(꼬리 제외) 다음 생물은 예외
어깨까지 높이 코끼리, 유인원, 우제류, 기제류

식물 표시

모든 나무, 관목, 목본성 식물의 기본적인 모양은 다음 형상 중 하나로 묘사했다. 매 겨울에 잎이 지는 여러해살이 초본은 형상을 따로 표기하지 않았다.

교목
- 넓은 기둥형
- 넓은 원뿔형
- 가지가 크게 늘어짐
- 가지가 작게 늘어짐
- 줄기가 많은 나무
- 좁은 기둥형, 불꽃 모양
- 좁은 기둥형
- 좁은 원뿔형
- 둥글고 넓은 기둥형
- 둥글고 넓게 퍼지는 모양
- 단일 줄기 야자나무
- 줄기가 많은 야자나무, 소철 또는 유사 종류

관목
- 언덕처럼 우거져 자람
- 가지치기를 한 듯 우거져 자람
- 조밀하게 우거져 자람
- 똑바로 서서 교목처럼 자람
- 느슨하게 열려 자람
- 가지를 뻗으며 열려 자람
- 둥글고 우거져 자람
- 가지를 뻗으며 엎어져 자람
- 곧게 서서 자람
- 곧게 자라며 활처럼 굽음
- 곧게 자라며 매우 우거짐
- 기어올라 제멋대로 뻗어 나감

약어

SP: 종(species, 종명이 알려지지 않았을 때 사용)
MYA: 100만 년 전(million years ago)
H: 모스 경도계로 측정한 광물의 경도(hardness)
SG: 비중(specific gravity, 광물의 무게와 동일한 용량의 물의 무게를 비교해 광물의 밀도를 측정할 수 있음)

살아 있는 지구

광대한 우주 공간에서 회전하고 있는 우리의 푸른 행성 지구는 유일하게 입증된 생물의 고향이다. 거의 40억 년에 걸쳐, 생물은 최초의 가장 단순한 것에서부터 진화해 왔다. 대부분의 종이 멸종했지만 생물 그 자체는 번성했고 끝없이 다양해졌으며 반복되는 멸종에서 회복했다. 그 결과 각양각색의 생물이 존재하게 되었으며, 지구에 사는 생물들의 이야기를 서로 연결하기 위해 과학자들은 계속해서 연구하고 있다.

살아 숨 쉬는 행성

지구는 육지와 바다 양쪽에서 생물의 폭넓은 다양성을 지탱해 주는 유일한 행성이다. 태양으로부터 오는 열과 빛, 풍부한 물의 공급, 대기에 의한 보호 그리고 지구 생태계의 기초를 이루는 암석에서 나온 화학 물질이 없다면, 생물은 살아갈 수 없을 것이다.

역동적인 지구

태양계에서 지구는 생물이 풍부히 살 수 있는 유일한 행성처럼 보인다. 태양계의 세 번째 행성인 지구는 태양열로부터 너무 가깝거나 너무 멀지 않은 거리에 위치하고 있다. 그 결과 지구는 산소 및 그 밖의 다른 기체들로 구성된 기권과 풍부한 지표수로 구성된 수권을 갖는다. 수권과 기권은 함께 보호층을 형성해 생물이 번성할 수 있도록 한다. 반면, 태양계의 다른 행성들은 너무 덥거나 너무 추우며, 생물이 살 수 있을 정도의 물과 산소가 없다.

지구는 층상 구조를 갖는데, 중심에 있는 고온의 금속성 고체 내핵을 액체 외핵이 둘러싸고 있다. 차례로, 외핵은 두꺼운 고온의 규산염 맨틀로, 맨틀은 얇고 저온이며 잘 깨지는 지각으로 둘러싸인다. 맨틀은 핵으로부터 상승하는 열에 의해 끊임없이 휘도는데, 이로 인해 새로운 해양 지각이 생성되고, 지각이 커다란 '판'으로 나누어진다. 지질 시대 동안, 어떤 해양은 그 위에 놓인 대륙을 이동시키면서 확장했다. 다른 해양은 오래된 차가운 지각이 맨틀로 하강하면서 축소됐다. 대륙들은 충돌해 산맥을 형성했다. 생명은 끊임없이 변화하는 지구의 환경에 적응해야만 했다.

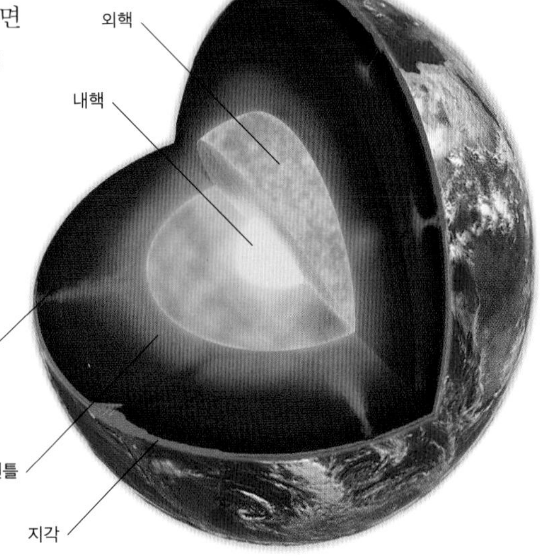

지구의 구조 >
맨틀은 핵으로부터 상승하는 열에 의해 지속적으로 휘돌며 휘저어진다. 이로 인해 지각의 판들이 이동해, 지표면에서 지진과 화산 분출이 일어난다.

태양과 달

태양과 달은 지구에 살고 있는 생물들에게 직접적인 영향을 끼친다. 태양 에너지의 열과 빛이 없다면 생물은 살아갈 수 없다. 태양 에너지에 의해 지구의 대기, 해양 그리고 육지가 데워져 다양한 지구 기후가 만들어진다. 지구는 비스듬히 기울어져 자전하고 태양 주위를 공전하기 때문에, 태양 복사 에너지는 지표면에 불균등하게 분배된다. 그 결과 식물과 동물이 매일, 매 계절, 매해 받는 빛과 열 그리고 생활 조건이 변한다. 심지어 적도에서도 낮과 밤 사이에 뚜렷한 일교차가 있다. 지구의 위성인 달의 궤도 및 달의 중력에 의해 지구의 해양에서는 밀물과 썰물이 발생한다. 조석 주기는 특히 해안 생물에게 큰 영향을 미치는데, 해안 생물들은 변화하는 환경에 적응해야만 한다.

∧ 태양의 플레어
태양 에너지는 주기적인 폭발에 의해 태양 표면에서 극적으로 방출되며, 태양의 대기를 달구어 고온의 이온화 기체인 플레어를 만든다.

물과 생물
모든 생물 조직은 50퍼센트 이상이 물로 채워져 있다. 지구 지표수의 97퍼센트를 차지하는 해양의 증발로 비가 만들어지며, 세계에서 가장 무덥거나 가장 춥거나 가장 건조한 지역을 제외한 모든 장소에서 하천이 흘러 생명의 기반을 이룬다.

부서지기 쉬운 기권

지구의 기권은 120킬로미터 두께이다. 기권은 여러 개의 층으로 구성되는데, 각각의 층은 고유한 온도와 기체 조성을 갖는다. 전리층이라 불리는 가장 바깥층에 이르기까지 고도가 상승하면서 밀도는 감소한다. 지구의 하부 기권에 있는 오존층은 살아 있는 생물의 세포를 파괴하는 자외선같이 유해한 방사선을 흡수하기 때문에 생물을 보호하는 중요한 역할을 한다. 오존층이 생성되기 전에는 생물은 자외선을 일부 차단해 주는 해양에서만 살 수 있었다.

대부분의 수증기와 기상 활동은 대류권이라 불리는, 대기권 하부 16킬로미터 이하에 국한된다. 지구의 지표수와 기권의 기체는 상호 작용해 지표에서 대기에 이르기까지 물을 재활용하며 구름, 비 그리고 눈의 형태로 육지와 바다에 재분배한다. 육지의 물은 바다로 흘러 들어간다. 따라서 대부분의 담수는 호수, 빙하 그리고 지하수로 보존된다.

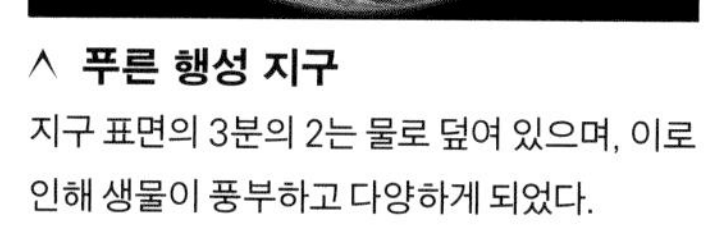

∧ **푸른 행성 지구**
지구 표면의 3분의 2는 물로 덮여 있으며, 이로 인해 생물이 풍부하고 다양하게 되었다.

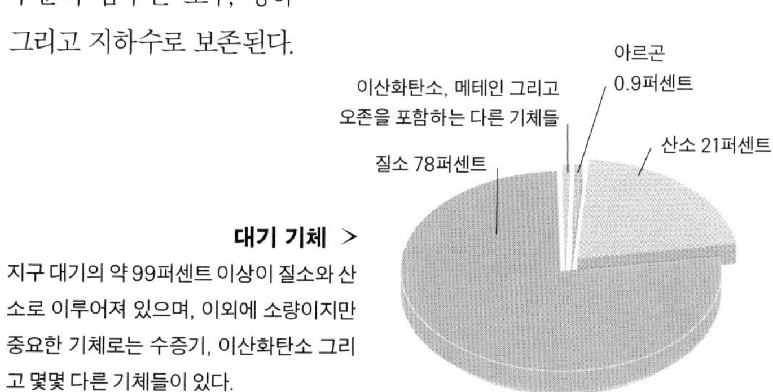

대기 기체 >
지구 대기의 약 99퍼센트 이상이 질소와 산소로 이루어져 있으며, 이외에 소량이지만 중요한 기체로는 수증기, 이산화탄소 그리고 몇몇 다른 기체들이 있다.

∧ **대기층**
지구는 얇고 층을 이룬 기권에 의해 둘러싸여 있는데, 기권은 수증기와 다양한 기체들로 구성되어 태양 에너지를 포획하고 지면을 데운다.

다양한 암석

지구에는 자연적으로 산출된 수천 종의 광물이 다양하게 결합해 만들어진 약 500종류의 암석이 존재한다. 모든 암석은 특정한 조성과 성질을 가지며 3종류로 구분된다. 화성암은 본래 녹은 암석을 말하며, 퇴적암은 지표면에 퇴적되어 형성된 암석, 그리고 변성암은 지각 내에 이미 존재하는 암석이 변질된 암석이다. 이 같은 다양한 유형의 암석들이 융기, 판의 이동 그리고 풍화와 침식 같은 지표 작용들의 혼합으로 지표면에 노출되어 있다. 또한 암석은 침식을 받아 복합적인 지형, 토양 그리고 퇴적물로 변한다. 이것들이 바로 생물이 살아가는 데 필요한 무기질 요소가 된다.

화성암
마그마가 식고 단단해져 결정질 화성암이 만들어진다. 화성암의 조성과 조직은 다양하다. 마그마가 빠르게 식으면 세립질 암석이 형성되고, 마그마가 느리게 식으면 조립질 암석이 형성된다.

현무암

변성암
지구 지각 깊숙한 곳에 존재하는 암석이 열과 압력을 받으면 암석의 형태와 광물 조성이 변질되어, 점판암, 편암 그리고 대리석 같은 변성암이 만들어질 수 있다.

흑운모 편암

퇴적암
퇴적물과 동식물의 유해는 바람과 물에 의해 퇴적된다. 시간이 흐르면서, 깊게 묻힌 오래된 퇴적물은 압축과 화학적 변화를 겪으며, 이에 따라 퇴적물이 암석으로 변화한다.

사암

활동적인 지구

지구 내부의 열에너지에 의한 역동적인 지질 작용으로 인해 지표면은 계속해서 변화한다. 지구 지각의 판은 끊임없이 움직여서 해양과 대륙의 모습을 바꾼다.

판 구조론

지질 시대가 흐르면서 지표면과 대륙과 해양의 크기 및 분포는 판 구조 작용에 의해 끊임없이 변해 왔다. 온도가 낮으며 잘 깨지는 지각은 판으로 불리는 여러 개의 반(半)강성 조각들로 나누어진다. 대륙만 한 크기의 7개의 주요한 판들과 약 12개의 작은 판들이 있다. 시간이 지남에 따라, 이러한 지각 판들은 지각 아래 맨틀의 움직임에 의해 서로 밀치게 된다. 판이 서로 분리되면서 하부 맨틀에서 상승한 마그마가 새로운 지각을 형성한다. 이 현상은 주로 해저에 위치한 발산 경계에서 일어난다. 그리고 지구 자체는 팽창할 수 없으므로 새로운 해양 지각의 생성은 다른 곳에서 동일한 양의 지각 감축을 필요로 한다. 지각 감축은 수렴 경계에서 일어나는데, 이곳에서는 하나의 판이 다른 판 아래로 들어가는 섭입이 일어나거나 판의 경계들이 압축되고 휘어져 산맥을 형성한다.

∧ **샌앤드레이어스 단층**
1,300여 킬로미터 뻗어 있는 미국 캘리포니아 주의 샌앤드레이어스 단층은 태평양판과 북아메리카판의 변환 단층, 즉 서로 상대 판에 대해 미끄러지는 작용에 의해 형성됐다.

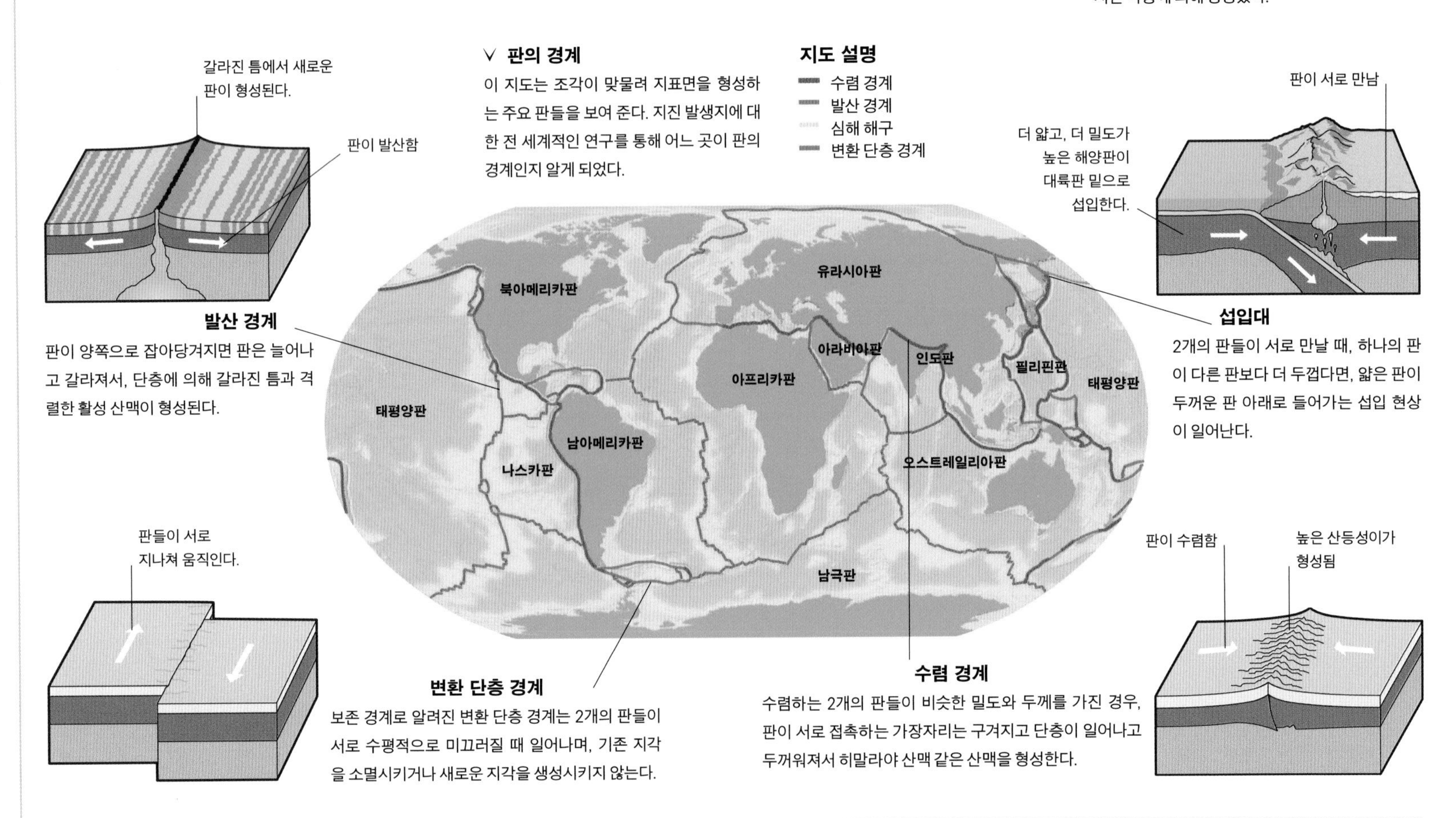

∨ **판의 경계**
이 지도는 조각이 맞물려 지표면을 형성하는 주요 판들을 보여 준다. 지진 발생지에 대한 전 세계적인 연구를 통해 어느 곳이 판의 경계인지 알게 되었다.

발산 경계
판이 양쪽으로 잡아당겨지면 판은 늘어나고 갈라져서, 단층에 의해 갈라진 틈과 격렬한 활성 산맥이 형성된다.

섭입대
2개의 판들이 서로 만날 때, 하나의 판이 다른 판보다 더 두껍다면, 얇은 판이 두꺼운 판 아래로 들어가는 섭입 현상이 일어난다.

변환 단층 경계
보존 경계로 알려진 변환 단층 경계는 2개의 판들이 서로 수평적으로 미끄러질 때 일어나며, 기존 지각을 소멸시키거나 새로운 지각을 생성시키지 않는다.

수렴 경계
수렴하는 2개의 판들이 비슷한 밀도와 두께를 가진 경우, 판이 서로 접촉하는 가장자리는 구겨지고 단층이 일어나고 두꺼워져서 히말라야 산맥 같은 산맥을 형성한다.

< **습곡 산맥**
수렴하는 판 가장자리의 지각은 강한 압력에 의해 접히고, 단층이 일어나며, 두꺼워진다. 두꺼워진 지각에 의해 산맥이 높아진다.

활화산 >
대부분의 활화산들은 판의 가장자리에서 형성된다. 땅속 깊은 곳에서 암석은 녹아서 고온의 마그마를 만드는데, 마그마는 상승해 지표에서 분출한다. 휴화산 밑으로 판이 섭입하면, 휴화산도 어느 날 폭발할 수 있다.

산맥과 화산

지구의 생물 이동과 분포를 제어하는 중요한 요인들 중의 하나는, 육지와 바다의 우뚝 솟은 산맥과 화산을 포함한 다양한 지형이다. 육지에서 산맥은 야생 동물의 이동을 저지할 뿐만 아니라 날씨, 기후 그리고 지역의 식생을 바꾸어 동물들에게 영향을 미친다. 또한 활화산도 분출할 때 주변 환경에 영향을 미친다. 분출 초반에는 생물을 파괴하지만, 장기적인 면에서는 분출된 용암과 화산재가 풍화되고 침식되어 새로운 무기질 영양분을 제공하고, 그 지역 토양을 비옥하게 한다. 바닷속 산맥은 해양 생물의 이동에 영향을 끼치고, 바닷속 화산 폭발에 의해 바닷물이 비옥해진다.

침식
바람과 물에 의한 풍화 작용으로 암석은 심한 침식을 받고 지표를 조각한다. 사진은 미국 유타 주 브라이스 캐니언의 멋진 경관을 보여 준다.

풍화와 침식

많은 암석들이 지표 아래에서 형성된다. 형성된 암석들이 지각 내부의 압력으로 인한 융기 또는 바다나 강의 후퇴에 의해 노출될 때, 이 암석들은 대기, 물 그리고 생물체와 많은 방식으로 반응한다. 암석 및 광물, 대기와의 상호 작용에 의한 물리 화학적인 과정을 일컬어 풍화라고 한다. 암석을 구성하는 입자들의 유대가 느슨해지고, 용해되고, 다른 장소로 이동되는 과정을 일컬어 침식이라 한다. 풍화와 침식 작용에 의해 암석 표면은 한 겹 한 겹 마모된다. 예를 들어 산 정상에 노출된 암석과 건물 외벽에서는 산성비에 의한 화학적 풍화 작용 및 온도 변화 그리고 얼음이 얼고 녹는 효과에 의해 암석이 쪼개지는 물리적 풍화 작용이 일어나기 쉽다. 또한 헐벗은 암석 표면은 바람에 날려 온 모래 입자에 의해 물리적으로 침식될 수 있다. 풍화와 침식의 혼합 효과로 인해 암석이 용해되고, 암석 덩어리는 잘게 부서질 수 있다. 암석 파편이 부서지고, 바람, 물, 빙하에 의해 운반되면서, 생물들은 이 퇴적물에서 중요한 무기물 영양소를 얻고, 퇴적면을 활용해 정착하고 성장한다.

< 산사태, 리우데자네이루
잘 발달된 식물들로 뒤덮여 있다 하더라도, 급경사 지역에 많은 비가 내리면 산사태처럼 경관을 변화시키고 더 나아가 생명을 위협하는 일이 발생할 수 있다.

과학

토양의 형성

토양이 형성되기 위해서는 모암이 풍화와 침식을 받아 표토라 불리는, 광물을 포함하는 작은 입자들로 부서져야 한다. 식물과 동물의 잔해로부터 형성된 유기 물질인 부엽토가 부가되어 토양의 기초가 만들어진다. 이 과정을 거쳐 토양은 점차 더 많은 생물이 자랄 수 있는 토대가 된다.

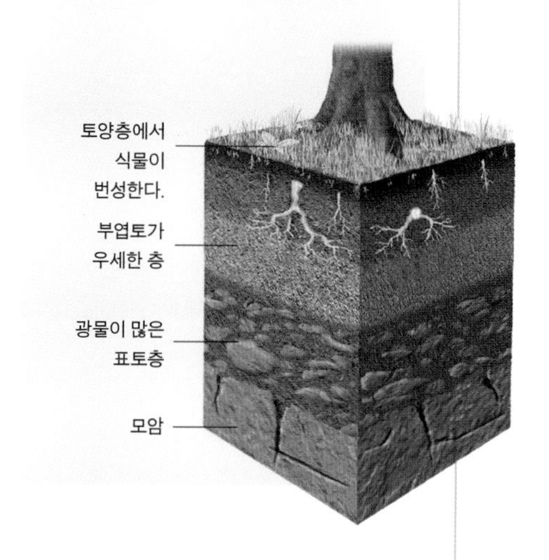

기후 변화

계절의 특징, 예를 들어 뜨겁고 건조한 여름과 차갑고 쌀쌀한 겨울은 각 지역별로 기후를 형성한다. 지구의 기후는 서로 다른 빈도, 장소, 시간에 따라 항상 변해 왔으며, 이러한 변화는 생명의 진화에 지속적이고 상당한 영향을 미친다.

기후란 무엇일까?

온도, 강우량, 풍량 그리고 압력과 같은 대기 조건에 의해 형성된, 오랜 기간에 걸친 어떤 특정 지역의 평균 날씨를 기후라 한다. 특정 장소의 기후는 인간 활동, 해발 고도, 특정 지역의 지형, 바다와 해양에 대한 근접성(우세한 바람과 해류), 그리고 가장 중요한 요소로 적도와 극 사이의 위도와 같은 다수의 다른 요소들에 의해 일부 통제된다. 위도는 지역별 태양 복사량을 조절한다. 예를 들어 가장 적은 빛과 열을 받는 극지방의 기후와 가장 많은 빛과 열을 받는 적도 부근 열대 지방의 기후는 큰 차이가 있다.

< 수목 한계선의 변화
해발 고도 증가에 따라 대기 온도가 낮아지면서 식물의 생태도 변한다. 활엽수는 침엽수로 대체되며, 다시 관목으로 대체된다.

기상 조건 변화

지구 기후는 일반적으로 각 지역의 평균 온도와 강우량 그리고 이들이 식물 성장에 미치는 효과에 따라 분류된다. 예를 들어 현재 적도 지역은 해양이 많은 비중을 차지함으로써 덥고 습한 반면, 사막은 건조하고, 극지방은 춥다. 그러나 항상 그런 것은 아니다. 지질 시대에 걸쳐 기상 조건을 조절하는 요소들은 빙하기부터 지구 온난화에 이르기까지 지구의 기후에 영향을 끼치고 있다.

여름철 북극여우

겨울철 북극여우

∧ 계절 적응
연간 기후 변화는 계절에 따라 몹시 다른 생활 조건을 가져올 수 있다. 동식물은 이러한 변화에 적응하는 다양한 방법들을 갖추는데, 예를 들어 북극여우는 겨울에는 두툼한 털을 기르고 여름에는 털갈이를 한다.

사막의 생물
선인장 같은 식물은 성장을 늦추고, 잎을 가시로 변형하며(증산 작용에 의한 수분 손실 방지), 수분을 보유할 수 있는 특별한 조직을 진화시키는 방법으로 반건조 환경에 적응했다.

< **기후 변화의 증거**
극지방의 빙하 코어(Core) 표본 연구를 통해 과거 기후 변화의 세부 사항을 알 수 있다. 포획된 공기 기포를 화학적으로 분석하면 빙하가 형성된 시기의 대략적인 대기 온도를 알 수 있다.

< **빙하 코어 표본**
영구 빙하가 있는 남극 대륙 보니 호수에서 얻은 빙하 코어 표본을 근접 촬영한 사진이다. 호수 퇴적층에서 포획된 공기 기포와 퇴적물 입자가 관찰된다.

기후 주기

시간이 흐르면서 지구의 기후가 현저하게 변했고, 이것이 생물의 진화와 분포에 영향을 끼쳤으며 수많은 종을 절멸시켰다는 명백한 암석 및 화석 증거가 있다. 이러한 자연적인 기후 변화에는 화산에서 분출된 기체와 먼지가 대기를 오염시키는 화산 활동 그리고 지구 전체에 열을 운반하는 해류의 변화 등 다수의 원인이 있다. 또한 지표면에 도달하는 태양 복사 에너지의 양에 영향을 미치는, 지구의 궤도와 회전 주기에 의한 변화도 있다. 결국 이것은 지구의 기온과 기후에 영향을 주고, 빙하 시대와 온실 시대가 번갈아 나타나는 주기를 촉발시킨다.

지형 변화

시간이 흐르면서, 판 구조론에 의해 해양이 확장되고 수축됨에 따라 대륙들은 떠돌아다녔다. 대륙들이 한쪽 반구에서 다른 쪽 반구로 이동하면서, 대륙들은 다른 기후대를 통과했으며 때때로 초(超)대륙을 형성했다. 이 거대한 초대륙의 크기는 지역의 기후에 영향을 미쳤다. 더욱이 해양 분지의 형태 변화는 해류의 순환을 바꾸었고, 차례로 해류 위 대기의 온도와 습도를 바꾸어, 기후에 영향을 미쳤다.

온실 시대와 빙하 시대

장기적인 기후 변화는 극지방에 오래 지속되는 빙상이 존재하는 추운 빙하 시대와 대체로 극지방에 얼음이 없는 더운 온실 시대로 구분된다. 따뜻한 시기는 공장에서 대기 중으로 방출하는 이산화탄소 같은 온실 기체의 증가와 연관되어 있다. 공룡 시대에 대기에 포획된 열과 거대한 천해, 건조대 그리고 무성한 숲은 공룡들에게 풍부한 먹이를 제공했다. 빙하 작용이 자연 경관에 남긴 흔적으로부터 수백만 년간 지속되는 빙하 시대를 유추할 수 있다. 빙하 시대와 연관된 빠른 기후 변화가 전 지구적인 규모에서 생물에게 어떤 극적인 영향을 미쳤는지는 화석을 통해 알 수 있다.

과학
기공 연구

식물 잎의 세포와 세포 사이의 특수한 구멍인 기공을 통해 이루어지는 대기와 식물 조직 간의 기체 교환에 의해 식물은 성장한다. 광합성을 위해 이산화탄소를 섭취하고, 폐수와 산소를 방출하기 위해 기공을 열고 닫는다. 일반적으로 식물은 잎 표면에서 기공의 밀도를 증가시키는 방향으로 진화해 따뜻한 '온실' 기후를 유발하는, 이산화탄소가 높은 대기 환경에 적응했다. 어떤 식물 화석에서는 기공의 밀도 변화를 통해 시간의 흐름에 따른 대기 중의 이산화탄소 변화를 추적할 수 있다.

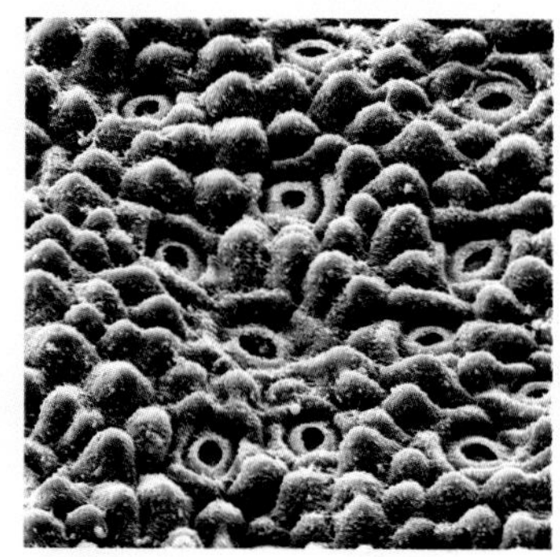

유칼립투스 기공

∧ **데본기 산호초**
오스트레일리아 서부 킴벌리에서 관찰되는 석회암 노두에는 지구의 기후 변화가 멋지게 기록되어 있다. 데본기(4억 년 전)에 이 지역은 바다였으며, 지금의 절벽은 산호초였다.

∨ **이산화탄소와 온도**
극지방의 빙하 코어에 포획된 공기 기포는 지구의 온도 변동을 알려 준다. 빙하 코어에서 검출된 이산화탄소의 양이 많으면, 그 당시의 대기 온도도 높았음을 의미한다.

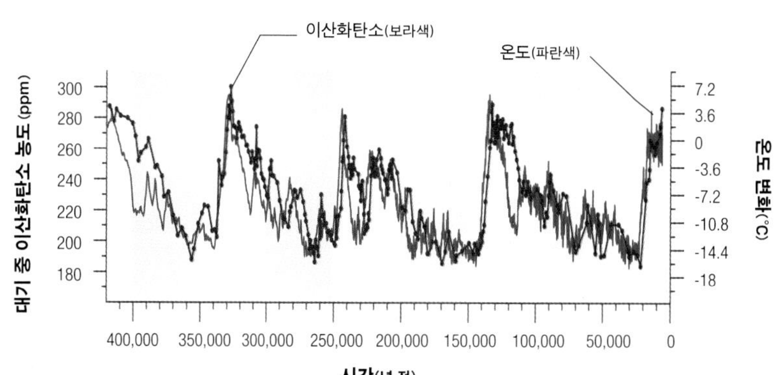

생물의 서식지

가장 깊은 대양저에서부터 가장 높은 산맥에 이르기까지, 건조한 사막과 초원에서부터 따뜻하고 습윤한 열대 지방에 이르기까지, 지구는 독특하고 다양한 서식지로 인해 풍부한 생물 다양성을 공급한다.

각각의 생물 형태는 수천 년 또는 수백만 년 동안 적응해 온, 자기만의 선호하는 서식지를 갖는다. 하지만 지구의 다양한 환경은 다른 많은 종류의 동식물이 동일한 서식지에 살게끔 만들었고 이것이 바로 생물 다양성이라 불리는 현상을 낳았다. 지질 시대에 걸쳐 생물은 환경 변화 특히 빠른 기후 변화에 적응해야만 했고, 멸종과 적응을 통해 새로운 서식지를 개척했다. 이러한 선구자적인 생명체 덕분에, 예를 들어 토양의 생성 등에 의해 결국 생물들이 서식하는 환경이 변했으며 이러한 변화는 새로운 생물 형태의 정착을 더욱 촉진했다.

다양한 서식지의 차이는 많은 요인들, 즉 해당 지역의 해발 고도, 적도로부터의 거리 그리고 지형(물리적 모습)에 의해 형성된다. 지구의 몇몇 지역들은 생물 다양성이 매우 높아서 특히 열대 산호초 및 열대림은 동식물이 풍부하다. 반면, 환경이 열악한 지역에서는 개체 수가 많은 종임에도 불구하고 단지 몇 개체만이 서식할 수 있다.

지도 설명

- 극지방
- 사막
- 초원
- 열대림
- 온대림
- 침엽수림
- 산맥
- 산호초
- 강과 습지
- 대양

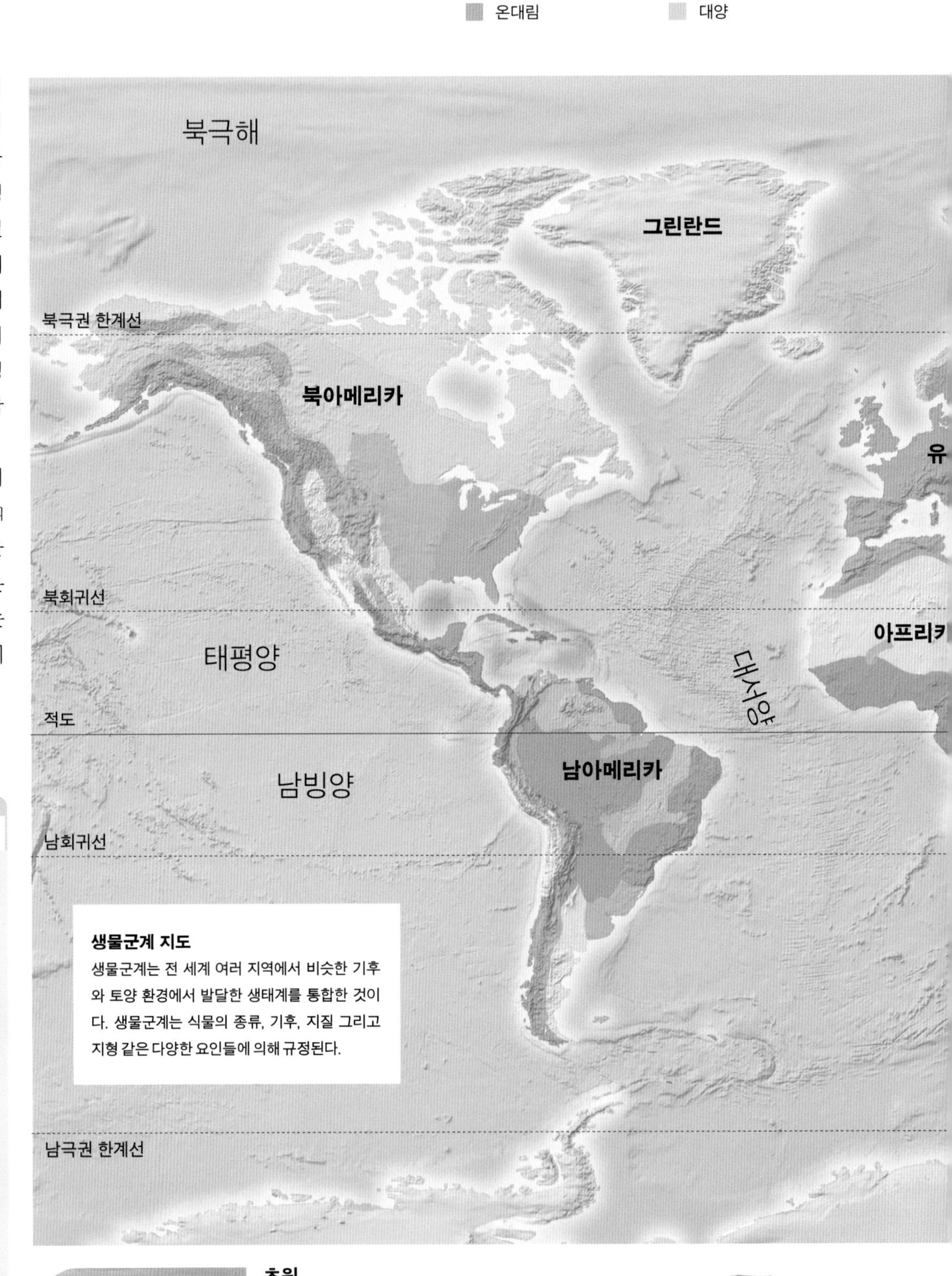

생물군계 지도
생물군계는 전 세계 여러 지역에서 비슷한 기후와 토양 환경에서 발달한 생태계를 통합한 것이다. 생물군계는 식물의 종류, 기후, 지질 그리고 지형 같은 다양한 요인들에 의해 규정된다.

과학

생물의 군집 단계

지구에서 가장 외진 지역이더라도 전적으로 한 종류의 생물만 서식하지는 않는다. 야생 생물들 간의 상호 작용에 의해 하나의 개체부터 다른 생물들과 서식지를 공유하는 종합적인 생태계까지 다양한 단계를 형성했다.

개체
개체군의 구성원으로서 대개 독립적이고 서식지가 제한된다.

개체군
동일 지역을 사용하는, 동일 종에 속하는 개체들의 무리로 상호 교배한다.

군집
동일 지역 내에 서식하는, 자연적으로 발생된 동물과 식물 집단들을 뜻한다.

생태계
한 생물 군집과 그 물질적 환경으로, 서로를 지탱한다.

초원
약 2000만 년 전에 일어난 초지 식물의 진화 그리고 초식 포유류의 군집화로 지구의 경관은 변화되었다. 온대 초원은 일반적으로 나무가 없으며 매우 비옥한 토양을 갖는다. 사진 속의 사바나 초원은 나무와 관목이 듬성듬성 있는 모습을 보여 주며, 개방된 삼림 지대와 유사하다.

들소

사막

지속적으로 식물이 성장하는 데 필요한 비와 토양의 극심한 부족이 사막을 만들었다. 사막은 현재 전체 지구 경관 중 약 3분의 1을 차지하지만 그 비율은 점차 증가하고 있다. 가장 큰 사막은 아프리카의 사하라 사막이다.

방울뱀

북극해

아시아

태평양

인도양

오스트레일리아

남빙양

남극

극지

북극과 남극은 여름에는 24시간 낮이 지속되고 겨울에는 24시간 밤이 지속되는 극도로 다른 계절을 경험한다. 눈과 얼음으로 이루어진 지대와 광대하고 건조한 극지 사막 모두 기후 변화에 매우 취약하다.

서부바위뛰기펭귄

열대림

육상에서 가장 풍요로운 야생 서식지들이 적도에 위치한, 지구에서 가장 뜨거운 지역인 열대림에서 발견된다. 이곳의 수많은 생태계들이 중요함에도 불구하고, 생물 다양성 취약 지역이 증가하고 있다.

딸기독화살개구리

온대림

온대 환경은 열대 지방과 극지방 사이에 놓인다. 열대 기단과 극기단의 영향에 의해 생물 다양성이 상당히 높은 방대한 삼림이 조성되었다. 그러나 인간의 개간으로 삼림의 면적이 상당량 감소했다.

붉은사슴

침엽수림

미국 삼나무, 가문비나무, 전나무 같은 침엽수는 고대 식물 집단에 속하며, 지구에서 가장 단단한 나무들이다. 작은 잎을 가진 상록수는 몇몇 나무들만이 서식하는 추운 지역과 산맥에서 잘 자란다.

갈색곰

산맥

해발 9킬로미터 높이에 달하는 지구의 산맥은 많은 다양한 환경들의 고향이다. 산은 고도에 따라 기후가 변하면서 온대림에서부터 극한의 환경까지 변화한다.

매

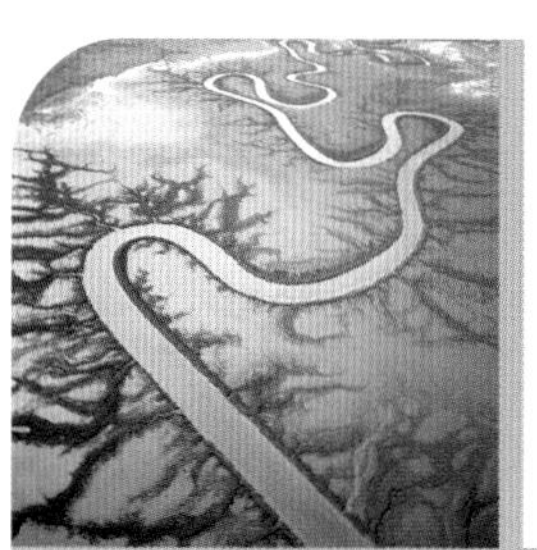

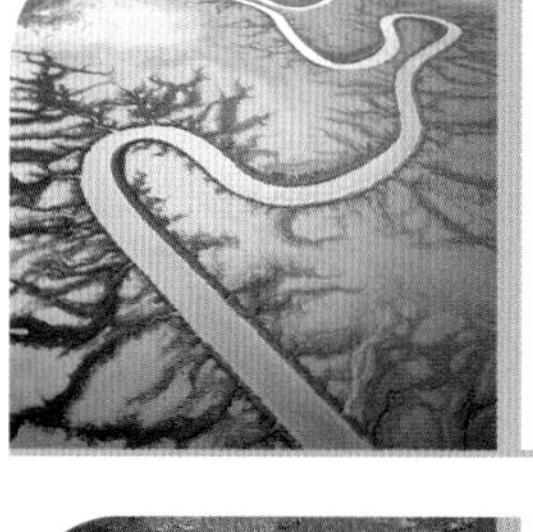

강과 습지

넓은 범위의 동식물들이 지구의 강과 호수에 살고 있다. 영구적으로 또는 계절적으로 물에 잠기는 지역은 습지를 형성하는데, 이곳에서 물은 울창한 초목과 뒤섞여 있다.

잠자리

산호초

산호초는 얕고 햇볕이 드는 열대 수역에서 해양 생물의 골격으로 만들어진다. 생물의 엄청난 다양성을 뒷받침하는 산호초는 해양 세계의 열대림이다.

노란양쥐돔

대양

햇볕이 드는 수면에서부터 가장 깊은 해저까지 모든 곳에서 생물이 발견된다. 지구 표면의 3분의 2를 차지하는 대양은 지구에서 가장 크게 연결된 서식지이며, 미세한 플랑크톤부터 현존하는 가장 큰 포유류인 대왕고래에 이르기까지 매우 다양한 생물들이 서식한다.

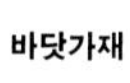

바닷가재

인간의 영향

급속한 인구 증가는 지구의 자연 환경, 즉 기후 및 무수히 많은 식물과 동물 종의 생활에 막대한 영향을 끼친다. 이러한 변화 중 일부는 회복이 불가능하다.

∧ 훼손된 환경
산업 성장은 원자재 개발을 필요로 한다. 사진의 구리 광산에서처럼 원자재 추출은 지구의 환경을 영원히 훼손시킨다.

환경 변화

지구는 추운 '빙하기'부터 광범위한 산림과 극지에 빙하가 없는 따뜻한 '온실'에 이르는, 긴 기후 변화의 역사를 가지고 있다. 지구 온난화는 유입되는 태양 에너지를 포획하고 대양, 육지 그리고 대기의 온도를 상승시키는, 이산화탄소와 메테인 같은 온실 기체의 높은 함량과 연관된 것으로 알려져 있다. 과거에는 대기 속 이산화탄소의 자연적인 증가가 결국에는 석탄 및 석회암이 되고 남아도는 이산화탄소를 효과적으로 저장하는 육지 삼림과 석회가 풍부한 바다 퇴적물의 증가로 균형을 이루었다. 19세기 산업 혁명 이후, 화석 연료의 채굴 및 연소, 삼림 개간 그리고 소 사육 등의 인간 활동에 의해 대량의 이산화탄소 및 다른 온실 기체들이 방출됐다.

∧ 대기 오염
화전식 개간 농법은 대기 오염 물질을 방출할 뿐만 아니라 식물의 이산화탄소 포획을 감소시킨다.

대양

대양의 건강은 모든 생물에게 중요하다. 해양 생물은 해류의 순환에 의존해 살아간다. 해류에는 플랑크톤과 갑각류부터 모든 다른 동물들까지의 먹이 사슬을 지원하는 풍부한 산소와 영양분이 함유되어 있다. 화석 기록을 보면 과거에 해양 환경이 악화되었을 때 생물이 멸종했음을 알 수 있다. 오늘날 어류 남획과 특히 플라스틱을 비롯한 오염 같은 인간 활동들이 해양의 상태에 영향을 끼친다.

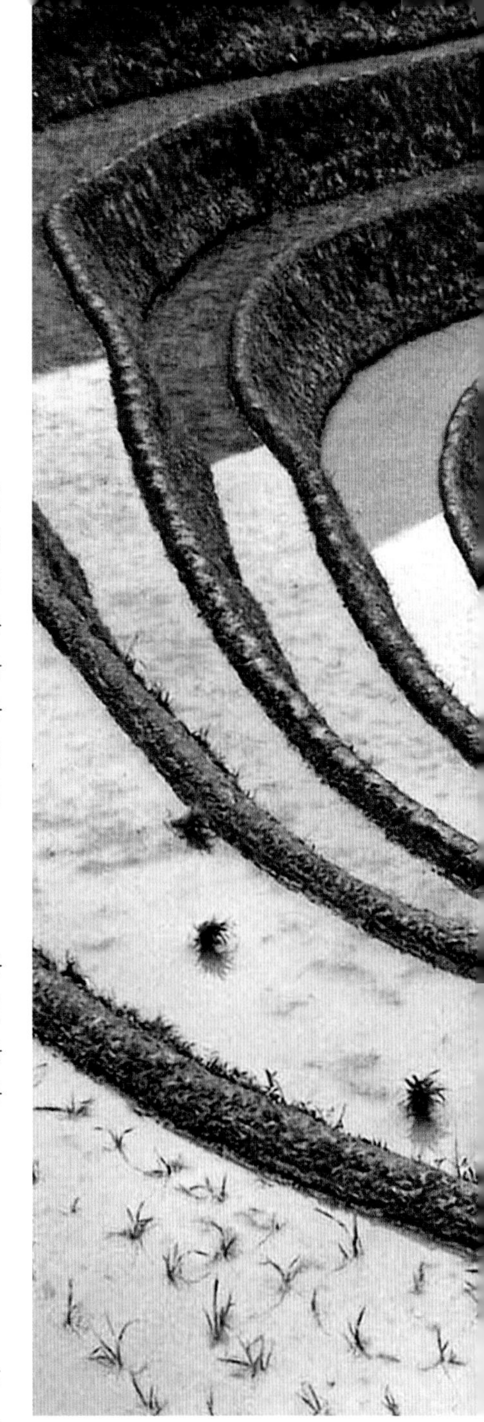

∨ 극지 빙상의 붕괴
온도 상승은 극지 빙상의 붕괴를 야기한다. 빙상이 녹은 대량의 물이 방출되면 해수면이 상승하고, 결국 해안선을 위협한다.

대기

수천 년 동안 인간 활동은 대기에 영향을 끼쳐 왔다. 처음에는 화재나 삼림 개간 등으로 오염 물질의 방출이 제한적이었다. 로마 시대에 금속이 생산되면서 최초로 산업 오염 물질이 대기 중으로 방출됐다는 사실이 극지방의 빙하 코어 분석으로 밝혀졌다. 지난 200년 동안, 기체와 미립자에 의한 오염이 가파르게 상승하고 있다. 이로 인해 지구 온난화 및 유해한 자외선을 차단하는 오존층의 고갈과 연관되어 있는 산성비와 스모그 그리고 온실 기체가 배출되었다.

∨ 온실 효과
대기 중에 있는 과잉의 온실 기체는 태양 에너지 일부가 우주로 재방출되는 것을 막는 방어막을 형성한다.

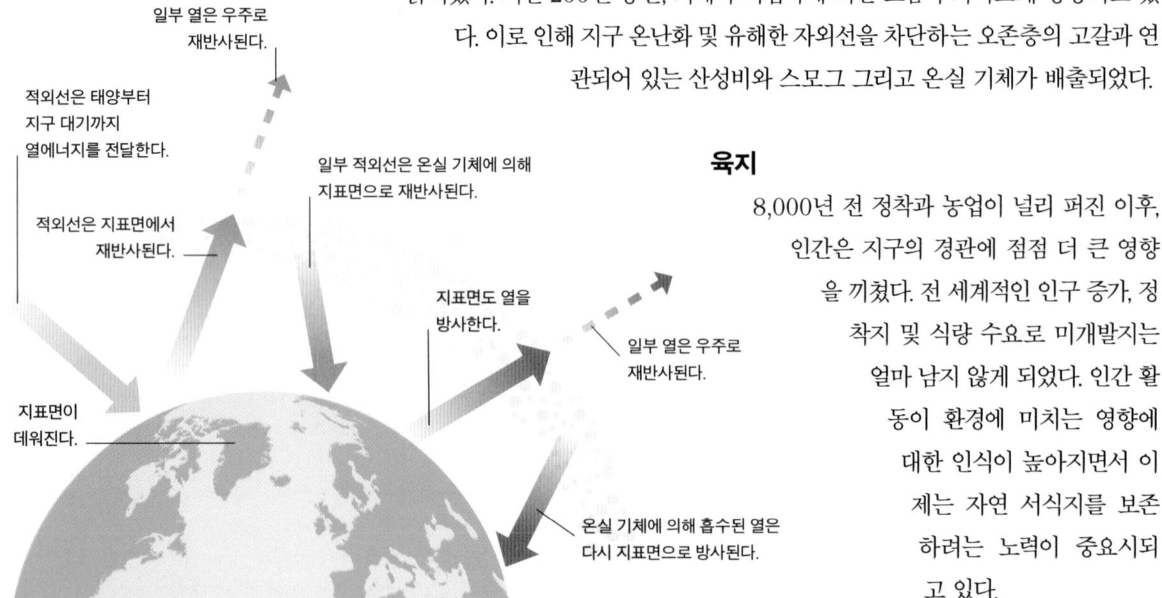

육지

8,000년 전 정착과 농업이 널리 퍼진 이후, 인간은 지구의 경관에 점점 더 큰 영향을 끼쳤다. 전 세계적인 인구 증가, 정착지 및 식량 수요로 미개발지는 얼마 남지 않게 되었다. 인간 활동이 환경에 미치는 영향에 대한 인식이 높아지면서 이제는 자연 서식지를 보존하려는 노력이 중요시되고 있다.

농업
아시아 도처에서 관개된 계단식 논을 이용해 쌀을 경작하는 집약 농업으로 인해 자연 경관이 변화하고 있다. 이러한 방법으로 많은 사람을 먹여 살릴 수는 있지만, 대량의 물이 소모된다.

멸종

환경 변화에 잘 적응하지 못한 수많은 생물이 지질 시대 동안 대규모로 교체되었다. 사실상 자연계의 방대한 종들이 지금은 멸종되고 없다. 오로지 적자만이 보통 점진적 적응을 통해 살아남지만, 때때로 경쟁자가 급작스럽게 제거되면서 살아남기도 한다. 예를 들어 6600만 년 전 거대한 운석이 지구에 충돌했을 때 육지의 공룡과 바다의 암모나이트를 포함한 수많은 생명체를 죽음으로 이끈 일련의 사건이 발생했다. 이는 인류를 포함한 포유류의 번성으로 이어지는 기회가 되기도 했다. 최근 전 세계 여러 지역에 정착한 현생 인류는 유럽과 아시아 지역에서 매머드(오른쪽 사진) 같은 특정한 종의 멸종에 기여했다. 오늘날 인구가 팽창하면서, 인간은 호랑이 같은 멸종 위기에 놓인 종의 수를 늘리기 위해 노력하고 있다.

∧ 따오기의 감소
따오기는 한때 아시아에 널리 퍼져 있었지만 사냥과 서식지 감소로 현재는 중국에 소규모만 생존한다. 따오기를 야생으로 재도입하기 위해 일본에서는 포획 사육이 허가된 바 있다.

< 사불상
야생에서는 멸종한 이 동아시아 사슴은 1900년 이후로는 영국에서 포획된 무리의 교배를 통해서만 살아남았다. 1980년대에 중국에 재도입된 사불상은 오늘날 700개체로 늘어났다.

과학

멸종된 매머드

매머드는 추운 기후에 적응한 원시 코끼리이다. 그들은 거대한 무리를 이루어 빙하기의 유럽과 아시아를 가로질러 이동했다. 동굴 벽화 같은 고고학적 증거를 보면, 약 3만 년 전에 인간이 매머드를 활발히 사냥했고 약 1만 1000년 전에 대부분의 매머드가 멸종했음을 알 수 있다.

프랑스 페슈 메를 동굴 벽화

생명의 기원

화석은 최소한 37억 년 전에 지구에 최초의 생물이 출현했고, 이 최초의 단순한 형태로부터 모든 복잡한 생물이 진화되었다는 것을 알려 준다. 오늘날 단세포 유기체로부터 거대한 고래처럼 복잡한 해부학적 구조를 지닌 포유류에 이르기까지 다양한 생물체들이 존재한다.

생명이란 무엇인가?

생물과 무생물의 경계를 모호하게 하는 바이러스가 존재하긴 하지만, 무생물의 무기질과 살아있는 유기체를 구별하는 몇 가지 특징이 있다. 이 특징들로는 에너지를 흡수하고 소모하는 능력, 성장하고 변화하는 능력, 번식하는 능력, 환경에 적응하는 능력, 그리고 좀 더 복잡한 생물체의 경우, 소통하는 능력이 있다. 세포는 생명의 가장 기본적인 단위로서, 자기 자신을 복제하고 모든 삶의 과정을 실행할 수 있다. 심지어 가장 작은 독립 유기체도 적어도 한 개 이상의 세포로 구성되며, 모든 생물의 거의 모든 세포들이 자신만의 분자 지도를 갖는다. 각각의 세포 내에서 실 모양의 염색체들은 한 생물의 특정한 형질들을 책임지는 유전자의 형태로 유전 정보를 운반한다. 유전자의 명령 집합은 디옥시리보핵산(DNA)으로 불리는 분자 형태로 주로 저장된다. 생물의 DNA는 특정 형질이 부모로부터 자식에게로 전해지도록 하면서, 한 세대에서 다른 세대로 유전 정보를 전달한다.

∧ **광합성**
식물은 빛 에너지를 포획하기 위해 엽록소를 이용하고, 물과 이산화탄소를 당과 산소로 전환한다. 이것은 식물을 섭취하고 산소를 호흡하는 다른 생물들에게 도움을 준다.

∧ **생명의 에너지**
생명을 유지하기 위해 생물은 환경에서 에너지를 얻어야만 한다. 에너지는 식물의 광합성으로부터 식물을 섭취한 동물에게로, 그 동물을 섭취한 다른 동물에게로 먹이 사슬을 통해 전달된다.

과학
바이러스

바이러스는 지구에서 가장 풍부한 생물학적 독립체이며, 생물과 무생물의 경계에 위치하고 있다. 바이러스는 유전 물질로 만들어지고 단백질 외피에 의해 보호된다는 점에서 생물과 공통된 특징을 갖는 동시에, 기생하며 오로지 다른 생물의 살아 있는 세포 안에서만 번식할 수 있다. 바이러스는 실제로는 살아 있지 않으면서 자신을 복제하는, 화학적 집합체이다.

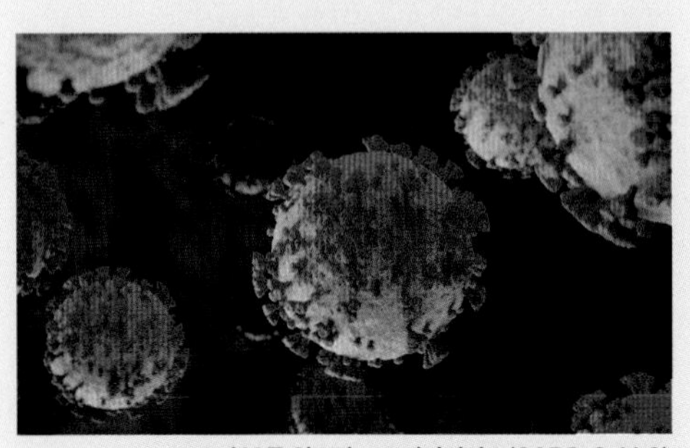

코로나19를 일으킨 코로나바이러스(SARS-CoV-2)

생물의 분류

지구의 생물 집단은 고세균, 세균 그리고 진핵생물의 3개의 영역 또는 초계(超界, superkingdom)로 구분되며, 이들은 식물과 균류에서부터 동물에 이르기까지 모든 생물을 아우른다. 원시 단세포 생물인 고새균과 세균은 아마도 지구에 출현한 가장 초기의 생명체이다. 더 진화된 진핵생물은 세포의 유전 물질인 DNA가 포함된 세포핵을 가진다는 점에서 원핵생물과 구별된다. 진핵생물은 단세포 생물부터 복잡한 다세포 식물과 동물에 이르기까지, 모양과 크기가 매우 다양하다.

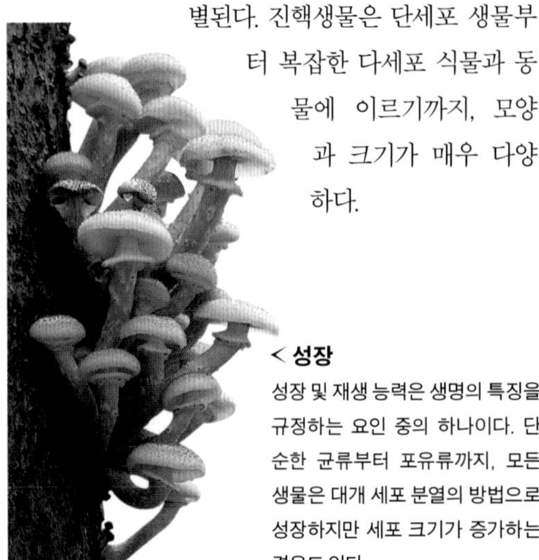

< **성장**
성장 및 재생 능력은 생명의 특징을 규정하는 요인 중의 하나이다. 단순한 균류부터 포유류까지, 모든 생물은 대개 세포 분열의 방법으로 성장하지만 세포 크기가 증가하는 경우도 있다.

초기의 생물

최초의 생물은 바다에서 탄생했다. 이를 지지하는 2가지 주요 증거로 현존하는 원시 생물과 화석 기록이 있다. 오늘날 가장 원시적인 생명 형태는 극한의 온도와 산성 환경에서도 살아남을 수 있는 단세포의 고세균과 세균이다. 이러한 미생물은 원시 지구의 극한 환경에서 최초로 진화한 미생물과 유사할지도 모른다.

지구에 출현한 초기 생명체에 대한 화석 증거는 논쟁의 여지가 있다. 그린란드 서부의 암석에서 발견된 생명체에서 발견된 탄소는 37억 년을 지시한다. 신뢰할 만한 가장 오래된 생명의 흔적은 층상 구조를 갖는 돔형의 스트로마톨라이트 (오른쪽 사진)이다.

단순한 생명체가 최초로 출현한 이후부터 복

생물의 번성
지구에 최초로 등장한 이후 생명체는 바다에서 번성해 햇빛이 비치는 암초로까지 진화해 나갔다. 암초는 열대 우림 다음으로 생물 다양성과 밀도가 높은 곳이다.

< 스트로마톨라이트
이 층상의 구조물은 수십억 년 동안 얕은 열대 바다에서 퇴적물층과 시아노세균(남조세균)을 포함하는 미생물층이 번갈아 쌓인 결과로 만들어졌다.

∧ 버제스 셰일
캐나다 버제스 셰일의 화석은 해양 생물이 캄브리아기에 해면동물과 절지동물부터 척추동물에 이르기까지 빠르게 다양해졌음을 보여 준다.

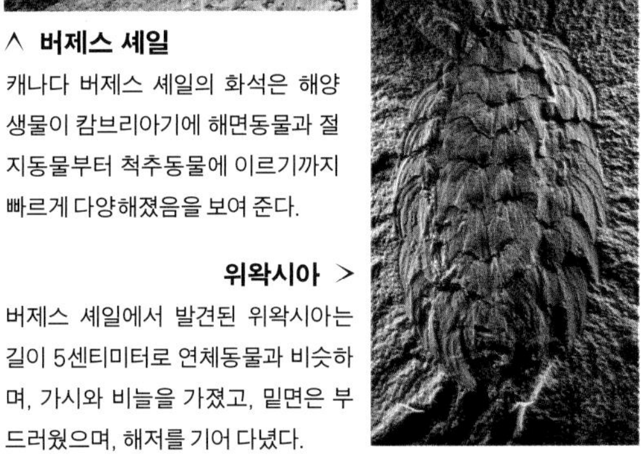

위왁시아 >
버제스 셰일에서 발견된 위왁시아는 길이 5센티미터로 연체동물과 비슷하며, 가시와 비늘을 가졌고, 밑면은 부드러웠으며, 해저를 기어 다녔다.

잡한 생물이 나타나기까지 추가로 27억 년이 소요되었다. 반지오모르파(*Bangiomorpha*)라 불리는 미세한, 다세포의 홍조류 화석은 전문화된 세포의 존재를 알려 주는 최초의 증거이다. 이 세포들은 유성 생식을 위해, 그리고 조류를 해저에 고정하는 부착기(holdfast)를 발달시키기 위해 진화했다.

약 6억 5000만 년 전에, 온 몸이 한 잎의 잎처럼 생긴, 부드러운 몸을 가진 고착성 동물이 출현했다. 이 해양 동물은 에디아카라 동물군으로 불린다. 5억 4500만 년 전인 캄브리아기 초기에 천공 동물 그리고 작고 껍데기가 있으며 몸체에 근육 조직과 호흡을 위한 아가미 같은 기관을 갖는, 다양한 연체동물을 포함한 수많은 다세포 해양 생물들이 진화했다. 약 5억 1000만 년 전에 몸통을 지지하기 위해 속뼈를 가진, 최초의 척추동물이 출현했다. 약 3억 8000만 년 전인 데본기 후기에 이르러, 척추동물은 해양에서 육지로 나타나기 시작했다.

진화와 다양성

19세기에 이르기까지, 어떻게 이토록 많고 다양한 생물들이 지구에서 발달해 왔는지를 추측하는 이론들이 몇몇 제안되었다. 오늘날 진화와 다양성 이론은 대륙 분포의 변화에 대한 지질학적 증거와 함께 지구에서 시시각각 변하는 생명체에 대한 매력적인 통찰을 던져 준다.

시간의 흐름에 따른 변화

모든 생물은 자신이 처한 환경에 적응하고 변화하는 능력을 지니고 있다. 세대에서 세대로 전해진 작고 미묘한 변화들은 관찰하기 어렵지만, 때때로 수천 년 또는 수백만 년의 시간이 지나면 이 작은 변화들은 어떤 종이 보거나 행동하는 방식을 바꿀 수 있다. 진화라 불리는 이 과정은 점진적이지 않으며, 시간에 따른 멸종과 생물의 폭발적 출현을 뚜렷하게 보여준다.

찰스 다윈(Charles R. Darwin)은 생애(25쪽 참조)의 초기 단계에 생명의 역사를 풀기 위한 화석 연구를 수행했다. 그 이후 진화론을 지지하는 방대한 양의 정보가 드러났다. 이제 우리는 약 38억 년 전에 바다에서 생명이 진화했으며, 이러한 초기의 단순한 생명체로부터 오늘날 지구의 모든 생물, 즉 식물, 균류 그리고 동물이 진화해 왔다는 것을 안다.

생물이 더욱 복잡해지고 바다에서 육지로 이주하면서, 최초로 삼림과 육지에 서식하는 무척추동물이 진화했다. 약 2억 5200만 년 전에 시작된 중생대에 식물과 동물의 연속적인 진화에 의해 공룡이 번성하고 이들의 후손인 조류가 출현했다. 그리고 6600만 년 전의 대량 멸종에 의해 신생대가 시작됐다. 육지와 바다에서 파충류는 거의 대부분 포유류로 대체되었으며, 현화식물 및 이들의 꽃가루를 매개하는 곤충들 또한 풍부하고 다양해졌다.

< 거대도롱뇽
매우 희귀한 화석인 거대도롱뇽은 1812년 프랑스 해부학자인 조르주 퀴비에(Georges Cuvier)가 양서류라고 확인하기 전까지는 노아의 홍수에 의한 인간 희생자로 잘못 여겨졌다.

진화의 증거
척추동물 종들의 팔다리뼈 구조를 비교해 보면, 형태와 기능은 서로 다르지만 팔다리뼈가 동일한 기본 발육 계획과 동일한 유전자로부터 유래되었음을 알 수 있다.

개구리
개구리의 뒷다리, 앞다리, 손가락뼈는 헤엄칠 수 있게 변형되었다. 큰 근육은 개구리가 먹이를 잡거나 포식자로부터 도망갈 때 힘차게 도약할 수 있도록 한다.

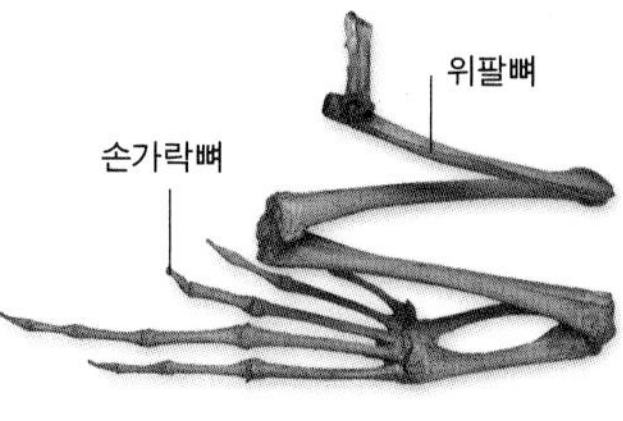

올빼미
조류의 날개는 위팔과 많이 변형되고 길어진 손가락인 손목뼈에 부착된 비상근에 의해 움직인다.

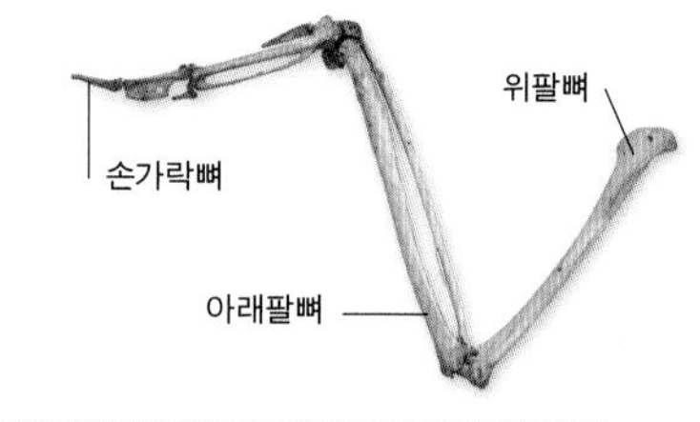

침팬지
침팬지의 팔은 인간의 팔과 해부학적으로 비슷하지만, 길쭉한 손가락과 짧은 엄지처럼 비율이 약간 다르다.

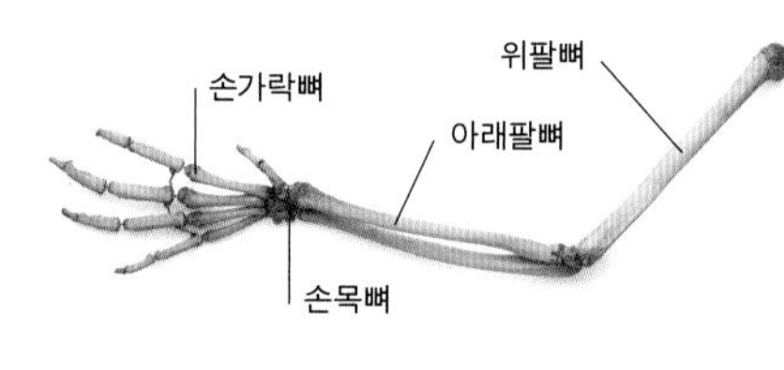

돌고래
돌고래와 고래의 팔뼈는 짧고 편평하며 강화된 팔뼈, 그리고 매우 늘어난 둘째와 셋째 손가락을 갖는다는 점에서 물갈퀴와 유사하다.

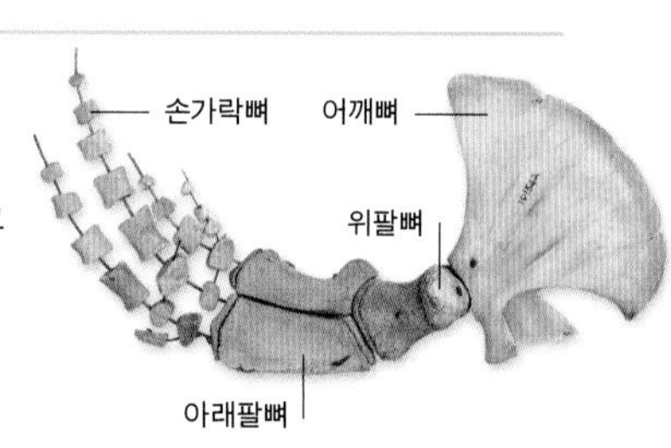

라마르크, 앞서 나가다

18세기 프랑스 생물학자인 장바티스트 라마르크(Jean-Baptiste Lamark)는 단순한 생물로부터 고등 생물이 '진화'한다는 최초의 종합적인 진화론을 제안했다. 특히 무척추동물에 대한 폭넓은 연구를 바탕으로, 라마르크는 필요한 형질들이 먹이, 주거지, 배우자를 얻기 위한 욕구를 통해 한 개체의 일생 동안에 획득될 수 있고, 자손에게 전해진 변환과 함께 필요하지 않은 형질은 소멸될 수 있음을 주장했다. 현대 유전학에 의해 이 '연성 유전(soft inheritance)'이 틀렸음이 입증됐음에도 불구하고 라마르크의 개념은 중요한 출발점이었으며, 스코틀랜드 해부학자로 에든버러에서 다윈을 가르쳤던 로버트 그랜트(Robert Grant)를 거쳐 더욱 발전되었다. 다윈 자신은 라마르크식 진화 과정을 완전히 배제하지 않았으며, 이것이 자연 선택을 보충할 수 있다고 생각했다.

< ∧ 용불용설
라마르크는 '용불용' 과정을 통해 생명이 진화한다고 믿었다. 즉 기린은 나뭇잎에 도달하기 위해 목이 길어졌고 왜가리는 물속을 헤치며 걷기 위해 다리가 길어졌다.

∧ 갈라파고스의 방울새
항해 중에 다윈은 색다른 갈라파고스 방울새 표본들을 수집했는데, 그는 이 방울새들이 하나의 공통 조상에서 유래됐으리라 믿었다.

다윈과 월리스

19세기 중반에 영국의 박물학자인 다윈과 앨프리드 러셀 월리스(Alfred Russel Wallace)는 각기 독자적으로 자연 선택에 의한 진화론에 도달했다. 그들은 모두 생물 다양성이 높고, 먹이를 위해 경쟁하며, 서로 다른 지역에서 생활하는 생물들 간에 현격한 차이점이 있는 환경인 열대 지방에서의 현장 경험을 가지고 있었다. 그들은 어떻게 그리고 왜 이러한 자연 현상이 발생했는지에 대해 궁금해 했다. 여행 중에 월리스는 연구와 판매를 위해 표본을 수집했고, 말레이 제도에서 생물의 지리적 분포를 설명하는 생물 지리학을 만들었으며, 진화에서 자연 선택의 중요성을 인식했다. 한편 박물학자로서 영국 군함 비글호를 타고 남반구를 5년간 항해한 경험은 다윈에게 자신만의 진화론을 만들 수 있는 풍부한 자료를 제공했다. 1858년 다윈과 월리스는 자연 선택에 관한 공동 출판물을 발행했으며, 이듬해 다윈은 이 이론을 그의 유명하고 영향력 있는 책인 『종의 기원(*On the Origin of Species*)』에서 상세히 설명했다.

나비 날개

∧ 수집함
다윈과 월리스는 특히 열대 지역에서 발견된 곤충의 다양성에 관심을 가졌으며, 예리한 수집가였다.

< 생물 지리학
남반구 대륙들을 가로질러 산출되는 파충류인 테랍시드와 식물 화석의 분포를 통해, 한때 이 대륙들이 곤드와나로 불리는 초대륙으로 모여 있었다는 것을 알 수 있다.

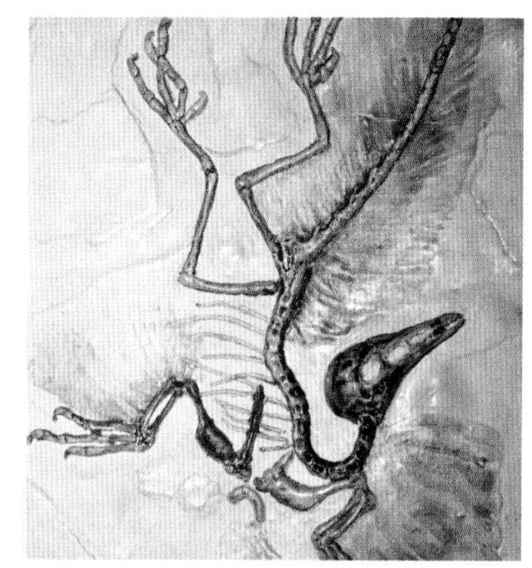

∧ 초기의 새
1861년에 발견된 시조새 화석은 2개의 중요한 집단, 즉 파충류와 조류 사이를 진화학적으로 연결하는 특징들을 보여 준다.

진행 중인 진화

다윈과 월리스는 자연 선택 이론을 제안했지만, 유전자가 발견되고 나서야 과학자들은 선택이 일어나는 기작을 알게 되었다. 그 이후로 유전자를 이해하는 것은 진화를 이해하는 열쇠가 되었다.

자연 선택

중요한 진화 기작인 자연 선택은 적자생존을 선호한다. 바꿔 말하면, 현재의 환경에 잘 적응하는 특성을 가진 개체들은 더 나은 생존 기회를 가지므로, 번식에 성공해 자신들의 유리한 특성을 다음 세대에게 전달할 수 있다. 개체군 내의 자연적인 유전 변이에 의해 크기, 모양 그리고 색깔 등의 차이점이 생기며, 이러한 차이점 중 몇몇은 생존을 촉진하는 데 도움을 줄 수 있다. 예를 들어 특정한 체색은 위장의 효과가 있어서 다른 체색을 가진 동물들보다 포식자로부터 더 잘 숨을 수 있게끔 한다. 만약 이로 인해 그 동물이 생존하고 번식한다면, 개선된 동일한 색깔이 자손 일부에게 전해질 것이다. 시간이 지남에 따라 환경이 변한다면 다른 천연색이 더 유리할 수도 있는데, 그럴 경우 자연 선택은 다른 변화를 지켜 낼 것이다. 물리적 장벽 때문에 하나의 군집이 2개의 작은 개체군으로 분리된다. 이때 각각의 새로운 개체군은 서로 조금씩 다른 환경에 적응하게 되며 결국 하나의 종이 2개의 종으로 나누어진다. 이를 가리켜 종 분화라 한다.

∧ 개체 변이
한배에 함께 태어난 고양이들은 특히 부모의 색상이 서로 다른 경우에, 보통 다양한 색깔을 가진 개체들로 구성된다.

< ∨ 성적 이형성
같은 종의 암컷과 수컷 사이에 가끔 뚜렷한 차이점들이 있다. 수컷 군함새는 부풀릴 수 있는 목주머니가 있는데 암컷을 유혹하는 데 사용한다.

과학
천지 창조설: 믿음 대 과학

전 세계 종교의 대부분은 지구와 생명의 형성을 설명해 주는 창조론을 제공한다. 이러한 창조론 대다수가 과학적인 자료와 이론들이 대안적인 설명과 이해를 제공하는 것이 가능하기 오래전부터 유래되었다. 서양 유대교와 그리스도교 전통에서 몇몇 교인들은 많은 유기체에서 보이는 '설계'의 복잡성은 그들의 창조 뒤에 설계자, 즉 신이 있음을 나타낸다고 믿으며, 바로 이러한 이유 때문에 진화론에 이의를 제기한다.

유전자와 유전

특정 형질은 유전 물질의 전달을 통해 부모로부터 자손에게 전해진다. 유전자는 세포 구조의 복제 및 유지에 필요한 모든 정보를 자신의 DNA에 보존하고 암호화한다. 따라서 유전자는 유전의 기본 단위이다. 세포에서 실과 비슷하게 생긴 염색체는 긴 DNA 가닥에 수천 개의 유전자를 갖고 있다. 유성 생식 동안에 정자와 난자의 결합에 의해 유전자를 갖는 2개의 완벽한 염색체 조가 만들어진다. 한 벌은 아버지로부터 그리고 다른 한 벌은 어머니로부터 복제된다.

∨ 유전자와 기회
때때로 개체는 무작위로 제거되고, 그들의 유전자는 다음 세대에 전해지지 않는다.

극단에 대한 적응
쇠홍학은 매우 특수한 서식지에서 살아가게끔 진화했다. 극알칼리성의 아프리카 호수에 서식하는 조류를 먹고사는 것이다. 경쟁자가 없는 상황에서 쇠홍학은 엄청난 규모로 번성할 수 있었다.

섬 진화

외딴 섬은 한정된 자원을 차지하기 위한 치열한 경쟁으로 종 분화가 빠르게 일어나는, 비정상적으로 빠르게 진화하는 자연의 실험실이다. 1835년 다윈은 갈라파고스 섬을 방문해 많은 조류 표본, 특히 방울새 표본을 채집했다. 그는 채집한 표본들이 섬과 섬 사이에 약간의 변이가 있음을 발견했다. 그는 또한 따로 떨어진 섬에 살고 있는 코끼리거북들 간의 차이점에 대해 전해 들었으며, 그 후에 태평양의 다른 섬들을 방문하면서 공통 조상에서 새로운 종이 진화할 가능성을 생각했다. 조류학자 존 굴드(John Gould)는 다윈의 방울새들을 단지 동일 종 내의 변이로 여기지 않고, 12개의 새로운 종으로 동정할 수 있었다. 이로 인해 다윈은 섬의 고립과 같은 특정한 환경에서 종이 변할 수 있다고 생각하게 되었다. 섬의 야생 동물은 현대 진화 생물학자들에게도 여전히 중요한 연구 주제로 각광받고 있다.

< 날지 못하는 새
키위 같은 날지 못하는 많은 새들이 인간이 도착하기 전까지는 심각한 포식자가 없었던 뉴질랜드 섬에서 진화했다.

인위 선택

1,000년 이상 인간은 개와 소부터 과수와 화곡류에 이르기까지 다양한 종류의 동물과 식물을 길들이고 재배해 왔다. 유전자 발견 이전에는 선택된 특성이 우성이 될 때까지 오로지 선택적 교배에 의해서 오랜 세대를 거쳐야만 빠르게 달리는 능력이나 즙이 보다 풍부한 과실을 생산하는 능력 같은 원하는 형질을 지닌 생물을 얻을 수 있었다. 오늘날에는 생명 공학이 유익한 특성은 향상시키고 문제가 있는 특성은 제거하는 등 직접적인 유전자 조작을 통해 더욱 빠르게 그와 동일한 결과를 내놓는다.

∧ 유전자 조작
생물의 유전자 구성을 개조해 불필요한 특성을 제거하고 질병에 대한 저항 같은 더 유용한 특성을 추가할 수 있다.

∧ 복제
성체 세포에서 숙주 난자로 유전 정보를 가지고 있는 세포핵을 전이함으로써 유전적으로 동일한 개체들을 생성할 수 있다.

분류

전 지구의 생물 다양성은 1000만~수십억 종으로 추정된다. 그중 단지 200만 종만이 기재되었고 매년 많은 종이 새롭게 추가되고 있다. 모든 종들은 250년 전에 고안된 체계를 사용해 이름 붙여지고 분류되고 있다.

개장미 >
서양에서 들장미, 층층나무, 찔레꽃 등으로 불리는 이 식물은 모든 사람들이 어디에서나 알아볼 수 있게, 단 하나의 라틴 어 이름인 *Rosa canina*를 갖는다.

< 퓨마
퓨마 또한 쿠거나 산사자 등으로 알려져 있다. 퓨마의 라틴 어 이름인 *Puma concolor*는 퓨마의 균일한 색을 나타낸다.

수세기 동안 사람들은 자연계에 대해 연구해 왔다. 처음에는 근처에서 발견할 수 있는 것과 여행자들로부터 얻을 수 있는 것 등으로 정보가 제한되어 있었고 약간의 거리가 있어도 표본을 보존하고 발송하는 것이 불가능했다. 후에 여행이 쉬워지면서 탐험가들은 식물과 동물의 수집 비용을 지불했고 배의 화가들은 이 표본들을 그림으로 남겼다. 1600년대 초반에 유럽의 자연사 수집품들은 상당한 양에 달했고 많은 표본들이 기재됐지만, 이 표본들이나 이들을 묘사한 그림에 쉽게 접근할 수 있는 형식적인 절차가 없었다.

종을 기재하고 분류하는 분류학자 또는 과학자들의 초기 목표는 단순했다. 즉, 생물을 정리해 신의 창조 계획을 나타내는 것이었다. 1660년에서 1713년 사이에 존 레이(John Ray)는 형태적(구조적) 유사성을 기초로 무리들을 구성하면서, 식물, 곤충, 조류, 어류 그리고 포유류에 대한 연구 결과를 발표했다. 행동 및 유전학 같은 다른 기준들과 함께 형태학은 오늘날 분류의 기초를 구성한다. 1758년에 스웨덴의 식물학자인 칼 폰 린네(Carl von Linne)가 저술한 『자연의 체계(*Systema Naturae*)』 제10판이 출간됐다. 린네와 페터 아르테디(Peter Artedi)는 자연계를 나누기로 결정했고, 7,300개의 기재된 종을 동일한 계층 체계에 맞추면서 자연계의 모든 것을 분류했다. 비록 책이 완성되기 전에 아르테디가 죽었지만, 린네는 이 일을 완성했고 책으로 출간했다.

라틴 어 이름

오늘날 모든 생물은 사자를 나타내는 *Panthera leo*와 같이 대문자로 시작하는 속(屬, genus)명과 서술하는 종(種, species)명으로 이루어진 고유의 라틴 어 이름을 갖는다. 린네는 이전에 존재했던 임의의 표현을 대체하고 서로 다른 생물을 감정하기 위해 이명법(binomial method)을 고안했다. 이 새로운 방법은 여러 종에 동일한 이름을 부여하거나 또는 단일 종이 여러 이름으로 불림으로써 야기되는 혼란을 종식시켰다.

단일 종 내에서 가끔씩 뚜렷이 구분되는 아종이 다른 지역에서 발견되기도 한다. 1800년대에 엘리엇 쿠에스(Elliot Coues)와 월터 로스차일드(Walter Rothschild)는 생물을 분류하기 위해 삼명법(trinomial Latin system)을 도입했다. 종과 아종을 작명하기 위한 이 규약은 오늘날에도 사용되고 있다.

전통적인 분류

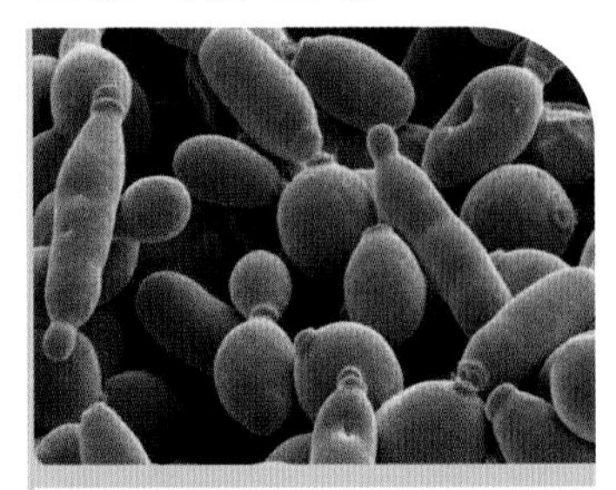

영역
진핵생물
영역은 가장 최근에 창안된 분류학적 단위이다. 영역은 생물이 핵을 지닌 세포(진핵생물, 원생생물, 식물, 균류, 동물)를 갖느냐 또는 핵이 없는 세포(고세균, 세균)를 갖느냐에 따라 구분된다.

계(界)
동물계
최근 들어 전통적인 식물계와 동물계가 더욱 세분화되고 있다. 이제 동물계에는 생존하기 위해 다른 종을 먹어야만 하는 다세포 생물만 포함된다.

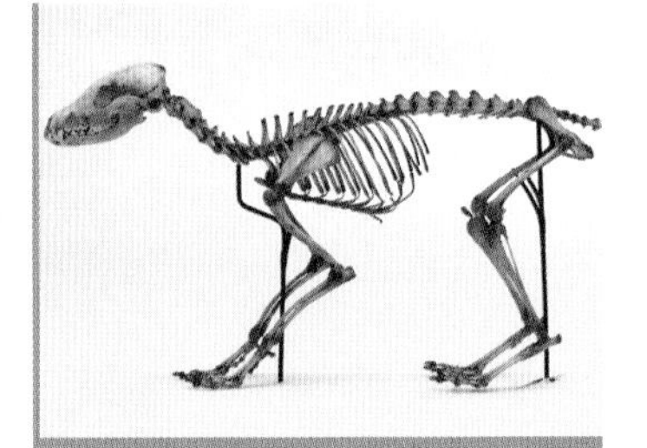

문(門)
척삭동물문
문(동물은 phylum, 식물은 division)은 계를 구성하는 주요 분류 단위이며, 어떤 특징들을 공유하는 하나 또는 여러 개의 강으로 구성된다. 척삭동물문의 구성원들은 등뼈의 시초인 척삭을 갖는다.

강(綱)
포유강
린네에 의해 제안된 강은 하나 또는 다수의 목으로 구성된다. 포유동물강에는 온혈 동물이며, 털이 나 있고, 하나의 턱뼈를 가지며, 젖을 먹여 새끼를 기르는 동물만이 포함된다.

> 분류에 기여하기
수년 동안 많은 과학자들이 새로운 연구와 초기 아이디어를 결합해 자연계를 체계화하려고 시도했고, 결국 앞서 설명한 것처럼 전통적인 분류 체계 그리고 이명법과 삼명법 같은 라틴 어 이름을 사용하게 되었다. 몇몇 과학자들은 특히 영향력이 커서 분류학에 지대한 공헌을 했다.

동물과 식물

아리스토텔레스는 생물을 분류한 최초의 사람이며, 속의 라틴 어인 *genos*(인류, 가축, 종류를 의미함)라는 용어를 도입했다. 그는 피가 반드시 붉을 필요는 없다는 것을 깨닫지 못해 동물을 피를 가진 것과 갖지 않는 것으로 구분했다. 이는 오늘날 척추동물과 무척추동물을 구분하는 것과 매우 유사하다.

아리스토텔레스, 기원전 384~기원전 322년

정리 기술

존 레이는 생물의 일부분보다는 전체 형태를 바탕으로 생물을 분류했다. 그렇게 함으로써 그는 더욱 쉽게 종들 간의 관계를 확립할 수 있었으며, 그들을 더욱 효과적으로 무리 지어 정리할 수 있었다. 그는 또한 현화식물을 2개의 주요 목, 즉 외떡잎식물과 쌍떡잎식물로 나누었다.

존 레이, 1627~1705년

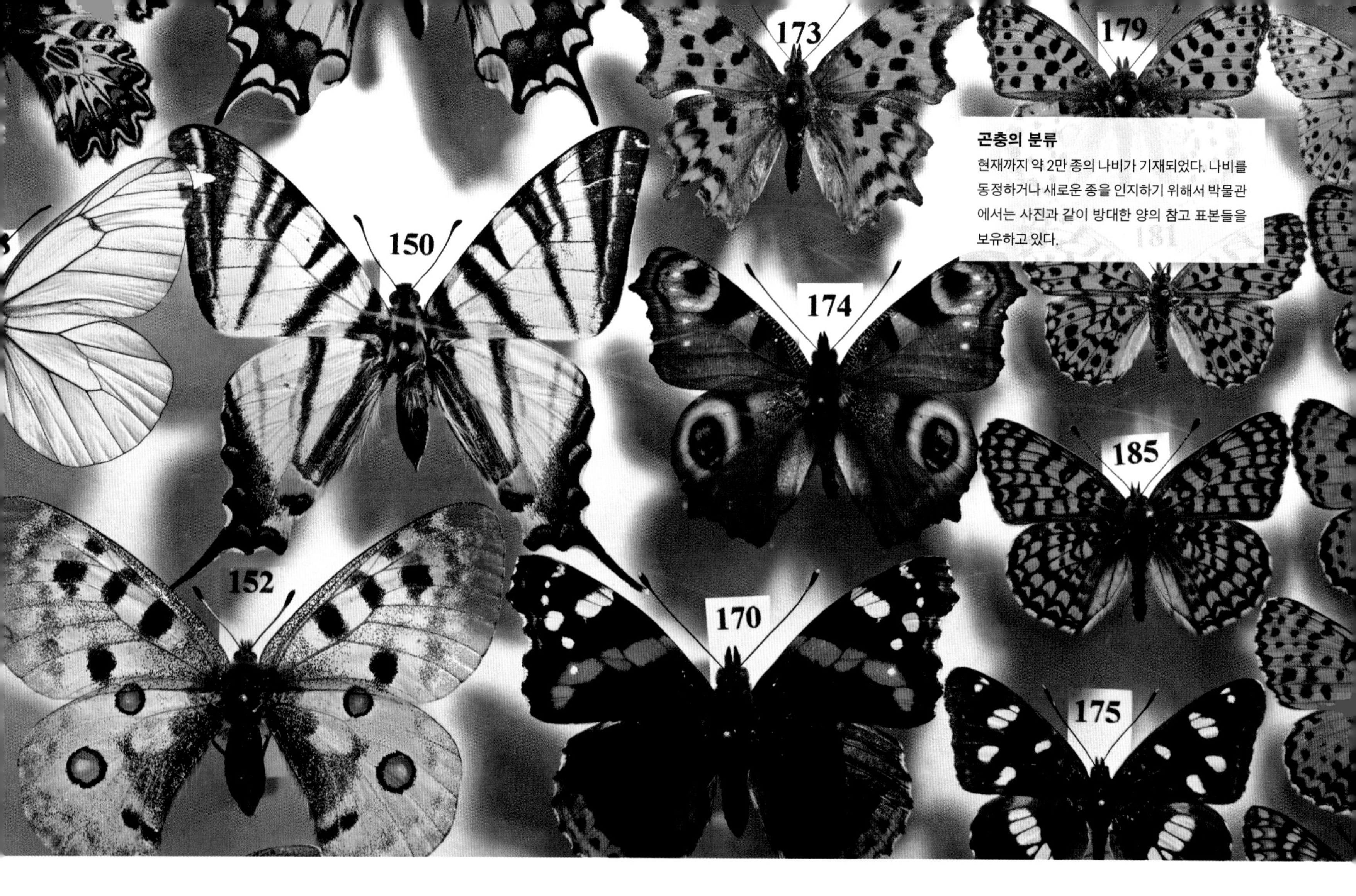

곤충의 분류
현재까지 약 2만 종의 나비가 기재되었다. 나비를 동정하거나 새로운 종을 인지하기 위해서 박물관에서는 사진과 같이 방대한 양의 참고 표본들을 보유하고 있다.

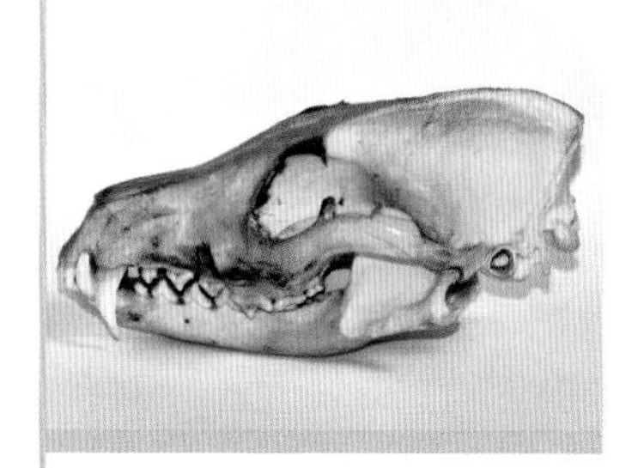

목(目)
육식 동물(식육목)
목은 린네의 분류 체계에서 강의 하위 단계이며, 하나 또는 여러 개의 과를 포함한다. 육식 동물은 물고 자르는 용도에 맞게 전문화된 어금니(열육치)와 커다란 송곳니를 발달시켰다.

과(科)
갯과
과는 목을 세분한 것으로 속과 종으로 구성된다. 갯과는 35개의 종을 포함하는데, 모든 종은 오므릴 수 없는 발톱과 2개의 융합된 손목뼈를 갖는다. 1종을 제외한 모든 종이 길고 무성한 꼬리를 가지고 있다.

속(屬)
여우속
고대 그리스의 아리스토텔레스에 의해 최초로 사용된 용어인 속은 과의 한 부분이다. 여우속은 갯과에 속하는 속이다. 모든 여우는 똑바로 선 삼각형 모양의 귀 그리고 길고 좁으며 뾰족한 코를 갖는다.

종(種)
여우
분류의 기본 단위인 종은 오로지 끼리끼리 교배가 가능한 유사한 동물들로 이루어진 개체군들의 집합이다. 밝고 붉은색 털을 지닌 것으로 유명한 *Vulpes vulpes*는 붉은여우하고만 교배한다.

동물, 식물 또는 광물

린네는 자연계를 동물, 식물 그리고 광물의 3개의 계로 나누었다. 그리고 그는 강, 목, 과, 속, 종을 기반으로 하는 계층적 분류법을 고안했으며, 종을 이명법으로 명명하는 규약을 수립했다.

칼 폰 린네, 1707~1778년

새로운 계

역사적으로 생물은 동물 또는 식물로만 분류됐지만, 1866년에 에른스트 헤켈은 미생물을 원생생물계라는 독립된 무리로 분류하자고 주장했다. 현재는 동물, 식물 그리고 원생생물의 3개의 계가 있다.

에른스트 헤켈, 1834~1919년

고세균

1977년 칼 워지와 조지 폭스가 발견한 고세균은 극한의 환경에서 서식하는 미생물이다. 처음에는 세균으로 분류됐지만, 고세균의 DNA가 매우 독특한 것으로 밝혀졌고 이에 따라 새로운 3개의 영역 분류 체계가 만들어졌다.

칼 워지, 1928년 출생

동물 계통

1950년대에 생물을 분류하는 새롭고도 혁명적인 방법이 제안되었다. '계통 분류학'으로 불리는 이 방법은 '분계군(clade)'이라는 계층 집단들의 배열 속에 종을 위치시킴으로써 종들 간의 진화 관계를 조사하는 것이다.

분지학으로도 알려진 계통 분류학은 곤충학자 윌리 헤니히(Willi Hennig, 1913~1976년)의 연구를 기반으로 한다. 그는 동일한 형태적 형질을 갖는 생물들은 그렇지 않은 생물들보다 틀림없이 서로 더 밀접히 연관되어 있으리라고 추정했다. 그러므로 또한 이러한 생물들은 동일한 진화의 역사를 공유하고, 최근의 공통 조상들을 보다 많이 가지고 있을 게 분명했다. 린네의 고전적인 분류처럼 생물을 분류하는 이 방법은 계층적이지만, 관련된 자료의 양 때문에 분계도(cladogram)로 알려진 가계도를 생성하기 위해 컴퓨터를 활용한다.

형태적 형질이 계통 분류학적 분석에 유용하려면 소위 '원시' 조상 상태에서 '파생된' 상태로 어느 정도 변형되어야만 한다. 예를 들어 대부분의 육식 동물의 다리와 발은 물범, 물개, 바다사자, 바다코끼리의 파생된 지느러미발과 비교할 때, 31쪽의 분계도에서 보듯 원시 형질로 여겨진다. 공동 파생 형질로 불리는 이 파생된 형질은 최소한 2개의 분류군 사이에서 공유되기 때문에 지느러미발을 갖지 않는 무리보다는 지느러미발을 갖는 무리들이 서로 더 밀접하게 연관되어 있음을 시사한다는 점에서 유용하다. 한 무리의 고유한 형질은 그 무리를 인식하는 데에는 쓸모가 있지만 관계에 대해서는 알려 주지 못한다. 따라서 계통 분류학적 분석은 전적으로 공동 파생 형질의 인지에 기반을 두고 있다.

가계에 대한 이해

생물들이 공통으로 갖는 파생 형질이 많을수록, 그들의 관계는 더 가까울 것으로 추정된다. 예를 들어 형제와 자매는 동일한 눈, 동일한 턱 등을 갖기 때문에 다른 아이들보다 더 비슷하게 보인다. 이것은 공통 조상 측면에서 그들이 동일한 부모를 갖는 반면 다른 사람들과는 단지 먼 친척 관계이기 때문이다.

이제 분지학은 화석 연구를 제외하고는 유전학 연구에서 가장 흔하게 사용된다. 분지학을 통해 몇몇 예상치 못한 공통 조상이 드러났다. 예를 들어 유전학 계통도는 놀랍게도 고래의 현존하는 가장 가까운 친척은 육지에 사는 하마임을 보여 주는데, 이 같은 관계는 린네가 분명 예상치 못한 것이다.

과학

외집단

집단을 계통 분류학적으로 분석하는 첫 번째 단계는 비교를 위해 밀접하게 연관되어 있지만 더 원시적인 종(외집단)을 고르는 것이다. 이를 통해 파생 형질과 원시 형질이 구분될 수 있다. 예를 들어 조류의 계통수를 밝히기 위해, 조류와 악어는 조룡류 분기군에 속하므로, 악어가 외집단으로 선택될 수도 있다.

원시 조류의 친척

∨ 밀접한 관계

기린과 영양은 발가락이 짝수인 우제류에 속하므로, 발가락이 홀수인 얼룩말보다는 더 밀접히 연관되어 있다. 모피가 있는 포유동물끼리는 포유동물 주변의 깃털이 달린 새들보다 더 밀접히 연관되어 있다.

분계도 보기

계통 분류학적 분석을 하기 위해서는 생물들이 지닌 형질들이 원시 형질인지, 파생 형질인지를 파악한 후 도표에 표시해야 한다. 이들의 분포는 다음 도표에서 보이는 것처럼 항상 간단한 것은 아니다. 흔히 만들어진 분계도는 여러 가지 다른 방식들로 구성될 수 있고, 분류학자들은 이 분계도들 중에서 선택해야만 한다. 이를 수행하기 위해 분류학자들은 최절약 원리(principle of parsimony)를 적용한다. 분류학자들은 집단들 사이에서 관찰된 관계를 설명하기 위해 최소한의 단계 또는 형질 변환을 가진 분계도를 선택한다.

< 젖을 먹는 식습관
모든 포유동물들은 젖샘을 갖는다. 포유류강이 갖는 독특한 이 특징은 포유류강 분류 수준에서는 공동 파생 형질이다. 강 내에서 과들의 관계를 파악하기 위해서는 과 수준의 공동 파생 형질이 사용된다.

형질	들개	곰	물범	물개와 바다사자	바다코끼리
새끼에게 젖을 먹인다.	1	1	1	1	1
꼬리가 짧다.	0	1	1	1	1
앞다리가 지느러미발로 변형되었다.	0	0	1	1	1
척추가 매우 유연하다.	0	0	1	1	1
몸통 아래에서 뒷다리를 앞으로 돌린다.	0	0	0	1	1
엄니를 갖는다.	0	0	0	0	1

< 형질 집합
대부분의 현대 분계도는 DNA 암호를 사용한 유전학에 기반을 두고 있다. 아래 분계도를 만드는 데 사용된 유전 암호는 형질 집합에 나와 있듯이 더 친밀한 형태적 묘사로 대체되었다. 새끼에게 젖을 먹이는 형질은 제시된 모든 집단들이 공유한다. 일부 형질들은 단지 일부 집단에서만 발견된다. 엄니는 바다코끼리만이 갖는 형질이다.

∨ 분계도
이 분계도에서 들개는 외집단으로 알려진 가장 원시적인 집단으로 여겨지며, 바다코끼리는 가장 파생된 집단으로 여겨진다. 분계도의 모든 형질은 각 숫자 오른쪽에 배치되어 있는 집단들에 의해 공유된다. 예를 들어 꼬리가 짧은 형질은 곰, 물범, 물개, 바다사자 그리고 바다코끼리에 의해 공유된다.

숫자

0	원시 형질
1	파생 형질

짧은 꼬리
곰, 물범, 물개와 바다사자 그리고 바다코끼리 모두는 짧은 꼬리를 갖는다(형질 1). 그러나 들개는 원시 형질을 보여 주며, 길고 털이 많은 꼬리를 갖는다. 그러므로 형질 1은 들개를 제외한, 열거된 모든 육식 동물의 과들이 공유한 공동 파생 형질이다.

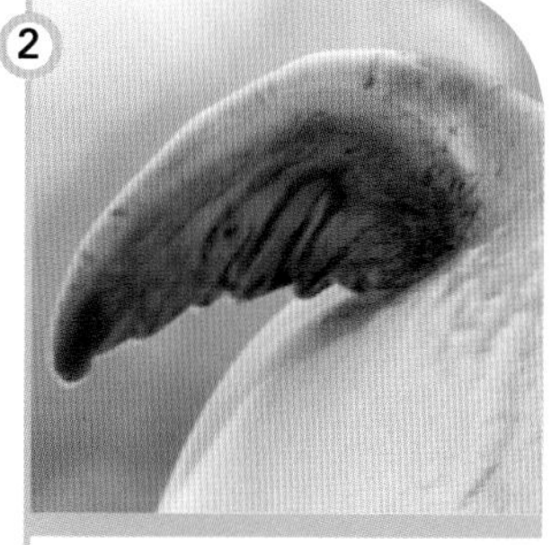

지느러미발
육식 동물들 사이에서 물범, 물개와 바다사자 그리고 바다코끼리는 독특한, 변형된 사지를 갖는다. 따라서 형질 2(앞다리가 지느러미발로 변형)는 이 수준에서 공동 파생 형질이며, 이 세 집단들이 곰보다 서로서로 더 밀접히 연관되어 있음을 알려 준다.

유연한 척추
형질 3(유연한 척추)은 지느러미발을 갖고 있음으로 해서 나타나는 관계를 더욱 탄탄하게 하면서, 형질 2와 동일한 수준에서 작용한다. 특정 수준에서 나타나는 공동 파생 형질이 더 많을수록 제시된 관계가 더 설득력 있게 된다.

사지를 지탱
물개와 바다사자, 바다코끼리는 골반대가 돌아감으로 인해 뒷다리로 지상에서 보행하는 것이 가능하다. 이것은 물 밖에서 움직임이 훨씬 더 자유롭지 못한 물범보다는 그들끼리 보다 최근의 공통 조상을 공유함을 알려 준다.

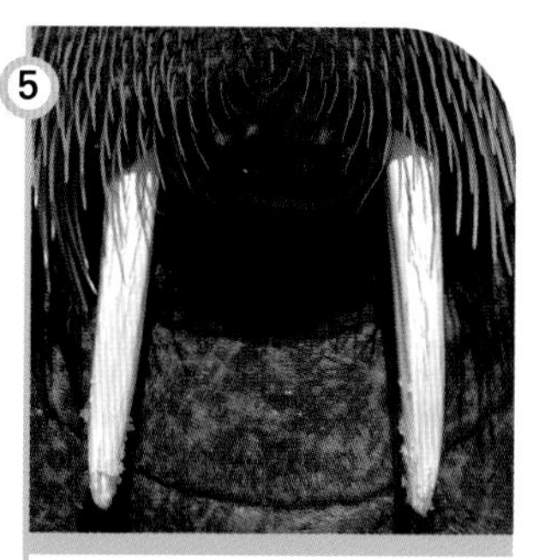

엄니
엄니는 바다코끼리만의 독특한 형질(고유 파생 형질)로서 다른 포유동물과는 상관관계가 나타나지 않는다. 새끼에게 젖을 먹이는 형질은 모든 무리가 지니고 있지만, 그들이 어떠한 상관관계를 갖는지 알 수 없기에 분계도에는 표시하지 못한다.

생명의 나무

1766년 독일의 자연주의자 페터 팔라스(Peter Pallas)는 생물의 다양성을 가지를 뻗어 나가는 나무 형태로 보여 주는 방법을 최초로 제안했다. 그 후에 이러한 분지하는 나무 형태가 많이 만들어졌다. 처음에는 실제 나무와 비슷하게 나무껍질과 잎을 지닌 형태로 그려졌지만, 점차 진화 개념을 고려해서 개략적으로 표현되었다. 현대에는 컴퓨터로 제작된 생명의 나무를 통해 생물들이 어떻게 연관되어 있는지에 대한 다양한 아이디어를 얻을 수 있다.

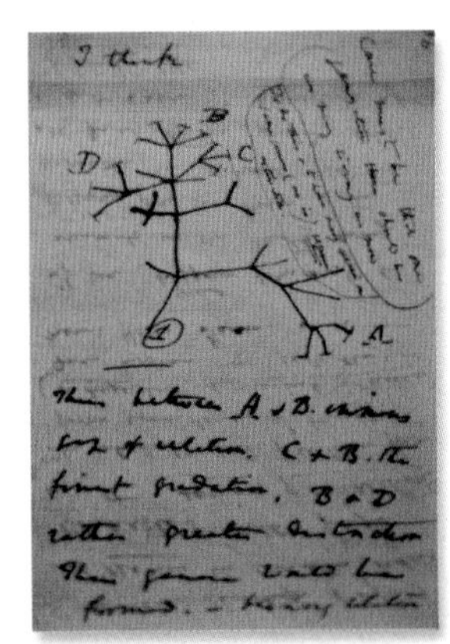

다윈이 그린 최초의 생명의 나무

찰스 다윈은 진화의 개념을 반영한 생명의 나무를 최초로 제작했다. 1837년에 다윈은 10개의 생명을 담은 진화 나무를 그렸다. 이 그림은 단순히 가지를 내뻗은 형태였는데, 그는 이것을 더 발전시켜 1859년 『종의 기원』에 포함시켜 출간했다. 그림에 적힌 글은 그의 이론이 어떻게 작동하는지에 대한 그의 생각을 보여 준다. 조상으로부터 생물이 더 많은 분기점에서 분리될수록(1번 표기), 더 많은 다른 생물들이 출현할 것이다. 1879년에 에른스트 헤켈(Ernst Haeckel)은 이 생명의 나무를 더 발전시켜, 동물이 단세포 생물로부터 진화되는 것을 보여 주었다. 오늘날 형태학뿐만 아니라 DNA와 단백질 분석 또한 진화의 나무를 구성하고, 생물 간의 유전학적 관계를 구축하는 데 사용된다. 방대한 양의 자료들로 인해 생명의 나무를 형성하는 데 컴퓨터가 필요하며, 새로운 종과 정보가 발견됨에 따라 계속해서 다듬어지고 있다.

전통적으로, 척추동물, 미세한 고세균 및 세균의 관계, 그리고 원생생물(식물, 동물, 또는 균류로 분류되지 않은 진핵생물)을 나타내는 생명의 나무는 더 이해하기 어렵다. 그러나 최근 유전자 연구에 의해 세균 및 초기 진핵생물 사이의 놀랍도록 다양하고 복잡한 관계가 밝혀졌다.

대량 멸종

지구의 역사와 함께 모든 종의 95퍼센트 이상이 멸종했기 때문에, 생명의 나무에 한 번이라도 존재했던 모든 생물의 지도를 제작하는 것은 매우 어렵다. 대량 멸종은 동시에 상당수의 종이 소멸되었을 때를 말한다. 과거에 다섯 차례의 대량 멸종이 있었다. 공룡을 절멸시킨 가장 잘 알려진 대량 멸종은 백악기 말에 발생했다. 이 멸종은 화산 활동과 결합된 운석 충돌에 의해 일어난 것으로 여겨진다. 인간 활동에 의해 서식지가 급속도로 파괴되고 있기 때문에, 미래에 또 다른 대량 멸종이 일어날 것으로 여겨진다.

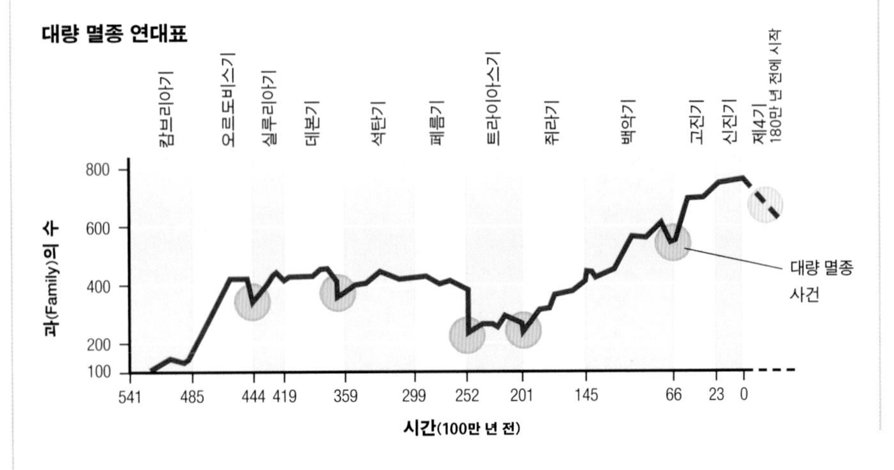

나무의 해석

이 그림은 어떻게 생물이 34억 년 전에 출현한 고세균 같은 단순한 유기체로부터 6억 5000만 년 전에 출현한 동물 같은 복잡한 생물들로 진화했는지를 보여 준다. 또한 불균형적인 묘사를 통해 척추동물의 다양성(34~35쪽 참조)도 보여 준다. 그림에서 검은색 테두리 원은, 2개 또는 그 이상의 생물 집단들이 이 지점에서 동시에 공통 조상으로부터 분기했음을 알려 준다. 현존하는 종들만 나타냈으며 파충류 공룡과 같은 멸종 그룹은 빠져 있다.

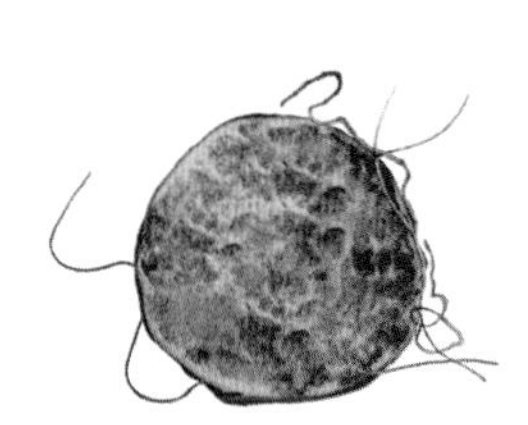

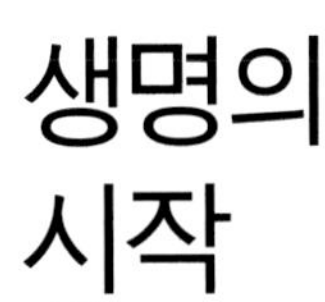

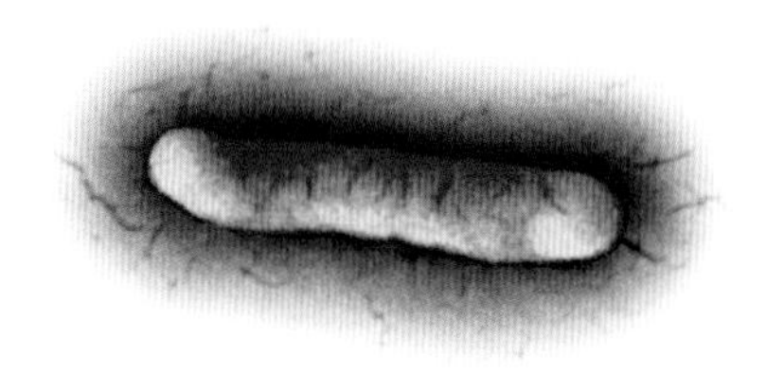

생명의 구조

모든 생물은 3개의 역(domain), 즉 고세균, 세균, 진핵생물 중 하나에 속한다. 고세균과 세균은 단세포이며 핵이 없다. 고세균과 세균은 원핵생물로 분류되기도 한다. 진핵생물은 보통 다세포이며, 각각의 세포는 DNA가 저장된 하나의 핵을 갖는다. 아래 표는 3개의 역과 진핵생물에 속하는 4개의 계(kingdom)를 보여 준다. 겉모습에도 불구하고, 고세균과 세균은 가장 큰 집단으로, 단지 약 2만 종이 기재됐지만 400만 종을 초과할 것으로 추정된다. 진핵생물 중에서 원생생물과 무척추동물이 척추동물보다 종의 수가 훨씬 더 많다.

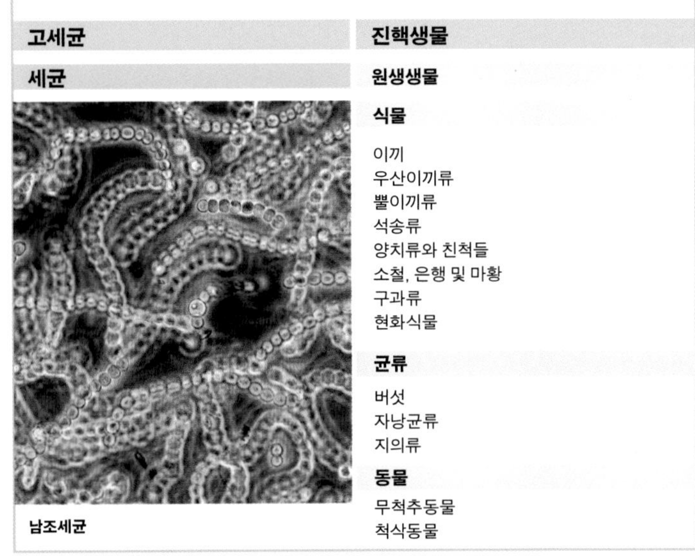

고세균	진핵생물
세균	원생생물
	식물
	이끼 우산이끼류 뿔이끼류 석송류 양치류와 친척들 소철, 은행 및 마황 구과류 현화식물
	균류
	버섯 자낭균류 지의류
	동물
남조세균	무척추동물 척삭동물

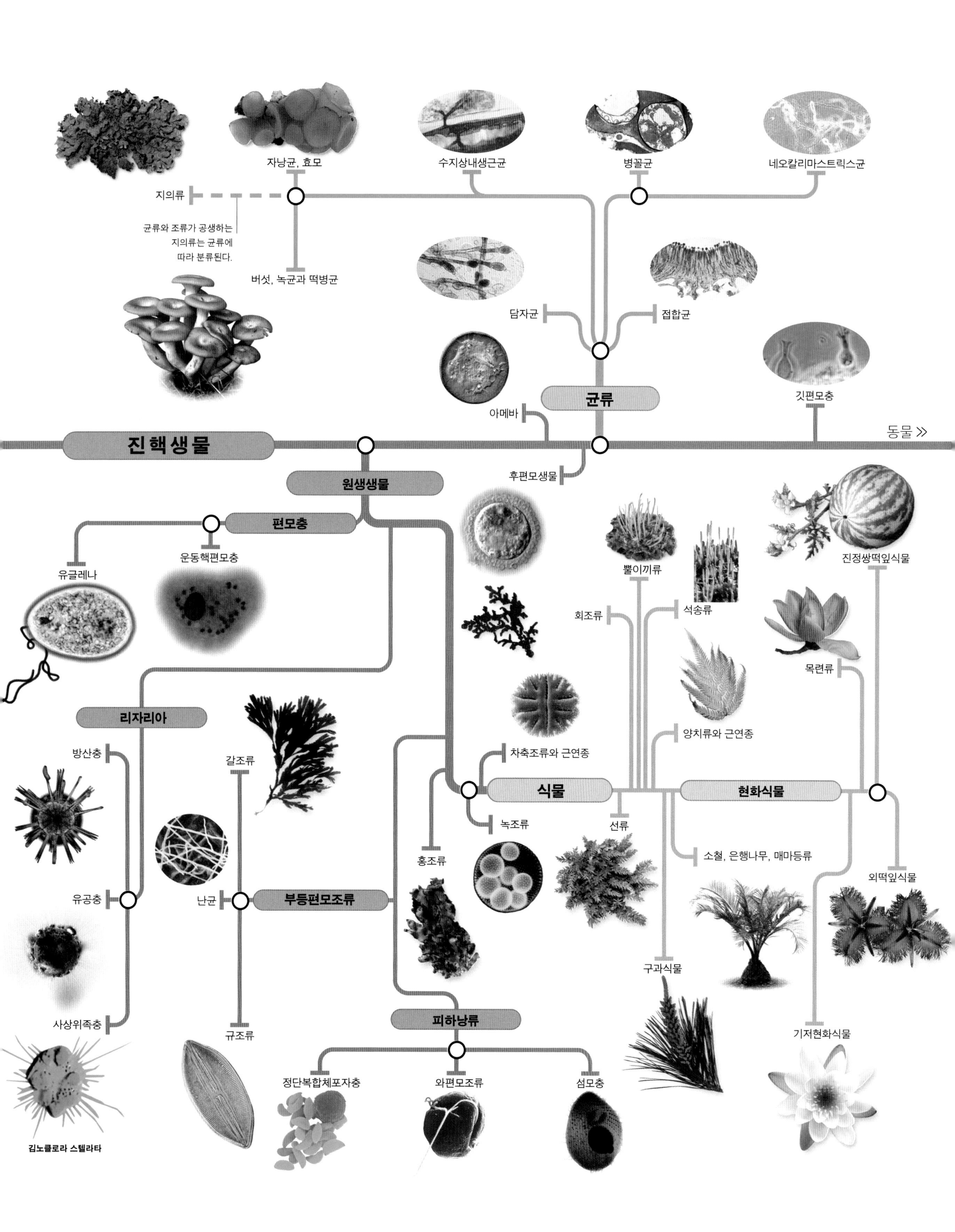
자낭균, 효모
수지상내생근균
병꼴균
네오칼리마스트릭스균
지의류
균류와 조류가 공생하는
지의류는 균류에
따라 분류된다.
버섯, 녹균과 떡병균
담자균
접합균
균류
아메바
깃편모충
진핵생물
동물 »
후편모생물
원생생물
편모충
운동핵편모충
유글레나
뿔이끼류
진정쌍떡잎식물
회조류
석송류
목련류
리자리아
양치류와 근연종
방산충
갈조류
차축조류와 근연종
식물
현화식물
녹조류
선류
홍조류
소철, 은행나무, 매마등류
외떡잎식물
유공충
난균
부등편모조류
구과식물
사상위족충
피하낭류
규조류
기저현화식물
정단복합체포자충
와편모조류
섬모충
김노클로라 스텔라타

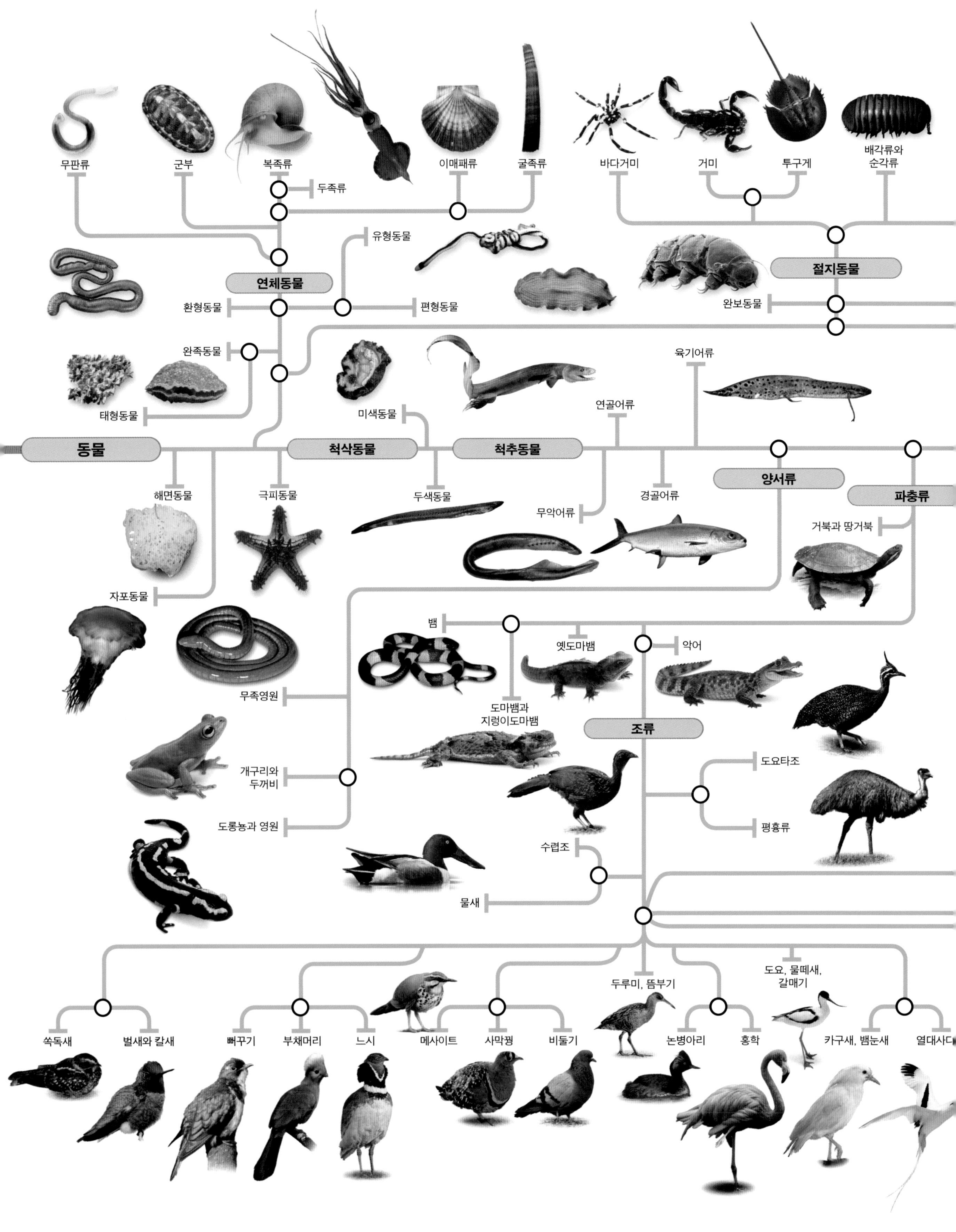

무판류
군부
복족류
이매패류
굴족류
바다거미
거미
투구게
배각류와
순각류
두족류
유형동물
연체동물
절지동물
환형동물
편형동물
완보동물
완족동물
태형동물
육기어류
미색동물
연골어류
동물
척삭동물
척추동물
양서류
파충류
해면동물
극피동물
두색동물
무악어류
경골어류
거북과 땅거북
자포동물
뱀
옛도마뱀
악어
도마뱀과
지렁이도마뱀
조류
무족영원
도요타조
개구리와
두꺼비
평흉류
도롱뇽과 영원
수렵조
물새
도요, 물떼새,
갈매기
두루미, 뜸부기
쏙독새
벌새와 칼새
뻐꾸기
부채머리
느시
메사이트
사막꿩
비둘기
논병아리
홍학
카구새, 뱀눈새
열대사다

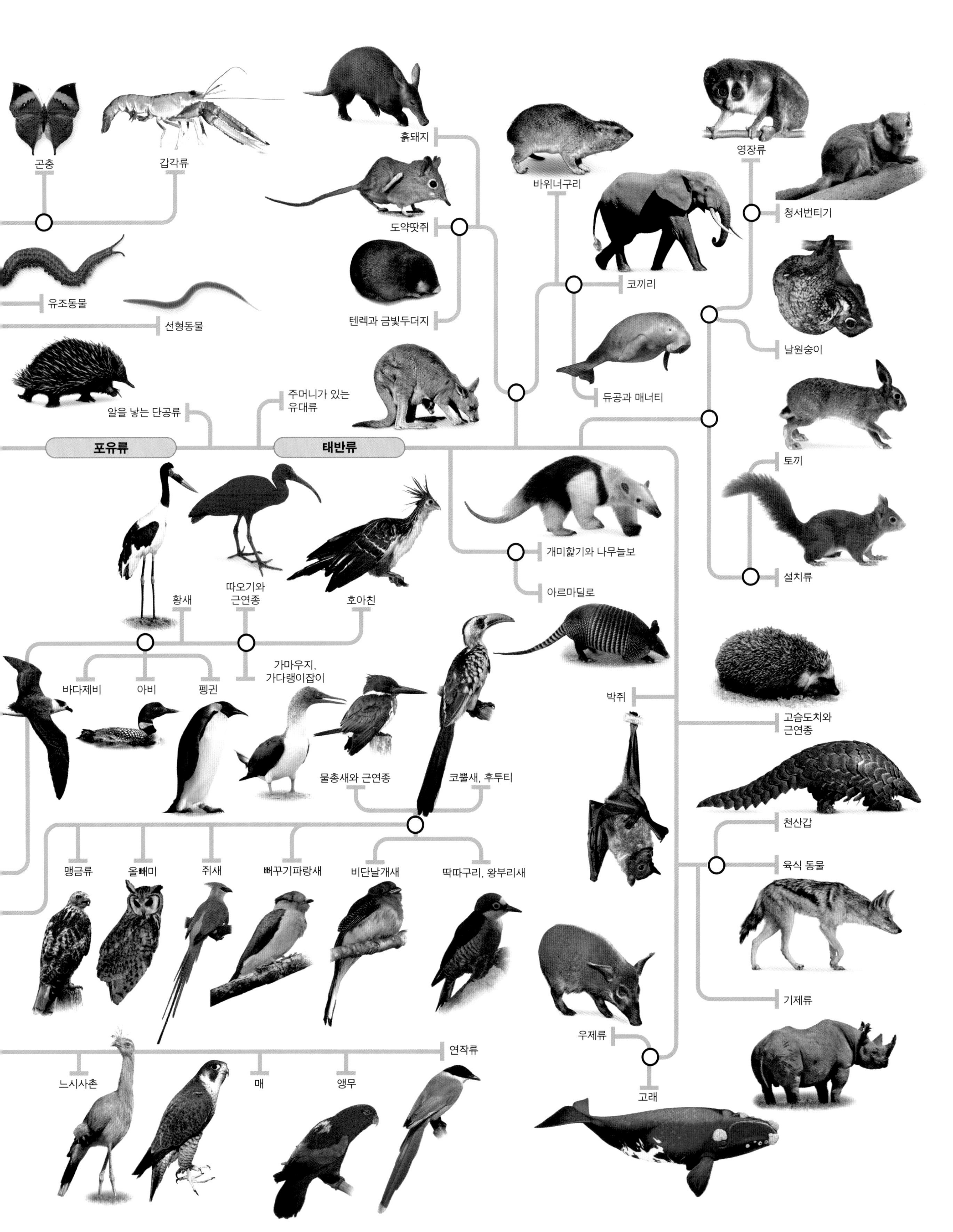
곤충
갑각류
유조동물
선형동물
알을 낳는 단공류
포유류
주머니가 있는
유대류
태반류
흙돼지
도약땃쥐
텐렉과 금빛두더지
바위너구리
코끼리
듀공과 매너티
영장류
청서번티기
날원숭이
토끼
설치류
개미핥기와 나무늘보
아르마딜로
황새
따오기와
근연종
호아친
바다제비
아비
펭귄
가마우지,
가다랭이잡이
박쥐
고슴도치와
근연종
천산갑
육식 동물
기제류
물총새와 근연종
코뿔새, 후투티
맹금류
올빼미
쥐새
뻐꾸기파랑새
비단날개새
딱따구리, 왕부리새
우제류
고래
연작류
느시사촌
매
앵무

광물, 암석, 화석

지구의 생물은 우리 발아래에 놓여 있는 암석의 영향을 받고 있다. 광물들이 다양하게 결합해 만들어진 암석은 경관, 식생 및 토양에 광범위한 영향을 미친다. 이러한 암석 속에 보존된 화석들은 머나먼 과거에 살았던 생물들에 대한 매우 자세한 기록을 간직해 수억 년 이상 계속된 진화의 경로를 보여 준다.

» 38

광물

암석의 구성 성분인 광물은 특징적인 결정 구조를 갖는다. 지각에는 수천 종의 광물이 존재하지만, 50종 이내가 일반적이며 널리 퍼져 있다.

» 62

암석

암석은 형성된 과정에 따라 분류되는데, 끊임없이 잘게 부서지고 다시 뭉쳐진다. 지구의 지각이 최초로 단단해진 38억 년 전에 가장 오래된 암석이 형성됐다.

» 74

화석

이빨이나 뼈 같은 단단한 부분들이 대부분 화석으로 보존된다. 또한 옛날에 생물이 존재했음을 입증하는, 발자국 같은 흔적이나 암석 속의 생물이 눌려 생긴 자국도 화석에 포함될 수 있다.

광물

광물은 암석을 이루는 기본 물질이다. 4,000종류 이상의 광물이 존재하는데, 각각의 광물은 지구에서 자연적으로 발견되며 자신만의 화학조성을 갖는다. 대부분의 광물들은 단단하고 결정질이며, 어떤 광물들은 매우 풍부한 반면 다이아몬드처럼 매우 희귀하고 귀중한 광물들도 있다.

구리 가끔 나무가 가지를 뻗는 것처럼 수지상 형태로 산출된다. 구리는 매우 중요한 경제 광물이다.

공작석 작고 둥근 포도송이 모양이거나 뚜렷한 모양이 없는 괴상이다.

홍연광 크롬산납으로 흔히 가느다랗고 길쭉한 사방정으로 산출된다.

광물은 경제적으로 매우 중요하다. 광물은 인간에게 금속에서부터 산업용 촉매제에 이르기까지 무수히 많은 유용한 물질들을 공급해 주며, 특히 특유의 아름다움으로 인해 가공의 과정을 거쳐 보석으로 탄생하는 물질들까지 포함한다. 그러나 좀 더 넓은 관점에서 보면, 광물은 생물 자체에게 필수적이다. 토양과 물속에 용융된 광물들은 식물과 유기체가 생장하는 데 필요한 화학 영양소를 안정적이고 연속적으로 공급한다. 광물이 없다면 전 세계의 생태계는 더 이상 작동하지 않을 것이다.

광물은 화학적 성질에 따라 분류된다. 금, 은 및 황 같은 몇몇 광물들은 천연 상태로 존재할 수 있는데, 이것은 이 광물들이 다른 원소는 포함하지 않고 순수하게 하나의 화학 원소로만 이루어져 있음을 의미한다. 그 외 다른 모든 광물들은 화합물이다. 예를 들어, 석영은 규소와 산소로 이루어지며 이 두 원소들이 서로 매우 단단하게 묶여 있어서 예외적으로 경도가 크고 견고한 성질을 보인다. 스트룬츠(Strunz) 분류에서, 석영(이산화규소)은 옥수와 오팔처럼 산화 광물로 분류되지만, 이 책에서 사용된 다나(Dana) 분류에서 위 광물들은 규산염 광물로 분류된다. 가장 큰 광물 그룹인 규산염 광물은 지각의 약 75퍼센트를 차지한다. 다른 일반적인 광물 그룹으로는 황화 광물, 산화 광물, 탄산염 광물, 비산염 광물, 그리고 할로겐 광물이 있다.

광물 감정

경험이 쌓이면, 광물의 겉모양만으로도 많은 광물들을 감정할 수 있다. 중요하게 활용되는 단서로는 색깔, 광택(빛이 광물의 표면에서 반사하는 방법), 그리고 특히 정벽(결정형)이 있다. 결정들은 대칭에 따라 6개의 계(系, system)로 구분된다(아래 참조). 광물은 항상 결정형으로 산출되는 것은 아니며, 다른 형태로 산출되기도 한다. 예를들어 광물은 수지상 또는 포도송이 모양으로도 산출된다. 또한 광물은 밀도 또는 비중(어떤 광물의 무게와 동일한 부피의 물의 무게를 비교한 측정값, SG), 경도(H)가 각기 다르다. 경도를 측정하는, 10단계로 구분되는 모스 경도를 보면, 활석은 모스 경도가 1인 반면 가장 단단한 광물인 다이아몬드는 모스 경도가 10이다. 손톱(경도 2.5), 구리 동전(경도 3.5) 그리고 강철로 만든 칼날(경도 5.5) 등은 광물의 경도를 측정하는 데 유용한 지시자이다. 실제로 광물의 크기는 다른 단서들보다 덜 유용하다. 예를 들어 일반적으로 발견되는 석고 결정은 길이가 1센티미터 이하인데, 지금까지 발견된 가장 큰 석고 결정은 크기가 이층 집만 하다.

화산 광물 >

에티오피아 다나킬 사막의 달롤 지역 지표면은 화도(火道)에 의해 우묵 팬 자국이 나 있으며, 원소 광물인 황으로 덮여 있다.

논쟁

광물 또는 비광물?

전통적으로 광물은 무기물이다. 어떤 유기물들은 보석 및 장식용으로 사용되었고, 이 유기물들 중 일부는 광물과 유사한 화학 조성을 가짐에도 불구하고 이들은 진정한 의미의 광물은 아니다. 보석으로도 널리 사용되는 호박은 나무의 수지가 굳어진 것이다. 주로 백악기, 제3기, 제4기에 형성됐으며 화석화된 곤충을 포함하기도 한다. 부드러운 검정색 암석인 흑옥은 불순물이 섞인 석탄의 한 종류인데, 빅토리아 시대에 널리 유행하는 장신구가 되었다. 껍데기, 진주, 산호(오래 사용되지는 않음)는 방해석을 풍부하게 지니고 있으며 장식용으로 사용된다.

결정계

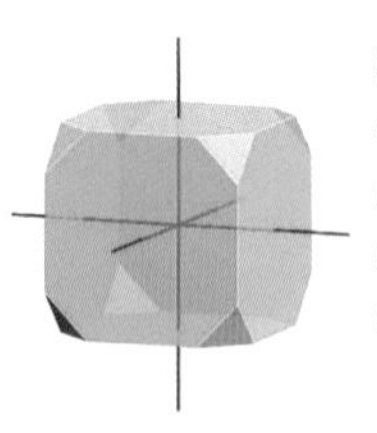

등축정계는 흔하며 쉽게 인식된다. 3개의 결정축이 서로 수직을 이룬다. 전체적으로 정육면체 형태를 한 8면체이다.

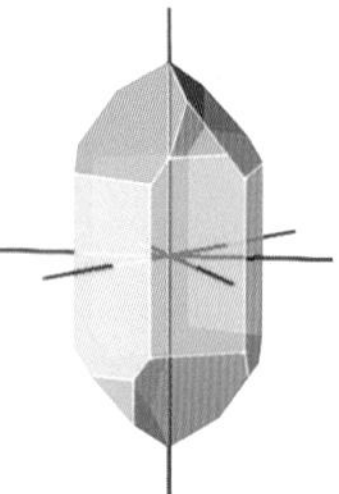

육방정계 및 삼방정계는 서로 매우 유사한데, 4개의 결정축을 갖는다. 이 결정들은 흔히 6면의 각기둥과 각뿔을 갖는다.

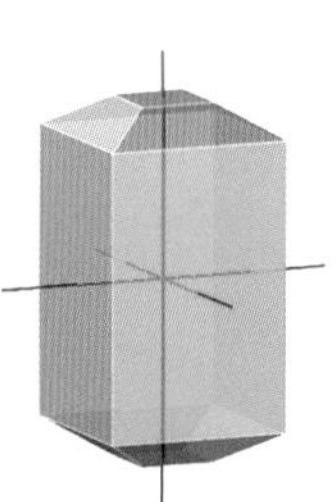

정방정계는 서로 수직을 이루는 3개의 결정축을 갖는데, 이중 2개의 결정축의 길이는 같다. 긴 각기둥에서 수직축이 더 길다. 땅딸막한 각기둥도 흔하다.

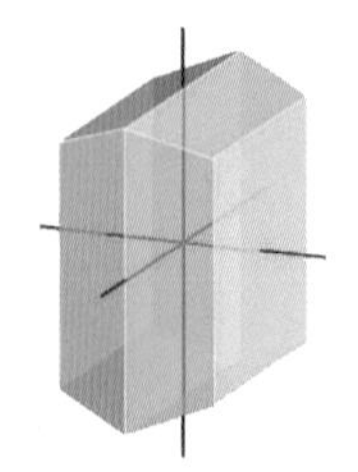

단사정계는 길이가 다른 3개의 결정축을 갖는데, 이중 단지 2개의 결정축만이 서로 수직을 이룬다. 편평한 각기둥 결정형이 일반적이다.

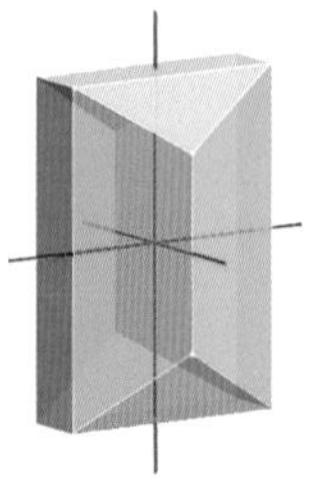

사방정계는 단사정계와 유사하지만, 3개의 모든 결정축이 서로 수직을 이룬다. 일반적으로 편평한 각기둥 결정형이다.

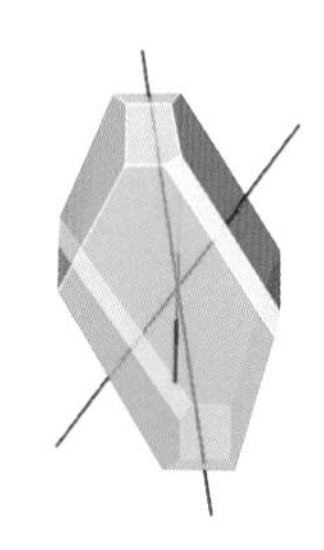

삼사정계는 3개의 결정축 길이가 서로 다르고, 이들이 서로 직각으로 만나지 않는다는 점에서 낮은 대칭도를 갖는다. 각기둥 결정형이 일반적이다.

원소 광물

수많은 천연 원소 중 20여 개의 원소만이 자연 상태, 즉 다른 원소와 결합하지 않은 상태로 발견된다. 이들은 3종류로 나누어진다. 금속 원소는 뚜렷한 결정을 거의 형성하지 않기 때문에 비중이 높은 경향이 있으며 부드럽다. 안티몬 및 비소 같은 반금속은 보통 둥근 덩어리로 산출된다. 황 및 탄소를 포함하는 비금속은 보통 결정을 형성한다.

안티몬
삼방정계
경도 3~3.5 • **비중** 6.6~6.69
이 희귀한 반금속은 열수 광맥에서 주로 비소 및 은과 함께 산출된다. 은회색 덩어리는 산화될 때 흰색으로 씌워진다.

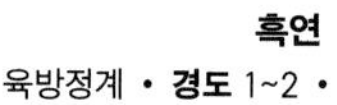

흑연
육방정계 • **경도** 1~2 • **비중** 2.09~2.23
변성암에서 흔히 산출되는 순수한 탄소 형태인 흑연은 검은색이며 부드럽고 기름이 많이 묻어 있으며 이상적인 연필심 재료이다.

천연 구리

구리
등축정계 • **경도** 2.5~3 • **비중** 8.94
천연 구리는 주로 불규칙한 괴상, 분지상 또는 철망 같은 형태로 산출된다. 대부분 특히 현무암질 용암류와 관련되어 있다. 천연 구리는 훌륭한 전도체이며 전기 산업에 널리 사용된다.

수지상

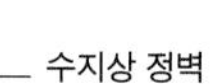

수지상 정벽

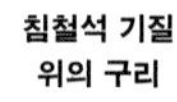

침철석 기질 위의 구리

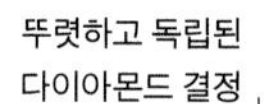

뚜렷하고 독립된 다이아몬드 결정

다이아몬드
등축정계 • **경도** 10 • **비중** 3.51
가장 단단한 광물인 다이아몬드는 탄소 형태의 값비싼 광물로, 지하 깊숙한 화산관(火山管)에서 킴벌라이트라고 불리는 화성암으로부터 산출된다.

암석 기질

수지 광택

비소
삼방정계 • **경도** 3.5 • **비중** 5.72~5.73
매우 유독한 비소는 보통 열수 광맥군에서 옅은 회색의 둥근 덩어리 형태로 형성된다. 가열되면 마늘 냄새가 난다.

황
사방정계 • **경도** 1.5~2.5 • **비중** 2.07
천연 황은 화도 주변에서 두드러진 황색 결정과 분상 지각(powdery crust)을 형성한다. 천연 황은 황산, 염료, 살충제 및 비료로 사용된다.

백금 덩어리

백금
등축정계 • **경도** 4~4.5 • **비중** 21.44
귀한 금속인 천연 백금은 화성암과 충적 사암에서 비늘, 낱알 및 덩어리 형태로 산출된다. 천연 백금은 녹는점이 높기 때문에 산업, 예를 들어 항공기 점화 플러그 제작에 유용하다.

울퉁불퉁한 표면

백금

금
등축정계 • **경도** 2.5~3 • **비중** 19.3
색깔과 전성(展性) 때문에 귀중하게 여겨지는 금은 열수 광맥에서 형성되며, 흔히 풍화되어 강가 모래에서 덩어리로 발견된다.

철
등축정계 • **경도** 4.5 • **비중** 7.3~7.87
지면에서 천연 철은 쉽게 다른 원소와 결합하기 때문에 대부분의 천연 철은 지구의 중심부에서 발견된다.

비스무트
삼방정계
경도 2~2.5 • **비중** 9.7~9.83
천연 비스무트는 상대적으로 희귀하다. 뚜렷한 결정으로는 거의 발견되지 않기 때문에 비스무트는 흔히 알갱이 또는 가지를 내뻗은 형태를 갖는다.

암석 공동(空洞) 속의 수은 덩어리

수은
삼방정계
경도 액체 • **비중** 14.38
수은은 정상 온도에서 액체인 유일한 금속이다. 액체일 때 은빛 덩어리로 보인다.

은
등축정계 • **경도** 2.5~3 • **비중** 10.5
널리 분포되어 있지만 풍부하게는 산출되지 않는 천연 은은 주로 휘어진 철사, 비늘 및 가지를 내뻗은 덩어리 형태로 산출된다.

황화 광물

황화 광물은 황이 하나 또는 여러 개의 금속과 결합되어 있는 거대한 광물 집단이다. 대다수의 황화 광물들은 비중이 높으며 금속광택을 갖는다. 황화 광물은 흔히 멋진 결정을 형성한다. 다양한 지질학적 환경에서 생성되지만, 열수 광맥에서 흔히 산출된다. 경제적으로 중요한 금속 광석 광물 대부분이 황화 광물에 포함된다.

진사
삼방정계
경도 2~2.5 • **비중** 8~8.2
붉은색의 황화수은인 진사는 수세기 동안 수은의 주요 공급원이었다. 온천과 화도 부근에서 산출된다.

길고 구부러진 결정들은 칼날 또는 칼과 유사하다.

휘안석
사방정계 • **경도** 2 • **비중** 4.63~4.66
황화안티몬인 이 암회색 광물은 주된 안티몬 광석이다. 중국, 일본 그리고 미국 서부에 많이 매장되어 있다.

휘코발트석
사방정계 • **경도** 5.5 • **비중** 6.33
휘코발트석은 비소와 코발트의 황화물로 드물게 산출된다. 스웨덴과 노르웨이에 있는 코발트 광석은 중요하다.

분명치 않은 결정은 거대한 덩어리를 형성한다.

거대한 반동석

반동석 결정

반동석
사방정계 • **경도** 3 • **비중** 5.08
이 황화구리철은 구릿빛의 붉은색인데 변색되면 희미한 자주색과 파란색을 띤다. 중요한 구리 광석이다.

방연석
등축정계 • **경도** 2.5 • **비중** 7.58
방연석은 매우 풍부하고 널리 분포된 황화 광물 중의 하나이다. 방연석은 방연광으로 광범위하게 채굴됐다.

흔하게 산출되는 거대한 황동석 결정

그리노카이트
육방정계
경도 3~3.5 • **비중** 4.82
스코틀랜드 영주인 그리녹(Greenock)의 이름을 땄으며 1840년에 발견됐다. 이 희귀한 황화카드뮴은 황색, 적색 또는 주황색이다.

황동석
정방정계
경도 3.5~4 • **비중** 4.35
구리와 철의 황화물인 황동석은 짙은 황동색이다. 황동석은 구리광으로서 중요한 가치를 지닌다.

황동석 결정

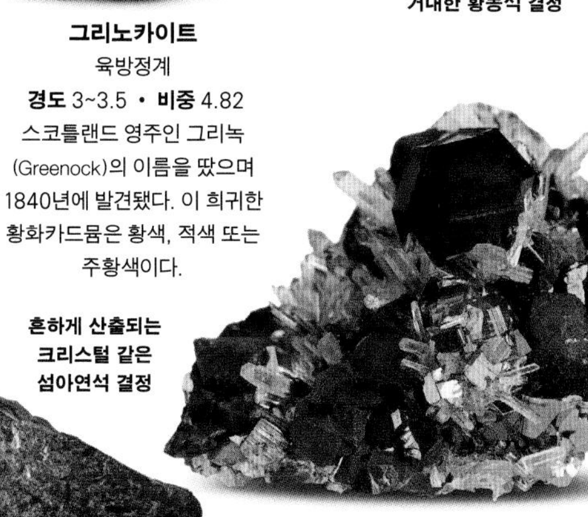

흔하게 산출되는 크리스털 같은 섬아연석 결정

거대한 섬아연석

섬아연석
등축정계 • **경도** 3.5~4 • **비중** 3.9~4.1
다양한 철 함유량을 갖는 황화아연인 섬아연석은 아연을 함유하는 광석 중 가장 많이 채굴된다.

유은석
단사정계
경도 2~2.5 • **비중** 7.22
검은색이고 금속성이며 가끔 뾰족뾰족한 결정으로 산출되는 황화 광물이다. 중요한 은광이다.

» 황화 광물

웅황
단사정계
경도 1.5~2 • **비중** 3.49
황금색 안료를 의미하는 라틴 어에서 유래된 이 황화비소는 온천 부근에서 엽리(葉理)가 발달된, 원주형 덩어리로 산출된다.

계관석
단사정계 • **경도** 1.5~2 • **비중** 3.56
밝은 다홍색의 황화비소인 계관석은 역사상 안료로 사용됐다.

글로코도트
사방정계 • **경도** 5 • **비중** 6.05
코발트, 철 그리고 비소의 황화물인 글로코도트는 외부 결정을 갖지 않는 은백색의 부서지기 쉬운 덩어리로 산출된다.

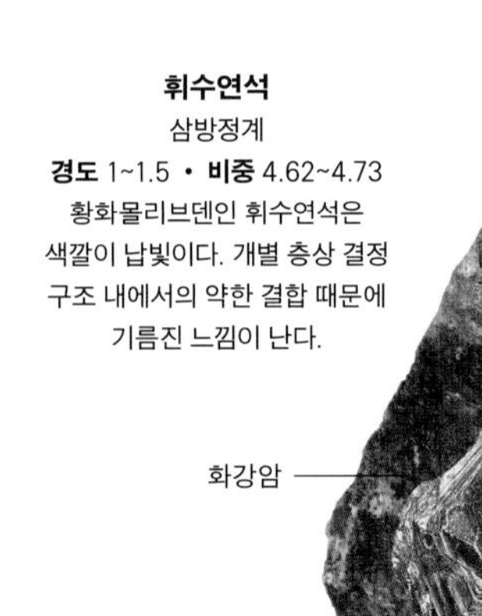

휘수연석
삼방정계
경도 1~1.5 • **비중** 4.62~4.73
황화몰리브덴인 휘수연석은 색깔이 납빛이다. 개별 층상 결정 구조 내에서의 약한 결합 때문에 기름진 느낌이 난다.

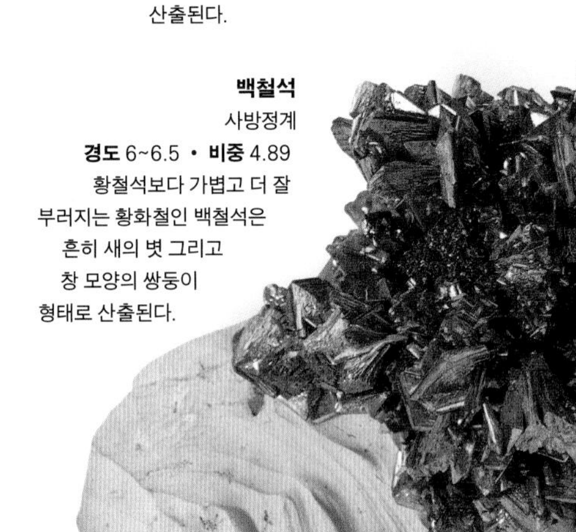

백철석
사방정계
경도 6~6.5 • **비중** 4.89
황철석보다 가볍고 더 잘 부러지는 황화철인 백철석은 흔히 새의 볏 그리고 창 모양의 쌍둥이 형태로 산출된다.

코벨라이트
육방정계 • **경도** 1.5~2 • **비중** 4.68
코벨라이트는 특유의 흔한 황화구리가 아니다. 광물 수집가들은 코벨라이트의 빛나는 남청색 색깔에 매혹당한다.

호어라이트
등축정계 • **경도** 4 • **비중** 3.46
매우 희귀한 황화망간이다. 이 다갈색의 팔면체 결정은 광물이 암염 돔을 덮는 모자암(cap rock)에서 변질될 때 형성될 수 있다.

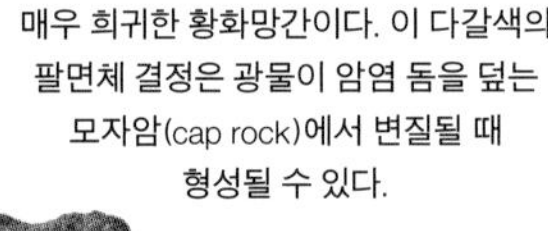

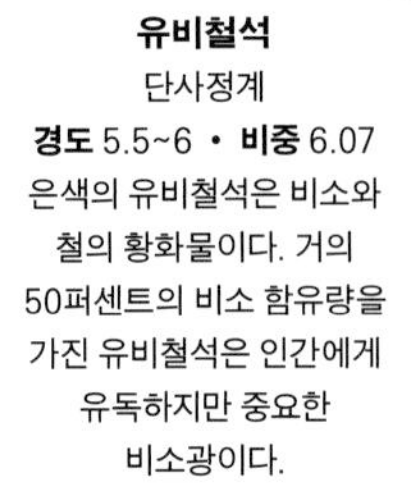

유비철석
단사정계
경도 5.5~6 • **비중** 6.07
은색의 유비철석은 비소와 철의 황화물이다. 거의 50퍼센트의 비소 함유량을 가진 유비철석은 인간에게 유독하지만 중요한 비소광이다.

황석석
정방정계 • **경도** 4 • **비중** 4.3~4.5
황석석은 주석을 공급하기 위해 채굴되며, 주석, 구리 그리고 철의 황화물이다. 황석석의 이름은 주석을 뜻하는 라틴 어에서 유래했다.

황철니켈석
등축정계
경도 3.5~4 • **비중** 4.6~5.0
니켈과 철의 황화물인 황철니켈석은 염기성 화성암에서 산출된다. 황철니켈석은 중요한 니켈 공급원이다.

황철석
등축정계
경도 6~6.5 • **비중** 4.8~5
밝은 금빛 색깔 때문에 '바보의 금'이라는 별명을 가진 황철석은 모든 황화 광물 중 가장 흔하게 산출된다.

밀러라이트
삼방정계
경도 3~3.5 • **비중** 5.3~5.5
황화니켈인 밀러라이트는 석회암과 초염기성 암석에서 나타난다. 니켈 광석에서 산출된다.

자류철석
단사정계 • **경도** 3.5~4.5 • **비중** 4.58~4.65
다양한 철 함유량을 갖는 황화철인 자류철석은 철 함량이 감소하면 자성(磁性)이 증가한다.

휘동석
단사정계 • **경도** 2.5~3 • **비중** 5.5~5.8
암회색에서 검정색을 갖는 이 황화구리 광물은 수백 년 동안 채굴되어 왔다. 휘동석은 가장 유익한 구리 광석 중 하나이다.

휘창연석
사방정계 • **경도** 2 • **비중** 6.78
황화비스무트인 휘창연석은 중요한 광석이다. 산출된 대부분의 비스무트는 약과 화장품의 원료로 사용된다.

황산염 광물

황산염 광물은 약 200개의 광물들을 포함하는데, 화학 구조적으로 표준 황화 광물과 연관되어 있으며 대개 동일한 성질을 갖는다. 황산염 광물에서 황은 일반적으로 은, 납, 구리 또는 철 같은 금속 원소 하나와, 종종 안티몬과 비소 같은 반금속 하나가 결합되어 있다. 황산염 광물은 흔히 열수 광맥에서 소량 산출된다.

농홍은석
삼방정계
경도 2.5 • **비중** 5.85
홍은광으로도 불리는, 은과 안티몬의 황화물로 적흑색이지만 짙은 루비색의 가느다란 조각들도 관찰된다.

폴리바사이트
단사정계
경도 2.5~3 • **비중** 6.1
어느 정도 흔치 않게 산출되는 폴리바사이트는 은, 구리, 안티몬 그리고 비소의 황화물이다. 폴리바사이트는 지역에 따라 상당한 양의 은을 산출하기도 한다.

보울란저라이트
단사정계
경도 2.5~3 • **비중** 6.2
납과 안티몬의 황화물인, 비둘기색의 보울란저라이트는 가늘고 머리카락 같은 결정을 형성하는 몇 안 되는 황화 광물이다.

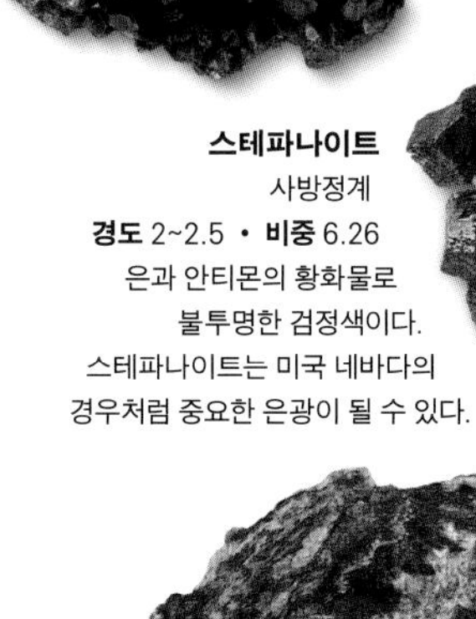

스테파나이트
사방정계
경도 2~2.5 • **비중** 6.26
은과 안티몬의 황화물로 불투명한 검정색이다. 스테파나이트는 미국 네바다의 경우처럼 중요한 은광이 될 수 있다.

제임소나이트
단사정계 • **경도** 2.5 • **비중** 5.63
납, 철 그리고 안티몬의 황화물인, 짙은 회색의 제임소나이트 결정은 가늘고 머리카락 같거나 또는 더 두꺼우며, 각기둥 모양이다.

담홍은석
삼방정계 • **경도** 2~2.5 • **비중** 5.55~5.64
은과 비소의 황화물로 빛나는 프로우스타이트로도 불린다. 이 투명한 결정은 선명한 빨강색이다.

징케나이트
육방정계 • **경도** 3~3.5 • **비중** 5.25~5.35
징케나이트는 납과 안티몬의 황화물이다. 푸른빛을 띤 회색으로 머리카락 또는 바늘 모양의 결정으로 산출된다.

사면동석
등축정계
경도 3~4.5 • **비중** 4.6~5.1
구리, 철, 안티몬의 황화물인 사면동석은 사면체 결정 모양(4개의 삼각형 면을 가진 결정)을 따서 명명되었다.

빛나는 금속성 광택

방사상으로 뻗는 침상 결정

테난타이트
등축정계 • **경도** 3~4.5 • **비중** 4.59~4.75
구리, 철 그리고 비소의 황화물인 테난타이트는 암회색 또는 검정색이다. 유동광과 매우 유사해 보인다.

유비철석
사방정계 • **경도** 3 • **비중** 4.45
구리와 비소의 황화물로, 푸른빛을 띤 회색인 유비철석은 금속광택을 갖는다. 결정은 보통 작고 평편하거나 각기둥 형태이다.

보우노나이트
사방정계 • **경도** 2.5~3 • **비중** 5.83
검정색 또는 푸른빛을 띤 회색의 보우노나이트는 납, 구리 그리고 안티몬의 황화물이다. 결정은 평편한 형태부터 각기둥 형태까지 산출된다.

산화 광물

산화 광물은 산소와 다른 원소들의 화합물이다. 일부 산화 광물들은 매우 단단하고, 일부는 비중이 높으며, 다수의 산화 광물들이 색깔이 밝으며 보석으로 취급된다. 산화 광물에는 철, 망가니즈(망간), 알루미늄, 주석 및 크롬의 주요 광석들이 포함된다. 산화 광물은 열수 광맥, 화성암 및 변성암에서 산출될 수 있으며, 풍화와 이동에 강하므로 퇴적암에서도 산출될 수 있다.

적동석
등축정계 • **경도** 3.5~4 • **비중** 6.14
다양한 영국령 지역에서 산출되는 산화구리인 적동석은 구리 광물의 산화에 의해 지표면 부근에서 형성된다.

회티탄석
사방정계
경도 5.5 • **비중** 3.98~4.26
칼슘과 티타늄의 산화물로 어두운 색깔을 띠는 회티탄석은 화성암과 변성암에서 산출된다. 1839년 러시아에서 발견됐다.

티탄철석
삼방정계
경도 5~6 • **비중** 4.68~4.76
산화철티타늄인 티탄철석은 중요한 티타늄석이다. 내구력이 높고 밀도가 낮아 비행기와 로켓에 사용된다.

프랭클리나이트
등축정계
경도 5.5~6 • **비중** 5.07~5.22
검은색 또는 다갈색의 아연망간철 산화물로 특히 미국 뉴저지의 프랭클린에 있는 변성 작용을 받은 석회암에서 산출된다.

팔면체의 프랭클리나이트 결정

석석
정방정계 • **경도** 6~7 • **비중** 6.98~7.01
전 세계 주석의 거의 유일한 공급원인 이 산화주석은 주로 강의 자갈들 사이에서 작은 입자로 산출된다.

줄무늬가 있는 결정 면

유리 광택

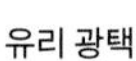

우라니나이트
등축정계 • **경도** 5~6 • **비중** 10.63~10.95
방사능이 많이 포함된 검정색 또는 다갈색의 산화우라늄인 우라니나이트는 전기를 생산하는 핵 원자로 및 핵무기 제조에 사용되는 주요 우라늄광이다.

사마스카이트
단사정계
경도 5~6 • **비중** 5~5.69
이트륨, 철, 탄탈륨 그리고 니오븀이 포함된 다양한 금속 산화물인 사마스카이트는 화성암과 충적 모래에서 산출된다.

가나이트
등축정계 • **경도** 7.5~8 • **비중** 4.62
알루미늄과 아연의 산화물인 가나이트는 주로 변성암에서 드물게 산출된다. 짙은 녹색 또는 파란색에서 검정색의 결정을 형성한다.

강옥
삼방정계
경도 9 • **비중** 3.98~4.1
강옥은 산화알루미늄으로, 경도는 다이아몬드 다음으로 단단하다. 루비(적색)와 사파이어(청색) 종류는 보석으로 여겨진다.

크롬철석
등축정계 • **경도** 5.5 • **비중** 4.5~4.8
산화철크롬인 크롬철석은 크롬강과 스테인리스강을 만드는 데 사용되는 원소인 크롬의 유일한 공급원이다.

수산화 광물

수산화 광물은 금속 원소가 수산화기(OH)와 결합된 화합물이다. 수산화 광물은 흔하게 관찰되는 광물로, 지각에 침투한 현존하는 산화물과 물속에 풍부한 유체의 화학 반응을 통해 종종 형성된다. 수산화 광물들은 매우 부드럽다. 열수 광맥의 변질된 부분이나 변성암에서 산출되는 경향이 있다.

빛나는 금속광택

적철석
육방정계 • **경도** 5~6 • **비중** 5.26
광범위하게 퍼져 있고 풍부하게 산출되는 산화철인 적철석은 철을 생산하기 위해 광범위하게 채굴됐다. 검은색, 금속성 회색부터 흙빛의 붉은색까지 색깔이 다양하다.

스티비코나이트
등축정계 • **경도** 5.5~7 • **비중** 3.5~5.5
수산화안티몬으로 드물게 산출된다. 색깔은 흰색 또는 황갈색이며, 특히 휘안석 같은 다른 안티몬 광물의 변질에 의해 형성된다.

깁사이트
단사정계
경도 2.5~3 • **비중** 2.38~2.42
알루미늄 광석인 보크사이트에서 가장 중요한 3개의 수산화알루미늄 광물 중 하나이다. 또한 열수 광맥에서 산출된다.

퍼거소나이트
정방정계
경도 5.5~6.5 • **비중** 4.2~5.8
퍼거소나이트는 이트륨, 란타늄, 니오븀 그리고 세륨 등 많은 금속 산화물에 대해 붙여진 이름이다.

사방정

수산화알루미늄광
사방정계 • **경도** 6.5~7 • **비중** 3.2~3.5
수산화알루미늄광은 보크사이트에서 필수적인 수산화알루미늄이다. 대리석과 변성 화성암에서 나타나기도 한다.

레피도크로사이트
사방정계 • **경도** 5 • **비중** 4.05~4.13
상대적으로 희귀한 수산화철로 침철석과 함께 산출된다. 색깔이 적갈색이며, 불규칙한 섬유상의 형태를 형성한다.

연망간석
정방정계
경도 2~6.5 • **비중** 5.04~5.08
흔하게 볼 수 있는 산화망간이다. 연망간석은 강철 생산에 반드시 필요한 원소인 망간을 생산하는 중요한 광석이다.

괴상의 로마네차이트

로마네차이트
단사정계 • **경도** 5~6 • **비중** 6.45
짙고 불투명하며, 바륨을 지니는 산화망간인 로마네차이트는 보통 집합체나 괴상으로 형성된다. 결정은 드물다.

금홍석
정방정계
경도 6~6.5 • **비중** 4.23
티타늄의 공급원인 이 산화티타늄은 종종 석영 결정 속에서 얇은 반투명 침상 결정들이 인상적으로 배열된 모습을 보인다.

갈철석

포도송이 모양의 침철석

침철석
사방정계 • **경도** 5~5.5 • **비중** 4.27~4.29
일반적인 수산화철인 침철석은 대기 중에 노출된 토양과 암석으로 하여금 황갈색을 띠게 한다.

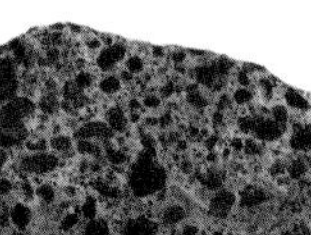

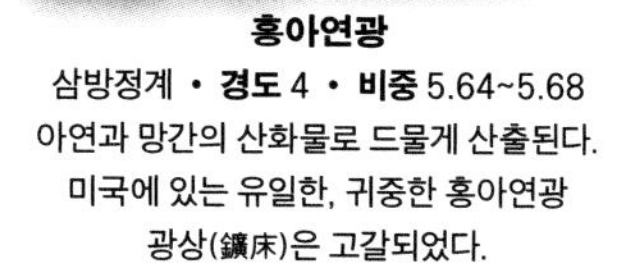

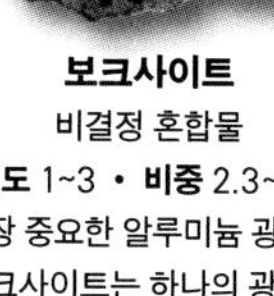

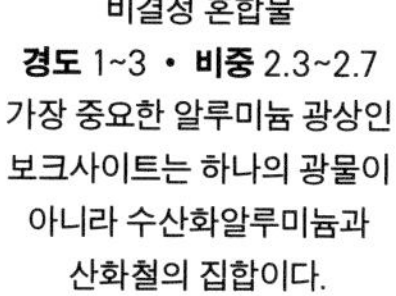

금록석
사방정계 • **경도** 8.5 • **비중** 3.75
금록석은 산화베릴륨알루미늄이다. 예외적인 단단함과 황갈색 색깔로 널리 알려진 귀중한 보석이다.

홍아연광
삼방정계 • **경도** 4 • **비중** 5.64~5.68
아연과 망간의 산화물로 드물게 산출된다. 미국에 있는 유일한, 귀중한 홍아연광 광상(鑛床)은 고갈되었다.

수활석
삼방정계 • **경도** 2.5~3 • **비중** 2.39
수산화마그네슘이며 색깔은 흰색, 회색, 청색 그리고 녹색이다. 수활석은 변성암에서 산출된다.

보크사이트
비결정 혼합물
경도 1~3 • **비중** 2.3~2.7
가장 중요한 알루미늄 광상인 보크사이트는 하나의 광물이 아니라 수산화알루미늄과 산화철의 집합이다.

할로겐 광물

금속 원소가 할로겐 원소와 결합할 때, 할로겐 광물이 형성된다. 할로겐 화합물로는 아이오딘(요오드), 플루오린(플루오르), 염소, 브로민(브롬) 등이 있다. 보통 매우 부드러우며 비중이 낮고, 종종 등축정계로 분류된 결정들을 갖는다. 암염과 칼리암염의 경우처럼 대개 소금물의 증발로 인한 연속적인 증발 잔류암의 생성으로 형성되었다. 다른 할로겐 광물들, 예를 들어 형석은 열수 광맥에서 산출된다.

형석
등축정계 • **경도** 4 • **비중** 3.18
이 플루오린화칼슘은 다양한 색깔의 불투명 결정들에게 투명함을 선사한다. 많은 양이 플루오린화수소산을 만드는 데 사용된다.

칼리암염
등축정계 • **경도** 2 • **비중** 1.99
칼리암염은 암염과 유사한 소금, 즉 염화포타슘이다. 증발 잔류암 광상에서 암염과 함께 산출되며 포타슘 비료를 만드는 데 사용된다.

광로석
사방정계 • **경도** 2.5 • **비중** 1.6
소금물의 증발에 의해 형성된, 마그네슘과 포타슘(칼륨)의 수화염화물이다. 광로석은 비료 제조에 중요하게 사용된다.

디아볼레아이트
정방정계 • **경도** 2.5 • **비중** 5.42
연한 청색에서 진한 청색의 염화수산화납구리인 디아볼레아이트는 다른 광물들의 변질에 의해 형성된다.

볼레아이트
등축정계 • **경도** 3~3.5 • **비중** 5.05
짙은 청색의 볼레아이트는 납, 은, 구리, 염소의 수산화물로 드물게 산출된다. 볼레아이트는 납과 구리 광상이 변질되는 곳에서 산출된다.

암염
등축정계 • **경도** 2 • **비중** 2.17
암염(일반적인 소금) 또는 염화소듐(염화나트륨)은 바닷물의 증발로 형성된 광범위한 지층에서 산출된다. 암염은 무색이거나 유색일 수 있다.

탄산염 광물

탄산염 광물들은 금속 또는 반금속 원소와 탄산염기(CO_3)의 화합물이다. 70개 이상의 탄산염 광물들이 알려져 있는데, 방해석, 돌로마이트, 능철광이 지구 지각에서 산출되는 탄산염 광물을 대표한다. 보통 규칙적인 모습과 결정 내부에 외부 물질이 포함되지 않은 멋진 결정 형태로 산출된다. 대부분의 탄산염 광물들은 색깔이 옅지만, 망간광, 능아연석, 공작석 같은 일부 광물들은 밝은 색깔을 띤다.

잘라이트
단사정계
경도 4~4.5 • **비중** 3.78~3.93
일반적으로 흰색이며 화성암에서 산출된다. 수산화플루오린화소듐스트론튬마그네슘알루미늄으로 드물게 산출된다.

클로라기라이트
등축정계 • **경도** 2.5 • **비중** 5.55
이 은색의 염화물은 보통 비늘 또는 접시와 비슷한 형태이며, 집단으로 보면 밀랍과 유사하다. 은 광상이 변질된 곳에서 산출된다.

아타카마이트
사방정계 • **경도** 3~3.5 • **비중** 3.76
녹색의 아타카마이트는 구리 광상이 산화된 곳에서 산출되는 염화수산화구리이다. 그다지 중요하지 않은 구리 광석이다.

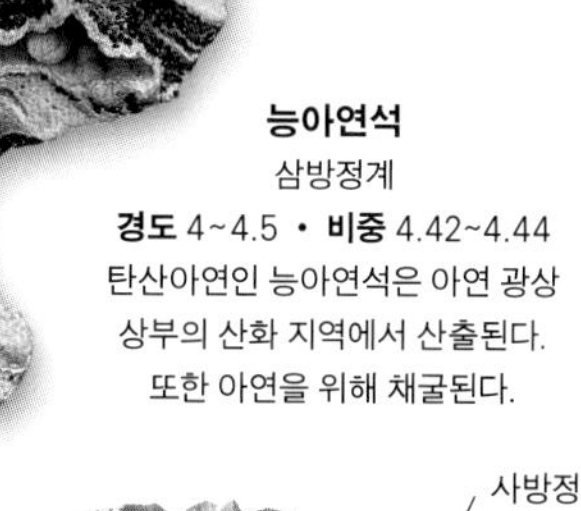

능아연석
삼방정계
경도 4~4.5 • **비중** 4.42~4.44
탄산아연인 능아연석은 아연 광상 상부의 산화 지역에서 산출된다. 또한 아연을 위해 채굴된다.

송곳니 모양의
섬광석

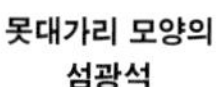
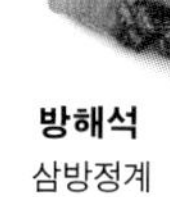

못대가리 모양의
섬광석

방해석
삼방정계
경도 3 • **비중** 2.71
가장 풍부한 광물 중 하나인 이 탄산칼슘은 괴상이며, 석회암이나 대리석으로 산출된다. 방해석은 또한 멋진 결정을 보인다.

바륨방해석
단사정계 • **경도** 4 • **비중** 3.66~3.71
이 탄산바륨칼슘은 색깔이 흰색에서 황색이며, 종종 석회암 내의 열수 광맥에서 발견된다.

트로나
단사정계 • **경도** 2.5 • **비중** 2.14
수산화탄산소듐 또는 트로나는 회색, 황색 또는 갈색이다. 지표면, 특히 염분이 있는 사막 환경에서 형성된다.

약간 굽은 결정면

백운암
삼방정계
경도 3.5~4 • **비중** 2.84~2.86
석회암이 변질된 곳에서 산출되는 탄산칼슘마그네슘이다. 오로지 괴상의 백운암으로 구성된 백운석회석은 건축용 석재로 사용된다.

감홍
정방정계
경도 1.5~2 • **비중** 7.15
드물게 산출되는 이 염화수은은 색깔이 흰색에서 회색까지, 때로는 갈색인 광물이다. 색깔은 빛에 노출된 정도에 따라 결정된다.

빙정석
단사정계
경도 2.5 • **비중** 2.97
드물게 산출되는 플루오린화알루미늄소듐인 빙정석은 종종 얼음 같은 겉모양을 갖는다. 페그마타이트와 화강암에서 발견된다.

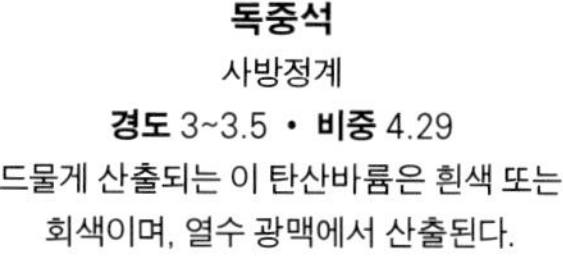

독중석
사방정계
경도 3~3.5 • **비중** 4.29
드물게 산출되는 이 탄산바륨은 흰색 또는 회색이며, 열수 광맥에서 산출된다.

마그네사이트
삼방정계 • **경도** 3.5~4.5 • **비중** 2.98~3.02
탄산마그네슘인 마그네사이트는 보통 흰색에서 갈색의, 밀도가 높은 덩어리로 산출된다. 용광로 벽돌과 마그네시아 시멘트로 만들어진다.

스트론티아나이트
사방정계 • **경도** 3.5 • **비중** 3.74~3.78
이 탄산스트론튬은 열수 광맥과 석회암에서 산출된다. 스트론튬은 설탕 제련과 폭죽에 사용된다.

»

≫ 탄산염 광물

'쇠의 꽃' 아라고나이트

아라고나이트 쌍결정

아라고나이트
사방정계
경도 3.5~4 • **비중** 2.95
아라고나이트는 탄산칼슘으로 화학적으로 방해석과 동일하지만, 방해석과는 다른 결정 시스템을 가지며 덜 흔하다.

포도송이 능철석

능철석
삼방정계
경도 3.5~4.5 • **비중** 3.96
갈색의 탄산철인 능철석은 다양한 형태로 산출된다. 그리스 어로 철을 뜻하는 단어에서 영어 이름을 따왔다.

능면체 능철석

짧은 사방정

각연광
정방정계 • **경도** 2~3 • **비중** 6.12~6.15
이 희귀한 염화탄산납은 납이 풍부한 광물과 물의 반응에 의해 지표면 가까이에서 생성된다.

아티나이트
단사정계 • **경도** 2.5 • **비중** 2.01~2.03
수화된 수산화탄산마그네슘으로 독특한 정벽(晶癖)과 흰색의 작은 가지들, 침상의 결정들을 갖는다. 사문암에서 산출된다.

히드로진사이트
단사정계
경도 2~2.5 • **비중** 3.5~4
히드로진사이트 또는 수산화탄산아연은 색깔이 옅은 회색, 흰색, 연분홍색 또는 황색이다. 자외선 아래에서 푸르스름한 흰색의 형광빛을 발한다.

가장자리의 녹색 공작석 조각

갈철광 모암

남동석
단사정계 • **경도** 3.5~4 • **비중** 3.77
남동석은 수화탄산구리이다. 독특한 남청색으로, 열수 광맥에서 녹색의 공작석과 빈번하게 연계되어 산출된다.

포도송이 정벽

레드힐라이트
단사정계 • **경도** 2.5~3 • **비중** 6.55
이 수산화탄산황산납은 보통 납 광상의 산화대에서 멋진 결정형으로 산출된다.

백연석
사방정계 • **경도** 3~3.5 • **비중** 6.53~6.57
납을 함유한 암맥이 변질된 곳에서 산출되는 탄산납인 백연석은 방연석 다음으로 가장 일반적인 방연광이다.

철백운석
삼방정계
경도 3.5~4 • **비중** 2.97
철백운석은 탄산칼슘에 소량의 철, 마그네슘 그리고 망간이 결합된 것이다. 때때로 금을 함유한 석영맥에서 발견된다.

능망간석
삼방정계 • **경도** 3.5~4 • **비중** 3.7
장밋빛의 보석 같은 결정인 능망간석은 남아프리카, 미국, 페루에서 산출된다. 줄무늬 능망간석은 보석으로 이용된다.

오리칼사이트 결정

오리칼사이트
단사정계 • **경도** 1~2 • **비중** 3.96
청색 또는 녹색의 수산화탄산납아연인 오리칼사이트는 납과 구리 광상의 산화대에서 산출된다.

공작석
단사정계 • **경도** 3.5~4 • **비중** 3.6~4.05
이 멋진 녹색의 탄산구리는 보통 포도송이 형태로 산출된다. 공작석은 장식용 및 구리의 공급원으로 이용된다.

포도송이 모양의 공작석

붕산염 광물

붕산염 광물은 금속 원소가 붕산염기(BO_3)와 결합할 때 형성된다. 100개 이상의 붕산염 광물이 존재하는데, 가장 일반적인 붕산염 광물은 붕사, 커나이트, 울렉사이트 그리고 회붕광이다. 붕산염은 색깔이 옅은 경향이 있으며, 상대적으로 부드럽고 비중이 낮다. 소금물이 메마른 뒤 퇴적암의 층과 층 사이에 광물들이 침전되어 만들어진 증발잔류암에서 산출된다.

커나이트
단사정계 • **경도** 2.5 • **비중** 1.91
무색 또는 흰색의 수화붕산소듐으로 붕사보다 더 적은 물을 포함한다. 커나이트와 붕사는 함께 산출된다.

방붕석
사방정계
경도 7~7.5 • **비중** 2.91~3.1
염화붕산마그네슘 결정은 유리 광택이며 강도가 높고, 옅은 녹색 또는 흰색이다. 방붕석은 소금 퇴적층에서 산출된다.

회붕광
단사정계 • **경도** 4.5 • **비중** 2.42
이 수화된 수산화붕산칼슘은 소금물이 증발할 때 형성된다. 커나이트가 발견되기 전까지 중요한 붕소 공급원이었다.

울렉사이트
삼사정계 • **경도** 2.5 • **비중** 1.95
수화된 수산화붕산소듐칼슘으로 흰색 섬유질 결정은 자신의 길이보다 짧게 빛을 투과한다. 붕사와 비슷한 용도로 사용된다.

붕사
단사정계 • **경도** 2~2.5 • **비중** 1.71
분필처럼 흰 수화붕산소듐인 붕사는 약, 세제, 안경 그리고 직물을 포함해 많은 용도로 사용된다.

하울라이트
단사정계 • **경도** 3.5~6.5 • **비중** 2.6
하울라이트는 수산화붕규산염칼슘이다. 일반적으로 백악질의 둥근 덩어리로 산출된다.

질산염 광물

질산염 광물은 금속 원소와 질산염기(NO_2)가 결합해서 생성된 소규모 화합물이다. 질산염 광물은 보통 매우 부드러우며 비중이 낮다. 대부분의 질산염 광물들은 쉽게 물에 녹으며, 좀처럼 결정을 이루지 않는다. 일반적으로 건조한 지역에 국한되며, 종종 넓은 지역에 걸쳐 육지를 덮으면서 산출된다. 상업적으로 비료와 폭발물에 사용된다.

니트라틴
삼방정계 • **경도** 1.5~2 • **비중** 2.26
이 질산소듐인 니트라틴은 일반적으로 건조 지역, 특히 칠레 지표면의 지각에서 산출된다. 색깔은 흰색, 회색, 갈색 또는 황색이다.

황산염 광물

황산염 광물은 금속과 황산염기(SO_4)가 결합한 것이다. 약 200개의 황산염 광물이 있는데 대부분 희귀하다. 석고처럼 많은 황산염 광물들이 소금물의 건조에 의해 광물이 침전되어 만들어진 증발암으로부터 형성된다. 풍화에 의해 또는 열수 광맥의 중요한 광물로 형성되기도 한다. 대개가 경제적으로 중요하다.

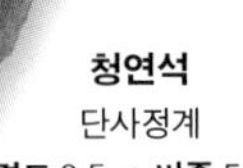

방사상으로 뻗는 석고

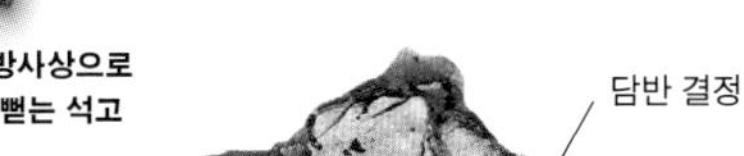

석고
단사정계 • **경도** 2 • **비중** 2.31~2.32
널리 보급된 광물인 석고 또는 수화황산칼슘은 가열된 후 물과 섞였을 때 석고를 만든다.

섬유 석고

테나다이트
사방정계
경도 2.5~3 • **비중** 2.66
옅은 회색 또는 갈색 광물인 테나다이트는 황산소듐이다. 염수호 부근 및 용암류에서 발견된다.

앵글레사이트
사방정계
경도 2.5~3 • **비중** 6.32~6.39
앵글레사이트는 색깔과 형태가 매우 다양하다. 주된 방연광인 방연석이 변질된 것이다.

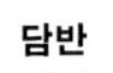

담반
삼사정계
경도 2.5 • **비중** 2.29
짙은 청색 또는 녹색인 담반은 수화황산구리이다. 황동광 그리고 다른 황산구리의 산화를 통해 형성된다.

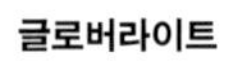

청연석
단사정계
경도 2.5 • **비중** 5.35
밝은 청색인 청연석은 수화황산구리납이다. 구리광과 방연광의 산화대에서 산출된다.

침상의 브로찬타이트 결정 덩어리

방사상으로 뻗는, 머리카락 같은 결정

암석 석기

시아노트리카이트
단사정계 • **경도** 1~3 • **비중** 2.76
수화황산구리알루미늄인 시아노트리카이트는 푸른색의 가느다란 결정 집합체이다.

글로버라이트
단사정계
경도 2.5~3 • **비중** 2.75~2.85
글로버라이트는 황산소듐칼슘이다. 무색, 회색 또는 황색으로 소금물이 증발되는 곳에서 산출된다.

명반석
삼방정계
경도 3.5~4 • **비중** 2.6~2.9
포타슘과 알루미늄의 수화황산염인 명반석은 암석이 유황 수증기에 의해 변질되는 화도에서 발견될 수 있다.

붉은 홍연석

크롬산염 광물

크롬산염 광물은 금속 원소와 크롬산염기(CrO_4)가 결합할 때 형성된다. 희귀한 광물로 홍연석은 유일하게 상당히 잘 알려진 크롬산염 광물이다. 일반적으로 밝은색이며, 광물 수집가들이 선호하는 광물이다. 종종 열수 광맥이 유체에 의해 변질될 때 형성된다.

줄무늬가 있는 가늘고 긴 결정

주황색 홍연석

홍연석
단사정계 • **경도** 2.5~3 • **비중** 5.97~6.02
주황색 또는 붉은색의 크롬산납인 홍연석은 연광(납광)의 산화대에서 형성된다. 오스트레일리아에서 품질 좋은 표본이 산출된다.

멜란테라이트
단사정계 • **경도** 2 • **비중** 1.89
흰색, 녹색, 또는 파란색인 멜란테라이트는 수화황산철이다. 물을 깨끗이 하는 용도 및 비료로 사용된다.

엡소마이트
사방정계
경도 2~2.5 • **비중** 1.68
수화된 황산마그네슘인 엡소마이트는 건조 지역과 석회 동굴 벽에서 산출된다. 완하제(緩下劑)인 사리염의 원료이다.

자로사이트
삼방정계
경도 2.5~3.5 • **비중** 2.9~3.26
철과 포타슘의 수화황산염으로 황철광 및 다른 철 광물들이 갈색으로 덧입혀진 상태로 산출된다.

천청석
사방정계 • **경도** 3~3.5 • **비중** 3.96~3.98
이 황산스트론튬인 천청석은 스트론튬의 주요 공급원이다. 아름답고 투명한 결정을 얻기 위해 채굴된다.

코피아파이트
삼사정계 • **경도** 2.5~3 • **비중** 2.08~2.17
황색 또는 녹색의 수화황산철인 코피아파이트는 칠레의 코피아포에서 최초로 기재되었다. 다른 광물들이 변질되는 곳에서 산출된다.

브로찬타이트
단사정계
경도 3.5~4 • **비중** 3.97
수산화황산구리인 브로찬타이트는 선녹색의 결정이나 지각 혹은 덩어리를 형성한다.

경석고
사방정계
경도 3~3.5 • **비중** 2.98
황산칼슘인 경석고는 석고와 나란히 산출되지만 덜 일반적이다. 습기가 많으면 석고로 변한다.

중정석
사방정계
경도 3 • **비중** 4.5
가장 일반적인 황산바륨인 중정석은 옅은 색깔의 광물로 무겁다.

폴리할라이트
삼사정계 • **경도** 2.5~3.5 • **비중** 2.78
폴리할라이트는 수화황산포타슘칼슘마그네슘이다. 무색, 흰색, 연분홍색 또는 붉은색으로 많은 해양 소금 광상에서 널리 산출된다.

몰리브덴염 광물

몰리브덴염 광물은 금속이 몰리브덴염기(MoO_4)와 결합할 때 형성된다. 이 광물들은 희귀하며, 밀도가 높고, 밝은색을 띠는 경향이 있다. 몰리브덴염 광물은 순환수에 의해 변질된 광물 암맥에서 산출된다. 수연석은 가장 잘 알려진 몰리브덴염 광물이다. 가는 결정과 빛나는 주황색 또는 황색 색깔로 유명하다.

수연석
정방정계 • **경도** 2.5~3 • **비중** 6.5~7.5
몰리브덴납인 수연석은 연광 및 몰리브덴광의 산화대에서 산출된다. 몰리브덴의 소규모 공급원이다.

텅스텐염 광물

텅스텐염 광물은 금속 원소와 텅스텐염기(WO_4)가 결합된 것이다. 희귀한 이 광물은 보통 밀도가 높고, 일부는 미세 결정을 형성한다. 열수 광맥 및 암석을 침투한 유체에 의해 형성되는데, 매우 거친 알갱이로 이루어진 화강암인 페그마타이트에서 산출된다.

망간중석
단사정계
경도 4~4.5 • **비중** 7.12~7.18
이 텅스텐망간철은 강합금, 연마재, 전구에 사용되는 텅스텐의 주요 공급원이다.

석영
망간중석 결정

회중석
정방정계
경도 4.5~5 • **비중** 6.1
텅스텐의 광원으로 채굴되는 이 텅스텐칼슘은 열수 광맥, 변성암과 화성암, 충적토의 모래에서 발견된다.

철중석
단사정계
경도 4~4.5 • **비중** 7.58
불투명한 검정색인 철중석은 열수 광맥과 화강암질 페그마타이트에서 산출된다. 텅스텐철이며, 텅스텐의 광원으로 채굴된다.

인산염 광물

금속이 인산염기(PO$_4$)와 결합할 때 형성된다. 인산염 광물은 200개 이상의 광물들이 포함된 큰 집단이지만 대부분 매우 희귀하다. 경도와 비중이 다양하며, 대부분 색깔이 밝다. 인산염 광물은 보통 황화 광물이 변질되어 형성되지만, 일부는 일차적으로 형성된다. 일부 인산염 광물은 납을 풍부히 포함한다. 다른 인산염 광물은 방사성(radioactive)이다.

터키석
삼사정계 • **경도** 5~6 • **비중** 2.6~2.8
수천 년 동안 보석을 찾으려는 노력 끝에, 변질된 화성암에서 구리와 알루미늄의 수화인산염인 터키석을 발견했다.

하이드록실헤데라이트
단사정계 • **경도** 5~5.5 • **비중** 2.95
하이드록실헤데라이트는 칼슘베릴륨인산염이다. 유리 광택을 가지면서 엷은 황색 또는 녹색을 띤 결정으로 화강암질 페그마타이트에서 산출된다.

녹연광
육방정계 • **경도** 3.5~4 • **비중** 7.04
녹연광은 녹색, 주황색, 황색 또는 갈색 등 다양한 색을 띠는 염화인산납으로 연광의 산화대에서 형성된다.

듀프레나이트
단사정계 • **경도** 3.5~4.5 • **비중** 3.1~3.34
철과 칼슘의 수화인산염인 듀프레나이트는 변질된 암맥 및 철광석에서, 녹색에서 검정색 덩어리로 산출된다.

제노타임-(Y)
정방정계 • **경도** 4~5 • **비중** 4.4~5.1
널리 분포된 이 인산염이트륨은 황갈색, 회색 또는 녹색이며, 화성암과 변성암에서 형성된다.

인회석
육방정계
경도 5 • **비중** 3.16~3.22
인회석은 구조적으로 유사한 3개의 인산칼슘광물, 즉 형광인회석, 염소인회석, 하이드록실아파타이트에 사용되는 명칭이다.

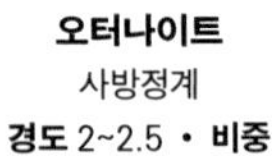

오터나이트
사방정계
경도 2~2.5 • **비중** 3.05~3.2
방사성으로 레몬색이나 연녹색이며, 칼슘과 우라늄의 수화인산염이다. 우라늄 광물이 변질되는 곳에서 발견된다.

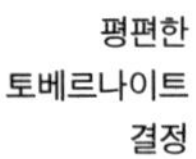

토베르나이트
정방정계 • **경도** 2~2.5 • **비중** 3.16~3.22
이 수화인산구리우라닐은 오터나이트와 관련 있으며, 지질학적으로 비슷한 환경에서 산출된다. 방사성 광물이다.

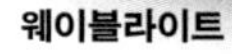

웨이블라이트
사방정계 • **경도** 3.5~4 • **비중** 2.36
희귀하며, 수화된 수산화염산알루미늄이다. 무색이며, 유리질의 침상 결정이 변질된 암석에서 방사상으로 뻗는 집합체를 형성한다.

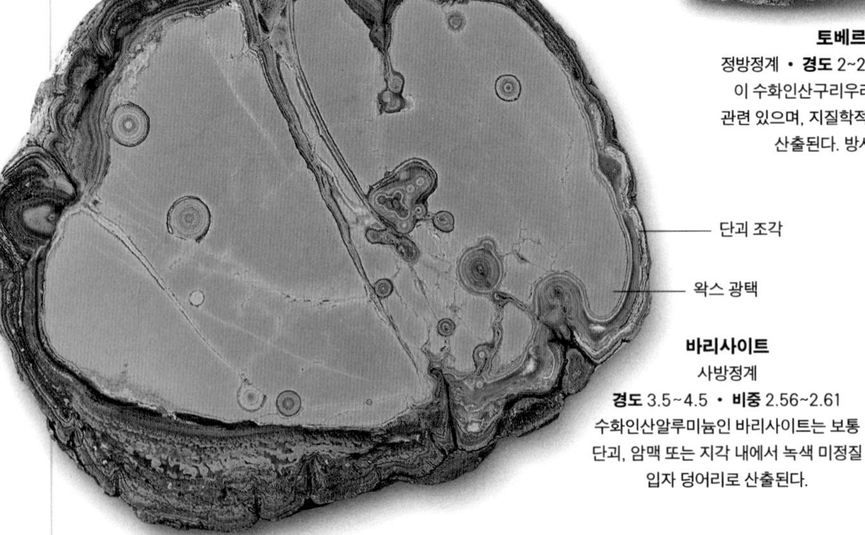

바리사이트
사방정계
경도 3.5~4.5 • **비중** 2.56~2.61
수화인산알루미늄인 바리사이트는 보통 단괴, 암맥 또는 지각 내에서 녹색 미정질 입자 덩어리로 산출된다.

트리플라이트
단사정계 • **경도** 5~5.5 • **비중** 3.5~3.9
트리플라이트는 인산망간으로 마그네슘과 플루오린을 함유하며 이따금 철을 포함한다. 화강암질 페그마타이트에서 산출된다.

앰블리고나이트
삼사정계 • **경도** 5.5~6 • **비중** 3.04~3.11
희귀한 불소인산리튬알루미늄이며 주로 형체가 없는 덩어리로 산출된다. 짐바브웨와 브라질에서는 결정 형태로 산출된다.

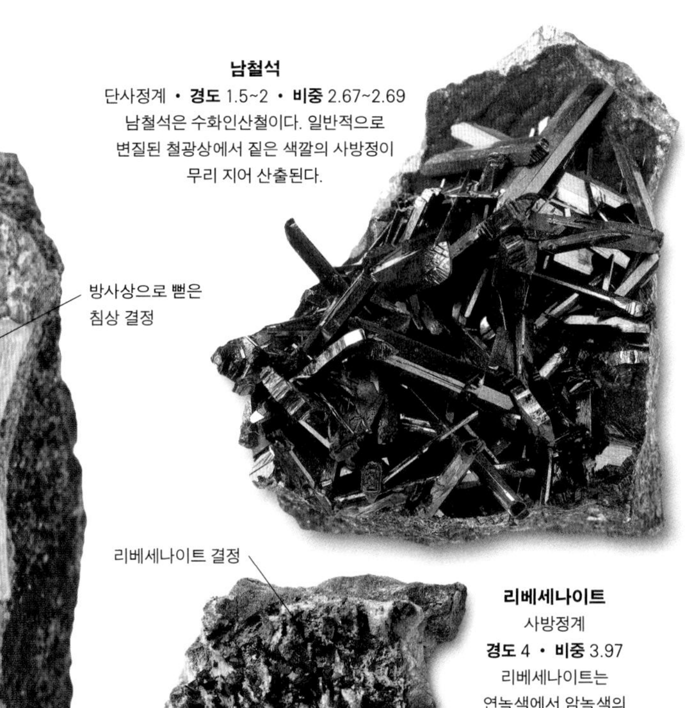

남철석
단사정계 • **경도** 1.5~2 • **비중** 2.67~2.69
남철석은 수화인산철이다. 일반적으로 변질된 철광상에서 짙은 색깔의 사방정이 무리 지어 산출된다.

리베세나이트 결정

리베세나이트
사방정계
경도 4 • **비중** 3.97
리베세나이트는 연녹색에서 암녹색의 수산화인산구리이다. 구리 광상의 산화대 상부에서 형성된다.

모나자이트
단사정계 • **경도** 5~5.5 • **비중** 5~5.5
세륨, 란탄 또는 네오디뮴을 포함하는 인산염 광물은 모두 모나자이트로 간주된다. 여러 가지 원소들을 얻기 위해 채굴된다.

은성석
단사정계 • **경도** 5.5 • **비중** 2.98
브라질에서 처음 발견된 이 수산화인산소듐알루미늄은 황색 또는 녹색이며, 화강암질 페그마타이트의 공동에서 형성된다.

천람석
단사정계
경도 5.5~6 • **비중** 3.12~3.24
상대적으로 희귀한 푸른색의 준보석인 이 수산화인산철마그네슘알루미늄은 변성암과 화성암에서 산출된다.

양추 결정

바나디나이트
육방정계 • **경도** 2.5~3 • **비중** 6.88
이 상대적으로 희귀한 염화바나듐산납인 바나디나이트는 변질된 연광에서 결정으로 산출된다. 강합금에 사용되는 바나듐의 주요 공급원이다.

바나듐산염 광물

금속 원소와 바나듐산염기(VO_4)의 결합으로 형성된다. 많은 희귀한 광물들이 포함되는데, 밀도가 높고 밝은 색깔을 갖는 경향이 있다. 바나듐산염 광물은 침투된 유체에 의해 열수 광맥이 변질될 때 종종 형성된다. 대부분은 상업적 가치가 없지만, 카노타이트는 우라늄의 원광이다.

튜야무나이트
사방정계
경도 1.5~2 • **비중** 3.57~4.35
희귀한 칼슘과 우라늄의 수화바나듐산염으로 카노타이트와 유사해 보이며, 또한 변질된 우라늄광에서 산출된다.

사암 위의 가루 조각

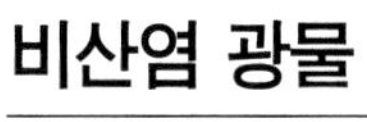

카노타이트
단사정계 • **경도** 2 • **비중** 4.75
일반적으로 우라늄광에서 가루 같은 황색층으로 산출되며 방사성이다. 포타슘과 우라늄의 수화바나듐산염이다.

비산염 광물

비산염 광물은 금속 원소와 비산염기(AsO_3 또는 AsO_4)로 이루어진 가장 희귀한 광물이다. 상당히 낮은 경도를 가지며 대부분 색깔이 밝다. 에더마이트는 황색 또는 녹색이며, 클리노클라세는 녹색 또는 청색이다. 다양한 지질 환경에서 형성되지만, 많은 종류가 변질된 금속광에서 산출된다.

에더마이트
사방정계
경도 3.5 • **비중** 4.32~4.48
수산화비산아연으로 변질된 비산염광 및 아연광에서 산출되며, 때때로 우수한 결정으로도 산출된다.

코발트화
단사정계 • **경도** 1.5~2.5 • **비중** 3.06
수화비산코발트는 자줏빛 분홍색 결정이나 막을 형성한다. 멋진 표본이 캐나다와 모로코에서 산출된다.

바일도나이트
단사정계
경도 4.5 • **비중** 5.24~5.65
구리와 납의 수화비산염인 바일도나이트는 변질된 열수 광맥에서 보통 녹색 또는 황색 조각으로 산출된다.

방사상으로 뻗은
클리노클라세 결정 무리

올리브동석
결정

석영

올리브동석
사방정계
경도 3 • **비중** 4.46
올리브동석은 수산화비산구리이다. 색깔은 녹색, 갈색, 황색, 회색이며, 변질된 동 광상에서 산출된다.

클리노클라세
단사정계 • **경도** 2.5~3 • **비중** 4.38
짙은 청록색의 수산화비산구리로 변질된 황화구리광에서 다양한 형태가 산출된다.

황연석
육방정계 • **경도** 3.5~4 • **비중** 7.24
염화비산납인 황연석은 희귀하며 통 모양의 결정이다. 또 다른 모양도 있다. 변질된 연광에서 산출된다.

칼코필라이트
삼방정계 • **경도** 2 • **비중** 2.67~2.69
밝은 청녹색의 칼코필라이트는 수화황산비산구리알루미늄이다. 산화된 구리광에서 형성된다.

규산염 광물

규산염 광물은 가장 일반적이고 가장 큰 광물 집단이다. 기본적인 구성 요소는 규소와 산소의 사면체(SiO_4)이며, 다른 원소들도 포함한다. 규소 사면체의 배열에 따라 6종류, 즉 네소규산염 광물(독립 사면체 구조), 소로규산염 광물(단일 사슬 구조), 이노규산염 광물(이중 사슬 구조), 층상규산염 광물(층상 구조) 또는 시클로규산염 광물(링 구조), 그리고 망상규산염 광물(3차원 망상 구조)로 세분된다.

네소규산염 광물

안드라다이트
등축정계 • **경도** 6.5~7 • **비중** 3.8~3.9
황록색, 갈색 또는 검정색의 안드라다이트는 규산칼슘철이다. 연마된 보석은 흰색 빛을 색깔로 잘 분리한다.

괴상의 듀모티어라이트

듀모티어라이트
사방정계 • **경도** 7~8 • **비중** 3.21~3.41
듀모티어라이트는 알루미늄, 철 그리고 붕소의 규산염이다. 보통 방사하는 섬유 모양의 집합체 결정을 형성하지만, 괴상을 형성하기도 한다.

유클라세
단사정계
경도 7.5 • **비중** 2.99~3.1
유클라세는 수산화규산베릴륨알루미늄이다. 흰색, 무색, 녹색 또는 파란색의 실 모양 각기둥 결정을 형성한다.

휴마이트
사방정계 • **경도** 6 • **비중** 3.2~3.32
플루오수산화규산마그네슘철인 휴마이트는 일반적으로 변질된 석회암과 돌로마이트에서, 황색에서 주황색의 작은 알갱이 덩어리로 산출된다.

노르버가이트
사방정계
경도 6~6.5 • **비중** 3.18
불소수산화규산마그네슘으로 주로 변성암에서 갈색을 띠는 황색, 흰색 또는 연분홍색의 작은 알갱이 덩어리로 산출된다.

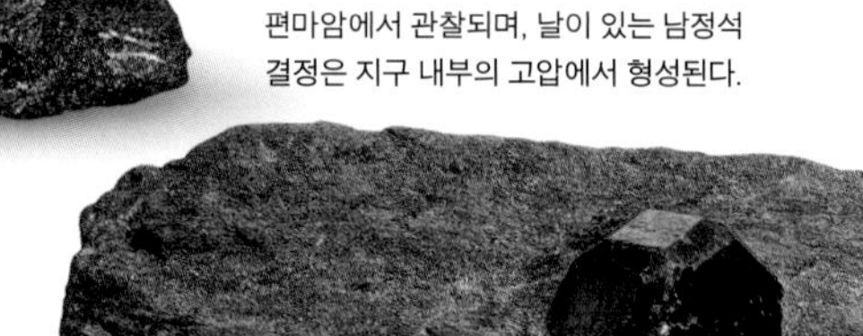

남정석
삼사정계 • **경도** 5.5~7 • **비중** 3.53~3.67
남정석은 규산알루미늄이다. 편암과 편마암에서 관찰되며, 날이 있는 남정석 결정은 지구 내부의 고압에서 형성된다.

대톨라이트
단사정계
경도 5~5.5 • **비중** 2.96~3
대톨라이트는 수화된 규산칼슘붕소이다. 희귀하며 화성암의 암맥이나 공동에서 주로 발견된다.

홍석류석
등축정계 • **경도** 7~7.5 • **비중** 3.58
홍석류석은 짙은 적색의 규산마그네슘알루미늄이다. 변성암과 일부 화성암에서 높은 압력에 의해 형성된다.

알만딘
등축정계 • **경도** 7~7.5 • **비중** 4.32
가장 흔한 석류석인, 분홍빛을 띤 빨간색의 알만딘은 규산철알루미늄이다. 보석으로 널리 사용된다.

녹색 녹석류석

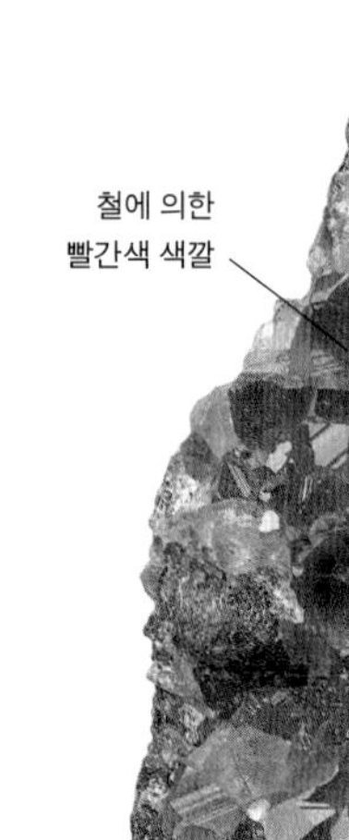

붉은색 녹석류석

녹석류석
등축정계 • **경도** 6.5~7 • **비중** 3.59
녹석류석은 때때로 대리암에서 형성되는, 칼슘과 알루미늄의 규산염이다. 녹석류석은 광범위한 색깔을 갖는다.

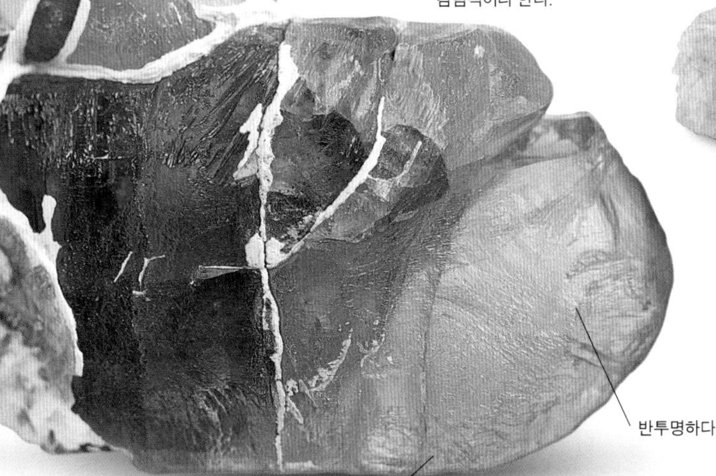

감람석
사방정계
경도 7 • **비중** 3.27~4.39
화성암에서 흔하게 산출되며, 규산마그네슘에서부터 규산철까지 구성 요소가 변하는 네소규산염 광물을 감람석이라 한다.

분홍색을 띤 갈색 황옥

황옥
사방정계 • **경도** 8 • **비중** 3.4~3.6
황옥은 수산화플루오린화규산알루미늄이다. 결정의 크기는 일반적으로 작지만, 무게가 271킬로그램인 거대한 결정이 브라질에서 발견됐다.

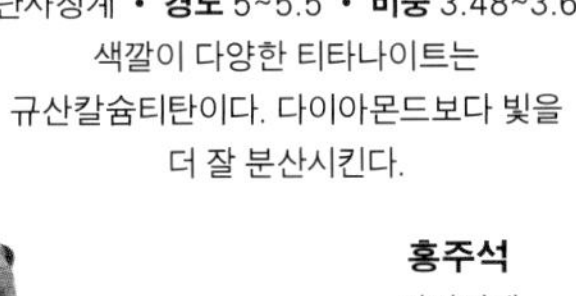

티타나이트 쌍결정

모암에 있는 결정

티타나이트
단사정계 • **경도** 5~5.5 • **비중** 3.48~3.6
색깔이 다양한 티타나이트는 규산칼슘티탄이다. 다이아몬드보다 빛을 더 잘 분산시킨다.

클로리토이드
단사정계 • **경도** 6.5 • **비중** 3.4~3.8
변성암과 화산암에서 흔한 클로리토이드는 암녹색 또는 검정색이며, 철, 마그네슘 그리고 망간의 수화규산알루미늄이다.

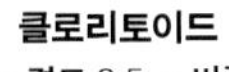

홍주석
사방정계
경도 6.5~7.5 • **비중** 3.13~3.21
홍주석은 규산알루미늄이다. 주로 변성도가 낮은 변성암에서 정사각형 모양의 단면을 갖는 거친 사방정 형태로 산출된다.

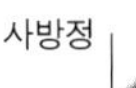

사방정

지르콘
정방정계 • **경도** 7.5 • **비중** 4.6~4.7
지르콘 또는 규산지르코늄은 보석류로 광범위하게 사용된다. 또한 원자로에 사용되는 금속 지르코늄의 주요 재료이다.

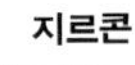

규산아연석
삼방정계
경도 5.5 • **비중** 3.89~4.19
흰색, 녹색, 황색 또는 붉은색이며, 보통 괴상인 규산아연석은 변질된 아연 광상 및 변성 석회암에서 산출된다.

규선석
사방정계 • **경도** 6.5~7.5 • **비중** 3.23~3.27
규선석은 길고 가느다란 결정을 갖는 규산알루미늄이다. 홍주석과 동일하지만, 규선석은 더 높은 온도와 압력에서 형성된다.

소로규산염 광물

녹렴석
단사정계
경도 6 • **비중** 3.38~3.49
풍부하게 산출되는 녹색의 광물이다. 이 수화규산칼슘알루미늄철의 결정은 각기둥이나 판상이며, 줄무늬가 있다.

액시나이트
사방정계
경도 6.5~7 • **비중** 3.25~3.28
도끼 머리 모양의 결정을 갖는 수화규산칼슘철망간알루미늄붕소이다.

둥근 모양의 집합체

이극석
사방정계
경도 4.5~5 • **비중** 3.48
수화된 규산아연인 이극석은 변질된 아연 광상에서 산출된다. 색깔과 형태가 매우 다양하다.

댄버라이트
사방정계
경도 7~7.5 • **비중** 2.93~3.02
규산칼슘붕소로, 여러 색깔을 띠는 결정들은 황옥과 유사하지만, 댄버라이트는 오돌토돌하다.

베수비아나이트
정방정계
경도 6.5 • **비중** 3.32~3.43
플루오린을 함유하는 수화규산칼슘마그네슘철알루미늄이다. 녹색 또는 황색으로 대리암과 화성암에서 산출된다.

»

시클로규산염 광물

베니토아이트
육방정계
경도 6~6.5 • **비중** 3.64~3.65
규산바륨티탄으로 사문암 및 편암 광맥에서 산출된다. 보석처럼 고품질 결정은 미국 캘리포니아에서 산출된다. 푸른색이다.

육면체 결정

전기석
삼방정계
경도 7 • **비중** 2.9~3.1
전기석은 동일한 결정 구조를 갖지만 화학적 성질은 다른, 11개의 수화규산붕소 광물들을 지칭하는 이름이다.

에메랄드

사방정
남옥

녹주석
육방정계
경도 7.5~8 • **비중** 2.63~2.92
규산알루미늄베릴륨인 녹주석은 베릴륨 및 보석의 원료이다. 보석 변종으로는 에메랄드(녹색), 사파이어(파란색), 남옥(녹청색)이 있다.

모가나이트
육방정계
경도 7.5~8 • **비중** 2.63~2.92
추가적인 세슘과 망간에 의해 색깔이 바뀐, 녹주석의 분홍색 변종이다. 페그마타이트에서 판상 결정을 형성한다.

서길라이트
육방정계
경도 6~6.5 • **비중** 2.74~2.79
포타슘, 소듐, 철, 리튬의 수화규산염인 서길라이트는 진귀하며, 변성암에서 산출된다.

원주형의, 육면체 사방정
암석 기질

헬리오도르
육방정계
경도 7.5~8 • **비중** 2.63~2.92
'태양'을 뜻하는 그리스 어에서 이름을 따왔으며 녹주석의 황색 변종이다. 러시아에서 질 높은 표본이 산출된다.

이노규산염 광물

양기석
단사정계
경도 5~6 • **비중** 3.03~3.24
각섬석투각섬석이 철 성분이 더 많아지고, 더 어두운 색을 띠면 양기석이 된다. 양기석은 석면 광물들 중의 하나이다.

유리 광택

투각섬석
단사정계 • **경도** 5~6 • **비중** 2.99~3.03
흔한 각섬석이며, 칼슘과 망간의 수화규산칼슘으로 변성암에서 형성된다. 석면으로 사용되었다.

펙톨라이트
삼사정계 • **경도** 4.5~5 • **비중** 2.48~2.9
수산화규산소듐칼슘인 펙톨라이트는 현무암의 공동에서 형성된다. 캐나다, 미국, 영국에서 흔하다.

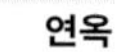

연옥
단사정계 • **경도** 6.5 • **비중** 2.99~3.24
각섬석투각섬석 및 양기석은 보통 옥(玉, jade)으로 알려져 있다. 매우 단단하고 크림색에서 암녹색이다.

각섬석
단사정계 • **경도** 5~6 • **비중** 3~3.4
화성암과 변성암에서 흔하게 산출되는 어두운 각섬석군 또는 각섬석은, 플루오린을 갖는 칼슘, 마그네슘, 알루미늄의 수화규산염으로 색깔은 어둡다.

애지린
단사정계 • **경도** 6 • **비중** 3.5~3.6
갈색, 녹색 또는 검정색 휘석인 애지린은 규산소듐철이다. 변성암과 검정색 화성암에서 형성된다.

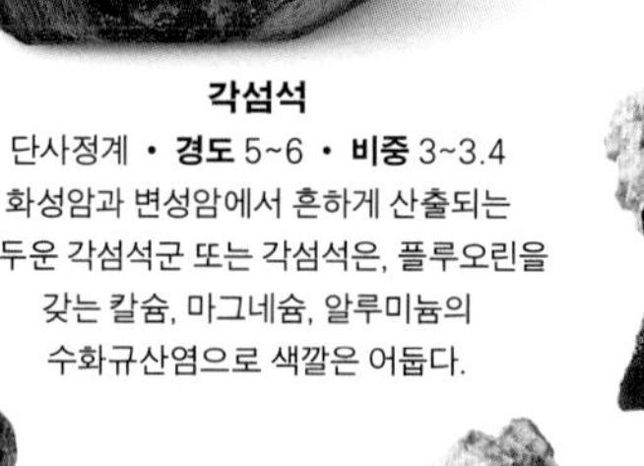
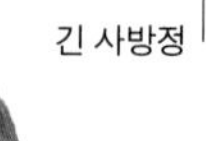
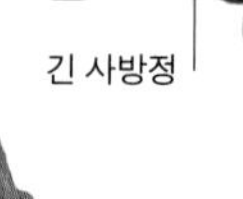
긴 사방정

섬유 모양의 덩어리

규회석
삼사정계 • **경도** 4.5~5 • **비중** 2.86~3.09
대리암 및 또 다른 변성암에서 산출되는 규산칼슘인 규회석은 도자기, 도료 및 석면의 대체제로 사용된다.

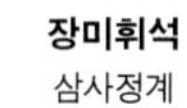

장미휘석
삼사정계
경도 5.5~6.5 • **비중** 3.57~3.76
장밋빛 또는 연분홍색인 장미휘석은 규산망간칼슘으로, 결정, 덩어리 및 알갱이 형태로 산출된다. 일반적으로 보석 제작에 사용된다.

스포듀민
단사정계 • **경도** 6.5~7 • **비중** 3.1~3.2
이 휘석 광물은 규산리튬알루미늄이다. 몇 개의 거대한 결정이 발견됐는데 가장 큰 결정의 무게는 100톤에 이른다.

투휘석
단사정계 • **경도** 5.5~6.5 • **비중** 3.22~3.38
이 휘석은 일반적으로 녹색의 규산칼슘마그네슘이다. 투휘석은 변성암과 화성암에서 산출된다.

피조나이트
단사정계
경도 6 • **비중** 3.3~3.46
갈색에서 자줏빛을 띤 검정색의 흔하지 않은 휘석인 피조나이트는 규산마그네슘철칼슘이다. 화성암과 운석에서 산출된다.

리크테라이트
단사정계
경도 5~6 • **비중** 3.1
이 각섬석군 리크테라이트는 소듐, 칼슘, 마그네슘의 수화규산염이다. 변성 석회암과 화성암에서 산출된다.

보통휘석
단사정계
경도 5.5~6 • **비중** 3.19~3.56
보통휘석은 가장 흔한 휘석이다. 칼슘, 마그네슘, 철의 규산염인 보통휘석은 화성암과 변성암에서 산출된다.

아스트로필라이트
삼사정계 • **경도** 3 • **비중** 3.2~3.4
포타슘, 소듐, 철, 티탄과 플루오린의 수화규산염인 아스트로필라이트는 편마암 그리고 화성암의 공동에서 산출된다.

경옥
단사정계
경도 6 • **비중** 3.25~3.35
일반적으로 경옥이라 불리는 2가지 조각 원료 중 하나인 이 휘석 광물은 규산소듐알루미늄철이다.

리베카이트
단사정계 • **경도** 5~5.5 • **비중** 3.26~3.44
이 각섬석군은 화성암에서 산출되는 수화규산소듐철이다. 다양한 푸른석면은 변성 철광석에서 산출된다.

»

층상규산염 광물

프리나이트
사방정계
경도 6~6.5 • **비중** 2.8~2.95
프리나이트는 칼슘과 알루미늄의 수화규산염으로, 가끔 보석으로 이용된다. 현무암의 공동에서 산출된다.

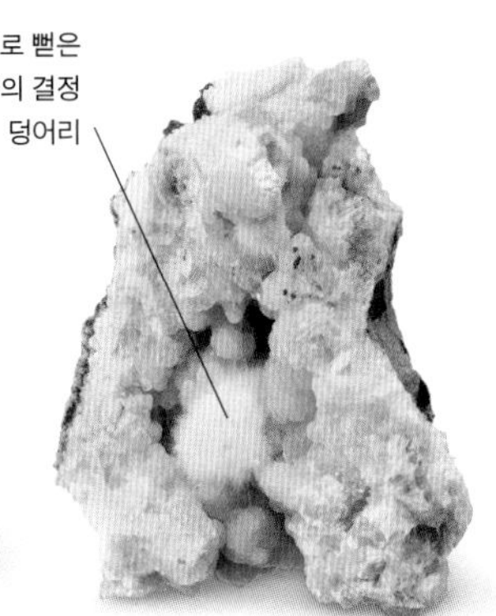

오케나이트
삼사정계 • **경도** 4.5~5 • **비중** 2.28~2.33
수화규산칼슘인 오케나이트는 흰색, 엷은 파란색 또는 황색의 섬유 모양이나 날 모양의 결정을 갖는다. 현무암에서 산출된다.

녹니석
단사정계
경도 2~2.5 • **비중** 2.6~3.02
철, 마그네슘, 알루미늄의 수화규산염인 녹니석은 녹색의 판상 결정으로 형성된다. 다양한 암석에서 산출된다.

판상 결정

백운모
단사정계
경도 2.5 • **비중** 2.77~2.88
백운모는 플루오린을 포함하는 수화된 규산알루미늄포타슘이다. 변성암과 화강암에서 매우 흔하다.

방사상으로 뻗은
결정 무리

금운모
단사정계
경도 2~3 • **비중** 2.78~2.85
무색, 황색 또는 갈색의 운모인 금운모는 수산화규산 알루미늄포타슘마그네슘이다.

페탈라이트
단사정계
경도 6.5 • **비중** 2.41~2.42
리튬규산알루미늄이다. 결정은 보통 회색빛을 띠는 흰색이며 집합체로 산출된다. 리튬을 얻기 위해 채굴된다.

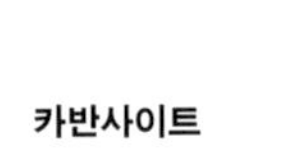

구 모양의
결정 집합체

전형적인 푸른색

카반사이트
사방정계 • **경도** 3~4 • **비중** 2.21~2.31
카반사이트는 수화된 규산칼슘바나듐이다. 청색 또는 녹청색이며, 현무암의 공동에서 산출된다.

해포석
사방정계 • **경도** 2 • **비중** 2~2.2
창백한 색깔의 점토 광물인 이 수화규산마그네슘은 보통 변질된 암석에서 흙덩어리로 산출된다. 장식용 조각품으로 사용된다.

판상의
레피돌라이트 결정

레피돌라이트
단사정계 • **경도** 2.5~3.5 • **비중** 2.8~2.9
레피돌라이트는 운모 광물의 일종으로, 플루오린을 포함하는 수산화규산알루미늄포타슘리튬이다.

망상규산염 광물

연수정
삼방정계 • **경도** 7 • **비중** 2.65
연수정은 석영 또는 실리카의 갈색 변종이다. 화성암과 열수맥(熱水脈)에서 산출된다.

장미석영
삼방정계 • **경도** 7 • **비중** 2.65
장미석영은 석영의 연분홍색 변종으로 반투명하며 보석으로 여겨진다.

젖빛석영
삼방정계
경도 7 • **비중** 2.65
매우 흔하게 산출되는 젖빛석영은 석영의 변종으로 유백색을 띤다. 모든 종류의 암석과 열수맥에서 산출된다.

황수정
삼방정계
경도 7 • **비중** 2.65
석영의 변종으로 황색 또는 갈색을 띤다. 황옥과 비슷하며 흔히 보석으로 사용된다.

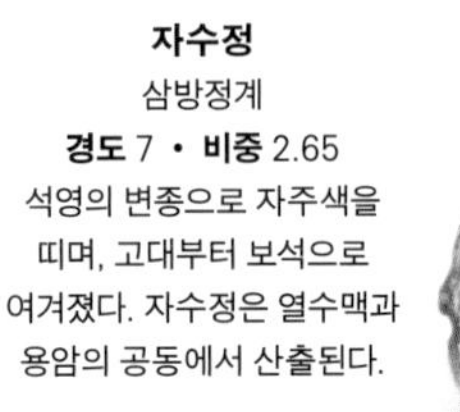

자수정
삼방정계
경도 7 • **비중** 2.65
석영의 변종으로 자주색을 띠며, 고대부터 보석으로 여겨졌다. 자수정은 열수맥과 용암의 공동에서 산출된다.

진왈다이트
단사정계 • **경도** 3.5~4 • **비중** 2.9~3.1
갈색, 회색 또는 녹색의 운모 광물인 진왈다이트는 플루오린을 포함하는 수화된 규산알루미늄포타슘리튬철이다.

크리소콜라
사방정계
경도 2.5~3.5 • **비중** 1.93~2.4
청색 또는 녹청색이다. 구리와 알루미늄의 수화규산염으로 변질된 구리광에서 형성된다. 결정은 진귀하다.

질석
단사정계
경도 1.5 • **비중** 2.4~2.7
녹색 또는 황색의 점토 광물로 운모가 변질되는 곳에서 흔히 산출된다. 질석은 마그네슘, 철 그리고 알루미늄의 수화규산염이다.

해록석
단사정계 • **경도** 2 • **비중** 2.4~2.95
운모 광물인 해록석은 수화규산알루미늄포타슘소듐마그네슘알루미늄철이다. 해양 퇴적암에서 산출된다.

온석면
단사정계 • **경도** 2.5 • **비중** 2.53
온석면은 수화된 규산마그네슘으로, 사문암에서 섬유 모양의 부드러운 흰색 결정을 형성한다. 석면을 형성하는 광물 중 가장 풍부하다.

흑운모
단사정계 • **경도** 2.5~3 • **비중** 3.3
흑운모는 플루오린을 포함하는 수산화규산알루미늄포타슘철마그네슘이다. 흑운모는 화성암과 변성암에서 풍부하다.

엽납석
삼사정계
경도 1~2 • **비중** 2.65~2.9
다양한 형태와 색깔을 갖는 수산화규산알루미늄으로 변성도가 낮은 변성암에서 산출된다. 절연 성질이 우수하다.

알로펜
무정형
경도 3 • **비중** 2.8
점토 광물인 이 수화규산알루미늄은 장석과 다른 광물들의 변질에 의해 형성된다. 단단한 지각 덩어리를 형성한다.

활석
삼사정계
경도 1 • **비중** 2.58~2.83
가장 부드러운 광물로, 흰색, 회색, 녹색을 띤다. 활석은 수산화규산마그네슘으로 화장품, 페인트 등에 사용된다.

유리 광택

사방정

수정
삼방정계
경도 7 • **비중** 2.65
장식품이나 보석으로 널리 사용된 수정은 석영의 변종으로 투명하며 무색이다.

흰색 석영맥

벽옥
삼방정계 • **경도** 7 • **비중** 2.6
벽옥은 옥수 또는 미정질석영의 변종이며, 보석으로 사용되었다. 불투명하며 불순물에 의해 붉은색을 띤다.

마노
삼방정계
경도 7 • **비중** 2.6
용암의 공동에서 형성되며 옥수의 일종이다. 불순물에 의한 동심원 색깔 띠가 특징적이다.

»

» 망상규산염 광물

오닉스
삼방정계
경도 7 • **비중** 2.7
오닉스는 옥수의 변종으로 줄무늬가 있으며 준보석이다. 그다지 흔하지 않은데 인도와 남아메리카에 중요한 산지가 있다.

옥수
삼방정계
경도 7 • **비중** 2.65
옥수는 미정질석영 또는 실리카이다. 순수한 옥수는 흰색이다. 다양한 암석의 암맥이나 공동에서 산출된다.

카넬리안
삼방정계 • **경도** 7 • **비중** 2.7
옥수의 변종으로 산화철에 의해 붉은색에서 주황색을 띤다. 품질이 가장 우수한 카넬리안은 인도에서 산출된다.

혈석
삼방정계 • **경도** 7 • **비중** 2.7
옥수의 변종으로 규산철의 흔적에 따라 암녹색을 띤다. 도처에 나타나는 벽옥의 붉은색 얼룩은 피와 유사하다.

녹옥수
삼방정계 • **경도** 7 • **비중** 2.7
녹옥수는 옥수의 변종으로 포함된 니켈에 의해 담녹색을 띤다. 옥수 광물 중 가장 값비싸다.

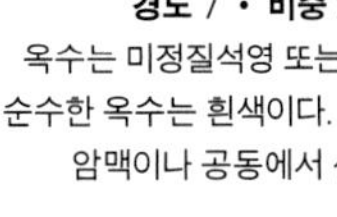

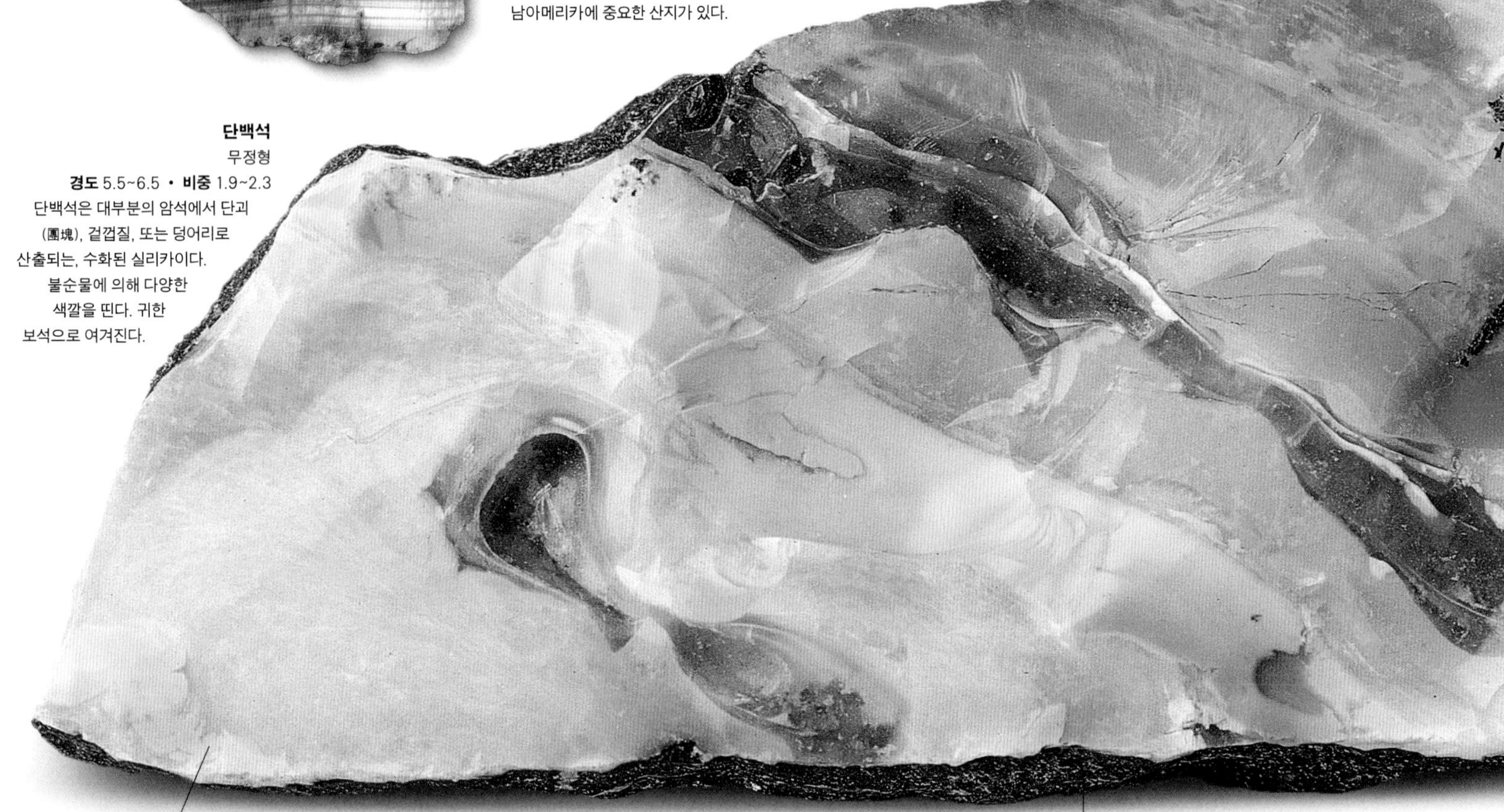

단백석
무정형
경도 5.5~6.5 • **비중** 1.9~2.3
단백석은 대부분의 암석에서 단괴(團塊), 겉껍질, 또는 덩어리로 산출되는, 수화된 실리카이다. 불순물에 의해 다양한 색깔을 띤다. 귀한 보석으로 여겨진다.

칸크리나이트
육방정계
경도 5~6 • **비중** 2.42~2.51
준장석 칸크리나이트는 다양한 색깔을 띠는, 수화된 탄산규산알루미늄 소듐칼슘이다.

주석
정방정계
경도 5.5~6 • **비중** 2.5~2.78
주석이라는 명칭은 일련의 복합 규산소듐칼슘을 망라하며, 주로 변성암에서 산출된다.

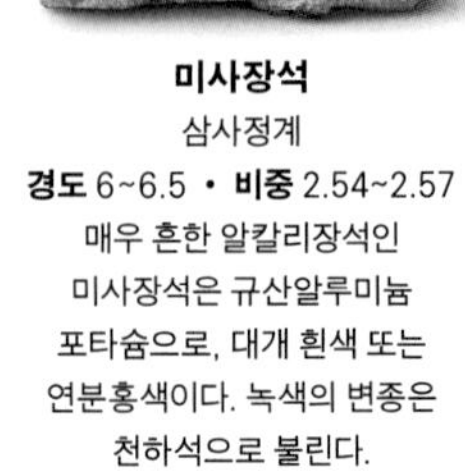

미사장석
삼사정계
경도 6~6.5 • **비중** 2.54~2.57
매우 흔한 알칼리장석인 미사장석은 규산알루미늄 포타슘으로, 대개 흰색 또는 연분홍색이다. 녹색의 변종은 천하석으로 불린다.

회장석
삼사정계
경도 6~6.5 • **비중** 2.74~2.76
드물게 산출되는 사장석인 회장석은 규산알루미늄칼슘이다. 회장석은 옅은 색깔의 결정, 알갱이 또는 덩어리를 형성한다.

휘비석
단사정계
경도 3~3.5 • **비중** 2.2
비석 광물군에 속하는 휘비석은 수화된 규산알루미늄소듐칼슘이다. 석유를 정제하는 분자 여과기로 사용된다.

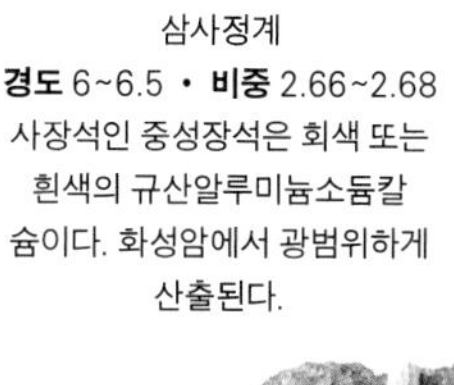

스콜레사이트
단사정계
경도 5~5.5 • **비중** 2.25~2.29
비석인 스콜레사이트는 수화된 규산알루미늄칼슘이다. 보통 무색이거나 흰색이며, 화성암과 변성암에서 흔하게 산출된다.

길고 가느다란 바늘 모양의 결정

중성장석
삼사정계
경도 6~6.5 • **비중** 2.66~2.68
사장석인 중성장석은 회색 또는 흰색의 규산알루미늄소듐칼슘이다. 화성암에서 광범위하게 산출된다.

괴상의 소달라이트

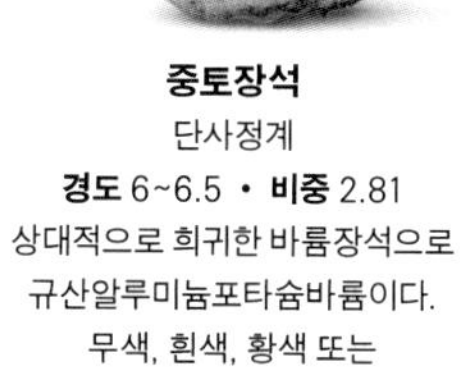

내트롤라이트
사방정계
경도 5~5.5 • **비중** 2.2~2.26
가장 흔한 비석 중의 하나인 내트롤라이트는 수화된 규산알루미늄소듐이다. 현무암의 공동 및 열수맥에서 산출된다.

중토장석
단사정계
경도 6~6.5 • **비중** 2.81
상대적으로 희귀한 바륨장석으로 규산알루미늄포타슘바륨이다. 무색, 흰색, 황색 또는 연분홍색을 띤다.

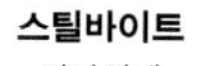

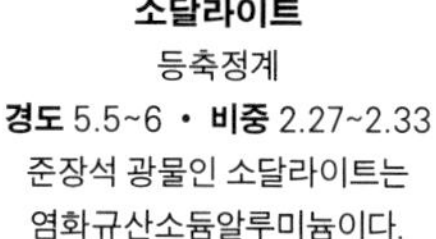

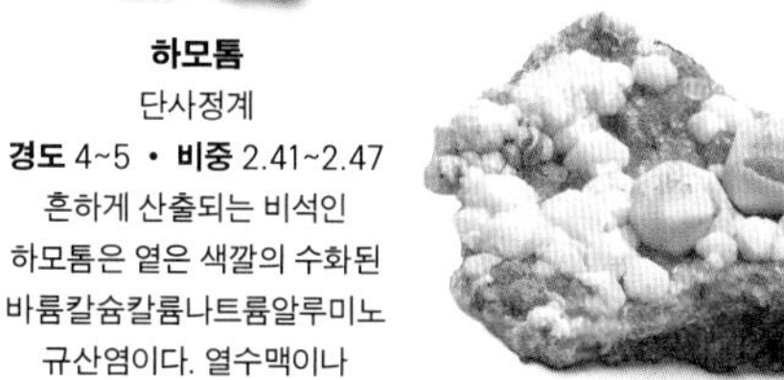

소달라이트
등축정계
경도 5.5~6 • **비중** 2.27~2.33
준장석 광물인 소달라이트는 염화규산소듐알루미늄이다. 캐나다에서 드물게 결정이 산출된다.

스틸바이트
단사정계
경도 3.5~4 • **비중** 2.19
흔히 산출되는 제올라이트로 수화된 규산알루미늄소듐칼슘포타슘이다. 다양한 암석에서 다발 묶음 같은 결정을 형성한다.

하모톰
단사정계
경도 4~5 • **비중** 2.41~2.47
흔하게 산출되는 비석인 하모톰은 옅은 색깔의 수화된 바륨칼슘칼륨나트륨알루미노규산염이다. 열수맥이나 화산암에서 산출된다.

방비석
삼사정계
경도 5~5.5 • **비중** 2.24~2.29
옅은 색깔의 비석인 방비석은 수화된 규산알루미늄소듐이다. 화성암, 변성암, 몇몇 퇴적암에서 산출된다.

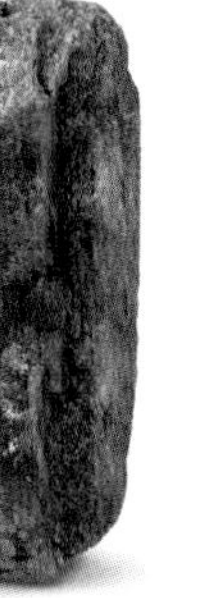

청금석 결정

방해석 모암

조장석
삼사정계
경도 6~6.5 • **비중** 2.6~2.65
알칼리장석 및 사장석으로 여겨지는 조장석은 옅은 색깔의 규산알루미늄소듐이다. 풍부하게 산출되는 광물이다.

아노르도클라세
삼사정계
경도 6~6.5 • **비중** 2.57~2.65
알칼리장석인 아노르도클라세는 사방정 또는 판상으로 산출되는 규산알루미늄소듐포타슘이다.

청금석
등축정계
경도 5~5.5 • **비중** 2.38~2.45
짙은 청색의 준장석 광물인 청금석은 황산규산알루미늄소듐칼슘이다. 보석 라피스라줄리의 주요 광물이다.

톰소나이트
사방정계
경도 5~5.5 • **비중** 2.23~2.29
옅은 색깔의 비석으로 소듐과 칼슘의 수화규산알루미늄이다. 현무암의 공동에서 흔히 산출된다.

짧은 정장석 사방정

로몬타이트
단사정계
경도 3.5~4 • **비중** 2.23~2.41
널리 분포하고 흔한 비석인 로몬타이트는 수화규산알루미늄칼슘이다. 화성암, 변성암, 퇴적암에서 산출된다.

폴루사이트
등축정계
경도 6.5 • **비중** 2.9
희귀한 비석인 폴루사이트는 세슘과 소듐의 수화된 규산알루미늄으로 흔히 광물 내에 다른 원소(예를 들어, 칼슘)를 지닌다. 세슘의 공급원이다.

정장석
단사정계 • **경도** 6 • **비중** 2.55~2.63
정장석알칼리장석은 규산알루미늄포타슘이다. 화성암과 변성암을 구성하는 주요 광물이다.

캐버자이트
삼방정계
경도 4 • **비중** 2.05~2.2
흔한 비석으로 수화된 규산알루미늄소듐칼슘이다. 결정은 무색, 흰색, 황색, 연분홍색이다.

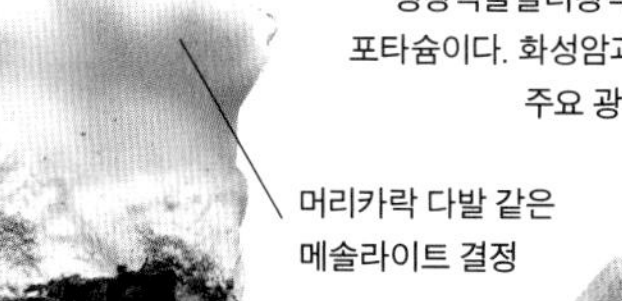

머리카락 다발 같은 메솔라이트 결정

거의 등축정계 결정

메솔라이트
사방정계 • **경도** 5 • **비중** 2.26
흰색 또는 무색의 비석인 메솔라이트는 화성암과 변성암에서 산출된다. 수화된 규산알루미늄소듐칼슘이다.

남방석
등축정계 • **경도** 5.5~6 • **비중** 2.44~2.5
준장석 광물인 남방석은 황산염과 염소를 갖는 규산알루미늄소듐칼슘이다. 주로 규소를 적게 함유하는 화산암에서 산출된다.

암석

다양한 광물이 혼합되어 만들어진 암석은 지구의 고체 부분인 지각을 이룬다. 내구성과 견고함의 전형인 암석은 오랜 시간에 걸쳐 부서지고 달라지면서 사실상 끊임없이 변화되고 있다. 암석은 그들이 어떻게 형성되었느냐에 따라 3개의 주요 집단으로 구분된다.

화성암은 화강암처럼 지하 깊은 곳에서 마그마의 냉각이나 화산 분출에 의해 형성될 수 있다.

붉은 백악 같은 퇴적암은 기존 암석의 침식과 침식된 광물의 재결정에 의해 형성된다.

압력, 온도 또는 압력과 온도 모두의 변화가 광물을 변질시킬 때, 백운모 편암 같은 변성암이 형성된다.

현재까지 밝혀진, 세계에서 가장 오래된 암석은 캐나다 북서부 지역에 분포하는 약 40억 년 전의 암석이다. 그러나 대부분의 암석들은 이보다 나이가 훨씬 젊다. 6600만 년 전에 시대가 종결된 백악기에 형성된 영국 해협의 측면을 구성하는 백악 절벽, 유럽의 알프스 산맥은 훨씬 더 젊다. 그랜드 캐니언에서 가장 오래된 암석은 20억 년 전의 것으로, 지구 전체 나이의 절반보다 적다. 그 이유는 지각 변동이 활발해, 지구 내부의 열에 의해 새로운 암석이 생성되기 때문이다. 동시에 지각이 최초로 굳어진 시기부터 시작된 순환에 의해 현존하는 암석들은 부서진다.

암석 집단

지질학자들은 암석이 형성된 서로 다른 방식들을 고려해 암석을 3개 집단, 즉 화성암, 변성암 그리고 퇴적암으로 분류한다. 화성암은 지하의 용융된 마그마가 식거나, 지표면에서 화산 폭발에 의해 분출된 용암에 의해 형성된다. 용암과 마그마의 열은 지각 아래 맨틀로부터 상승한다. 가장 흔한 종류인, 현무암으로 불리는 흑색 화산암은 해저의 대부분을 구성한다. 또한 저반(低盤)으로 불리는 거대한 덩어리가 지표면 아래에서 냉각되고 고화된 심성암이 화성 활동에 의해 형성될 수 있다. 이것이 전 세계 대부분의 화강암이 만들어지는 방법이다.

퇴적암은 지표면에서 만들어진다. 퇴적암의 중요한 특징은 오랜 시간에 걸쳐 형성된 지층이라는 것이다. 사암과 셰일 같은 몇몇 퇴적암은 기존 암석이 풍화되고, 그 입자가 씻겨 내려가거나 바람에 날려 다른 곳에서 암석을 형성할 때 만들어진다. 암염과 석고 등은 바닷물이 증발 침전물이라고 알려진 잔여물을 남기면서 증발할 때 형성된다. 퇴적암은 생물학적 기원을 가질 수도 있다. 백악과 석회암은 해양 생물의 미세한 골격으로, 석탄은 식물의 잔해가 수백만 년 동안 압축되어 만들어진다.

암석이 열, 압력 또는 열과 압력 모두에 의해 변질될 때, 지하 깊은 곳에서 변성 작용이 일어난다. 용암이나 마그마에 의해 석회암이 변질되면 대리암이 형성된다. 석회암과 달리, 대리암은 층상 구조를 갖지 않으며 세립질 조직을 갖기 때문에 따로 분리하지 않고도 쪼갤 수 있어, 훌륭한 조각품을 만들어 낼 수 있다. 그러나 만약 변성 작용이 충분히 강하다면, 암석은 다시 용융된 마그마가 된다. 이로써 고체 암석이 마침내 파괴되면서 암석 순환의 최종 단계가 완성된다.

미국 그랜드 캐니언 >
이 그랜드 캐니언 사진은 거의 수평인 퇴적층과 하천의 침식 결과를 보여 준다.

암석의 순환

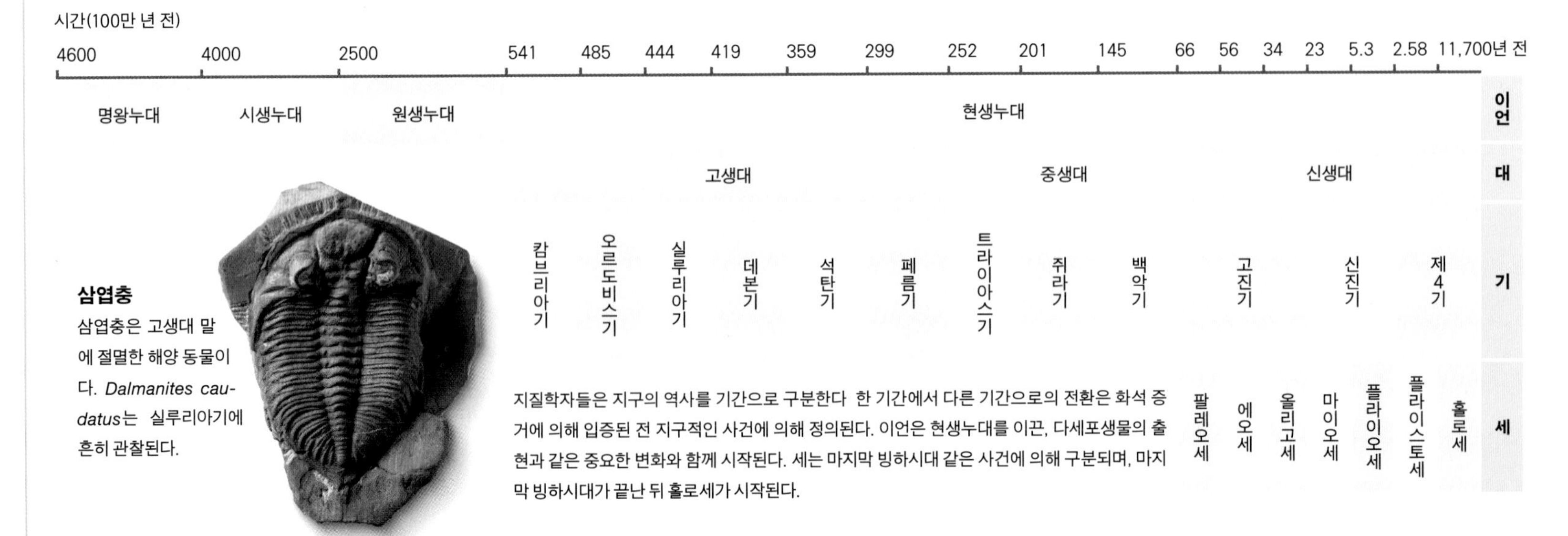

삼엽충
삼엽충은 고생대 말에 절멸한 해양 동물이다. *Dalmanites caudatus*는 실루리아기에 흔히 관찰된다.

지질학자들은 지구의 역사를 기간으로 구분한다 한 기간에서 다른 기간으로의 전환은 화석 증거에 의해 입증된 전 지구적인 사건에 의해 정의된다. 이언은 현생누대를 이끈, 다세포생물의 출현과 같은 중요한 변화와 함께 시작된다. 세는 마지막 빙하시대 같은 사건에 의해 구분되며, 마지막 빙하시대가 끝난 뒤 홀로세가 시작된다.

화성암

용융된 상태에서 굳은 암석을 화성암이라 하는데, 화성암은 분출(화산)암과 관입암으로 나누어진다. 분출암은 지표면의 용암에 의해 형성되는 반면, 관입암은 지하의 마그마에 의해 형성된다. 용암과 마그마에는 실리카(silica)와 금속 원소가 풍부하다. 용암과 마그마가 식으면, 석영과 함께 장석 같은 광물이 형성된다. 이러한 광물들이 다양하게 결합해 여러 종류의 화성암을 만든다.

현무암
어두운 색깔의 세립질 화산암인 현무암은 해양 지각을 형성하는 가장 흔한 암석이다.

다공질현무암
사장석, 휘석 그리고 감람석 같은 광물이 풍부한 다공질 현무암으로 색깔이 어두우며, 기공이라 불리는 기체가 빠져나간 구멍이 많다.

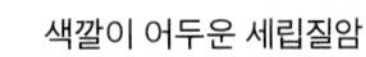

색깔이 어두운 세립질암

기공(기포 구멍)

유문암
세립질이며 색깔이 밝은 유문암은 석영, 운모 그리고 장석을 많이 포함한다. 흔히 호상(縞狀) 구조를 가지며 육안으로 관찰 가능한 반정(斑晶, 커다란 결정)을 자주 포함한다.

호상유문암
화강암과 구성 성분이 유사한 유문암은 용암이 빠르게 식으면서 형성되기 때문에, 작은 크기의 유리 결정을 갖는다. 호상 구조는 마그마가 흐른 방향을 알려 준다.

행인상현무암
행인상은 아몬드 모양을 의미하며 일반적으로 비석, 탄산염, 마노 같은 이차 광물들에 의해 채워진, 현무암질 용암에서 발견되는 기포를 뜻한다.

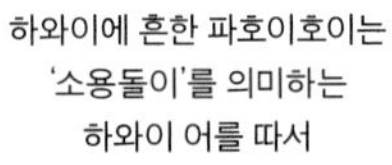

파호이호이
하와이에 흔한 파호이호이는 '소용돌이'를 의미하는 하와이 어를 따서 명명한 것이다. 새끼줄용암이라고도 한다.

반상현무암
색깔이 어두운 반상현무암은 세립질 기질에 일반적으로 감람석 또는 사장석인 큰 결정들을 포함한다.

부석
거품이 많은 용암으로부터 형성된 부석은 유리질 기질에 작은 장석 결정을 포함한다. 밀도가 낮아 물에 뜬다.

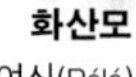

화산모
하와이의 여신(Pélé)의 이름에서 유래한 화산모는 수많은 가는 갈색의 유리질 가닥들로 구성되며, 바람에 의해 용암이 물보라를 일으켜서 형성되었다.

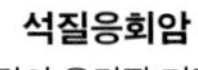

석질응회암
세립의 유리질 기질에 이전에 형성된 암석의 파편을 포함하고 있다. 격렬한 화산 분출에 의해 보통 밝은 색깔의 석질응회암이 형성된다.

응결응회암
세립질이고, 유리질이며, 밝은 색깔을 갖는 응회암인 응결응회암은 흔히 용융된 용암의 흐름에 의한 호상 구조를 보인다.

방추형화산탄
공기 중으로 폭발한, 점성이 낮은 용융된 현무암질 마그마는 사진에서처럼 공기 역학적 형태를 형성할 수 있다. 이러한 덩어리가 지표에서 식으면 '화산탄'을 형성한다.

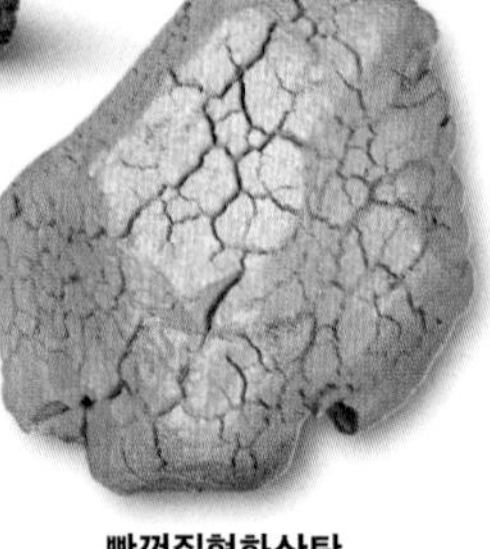

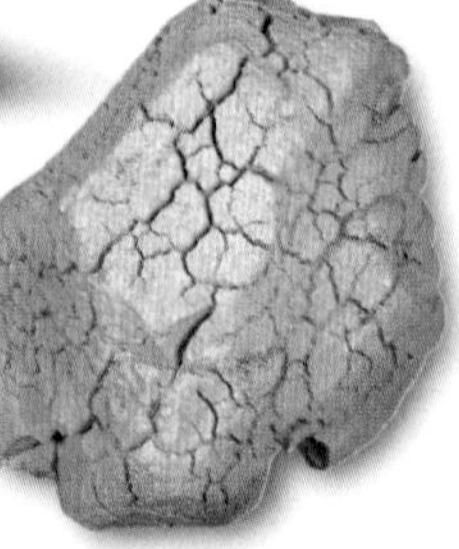

빵껍질형화산탄
빵껍질형화산탄은 겉면이 고화된 뒤에 내부의 지속적인 팽창에 의해 표면이 갈라진 것이 특징이다.

집괴암
세립질 모암에 상대적으로 커다란 암석 파편들이 포함된 집괴암은 화산 분출에 의해 형성된다.

반상안산암
일반적으로 사장석, 휘석 그리고 각섬석으로 이루어진 반상안산암은 세립질 모암에 큰 결정들을 포함한다.

안산암
전 세계적으로 판의 섭입과 관련된 화산호와 화산 열도 또는 판의 이동에 의해 형성된 산맥에서 흔하다. 무게로 보면 일반적으로 실리카를 약 60퍼센트 포함한다.

역청암
유리질의 밀도가 높은 화산암인 역청암은 다양한 조성과 색깔 그리고 역청 같은 밀랍의 수지 광택을 갖는다.

대사이트
세립에서 조립의 입자를 가지며 밝은색에서 중간색 암석인 대사이트는 주로 사장석과 석영으로 구성되며, 부분적으로 휘석, 흑운모 그리고 각섬석을 포함한다.

행인상안산암
갈색, 회색, 연분홍색 또는 적색인 행인상안산암은 행인(杏仁, amygdales)이라 불리는 충진된 기포를 갖는 세립질 화산암이다.

반상조면암
이 암석은 알칼리장석, 석영, 운모, 휘석, 각섬석 등의 복합 광물을 갖는다. 반상조면암의 기질은 큰 결정들을 포함한다.

스필라이트
세립질에 갈색이며 변질된 화산암인 스필라이트는 보통휘석과 사장석을 포함한다. 현무암질 용암이 해수와 접하면서 변질되어 형성된다.

조면암
알칼리장석과 흑운모, 각섬석, 휘석 같은 어두운 고철질 광물을 포함하는 세립질의 화산암 집단이다. 이 암석은 보통 촉감이 거칠다.

흑요석
점성이 매우 높고 뜨거운 유문암질 용암에서 개별 광물들이 결정을 형성할 시간을 갖기 전에 빠르게 식어서 만들어지며 유리 조직을 갖는다. 고대부터 절삭 도구로 사용되었으며 색깔은 어둡다.

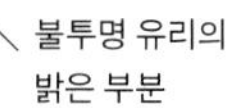

불투명 유리의 밝은 부분

눈꽃모양흑요석
실리카 함량이 높은 유리질의 흑색 화산암에서 유리질로부터 광물이 결정화되어 눈꽃 모양을 이룬다.

능형반암
이 화성암은 어두운 색깔의 세립질 모암에 마름모 모양의 단면을 보여 주는 커다란 장석 결정을 갖는다. 이 페이지에 소개된 모든 분출암과는 다르게, 마름모 모양의 반정은 다음 페이지에 소개된 다른 암석들처럼 지하의 마그마에서 생성된 관입암이다.

»

» 화성암

섬록암
주로 사장석으로 이루어지고 각섬석군 및 휘석을 일부 포함하며, 석영을 약간 포함하거나 조금도 포함하지 않는다. 조립질 심성암이다.

화강섬록암
아마 대륙 지각에서 가장 흔한 관입 화성암이다. 사장석 함량이 65퍼센트 이상이다.

라비카이트
섬장암 형태인 라비카이트는 색깔이 짙은 남빛이며, 눈부신 청색 섬광 효과를 갖는 다량의 나트륨장석으로 이루어진다.

하석섬장암
조립질이고 밝은 색깔이며, 장석, 운모 그리고 각섬석으로 이루어져 있다. 하석을 포함하지만, 석영은 포함하지 않는다.

섬장암
회색 또는 연분홍색이며 대규모 관입에 의해 형성된 심성암이다. 조립질인 섬장암은 장석, 운모 그리고 각섬석을 포함하며, 석영은 소량 또는 아예 포함하지 않는다.

황반암
기질은 세립질이며, 수분을 함유한 운모와 각섬석 결정을 많이 포함한다. 암맥과 암상에서 형성된다.

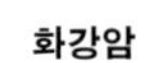

화강암
조립질이며 다양한 색깔을 갖는 화강암은 석영을 10퍼센트 이상 포함한다. 일반적으로 단단하며 침식에 강해서 건축용 석재로 이용된다.

반려암
어두운 색깔의 심성암으로 사장석, 휘석, 감람석을 함유한다. 조립질인 반려암은 지하에서 현무암질 마그마가 느리게 식으면서 형성된다.

감람석반려암
반려암은 휘석과 사장석을 많이 포함하는, 어두운 색깔의 조립질 암석이다. 감람석반려암에서 감람석이 상당량 산출된다.

층상반려암
조립질이며, 어두운 색깔을 갖는 층상반려암은 마그마에서 밀도가 서로 다른 광물들의 결정이 생성되면서 만들어진 호상 구조를 보여 준다.

반상미화강암
장석, 석영, 운모로 구성된 밝은색 암석인 반상미화강암은 기질에 크고 모양이 좋은 결정들을 포함한다.

조립현무암
일반적으로 암상과 암맥에서 산출되는 조립현무암은 색깔이 어두운 중립질 암석으로, 사장석, 휘석, 산화철로 구성된다.

보자이트
어두운 색깔을 갖는 화성암인 보자이트는 각섬석반려암에 대한 일반 용어이다. 조립질이며 마그마로부터 형성된다.

미화강암
흔히 반상(斑狀) 조직을 가지며, 세립에서 미세립의 입자를 갖는 미세화강암은 관입 화성암의 암상(巖狀) 및 암맥(巖脈)에서 산출된다.

석류석감람암
지구의 상부 맨틀 구성 성분과 유사하다. 밀도가 높고, 녹색을 띤 이 암석은 석류석, 감람석, 단사휘석, 사방휘석 등의 어두운 광물들로 구성된다.

듀나이트
거의 감람석으로만 구성된 듀나이트는 암녹색 또는 갈색이며 중립질이다. 보통 크롬철광을 소량 포함한다.

감람암
주로 감람석과 휘석으로 구성된 어두운 색깔의 고밀도 암석이다. 조립질이며 지하 깊은 곳에서 천천히 형성된다.

연분홍색 정장석

아다멜라이트(석영몬조나이트)
이 중립질 화강암은 석영, 운모, 장석 결정과 함께 지하에서 형성된다. 전체 장석 중 3분의 1에서 3분의 2는 사장석이다.

문상화강암
이 조립질 암석은 석영과 장석이 번갈아 자라며 룬 문자를 약간 닮은 문상(文象) 구조를 갖는다. 문상화강암은 또한 운모를 포함한다.

킴벌라이트
색깔이 어둡고 조립질인 킴벌라이트는 실리카 함량이 적은 초고철질암이다. 다양한 조성을 가지며 전 세계 다이아몬드의 주요 공급원이다.

규장석
세립질인 규장석은 관입 화성암의 암상 및 암맥에서 형성된다. 색깔이 밝은 규장석은 주로 장석과 석영으로 구성된다.

페그마타이트
관입 화강암의 대부분이 냉각되고 결정화된 뒤, 액체 상태의 잔여 마그마로부터 형성된 가장 조립질인 암석을 페그마타이트라 한다. 몇몇은 보석의 중요한 공급원이다.

반상화강암
주로 석영, 운모, 장석으로 구성된 이 중립질 암석의 기질에서 커다란 결정들이 형성된다.

각섬화강암
화강암은 일반적으로 석영, 장석, 운모를 포함한다. 각섬화강암은 또한 각섬석 광물의 일원인 각섬석을 포함한다.

회장암
밝은 색깔의 회장암은 주로 커다란 사장석 결정들로 구성된다. 회장암은 또한 감람석과 보통휘석을 포함한다.

변성암

기존에 존재하던 암석이 지구 내부에서 열이나 압력 또는 열과 압력 모두를 겪으면, 이 암석은 다른 광물 집합으로 변질된다. 접촉 변성 작용은 화성암체가 발산한 강렬하고 국부적인 열에 의해 주변 암석이 재결정될 때 일어난다. 광역 변성 작용은 강렬한 열과 압력에 의해 상당한 깊이에서 광범위한 지역에 걸쳐 일어난다. 지구의 움직임에 의한 동력 변성 작용을 받아 암석이 분쇄될 수도 있다.

백립암
매우 높은 온도와 압력에서 형성된 백립암은 색깔이 어두우며, 조립질이고, 휘석, 석류석, 운모 그리고 장석이 풍부하다.

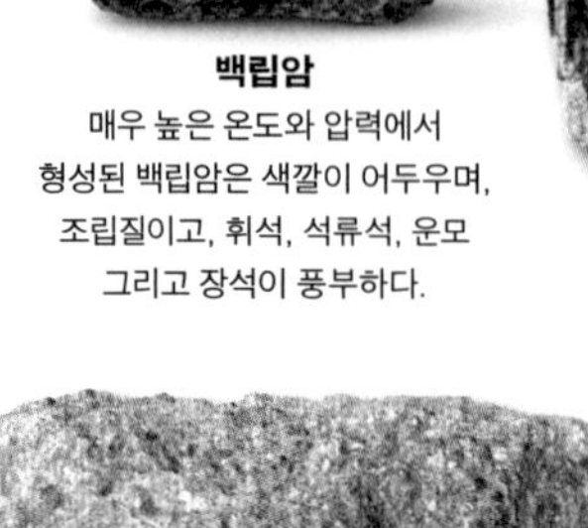

편암
편암은 암석 내부에서 비슷하게 배열된 광물들이 평행면을 갖는 것이 특징이다. 이 물결 모양의 무늬는 파랑 습곡으로 불린다.

할레플린타
원래 응회암, 유문암 또는 석영반암인 할레플린타는 세립질이며, 밝고, 석영이 풍부하다. 할레플린타는 혼펠스의 일종이다.

압쇄암
암석이 단층대에서 심하게 분쇄될 때 형성된 암석 가루와 파편들은 압쇄암으로 불리는 세립질 암석을 형성한다.

백운모편암
밝고 반짝거리는 백운모를 포함하는 전형적인 편암인 백운모편암은 또한 석영과 장석을 포함한다.

남정석편암
주로 장석, 운모, 석영으로 구성된 남정석편암은 또한 청색 광물인 남정석을 포함한다.

점문점판암
점문점판암은 근청석과 홍주석 같은 광물들의 검은 점(반상 변정(斑晶))이 특징인, 어두운 색깔의 세립질 암석이다.

석류석편암
편암의 변종인 석류석편암은 대륙 지각 깊은 곳에서 비교적 높은 온도와 압력에 의해 형성되었다.

흑운모편암
상대적으로 높은 압력과 온도에서 형성된 흑운모편암은 장석, 석영 그리고 이 암석의 색깔을 어둡게 만드는 흑운모를 대량 포함한다.

점판암
어두운 색깔의 매우 세립질인 점판암은 평행 벽개면(壁開面)을 갖는 촘촘한 암석이다. 저압 변성 작용에 의해 형성됐다.

천매암
천매암은 편암보다 낮은 온도와 압력에서 형성된다. 세립질이며 특유의 광택을 갖는 얇은 조각들로 쪼개진다.

스카른
탄산염암이 고온의 접촉 변성 작용에 의해 변질될 때 형성되는 스카른은 칼슘, 마그네슘 그리고 철 같은 광물들을 많이 포함한다.

관상 구조

섬전암
사막 또는 해변에서 번개가 칠 때, 모래가 용융되어 작은 관 모양의 구조를 만든다. 이 구조물을 섬전암이라 한다.

규암
높은 석영 함량을 가진 이 암석은 대부분의 변성암보다 더 단단하다. 고온에서 사암이 변질되어 규암이 형성된다.

공정석혼펠스
혼펠스는 마그마가 관입하는 부근에서 매우 높은 온도에 의해 형성된다. 공정석혼펠스는 밝은 공정석의 칼날 결정 이름을 따서 명명되었다.

근청석혼펠스
어둡고 깔쭉깔쭉한 근청석혼펠스는 인근 화강암이 뚫고 들어옴으로써 생기는 열에 의해 형성된다. 세립 내지 중립질이다.

휘석혼펠스
세립 내지 중립질이며, 단단한 플린트질 암석인 이 혼펠스 변종은 석영, 운모, 휘석을 포함한다. 휘석혼펠스는 화성암이 관입하는 바로 옆 부분에서 형성된다.

석류석혼펠스
혼펠스는 화성암이 관입하는 바로 옆 부분에서 형성된, 단단하며 어두운 플린트질 암석이다. 적색 석류석이 석류석혼펠스에서 관찰된다.

편마암
매우 높은 온도와 압력에서 형성된, 중립 내지 조립질 암석이다. 어두운 결정질층과 밝은 결정질층이 번갈아 나타나는 특징이 있다.

안구상편마암
편마암은 석영 장석, 운모를 포함하며, 흔히 평행한 줄무늬를 보인다. 안구상편마암은 '렌즈 모양의 눈'을 닮은 결정을 갖는다.

접힘편마암
편마암은 지하 깊은 곳에서 흐늘흐늘해지고 접혀진다. 어두운 부분은 각섬석이 많이 함유된 곳이며 밝은 부분은 석영과 장석이 많이 포함된 부분이다.

각섬암
지하 깊숙한 곳에서 적당한 온도와 변화하는 압력에 의해 형성된 조립질 암석이다. 각섬암에는 다른 광물뿐만 아니라 각섬석과 사장석이 풍부하다.

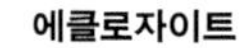

에클로자이트
2개의 중요 광물, 즉 녹색의 녹휘석과 적색의 석류석으로 구성된 에클로자이트는 조립질이며 매우 높은 온도와 압력에서 형성된다.

혼성암
가장 높은 온도와 압력에서 형성된, 조립질이며 접힌 혼성암은 어두운 현무암과 밝은 화강암이 번갈아 나타나는 줄무늬를 갖는다.

입상편마암
동일한 크기의 입자들을 갖는 입상(粒狀) 조직을 보인다. 각섬석과 흑운모로 구성된 어두운 부분과 석영과 장석으로 구성된 밝은 부분을 갖는다.

대리암 파편

대리암 각력

회색 대리암

대리암
접촉 또는 광역 변성 작용에 의해 형성된 대리암은 방해석이 풍부하며, 보통 다른 광물들로 이루어진 다채로운 암맥을 갖는다. 조각 재료로 이용된다.

녹색 대리암

사문암
흔히 줄무늬거나, 반점을 갖거나, 줄을 친 자국이 있는 사문암은 밀도가 높지만, 부드러운 변성암으로 감람암에서 기원했다. 사문암은 지구조판(tectonic plate)들이 서로 수렴하는 곳에서 발견된다.

퇴적암

퇴적암은 지표면에서 바람, 물, 빙하에 의해 운반된 퇴적물이 겹쳐져 쌓이면서 형성된다. 특징은 층리(層理) 또는 층이며, 화석을 포함할 수 있다. 퇴적암은 기원에 따라 3가지로 구분된다. 쇄설성 퇴적암은 지표면 암석이 풍화를 받아 생성된 작은 암석 파편과 광물로 이루어진다. 유기적 퇴적암은 식물과 동물의 유해로 이루어지며, 화학적 퇴적암은 화학 물질의 침전에 의해 형성된다.

속립사암
속립(粟粒)사암은 붉은 산화철 막을 갖는 중립질 암석이다. 바람에 의해 둥글고 동일한 크기의 석영 입자들이 만들어졌다.

녹색사암
규산염 광물인 해록석에 의해 녹색을 띠는 녹색사암은 석영이 풍부한 사암으로 바다에서 형성된다.

운모질사암
석영을 풍부히 함유하는 이 사암은 또한 반짝이는 운모 박편을 포함한다. 보통 중립질 입자를 갖는다.

갈철질사암
이 암석은 중립 내지 세립인 석영 입자를 감싸는 산화철 광물인 갈철석 때문에 황토색 또는 노란색을 띤다.

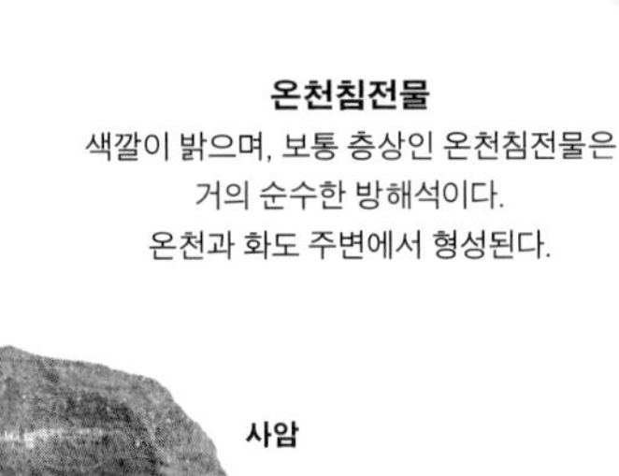

온천침전물
색깔이 밝으며, 보통 층상인 온천침전물은 거의 순수한 방해석이다. 온천과 화도 주변에서 형성된다.

암염
암염은 보통 산화철과 점토 광물 포유물에 의해 색깔을 갖는다. 물에 녹으며, 경도가 낮고, 짠맛이다.

석고
해수가 증발할 때 형성되는 석고는 밝은색이며, 보통 섬유질이고, 매우 부드럽다. 다른 증발 광물들과 함께 산출된다.

사암
일반적으로 서로 다른 색깔을 나타내는 다양한 광물 시멘트에 의해 서로 붙잡힌 모래 크기의 입자들이 층상으로 산출된다. 대부분 석영이 풍부하다.

빙력점토
빙력점토는 모나고 둥근 암석 파편을 갖는 미세점토 모암이다. 색깔은 회색에서 갈색에 이른다.

점토암
점토암은 다양한 색깔을 가지며 매우 세립질이다. 주로 장석이 풍화된 고령석 같은 규산염 점토 광물로 구성된다.

호상철광층
해양 또는 담수 퇴적층으로 흑색 적철석층과 적색 처트층이 서로 번갈아 나타난다. 호상철광층은 가장 뛰어난 철광상 중 하나이다.

어란상철광석
능철석처럼 작고, 둥근 철광물 퇴적 입자가 방해석과 석영뿐만 아니라 다른 철광물에 의해 교결(膠結, cementation)된 것이다.

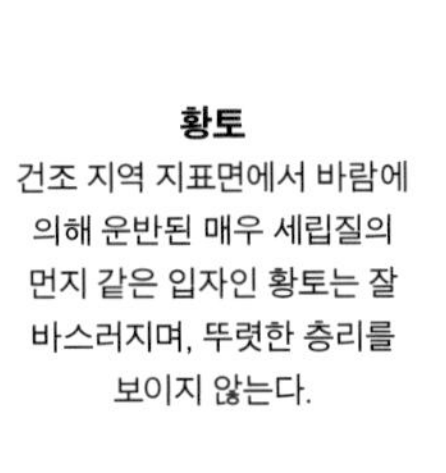

황토
건조 지역 지표면에서 바람에 의해 운반된 매우 세립질의 먼지 같은 입자인 황토는 잘 바스러지며, 뚜렷한 층리를 보이지 않는다.

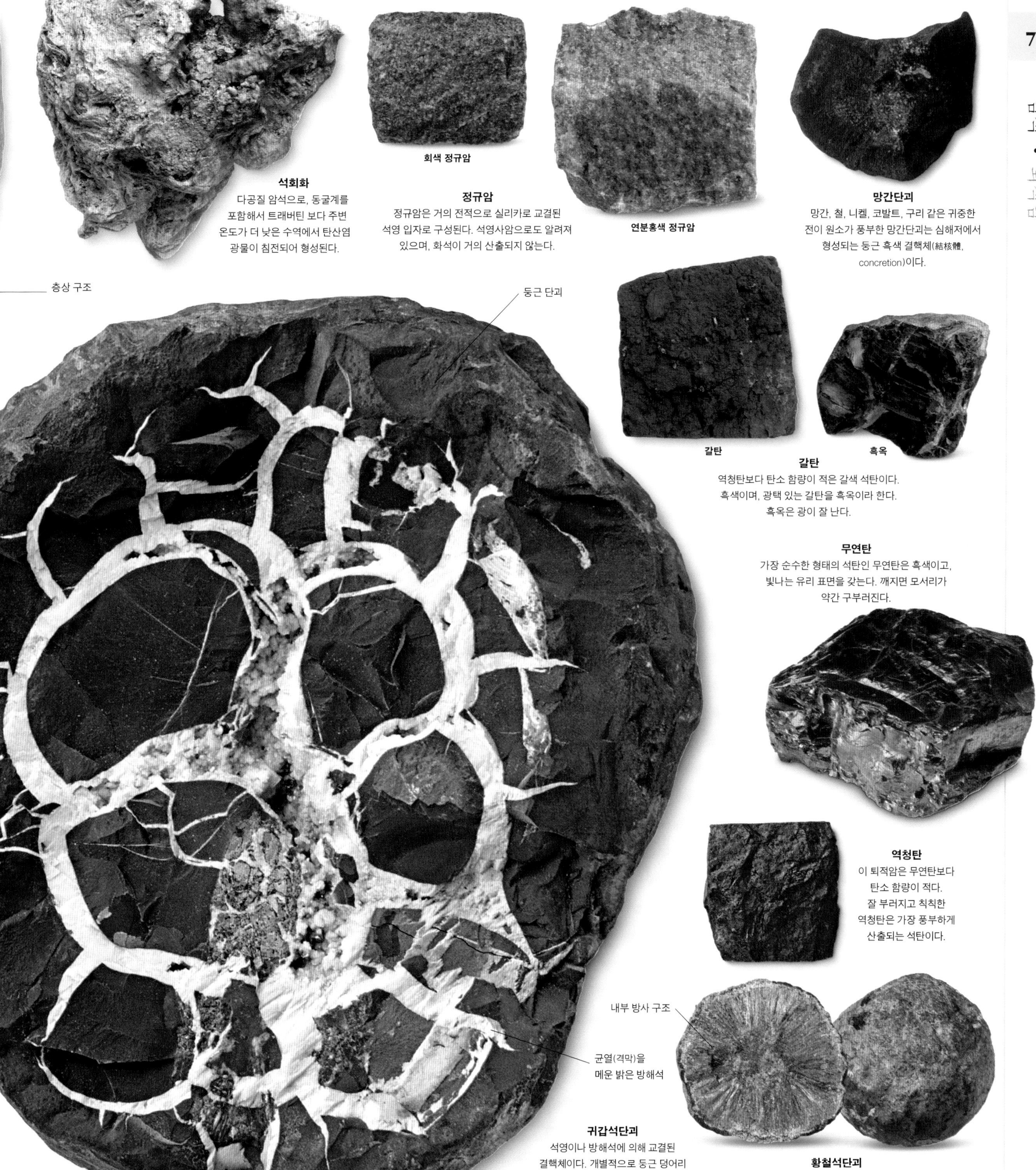

석회화
다공질 암석으로, 동굴계를 포함해서 트래버틴 보다 주변 온도가 더 낮은 수역에서 탄산염 광물이 침전되어 형성된다.

정규암
정규암은 거의 전적으로 실리카로 교결된 석영 입자로 구성된다. 석영사암으로도 알려져 있으며, 화석이 거의 산출되지 않는다.

망간단괴
망간, 철, 니켈, 코발트, 구리 같은 귀중한 전이 원소가 풍부한 망간단괴는 심해저에서 형성되는 둥근 흑색 결핵체(結核體, concretion)이다.

갈탄
역청탄보다 탄소 함량이 적은 갈색 석탄이다. 흑색이며, 광택 있는 갈탄을 흑옥이라 한다. 흑옥은 광이 잘 난다.

무연탄
가장 순수한 형태의 석탄인 무연탄은 흑색이고, 빛나는 유리 표면을 갖는다. 깨지면 모서리가 약간 구부러진다.

역청탄
이 퇴적암은 무연탄보다 탄소 함량이 적다. 잘 부러지고 칙칙한 역청탄은 가장 풍부하게 산출되는 석탄이다.

귀갑석단괴
석영이나 방해석에 의해 교결된 결핵체이다. 개별적으로 둥근 덩어리 형태로 퇴적암에서 산출된다. 내부적으로 격막을 갖는다.

황철석단괴
외부는 회색 또는 흑색이고, 내부는 황색이다. 셰일과 점토에서 산출되며, 완전히 황철석 방사 결정으로만 이루어진다.

»

≫ 퇴적암

화폐석석회암
이 암석을 구성하는 주요 화석은 해양 태형동물인 화폐석이다. 교결물은 석회 진흙에서 기원한 방해석이다.

해백합석회암
해백합은 해저에 유연한 줄기를 고착시켜 서식하는 극피동물이다. 해백합석회암은 부러진 해백합 줄기들이 석회 진흙에 의해 교결되어 단단해진 덩어리이다.

담수석회암
방해석이 풍부한 옅은 색깔의 석회암으로 석영과 점토를 약간 포함한다. 담수에 서식하는 생물의 화석을 포함하는데, 이를 통해 이 암석이 형성된 환경을 알 수 있다.

방해석에 의해 교결된 피졸라이트

피졸라이트석회암
이 암석은 오올리스보다 약간 더 크며, 보통 편평하다. 방해석에 의해 느슨하게 교결된, 완두콩 크기의 피졸라이트로 구성된다.

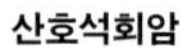

산호석회암
화석화된 산호와 세립의 방해석 교결물이 함께 덩어리를 이룬 것이다. 산호석회암의 색깔은 회색에서 흰색 또는 갈색이다.

오올리스석회암
이 석회암은 작고 둥근 오올리스로 구성된다. 오올리스는 해저 해류에 의해 구르고, 탄산 진흙에 의해 교결된 동심원상 줄무늬를 갖는 퇴적 입자이다.

태형동물석회암
회색 또는 붉은색의 생물 기원 석회암으로, 단단하며, 방해석이 풍부한 진흙 기질에 태형동물 화석을 포함한다.

석회각력암
보통 석회암 적벽 아래에서 형성되는 석회각력암은, 석회암 및 다른 암석 성분의 크고 각진 파편들이 방해석으로 교결되어 있다.

장석함유사암
장석함유사암은 조립질이다. 색깔이 옅거나 짙은 이 사암은 많은 석영과 최대 25퍼센트의 장석을 포함한다.

석영사암
이 사암은 석영 그리고 약간의 장석과 운모로 이루어지는데, 모든 구성 입자는 조립질이다.

경사암
세립의 점토 및 녹니석 덩어리에 석영, 암편 그리고 장석을 포함한다. 경사암은 해양 분지에서 형성된다.

장석질사암
색깔이 다양하고, 중립질인 장석질사암은 장석을 많이 포함하는 사암이다.

백운암
황갈색 또는 회색인 백운암은 돌로마이트(칼슘마그네슘탄산염) 함량이 매우 높다. 광물과 구분하기 위해 고회암으로 불리기도 한다.

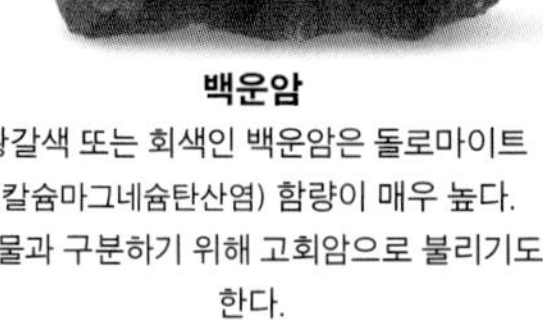

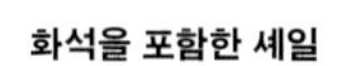

화석을 포함한 셰일
셰일처럼 세립질 해양 퇴적암은 잘 보존된 다수의 화석을 흔히 포함한다.

셰일
세립의 층상 암석인 셰일의 조성은 변하는데, 보통 미사, 점토 광물, 유기 물질, 산화철 그리고 작은 황철석과 석고 결정을 포함한다.

다원역암
조립질 퇴적암인 다원역암은 더 미세한 기질에 많은 다양한 둥근 암석과 광물 파편을 포함한다.

석영역암
색상이 다양한 석영역암은 암색 기질에 놓인 미세한 자갈 크기의 흰색 둥근 석영을 포함하고 있다.

백악
순수한 방해석인 백악은 세립질이고, 가루 같다. 코콜리스 및 방산충 같은 미세한 생물들이 화석화되어 만들어진다.

각력암
이 암석은 세립의 사암 또는 미사 기질에 놓인 크고 각진 암석 파편과 광물을 갖는다. 각력암은 층상을 거의 형성하지 않는다.

미사암
이 암색 암석은 가는 모래보다는 작고 점토보다는 큰 입자를 갖는데, 주로 석영으로 이루어진다. 미사암은 또한 유기 물질과 방해석을 갖는다.

이회암
경도가 점토와 석회암의 중간인 이회암은 세립의, 방해석이 풍부한 층상 암석이다. 녹니석과 해록석에 의해 녹색을 띤다.

처트
극세립의 실리카인 처트는 석회암 같은 암석에서 줄무늬나 단괴로 산출된다. 대개 회색이다.

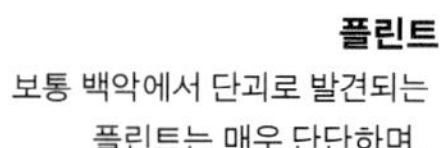

이암
점토, 세립질 석영 및 장석으로 구성된 이암은 셰일에서 관찰되는 층리가 관찰되지 않는다.

플린트
보통 백악에서 단괴로 발견되는 플린트는 매우 단단하며, 검정색의 작은 실리카이다. 플린트는 쪼개지면 날카로운 곡선형 모서리를 형성한다.

화석

화석은 지구의 지각을 구성하는 암석에 묻히고 보존된 과거 생물의 증거이다. 화석은 과학자들에게 생물이 어떻게 진화하는지에 대한 중요한 실마리를 제공하며, 또한 암석의 연대를 측정하고, 오늘날의 지구를 있게 만든 사건들의 연대기를 구성하는 데 사용된다.

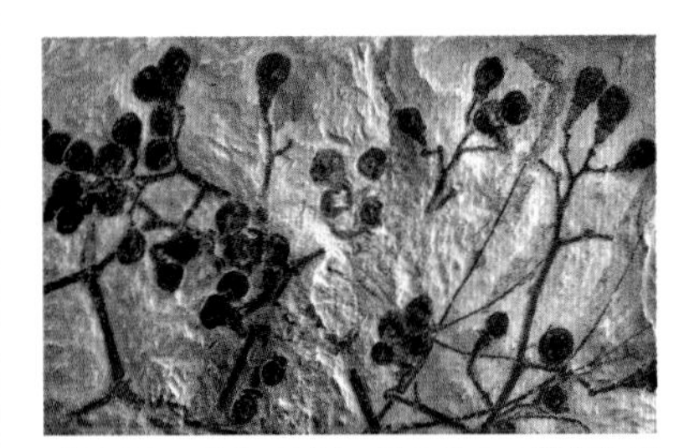
시간이 흐르면서 이 식물 조직은 숯으로 변한다. 얇은 탄소막으로 덮인 생물의 윤곽만이 남아 있다.

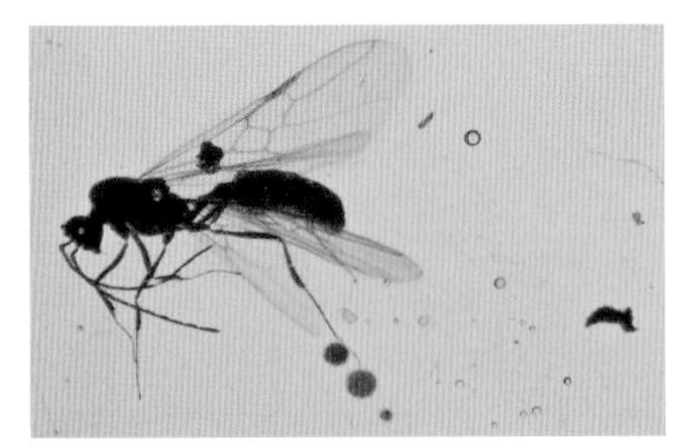
나무에서 흘러나온 송진에 곤충이 갇히고 송진은 호박으로 변해 곤충을 완벽하게 보존했다.

이 어류의 뼈는 셰일 속에서 화석화되었다. 여기에서 원래 뼈의 모든 원자들은 광물로 대체되었다.

생물은 지구에 약 37억 년 동안 존재했다. 처음에 생물은 작고 부드러운 몸체를 지녔으며, 그들의 존재를 알리는 분명한 증거를 거의 남기지 않았다. 그러나 지난 10억 년 동안 생물은 점차적으로 변화해 충분한 시간이 주어진다면 화석화될 수 있는 단단한 신체 부위를 진화시켰다. 이로 인해 생물이 출현했던 순서 그대로 화석화된 자료들이 풍부하게 남을 수 있었고 전 세계 퇴적암은 지구의 생명 역사를 간직한 자료 은행이 되었다. 화석 덕분에 우리는 진화가 걸어온 길을 짐작할 수 있다.

죽어서 묻히다

화석화는 매우 드물게 일어나며, 단지 생물의 일부만이 보존된다. 육지에서 화석화는 보통 우연한 사건, 예를 들어 동물이 산사태나 갑작스러운 홍수에 의해 묻힐 때, 또는 호수에서 익사할 때 유발된다. 퇴적물이 일상적으로 생물의 사체를 축적하기 때문에 해양 동물은 화석화될 기회가 더 많다. 세립질 퇴적물은 생물의 연체부를 보존할 수 있지만, 껍데기나 뼈처럼 단단한 신체 부분을 갖는 동물이 가장 좋은 화석으로 보존된다. 매몰 후에 용해된 광물이 느리게 생물의 유해에 침투해 완전히 돌로 바꾼다. 단단한 돌로 바뀐 뒤, 많은 화석이 깊은 지하에서 열, 압력 또는 지질학적 변동에 의해 부서진다. 그러나 만약 화석이 이 모든 과정에서 살아남는다면, 융기에 의해 마침내 지표면으로 이동된 후 침식을 거쳐 모암으로부터 노출된다(하단 참조). 따라서 화석은 결국 부서지기 이전에 발견되어야 한다.

이러한 화석은 특히 완벽한 골격일 때 정말 멋지다. 그러나 생물의 골격만이 화석화되는 것은 아니다. 암석에서는 발자국, 구멍 또는 동물의 활동을 나타내는 다른 흔적이 화석화된 생흔 화석이 산출된다. 생흔 화석은 생물이 어떻게 살았는지에 대한 간접적이지만 대단히 흥미로운 증거를 제공한다. 예를 들어 공룡 발자국을 통해 공룡이 얼마나 빠르게 움직였는지, 공룡이 무리와 어떻게 소통했는지, 심지어 공룡이 성장하면서 어떻게 체중을 늘렸는지 알 수 있다.

먼 옛날에 형성된 암석에는 생물학적 과정에 의해 형성된 고대 탄소 화합물인 화학 화석이 종종 포함되어 있다. 특별하지 않더라도 이 화학 얼룩은 지구에 출현한 최초의 생물을 알려 주는 중요한 단서이다.

갑작스러운 죽음 >
오르도비스기 말기의 많은 삼엽충들이 함께 화석화되었다. 이것은 퇴적물에 의해 삼엽충들이 갑작스럽게 매몰됐음을 암시한다.

논쟁
표준 화석

지질 연대는 주로 화석을 활용해 수립되었다. 광범위한 지역에 서식했지만 단지 짧은 시간 동안에만 존재했던 종을 표준 화석이라고 부른다. 표준 화석은 특별한 층을 확인하거나 여러 곳에서 그 층을 서로 결부시킬 때 사용된다. 즉, 서로 다른 지역에서 동일한 표준 화석이 산출되는 것은 그 층이 동시에 퇴적됐음을 나타낸다. 따라서 지질학자들은 표준 화석을 통해 암석의 연대를 측정하고 상대적인 시간 순서를 수립한다. 중생대 암모나이트(절멸된 해양 연체동물)는 가장 뛰어난 표준 화석 중의 하나이다. 암모나이트 화석대는 100만 년보다 짧다.

어떻게 화석이 형성될까?

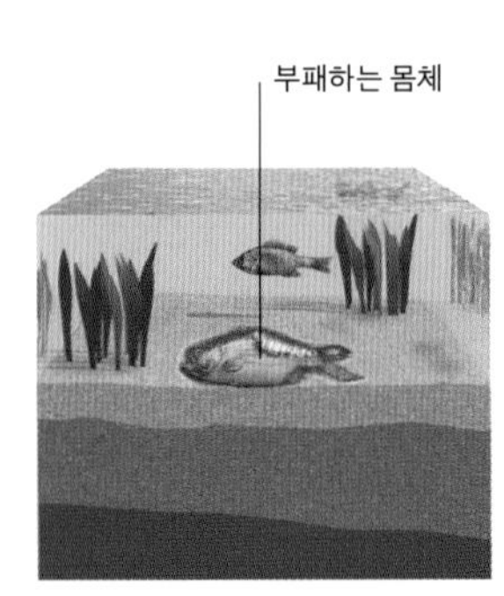

죽은 물고기가 해저에 놓여 있다. 이곳에서 물고기의 살은 부패하거나 먹힐 수 있다. 보존되기 위해서 죽은 물고기는 재빨리 묻혀야만 한다. 진흙이 셰일로 변하면서, 물고기는 압축되고 납작해질 것이다.

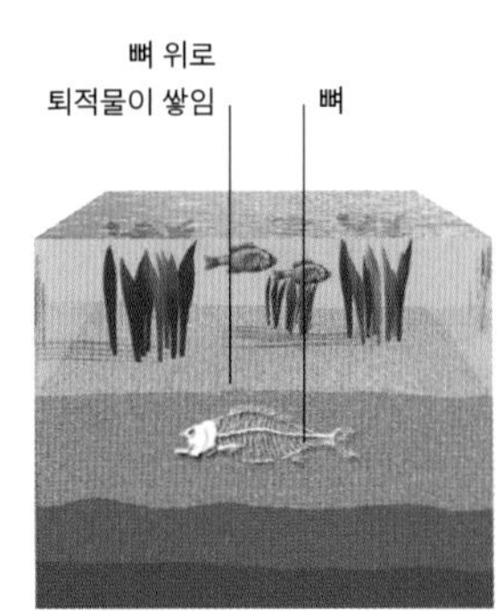

물고기의 뼈가 퇴적물에 덮여 있다. 화석화되기 위해서는 뼈들이 열과 압력에 의한 화학 변화를 겪고 다른 광물로 대체되어야 한다.

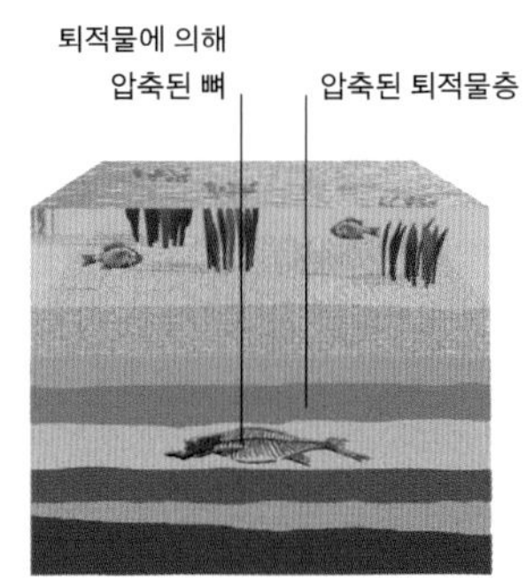

더 많은 퇴적물이 해저에 퇴적됐고, 하부 층을 압축했다. 퇴적물이 압축되면서, 화석은 납작해지거나 비틀어지거나 파괴된다.

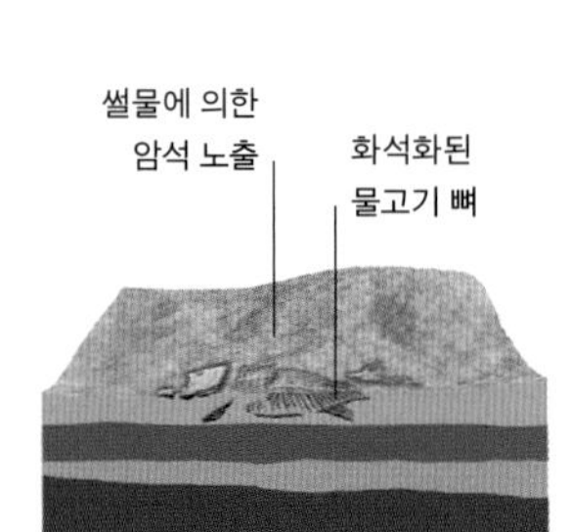

수백만 년 후에 해양 퇴적물은 이제 암석으로 변해서 썰물에 의해 노출되었다. 화석화된 물고기 뼈를 둘러싼 암석은 풍화로 인해 더욱 벗겨진다.

식물 화석

식물은 화석 기록으로 볼 때 최초로 출현한 생물 중의 하나이다. 조류 화석이 선캄브리아 시대 암석에서 발견되었다. 관다발 식물(물과 양분의 이동 통로인 관다발을 가짐)은 실루리아기에 진화해 나왔는데, 석탄기에 이르러 지구는 석탄을 생성한 광대한 삼림 늪에 의해 녹색으로 뒤덮였다. 현화식물은 중생대에 진화해 나왔다.

초기 육상 식물
Cooksonia hemisphaerica
실루리아기와 데본기 암석에서 발견되었다. 최초의 관다발 식물 중 하나로 단단한 줄기와 잎이 없는 가지를 지녔다.

칼라모피톤의 줄기
Calamophyton primaevum
잎이 없는 원시 식물이며, 아마도 양치류와 관련이 있는 듯한 칼라모피톤은 데본기와 전기 석탄기 암석에서 발견된다.

클라독실론 줄기
Cladoxylon scoparium
데본기와 석탄기 암석에서 산출되는 클라독실론 화석은 단단한 중심 줄기와, 잎이 없으며 빛을 흡수하는 나뭇가지를 지녔다. 지면에서 낮은 높이로 자라는 식물이다.

나뭇가지

단단한 줄기

종자고사리 잎
Alethopteris serlii
석탄기와 페름기 지층에서 산출되는 종자고사리류인 알레톱테리스는 두껍고, 강한 줄무늬가 있는 잎으로 우상 복엽(羽狀複葉)을 갖는다.

키클롭테리스의 작은 잎
Cyclopteris orbicularis
종자고사리류에 속하는 뉴롭테리스(*Neuropteris*)의 작은 계란형 잎 때문에 키클롭테리스라는 학명이 부여됐다. 석탄기층에서 산출된다.

종자고사리의 씨앗
Trigonocarpus adamsi
트리고노카르푸스라는 이름은 석탄기층에서 발견된 씨앗 화석에게 부여된 이름이다. 각각의 씨앗은 3개의 이랑(rib)을 갖는다.

말꼬리 모양의 나뭇잎
Asterophyllites equisetiformis
석탄기와 페름기 지층에서 발견되는 아스테로필리테스는 침상의 잎과, 말꼬리와 비슷한 구조를 갖는다.

덩굴에 적합한 말꼬리 모양의 줄기
Sphenophyllum emarginatum
석탄기부터 페름기의 암석에서 발견되는 스페노필룸은 V자 형태의 잎, 덩굴에 적합한 길고 부드러운 줄기를 가졌다.

수직 주엽맥

시길라리아 줄기
Sigillaria aeveolaris
석탄기와 페름기 암석에서 발견되는 시길라리아는 30미터 이상 성장하는 거대한 석송의 친척이다. 좁은 줄기를 가졌으며, 잎은 무더기로 자란다.

인목 뿌리
Stigmaria ficoides
석탄기부터 페름기 암석에서 산출되는 스티그마리아는 석송의 친척인, 화석화된 인목의 뿌리를 가리키는 명칭이다.

날개(깃털) 모양의 잎

페름기 양치식물
Oligocarpia gothanii
지면에 낮게 자라는 양치식물인 올리고카르피아는 석탄기와 페름기 암석에서 산출된다. 이 식물은 습지에 서식했다.

살비니아 뿌리줄기
Salvinia formosa
열대 지역에 서식하는, 물에 뜨는 수생 양치식물인 살비니아 화석은 백악기부터 최근의 암석에서 발견된다.

백악기 양치식물
Weichselia reticulata
백악기 암석에서 발견되는 베이크셀리아 화석은 현대의 고사리와 비슷하며, 2번 나뉜 잎을 갖는다.

종자고사리의 작은 잎
Dicrodium sp.
트라이아스기의 종자고사리인 디크로디움은 날개 모양의 잎을 지녔으며, 길게 갈라진 잎의 길이는 약 7.5센티미터이다.

고생대 침엽수
Lebachia piniformis
석탄기와 페름기의 구과 식물인 레바키아는 현대 침엽수의 조상이다.

침엽수의 씨앗인 구과
Taxodium dubium
쥐라기 지층에서 발견되는 낙우송은 현대의 사이프러스나무와 관련 있다. 습한 지역에 서식하며 침상의 잎을 갖는다.

해안 미국삼나무 구과
Sequoia dakotensis
거대한 상록수인 세쿼이아는 백악기 및 최근의 암석에서 발견된다. 세쿼이아 중 몇몇 현생 종류는 2,000년 이상 된 것도 있다.

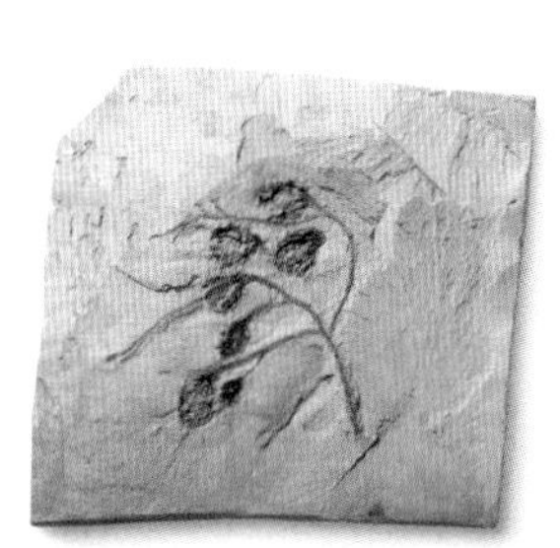

백악기 침엽수
Glyptostrobus sp.
이 침엽수는 백악기 및 신생대 동안에 늪에 서식했다. 석탄을 형성한 주요 나무이다.

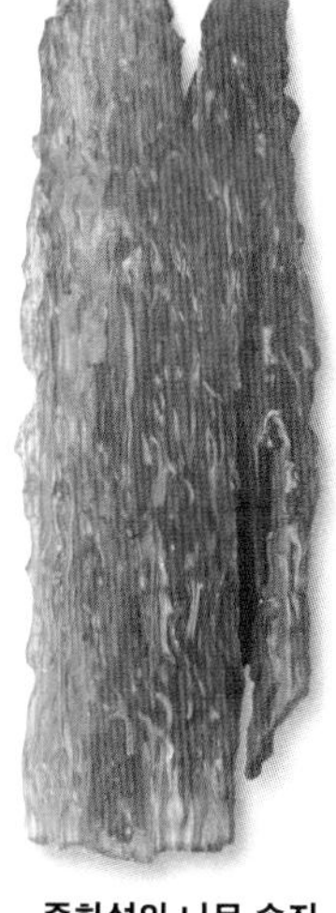

준화석의 나무 송진
Kauri pine amber
호박은 소나무의 송진이 단단해진 것이다. 전기 백악기 암석에서 최초로 산출되는 카우리소나무 호박은 향기롭고 끈적끈적한 송진에 죽은 곤충 화석이 가끔 포함되어 있다.

구과의 단면

씨앗

중심축

쥐라기 침엽수
Araucaria mirabilis
절멸된 원시 칠레소나무인 아라우카리아 미라발리스는 중심축에 대해 나선형으로 배열된 인편(鱗片, scale)과 함께 특징적인 자성(암컷) 구화수를 갖는다.

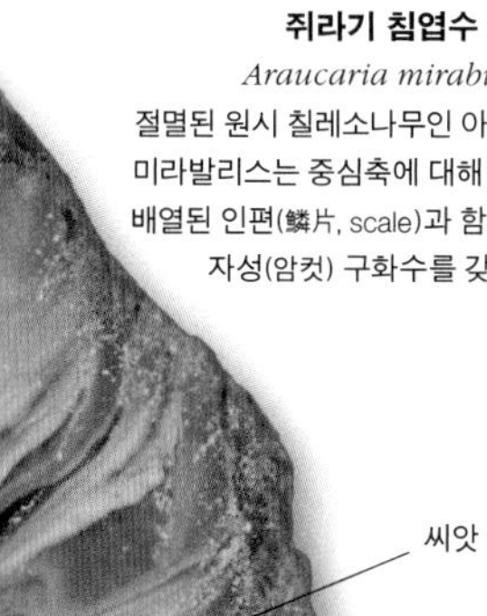

석탄기 겉씨식물
Cordaites sp.
침엽수의 조상으로 석탄기와 페름기 동안에 서식했다. 코르다이테스는 나무만 한 크기의 식물로 씨앗에 의해 번식했다.

기간톱테리스 잎
Gigantopteris nicotianaefolia
페름기의 은화식물인 기간톱테리스 니코티아나이폴리아의 이름은 잎이 담배 식물의 잎을 닮은 것에 근거해 명명됐다.

페름기 은행잎
Psygmophyllum multipartitum
아직까지 중국에 서식하는 은행나무는 페름기에 최초로 출현했다. 현대 은행나무의 조상인 프시그모필룸 화석에서 부채 모양의 잎이 발견된다.

트라이아스기 은행나무
Baiera munsteriana
길이가 최대 15센티미터인, 이 부채 모양의 바이에라 잎은 서로 독립된 주엽맥으로 나뉜다. 현생하는 은행나무의 잎은 거의 완전하다.

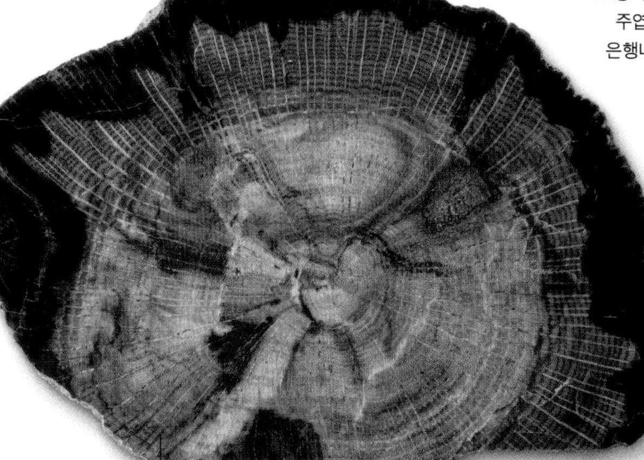

나이테

참나무 몸통
Quercus sp.
널리 알려진 오크나무인 참나무 종은 백악기층에서 화석으로 최초로 발견된다. 오늘날 500종 이상의 참나무류가 서식하고 있다.

야자나무 열매
Nypa burtinii
니파 화석은 에오세부터 계속 산출된다. 이 야자나무는 25센티미터 크기의 공 모양 열매에 자신의 목질 씨앗을 담고 있다.

목련잎
Magnolia longipetiolata
가장 초기의 현화식물 중 하나인 목련은 백악기에 최초로 출현했다. 초기 곤충들이 목련의 꿀을 먹었다.

무척추동물 화석

단단한 내부 골격이 없는 동물인 무척추동물은 가장 흔하게 발견되는 화석 중의 하나이다. 무척추동물은 선캄브리아 시대에 최초로 출현했지만, 삼엽충 같은 복잡한 무척추동물이 화석 기록으로 풍부히 산출되기 시작한 것은 전기 캄브리아기에 이르러서이다. 절지동물, 연체동물, 완족동물, 극피동물 및 산호 같은 무척추동물의 화석이 특히 흔하게 산출되는데, 이것은 이들이 단단한 외골격을 갖고 있을 뿐만 아니라 화석을 포함하는 암석 대부분이 형성된 바다에 서식했기 때문이다.

케일로스톰 태형동물
Biflustra sp.
신생대 암석에서 산출되는 이 태형동물 속은 절멸했다. 비플루스트라에는 개충(zooid, 군체에서 부드러운 몸통을 가진 각각의 개체)을 보관하는 아주 작은 방이 있다.

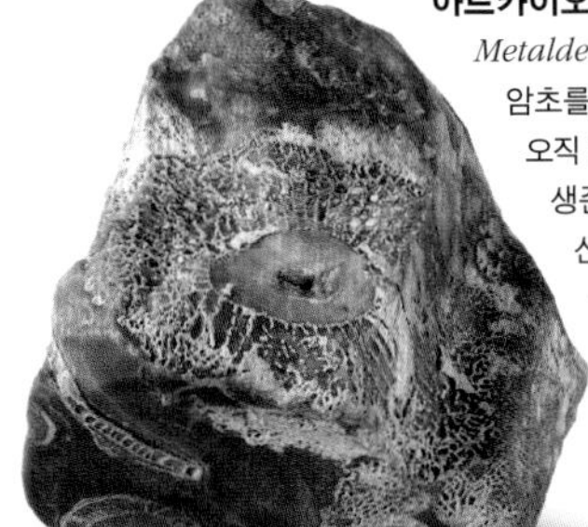

아르카이오키아티드
Metaldetes taylori
암초를 생성하는 이 생물은 오직 캄브리아기에만 생존했다. 메탈데테스는 산호와 비슷한, 컵 모양의 구조를 지녔다.

스트로마토포로이드
Stromatopora concentrica
오르도비스기부터 페름기 사이의 암석에서 발견되고 종종 초석회암에서 나타나는 해면동물 화석은 다공성의, 칼슘이 풍부한 관의 형태로 만들어진다.

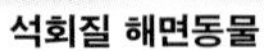

석회질 해면동물
Peronidella pistilliformis
서로 융합된 침상 골편(spicules, 방해석 형태)이 특징적인 페로니델라는 트라이아스기와 백악기 암석에서 발견된다.

트레포스톰 태형동물
Diplotrypa sp.
오르도비스기 암석에서 산출되는 태형동물인 디플로트리파는 돔 모양의 산호초에 서식하는, 산호와 유사한 작은 무척추동물이다.

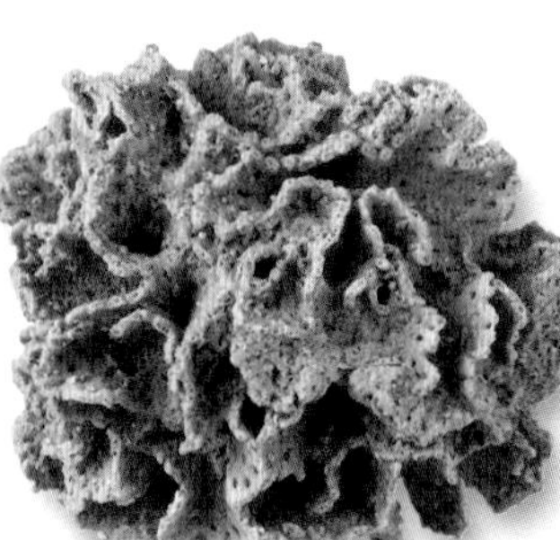

레이스산호
Schizoretepora notopachys
레이스산호인 스키조레테포라는 에오세부터 플라이스토세의 지층에서 산출된다. 암석으로 된 해저에서 살았다.

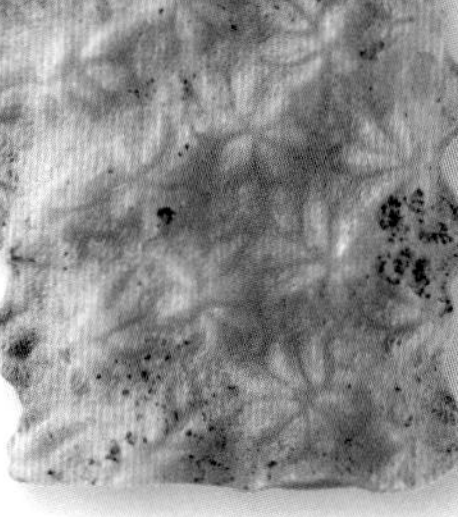

분지하는 태형동물
Constellaria sp.
해저에 분지하는 군락을 짓는 태형동물인 콘스텔라리아는 오르도비스기 지층에서 산출된다.

산호석

석회관갯지렁이
Rotularia bognoriensis
쥐라기부터 에오세의 암석에서 발견되며 석회관갯지렁이의 한 속이다. 각각이 석회질로 이루어진 돌돌 말린 관을 만들어서 부드러운 몸통을 보호한다.

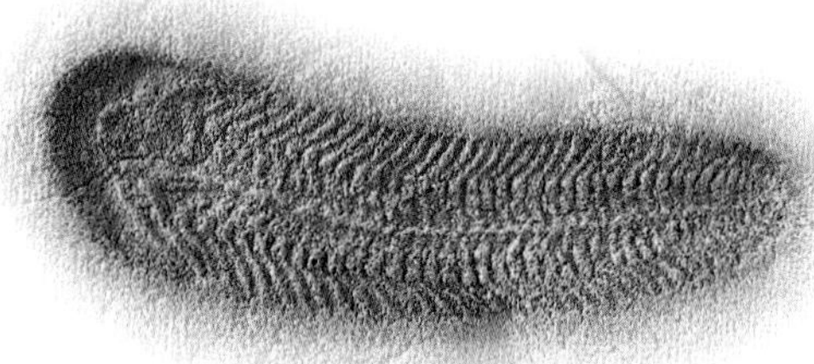

스프리기나
Spriggina floundersi
에디아카라 암석에서 발견되는 매우 원시적인 화석으로 긴 벌레 형태의 몸통을 지녔다. 분류학적 위치는 불확실하다.

'소리굽쇠' 모양의 필석
Didymograptus murchisoni
2개의 자루마디(stipe, 줄기부)를 갖는 필석(절멸한 군체 무척추동물)인 디디모그랍투스는 오르도비스기 암석에서 발견된다. 2~60센티미터 길이까지 자란다.

분지하는 필석
Rhabdinopora socialis
최근까지 이 필석은 딕티오네마(*Dictyonema*)로 불렸다. 얇은, 방사하는 자루마디를 많이 지녔으며, 오르도비스기 지층에서 산출된다.

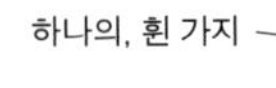

나선형 필석
Monograptus convolutus
한쪽 면에 나열된 개별 방(컵 모양의 구조)과 곡선을 그리며 휜, 하나의 가지는 전기 실루리아기 암석에서 발견되는 모노그랍투스의 특징이다. 특이한 소용돌이를 갖는다.

판상산호
Catenipora sp.
쇄상(鎖狀)의 구조를 갖는 단순한 판상산호인 카테니포라는 오르도비스기와 실루리아기 동안에 따뜻한 얕은 바다에서 살았다.

쇄상의 군체 구조

두꺼운 산호석 벽

육사산호
Meandrina sp.
사람의 뇌처럼 생긴 군체 산호로 에오세 암석에서 최초로 발견된 것은 오늘날까지도 생존하고 있다.

사방산호
Goniophyllum pyramidale
실루리아기 암석에서 산출되는 단일 산호로 폴립(polyp)이 살았던 콘 모양의 구조를 갖는다.

캄브리아기 삼엽충
Paradoxides bohemicus
어떤 파라독시데스 삼엽충은 길이가 거의 1미터까지 성장한다. 이 종은 흉부에 긴 가시를 가지며 캄브리아기 지층에서 산출된다.

실루리아기 삼엽충
Dalmanites caudatus
실루리아기에 흔히 산출되는 달마니테스는 분절된 가슴과 뾰족한 꼬리가시를 갖는다.

몸을 감은 데본기 삼엽충
Phacops sp.
겹눈이 특징인 파콥스는 데본기 지층에서 산출된다. 삼엽충은 오늘날의 많은 절지동물들처럼 몸을 감을 수 있었다.

오르도비스기 삼엽충
Eodalmanitina macrophtalma
오르도비스기 삼엽충인 에오달마니티나는 거대한, 반달 모양의 눈을 지녔다. 가슴은 11개의 체절로 이루어진다.

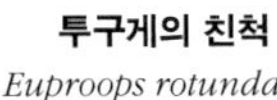

투구게의 친척
Euproops rotundatus
석탄기 투구게와 관련 있는 유프롭스는 반달 모양의 머리방패와 긴 꼬리가시를 갖는다.

집게발

바닷가재
Eryma leptodactylina
쥐라기와 백악기 암석에서 산출된 바닷가재 화석인 에리마는 길이가 6센티미터이며 현생 종과 닮았다.

게
Avitelmessus grapsoideus
많은 가시들로 뒤덮인 이 게는 백악기 암석에서 산출된다. 너비가 25센티미터까지 자란다.

바퀴벌레 친척
Archimylacris eggintoni
바퀴벌레의 친척으로, 석탄기에 살았던 아르키미라크리스는 줄무늬가 발달된 뒷날개를 가졌다.

»

≫ 무척추동물 화석

유관절 완족류
Leptaena rhomboidalis
오르도비스기, 실루리아기, 데본기 암석에서 산출되는 완족류로 너비가 약 5센티미터까지 자랐다. 패각은 동심원 및 방사상의 이랑을 갖는다.

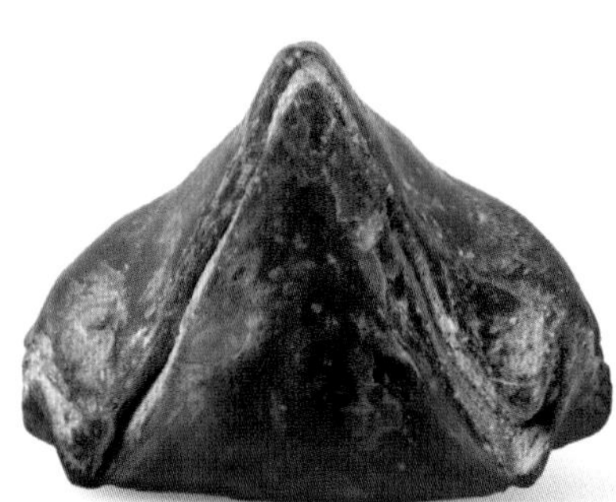

유훼류 완족류
Homeorhynchia acuta
전기 쥐라기 암석에서 산출되는 호메오린키아는 너비가 약 1센티미터까지 자라는 조그마한 완족류이다.

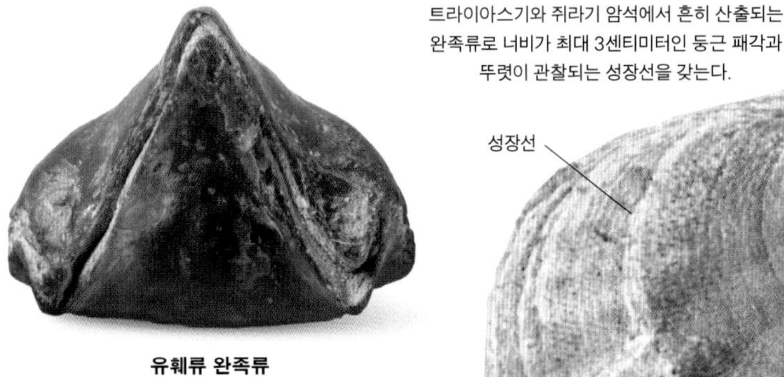

스피리페리드 완족류
Spiriferina walcotti
트라이아스기와 쥐라기 암석에서 흔히 산출되는 완족류로 너비가 최대 3센티미터인 둥근 패각과 뚜렷이 관찰되는 성장선을 갖는다.

늪백합
Carbonicola pseudorobusta
석탄기의 육성층(陸成層)에서 산출되며 끝이 가늘어지는 패각을 갖는다. 화석을 포함하는 암석의 상대 연령을 측정하는 데 사용된다.

골이 파인 패각

가리비
Pecten maximus
고진기부터 현재까지 발견되는 가리비는 이매패류이다. *P. maximus*는 현존하며 패각을 움직여서 유영한다.

백합
Crassatella lamellosa
백악기부터 마이오세까지 생존했던 작은 이매패류이다. 크라사텔라는 패각에 뚜렷한 동심원 모양의 성장선이 있다.

홍합 친척
Ambonychia sp.
오르도비스기 암석에서 발견되는 원시 이매패류로 너비가 최대 6센티미터까지 자랐다. 양쪽 패각 표면에 방사상 이랑이 있다.

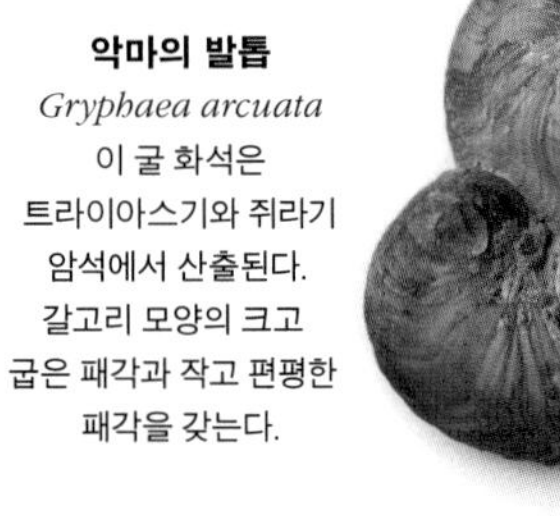

악마의 발톱
Gryphaea arcuata
이 굴 화석은 트라이아스기와 쥐라기 암석에서 산출된다. 갈고리 모양의 크고 굽은 패각과 작고 편평한 패각을 갖는다.

앵무조개
Vestinautilus cariniferous
이 원시 앵무조개는 매우 느슨하게 감긴 형태이며, 패각에는 장식이 거의 없다. 석탄기 암석에서 발견된다.

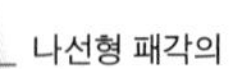
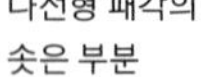

데본기 복족류
Murchisonia bilineata
실루리아기부터 페름기의 암석에서 산출되는 복족류인 무르키소니아는 최대 5센티미터 높이까지 자라며, 나선형 패각에 솟은 부분을 갖는다.

나선형 패각의 솟은 부분

쥐라기 복족류
Pleurotomaria anglica
쥐라기와 백악기의 암석에서 발견되는 이 복족류는 방사상 및 나선형 무늬가 조합된 넓은 패각을 갖는다.

로스트로콘크
Conocardium sp.
데본기와 석탄기 지층에서 산출되는 코노카르디움은 백합류를 닮았지만, 코노카르디움의 패각에는 기능성 경첩이 없다.

데본기 암모나이트
Soliclymenia paradoxa
전기 데본기 암모나이트류인 솔리클리메니아는 패각을 가로질러 얇은 이랑을 갖는다. 어떤 종들은 특별하게 삼각형 패각을 갖는다.

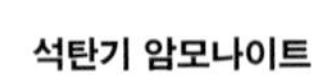

석탄기 암모나이트
Goniatites crenistria
데본기와 석탄기 암석에서 산출되는 암모나이트류인 고니아티테스는 격벽(隔壁)이 패각과 만나는 곳에서 각이 진 봉합선을 갖는다.

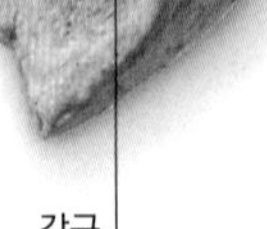

각구

단순한 이랑

트라이아스기 암모나이트
Ceratites nodosus
트라이아스기 암석에서 산출되는 세라티테스는 연체동물에 속하는 암모나이트류이다. 느슨하게 감긴 모양이며, 패각에 뚜렷한 많은 이랑을 갖는다.

암모나이트
Mortoniceras rostratum
백악기에 생존했던 이 암모나이트는 지름이 최대 10센티미터까지 성장했으며, 패각을 가로질러 이랑이 발달했다.

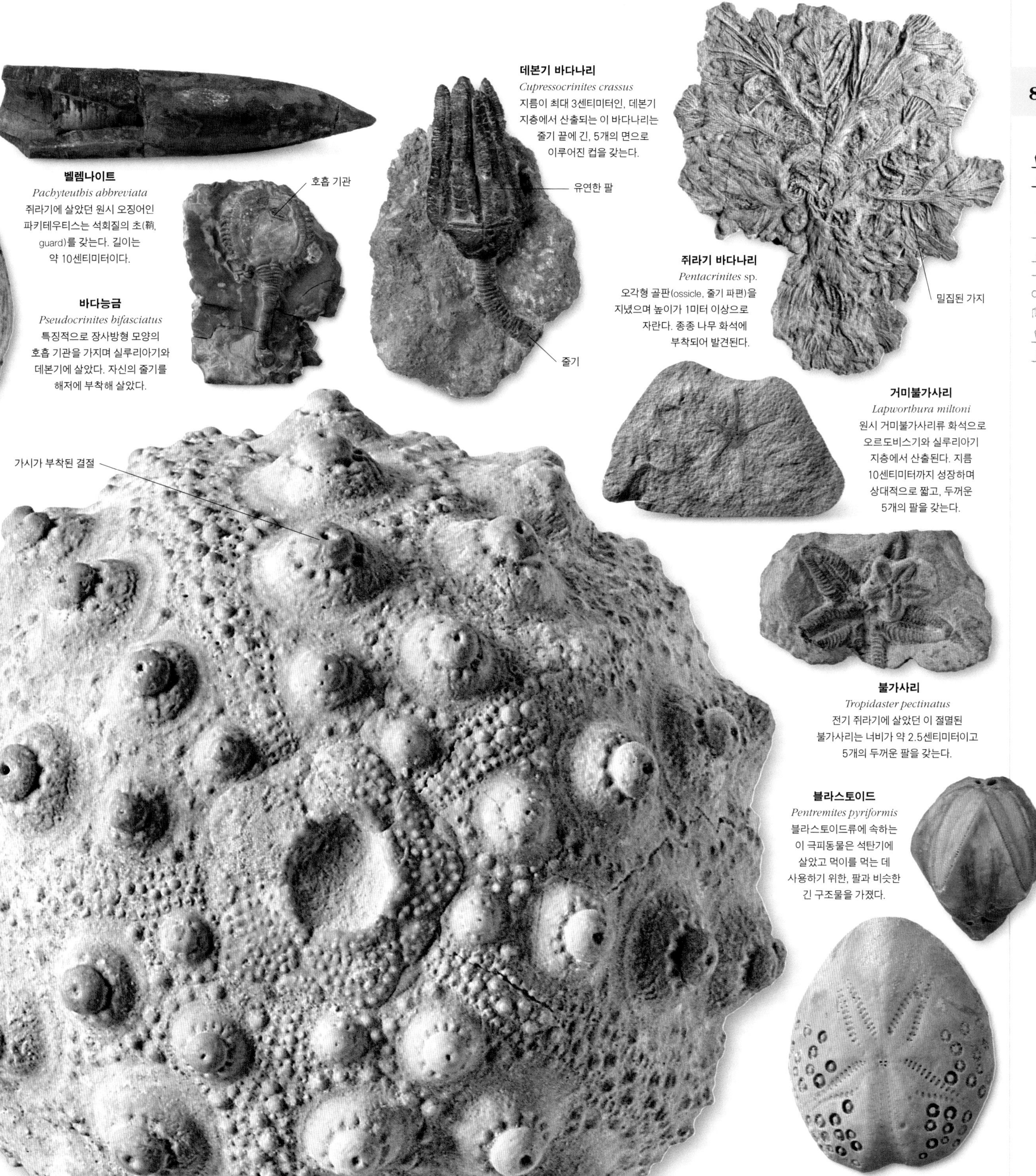

벨렘나이트
Pachyteuthis abbreviata
쥐라기에 살았던 원시 오징어인 파키테우티스는 석회질의 초(鞘, guard)를 갖는다. 길이는 약 10센티미터이다.

바다능금
Pseudocrinites bifasciatus
특징적으로 장사방형 모양의 호흡 기관을 가지며 실루리아기와 데본기에 살았다. 자신의 줄기를 해저에 부착해 살았다.

데본기 바다나리
Cupressocrinites crassus
지름이 최대 3센티미터인, 데본기 지층에서 산출되는 이 바다나리는 줄기 끝에 긴, 5개의 면으로 이루어진 컵을 갖는다.

쥐라기 바다나리
Pentacrinites sp.
오각형 골판(ossicle, 줄기 파편)을 지녔으며 높이가 1미터 이상으로 자란다. 종종 나무 화석에 부착되어 발견된다.

거미불가사리
Lapworthura miltoni
원시 거미불가사리류 화석으로 오르도비스기와 실루리아기 지층에서 산출된다. 지름 10센티미터까지 성장하며 상대적으로 짧고, 두꺼운 5개의 팔을 갖는다.

불가사리
Tropidaster pectinatus
전기 쥐라기에 살았던 이 절멸된 불가사리는 너비가 약 2.5센티미터이고 5개의 두꺼운 팔을 갖는다.

블라스토이드
Pentremites pyriformis
블라스토이드류에 속하는 이 극피동물은 석탄기에 살았고 먹이를 먹는 데 사용하기 위한, 팔과 비슷한 긴 구조물을 가졌다.

성게
Hemicidaris intermedia
쥐라기 지층에서 흔하게 산출되는 이 성게 화석은 지름이 약 4센티미터까지 자랐다. 많은 결절(bump)들은 굵은 가시들을 지지한다.

염통성게
Lovenia sp.
심장형이며, 천공하는 성게류인 로베니아는 팔레오세부터 서식했으며, 오늘날까지 생존하고 있다. 지름 5센티미터까지 자란다.

척추동물 화석

화석화된 척추동물은 무척추동물만큼 풍부하지는 못한데, 대부분의 척추동물이 화석이 형성되기 어려운 육상에 서식했으며, 또한 지구 역사상 무척추동물보다 늦게 진화해 나왔기 때문이다. 어류는 진화해 나온 가장 초기의 척추동물로, 어떤 종류는 캄브리아기에 출현했다. 실루리아기와 데본기에 어류는 빠르게 진화해 양서류가 데본기에 최초로 출현했다. 공룡은 중생대에 번성했으며, 중생대 말에 포유류가 다양화되기 시작했다.

제나스피드 어류
Zenaspis sp.
데본기 암석에서 발견되는 제나스피스는 거대한 머리방패가 있다. 길이가 최대 25센티미터로 몸통은 경골 비늘로 덮여 있다.

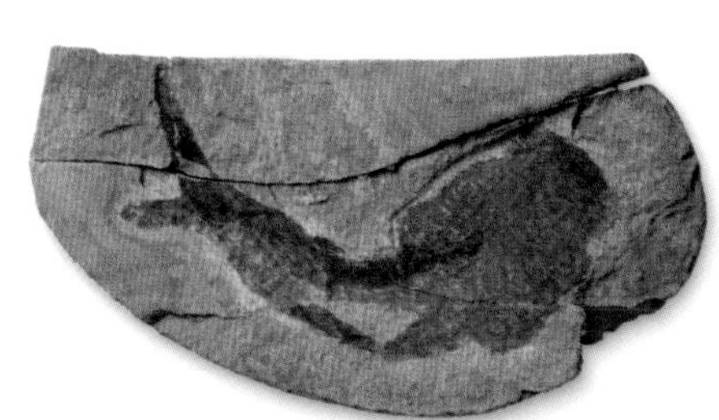

어류와 비슷한 원시 척추동물
Loganellia sp.
턱이 없는, 납작한 원시 '어류'인 로가넬리아는 이빨 형태의 비늘로 덮여 있다. 길이가 최대 12센티미터로 데본기 암석에서 발견된다.

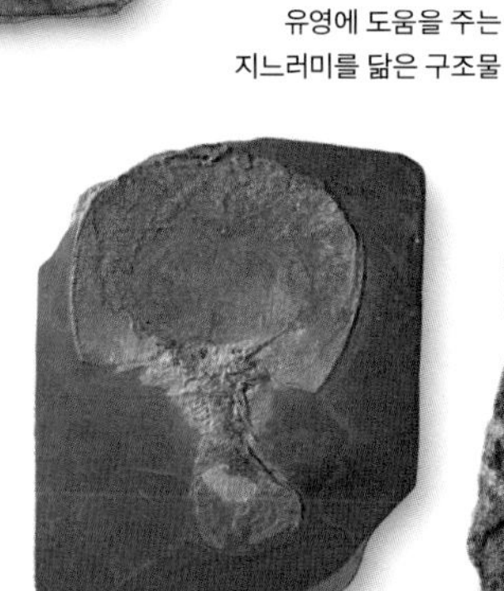

프사모스테이드 어류
Drepanaspis sp.
턱이 없는 원시 어류인 드레파나스피스는 편평한 머리방패를 갖고 있다. 오로지 데본기 암석에서만 발견된다.

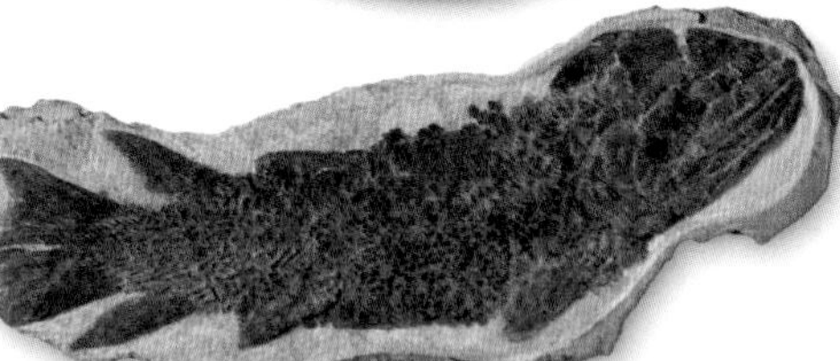

총기어류
Eusthenopteron foordi
이 후기 데본기 어류의 건장한 지느러미는 육상에 서식하는 척추동물의 사지와 유사하다.

유영에 도움을 주는 지느러미를 닮은 구조물

판피어류
Bothriolepis canadensis
데본기의 판피어류(무악어류 중 멸종된 한 집단)인 보트리올레피스는 머리와 몸통에 커다란 방패를 가지고 있으며 척주와 유사한 가슴지느러미가 있다.

상어 이빨
Otodus sokolovi
이 신생대 상어는 이빨에 톱날이 달려 있어서 살점을 쉽게 자를 수 있었다.

색가오리
Heliobatis radians
에오세 지층에서 발견되는 헬리오바티스는 길이가 약 30센티미터까지 자라며 연골 골격을 갖는 담수 색가오리이다.

가늘어지는 척주

황어 떼
Leuciscus pachecoi
마이오세 지층에서 산출되며, 레우시스쿠스 또는 황어에 속하는 절멸된 이 종은 오늘날의 경골어류와 유사하다. 길이는 6센티미터까지 자란다.

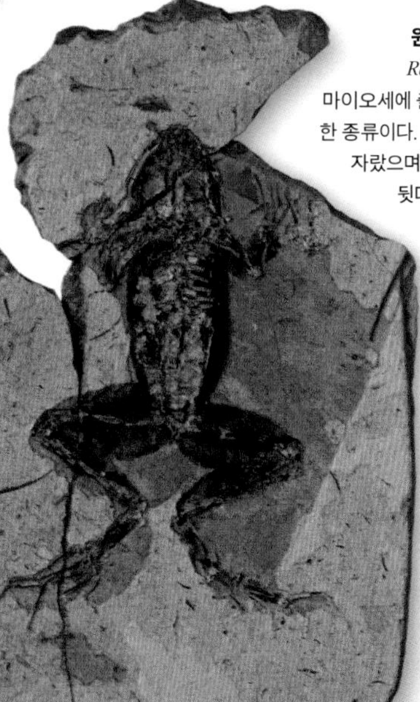

원시 개구리
Rana pueyoi
마이오세에 출현한 라나는 개구리의 한 종류이다. 길이가 15센티미터까지 자랐으며 현대 개구리처럼 긴 뒷다리를 지녔다.

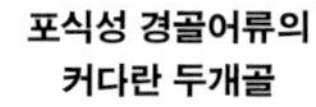

눈구멍

길고 날카로운 이빨

포식성 경골어류의 커다란 두개골
Xiphactinus sp.
후기 백악기 지층에서 산출되는 경골어류인 지팍티누스는 근육질 몸통과 커다란 앞니를 가진 바다의 포식자이다.

디플로카우리드
Diplocaulus magnicornis
페름기에 살았으며, 도롱뇽을 닮은 양서류인 디플로카울루스는 두개골 양쪽에 긴 돌출부를 갖는다. 길이가 최대 1미터까지 자란다.

디메트로돈 두개골
Dimetrodon loomisi
등에 돛과 비슷한 구조물을 지닌 것으로 유명한 디메트로돈은 원시 포유류로 페름기에 살았다. 높은 두개골과 짧은 코 덕분에 강력하게 베어 물 수 있었다.

눈구멍

디키노돈트 두개골
Pelanomodon sp.
엄니가 없는 이 초식 동물은 디키노돈트이다. 페름기와 트라이아스기에 살았으며, 원시 포유류의 한 종류이다.

바다거북 두개골
Puppigerus crassicostata
화석화된 바다거북은 중생대부터 최근의 암석에서 발견된다. 푸피게루스는 육중한 두개골을 지녔으며 에오세 지층에서 발견된다.

플레시오사우르의 지느러미발
Cryptoclidus eurymerus
최대 8미터 길이까지 자라는 크립토클리두스는 긴 목을 지닌 플레시오사우르류로 쥐라기에 살았다.

거대한 왕도마뱀의 척추
Varanus priscus
거대한 왕도마뱀인 바라누스 프리스쿠스는 길이가 7미터까지 자란다. 이 도마뱀은 플라이스토세 암석에서 발견된다.

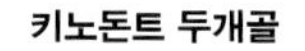

키노돈트 두개골
Cynognathus crateronotus
튼튼한 두개골과 커다란 송곳니를 갖는 육식 동물인 키노그나투스는 키노돈트로 불리는 포유상(狀) 파충류에 속한다. 키노그나투스는 트라이아스기 지층에서 산출된다.

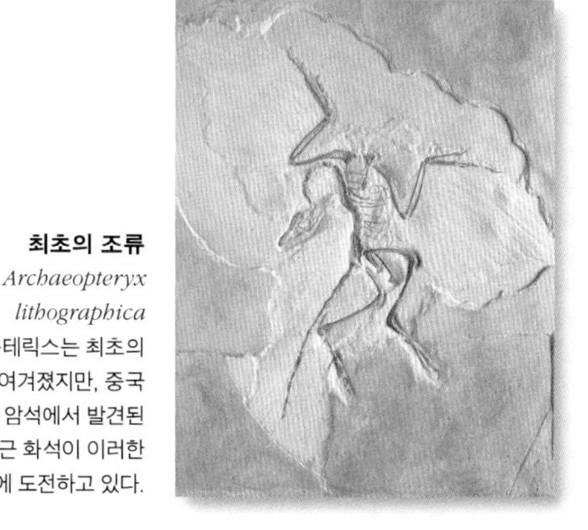

최초의 조류
Archaeopteryx lithographica
아르케옵테릭스는 최초의 조류로 여겨졌지만, 중국 쥐라기 암석에서 발견된 최근 화석이 이러한 생각에 도전하고 있다.

거대한 연작류의 두개골
Phorusrhacos inflatus
키가 최대 2.5미터에 이르는 육식 동물인 포루스라쿠스(*Phorusrhacus*)는 날지 못하는 새로 강력한 부리를 지녔다. 마이오세 암석에서 발견된다.

척추

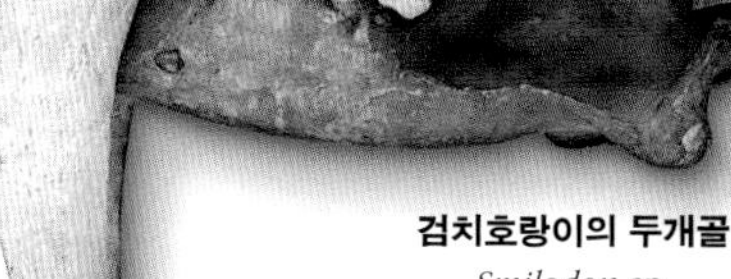

원시 말의 이빨
Protorohippus sp.
현대 말의 조상으로 개만 한 크기이며, 많은 발가락을 지녔다. 프로토로히푸스는 에오세 지층에서 발견된다. 높이가 낮은(low-crowned) 어금니를 가지고 있다.

검치호랑이의 두개골
Smilodon sp.
구부러진 커다란 송곳니는 스밀로돈의 특징이다. 호랑이만 한 크기로 플라이스토세에 살았다.

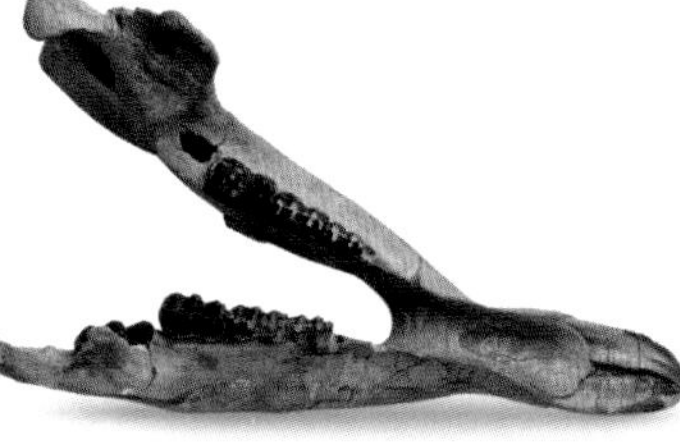

원시 코끼리의 턱
Phiomia serridens
에오세와 올리고세 지층에서 산출되는 피오미아는 키가 2.5미터이다. 위턱에 엄니를, 그리고 작은 코를 지녔다.

낮게, 경사진 이마

유인원의 두개골
Proconsul africanus
아프리카에서 발견된 최초의 유인원(원숭이를 닮은 영장류) 화석인 프로콘술은 마이오세 지층에서 산출된다.

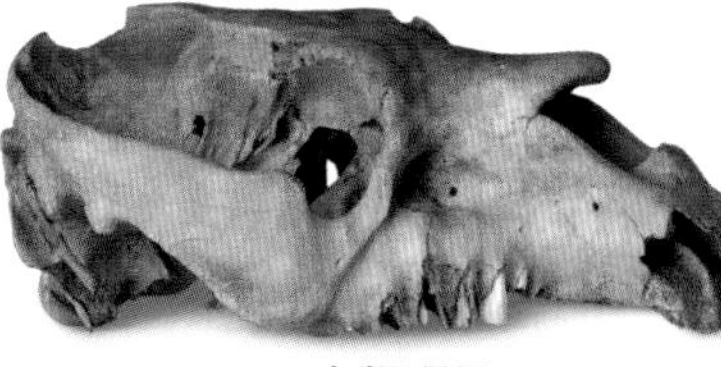

남제류 동물
Toxodon platensis
약 2.7미터까지 자라는 톡소돈은 하마를 닮은 머리와 튼튼한 몸을 지녔다. 플라이오세부터 플라이스토세까지 살았다.

»

≫ 척추동물 화석: 공룡

디플로도쿠스의 꼬리척추
Diplodocus longus
쥐라기 지층에서 발견되는 디플로도쿠스는 거대한 초식 동물로, 길이가 최대 27미터까지 자랐다. 꼬리는 길며 채찍을 닮았다.

브라키오사우루스의 넓적다리뼈
Brachiosaurus sp.
25미터 길이까지 자라는 거대한 초식 공룡인 브라키오사우루스는 쥐라기와 백악기에 살았다.

코엘로피시스 골격
Coelophysis bauri
코엘로피시스 화석은 트라이아스기 암석에서 발견된다. 길이가 겨우 3미터인 이 육식 동물은 골격이 조류를 닮았다.

플라테오사우루스의 두개골
Plateosaurus sp.
후기 트라이아스기의 덩치 큰 초식 동물인 플라테오사우루스는 약 8미터 길이까지 자랐으며, 머리가 매우 작았다.

프로세라토사우루스의 두개골 일부
Proceratosaurus bradleyi
영국 글로스터셔의 중기 쥐라기 암석에서 산출되는 육식 동물인 프로세라토사우루스는 머리에 경골성 볏이 있다.

메갈로사우루스의 선추(仙椎)
Megalosaurus bucklandi
중기 쥐라기 지층에서 산출되는 메갈로사우루스는 길이가 9미터이며, 커다란 머리와 강한 뒷다리를 지녔다. 메갈로사우루스는 육식 공룡이다.

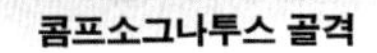

콤프소그나투스 골격
Compsognathus longipes
활발한 포식자인 콤프소그나투스는 아마도 빠르게 움직였을 것이다. 전체 길이가 겨우 1.5미터이며 후기 쥐라기 암석에서 발견된다.

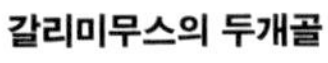

갈리미무스의 두개골
Gallimimus bullatus
최대 6미터 길이까지 자라는 갈리미무스는 새를 닮았으며, 부리 모양의 두개골 그리고 긴 목과 다리를 지녔다.

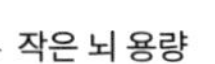

알베르토사우루스의 두개골
Albertosaurus sp.
티라노사우루스 렉스의 가까운 친척이며 포식자인 알베르토사우루스는 길이가 8미터까지 자라며 후기 백악기 암석에서 발견된다.

다스플레토사우루스의 턱
Daspletosaurus torosus
백악기의 이 공룡은 거대한 뒷다리와 작은 팔을 지녔으며, 전체 길이가 9미터까지 자란다. 다스플레토사우루스는 육식 공룡에 어울리는 강력한 턱과 무시무시한 이빨을 지녔다.

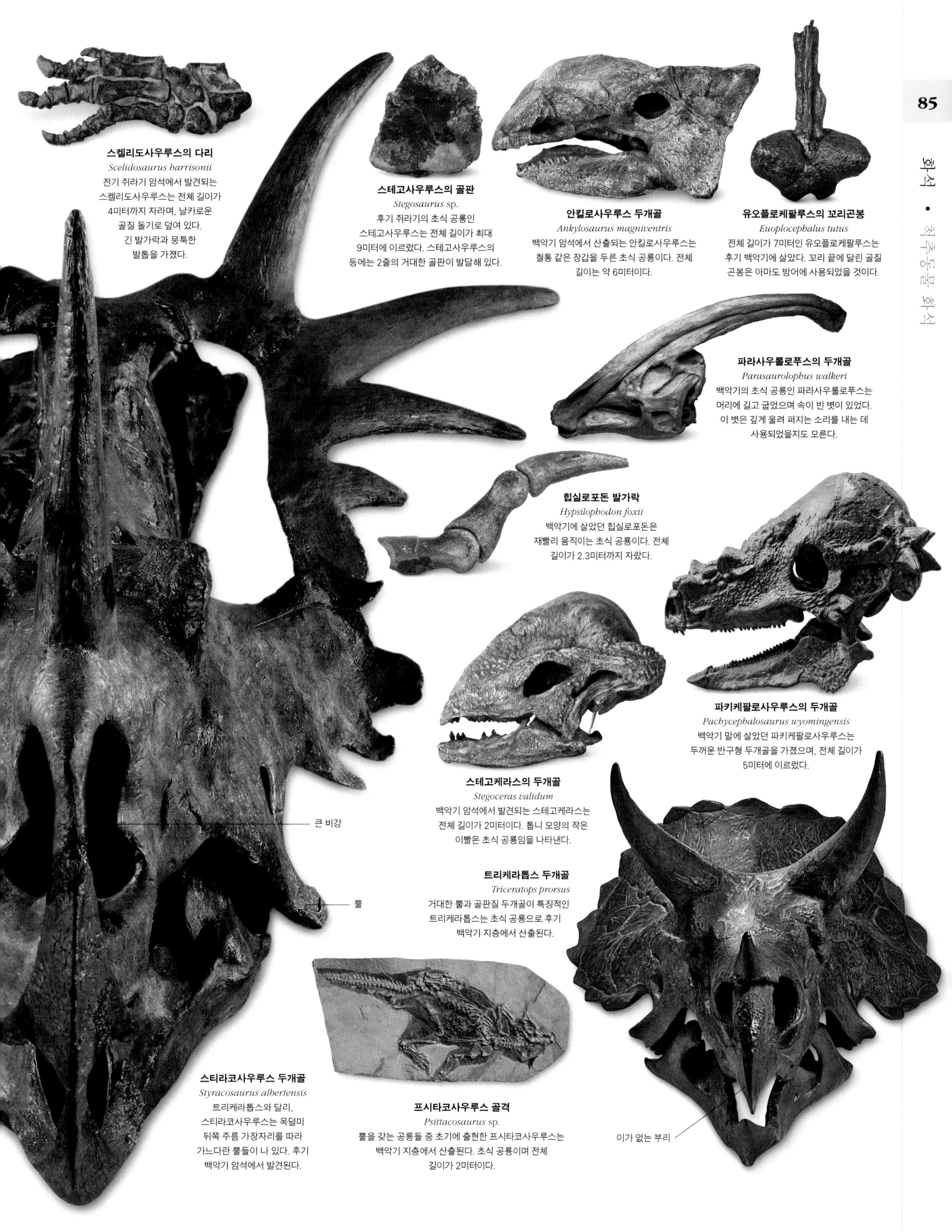

스켈리도사우루스의 다리
Scelidosaurus harrisonii
전기 쥐라기 암석에서 발견되는 스켈리도사우루스는 전체 길이가 4미터까지 자라며, 날카로운 골질 돌기로 덮여 있다. 긴 발가락과 뭉툭한 발톱을 가졌다.

스테고사우루스의 골판
Stegosaurus sp.
후기 쥐라기의 초식 공룡인 스테고사우루스는 전체 길이가 최대 9미터에 이르렀다. 스테고사우루스의 등에는 2줄의 거대한 골판이 발달해 있다.

안킬로사우루스 두개골
Ankylosaurus magniventris
백악기 암석에서 산출되는 안킬로사우루스는 철통 같은 장갑을 두른 초식 공룡이다. 전체 길이는 약 6미터이다.

유오플로케팔루스의 꼬리곤봉
Euoplocephalus tutus
전체 길이가 7미터인 유오플로케팔루스는 후기 백악기에 살았다. 꼬리 끝에 달린 골질 곤봉은 아마도 방어에 사용되었을 것이다.

파라사우롤로푸스의 두개골
Parasaurolophus walkeri
백악기의 초식 공룡인 파라사우롤로푸스는 머리에 길고 굽었으며 속이 빈 볏이 있었다. 이 볏은 깊게 울려 퍼지는 소리를 내는 데 사용되었을지도 모른다.

힙실로포돈 발가락
Hypsilophodon foxii
백악기에 살았던 힙실로포돈은 재빨리 움직이는 초식 공룡이다. 전체 길이가 2.3미터까지 자랐다.

파키케팔로사우루스의 두개골
Pachycephalosaurus wyomingensis
백악기 말에 살았던 파키케팔로사우루스는 두꺼운 반구형 두개골을 가졌으며, 전체 길이가 5미터에 이르렀다.

스테고케라스의 두개골
Stegoceras validum
백악기 암석에서 발견되는 스테고케라스는 전체 길이가 2미터이다. 톱니 모양의 작은 이빨은 초식 공룡임을 나타낸다.

트리케라톱스 두개골
Triceratops prorsus
거대한 뿔과 골판질 두개골이 특징적인 트리케라톱스는 초식 공룡으로 후기 백악기 지층에서 산출된다.

스티라코사우루스 두개골
Styracosaurus albertensis
트리케라톱스와 달리, 스티라코사우루스는 목덜미 뒤쪽 주름 가장자리를 따라 가느다란 뿔들이 나 있다. 후기 백악기 암석에서 발견된다.

프시타코사우루스 골격
Psittacosaurus sp.
뿔을 갖는 공룡들 중 초기에 출현한 프시타코사우루스는 백악기 지층에서 산출된다. 초식 공룡이며 전체 길이가 2미터이다.

유오플로케팔루스

Euoplocephalus

안킬로사우루스과에 속한 초식 공룡으로, 머리는 갑옷을 둘렀으며 등은 골판으로 덮여 있다. 전체 길이 6미터에 무게는 2톤 정도로, 꼬리, 몸통, 목은 경골성 징이 박힌 질긴 피부 골판 및 띠로 덮여 있으며, 등을 따라서는 대못 같은 거대한 골침이 2줄로 나 있다. 눈조차도 골질 눈꺼풀에 의해 보호된다. 부리 모양의 입은 초목을 뜯어 먹기에 이상적이었고, 지면의 식물 뿌리나 덩이줄기를 파기 위해 발가락 끝의 뭉툭한 발굽을 사용했다. 포식자에게는 꼬리곤봉을 휘둘러 대항했을 것이다.

전체 길이 6미터
시대 후기 백악기
분포 북아메리카
분류 안킬로사우루스과

> 갑옷을 두른 머리
머리에는 거대한 두개골과 보호 골침 그리고 부리 모양 입이 있다. 유오플로케팔루스라는 이름은 '갑옷을 잘 두른 머리'라는 뜻이다.

∨ 목척추
머리는 상대적으로 작고 목은 짧음에도 불구하고, 목척추는 골질 갑옷을 두른 머리의 무게를 지지할 수 있을 정도로 튼튼하다.

걸어 다니는 탱크 >
몸은 넓고 낮으며, 짧고 굵은 다리에 의해 지지된다. 몸을 단면으로 보면 거의 동그랗다. 조그마한 머리는 뒤에 달린 골침에 의해 보호되었으며, 부리 모양 입에는 식물을 씹도록 적응된 작고, 골이 진 이빨이 있다.

짧은 어깻날

넓고 둥근 흉곽

< 골판
유오플로케팔루스의 가장 중요한 특징 중의 하나가 갑옷 골판이다. 이것은 이랑을 갖는 타원형 뼈가 박힌 단단한 피부판으로 이루어져 있다.

∧ 앞발
이 공룡의 다리는 짧고 다부지며 튼튼하다. 앞발은 상당한 몸무게를 지탱하는 데 도움을 주는 짧고 튼튼한 발가락을 가졌다.

∧ 꼬리곤봉
거대한 꼬리곤봉은 2개의 큰 뼈와 여러 개의 작은 뼈들이 결합해 만들어진다. 이 무기는 아마도 방어를 위해 사용됐을 것이다.

∧ 꼬리척추
꼬리 중간에서, 골침으로 무장한 전형적인 꼬리척추는 융합되기 시작해 골질 구조물을 만든다. 이 단단한 구조물은 꼬리 끝에서 곤봉을 지지한다. 꼬리는 근육질이다.

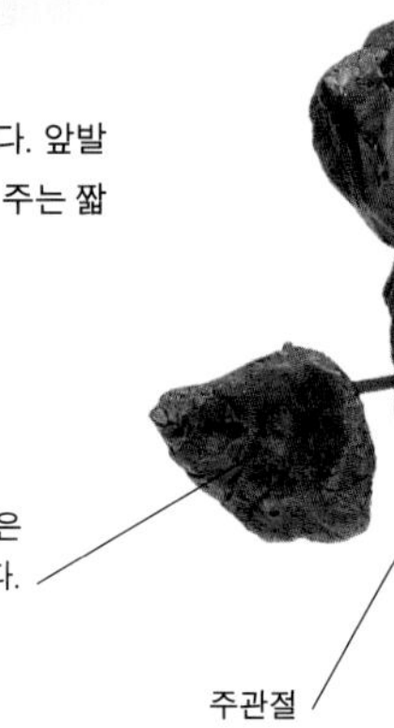

살아 있을 때 경골성 징은 비늘로 된 각질로 덮여 있다.

주관절

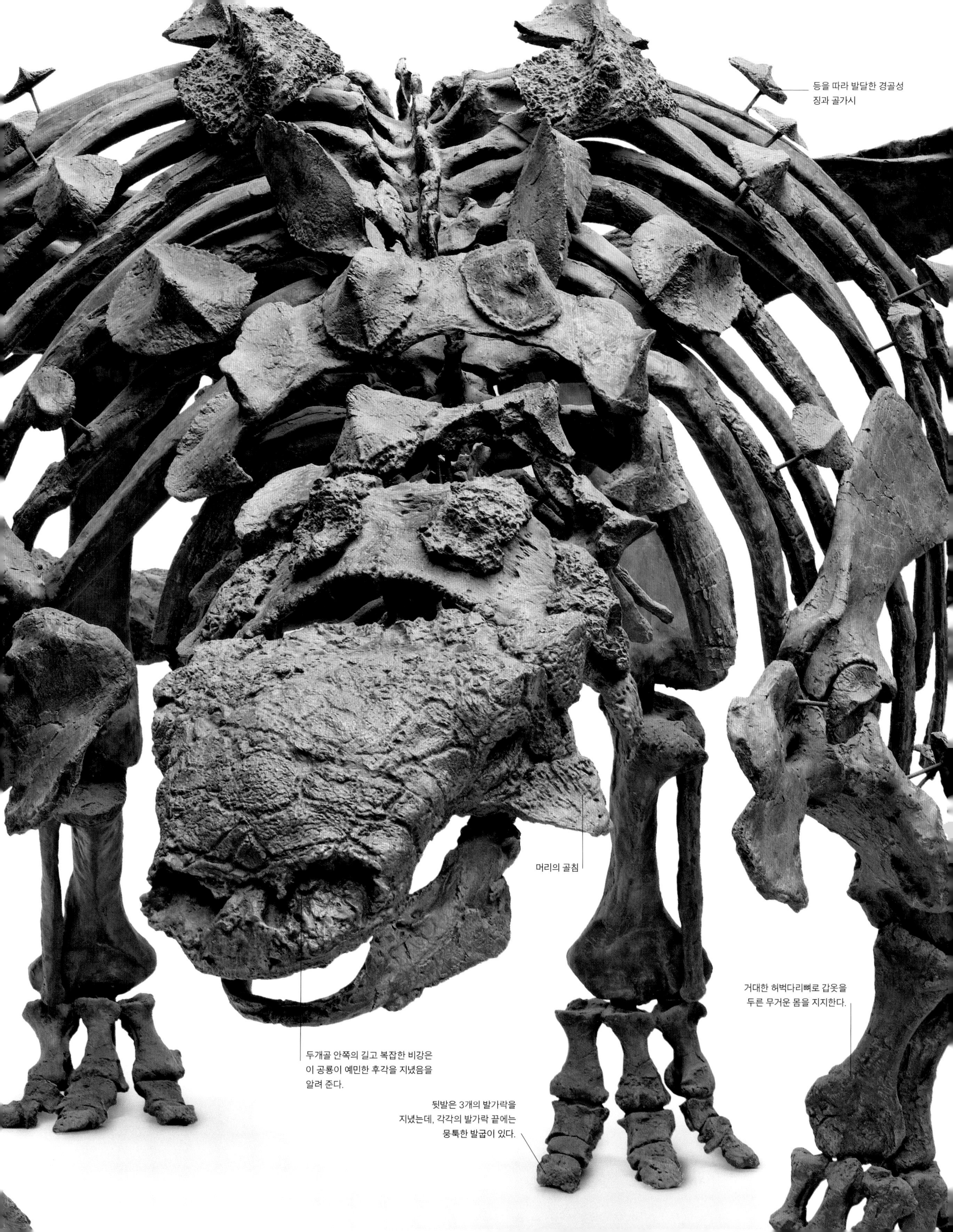
등을 따라 발달한 경골성
징과 골가시
머리의 골침
거대한 허벅다리뼈로 갑옷을
두른 무거운 몸을 지지한다.
두개골 안쪽의 길고 복잡한 비강은
이 공룡이 예민한 후각을 지녔음을
알려 준다.
뒷발은 3개의 발가락을
지녔는데, 각각의 발가락 끝에는
뭉툭한 발굽이 있다.

미생물

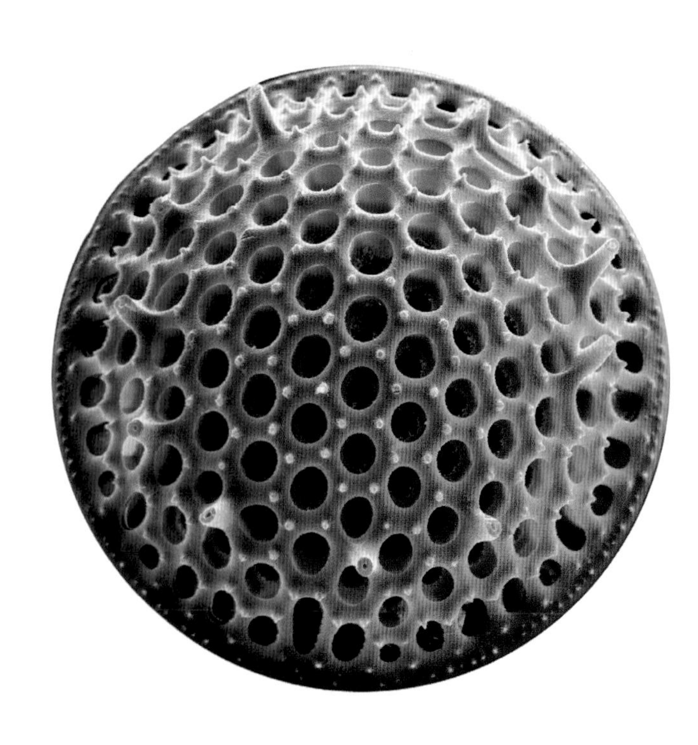

크기는 매우 작지만 미생물은 지구 생물의 대다수를 차지하고 있다. 생물 진화에 있어 미생물은 최초의 생물이며 다른 생물들이 살아가는 데 필요한 영양분을 획득하고 생산하는 역할을 함으로써 지구 생태계를 지탱하고 있다. 가장 간단한 형태의 세균으로부터 더 복잡한 원생생물에 이르기까지 눈으로는 보이지 않지만 다양하고 다채로운 생물의 한 무리를 구성하고 있다.

≫ 90

고세균과 세균

가장 기본적인 생물인 고세균과 세균은 핵(核, nucleus)이 없는 매우 작은 세포로 이루어져 있다. 대부분은 하나의 세포지만 일부는 실이나 사슬 모양으로 무리를 지어 살아간다.

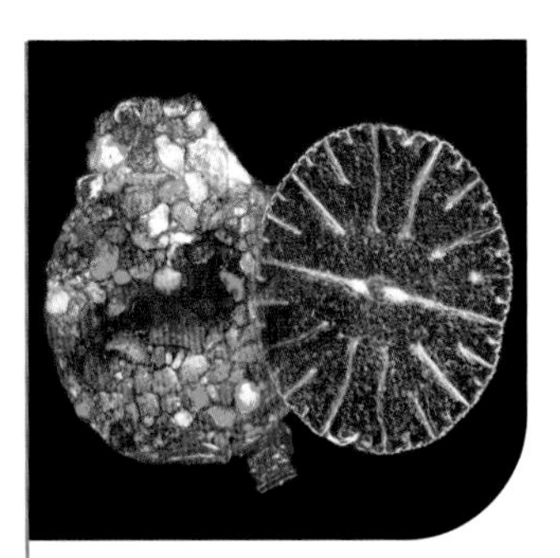

≫ 94

원생생물

지구에는 다양한 생물이 살고 있으며 원생생물에도 다양한 생물들이 포함된다. 정해진 형태가 없는 종류도 있지만 많은 수가 정교한 무기질 골격 혹은 껍데기를 가지고 있다. 일반적으로 원생생물은 하나의 세포로 이루어진 단세포 생물이다.

고세균과 세균

외계인이 지구를 방문한다면, 지구의 진정한 주인이 고세균과 세균이라고 할 것이다. 고세균과 세균은 복잡한 형태를 가지는 진핵생물보다 수가 더 많고 더 다양하며 구석구석에 번창하고 있다.

영역	고세균역
문	12
과	18
목	28
종	수백만

영역	세균역
문	약 50
과	180
목	430
종	수백만

바다 깊은 곳, 매우 뜨거운 물이 나오는 열수구(熱水口) 주위에는 다양한 호열성(好熱性) 고세균이 높은 온도에서 살아가고 있다.

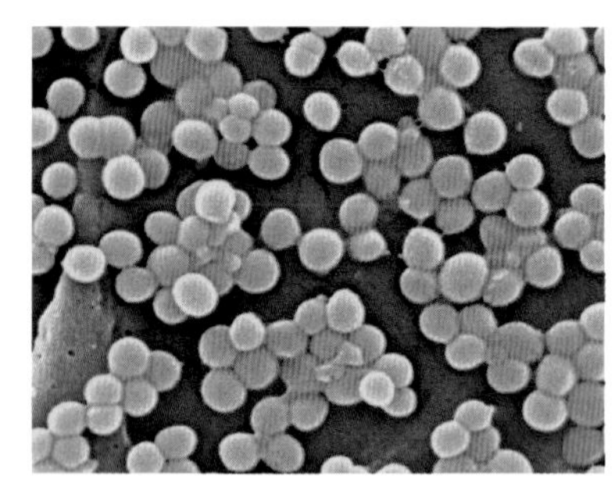

포도상 세균(*Staphylococcus*)은 음식에 미세한 무리를 지어 살아가며 식중독을 일으키는 주원인이다.

논쟁

생명의 가마솥

많은 고생물들은 극단적인 환경에 적응했다. 뜨거운 물에서 부서지기 쉬운 DNA는 단백질에 의해 보호된다. 비슷한 종류의단백질이 진핵생물(균류, 식물, 동물)의 염색체를 떠받치고 있다. 아마도 원시 환경에서 단열 역할을 담당했던 것이 더 복잡한 생명체에게 필요한 여분의 DNA을 위한 '발판'으로 진화했을 것이다.

고세균과 세균은 단세포 생물로 생물의 초기 형태 중 하나이다. 지구의 생물은 기본적으로 고세균과 세균, 진핵생물의 두 집단으로 구분된다. 모든 세포는 DNA를 가지고 있다. 진핵생물의 세포는 핵을 가지고 있으며 많은 세포가 에너지를 생성하는 구조인 미토콘드리아를 가지고 있다. 그러나 고세균과 세균의 세포에는 핵과 미토콘드리아가 없다. 고세균과 세균의 유전적 기원은 아직 알려지지 않았으나 서로 분리된 이후 각각 뚜렷이 구분되어 진화했다. 고세균의 세포는 화학적으로 독특한 세포막으로 둘러싸여 있으며, 그 바깥쪽은 단단한 세포벽으로 싸여 있다. 또한 DNA는 종종 단백질로 덮여 있다. 세균의 세포는 세포벽이 매우 다른 물리적, 화학적 구조로 되어 있다. 이러한 특징에 의해 고세균은 일반적으로 매우 혹독한 장소에 살며, 세균은 모든 환경에서 번창하고 있다.

가장 작은 생물

모든 고세균과 세균은 매우 작아 미크론 혹은 마이크로미터(μm)의 크기를 갖는다. 1마이크로미터는 1밀리미터의 1,000분의 1이고 인간의 머리카락 두께가 약 80마이크로미터이다. 대부분의 고세균과 세균은 1~10마이크로미터이며, 전자 현미경을 통해서만 볼 수 있다. 그러나 지구 대기에서 지각 속 깊은 곳까지, 바다 깊은 곳에서 인간의 몸속까지, 생물권의 거의 모든 곳에서 살아가고 있다. 사람의 내장에는 사람의 세포 수보다 1~10배 많은 세균이 살고 있다. 일부 고세균과 세균은 끓는 물 또는 얼음에서도 살아갈 수 있으며 방사선에 노출되어도 생존하고 심지어 독성 기체나 부식성 산에 의지해 살아가는 종류도 있다. 대부분이 죽은 생물에서 영양분을 얻으며 살아 있는 생물에 감염해 살아가는 종류도 있다. 햇빛이 없는 곳에서 무기물의 에너지를 이용해 양분을 만드는 종류도 있고 빛을 이용한 광합성 작용을 통해 살아가는 종류도 있다 . 인간에 감염해 질병을 일으키는 종류도 있지만 대부분은 우리 건강에 필수적이다. 거의 40억 년 동안 고세균과 세균은 지구 기후, 암석 형성, 다른 생명 형태의 진화에 이르기까지 영향을 미쳤다.

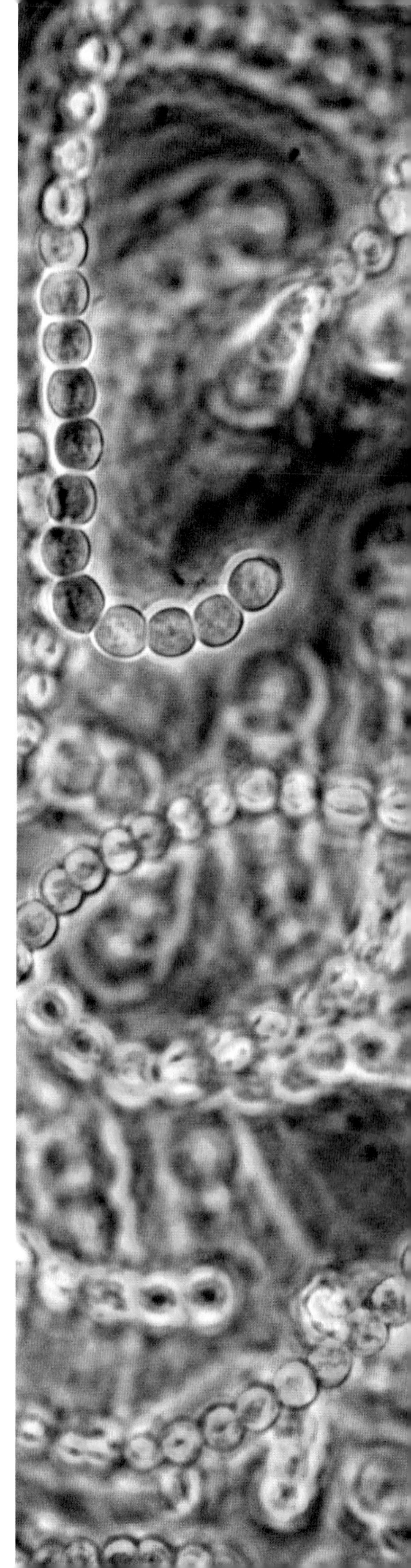

남세균 무리 >

세균은 하나의 세포로 이루어져 있지만, 남세균과 같은 일부 세균은 긴 실과 같이 함께 무리 지어 연결돼 있다.

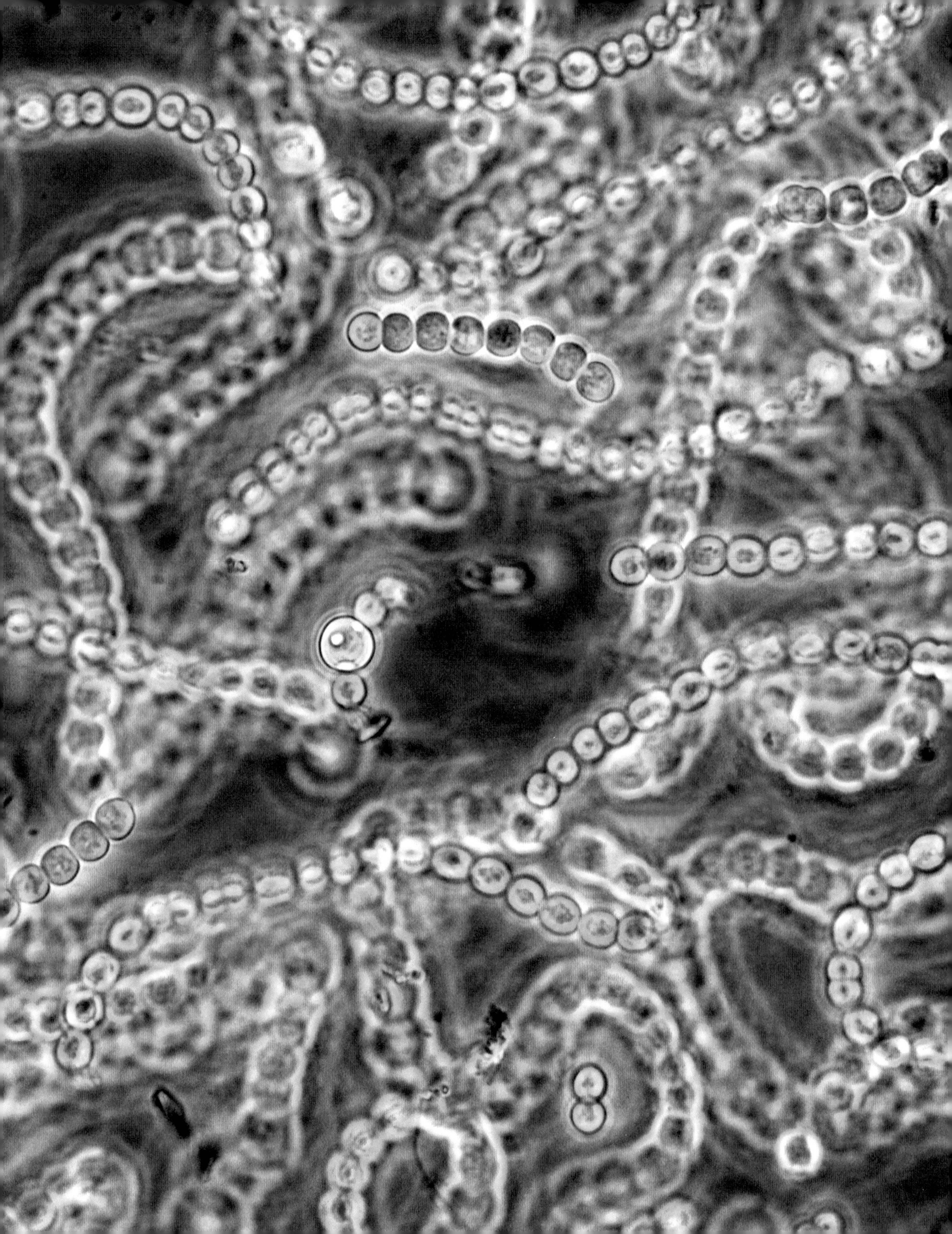

고세균

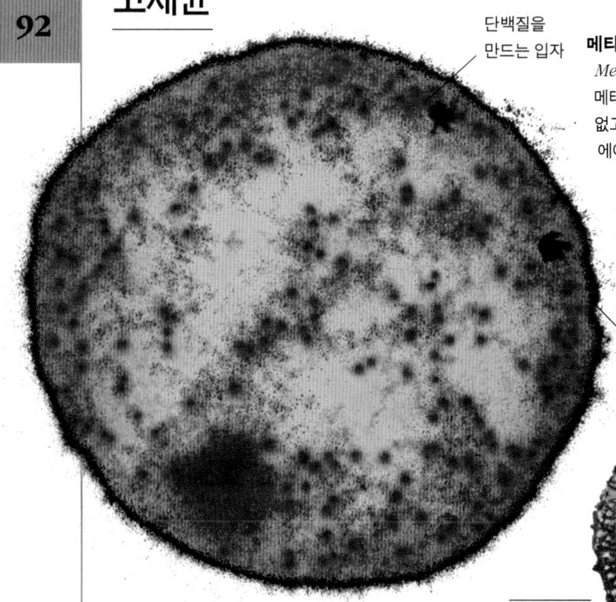

단백질을 만드는 입자

유연한 세포벽

1.2μm

메타노코코이데스 부르코니이
Methanococcoides burtonii
메테인을 만드는 생물로 산소가 없고 평균 온도가 0.6도인 남극 에이스 호수 바닥에 살고 있다.

0.5~15μm

스타필로테르무스 마리누스
Staphylothermus marinus
해저의 열수구에서 발견되는 고세균으로 섭씨 85~92도의 온도에서 가장 잘 산다. 포도처럼 무리를 지어 살며 비교적 크게 자란다.

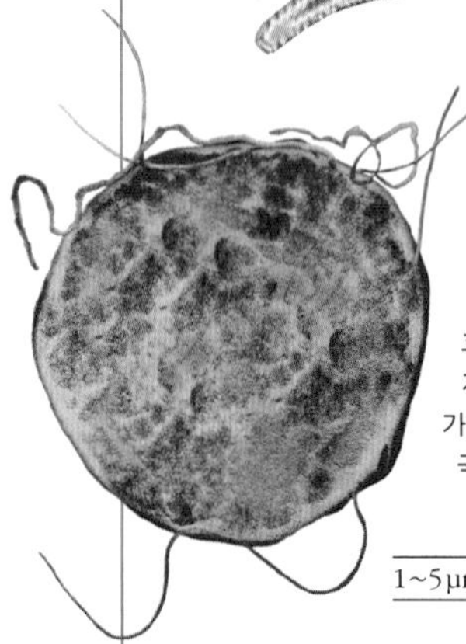

술폴로부스 아키도칼다리우스
Sulfolobus acidocaldarius
호열성 고세균으로 열에 저항력이 강한 세포벽을 가지고 있다. 미국 옐로스톤 국립 공원 온천지의 높은 온도에서 살아간다.

1~5μm

1μm

데술푸로코쿠스 모빌리스
Desulfurococcus mobilis
산소가 희박하거나 없는 상태에서 살 수 있는 혐기성 생물로 산소 대신에 황을 함유하고 있는 물질을 이용한다. 극단적인 호열성 고세균으로 섭씨 85~92도의 온도에서 매우 잘 산다.

80μm

테르모프로테우스 테낙스
Thermoproteus tenax
간상세포(桿狀細胞)라고 불리는 막대 모양으로 지름이 일정하나 길이는 다양하다. 내열성이 강한 세포벽은 진화적으로 매우 오래된 것이다.

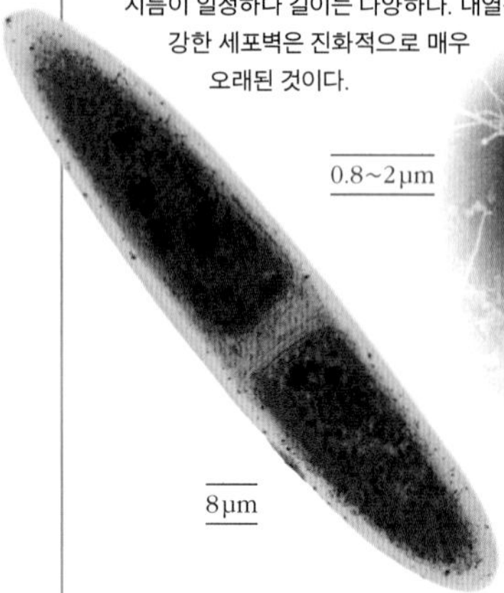

0.8~2μm

8μm

메타노스피릴룸 훙가테이
Methanospirillum hungatei
인간의 오물에서 발견되는 고세균으로 하수 처리 동안에 많은 양의 메테인을 생산해 낸다. 각각의 세포는 속이 빈 싸개 안에 들어 있다.

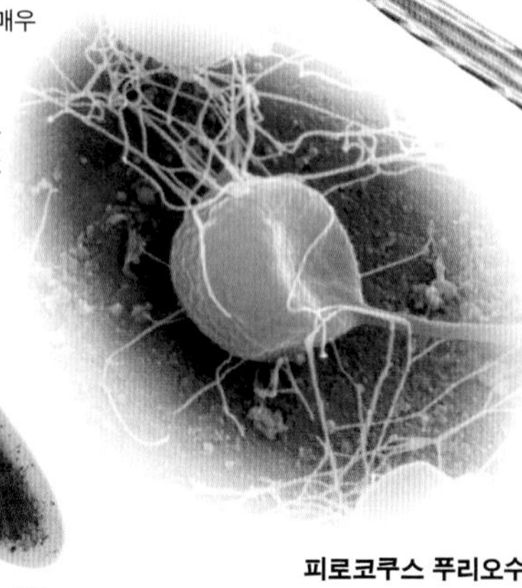

피로코쿠스 푸리오수스
Pyrococcus furiosus
피로코쿠스는 불베리(fireberry)라는 뜻으로 베리(장과류)를 닮은 모양과 섭씨 100도의 극한에서 잘 사는 특징을 따서 이름 붙여졌다.

세균

1~4μm

2~3μm

1~2μm

아케토박테르 아케티
Acetobacter aceti
식초를 만드는 데 이용되는 세균으로 술 발효에 흔한 오염 물질이다. 특히 맥주의 색이 변하고 맛이 시큼해지는 것을 유발한다.

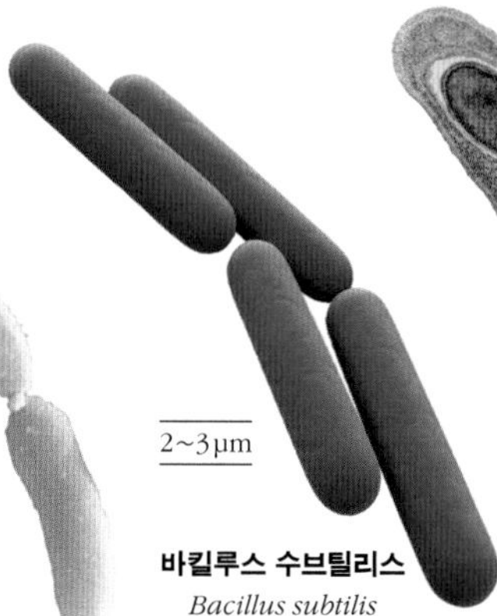

바킬루스 수브틸리스
Bacillus subtilis
단 1그램의 토양에서 10억 개체 정도가 발견되는 세균이다. 보통 비활동성의 포자 형태로 발견된다.

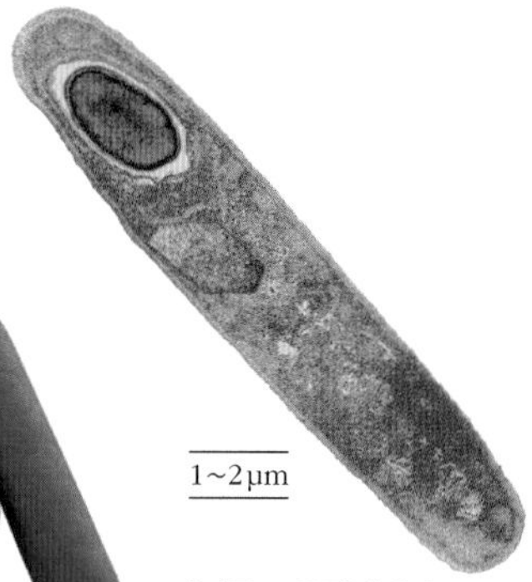

바킬루스 투링기엔시스
Bacillus thuringiensis
인간의 내장에서 녹지 않는 결정성 독소를 만드는 세균이다. 곤충에 치명적이며 이를 이용해 살충제를 만든다.

데이노코쿠스 라디오두란스
Deinococcus radiodurans
세계에서 가장 강한 세균으로 알려져 있다. 실험실에서 방사선에 노출된 고기에서 발견되었다.

1.62μm

보르데텔라 페르투스시스
Bordetella pertussis
'흡' 하는 소리, 발작, 구토 등의 증상이 동반된 특징적인 기침 양상을 보이는 백일해(pertussis)의 원인이 되는 세균이다.

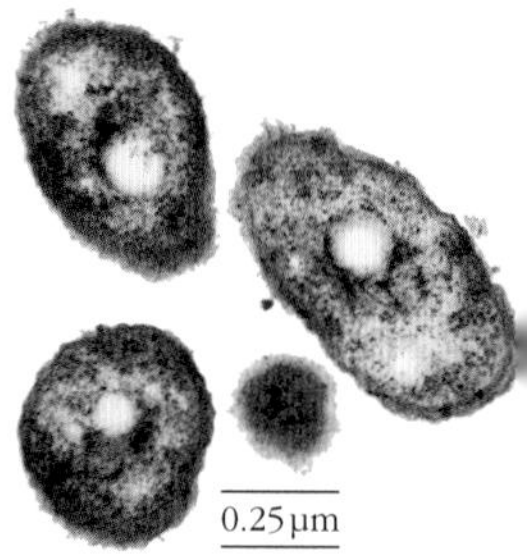

0.25μm

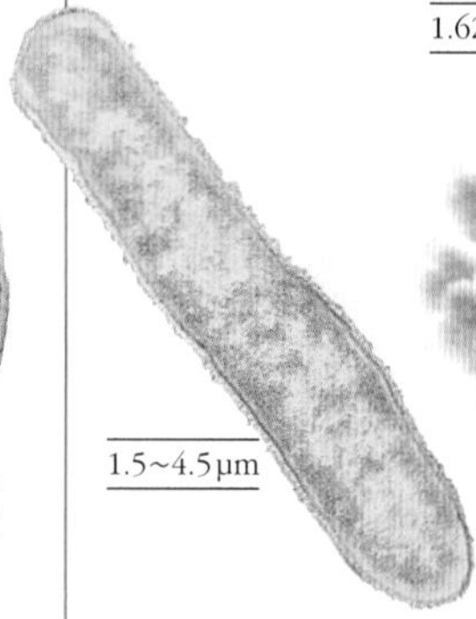

에스케리키아 콜라이
Escherichia coli
과학자들이 많이 연구하는 막대 모양의 세균으로 인간의 대장에 서식하며 해를 주지 않지만 식중독을 일으키는 악성 혈통도 있다.

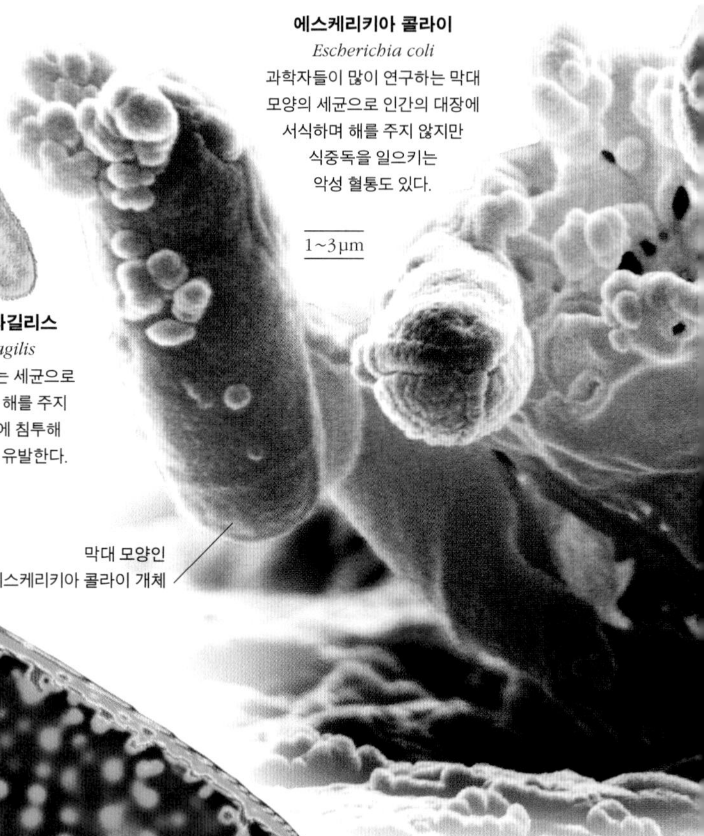

1~3μm

1.5~4.5μm

박테로이데스 프라길리스
Bacteroides fragilis
인간의 내장에 서식하는 세균으로 일반적으로 숙주에게 해를 주지 않는다. 그러나 조직에 침투해 종기를 만드는 질병을 유발한다.

막대 모양인 에스케리키아 콜라이 개체

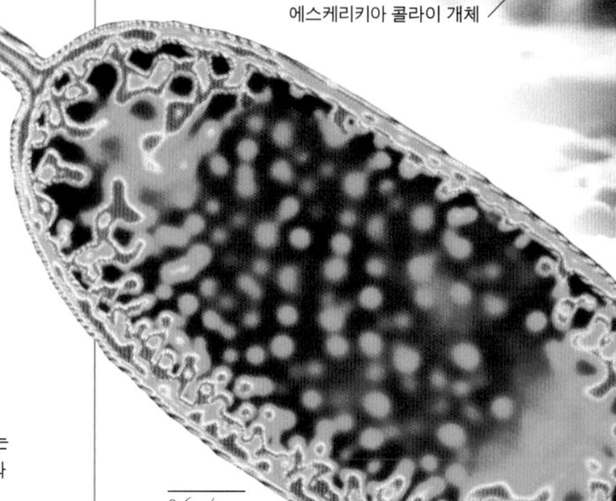

0.6~4μm

니트로박테르
Nitrobacter sp.
토양 세균의 한 종류로 아질산염을 질산염으로 산화시킴으로써 질소 순환에 중요한 역할을 한다. 물을 정화시키고 땅을 기름지게 한다.

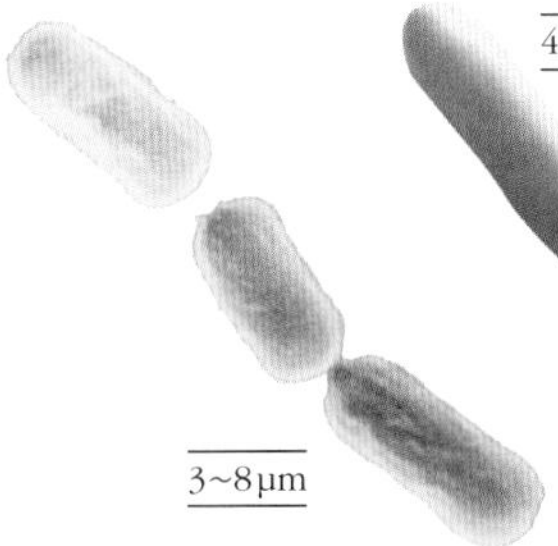

3~8μm

크로스트리디움 보툴리눔
Clostridium botulinum
산소가 제한되거나 없는 곳에 살 수 있는 세균이다. 토양 속에 살며 보툴리즘(botulism)을 일으키는 신경독을 만든다. 의약용 또는 화장품용으로 이용된다.

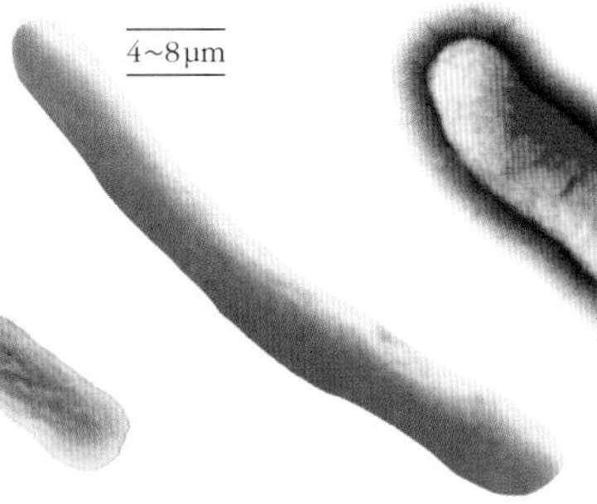

4~8μm

크로스트리디움 테타니
Clostridium tetani
상처가 나거나 화상을 입어 죽은 조직에 자라는 토양 생물로 파상풍을 유발하는 신경독인 파상균 강직 독소(tetanospasmin)를 만든다.

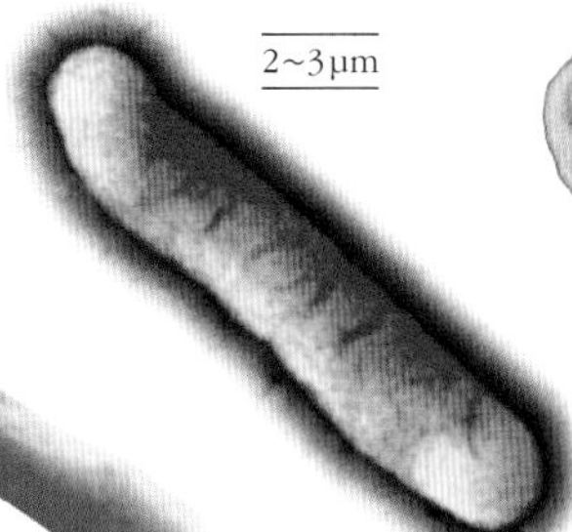

2~3μm

살모넬라 엔테리카
Salmonella enterica
에스케리키아 콜라이와 같은 과에 속하는 세균으로 살모넬라의 일부 아종은 위장염을, 다른 종류는 장티푸스를 일으킨다.

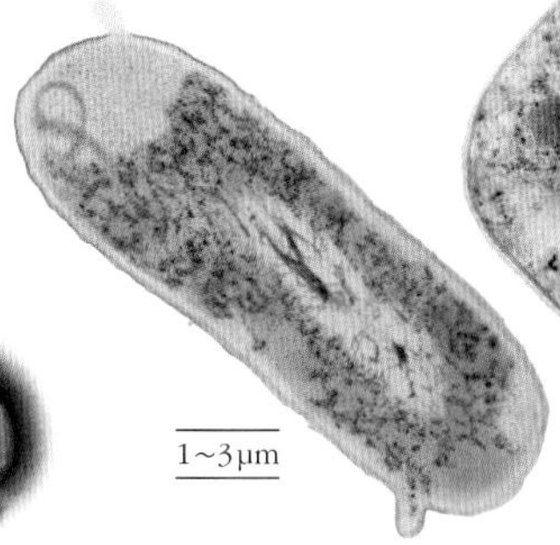

1~3μm

시겔라 디센테리아이
Shigella dysenteriae
내장에 서식하는 세균으로 유행성 이질(痢疾)을 유발시키는 시가 독신(shiga toxin)을 만든다. 겨우 10개체가 감염을 일으킬 수 있다.

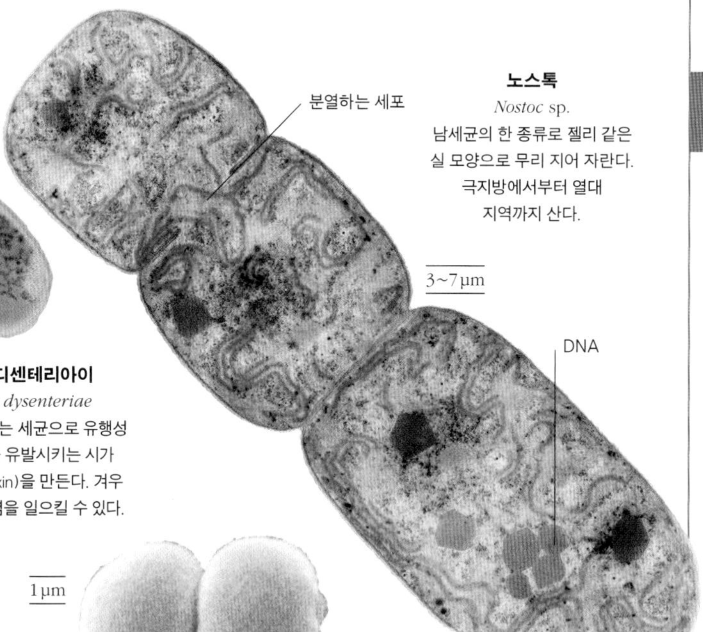

분열하는 세포

3~7μm

DNA

광합성을 위한 색소가 있는 세포막

노스톡
Nostoc sp.
남세균의 한 종류로 젤리 같은 실 모양으로 무리 지어 자란다. 극지방에서부터 열대 지역까지 산다.

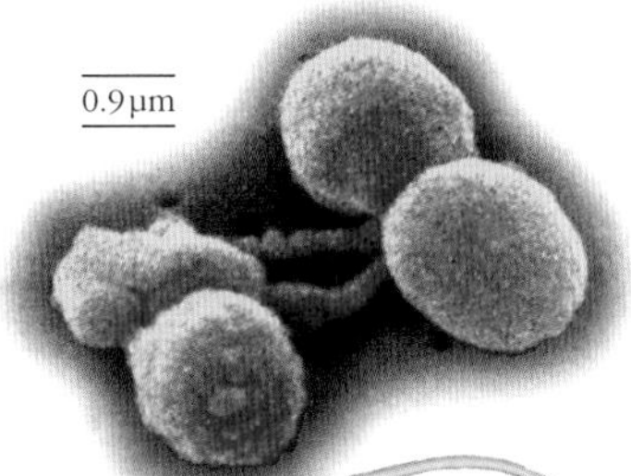

0.9μm

스트렙토코쿠스 프네우모니아이
Streptococcus pneumoniae
인간의 몸속에 사는 세균으로 폐렴을 일으킨다. 어린아이나 노인의 신체 모든 부분에 침입해 감염된다.

1.5~6μm

락토바킬루스 아키도필루스
Lactobacillus acidophilus
장이나 질에서 발견되는 세균으로 영양성 및 항균성의 특성을 가지고 있다. 생균 음료수나 보조제로 이용된다.

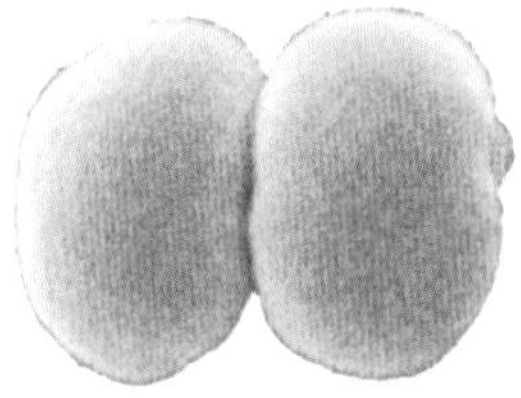

1μm

스타필로코쿠스 에피데르미디스
Staphylococcus epidermidis
구형의 세균으로 피부에서 발견할 수 있다. 면역 결핍 환자에게 감염을 일으킬 수 있다.

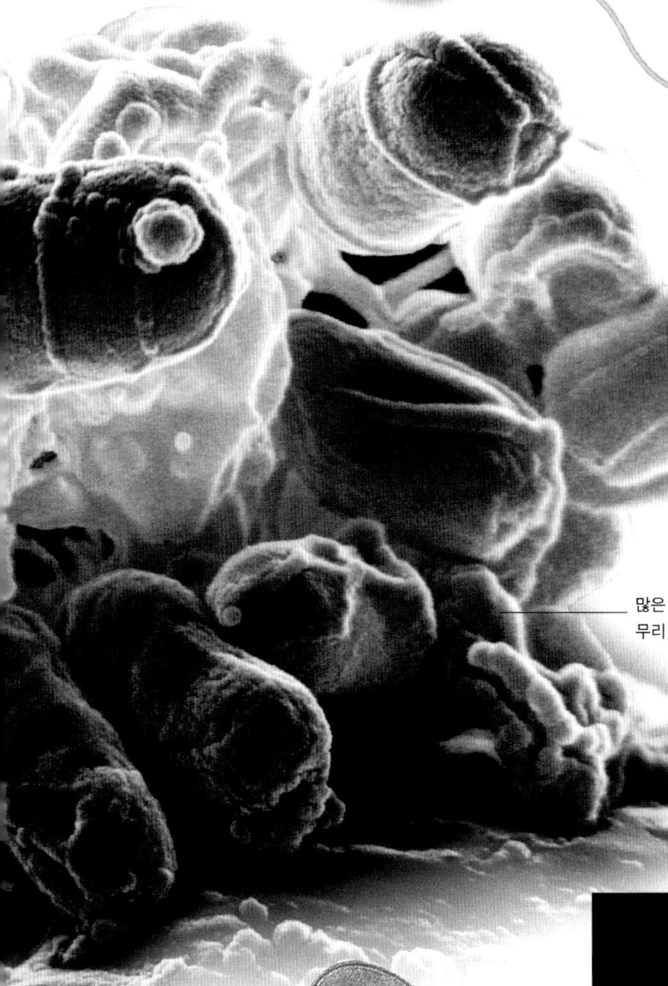

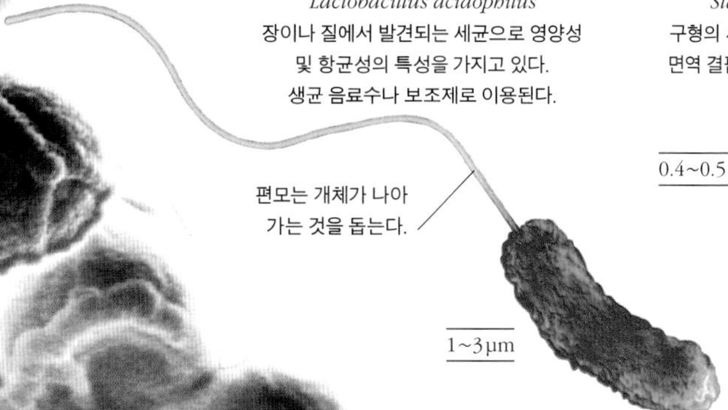

편모는 개체가 나아가는 것을 돕는다.

1~3μm

비브리오 콜레라이
Vibrio cholerae
한쪽에 하나의 편모(鞭毛, flagellum)를 가지고 있는, 이동성이 강한 구부러진 막대 모양의 세균으로 콜레라를 일으키는 강한 장내 독소를 분비한다.

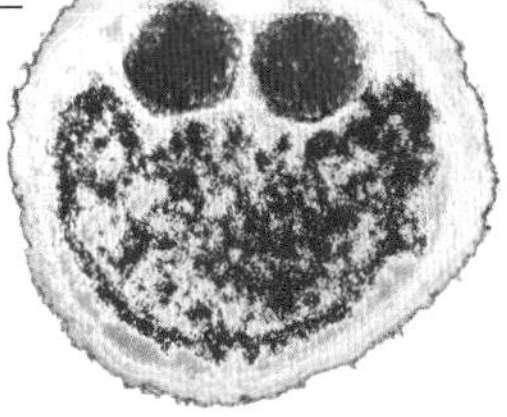

0.4~0.5μm

푸소박테리움 누클레아툼
Fusobacterium nucleatum
인간의 입 속에 사는 세균으로 플라크(plaque)의 주요 성분을 형성한다. 또한 조산(早産)을 일으키기도 한다.

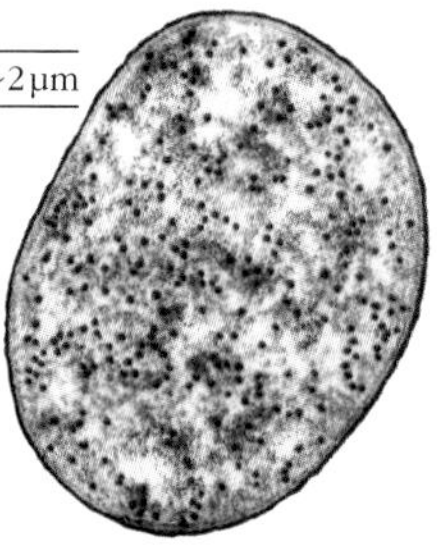

1.5~2μm

프시크로박테르 우라티보란스
Psychrobacter urativorans
세포막 안쪽의 세포질에 어는 것을 막아 주는 분자가 있어 매우 낮은 온도에서 살아갈 수 있는 호냉성(好冷性) 혹은 냉온(冷溫) 세균이다.

많은 세균이 함께 무리 지어 있다.

니트로소스피라
1μm
Nitrosospira sp.
생태계의 필수적인 위치를 차지하고 있는 토양 질소 고정 세균으로 질소 순환에서 아질산염을 만들기 위해 암모니아를 산화하는 역할을 한다.

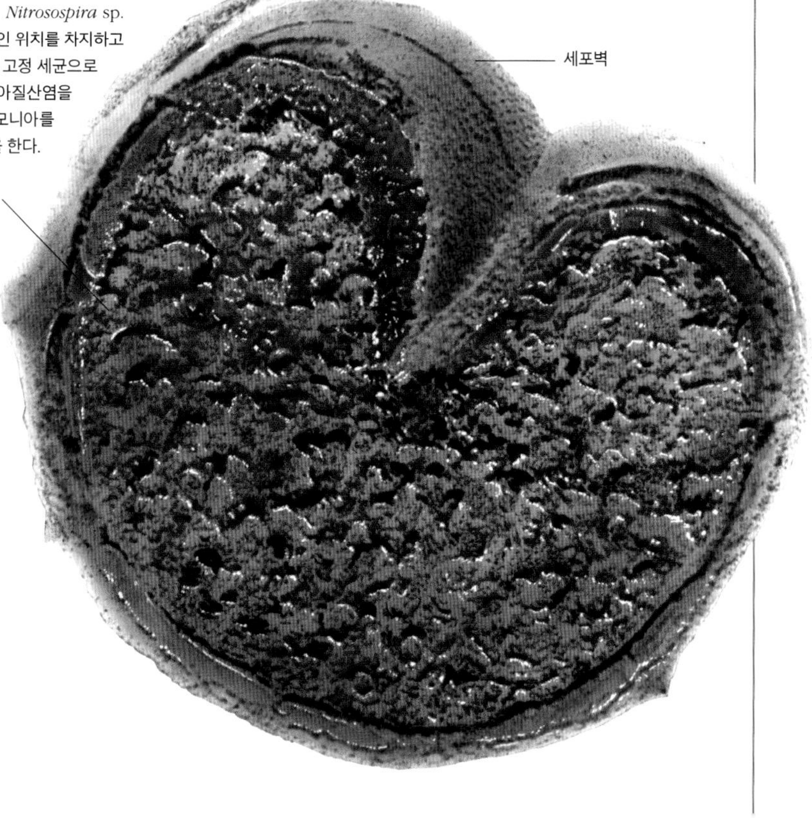

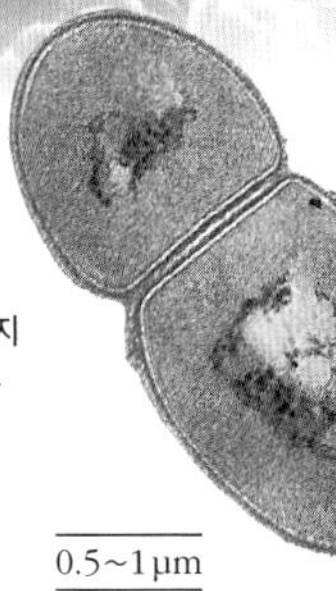

세포벽

세포질

1~3μm

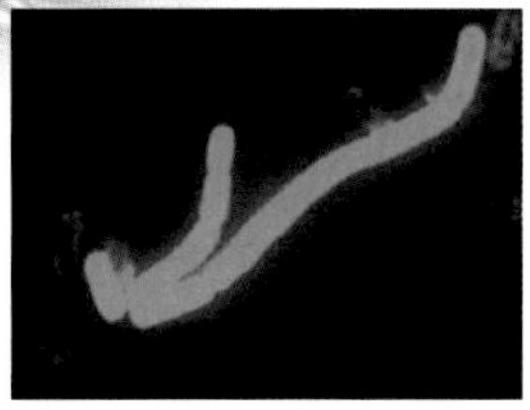

이에르시니아 페스티스
Yersinia pestis
가래톳 페스트를 일으키는 세균이다. 쥐에 사는 벼룩을 통해 인간으로 전염되며 전 세계에 매년 3,000건의 사례가 알려지고 있다.

엔테로코쿠스 파이칼리스
Enterococcus faecalis
인간의 소화관과 질에서 해를 주지 않고 서식하는 세균으로 상처를 통해 침입한다. 항생 물질에 저항력이 강하다.

0.5~1μm

원생생물

아주 작은 아메바부터 거대한 조류(藻類)까지 원생생물을 간단하게 묘사하기는 어렵다. 진핵생물인 원생생물에는 고세균과 세균보다 복잡하게 진화한 초기 생물도 포함된다. 여전히 지구에 산소와 양분을 공급하고 있다.

영역	진핵생물역
계	원생생물계
분계군과 문	9개 이상
과	약 841
종	약 7만 3500

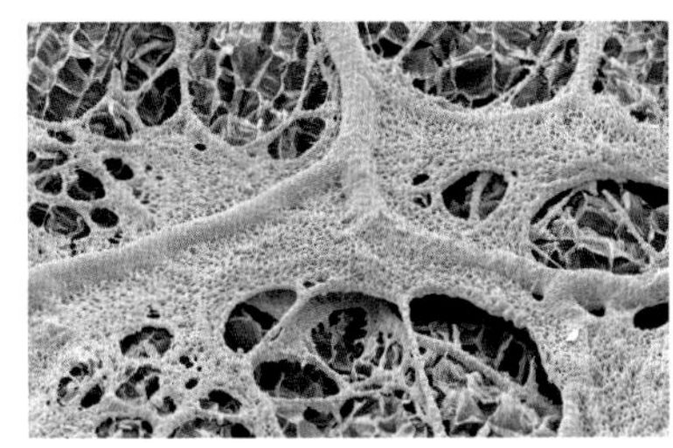

아메바류가 모여 있는 점균류에는 수천 개의 핵이 하나의 거대한 세포 안에 함께 존재한다.

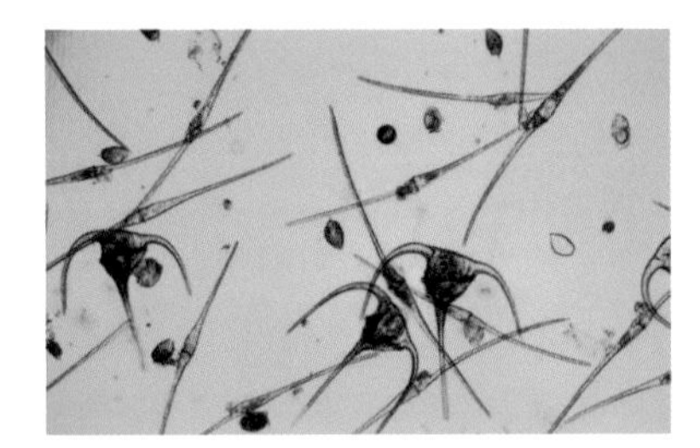

갈고리와 같이 생긴 와편모조류처럼 많은 단세포성 원생생물은 독특한 모양을 가지고 있다.

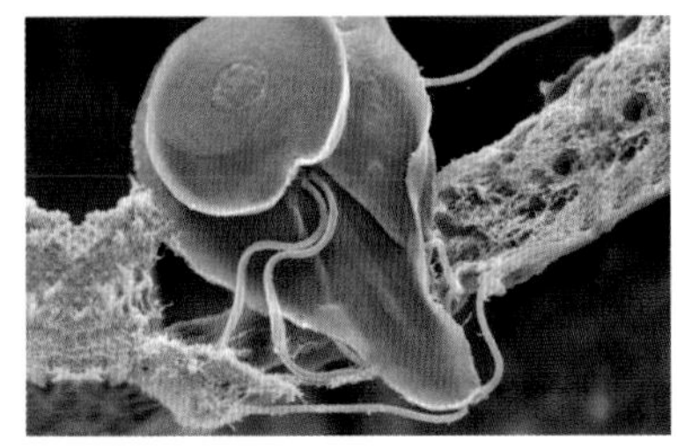

어떤 원생생물은 인간 및 동물의 장에 침입해 지알디아증(giardiasis)과 같은 위험한 질병을 일으키기도 한다.

논쟁

복수의 생물계

원생생물계는 식물, 균류, 동물로 분류되지 않는 지구의 많은 생물을 포함하고 있다. 또한 원생생물계에는 단세포의 아메바로부터 다세포의 조류까지 많은 집단들이 속하며 이들끼리는 서로 유연관계가 멀다. 이러한 이유로 많은 과학자들은 원생생물계를 하나 이상의 생물계로 나누어야 한다고 주장한다.

원생생물은 주로 단세포이며 고세균, 세균과 달리 세포핵을 가지고 있다. 원생생물은 좀 더 나중에 출현한 식물, 균류, 동물과 같은 고등 진핵생물과 세포의 기본 구조에서 구분된다. 원생생물은 생활 양식과 생태계 지위가 다양한 많은 생물을 포함한다. 대부분 크기가 10~100마이크로미터로 현미경을 통해서 관찰되며, 일부는 적혈구를 감염시킬 정도로 매우 작다. 어떤 종류는 여러 개의 세포가 함께 모여 자란다. 조류는 수십 미터까지 자라기도 하며 하나의 큰 세포로 이루어진 점액질의 물웅덩이 같은 것을 형성하는 점균류도 있다. 정형적인 원생생물에는 세포가 확장된 위족(僞足, pseudopod)을 이용해 이동하고 양분이 되는 입자를 잡아내는 아메바, 바다에서 표류하는 플랑크톤, 복잡한 실리콘 기반의 골격을 지닌 아름다운 규조류 등이 있다.

생물의 감춰진 왕국

원생생물은 지구에서 수가 가장 많은 생물 무리이다. 많은 종류가 해양과 강, 호수 바닥, 토양에서 살아가며, 다른 생물에 기생하며 사는 종류도 있다. 원생생물은 일차적인 광합성 생물로서 빛 에너지를 이용해 이산화탄소와 물을 양분으로 변환시키면서 산소를 만들어 공기 중으로 방출해 지구 생태계에서 매우 중요한 역할을 한다. 또한 포식자와 물질 순환자의 역할을 수행하기도 한다. 하지만 일부는 다음과 같은 주요한 질병을 일으키는 것으로 잘 알려져 있다. 기생 생물인 플라스모디움(*Plasmodium*)은 인류 최고의 살인자인 말라리아의 원인이며, 트리파노소마 브루케이(*Trypanosoma brucei*)는 수면병을 일으킨다. 플랑크톤의 한 종류인 와편모조류는 크게 번성해 물고기를 죽이고 인간에게 해를 주는 적조를 일으킨다.

고세균과 세균은 분자 및 유전자 분석 결과 각각의 공통 조상을 공유하고 있는 몇 개의 큰 분계군, 즉 아메바와 리자리아, 피하낭류로 구분할 수 있다. 홍조류와 녹조류, 차축조류는 각각의 문으로 구분된다.

작은 경이로움 >

이 편광 현미경 사진은 껍질을 벗긴 아르셀라 아메바와 접합조류 미크라스테리아스의 아름다운 모습을 보여 준다.

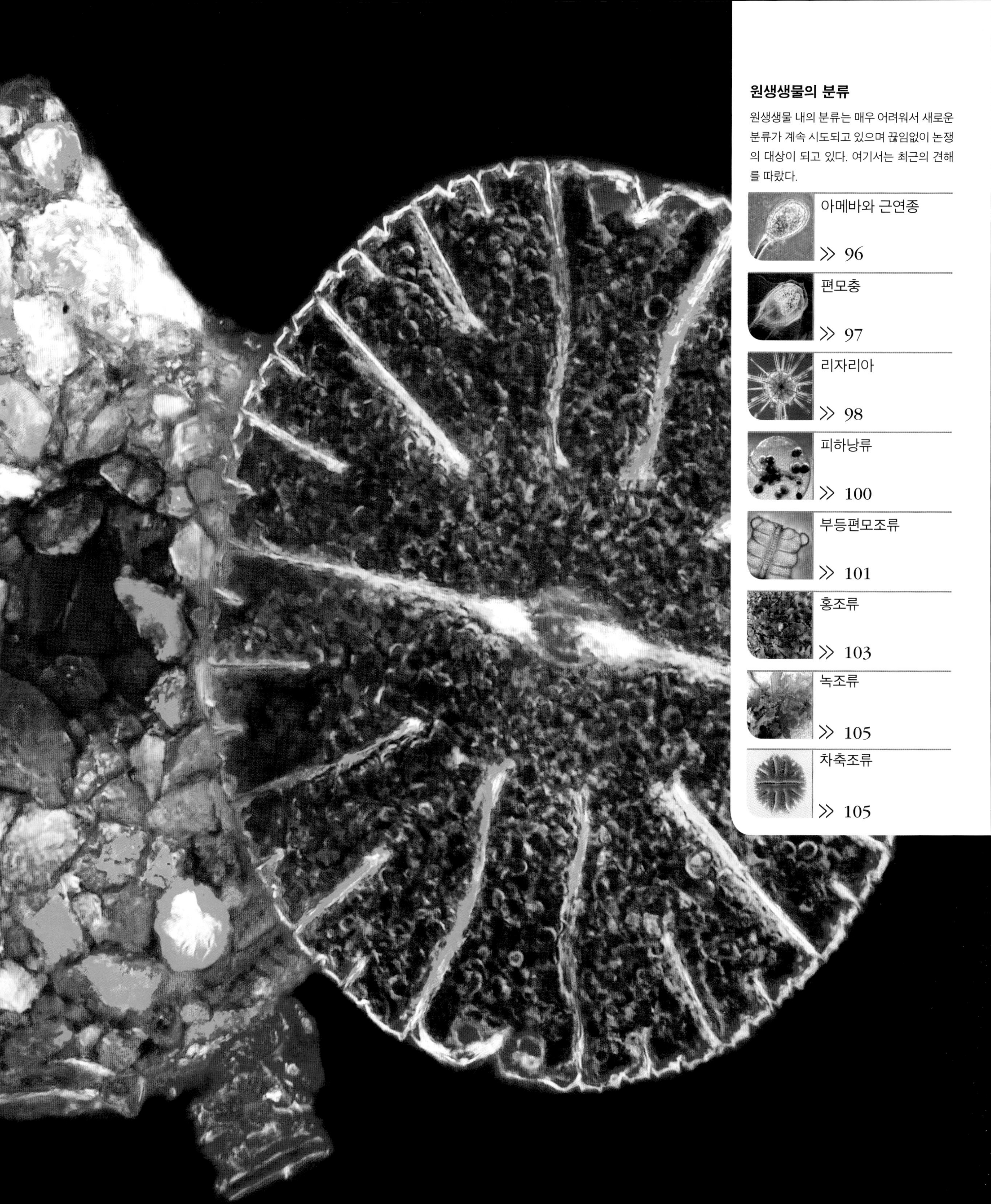

원생생물의 분류

원생생물 내의 분류는 매우 어려워서 새로운 분류가 계속 시도되고 있으며 끊임없이 논쟁의 대상이 되고 있다. 여기서는 최근의 견해를 따랐다.

아메바와 근연종

원생생물의 2개의 분계군인 아메보조아군과 후편모생물군은 이동하는 방법과 양분을 얻는 방법에 있어서 서로 다른 방향으로 진화했다.

아메보조아류의 아메바류는 단세포성으로 위족이라고 불리는, 세포로부터 나온 돌기를 이용해 모양을 변화시킨다. 아메바류는 이 '가짜 발'을 이용해 앞으로 기어가 작은 생물체를 잡을 수 있으며 유체 주머니 안으로 먹이를 집어넣고 이들이 살아 있는 동안에 소화시킨다. 일부 아메바류는 거대한 세포이며 육안으로도 볼 수 있다. 일부는 인간의 내장에 기생하며 아메바성 이질을 일으키기도 한다. 아메바류의 일종인 점균류는 기아를 이겨 내는 놀라운 전략을 가지고 있다. 먹이가 고갈되면 화학 신호를 통해 세포들은 서로서로를 끌어 모으게 된다. 그 후에 많은 가지를 만들며 위로 자라나 포자를 분산시킨다. 각각의 포자는 새로운 아메바가 되어 새로운 지역에서 양분을 얻는다.

동물과 균류의 기원

후편모생물에 속하는 대부분의 원생생물은 물속에서 앞으로 나아가기 위한, 채찍과 같은 하나의 편모(鞭毛, flagellum)를 가지고 있다. 생명의 역사 초기에 이들 원생생물의 일부가 동물로 진화해 나간 듯하며, 오늘날 정자의 꼬리에서 편모의 흔적을 엿볼 수 있다. 누클레아리아류(nucleariid)라고 불리는 다른 종류는 편모를 잃고 아메바와 같은 단계로 되돌아갔다. 누클레아리아류는 균류와 유연관계가 매우 높은 것으로 알려져 있다. 균류도 편모가 없으며 자유 유영을 하는 포자의 관여 없이 수정된다.

영역	진핵생물역
계	원생생물계
분계군	2
과	약 50
종	약 4,000

논쟁

생명의 최초 가지?

한 가설에 따르면 진핵생물은 후편모생물처럼 세포가 하나의 편모를 가지고 있는 단편모생물과 2개의 편모를 가지고 있는 쌍편모생물의 2개의 가지로 나누어지며, 단편모생물은 동물과 균류로, 쌍편모생물은 식물로 진화했다고 한다. 그러나 이 가설에 대한 DNA 증거는 애매모호하다.

15~50μm

이질아메바
Entamoeba histolytica
인간의 창자에 사는 기생 생물로 아메바성 이질을 일으킨다. 8개의 핵을 가질 수 있다.

49~53μm

섭취되고 있는 조류

아르켈라 바티스토마
Arcella bathystoma
구멍이 난 둥근 껍질을 가지고 있는 아메바류로 한쪽 면은 반구형이며 각진 면은 때때로 가시로 발달한다.

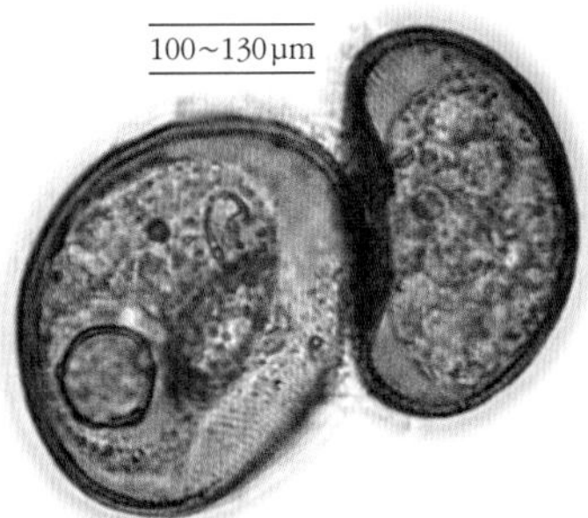

100~130μm

아르켈라 불가리스
Arcella vulgaris
주로 고여 있는 물이나 흙에서 발견되는 아메바류로 볼록한 껍질을 가지고 있으며 껍질에는 위족이 나오는 구멍이 있다.

위족

2개의 핵 중 하나

90~110μm

아르켈라 디스코이데스
Arcella discoides
2개의 핵을 가지고 있는 아메바류로 노란색이 도는 갈색의 껍질에 싸여 있으며 껍질의 한쪽 면에는 위족이 나오는 구멍이 있다.

19~40μm

프로타칸타모에바 칼레도니카
Protacanthamoeba caledonica
스코틀랜드의 강어귀에서 발견된 아메바류로 이와 유사한 생물이 체코에 사는 잉어의 간에서도 발견되었다.

10~16 μm

파울러자유아메바
Naegleria fowleri
소위 '뇌 먹는 아메바'로 따뜻한 담수에 서식한다. 코를 통해 인체에 유입되면 심각한 뇌 손상을 일으키고 98퍼센트의 경우 치명적이다.

2cm

스테모니티스
Stemonitis sp.
'초콜릿 관' 혹은 '파이프 청소기'라고도 불리는 점균류로 많은 핵을 가지고 있는 세포의 모임으로 시작해 포자를 지닌 많은 수의 가지를 뻗어 낸다.

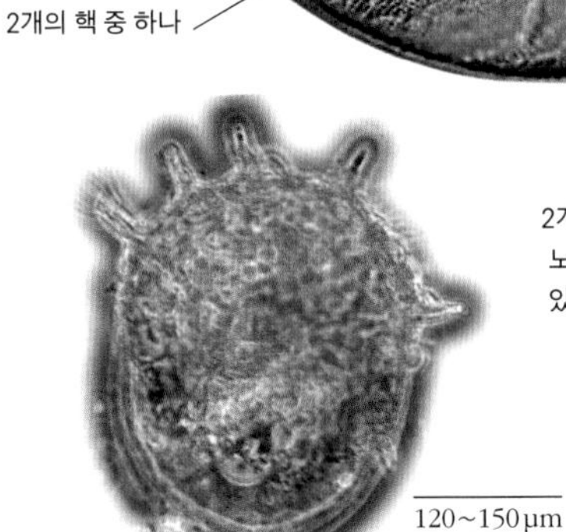

120~150μm

켄트로픽시스 아쿨레아타
Centropyxis aculeata
호수나 습지에 있는 조류에 산다. 모래와 조류의 세포벽을 이용해 4~6개의 가시가 있는 껍질을 만든다.

위족

180~230μm

디플루기아 프로테이포르미스
Difflugia proteiformis
연못이나 부드러운 습지에 자라는 아메바류로 조류의 세포벽과 작은 모래 알갱이로 껍질을 만든다.

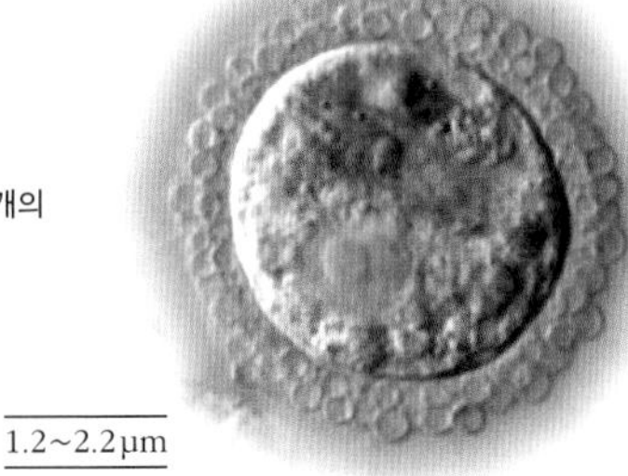

1.2~2.2μm

인편누클레아리아
Pompholyxophrys ovuligera
한때 태양충류(太陽蟲類)로 분류되었던 후편모생물로 편모는 인편으로 덮여 있다.

편모충

단세포 생물에서 보이는 채찍처럼 움직이는 추진체는 원생생물 중 유연관계가 다소 먼 여러 집단에서 진화했다. 이러한 특징은 엑스카바타류에서 흔히 나타난다.

편모충류는 편모라 불리는 하나 이상의 실과 같은 기관을 채찍처럼 움직여 물속에서 수영을 할 수 있는 미생물이다. 대부분의 편모충류는 세균과 같은 작은 생물을 잡아먹는 포식자이다. 그러나 형태를 변화시킬 수 있는 아메바류와 달리 편모충류의 형태는 고정되어 있으며 편모 기부에 있는 세포 '입'을 통해 직접 음식을 먹는다. 특히 유글레나와 같은 일부 종류는 상황에 따라 식물처럼 양분을 얻거나 동물처럼 양분을 얻는 다재다능한 행동을 보인다. 즉, 밝은 빛에 노출되면 광합성을 수행해 양분을 얻지만, 어두운 곳에서는 빛을 흡수하는 기관인 엽록체가 쪼글쪼글해지고 섭취를 통해 양분을 얻는다.

동물 속에서 살기

편모충류의 많은 종류가 산소가 부족한 동물의 내장 안에서 살며 산소를 이용해 호흡을 할 수 있는 일반적인 세포 기관이 없다. 많은 종류는 숙주에게 해를 주지 않으면서 곤충의 복부 안에서 부분적으로 소화된 음식을 통해 근근이 살아가는 특수한 방식을 취한다. 다른 종류는 인간을 포함한 숙주에게 치명적인 질병을 일으키는 기생 생물이다. 파리기생충이(파동편모충)는 흡혈 곤충에 의해 전염되어 열대 지역의 수면병과 레슈마니아증(leishmaniasis)을 일으키는 악명 높은 종류이다.

영역	진핵생물역
계	원생생물계
분계군	엑스카바타군
과	40
종	약 2,500

논쟁

잃어버리는 진화

흰개미 창자 안에 살고 있는 편모충류는 다른 원생생물이 지닌, 산소를 이용해 호흡하는 기관인 미토콘드리아가 없다. 어떤 학자는 이러한 편모충류가 원시 원생생물일 것으로 생각하지만 오히려 더 진화된 것이며 미토콘드리아는 산소가 부족한 환경에 적응해 잃어버렸다고 주장하는 이도 있다.

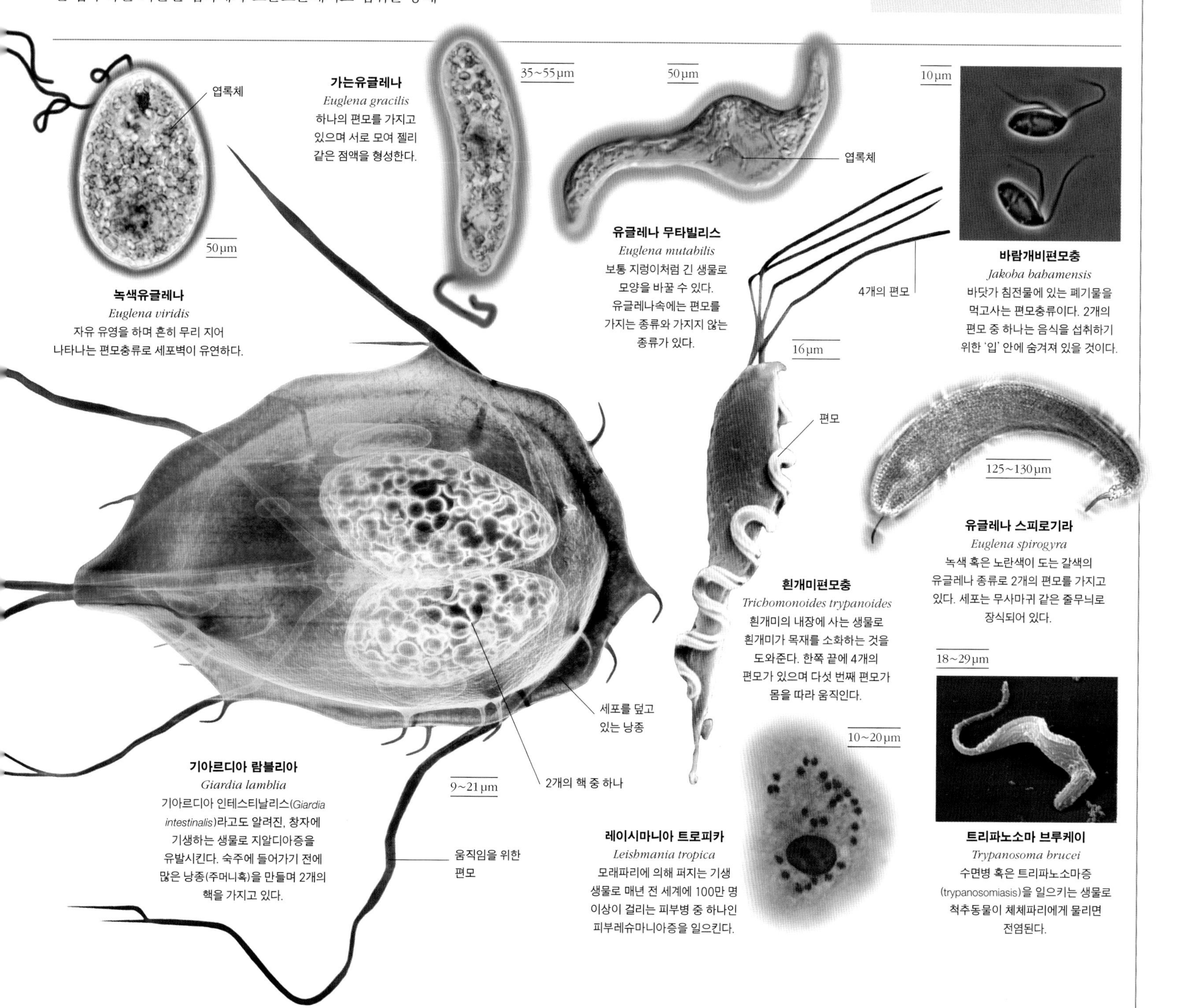

녹색유글레나
Euglena viridis
자유 유영을 하며 흔히 무리 지어 나타나는 편모충류로 세포벽이 유연하다.

가는유글레나
Euglena gracilis
하나의 편모를 가지고 있으며 서로 모여 젤리 같은 점액을 형성한다.

유글레나 무타빌리스
Euglena mutabilis
보통 지렁이처럼 긴 생물로 모양을 바꿀 수 있다. 유글레나속에는 편모를 가지는 종류와 가지지 않는 종류가 있다.

바람개비편모충
Jakoba bahamensis
바닷가 침전물에 있는 폐기물을 먹고사는 편모충류이다. 2개의 편모 중 하나는 음식을 섭취하기 위한 '입' 안에 숨겨져 있을 것이다.

유글레나 스피로기라
Euglena spirogyra
녹색 혹은 노란색이 도는 갈색의 유글레나 종류로 2개의 편모를 가지고 있다. 세포는 무사마귀 같은 줄무늬로 장식되어 있다.

흰개미편모충
Trichomonoides trypanoides
흰개미의 내장에 사는 생물로 흰개미가 목재를 소화하는 것을 도와준다. 한쪽 끝에 4개의 편모가 있으며 다섯 번째 편모가 몸을 따라 움직인다.

기아르디아 람블리아
Giardia lamblia
기아르디아 인테스티날리스(*Giardia intestinalis*)라고도 알려진, 창자에 기생하는 생물로 지알디아증을 유발시킨다. 숙주에 들어가기 전에 많은 낭종(주머니혹)을 만들며 2개의 핵을 가지고 있다.

레이시마니아 트로피카
Leishmania tropica
모래파리에 의해 퍼지는 기생 생물로 매년 전 세계에 100만 명 이상이 걸리는 피부병 중 하나인 피부레슈마니아증을 일으킨다.

트리파노소마 브루케이
Trypanosoma brucei
수면병 혹은 트리파노소마증(trypanosomiasis)을 일으키는 생물로 척추동물이 체체파리에게 물리면 전염된다.

리자리아

리자리아군에는 작은 원생생물 중에서 가장 아름다운 무리인 방산충류와 유공충류, 2개의 문이 포함된다. 리자리아군의 대부분이 해양에서 살아가며 위족을 사용해 먹이를 잡는다.

미세 세계의 특이한 일원인 방산충류와 유공충류는 독특하고 복잡하게 조각된 껍질을 가지고 있으며 일부는 인상적인 화석 기록을 남겼다. 대부분의 방산충류는 바다에 풍부한 실리카가 함유된, 광택이 나는 껍질을 만든다. 이들 몸에서는 껍질을 통해 긴 위족이 햇살처럼 사방으로 뻗어 나가며, 일부에서는 실리카로 단단해진 가시가 나오기도 한다. 방산충류는 위족을 사용해 먹이를 잡아 양분으로 이용하지만, 일부는 살아 있는 조류에 정착해 조류가 햇빛을 이용해 광합성을 통해 만든 당분을 양분으로 살아간다. 방산충류는 실리카에 의존해 생활하기 때문에 대부분이 바다에서 살아가고 이들과 친척 관계에 있는 사상위족충류는 토양이나 담수에서 살아간다.

사상위족충류는 일반적으로 긴 위족이 있지만 껍질이 있거나 없는 형태를 가지며 어떤 종류는 서식지에 따라 편모를 가지기도 한다.

유공충류는 수억 년 동안 해양에 번성했으며 석회질화된 껍질은 백악질 침전물 지층을 형성했다. 유공충류의 껍질은 특히 화석화되면서 매우 독특하게 변해 지질학자들이 숨겨진 석유 매장지를 탐지하거나 매장 시기를 산출하는 데 이용된다. 살아 있는 상태에서 일부는 동물의 애벌레를 붙잡을 수 있을 정도로 크지만 대부분은 방산충류처럼 위족을 이용해 작은 아메바를 잡는다.

영역	진핵생물역
계	원생생물계
분계군	리자리아군
과	108
종	약 1만 4000

논쟁

거대한 수렴

방산충류와 유공충류의 위족은 자신들의 세포 주위에다 그물망을 형성한다. 이는 두 종류가 공통 조상에서 유래했을 것이라는 생각을 지지해 준다. 하지만 이러한 그물 구조는 하나의 거대한 세포를 지닌 결과로서 어쩌면 두 종류에서 독립적으로 진화했을 수도 있다.

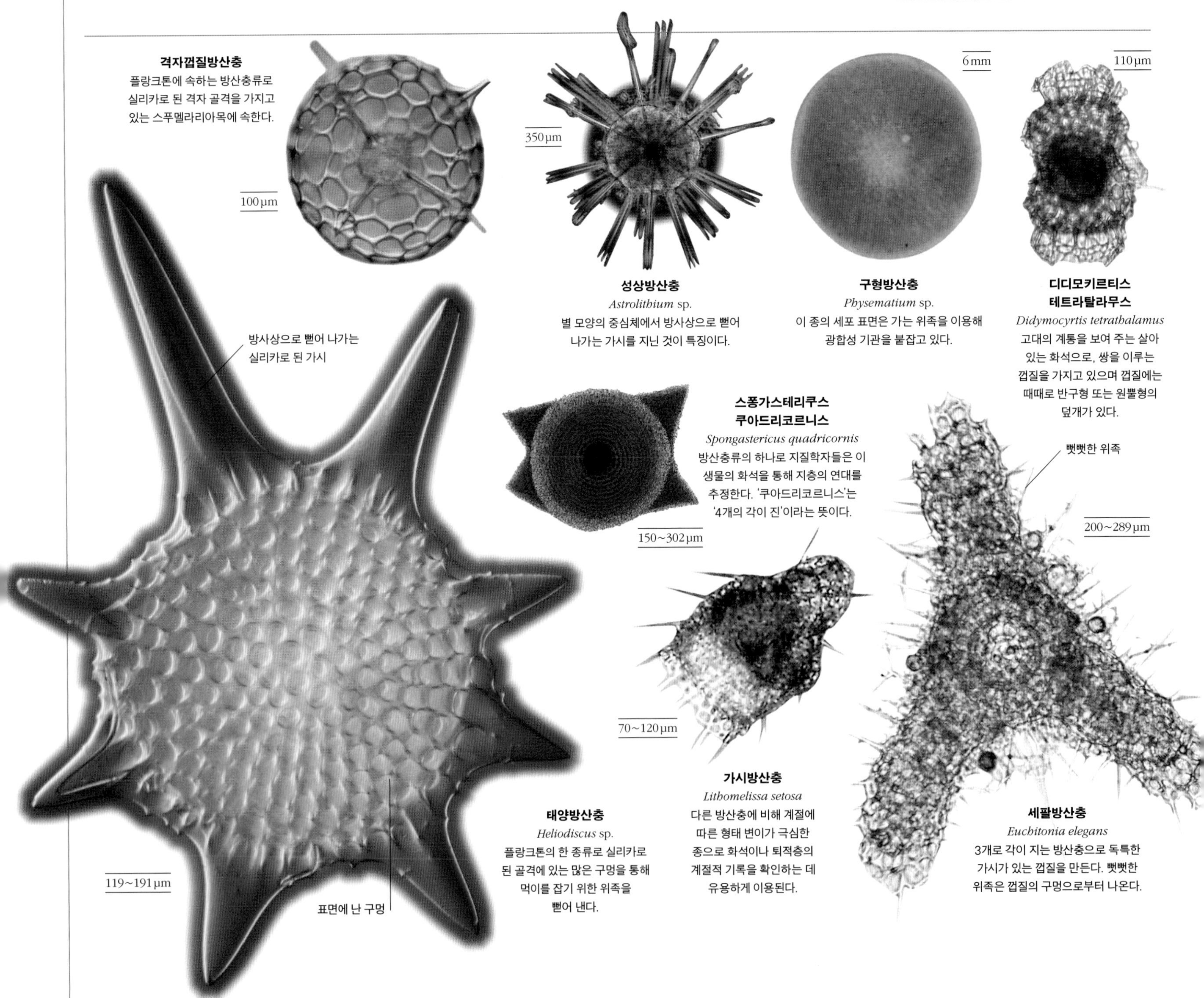

격자껍질방산충
플랑크톤에 속하는 방산충류로 실리카로 된 격자 골격을 가지고 있는 스푸멜라리아목에 속한다.

성상방산충
Astrolithium sp.
별 모양의 중심체에서 방사상으로 뻗어 나가는 가시를 지닌 것이 특징이다.

구형방산충
Physematium sp.
이 종의 세포 표면은 가는 위족을 이용해 광합성 기관을 붙잡고 있다.

디디모키르티스 테트라탈라무스
Didymocyrtis tetrathalamus
고대의 계통을 보여 주는 살아 있는 화석으로, 쌍을 이루는 껍질을 가지고 있으며 껍질에는 때때로 반구형 또는 원뿔형의 덮개가 있다.

스퐁가스테리쿠스 쿠아드리코르니스
Spongastericus quadricornis
방산충류의 하나로 지질학자들은 이 생물의 화석을 통해 지층의 연대를 추정한다. '쿠아드리코르니스'는 '4개의 각이 진'이라는 뜻이다.

가시방산충
Lithomelissa setosa
다른 방산충에 비해 계절에 따른 형태 변이가 극심한 종으로 화석이나 퇴적층의 계절적 기록을 확인하는 데 유용하게 이용된다.

태양방산충
Heliodiscus sp.
플랑크톤의 한 종류로 실리카로 된 골격에 있는 많은 구멍을 통해 먹이를 잡기 위한 위족을 뻗어 낸다.

세팔방산충
Euchitonia elegans
3개로 각이 지는 방산충으로 독특한 가시가 있는 껍질을 만든다. 뻣뻣한 위족은 껍질의 구멍으로부터 나온다.

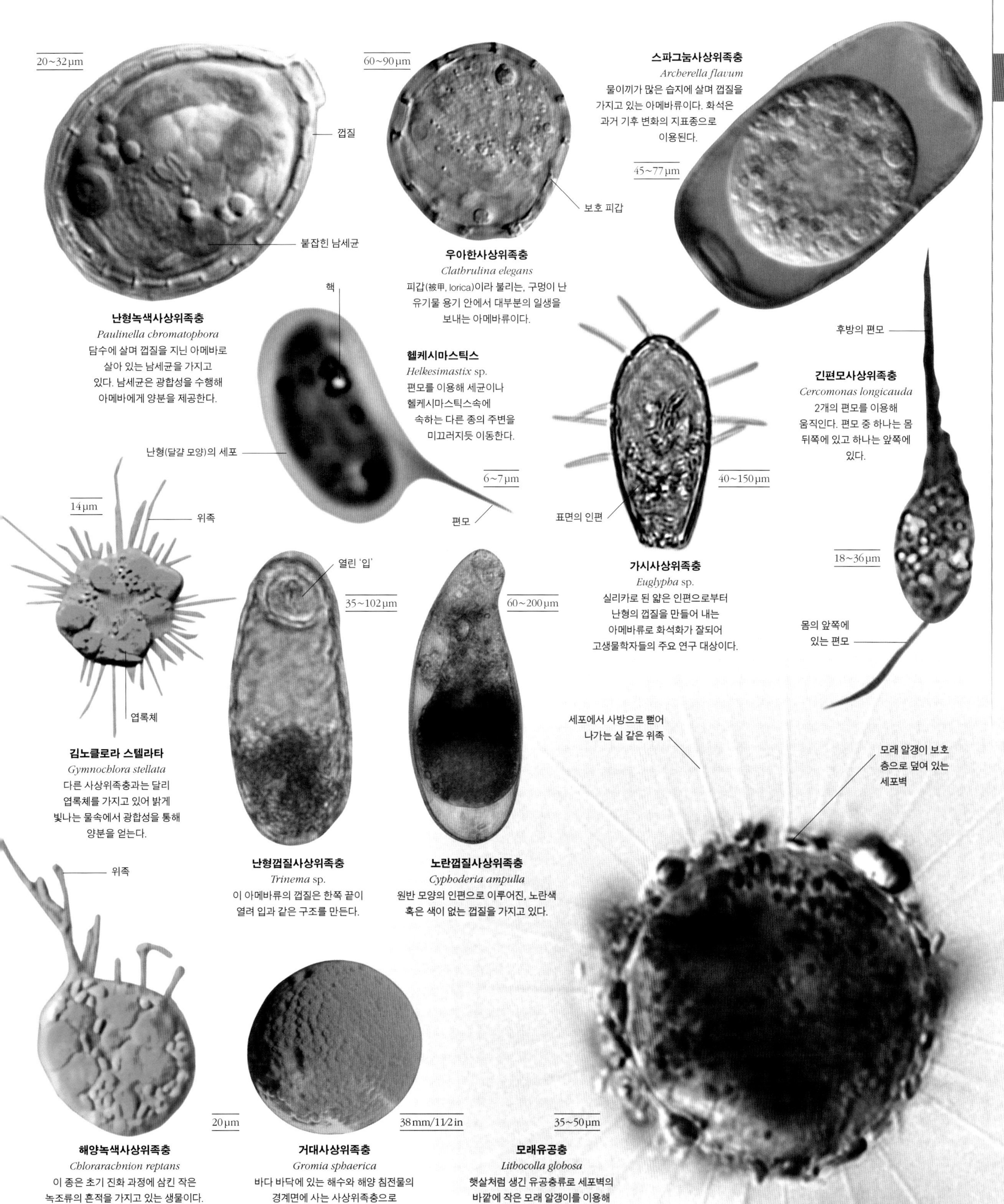

스파그눔사상위족충
Archerella flavum
물이끼가 많은 습지에 살며 껍질을 가지고 있는 아메바류이다. 화석은 과거 기후 변화의 지표종으로 이용된다.

우아한사상위족충
Clathrulina elegans
피갑(被甲, lorica)이라 불리는, 구멍이 난 유기물 용기 안에서 대부분의 일생을 보내는 아메바류이다.

난형녹색사상위족충
Paulinella chromatophora
담수에 살며 껍질을 지닌 아메바로 살아 있는 남세균을 가지고 있다. 남세균은 광합성을 수행해 아메바에게 양분을 제공한다.

헬케시마스틱스
Helkesimastix sp.
편모를 이용해 세균이나 헬케시마스틱스속에 속하는 다른 종의 주변을 미끄러지듯 이동한다.

긴편모사상위족충
Cercomonas longicauda
2개의 편모를 이용해 움직인다. 편모 중 하나는 몸 뒤쪽에 있고 하나는 앞쪽에 있다.

가시사상위족충
Euglypha sp.
실리카로 된 얇은 인편으로부터 난형의 껍질을 만들어 내는 아메바류로 화석화가 잘되어 고생물학자들의 주요 연구 대상이다.

김노클로라 스텔라타
Gymnochlora stellata
다른 사상위족충과는 달리 엽록체를 가지고 있어 밝게 빛나는 물속에서 광합성을 통해 양분을 얻는다.

난형껍질사상위족충
Trinema sp.
이 아메바류의 껍질은 한쪽 끝이 열려 입과 같은 구조를 만든다.

노란껍질사상위족충
Cyphoderia ampulla
원반 모양의 인편으로 이루어진, 노란색 혹은 색이 없는 껍질을 가지고 있다.

해양녹색사상위족충
Chlorarachnion reptans
이 종은 초기 진화 과정에 삼킨 작은 녹조류의 흔적을 가지고 있는 생물이다.

거대사상위족충
Gromia sphaerica
바다 바닥에 있는 해수와 해양 침전물의 경계면에 사는 사상위족충으로 유기물 쓰레기를 먹는다.

모래유공충
Lithocolla globosa
햇살처럼 생긴 유공충류로 세포벽의 바깥에 작은 모래 알갱이를 이용해 보호층을 만든다.

피하낭류

세포 주위에 피하낭이라고 불리는 작은 주머니를 특징적으로 가지고 있는 분계군이다.

피하낭류는 단세포 원생생물로 겉으로 보기에는 매우 다른 와편모조류, 섬모충류, 정단복합체포자충류의 3개 집단으로 구분된다.

포식성인 와편모조류는 세포에 있는 홈으로부터 각각 직각으로 나온 2개의 채찍 같은 편모를 이용해 바다에서 헤엄쳐 다닌다. 어떤 종류는 먹잇감이 못 움직이도록 하는 최면제를 지니기도 하며, 다른 종류는 독성 물질을 방출하기도 한다. 또한 갑작스러운 와편모조류의 증가로 인해 세계 곳곳에서 해로운 적조 현상이 일어나기도 한다. 일부는 빛이 없을 때 자체적으로 빛을 내는 생물 발광을 한다.

대부분의 섬모충류는 세균을 찾아 배회한다. 이들의 부드럽고 우아한 움직임은 단세포 몸 전체에 셀 수 없을 정도로 덮여 있는 섬모(纖毛, cilia)라고 불리는 가는 털 때문이다. 또한 이들은 섬모를 이용해 '입' 주변에 있는 고랑으로 영양분을 실어 나른다. 섬모충류는 사실상 어디에나 존재하며 초식 포유동물의 위장 안에 사는 종류는 식물의 강한 섬유소를 소화하는 데 도움을 준다.

이와는 반대로, 모든 정단복합체포자충류는 기생 생물이다. 이들은 정단복합체(頂端複合體, apical complex)라고 불리는 기관의 배열을 따서 이름 지어졌다. 정단복합체는 정단복합체포자충류가 동물의 살아 있는 세포에 침투하는 것을 도와서 영양분을 얻도록 해 준다. 정단복합체포자충류 중에 악명이 높은 종류는 말라리아 기생충으로 영양분을 얻기 위해 동물의 적혈구에 침투하는 과정에서 적혈구를 파괴한다.

영역	진핵생물역
계	원생생물계
분계군	피하낭군
과	222
종	약 2만

논쟁

원생동물

초기 분류학자들은 영양분을 먹는 미생물들을 원생동물의 서로 다른 강으로 취급했다. 섬모충류와 와편모조류 같은 일부 미생물들은 현대 분류학에서는 원생생물로 분류되고 있지만 그들의 정확한 유연관계에 대해서는 여전히 논쟁이 되고 있다.

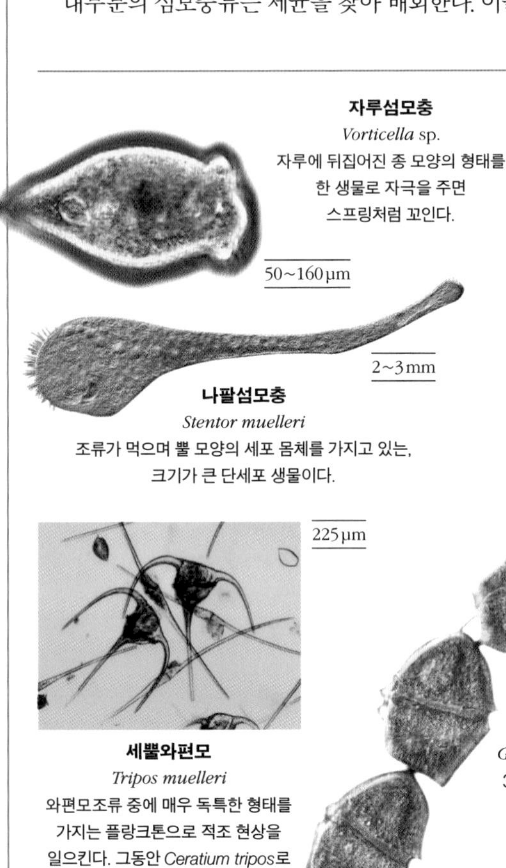

자루섬모충
Vorticella sp.
자루에 뒤집어진 종 모양의 형태를 한 생물로 자극을 주면 스프링처럼 꼬인다.

나팔섬모충
Stentor muelleri
조류가 먹으며 뿔 모양의 세포 몸체를 가지고 있는, 크기가 큰 단세포 생물이다.

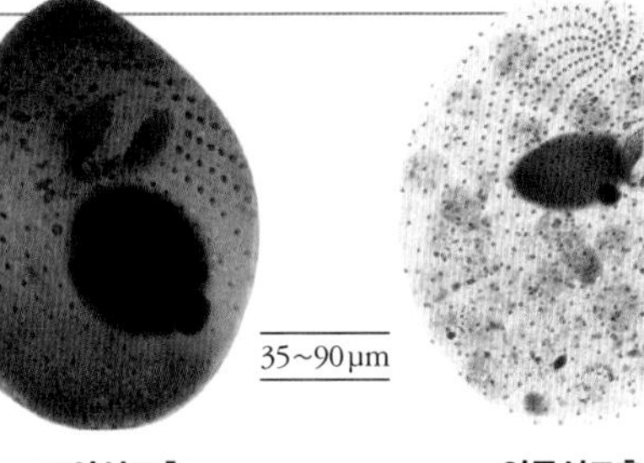

토양섬모충
Colpoda inflata
신장(腎臟) 모양의 섬모충으로 토양 생태계에 매우 중요한 역할을 수행하나 농약에 매우 취약하다.

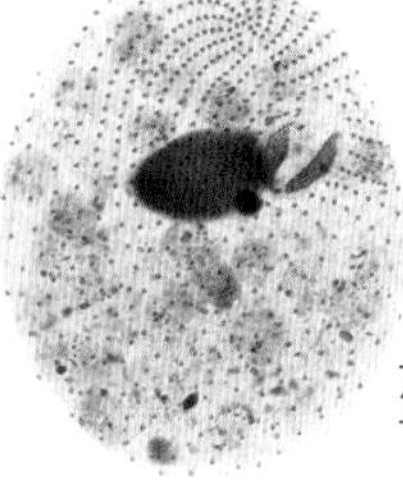

연못섬모충
Colpoda cucullus
보통 부패된 식물 주변에 있는 담수에서 발견되는 섬모충으로 영양분을 담고 있는 액포(液胞, vacuole)를 가지고 있다.

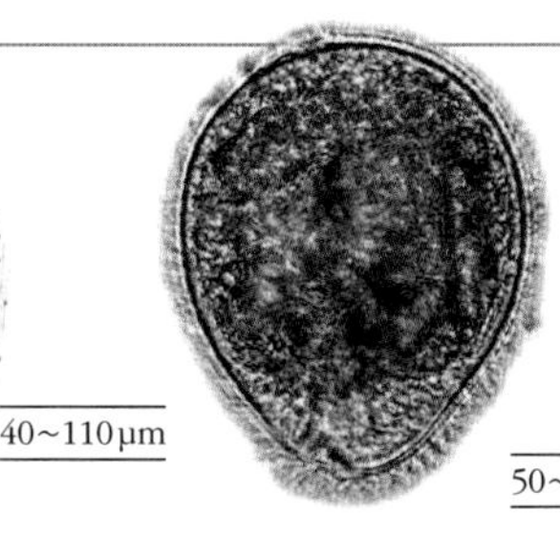

내장섬모충
Balantidium coli
인간의 몸에 기생하는 것으로 알려진 섬모충으로 감염이 되면 장관 궤양 등의 심각한 질병을 일으킨다.

톡소플라스마 곤디이
Toxoplasma gondii
고양이와 인간을 포함해 포유류를 왕래하는 기생 생물로 임산부에게 감염될 경우 아이에게 위험한 톡소플라스마증을 일으킨다.

세뿔와편모
Tripos muelleri
와편모조류 중에 매우 독특한 형태를 가지는 플랑크톤으로 적조 현상을 일으킨다. 그동안 *Ceratium tripos*로 알려져 있었다.

38~50μm

사슬형성와편모
Gymnodinium catenatum
32개 정도의 세포가 긴 사슬 형태로 모여 헤엄을 치는 와편모조류이다.

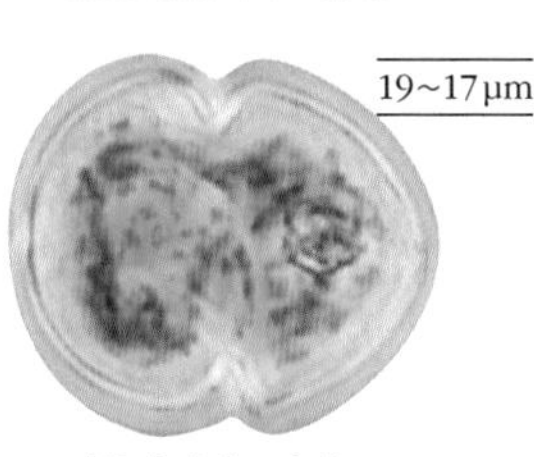

마호가니적조와편모
Karlodinium veneficum
플랑크톤의 한 종류로 개체가 많아지면 물고기에게 치명적인 '마호가니 적조(mahogany tides)'를 일으킨다.

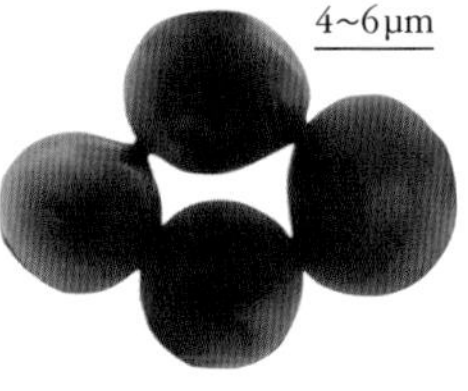

크립토스포리디움 파르붐
Cryptosporidium parvum
설사성 질환을 일으키는 정단복합체포자충류로 보통 오염된 물에 살며 대변을 통해 생물의 포자가 전염된다.

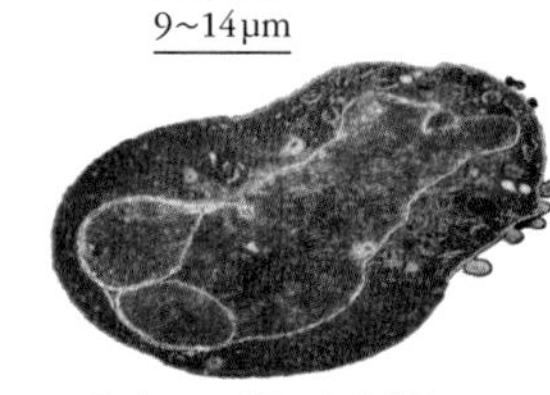

플라스모디움 팔키파룸
Plasmodium falciparum
말라리아를 일으키는 플라스모디움속 생물 중 가장 무서운 정단복합체포자충류로 이 생물에 의해 전 세계에서 매년 100만 명 이상의 사상자가 발생한다.

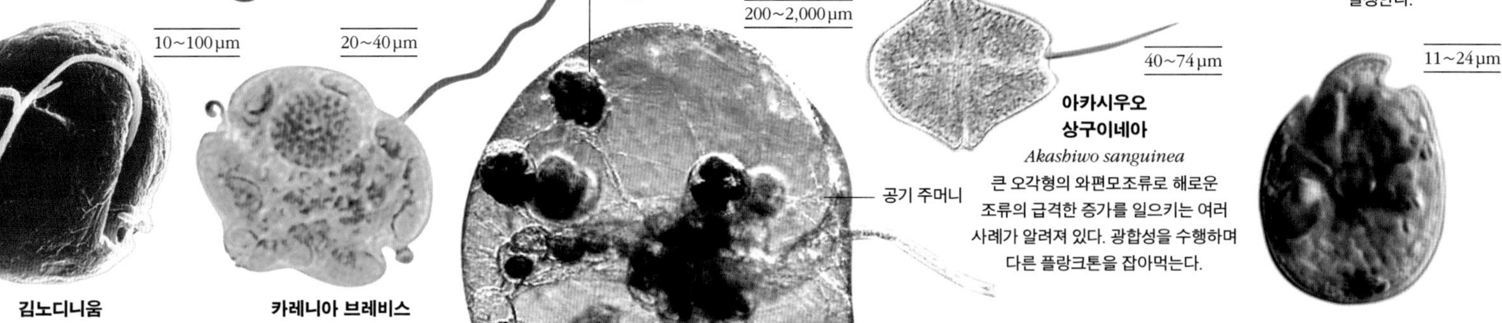

김노디니움
Gymnodinium sp.
신경 독소를 만들어 내는 와편모조류로 담수와 염분이 있는 물에서 발견되며 개체가 많아지면 적조 현상을 일으켜 조개류에게 유독하다.

카레니아 브레비스
Karenia brevis
이전에는 김노디니움 브레비스(*Gymnodinium brevis*)로 알려져 있던 와편모조류로 멕시코 만의 적조 현상을 일으키는 주요인이다.

시이아스파클
Noctiluca scintillans
생물 발광을 내는 플랑크톤으로 수면 아래를 떠다니도록 해 주는 공기 주머니를 가지고 있다.

아카시우오 상구이네아
Akashiwo sanguinea
큰 오각형의 와편모조류로 해로운 조류의 급격한 증가를 일으키는 여러 사례가 알려져 있다. 광합성을 수행하며 다른 플랑크톤을 잡아먹는다.

암피디니움 카르테라이
Amphidinium carterae
물고기에 해로운 독인 시구아테라(ciguatera)를 만드는 플랑크톤으로 이 독에 감염된 물고기를 먹으면 사망한다.

부등편모조류

부등편모조류는 조류의 일부를 포함하며 진정한 잎이나 뿌리가 없이 물속 또는 물가에 살며 광합성을 하는 원생생물이다. 규조류와 갈조류, 난균이 부등편모조식물군에 속한다.

부등편모조류는 대개 정세포에 서로 다른 2종류의 편모를 가진 것으로 구분된다. 이들 편모는 생식을 할 때 사용되는데, 하나는 작고 억센 편모털(mastigonemes)로 덮여 있으며 다른 하나는 부드럽고 채찍과 같다. 부등편모조류에는 규조류와 갈조류, 난균이 속한다.

규조류는 단세포 조류로, 잘게 조각된 실리카로 된 2개의 뚜껑을 가지고 있다. 광합성을 하며 물에 떠다니는 작은 생물체의 플랑크톤 군집인 식물성 플랑크톤이 규조류의 대다수를 차지하고 있다. 물 표면 근처에서 규조류의 색소는 햇빛으로부터 에너지를 흡수해 영양분을 만들어 낸다. 규조류는 식물이 가진 녹색의 엽록소뿐만 아니라 갈색의 색소인 푸코산틴(fucoxanthin)도 가지고 있어서 이용할 수 있는 빛의 범위를 보다 넓혀 광합성이 훨씬 더 효율적으로 일어나도록 한다.

갈조류는 전 세계의 해안가를 차지하고 있다. 이들은 푸코산틴을 이용하며, 겉으로 보기에는 식물과 비슷한 매우 복잡한 다세포의 해초로 진화했다. 진정한 잎과 뿌리라고 할 수는 없지만 갈조류는 바위를 움켜쥘 수 있는 조직과 미끄럽고 기는 엽상체(葉狀體, thallus)를 가지고 있다. 이 엽상체에는 진정한 잎에 있는 잎맥이 없다. 그럼에도 불구하고 다시마와 같은 일부 갈조류는 매우 크게 성장하고 일부 연안에 광범위한 수중 숲을 만들어 낸다.

영역	진핵생물역
계	원생생물계
분계군	부등편모조식물군
과	177
종	약 2만

논쟁

조류에서 곰팡이까지

난균은 곰팡이처럼 성장하고 영양분을 얻지만 균류에 속하는 곰팡이와 달리 식물과 같은 세포벽과 부등편모를 지니며 일부는 식물에 병을 일으킨다. DNA 분석 결과 이들은 규조류 및 갈조류와 더 비슷한 것으로 나타났다. 아마 엽록체를 버리고 기생성으로 전환한 조류에서 진화했을 것이다.

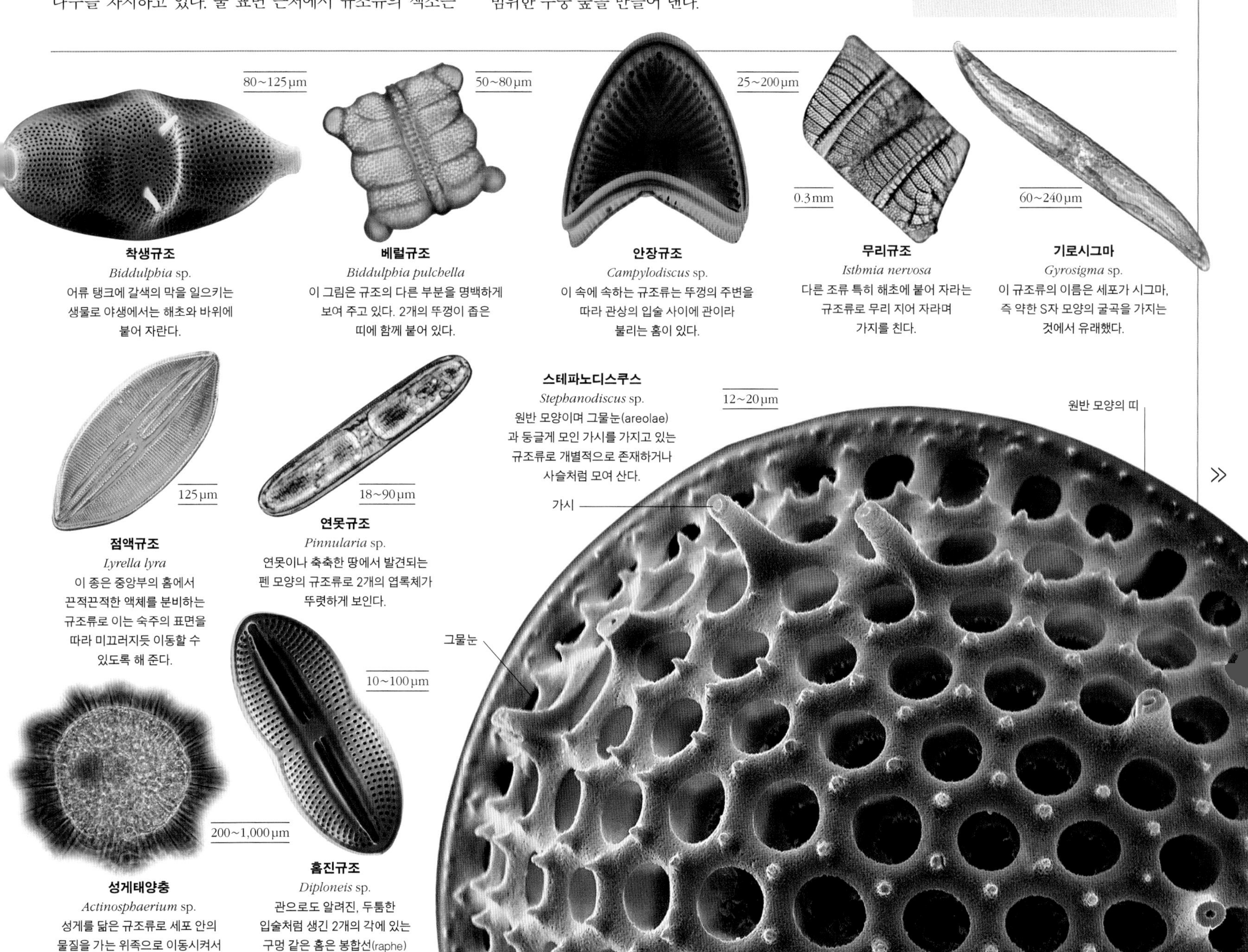

착생규조
Biddulphia sp.
어류 탱크에 갈색의 막을 일으키는 생물로 야생에서는 해초와 바위에 붙어 자란다.

베럴규조
Biddulphia pulchella
이 그림은 규조의 다른 부분을 명백하게 보여 주고 있다. 2개의 뚜껑이 좁은 띠에 함께 붙어 있다.

안장규조
Campylodiscus sp.
이 속에 속하는 규조류는 뚜껑의 주변을 따라 관상의 입술 사이에 관이라 불리는 홈이 있다.

무리규조
Isthmia nervosa
다른 조류 특히 해초에 붙어 자라는 규조류로 무리 지어 자라며 가지를 친다.

기로시그마
Gyrosigma sp.
이 규조류의 이름은 세포가 시그마, 즉 약한 S자 모양의 굴곡을 가지는 것에서 유래했다.

점액규조
Lyrella lyra
이 종은 중앙부의 홈에서 끈적끈적한 액체를 분비하는 규조류로 이는 숙주의 표면을 따라 미끄러지듯 이동할 수 있도록 해 준다.

연못규조
Pinnularia sp.
연못이나 축축한 땅에서 발견되는 펜 모양의 규조류로 2개의 엽록체가 뚜렷하게 보인다.

스테파노디스쿠스
Stephanodiscus sp.
원반 모양이며 그물눈(areolae)과 둥글게 모인 가시를 가지고 있는 규조류로 개별적으로 존재하거나 사슬처럼 모여 산다.

성게태양충
Actinosphaerium sp.
성게를 닮은 규조류로 세포 안의 물질을 가는 위족으로 이동시켜서 움직인다.

홈진규조
Diploneis sp.
관으로도 알려진, 두툼한 입술처럼 생긴 2개의 각에 있는 구멍 같은 홈은 봉합선(raphe)이라고 불린다.

»

≫ 부등편모조류

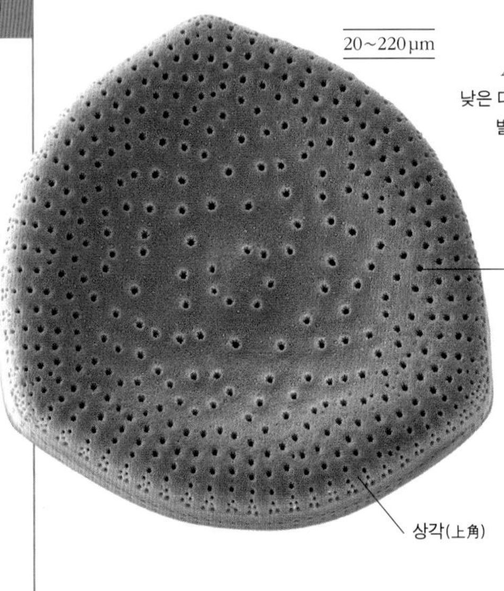

삼각규조
Actinoptychus sp.
낮은 대륙붕의 얕은 해수층에서 발견되는 규조류이다.

0.9mm

거미줄규조
Arachnoidiscus sp.
원반 모양의 규조류로 방사상의 늑골과 거미줄 무늬의 각을 가지는 것이 특징이다. 매우 크게 자랄 수 있다.

보호 세포벽

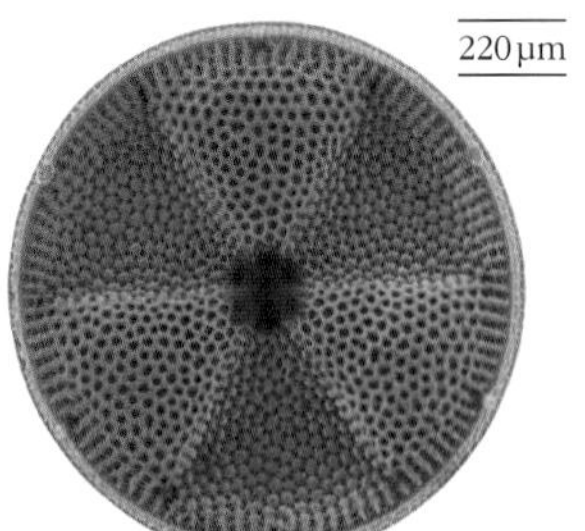

햇살규조
Actinoptychus heliopelta
상각과 하각(下角)에 있는 서로 번갈아 가며 올라가고 내려가는 무늬가 이 규조류의 특징이다.

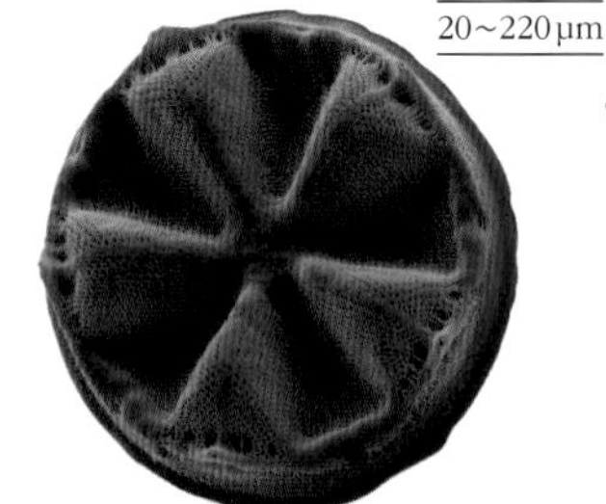

다섯팔규조
Actinoptychus sp.
악티노프티쿠스속에서 나타나는, 서로 번갈아 가며 올라가고 내려가는 무늬가 마치 5개의 팔처럼 보인다.

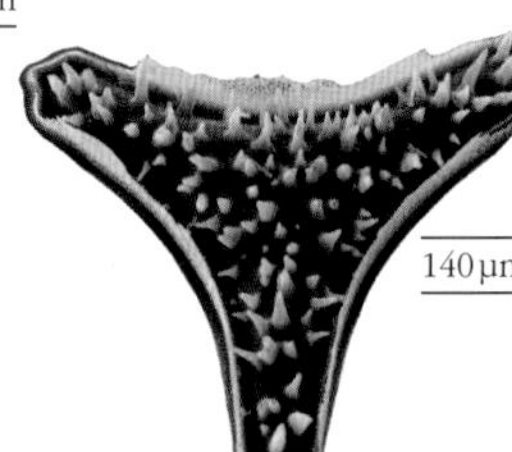

트리케라티움
Triceratium sp.
해양에 사는 규조류로 이 속에는 400종 이상이 알려져 있다. 이 속에 속하는 규조류는 종종 삼각형이다.

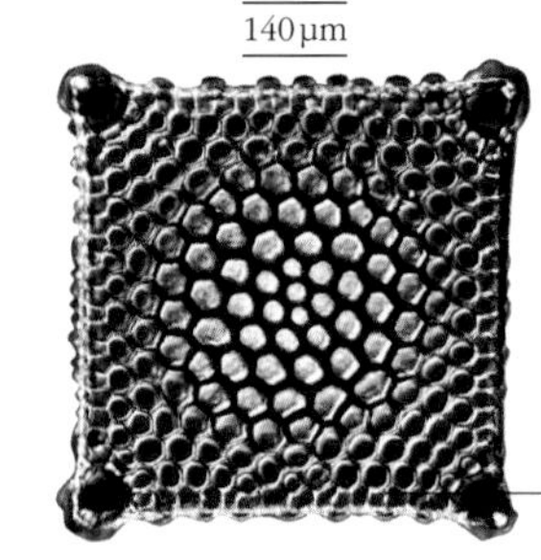

트리케라티움 파부스
Triceratium favus
이 생물이 이동함에 따라 단단하게 석회질화된 세포벽은 물속에 석회질의 꼬리를 남긴다. 이를 통해 담수 환경에 해수가 어떻게 들어가는지 알 수 있다.

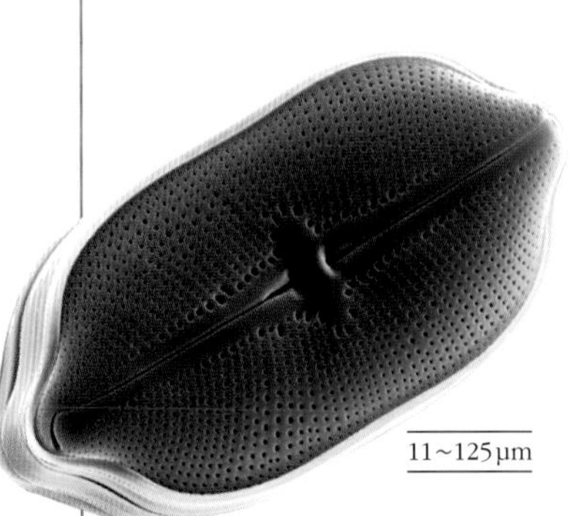

배모양규조
Navicula sp.
이 속은 규조류 중에 종 수가 가장 많은 종류로 1,000여 종이 알려져 있다.

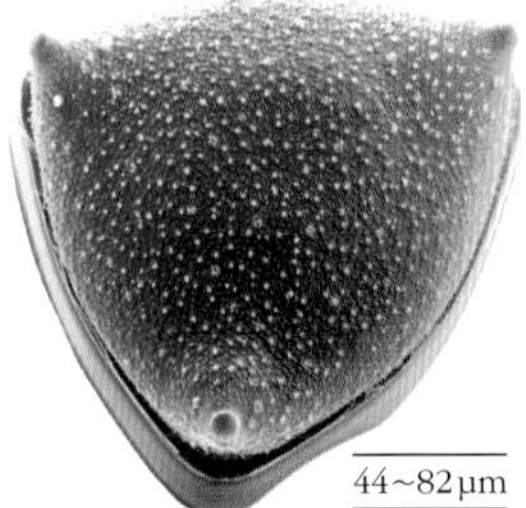

얼룩덜룩한규조
Stictodiscus sp.
이 규조류를 주사 전자 현미경을 통해 보면 둘러싸고 있는 띠 위에 있는 각 표면에 얼룩덜룩한 구멍이 보인다.

2m

송위드
Himanthalia elongata
북반구에 자라는 갈조류로 생식 과정에 있는 동안에 긴 끈 모양의 엽(葉, fronds)을 만든다.

투스드랙
Fucus serratus
단단한 관목 같은 담갈색의 해초로 북대서양 주변 낮은 해안가에 자란다.

4m

슈가켈프
Saccharina latifolia
북쪽 바다의 바위 해변과 수심 8~30미터의 바닷속에 자라는 갈조류이다.

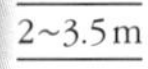

쿠비에
Laminaria hyperborea
요오드 생산에 있어 상업적으로 매우 중요한 갈조류로 북반구 바닷속 수심 8~30미터에서 자란다.

1~3m

경단구슬모자반
Sargassum muticum
일본이 원산으로 현재는 유럽에 침입한 갈조류이다. 하루에 10센티미터 정도 자란다.

부력을 제공하는
엽에 있는 기낭

30~100cm

대황
Halidrys siliquosa
큰 갈조류로 유럽의 바위 웅덩이에 자란다. 줄기는 지그재그 형태로 자라며 공기가 든 기낭(氣囊)이 있다.

홍조류

일부 미세한 생물도 있지만, 가장 친숙한 홍조류는 다세포 해초로 성장한다. 마치 지의류처럼 바위 표면에 딱 달라붙 어 털이나 잎이 모여 있는 듯이 자라는 종류 등 홍조류는 매우 다양하다.

6,500여 종의 홍조류 중 대부분은 해양 생물이지만 담수 생물도 소수 있다. 갈조류 및 녹조류와는 달리 홍조류는 편모가 있는 정세포를 만들지 않으며 대신 물의 흐름에 의존하여 웅성 성세포를 자성 기관으로 운반한다. 그 후 세포들은 접합되지만 이후의 발달은 종마다 매우 다양하다.

생존을 위한 붉은색

육상 식물과 마찬가지로 대부분의 조류는 녹색 엽록소를 이용해 햇빛 에너지를 가두어 광합성 과정에서 양분을 생산한다. 그러나 홍조류의 세포에는 피코에리트린(phycoerythrin)이라는 붉은 색소가 포함되어 있어 엽록소의 녹색을 가리고 붉은색을 띠어 홍조류라 불린다. 이 색소는 약간의 푸른 빛만 투과할 수 있는 깊은 물 속에서도 광합성을 계속할 수 있게 해 준다. 따라서 홍조류는 갈조류, 녹조류보다 바다 더 깊은 곳에서 살 수 있으며 일부는 200미터 아래에서도 자라는 것으로 알려졌다. 일부 홍조류는 석회질화되어 암석에 껍질을 형성하거나 단단하고 직립하는 사슴뿔 같은 형태를 형성한다. 이름과 달리 홍조류의 색소는 홍조류를 감람색 또는 회색으로 보이게 할 수 있다.

영역	진핵생물역
계	원생생물계
분계군	홍조류군
과	92
종	6,500

논쟁

가까운 친척?

홍조류는 이전에 녹조류와 함께 하나로 분류되었지만 현재는 녹조류가 뚜렷이 구별되는 두 집단으로 인식되고 있다. 일부 녹조류는 홍조류에 가까울 수 있지만 다른 녹조류는 육상 식물에 더 가깝다. 홍조류는 육상 식물이 진화를 시작하기 전에 분류학적 계통수에서 갈라져 나왔다.

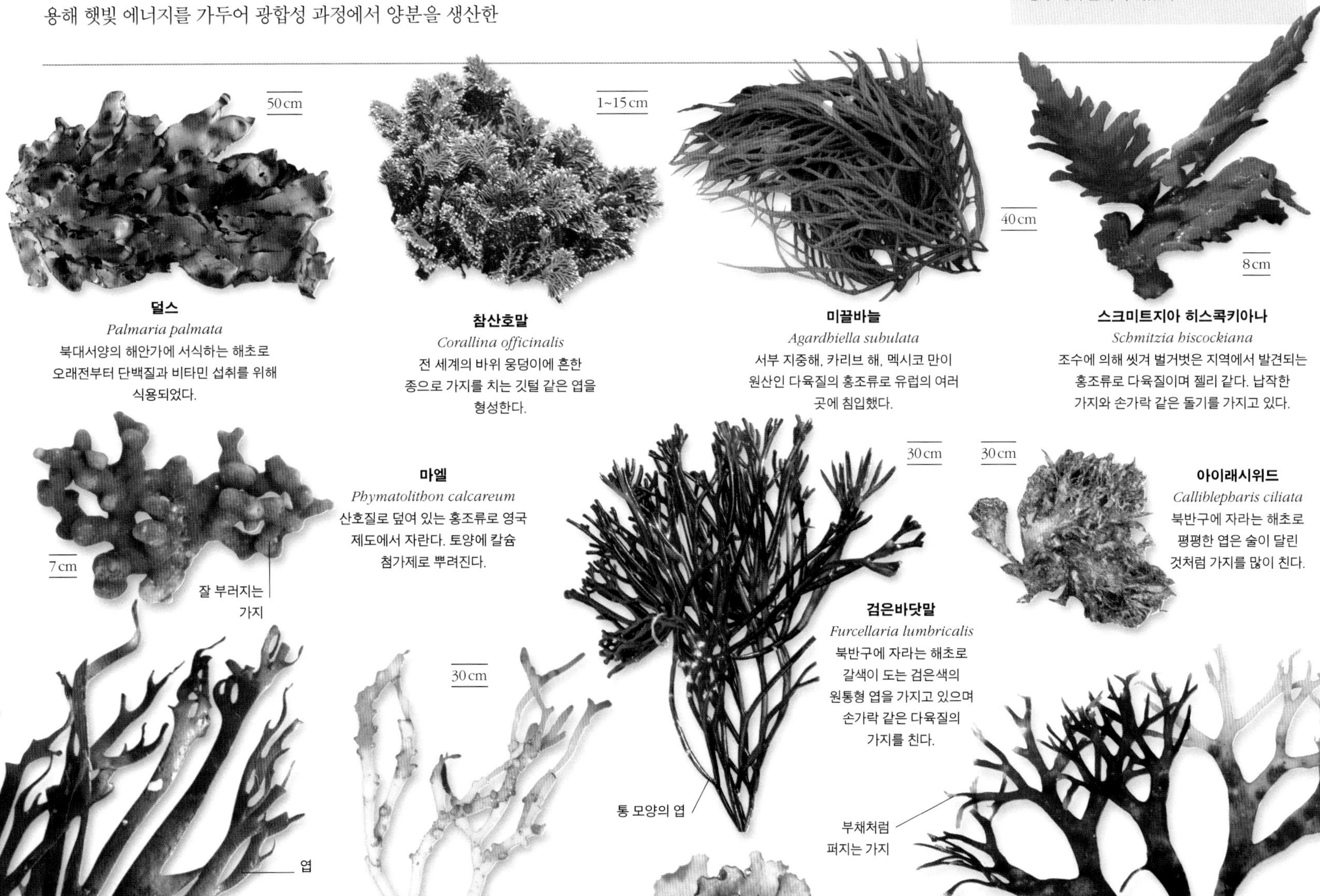

덜스
Palmaria palmata
북대서양의 해안가에 서식하는 해초로 오래전부터 단백질과 비타민 섭취를 위해 식용되었다.

참산호말
Corallina officinalis
전 세계의 바위 웅덩이에 흔한 종으로 가지를 치는 깃털 같은 엽을 형성한다.

미끌바늘
Agardhiella subulata
서부 지중해, 카리브 해, 멕시코 만이 원산인 다육질의 홍조류로 유럽의 여러 곳에 침입했다.

스크미트지아 히스콕키아나
Schmitzia hiscockiana
조수에 의해 씻겨 벌거벗은 지역에서 발견되는 홍조류로 다육질이며 젤리 같다. 납작한 가지와 손가락 같은 돌기를 가지고 있다.

마엘
Phymatolithon calcareum
산호질로 덮여 있는 홍조류로 영국 제도에서 자란다. 토양에 칼슘 첨가제로 뿌려진다.

아이래시위드
Calliblepharis ciliata
북반구에 자라는 해초로 평평한 엽은 술이 달린 것처럼 가지를 많이 친다.

검은바닷말
Furcellaria lumbricalis
북반구에 자라는 해초로 갈색이 도는 검은색의 원통형 엽을 가지고 있으며 손가락 같은 다육질의 가지를 친다.

그라킬라리아 폴리이페라
Gracilaria foliifera
엷은 자주색의 가는 줄기가 있는 홍조류로 드물게 가지를 치는 끈 같은 엽을 가진다. 전 세계의 낮은 석호(潟湖, lagoons)에 많이 자란다.

각시꼬시래기
Gracilaria bursa-pastoris
길고 가는 홍조류로 갈라지거나 엇갈려 나는 가지를 가지고 있다. 잉글랜드 남부에서 태평양과 카리브 해에 이르는 지역에서 발견된다.

마스토카르푸스 스펠라투스
Mastocarpus stellatus
엽에 생식 기관인 돌기를 가지고 있는 홍조류로 북대서양에서 발견된다.

주름진두발
Chondrus crispus
영국 제도에서 자라는 홍조류로 고형화제(固形化劑)인 카라기닌(carrageenin)의 주 원료이다.

>>

≫ 홍조류

개우무
Pterocladiella capillacea
깃털처럼 가지를 치며 위로 가면서 점점 가늘어지는 홍조류로 전 세계의 웅덩이에서 발견된다. 종종 크리스마스트리처럼 발달한다.

멜라나만시아 핌브리폴리아
Melanamansia fimbrifolia
북아메리카와 오스트레일리아에서 발견되며 수심 55미터의 깊이까지 암초를 덮고 있는 퇴적물에 붙어 자란다.

싹새기
Ahnfeltia sp.
세포를 배양하는 페트리 접시에서 주로 사용하는 젤라틴 성분 배지의 원료인 홍조류로 북반구에 살며 엽이 빽곡히 모여 난다.

스포로리톤 프티코이데스
Sporolithon ptychoides
세포벽에 축적되어 있는 칼슘을 이용해 딱딱한 껍데기를 만든다. 전 세계적으로 바위가 많은 웅덩이나 최근에 드러난 암석 해저에서 발견된다.

각시개서실
Chondria dasyphylla
전 세계에서 발견되며 깃털 같은 엽을 가지고 있는 홍조류로, 엽의 끝에 나는 곤봉 같은 가지에서 포자를 함유하고 있는 가지와 항아리 모양의 낭과(囊果)가 나온다.

몽우리서실
Laurencia obtusa
열대 지역에 자라는 종류로 게와 성게에 대한 화학 방어물인 할로겐화 테르펜(terpenoids)을 만들어 낸다. 이 물질은 오염 방지 물질로 이용된다.

레더위드
Ptilophora leliaertii
2004년 남아프리카 해안가 암초에서 처음 발견되었다. 깃털처럼 가지를 친다.

케라미움 비르가툼
Ceramium virgatum
작은 홍조류로 전 세계의 바위와 다른 해초에 붙어 자란다. 작은 지지부에서 끝이 갈라진 실 같은 모양의 엽으로 자란다.

시비치
Delesseria sanguinea
너도밤나무의 잎과 같은 잎이 있는 홍조류로 유럽에서 미역이 자라는 숲 바닥에 자란다.

겔리디엘라 아케로사
Gelidiella acerosa
인도에서 발견되는 종류로 배지의 중요한 원료이며 음식이나 제약업 용도로도 쓴다. 원통형의 가늘고 기어 자라는 줄기를 가지고 있다.

실우뭇가사리
Gelidium pusillum
전 세계에서 자라는 홍조류로 넓게 기는 기부는 조개류와 작은 달팽이에 붙어 있다. 엽은 잎과 같이 생겼으며 모여 난다.

브로드위드
Lenormandiopsis nozawae
온대 지역에서 발견되는 홍조류로 넓은 엽의 양면에는 포자를 담고 있는 기관이 모여 있으며 이 안에 기생 조류가 살고 있다.

폴리시포니아 라노사
Polysiphonia lanosa
북반구에서 고사포(高射砲)처럼 나는 홍조류로 다른 해초에 붙어 자란다. 실 같은 가지는 긴 통 모양의 세포로 이루어져 있다.

녹조류

녹조류는 매우 다양한 종들의 느슨한 분류학적 집합이다. 일부는 담수 연못과 시냇물에 살고, 일부는 축축하고 그늘진 바위나 나무 줄기 위에 녹색 깔개처럼 자라며, 다른 일부는 얕은 바닷물의 바위에 붙어 잎이 많은 해초처럼 자란다.

많은 녹조류는 현미경으로 관찰되며, 자유롭게 떠다닌다. 연못을 막는 종류와 같은 어떤 녹조류는 복잡한 구조를 가진 다세포 생물이다. 일부는 분열, 발아 또는 운동성 포자를 생성해 무성 생식을 하지만 더 큰 종에서는 유성 생식이 일반적이다. 이들은 일반적으로 2개의 동일한 편모를 가진 정세포를 생산하지만 생활사에 포자 생산 단계도 있다. 녹조류 세포는 광합성을 위해 육상 식물과 동일한 엽록소 색소를 사용하며 때로는 녹색 식물(Viridiplantae)이라는 비공식 집단에 포함되기도 한다.

영역	진핵생물역
계	원생생물계
분계군	녹조류군
과	127
종	4,300

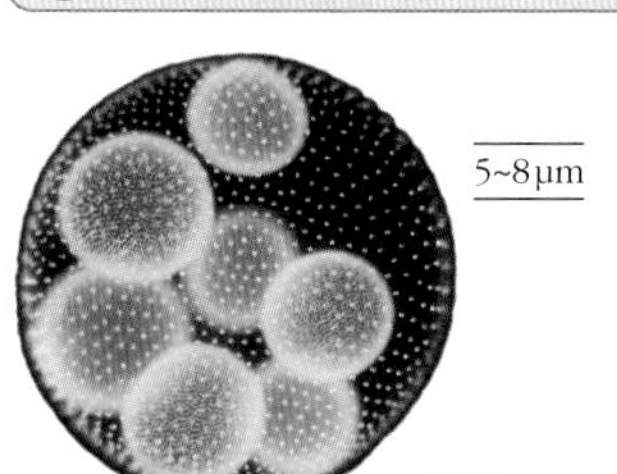

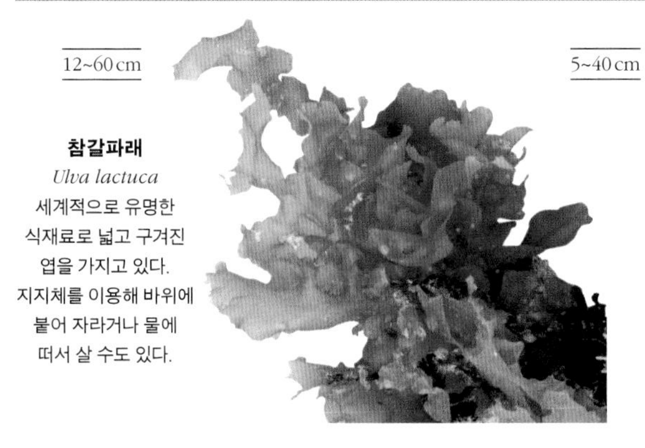

참갈파래
Ulva lactuca
세계적으로 유명한 식재료로 넓고 구겨진 엽을 가지고 있다. 지지체를 이용해 바위에 붙어 자라거나 물에 떠서 살 수도 있다.

청각
Codium fragile
이 관통형의 녹조류는 전 세계적으로 해안 암석 웅덩이와 연안 해역에서 최대 2미터 깊이까지 서식한다.

시그레이프
Caulerpa lentillifera
큰 연못에서 재배되는 식용 가능한 종류로 필리핀에서 유명한 음식 재료이다. 즙이 풍부하며 날로도 먹을 수 있고 샐러드로 이용하기도 한다.

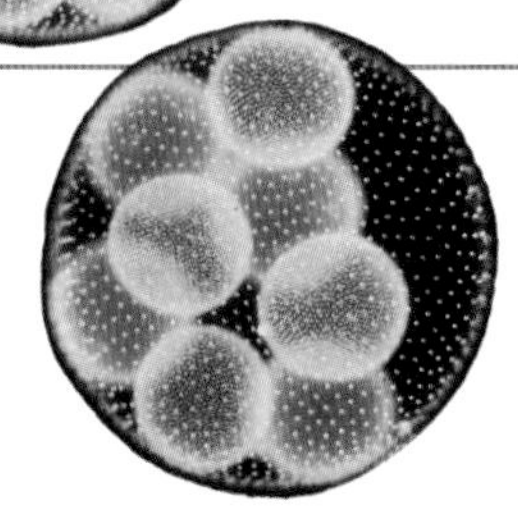

볼복스 아우레우스
Volvox aureus
육안으로 볼 수 있는 이 담수 조류의 구형 군집은 수천 개의 미세한 개체로 구성되어 있다. 실 모양의 편모는 물 속에서 군체를 회전시킨다.

차축조류와 근연종

비록 녹조류와 관련이 있지만 차축조류(stonewort)와 그 근연종들은 더 복잡한 구조와 세포 내에 더 진보된 화학물질을 가지고 있어 이들이 진정 식물의 조상임을 시사하고 있다.

난접합식물류(Streptophyta, 때때로 윤조식물이라고도 함)에는 '접합 녹조류'로 분류되는 먼지말이 포함된다. 이들은 대개 2개의 대칭적인 반세포로 나누어진 세포 하나를 가지고 있다. 그러나 일반적으로 차축조류와 갈래말류가 난접합식물류의 가장 잘 알려진 종류이며 종종 '명예 식물'로 간주된다. 이들은 가근이라고 불리는 세포 미세섬유를 식물의 뿌리처럼 사용해 얕은 담수 또는 기수의 진흙에서 자란다. 가지 모양과 생식 구조도 식물을 연상케 한다. 실제로 일부 분류 체계에서는 난접합식물류를 모든 육상 식물을 포함하는 '하계(infra-kingdom)'로 간주한다.

영역	진핵생물역
계	원생생물계
분계군	스트렙토식물군
과	16
종	2,700

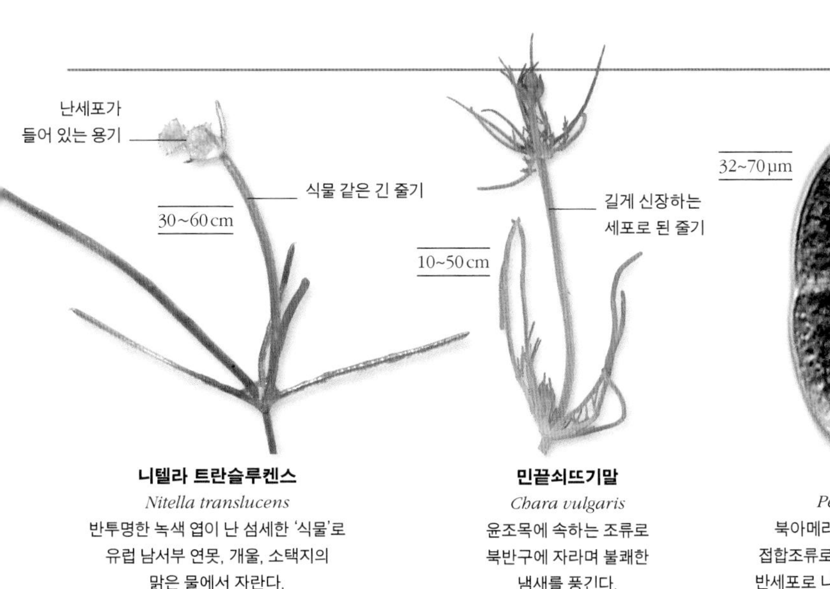

니텔라 트란슬루켄스
Nitella translucens
반투명한 녹색 엽이 난 섬세한 '식물'로 유럽 남서부 연못, 개울, 소택지의 맑은 물에서 자란다.

민끝쇠뜨기말
Chara vulgaris
윤조목에 속하는 조류로 북반구에 자라며 불쾌한 냄새를 풍긴다.

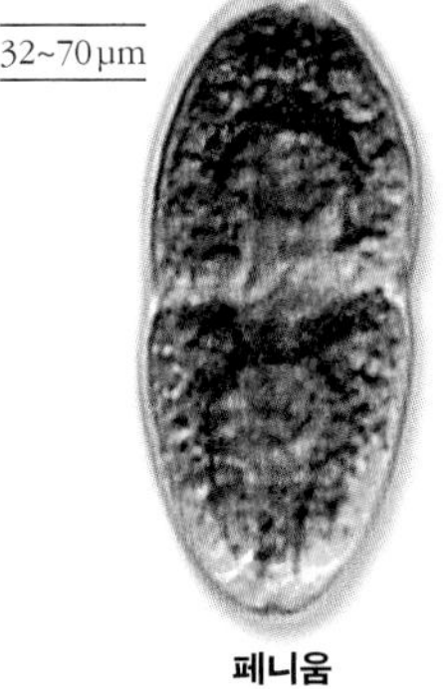
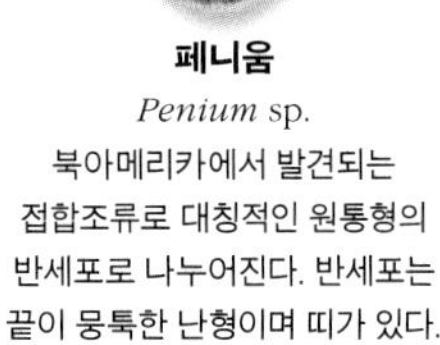

페니움
Penium sp.
북아메리카에서 발견되는 접합조류로 대칭적인 원통형의 반세포로 나누어진다. 반세포는 끝이 뭉툭한 난형이며 띠가 있다.

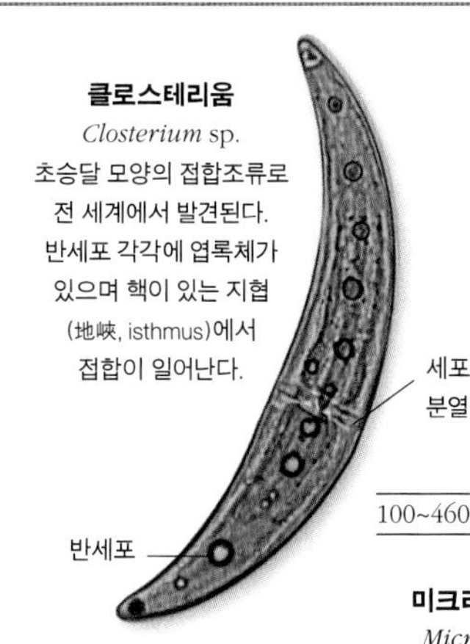

클로스테리움
Closterium sp.
초승달 모양의 접합조류로 전 세계에서 발견된다. 반세포 각각에 엽록체가 있으며 핵이 있는 지협(地峽, isthmus)에서 접합이 일어난다.

갈래

350 μm

100~460 μm

미크라스테리아스
Micrasterias sp.
온대 지방에서 발견되는, 다수의 가시를 가지고 있는 접합조류이다. 가시는 끝이 갈라져서 반세포가 서로 맞물릴 수 있게 된다.

식물

» 108

선류

습기가 많고 시원하며 그늘진 곳에 널리 퍼져 자라는 선류는 꽃이 피지 않는 식물로, 철사 같은 줄기와 작고 나선상으로 배열하는 잎을 지닌다. 선류는 노출된 바위나 나무에 많이 자란다.

» 110

태류

선류와 가까운 태류 역시 꽃이 없으며 일반적으로 리본 같은 매우 작은 잎을 가지고 퍼져 자란다. 태류는 종자(씨앗)를 만드는 대신 포자(홀씨)를 흩뿌려 퍼져 나간다.

식물은 햇빛으로부터 에너지를 축적하고, 이 에너지를 성장에 이용함으로써 지구 생명에 중요한 역할을 한다. 녹색 식물은 동물 및 다른 생명체를 위한 양분을 만들어 내고 서식지도 제공한다. 일부 식물은 작고 단순하지만, 거대하게 자라는 구과식물이나 생존을 위해 다양한 형태와 전략을 진화시켜 온 많은 종류의 현화식물도 있다.

≫ 111

각태류, 석송식물

각태류는 이끼와 가까운 작은 식물로 뿔처럼 생긴 긴 구조에서 포자를 생산한다. 석송문은 예전에 양치류에 속한 것으로 여겨졌다.

≫ 112

양치류와 근연종

양치류는 종자 대신 포자로 번식하는 식물 중에 크기가 가장 크다. 대개 키가 작지만 어떤 종류는 목질이 아닌 섬유질의 뿌리로 만들어진 몸통을 가지고 나무처럼 크게 자라기도 한다.

≫ 116

소철, 은행나무, 매마등류

이 식물들은 꽃은 없지만 종자를 형성한다. 현화식물이 진화하기 전에 소철류는 지구의 식생에 있어서 중요한 부분을 차지하고 있었다.

≫ 118

구과식물

구과식물은 현화식물에 비해 그 수가 훨씬 적지만 일부 지역에서는 그 지역의 식생을 지배하고 있다. 이들은 교목 또는 관목이며, 일반적으로 구과에 종자를 형성한다.

≫ 122

현화식물

현화식물은 현존하는 식물 중에 그 수가 가장 큰 무리로 전세계 식생의 대부분을 차지하고 있다. 종종 꽃이 눈에 잘 보이지 않는 경우도 있지만 모든 현화식물은 꽃을 만들고 종자를 형성해 번식한다.

선류

선류는 꽃이 피지 않는 식물로 보통 담요처럼 자라거나 방석 형태로 무리 지어 자란다. 선류의 크기는 작고 식물체는 매우 탄력적이다. 숲이나 사막 등 다양한 서식지에 자라며 남극 대륙을 포함한 모든 대륙에서 볼 수 있다.

문	선식물문
강	8
목	30
과	110
종	약 1만

북쪽에서는 물이끼가 지의류인 순록이끼와 함께 습지를 형성하고 있다.

선류는 가늘고 철사 같은 줄기에 보통 나선형으로 배열되는 얇은 잎을 가지고 있으며, 포자를 흩뿌려 번식한다. 태류처럼 선류도 생장하려면 습기가 있는 환경이 필요하다. 축축한 지역에 특히 많이 서식하고 있으며, 물이끼와 같은 종류들은 추운 지방에 담요와 같이 넓게 퍼지기도 한다. 어떤 종류는 건조한 지역에서도 살아남는다. 이들은 보통 회색으로 죽어 있는 것처럼 보이나 비가 오면 짧은 시간 안에 다시 녹색을 띠게 된다.

선류는 다른 모든 식물들과 마찬가지로 두 단계의 생활사를 거친다. 선류에서는 배우체(配偶體, gametophyte)가 우세한 단계이며, 이 단계에서 정자와 난자를 생성한다. 난자가 수정을 하면 포자를 만드는 단계인 포자체(胞子體, sporophyte)를 형성하며, 포자체는 부모 식물체에 붙어 자라게 된다. 대부분 선류의 포자체는 긴 자루의 끝에 삭(蒴, 홀씨주머니)을 가지고 있다. 수개월 뒤에 포자가 익으면 삭은 갈라져서 열리고 약 5000만 개의 포자가 공중에 방출된다. 선류의 포자는 매우 작고 가볍기 때문에 매우 약한 바람에도 먼 거리까지 퍼진다. 이러한 특징으로 인해 선류는 나무줄기에 있는 틈새에서부터 축축한 지붕이나 건물의 외벽에 이르기까지 다양한 환경에 서식할 수 있게 되었다.

선류와 비슷한 식물들

선태식물문이라는 문 계급의 이름은 흔히 태류, 선류 및 각태류(110~111쪽 참조)를 포함해 사용되었으나 현재는 유연관계가 깊지만 서로 별개인 분류학적 문으로 간주된다. 클럽모스(clubmoss)라고 불리는 석송은 선류(모스, moss)보다 더 복잡하며 석송식물(111쪽 참조)에 속한다. 선류와 유사한 다른 종류로는 지의류인 순록이끼와 현화식물인 파인애플과의 수염틸란드시아(스페인모스, Spanish moss)가 있다.

∨ **은폐**
뉴질랜드 피오르드랜드 국립 공원의 서늘하고 습기 많은 기후는 다양한 선류와 태류가 서식할 수 있는 최적의 조건을 만들고 있다.

검정이끼
Andreaea rupestris
검정이낏과
어두운 색을 띠는 선류로 산속 바위 위에서 흔히 자란다. 다른 선류와는 달리 삭이 4개의 작은 삭치(蒴齒, slit)로 갈라져 포자를 방출한다.

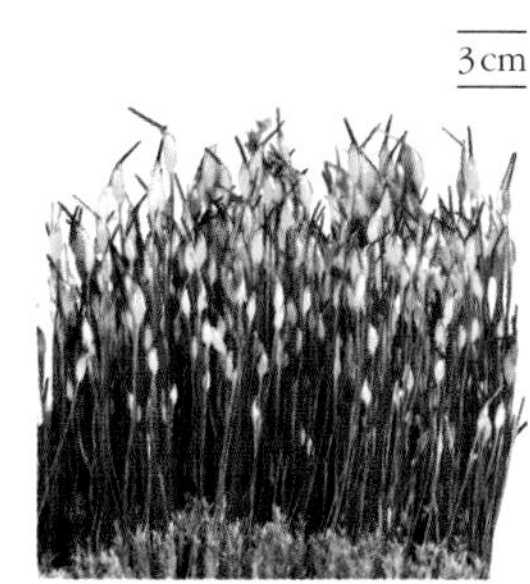

지붕빨간이끼
Ceratodon purpureus
금실이낏과
전 세계에 분포하는 선류로 특히 불탄 지역이나 교란된 지역에 나타난다. 낮게 자라며 지붕이나 담벼락에도 흔히 자란다. 봄에 삭을 형성하며 두꺼워진다.

주목봉황이끼
Fissidens taxifolius
봉황이낏과
전 세계에 널리 분포하는 선류로 작고 뻗는 줄기에 끝이 뾰족한 잎이 2열로 배열되어 있다. 그늘진 곳이나 바위 위에 산다.

비단양털이끼
Brachythecium velutinum
양털이낏과
줄기가 가지를 많이 치는 선류로 죽은 나무 위나 물이 잘 빠지지 않는 초지에 주로 자란다. 전 세계적으로 분포한다.

원뿔형의 선개(蘚蓋, operculum)가 있는 삭

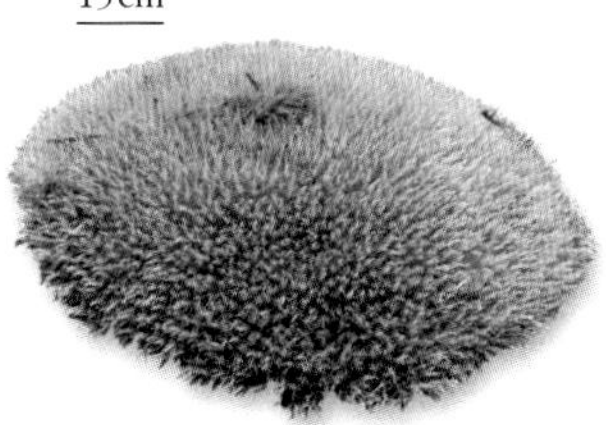

흰털이끼
Leucobryum glaucum
꼬리이낏과
매우 큰 둥근 방석처럼 자라는 선류로 삼림에 주로 나타난다. 회색빛이 도는 녹색을 띠며 건조해지면 거의 흰색으로 변한다.

산꼬리이끼
Dicranum montanum
꼬리이낏과
솜털 같은 모양으로 자라는 선류로 얇은 잎을 가지고 있으며, 건조하면 잎이 말린다. 잎이 종종 떨어져 나가 새로운 개체를 형성한다.

큰깃털이끼
Thuidium tamariscinum
깃털이낏과
매우 잘게 나누어지는 잎은 작은 양치류와 형태가 비슷하다. 유럽과 북부 아시아에 분포하며 바위나 썩은 나무에 자란다.

자주꼬리이끼
Grimmia pulvinata
고깔바위이낏과
바위, 건물 벽 및 지붕 등에 널리 퍼져 자라는 선류로 잎 끝에 은색의 털이 있다. 삭은 구부러진 자루에 달린다.

백조목이끼
Mnium hornum
초롱이낏과
봄에 밝은 녹색을 띠는 선류로 유럽과 북아메리카의 숲속에 흔하다. 각각의 삭은 구부러진 자루에 달리며 생김새가 백조의 목과 비슷하다.

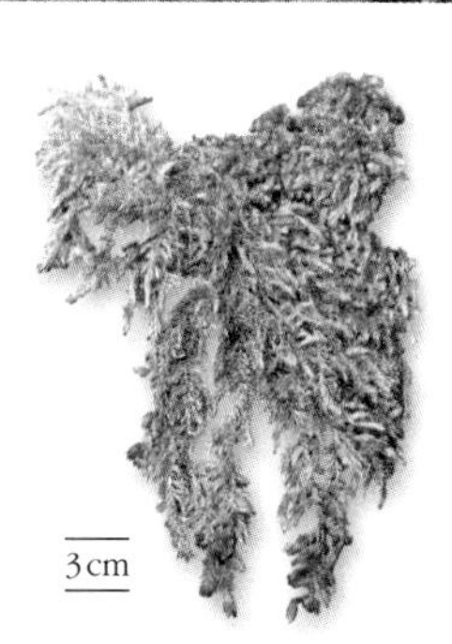

숲털깃털이끼
Hypnum cupressiforme
털깃털이낏과
다양한 형태를 보여 주는 선류로 많은 잎들이 서로 겹쳐서 난다. 전 세계에 분포하며 바위 위, 건물 벽, 나무 밑에 많이 나타난다.

타조이끼
Ptilium crista-castrensis
털깃털이낏과
북부의 숲에서 주로 발견되며, 깃털 모양으로 대칭적으로 나뉘는 줄기를 가지고 있다. 종종 전나무 혹은 소나무 아래에 많이 모여 산다.

검정냇이끼
Fontinalis antipyretica
강물이낏과
물에 잠겨서 사는 선류로 유속이 느린 강이나 개울에 나타난다. 3열로 배열되는 어두운 녹색의 잎을 가지고 있다.

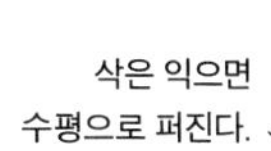

삭은 익으면 수평으로 퍼진다.

실가닥이끼
Orthodontium lineare
참이낏과
남반부에 나타나는 선류로 20세기 초에 유럽에 유입되어 급속히 퍼지고 있다.

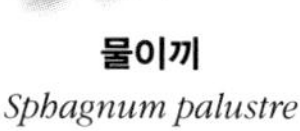

물이끼
Sphagnum palustre
물이낏과
유사 종과 비슷하게 축축한 곳에서 자라며 많은 수분을 함유하고 있다. 줄기의 끝은 작은 가지가 모여 평평하게 된다.

솔이끼
Polytrichum commune
솔이낏과
크고 덥수룩하게 자라는 선류로 북반구 황야 지역에 주로 나타난다. 줄기는 뻣뻣하고 분지하지 않으며, 끝이 얇고 뾰족한 잎을 가지고 있다.

표주박이끼
Funaria hygrometrica
표주박이낏과
전 세계에 가장 널리 분포하는 선류 중 하나로 특히 교란된 곳에서 많이 나타난다. 삭이 익으면 자루가 주황색을 띤다.

태류

습하고 그늘진 곳에서 주로 발견되는 태류는 현존하는 육상 식물 중에 형태가 가장 단순한 것으로 알려져 있다. 태류는 형태에 따라 평평하고 리본처럼 생긴 종류와 선류와 비슷하면서 줄기의 측면에 매우 작은 잎이 나는 종류의 2가지로 구별된다.

문	태식물문
강	3
목	16
과	88
종	약 7,500

논쟁

멀어진 식물

태류는 한때 선류와 각태류와 함께 선태식물문으로 분류되었지만 선류 및 각태류와 구별되는 독특한 특징을 가지고 있다. 태류는 포자를 생성하는 포자체 단계에서 호흡을 하는 구멍, 즉 기공이 없는 유일한 육상 식물입니다. 또한 머리카락 같은 태류의 '뿌리'는 단세포이다. 따라서 태류는 별도의 태식물문으로 분류된다.

리본처럼 생긴 태류, 즉 엽상체형(thalloid) 태류는 줄기와 잎 대신에 평평한 조직인 엽상체를 가지고 있으며, 성장함에 따라 계속해서 갈퀴 모양으로 분지를 한다. 많은 종은 표면이 반짝이며 가장자리가 열편(裂片, lobe)으로 깊게 갈라진다. 잎이 달리는 태류, 즉 엽형(leafy) 태류는 땅에 붙어서 뻗어 나가는 줄기를 가지고 있다. 줄기 축에 잎이 3열로 배열하며, 상면에 2열로 배열되는 잎은 주된 잎으로 크고, 하면에 1열로 배열되는 잎들은 작다. 일부는 습기가 많은 초지에 성긴 담요 모양으로 성장하기도 하고, 어떤 종류는 바위나 나무에 자란다. 엽형 태류는 엽상체형보다 수가 많으며 특히 열대 지방에서는 많은 종이 우림의 그늘진 잎에 착생해 자란다.

종자를 퍼트리다

현화식물과는 달리, 태류는 크기 성장에 제한이 없다. 대부분 키는 2센티미터보다 작지만, 수십 년 동안 옆으로 퍼져 자라 수십 미터에 이르게 된다. 이들은 다시 조각이 나서 각 조각은 새로운 개체를 만든다. 어떤 종들은 상부 표면 움푹한 곳에 무성아(無性芽, gemmae)라 불리는 세포 무리를 만들어 낸다. 무성아는 빗방울에 의해 퍼져 나가 새로운 개체를 형성한다.

태류는 새로운 개체를 형성하는 작은 세포인 포자를 흩뿌려 번식한다. 포자가 형성되기 위해서는 태류의 정자가 헤엄을 쳐서 난자와 만나 수정을 해야 하기 때문에 습기 많은 환경 조건이 필수적이다. 어떤 종에서는 정자와 난자가 같은 개체에서 생성되나, 많은 종에서는 성별이 개체마다 구분되어 있다.

많은 태류가 매우 작은 우산이나 파라솔처럼 생긴 구조에서 정자와 난자를 생성한다. 수정 후에 포자가 발달하고 포자는 공기 중으로 흩뿌려진다.

알꼴좀벼슬이끼
Bazzania trilobata
벼슬이낏과
습기 많은 숲에 주로 자라는 태류로 주된 잎은 겹쳐 자라고 아래로 굽으며 줄기는 무한궤도와 같은 모양이다.

초승달컵이끼
Lunularia cruciata
루눌라리아과
정원이나 온실에 흔한 밝은 녹색의 엽상체형 태류로 작은 손톱과 비슷한 잔 모양의 무성아기(無性芽器, gemma cup)를 가지고 있다.

초록물우산대이끼
Pellia epiphylla
물우산대이낏과
엽상체형 태류로 습기 찬 토탄지(土炭地)나 바위에서 자라며 종종 촘촘한 담요 모양을 만든다. 가느다란 흰 자루에 검은 포자삭(胞子蒴)을 만든다.

큰날개이끼
Plagiochila asplenioides
날개이낏과
반투명한 잎을 가지는 연약한 태류로 선류와 비슷하게 다발 모양으로 자란다. 그늘진 곳의 바위나 모래, 특히 석회암에 주로 나타난다.

들부채이끼
Radula complanata
부채이낏과
밝은 녹색에서 갈색까지 색이 다양하며, 인편 같은 잎이 달리는 엽형 태류이다. 나무줄기나 해안가의 바위 등 다양한 지역에 평평하게 퍼져 자란다.

우산이끼
Marchantia polymorpha
우산이낏과
엽상체형 태류로 봄과 여름에 작은 우산과 같은 독특한 포자 형성 기관을 만든다. 이 종은 습한 곳이나 정원에 널리 퍼져 있다.

각태류

각태류는 선태식물이라고 불리는 비공식 집단의 세 번째 문이다. 전 세계적으로 습한 곳에서 발견되며, 크기가 작아서 흔히 간과되는 잎이 많은 식물이다. 선류와 태류처럼 각태류는 생활사에서 영양 배우체와 포자를 형성하는 포자체의 두 세대를 가진다. 배우체는 일부 태류처럼 편평하고 열편으로 갈라진 잎을 형성하며 지름은 5센티미터에 달한다. 포자체에서 포자는 길쭉한 뿔 같은 특징적인 구조에서 방출되며, 이로 인해 각태류라는 이름이 붙었다. 일부 종은 정원이나 경작지의 토양에 작은 잡초처럼 자란다. 열대 및 아열대의 좀 더 큰 다른 종은 주로 나무 껍질에서 자란다. 각태류(hornwort)는 혼란스럽게도 붕어마름(hornwort)이라고 불리는 소수의 꽃이 피는 수생식물과 달리 꽃을 피우지 않는다(124쪽 참조).

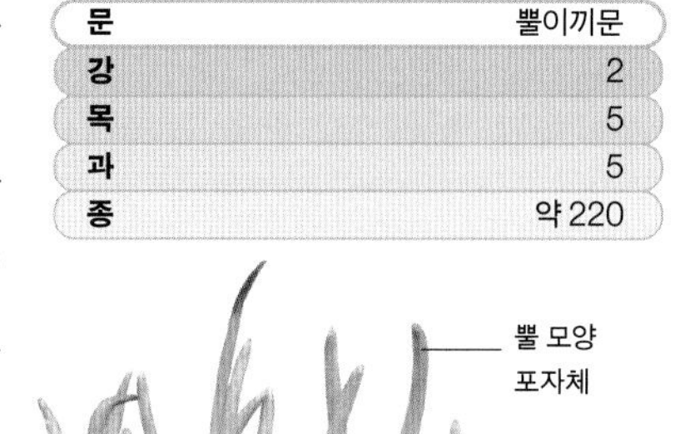

문	뿔이끼문
강	2
목	5
과	5
종	약 220

덴드로세로스
Dendroceros sp.
덴드로세로스과
덴드로세로스 배우체의 리본 모양의 열편은 열대 및 아열대 숲의 축축한 암석이나 나무 껍질에 퍼져 있다. 뿔 모양의 포자체는 여기에서 최대 5센티미터 높이까지 자란다.

들판뿔이끼
Anthoceros agrestis
뿔이낏과
독특한 주름 장식이 있는 잎을 가지는 눈에 띄지 않는 각태류로 축축한 들판, 짓밟힌 땅, 도랑 옆에 서식한다. 온대 유럽과 북미 전역에서 발견된다.

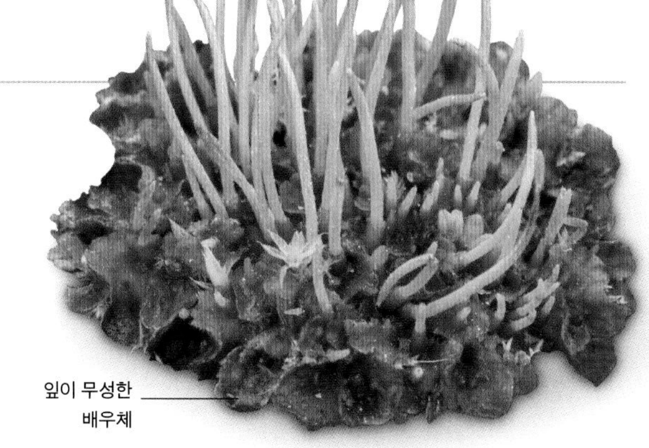

캐롤라이나뿔이끼
Phaeoceros carolinianus
짧은뿔이낏과
들판뿔이끼와 비슷한 장소에서 자라는 종으로 암수 배우체가 분리되어 있다. 빗방울이 웅성 배우체의 잎에 있는 성세포를 운반하여 자성 배우체를 수정시켜 포자체가 발달할 수 있도록 한다.

석송식물

분류학에서는 아직 검토 중이지만, 석송식물에는 석송류와 물부추류가 포함된다. 석송식물은 물, 미네랄, 영양분을 운반하는 조직인 관다발을 뿌리, 줄기, 잎에 갖춘 이 책에 등장하는 첫 번째 식물이다. 이를 통해 석송식물은 선태식물보다 키가 더 크고 건조한 서식지에서 생존할 수 있다. 화석 석송식물의 연대는 4억 2500만 년 전으로 거슬러 올라가며, 석탄기 주요 식물이었다. 키가 작은 현대 석송식물과는 달리 당시에는 나무 크기로 자랐다. 석송식물은 단순한 잎의 기부에 있는 포자낭(포자 주머니)에서 생성된 포자에 의해 퍼진다.

문	석송문
강	1
목	3
과	3
종	약 170

이베리아물부추
Isoetes longissimi
물부추과
물부추는 유속이 느린 개울과 맑은 연못에서 자란다. 속이 빈 잎은 빽빽하게 뭉쳐 있고 부풀어 오른 기부에 포자낭이 숨겨져 있다.

개석송
Lycopodium annotinum
석송과
북부 황무지와 산에 서식하는 이 석송류는 곧은 줄기 끝에 있는 원뿔 모양의 송이에서 포자를 생성한다.

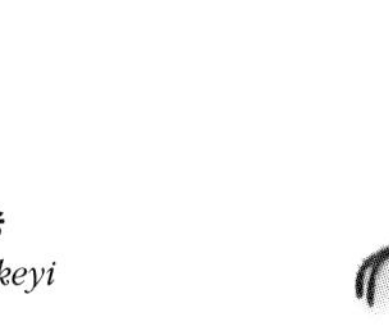

히키나무석송
Lycopodium hickeyi
석송과
북미 동부의 활엽수림과 관목에 자생하는 이 종은 나무 모양으로 많은 잎이 나는 땅속 줄기로 퍼진다.

물석송
Lycopodiella cernua
석송과
물석송류는 일반적으로 다른 석송류보다 더 섬세하다. 작은 소나무처럼 보이는 물석송은 열대 지방 전역의 습지에 자란다.

양치류와 근연종

대부분의 양치류는 우아한 양치엽이 자라면서 펼쳐지는 특징으로 구분된다. 쇠뜨기류 및 솔잎난류와 함께 양치류는 꽃이 피지 않고 포자로 번식하는 식물의 조상으로부터 다양하게 분화했다. 대부분 습기가 많고 그늘진 곳에 번창하지만, 그 외에 매우 다양한 장소에서 자라고 있다.

문	양치식물문
강	1
목	11
과	40
종	약 1만 2000

논쟁

살아 있는 화석

쇠뜨기류는 3억 년 동안 살아왔다. 멸종된 가장 큰 칼라미테스속(Calamites)은 20미터까지 자랐으며, 능선이 있고 길이가 60센티미터가 넘는 거대한 줄기를 가졌다. 오늘날 생존하는 쇠뜨기류 20여 종은 훨씬 작은 식물로 물, 삼림, 훼손된 땅에서 자란다. 일부 줄기 끝에 원뿔 모양 구조 내에 포자를 생성한다는 점에서 양치류와 전혀 다르게 생겼지만, 현재 많은 식물학자들은 이를 양치류 내의 하나의 목으로 분류하는 것에 동의한다.

어떤 양치류는 매우 작아서 쉽게 지나치기도 하지만 나무처럼 자라 키가 15미터 이상인 것도 있다. 많은 종류가 여러 개의 양치엽이 한 덩어리로 모여 자라지만 어떤 종류는 줄기가 옆으로 기면서 자라 양치엽이 퍼져 나가기도 한다. 고사리는 가장 널리 자라는 양치류로 알려져 있다. 한 개체의 고사리가 덤불처럼 자라 800미터 이상으로 널리 퍼지는 경우도 있다. 또한 담수에서 자라는 종류도 있으며, 다른 식물에 붙어서 자라는 착생 종도 매우 다양하게 존재한다.

양치엽은 종종 매우 가늘게 갈라지며, 보통 고사리손으로 불리는 양치유엽(羊齒幼葉)이라는 나선형의 싹으로부터 자란다. 양치엽의 뒷면에는 돌출된 점 혹은 선 모양의 구조가 있으며 이곳에서 포자를 형성한다. 어떤 종류에서는 양치엽이 포자를 형성하는 생식엽(生殖葉, fertile fronds)과 포자를 형성하지 않고 자라는 데 필요한 햇빛을 받는 영양엽(營養葉, sterile fronds)으로 구분된다. 포자가 발아해 발달하면 배우체라는 중간 단계를 거치는데, 매우 작고 평평하며 종이처럼 얇은 배우체는 새로운 포자체, 즉 포자를 만드는 개체를 형성한다.

양치류의 근연종

양치식물의 분류는 유동적이지만 모든 과학적 증거에 따르면 양치류는 한때 하나로 집단화되었던 석송식물보다는 종자식물(겉씨식물 및 속씨식물)과 더 밀접하게 관련되어 있다. 양치류에는 속이 빈 원통형 줄기가 소용돌이 모양으로 가느다란 가지로 둘러싸인 직립 식물인 쇠뜨기도 포함된다. 쇠뜨기류에서 나오는 규소 알갱이는 거친 질감을 제공하며 한때 냄비와 프라이팬을 닦는 데 사용되었다. 나도고사리삼류와 솔잎난류는 나뭇가지 모양의 줄기 또는 갈라진 하나의 잎을 가진 독특한 종류로 양치류 내에 분류된다.

∨ **독특한 나선**
어린 양치엽의 가냘픈 끝은 빈틈없는 나선 속에서 보호되고 있다. 이들은 빛을 향해 뻗어 나가며 펼쳐진다.

쇠뜨기

80 cm

쇠뜨기
Equisetum arvense
쇠뜨깃과
북반구에 널리 분포하며 종종 문제를 일으키는 잡초이다. 땅속을 기는 검은 땅속줄기에서 밝은 녹색의 가지로 둘러싸인, 속이 빈 줄기를 쏙 틔운다.

양치류

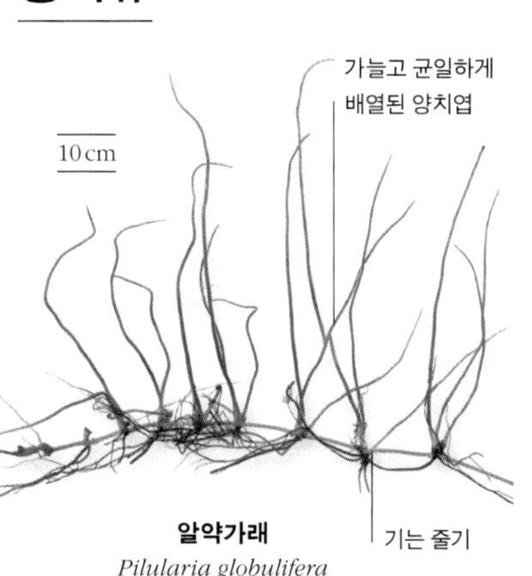

알약가래
Pilularia globulifera
네가랫과
서부 유럽의 습지대에서 발견되는 양치류로 잔디처럼 덤불 지어 자란다. 포자는 알약처럼 생긴 녹색의 포자낭 속에서 형성되며, 지표면에서 발달한다.

15 cm

네가래
Marsilea quadrifolia
네가랫과
4갈래로 갈라진 양치엽을 가지고 있는 수생 양치류로 현화식물처럼 생겼다. 북반구에 널리 분포한다.

1.5 m

고비
Osmunda regalis
고빗과
북반구에서 유래되어 종종 재배되는 큰 양치류로 넓게 퍼지는 양치엽이 모여 자라며, 포자는 더 가는 생식엽에서 생긴다.

2 cm

생이가래
Salvinia natans
생이가랫과
종종 우거진 밭을 형성하는 수생 양치류로 작은 난형의 잎을 가지고 있다. 잎에는 물에 반발력을 가지는 털이 뒤덮고 있으며, 열대 지방에 흔하다.

솔잎난, 고사리삼, 나도고사리삼

60 cm

솔잎난
Psilotum nudum
솔잎난과
양치류와 원시 근연관계에 있는 종으로 열대 지방에 많이 생육하며 잎이 없고 솔과 같은 줄기를 가지고 있다. 포자낭은 둥근 열매 모양이다.

30 cm

나도고사리삼
Ophioglossum vulgatum
고사리삼과
난형의 양치엽 하나를 가지고 있으며, 이 양치엽이 포자를 형성하는 가느다란 대를 감싸고 있다. 북반구의 초지에 주로 자란다.

백두산고사리삼
Botrychium lunaria
고사리삼과
전 세계 온대 지방에서 발견되는 양치류로 하나의 양치엽을 가지고 있다. 포자는 둥근 포자낭에서 형성되며, 포자낭은 가지를 치는 대에서 생성된다.

1.5 cm

모기고사리
Azolla filiculoides
생이가랫과
멍석 같은 양치엽을 가지고 있는 물에 뜨는 식물로, 호수나 연못에 매우 빠르게 퍼진다. 전 세계 따뜻한 곳에 널리 자란다.

1 m

우산고사리
Sticherus cunninghamii
풀고사릿과
뉴질랜드에 자라는 독특한 양치류로 연필처럼 얇은 줄기 끝에 가는 방사상의 양치엽이 수평 모양의 왕관처럼 자란다. 기는 땅속줄기에 의해 퍼진다.

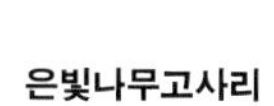
10 m

은빛나무고사리
Alsophila dealbata
나무고사릿과
양치엽의 뒷면이 은색이어서 은빛나무고사리라고 불린다. 뉴질랜드가 원산지로 위가 뚫린 숲이나 덤불숲에 자란다.

태즈메이니아나무고사리
Dicksonia antarctica
딕크소니아과
단단한 줄기를 지니고 있는 나무고사리류로 오스트레일리아 남동쪽의 태즈메이니아에 널리 분포한다. 다른 나무들 사이 그늘진 곳에서 자란다.

18 m

검은나무고사리
Sphaeropteris medullaris
나무고사릿과
뉴질랜드에서 자라는 키가 크고 줄기가 가는 나무고사리류로 밝은 녹색의 양치엽과 대조적으로 거무스름한 줄기와 어두운 잎자루를 가지고 있다.

8 m

연나무고사리
Alsophila smithii
나무고사릿과
뉴질랜드와 남극에 가까운 지역의 섬이 원산지로 가장 남쪽에서 자라는 나무고사리류이다. 왕관 모양으로 자라는 양치엽 아래 죽은 양치엽이 종종 달려 있다.

≫ 양치류

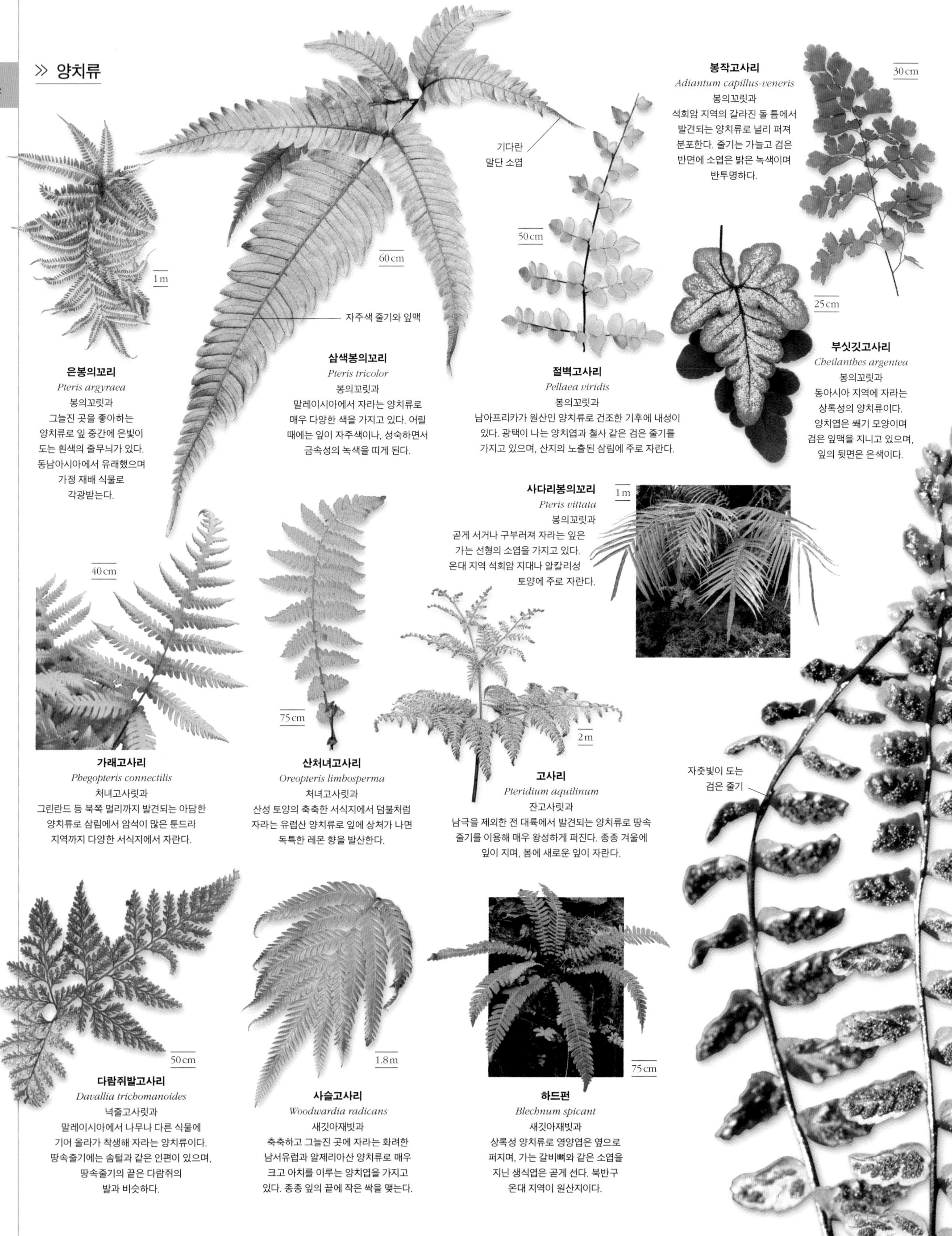

은봉의꼬리
Pteris argyraea
봉의꼬릿과
그늘진 곳을 좋아하는 양치류로 잎 중간에 은빛이 도는 흰색의 줄무늬가 있다. 동남아시아에서 유래했으며 가정 재배 식물로 각광받는다.

삼색봉의꼬리
Pteris tricolor
봉의꼬릿과
말레이시아에서 자라는 양치류로 매우 다양한 색을 가지고 있다. 어릴 때에는 잎이 자주색이나, 성숙하면서 금속성의 녹색을 띠게 된다.

절벽고사리
Pellaea viridis
봉의꼬릿과
남아프리카가 원산인 양치류로 건조한 기후에 내성이 있다. 광택이 나는 양치엽과 철사 같은 검은 줄기를 가지고 있으며, 산지의 노출된 삼림에 주로 자란다.

봉작고사리
Adiantum capillus-veneris
봉의꼬릿과
석회암 지역의 갈라진 돌 틈에서 발견되는 양치류로 널리 퍼져 분포한다. 줄기는 가늘고 검은 반면에 소엽은 밝은 녹색이며 반투명하다.

부싯깃고사리
Cheilanthes argentea
봉의꼬릿과
동아시아 지역에 자라는 상록성의 양치류이다. 양치엽은 쐐기 모양이며 검은 잎맥을 지니고 있으며, 잎의 뒷면은 은색이다.

사다리봉의꼬리
Pteris vittata
봉의꼬릿과
곧게 서거나 구부러져 자라는 잎은 가는 선형의 소엽을 가지고 있다. 온대 지역 석회암 지대나 알칼리성 토양에 주로 자란다.

가래고사리
Phegopteris connectilis
처녀고사릿과
그린란드 등 북쪽 멀리까지 발견되는 아담한 양치류로 삼림에서 암석이 많은 툰드라 지역까지 다양한 서식지에서 자란다.

산처녀고사리
Oreopteris limbosperma
처녀고사릿과
산성 토양의 축축한 서식지에서 덤불처럼 자라는 유럽산 양치류로 잎에 상처가 나면 독특한 레몬 향을 발산한다.

고사리
Pteridium aquilinum
잔고사릿과
남극을 제외한 전 대륙에서 발견되는 양치류로 땅속 줄기를 이용해 매우 왕성하게 퍼진다. 종종 겨울에 잎이 지며, 봄에 새로운 잎이 자란다.

다람쥐발고사리
Davallia trichomanoides
넉줄고사릿과
말레이시아에서 나무나 다른 식물에 기어 올라가 착생해 자라는 양치류이다. 땅속줄기에는 솜털과 같은 인편이 있으며, 땅속줄기의 끝은 다람쥐의 발과 비슷하다.

사슬고사리
Woodwardia radicans
새깃아재빗과
축축하고 그늘진 곳에 자라는 화려한 남서유럽과 알제리아산 양치류로 매우 크고 아치를 이루는 양치엽을 가지고 있다. 종종 잎의 끝에 작은 싹을 맺는다.

하드펀
Blechnum spicant
새깃아재빗과
상록성 양치류로 영양엽은 옆으로 퍼지며, 가는 갈비뼈와 같은 소엽을 지닌 생식엽은 곧게 선다. 북반구 온대 지역이 원산지이다.

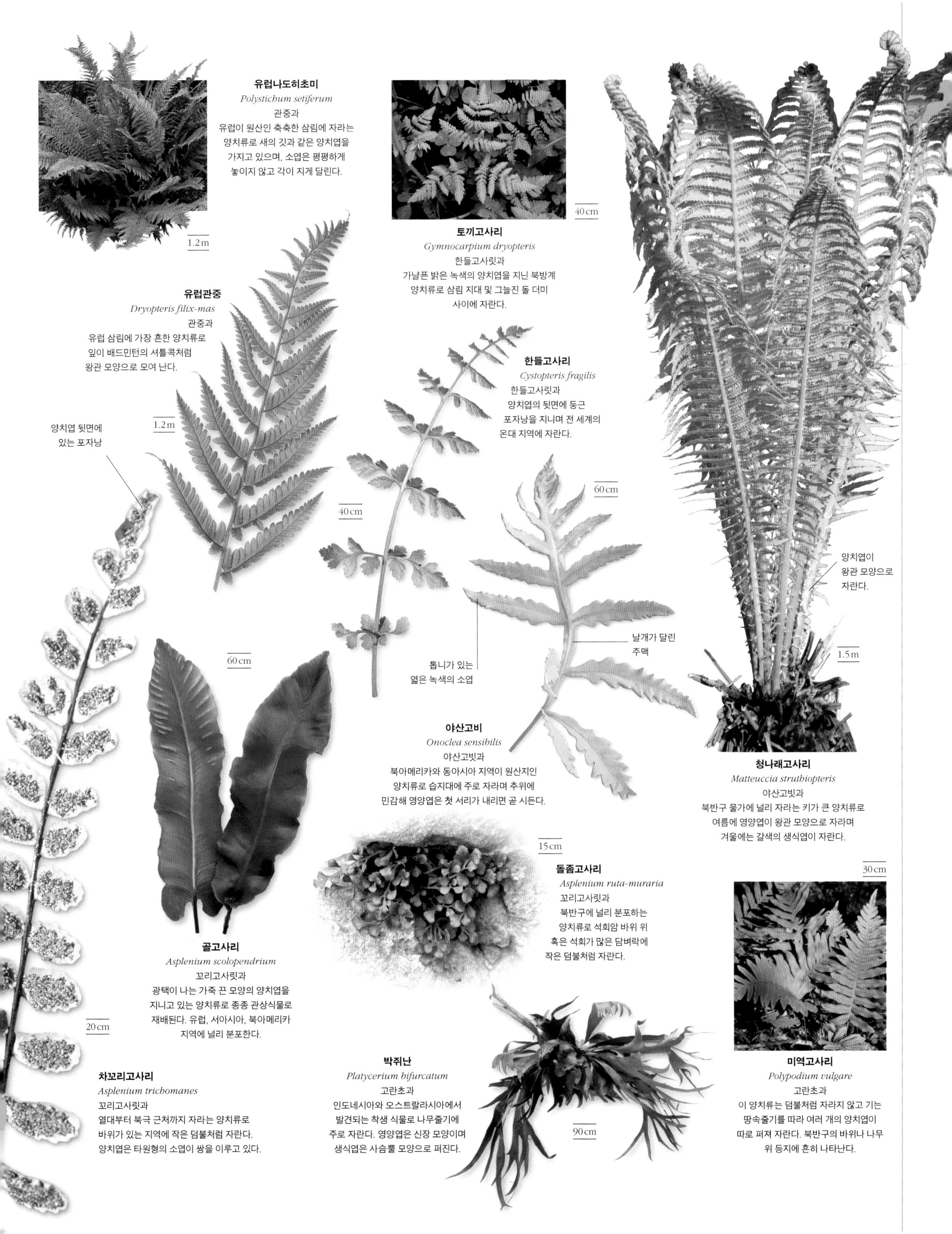

유럽나도히초미
Polystichum setiferum
관중과
유럽이 원산인 축축한 삼림에 자라는 양치류로 새의 깃과 같은 양치엽을 가지고 있으며, 소엽은 평평하게 놓이지 않고 각이 지게 달린다.

토끼고사리
Gymnocarpium dryopteris
한들고사릿과
가냘픈 밝은 녹색의 양치엽을 지닌 북방계 양치류로 삼림 지대 및 그늘진 돌 더미 사이에 자란다.

유럽관중
Dryopteris filix-mas
관중과
유럽 삼림에 가장 흔한 양치류로 잎이 배드민턴의 셔틀콕처럼 왕관 모양으로 모여 난다.

한들고사리
Cystopteris fragilis
한들고사릿과
양치엽의 뒷면에 둥근 포자낭을 지니며 전 세계의 온대 지역에 자란다.

야산고비
Onoclea sensibilis
야산고빗과
북아메리카와 동아시아 지역이 원산지인 양치류로 습지대에 주로 자라며 추위에 민감해 영양엽은 첫 서리가 내리면 곧 시든다.

청나래고사리
Matteuccia struthiopteris
야산고빗과
북반구 물가에 널리 자라는 키가 큰 양치류로 여름에 영양엽이 왕관 모양으로 자라며 겨울에는 갈색의 생식엽이 자란다.

돌좀고사리
Asplenium ruta-muraria
꼬리고사릿과
북반구에 널리 분포하는 양치류로 석회암 바위 위 혹은 석회가 많은 담벼락에 작은 덤불처럼 자란다.

골고사리
Asplenium scolopendrium
꼬리고사릿과
광택이 나는 가죽 끈 모양의 양치엽을 지니고 있는 양치류로 종종 관상식물로 재배된다. 유럽, 서아시아, 북아메리카 지역에 널리 분포한다.

차꼬리고사리
Asplenium trichomanes
꼬리고사릿과
열대부터 북극 근처까지 자라는 양치류로 바위가 있는 지역에 작은 덤불처럼 자란다. 양치엽은 타원형의 소엽이 쌍을 이루고 있다.

박쥐난
Platycerium bifurcatum
고란초과
인도네시아와 오스트랄라시아에서 발견되는 착생 식물로 나무줄기에 주로 자란다. 영양엽은 신장 모양이며 생식엽은 사슴뿔 모양으로 퍼진다.

미역고사리
Polypodium vulgare
고란초과
이 양치류는 덤불처럼 자라지 않고 기는 땅속줄기를 따라 여러 개의 양치엽이 따로 퍼져 자란다. 북반구의 바위나 나무 위 등지에 흔히 나타난다.

소철, 은행나무, 매마등류

열대와 아열대 등 전 세계 따뜻한 지역에서 주로 발견되는 소철류, 은행나무류, 매마등류는 꽃을 피우지 않는 식물의 세 문으로 매우 독특한 형태를 지니고 있다. 덩굴 식물 및 키 작은 관목에서 교목까지 종류도 다양하며 소철류의 경우 굵은 나무줄기와 왕관 모양으로 퍼져 자라는 광택이 나는 잎 때문에 흔히 야자나무로 오인되기도 한다.

문	소철문
강	1
목	1
과	2
종	330

문	은행나무문
강	1
목	1
과	1
종	1

문	매마등문
강	1
목	1
과	3
종	70

∨ 끝을 둘러싸는 잎
야자나무처럼 일반적으로 소철류의 잎은 겹잎(복엽(複葉), compound leaf)으로, 중심부의 자라는 부위인 정단분열조직(頂端分裂組織, apical meristem)을 왕관처럼 둘러싸고 있다. 잎은 질겨서 강한 햇빛과 건조한 바람에도 잘 견뎌 낸다.

이 3종류는 전통적으로 구과식물과 함께 겉씨식물(나자식물(裸子植物), gymnosperm)로 분류되었다. 현화식물(속씨식물, angiosperm)과 달리 겉씨식물은 종자가 밖으로 드러나 있다. 현화식물은 씨방(자방(子房), ovary)이라고 불리는 밀폐된 방과 같은 기관 안에서 종자가 생성된다.

과학자들은 아직까지 소철류, 은행나무류 및 매마등류 간의 유연관계를 정확하게 풀어내지 못하고 있으며, 구과식물 및 현화식물과의 유연관계에 대해서도 단언하지 못하고 있다. 세포학적 특징으로 비교했을 때, 매마등류가 소철류나 은행나무류보다 구과식물과 더 유연관계가 깊다는 제안이 있으나, 매마등류는 현화식물과 더 유사한 형질들도 지니고 있다.

종자에 대한 특징 외에 이들 3종류에게는 공통점이 별로 없으며, 같은 지역에서 자라지도 않는다. 소철류는 주로 열대와 아열대 지방에서 자라며, 은행나무류의 살아남은 유일한 종인 은행나무는 중국에서 유래했다. 매마등류는 열대 지방에 주로 자라는 교목이나 덩굴 식물, 건조한 지역에 자라는 가지를 치는 교목, 아프리카 남서부의 나미브 사막에서만 특이한 형태로 자라는 웰위치아 등 다양한 종류가 있다.

변하고 있는 운명

소철류는 거의 3억 년의 긴 역사를 지니고 있다. 한때는 전 세계 식생의 중요한 부분을 차지하고 있었으나, 현화식물과의 경쟁에서 밀려나 점차 서식지가 감소하게 되었다. 오늘날 소철류의 4분의 1은 불법적인 채취와 서식지 변화로 멸종 위기에 처해 있다.

매마등류에 대한 위협은 상대적으로 적으며, 은행나무는 오래전부터 승려들이 절 주변에 심었기 때문에 야생에서 사라진 후에도 보전되었다. 은행나무는 18세기 유럽에 도입되었으며, 쉽게 자라고 공기 오염에 저항성이 강해 공원이나 가로수로 전 세계에서 널리 심고 있다.

소철

소철
Cycas revoluta
소철과
야자나무와 비슷하나 서로 관계는 없으며 일본 남부에 주로 분포한다. 굵은 줄기와 광택이 나는 잎을 가지고 있어 관상식물로 널리 재배되고 있다.

청소철
Encephalartos horridus
멕시코소철과
남아프리카의 반사막 지역에서 낮게 자라는 식물로 대부분의 소철과 달리 회색빛이 나는 푸른색의 잎을 가지고 있다. 잎은 날카로운 가시로 무장하고 있는 뻣뻣한 소엽으로 이루어져 있다.

가시소철
Encephalartos altensteinii
멕시코소철과
남아프리카의 동쪽 해안 가까이에서 발견되는 키가 큰 아열대 식물로, 잎 가장자리가 톱니 모양이다. 노란색의 구과(毬果, cone)가 밝은 적색의 종자를 만든다.

멕시코고사리야자
Dioon edule
멕시코소철과
야자나무가 아닌 소철로 멕시코 동부에서 천천히 성장하는 식물이다. 난형의 구과가 30센티미터까지 자란다.

멕시코케라토자미아
Ceratozamia mexicana
멕시코소철과
멕시코 동부에서 자라는 억센 소철로 잎이 왕관 모양으로 퍼져 자란다. 회색빛 녹색의 구과는 인편에 독특한 뿔을 가지고 있다.

플로리다자미아
Zamia pumila
멕시코소철과
카리브 해 지역에서 자라는 난쟁이 소철로 땅에 파묻힌 짧은 줄기와 곧게 뻗은 적갈색의 구과를 가지고 있다.

마크로자미아 모오레이
Macrozamia moorei
멕시코소철과
오스트레일리아산 큰 소철로 구과는 90센티미터에 달하며, 건조한 삼림 지대에서 자란다.

버라웡
Macrozamia communis
멕시코소철과
오스트레일리아 남동 해안이 원산지로 적색의 다육질 종자가 큰 구과에서 만들어진다. 종종 울창한 숲에서 자란다.

매마등류

긴잎조인트퍼
Ephedra trifurca
마황과
모르몬 차(茶)로 알려진 식물로, 바늘잎으로 둘러싸인 줄기가 빽빽한 덤불을 형성한다. 멕시코와 미국 남부 사막에서 자란다.

중국마황
Ephedra sinica
마황과
동아시아에서 자라는 식물로 강한 알칼로이드(alkaloid) 성분이 있어 예부터 약용 식물로 사용되었다.

멜린조
Gnetum gnemon
네타과
동남아시아와 태평양 연안에서 자라는 꽃이 피지 않는 나무로, 상록성 잎과 호두 같은 종자를 가지고 있다. 잎과 종자는 요리에 이용된다.

은행나무

은행나무
Ginkgo biloba
은행나무과
부채 모양의 잎으로 쉽게 구별되는 나무로 가을에 잎이 노랗게 변한다. 중국 남부에 제한적으로 자랐으나, 현재는 전 세계에 심고 있다.

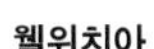

웰위치아
Welwitschia mirabilis
웰위치아과
아프리카 나미브 사막에서 오랫동안 자라는 특산 식물로 1쌍의 끈 모양의 잎이 난다. 수세기 동안 갈라지면서 잎 더미가 엉키게 된다.

구과식물

구과식물은 3억 년 전, 활엽수가 지구에 출현하기 전에 진화했다. 억세고 밀랍을 먹인 것 같은 잎을 가지고 있는 구과식물은 가혹한 기후에서도 번창했다. 구과식물은 활엽수에 비해 다양하지는 않지만, 추운 산악 지대나 북부 지방의 식생을 점령하고 있다.

문	구과식물문
강	1
목	2
과	6
종	약 600

구과식물은 북극권 한계선의 북쪽 멀리 툰드라에서 지구에서 가장 큰 산림을 형성하고 있다.

종의 수는 많지 않지만, 구과식물은 세계에서 제일 크며, 가장 무겁고, 오래 장수하는 나무들로 구성되어 있으며, 어떤 종류는 전 세계에서 자란다. 구과식물은 전통적으로 소철류, 은행나무류, 매마등류와 함께 겉씨식물로 알려져 왔다. 활엽수와는 다르게 꽃을 피우지 않으며, 꽃가루(화분)와 종자를 구과 안에서 만들어 낸다.

잎과 구과

대부분의 구과식물은 상록수이며, 많은 송진을 함유한 잎을 지니고 있어 추운 바람과 강한 햇빛을 견뎌 낼 수 있다. 소나무는 하나 혹은 여러 개의 침엽이 묶음으로 자라며, 다른 구과식물은 종종 선형의 잎이나 평평한 인편을 가지고 있다. 낙엽송이나 미국삼나무와 같은 일부 구과식물은 부드러운 잎을 가지고 있으며 잎이 매년 떨어진다.

구과식물은 2종류의 구과를 가지고 있으며, 보통 같은 나무에서 자란다. 꽃가루를 형성하는 웅성 구과는 작고 부드러우며, 봄에 만들어져 공중으로 꽃가루를 방출한 후에 떨어진다. 자성 구과는 웅성 구과보다 크며 하나 혹은 여러 개의 종자를 가지고 있다. 이들은 수년에 걸쳐 발달하며, 성숙하면 보통 단단하고 목질화된다.

전나무와 향나무 등 어떤 종류의 구과는 천천히 조각이 나면서 종자를 방출한다. 솔방울(소나무의 구과)은 손상되지 않고 익을 때까지 나무에 온전하게 남는다. 솔방울의 대부분은 인편이 달리고 날씨가 건조해지면 종자를 떨어트리지만, 일부는 불에 탈 때까지 종자를 지니고 있는 경우도 있다. 이는 산불이 난 지역에 소나무가 재정착할 수 있게 하는 특별한 적응 방식이다.

주목, 노간주나무, 나한송 등은 씨앗을 완전히 감싸지 않는 다육질의 인편을 지닌 작은 산딸기와 비슷한 구과를 만들어 새를 통해 종자를 널리 퍼뜨린다.

∨ **구과식물의 장악**
구과식물은 종종 하나의 종으로 넓은 숲을 형성한다. 사진의 소나무류는 미국 캘리포니아의 요세미티 국립 공원에서 자라는 것이다.

아메리카종비나무
Picea pungens
소나뭇과
북아메리카 서부에 자생하고 주로 산에서 자라며 장식용 나무로 유명하다. 잎은 밝은 푸른빛이 도는 회색으로 끝에 가시가 있다.

자이언트전나무
Abies grandis
소나뭇과
자이언트전나무는 크고 빠르게 자라는 나무로 북아메리카의 서부 지역이 원산지이다. 잎을 찧으면 오렌지 향이 난다.

50 m

붉은전나무
Abies magnifica
소나뭇과
가뭄에 잘 견디는 전나무로 건조한 산비탈에 주로 자란다. 잎은 위로 굽어 자라며 구과는 곧게 자라 20센티미터에 달한다.

75 m

은전나무
Abies alba
소나뭇과
잎의 뒷면에 은색의 줄무늬가 있으며, 송진을 함유한 곧은 구과는 종자를 방출하기 위해 산산조각이 난다.

60 m

코카서스전나무
Abies nordmanniana
소나뭇과
흑해 부근의 산맥이 원산지로, 집안에서도 바늘잎이 떨어지지 않기 때문에 유럽에서 크리스마스트리로 가장 인기있다.

60 m

스티카가문비나무
Picea sitchensis
소나뭇과
차갑고 축축한 조건도 견뎌 내는 나무로 산림을 관리하기 위해 종종 심어졌다. 북아메리카의 서부 해안가에 주로 자란다.

잎 아랫면에 청백색 무늬가 두 줄 있다.

75 m

톱니(거치)가 있는 인편을 지닌 원통형의 구과

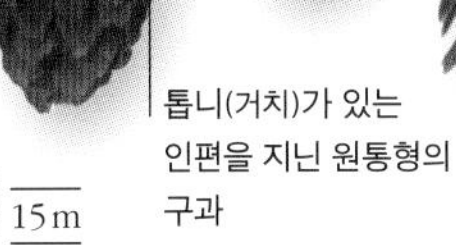

뻣뻣하고 뾰족한 침엽

독일가문비나무
Picea abies
소나뭇과
목재용으로 중요한 나무로 빠르게 자란다. 뾰족한 잎과 원통형의 구과를 가지고 있으며 북유럽과 중유럽에서 자생한다.

50 m

구주소나무
Pinus sylvestris
소나뭇과
영국에서부터 중국까지 널리 분포하는, 가장 널리 퍼져 자라는 구과식물이다. 윗부분 가지에는 아름다운 주홍색 나무껍질이 있다.

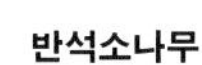

먹을 수 있는 종자

반석소나무
Pinus pinea
소나뭇과
종자(잣)를 먹을 수 있어 높은 가치를 지닌 소나무로 지중해 지역에 자란다. 성숙하면 아름다운 우산 모양으로 자라게 되며, 구과는 크고 난형이다.

로지폴소나무
Pinus contorta
소나뭇과
해안 사구나 습지에 자라는 북아메리카산 소나무로 쌍으로 달리는 잎과 가시가 돋친 구과를 가지고 있다. 구과는 불에 타면 종자를 방출한다.

15 m

일엽송
Pinus monophylla
소나뭇과
소나무 중에 키가 작은 이 종은 잎이 하나씩 달리는 독특한 특징이 있다. 멕시코와 미국 남서부 지방의 바위 비탈에 자란다.

꽃가루를 만드는 웅성 구과

20 m

스위스소나무
Pinus cembra
소나뭇과
느리게 자라는 나무로 유럽의 산지에 생육한다. 구과는 작으며 다른 소나무처럼 온전하게 떨어진다. 종자는 그 후에 잣까마귀속 새의 도움으로 퍼진다.

35 m

피나스터소나무
Pinus pinaster
소나뭇과
지중해 서부 지역이 원산인 소나무로 양분이 없는 모래땅에서도 빠르게 자란다. 윤이 나는 갈색의 구과는 20센티미터까지 자란다.

40 m

오스트리아소나무
Pinus nigra
소나뭇과
크고, 가지가 긴 이 소나무는 긴 잎이 쌍으로 배열되어 있다. 이름과는 달리 유럽 전역에도 자라고 있으며, 특히 석회암 지대에서 자란다.

25 m

중국소나무
Pinus tabuliformis
소나뭇과
산지에서 넓게 퍼지는 왕관처럼 자라는 소나무로, 작은 달걀 모양의 구과를 생성한다.

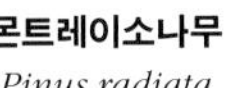

몬트레이소나무
Pinus radiata
소나뭇과
빠르게 자라는 소나무로 원래 캘리포니아 일부 지역에서만 생육했으나, 목재로 사용하기 위해 남반구를 포함해 널리 식재된다.

» 구과식물

꽃가루를 방출하고 시드는 웅성 구과

50 m

개잎갈나무
Cedrus deodara
소나뭇과
히말라야 서부 지방이 원산지인 구과식물로 빠르게 자라며 가지 끝이 아래로 처진다. 구과가 익으면 자줏빛이 도는 갈색이 된다.

미성숙 구과

60 m

미송
Pseudotsuga menziesii
소나뭇과
북아메리카 서부 지역에 자라는 세계에서 가장 큰 구과식물 중 하나이다. 구과는 인편이 변형되어 만들어진 돌출된 포엽(苞葉, bract)을 가지고 있다.

3갈래 진 포엽을 지닌 성숙한 구과

60 m

미국솔송나무
Tsuga heterophylla
소나뭇과
북아메리카 서부에서 자라는 나무로 춥고 습기가 많은 조건에 잘 견디어 내며 1,000년 이상을 살 수 있다.

40 m

금전송
Pseudolarix amabilis
소나뭇과
중국 동부 지방이 원산지이며 잎이 떨어지기 전 가을에 눈부신 노란색으로 변한다. 구과는 종자를 방출할 때 부서진다.

40 m

아틀라스삼목
Cedrus atlantica
소나뭇과
북부 아프리카에서 자라는 식물로 짧고 바늘 같은 잎과 곧게 서는 통 모양의 구과를 가지고 있다. 구과는 익으면 종자를 방출하기 위해 천천히 조각이 난다.

40 m

레바논삼목
Cedrus libani
소나뭇과
가지가 옆으로 퍼지는 위풍 당당한 구과식물로 현재 야생에는 드물게 자라고 있으나 관상용으로 널리 식재되고 있다.

30 m

일본잎갈나무
Larix kaempferi
소나뭇과
다른 잎갈나무류처럼 낙엽성의 나무로, 연한 잎과 아래로 굽은 인편이 있는 구과를 가지고 있다. 일본 북부 산지에 자란다.

50 m

칠레소나무
Araucaria araucana
남양삼나뭇과
원시적인 것처럼 보이는 나무로 칠레가 원산지이다. 끝이 뾰족한 잎이 나선형으로 배열되며, 우산처럼 생긴 왕관 모양으로 자란다.

25 m

쉽게 부서지는 성숙한 구과

금송
Sciadopitys verticillata
측백나무과
이 과에 유일한 오래된 일본의 종이며 나선형으로 나는 10~13개의 침엽이 특징이다.

50 m

미국찝빵나무
Thuja plicata
측백나뭇과
북아메리카 대륙의 북서부에 자라는 키가 큰 나무로 작은 인편 같은 잎이 납작하게 배열한다. 목재는 죽은 뒤에도 부식에 강하다.

로손사이프러스
Chamaecyparis lawsoniana
측백나뭇과
다른 사이프러스나무처럼 작은 구과와 작은 인편 같은 잎을 가지고 있다. 아메리카 북부가 원산지이나 매우 다양한 형태로 재배되고 있다.

30 m

삼나무
Cryptomeria japonica
측백나뭇과
가는 잎과 작고 둥근 구과를 가지고 있으며 중국과 일본에 자란다.

20 m

미국향나무
Juniperus occidentalis
측백나뭇과
미국 서부 바위산 비탈에 자라는 나무로 수명이 길다. 다른 향나무류처럼 산딸기 같은 구과 안에 종자를 만든다.

향나무
Juniperus chinensis
측백나뭇과
아시아 동부 온대 지역에 널리 퍼져 자라는 키 작은 나무로 잎은 어릴 때는 가시 같고 성숙하면 인편처럼 된다.

코스트레드우드
Sequoia sempervirens
측백나뭇과
캘리포니아 북부와 오레곤 해안가에서 자라는 세계에서 가장 키가 큰 나무이다. 성숙한 나무는 몸통이 매우 크게 자라지만 가지가 비교적 덜 달린다. 2,000년 이상 살 수 있다.

자이언트세쿼이아
Sequoiadendron giganteum
측백나뭇과
캘리포니아에서 자라는 미국삼나무 종류로 세계에서 제일 거대한 나무이다. 살아 있는 가장 큰 식물은 무게가 2,000톤 이상이며 불에 강한 나무껍질은 60센티미터 두께에 달한다.

메타세쿼이아
Metasequoia glyptostroboides
측백나뭇과
중국 중부에서 자생하고 있는 낙엽성의 나무로 야생에는 매우 드물다. 1940년대까지 화석으로만 알려져 있어 전멸된 것으로 여겨졌다.

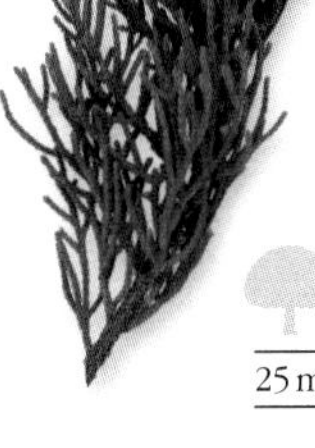

몬터레이사이프러스
Cupressus macrocarpa
측백나뭇과
널리 재배하고 있지만 야생으로는 캘리포니아 해안의 일부 지역에서만 자라고 있다. 성숙한 나무는 보통 불규칙적인 형태로 뻗는다.

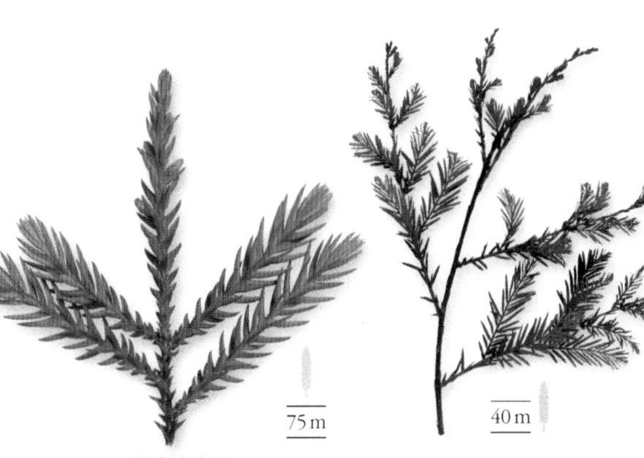

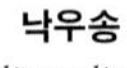

대만삼나무
Taiwania cryptomerioides
측백나뭇과
나무의 몸통이 두께 3미터까지 자라는 아시아에서 가장 큰 구과식물 중 하나로 열대 지방에서 자란다. 끝이 가시처럼 가늘어지는 잎과 작고 둥근 구과를 가지고 있다.

낙우송
Taxodium distichum
측백나뭇과
낙엽송이라고도 불리는 낙엽성의 구과식물로 미국 남동부의 습지에 자란다.

캘리포니아비자나무
Torreya californica
주목과
드문 구과식물로 캘리포니아의 협곡과 산지에 자란다. 견과(堅果, nut) 같은 종자를 가지고 있지만 육두구(肉荳蔻, nutmeg)와 관계가 없다.

20 m

중국개비자나무
Cephalotaxus fortunei
주목과
가지가 밀집해 달리는 작은 나무로 중국 중부와 동부 지방의 산에서 자란다. 다육질의 구과는 익으면 자갈색으로 변한다.

서양주목
Taxus baccata
주목과
구과의 인편이 변형되어 생성된 다육질의 가종피(假種皮, aril) 안에 종자를 만들어 낸다. 유럽과 남서 아시아에 자라는 수명이 긴 나무로 흔히 식재된다.

현화식물

현화식물 또는 속씨식물은 지금까지 30만여 종이 알려져 있으며 지구의 식물 중에서 제일 종 수가 많은 동시에 가장 다양한 무리를 구성하고 있다. 현화식물은 생태계의 기반을 형성하고 있으며, 동물을 비롯한 많은 살아 있는 생명체들에게 식량과 서식처를 제공해 주는 등 지구 생태계에서 매우 중요한 역할을 담당하고 있다.

문	현화식물문
강	10
목	64
과	416
종	약 30만 4000

개암나무의 미상꽃차례와 같은 풍매화는 바람에 의해 꽃가루를 공중에 구름처럼 흩뿌린다. 이들 꽃가루는 색이 거의 없다.

동물에 의해 꽃가루를 퍼트리는 꽃들은 보통 눈에 잘 띄며 끈적끈적한 꽃가루를 가지고 있다. 벌새는 꽃가루를 먹어서 운반한다.

다육질의 열매는 동물을 유혹하기 위해 진화되었다. 야생 오이를 먹은 영양은 배설을 해 오이의 종자를 퍼트리게 된다.

건조한 열매는 종자가 익을 때 부서지면서 종자를 퍼트린다. 분홍바늘꽃은 바람을 이용해 무성한 종자를 흩트린다.

최초의 현화식물은 1억 4000만 년 전에 진화했다. 비교적 지구에 늦게 나타났지만 그 후로 식물계를 점령하게 되었다. 핀 머리보다 크지 않은 매우 작은 식물부터 활엽수, 선인장, 난초, 야자나무 등 다양한 현화식물이 지구에 존재한다.

현화식물은 여러 중요한 특징을 공유하고 있으며, 이러한 특징들이 현화식물로 하여금 지구에서 성공적으로 살아갈 수 있게 했다. 크게 변형된 잎이 모여서 형성된 꽃이 그중 하나이다. 대부분의 꽃에서 가장 바깥쪽 열을 꽃받침잎(악편(萼片), sepal)이라고 부르며, 그 안쪽 열을 꽃잎(화판(花瓣), petal)이라고 한다. 이들 꽃받침잎과 꽃잎은 꽃가루를 만드는 웅성 기관인 수술 및 꽃가루를 받아서 밑씨(배주(胚珠), ovule)가 종자로 자라게 되는 자성 기관인 심피(心皮, carpel)를 감싸고 있다. 꽃가루를 퍼트리는 데에는 바람을 이용하기도 하지만 더 많은 수가 화려한 꽃으로 동물들을 유혹해 동물들이 꽃 안쪽에 있는 달콤한 꿀을 마시는 동안 꽃가루를 묻혀 널리 퍼지게 한다. 주로 곤충을 유혹하지만 새나 박쥐도 중요한 꽃가루받이이다.

산포 전략

현화식물은 종자를 만들어 내는 독특한 특징이 있으며 열매를 생산하는 유일한 식물이다. 열매는 꽃의 중심에 위치하고 있는 종자를 담은 씨방이 발달해 생성된다. 열매는 종자를 보호하고 종자의 산포를 돕는 기능을 수행한다. 다육질의 열매는 동물들을 유혹하고 동물이 열매를 먹은 뒤 배설물을 통해 종자를 퍼트리며, 건조한 열매는 종자가 익으면서 열매가 부서지거나 갈고리가 있어서 피부 또는 털에 붙어 널리 퍼진다. 물이나 바람에 의해 퍼지는 경우도 있다. 많은 현화식물이 줄기가 기면서 자라 줄기에서 다른 개체가 생성되는데 이 경우에 매우 광범위한 복제 생물(clone)이 만들어지게 된다. 북아메리카 대륙의 아스펜나무는 지난 1만 년 동안 자라서 40만 제곱미터의 넓이에 퍼져 있다.

주의 끌기 >
헬레보레는 수분하는 곤충을 끌기 위한 꽃받침이 꽃잎보다 화려하고 다양해 정원에 다양성을 더해 준다.

현화식물의 분류

DNA 염기 서열 분석으로 종 간 유연관계에 대한 이해가 급변하면서 현화식물 분류는 매우 유동적이다. 다음 구분은 최신 견해(150쪽 진정쌍떡잎식물아문 참조)를 반영했다.

기저속씨식물

현화식물, 즉 속씨식물의 60여 개 목 중에 3개의 목이 기저속씨식물로 알려져 있으며 매우 일찍이 진화해 현재까지 존재하고 있다.

현대의 DNA 염기 서열 분석은 서로 밀접하게 관련된 종 집단을 식별하는 강력한 방법이다. 그러나 이들 집단 간의 유연관계는 때때로 덜 명확하며, DNA 구간에 따라 서로 다른 친화도를 보여 주기도 한다. 현화식물에는 엄청나게 다양하고 번성하는 양상을 보이는 집단과 함께, 수백만 년 동안 생존했지만 거의 다양하지 않은 소수의 잔여 집단이 남아 있다. 기저속씨식물은 이들 잔여 식물 중 3개의 목 계급 식물에 대해 사용되는 용어이다. 이들은 분명히 공통점이 거의 없는 원시 종이며 세계 곳곳에 널리 퍼져 있다. 여기에는 수생 식물뿐만 아니라 교목, 관목, 덩굴 식물도 포함된다. 암보렐라목은 오늘날 남태평양의 한 섬에 단일 관목 종으로 생존하고 있다. 수련목은 원시적이지만 종종 화려한 꽃을 피우는 수생 식물이다. 여기에는 전 세계에서 발견되는 70종 이상의 수련 종류가 포함된다. 붓순나무목에는 주로 열대 지방에 거의 100종에 달하는 목본 식물이 포함되어 있다. 다른 두 목은 이 페이지에 동떨어진 '고아'로 등장하는 데, 속씨식물의 계통(진화 역사)에서 이들의 위치가 불분명하다. 가장 최근의 연구에서는 홀아비꽃대목이 목련분계군과, 붕어마름목이 진정쌍떡잎식물과 관련이 있을 수 있다고 보았지만 현재로서는 불확실하고 입증되지 않은 상태로 남아 있다.

문	현화식물문
군	기저속씨식물군
목	1
과	7
종	190

논쟁

신비한 기원

속씨식물은 5000만년 전에 멸종된 종자고사리류에서 진화했을 수 있으며, 매마등류(117쪽 참조)에서 진화했을 가능성도 더 높게 있다. DNA와 화석 증거에 따르면 암보렐라목은 약 1억 4000만 년 전에 나타난 최초의 속씨식물이었다. 수련목과 붓순나무목은 다음으로 진화한 두 집단이다.

홀아비꽃대

홀아비꽃대목의 단일 과인 홀아비꽃대과에는 4개 속에 약 70종의 현생 종이 있지만, 화석 기록은 1억 년 이상 전으로 올라간다. 주로 작고 꽃대가 없는 열대 관목과 교목이다.

1.5cm

겨울에 익은 장과 무리

죽절초
Sarcandra glabra
홀아비꽃댓과
의약용으로 사용되는 상록성 관목으로 동남아시아, 중국, 일본의 축축한 땅, 특히 강둑에 서식한다.

암보렐라

원시적인 상록성 관목인 암보렐라목에는 1과, 1속의 암보렐라 1종이 속한다. 암보렐라는 작은 꽃을 가지고 있으며 수꽃과 암꽃이 서로 다른 식물체에서 생산되며, 붉은 장과(漿果, berry)의 열매에 하나의 종자가 들어 있다.

2m

암보렐라
Amborella trichopoda
암보렐라과
남태평양에 있는 뉴칼레도니아 섬에서만 발견되며 흰 꽃이 벌어지는 덤불은 산지의 숲에서 상당히 흔하다.

붓순나무

붓순나무목에는 3개의 과가 속한다. 붓순나무목에 속하는 식물은 교목, 관목 혹은 덩굴 식물이며, 대부분의 종이 꽃잎이 많이 달린 하나의 꽃을 피운다. 향신료로 사용되는 스타아니스가 널리 알려져 있다.

줄기, 잎, 꽃

열매

18m

스타아니스
Illicium verum
오미자과
향미료로 널리 사용되는 스타아니스의 열매는 목질의 별 모양이다. 삼림에 자라는 식물로 중국과 베트남이 원산지이다.

아우스트로바일레야 스칸덴스
Austrobaileya scandens
아우스트로바일레야과
오스트레일리아 퀸즐랜드의 열대 우림에서만 드물게 발견되는 덩굴 식물로 파리를 유혹해 수분을 하기 위해 꽃에서 생선 썩는 냄새를 풍긴다.

붕어마름

붕어마름과 단일 과가 이 목을 구성한다. 뿔이끼(hornwort)라고 불리는 이 식물은 꽃이 피지 않는 각태류(hornwort, 111쪽 참조)와 전혀 관련이 없다. 4종은 잘게 갈라진 잎, 작은 수꽃과 암꽃, 가시가 있는 열매를 가지는 자유롭게 떠다니는 뿌리 없는 수생 식물이다.

1m

붕어마름
Ceratophyllum demersum
붕어마름과
물속에 사는 종으로 뿌리가 없고 매우 작은 꽃과 돌려나는 잎을 가지고 있다. 유럽의 연못과 배수로 등에 주로 서식한다.

수련

원시적인 수련목은 물 위에 떠서 자라거나 물속에서 자라는 수생 식물이다. 수련목의 대표적인 식물로는 화려한 꽃을 보기 위해 관상용으로 키우는 수련이 있으며, 많은 종류가 전 세계에서 재배된다.

빅토리아수련
Victoria amazonica
수련과
아마존의 강 후미에서 자생한다. 거대한 둥근 잎을 가지고 있으며, 잎 테두리는 위쪽으로 꺾여 있다. 꽃은 밤에 핀다.

수련'일출'(원예종)
수련과
매우 크고 화려하며 향기로운 꽃과 물에 뜨는 녹색 잎을 가지고 있다. 가장 큰 꽃을 지닌 수련 종류의 하나이다. 미국 원산의 잡종으로 추정되고 있다.

어항마름
Cabomba caroliniana
어항마름과
미국 중부와 남동부의 잔잔한 담수에 서식하는 식물로 물에 잠기거나 뜨는 잎을 가지고 있다.

백수련
Nymphaea alba
수련과
유럽산 식물로 향기로운 꽃을 피우며, 열매는 물속에서 익어 물에 뜨는 종자를 방출한다. 호수, 연못, 느리게 흐르는 강에 자란다.

가시연
Euryale ferox
수련과
아시아의 깊고 유속이 느린 물 혹은 잔잔한 물에 자라는 식물로 잎, 꽃, 열매에 가시가 있고 열매에는 여러 종자가 들어 있다.

∨ **물에 뜨는 꽃**
수련은 웅성 기관과 자성 기관이 같이 있는 양성화주(hermaphrodite)이다. 웅성 기관의 꽃가루는 자성 기관의 밑씨와 수정될 수 있으므로 '자가 수분' 할 수 있다. 그러나 꽃가루를 방출하기 전에 자성 기관이 먼저 성숙기 때문에 곤충이 운반한 꽃가루에 의해 수정될 가능성이 크다.

∧ **꽃**
꽃은 많은 수의 흰 꽃잎과 밝은 노란색의 수술을 가지고 있으며, 지름 20센티미터까지 자랄 수 있다.

< **씨방의 절단면**
밑씨, 씨방, 암술머리로 구성된 자성 생식 기관은 함께 융합되어 있다. 속 공간에는 밑씨가 있으며, 밑씨는 수정 후 씨앗이 된다.

∨ **잎**
지름 35센티미터에 달하는 큰 잎을 가지고 있다. 대부분의 잎과는 달리 기공은 잎 윗면에 있으며, 위쪽 표면은 발수성(撥水性, water-repellent)이다.

∧ **줄기의 절단면**
줄기에는 구조 조직 외에도 통기 조직이라고 불리는 세로 방향의 공기층이 있어 물에 뜰 수 있게 해 주며 산소 순환을 도와준다.

백수련

Nymphaea alba

약 75여 종의 야생 수련 중 하나로 잔잔한 물이나 천천히 흐르는 물에 살며 둥글고 광택이 있는 잎을 가지고 있어 물속에 깊은 그늘을 드리운다. 물속으로 1.5미터까지 자라며 한여름이나 늦여름에 새하얀 꽃을 피운다. 각각의 꽃은 3일 혹은 4일 동안 지속적으로 아침에 펴서 늦은 오후에 진다. 꽃은 수분을 해 주는 딱정벌레류를 유혹하며, 딱정벌레는 새벽에 꽃이 피기 전까지 꽃 속에서 밤을 보낸다. 백수련은 수생 동물에게 매우 유용하다. 연못에 사는 달팽이는 잎 뒷면에 알을 붙이기도 하고, 물고기들은 잎 아래에 숨어 새들을 피하기도 한다. 꽃이 수분을 한 뒤에는 부력이 있는 종자를 만들어 낸다. 이들은 진흙에 묻히기 전까지 여러 주 동안 물 위에 떠다닌다.

크기 잎의 지름 10~35센티미터
서식지 연못, 개울가, 호수, 역류
분포 유럽
잎 홑잎, 잎밑이 V자 모양으로 파인 원형

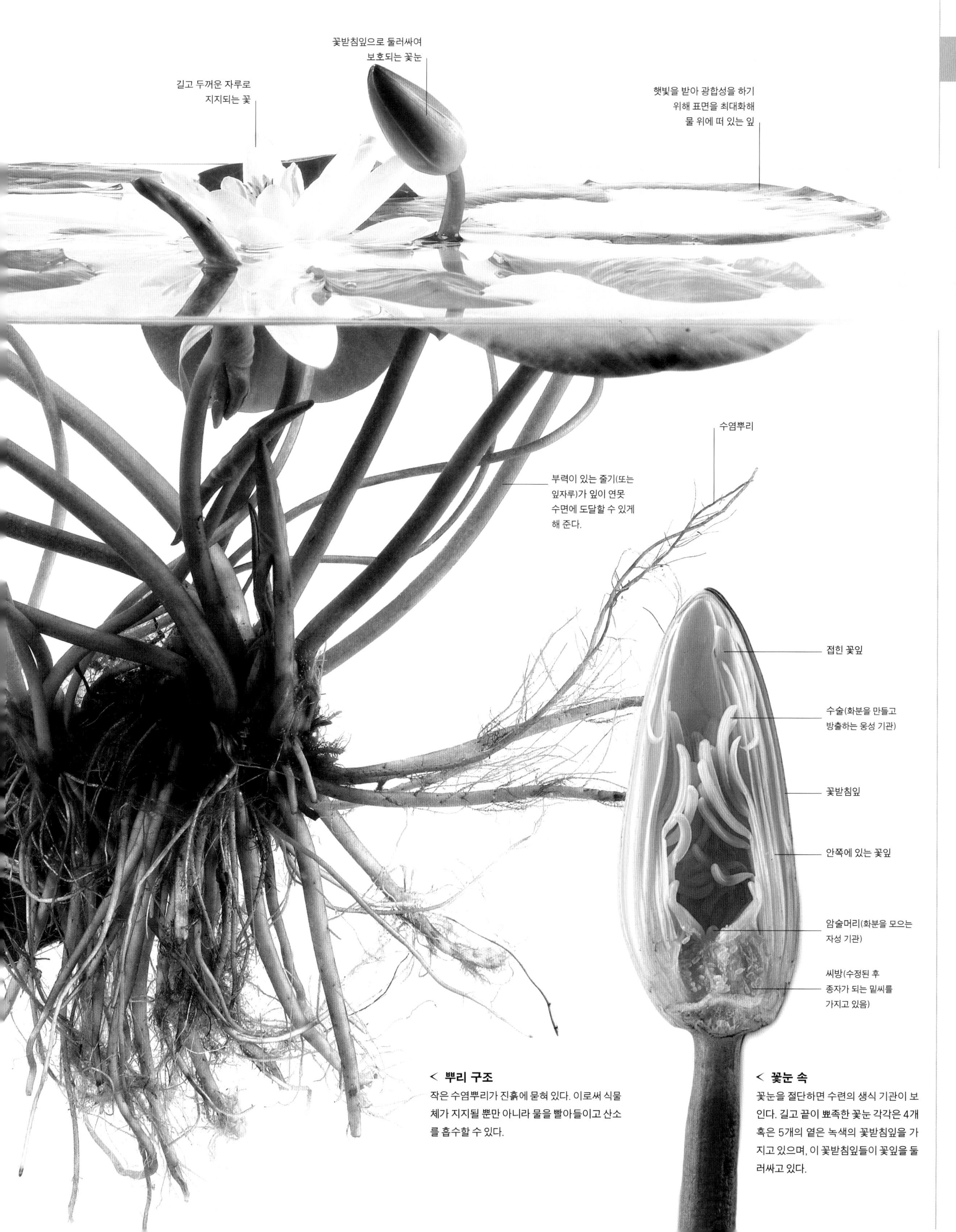

< 뿌리 구조
작은 수염뿌리가 진흙에 묻혀 있다. 이로써 식물체가 지지될 뿐만 아니라 물을 빨아들이고 산소를 흡수할 수 있다.

< 꽃눈 속
꽃눈을 절단하면 수련의 생식 기관이 보인다. 길고 끝이 뾰족한 꽃눈 각각은 4개 혹은 5개의 옅은 녹색의 꽃받침잎을 가지고 있으며, 이 꽃받침잎들이 꽃잎을 둘러싸고 있다.

목련분계군

목련분계군은 식물학 용어로서 기저속씨식물과 외떡잎식물군 사이에 있는 원시 현화식물의 큰 무리를 뜻한다.

열대 및 온대 지방에서 발견되는 목련분계군은 현화식물 역사 초기에 나타나는 주요한 식물군이다. 목련분계군이라는 이름은 매우 많은 식물로 구성된 목련과에서 따서 붙여졌다. 목련과에 속하는 식물은 대부분 목질화된 줄기를 가지고 있으며, 일부 종류는 큰 나무이다. 그러나 목련과에는 목본 식물이 아닌 초본 식물도 포함되며 덩굴 식물도 있다.

목련분계군에 속하는 어떤 초본 식물은 매우 특징적인 꽃을 가지고 있다. 쥐방울덩굴이나 족도리풀 같은 경우 꽃이 나팔의 관처럼 생겼으며, 끝이 뒤를 향하고 있는 털이 줄지어 있다. 이러한 구조는 꽃이 강력한 향기를 내뿜어 수분을 도와줄 파리들을 유혹한 후 파리들을 일시적으로 가둬두는 역할을 한다. 그러나 이는 예외적인 것으로, 대부분의 목련분계군의 꽃은 구조적으로 단순하다. 중심 줄기에 수많은 꽃의 부분이 제각각 나선형으로 배열되어 붙어 있으며, 꽃받침잎과 꽃잎(122쪽 참조) 대신에 색깔, 크기, 모양이 모두 비슷하면서 1층으로 배열하는 화피편(花被片, tepal)을 지닌다. 이와 비슷한 구조를 가진 꽃이 1억 년 전에도 존재했다는 화석 증거가 남아 있다.

일반적인 특징

목련분계군은 주로 유전적 증거에 의해 하나의 군으로 정의되었으나, 현미경으로 보이는 미세 구조와 눈으로도 보이는 특징 또한 공유하고 있다. 현미경으로 보면, 꽃가루는 하나의 발아공(發芽孔, pore)을 가지고 있다. 이는 작지만 매우 중요한 특징으로 목련분계군이 외떡잎식물군과 유사하며, 3개의 발아공을 가지고 있는 진정쌍떡잎식물군(현화식물의 매우 큰 무리이다.)과는 구분된다는 것을 나타낸다.

대부분의 목련분계군은 잎의 가장자리가 매끈하고 가지를 친 잎맥이 그물처럼 얽혀 있다. 열매는 연하고 다육질이거나 단단하고 원뿔 모양이며, 하나 혹은 여러 개의 종자를 가지고 있다. 다육질의 열매를 가지고 있는 식물들은 동물에 의해 종자를 퍼트린다. 대부분은 새들에 의해 통째로 삼켜져서 퍼지게 된다. 선사 시대에 야생 아보카도 열매는 아마도 거대지상늘보에 의해 퍼졌을 것이다. 오늘날에는 지상늘보가 사라지고 없지만, 아보카도는 인간의 재배로 종자를 퍼트릴 수 있다.

문	현화식물문
분계군	목련분계군
목	4
과	18
종	1만

논쟁

개척자 식물

과학자들은 최초의 현화식물의 생육 습성과 모양, 생활 방식 등에 대해서 서로 다른 의견들을 내놓고 있다. 목재설(woody hypothesis)에 따르면, 최초의 현화식물은 오늘날의 많은 목련분계군처럼 교목이거나 관목이었다. 그러나 이와 대립되는 고(古)초본설(paleoherb hypothesis)은 최초의 현화식물이 초본 식물로 매우 빠른 생활사를 가지고 있었다고 주장한다. 그리고 그 덕분에 강둑과 같은 교란된 지역에서 매우 잘 서식할 수 있었다는 것이다. 최근 분자 생물학적인 분석을 통해 최초의 현화식물이 목본 식물이었다는 견해가 좀 더 힘을 얻고 있지만 어떤 주장도 결정적으로 증명되지는 못했다.

백계피

백계피목에는 백계피과와 윈테라과가 속한다. 전연(全緣, 잎의 가장자리가 톱니가 없고 미끈함)이며 가죽질의 잎을 가지고 있는 교목 또는 관목이다. 대부분의 종에서 꽃은 웅성 기관과 자성 기관 모두를 가지고 있으며, 열매는 장과이다. 어떤 종의 잎과 나무껍질은 약용으로 사용된다. 윈테라과는 원시적인 과로 물이 이동하는 물관이 없는 목질화된 줄기를 가지고 있다.

11m

윈터즈바크
Drimys winteri
윈테라과
칠레와 아르헨티나의 해안가 우림에 자생하는 식물로 향이 좋은 나무껍질과 잎, 향긋한 꽃을 가지고 있다.

후추

후추목은 초본 식물, 교목, 관목 3개 과를 포함하며 열대 지방에 널리 분포하고 있다. 줄기의 관다발은 외떡잎식물처럼 일정한 규칙이 없이 산재해 있다. 후춧과에 속하는 식물들은 꽃잎이 없고 수상꽃차례(수상화서(穗狀花序))로 모여 나는 매우 작은 꽃을 가지고 있다. 많은 경우 향이 좋다.

버스워트
Aristolochia clematitis
쥐방울덩굴과
역겨운 냄새가 나고 독성이 있는 다년생 식물로 의약용으로 재배된다. 유럽이 원산지로 축축한 곳에서 자란다.

아사라바카
Asarum europaeum
쥐방울덩굴과
유럽의 삼림에서 자라는 덩굴성 식물로 상록성 잎이 그리 눈에 띄지 않는 꽃을 가리고 있다.

후추
Piper nigrum
후춧과
인도 남부와 스리랑카의 그늘진 곳에서 자라는 상록성의 덩굴 식물로 향이 나는 열매 때문에 널리 재배되고 있다.

목련

거의 대부분 교목과 관목인 목련목은 원시적인 목으로, 화석 기록에 따르면 지구에 널리 분포했다. 형태적으로 매우 다양하지만 대부분 서로 어긋나게 배열하는(호생(互生)하는) 홑잎(단엽(單葉))과 웅성 기관과 자성 기관 모두를 지닌 꽃을 가지고 있다. 6개의 과가 있으며, 특히 장관을 이루는 꽃을 가진 목련과가 유명해서 널리 정원에서 길러지고 있다.

화피편이 수술을 보호한다.

30m

30m

튤립나무
Liriodendron tulipifera
목련과
북아메리카 동부가 원산인 튤립나무는 삼림에 자란다. 잎은 가을에 떨어지기 전에 노랗게 단풍이 든다.

캠벨목련
Magnolia campbellii
목련과
약 210종의 목련 중 일부는 정원수로 기른다. 이 종의 자생지는 중국, 인도, 네팔의 산지 숲속이다.

녹나무

녹나무목에는 7개 과가 속하며, 교목, 관목, 덩굴 식물이 있다. 일부 속은 온대 지역에서 자라지만 대부분은 열대 및 아열대 지역에서 자란다. 목 내 분류 체계는 형태적인 특징보다는 유전자 분석에 기초를 두고 있다. 많은 식물들이 향기가 나며 향수, 요리, 약품 등의 용도로 사용된다. 어떤 식물들은 목재로 사용되거나 원예에 이용된다.

사사프라스
Sassafras albidum
녹나뭇과
북아메리카 동부의 삼림에서 자라는 낙엽성 교목으로 잎에서 향기가 나며 가을에 밝은 색깔을 낸다.

검은꽃생강나무
Calycanthus floridus
받침꽃과
미국 남동부의 숲과 강가에 자라는 식물로 향이 나는 잎과 나무껍질, 크고 향내 나는 꽃을 가지고 있다.

월계수
Laurus nobilis
녹나뭇과
향기가 나는 잎은 향료로 사용되어 널리 재배된다. 이 종은 지중해 지역의 잡목림, 삼림, 바위가 많은 곳 등지에 서식한다.

계피
Cinnamomum verum
녹나뭇과
향신료인 계피는 이 식물의 향기 나는 나무껍질로 만든다. 스리랑카의 낮은 숲에서 자란다.

캘리포니아만월계수
Umbellularia californica
녹나뭇과
잎을 부수면 두통을 일으키는 향이 난다고 해 '두통나무'라고도 알려진 식물로 미국 서부에서 자란다.

아보카도
Persea americana
녹나뭇과
멕시코 남부가 원산지일 것으로 추정되며 우림의 배수가 잘되는 지역에 자란다. 배처럼 생긴 열매를 먹을 수 있어 오늘날 널리 재배되고 있다.

일랑일랑
Cananga odorata
포포나뭇과
향기 나는 꽃에서 추출한 기름은 향수 제조에 사용된다. 아시아와 오스트레일리아에 자라는 상록성 교목이다.

번려지
Annona squamosa
포포나뭇과
카리브 해 지역 원산일 것으로 추정되는 번려지(스위트솝)는 '설탕사과', '커스터드애플' 등으로 불리며 널리 재배되고 있다. 열매는 다육질로 커스터드와 생김새와 맛이 비슷하다.

육두구
Myristica fragrans
육두구과
향신료인 넛메그(nutmeg)와 메이스(mace)는 모두 육두구의 종자로부터 만들어진다. 이 상록성 교목은 인도네시아의 몰루카 제도가 원산지이다.

포포
Asimina triloba
포포나뭇과
낙엽성 교목으로 북아메리카 동부의 축축한 삼림에 자생한다. 1개씩 달리는 꽃은 먹을 수 있는 열매를 만든다.

외떡잎식물

독특한 해부학적 특징에 의해 정의되는 외떡잎식물군에는 잔디, 야자나무, 난초를 비롯해 많은 원예용 식물들이 속한다.

진화 초기 단계에서 현화식물은 2개의 큰 가지로 분지했다. 작지만 중요한 한 가지는 외떡잎식물군(단자엽식물)이, 다른 보다 큰 가지는 진정쌍떡잎식물군(진정쌍자엽식물)이 되었다. 외떡잎식물 혹은 단자엽식물이라는 이름은 종자 내에 하나의 떡잎, 즉 자엽(子葉, cotyledon)을 가지는 것에서 유래했다. 대부분의 외떡잎식물군은 잎이 길고 얇으며, 잎맥이 평행하고, 꽃잎, 수술 등과 같은 꽃의 각 부분이 3개 혹은 3의 배수로 이루어져 있는 특징이 있다. 또한 진정쌍떡잎식물의 꽃가루가 3개의 발아공을 가지는 반면, 외떡잎식물은 하나의 발아공을 갖는다. 튤립과 같은 많은 외떡잎식물의 꽃은 꽃받침잎과 꽃잎이 거의 비슷하며, 이들을 합쳐서 화피편이라고 부른다. 그러나 많은 목련분계군의 식물들도 이러한 특징을 공유하고 있다.

땅속으로 들어가면, 보통 원뿌리와 이로부터 뻗어 나오는 작은 뿌리가 있고, 한 무리의 수염뿌리를 지니고 있다. 외떡잎식물 줄기의 관다발(물이나 수액을 운반하는 특화된 세포의 다발)은 특정한 규칙 없이 산재해 있다. 반면에 진정쌍떡잎식물 줄기의 관다발은 동심원상으로 배열한다. 이러한 특징은 외떡잎식물의 줄기가 전형적인 진정쌍떡잎식물의 줄기보다 유연하게 해 주었지만 나무로 진화하는 것은 어렵게 만들었다. 야자나무를 포함해 나무처럼 자라는 외떡잎식물은 전형적인 활엽수나 침엽수들이 자라는 방법과는 다른 방식으로 자란다. 외떡잎식물의 줄기는 길게는 자라지만 두꺼워지지 않으며 보통 잎들이 민들레 잎처럼 단일 로제트(rosette) 모양으로 배열되어 있다.

생존 전략

외떡잎식물은 덩굴성 식물부터 수생 식물까지 매우 다양하며, 알뿌리(구근(球根))나 덩이줄기(괴경(塊莖))와 같은 지하 저장 기관으로 혹독한 시기를 버틴다. 초원은 볏과에 속하는 식물들로 이루어지며, 이들은 방목된 동물들이 즐겨 먹는 먹이이다. 열대 지방에서는 많은 외떡잎식물들이 높은 나무에 착생해 살아간다. 파인애플 외에도 전 세계에 2만 5000여 종이 분포하는, 외떡잎식물 중 가장 큰 과인 난과 식물이 여기에 포함된다.

문	현화식물문
분계군	외떡잎식물군
목	11
과	77
종	6만

논쟁

외떡잎식물의 기원은 수생 식물?

현존하는 외떡잎식물에는 많은 담수 식물과 바다에서 살아가고 있는 일부 현화식물이 포함된다. 육상으로 생명체가 진출해 분화하기 전에 외떡잎식물이 담수 식물로부터 진화되었을 것이라는 오래된 가설이 있다. 이 가설은 외떡잎식물의 많은 종에서 발견되는 가늘고 긴 잎과 줄기의 구조(왼쪽 설명 참조)를 설명해 준다. 외떡잎식물이 땅 위에서 널리 퍼지기 시작하면서 일부 육상에 서식하던 외떡잎식물은 원점으로 돌아와서 다시 수생 식물로 진화하게 되었을 것이다. 개구리밥과 같은 식물이 그렇다.

창포

창포목에는 1개 속과 2개 종 정도가 포함된다. 물가나 습지에 서식하는 창포는 여러 개의 작은 꽃으로 이루어진 육수꽃차례(육수화서(肉穗花序))를 가지고 있으며, 한때는 천남성류와 유사한 종류로 분류되기도 했다. 창포목은 외떡잎식물의 분계도에서 가장 먼저 분지한 것으로 여겨지며 최초의 외떡잎식물을 추정하는 단서로 생각되고 있다.

1m

창포
Acorus calamus
창포과
잘라서 바닥에 흩뿌리면 신선한 귤 냄새를 풍기는 창포는 북반구 전역에 걸쳐 물가에서 자라는 식물이다.

택사

택사목에는 대다수의 흔한 수생 식물 외에도 땅 위에 자라는 천남성과가 포함된다. 천남성과는 독특한 생식 구조를 가지고 있다. 매우 작은 꽃이 다육질의 수상꽃차례를 이루고 있으며, 이를 육수꽃차례라고 부른다. 또한 육수꽃차례는 잎처럼 생긴 불염포(佛焰苞, spathe)에 의해 둘러싸여 있다. 택사목에는 거머리말과 같은 많은 담수 식물도 포함된다.

질경이택사
Alisma plantago-aquatica
택사과
물가에서 발견되는 식물로 유럽, 아시아, 북아프리카에 흔히 자란다. 꽃은 흰색, 분홍색 혹은 자주색으로 단지 하루 동안 핀다.

물에 뜨는 난형의 잎

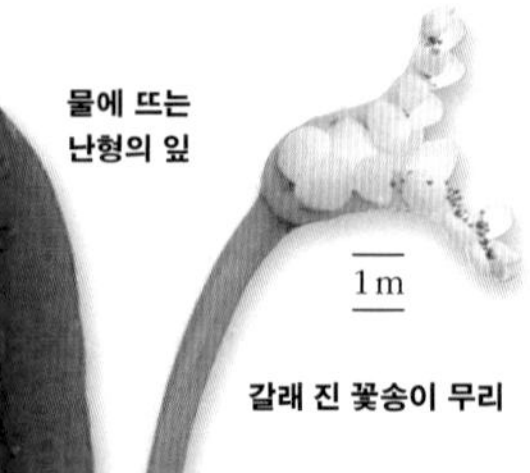

워터호손
Aponogeton distachyos
아포노게톤과
남아프리카에서 자생하는 식물로 널리 귀화되어 자라고 있다. 바닐라 향이 나는 꽃은 물 표면 바로 위에서 핀다.

수꽃

화살촉 모양의 잎

1m

벗풀
Sagittaria sagittifolia
택사과
유럽의 습지에서 나타나는 식물로 화살촉 모양의 잎은 물 위에서 자라며, 리본 모양의 잎은 물속에서 자란다. 때때로 물에 뜨는 잎도 있다.

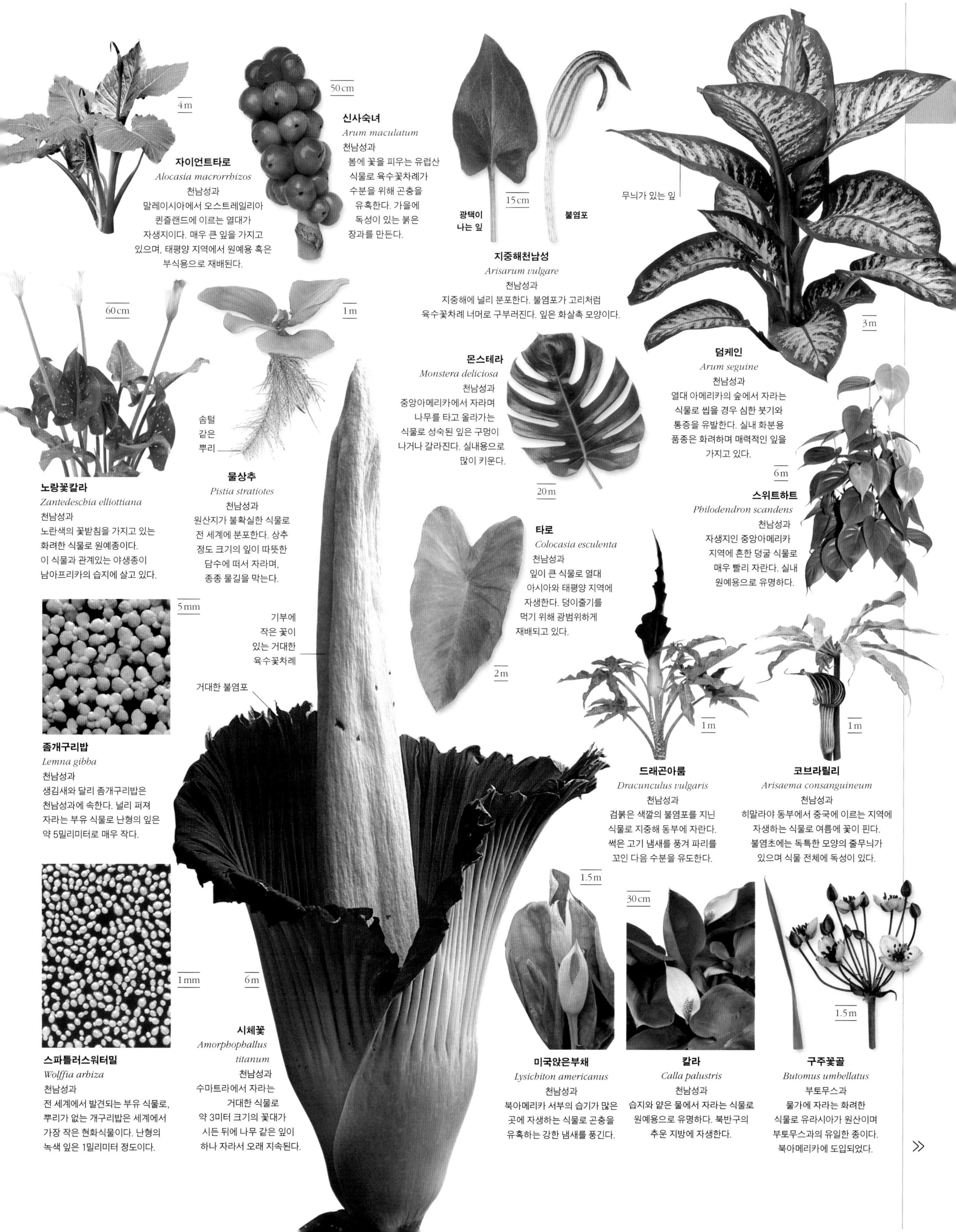

자이언트타로
Alocasia macrorrhizos
천남성과
말레이시아에서 오스트레일리아 퀸즐랜드에 이르는 열대가 자생지이다. 매우 큰 잎을 가지고 있으며, 태평양 지역에서 원예용 혹은 부식용으로 재배된다.

신사숙녀
Arum maculatum
천남성과
봄에 꽃을 피우는 유럽산 식물로 육수꽃차례가 수분을 위해 곤충을 유혹한다. 가을에 독성이 있는 붉은 장과를 만든다.

지중해천남성
Arisarum vulgare
천남성과
지중해에 널리 분포한다. 불염포가 고리처럼 육수꽃차례 너머로 구부러진다. 잎은 화살촉 모양이다.

덤케인
Arum seguine
천남성과
열대 아메리카의 숲에서 자라는 식물로 씹을 경우 심한 붓기와 통증을 유발한다. 실내 화분용 품종은 화려하며 매력적인 잎을 가지고 있다.

노랑꽃칼라
Zantedeschia elliottiana
천남성과
노란색의 꽃받침을 가지고 있는 화려한 식물로 원예종이다. 이 식물과 관계있는 야생종이 남아프리카의 습지에 살고 있다.

물상추
Pistia stratiotes
천남성과
원산지가 불확실한 식물로 전 세계에 분포한다. 상추 정도 크기의 잎이 따뜻한 담수에 떠서 자라며, 종종 물길을 막는다.

몬스테라
Monstera deliciosa
천남성과
중앙아메리카에서 자라며 나무를 타고 올라가는 식물로 성숙된 잎은 구멍이 나거나 갈라진다. 실내용으로 많이 키운다.

스위트하트
Philodendron scandens
천남성과
자생지인 중앙아메리카 지역에 흔한 덩굴 식물로 매우 빨리 자란다. 실내 원예용으로 유명하다.

타로
Colocasia esculenta
천남성과
잎이 큰 식물로 열대 아시아와 태평양 지역에 자생한다. 덩이줄기를 먹기 위해 광범위하게 재배되고 있다.

좀개구리밥
Lemna gibba
천남성과
생김새와 달리 좀개구리밥은 천남성과에 속한다. 널리 퍼져 자라는 부유 식물로 난형의 잎은 약 5밀리미터로 매우 작다.

드래곤아룸
Dracunculus vulgaris
천남성과
검붉은 색깔의 불염포를 지닌 식물로 지중해 동부에 자란다. 썩은 고기 냄새를 풍겨 파리를 꼬인 다음 수분을 유도한다.

코브라릴리
Arisaema consanguineum
천남성과
히말라야 동부에서 중국에 이르는 지역에 자생하는 식물로 여름에 꽃이 핀다. 불염초에는 독특한 모양의 줄무늬가 있으며 식물 전체에 독성이 있다.

스파틀러스워터밀
Wolffia arbiza
천남성과
전 세계에서 발견되는 부유 식물로, 뿌리가 없는 개구리밥은 세계에서 가장 작은 현화식물이다. 난형의 녹색 잎은 1밀리미터 정도이다.

시체꽃
Amorphophallus titanum
천남성과
수마트라에서 자라는 거대한 식물로 약 3미터 크기의 꽃대가 시든 뒤에 나무 같은 잎이 하나 자라서 오래 지속된다.

미국앉은부채
Lysichiton americanus
천남성과
북아메리카 서부의 습기가 많은 곳에 자생하는 식물로 곤충을 유혹하는 강한 냄새를 풍긴다.

칼라
Calla palustris
천남성과
습지와 얕은 물에서 자라는 식물로 원예용으로 유명하다. 북반구의 추운 지방에 자생한다.

구주꽃골
Butomus umbellatus
부토무스과
물가에 자라는 화려한 식물로 유라시아가 원산이며 부토무스과의 유일한 종이다. 북아메리카에 도입되었다.

»

» 택사

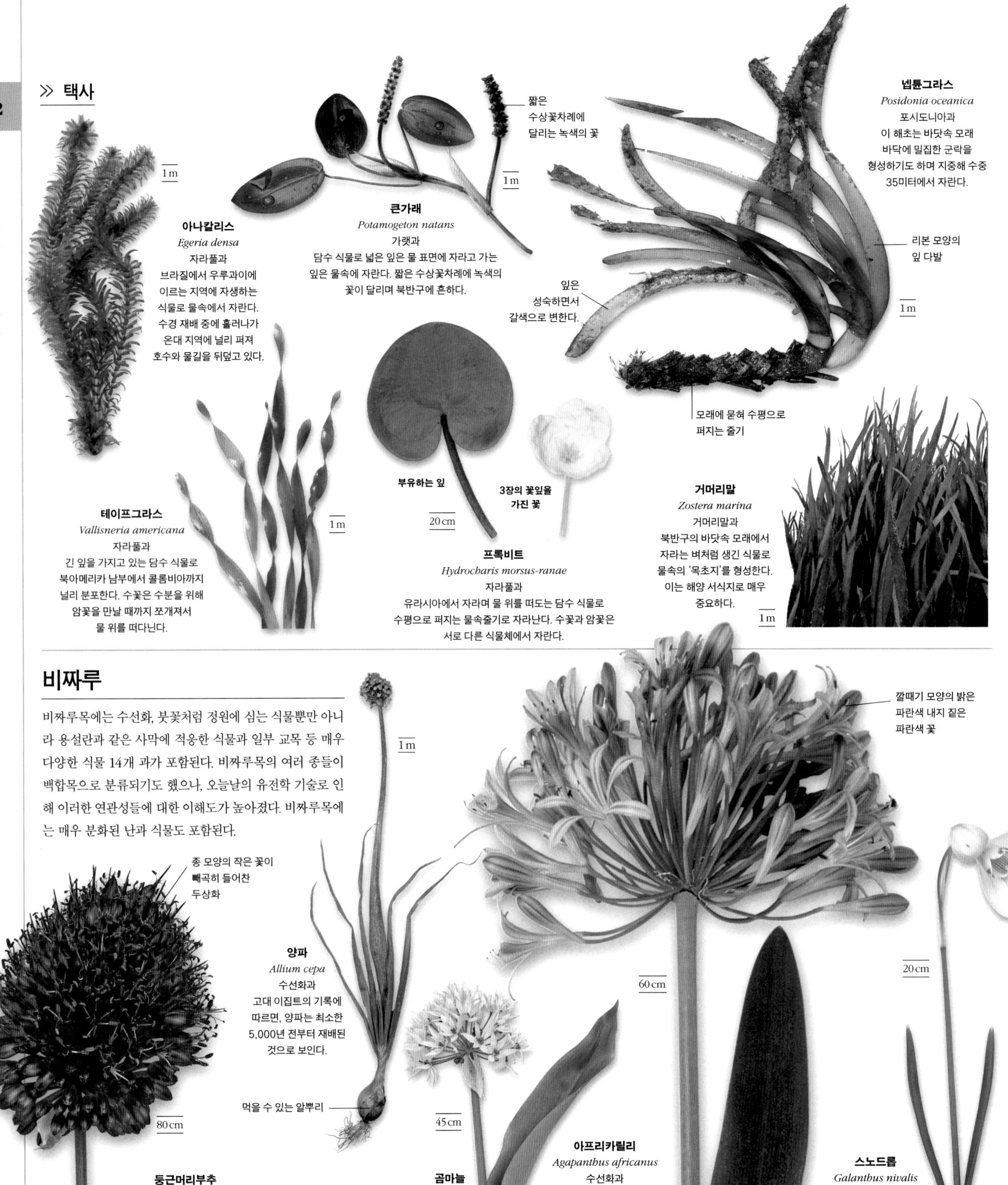

아나칼리스
Egeria densa
자라풀과
브라질에서 우루과이에 이르는 지역에 자생하는 식물로 물속에서 자란다. 수경 재배 중에 흘러나가 온대 지역에 널리 퍼져 호수와 물길을 뒤덮고 있다.

큰가래
Potamogeton natans
가랫과
담수 식물로 넓은 잎은 물 표면에 자라고 가는 잎은 물속에 자란다. 짧은 수상꽃차례에 녹색의 꽃이 달리며 북반구에 흔하다.

넵튠그라스
Posidonia oceanica
포시도니아과
이 해초는 바닷속 모래 바닥에 밀집한 군락을 형성하기도 하며 지중해 수중 35미터에서 자란다.

테이프그라스
Vallisneria americana
자라풀과
긴 잎을 가지고 있는 담수 식물로 북아메리카 남부에서 콜롬비아까지 널리 분포한다. 수꽃은 수분을 위해 암꽃을 만날 때까지 쪼개져서 물 위를 떠다닌다.

프록비트
Hydrocharis morsus-ranae
자라풀과
유라시아에서 자라며 물 위를 떠도는 담수 식물로 수평으로 퍼지는 물속줄기로 자라난다. 수꽃과 암꽃은 서로 다른 식물체에서 자란다.

거머리말
Zostera marina
거머리말과
북반구의 바닷속 모래에서 자라는 벼처럼 생긴 식물로 물속의 '목초지'를 형성한다. 이는 해양 서식지로 매우 중요하다.

비짜루

비짜루목에는 수선화, 붓꽃처럼 정원에 심는 식물뿐만 아니라 용설란과 같은 사막에 적응한 식물과 일부 교목 등 매우 다양한 식물 14개 과가 포함된다. 비짜루목의 여러 종들이 백합목으로 분류되기도 했으나, 오늘날의 유전학 기술로 인해 이러한 연관성들에 대한 이해도가 높아졌다. 비짜루목에는 매우 분화된 난과 식물도 포함된다.

양파
Allium cepa
수선화과
고대 이집트의 기록에 따르면, 양파는 최소한 5,000년 전부터 재배된 것으로 보인다.

둥근머리부추
Allium sphaerocephalon
수선화과
양파와 유연관계가 있는 유럽산 식물로 석회암 지역에 주로 자란다. 정원사들은 형형색색의 빽곡히 들어찬 두상화(頭狀花, flower head) 때문에 이 식물을 주로 키운다.

곰마늘
Allium ursinum
수선화과
마늘과 유연관계가 있으며, 냄새도 비슷한 식물로 종종 봄에 넓은 녹색의 잎으로 유럽 삼림을 뒤덮는다.

아프리카릴리
Agapanthus africanus
수선화과
남아프리카가 원산인 식물로 꽃에는 매우 긴 자루가 있고 잎은 좁고 구부러져 자란다. 자생지에서는 산불이 난 후에도 다육질의 땅속줄기로부터 다시 자란다.

스노드롭
Galanthus nivalis
수선화과
유럽에서 자생하는 그늘에 저항력이 강한 식물로 이른 봄에 꽃이 핀다. 꽃잎보다 매우 긴 3개의 흰 꽃받침잎을 가지고 있다.

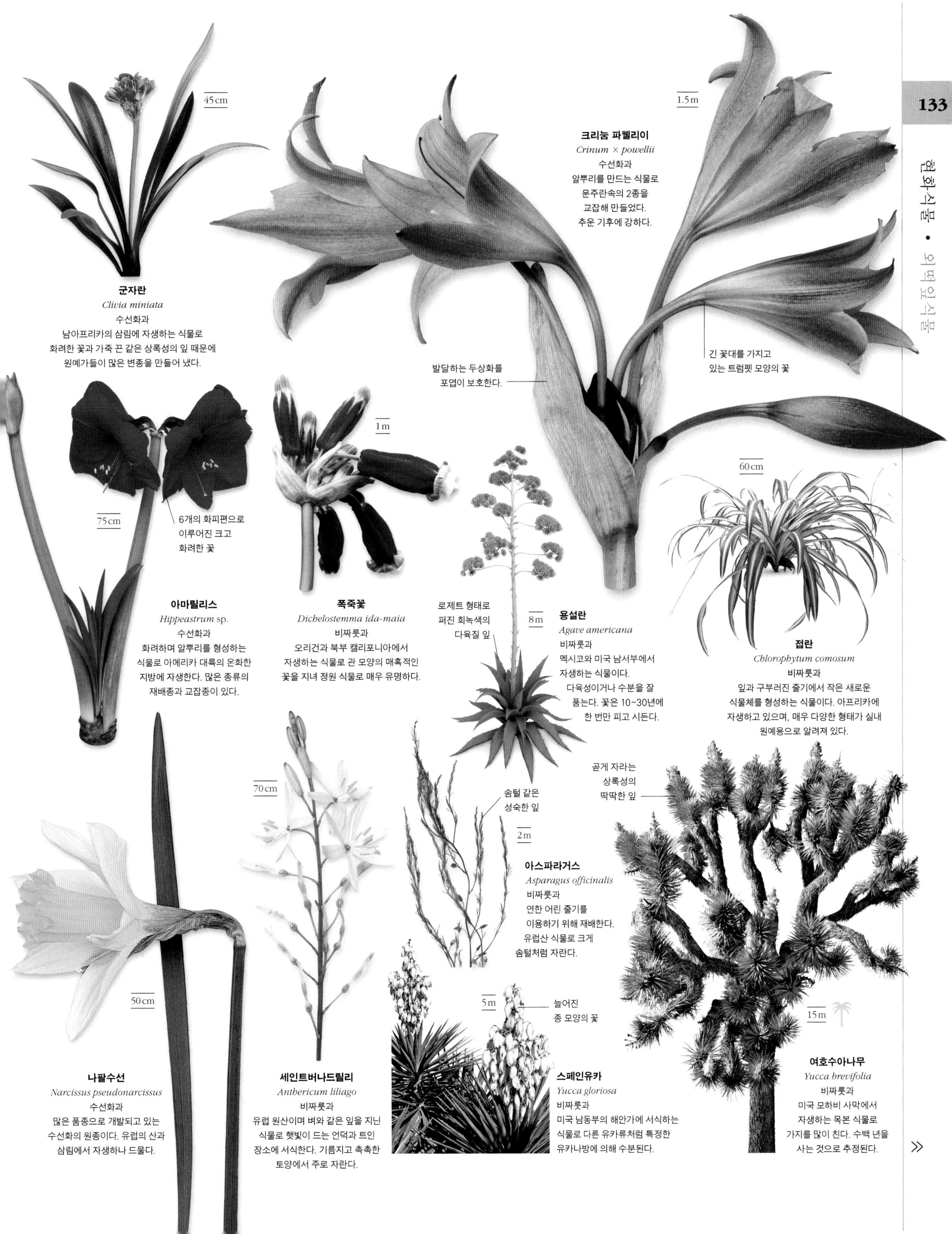

군자란
Clivia miniata
수선화과
남아프리카의 삼림에 자생하는 식물로 화려한 꽃과 가죽 끈 같은 상록성의 잎 때문에 원예가들이 많은 변종을 만들어 냈다.

크리눔 파웰리이
Crinum × powellii
수선화과
알뿌리를 만드는 식물로 문주란속의 2종을 교잡해 만들었다. 추운 기후에 강하다.

아마릴리스
Hippeastrum sp.
수선화과
화려하며 알뿌리를 형성하는 식물로 아메리카 대륙의 온화한 지방에 자생한다. 많은 종류의 재배종과 교잡종이 있다.

폭죽꽃
Dichelostemma ida-maia
비짜루과
오리건과 북부 캘리포니아에서 자생하는 식물로 관 모양의 매혹적인 꽃을 지녀 정원 식물로 매우 유명하다.

용설란
Agave americana
비짜루과
멕시코와 미국 남서부에서 자생하는 식물이다. 다육성이거나 수분을 잘 품는다. 꽃은 10~30년에 한 번만 피고 시든다.

접란
Chlorophytum comosum
비짜루과
잎과 구부러진 줄기에서 작은 새로운 식물체를 형성하는 식물이다. 아프리카에 자생하고 있으며, 매우 다양한 형태가 실내 원예용으로 알려져 있다.

아스파라거스
Asparagus officinalis
비짜루과
연한 어린 줄기를 이용하기 위해 재배한다. 유럽산 식물로 크게 솜털처럼 자란다.

나팔수선
Narcissus pseudonarcissus
수선화과
많은 품종으로 개발되고 있는 수선화의 원종이다. 유럽의 산과 삼림에서 자생하나 드물다.

세인트버나드릴리
Anthericum liliago
비짜루과
유럽 원산이며 벼와 같은 잎을 지닌 식물로 햇빛이 드는 언덕과 트인 장소에 서식한다. 기름지고 촉촉한 토양에서 주로 자란다.

스페인유카
Yucca gloriosa
비짜루과
미국 남동부의 해안가에 서식하는 식물로 다른 유카류처럼 특정한 유카나방에 의해 수분된다.

여호수아나무
Yucca brevifolia
비짜루과
미국 모하비 사막에서 자생하는 목본 식물로 가지를 많이 친다. 수백 년을 사는 것으로 추정된다.

»

≫ 비짜루

은방울꽃
Convallaria majalis
비짜룻과
온대 유라시아에 자라며 달콤한 향기가 나는 식물로 독이 있는 붉은 장과를 맺는다.

둥굴레
Polygonatum multiflorum
비짜룻과
주로 유라시아 삼림에 자라는 식물이다. 향기가 없는 관 모양의 꽃과 잎이 달리는 줄기는 아래로 구부러진다.

부처스브룸
Ruscus aculeatus
비짜룻과
유럽에서 자라는 관목으로 꽃과 열매는 잎처럼 보이는 납작해진 줄기에서 난다.

해총
Drimia maritima
비짜룻과
지중해 연안에 자라며 큰 알줄기를 갖는 식물로 잎이 시든 후 늦여름에 흰 꽃으로 이루어진 수상꽃차례를 만든다.

엽란
Aspidistra elatior
비짜룻과
일본의 삼림에 자생하는 식물로 인기가 많다. 작은 자주색의 꽃은 땅에 가깝게 핀다.

베들레헴별
Ornithogalum angustifolium
비짜룻과
유럽에 널리 자라는 식물로 꽃은 우중충한 날씨에 빨리 닫힌다. 가는 잎에는 중앙에 흰 줄무늬가 있다.

산세베리아
Sansevieria trifasciata
비짜룻과
서아프리카 열대 지방에 자라는 식물로 뻣뻣하고 무늬가 있는 잎이 있어 실내 원예용으로 유명하다. 섬유를 얻기 위해 키우기도 한다.

포르투갈무릇
Scilla peruviana
비짜룻과
유럽 남서부에 자라는 화려한 식물로 알뿌리를 형성하는 다년생이다. 길고 넓은 잎이 식물의 아래부터 자란다.

아필란세스
Aphyllanthes monspeliensis
비짜룻과
지중해에서 자라는 식물로 줄기가 많고 가늘며 잎이 거의 없어서 꽃이 피지 않으면 골풀 무더기처럼 보인다.

히야신스
Hyacinthus orientalis
"Blue jacket"
비짜룻과
수세기 전에 서남아시아에서 유래된 식물로 향이 나고 색이 다채로운 많은 품종 중 하나이다.

라케날리아
Lachenalia aloides
비짜룻과
알뿌리를 형성하는 식물로 아프리카 남서쪽 끝에서 자란다. 1~2줄의 무늬가 있는 잎을 가지고 있다.

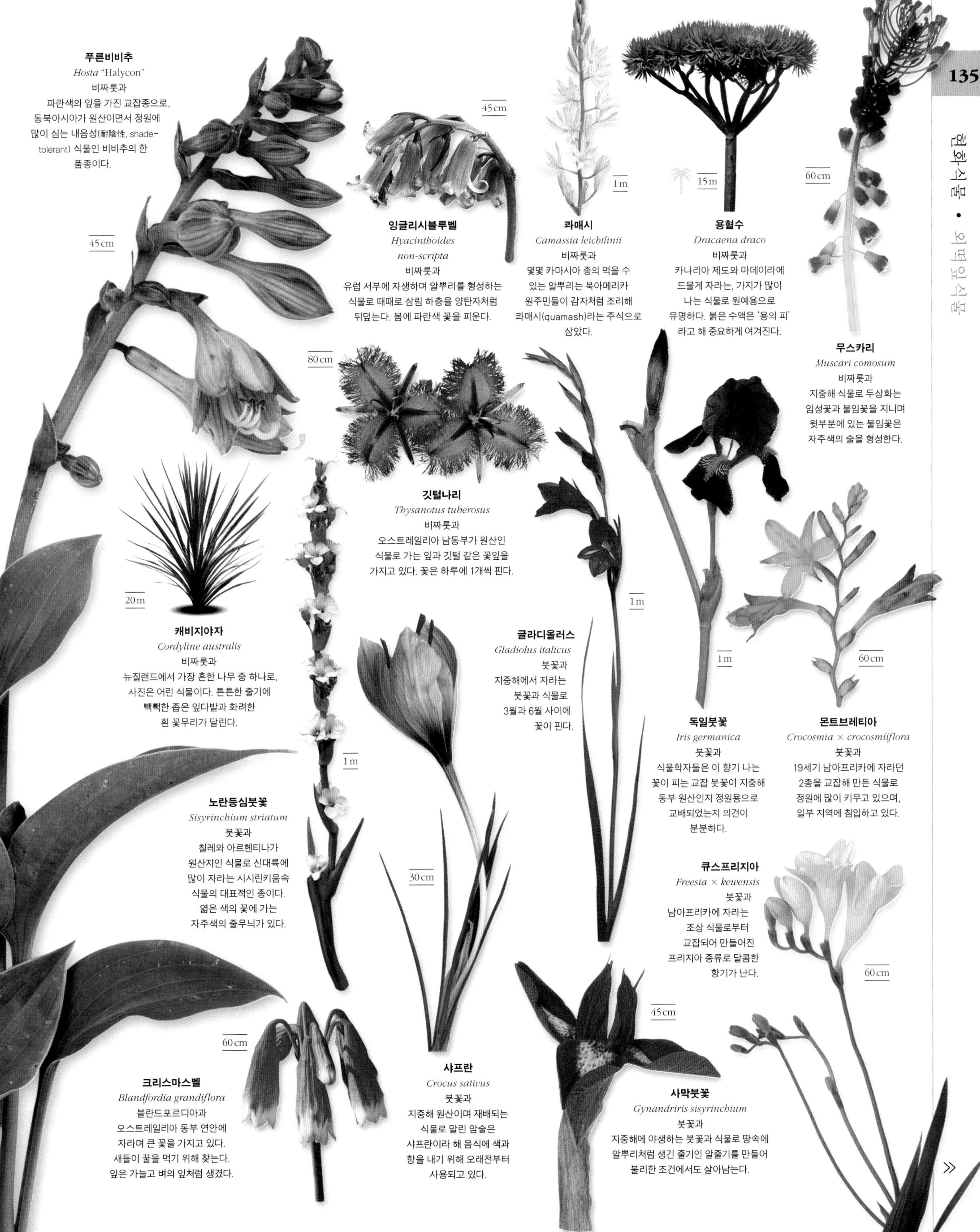

푸른비비추
Hosta "Halycon"
비짜룻과
파란색의 잎을 가진 교잡종으로, 동북아시아가 원산이면서 정원에 많이 심는 내음성(耐陰性, shade-tolerant) 식물인 비비추의 한 품종이다.

잉글리시블루벨
Hyacinthoides non-scripta
비짜룻과
유럽 서부에 자생하며 알뿌리를 형성하는 식물로 때때로 삼림 하층을 양탄자처럼 뒤덮는다. 봄에 파란색 꽃을 피운다.

콰매시
Camassia leichtlinii
비짜룻과
몇몇 카마시아 종의 먹을 수 있는 알뿌리는 북아메리카 원주민들이 감자처럼 조리해 콰매시(quamash)라는 주식으로 삼았다.

용혈수
Dracaena draco
비짜룻과
카나리아 제도와 마데이라에 드물게 자라는, 가지가 많이 나는 식물로 원예용으로 유명하다. 붉은 수액은 '용의 피'라고 해 중요하게 여겨진다.

무스카리
Muscari comosum
비짜룻과
지중해 식물로 두상화는 임성꽃과 불임꽃을 지니며 윗부분에 있는 불임꽃은 자주색의 술을 형성한다.

깃털나리
Thysanotus tuberosus
비짜룻과
오스트레일리아 남동부가 원산인 식물로 가는 잎과 깃털 같은 꽃잎을 가지고 있다. 꽃은 하루에 1개씩 핀다.

캐비지야자
Cordyline australis
비짜룻과
뉴질랜드에서 가장 흔한 나무 중 하나로, 사진은 어린 식물이다. 튼튼한 줄기에 빽빽한 좁은 잎다발과 화려한 흰 꽃무리가 달린다.

글라디올러스
Gladiolus italicus
붓꽃과
지중해에서 자라는 붓꽃과 식물로 3월과 6월 사이에 꽃이 핀다.

독일붓꽃
Iris germanica
붓꽃과
식물학자들은 이 향기 나는 꽃이 피는 교잡 붓꽃이 지중해 동부 원산인지 정원용으로 교배되었는지 의견이 분분하다.

몬트브레티아
Crocosmia × crocosmiiflora
붓꽃과
19세기 남아프리카에 자라던 2종을 교잡해 만든 식물로 정원에 많이 키우고 있으며, 일부 지역에 침입하고 있다.

노란등심붓꽃
Sisyrinchium striatum
붓꽃과
칠레와 아르헨티나가 원산지인 식물로 신대륙에 많이 자라는 시시린키움속 식물의 대표적인 종이다. 옅은 색의 꽃에 가는 자주색의 줄무늬가 있다.

큐스프리지아
Freesia × kewensis
붓꽃과
남아프리카에 자라는 조상 식물로부터 교잡되어 만들어진 프리지아 종류로 달콤한 향기가 난다.

크리스마스벨
Blandfordia grandiflora
블란드포르디아과
오스트레일리아 동부 연안에 자라며 큰 꽃을 가지고 있다. 새들이 꿀을 먹기 위해 찾는다. 잎은 가늘고 벼의 잎처럼 생겼다.

샤프란
Crocus sativus
붓꽃과
지중해 원산이며 재배되는 식물로 말린 암술은 샤프란이라 해 음식에 색과 향을 내기 위해 오래전부터 사용되고 있다.

사막붓꽃
Gynandriris sisyrinchium
붓꽃과
지중해에 야생하는 붓꽃과 식물로 땅속에 알뿌리처럼 생긴 줄기인 알줄기를 만들어 불리한 조건에서도 살아남는다.

»

≫ 비짜루

풍선난초
Calypso bulbosa
난초과
북반구의 서늘한 지역에 널리 자라는 식물로 향기 나는 꽃이 하나 달린다. 축축한 삼림과 습지대에 잘 자란다.

온시듐
Oncidium sp.
난초과
열대 아메리카 원산으로 330여 종이 있다. 크기가 다양하고 나무에 살며, 넓은 순편(盾片, lip)을 가지고 있다.

트레이시신비디움
Cymbidium tracyanum
난초과
버마, 태국 및 중국 남서부에서 자라는 기생란으로 가을에 매우 강한 향을 풍기는 꽃이 핀다.

히야신스난초
Dipodium squamatum
난초과
오스트레일리아에서 자라는 잎이 없는 식물로 삼림의 땅 위에서 자란다. 땅속의 균류와 공생한다.

프라그미페디움
Phragmipedium × *sedenii*
난초과
땅 위에서 자라는 향이 나는 식물로 아메리카 열대 지방이 원산인 프라그미페디움속 식물의 잡종이다.

작은나비난초
Platanthera bifolia
난초과
온대 유라시아의 다양한 곳에서 발견되는 식물로 색이 옅은 꽃은 달콤한 향기를 내서 밤에 날아다니는 나방을 유혹해 수분을 유도한다.

피라미드난초
Anacamptis pyramidalis
난초과
온대 유라시아의 백악 지대에 자라는 난초로 찰스 다윈에 의해 처음으로 기재되었다. 나비나 나방에 꽃가루 주머니를 붙여 수분한다.

붉은복주머니란
Cypripedium acaule
난초과
북아메리카 동부에 널리 퍼져 자라는 식물로 2장의 잎을 가지고 있다. 소나무 숲의 산성 토양을 좋아한다.

털슬리퍼란
Paphiopedilum villosum
난초과
중국 남부와 동남아시아의 일부 지역에 자생하는 난초로 많은 관상용 교잡종을 만드는 데 사용된다.

와그너마스데발리아
Masdevallia wageneriana
난초과
베네수엘라 북부 산지에 자라는 작은 착생 식물로 작은 꽃받침잎에는 마스데발리아속 식물의 주요 특징인 가는 '꼬리(박차)'가 있다.

오렌지구아리안데
Guarianthe aurantiaca
난초과
열대 중부 아메리카에 분포하는 식물로 나무 위에 자란다. 원예가들에 의해 많은 관상용 품종과 교잡종이 만들어졌다.

타이완플레이오네
Pleione formosana
난초과
중국의 일부 지역에서 자생하는 작은 난초로 땅 위에서 자라며 겨울 동안에 잎이 진다.

붉은은대난초
Cephalanthera rubra
난초과
땅 위에서 자라는 식물로 장밋빛이 나는 분홍색 혹은 자주색의 꽃을 피운다. 유럽 동부와 서아시아에 걸친 햇빛이 드는 삼림 지대에 서식한다.

보라새둥지란
Limodorum abortivum
난초과
유럽 남부에 자라는 난초로 녹색 잎이 없으며, 뿌리 주위에 서식하는 루술라속 균류로부터 서식하는 양분을 얻는다.

덴드로비움
Dendrobium sp.
난초과
1,000여 종이 포함되며 형태, 색, 크기가 매우 다양하다. 동남아시아와 뉴질랜드에서 발견되는 착생 식물이다.

립페로스호접란
Phalaenopsis 'Lipperose'
난초과
동남아시아에서 나는 넓고 납작한 꽃을 가진 팔라이놉시스속을 이용해 만들어진 많은 교잡종 중 하나로 재배된다.

설난초
Serapias lingua
난초과
지중해에서 드물게 자라는 난초로 순편이 혀처럼 달려 있다. 이러한 모양의 순편은 곤충이 꽃을 방문할 때 활주로 역할을 한다.

도마뱀난초
Himantoglossum hircinum
난초과
남유럽의 매우 큰 야생 난초로 긴 순편은 상상 속에나 나올 것 같은 작은 도마뱀처럼 생겼다. 이름은 이러한 모양을 따서 붙여졌다.

각각의 꽃에는 3개의 꽃받침잎과 2개의 꽃잎이 있다.

아래로 늘어진 꽃받침잎

군대난초
Orchis militaris
난초과
백악질 석회암을 좋아하는 유라시아산 난초로 꽃이 투구 쓴 사람 모습과 비슷해 이름이 유래한 것으로 여겨진다.

당나귀난초
Diuris corymbosa
난초과
오스트레일리아 남동부와 남서부에 자생하는 난초로 양쪽의 꽃잎이 당나귀 귀와 닮아서 이름 붙여졌다.

종자가 든 꼬투리

가죽질의 상록성 잎

로스차일드반다
Vanda 'Rothschildiana'
난초과
열대 아시아에 자생하며 나무 위에서 자라는 반다속 종류로부터 만들어진 교잡종이다.

평평한잎바닐라난초
Vanilla planifolia
난초과
멕시코와 중앙아메리카가 원산지인 덩굴성 난초로 맛있는 바닐라의 원료이다.

그린후드난초
Pterostylis sp.
난초과
땅에 사는 이 오스트레일리아 난초의 향기는 작은 수컷 파리를 유인한다. 그 후 깃털 같은 덫이 파리를 자극해 꽃가루를 수집한다.

꽃자루에 달린 피침형의 잎

가을타래난초
Spiranthes spiralis
난초과
주로 초지에 자라는 작은 난초로 온대 유라시아에 분포한다. 꽃이 꽃대를 따라 나선형으로 돌아가며 나는 특징이 있다.

곤충을 유혹하는 꽃

뚱뚱한 호박벌을 닮은 꽃

안쪽 꽃 위로 보호 덮개를 형성한 꽃받침과 꽃잎

곤충을 잡기 위해 방아쇠를 당기는 꽃

곤충이 앉을 수 있는 아래 꽃받침조각들

검붉은닭의난초
Epipactis atrorubens
난초과
향기가 나는 유라시아산 난초로 긴 뿌리는 석회암의 틈 속으로 비집고 들어가 성공적으로 살 수 있게 해 준다.

눈난초
Phaius tankervilleae
난초과
땅 위에서 자라며 향이 나는 난초로 널리 재배된다. 동남아시아와 남태평양의 열대 및 아열대에 자생한다.

꿀벌란
Ophrys apifera
난초과
이 속에 속하는 식물의 꽃은 암벌의 모습을 흉내 내어 수분을 매개하는 수벌을 유혹하지만, 일반적으로는 꽃 자체 내에서 수분이 이뤄지는 유라시아산 난초이다.

»

∨ 돌진하는 줄기

알뿌리가 많은 이 난초는 바위나 다른 식물 등 주위의 지지물 위에 자라며 식물의 아랫부분에서 수평으로 기는 줄기가 두꺼운 깔개처럼 퍼진다.

알뿌리가 많은 난초

Dinema polybulbon

이 소형 난초는 디네마속에 속한 유일한 종이다. 나무나 바위에 붙어 자라는 착생 혹은 암생 식물로 자유롭게 뻗어 나가 많은 개체를 만든다. 공기, 동물의 부식물 또는 다른 식물의 잔해로부터 영양분을 얻는다. 두꺼운 밀랍질의 잎을 통해 비나 안개로부터 수분을 모으며, 수분 손실을 줄일 수 있도록 기공은 모든 기능이 퇴화되어 있다. 잎은 위인경(僞鱗莖, pseudobulbs)이라고 알려진 부풀고 곧은 줄기로 물을 보내므로 열대 지역의 건조한 시기에 물을 이용할 수 있다. 위인경은 수평으로 뻗은 줄기에 붙어 있으며, 땅속뿌리와 땅 위에 있는 뿌리, 즉 기근(氣根)과 연결된다. 이들은 바깥쪽 세포층인 뿌리껍질(근피(根被))을 통해 용해된 영양분을 흡수한다. 겨울 동안 각각의 위인경은 하나의 꽃을 만든다. 7도에서도 생존할 수 있어 난초 수집가에게 인기가 많다.

크기 키 7.5센티미터
서식지 습기가 많은 잡목림
분포 멕시코, 중앙아메리카, 자메이카, 쿠바
잎 평행맥

위인경 >
덩굴줄기에서 나온 작은 타원형의 구근 모양으로 건조한 기간 동안 물을 저장한다. 각각 1~3개의 광택이 있는 잎을 낸다.

∧ 꽃
위인경은 황갈색 꽃받침잎과 자주색 꽃잎, 흰색의 순편을 지닌 향기 나는 작은 꽃을 생성한다.

< 꽃가루주머니
난초의 꽃가루는 2개의 꽃가루주머니에 담겨 있다. 끈적끈적한 물질은 꽃가루주머니가 수분 매개 곤충에게 붙을 수 있게 한다.

< 기근
난초 식물의 기근은 흙에 닿을 필요가 없다. 오래된 부분에는 죽은 세포로 된 보호층이 있으며, 이는 물을 흡수하고 함유하는 흡묵지와 비슷한 역할을 한다.

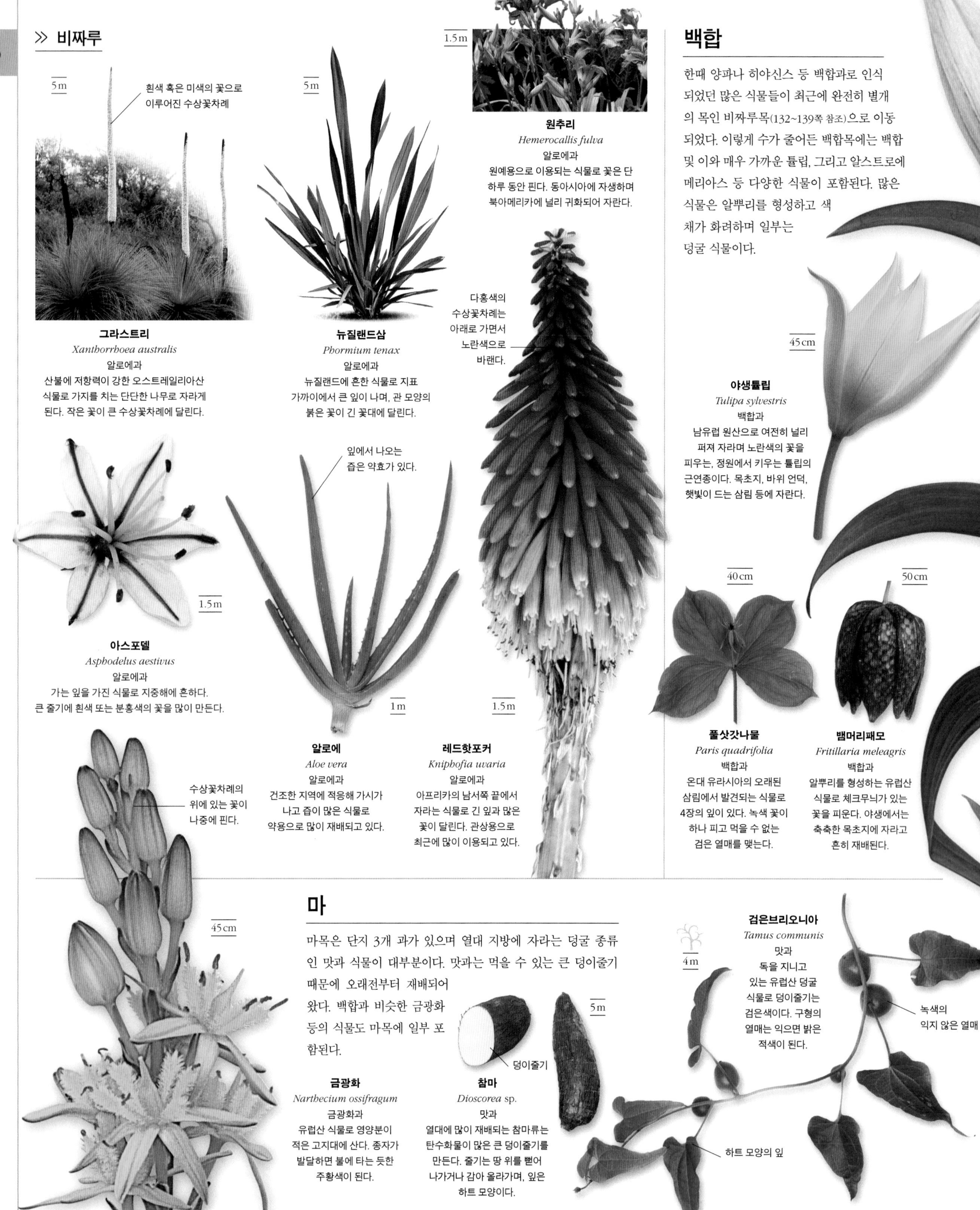

≫ 비짜루

그라스트리
Xanthorrhoea australis
알로에과
산불에 저항력이 강한 오스트레일리아산 식물로 가지를 치는 단단한 나무로 자라게 된다. 작은 꽃이 큰 수상꽃차례에 달린다.

뉴질랜드삼
Phormium tenax
알로에과
뉴질랜드에 흔한 식물로 지표 가까이에서 큰 잎이 나며, 관 모양의 붉은 꽃이 긴 꽃대에 달린다.

원추리
Hemerocallis fulva
알로에과
원예용으로 이용되는 식물로 꽃은 단 하루 동안 핀다. 동아시아에 자생하며 북아메리카에 널리 귀화되어 자란다.

아스포델
Asphodelus aestivus
알로에과
가는 잎을 가진 식물로 지중해에 흔하다. 큰 줄기에 흰색 또는 분홍색의 꽃을 많이 만든다.

알로에
Aloe vera
알로에과
건조한 지역에 적응해 가시가 나고 즙이 많은 식물로 약용으로 많이 재배되고 있다.

레드핫포커
Kniphofia uvaria
알로에과
아프리카의 남서쪽 끝에서 자라는 식물로 긴 잎과 많은 꽃이 달린다. 관상용으로 최근에 많이 이용되고 있다.

백합

한때 양파나 히야신스 등 백합과로 인식되었던 많은 식물들이 최근에 완전히 별개의 목인 비짜루목(132~139쪽 참조)으로 이동되었다. 이렇게 수가 줄어든 백합목에는 백합 및 이와 매우 가까운 튤립, 그리고 알스트로에메리아스 등 다양한 식물이 포함된다. 많은 식물은 알뿌리를 형성하고 색채가 화려하며 일부는 덩굴 식물이다.

야생튤립
Tulipa sylvestris
백합과
남유럽 원산으로 여전히 널리 퍼져 자라며 노란색의 꽃을 피우는, 정원에서 키우는 튤립의 근연종이다. 목초지, 바위 언덕, 햇빛이 드는 삼림 등에 자란다.

풀삿갓나물
Paris quadrifolia
백합과
온대 유라시아의 오래된 삼림에서 발견되는 식물로 4장의 잎이 있다. 녹색 꽃이 하나 피고 먹을 수 없는 검은 열매를 맺는다.

뱀머리패모
Fritillaria meleagris
백합과
알뿌리를 형성하는 유럽산 식물로 체크무늬가 있는 꽃을 피운다. 야생에서는 축축한 목초지에 자라고 흔히 재배된다.

마

마목은 단지 3개 과가 있으며 열대 지방에 자라는 덩굴 종류인 맛과 식물이 대부분이다. 맛과는 먹을 수 있는 큰 덩이줄기 때문에 오래전부터 재배되어 왔다. 백합과 비슷한 금광화 등의 식물도 마목에 일부 포함된다.

금광화
Narthecium ossifragum
금광화과
유럽산 식물로 영양분이 적은 고지대에 산다. 종자가 발달하면 불에 타는 듯한 주황색이 된다.

참마
Dioscorea sp.
맛과
열대에 많이 재배되는 참마류는 탄수화물이 많은 큰 덩이줄기를 만든다. 줄기는 땅 위를 뻗어 나가거나 감아 올라가며, 잎은 하트 모양이다.

검은브리오니아
Tamus communis
맛과
독을 지니고 있는 유럽산 덩굴 식물로 덩이줄기는 검은색이다. 구형의 열매는 익으면 밝은 적색이 된다.

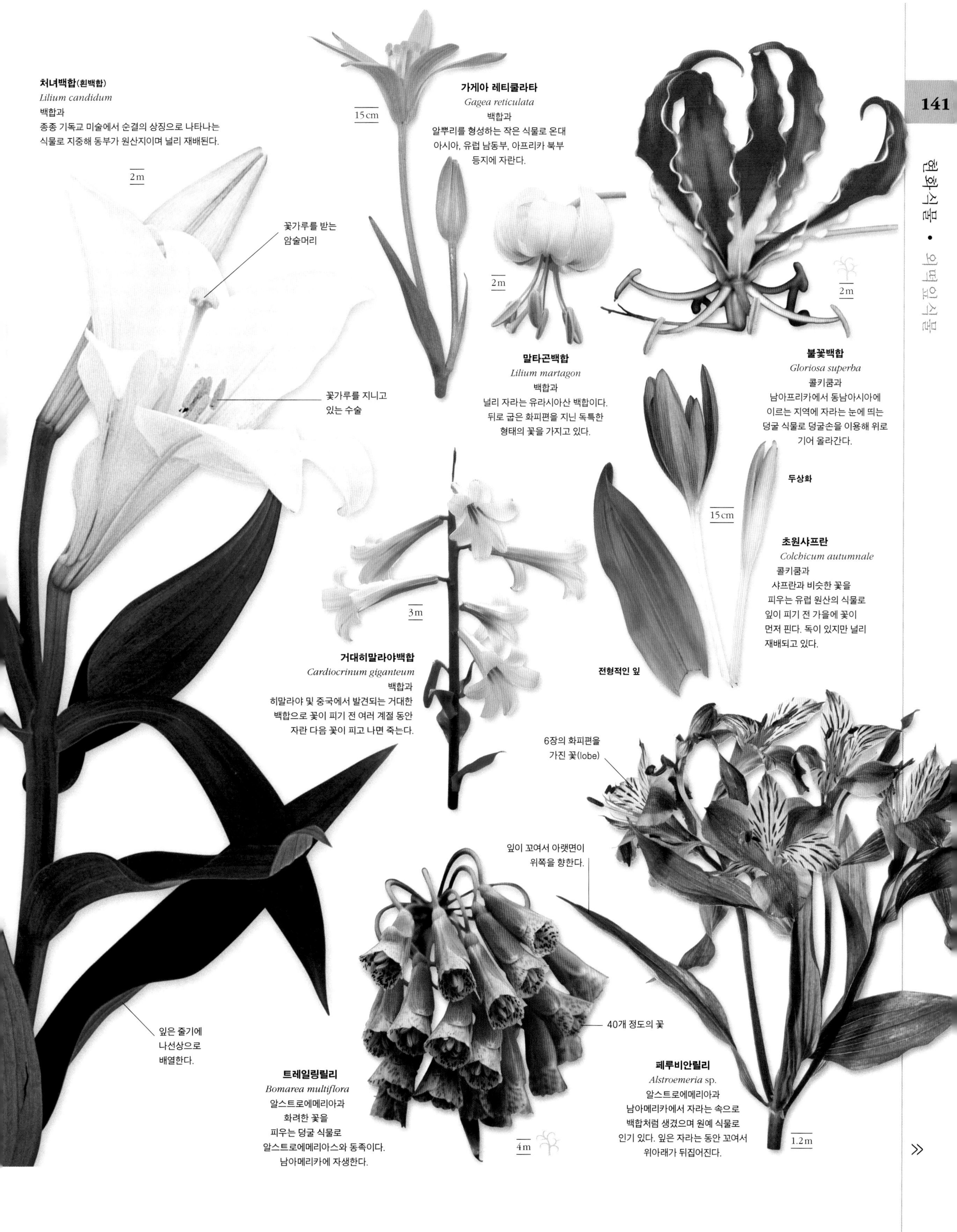

처녀백합(흰백합)
Lilium candidum
백합과
종종 기독교 미술에서 순결의 상징으로 나타나는 식물로 지중해 동부가 원산지이며 널리 재배된다.

가게아 레티쿨라타
Gagea reticulata
백합과
알뿌리를 형성하는 작은 식물로 온대 아시아, 유럽 남동부, 아프리카 북부 등지에 자란다.

말타곤백합
Lilium martagon
백합과
널리 자라는 유라시아산 백합이다. 뒤로 굽은 화피편을 지닌 독특한 형태의 꽃을 가지고 있다.

불꽃백합
Gloriosa superba
콜키쿰과
남아프리카에서 동남아시아에 이르는 지역에 자라는 눈에 띄는 덩굴 식물로 덩굴손을 이용해 위로 기어 올라간다.

초원사프란
Colchicum autumnale
콜키쿰과
샤프란과 비슷한 꽃을 피우는 유럽 원산의 식물로 잎이 피기 전 가을에 꽃이 먼저 핀다. 독이 있지만 널리 재배되고 있다.

거대히말라야백합
Cardiocrinum giganteum
백합과
히말라야 및 중국에서 발견되는 거대한 백합으로 꽃이 피기 전 여러 계절 동안 자란 다음 꽃이 피고 나면 죽는다.

트레일링릴리
Bomarea multiflora
알스트로에메리아과
화려한 꽃을 피우는 덩굴 식물로 알스트로에메리아스와 동족이다. 남아메리카에 자생한다.

페루비안릴리
Alstroemeria sp.
알스트로에메리아과
남아메리카에서 자라는 속으로 백합처럼 생겼으며 원예 식물로 인기 있다. 잎은 자라는 동안 꼬여서 위아래가 뒤집어진다.

»

» 백합

칠레초롱꽃
Lapageria rosea
필레시아과
독특한 종 모양의 꽃이 피는 식물로 이 휘감는 덩굴 식물은 칠레의 습기 찬 삼림에 자생한다.

10m

장과

꽃 무리

15m

스밀락스
Smilax aspera
청미래덩굴과
지중해와 서남아시아에 자생하는 강인한 덩굴 식물로 수꽃과 암꽃이 다른 개체에서 난다.

1.5m

여로
Veratrum sp.
연영초과
북반구에 자생하는 속으로 독성이 있다. 가지를 치는 두상화에 종종 녹색의 꽃을 피운다.

노두수

열대 지방에 주로 발견되는 노두수목에 속한 5개 과에는 1,300여 종의 교목, 관목, 덩굴 식물 등이 포함된다. 많은 종류는 끈 모양의 홑잎을 제외하고는 야자 식물과 비슷하다. 절반가량이 노두수속에 속한다.

많은 종자를 지닌 열매

대치스크루소나무
Pandanus tectorius
노두수과
소나무류와는 관계가 없는 열대 해안에 자라는 식물로 태평양 지역에서 오랫동안 이용되었다.

성숙한 나무

18m

종려나무

2016년부터 오스트레일리아 고유종 16종이 추가된 종려나무목에는 2,000종이 넘는 종이 종려나뭇과에 속한다. 일반적으로 하나의 중심 눈(bud)에서 자라는 종려나무는 우뚝 솟은 나무부터 가느다랗게 기어오르는 덩굴 식물까지 다양하다. 거대한 잎은 깃털 모양이거나 부채 모양이다. 종종 무인도가 연상되지만, 대부분의 종은 실제 열대 우림에 살고 있다.

30m

20m

사탕야자
Arenga pinnata
종려나뭇과
인도와 동남아시아에 자생하는 식물로 노란색 꽃을 피운다. 주머니에서 당분과 섬유질을 많이 생산해 낸다.

대추야자
Phoenix dactylifera
종려나뭇과
재배되는 야자나무로 중동 지방이 원산지이다. 수그루와 암그루가 따로 난다.

30m

25m

겹잎

코코넛야자
Cocos nucifera
종려나뭇과
태평양 서부가 원산지일 것으로 추정되며, 현재 널리 재배되고 있다. 열매가 물 위에 떠서 다른 섬으로 퍼져 나간다.

성숙한 나무

하나의 종자가 담긴 열매

성숙한 나무

익은 열매

빈랑나무
Areca catechu
종려나뭇과
정신에 영향을 주는 물질을 함유하고 있는 씨앗을 얻기 위해 재배되고 있다. 동남아시아가 원산지이다.

18m

사막부채야자
Washingtonia filifera
종려나뭇과
왕관처럼 나오는 잎 아래에 죽은 잎들이 달려 있어 새나 곤충들에게 서식처를 제공해 준다. 미국의 남서부 사막에 자생한다.

페티코트야자
Copernicia macroglossa
종려나뭇과
쿠바에 자생하는 비교적 작은 식물로 왕관처럼 나는 잎의 아래에 남아 있는 죽은 잎들이 치마처럼 보여서 이름 붙여졌다.

7m

기름야자
Elaeis guineensis
종려나뭇과
습기 찬 열대 저지대에서 자라는 식물로 열매에 기름을 함유하고 있어 아프리카 외에도 많은 곳에서 재배된다.

주병야자
Hyophorbe lagenicaulis
종려나뭇과
모리셔스와 가까운 작은 라운드 섬에 자라는 야자나무로 원예용으로 많이 키운다.

사고야자
Metroxylon sagu
종려나뭇과
습지에 사는 야자나무로 뉴기니가 기원일 것으로 추정되나 현재 동남아시아에 자란다.

추산야자
Trachycarpus fortunei
종려나뭇과
중국 중부에서 자라며 내냉성이 강한 식물로 수꽃과 암꽃이 다른 개체에서 핀다. 암꽃은 푸른빛이 도는 검고 둥근 열매를 만들어 낸다.

코코데메르
Lodoicea maldivica
종려나뭇과
세이셸에서 자라는 야자나무로 식물계에서 제일 큰 씨앗을 품고 있다. 종자가 성숙하는 데 6년이 걸린다.

대왕야자
Roystonea regia
종려나뭇과
나무줄기가 부드러우면서 크고 멋진 식물로 열대 지방에서 흔히 가로수로 심는다. 중앙아메리카에서 플로리다와 쿠바까지 자생한다.

라피아야자
Raphia farinifera
종려나뭇과
아프리카 야자 종류로 20미터에 달하는 매우 큰 잎을 가지고 있다.

팔미라야자
Borassus flabellifer
종려나뭇과
남아시아 건조한 곳에 자라며 큰 나무줄기를 지녔다. 열매와 당분이 함유된 수액 때문에 재배된다.

브라질왁스야자
Copernicia prunifera
종려나뭇과
브라질 북동부에 서식하는 야자의 잎은 왁스로 코팅되어 가뭄에 강하다. 수확한 왁스는 광택제와 비누에 이용된다.

유럽부채야자
Chamaerops humilis
종려나뭇과
야생에서는 나무줄기가 종종 없으며, 재배할 경우 하나의 기부를 갖는 여러 개의 짧은 나무줄기가 나타나곤 한다. 지중해 지역이 원산이다.

칠레와인야자
Jubaea chilensis
종려나뭇과
코키토야자로도 알려진, 나무줄기가 거대한 야자나무로 내냉성이 강하며 칠레 중부 지방에만 자생한다. 현재 보호받고 있는 종이다.

닭의장풀

각각 5종 정도로 구성된 2개의 과와 여기에 소개된 큰 3개의 과를 포함하는 목이다. 주로 따뜻한 지역에서 낮게 자란다. 많은 식물이 3개(일부는 2개로 줄음)의 꽃잎으로 된 매력적인 푸른 꽃을 피워 관상용으로 인기가 높다.

60cm

푸른달개비
Commelina coelestis
닭의장풀과
멕시코와 중앙아메리카 지역에 자생하는 식물로 옆으로 뻗어 자라 땅을 뒤덮는다.

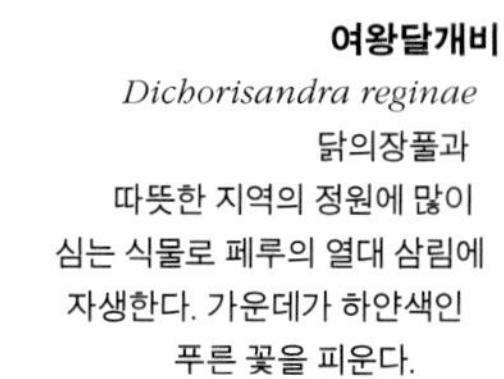

여왕달개비
Dichorisandra reginae
닭의장풀과
따뜻한 지역의 정원에 많이 심는 식물로 페루의 열대 삼림에 자생한다. 가운데가 하얀색인 푸른 꽃을 피운다.

30cm

소엽달개비
Callisia repens
닭의장풀과
아메리카 대륙의 열대림 가장자리에서 자라는 다육질 덩굴 식물이다. 줄기에서 뿌리가 나서 퍼진다.

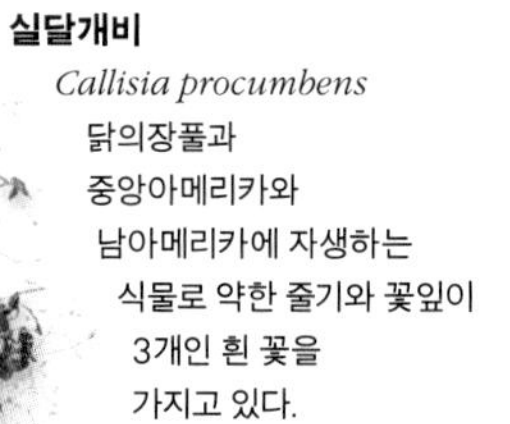

실달개비
Callisia procumbens
닭의장풀과
중앙아메리카와 남아메리카에 자생하는 식물로 약한 줄기와 꽃잎이 3개인 흰 꽃을 가지고 있다.

70cm

기는 줄기

15cm

얼룩자주달개비
Tradescantia zebrina
닭의장풀과
줄무늬진 다육질의 잎을 가지고 있는 식물로 열대 아메리카 지역에 자라며 실내에서 많이 키운다.

벼

벼, 사초, 골풀 등이 속하는 목으로 꽃은 바람에 의해 수분이 되며 눈에 잘 띄지 않는 꽃잎을 가지고 있다. 다른 식물에 붙어 자라는 착생 식물인 파인애플도 벼목에 속한다. 파인애플은 화려한 색의 수상꽃차례에 꽃이 피며 넓은 잎을 가지고 있다.

45cm

스칼렛스타
Guzmania lingulata
파인애플과
나무에 자라는 식물로 중앙아메리카 및 브라질에 널리 자생하고 있으며, 원예용으로 많이 키운다.

가는부들
Isolepis cernua
사초과
가는 녹색의 줄기와 은빛이 나는 두상화를 가지고 있는 식물로 온대 지방에 널리 분포한다. 섬유광학초라고도 불린다.

30 cm

50cm

틸란
Wallisia cyanea
파인애플과
에콰도르와 페루에 자생하는 식물로 해발 850미터의 우림 나무 위에 자란다.

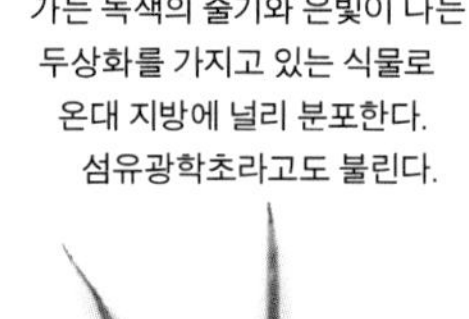

1.5m

길고 가는 잎

파인애플
Ananas comosus
파인애플과
콜럼버스가 처음 유럽에 도입한 후 널리 재배되고 있는 식물로 거대하고 씨 없는 열매가 난다. 원산지는 불분명하다.

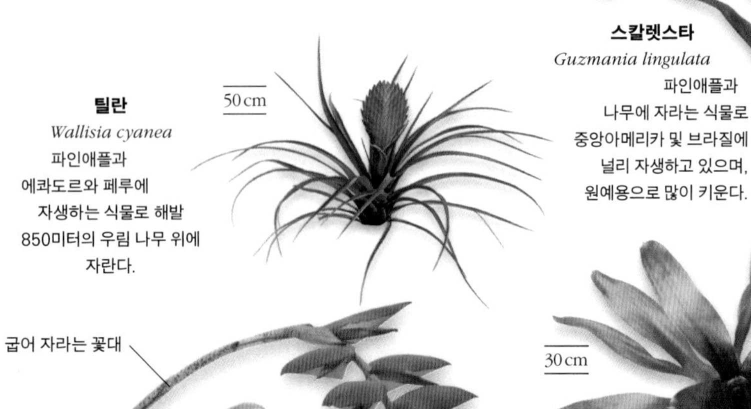

굽어 자라는 꽃대

매우 작은 흰 꽃을 보호하는 주황색의 포

35cm

빗물을 담을 수 있는 병 모양으로 둘러나는 잎

염색틸란드시아
Racinaea dyeriana
파인애플과
파인애플과의 착생 식물로 에콰도르의 맹그로브 숲에 자생하나 서식지 파괴로 멸종 위기에 처해 있다.

30cm

꽃을 둘러싸고 있는 붉은색의 포엽

새둥지사초
Nidularium innocentii
파인애플과
브라질산 식물로 색깔이 있는 포로 둘러싸인 방 안에 작은 꽃이 아담히 들어 있다. 니둘라리움은 작은 둥지라는 뜻이다.

가시가 있는 잎들이 모여 난다.

25cm

로렌츠사초
Deuterocohnia lorentziana
파인애플과
아르헨티나와 볼리비아 안데스 산맥의 높고 건조한 지역에 자생하는 식물로 땅 위에 자란다.

30cm

블러싱브로멜리아드
Neoregelia carolinae
파인애플과
브라질산 식물로 꽃이 필 시기에 중앙부의 잎이 진홍색으로 변하며 꽃은 푸른색 혹은 보라색이다.

큰캥거루발
Anigozanthos flavidus
지모과
오스트레일리아 남서부의 모래땅에서 자라는 식물로 목질의 털이 나는 꽃눈의 생김새에서 이름을 따왔다.

부레옥잠
Pontederia crassipes
물옥잠과
아마존 지역에 자생하는 물에 떠서 자라는 식물로 열대 지방의 유해 식물이나 오염 물질을 흡수하는 데 이용될 수 있다.

피커렐위드
Pontederia cordata
물옥잠과
두드러진 푸른색의 꽃을 피우며 빠르게 자라는 식물이다. 북아메리카 동부에서 남쪽으로는 아르헨티나의 물가에 주로 자라며 여러 지역에 침입하고 있다.

처진사초
Carex pendula
사초과
다른 사초속처럼 단면이 삼각형인 줄기와 수꽃과 암꽃이 따로 달리는 유럽산 식물이다.

남방개
Eleocharis dulcis
사초과
아시아가 원산인 습지 사초식물로 덩이줄기가 있다. 물 속의 덩이줄기를 먹기 위해 재배한다.

파피루스
Cyperus papyrus
사초과
키가 큰 아프리카산 다년생 식물로 습지에서 자란다. 고대 이집트 인들은 이 식물의 잎으로부터 파피루스라 불리는 종이와 같은 재료를 만들어서 글씨를 썼다.

제브라
Aechmea chantinii
파인애플과
줄무늬가 있는 큰 잎을 만드는 착생 식물로 남아메리카의 우림에 자란다. 벌새에 의해 수분된다.

한스캐톱시스
Catopsis paniculata
파인애플과
멕시코 남부와 중앙아메리카의 안개 낀 숲에 자라는 착생 식물이다.

안데스의여왕
Puya raimondii
파인애플과
안데스 산맥 중부 지역에 자생하며 파인애플과 중 제일 크다. 수년 동안 자라 하나의 거대한 수상꽃차례를 만들며 그 후에 죽는다.

≫ 벼

골풀
Juncus effusus
골풀과
널리 퍼져 있는 식물로 축축하고 양분이 적은 모래땅에 잘 자란다. 원통형의 줄기는 수(髓)라고 불리는 스펀지 같은 조직으로 차 있다.

큰방울새풀
Briza maxima
볏과
일년생 초본으로 지중해 지역에서 자란다. 가는 꽃대를 가진 꽃이 산들바람에 흔들거린다.

개나리새
Arrhenatherum elatius
볏과
유럽에 흔히 자생하는 긴 꽃을 피우는 식물로 귀리와 비슷하다. 지금은 전 세계에 널리 퍼져 있다.

샌드코치
Thinopyrum junceiforme
볏과
유럽의 바닷가 모래 언덕에 자라는 강인한 식물이다. 뿌리 혹은 땅속줄기는 모래를 단단히 붙잡는다.

크레스티드개꼬리
Cynosurus cristatus
볏과
긴 꽃대를 가지고 있으며 낮게 자라는 다년생 식물로 유럽과 서아시아에 자란다. 밟혀도 잘 죽지 않아 잔디용으로 많이 사용된다.

오리새
Dactylis glomerata
볏과
풀밭이나 목초지에 주로 자라는 식물로 유라시아와 아프리카 북부에 자생하며, 꽃이 무리 지어 독특한 술 모양이 된다.

염주
Coix lacryma-jobi
볏과
중앙아시아 원산으로 열대 지방에서 주식이나 사료용 곡물로 재배된다. 야생 염주의 단단한 종자는 구슬로 이용된다.

토끼꼬리
Lagurus ovatus
볏과
부드러운 털을 가지고 있는 꽃을 피우는 식물로 지중해 연안에 주로 자란다. 꽃꽂이에 많이 사용한다.

왕갈대
Arundo donax
볏과
중앙아시아가 원산이며 습지에서 자라는 큰 식물로 여러 곳에서 널리 심고 있다. 목질화된 줄기는 여러 용도로 사용된다.

분죽
Phyllostachys nigra
볏과
검은 줄기가 다른 대나무류처럼 목질화되어 단단해진다. 중국 동부와 남부에 자생한다. 대나무류는 목본 식물 중에 가장 빠르게 자라는 종류로 하루에 90센티미터까지 자란다.

세까락염소풀
Aegilops neglecta
볏과
밀과 유연관계가 있는 식물로 낮게 자라는 일년생 초본이다. 내건성이 있으며 지중해와 중앙아시아 지역에 자생한다.

6m

갈대
Phragmites australis
볏과
남반구 및 북반구 열대 지역의 낮은 물가에 주로 자란다. 수평으로 기어 자라는 줄기를 통해 넓은 지역을 뒤덮는다.

1m

향기풀
Anthoxanthum odoratum
볏과
유라시아에 자생하는 식물로 이른 시기에 꽃을 피운다. 쿠마린(coumarin)이라 불리는 화학 물질을 함유하고 있어 갓 벤 건초의 향긋한 냄새가 난다.

1.2m

물대
Calamagrostis arenaria
볏과
유럽의 모래 언덕에 번창해 자라는 강인한 식물로 긴 땅속줄기와 뿌리가 식물체를 안정하도록 지지해 준다.

1.8m

귀리
Avena sativa
볏과
가축과 인간을 위해 곡물로 널리 재배되는 식물로 축축하고 차가운 기후에 강하다.

까락
80cm

보리
Hordeum vulgare
볏과
고대 근동 지방이 원산지인 식물로 곡물로 많이 재배된다. 꽃에는 긴 머리털 같은 까락이 있다.

1m

밀
Triticum aestivum
볏과
세계에서 가장 많이 생산되는 곡식으로 고대 근동 지방이 원산지이다. 야생 밀과 초창기 재배 밀을 교배해 만든 교잡종이다.

40cm

아기겨이삭
Agrostis stolonifera
볏과
깃털 같은 꽃을 가지고 있는 다년생 초본으로 전 세계에서 발견된다. 수평으로 기어 자라는 줄기로 퍼진다.

3m

시트로넬라
Cymbopogon nardus
볏과
열대 아시아 원산으로 레몬 향이 난다. 식물에서 나오는 기름은 향수를 만들거나 곤충을 쫓기 위해 사용된다.

1.8m

쌀
Oryza sativa
볏과
동아시아 원산으로 따뜻한 지역의 주요한 곡물이다. 주로 얕은 물 혹은 침수 지역에서 재배된다.

하나의 줄기

3m

옥수수
Zea mays
볏과
음식으로 사용되는 주요한 식물로 고대 멕시코에서 처음으로 재배되었다. 수꽃과 암꽃이 따로 피며, 먹을 수 있는 낟알은 암꽃의 두상화이다.

6m

사탕수수
Saccharum officinarum
볏과
옥수수와 유연관계가 있을 것으로 추정되는 열대 식물로 뉴기니 섬이 원산지이며 널리 재배되고 있다. 설탕은 이 식물의 두꺼운 줄기로부터 추출된다.

»

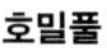
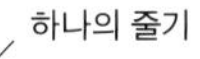

호밀풀
Lolium perenne
볏과
목초지, 잔디, 운동장 등에 널리 사용되는 식물로 유라시아에 흔하다. 현재 전 세계에 퍼져 있다.

흰색의 밀집된 두상화

팜파스그라스
Cortaderia selloana
볏과
남아메리카 남부 지방에서 자라는 키가 큰 식물로 원예용으로 유명하다. 일부 지역에 침입해 들어가 자란다.

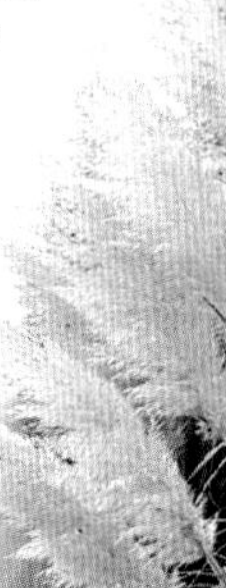
3m

3m

베티버
Chrysopogon zizanioides
볏과
인도에서 자생하는 열대 식물로 향기 나는 기름을 사용하고 토양의 침식을 막기 위해 널리 재배되고 있다.

90cm

80cm

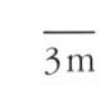

우단풀
Holcus lanatus
볏과
유럽에 흔히 자라는 식물로 축축한 목초지에서 발견된다. 잎에는 아주 부드러운 털이 난다.

큰깃털풀
Stipa gigantea
볏과
스페인, 포르투갈, 모로코에서 자생하는 키가 큰 식물이다. 겨울까지 지속되는 두드러진 꽃 때문에 정원사들이 주로 재배한다.

흑삼릉
Sparganium erectum
부들과
북반구 습지에 널리 자라는 식물로 같은 꽃대에 암꽃과 수꽃이 각각 따로 달린다.

큰잎부들
Typha latifolia
부들과
북반구에 흔한 습지 식물로 암꽃의 두상화는 담배처럼 생겼다. 수꽃은 그 위에 다발로 자란다.

황안초
Xyris sp.
황안초과
벼처럼 생긴 황안초속 식물은 전 세계의 따뜻한 지역에 널리 분포하고 있다. 가는 줄기에 작은 노란색의 꽃을 피운다.

생강

주로 열대 지방에 자라는 생강목 식물 8개 과의 많은 종들은 줄기 끝에 매우 큰 잎을 만드는 특징이 있다. 진정한 목본 식물은 없지만 바나나와 같은 일부 종류는 매우 크게 자란다. 많은 식물이 두드러진 꽃과 잎을 가져서 원예용으로 이용된다. 생강과는 생강목에서 가장 종의 수가 많은 과로 생강을 비롯해 여러 식물들이 중요한 향신료로 이용된다.

인도칸나
Canna indica
홍초과
열대 아메리카에서 자라는 식물로 일부 '꽃잎'은 실제로 꽃가루를 만드는 수술이 변한 것이다. 많은 재배종이 있다.

네버에버플랜트
Ctenanthe amabilis
마란타과
브라질 열대의 숲속 하층부에 자생하는 식물로 재배하려면 높은 습도를 유지해 줘야 한다.

이터널플레임
Goeppertia crocata
마란타과
크테난테속 및 마란타속과 유연관계가 있는 브라질산 식물로 비슷한 서식처에서 자라지만 보다 두드러진 꽃을 피운다.

스피럴플래그
Chamaecostus cuspidatus
코스타과
생강과와 유연관계가 높은 식물로 브라질 동부 열대 지방에 자생한다. 주황색의 꽃을 피워 원예용으로 길러진다.

실버베인드프레이어
Maranta leuconeura
마란타과
브라질 숲에 자라는 식물로 수분을 보존하기 위해 밤에는 잎을 접는다. 재배종의 잎에는 눈에 띄는 무늬가 있다.

엔세트
Ensete ventricosum
파초과
아프리카산으로 바나나와 유연관계가 깊다. 영양분이 많은 뿌리줄기와 줄기를 이용하기 위해 에티오피아에서 오랫동안 재배되었다. 열매는 먹을 수 없다.

바나나
Musa acuminata
파초과
아시아 원산의 야생종을 교잡해 만든 식물로 종자를 맺지 못한다. 재배되는 바나나는 열매가 달리는 가지 끝에 불임성의 수꽃을 피운다.

황금연꽃바나나
Musella lasiocarpa
파초과
중국의 산지에서 자라는 식물로 야생에서는 멸종된 것으로 추정된다. 노란색의 수상꽃차례가 수개월 동안 지속된다.

카다멈
Elettaria cardamomum
생강과
열대 식물로 인도 남부와 스리랑카의 숲에서 자란다. 여러 지역에서 재배하며 익기 전에 말린 열매는 향신료로 쓰인다.

작은양강근
Alpinia officinarum
생강과
동아시아에 자생하는 생강과 유연관계가 깊은 식물로 부푼 땅속줄기가 발달하며 생강과 비슷하게 향신료로 이용된다.

방향성생강
Kaempferia galanga
생강과
열대 아시아에서 자생하는 식물로 줄기가 매우 짧다. 작은 꽃이 발달하며 원예용으로 키운다.

강황
Curcuma longa
생강과
동남아시아에서 자생하며 큰 잎을 갖는 식물로 부푼 땅속줄기가 발달한다. 이로부터 노란 향신료인 강황을 얻는다.

생강
Zingiber officinale
생강과
향신료로 사용되는 생강은 이 식물의 땅속줄기이다. 동남아시아에서 재배되며 야생에는 더 이상 자라지 않는다.

여행자나무
Ravenala madagascariensis
극락조화과
마다가스카르의 햇빛이 드는 숲속에 자생하는 식물로 극락조화속과 유연관계가 깊다. 여우원숭이에 의해 수분된다.

극락조화
Strelitzia reginae
극락조화과
주황색과 파란색의 꽃은 새에 의해 수분이 되며 새부리처럼 생긴 싸개로부터 한 번에 하나씩 핀다. 남아프리카에 자생한다.

흄스로스코이아
Roscoea humeana
생강과
생강과 유연관계가 높은 식물로 난초와 비슷한 꽃을 피운다. 중국 남서부의 산지에서 자생한다.

헬리코니아 스트릭타
Heliconia stricta
헬리코니아과
남아메리카 북부 지방이 원산지인 열대 식물로 큰 잎을 가지고 있다. 자생지에서는 꿀을 먹는 벌새에 의해 수분된다.

진정쌍떡잎식물

오늘날 전 세계 현화식물의 거의 4분의 3은 약 1억 2500만 전에 진화한 진정쌍떡잎식물군으로 분류된다.

쌍떡잎식물은 씨앗이 발아하기 전에 씨앗 안에 2개의 떡잎을 가지고 있어 1개의 떡잎을 가지고 있는 외떡잎식물과 구분된다. 쌍떡잎식물에는 농업용 초본류에서부터 열대 우림의 교목에까지 매우 다양한 식물이 포함되며, 정원의 꽃으로 가치가 있는 등 경제적으로도 매우 중요하다. 많은 쌍떡잎식물들이 일년생으로 몇 달 또는 심지어 몇 주의 짧은 생활사를 갖고 있다. 이년생이나 다년생 종도 있다.

쌍떡잎식물은 매우 다양하지만 공통되는 구조를 가지고 있다. 외떡잎식물의 잎맥이 평행맥인 것과는 달리 쌍떡잎식물의 잎맥은 종종 그물과 같이 생겼으며, 줄기에는 물과 수액을 운반하기 위한 관다발이 잘 발달해 원형 모양으로 배열되어 있다. 또한 점점 키가 자람에 따라 목본 식물의 줄기는 두껍고 강해진다. 이러한 '2차 성장'은 대부분의 외떡잎식물에서는 발견되지 않는 특징으로 이것이 바로 대부분의 교목이나 관목이 쌍떡잎식물인 이유이다. 대부분의 쌍떡잎식물은 땅속에 주근(主根, 원뿌리)을 가지고 있으며 주근으로부터 작은 뿌리가 가지를 치며 발달한다.

쌍떡잎식물의 꽃은 꽃받침잎과 꽃잎 등이 보통 4개 내지 5개 혹은 그 배수이다. 이에 반해 외떡잎식물 꽃의 주요 기관은 보통 3개이다. 쌍떡잎식물의 꽃받침잎과 꽃잎은 색과 모양이 서로 잘 구분된다. 쌍떡잎식물의 각 종은 개성 있는 꽃가루를 가지고 있으나 발아공(發芽孔, pore)은 항상 3개이다. 외떡잎식물의 꽃가루는 발아공이 1개이다.

필수적인 역할

화석화된 꽃가루 기록에 따르면 쌍떡잎식물은 다른 현화식물로부터 약 1억 2500만 년 전에 갈라진 것으로 추정된다. 그 후, 쌍떡잎식물은 일부 수생 식물이 존재하지만 육지의 모든 서식처에 널리 자라고 있다. 쌍떡잎식물이 동물에게 주는 유익함은 이루 말할 수 없을 정도로 크다. 외떡잎식물을 주식으로 하는 방목된 동물들을 제외하고 수많은 동물이 쌍떡잎식물을 식량과 서식처로 이용하며, 또한 쌍떡잎식물은 동물을 활용해 수분을 하고 씨앗을 널리 퍼트린다.

문	현화식물문
분계군	진정쌍떡잎식물군
목	44
과	312
종	21만 종 이상

논쟁

네 방향으로의 분지

수년 동안 모든 현화식물이 씨앗 안에 들어 있는 떡잎의 수에 따라 쌍떡잎식물과 외떡잎식물의 2종류로 분류되었다. 그러나 꽃가루를 연구하는 화분학과 DNA 염기 서열 분석 결과 이러한 분류는 식물 진화 전체를 반영하지 못하는 것으로 나타났다. 보다 정밀한 연구를 통해 현재 현화식물은 기저속씨식물군, 목련분계군, 외떡잎식물군, 진정쌍떡잎식물군의 4개의 무리로 분류되고 있다.

새로운 관점

DNA 데이터의 컴퓨터 분석은 진정쌍떡잎식물을 세분화하는 새로운 방법을 제안했다. 분계군(30~31쪽 참조)으로 알려진 이러한 새로운 계층 집단은 종 간의 유연관계 그리고 어떻게 그들이 진화했는지에 대한 통찰력을 제공해 주지만, 계층 집단의 형태적 특징 측면에서 해석하기가 어렵고 전통적인 분류 계층과도 맞지 않는다. 이 책은 현화식물의 다양성을 이해하기에 명확한 방법인 목과 과를 중심으로 구성하고 있다. 다음은 이들이 어떻게 제안된 새로운 분계군 체계와 '중첩'되는지 보여 준다.

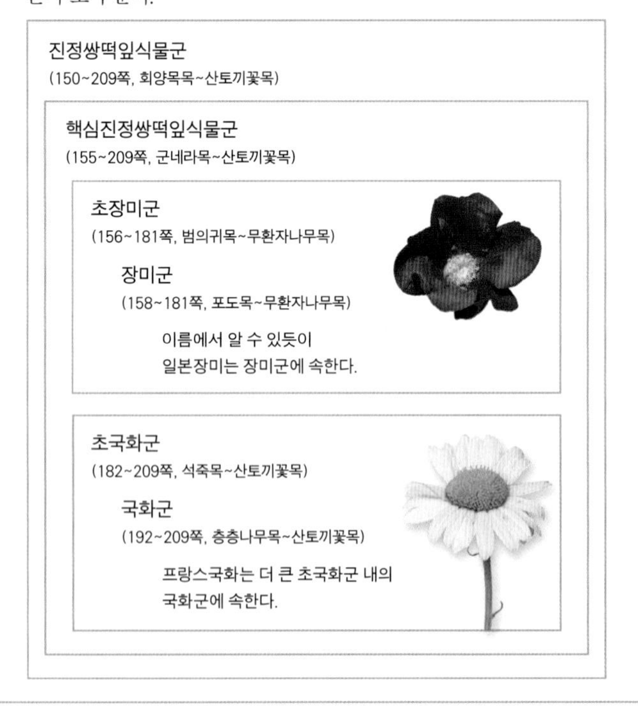

회양목

약 120종이 속한 단일한 과로 이루어진 회양목목은 온대, 열대, 아열대에 분포한다. 대부분이 교목 혹은 관목이며, 잎은 상록성인 홑잎으로 한 식물에서 암꽃과 수꽃이 모두 핀다. 많은 종이 원예종으로 재배되며, 회양목은 정원수로 이용된다.

스위트박스
Sarcococca hookeriana
회양목과
겨울에 향이 나는 작은 꽃 무리가 달린다. 중국 서부의 그늘진 곳에서 발견된다.

서양회양목
Buxus sempervirens
회양목과
유럽에서 북아프리카 암석 지대 삼림 혹은 관목림에서 자라는 상록성 관목 혹은 소형 교목으로 정원에 주로 심으며 장식적 목적으로 가지를 친다.

산룡안

산룡안목은 남반구에서 자라는 상록성 교목 혹은 관목인 4개의 산룡안과를 포함한다. 버즘나뭇과는 낙엽성 교목으로 북반구에서 발견된다. 연꽃과는 수생 식물로 아시아, 오스트레일리아, 북아메리카에 자란다.

킹프로테아
Protea cynaroides
산룡안과
남아프리카의 언덕과 관목림에 자생하는 종류로 꽃잎처럼 생긴 포엽이 작은 꽃 무리를 감싸고 있다.

종자 두상
1m
연의 잎
위에서 본 종자 꼬투리

연
Nelumbo nucifera
연꽃과
아시아와 오스트레일리아의 얕은 담수에 자라는 식물로 향이 나는 꽃이 물 위로 솟아오른 긴 꽃대 위에 핀다.

7m

레드실키오크
Grevillea banksii
산룡안과
병을 닦는 솔처럼 생긴 두드러진 꽃으로 인해 원예용으로 재배된다. 북동부 오스트레일리아산 식물로 삼림이나 햇빛이 드는 지역에 자란다.

꽃받침잎
6m

허니서클그레빌리아
Grevillea juncifolia
산룡안과
오스트레일리아 전역의 건조한 내륙 지역에서 발견되는 직립하는 관목으로 좁은 회녹색 잎과 길고 노란 암술머리를 가지는 단단한 주황색 두상화를 가진다.

3m

워라타
Telopea speciosissima
산룡안과
오스트레일리아 뉴사우스웨일스 주의 건조한 삼림에 자라는 식물로 시드니워라타로도 알려져 있다.

2m

마운틴데빌
Lambertia formosa
산룡안과
오스트레일리아 뉴사우스웨일스 주의 해안가, 산지, 숲에 자라는 식물로 분홍색이 도는 포엽이 꽃 무리를 둘러싸고 있다.

1.5m

핀쿠숀프로테아
Leucospermum cordifolium
산룡안과
남아프리카산으로 선명한 색이 나는 나선형의 두상화를 가지고 있다. 산성 토양에서 자란다.

상록성의 홑잎
붉은색 혹은 때때로 노란색이나 흰색의 꽃으로 구성된 잎 같은 수상꽃차례
10m

칠레파이어부시
Embothrium coccineum
산룡안과
칠레 남부와 아르헨티나의 숲이나 햇빛이 드는 곳에 서식하는 종류로 불꽃색이 도는 꽃으로 인해 재배되고 있다. 비바람이 들지 않는 정원에 잘 자란다.

15m

소뱅크시아
Banksia serrata
산룡안과
오스트레일리아 동부 삼림과 관목림에서 자란다. 나무껍질은 불에 대한 저항력이 강해 산불에도 살아남는다.

2m

좁은잎드럼스틱
Isopogon anemonifolius
산룡안과
깃털 같은 잎 위에 나선형의 노란색 두상화가 피는 관목으로 오스트레일리아 뉴사우스웨일스 주의 건조한 삼림과 황야 지역에서 발견된다.

수상꽃차례

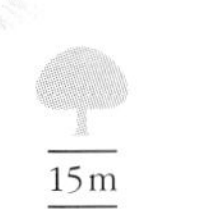

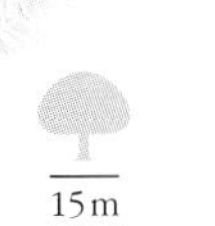

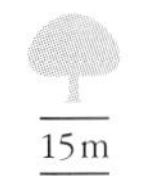

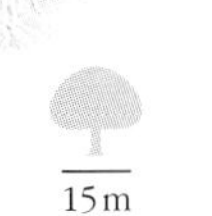

15m

마카다미아넛
Macadamia integrifolia
산룡안과
오스트레일리아 동부 해안의 우림에 자생하는 식물로 견과를 먹을 수 있어 재배된다.

열매는 익는 데 6개월 정도 걸린다.
두껍고 뻣뻣한 단풍잎처럼 생긴 넓은 잎
48m

단풍버즘나무
Platanus × hispanica
버즘나뭇과
17세기 이후, 런던에 식재되는 낙엽성 식물로 스페인에 있는 버즘나무속 2종을 교잡해 만든 교잡종이다. 환경 오염에 강해 도심 공원이나 길가에 많이 심는다.

미나리아재비

미나리아재비목은 일년생 혹은 다년생 초본으로 목본성이나 초본성 덩굴, 관목, 교목 등 다양하다. 미나리아재빗과에는 매우 많은 종류의 식물이 속해 있으며, 으아리 종류를 비롯해, 매발톱꽃, 양귀비, 제비고깔, 바람꽃 등 많은 종류를 정원에 심는다.

톱니가 있는 난형의 잎

3m

타원형의 장과

매자
Berberis vulgaris
매자나뭇과
울타리 등에 이용되는 관목으로 유럽에 자생한다. 3개로 이루어진 가시, 매달려 피는 꽃, 적색의 장과를 갖는 특징이 있다.

뿔남천
Mahonia aquifolium
매자나뭇과
봄에 꽃을 피우는 관목으로 미국 북서부의 그늘진 곳에서 자란다.

1.5m

남천
Nandina domestica
매자나뭇과
'천국의 대나무'로도 불린다. 중국과 일본 산지에서 자라는 이 관목은 진짜 대나무와는 연관이 없다.

밝은 적색의 장과

상록성의 잎

2m

주교모자
Epimedium davidii
매자나뭇과
중국 서부에 자라는 상록성 식물로 교목 혹은 관목이다. 어린잎은 구릿빛이 나며 후에 녹색으로 변한다.

30cm

10m

6m

미국새모래덩굴
Menispermum canadense
새모래덩굴과
열매는 검은 포도처럼 생겼으나, 독성이 매우 강한 식물로 캐나다와 미국의 삼림 및 개울가 둑에 자란다.

꽃 무리

50cm

감겨 자라는 줄기

미국댕댕이덩굴
Cocculus carolinus
새모래덩굴과
미국 남동부의 삼림에 자라는 덩굴 식물로 작은 꽃을 가지고 있으며, 수꽃과 암꽃이 서로 다른 개체에서 핀다.

4m

향이 나는 꽃

으름덩굴
Akebia quinata
으름덩굴과
봄에 향이 나는 꽃을 피우는 식물로 중국, 한국, 일본의 숲 가장자리에 자라는 덩굴 식물이다.

75cm
30in

미색의 꽃

겹잎

40cm

10m

레온티케
Leontice leontopetalum
매자나뭇과
아프리카 북부와 지중해 동부 지역의 건조한 언덕에 자생하는 식물로 덩이줄기를 가지고 있다.

메이애플
Podophyllum peltatum
매자나뭇과
북아메리카에 자생하는 식물로 '미국만드라고라'라고도 알려져 있다. 햇빛이 드는 삼림에 자란다.

멀꿀
Stauntonia hexaphylla
으름덩굴과
일본과 한국의 삼림에 자생하는 상록성 덩굴 식물로 목질화된 줄기와 향이 나는 꽃을 갖는다.

덩굴현호색
Ceratocapnos claviculata
양귀빗과
서유럽산 일년생 식물로 숲이나 그늘진 곳의 산성 토양에서 자란다. 덩굴손을 이용해서 다른 물체를 기어 올라간다.

노랑뿔양귀비
Glaucium flavum
양귀빗과
유럽과 서아시아에 널리 자생하는 식물로 주로 해안가 바위틈에 자란다. 길고 구부러지는 열매가 특징이다.

애기똥풀
Chelidonium majus
양귀빗과
예전에 약초 재배자들에 의해 재배된 식물로 유럽과 아시아 북부에 자생한다. 삼림, 관목림 등지에 자란다.

금낭화
Lamprocapnos spectabilis
양귀빗과
꽃이 하트 모양이며 시베리아, 중국 북부 및 한국의 삼림 가장자리 축축한 곳에 주로 자란다.

노란현호색
Pseudofumaria lutea
양귀빗과
유럽산 식물로 담벼락이나 돌 위에서 자란다. 종자로 왕성하게 널리 퍼진다.

황금양귀비
Eschscholzia californica
양귀빗과
미국 서부 및 멕시코의 햇빛이 드는 곳에 자생하며 밝은색의 꽃 때문에 원예용으로 심는다.

마틸리자양귀비
Romneya coulteri
양귀빗과
캘리포니아 및 멕시코의 초지와 관목림에 자라는 식물로 향이 나는 꽃을 피우며 정원에 종종 심는다.

둥근빗살괴불주머니
Fumaria officinalis
양귀빗과
유럽과 북아프리카의 경작지나 버려진 땅에서 발견되는 식물로 경토(輕土, light soil)에 주로 자란다.

시클프루트하이페코움
Hypecoum imberbe
양귀빗과
지중해 지역에 자생하는 식물로 경작지나 버려진 땅 혹은 담 위에 자란다.

개양귀비
Papaver rhoeas
양귀빗과
유럽, 아프리카 북부와 아시아 일부 지역에서 자생하는 식물로 경작지와 버려진 땅에서 자란다. 제1차 세계 대전을 상징하는 꽃이다.

양귀비
Papaver somniferum
양귀빗과
아편, 헤로인 등의 원료로 혹은 열매를 이용하기 위해 키우는 식물로 유라시아의 경작지 혹은 교란지에 자란다.

웨일스양귀비
Papaver cambrica
양귀빗과
서유럽에 자생하는 식물로 언덕의 그늘지고 바위가 많은 곳에 자라며 정원에 종종 심는다.

»

» 미나리아재비

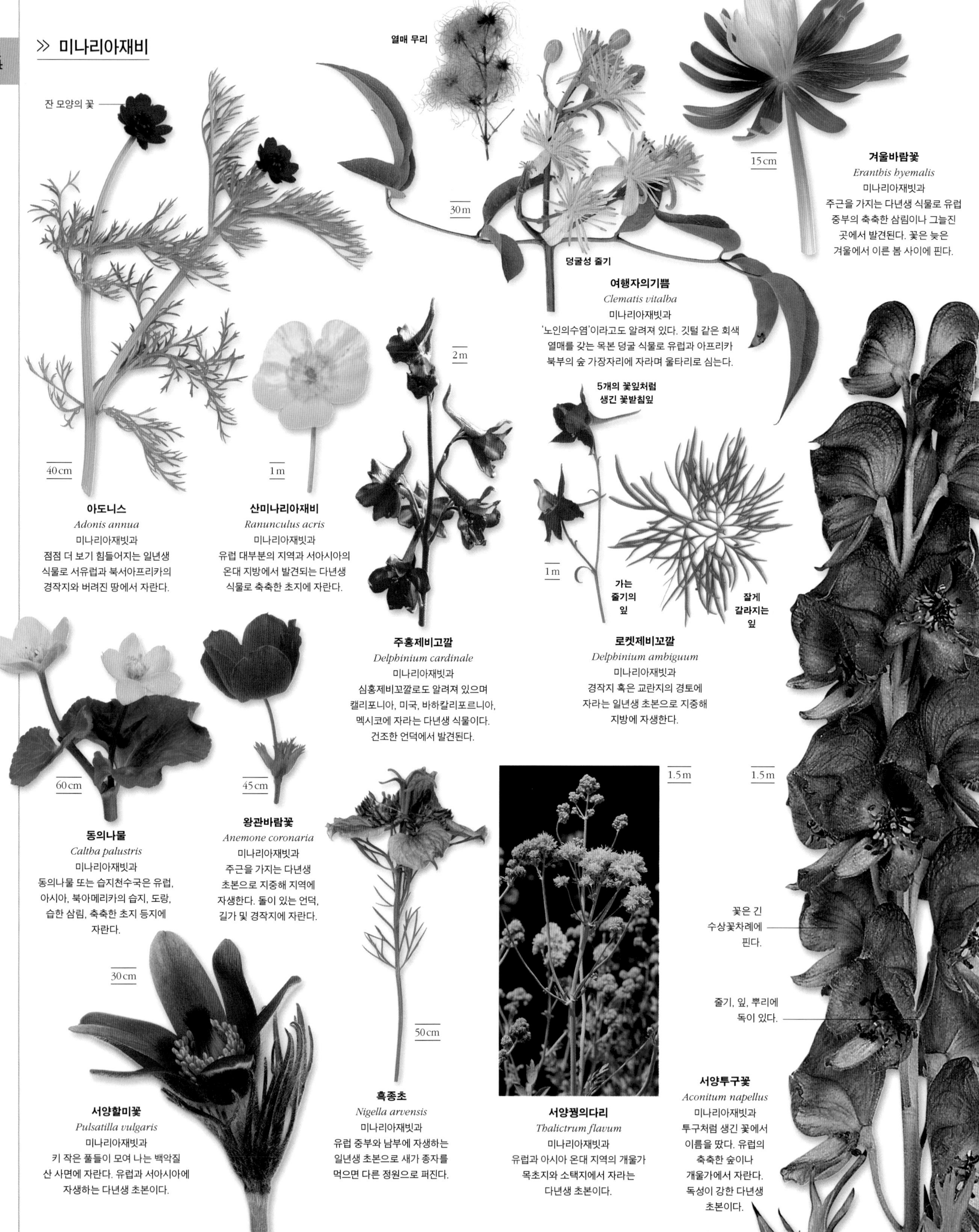

아도니스
Adonis annua
미나리아재빗과
점점 더 보기 힘들어지는 일년생 식물로 서유럽과 북서아프리카의 경작지와 버려진 땅에서 자란다.

산미나리아재비
Ranunculus acris
미나리아재빗과
유럽 대부분의 지역과 서아시아의 온대 지방에서 발견되는 다년생 식물로 축축한 초지에 자란다.

여행자의기쁨
Clematis vitalba
미나리아재빗과
'노인의수염'이라고도 알려져 있다. 깃털 같은 회색 열매를 갖는 목본 덩굴 식물로 유럽과 아프리카 북부의 숲 가장자리에 자라며 울타리로 심는다.

겨울바람꽃
Eranthis hyemalis
미나리아재빗과
주근을 가지는 다년생 식물로 유럽 중부의 축축한 삼림이나 그늘진 곳에서 발견된다. 꽃은 늦은 겨울에서 이른 봄 사이에 핀다.

주홍제비고깔
Delphinium cardinale
미나리아재빗과
심홍제비꼬깔로도 알려져 있으며 캘리포니아, 미국, 바하칼리포르니아, 멕시코에 자라는 다년생 식물이다. 건조한 언덕에서 발견된다.

로켓제비고깔
Delphinium ambiguum
미나리아재빗과
경작지 혹은 교란지의 경토에 자라는 일년생 초본으로 지중해 지방에 자생한다.

동의나물
Caltha palustris
미나리아재빗과
동의나물 또는 습지천수국은 유럽, 아시아, 북아메리카의 습지, 도랑, 습한 삼림, 축축한 초지 등지에 자란다.

왕관바람꽃
Anemone coronaria
미나리아재빗과
주근을 가지는 다년생 초본으로 지중해 지역에 자생한다. 돌이 있는 언덕, 길가 및 경작지에 자란다.

서양할미꽃
Pulsatilla vulgaris
미나리아재빗과
키 작은 풀들이 모여 나는 백악질 산 사면에 자란다. 유럽과 서아시아에 자생하는 다년생 초본이다.

흑종초
Nigella arvensis
미나리아재빗과
유럽 중부와 남부에 자생하는 일년생 초본으로 새가 종자를 먹으면 다른 정원으로 퍼진다.

서양꿩의다리
Thalictrum flavum
미나리아재빗과
유럽과 아시아 온대 지역의 개울가 목초지와 소택지에서 자라는 다년생 초본이다.

서양투구꽃
Aconitum napellus
미나리아재빗과
투구처럼 생긴 꽃에서 이름을 땄다. 유럽의 축축한 숲이나 개울가에서 자란다. 독성이 강한 다년생 초본이다.

서양금매화
Trollius europaeus
미나리아재빗과
유럽에 자생하는 다년생 식물로
산의 축축한 목초지에서 자란다.

서양노루귀
Anemone hepatica
미나리아재빗과
유럽의 삼림에 자생하는 다년생
초본으로 3개로 갈라지는
반상록성의 잎을 가지고 있다.

헬레보레
Helleborus lividus
미나리아재빗과
발레아레스 제도, 특히 마요르카가 자생지인 다년생
초본으로 삼림이나 바위가 많은 언덕에 자란다.

서양매발톱
Hepatica nobilis
미나리아재빗과
유럽, 아프리카 북부 및 아시아 온대 지방에 자생하는
다년생 초본으로 그늘지고 축축한 백악질 토양에서 자란다.

마우스테일
Myosurus minimus
미나리아재빗과
마우스테일의 '꼬리'는
꽃에서 발달한 길쭉한
열매이다. 이 종은 유럽,
아시아, 북아메리카의 넓은
습지대에서 자란다.

잎이 없는
줄기끝에 꽃이
하나씩 달린다.

꽃에서
발달한 열매

좁고 실 같은 잎

군네라

군네라목에 속하는 2개의 과는 생김새가 매우 달라 과거에는 서로 다른 목으로 분류되었다. 그러나 최근의 유전자 분석 결과 둘의 유연관계가 매우 가까운 것으로 나타났다. 군네라과는 하나의 속으로 구성되며 축축한 곳에 자라는 초본 식물인 반면에, 미로탐누스과는 아프리카 사막에 서식한다. 군네라속에 속하는 종들은 종종 원예용으로 정원에서 키운다.

군네라
Gunnera manicata
군네라과
많은 수의 잎과 큰 수상꽃차례를
가지고 있는 다년생 초본으로
브라질 남부 물가에서 발견된다.

딜레니아

딜레니아목에는 열대 지방에 주로 사는 교목, 관목 혹은 덩굴 식물 약 330종으로 된 딜레니아과 하나만 포함된다. 서로 어긋나는 잎과 수꽃과 암꽃을 모두 갖는 양성화를 가지고 있으며, 꽃은 5개의 꽃받침잎과 꽃잎, 다수의 수술을 가지고 있다. 건과나 장과의 열매를 맺는다. 일부는 장식용으로 키우며 목재는 건설 현장이나 보트 제조에 쓴다.

히베르티아
Hibbertia scandens
딜레니아과
관목으로 덩굴지거나 다른 물체를
감고 올라간다. 오스트레일리아 동부 해안
가까이와 뉴기니에서 발견된다.

7 m

심포에어
Dillenia suffruticosa
딜레니아과
크고 단단한 상록성 관목으로
말레이시아, 수마트라, 보르네오
지역 특산이다. 습지와 숲
가장자리에 자란다.

범의귀

범의귀목의 15개 과 중 5개의 과는 각각 2종만이 있고, 3개 과에 500종 이상이 있다. 가장 잘 알려진 것은 범의귓과(Saxifrage family)로 바위와 벽의 균열에서 자라며 라틴 어 어원은 '바위 깨는 사람'을 의미한다. 가장 큰 과는 돌나물과로 건조한 환경에 적응한 다육성 또는 수분 보유 식물이 많이 포함되어 있다.

멕시칸파이어크래커
Echeveria setosa
돌나물과
불꽃 같은 꽃이 피는 멕시코산 식물로, 다양하게 솜털이 돋은 청회색 다육질 잎이 모여 난다.
10 cm

하우스릭
Sempervivum tectorum
돌나물과
유럽 중부의 산지가 원산지인 식물로 종종 지붕과 담벼락에 심는다. 다육질로 빼곡하게 깔개처럼 깔려 자란다.
50 cm

받침나무
Aeonium tabuliforme
돌나물과
카나리아 제도의 테네리프 북부 해안가 절벽에 자생하는 다육질의 식물로 납작하게 모여 난다.
60 cm

오르파인
Hylotelephium telephium
돌나물과
바위가 많은 곳, 삼림, 둑에 자라는 식물로 유라시아에서 자생하며 북아메리카로 전파되었다.
60 cm

나벨워트
Umbilicus rupestris
돌나물과
둥근 다육질의 잎을 가지고 있는 식물로 잎 중앙부는 보조개처럼 움푹 들어간다. 남유럽과 북아프리카의 바위와 벽에 산다.
50 cm

로즈루트
Rhodiola rosea
돌나물과
산지의 암석 지대나 해안가 절벽에 자라는 다육질의 식물로 유럽, 북아메리카 및 아시아의 북극과 가까운 지역 혹은 고산 지대에서 발견된다.
40 cm

플래이밍케이티
Kalanchoe blossfeldiana
돌나물과
마다가스카르의 매우 건조한 지역에서 무성하게 자란다. 광택이 나는 다육질의 잎과 선명한 색의 꽃을 가지고 있다.
40 cm

양까막까치밥나무
Ribes nigrum
까치밥나뭇과
유럽과 아시아 중부의 축축한 삼림에서 많이 발견되는 식물로 풍미가 많은 열매를 이용하기 위해 재배된다.
2 m

버팔로까치밥나무
Ribes aureum
까치밥나뭇과
향이 나는 꽃과 가시가 없는 줄기를 가지고 있는 식물로 미국 중부의 암석 지역 혹은 모래땅에서 자란다.
2 m

서양물수세미
Myriophyllum hippuroides
개미탑과
수생 식물로 가늘게 갈라지는 잎을 가지고 있다. 북아메리카 서부 지역의 담수에 자생한다.
1 m

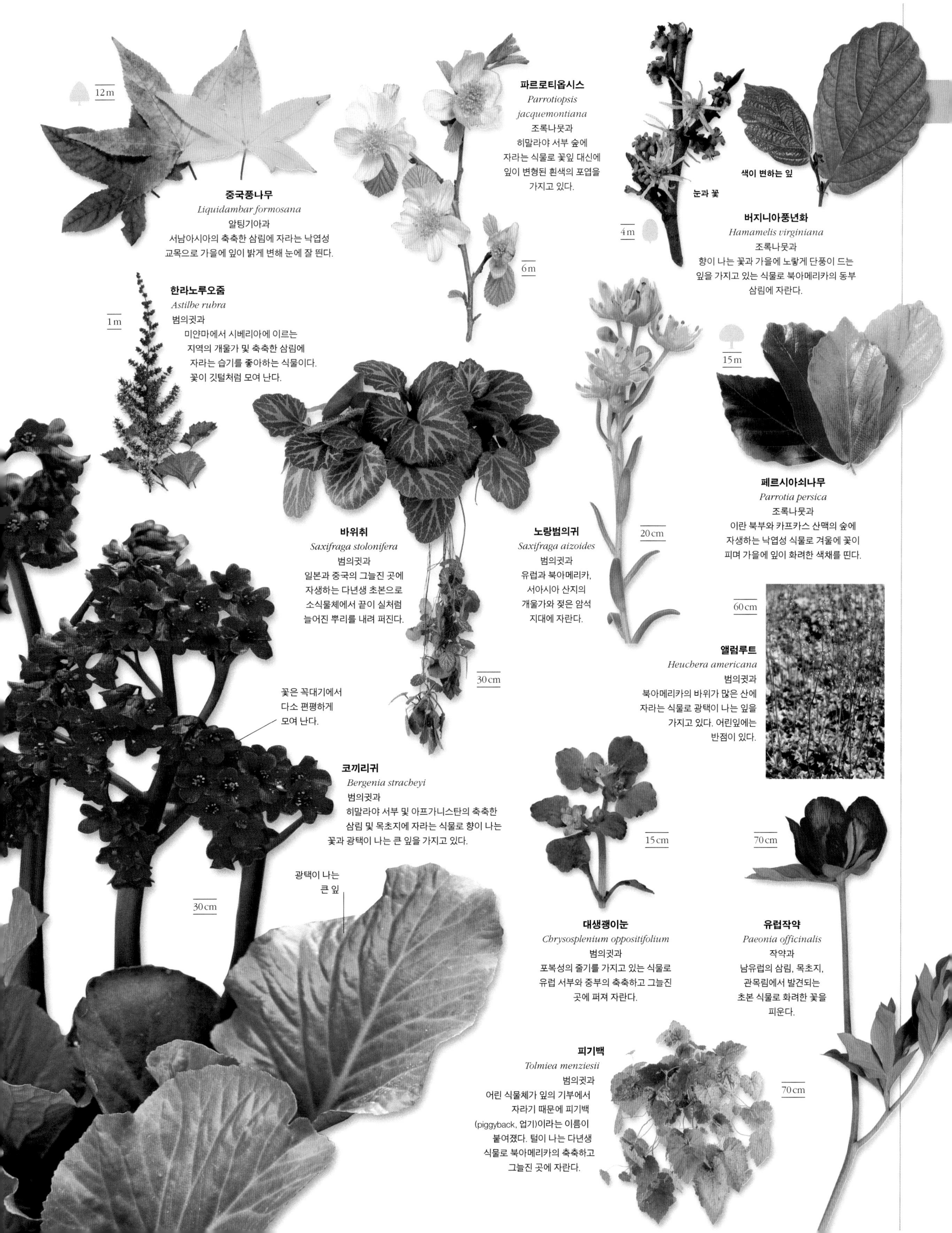

중국풍나무
Liquidambar formosana
알팅기아과
서남아시아의 축축한 삼림에 자라는 낙엽성 교목으로 가을에 잎이 밝게 변해 눈에 잘 띈다.

파르로티옵시스
Parrotiopsis jacquemontiana
조록나뭇과
히말라야 서부 숲에 자라는 식물로 꽃잎 대신에 잎이 변형된 흰색의 포엽을 가지고 있다.

버지니아풍년화
Hamamelis virginiana
조록나뭇과
향이 나는 꽃과 가을에 노랗게 단풍이 드는 잎을 가지고 있는 식물로 북아메리카의 동부 삼림에 자란다.

한라노루오줌
Astilbe rubra
범의귓과
미얀마에서 시베리아에 이르는 지역의 개울가 및 축축한 삼림에 자라는 습기를 좋아하는 식물이다. 꽃이 깃털처럼 모여 난다.

페르시아쇠나무
Parrotia persica
조록나뭇과
이란 북부와 카프카스 산맥의 숲에 자생하는 낙엽성 식물로 겨울에 꽃이 피며 가을에 잎이 화려한 색채를 띤다.

바위취
Saxifraga stolonifera
범의귓과
일본과 중국의 그늘진 곳에 자생하는 다년생 초본으로 소식물체에서 끝이 실처럼 늘어진 뿌리를 내려 퍼진다.

노랑범의귀
Saxifraga aizoides
범의귓과
유럽과 북아메리카, 서아시아 산지의 개울가와 젖은 암석 지대에 자란다.

앨럼루트
Heuchera americana
범의귓과
북아메리카의 바위가 많은 산에 자라는 식물로 광택이 나는 잎을 가지고 있다. 어린잎에는 반점이 있다.

코끼리귀
Bergenia stracheyi
범의귓과
히말라야 서부 및 아프가니스탄의 축축한 삼림 및 목초지에 자라는 식물로 향이 나는 꽃과 광택이 나는 큰 잎을 가지고 있다.

대생괭이눈
Chrysosplenium oppositifolium
범의귓과
포복성의 줄기를 가지고 있는 식물로 유럽 서부와 중부의 축축하고 그늘진 곳에 퍼져 자란다.

유럽작약
Paeonia officinalis
작약과
남유럽의 삼림, 목초지, 관목림에서 발견되는 초본 식물로 화려한 꽃을 피운다.

피기백
Tolmiea menziesii
범의귓과
어린 식물체가 잎의 기부에서 자라기 때문에 피기백(piggyback, 업기)이라는 이름이 붙여졌다. 털이 나는 다년생 식물로 북아메리카의 축축하고 그늘진 곳에 자란다.

포도

포도목에는 하나의 과, 즉 포도과가 속한다. 포도과에는 중요한 포도뿐만 아니라 원예용으로 이용되는 미국담쟁이덩굴 등 14개의 속과 850여 종이 포함된다. 열대 지방이나 따뜻한 온대 지역에 자생하며 대부분 덩굴 식물이다. 보통 줄기로부터 잎이 분기하는 지점인 마디가 부풀고 기어오르기 위한 덩굴손을 가지고 있다. 꽃은 윗부분이 평평하게 모여 난다.

포도
Vitis vinifera
포도과
인류는 신석기 시대부터 와인, 음식, 의약품을 만들기 위해 포도를 이용해 왔다. 지중해, 유럽 및 아시아에서 자생한다.

머루
Vitis coignetiae
포도과
아시아 온대 지방에 자라는 낙엽성 덩굴 식물로 재배된다. 30센티미터에 달하는 크고 잔물결이 나는 잎을 가지고 있으며 겨울에 단풍이 든다.

미국담쟁이덩굴
Parthenocissus quinquefolia
포도과
북아메리카와 중앙아메리카에서 자라는 열매를 많이 맺는 덩굴 식물로 작고 구부러진 덩굴손에 접착력이 있어 부드러운 표면에도 매달릴 수 있다.

쥐손이풀

쥐손이목은 2과로 구성된다. 쥐손이풀과는 쥐손이풀속에 400여 이질풀류를 포함하여 800종에 달한다. 아프리카의 펠라고니움속의 200종 중 다수는 제라늄과 같은 중요한 원예 식물이다. 주로 아프리카의 교목과 관목이 속한 새로운 과인 프란코아과는 기존 4개의 과를 합친 것이다.

자이언트허니부시
Melianthus major
프란코아과
남아프리카 원산으로 꿀이 청동색의 꽃으로부터 떨어진다. 잎을 건드리면 강한 향이 난다.

허브로버트
Geranium robertianum
쥐손이풀과
북반구에 널리 자라는 식물로 적색의 줄기와 긴 꽃대를 가지고 있다. 강하고 칙칙한 냄새가 난다.

애플제라늄
Pelargonium odoratissimum
쥐손이풀과
남아프리카가 원산지인 다년생 식물로 꽃대가 퍼져 자란다. 사과 향 혹은 장미 향이 나는 제라늄 오일을 얻기 위해 재배한다.

초원두루미부리
Geranium pratense
쥐손이풀과
유럽과 아시아에 자생하는 다년생 식물로 석회질 토양의 초지에 자란다. 꿀벌과 다른 야생 벌 종류에 의해 수분이 이루어진다.

바위양아욱
Erodium foetidum
쥐손이풀과
프랑스에 자생하는 다년생 식물로 정원에 재배한다. 씨앗은 황새의 부리를 닮았다.

도금양

도금양목의 9개 과는 따뜻한 지역에 흔하다. 도금양과의 5,800종은 방향유(essential oil), 향신료, 구아바(guava) 같은 과일을 제공한다. 여기에는 오스트레일리아와 뉴기니의 700종 이상의 유칼립투스도 포함된다. 부처꽃과는 주로 열대성 교목과 관목으로, 석류와 같은 과일과 각종 염료를 제공하며, 산석류과는 약 4,500그루의 교목, 관목 및 덩굴 식물로 이루어진 범열대성 과이다.

미국물버들
Decodon verticillatus
부처꽃과
아메리카 북동부에 자생하는 교목으로 습지에 자란다. 줄기는 단면이 육각형이며 3장의 잎이 돌려난다. 붉은색 혹은 자주색 꽃은 지름 2.5센티미터까지 자란다.

털부처꽃
Lythrum salicaria
부처꽃과
기어 자라는 목질화된 다년생 뿌리줄기에서 자줏빛이 도는 붉은색의 많은 줄기가 난다. 유럽, 아시아, 오스트레일리아 남동부 및 아프리카 북서부에 자생하며 널리 퍼져 나갈 수 있다.

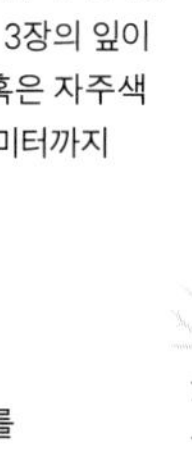

배롱나무
Lagerstroemia indica
부처꽃과
120일 동안 꽃이 피는 식물로 중국, 한국, 일본에 자생한다. 나무껍질이 부드럽고 얼룩덜룩하며 분홍빛이 도는 회색을 띤다. 매년 벗겨진다.

헤나
Lawsonia inermis
부처꽃과
아프리카 북부 및 중동 지방에 자생하는 식물로 잎은 적갈색의 염료로 사용되며 향이 나는 꽃은 방향유를 생산한다.

네마름
Trapa natans
부처꽃과
유럽과 아시아에 분포하며 물에 떠서 자란다. 4개의 뿔처럼 생긴, 가시가 돋친 견과 속에 탄수화물이 풍부한 식용 씨앗이 있다.

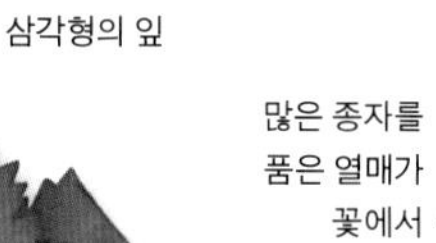

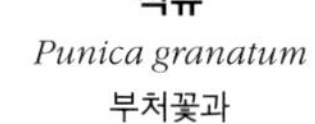

석류
Punica granatum
부처꽃과
가시가 있는 관목 같은 교목으로 서남아시아에서 자라며 지중해에 널리 재배된다. 과육질의 열매는 많은 종자를 품고 있다.

담배초
Cuphea ignea
부처꽃과
가지가 밀집해 나는 다년생 교목으로 정원이나 실내 원예용으로 키운다. 멕시코에 자생하는 식물로 열매는 삭과(蒴果, capsule)이다.

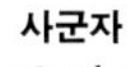

사군자
Combretum indicum
사군자과
열대 아시아에 자라는 덩굴 식물로 관 같은 적색의 꽃이 모여 난다. 열매는 타원체이며 5개의 날개가 있고 아몬드 맛이 난다.

인디안아몬드
Terminalia catappa
사군자과
인도양-태평양 지역의 해안가에서 발견되는 교목으로 가지가 수평으로 자란다. 열매는 아몬드 맛이 나는 식용 가능한 견과로 물에 의해 퍼진다.

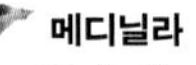

메디닐라
Medinilla magnifica
산석류과
필리핀에서 나는 원예용 식물로 나무 위에 착생해 자란다. 세로로 나는 잎맥은 산석류과의 특징이다.

브라질거미꽃
Tibouchina urvilleana
산석류과
브라질의 따뜻한 지역에 나는 원예용 식물로 1년 내내 대부분 꽃을 피운다. 아주 부드러운 잎은 가장자리가 붉은색이며 세로로 나는 3~5개의 뚜렷한 잎맥이 있다.

버지니아메도뷰티
Rhexia virginica
산석류과
털이 많은 다년생 초본으로 미국 동부와 캐나다의 습지에서 자란다. 단면이 사각형인 줄기와 가장자리에 톱니가 있고 잎자루가 없는 잎을 가지고 있다.

» 도금양

병 닦는
솔 모양의 꽃

3m

녹색꽃솔나무
Melaleuca virens
도금양과
눈, 서리 및 가뭄에 잘 견디는 테즈메이니아의 거대한 아고산대 식물이다. 끝이 뾰족한 잎을 가지고 있다. 새와 나비를 유혹한다.

3m

통기꽃솔나무
Melaleuca subulata
도금양과
수백 개의 종자를 품은 목질화된 작은 열매를 맺으며 퍼져 자라는 관목이다. 오스트레일리아의 뉴사우스웨일스 주와 빅토리아 주에서 주로 발견된다.

목질의 싸앗 껍질

40m

레드검
Eucalyptus camaldulensis
도금양과
오스트레일리아에 널리 자라는 교목으로 부드럽고 색이 연한 나무껍질과 청록색의 잎을 가지고 있다. 강변에 자라는 교목으로 내구성이 있는 목재와 좋은 꽃꿀을 만든다.

태즈메이니안스노검
Eucalyptus coccifera
도금양과
회색빛이 도는 흰색의 나무껍질은 길게 벗겨져 크림색의 나무줄기가 드러난다. 오스트레일리아 태즈메이니아 고지대 식물로 잎자루가 없으며 둥근 잎이 마주난다.

25m

박하 냄새가 나는
타원형의 잎

36m

사이다검
Eucalyptus gunnii
도금양과
태즈메이니아에 자라는 단단한 교목으로 어린잎은 둥글고 은빛이 나며 성숙한 잎은 청회색의 낫 모양이며 제지업에 쓰인다.

25m

카주풋
Melaleuca cajuputi
도금양과
동남아시아에서 북부 오스트레일리아까지 자생하는 교목으로 방향성의 잎은 옅은 노란빛이 나는 의약용 기름을 함유하고 있다.

5m

도금양
Myrtus communis
도금양과
지중해에서 파키스탄에 이르는 지역에 자생한다. 향이 좋은 잎은 방향유를 생산하고 향이 나는 꽃이 피고 검푸른색의 장과를 맺는다.

20m

올스파이스
Pimenta dioica
도금양과
카리브 해, 멕시코 남부, 중앙아메리카에 자라는 단성화를 갖는 교목이다. 흰색의 작은 꽃을 피운다. 갈색의 장과 같은 열매를 맺으며 익지 않은 열매는 말린 후 갈아서 향신료를 만든다.

12m

언프루티드검
Eucalyptus urnigera
도금양과
태즈메이니아의 남동부에서 자라는 교목으로 항아리 모양의 열매를 맺는다. 청회색의 어린잎이 나며 수많은 수술을 지닌 꽃이 3개씩 모여 자란다.

20m

15m

칠레도금양
Luma apiculata
도금양과
천천히 자라는 교목으로 일그러진 나무줄기와 부드럽고 회색빛이 도는 주황색의 벗겨지는 나무껍질을 가지고 있다. 열매는 검은색의 장과이다.

포후타카와
Metrosideros excelsa
도금양과
12월에 적색의 꽃을 피우는 교목으로 뉴질랜드의 북섬에 자생한다. 오래된 나무에는 수염처럼 생긴 뿌리가 공중에 늘어져 있다.

3m

스칼렛쿤제아
Kunzea baxteri
도금양과
쿤제아속의 종은 꽃잎보다 긴 다채로운 수술을 가지고 있어 수분을 도와주는 새를 유인한다.

20m

정향
Syzygium aromaticum
도금양과
인도네시아의 섬 지역에 자생하는 식물로 말린 꽃눈은 향신료로 이용된다. 꽃은 미색이며 적색의 수술을 가지고 있고, 하나의 종자를 품은 자주색의 장과를 맺는다.

상록성의 잎

12m

먹을 수
있는 열매

구아바
Psidium guajava
도금양과
열대와 아열대 아메리카에 자라는 교목으로 구릿빛 나무껍질은 얇게 벗겨진다. 익은 열매는 달콤하고 사향 냄새가 나며 노란색의 단단한 종자를 다량 품고 있다.

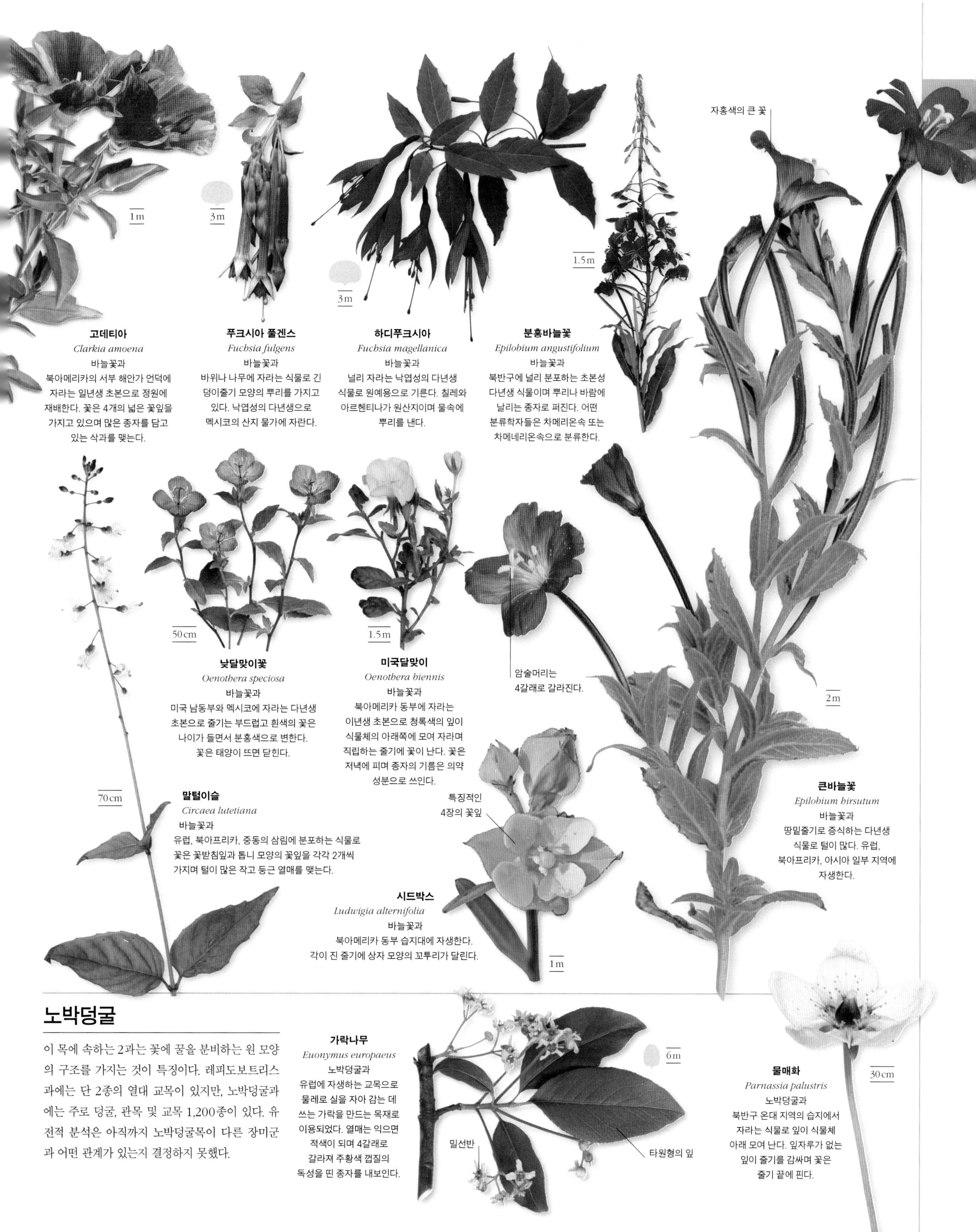

고데티아
Clarkia amoena
바늘꽃과
북아메리카의 서부 해안가 언덕에 자라는 일년생 초본으로 정원에 재배한다. 꽃은 4개의 넓은 꽃잎을 가지고 있으며 많은 종자를 담고 있는 삭과를 맺는다.

푸크시아 풀겐스
Fuchsia fulgens
바늘꽃과
바위나 나무에 자라는 식물로 긴 덩이줄기 모양의 뿌리를 가지고 있다. 낙엽성의 다년생으로 멕시코의 산지 물가에 자란다.

하디푸크시아
Fuchsia magellanica
바늘꽃과
널리 자라는 낙엽성의 다년생 식물로 원예용으로 기른다. 칠레와 아르헨티나가 원산지이며 물속에 뿌리를 낸다.

분홍바늘꽃
Epilobium angustifolium
바늘꽃과
북반구에 널리 분포하는 초본성 다년생 식물이며 뿌리나 바람에 날리는 종자로 퍼진다. 어떤 분류학자들은 차메리온속 또는 차메네리온속으로 분류한다.

낮달맞이꽃
Oenothera speciosa
바늘꽃과
미국 남동부와 멕시코에 자라는 다년생 초본으로 줄기는 부드럽고 흰색의 꽃은 나이가 들면서 분홍색으로 변한다. 꽃은 태양이 뜨면 닫힌다.

미국달맞이
Oenothera biennis
바늘꽃과
북아메리카 동부에 자라는 이년생 초본으로 청록색의 잎이 식물체의 아래쪽에 모여 자라며 직립하는 줄기에 꽃이 난다. 꽃은 저녁에 피며 종자의 기름은 의약 성분으로 쓰인다.

말털이슬
Circaea lutetiana
바늘꽃과
유럽, 북아프리카, 중동의 삼림에 분포하는 식물로 꽃은 꽃받침잎과 톱니 모양의 꽃잎을 각각 2개씩 가지며 털이 많은 작고 둥근 열매를 맺는다.

시드박스
Ludwigia alternifolia
바늘꽃과
북아메리카 동부 습지대에 자생한다. 각이 진 줄기에 상자 모양의 꼬투리가 달린다.

큰바늘꽃
Epilobium hirsutum
바늘꽃과
땅밑줄기로 증식하는 다년생 식물로 털이 많다. 유럽, 북아프리카, 아시아 일부 지역에 자생한다.

노박덩굴

이 목에 속하는 2과는 꽃에 꿀을 분비하는 원 모양의 구조를 가지는 것이 특징이다. 레피도보트리스과에는 단 2종의 열대 교목이 있지만, 노박덩굴과에는 주로 덩굴, 관목 및 교목 1,200종이 있다. 유전적 분석은 아직까지 노박덩굴목이 다른 장미군과 어떤 관계가 있는지 결정하지 못했다.

가락나무
Euonymus europaeus
노박덩굴과
유럽에 자생하는 교목으로 물레로 실을 자아 감는 데 쓰는 가락을 만드는 목재로 이용되었다. 열매는 익으면 적색이 되며 4갈래로 갈라져 주황색 껍질의 독성을 띤 종자를 내보인다.

물매화
Parnassia palustris
노박덩굴과
북반구 온대 지역의 습지에서 자라는 식물로 잎이 식물체 아래 모여 난다. 잎자루가 없는 잎이 줄기를 감싸며 꽃은 줄기 끝에 핀다.

박

주로 교목, 관목, 초본, 덩굴 식물인 8개의 열대 과가 이 목을 구성한다. 6과는 종 수가 적지만 베고니아과에는 1,400종이 있으며 그 중 130종은 원예식물이다. 박과에 속하는 850종에는 오이나 호박처럼 주요한 식용 식물이 포함된다. 이 두 과 모두는 수꽃과 암꽃이 한 개체에서 나는 암수한그루(자웅동주, monoecious)이다.

화이트브리오니아
Bryonia cretica ssp. *dioica*
박과
탄산칼슘이 풍부한 토양 위로 울타리를 타고 올라가며 서유럽과 북아프리카에 흔한 식물로 거대한 덩이뿌리를 가지고 있다.

오이
Cucumis sativus
박과
열대 아시아가 원산지로 노란색 통상화를 피운다. 3,000년 동안 재배되어 왔으며 피클오이를 포함해 많은 개량종이 있다.

호박
Cucurbita pepo
박과
가시가 많고 단면이 오각형인 줄기와 노란빛이 도는 주황색의 꽃을 가지는 식물로 중앙아메리카가 원산지이다. 펌프킨, 이태리호박, 긴호박 등 많은 품종이 있다.

수세미오이
Luffa cylindrica
박과
남아메리카에 자생하는 일년생 덩굴 식물로 먹을 수 있는 열매는 60센티미터까지 길게 자라고 다육질이며 속이 하얗다.

박
Lagenaria siceraria
박과
흰색의 쪼글쪼글한 꽃을 피우는 덩굴 식물이다. 껍질이 단단한 열매는 먹을 수 있으며 수개월 동안 바다 위에 떠다닐 수 있다.

터지는오이
Ecballium elaterium
박과
지중해 지역에 자라는 식물로 성숙한 열매는 끈끈한 액체로 두껍게 채워져 있어 열매를 건드리면 터져서 함유물을 6미터 정도 멀리 방출한다.

수박
Citrullus lanatus
박과
황록색 꽃을 피우는 일년생 덩굴 식물로 아프리카 남부 원산이다. 따뜻한 지역에서 열매를 이용하기 위해 널리 재배된다.

베고니아 리스타다
Begonia listada
베고니아과
파라과이 자생 식물로 잎은 두껍고 부드러우며 뒷면은 적색이다. 꽃은 흰빛 분홍색이다.

여주
Momordica charantia
박과
열대성 덩굴 식물로 쓴맛이 나는 열매를 만든다. 열매는 3갈래로 갈라져 적갈색의 종자를 방출하며 종자는 다홍색의 가종피로 덮여 있다.

테트라멜레스 누디플로라
Tetrameles nudiflora
다티스카과
인도-말레이에 자라는 교목으로 세로로 홈이 심하게 새겨진 두꺼운 원통형의 나무줄기를 갖는다. 미색의 작은 수꽃과 암꽃이 서로 다른 개체에 핀다.

콩

남극을 제외한 전 세계에서 발견되는 콩목은 겹잎(복엽(複葉), compound leaf), 잎 기부에 나는 작은 턱잎, 성숙하면 열리는 꼬투리 등이 특징이다. 뿌리혹 속에는 박테리아가 들어 있어서 공기 중의 질소를 땅에 고정하는 것을 돕는다. 콩목의 4개 과 중 콩과가 제일 크며 꽃의 위쪽 꽃잎이 크고 아래에 작은 꽃잎이 인접해 달리는 특징이 있다.

땅콩
Arachis hypogaea
콩과
브라질에 자생하는 식물로 적색의 맥이 있는 완두꽃 모양의 노란색 꽃을 피운다. 종자 꼬투리는 땅속에서 성숙하고 땅콩을 만든다.

미모사
Mimosa pudica
콩과
남아메리카산 관목으로 가시가 있으며 잎을 만지면 잎이 닫힌다. 분홍빛 자주색의 긴 수술이 있는 분홍색 두상화가 핀다.

골든샤워나무
Cassia fistula
콩과
동남아시아에 자라는 가는 교목으로 늘어지는 완두꽃 모양의 꽃을 피운다. 잎은 3~8쌍의 소엽(小葉)으로 이루어지는 우상복엽(羽狀複葉, 깃꼴겹잎)이다. 씨앗에 독성이 있다.

은엽아카시아
Acacia dealbata
콩과
향이 나는 꽃과 나이가 들면 검어지는 청록색 나무껍질을 지닌다. 오스트레일리아 남동부 산지의 도랑에서 자생한다. 미모사라고 불리기도 한다.

세인포인
Onobrychis viciifolia
콩과
남유럽에서 사료로 쓰인다. 잎은 6~14쌍의 소엽으로 이루어지는 우상복엽으로 난형이며 녹색이다. 분홍색 꽃이 빼곡하게 중앙부의 줄기에서 핀다.

웨스트인디안로커스트
Hymenaea courbaril
콩과
단단한 교목으로 곧고 두꺼운 나무줄기와 줄기, 흰빛이 도는 자주색의 꽃, 큰 꽃잎, 긴 수술을 가지고 있다. 주황색의 수지(樹脂, gum)가 나무줄기에서 나온다.

키드니베치
Anthyllis vulneraria
콩과
건조한 초지에 자라는 덩굴 식물로 줄기는 퍼지며 비단과 같은 털이 난다. 미색 내지 적색의 꽃은 두꺼운 솜털이 난 같은 꽃받침잎 무리에 핀다.

타마린드
Tamarindus indica
콩과
아프리카 동부와 아시아에서 자라는 상록성 교목으로 가지가 아래로 처지며 줄기에 노란빛이 도는 주황색 꽃이 핀다. 꼬투리 안에 먹을 수 있는 과육이 있다.

플랫와틀
Acacia glaucoptera
콩과
오스트레일리아 남서부에 분포하는 관목으로 꼬인 잎처럼 생긴 줄기로부터 공 모양 꽃이 자란다.

자귀나무
Albizia julibrissin
콩과
서남아시아에 자생하는 낙엽성 교목으로 어두운 녹색의 나무껍질을 가지며 나이가 들면 나무껍질이 수직으로 벗겨진다. 빠르게 자라고 오래 살지 못한다.

»

» 콩

야생리코라이스
Astragalus glycyphyllos
콩과
리코라이스와 비슷한 잎을 가지고 있는 다년생 초본으로 유럽 목초지에 자란다. 마시는 차로 이용된다.

블루펄스인디고
Baptisia australis
콩과
미국 동부의 개울가 및 삼림에서 자라는 다년생 초본으로 수액은 공기에 노출되면 자주색으로 변하며 쪽빛 염료의 대체물로 이용된다.

검정콩나무
Castanospermum australe
콩과
주황빛이 도는 적색 꽃이 피는 목재용 오스트레일리아산 교목으로 목질의 꼬투리에는 콩처럼 생긴 3~5개의 종자가 열린다.

캐롭
Ceratonia siliqua
콩과
지중해 지역에 자라는 교목으로 두꺼운 나무줄기와 빼곡히 나는 잎, 옅은 녹색의 작은 꽃을 가지고 있다. 꼬투리의 과육은 초콜릿의 대체물로 이용된다.

유다나무
Cercis siliquastrum
콩과
지중해 동부에 자라는 낙엽성 교목이다. 꽃은 봄에 많이 달리며 길이 10센티미터의 납작한 꼬투리로 발달한다.

병아리콩
Cicer arietinum
콩과
중동 지역에서 오래전부터 재배되었던 채소 중 하나로 꼬투리에는 1~3개의 종자가 담겨 있다. 종자를 으깨서 중동 지방 음식인 후무스를 만든다.

고트루
Galega officinalis
콩과
온대 지방에 귀화해서 자라는 다년생 식물로 원통형의 적갈색 꼬투리가 있다. 젖의 분비를 늘리며 고열과 당뇨를 줄이는 데 효능이 있는 것으로 알려졌다.

마운트에트나브룸
Genista aetnensis
콩과
사르디니아와 마운트 에트나의 사면, 시실리에 자생하는 작은 교목이다. 적은 수의 잎을 가지고 있으며 녹색의 납작한 줄기가 광합성을 돕는다.

드리크니움
Lotus hirsutus
콩과
지중해에 자라는 다년생 식물로 적갈색의 원통형 꼬투리가 작은 장과로 오인되고는 한다.

가시금작화
Ulex parviflorus
콩과
지중해 서부에 자라며 가시가 많은 다년생 관목으로 노란색 잎과 갈색이 도는 검은색의 짧은 꼬투리를 가지고 있다. 산불이나 가지치기가 종자의 발아를 도와준다.

넓은잎연리초
Lathyrus latifolius
콩과
남유럽과 북아프리카에 널리 분포하는 단단한 다년생 덩굴 식물로 줄기에 날개가 있으며 분홍색을 띠는 꽃송이 5~15개가 달린다. 긴 꼬투리 안에 종자가 형성된다.

서양벌노랑이
Lotus corniculatus
콩과
유럽, 아시아, 아프리카의 목초지에서 발견되는 노란 꽃이 피는 식물로 잎은 5개로 갈라진다. 꼬투리가 새의 발을 닮았다.

베치
Vicia sativa
콩과
유럽과 지중해에 자생하는 일년생 식물로 널리 퍼져 자란다. 동물이 먹는 작물로 꽃은 보통 쌍으로 피며 덩굴손은 가지를 친다.

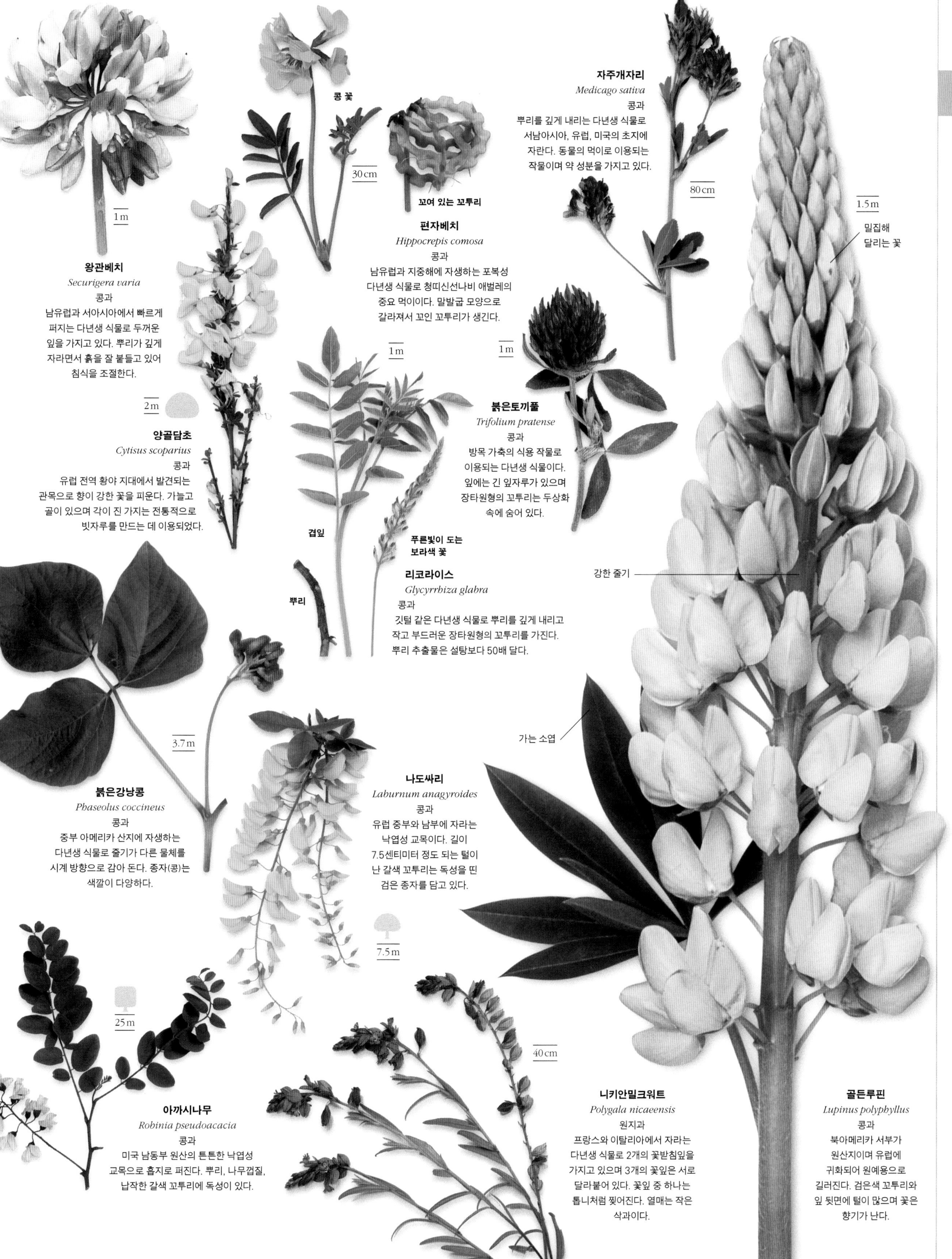

왕관베치
Securigera varia
콩과
남유럽과 서아시아에서 빠르게 퍼지는 다년생 식물로 두꺼운 잎을 가지고 있다. 뿌리가 깊게 자라면서 흙을 잘 붙들고 있어 침식을 조절한다.

편자베치
Hippocrepis comosa
콩과
남유럽과 지중해에 자생하는 포복성 다년생 식물로 청띠신선나비 애벌레의 중요 먹이이다. 말발굽 모양으로 갈라져서 꼬인 꼬투리가 생긴다.

자주개자리
Medicago sativa
콩과
뿌리를 깊게 내리는 다년생 식물로 서남아시아, 유럽, 미국의 초지에 자란다. 동물의 먹이로 이용되는 작물이며 약 성분을 가지고 있다.

양골담초
Cytisus scoparius
콩과
유럽 전역 황야 지대에서 발견되는 관목으로 향이 강한 꽃을 피운다. 가늘고 골이 있으며 각이 진 가지는 전통적으로 빗자루를 만드는 데 이용되었다.

붉은토끼풀
Trifolium pratense
콩과
방목 가축의 식용 작물로 이용되는 다년생 식물이다. 잎에는 긴 잎자루가 있으며 장타원형의 꼬투리는 두상화 속에 숨어 있다.

리코라이스
Glycyrrhiza glabra
콩과
깃털 같은 다년생 식물로 뿌리를 깊게 내리고 작고 부드러운 장타원형의 꼬투리를 가진다. 뿌리 추출물은 설탕보다 50배 달다.

붉은강낭콩
Phaseolus coccineus
콩과
중부 아메리카 산지에 자생하는 다년생 식물로 줄기가 다른 물체를 시계 방향으로 감아 돈다. 종자(콩)는 색깔이 다양하다.

나도싸리
Laburnum anagyroides
콩과
유럽 중부와 남부에 자라는 낙엽성 교목이다. 길이 7.5센티미터 정도 되는 털이 난 갈색 꼬투리는 독성을 띤 검은 종자를 담고 있다.

아까시나무
Robinia pseudoacacia
콩과
미국 남동부 원산의 튼튼한 낙엽성 교목으로 흡지로 퍼진다. 뿌리, 나무껍질, 납작한 갈색 꼬투리에 독성이 있다.

니키안밀크워트
Polygala nicaeensis
원지과
프랑스와 이탈리아에서 자라는 다년생 식물로 2개의 꽃받침잎을 가지고 있으며 3개의 꽃잎은 서로 달라붙어 있다. 꽃잎 중 하나는 톱니처럼 찢어진다. 열매는 작은 삭과이다.

골든루핀
Lupinus polyphyllus
콩과
북아메리카 서부가 원산지이며 유럽에 귀화되어 원예용으로 길러진다. 검은색 꼬투리와 잎 뒷면에 털이 많으며 꽃은 향기가 난다.

참나무

세계에서 가장 유명한 나무 중 일부가 이 목에 속한다. 참나무목은 너도밤나무속, 자작나뭇과, 가래나뭇과와 그 외 5개의 과를 포함한다. 이 나무들은 자라면서 삼림을 지배하게 된다. 홑잎을 가지며 암꽃 혹은 수꽃인 작은 단성화는 바람에 의해 수분이 된다.

열매와 씨는 미상꽃차례에서 발달한다.

포레스트오크
Allocasuarina torulosa
카수아리나과
오스트레일리아 서부에 자라며 목재용으로 널리 사용된다. 늘어져 자라는 가지는 긴 바늘 같은 잎을 가지고 있으며 종자는 작은 구과 안에 있다.

새우나무
Ostrya japonica
자작나뭇과
동아시아에 자라는 식물로 회갈색의 인편 같은 나무껍질을 가지고 있다. 종자는 껍질에 싸여 있다.

유럽서어나무
Carpinus betulus
자작나뭇과
유럽에 자생하는 식물로 작은 녹색의 암미상꽃차례와 수미상꽃차례를 갖는다. 견과는 3개로 갈라진 포엽으로 둘러싸여 있다.

유럽개암나무
Corylus avellana
자작나뭇과
유럽에서 자라는 관목성 교목으로 열매를 먹기 위해 재배된다. 수미상꽃차례와 암미상꽃차례는 이른 초봄에 나타난다.

수꽃이 원통형으로 무리 지어 달리는 미상꽃차례

붉은오리나무
Alnus rubra
자작나뭇과
북서부 아메리카에서 자생하는 교목으로 축축한 곳에 잘 자란다. 나무껍질은 옅은 회색으로 흠이 나거나 긁히면 붉은색으로 변한다.

라울리
Nothofagus alpina
노도파구스과
목재로 이용되는 교목으로 아르헨티나와 칠레에 자생한다. 어린잎은 구릿빛이며 암꽃은 무리 지어 자라고 견과는 표면이 거친 껍질로 싸여 있다.

프라티카리아 스트로빌라케아
Platycarya strobilacea
가래나뭇과
동아시아에 자생하는 교목으로 수미상꽃차례는 곧게 자라며 열매는 소나무의 구과처럼 생겼다. 종자에 날개가 있다.

피칸
Carya illinoinensis
가래나뭇과
북아메리카에 자생하는 식물로 재배된다. 먹을 수 있는 견과는 껍질에 싸여 있으며 익으면 껍질이 4갈래로 갈라진다.

사스래나무
Betula ermanii
자작나뭇과
벗겨지는 희끄무레한 나무껍질을 가지고 있는 교목으로 가지가 늘어지는 습성이 있다. 유럽과 북아시아에 자란다. 빛이 드는 모래땅을 좋아한다.

가시 같은 조각이 견과를 둘러싼다.

버터넛
Juglans cinerea
가래나뭇과
낙엽성 교목으로 북아메리카에 자생하며 미상꽃차례는 황록색이다. 달걀 모양의 견과는 달콤한 종자를 담고 있다.

보그머틀
Myrica gale
소귀나뭇과
달콤한 냄새가 나는 관목으로 전통적으로 곤충을 쫓아내는 데 이용되었다. 기후가 온화한 북반구 토탄 습지에 자라며 붉은색의 미상꽃차례를 가진다.

호두나무
Juglans regia
가래나뭇과
중앙아시아의 산지에 자라는 교목으로 열매 및 목재의 가치가 높다. 나무껍질은 부드럽고 회색을 띠며 수미상꽃차례는 10센티미터에 달한다.

영국참나무
Quercus robur
참나뭇과
중요한 목재를 제공하는 교목으로 오래 산다. 서유럽 특히 영국에 흔하다. 미상꽃차례의 형태로 수꽃이 달리며 긴 자루가 달린 도토리를 만든다.

자주참나무
Quercus coccinea
참나뭇과
북아메리카에 자라는 교목으로 가을에 잎이 짙은 적색으로 변하는 특징이 있다. 황록색의 긴 수미상꽃차례를 가지며 도토리는 광택이 나는 깍정이를 가지고 있다.

케르메스참나무
Quercus coccifera
참나뭇과
지중해 지역에 자라는 관목성 교목으로 상록성이며 호랑가시나무의 잎과 비슷한 잎이 난다. 어린잎은 구릿빛이고 수미상꽃차례는 황갈색이다.

돌참나무
Lithocarpus edulis
참나뭇과
일본에서 자라는 상록성 교목으로 곧게 서는 미색의 미상꽃차례를 가지고 있다. 암꽃은 아래에 피며 수꽃은 위에 핀다. 도토리는 먹을 수 있으며 2년에 걸쳐 익는다.

미국너도밤나무
Fagus grandifolia
참나뭇과
북아메리카에서 자라는 낙엽성 교목으로 가지가 넓게 퍼지며 회갈색의 나무껍질을 가지고 있다. 잎은 광택이 나며 열매는 껍질 안에 쌍으로 달린다.

스페인밤나무
Castanea sativa
참나뭇과
견과를 이용하기 위해 3,000년 동안 재배되어 온 교목으로 유럽 남동부와 서아시아에 자란다. 수미상꽃차례는 위쪽에, 암미상꽃차례는 아래쪽에 핀다.

말피기

가장 크고 다양한 목 중 하나인 말피기목은 대개 열대 식물로 구성되며 1만 6000여 종을 포함하고 있다. 말피기목에 속하는 식물들은 유전적으로 비슷하지만 형태적으로는 매우 다르다. 잘 알려진 대극과는 단성화를 가지며 다른 과에는 버드나무, 시계꽃, 제비꽃 등이 포함된다. 말피기목의 많은 과들이 자생지 외에는 거의 알려져 있지 않다.

투산
Hypericum androsaemum
물레나물과
서유럽에 자라는 작은 관목으로 2개의 능선이 있는 줄기를 가지고 있다. 향이 나는 잎은 의약용으로 이용되나 장과에는 독이 있다.

구멍고추나물
Hypericum perforatum
물레나물과
유럽산 다년생 식물로 둑, 평야, 길가에 흔하다. 양면에 능선이 있는 둥근 줄기를 가지고 있으며 잎에는 반투명한 점이 있다. 열매는 삭과로 많은 종자가 들어 있다.

아이언우드트리
Mesua ferrea
칼로필룸과
무거운 목재를 만들어 내는 교목으로 4개의 꽃잎을 가지는 큰 꽃이 핀다. 어린잎은 밝은 적색이다.

»

≫ 말피기

캔들넛트리
Aleurites moluccana
대극과
열대에 자라는 교목으로 견과에서 추출되는 기름은 양초를 만드는 데 사용된다. 꽃은 작고 미색이며 다양한 잎은 어렸을 때에는 회녹색이다.

카사바
Manihot esculenta
대극과
남아메리카 원산인 식물로 덩이뿌리로 식용 녹말인 타피오카를 만든다. 작은 꽃 무리가 2차 가지에 자란다.

꽃기린
Euphorbia milii
대극과
반다육성 덩굴성 관목으로 마다가스카르에 자라며 줄기에 가시가 있다. 잎은 주로 새 가지에 자란다.

리빙베이스볼
Euphorbia obesa
대극과
공 모양의 다육성 식물로 남아프리카의 그레이트 카루가 원산지이다. 매우 작은 꽃이 식물체 위에 눈처럼 자란다.

크로톤
Croton tiglium
대극과
서남아시아에 자라는 교목으로 중국에서는 한약으로 이용되었다. 잎에서는 악취가 나며 암꽃은 삭과로 발달한다.

피마자
Ricinus communis
대극과
열대 아프리카에 자라는 식물로 독이 있는 종자로부터 피마자유를 추출한다. 두상화는 곧게 자라며 암술머리를 갖는 붉은색 암꽃은 위쪽에 피고 수꽃은 노란색의 꽃밥을 갖는다.

자트로파 고시피폴리아
Jatropha gossypifolia
대극과
열대 아메리카에 자라는 독성이 있는 식물로 끈적끈적한 잎과 물과 같은 수액을 가지고 있으며 꽃은 자주색 포엽이 있다.

큰지중해스퍼지
Euphorbia characias
대극과
원예용으로 키우는 지중해산 다년생 식물로 자주색의 털이 많은 줄기가 곧게 자란다. 줄기의 기부는 털이 없고 부드럽다. 삭과인 열매는 털이 있고 마치 장과 같다.

고무나무
Hevea brasiliensis
대극과
브라질산 교목으로 고무로 이용되는 유액(乳液, latex)이 나무껍질 밑에서 나온다. 잎은 4개의 소엽으로 이루어지며 노란색 꽃을 피운다.

페티스퍼지
Euphorbia peplus
대극과
독성이 강한 일년생 잡초로 유럽, 아프리카 북부, 서아시아에 자생한다. 줄기와 꽃대는 3개의 가지로 갈라진다.

소시지스퍼지
Euphorbia guentheri
대극과
열대 아프리카에 자라는 다육질의 상록성 식물로 꽃은 자주색 무늬가 있는 흰 포엽을 갖는다. 주로 어릴 때 두꺼운 낫 같은 잎이 난다.

도그스머큐리
Mercurialis perennis
대극과
솜털로 뒤덮인 다년생 식물로 줄기는 하나로 곧게 자란다. 수꽃과 암꽃이 다른 개체에서 나며 길고 가는 꽃대에 녹색 꽃이 핀다.

다년생아마
Linum perenne
아마과
가늘고 종종 퍼져 자라는 다년생 식물로 유럽 특히 알프스 산맥과 영국에 자생한다. 꽃은 줄기 꼭대기에 꽃봉오리를 형성한다.

코카나무
Erythroxylum coca
에리트록실룸과
남아메리카 북서부에 자라는 상록성 교목으로 잎은 코카인의 원료이다. 나무껍질은 회색이고 크기가 작은 노란빛 흰색의 꽃을 피운다.

시계꽃
Passiflora caerulea
시계꽃과
남아메리카산 덩굴로 향이 나는 꽃을 피우는 원예 식물이다. 꽃은 5개의 꽃받침잎과 꽃잎, 5개의 수술, 3개의 자주색 암술머리를 가지고 있으며 기독교의 상징과 연관이 있다.

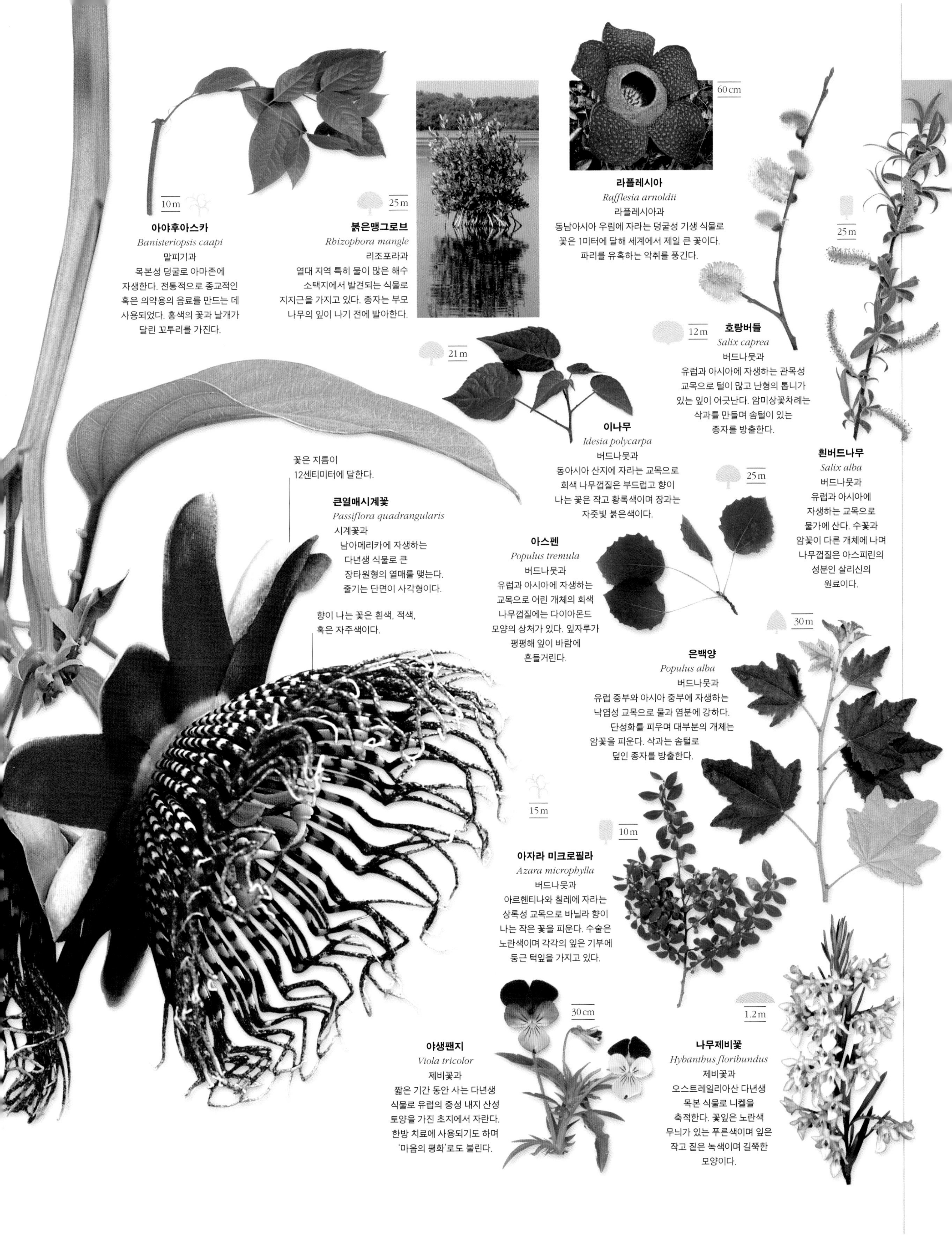

아야후아스카
Banisteriopsis caapi
말피기과
목본성 덩굴로 아마존에 자생한다. 전통적으로 종교적인 혹은 의약용의 음료를 만드는 데 사용되었다. 홍색의 꽃과 날개가 달린 꼬투리를 가진다.

붉은맹그로브
Rhizophora mangle
리조포라과
열대 지역 특히 물이 많은 해수 소택지에서 발견되는 식물로 지지근을 가지고 있다. 종자는 부모 나무의 잎이 나기 전에 발아한다.

라플레시아
Rafflesia arnoldii
라플레시아과
동남아시아 우림에 자라는 덩굴성 기생 식물로 꽃은 1미터에 달해 세계에서 제일 큰 꽃이다. 파리를 유혹하는 악취를 풍긴다.

호랑버들
Salix caprea
버드나뭇과
유럽과 아시아에 자생하는 관목성 교목으로 털이 많고 난형의 톱니가 있는 잎이 어긋난다. 암미상꽃차례는 삭과를 만들며 솜털이 있는 종자를 방출한다.

이나무
Idesia polycarpa
버드나뭇과
동아시아 산지에 자라는 교목으로 회색 나무껍질은 부드럽고 향이 나는 꽃은 작고 황록색이며 장과는 자줏빛 붉은색이다.

흰버드나무
Salix alba
버드나뭇과
유럽과 아시아에 자생하는 교목으로 물가에 산다. 수꽃과 암꽃이 다른 개체에 나며 나무껍질은 아스피린의 성분인 살리신의 원료이다.

큰열매시계꽃
Passiflora quadrangularis
시계꽃과
남아메리카에 자생하는 다년생 식물로 큰 장타원형의 열매를 맺는다. 줄기는 단면이 사각형이다.

아스펜
Populus tremula
버드나뭇과
유럽과 아시아에 자생하는 교목으로 어린 개체의 회색 나무껍질에는 다이아몬드 모양의 상처가 있다. 잎자루가 평평해 잎이 바람에 흔들거린다.

은백양
Populus alba
버드나뭇과
유럽 중부와 아시아 중부에 자생하는 낙엽성 교목으로 물과 염분에 강하다. 단성화를 피우며 대부분의 개체는 암꽃을 피운다. 삭과는 솜털로 덮인 종자를 방출한다.

아자라 미크로필라
Azara microphylla
버드나뭇과
아르헨티나와 칠레에 자라는 상록성 교목으로 바닐라 향이 나는 작은 꽃을 피운다. 수술은 노란색이며 각각의 잎은 기부에 둥근 턱잎을 가지고 있다.

야생팬지
Viola tricolor
제비꽃과
짧은 기간 동안 사는 다년생 식물로 유럽의 중성 내지 산성 토양을 가진 초지에서 자란다. 한방 치료에 사용되기도 하며 '마음의 평화'로도 불린다.

나무제비꽃
Hybanthus floribundus
제비꽃과
오스트레일리아산 다년생 목본 식물로 니켈을 축적한다. 꽃잎은 노란색 무늬가 있는 푸른색이며 잎은 작고 짙은 녹색이며 길쭉한 모양이다.

괭이밥

이 목에는 약 2,000종이 포함되며 7과로 분류된다. 케팔로투스과에는 식충식물인 케팔로투스벌레잡이식물 1종만 포함된다. 쿠노니아과는 목본 식물로 열매는 작은 종자를 담고 있는 목질의 삭과이다. 괭이밥과는 5속 800종으로 가장 크며, 낮에는 열리고 밤에는 닫히는 갈라진 잎을 가진다.

케팔로투스벌레잡이식물
Cephalotus follicularis
케팔로투스과
오스트레일리아 남서부 해안가에 자생하는 식충 식물로 난형의 잎이 기부에서 난다. 액체가 차 있는 주전자 모양의 덫으로 벌레를 잡는다. 그러나 주전자 모양의 덫은 있지만 사라케니아과(192쪽 참조)는 아니다.
20 cm

4 m

크리스마스부시
Ceratopetalum gummiferum
쿠노니아과
오스트레일리아 동부의 해안에서 자라는 관목으로 봄에 눈에 띄는 흰색의 꽃을 피운다. 분홍색과 적색의 꽃받침잎은 겨울에 크게 자라며 열매를 둘러싼다.

5개의 꽃잎을 가진 꽃

35 cm

꽃 무리

소엽 무리

덩이괭이밥
Oxalis articulata
괭이밥과
남아메리카에 자라는 식물로 부풀어 오른 땅속줄기를 가지고 있다. 종자를 담고 있는 삭과를 맺는다.

12 m

블랙와틀
Callicoma serratifolia
쿠노니아과
오스트레일리아의 뉴사우스웨일스 주 해안가에 자라는 관목성 교목으로 초기 정착자들이 거주지의 초벽을 만드는 데 이 식물을 이용했다. 어린잎은 구릿빛이 난다.

익은 열매

꽃가지

스타프루트
Averrhoa carambola
괭이밥과
서남아시아에서 무성하게 자라는 교목으로 별 모양의 열매를 먹을 수 있어 널리 재배된다. 꽃은 1년에 4번 핀다.
15 m

장미

장미목에는 장미과, 삼과, 뽕나뭇과, 갈매나뭇과, 느릅나뭇과, 쐐기풀과를 포함하는 9개의 과가 속한다. 장미목에 속하는 식물은 종종 열매를 얻기 위해 재배된다. 5개의 꽃받침과 많은 수술이 특징이며 대부분 가시나 털이 있다. 곤충에 의해 수분이 된다.

기름이 풍부한 장과

산자나무
Hippophae rhamnoides
보리수나뭇과
아시아와 유럽에 널리 분포하는 교목으로 잎이 나기 전에 노란색 꽃을 피운다. 작고 밝은 주황색의 장과는 비타민 C가 풍부한 기름을 함유하고 있다.
10 m

6m

사막보리수나무
Elaeagnus angustifolia
보리수나뭇과
서아시아에 자생하는 낙엽성 교목으로 가시가 있는 줄기를 가지고 있으며 은색의 인편으로 덮여 있다. 달걀 모양의 노란색이 도는 적색 열매는 먹을 수 있다.

2m

삼
Cannabis sativa
삼과
아시아 중부와 서부가 원산지인 다년생 식물이다. 잎은 대마초의 원료이며 섬유질은 밧줄을 만드는 데 이용하고 종자로부터 기름을 추출한다.

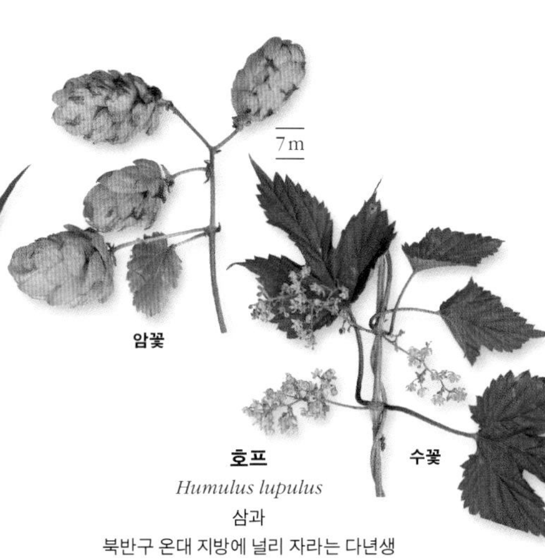

7m

암꽃

수꽃

호프
Humulus lupulus
삼과
북반구 온대 지방에 널리 자라는 다년생 덩굴 식물로 원뿔 모양의 암꽃(hop)은 맥주를 보존하고 풍미를 내는 데 이용된다.

20m

어린 열매

잭프루트
Artocarpus heterophyllus
뽕나뭇과
서남아시아의 저지대에 자라는 교목으로 나무에 달리는 열매 중 가장 큰 열매를 맺는다. 열매는 무게 30킬로그램, 길이 90센티미터에 달한다.

13m

검은뽕나무
Morus nigra
뽕나뭇과
풍부한 맛이 나는 열매를 얻기 위해 널리 재배되는 낙엽성 교목으로 중동 지방에 자생한다. 나무껍질은 울퉁불퉁하고 균열이 있으며 주황색이다.

광택이 나는 잎

10m

과육질의 열매

무화과나무
Ficus carica
뽕나뭇과
서남아시아와 지중해 동부에 자생하는 식물이다. 다른 무화과나무 종류처럼 꽃은 꽃눈 속에서 피고 특별한 말벌이 꽃눈 속으로 들어가서 수분이 이뤄진다.

30m

보리수고무나무
Ficus religiosa
뽕나뭇과
석가모니가 이 나무 아래에서 도를 닦았다고 전해지고 있다. 서남아시아에 자생하며 꽃과 열매는 자주색의 얼룩 반점이 있는 무화과 속에 담겨 있다.

15m

꽃이 피는 초기 단계

잎과 꽃가지

꾸지나무
Broussonetia papyrifera
뽕나뭇과
일본과 대만에 자라는 교목으로 안쪽의 나무껍질을 이용해 종이를 만든다. 매우 많은 양의 꽃가루를 생산한다.

20m

잎가지

덜 익은 열매

오세이지오렌지
Maclura pomifera
뽕나뭇과
북아메리카에 자생하는 교목으로 울타리용으로 이용된다. 뿌리와 목재는 아메리카 원주민에게 유용하게 사용되었다.

10m

대추나무
Ziziphus jujuba
갈매나뭇과
가시가 있는 관목성 교목으로 중국과 인도에서 널리 재배된다. 덜 성숙한 열매는 부드럽고 난형이며 녹색으로 사과와 같은 맛이 난다.

8m

벅손
Rhamnus cathartica
갈매나뭇과
잘 퍼져 자라는 관목성 교목으로 줄기 끝이 가시처럼 된다. 노란색이 도는 녹색의 작은 꽃이 피며 검은 장과의 열매를 맺는다. 유럽, 아시아, 아프리카에 자생한다.

75cm

낙상홍
Ceanothus americanus
갈매나뭇과
아메리카 북동부에 자라는 식물로 3개로 갈라지는 자주색의 삭과에 종자를 담고 있다. 붉은 뿌리와 털이 많은 잎으로 차를 만든다.

»

» 장미

중국홍가시나무
Photinia serratifolia
장미과
중국 숲에 자라는 교목으로 일반적으로 관상용으로 재배된다. 밀도 높은 목재는 가구를 만드는 데 사용된다.

눈양지꽃
Potentilla anserina
장미과
비단 같은 털이 나며 줄기가 기는 다년생 식물로 유럽, 아시아, 아메리카, 오스트레일리아 및 뉴질랜드의 습지, 목초지, 모래 언덕 등에 자란다.

스노이메스필루스
Amelanchier lamarckii
장미과
봄에 별 모양의 꽃이 하늘하늘하게 모여 나며 여름에 검붉은 장과를 맺는다. 북아메리카의 동부에 자란다.

양벚나무
Prunus avium
장미과
체리나무의 야생 조상으로 유럽, 아시아, 북아프리카 삼림과 울타리에 자라며 북아메리카에 귀화되었다.

대초원꽃사과
Malus ioensis
장미과
북아메리카에 자생하는 여러 꽃사과 종류 중 하나로 시큼한 열매를 얻기 위해 재배된다.

양딸기
Fragaria vesca
장미과
유럽과 북아메리카의 삼림에 자라는 다년생 식물이다. 매우 작은 열매는 꽃받침이 부풀어 만들어진다.

서양자두
Prunus domestica
장미과
중국의 체리자두와 유럽의 블랙손을 교잡해 만든 식물로 블랙손과 달리 날카로운 가시가 없다.

해당화
Rosa rugosa
장미과
동아시아에 주로 자라며 염분에 강해 바닷가 근처 울타리로 많이 이용된다. 가시 돋친 줄기, 분홍색 주름진 꽃잎을 가지고 있다.

개장미
Rosa canina
장미과
가시가 있고 가지가 휘어 자라는 식물로 유럽과 아프리카 북부에서 울타리로 많이 이용된다. 북아메리카에 귀화되었다.

해당화
Rosa rubiginosa
장미과
야생 장미 중 가장 색이 짙은 편인 해당화는 유럽, 아시아, 아프리카의 생울타리나 잡목림에서 자란다. 잎을 으깨면 사과 향기가 난다.

약사장미
Rosa gallica var. *officinalis*
장미과
정원 식물로 유명하다. 유럽산이며 플로리번다장미와 하이브리드티로즈의 조상으로 오랜 족보를 가지고 있다. '장미유'는 이 식물의 꽃잎에서 추출한 것이다.

담자리꽃나무
Dryas octopetala
장미과
북극에 가까운 지역과 산지에 자라는 키가 작은 교목으로 꽃은 태양을 향해 피며 꽃가루 매개 곤충을 유혹한다.

코토네아스터
Cotoneaster horizontalis
장미과
중국에 자라는 기는 관목으로 정원에 주로 키운다. 반상록성의 잎은 납작한 덤불을 이룬다.

파이어손
Pyracantha rogersiana
장미과
가시가 있는 상록성 관목으로 중국 동부에 자란다. 피라칸타속은 매혹적인 주황색의 장과 같은 열매를 맺지만 먹을 수 없다.

블랙베리
Rubus fruticosus
장미과
유럽에서 울타리용으로 널리 사용되는 식물로 가을에 먹을 수 있는 열매를 맺는다. 유연관계가 매우 가까운 종들과 함께 미세종(微細種, microspecies)을 이룬다.

야생서비스나무
Sorbus torminalis
장미과
유럽과 소아시아, 아프리카 북부의 오래된 숲에서 매우 드물게 자라는 교목이다.

당마가목
Sorbus americana
장미과
북아메리카 동부에 자생하는 낙엽성 교목으로 주황색의 장과는 겨울 동안 지속되며 개똥지빠귀나 어치의 먹이가 된다.

서양모과
Mespilus germanica
장미과
유럽 중부와 남부가 원산지인 식물로 노란색이 도는 갈색의 단단한 열매를 맺는다. 열매는 가을에 부드러워지면 먹을 수 있으며 이후에 썩는다.

꽃잎이 5개인 흰색의 꽃

꽃받침잎이 남아 있는 열매

버들잎배
Pyrus salicifolia
장미과
열매는 먹을 수 없으나 은빛이 나는 잎이 아래로 처지는 특징이 있어 널리 재배되는 식물이다. 중동 지방에서 자라며 터키에서는 야생에서 멸종 위기에 처해 있다.

12 m

술오이풀
Sanguisorba minor
장미과
유럽에서 이란에 이르는 지역에 자생하는 다년생 식물로 북아메리카에 귀화했다. 잎을 먹을 수 있다.

갈라진 잎

꽃잎이 5개인 화려한 꽃

붉은 산사나무 열매

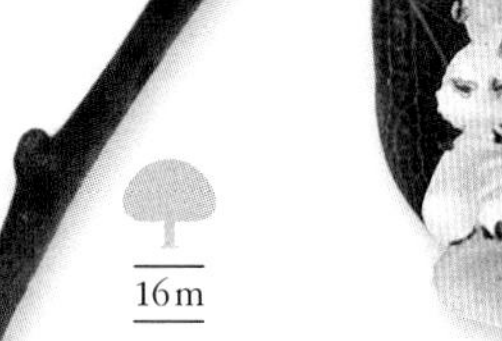

향기가 나는 꽃의 개화

60 cm

고개를 숙이는 여름 꽃

붓털 같은 열매

워터아벤스
Geum rivale
장미과
솜털로 뒤덮인 다년생 식물로 유럽, 소아시아, 북아메리카의 축축한 땅에 자란다. 열매에 구부러진 털이 있어 동물의 몸에 붙을 수 있으며 이를 통해 널리 퍼진다.

60 cm

레이디스맨틀
Alchemilla vulgaris
장미과
유럽, 아시아와 북아메리카 동부의 초지에서 자라며 유연관계가 매우 가까운 여러 종을 함께 부르는 이름이다. 잎은 길게 나부끼는 여성의 드레스와 닮았다.

호손
Crataegus monogyna
장미과
유럽에서 아프가니스탄에 이르는 지역에 널리 분포하는 식물로 삼림에 자라거나 울타리로 심는다. 가지가 많이 달리는 작은 교목으로 봄에 흰색 꽃을 많이 피운다. 열매는 짙은 적색으로 정원에 많이 심는다.

16 m

»

해당화

Rosa rubiginosa

해당화는 울타리를 아름답게 해주며 유럽 전역에서 아시아와 아프리카까지 자라는 다양한 야생 장미 중 가장 매력적인 것 중 하나이다. 일반적으로 흰색 또는 옅은 분홍색 꽃잎 5개를 가지고 있다. 식물학자가 아닌 사람들에게는 이 꽃들이 유사해 보이며 종종 '개장미(dog rose)'라고 불린다. 이 이름은 수세기에 걸쳐 원예가가 재배한 정원 장미보다 덜 화려하고 향이 강하기 때문에 붙여진 것으로 알려져 있지만, 어떤 이들은 화려한 근연종보다 더 미묘한 아름다움과 섬세한 향기가 있다고 주장한다. 대부분은 뒤섞인 아치형 줄기를 가지고 있는 가시가 많은 관목으로 '찔레나무'라고 부르기도 한다. 해당화는 으깨면 사과 향을 풍기는 짙은 분홍색 꽃과 잎을 가지고 있다. 이는 아메리카와 오스트레일리아에 도입되어 외래 침입 식물이 되었다.

크기 직립하는 줄기 2미터
서식지 개방형 관목, 산울타리, 공원 및 길가
분포 유럽에서 아시아, 여러 지역에 도입됨

가시가 많고 퍼지는 줄기

자루가 있는 샘이 덮힌 소엽의 톱니모양 가장자리

톱니모양의 가장자리를 가지는 소엽

∨ 로즈힙 발달

꽃 기부가 부풀어 올라 다육의 엉덩이(hip) 모양을 형성하는데, 이는 씨방에서 형성되지 않기 때문에 엄밀히 말하면 '가짜 열매'이다. 그 속에는 진정한 열매인 수많은 작은 단위 씨앗(pip)이 들어 있다.

잎처럼 남아 있는 꽃받침잎

∨ 장미눈(rosebud)

꽃눈 주위의 꽃받침은 발달 중인 꽃잎과 수정 가능한 부위를 보호한다. 선모(glandular hair) 다발은 눈을 보호하고 해충을 격퇴할 수 있다.

∨ 잎 뒷면

잎 뒷면에는 털이 빽빽히 있고, 자루가 있는 갈색의 샘이 섞여 있다. 여기서는 초식 동물을 억제할 수 있는 달콤한 냄새가 나는 테르펜 화합물을 방출한다.

수술 >

해당화 꽃 중앙 주위에는 수많은 수술이 소용돌이처럼 뭉쳐 있다. 이들은 옅은 색 수술대와 밝은 노란색 수술머리를 가지고 있으며 많은 양의 꽃가루를 생성한다.

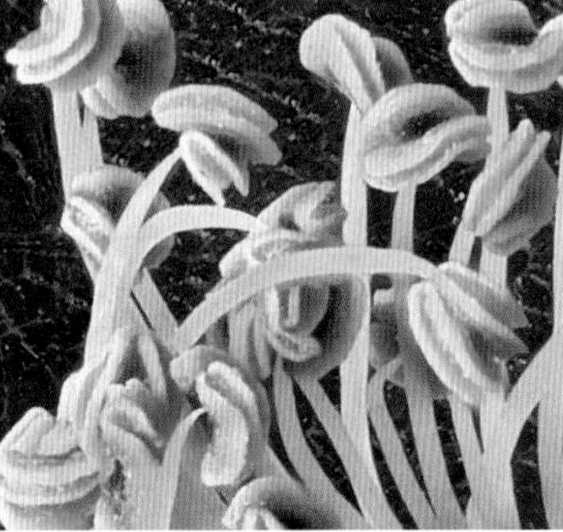

가시 >

강한 털이 산재해 있는 갈고리 모양의 가시는 큰 동물이 잎을 뜯어 먹는 것을 방해한다.

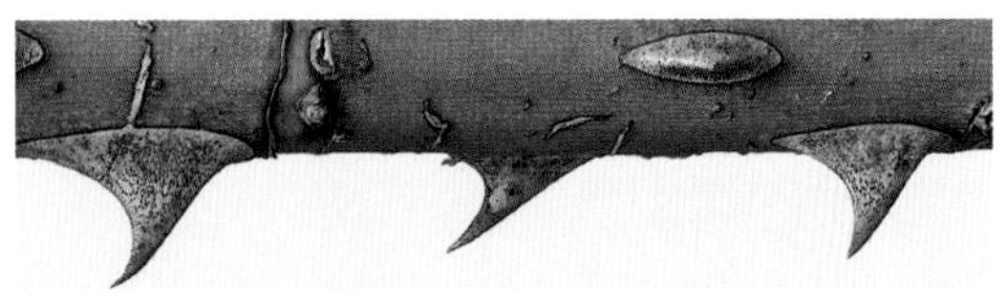

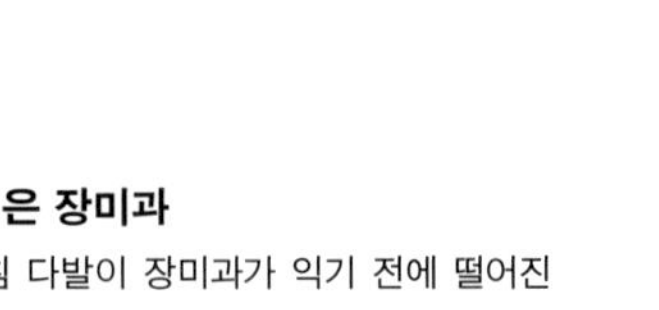

< 익은 장미과

꽃받침 다발이 장미과가 익기 전에 떨어진다. 잘 익은 붉은 장미과는 비타민 C가 풍부하며, 지빠귀와 비둘기가 먹어 배설물이 씨앗을 퍼뜨린다.

∧ 옆에서 보기

꽃잎 아래에는 5개의 꽃받침이 펼쳐져 있다. 벌이나 나비가 수분한 후 꽃받침이 부풀어 올라 장미과를 형성한다.

∧ 성공의 달콤한 향

향기는 식물에서 수분매개자를 유인하거나 해충을 퇴치하는 등 다양한 역할을 한다. 우리는 달콤한 해당화 잎의 냄새를 즐길 수 있지만, 오래된 약초의학서는 잎 추출물이 "목에 가혹하고", "가슴을 정화"한다고 말한다. 따라서 잎에 있는 사과향의 테르펜은 방목하는 동물에게 불쾌감을 줄 수 있다.

≫ 장미

해크베리
Celtis occidentalis
삼과
북아메리카에 자생하며 밝은 녹색의 느릅나무 잎과 비슷한 잎이 난다. 열매는 적색으로 많은 새와 포유류의 먹이이다.

느티나무
Zelkova serrata
느릅나뭇과
네덜란드느릅나무병(Dutch Elm Disease)으로 죽은 미국의 느릅나무는 때때로 이 아시아산 느릅나무로 교체되었다. 일본에서는 분재용으로 키운다.

유럽느릅나무
Ulmus minor
느릅나뭇과
유럽 경관에서 중요한 부분을 차지했지만 네덜란드느릅나무병으로 수가 감소했다.

프렌드십
Pilea involucrata
쐐기풀과
중앙 및 남아메리카에 자라는 물통이속 식물의 하나로 잎맥이 뚜렷하다. 여러 종류의 물통이속 식물이 실내 원예용으로 길러진다.

서양쐐기풀
Urtica dioica
쐐기풀과
쏘는 털이 있어 동물들로 하여금 잎을 먹지 못하도록 한다. 유럽, 아시아, 아프리카 북부, 북아메리카의 교란지에 분포한다.

십자화

십자화목의 많은 식물은 잎, 줄기 또는 부푼 뿌리에 쓴맛이 나거나 향기가 나는 기름을 함유하고 있다. 이러한 기름은 초식 동물로부터 스스로를 방어하기 위해 진화한 것이지만, 오히려 인간은 이를 음식이나 향수를 만드는 데 쓰거나 허브용으로 애용한다. 십자화과는 3,300여 종의 식물이 포함되는 가장 중요한 과이다.

야생양배추
Brassica oleracea
십자화과
서유럽에 자라는 식물로 1,000년 동안 인류에 의해 재배되어 왔다. 꽃양배추, 브로콜리, 방울양배추는 모두 이 식물의 품종이다.

파파야
Carica papaya
카리카과
남아메리카에 자라는 식물로 노란색 꽃을 피운다. 암꽃은 커다란 주황색의 다육질 열매로 발달한다.

홀스래디시나무
Moringa oleifera
모링가과
열대 아시아에 자라는 교목으로 코르크 같은 회색의 나무껍질과 고사리 잎 같은 잎을 가지고 있다. 뿌리를 으깨서 조미료를 만든다.

한련
Tropaeolum majus
한련과
색상이 화려한 일년생 식물로 중앙 및 남아메리카에 자란다. 정원 식물로 많이 심으며 꽃과 잎은 샐러드로 먹을 수 있다.

케이퍼
Capparis spinosa
풍접초과
지중해 지역에 자생하는 다년생 관목으로 가시가 있으며 꽃눈은 소금이나 식초에 절여 요리로 이용한다.

미뇨네트
Reseda odorata
레세다과
아프리카 북부 원산으로 유럽 남부에서는 정원에서 키운다. 향이 나는 꽃에서 추출한 기름으로 향수를 만든다.

월플라워
Erysimum x cheiri
십자화과
지중해 동부의 절벽이나 목초지에 자생하는 것으로 추정되는 식물로 중세 시대부터 유럽 전역에서 재배되어 왔다.

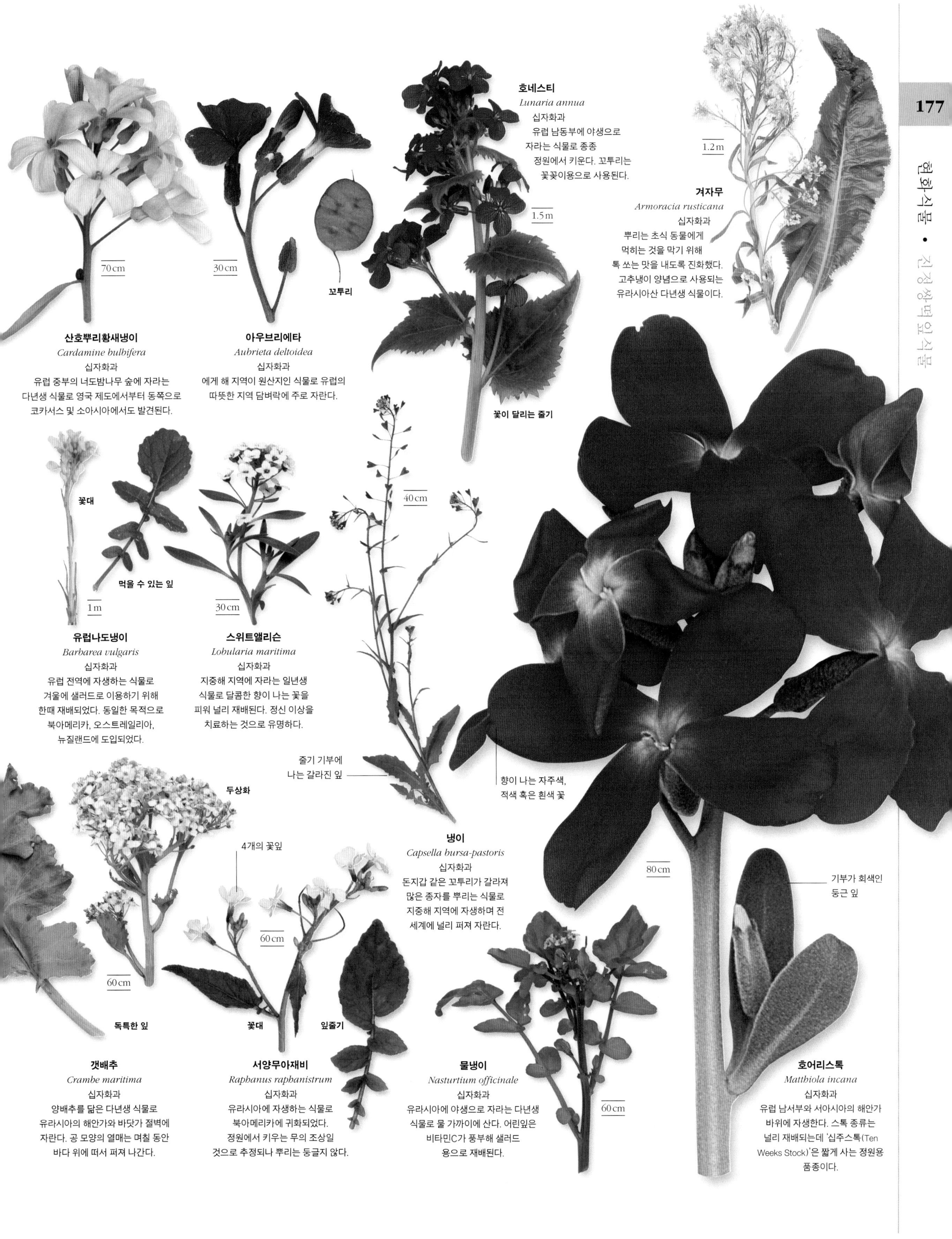

호네스티
Lunaria annua
십자화과
유럽 남동부에 야생으로 자라는 식물로 종종 정원에서 키운다. 꼬투리는 꽃꽂이용으로 사용된다.

겨자무
Armoracia rusticana
십자화과
뿌리는 초식 동물에게 먹히는 것을 막기 위해 톡 쏘는 맛을 내도록 진화했다. 고추냉이 양념으로 사용되는 유라시아산 다년생 식물이다.

산호뿌리황새냉이
Cardamine bulbifera
십자화과
유럽 중부의 너도밤나무 숲에 자라는 다년생 식물로 영국 제도에서부터 동쪽으로 코카서스 및 소아시아에서도 발견된다.

아우브리에타
Aubrieta deltoidea
십자화과
에게 해 지역이 원산지인 식물로 유럽의 따뜻한 지역 담벼락에 주로 자란다.

유럽나도냉이
Barbarea vulgaris
십자화과
유럽 전역에 자생하는 식물로 겨울에 샐러드로 이용하기 위해 한때 재배되었다. 동일한 목적으로 북아메리카, 오스트레일리아, 뉴질랜드에 도입되었다.

스위트앨리슨
Lobularia maritima
십자화과
지중해 지역에 자라는 일년생 식물로 달콤한 향이 나는 꽃을 피워 널리 재배된다. 정신 이상을 치료하는 것으로 유명하다.

냉이
Capsella bursa-pastoris
십자화과
돈지갑 같은 꼬투리가 갈라져 많은 종자를 뿌리는 식물로 지중해 지역에 자생하며 전 세계에 널리 퍼져 자란다.

갯배추
Crambe maritima
십자화과
양배추를 닮은 다년생 식물로 유라시아의 해안가와 바닷가 절벽에 자란다. 공 모양의 열매는 며칠 동안 바다 위에 떠서 퍼져 나간다.

서양무아재비
Raphanus raphanistrum
십자화과
유라시아에 자생하는 식물로 북아메리카에 귀화되었다. 정원에서 키우는 무의 조상일 것으로 추정되나 뿌리는 둥글지 않다.

물냉이
Nasturtium officinale
십자화과
유라시아에 야생으로 자라는 다년생 식물로 물 가까이에 산다. 어린잎은 비타민C가 풍부해 샐러드용으로 재배된다.

호어리스톡
Matthiola incana
십자화과
유럽 남서부와 서아시아의 해안가 바위에 자생한다. 스톡 종류는 널리 재배되는데 '십주스톡(Ten Weeks Stock)'은 짧게 사는 정원용 품종이다.

아욱

아욱목은 다소 큰 목으로 주로 관목과 교목이 포함되며 열대와 온대 지역에서 많이 발견되고 추운 지방에서도 자란다. 주요한 2개의 과가 포함된다. 북반구에 주로 자라는 키스투스과와 초본, 관목, 교목 등이 포함된, 널리 분포하고 있는 아욱과가 있다. 보다 종 수가 적은 과에는 빅사과도 있으며 단 5종이 속한다.

안나토
Bixa orellana
빅사과
가시가 있는 열매에서 식품 착색료인 안나토가 유래했다. 관목 또는 작은 교목으로 열대 아메리카에 자라며 꽃은 분홍색이다.

돌장미
Helianthemum nummularium
키스투스과
유럽의 햇빛이 드는 둑에 발견되는 낮게 자라는 관목으로 석회질이 풍부한 토양을 좋아한다. 다른 아종은 유럽의 산지에 자란다.

털돌장미
Cistus incanus
키스투스과
지중해에 널리 자라는 교목으로 잎의 크기와 털의 밀도가 매우 다양해서 여러 학명이 붙여졌었다.

캘리포니아플란넬부시
Fremontodendron californicum
아욱과
퍼져 자라는 관목으로 초여름에 화려한 꽃을 많이 피운다. 캘리포니아의 화강암으로 된 산지 높은 곳에 자란다.

중국히비스커스
Hibiscus rosa-sinensis
아욱과
중국장미라고도 불리는 식물로 중국 열대 지방에서 자라는 무궁화속 식물 중 하나이다. 아름다운 꽃을 피워 널리 재배된다.

코코아
Theobroma cacao
아욱과
브라질 열대 우림이 원산지인 교목으로 열대 지방에 널리 재배된다. 꼬투리 안에 있는 종자로부터 코코아를 만든다.

서양팥꽃나무
Daphne mezereum
팥꽃나뭇과
축축한 숲과 그늘진 협곡에 주로 자라는 낙엽성 관목으로 유럽 대부분 지역에서 발견된다.

머스크말로
Malva moschata
아욱과
아프리카 북부와 유럽 남부에 자생하는 다년생 식물로 정원에서 키운다. 키가 크며 초지 및 관목림에서 자란다.

콜라나무
Cola nitida
아욱과
아프리카 서부에서 자라는 교목으로 '콜라넛'이라고 불리는 카페인이 풍부한 종자는 흥분 효과를 일으킨다.

바오밥나무
Adansonia digitata
아욱과
아프리카에 자라는 교목으로 잎이 없으며 가지가 마치 뿌리처럼 보여 '거꾸로선나무'라고도 불린다. 3,000년 정도 살 수 있다.

기는아부틸론
Callianthe megapotamicum
아욱과
아르헨티나, 브라질, 우루과이에
자생하는 관목으로 따뜻하고
햇빛이 드는 정원에 키우는
유명한 원예 식물이다.

두리안
Durio zibethinus
아욱과
아시아의 열대 우림에 자라는
교목으로 열매에 가시가 있으며
고약한 냄새를 풍긴다. 이 냄새로
동물을 유혹해 종자를 퍼트린다.

미국피나무
Tilia americana
아욱과
중간 키 내지 큰 키의 낙엽성
교목으로 북동 아메리카 지역
삼림에 가을 단풍을 연출한다.
종종 단풍나무 옆에 자란다.

야생접시꽃
Alcea pallida
아욱과
지중해 동부에서 키가 크게
자라는 다년생의 상록성
식물로 정원에 심는 접시꽃과
유연관계가 깊다. 암석 지대나
잡목림에 자란다.

케이폭
Ceiba pentandra
아욱과
아프리카 서부, 중앙 및 남아메리카에
야생으로 자라는 교목으로 열매는
장난감의 속을 채우는 데 이용된다.

육지면
Gossypium hirsutum
아욱과
중앙아메리카에 자라는 관목으로 가장
일반적으로 재배되는 목화 종류이다.
열매 안의 면 섬유는 종자를 보호한다.

무환자나무

무환자나무목은 크고 중요한 목으로 대부분이 교목, 관목 혹은 목본성 덩굴이며 종종 잎이 갈라진다. 감귤과 같은 상업적으로 중요한 종류가 이 목에 속한다. 절반 이상의 종이 무환자나뭇과와 운향과에 속해 있다. 무환자나뭇과에는 약 1,900종이 포함되며, 오스트레일리아 및 아프리카 남부에 자라는 운향과에는 1,700여 종이 포함된다.

캐슈
Anacardium occidentale
옻나뭇과
베네수엘라와 브라질이 원산지인
관목성 교목으로 15세기에 아시아와
아프리카에 들어와 열매를 이용하기
위해 재배되고 있다.

사슴뿔옻나무
Rhus typhina
옻나뭇과
아메리카의 북동부 버려진
땅이나 숲 가장자리에 자라는
낙엽성 관목 혹은 키 작은
교목이다. 적색의 뾰족한 장과가
무리 지어 맺힌다.

안개나무
Cotinus coggygria
옻나뭇과
잘게 가지를 치는 옅은
녹색의 꽃 무리가 마치
안개처럼 보인다. 유럽 남부와
아시아에서 발견된다.

망고
Mangifera indica
옻나뭇과
아시아에 자생하는 식물로
열매를 이용하기 위해 열대
지역에서 가장 많이 재배되는
식물 중 하나이다. 열매에는
비타민A가 풍부하다.

»

≫ 무환자나무

크랩우드
Carapa guianensis
멀구슬나뭇과
남아메리카 열대 지방에 자라는 교목으로 검은 목재는 때때로 브라질산 마호가니로 팔린다. 종자로 비누를 만든다.

님나무
Azadirachta indica
멀구슬나뭇과
기름은 의약용, 가지는 식용으로 사용될 뿐만 아니라 목재용으로도 쓰이는 교목으로 구세계의 열대 지역에 널리 분포한다. 인도에서는 기름과 잎으로 살충제를 만들었다.

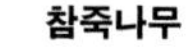

참죽나무
Toona sinensis
멀구슬나뭇과
동아시아산 교목으로 중국에서는 잎을 식용했다. 적색의 목재는 가구로 만든다.

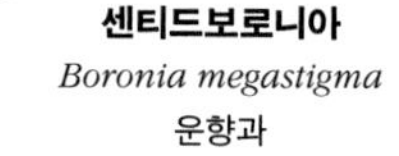

센티드보로니아
Boronia megastigma
운향과
오스트레일리아 서부의 젖은 모래땅에서 직립해 자라는 관목이다. 꽃은 종 모양으로 바깥쪽은 갈색이며 안쪽은 금빛이 도는 녹색이다.

60 cm

술루타
Ruta chalepensis
운향과
유럽 남부와 아시아 남서부의 암석 지대에서 자라며 성경에서 '루(rue)'로 언급된 식물인 것으로 추정된다.

페퍼앤드솔트
Eriostemon spicatus
운향과
오스트레일리아 남서부의 모래나 자갈땅에 퍼져 자라는 키 작은 관목으로 꽃은 분홍색, 흰색, 청색이다.

시드니돌장미
Boronia serrulata
운향과
작은 관목으로 오스트레일리아 시드니의 해안가 황야에서 자란다. 잔 모양의 밝은 분홍색 꽃을 피운다.

멕시코오렌지
Choisya ternata
운향과
멕시코 원산이나 정원에서 흔히 키우는 식물로 불규칙적으로 자라는 관목이다. 흰 꽃의 무리가 가지를 치며 자란다.

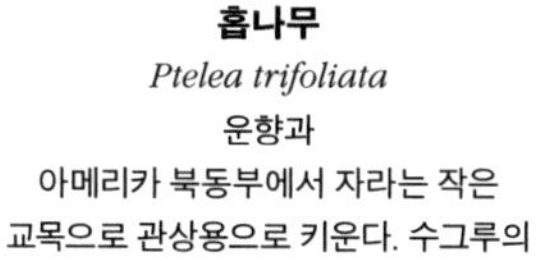

홉나무
Ptelea trifoliata
운향과
아메리카 북동부에서 자라는 작은 교목으로 관상용으로 키운다. 수그루의 꽃이 암그루의 꽃보다 작다.

1 m

샐몬커리어
Correa pulchella
운향과
오스트레일리아 남부에 자생하는 작은 관목으로 정원에 심는다. 연약하고 축 늘어져 대롱거리는 통상화를 피운다.

미국산초나무
Zanthoxylum americanum
운향과
북아메리카에서 자라는 가시가 있는 교목으로 북쪽으로 캐나다 퀘벡까지 자생한다. 아메리카 원주민들은 나무껍질을 씹어서 치통을 완화시켰다.

스키미아
Skimmia japonica
운향과
동아시아에 자라며 정원, 공원 등 생활 공간에 많이 심는 상록성 관목으로 향이 난다. 늦여름에 적색의 장과를 맺는다.

탱자나무
Citrus trifoliata
운향과
솜털이 뒤덮인 작고 노란 열매는 오렌지를 닮았지만 먹을 수 없다. 관목으로 여러 가지 의약용으로 이용된다.

레몬
Citrus x limon
운향과
아삼 지역이나 중국 교배종에서 유래된 것으로 여겨지는 상록성 교목으로 열매를 이용하기 위해 널리 재배되고 있다.

세비야오렌지
Citrus x aurantium
운향과
야생으로 먹는 달콤한 당귤나무 열매와 달리 이 식물의 열매는 써서 요리를 해서 먹는다. 2종류 모두 아시아 교배종에서 왔다.

설탕단풍
Acer saccharum
무환자나뭇과
미국 북동부와 캐나다 남동부에 자생하는 교목으로 봄에 수액을 모아 끓여서 단풍나무(메이플) 시럽을 만든다.

단풍나무
Acer palmatum
무환자나뭇과
일본에 자생하는 교목으로 수세기 동안의 교배를 통해 여러 교잡종을 만들었다. 잎 형태가 다양하며 가을에 멋지게 단풍이 든다.

시카모어
Acer pseudoplatanus
무환자나뭇과
유럽과 아시아의 삼림에 자생하는 식물로 여러 곳에 널리 식재된다. 날개가 달린 종자는 바람에 의해 퍼진다.

모감주나무
Koelreuteria paniculata
무환자나뭇과
동아시아에 자라는 화려한 교목으로 온대 지역에 많이 심는다. 노란색 꽃이 폭포가 쏟아지는 것처럼 피며 주머니 같은 꼬투리가 특징적이다.

리치
Litchi chinensis
무환자나뭇과
중국 남부 지방이 원산지인 것으로 추정되는 교목으로 열매를 이용하기 위해 재배된다. 달콤한 과육이 단단한 껍질에 싸여 있다.

홀스체스트넛
Aesculus hippocastanum
무환자나뭇과
유럽 남동부에 자생하는 교목으로 도시 가로수로 종종 심는다. 열매는 밤과 비슷하나 단단하고 먹을 수 없다.

자바아몬드
Canarium indicum
감람과
태평양 섬의 열대 우림에 자생하는 교목으로 매우 유용한 나무 중 하나이다. 목재 및 기름으로 이용하며 견과는 먹을 수 있다.

기름밤나무
Xanthoceras sorbifolium
무환자나뭇과
중국에서 야생으로 자라는 작은 교목으로 잎이 마가목류와 비슷하다.

가중나무
Ailanthus altissima
소태나뭇과
중국이 원산지인 오줌 냄새가 나는 교목으로 환경 오염에 잘 견디고 대부분의 토양에 잘 자라 가로수로 심는다.

비터우드
Quassia amara
소태나뭇과
열대 아메리카에서는 말라리아에 대응하기 위해 이 식물의 나무껍질과 목재 추출물을 끓여서 강장제를 만들었다.

유향
Boswellia sacra
감람과
아라비아에서 자라는 교목으로 나무줄기에서 나오는 우윳빛의 액체로 유향을 만든다. 유향은 향과 향수에 이용되는 고무 수지이다.

석죽

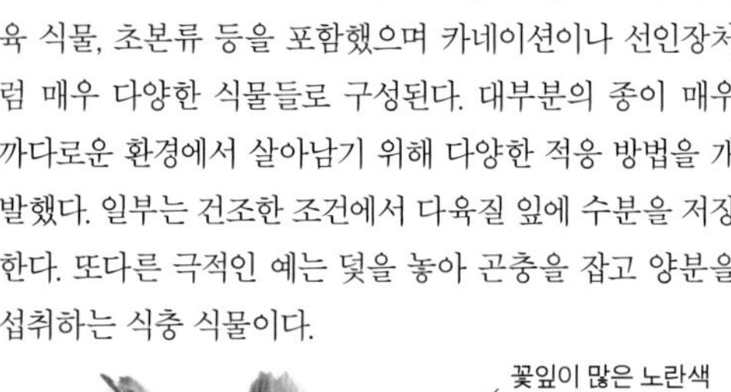

38개의 과로 이루어진 석죽목은 교목, 관목, 덩굴 식물, 다육 식물, 초본류 등을 포함했으며 카네이션이나 선인장처럼 매우 다양한 식물들로 구성된다. 대부분의 종이 매우 까다로운 환경에서 살아남기 위해 다양한 적응 방법을 개발했다. 일부는 건조한 조건에서 다육질 잎에 수분을 저장한다. 또다른 극적인 예는 덫을 놓아 곤충을 잡고 양분을 섭취하는 식충 식물이다.

5cm

코노피툼 미누툼
Conophytum minutum
번행초과
작은 덤불을 형성하는 식물로 다육질의 '조약돌 같은' 잎을 가지고 있다. 남아프리카 반사막에서 자란다.

2.5cm

워티호랑이입
Faucaria tuberculosa
번행초과
남아프리카의 반사막 지대에 자생하는 식물로 사마귀가 잔뜩 난 모양의 잎이 열린 입을 닮았다.

30cm

자주끈끈이주걱
Disphyma crassifolium
번행초과
줄기가 땅 위를 기어 자라는 식물로 다육질의 잎과 데이지 같은 꽃을 가지고 있다. 남아프리카, 오스트레일리아, 뉴질랜드에 자생하며 염분이 많은 토양에 자란다.

꽃잎이 많은 노란색 혹은 밝은 분홍색의 꽃

다육질의 잎

30cm

호텐토트무화과
Carpobrotus edulis
번행초과
남아프리카에서 볼 수 있는 다육성 식물로 화려한 꽃과 무화과를 닮은 먹을 수 있는 열매를 맺는다. 개방된 건조 지역에서 마구 뻗어 나간다.

10cm

스크완테시아 루에데부스키이
Schwantesia ruedebuschii
번행초과
덤불을 형성하며 비대칭적인 돌기가 있는 잎을 가지고 있다. 다육질의 식물로 나미비아 및 남아프리카의 언덕에 자란다.

40cm

람프란투스
Lampranthus sp.
번행초과
이 다육식물은 남아프리카 서부 해안 모래밭에서 자라며 '비기(vygie)'라고 불린다. 데이지처럼 생긴 꽃의 지름은 5센티미터 정도이다.

3cm

티타놉시스 칼카레아
Titanopsis calcarea
번행초과
남아프리카의 다육식물로 울퉁불퉁한 잎 때문에 사막 지대 석회암 사이에서 눈에 잘 띄지 않는다. 늦여름에서 가을 사이에 꽃을 피운다.

리빙스톤
Lithops aucampiae
번행초과
남아프리카 반사막 지역의 자갈 틈에서 자라는 식물로 낮은 덤불처럼 자라며 둥글납작한 잎을 가지고 있다.

3cm

한 쌍의 잎

암적색의 꽃

10cm

둥글납작한 잎

30cm

얼음식물
Mesembryanthemum crystallinum
번행초과
반짝이는 작은 혹을 가지고 있어 얼음식물이라고 이름 붙여졌다. 아프리카, 유럽, 서아시아의 염분이 많은 지역에 산다.

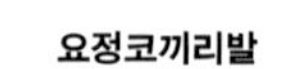

요정코끼리발
Frithia pulchra
번행초과
작은 다육 식물로 남아프리카의 산지 목초지에서 자란다. 가뭄 때 잎이 줄어들고 흙 속으로 들어가 식물을 보호한다.

8cm

깁바이움 벨루티눔
Gibbaeum velutinum
번행초과
다른 크기의 쌍을 이루는 다육질의 잎이 아래쪽에 달린다. 남아프리카의 반사막 지대에 자란다.

줄맨드라미
Amaranthus caudatus
비름과
남아메리카에서 유래한 것으로 추정되는 다년생 식물로 잎과 종자를 먹을 수 있어 오랫동안 재배되어 왔다.

폴팔라
Aerva lanata
비름과
미상꽃차례(미상화서(尾狀花序)) 같은 꽃 무리를 가지고 있는 다년생 식물로 아시아와 아프리카의 열대 지역에 자생하며, 개활지에 자란다.

아키란테스 비덴타타
Achyranthes bidentata
비름과
중국, 일본, 인도 및 네팔에 자생하는 식물로 숲 가장자리, 개울가, 축축하고 그늘진 곳에 자란다.

일년생갯솔나물
Suaeda maritima
비름과
주로 유럽의 해안가, 염분이 많은 습지에 자라는 식물로 아시아나 북아메리카에서도 자란다. 녹색의 잎은 적색으로 변한다.

갯근대
Beta vulgaris
비름과
홍당무의 야생 조상으로 유럽, 아프리카 북부, 아시아의 바닷가 벌거벗은 땅에서 자라는 다육성 식물이다.

갯쇠비름
Atriplex portulacoides
비름과
은빛이 나는 식물로 염분이 많은 습지, 특히 갯가 고랑 및 못에 자란다. 유럽, 아프리카, 아시아에 서식한다.

퉁퉁마디
Salicornia europaea
비름과
서유럽의 염분이 많은 진흙투성이 습지에 우거져 자라는 식물로 다육질의 줄기는 때때로 채소로 요리에 사용된다.

멕시칸티
Dysphania ambrosioides
비름과
짧은 생을 사는 식물로 열대 아메리카에서 재배되고 땅을 황폐하게 만들기도 한다. 향이 좋아 차나 양념으로 사용된다.

가든오라치
Atriplex hortensis
비름과
시금치처럼 생긴 식물로 식용 잎 때문에 오랫동안 재배되어 왔으며 서남아시아 해변에서 유래한 것으로 여겨진다.

개맨드라미
Celosia argentea
비름과
아프리카, 아시아, 아메리카의 열대 지역 건조한 경사면이나 돌이 많은 곳에 사는 아름다운 식물이다. 종종 정원에서 키우기도 한다.

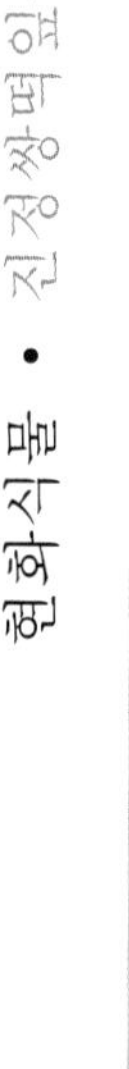

≫ 석죽

설황
Parodia haselbergii
선인장과
공 모양의 줄기와 깔때기 모양의 꽃을 가지고 있는 선인장으로 브라질 산악 지대에 자란다.

15cm

가시가 천천히 자라는 식물을 보호한다.

에리오시케 수브깁보사
Eriosyce subgibbosa
선인장과
건조하며 돌이 많은 지역에 사는 공 모양의 식물로 주로 칠레의 해안가에 자생한다.

90cm

깔때기 모양 꽃

물을 저장하고 있는 다육질의 잎

10cm

7m

노락
Espostoa lanata
선인장과
원주형의 줄기에 길고 흰 털이 나는 특징이 있는 식물로 페루와 에콰도르의 남부 언덕에서 천천히 자란다.

40cm

원통선인장
Echinocactus sp.
선인장과
원통 모양 선인장류는 미국 남서부와 멕시코 사막에서 자란다.

레부티아 헬리오사
Rebutia heliosa
선인장과
선명한 색의 꽃을 피우는 식물로 덤불처럼 자란다. 볼리비아의 그늘진 산악 지대에 자생한다.

60cm

클레이스토칵투스 브로오케이
Cleistocactus brookei
선인장과
반직립 혹은 옆으로 퍼져 자라는 다육질의 줄기 하나를 가지고 있는 식물로 볼리비아의 산악 지대에 자란다.

60cm

12m

노인선인장
Cephalocereus senilis
선인장과
줄기에 흰색의 기다란 털이 자라는 식물로 멕시코의 암석 지대에 자란다.

골든컬럼
Weberbauerocereus johnsonii
선인장과
페루의 염분이 많은 토양에서 자라는 키가 큰 식물이다.

류크텐베르기아 프린키피스
Leuchtenbergia Principis
선인장과
공 모양 혹은 짧은 원통형의 줄기를 가지고 있는 식물로 향이 나는 꽃을 피운다. 멕시코 북부의 언덕에서 자생한다.

4m

6m

16m

팔 또는 가지가 여분의 꽃을 지탱한다.

사구아로선인장
Carnegiea gigantea
선인장과
멕시코 및 미국의 애리조나와 캘리포니아의 사막에서 150년 동안 사는 식물로 키가 매우 크다.

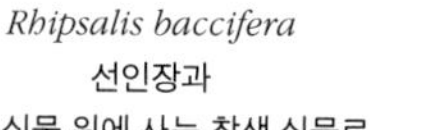

겨우살이선인장
Rhipsalis baccifera
선인장과
다른 식물 위에 사는 착생 식물로 아프리카, 마다가스카르, 스리랑카의 열대 지역과 열대 아메리카에 산다.

2.4m

5m

19m

로포케레우스 스코티이
Lophocereus schottii
선인장과
멕시코에서 미국 애리조나 남부에 이르는 지역에 서식하는 식물로 천천히 자라며 키가 크다. 꽃은 밤에 피며 기분 나쁜 냄새가 난다.

자이언트카르돈
Pachycereus pringlei
선인장과
현존하는 선인장 중 가장 키가 큰 종으로 멕시코 바하 칼리포르니아 사막에서 자란다. 꽃은 밤에 핀다.

밤의여왕
Harrisia jusbertii
선인장과
아르헨티나 혹은 파라과이가 원산지일 것으로 추정되나 원산지가 불명확한 식물로 밤에 꽃을 피우는 원주형의 선인장이다.

마투카나 인테르텍스타
Matucana intertexta
선인장과
페루 산지 계곡에만 자생하는 식물로 공 모양 혹은 짧은 원통형의 줄기를 가지고 있다.

수도승두건선인장
Astrophytum ornatum
선인장과
공 모양 또는 원주형의 줄기에 갈색빛이 도는 노란색의 긴 가시가 난다. 멕시코의 산성 토양 지역에 자란다.

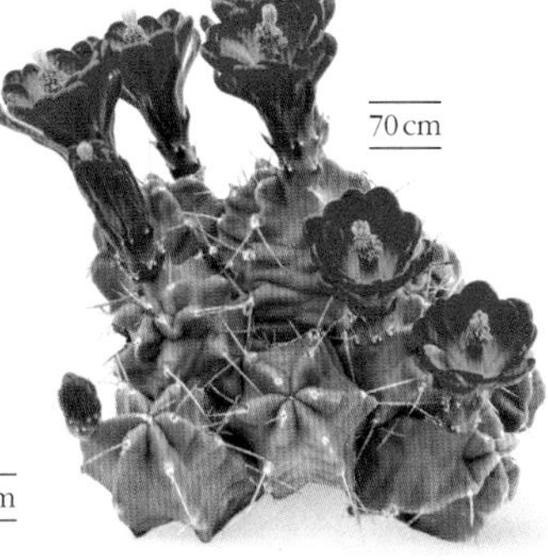

붉은컵고슴도치
Echinocereus triglochidiatus
선인장과
미국 남부와 멕시코 북부의 사막, 관목림 혹은 암석 지대에 자라는 식물로 벌새에 의해 수분이 된다.

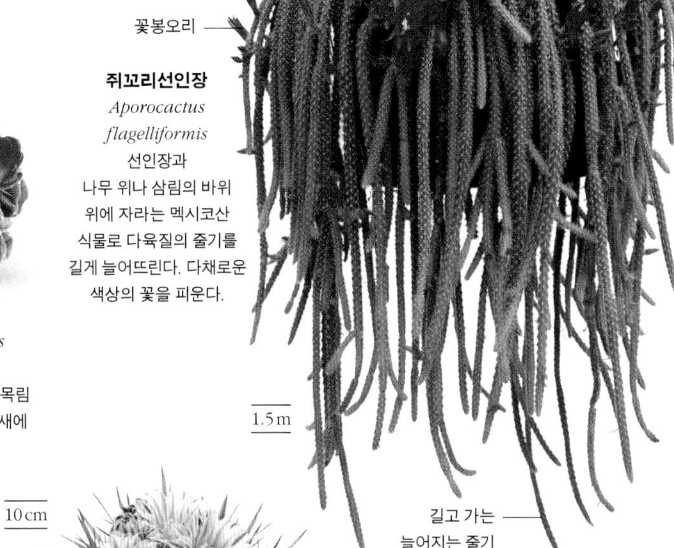

쥐꼬리선인장
Aporocactus flagelliformis
선인장과
나무 위나 삼림의 바위 위에 자라는 멕시코산 식물로 다육질의 줄기를 길게 늘어뜨린다. 다채로운 색상의 꽃을 피운다.

터키모자선인장
Melocactus salvadorensis
선인장과
성숙하면 공 모양의 줄기에 터키모자 형태의 꽃을 담고 있는 구조물이 만들어진다. 브라질 북동부의 바위가 많은 지역에 자란다.

노부인선인장
Mammillaria hahniana
선인장과
멕시코산 식물로 반사막 지역에 자란다. 공 모양의 줄기에 회색의 털이 난다.

뇌선인장
Stenocactus multicostatus
선인장과
멕시코 북동부의 저지대 그늘진 곳에서 자라는 식물로 공 모양의 줄기를 가지고 있으며 깔때기 모양의 눈은 분홍색 줄무늬가 있는 꽃을 피운다.

김노칼리키움 호르스티이
Gymnocalycium horstii
선인장과
이 공 모양 식물은 야생에서는 브라질 리오그란데도술 근처 목초지에서만 자라는 것으로 여겨진다.

15cm

게발선인장
Schlumbergera truncata
선인장과
브라질 남동부의 열대 우림에 사는 착생 식물로 겨울에 꽃을 피운다. 실내에서 원예용으로 종종 키운다.

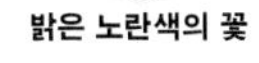
밝은 노란색의 꽃

20cm

글로리오브텍사스
Thelocactus bicolor
선인장과
미국 텍사스와 멕시코 북동부의 건조한 지역에 자라는 식물로 공처럼 생겼다.

선인장(백년초)
Opuntia ficus-indica
선인장과
납작하게 연결된 줄기, 알 혹은 서양배 모양의 가시 열매 등이 특징적인 식물로 멕시코의 바위가 많은 언덕과 건조한 지역에 자란다. 종종 다른 지역에 귀화되었다.

»

∨ **뾰족뾰족한 털이 많은 별**

이 종은 위에서 보면 골 5~10개(보통 8개)로 뻗은 별 모양으로 그 사이에 양털 같은 흰색 비늘이 나 있다.

수도승두건선인장

Astrophytum ornatum

이 선인장의 속명인 아스트로피툼은 고대 그리스 어로 '별(star) 식물'을 뜻한다. 1827년, 아일랜드의 의사이자 식물학자인 토마스 쿨터(Thomas Coulter)에 의해 처음 채집되었다. 양털 같은 털로 뒤덮인 인편은 물을 모을 수 있도록 도와주며 선인장을 태양으로부터 보호해 주는 것 같다. 또한 이들은 식물체를 위장하는 역할도 한다. 이 종은 아스트로피툼 선인장 중에 가시가 제일 많은데 현재 야생에서는 매우 드물다.

크기 1.5미터
서식지 따뜻하고 건조한 지역
분포 멕시코
잎 가시 같은 잎

< 뿌리
섬유질의 가는 뿌리는 선인장이 넓은 지역에서 물을 흡수하는 것을 돕는다. 이는 아주 잠깐 내린 비로 겨우 몇 센티미터의 토양이 젖는 환경에서 필수적이다.

바깥쪽에 피는 꽃잎 >
꽃의 바깥쪽에 피는 다수의 가는 꽃잎은 옅은 노란색이며 끝은 갈색이다. 꽃은 지름이 11센티미터 정도까지 자란다.

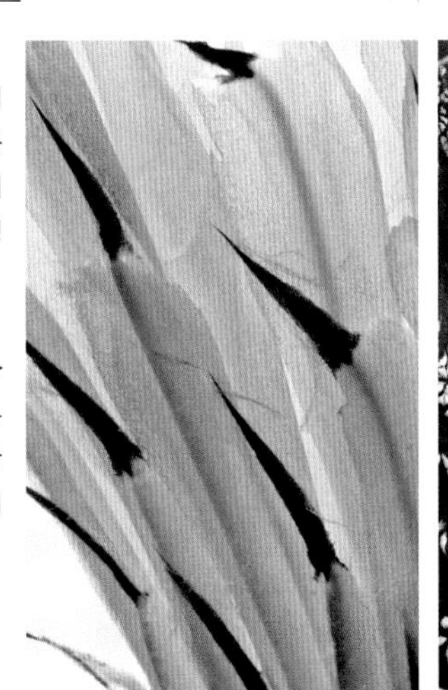

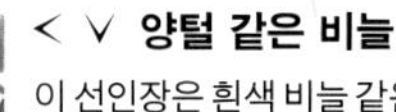

< ∨ 양털 같은 비늘
이 선인장은 흰색 비늘 같은 털 다발이 골 사이에 나 있다. 어린 식물체에서 더 촘촘하며 나이가 들수록 성글다.

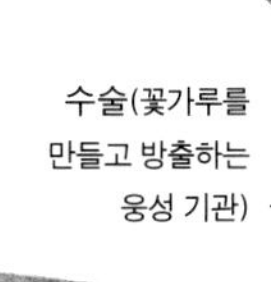

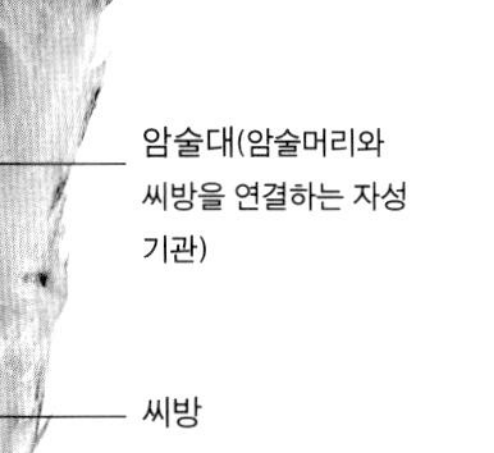

> 꽃 절단면
노란색의 꽃잎은 넓은 타원형이며 끝이 다소 톱니 모양이다. 꽃은 노란색의 수술과 암술머리, 암술대, 씨방으로 구성되는 자성 기관인 노란색의 심피(心皮, carpel)를 가지고 있다.

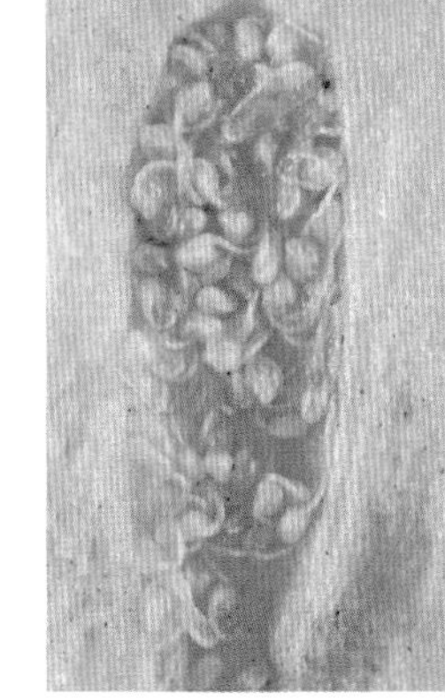

∧ 씨방
꽃에서 다른 생식 기관보다 아래쪽에 위치하는 기관으로 나중에 종자로 발달하는 밑씨를 가지고 있다.

∧ 암술머리
하나의 암술대는 7~12개의 암술머리로 갈라진다. 암술머리는 꽃가루를 받는 기관으로 길이는 약 1.5센티미터이다.

»

» 석죽

60 cm

뎁퍼드패랭이꽃
Dianthus armeria
석죽과
유럽의 건조한 초지, 특히 빛이 드는 모래땅에 자라는 식물이다. 톱니가 있는 꽃잎을 지닌 별 같은 꽃이 핀다.

1 m

선옹초
Agrostemma githago
석죽과
지중해 동부 지역에 자생하는 식물로 곡물을 재배하는 밭에 널리 퍼져 자랐으나, 지금은 드물다.

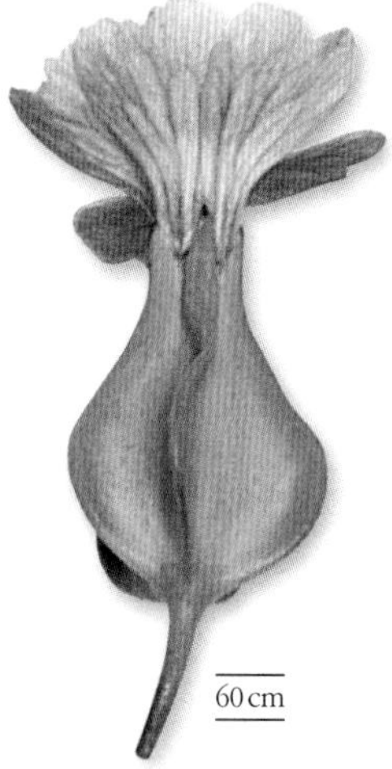

60 cm

카우바질
Vaccaria hispanica
석죽과
유럽과 아시아의 곡물밭에서 점점 줄어들고 있는 일년생 식물로 분홍색 꽃과 청록색 잎이 있다.

25 cm

갯벼룩이자리
Honckenya peploides
석죽과
다육질의 포복성 식물로 유럽, 아시아, 북아메리카의 해안가 모래밭에 퍼져 자란다.

30 cm

타임잎벼룩이자리
Arenaria serpyllifolia
석죽과
유럽, 온대 아시아, 북아메리카의 벌거벗은 지역이나 교란지에 자라는 식물로 매우 작은 잎을 가지고 있다.

고산동자꽃
Viscaria alpina
석죽과
알프스 산맥과 피레네 산맥, 그리고 유럽, 서아시아 및 북아메리카의 아북극 지역의 광산물이 풍부한 바위 위에 자라는 식물이다.

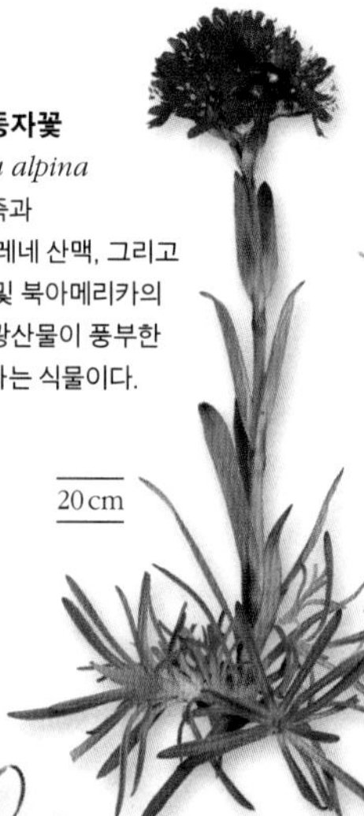

20 cm

80 cm

30 cm

꽃은 분홍색이며
흰색도 있다.

꽃이 성숙하면서
길어지는 꽃대

4개 혹은 5개씩 달리는
작은 녹색의 잎

10 cm

꽃잎이
5개인 꽃

피침형의 잎

랙드로빈
Silene flos-cuculi
석죽과
넝마처럼 갈라지는 꽃잎을 가지고 있는 유럽산 식물로 습지 및 축축한 땅에서 자란다.

들쥐귀
Cerastium arvense
석죽과
유럽, 아프리카 북부, 북아메리카 및 서아시아 온대 지방의 건조한 초지에 자생한다.

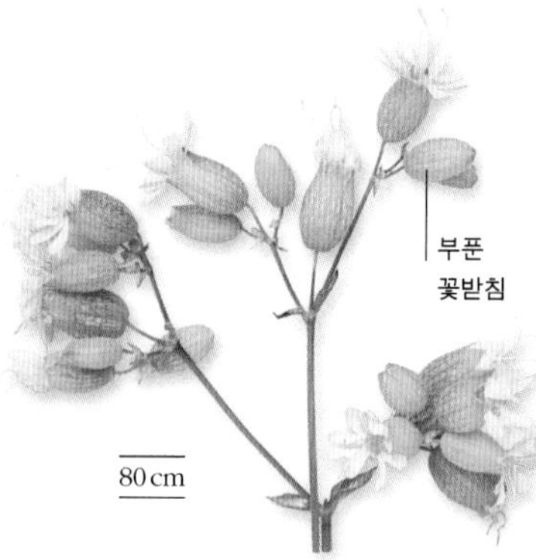

부푼
꽃받침

80 cm

중심부에 있는
기다란 곧은뿌리

이끼장구채
Silene acaulis
석죽과
바닥을 폭신하게 만들며 이끼처럼 자라는 식물로 아시아와 북아메리카를 비롯해 유럽의 서부, 중부, 북부 산지에 자생한다.

주머니장구채
Silene vulgaris
석죽과
유럽, 아프리카 북부, 아시아 온대 지방의 햇빛이 드는 초지에 자라는 식물로 꽃받침이 부푼다.

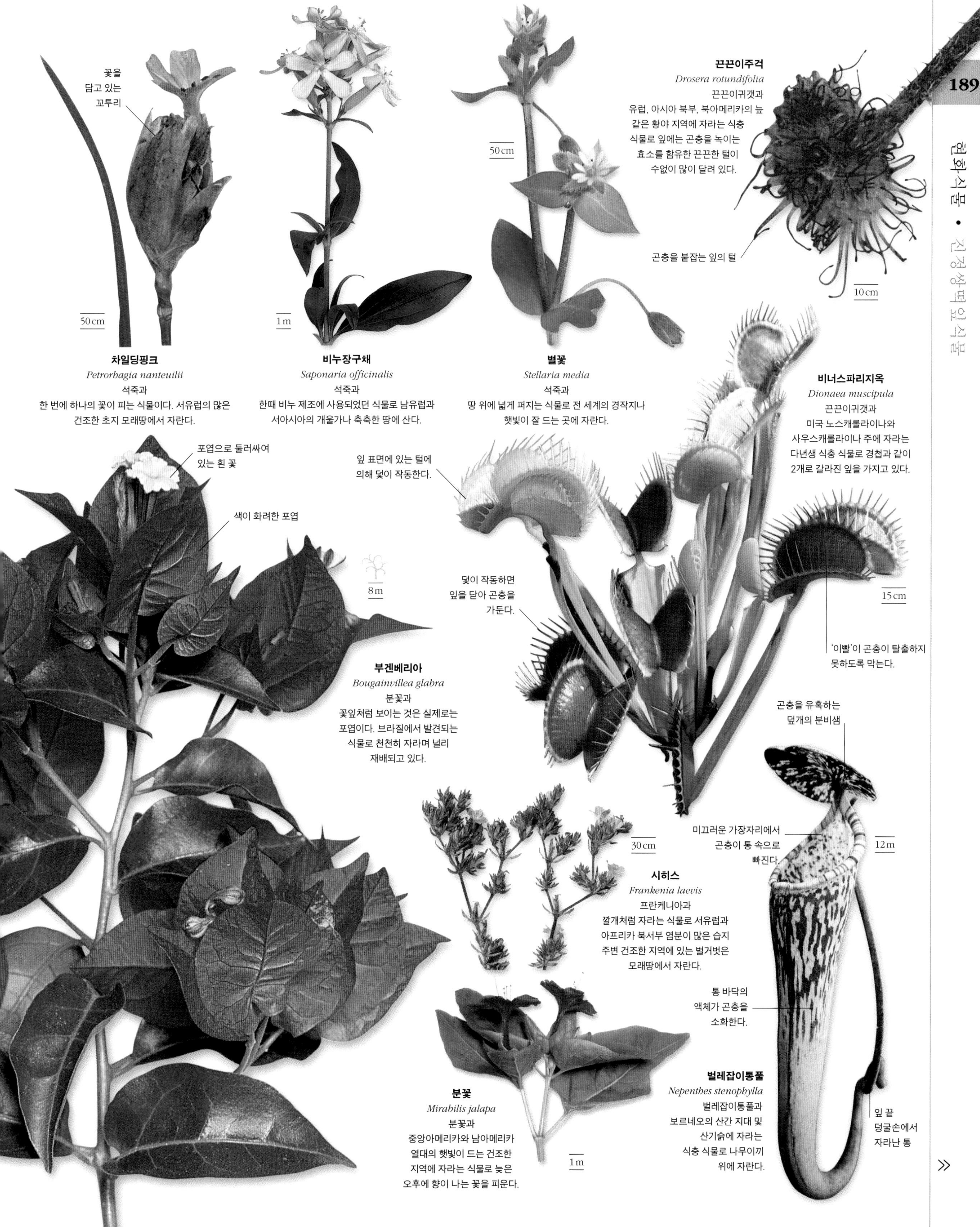

끈끈이주걱
Drosera rotundifolia
끈끈이귀갯과
유럽, 아시아 북부, 북아메리카의 늪 같은 황야 지역에 자라는 식충 식물로 잎에는 곤충을 녹이는 효소를 함유한 끈끈한 털이 수없이 많이 달려 있다.

차일딩핑크
Petrorbagia nanteuilii
석죽과
한 번에 하나의 꽃이 피는 식물이다. 서유럽의 많은 건조한 초지 모래땅에서 자란다.

비누장구채
Saponaria officinalis
석죽과
한때 비누 제조에 사용되었던 식물로 남유럽과 서아시아의 개울가나 축축한 땅에 산다.

별꽃
Stellaria media
석죽과
땅 위에 넓게 퍼지는 식물로 전 세계의 경작지나 햇빛이 잘 드는 곳에 자란다.

비너스파리지옥
Dionaea muscipula
끈끈이귀갯과
미국 노스캐롤라이나와 사우스캐롤라이나 주에 자라는 다년생 식충 식물로 경첩과 같이 2개로 갈라진 잎을 가지고 있다.

부겐베리아
Bougainvillea glabra
분꽃과
꽃잎처럼 보이는 것은 실제로는 포엽이다. 브라질에서 발견되는 식물로 천천히 자라며 널리 재배되고 있다.

시히스
Frankenia laevis
프란케니아과
깔개처럼 자라는 식물로 서유럽과 아프리카 북서부 염분이 많은 습지 주변 건조한 지역에 있는 벌거벗은 모래땅에서 자란다.

벌레잡이통풀
Nepenthes stenophylla
벌레잡이통풀과
보르네오의 산간 지대 및 산기슭에 자라는 식충 식물로 나무이끼 위에 자란다.

분꽃
Mirabilis jalapa
분꽃과
중앙아메리카와 남아메리카 열대의 햇빛이 드는 건조한 지역에 자라는 식물로 늦은 오후에 향이 나는 꽃을 피운다.

»

설퍼플라워
Eriogonum umbellatum
마디풀과
캐나다 및 미국 서부와 북부 물이 잘 빠지는 산지의 숲 및 관목림에 깔개처럼 자라는 식물이다. 꽃이 오래 지속된다.

성캐서린레이스
Eriogonum giganteum
마디풀과
오랫동안 피는 두상화에 많은 나비가 방문한다. 미국 캘리포니아 주 채널아일랜드에서만 자란다.

나도닭의덩굴
Fallopia convolvulus
마디풀과
경작지 및 버려진 땅에 자라는 식물로 유럽, 아프리카 북부 및 온대 아시아에 자생한다.

메밀
Fagopyrum esculentum
마디풀과
아시아 온대 지역이 원산지인 식물로 씨앗을 얻기 위해 경작한다. 씨앗은 가루로 만들거나 새의 먹이로 이용된다.

소리쟁이
Rumex crispus
마디풀과
유럽, 아시아, 북아프리카에 자생하는 식물로 초지, 버려진 땅, 해안가 바위틈에 자란다. 여러 곳에 귀화되었다.

마디풀
Polygonum aviculare
마디풀과
유럽과 아시아의 햇빛이 잘 드는 경작지와 벌거벗은 지역에 널리 퍼져 자라는 식물로 해안가에서도 발견된다.

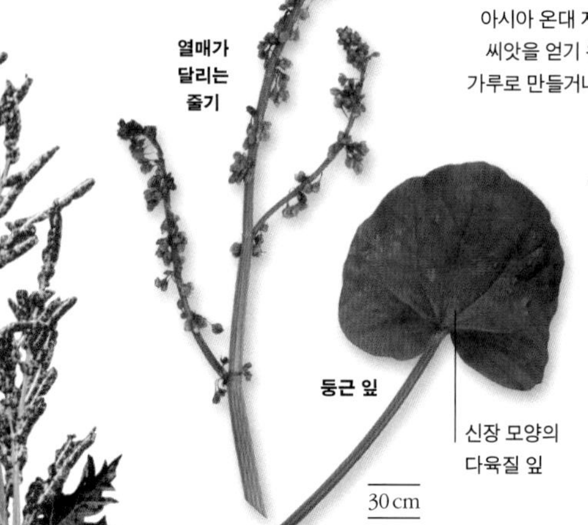

나도수영
Oxyria digyna
마디풀과
북극에서 북반구 온대 지역까지 산지의 축축한 바위틈 혹은 개울가에서 자라는 식물로 종종 잎이 붉게 물든다.

범꼬리
Persicaria bistorta
마디풀과
유럽과 아시아 중부의 초지에 자라는 식물로 꽃이 빽곡히 모인 원통형의 수상꽃차례를 갖는다.

산호덩굴
Antigonon leptopus
마디풀과
덩굴손을 이용해 빠르게 기어 올라가는 식물로 멕시코의 열대 산림 및 관목림에 자란다.

미국자리공
Phytolacca americana
자리공과
북아메리카 동부와 멕시코에 자생하는 다년생 식물로 불쾌한 냄새가 나며, 블랙베리처럼 생긴 열매는 독성을 지니고 있다.

바람에 의해 수분되는 붉은 꽃

2.5 m

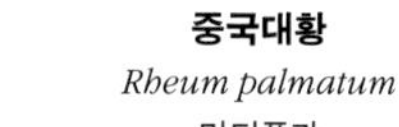

중국대황
Rheum palmatum
마디풀과
매우 거대한 뿌리와 크고 독성이 있는 잎을 지닌 식물로 중국 산지의 개울가나 축축한 땅에 자란다.

강한 줄기가 식물체를 지지한다.

쇠비름
Portulaca oleracea
쇠비름과
지중해 지역과 아프리카 원산이며 전 세계에 널리 분포하는 다육질의 식물로 교란지에 자라며 먹을 수 있다.

페메란티스 세디포르미스
Phemeranthis sediformis
쇠비름과
포복성의 식물로 오후에 꽃이 핀다. 북아메리카 서부의 건조한 초지 및 관목림에 자생한다.

프린지드레드메이드스
Calandrinia ciliata
몬티아과
캐나다 남부에서 아르헨티나에 이르는 지역의 초지에 자라며 포클랜드 제도에까지 퍼졌다. 일반 정원에서도 자란다.

30 cm

30 cm

4 cm

레위시아 브라키칼릭스
Lewisia brachycalyx
몬티아과
미국 남서부 산지의 습기가 많은 목초지에 자생하는 식물로 다육질의 잎이 기부에 모여 난다.

스프링뷰티
Claytonia perfoliata
몬티아과
북아메리카 서부, 멕시코, 과테말라의 경작지 및 벌거벗은 곳에서 자라는 식물로 광부상추라고도 알려져 있다. 꽃 아래에 융합된 2개의 잎을 가지고 있다.

실론리드워트
Plumbago zeylanica
갯질경과
주로 넓은 개간지에 자라는 덩굴 관목으로 열대와 아열대 지방에서 발견된다.

1.5 m

25 cm

3 m

2 m

40 cm

스타티스
Limonium sinuatum
갯질경과
가지를 치는 날개 달린 줄기를 가지고 있으며 지중해의 해안가 바위틈 혹은 모래땅에 자란다. 내륙의 염분이 많은 땅에서도 나타난다.

아르메리아
Armeria maritima
갯질경과
서유럽의 많은 지역에서 자라는 식물로 산지, 해안가 바위 및 절벽, 염분이 많은 습지 등에 자란다. 바닥을 폭신하게 만드는 식물이다.

위성류
Tamarix gallica
위성류과
보통 해안가에서 자라며 내륙의 염분이 많은 땅에서도 자란다. 남유럽, 아프리카 북부 및 카나리아 제도가 원산인 식물로 여러 곳에 식재되어 있다.

호호바
Simmondsia chinensis
심몬드시아과
멕시코와 미국의 애리조나 및 캘리포니아 사막에 자라는 식물로 종종 기름을 이용하기 위해 재배된다.

단향

열대와 아열대 지역에서 주로 발견되는 단향목은 7개 과로 구성되며 몇몇 중요한 목재성 교목을 포함한다. 900종이나 되는 겨우살잇과처럼 물과 영양분을 얻기 위해 다른 식물에 붙어 자라는 많은 기생 식물 및 반기생 식물이 포함된다.

장과에는 독이 있을 수 있다.

9 m

1 m

10 m

1.2 m

오시리스
Osyris alba
단향과
빗자루처럼 자라는 기생 식물로 향이 나는 꽃을 피운다. 남유럽, 아프리카 북부, 서남아시아의 바위가 많은 곳에 자생한다.

샌들우드
Santalum album
단향과
목재와 향이 나는 기름을 이용하기 위해 재배하는 반기생 교목으로 아시아와 오스트레일리아의 건조한 암석 지대에 자란다.

불나무
Nuytsia floribunda
꼬리겨우살잇과
오스트레일리아 남서부의 삼림에 자라는 반기생 식물이다. 주변에 자라는 식물의 뿌리로부터 수분과 영양분을 얻는다.

겨우살이
Viscum album
단향과
나뭇가지에 공 모양의 덩어리를 형성한다. 반기생성 식물로 흰색의 장과를 맺으며, 유럽, 아프리카 북부 및 아시아에서 자란다.

층층나무

층층나무목은 7개 과로 구성되었다. 그중 아프리카 유일의 상록성 교목을 1개과를 포함한 5개 과는 작고 상대적으로 중요도가 낮다. 온대 지방과 열대 산지에 자라는 관목 혹은 키 작은 교목이 속하는 층층과와 정원 식물로 유명한 수국과가 대표적이다.

미국산딸나무
Cornus florida
층층나무과
북아메리카에 자라는 교목으로 화려한 흰색의 '꽃잎'은 작은 꽃의 주위를 둘러싸고 있는 잎이 특수하게 변한 포엽이다.
12m

수국
Hydrangea macrophylla
수국과
일본에 자생하는 화려한 관목으로 장미색, 연보라색, 푸른색, 흰색 등 다양한 색의 꽃이 둥글게 모여 피는 특징이 있어 원예용으로 재배된다.

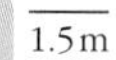

1.5m

비둘기나무
Davidia involucrata
니사나뭇과
중국에서 유래한 작은 꽃이 피는 교목으로 지름 2센티미터 정도의 두상화를 미색의 포엽이 둘러싸고 있다.
25m

고광나무
Philadelphus sp.
수국과
필라델푸스속에는 45종의 관목이 속하며 아시아, 북아메리카 서부, 멕시코 등지에 자란다. 꽃에서 오렌지 향이 난다.
4.5m

진달래

진달래목에 속하는 식물들은 경제적으로 유용할 뿐만 아니라 주요한 초본 무리 중 하나이다. 산성 토양에서 잘 자라는 진달랫과에는 900종 이상의 관목이 포함되며 앵초과에 속하는 식물들은 북부 온대 지역의 산지에서 주로 발견된다. 식충 식물인 사라케니아과도 진달래목에 속한다.

1m

꽃고비
Polemonium caeruleum
꽃고빗과
키가 큰 다년생 식물로 잔 모양의 연보라색 혹은 흰색의 꽃을 피운다. 유럽과 북부 아시아의 암석지나 초지에 자란다.

1m

풀협죽도
Phlox paniculata
꽃고빗과
트럼펫 모양의 분홍색 혹은 연보라색 꽃이 줄기의 끝에 피라미드 모양으로 모여 핀다. 미국 남동부의 햇빛이 드는 삼림에 자생하는 다년생 식물이다.

헤더
Calluna vulgaris
진달랫과
상록성 관목으로 옅은 자주색의 꽃이 무리 지어 핀다. 북유럽에서 아시아까지 동쪽에 이르는 이탄 습지에 널리 자란다.

도셋히스
Erica ciliaris
진달랫과
뾰족하게 생긴 이 식물은 도셋 지역을 포함한 잉글랜드 남부, 아일랜드 서부, 프랑스, 이베리아, 모로코에서 자란다.

딸기나무
Arbutus unedo
진달랫과
지중해 지역에서 자라는 상록성 교목으로 표면에 사마귀가 난 것 같은 적색의 열매가 딸기와 비슷하나 맛이 없다.

붉은만병초
Rhododendron arboreum
진달랫과
진달래속에는 약 1,000종이 알려져 있으며 대부분 가죽질의 상록성 잎과 화려한 꽃을 가지고 있다. 이 식물처럼 대부분은 히말라야 산맥에서 유래했다.

월귤
Vaccinium vitis-idaea
진달랫과
잎은 가죽질이며 가을에 광택이 나는 붉은색 장과를 맺는다. 북유럽, 아시아 및 북아메리카에 발견된다.

히말라야마취목
Pieris formosa
진달랫과
아시아산 관목 혹은 키 작은 교목으로 항아리 모양의 흰 꽃이 무리 지어 매달려 핀다.

백옥나무
Gaultheria procumbens
진달랫과
기는 관목으로 향이 나며 북아메리카 동부의 참나무 숲이나 소나무 숲 아래에 산다. 적색의 열매는 겨울 동안 지속된다.

미국매화오리
Clethra alnifolia
매화오릿과
북아메리카 동부의 축축한 숲과 습지에 자라는 낙엽성 관목이다. 잎은 가을에 노란색이나 주황색으로 단풍이 든다.

미국감나무
Diospyros virginiana
감나뭇과
북아메리카에 자생하는 교목으로 노란색이 도는 흰색의 종 모양 꽃을 피운다. 둥근 주황색 열매를 맺는다.

인도봉선화
Impatiens glandulifera
봉선화과
히말라야산으로 열매 꼬투리가 터지며 종자를 쏜다. 이 방법으로 유럽 강가까지 퍼져 정착했다.

키위
Actinidia chinensis
다래나뭇과
'중국구스베리'로도 불리는 목본성 덩굴 식물이다. 중국에서 뉴질랜드로 도입되어 장과는 키위 열매로 팔린다.

브라질넛
Bertholletia excelsa
레키티스과
남아메리카에 자라는 교목으로 단단한 포탄처럼 생긴 열매 안에 종자가 들어 있다. 들쥐의 일종인 아구티가 떨어진 열매를 깐다.

관봉옥
Fouquieria columnaris
관봉옥과
미국 캘리포니아와 바하칼리포르니아에 국한해 자라는 특이하게 생긴 교목이다. 줄기와 가시가 있는 곧은 가지는 녹색이며 광합성을 한다. 두꺼운 나무줄기에는 작은 잎이 덮여 있다.

»

덮개벌레잡이통풀

Sarracenia minor

식충 식물로 영양분이 부족하고 산성인 늪지대에서도 곤충을 소화해 인산과 질소를 흡수하도록 적응했다. 잎이 길고 가는 통처럼 변한 주전자 모양의 구조 안에 꿀을 담고 있어서 곤충을 유혹한다. 주전자 안쪽 표면은 미끄러운 밀랍질의 물질과 아래를 향하는 털로 덮여 있다. 털은 통의 아래로 갈수록 더 거칠어진다. 이 때문에 곤충이 안으로 떨어지면 밖으로 나올 수가 없으며 결국 탈진해 죽게 된다. 통 안에 있는 소화샘에서 곤충을 분해할 수 있는 효소를 방출하고 그 결과 곤충이 녹아 생긴 액체가 잎으로 흡수되어 중요한 영양분으로 사용된다.

꽃잎

씨방은 수정 후 삭과로 발달한다.

치명적인 통 위에 단단히 매달린 꽃

암술은 사발 모양으로 이곳에서 곤충이 꽃가루를 모은다.

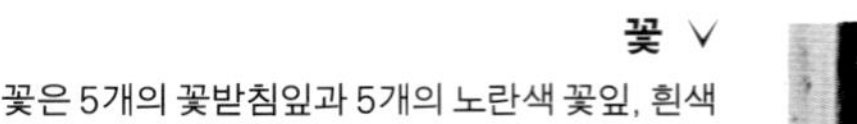

꽃 ∨
꽃은 5개의 꽃받침잎과 5개의 노란색 꽃잎, 흰색의 우산 같은 암술로 이루어진다. 꽃잎은 성숙하면 붉은색이 된다. 꽃은 거꾸로 달린다.

삭과 ∨
넓고 거친 표면의 삭과는 깨지면서 열려 많은 종자를 퍼트린다. 종자는 길이 3밀리미터 정도로 작으며 울퉁불퉁하다.

땅속줄기 ∨
수평으로 뻗어 나가는 땅속줄기로부터 주전자 같은 잎이 나온다.

뿌리 >
수염뿌리는 길이 20~30센티미터로 땅속줄기를 따라 자란다.

∧ **'창문'**
곤충은 주전자 모양의 통 위쪽에 있는 밝고 반투명한 '창문'처럼 생긴 맥간엽육(脈間葉肉, areole)을 향해 날아와 통 안으로 미끄러진다.

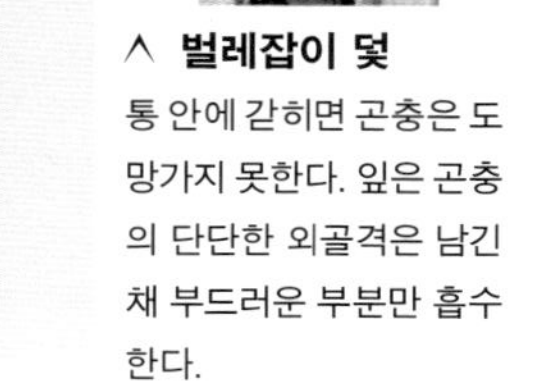

∧ **벌레잡이 덫**
통 안에 갇히면 곤충은 도망가지 못한다. 잎은 곤충의 단단한 외골격은 남긴 채 부드러운 부분만 흡수한다.

크기 길이 30센티미터
서식지 고지대 대초원과 습기가 많은 소나무 숲, 습지
분포 미국 남동부
잎 종류 모자 같은 것으로 덮여 있는 속이 빈 좁은 원통형의 잎, 즉 낭상엽(囊狀葉, ascidium)

∧ 개화

노란색의 향기가 없는 꽃은 늦은 3월에서 5월 중순 사이에 핀다. 벌 종류가 주요한 수분 매개자이며 주변에 있는 다른 식물보다 이 식물을 더 좋아한다.

< 모자

오목한 덮개가 빗방울이 통 안으로 들어가 속을 채우는 것을 막는다. 또한 그늘을 만들어 속에 갇힌 곤충이 출구를 찾는 것을 어렵게 한다. 붉은빛이 도는 자주색 덮개의 뒤에는 꿀샘이 있어 곤충을 유혹한다.

< 위험에 처한 식충 식물

덮개벌레잡이통풀은 현재 서식지 감소로 매우 드물게 자라며 멸종 위기에 직면해 있다. 이 식물은 노스캐롤라이나, 사우스캐롤라이나, 조지아 및 플로리다에서 발견되며 2개의 변종이 알려져 있다. 사라케니아 미노르(*Sarracenia minor*)는 통까지 합쳐 키가 30센티미터 정도이며, 조지아의 오케페노키 습지에서만 발견되는 변종인 오케페노케엔시스(*S. minor* var. *okefenokeensis*)는 키가 1.2미터 정도이다.

» 진달래

12 m

나래쪽동백
Pterostyrax hispidus
때죽나뭇과
동아시아에 자생하는 낙엽성 교목으로 잎이 크고 미색의 꽃이 무리 지어 매달려 피며 때때로 재배된다.

4.5 m

미국노각나무
Stewartia malacodendron
차나뭇과
어린 줄기에 부드러운 털이 나는 낙엽성 관목 혹은 교목으로 미국 동부 지역 삼림에 자란다.

10 m

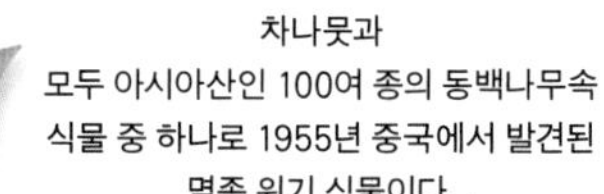

그랜섬카멜리아
Camellia granthamiana
차나뭇과
모두 아시아산인 100여 종의 동백나무속 식물 중 하나로 1955년 중국에서 발견된 멸종 위기 식물이다.

17 m

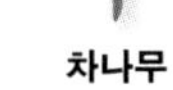

차나무
Camellia sinensis
차나뭇과
아시아산 상록성 교목으로 말려서 발효한 잎과 눈을 차로 이용한다. 떫은맛의 탄닌(tannin)은 동물이 뜯어 먹는 것을 막는다.

30 m

스페인체리
Mimusops elengi
사포타과
인도산 상록성 교목으로 향기 나는 꽃 때문에 열대 지역에 심는다. 내구성이 강한 목재는 배를 만들거나 건축물을 짓는 데 사용된다.

30 cm

노랑벌레잡이통풀
Sarracenia flava
사라케니아과
벌레잡이통풀 종류는 곤충을 잡아서 소화시켜 부족한 영양분을 보충한다. 이 식물은 미국 남동부에 자생한다.

35 cm

앵무새벌레잡이통풀
Sarracenia psittacina
사라케니아과
사라케니아속 식물은 북아메리카 동부에만 자란다. 이 종류는 플로리다와 루이지애나에서 발견되며 덫을 수평으로 놓는다.

1.8 m

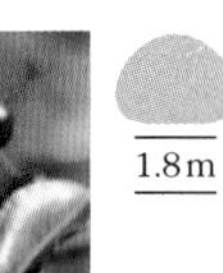

백량금
Ardisia crenata
앵초과
오래 지속되는 밝은색의 장과를 가지고 있어 온실에서 흔히 키운다. 아시아산 관목으로 미국의 하와이, 플로리다, 텍사스에 침입해 자란다.

1 m

덮개가 코브라를 닮았다.

달링토니아
Darlingtonia californica
사라케니아과
달링토니아속에 속하는 단일 종으로 미국 서부 해안가 습지와 산지의 개울가에 자라는 식충 식물이다.

30 cm

뚜껑별꽃
Anagallis arvensis
앵초과
짙은 파란색 또는 보라색의 꽃을 피우는 식물로 열대 지방을 제외한 전 세계 교란지에 자란다.

15 cm

털봄맞이
Androsace villosa
앵초과
유럽에서 히말라야에 이르는 고산 지대에 자라는 다년생 식물로 흰색의 두상화가 밀집해 달리며 비단 같은 잎을 가진다.

끝이 둥근 난형 잎의 쌍

60 cm

수평으로 기는 줄기

크리핑제니
Lysimachia nummularia
앵초과
스웨덴 동부에서 카프카스 산맥까지 자생하는 다년생의 기는 식물로 둥근 잎을 가지고 있다. 축축한 초지와 개울가 등지에 자란다.

모스키토빌스
Primula hendersonii
앵초과
북아메리카산 앵초의 한 그룹의 꽃은 로켓 혹은 화살 모양을 닮아서 '별똥별'이라고 불리며 자홍색 내지 흰색의 꽃을 피운다.

야생앵초
Primula vulgaris
앵초과
'으뜸가는장미' 혹은 '첫꽃'으로 알려진 다년생 식물로 봄에 꽃이 핀다. 서유럽과 남유럽 삼림의 빈 공터에 자란다.

북방앵초
Primula scandinavica
앵초과
노르웨이와 스웨덴의 산 사면에 자라는 식물로 유럽산 서양설앵초와 비슷하나 더 작다.

카우슬립
Primula veris
앵초과
전형적인 앵초 종류로 30개 정도의 꽃이 위에 모여 아래로 굽어 핀다. 남유럽과 아시아 온대 지방의 석회질이 풍부한 목초지에 자란다.

하디시클라멘
Cyclamen hederifolium
앵초과
땅속줄기에서 잎이 자라며 가을에 피는 꽃은 뒤로 젖혀지는 꽃잎을 가지고 있다. 남유럽의 관목림이나 그늘진 곳에서 자란다.

지치목

지칫과가 다른 과들과 어떻게 연관되어 있는지에 대한 불확실성 때문에, 약 2,700종으로 구성된 이 한 과만을 대상으로 2016년에 새로운 목인 지치목이 제안되었다. 작은 일년초부터 큰 교목까지 다양하며, 종종 줄기나 잎은 눈에 띄는 털이 있거나 기부가 부푼다. 일부는 식용 가능하며 염료가 생산된다.

탠지파켈리아
Phacelia tanacetifolia
지칫과
미국 남서부 건조한 지역에 자라는 일년생 식물로 비 온 뒤에 많은 꽃을 피운다. 이 속에 속하는 160여 종은 북아메리카에서 발견된다.

렁워트
Pulmonaria officinalis
지칫과
얼룩진 잎은 건강하지 않은 폐처럼 생겨서 한때 폐결핵에 효능이 있는 것으로 여겨졌다. 유럽 중부의 그늘진 곳에 자라는 다년생이다.

보리지
Borago officinalis
지칫과
남유럽의 길가에 자라는 식물로 뻣뻣한 털이 줄기와 잎을 덮고 있다. 원예용이나 기름이 풍부한 종자를 이용하기 위해 재배한다.

컴프리
Symphytum officinale
지칫과
전통적으로 상처를 치료하는 데 이용되었다. 유라시아의 축축한 지역에 널리 자란다.

물망초
Myosotis scorpioides
지칫과
유라시아의 개울가와 연못에 널리 자라는 식물로 표면이 쪼개진다. 아메리카 대륙과 뉴질랜드에 도입되었다.

자주개지치
Lithospermum purpureocaeruleum
지칫과
땅 위를 기는 줄기에서 꽃대가 곧게 나는 다년생 식물로 유럽 남부와 서남아시아의 삼림에 자란다.

바이퍼스뷰글로스
Echium vulgare
지칫과
유럽과 아시아 온대 지방 초지에 널리 퍼져 자라는 이년생 식물로 거친 털을 갖는다. 꽃눈은 분홍색이며 꽃은 짙은 파란색이다.

거칠게 털이 난 피침형의 잎

1m

가리야

어떤 분류 체계에서든 이상한 무리가 있기 마련이며 가리야목이 그중 하나이다. 한때 층층나무목 안에 포함되었으나 현대 유전자 분석을 통해 2개의 과, 약 20종의 식물을 가리야목으로 분리했다. 가리야과에는 북아메리카에 서식하는 가리야속과 동아시아에 분포하는 식나무속이 포함된다. 두충과에는 중국의 산림에 자라는 교목인 두충 1종만이 포함된다.

식나무
Aucuba japonica
가리야과
일본산 관목으로 관상용으로 이용되며 일부 재배종은 노란 반점이 있는 잎을 가지고 있다. 수그루에서는 수꽃이 곧은 수상꽃차례에 피며 암그루에서는 암꽃이 작은 두상화에 핀다.

실크태슬부시
Garrya elliptica
가리야과
미국 캘리포니아와 오리건 주 해안가에 자라는 관목으로 수꽃은 회녹색의 미상꽃차례에 달리며 암꽃은 보다 작은 은색의 미상꽃차례에 달린다.

용담

목명은 산과 정원에 자라는 용담을 기념하는 이름이지만, 용담과에는 약 1,600종이 포함된다. 꼭두서닛과는 커피와 같은 열대 관목을 포함해 1만 3000종이 넘는 종으로 이 목에서 가장 그 수가 많다. 협죽도과, 마전과, 겔세미아과가 용담목에 속한다.

마다가스카르일일초
Catharanthus roseus
협죽도과
마다가스카르에 자생하는 식물로 야생에서는 멸종 위기에 직면해 있다. 정원에 관상용으로 키운다. 잎이 적은 양의 알칼로이드 성분을 함유하고 있어 어린이 백혈병을 치료하는 데 이용된다. 이 때문에 전멸은 면하고 있다.

프랜지패니
Plumeria rubra
협죽도과
멕시코에서 베네수엘라에 이르는 지역에 자라는 관상용 교목으로 꽃은 밤에 향기를 내 수분 매개자인 스핑크스나방을 유혹한다.

큰일일초
Vinca major
협죽도과
다년생으로 길게 뻗은 줄기는 기어서 뿌리를 내린다. 유럽 남부 및 중부 그리고 아프리카 북부의 삼림에 자라는 상록성 식물이다.

협죽도
Nerium oleander
협죽도과
상록성 관목으로 식물체의 모든 부분에 독이 있다. 지중해에서 중국에 이르는 지역의 개울가에 자라며 꽃은 향이 나고 분홍색으로 모여 핀다.

방울풀
Nertera granadensis
꼭두서닛과
작은 방울 같은 열매에서 이름을 딴 다년생 식물로 매우 작은 녹색의 꽃을 피운다. 오스트레일리아, 뉴질랜드, 태평양 제도, 남아메리카에 자생한다.

버터플라이위드
Asclepias tuberosa
협죽도과
다년생으로 아메리카 원주민들이 흉막염을 치료하기 위해 뿌리를 씹어 먹었다. 북아메리카의 들판과 길가에 자란다.

서양갈퀴덩굴
Galium aparine
꼭두서닛과
줄기와 잎 가장자리에 있는 가시가 동물의 털에 달라붙어서 널리 퍼진다. 유럽과 아시아에 잡초처럼 자란다.

크로스워트
Cruciata laevipes
꼭두서닛과
줄기에 있는 잎은 십자 모양으로 돌려나며 꿀 냄새가 나는 꽃을 피운다. 유럽과 아시아 초지에 자라는 다년생 식물이다.

기나나무
Cinchona calisaya
꼭두서닛과
나무껍질에는 말라리아 해독제인 퀴닌(quinine)이 들어 있다. 남아메리카산 교목으로 19세기 중반에 아시아로 밀반입되어 재배된다.

커피나무
Coffea arabica
꼭두서닛과
에티오피아에 자생하는 식물이나 여러 곳에서 재배되고 있다. 상록성의 관목으로 열매는 진홍색의 핵과(核果, drupe)이며 안에 2개의 종자, 커피빈(coffee bean)을 가지고 있다.

케이프재스민
Gardenia jasminoides
꼭두서닛과
아시아가 원산인 상록성 관목으로 꽃은 향기가 나고 밀랍질이며 통 모양이다. 처음에는 꽃이 흰색이었다가 성숙하면 노랗게 변한다. 장과 같은 열매를 맺는다.

스트리크닌
Strychnos nux-vomica
마전과
서남아시아에 자라는 상록성 교목으로 독성이 강한 스트리크닌(strychnine)은 이 식물의 종자로부터 추출한다.

페르시안바이올렛
Exacum affine
용담과
실내 장식용으로 키우는 이년생 식물로 예멘이나 그 근처의 소코트라 섬에 자생한다. 상록성으로 꽃은 자주색이며 중간이 노랗다.

스프링젠티안
Gentiana verna
용담과
잎은 땅에 가까이 무리 지어 나며 꽃은 짙은 푸른색의 통상화이다. 유럽과 서아시아의 북극과 가까운 지역 및 산지에 자라는 다년생 식물이다.

센타우리
Centaurium erythraea
용담과
유럽과 서남아시아의 초지 및 모래 언덕에 자라는 일년생 식물로 깔때기 모양의 꽃은 분홍색이며 5개로 갈라진다.

캐리언플라워
Stapelia gettlifei
협죽도과
가시가 있는 다육질의 식물로 아프리카 남부에 자란다. 줄무늬 혹은 반점이 있는 꽃은 악취가 나 수분 매개 곤충인 캐리언파리를 유혹한다.

마다가스카르재스민
Stephanotis floribunda
협죽도과
마다가스카르 원산인 목본성 덩굴 식물로 온실에서 널리 심는다. 가죽질의 잎과 향이 나는 밀랍질의 흰 꽃을 가진다.

꿀풀

현대 분류학은 꿀풀목의 범위를 확장해 일반적으로 통상화와 불균등한 크기의 꽃잎 열편을 가지는 25과를 꿀풀목으로 취급하고 있다. 가장 큰 과인 꿀풀과와 현삼과에는 각각 5,000~6,000종의 식물이 포함된다. 물푸레나뭇과와 질경잇과도 꿀풀목에 포함된다.

비어스브리치스
Acanthus mollis
쥐꼬리망초과
지중해 서부 암석 지대에 단단하게 자라는 다년생 식물로 자주색의 맥이 있는 흰 꽃이 수상꽃차례에 달린다. 꽃은 아래쪽 순편이 3개로 갈라진다.

쉬림프부시
Justicia brandeegeana
쥐꼬리망초과
멕시코에서 관상용으로 인기 있으며 큰 새우처럼 생긴 붉은 잎이 뾰족한 흰색 꽃을 둘러싸고 있다.

제브라
Aphelandra squarrosa
쥐꼬리망초과
브라질 해안가 숲이 원산지인 식물로 실내 원예용으로 길러진다. 잎은 옅은 잎맥을 가지고 있으며 노란색 꽃은 노란색 포엽에 싸여 있다.

블랙맹그로브
Avicennia germinans
쥐꼬리망초과
대서양 해안가 하구 퇴적지의 덤불숲에 자라는 식물로 뾰족한 열매는 진흙에 떨어져 새싹을 낸다.

»

» 꿀풀

부글
Ajuga reptans
꿀풀과
유럽, 북아프리카 및 서남아시아의 삼림 및 목초지에 자라는 다년생 식물로 멀리 기는 뿌리에서 꽃대가 나온다.

세이지
Salvia officinalis
꿀풀과
남서유럽에서 발칸에 이르는 지역에 자라는 회색빛이 도는 관목으로 쏘는 맛이 있는 잎을 식용으로 이용한다.

로즈메리
Salvia rosmarinus
꿀풀과
건조한 지중해 지역에 자라는 관목으로 잎에 있는 기름은 증산 작용으로 인한 수분 손실을 줄이는 역할을 한다. 식용 허브로 널리 알려져 있다.

라벤더
Lavandula angustifolia
꿀풀과
건조한 지중해 지역에 자라는 상록성 관목으로 잎에 있는 수분 손실을 줄이는 기름은 향수로 이용된다.

바질
Ocimum basilicum
꿀풀과
달콤한 바질 오일로 잘 알려진 식물로 인도와 이란에 자라는 일년생 식물이다. 쏘는 맛이 나는 잎이 요리에 사용되어 재배되고 있다.

베토니
Betonica officinalis
꿀풀과
유럽, 카프카스, 북아프리카의 초지에 사는 식물로 붉은 빛이 도는 자주색 혹은 흰색의 꽃을 피운다.

순결나무
Vitex agnus-castus
꿀풀과
남유럽에서 파키스탄에서 이르는 지역의 축축한 곳에서 자라는 교목으로 한때 순결과 관련이 있는 것으로 생각되곤 했다. 대체 치료제로 호르몬 조절에 이용된다.

예루살렘세이지
Phlomis fruticosa
꿀풀과
지중해 동부의 건조한 암석 지대에 자라는 상록성 관목으로 회색빛이 나는 잎을 가지고 있어 정원에서 관상용으로 키운다.

야생베르가모트
Monarda fistulosa
꿀풀과
미국 뉴잉글랜드에서 텍사스에 이르는 건조한 땅과 덤불숲에 자라는 화려한 다년생 식물로 회색의 잎으로 민트 차를 만든다.

야생마조람
Origanum vulgare
꿀풀과
유럽과 서아시아의 초지나 암석지에서 자라는 다년생 초본으로 향을 내며 식용으로 이용하기 위해 재배된다.

둥근잎민트부시
Prostanthera rotundifolia
꿀풀과
둥근 잎을 가지고 있으며 향이 나는 오스트레일리아산 관목으로 분홍색 내지 자주색의 꽃이 봄에 핀다. 뉴사우스웨일즈에서 태즈메이니아에 이르는 햇빛이 잘 드는 숲에 자란다.

타임
Thymus vulgaris
꿀풀과
지중해 서부 건조한 암석 지역에 자생하는 관목으로 빼곡하게 가지를 치며 식용 및 향수와 비누의 재료로 사용된다.

물박하
Mentha aquatica
꿀풀과
유럽, 아프리카 및 서남아시아의 습지와 도랑에 자라는 식물로 부분적으로 물에 잠겨 자란다. 페퍼민트 교잡종의 부모에 해당한다.

올리브
Olea europaea
물푸레나뭇과
지중해에서 자라는 상록성 교목으로 다육질의 열매는 40퍼센트의 불포화 지방을 함유하고 있다. 올리브는 먹기 전에 반드시 소금물에 절여야 한다.

당개나리
Forsythia suspensa
물푸레나뭇과
낙엽성 교목으로 속이 빈 줄기가 늘어져 자란다. 중국에 자생하며 일본에도 자라는 것으로 추정된다. 꽃은 노란색이다.

만나나무
Fraxinus ornus
물푸레나뭇과
서유럽에서 자라는 식물로 흰 꽃들이 빽빽하게 모여 난다. 나무껍질에서 설탕 맛이 나는 만나(manna)가 나오며 의약용으로 이용된다.

라일락
Syringa vulgaris
물푸레나뭇과
유럽 남동부의 관목이 우거진 언덕 사면에 야생으로 발견되는 화려한 낙엽성 교목이다. 정원사들이 많은 교잡종과 품종을 만들었다.

개아프리카바이올렛
Streptocarpus saxorum
제스네리아과
케냐와 태즈메이니아가 원산인 다년생의 상록성 식물이다. 털이 나고 거의 다육질인 작은 잎이 돌려나며 꽃은 나팔 모양으로 5개로 갈라진다.

재스민
Jasminum officinale
물푸레나뭇과
향이 나는 화려한 꽃을 피워 널리 재배되는 관목으로 카프카스 산맥에서 중국에 이르는 지역에 발견된다. 반시계 방향으로 꼬여 올라간다.

벌레잡이제비꽃
Pinguicula vulgaris
통발과
북유럽과 아시아 및 북아메리카 습지에 자라는 식물이다. 끈끈한 잎을 이용해 덫을 놓아 곤충을 잡은 후 소화해 영양분을 얻는다.

아프리카바이올렛
Streptocarpus ionanthus
제스네리아과
실내 관상용으로 유명하며 아프리카 동부 열대 우림에서 멸종 위기에 처해 있다. 한때 세인트폴리아속으로 구분되었다.

꽃개오동
Catalpa bignonioides
능소화과
미국 남부의 삼림에 자라는 교목으로 화려한 꽃을 감상하기 위해 미국 북부와 유럽에도 식재된다.

하디글록시니아
Incarvillea delavayi
능소화과
다년생 초본으로 인도, 티베트, 중국 산지의 초지에 야생으로 자라며 정원에 심는다. 꽃은 나팔 모양에다 장밋빛 자주색이다.

자카란다
Jacaranda mimosifolia
능소화과
아르헨티나에서 볼리비아에 이르는 지역이 원산인 열대 교목으로 연보라색의 꽃이 늘어져 달린다. 햇살을 가리거나 관상용으로 널리 심는다.

트럼펫바인
Campsis × tagliabuana
능소화과
북아메리카산과 아시아산의 교잡종으로 정원에 심는 덩굴성 관목이다. 꽃은 나팔 모양으로 주황색이 도는 적색이다.

»

≫ 꿀풀

60cm

덤불글로불라리아
Globularia alypum
질경잇과
지중해의 건조하고 숲이 우거진 곳에 낮게 자라는 상록성 관목으로 독성이 있다. 꽃은 청색으로 달콤한 향기가 나며 둥글게 모여 핀다.

75cm

쇠뜨기말
Hippuris vulgaris
질경잇과
전체나 일부가 물에 잠기는 다년생 수생 식물이다. 유럽, 아시아, 아프리카와 남북아메리카에 자라며 가는 잎이 줄기 윗부분에 돌려난다. 정원의 유해 식물이다.

빽빽하게 모여 있는 꽃

창 모양의 잎

1m

창질경이
Plantago lanceolata
질경잇과
잎맥이 뚜렷하며 가는 타원형의 잎을 갖는 다년생 식물로 초지에 자란다. 대부분 온대 지역에 자라며 두상화는 원통형이다.

넓은 난형의 잎

녹색의 수상꽃차례

50cm

왕질경이
Plantago major
질경잇과
변이가 심한 식물로 유럽, 아프리카 북부, 아시아 북부 및 중부의 햇빛이 잘 드는 곳에 자란다. 정원의 짓밟힌 땅에서도 산다.

40cm

서양개불알풀
Veronica officinalis
질경잇과
유럽과 아시아 황야 지대에서 흔히 발견되며 북아메리카에도 도입되었다. 기어 자라는 다년생 식물로 작은 돌기 모양 연보라색 꽃이 핀다.

2 m

자주디기탈리스
Digitalis purpurea
질경잇과
유럽 중부 및 남부, 모로코의 햇빛이 드는 곳에 자라는 이년생 식물로 말린 잎에서 강심제인 디기탈리스(digitalis)를 추출한다.

2m

비어드텅'레드가넷'
Penstemon var "Red Garnet"
질경잇과
북아메리카에 자라는 속으로 색이 다채로운 통상화가 피며 원예용으로 재배된다.

80cm

금어초
Antirrhinum majus
질경잇과
유럽 남서부에 자생하는 다년생 식물로 정원에 많은 재배종을 심는다. 꽃은 통상화이고 2개의 순편을 가지며 판인(瓣咽, throat)은 노란색 혹은 흰색이다.

80cm

좁은잎해란초
Linaria vulgaris
질경잇과
유럽과 서아시아의 풀이 덮인 둑에 자라는 다년생으로 식물체는 회색빛이 돈다. 노란색의 통상화는 주황색의 판인과 긴 거(距, spur)를 갖는다.

2m

어린 꽃눈

성숙해 개화된 꽃

우단담배풀
Verbascum thapsus
현삼과
보통 이년생으로 유럽과 아시아의 버려진 땅이나 거친 땅에 자란다. 줄기는 빽빽히 나며 꽃은 통상화로 5개로 갈라진다.

60cm

헤베'레드엣지'
Veronica sp.
질경잇과
조경에 종종 이용되는 재배 품종으로 베로니카 알비칸스(*Veronica albicans*)와 베로니카 피멜레오이데스(*Veronica pimeleoides*)의 교잡종으로 추정된다.

뉴질랜드라일락
Veronica hulkeana
현삼과
상록성 관목으로 '헤베'라고도 알려진 정원 식물로 유명하다. 뉴질랜드 남부 섬의 동부 지역 절벽에 자생한다.

1.5m

6m

버터플라이부시
Buddleja davidii
현삼과
중국이 원산지인 반상록성의 관목으로 통상화는 꿀이 풍부해서 많은 나비와 나방이 모여든다.

3m

점박이에뮤나무
Eremophila maculata
현삼과
오스트레일리아의 때에 따라 물이 차는 땅에 널리 자라는 관목으로 가지를 많이 친다. 꽃은 노란색, 주황색 또는 적색이며 안쪽에 점이 있다.

26m

이른 봄에 피는 꽃

참오동나무
Paulownia tomentosa
오동나뭇과
중국에서 자라는 낙엽성 교목으로 관상용으로 심는다. 강한 향이 나는 꽃은 나팔 모양이며 2개로 갈라지고 담자색이다. 안쪽은 색이 옅다.

75cm

몽키플라워
Erythranthe guttata
파리풀과
아메리카 서부의 습지대와 개울가에 자라는 다년생 식물로 통상화를 갖는다. 위쪽 순편은 3개로, 아래쪽 순편은 2개로 갈라진다.

옐로래틀
Rhinanthus minor
현삼과
부분적인 기생 식물로 주변에 있는 풀에 뿌리를 박아 양분을 흡수한다. 일년생이며 북반구의 초지에 자란다. 노란색 꽃을 피운다.

자주개종용
Lathraea clandestina
현삼과
녹색 잎이 없는 서유럽산 기생 식물로 다년생이며 버드나무 혹은 포플러에 뿌리를 박아 양분을 흡수한다. 꽃은 땅속에서 자라는 줄기에서 직접 나온다.

란타나
Lantana camara
마편초과
가시가 많은 관목으로 통상화는 개화 시 노란색 혹은 주황색이고 후에 붉은색으로 변한다. 중앙아메리카와 남아메리카에 자생하며 따뜻한 지역에 침입하고 있다.

마편초
Verbena officinalis
마편초과
온대 및 열대 초지에 널리 분포하는 다년생 식물로 딱딱한 털이 난다. 2개의 순편을 가지는 연보라색 꽃이 가는 수상꽃차례에 핀다.

보디니어스작살나무
Callicarpa bodinieri
꿀풀과
미국산 작살나무류와 유연관계가 깊은 중국산 관목으로 정원에 관상용으로 심는다. 열매는 자주색 장과로 쓴맛이지만 독은 없다.

플래밍글로리바우어
Clerodendrum splendens
꿀풀과
붉은색의 통상화를 가지는 아프리카산 덩굴 식물로 자연 서식지인 숲에서는 주변 나무를, 정원에서는 울타리를 감는다.

가지

경제적으로 중요한 가짓과는 4,000여 종이 속하는 가지목의 대표적인 과이다. 많은 종이 독성이 있는 알칼로이드(alkaloid)를 함유하고 있다. 메꽃과에는 열대 덩굴 식물과 낮게 자라는 초본 식물이 포함된다. 이 목에 속한 3개의 과는 아메리카에서만 발견되는 1개 속이 속한 히드로라과, 아프리카의 교목 5종이 포함된 몬티니아, 전 열대 지역에서 발견되는 초본인 스페노클레아과가 있다.

큰메꽃
Calystegia sylvaticus
메꽃과
지중해에 자생하는 다년생 식물로 버려진 땅이나 도심에서 발견된다. 땅속줄기는 길게 신장하며 꽃은 크다.

모닝글로리
Ipomoea tricolor
메꽃과
중앙아메리카에 자라는 초본성 덩굴 식물로 갈라지는 잎과 나팔 모양의 꽃을 가진다. 꽃은 아침에만 벌어진다.

도데르
Cuscuta epithymum
메꽃과
줄기는 실과 같으며 꼬여서 빠곡하게 망처럼 자란다. 유라시아산 일년생 기생 식물로 주변에 있는 식물에서 양분을 얻는다.

»

» 가지

벨라도나
Atropa belladonna
가짓과
강력한 마취제 성분을 지니고 있다. 키가 큰 다년생 초본으로 유럽, 아프리카 북부, 서아시아의 삼림과 관목림에 자란다.

레드엔젤트럼펫
Brugmansia sanguinea
가짓과
독이 있는 잎을 지닌 남아메리카 서부산 다년생 교목으로 따뜻하고 햇볕이 잘 드는 정원에서 잘 자란다. 화려하며 축 늘어지는 통상화를 갖는다.

흰독말풀
Datura stramonium
가짓과
썩은 냄새가 나는 매우 독성이 강한 일년생 초본으로 널리 퍼져 자라는 잡초이다. 북아메리카 남부가 원산이다.

사리풀
Hyoscyamus niger
가짓과
독성이 강하며 마취 효과가 있는 일년생 초본으로 악취가 나며 유럽, 아시아, 아프리카 북부의 교란지, 특히 소가 풀을 뜯어 먹은 곳에서 자란다.

꽈리
Physalis alkekengi
가짓과
서유럽에 자라는 식물로 케이프구스베리와 유연관계가 깊으며 관상용으로 심는다. 등불 모양 껍질 속에 장과가 숨겨져 있다.

토마토
Solanum lypopersicum
가짓과
페루 및 에콰도르에 자라는 노란 열매를 맺는 체리토마토로부터 유래했을 것으로 추정되는 다년생 식물이다. 짧은 생을 살며 다육질의 먹을 수 있는 장과를 맺는다.

미나리

경제적으로 중요하며 최소한 3,500종이 포함된 미나릿과가 미나리목에서 다수를 차지하고 있다. 인삼, 송악 등이 속하는 두릅나뭇과에도 많은 종이 속한다. 돈나뭇과에는 중간 크기의 상록성 교목과 관목이 속한다. 그 외 각각 20종 미만의 적은 수의 종을 포함하는 4개의 과가 미나리목에 속한다.

야생안젤리카
Angelica sylvestris
미나릿과
전형적인 미나릿과 식물로 꽃은 15~40개의 우산살과 같은 꽃대에 핀다. 안젤리카는 유럽과 온대 초지에 자란다.

아스트란티아
Astrantia major
미나릿과
남유럽 고산 지대의 목초지나 햇빛이 드는 산림에 자라는 식물로 작은 꽃들의 무리 아래에 잎이 변해 생긴 화려한 분홍색의 포엽이 있다.

호그위드
Heracleum sphondylium
미나릿과
털이 많은 속이 빈 줄기와 10~20개의 꽃대에 우산 모양으로 피는 꽃을 가지고 있다. 유럽 동부에서 영국에 걸친 지역의 길가에 자란다.

자이언트펜넬
Ferula communis
미나릿과
단단하고 거대한 다년생 식물로 톡 쏘는 냄새가 나며 줄기는 속이 비었다. 지중해, 아시아, 아프리카 북부의 초지 및 황야지에 자란다.

나도독미나리
Conium maculatum
미나릿과
유럽, 북아프리카, 아시아의 습한 지역에 자라는 이년생 식물로 여러 지역에 도입되었다. 자주색 반점이 있는 속이 빈 줄기를 가지고 있으며 식물체 전체에 독이 있다.

야생당근
Daucus carota
미나릿과
재배되는 당근의 야생 조상 종으로 다소 부푼 주근을 가지고 있다. 유럽, 온대 아시아 및 아프리카 북부에 자란다.

칠리
Capsicum frutescens
가짓과
열대 아시아와 아메리카 적도 지방에서 재배되며 브라질과 볼리비아가 원산지인 작은 관목으로 열매는 칠리이다.

담배
Nicotiana tabacum
가짓과
남아메리카가 원산지인 초본으로 담배를 만드는 2종 중 하나이다. 잎은 니코틴(nicotine)을 함유하고 있다.

감자
Solanum tuberosum
가짓과
식용 작물로 유명하다. 부푼 덩이줄기는 햇빛에 노출되면 녹색으로 변하며 독성을 갖게 된다. 남아메리카 안데스의 원종으로부터 교잡해 만든 종이다.

코후후
Pittosporum tenuifolium
돈나뭇과
뉴질랜드의 삼림과 관목림에서 야생으로 자라는 상록성 교목으로 가지는 검고 꽃은 꿀 냄새가 나며 봄에 핀다.

서양호랑가시
Ilex aquifolium
감탕나뭇과
유럽, 아프리카 북부 및 아시아 북서부에 자라는 상록성 작은 관목 혹은 작은 교목으로 가시가 있는 잎이 있어 방목 가축이 싫어한다.

씨홀리
Eryngium maritimum
미나릿과
유럽, 아프리카 북부, 서남아시아의 모래 언덕에 자라는 다년생 식물로 가죽질의 잎을 가지고 있어 수분 손실과 염분 노출에 강하다.

서양송악
Hedera helix
두릅나뭇과
유럽, 서남아시아에 자라는 상록성 관목으로 다른 식물을 타고 올라가며 자란다.

인삼
Panax ginseng
두릅나뭇과
아시아산 초본으로 뿌리는 한방에서 이용된다. 그리스 어로 만병 통치약을 뜻하는 단어에서 라틴 어 학명이 유래했다.

감탕나무

감탕나무목의 대표적인 과인 감탕나뭇과는 교목 혹은 관목으로 잎 가장자리에 톱니가 있는 특징이 있다. 덩굴성 초본인 칼디오프테리스과, 3종의 아시아산 관목으로 이루어진 헬윙기아과, 4종의 남아메리카산 교목과 관목으로 이루어진 필로노마과, 열대 교목으로 이루어진 스테모누라과가 감탕나무목에 속한다.

국화

국화목에는 11개의 과가 속한다. 가장 큰 과는 국화과로 약 2만 5000종이 포함된다. 일반적으로 소화(小花, floret)라고 부르는 작은 꽃이 여러 개가 모여 하나의 꽃과 같은 두화(頭花, head)를 형성하며 이와 같은 꽃차례를 두상꽃차례(두상화서(頭狀花序), capitulum)라 한다. 이들 두화는 설상화(舌狀花, ray floret)에 둘러싸여 있다. 조름나물과와 구데니아과, 그리고 7개의 작은 과가 포함된다.

미가엘마스데이지
Symphotrichum novi-belgii
국화과
한때 참취속(쑥부쟁이속)에 속했던 분류군으로 북아메리카 동부 지역이 원산지이다. 꽃이 화려해서 정원에 심는다.

셀시피
Tragopogon porrifolius
국화과
지중해 지역 초지에 자라는 이년생 초본으로 꽃은 연보라색 혹은 붉은색이 도는 자주색이며 길고 끝이 뾰족한 포엽에 싸여 있다.

금방망이
Jacobaea vulgaris
국화과
농장에 키우는 동물 및 토끼에 유독한 다년생 식물로 유럽과 서아시아에 자생한다. 전 세계 초지에 퍼졌다.

해바라기
Helianthus annuus
국화과
멕시코 원산으로 추정되는 키가 큰 일년생 초본으로 원예용 및 상업용으로 키운다. 종자는 27~40퍼센트의 다가불포화지방과 13~20퍼센트의 단백질을 포함하고 있다.

수레국화
Centaurea cyanus
국화과
유럽 남부 및 서아시아에 자생하는 것으로 추정된다. 종자가 옥수수 종자와 함께 퍼져 나가 제초제를 뿌리기 전에 농경지에 자라는 지독히 억센 잡초이다.

옥스아이데이지
Leucanthemum vulgare
국화과
유럽과 서아시아에 매우 흔한 흰색의 꽃을 피우는 다년생 식물이다. 종자는 교란지에 빠르게 퍼진다.

데이지
Bellis perennis
국화과
유럽과 서아시아가 원산인 작은 다년생 식물로 목초지와 잔디밭에 자란다. 거의 전 세계로 퍼져 나가 잡초로 인식된다.

서양민들레
Taraxacum officinale
국화과
잡초로 유명한 식물로 다양한 형태를 가지고 있다. 1,000여 미세종들이 유럽과 아시아에 알려져 있다.

자주천인국
Echinacea purpurea
국화과
북아메리카 동부에 자라는 다년생 식물로 중앙부의 반상화는 원뿔 모양이다. 감기와 독감 치료제로 재배된다.

밀크시슬
Silybum marianum
국화과
약한 가시가 돋친 이년생 식물로 잎에 흰색 반점이 있다. 유럽 남부, 아프리카 북부, 서아시아의 버려진 땅이나 재배지에 자란다.

글로브시슬
Echinops bannaticus
국화과
유럽 남동부 초지에 자생하는 다년생 식물로 줄기에 털이 나며 푸른색의 반상화는 공 모양을 이룬다.

캐나다미역취
Solidago canadensis
국화과
북아메리카에 자생하며 정원에 많이 키운다. 솜털이 뒤덮인 다년생 식물로 노란 두상화가 모여 굽어진 수상꽃차례를 이룬다.

카르둔
Cynara cardunculus
국화과
다육질의 꽃받침은 식용 채소 글로브아티초크이며 지중해 서부 황무지에서 사는 다년생의 스콜리무스 품종에서 유래한다.

솜풀나무
Otanthus maritimus
국화과
유럽 남부, 아프리카 북부 및 서남아시아의 해안가에 자라는 다년생 관목으로 줄기와 잎에는 솜 같은 털이 나 있다.

덴스블레이징스타
Liatris spicata
국화과
북아메리카 동부의 축축한 곳에서 자란다. 장밋빛 자주색의 꽃이 빽빽하게 모여 긴 수상꽃차례를 이룬다.

버터버
Petasites hybridus
국화과
유럽에서 이란에 이르는 지역 개울가 혹은 습기가 많은 목초지에 자라며 암꽃 혹은 수꽃이 나는 줄기를 가진다.

스피어시슬
Cirsium vulgare
국화과
유럽과 서아시아의 교란지에 흔히 자라는 다년생 식물로 잎 끝에 가시가 나 있다.

프렌치타라곤
Artemisia dracunculus
국화과
유럽 남동부, 아시아, 북아메리카에 자라는 향이 나는 초본으로 생선이나 다른 음식에 풍미를 더하기 위해 사용된다.

서양톱풀
Achillea millefolium
국화과
유럽과 서아시아, 북아메리카 초지에서 자라는 다년생 식물로 잎이 깃털 모양이다. 북아메리카, 오스트레일리아 및 뉴질랜드에 도입되었다.

치커리
Cichorium intybus
국화과
유럽, 서아시아 및 아프리카 북부에서 전 세계로 전해졌다. 잎은 샐러드로 이용되며 뿌리로부터 커피 대체물을 추출한다.

코튼라벤더
Santolina chamaecyparissus
국화과
정원에서 널리 키우는 향이 나는 키 작은 상록성 관목으로 잎에는 회색의 털이 난다. 지중해 서부 지역의 암석지에 자생한다.

메리골드
Calendula officinalis
국화과
원산지가 알려지지 않은 식물로 오래전부터 재배되었다. 추출물은 피부병을 해결하는 데 이용된다.

가자니아
Gazania sp.
국화과
17종의 가자니아류는 아프리카 남부의 건조한 지역에 자란다. 정원에서 키우는 재배종은 물을 적게 주어도 잘 자란다.

태양국
Gazania rigens
국화과
남아프리카의 케이프코스트 남부 모래 언덕 및 바위 노출지에 자라는 다년생 식물로 많은 꽃을 피운다.

»

》 국화

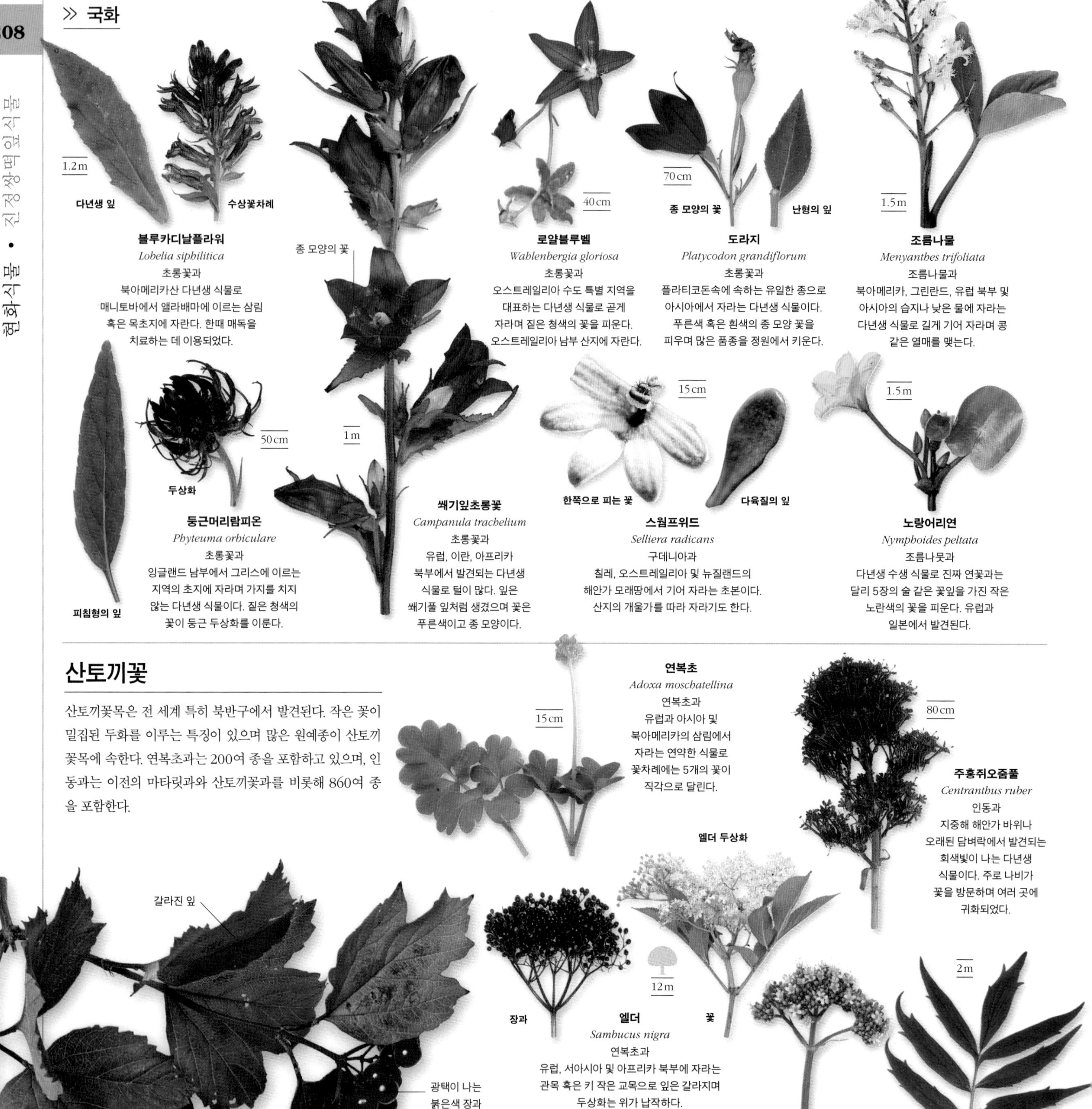

블루카디날플라워
Lobelia siphilitica
초롱꽃과
북아메리카산 다년생 식물로 매니토바에서 앨라배마에 이르는 삼림 혹은 목초지에 자란다. 한때 매독을 치료하는 데 이용되었다.

로얄블루벨
Wahlenbergia gloriosa
초롱꽃과
오스트레일리아 수도 특별 지역을 대표하는 다년생 식물로 곧게 자라며 짙은 청색의 꽃을 피운다. 오스트레일리아 남부 산지에 자란다.

도라지
Platycodon grandiflorum
초롱꽃과
플라티코돈속에 속하는 유일한 종으로 아시아에서 자라는 다년생 식물이다. 푸른색 혹은 흰색의 종 모양 꽃을 피우며 많은 품종을 정원에서 키운다.

조름나물
Menyanthes trifoliata
조름나물과
북아메리카, 그린란드, 유럽 북부 및 아시아의 습지나 낮은 물에 자라는 다년생 식물로 길게 기어 자라며 콩 같은 열매를 맺는다.

둥근머리람피온
Phyteuma orbiculare
초롱꽃과
잉글랜드 남부에서 그리스에 이르는 지역의 초지에 자라며 가지를 치지 않는 다년생 식물이다. 짙은 청색의 꽃이 둥근 두상화를 이룬다.

쐐기잎초롱꽃
Campanula trachelium
초롱꽃과
유럽, 이란, 아프리카 북부에서 발견되는 다년생 식물로 털이 많다. 잎은 쐐기풀 잎처럼 생겼으며 꽃은 푸른색이고 종 모양이다.

스윔프위드
Selliera radicans
구데니아과
칠레, 오스트레일리아 및 뉴질랜드의 해안가 모래땅에서 기어 자라는 초본이다. 산지의 개울가를 따라 자라기도 한다.

노랑어리연
Nymphoides peltata
조름나뭇과
다년생 수생 식물로 진짜 연꽃과는 달리 5장의 술 같은 꽃잎을 가진 작은 노란색의 꽃을 피운다. 유럽과 일본에서 발견된다.

산토끼꽃

산토끼꽃목은 전 세계 특히 북반구에서 발견된다. 작은 꽃이 밀집된 두화를 이루는 특징이 있으며 많은 원예종이 산토끼꽃목에 속한다. 연복초과는 200여 종을 포함하고 있으며, 인동과는 이전의 마타릿과와 산토끼꽃과를 비롯해 860여 종을 포함한다.

연복초
Adoxa moschatellina
연복초과
유럽과 아시아 및 북아메리카의 삼림에서 자라는 연약한 식물로 꽃차례에는 5개의 꽃이 직각으로 달린다.

주홍쥐오줌풀
Centranthus ruber
인동과
지중해 해안가 바위나 오래된 담벼락에서 발견되는 회색빛이 나는 다년생 식물이다. 주로 나비가 꽃을 방문하며 여러 곳에 귀화되었다.

엘더
Sambucus nigra
연복초과
유럽, 서아시아 및 아프리카 북부에 자라는 관목 혹은 키 작은 교목으로 잎은 갈라지며 두상화는 위가 납작하다.

백당나무
Viburnum opulus
연복초과
유럽과 아시아에 걸쳐 자라는 낙엽성 관목이다. 두상화는 납작하고 작은 임성의 꽃 바깥쪽에 큰 불임성의 꽃이 난다.

쥐오줌풀
Valeriana officinalis
인동과
북유럽에서 일본까지 초지에 자라는 다년생 식물이다. 꽃은 옅은 분홍색으로 꽃잎이 5개이며 꽃눈 속에서는 색이 보다 짙다.

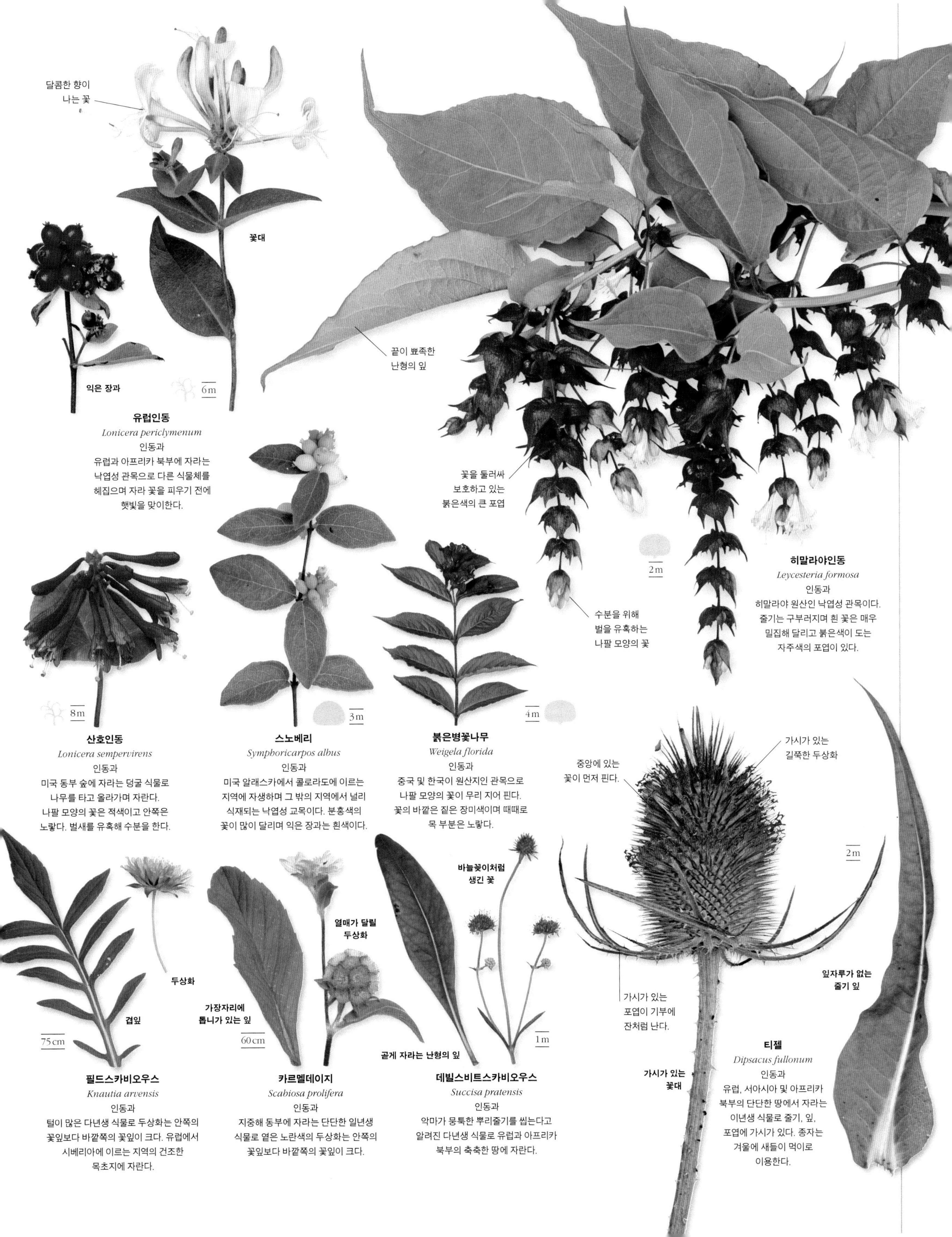

유럽인동
Lonicera periclymenum
인동과
유럽과 아프리카 북부에 자라는 낙엽성 관목으로 다른 식물체를 헤집으며 자라 꽃을 피우기 전에 햇빛을 맞이한다.

히말라야인동
Leycesteria formosa
인동과
히말라야 원산인 낙엽성 관목이다. 줄기는 구부러지며 흰 꽃은 매우 밀집해 달리고 붉은색이 도는 자주색의 포엽이 있다.

산호인동
Lonicera sempervirens
인동과
미국 동부 숲에 자라는 덩굴 식물로 나무를 타고 올라가며 자란다. 나팔 모양의 꽃은 적색이고 안쪽은 노랗다. 벌새를 유혹해 수분을 한다.

스노베리
Symphoricarpos albus
인동과
미국 알래스카에서 콜로라도에 이르는 지역에 자생하며 그 밖의 지역에서 널리 식재되는 낙엽성 교목이다. 분홍색의 꽃이 많이 달리며 익은 장과는 흰색이다.

붉은병꽃나무
Weigela florida
인동과
중국 및 한국이 원산지인 관목으로 나팔 모양의 꽃이 무리 지어 핀다. 꽃의 바깥은 짙은 장미색이며 때때로 목 부분은 노랗다.

필드스카비오우스
Knautia arvensis
인동과
털이 많은 다년생 식물로 두상화는 안쪽의 꽃잎보다 바깥쪽의 꽃잎이 크다. 유럽에서 시베리아에 이르는 지역의 건조한 목초지에 자란다.

카르멜데이지
Scabiosa prolifera
인동과
지중해 동부에 자라는 단단한 일년생 식물로 옅은 노란색의 두상화는 안쪽의 꽃잎보다 바깥쪽의 꽃잎이 크다.

데빌스비트스카비오우스
Succisa pratensis
인동과
악마가 뭉툭한 뿌리줄기를 씹는다고 알려진 다년생 식물로 유럽과 아프리카 북부의 축축한 땅에 자란다.

티젤
Dipsacus fullonum
인동과
유럽, 서아시아 및 아프리카 북부의 단단한 땅에서 자라는 이년생 식물로 줄기, 잎, 포엽에 가시가 있다. 종자는 겨울에 새들이 먹이로 이용한다.

균류

버섯에서 미세한 곰팡이에 이르기까지 다양한 균류가 한때 식물로 분류되었다. 오늘날 균류는 생명체들 중에서 하나의 독립된 계로 인식되고 있다. 균류는 먹이 속에서 혹은 먹이를 통해 살아가면서 유기물을 소화하고 대개 생식을 할 때만 우리 눈에 보인다. 균류는 다른 생물의 동맹자이자 적이기도 하다. 이들은 중요한 재활용자 및 상호 혜택을 주는 동반자이기도 하며, 기생 생물 혹은 병원균이기도 하다.

≫ 212

버섯

버섯뿐만 아니라 선반버섯류, 먼지버섯류 및 기타 여러 종류가 포함되는 큰 무리이다. 자실체의 모양은 다양하지만 이들 모두는 담자기라 부르는 미세한 세포 안에 포자를 만든다.

≫ 238

자낭균

자실체에 펠트 같은 층을 형성하는 자낭이라 불리는 미세한 주머니 안에 포자를 생산하는 균류이다. 대부분은 컵 모양이지만 덩이버섯류, 모렐 및 단세포의 효모 등도 포함된다.

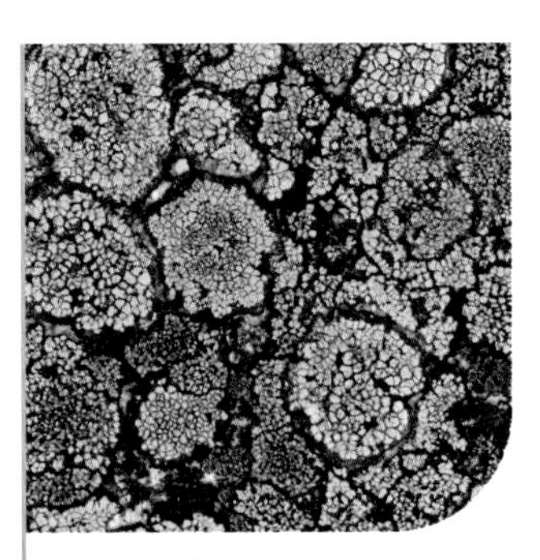

≫ 244

지의류

균류와 조류가 동업해 살아가는 지의류는 노출된 표면 어디에나 무리 지어 나타난다. 어떤 종류들은 납작한 판처럼 자라며 또 다른 종류는 작은 식물처럼 자란다. 대부분 느리게 자라며 오래 산다.

버섯

담자균류는 일반적으로 버섯이나 독버섯으로 불리는 종류 대부분을 포함한다. 주요 서식지 대개의 지역에서 발견되며 거의 모든 종류가 담자기(擔子器, basidium)라 부르는 유성포자(有性胞子, sexual spore)를 형성한다.

문	담자균문
강	16
목	52
과	177
종	약 3만 2000

전형적인 버섯은 중앙의 대가 갓을 지지하고 있으며, 갓의 아래쪽에 방사상으로 주름살이 나 있다.

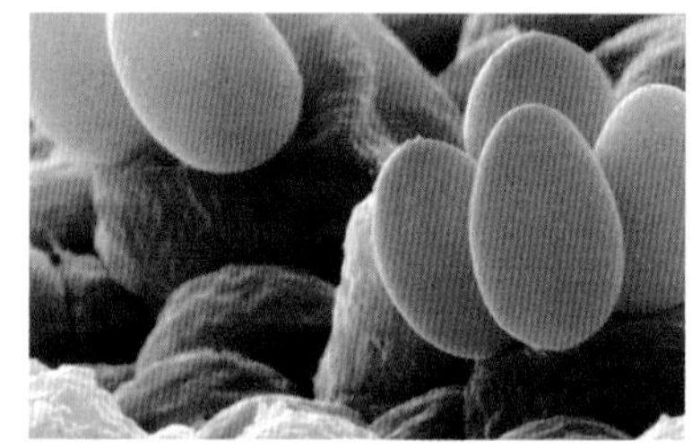

여기에서 보이는 버섯의 미세한 포자는 담자기 혹은 번식 세포에 붙어 있다.

이 말뚝버섯은 검은 포자 무리로 덮여 있으며 빠르게 액화해 고기 썩는 악취를 풍긴다.

논쟁

색채의 비밀

많은 버섯이 빨간색, 보라색, 파란색, 녹색 등 다양한 색을 띠지만 과학자들은 이러한 색들이 버섯에게 어떤 이익을 주는지에 대해 거의 알지 못하고 있다. 꽃과 달리 버섯은 수정을 위해 아름다운 색을 필요로 하지 않는다. 빨간색과 주황색은 햇빛으로부터 손상을 방지해 줄지도 모르며 다른 색은 포식자에게 경고 기능을 할 수도 있다.

담자균류의 몇몇 균류는 형태가 매우 다양하다. 포자를 생성하는 지상 부분인 자실체(子實體, fruit body)는 포자 산포를 위해 효율적인 구조로 진화해 왔다. 자실체는 종종 대(stem), 갓(cap), 주름살(gill)과 같은 구조를 만들지만 많은 종류가 간단한 껍질 같은 판을 갖거나 선반처럼 더 복잡한 형태를 갖기도 한다. 독특하게 먼지버섯이나 방귀버섯처럼 완전히 닫힌 공 모양인 것도 있다. 싸리버섯 등 산호형 버섯과 같은 아름다운 버섯도 있으며 동물이 좋아하는 말뚝버섯도 담자균류에 속한다. 각각의 구조는 담자기라 부르는 특별한 포자 생성 세포를 만들거나 지지하며, 각 균류에 따라 다양한 포자 산포 방식을 이용한다. 예를 들어 주름살이 있는 균류는 공기 흐름에 의해 포자를 강력히 방출한다. 먼지버섯류는 바람과 빗물에 의해 포자를 내뿜는다. 이와 달리 말뚝버섯은 밝은색을 지니고 있으며 악취를 풍겨 곤충이나 무척추동물을 유혹한다. 동물이 말뚝버섯의 포자를 먹으면 포자는 아무런 해 없이 동물의 소화관을 통과해 배설물로 나와 퍼지게 된다.

균류의 식성

균류의 본체는 땅속에 있는, 미세한 섬유처럼 생긴 균사(菌絲, hypha)라 불리는 구조이며 균사가 모여 균사체(菌絲體, mycelium)를 만든다. 균사가 토양, 오래된 잎, 넘어진 나무, 살아 있는 식물의 조직, 부패한 동물 등에 침투하면 균류가 자라게 된다. 균사체는 넓은 지역으로 퍼질 수 있으며 많은 균류가 식물의 뿌리 부분에서 식물과 공생한다. 이렇게 식물과 공생을 하는 공생체를 균근(菌根, mycorrhiza)이라고 부르며 이때 균사체는 식물의 뿌리를 둘러싸고 속으로 침투해 식물이 생산하는 탄수화물을 이용하게 된다. 반대로 식물은 균사체의 도움으로 물과 무기질 영양분을 더 잘 흡수할 수 있다. 다른 버섯들은 죽은 유기물을 분해하거나 살아 있는 생물을 먹어 치워서 토양을 회복시키고 다른 생물이 자라는 환경 조건을 개선시킨다.

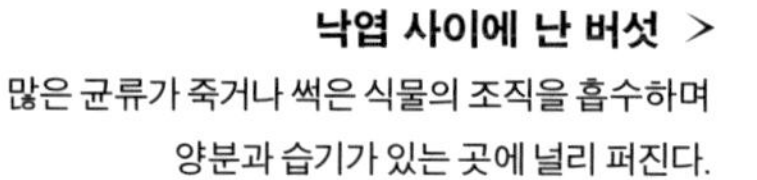

낙엽 사이에 난 버섯 >

많은 균류가 죽거나 썩은 식물의 조직을 흡수하며 양분과 습기가 있는 곳에 널리 퍼진다.

주름버섯

다수의 유명한 버섯 및 독버섯이 주름버섯목에 속한다. 여기에는 목질화되지 않은 다육질의 자실체(포자를 형성하는 세포를 지지하는 몸체)를 갖는 균류가 포함된다. 대부분은 갓과 대, 주름살을 가지고 있으며 어떤 종류는 관공(管孔, pore)을 갖기도 한다. 새 둥지, 선반, 덩이 모양 등을 띠는 종류도 있다. 대부분 낙엽, 토양 혹은 나무에 살며 흰색 부패를 일으킨다. 기생하거나 식물의 뿌리에 공생하는 균근도 있다.

4~10cm

주름버섯
Agaricus campestris
주름버섯과
유라시아와 북아메리카의 목초지에 흔한 균류로 둥근 갓을 가지고 있다. 분홍색의 주름살은 성숙하면 갈색으로 변하며 대는 짧고 작은 턱받이가 있다.

5~10cm

양송이
Agaricus bisporus
주름버섯과
전 세계에서 수백만 개가 팔리는 유명한 균류이다. 갓은 흰색에서 짙은 갈색까지 다양하며 비늘이 있다.

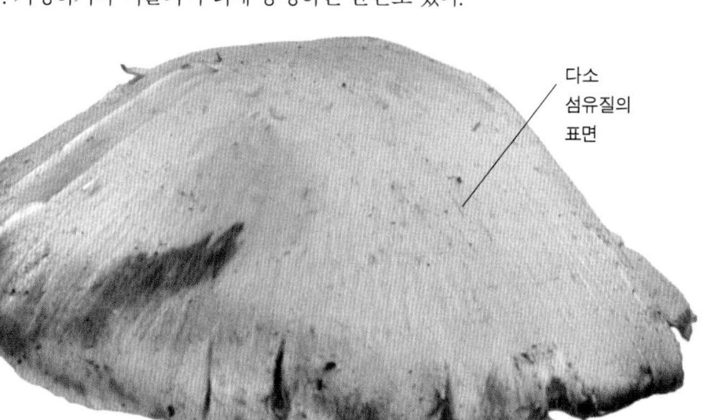

5~12cm

노란양송이
Agaricus xanthodermus
주름버섯과
갓의 중앙부가 평평하고 대의 기부가 선명한 황색이며 불쾌한 냄새가 난다. 유라시아와 북아메리카 서부에 흔하다.

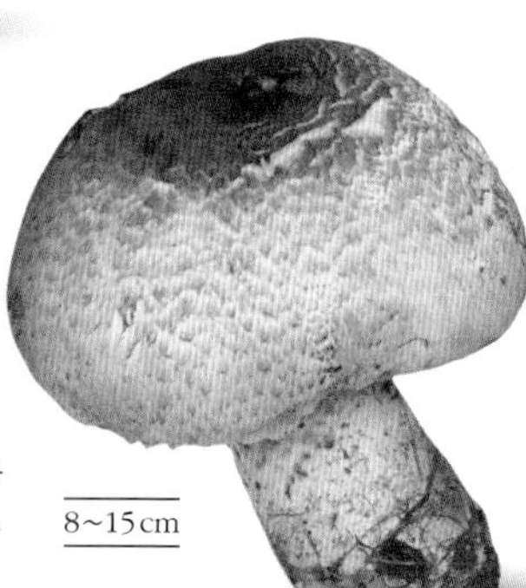

실비듬주름버섯
Agaricus augustus
주름버섯과
주황색이 도는 갈색의 큰 버섯으로 갓에는 비늘이 있다. 가루는 희고 털이 있으며 턱받이는 늘어지는 특징이 있다. 유라시아와 북아메리카에 흔하다.

8~15cm

5~15cm

누더기광대버섯
Echinoderma asperum
주름버섯과
유라시아와 북아메리카의 삼림과 정원에 드물게 자라는 균류로 갈색의 갓에는 피라미드 모양의 비늘이 있으며 비늘은 떨어진다. 갈색의 대에 턱받이가 있다.

7~15cm

흰주름버섯
Agaricus arvensis
주름버섯과
유라시아와 북아메리카의 공원에 흔히 자라는 종류로 흐릿하게 황동빛 노란색으로 얼룩져 있다. 대에 매달린 턱받이는 아랫면에 톱니바퀴 같은 무늬가 있다.

1~4cm

갈색고리갓버섯
Lepiota cristata
주름버섯과
삼림이나 목초지에 흔한 갓버섯속 식물은 고무 냄새가 나는 특징을 가지고 있다. 유라시아와 북아메리카에 자란다.

3~8cm

블러싱대퍼링
Leucoagaricus badhamii
주름버섯과
유라시아에서 드물게 발견되는 균류로 양분이 풍부한 삼림과 정원에 자란다. 어릴 때는 흰색이고 건들면 피 같은 빨간색의 멍이 생기며 후에 검게 된다.

성숙한 갓

어린 갓

2~6cm

먹물버섯
Coprinus comatus
주름버섯과
유라시아와 북아메리카의 교란된 땅이나 길가에 흔한 균류로 키가 크고 텁수룩한 갓을 가지고 있으며 갓은 까맣게 먹물처럼 녹는다.

5~8cm

화이트대퍼링
Leucoagaricus leucothites
주름버섯과
유라시아와 북아메리카의 목초지나 풀이 나는 길가에 흔한 균류로 상아색의 자실체는 나이가 들면서 회색이 도는 갈색으로 변한다. 주름살은 흰색 내지 옅은 분홍색이다.

4~11cm

턱받이

오렌지거들갓버섯
Lepiota ignivolvata
주름버섯과
유라시아에서 드물게 발견되는 종류로 곤봉 모양의 하얀 대에 가장자리가 노란색인 턱받이가 아래를 향해 달려 있다.

5~15cm

갓버섯아재비
Chlorophyllum rhacodes
주름버섯과
유라시아와 북아메리카에 흔한 균류로 갈색의 갓이 텁수룩하게 난다. 두꺼운 턱받이를 가지고 있으며 육질은 붉고 대의 기부가 부푼다.

부풀어 오른 대의 기부

1~5cm

노란각시버섯
Leucocoprinus birnbaumii
주름버섯과
전 세계에 흔한 종류로 식물을 심은 화분의 토양에서 자란다. 독특한 금빛이 나는 노란색의 갓과 턱받이가 달린 가는 대를 가지고 있다.

1~3cm

바깥 표면

안쪽 층

찹쌀떡버섯
Bovista plumbea
주름버섯과
공 모양의 균류로 어릴 때는 부드럽다. 성숙하면서 겁질이 떨어져 종이 같은 안쪽 층이 드러난다. 유라시아와 북아메리카에 흔하다.

20~50cm

큰댕구알버섯
Calvatia gigantea
주름버섯과
유라시아나 북아메리카의 울타리, 들판 및 정원에 흔한 균류로 크고 부드러운 흰색의 자실체를 가지고 있으며 안쪽이 희거나 노랗다.

목장말불버섯
Lycoperdon pratense
주름버섯과
대가 짧은 균류로 대로부터 포자 무리를 구분하는 내부 막을 가지고 있다. 유라시아의 목초지에 흔하다.

말불버섯
Lycoperdon perlatum
주름버섯과
매우 흔한 균류로 유라시아와 북아메리카에 자란다. 알갱이 같은 가시는 떨어져 규칙적인 무늬의 둥근 흔적을 남긴다.

큰갓버섯
Macrolepiota procera
주름버섯과
유라시아와 북아메리카 목초지에 흔한 키가 큰 균류이다. 갓에는 비늘이 있으며 대는 뱀 껍질 같은 무늬가 있고 턱받이는 두껍다.

가시말불버섯
Lycoperdon echinatum
주름버섯과
유라시아와 북아메리카의 너도밤나무 숲에서 발견되는 균류로 긴 가시가 나며 포자는 자주색이 도는 갈색이다.

막자말불버섯
Lycoperdon excipuliforme
주름버섯과
키가 큰 균류로 포자가 방출된 뒤에도 황색이 도는 흰색의 대는 남아 있다. 유라시아에서 발견된다.

좀말불버섯
Apioperdon pyriforme
주름버섯과
유라시아와 북아메리카에 흔한 서양배 모양의 균류로 삼림에 자란다. 기부에 끈 같은 것이 있으며 어릴 때는 단단하다.

악취말불버섯
Lycoperdon foetidum
주름버섯과
유라시아의 토양이 산성인 황야와 삼림에 흔한 균류로 노란색이 도는 갈색이며 어두운 갈색의 가시를 가지고 있다. 육질에서 불쾌한 냄새가 난다.

버들볏집버섯
Cyclocybe cylindracea
소똥버섯과
유라시아에서 드물게 발견되는 균류로 양버들 숲에서 자란다. 갓은 건조하면 금이 가며 대에는 턱받이가 있다.

황토볏짚버섯
Agrocybe pediades
소똥버섯과
유라시아의 잔디밭에서 발견되는 균류로 노란색의 부드러운 갓과 가는 대에는 파삭파삭한 냄새가 나며 피막(被膜, veil)이 없다.

볏짚버섯
Agrocybe praecox
소똥버섯과
봄에 유라시아와 북아메리카에서 흔히 보이는 균류로 갓의 가장자리에는 피막 조각이 있다. 대는 부서지기 쉬운 턱받이를 가지고 있다.

윈터스탁볼
Tulostoma brumale
주름버섯과
유라시아나 북아메리카의 모래 언덕이나 모래 토양에서 주로 발견되는 균류이다. 흰색이 도는 노란색의 작은 갓이 옅은 갈색의 가는 대 위에 달린다.

샌디스틸트볼
Battarreoides digueti
툴로스토마타과
북아메리카의 매우 건조한 모래땅에서 발견된다. 긴 대가 있는 균류로 가죽질의 '알'에서 나온다. 갈색의 갓에 포자가 있다.

밀키콘캡
Conocybe apala
소똥버섯과
유라시아와 북아메리카의 잔디밭에서 자주 발견된다. 상아색이 나는 원뿔 모양의 갓에는 주황색이 도는 갈색의 주름살이 있으며 대는 길다.

노란소똥버섯
Bolbitius titubans
소똥버섯과
목초지에 자라는 균류로 유라시아와 북아메리카에 흔하다. 끈적거리며 연약한 갓은 단지 하루정도 지속된다.

»

주름버섯

달걀버섯
Amanita caesarea
광대버섯과
지중해에서 유럽 중부까지 참나무 아래에 자라는 버섯으로 주황색의 갓과 대 및 흰색의 외피막(外皮膜, volva)를 가지고 있다.

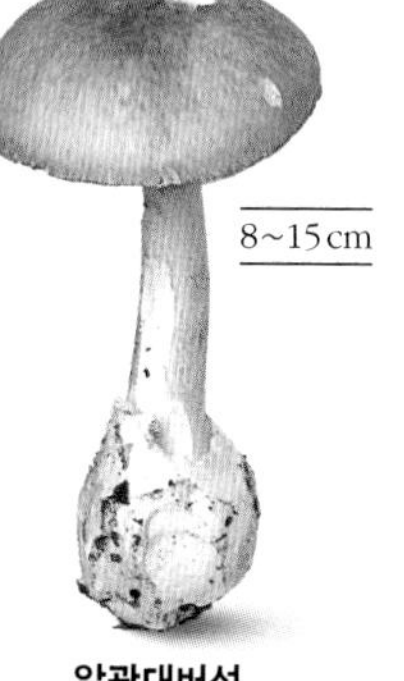

알광대버섯
Amanita phalloides
광대버섯과
유라시아와 북아메리카 일부 지역에서 흔히 자라는 균류로 부서지기 쉬운 턱받이와 큰 외피막을 가지고 있다. 역겨운 냄새가 나며 갓은 녹색, 노란색 혹은 흰색이다.

5~10cm

애광대버섯
Amanita citrina
광대버섯과
유라시아와 북아메리카 동부에 발견되는 종류로 뚜렷하게 테를 두른 것 같은 둥근 알뿌리와 토마토 냄새가 나는 육질을 가지고 있다. 갓은 흰색 혹은 옅은 노란색이다.

3~8cm

고동색우산버섯
Amanita fulva
광대버섯과
유라시아와 북아메리카 삼림에 흔한 균류로 피막 조각을 가지곤 한다. 싸고 있던 피막이 주머니 모양으로 남아 대에 외피막을 형성한다.

담황색의 사마귀 같은 비늘
6~18cm
둥근 알뿌리

붉은점박이광대버섯
Amanita rubescens
광대버섯과
유라시아와 북아메리카 혼합림에 흔한 종으로 갓은 미색에서 갈색 등 다양하다. 육질은 분홍색이 도는 붉은색으로 얼룩진다.

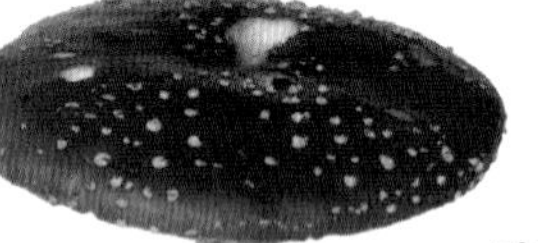

광대버섯
Amanita muscaria
광대버섯과
유라시아와 북아메리카에 흔한 종류로 특히 자작나무 아래 산다. 흰색의 비늘은 비에 씻겨 떨어진다.

6~11cm

독우산광대버섯
Amanita virosa
광대버섯과
유라시아 북부에 널리 분포하나 드물게 발견된다. 새하얀 균류로 갓은 종 모양으로 약간 끈적하며 흰색 외피막을 가지고 있다.

마귀광대버섯
Amanita pantherina
광대버섯과
보호하고 있던 피막이 새하얀 사마귀 같은 비늘로 남는다. 대에 턱받이가 있으며 알뿌리에는 능선이 있다. 유라시아와 북아메리카에 자란다.

5~15cm

골든스핀들
Clavulinopsis corniculata
국수버섯과
금빛이 나는 노란 곤봉형의 본체가 뿔처럼 가지를 친다. 유라시아의 개간하지 않은 산성 목초지나 숲속 풀이 나는 곳에 비교적 흔히 자란다.

좀노랑창싸리버섯
Clavulinopsis helvola
국수버섯과
유라시아와 북아메리카의 초지에 흔한 종류로 여러 개의 곤봉체(棍棒體, club)를 형성한다. 포자에는 가시가 있어 구별할 수 있다.

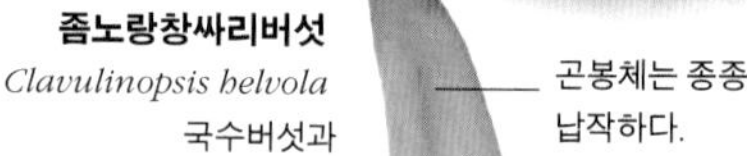

자주싸리국수버섯
Clavaria zollingeri
국수버섯과
유라시아와 북아메리카의 이끼가 많은 목초지나 삼림에 드물게 발견되는 자주색의 버섯으로 산호처럼 가지를 친다.

3~10cm

국수버섯
Clavaria fragilis
국수버섯과
유라시아의 삼림과 목초지에서 발견되며 새하얗고 단순한 곤봉체가 모여 나는 형태를 취한다.

삿갓외대버섯
Entoloma rhodopolium
외대버섯과
옅은 회색 내지 회색이 도는 갈색으로 유라시아에서 발견되는 균류이다. 갓은 중앙부가 반구형이며 대는 가늘다.

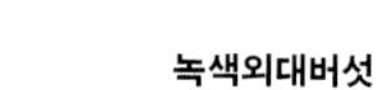

녹색외대버섯
Entoloma incanum
외대버섯과
쥐 냄새가 나는 버섯으로 속이 빈 대와 초록색 갓을 가지고 있다. 갓은 나이가 들면서 갈색으로 변한다. 유라시아의 개간되지 않은 목초지에 자란다.

1~2.5cm

톱니외대버섯
Entoloma serrulatum
외대버섯과
푸른색이 도는 검은 갓을 가지고 있는 버섯으로 주름살은 톱니 같고 분홍색이며 가장자리가 어둡다. 유라시아와 북아메리카의 목초지나 공원에서 발견된다.

4~8cm

라일락외대버섯
Entoloma porphyrophaeum
외대버섯과
목초지에서 자주 발견되며 유라시아에 자라는 균류이다. 갓과 대는 섬유질로 회색빛이 도는 자주색이며 주름살은 분홍색이다.

3~9cm

그늘버섯
Clitopilus prunulus
외대버섯과
유라시아와 북아메리카의 혼합림에 흔하며 갓은 초기에는 볼록하지만 후에는 아래로 늘어져 자란다.

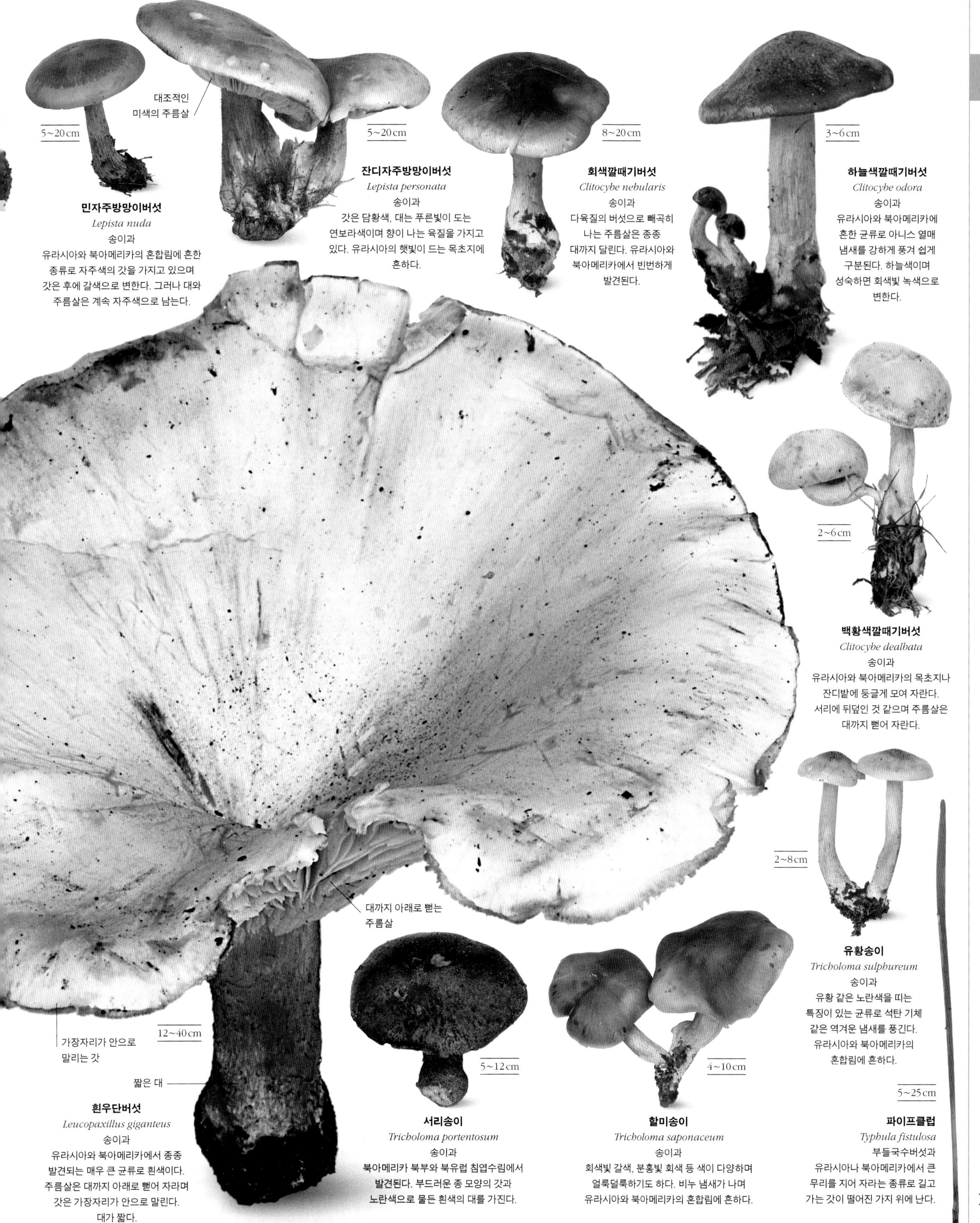

민자주방망이버섯
Lepista nuda
송이과
유라시아와 북아메리카의 혼합림에 흔한 종류로 자주색의 갓을 가지고 있으며 갓은 후에 갈색으로 변한다. 그러나 대와 주름살은 계속 자주색으로 남는다.

잔디자주방망이버섯
Lepista personata
송이과
갓은 담황색, 대는 푸른빛이 도는 연보라색이며 향이 나는 육질을 가지고 있다. 유라시아의 햇빛이 드는 목초지에 흔하다.

회색깔때기버섯
Clitocybe nebularis
송이과
다육질의 버섯으로 빼곡히 나는 주름살은 종종 대까지 달린다. 유라시아와 북아메리카에서 빈번하게 발견된다.

하늘색깔때기버섯
Clitocybe odora
송이과
유라시아와 북아메리카에 흔한 균류로 아니스 열매 냄새를 강하게 풍겨 쉽게 구분된다. 하늘색이며 성숙하면 회색빛 녹색으로 변한다.

백황색깔때기버섯
Clitocybe dealbata
송이과
유라시아와 북아메리카의 목초지나 잔디밭에 둥글게 모여 자란다. 서리에 뒤덮인 것 같으며 주름살은 대까지 뻗어 자란다.

유황송이
Tricholoma sulphureum
송이과
유황 같은 노란색을 띠는 특징이 있는 균류로 석탄 기체 같은 역겨운 냄새를 풍긴다. 유라시아와 북아메리카의 혼합림에 흔하다.

흰우단버섯
Leucopaxillus giganteus
송이과
유라시아와 북아메리카에서 종종 발견되는 매우 큰 균류로 흰색이다. 주름살은 대까지 아래로 뻗어 자라며 갓은 가장자리가 안으로 말린다. 대가 짧다.

서리송이
Tricholoma portentosum
송이과
북아메리카 북부와 북유럽 침엽수림에서 발견된다. 부드러운 종 모양의 갓과 노란색으로 물든 흰색의 대를 가진다.

할미송이
Tricholoma saponaceum
송이과
회색빛 갈색, 분홍빛 회색 등 색이 다양하며 얼룩덜룩하기도 하다. 비누 냄새가 나며 유라시아와 북아메리카의 혼합림에 흔하다.

파이프클럽
Typhula fistulosa
부들국수버섯과
유라시아나 북아메리카에서 큰 무리를 지어 자라는 종류로 길고 가는 갓이 떨어진 가지 위에 난다.

≫

광대버섯

Amanita muscaria

광대버섯은 균류를 통틀어 가장 유명한 버섯이다. 전 세계 어린이 책에서 광대버섯 그림이 자주 등장한다. 화려한 자홍색의 갓에는 피막(被膜, veil) 조직에 흰 점이 있어 광대버섯을 쉽게 식별할 수 있다. 유럽 전역과 아시아 북부, 북아메리카가 원산지이며 지금은 광대버섯과 공생을 하는 자작나무가 식재된 여러 곳에서 자란다. 현재는 아프리카, 인도, 오스트레일리아 지역에서 발견된다. 광대버섯의 모든 부위가 독을 가지고 있으며 드물게는 치명적이기도 하다.

크기 갓의 지름 6~15센티미터
서식처 자작나무 혹은 소나무 숲
분포 거의 전 세계
포자의 색 흰색

크고 늘어진 턱받이는 쉽게 찢어진다.

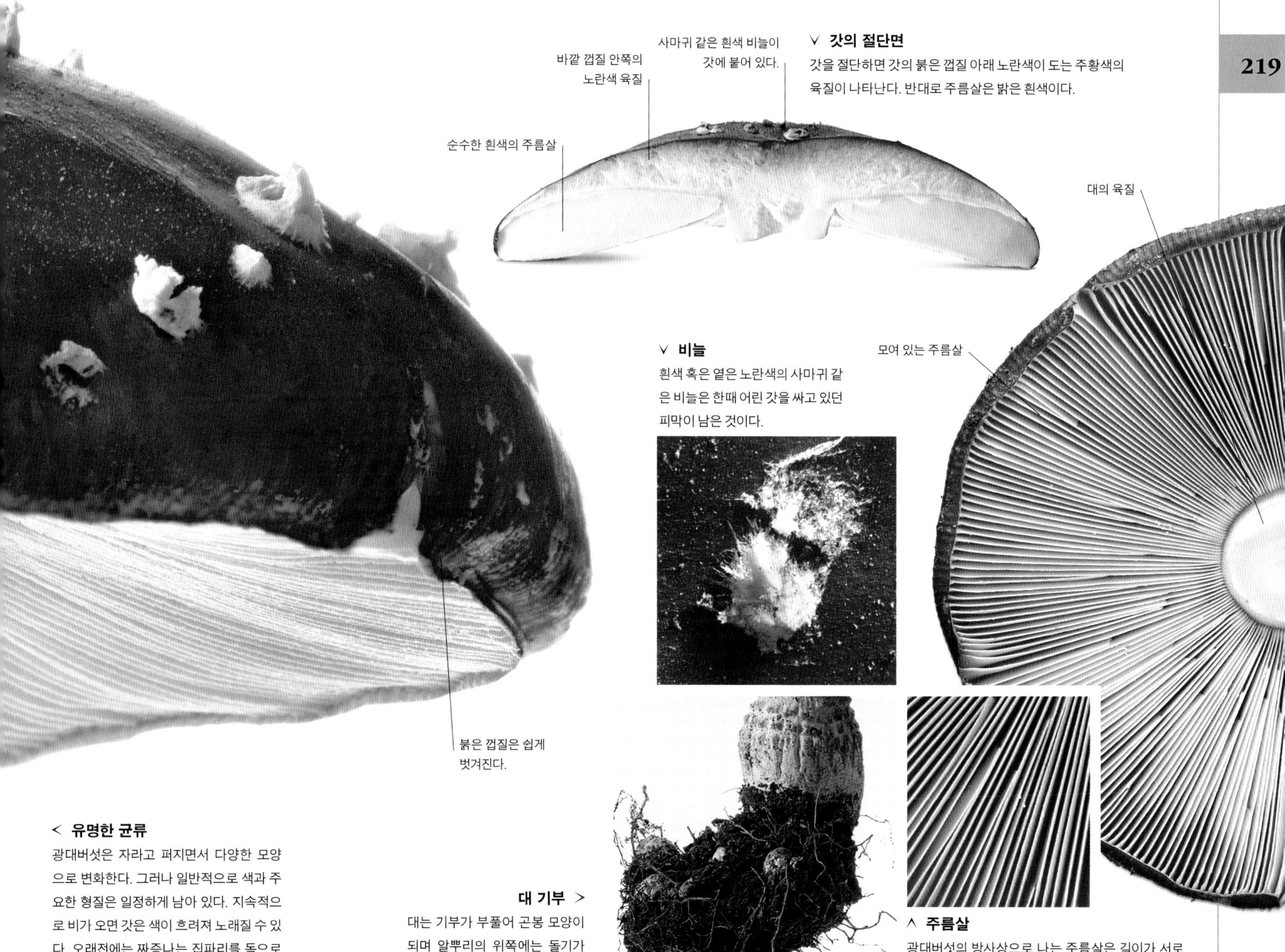

∨ 갓의 절단면
갓을 절단하면 갓의 붉은 껍질 아래 노란색이 도는 주황색의 육질이 나타난다. 반대로 주름살은 밝은 흰색이다.

∨ 비늘
흰색 혹은 옅은 노란색의 사마귀 같은 비늘은 한때 어린 갓을 싸고 있던 피막이 남은 것이다.

< 유명한 균류
광대버섯은 자라고 퍼지면서 다양한 모양으로 변화한다. 그러나 일반적으로 색과 주요한 형질은 일정하게 남아 있다. 지속적으로 비가 오면 갓은 색이 흐려져 노래질 수 있다. 오래전에는 짜증나는 집파리를 독으로 죽이기 위한 우유 접시로 갓의 붉은 껍질이 이용되기도 했다.

대 기부 >
대는 기부가 부풀어 곤봉 모양이 되며 알뿌리의 위쪽에는 돌기가 능선처럼 둘러싸고 있다. 균사체는 토양 아래 나무의 가는 뿌리와 연결되어 있다.

∧ 주름살
광대버섯의 방사상으로 나는 주름살은 길이가 서로 다르며 대까지 다다르지 못하는 짧은 것도 있다. 이러한 특징은 보다 쓸모 있는 공간을 제공함으로써 포자 생산을 최대화해 준다.

광대버섯의 성장 단계

∧ 어린 개체
어린 개체는 사마귀가 돋은 피막으로 완전히 덮여 있다.

∧ 찢어지는 피막
대가 자라기 시작하면서 갓 위에 있는 피막이 찢어진다.

∧ 자라나는 갓
갓이 퍼지고 일부 피막은 여전히 갓 아랫면에 붙어 있다.

∧ 나타나는 주름살
남아 있는 피막이 찢어져 턱받이를 형성하고 위에는 주름살이 드러난다.

∧ 포자 산포
포자는 드러난 주름살에서 자라고 공기 중으로 방출된다.

∧ 고령 단계
죽을 단계가 되면 갓의 색이 희미해지고 갓은 위로 구부러진다.

» 주름버섯

집시
Cortinarius caperatus
끈적버섯과
유라시아 북부와 북아메리카의 침엽수림에서 발견되는 종류로 흰 피막이 있는 갓은 서리로 덮인 것 같고 대에는 뚜렷한 턱받이가 있다.

붉은껍질끈적버섯
Cortinarius bolaris
끈적버섯과
유라시아의 너도밤나무 숲에서 빈번히 발견되는 균류로 갓과 대에는 붉은빛이 도는 갈색의 작은 비늘이 있다. 대의 육질은 노란색이 나는 주황색이다.

푸른담황색끈적버섯
Cortinarius malachius
끈적버섯과
유라시아 북부 소나무 숲에 자라는 균류로 흔치 않다. 갓은 연보라색이 도는 옅은 갈색이며 대에는 흰 피막으로 된 줄이 나 있다.

우아한끈적버섯
Cortinarius elegantissimus
끈적버섯과
유라시아의 너도밤나무 숲 혹은 석회질 토양에서 자라는 균류로 주황색이 도는 노란색의 갓과 노란색의 대를 가지며 큰 알뿌리가 있다.

흰보라끈적버섯
Cortinarius alboviolaceus
끈적버섯과
유라시아와 북아메리카의 혼합림에 흔한 종류이다. 은빛이 나는 흰색의 자실체는 연보라색이 돈다. 주름살은 성숙하면 계피 같은 보라색이 된다.

해진풍선끈적버섯
Cortinarius pholideus
끈적버섯과
유라시아의 자작나무 숲에서 흔치 않게 발견되는 균류로 비늘이 있는 갈색의 갓과 대, 자주색의 주름살이 특징적이다. 어릴 때 대의 끝은 자주색이다.

붉은올리브끈적버섯
Cortinarius rufoolivaceus
끈적버섯과
유라시아의 너도밤나무 숲에서 흔치 않게 발견된다. 갓은 독특하게 구릿빛이며 갓의 가장자리는 분홍색 혹은 황록색이다. 알뿌리를 갖는 대는 자주색 내지 초록색이 도는 노란색이다.

검은인편끈적버섯
Cortinarius mucosus
끈적버섯과
유라시아 북부와 북아메리카에 자라는 종류로 소나무 숲에 흔하다. 주황색이 도는 갈색의 갓과 단단한 흰색의 대는 매우 끈적끈적하다. 주름살은 갈색이다.

차양끈적버섯
Cortinarius armillatus
끈적버섯과
피막으로 된 선홍색의 띠가 곤봉 모양의 대에 나 있다. 유라시아와 북아메리카의 자작나무 숲에 흔하다.

쓴큰발끈적버섯
Cortinarius sodagnitus
끈적버섯과
영국 남부와 유라시아 지중해 지역에 드물게 자란다. 너도밤나무 숲의 백악질 토양에서 자라며 줄기의 알뿌리가 크다.

보라끈적버섯
Cortinarius violaceus
끈적버섯과
유라시아와 북아메리카의 혼합림에서 드물게 발견되는 균류로 진한 자주색의 갓과 대를 가진다.

빛나는끈적버섯
Cortinarius splendens
끈적버섯과
매우 드물게 발견되는 종류로 금빛이 나는 노란 갓, 노란 육질, 황색의 피막, 알뿌리를 갖는 대 등의 특징이 있다. 주로 유라시아 너도밤나무 숲에 산다.

작은요정끈적버섯
Cortinarius flexipes
끈적버섯과
양아욱 같은 냄새가 나며 끝이 뾰족한 갓에는 흰 털이 나는 특징이 있다. 유라시아의 북부와 북아메리카 자작나무 숲 아래에 자란다.

황갈색끈적버섯
Cortinarius triumphans
끈적버섯과
유라시아의 자작나무 아래 흔한 균류로 전체적으로 노란색이 도는 주황색이며 대에는 노란색의 피막이 띠처럼 있다.

젤리귀버섯
Crepidotus mollis
귀버섯과
유라시아와 북아메리카에서 발견된다. 여린 갓은 작고 부채 모양이며 잘 벗겨지는 젤리 같은 껍질을 가지고 있다. 대는 없거나 매우 짧다.

다색귀버섯
Crepidotus variabilis
귀버섯과
유라시아와 북아메리카에 있는 여러 비슷한 종류 중 하나로 갓은 건조하고 가는 섬유를 가지고 있다. 보통 대가 없다.

두건포자에밀종버섯
Galerina calyptrata
히메노가스트라과
유라시아에서 발견되는 균류로 현미경하에서 동정할 수 있는 종류 중 하나이다. 둥근 갓은 주황색이 나는 갈색이며 줄무늬가 있다.

가을황토버섯
Galerina marginata
히메노가스트라과
주황색이 도는 갈색의 갓과 대에 작은 턱받이가 달린다. 유라시아와 북아메리카의 떨어진 목재에서 자란다.

뿌리자갈버섯
Hebeloma radicosum
히메노가스트라과
매우 깊게 뿌리를 내리는 대에는 큰 턱받이가 있으며 담황색의 갓에는 납작한 비늘이 있다. 유라시아산으로 마르지판(marzipan) 냄새가 난다.

무자갈버섯
Hebeloma crustuliniforme
히메노가스트라과
유라시아 및 북아메리카에 자라며 무 냄새가 강하게 난다. 갓은 상앗빛 흰색 내지 담황색이고 습기가 많으면 끈적해진다. 축축한 날씨에는 주름살에서 작은 방울을 흘린다.

솔땀버섯
Inocybe rimosa
땀버섯과
유라시아와 북아메리카의 혼합림에 흔한 종류로 끝이 뾰족한 섬유질의 갓은 짚 같은 노란색이며 대는 길고 가늘다.

샛갓땀버섯
Inocybe asterospora
땀버섯과
대 기부에 있는 납작한 알뿌리와 별 모양의 포자를 가지고 있다. 유라시아에 분포하며 갈색의 갓은 작고 섬유질이다.

애기흰땀버섯
Inocybe geophylla
땀버섯과
유럽과 북아메리카의 숲에서 발견되는 종류로 우땀버섯속 중에 제일 흔하다. 원뿔 모양의 부드러운 갓과 가는 대를 가지고 있다.

비듬땀버섯
Inocybe lacera
땀버섯과
유라시아와 북아메리카에 발견되는 균류로 포자가 원통형이다. 갓은 섬유질로 비늘이 있으며 대는 가늘고 갈색이다.

홍색땀버섯
Inocybe erubescens
땀버섯과
유라시아 석회석 지대 혼합림에서 드물게 발견된다. 단단한 대는 붉게 얼룩져 있으며 섬유질의 갓은 나이가 들면서 퇴색된다.

회보라땀버섯
Inocybe griseolilacina
땀버섯과
유라시아의 너도밤나무 숲에 흔한 종류로 갓에는 비늘이 있으며 대는 옅은 보라색으로 가늘다.

»

≫ 주름버섯

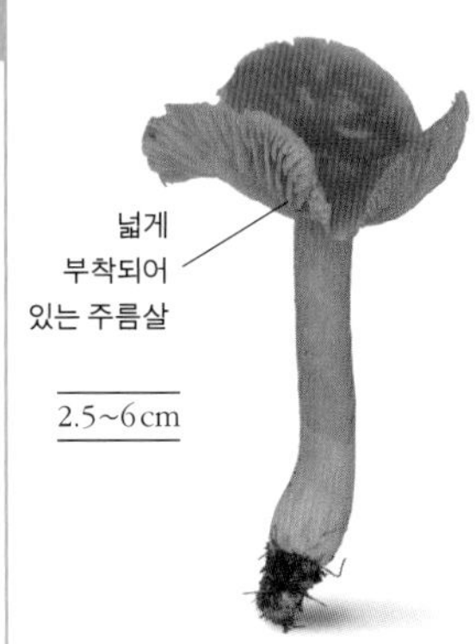

진빨간꽃버섯
Cuphophyllus pratensis
벚꽃버섯과
밀랍질의 진홍색 갓, 주름살, 대를 가지고 있어 눈에 잘 띈다. 유라시아와 북아메리카의 개간되지 않은 초지에 자란다.

처녀버섯
Cuphophyllus virgineus
벚꽃버섯과
유라시아의 초지에서 매우 흔하게 발견되는 종류로 밀랍질의 갓과 가는 대는 반투명하다. 주름살은 대까지 자란다.

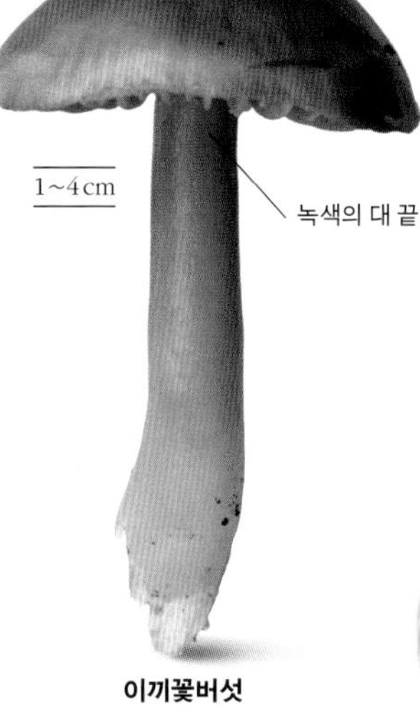

이끼꽃버섯
Gliophorus psittacinus
벚꽃버섯과
이 균류는 유라시아와 북아메리카에서 자란다. 끈적끈적한 갓은 생생한 녹색 내지 주황색이며 대의 윗부분은 녹색이다.

다육질이며
밀랍질의 분홍색
주름살

3~7cm

새벽꽃버섯
Porpolomopsis calyptriformis
벚꽃버섯과
쉽게 구분되지만 드물게 발견되는 균류로 끝이 뾰족한 분홍색의 갓, 부서지기 쉬운 대, 밀랍질의 주름살을 가진다. 유라시아에서 발견되며 개간되지 않은 목초지에 자란다.

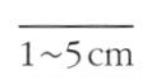

붉은산꽃버섯
Hygrocybe conica
벚꽃버섯과
유라시아와 북아메리카의 초지와 삼림에 흔한 종류로 원뿔 모양의 붉은빛이 도는 주황색 갓과 섬유질의 대를 가지고 있다. 나이가 들면 검어지거나 얼룩덜룩해진다.

1.5~6cm

살색처녀버섯
Hygrocybe coccinea
벚꽃버섯과
유라시아와 북아메리카의 목초지에서 널리 발견되는 종류로 대는 단단하고 갓은 다육질이며 주름살은 대까지 자란다.

4~12cm

엷은 노란색의
가장자리

팥배꽃버섯
Hygrocybe punicea
벚꽃버섯과
유라시아와 북아메리카의 개간되지 않은 초지에서 드물게 발견되는 종류로 매우 크며 피 같은 적색이다. 대는 건조하고 섬유질이며 아래는 희다.

4~8cm

배불뚝이깔때기버섯
Ampulloclitocybe clavipes
벚꽃버섯과
유라시아와 북아메리카의 혼합림에서 늦가을에 흔히 발견되는 종류로 주름살은 대까지 자라며 스펀지와 같이 부푼 기부를 가진다.

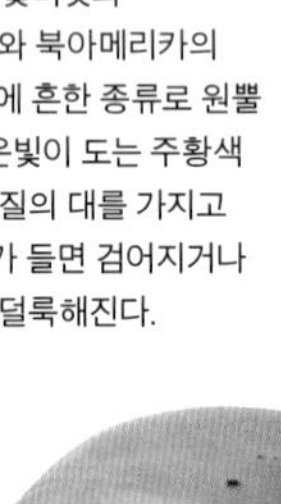

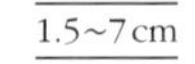

끈적노랑꽃버섯
Hygrocybe chlorophana
벚꽃버섯과
유라시아에서 발견되는 흔한 꽃버섯으로 목초지에 자란다. 갓은 노란빛이 도는 주황색이며 약간 끈적끈적하다.

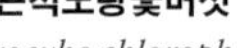

상아꽃버섯
Hygrophorus eburneus
벚꽃버섯과
유라시아와 북아메리카의 너도밤나무 숲에서 발견되는 종류이다. 갓과 대는 끈적끈적하며 주름살이 두껍다. 꽃 냄새가 난다.

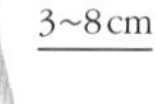

자주졸각버섯
Laccaria amethystina
졸각버섯과
가는 균류로 유라시아와 북아메리카에 자란다. 싱싱할 때는 강한 자주색이 나며 분말 같은 포자가 주름살을 먼지처럼 덮는다.

졸각버섯
Laccaria laccata
졸각버섯과
붉은 벽돌색에서 생기 있는 분홍색까지 색이 다양한 종류로 건조한 갓, 두꺼운 주름살을 가진다. 유라시아와 북아메리카의 온대 삼림에 자란다.

갈색솔방울버섯
Baeospora myosura
컵버섯과
유라시아와 북아메리카에서 발견되는 매우 작은 균류로 대부분 솔방울 위에 자란다. 가는 주름살이 빽빽하게 나며 대는 아주 부드럽다.

0.5~2cm

솔방울

끈적꽃버섯
Hygrophorus hypothejus
벚꽃버섯과
유라시아와 북아메리카의 소나무 숲에서 서리가 내린 뒤에 나타나는 끈적끈적한 균류로 탁한 초록빛이 도는 갈색의 갓과 노란색의 대를 가지고 있다.

밤버섯
Calocybe gambosa
만가닥버섯과
유라시아에서 나는 상아색이 도는 담황색 버섯으로 늦봄에 삼림 가장자리에서 발견된다. 새로 빻은 곡식의 냄새가 강하게 난다.

분홍밤버섯
Calocybe carnea
만가닥버섯과
유라시아와 북아메리카의 키 작은 잔디밭에 자라는 종류이다. 부드러운 갓과 섬유질의 대는 장밋빛이 나는 분홍색이고 주름살은 희다.

기생덧부치버섯
Asterophora parasitica
만가닥버섯과
기생 생물로 잘 알려진 종류로 다른 버섯을 분해하는 버섯이다. 유라시아와 북아메리카에 자라며 끈적끈적한 갓을 가지고 있다.

잿빛만가닥버섯
Lyophyllum decastes
만가닥버섯과
유라시아와 북아메리카의 길가 및 교란된 땅에 흔히 자라는 균류로 단단한 대와 갓을 가지고 있다.

연잎낙엽버섯
Gymnopus androsaceus
낙엽버섯과
유라시아에서 발견되며 털 같은 검은 대를 가지고 있다. 갓은 방사상으로 홈이 지며 옅은 분홍색이 도는 갈색이다.

헤어리파라슈트
Crinipellis scabella
낙엽버섯과
유라시아에 살며 초본 식물의 죽은 줄기에서 발견된다. 갓은 작고 대는 길고 가늘며 갈색의 짧고 뻣뻣한 털이 빼곡히 나 있다.

선녀낙엽버섯
Marasmius oreades
낙엽버섯과
유라시아와 북아메리카의 햇빛이 잘 드는 곳에서 발견된다. 갓은 다육질이며 밝은 다갈색이고 주름살은 두껍다.

찻잔버섯
Crucibulum laeve
새둥지버섯과
작은 새의 둥지 모양으로 자라며 포자가 차 있는 알 모양의 용기를 가지고 있다. 유라시아와 북아메리카의 나무 부식물 위에 흔히 자라지만 찾기는 어렵다.

굵은말총낙엽버섯
Mycetinis alliaceus
낙엽버섯과
유라시아의 너도밤나무 숲에서 자라는 종류로 대는 길고 가늘며 흑색이고 썩은 마늘 냄새가 난다.

낙엽버섯
Marasmius rotula
낙엽버섯과
작은 낙하산처럼 생긴 버섯으로 둥글고 오목한 갓에는 방사상으로 홈이 나 있다. 대는 단단하고 나무 부식물에 붙어 있다. 유라시아와 북아메리카에 자란다.

주름찻잔버섯
Cyathus striatus
새둥지버섯과
털이 많고 갈색의 새 둥지 모양으로 길게 자란다. 둥지 안에는 포자를 담고 있는 10~15개의 알 같은 용기가 있다. 유라시아와 북아메리카의 나무 부식물 위에 자라며 드물게 발견된다.

»

» 주름버섯

2~5 cm

물결 진 가장자리

자주색의 아랫면

자색꽃구름버섯
Chondrostereum purpureum
컵버섯과
벚나무와 자두나무에 흔한 균류로 유라시아와 북아메리카에서 발견되다. 어릴 때는 아랫부분이 보라색이며 나이가 들면서 갈색빛으로 어두워진다.

1~3 cm

노란애주름버섯
Mycena crocata
애주름버섯과
유라시아의 석회질 토양을 갖는 삼림에 흔한 종류로 부서지면 주황색의 즙을 낸다.

1~6 cm

콩나물애주름버섯
Mycena galericulata
애주름버섯과
유라시아와 북아메리카 온대 삼림에 많이 살고 있는 균류로 색상이 다양하다. 분홍빛이 도는 회색의 주름살에는 맥이 있으며 십자 모양의 능선이 있다.

0.3~1 cm

빨간애주름버섯
Mycena acicula
애주름버섯과
유라시아와 북아메리카 활엽수림의 낙엽과 부식토에 흔한 균류로 갓은 작고 반투명하며 거의 중앙까지 줄무늬가 있다.

0.5~2.5 cm

솔잎애주름버섯
Mycena epipterygia
애주름버섯과
유라시아와 북아메리카에 자라는 균류로 숲이나 황야의 산성 토양에서 자란다. 갓과 대는 끈적끈적하고 벗겨지는 층을 가진다.

1~4 cm

가매애주름버섯
Mycena inclinata
애주름버섯과
유라시아와 북아메리카 삼림에 빽곡히 무리 지어 자라는 균류로 강한 비누 냄새가 나며 갓의 가장자리에는 톱니가 있다.

반구형의 갓 중앙부

2~6 cm

곤봉 모양의 대

장미애주름버섯
Mycena rosea
애주름버섯과
유라시아의 너도밤나무 숲에서 흔히 발견되는 종류로 무 냄새가 강하게 나며 분홍색의 단단한 갓과 대를 가진다.

3~6 cm

졸각애주름버섯
Mycena pelianthina
애주름버섯과
유라시아에서 발견되는 균류로 무 냄새가 강하게 난다. 주름살의 가장자리는 자주색이 도는 검은색이며 갓은 옅은 보라색 내지 회갈색이다.

3~10 cm

참부채버섯
Sarcomyxa serotina
애주름버섯과
유라시아와 북아메리카에 발견되는 버섯으로 가을에 익으며 종종 물 가까이 나무줄기에 자란다. 갓은 습기가 많으면 끈적끈적해진다.

4~8 cm

스핀들터프생크
Gymnopus fusipes
화경버섯과
유라시아의 참나무 숲에서 초여름부터 흔히 발견되는 균류로 나무뿌리에 질긴 자실체가 자란다.

2.5~6 cm

우드울리풋
Gymnopus peronatus
화경버섯과
유라시아에 자라는 종류로 대의 기부에 뻣뻣한 잔털이 나 있다.

5~15 cm

4~10 cm

점박이애기버섯
Rhodocollybia maculata
화경버섯과
유라시아와 북아메리카의 혼합림에 흔히 자라는 균류로 갓, 대, 주름살은 희다. 빽곡히 나는 주름살은 나이가 들면서 붉은색으로 변한다.

3~6 cm

버터애기버섯
Rhodocollybia butyracea
화경버섯과
유라시아와 북아메리카의 숲속에 많다. 검은색 혹은 붉은색이 도는 갈색에서 어두운 황토색까지 색이 다양하며 갓을 만지면 기름이 묻어난다.

잭오랜턴
Omphalotus illudens
화경버섯과
유라시아와 북아메리카에 자라는 독성을 띤 주황색의 균류로 어두운 곳에서 주름살은 괴상한 녹색의 빛을 낸다.

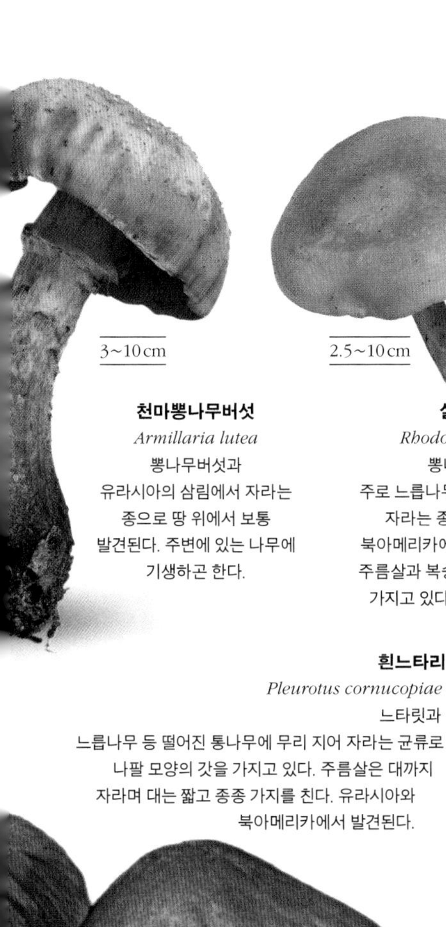

천마뽕나무버섯
Armillaria lutea
뽕나무버섯과
유라시아의 삼림에서 자라는 종으로 땅 위에서 보통 발견된다. 주변에 있는 나무에 기생하곤 한다.

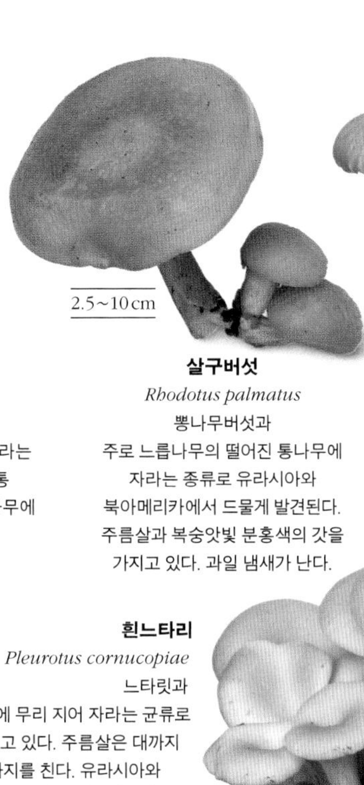

살구버섯
Rhodotus palmatus
뽕나무버섯과
주로 느릅나무의 떨어진 통나무에 자라는 종류로 유라시아와 북아메리카에서 드물게 발견된다. 주름살과 복숭앗빛 분홍색의 갓을 가지고 있다. 과일 냄새가 난다.

팽이버섯
Flammulina velutipes
뽕나무버섯과
유라시아와 북아메리카에 자라는 균류로 겨울에 발견된다. 종종 갓이 끈적끈적하며 대는 아주 부드럽다.

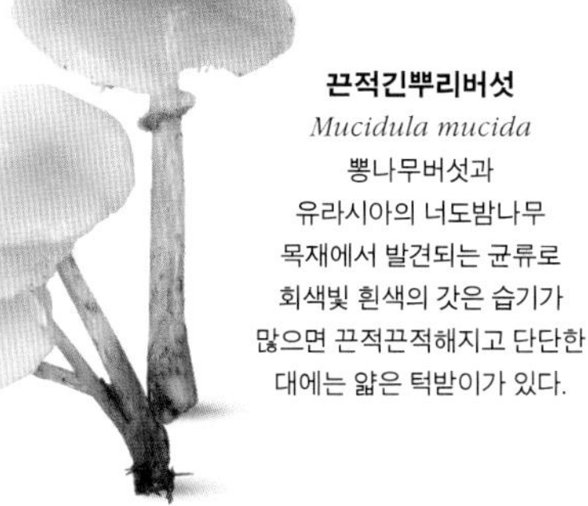

끈적긴뿌리버섯
Mucidula mucida
뽕나무버섯과
유라시아의 너도밤나무 목재에서 발견되는 균류로 회색빛 흰색의 갓은 습기가 많으면 끈적끈적해지고 단단한 대에는 얇은 턱받이가 있다.

2.5~10cm

민긴뿌리버섯
Hymenopellis radicata
뽕나무버섯과
유라시아와 북아메리카에서 발견되는 균류로 긴 뿌리와 단단하고 긴 대를 가지고 있다. 갓은 습기가 차면 축축해지며 주름살은 넓게 분포한다.

흰느타리
Pleurotus cornucopiae
느타릿과
느릅나무 등 떨어진 통나무에 무리 지어 자라는 균류로 나팔 모양의 갓을 가지고 있다. 주름살은 대까지 자라며 대는 짧고 종종 가지를 친다. 유라시아와 북아메리카에서 발견된다.

느타리
Pleurotus ostreatus
느타릿과
유라시아에서 북아메리카에 걸쳐 자라는 종류로 나무나 목재에서 발견된다. 선반 모양의 갓은 푸른빛 녹색에서 옅은 담황색까지 색상이 다양하다. 대는 거의 없다.

갈색먹물버섯
Coprinellus micaceus
눈물버섯과
종종 무리 지어 발견되는 균류로 둥글고 홈이 있는 갓에는 피막이 먼지처럼 남아 있다. 유럽과 북아메리카의 삼림에 흔하다.

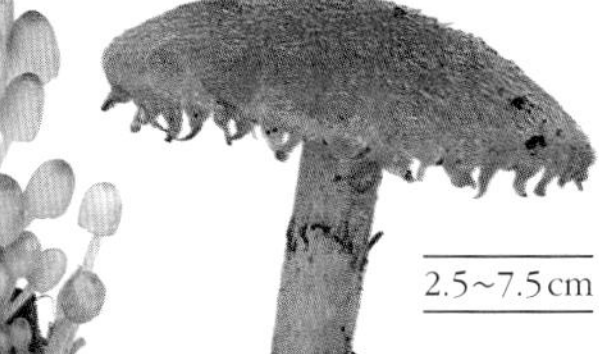

고깔먹물버섯
Coprinellus disseminatus
눈물버섯과
유라시아와 북아메리카의 썩은 그루터기에서 종종 발견되는 종류로 우산처럼 생긴 작은 갓에는 세로로 깊게 홈이 있다. 주름살은 성숙하면 검은색이 된다.

큰눈물버섯
Lacrymaria lacrymabunda
눈물버섯과
유라시아와 북아메리카의 길가나 교란된 땅에 흔하게 나타난다. 주름살은 검고 가장자리에서 물방울이 진다.

족제비눈물버섯
Psathyrella candolleana
눈물버섯과
초여름, 부식된 나무에 모여 자라는 균류로 부서지기 쉬운 가는 대와 옅은 담황색의 갓을 가지고 있다. 유라시아와 북아메리카에 자란다.

무리눈물버섯
Psathyrella multipedata
눈물버섯과
유라시아의 햇빛이 드는 초지에 자라는 종류로 기부에서 대가 빽빽히 모여 난다.

두엄먹물버섯
Coprinopsis atramentaria
눈물버섯과
유라시아와 북아메리카에 자란다. 달걀 모양 갓은 포자 방출 후 먹물처럼 검게 녹는다.

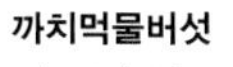

까치먹물버섯
Coprinopsis picacea
눈물버섯과
유라시아 삼림의 석회질 토양에서 드물게 발견되는 종류이다. 어두운 회색빛이 도는 갈색의 갓과 대비되는 하얀 솜털 같은 비늘이 나 있다.

»

» 주름버섯

4~10 cm

난버섯
Pluteus cervinus
난버섯과
유라시아와 북아메리카에서 발견되며 색상이 다양하고 대는 섬유상이다. 갓은 방사상의 섬유를 지니며 종종 중앙부가 반구형이다. 분홍색 주름살은 대에 도달하지 않는다.

1~6 cm

꾀꼬리난버섯
Pluteus chrysophlebius
난버섯과
금색 내지 초록빛이 나는 노란색 갓을 가지고 있으며 갓은 후에 분홍색으로 변한다. 대는 흰색이다. 유라시아에서 발견되며 부식된 목재에 자란다.

2.5~8 cm

버들난버섯
Pluteus salicinus
난버섯과
유라시아의 활엽수림에서 흔히 발견되는 종류로 가는 대의 기부가 푸른빛이 도는 회색으로 염색되어 있다.

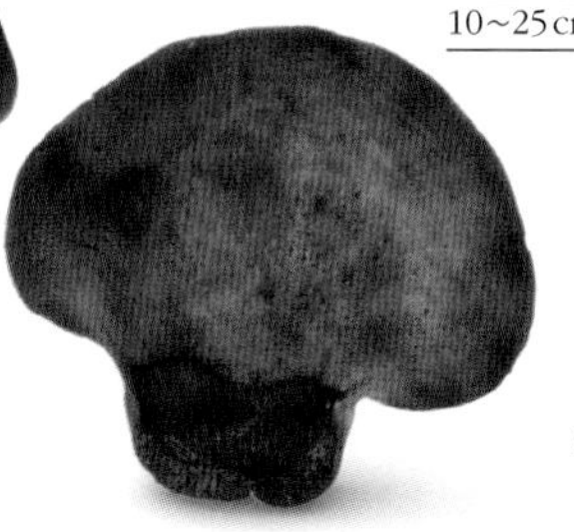

10~25 cm

소혀버섯
Fistulina hepatica
치마버섯과
빨간 육즙이 나는 신선한 스테이크처럼 생긴 종류로 유라시아와 북아메리카의 따뜻한 지역에 특히 흔하다.

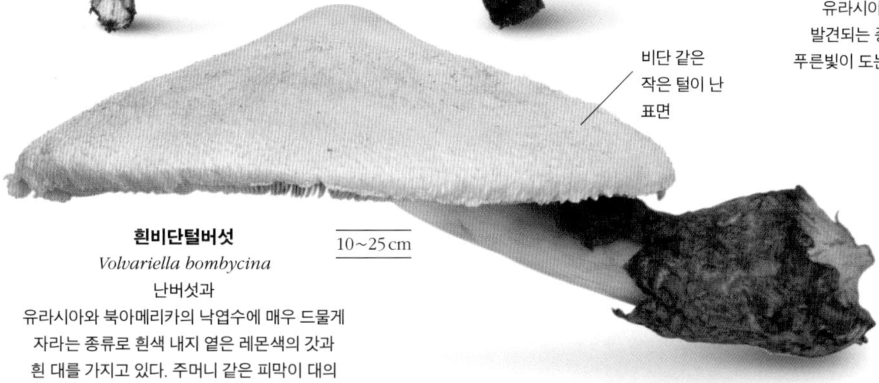

비단 같은 작은 털이 난 표면

10~25 cm

흰비단털버섯
Volvariella bombycina
난버섯과
유라시아와 북아메리카의 낙엽수에 매우 드물게 자라는 종류로 흰색 내지 옅은 레몬색의 갓과 흰 대를 가지고 있다. 주머니 같은 피막이 대의 기부를 감싸고 있다.

1~5 cm

갓 아랫면

갓 윗면

치마버섯
Schizophyllum commune
치마버섯과
유라시아와 북아메리카에서 발견되는 부채 모양의 버섯으로 갓의 아래쪽에 표면이 주름살 같은 포자가 달린다.

6~14 cm

제주비단털버섯
Volvopluteus gloiocephalus
난버섯과
유라시아와 북아메리카의 들판이나 그루터기에서 흔히 보이는 종류로 끈적끈적한 회색의 갓을 가지고 있다.

녹색이 도는 노란색 주름살

주황색의 갓 중앙부

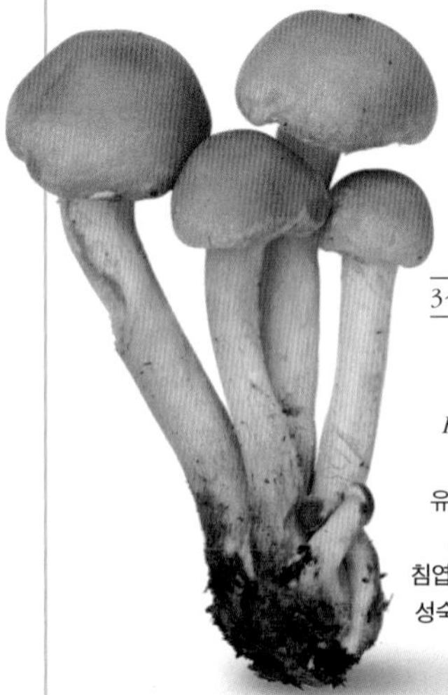

3~7 cm

솔다발버섯
Hypholoma capnoides
독청버섯과
유라시아와 북아메리카에서 드물게 발견되는 종류로 침엽수림에 자란다. 흰 주름살은 성숙하면 회색빛이 도는 연보라색이 된다.

3~7 cm

노란다발버섯
Hypholoma fasciculare
독청버섯과
유라시아와 북아메리카의 온대 삼림에 많이 자란다. 녹색이 도는 노란색의 주름살은 성숙하면 짙은 자주색으로 변하기 때문에 야외에서 쉽게 구분할 수 있다.

5~10 cm

개암버섯
Hypholoma lateritium
독청버섯과
육질의 갓에는 피막 조각이 남아 있으며, 녹색의 주름살은 성숙하면 연보라색으로 변하는 특징이 있다. 유라시아와 북아메리카의 견목 위에 자란다.

무리우산버섯
Kuehneromyces mutabilis
독청버섯과
죽은 가을황토버섯으로 흔히 오인하는 종류로 끈적끈적한 갓과 비늘이 있는 대, 갈색 주름살을 가지고 있다. 유라시아와 북아메리카에 자란다.

진노랑비늘버섯
Pholiota alnicola
독청버섯과
유라시아에서 발견되는 종류로 끈적끈적한 갓과 뭉쳐 자라는 특징을 가지고 있다. 자작나무 아래에서 주로 발견된다.

레드리드라운드헤드
Leratiomyces ceres
독청버섯과
이전에는 스트로파리아 아우란티아카(*Stropharia aurantiaca*)로 알려졌던 종류로 붉은 갓과 붉게 상기된 대를 가지고 있다. 유라시아와 북아메리카의 나무 조각 사이에 자란다.

덩라운드헤드
Protostropharia semiglobata
독청버섯과
방목지 혹은 동물의 배설물 위에서 발견되는 종류로 유라시아와 북아메리카에 자란다. 갓은 끈적끈적하고 대는 가늘며 턱받이가 있다.

비늘버섯
Pholiota squarrosa
독청버섯과
유라시아와 북아메리카에 자라며 건조하고 날카로운 비늘이 있는 갓과 대를 지녔다. 주름살은 옅은 노란색이며 곡물 혹은 무 냄새가 난다.

금빛비늘버섯
Pholiota aurivella
독청버섯과
유라시아 및 북아메리카의 너도밤나무 몸통이나 통나무에서 발견된다. 갓은 끈적끈적하고 금색이며 주황색이 도는 갈색의 비늘을 가지고 있다.

리베르티캡
Psilocybe semilanceata
독청버섯과
갓은 원뿔형이며 옅은 노란색으로 끝이 뾰족하다. 유라시아와 북아메리카에서 늦은 가을에 목초지에 나타난다.

블루그린슬림헤드
Stropharia cyanea
독청버섯과
푸른색이 도는 녹색의 갓을 가지고 있으며 갓은 후에 노랗게 물든다. 유라시아와 북아메리카에 자란다.

넓은솔버섯
Megacollybia platyphylla
소속 불명
유라시아와 북아메리카에서 발견되는 균류로 갓은 방사상의 섬유질이며 옅은 회색빛이 도는 갈색이다. 주름살은 깊고 넓게 분포하며 대의 기부에는 뿌리 같은 가닥이 있다.

카발리에
Melanoleuca polioleuca
소속 불명
유라시아의 초지에 흔한 종류로 회색빛이 도는 갈색의 갓과 흰색의 주름살을 가지고 있다. 대는 기부가 검고 다육질이다.

솔버섯
Tricholomopsis rutilans
소속 불명
소나무 그루터기에 흔히 발견되는 종류로 붉은색이 도는 자주색의 갓과 대를 가지고 있다. 주름살은 금빛 노란색으로 유라시아와 북아메리카에 자란다.

갈황색미치광이버섯
Gymnopilus junonius
소속 불명
유라시아에 사는 균류로 나무 아래에 주로 발견된다. 갓은 건조하고 주름살은 노란색으로 얄팍하며 밀집해 달린다.

목장말똥버섯
Panaeolus papilionaceus
소속 불명
가장자리에 작은 톱니가 있는 피막 조각이 갓의 가장자리에 남아 있으며 주름살은 얼룩 반점이 있는 흑색이다. 유라시아와 북아메리카에서 발견된다.

계란말똥버섯
Panaeolus semiovatus
소속 불명
동물의 배설물 위에서 발견되는 종류로 유라시아와 북아메리카에 자란다. 끈적끈적한 회색의 갓과 긴 대에 둘러 나는 턱받이가 특징이다.

헛깔때기버섯
Pseudoclitocybe cyathiformis
소속 불명
긴 섬유질의 대를 가지고 있는 매우 어두운 색상의 균류로 유라시아에서 발견된다. 늦가을과 겨울에 흔하다.

황갈색낭피버섯
Cystodermella cinnabarina
소속 불명
유라시아와 북아메리카에서 발견되는 종류로 붉은 벽돌색의 갓과 옅은 미색의 주름살을 가지고 있다. 갓과 대는 표면에 작은 돌기가 있다.

굽다리깔때기버섯
Infundibulicybe geotropa
소속 불명
유라시아에 흔하며 옅은 가죽과 같은 갈색이다. 갓은 다육질로 나팔 모양이며 대는 길다.

그물버섯

그물버섯목에는 다육질의 균류가 포함되며 관공(管孔, pore)과 주름살이 있는 자실체를 가진다. 대부분은 갓과 대를 가지고 있으며, 일부는 판 모양, 공 모양 혹은 덩이 모양이다. 대다수는 나무에 공생해 자라며 일부는 죽은 나무를 흡수해 갈색으로 부패시킨다. 기생하는 종류도 있다. 포자를 생산하는 층, 즉 자실층(子實層, hymenium)은 육질로부터 쉽게 느슨해진다.

4~15cm

주황색이 도는 갈색의 갓

원통형의 대

밤꽃그물버섯
Boletus badius
그물버섯과
유라시아와 북아메리카의 침엽수 혹은 너도밤나무에서 흔히 발견되며 주황빛이 도는 갈색에서 적갈색까지 색상이 다양하다.

튼그물버섯
Boletus edulis
그물버섯과
유라시아 및 북아메리카의 서부에서 발견되며 갓은 흰색에서 담황색까지 다양하다. 관공은 노란색이며 미색의 육질에는 푸른 반점이 있다.

그물버섯아재비
Boletus reticulatus
그물버섯과
갓과 대는 갈라지고 광택이 없는 갈색이며 흰색의 그물 무늬가 대의 기부까지 나 있다. 유라시아와 북아메리카 동부에 자란다.

10~25cm

그물버섯
Caloboletus calopus
그물버섯과
전 세계에서 발견되는 종류로 대에 가는 흰색의 무늬가 있으며 미색의 육질을 가지고 있다. 관공은 흰색으로 성숙하면 노란색이 된다.

끈끈한 갓

기생그물버섯
Boletus parasiticus
그물버섯과
유라시아와 북아메리카에서 자라는 작은 버섯으로 황토색어리알버섯과 함께 발견되며 숙주의 속을 비게 만든다.

매운그물버섯
Chalciporus piperatus
그물버섯과
유라시아와 북아메리카의 자작나무 숲 아래에서 광대버섯과 함께 발견되거나 침엽수 아래에서 발견되는 종류로 계피색의 관공과 노란색 육질을 가지고 있다.

무리쓴맛그물버섯
Tylopilus felleus
그물버섯과
유라시아와 북아메리카에서 발견되는 종류로 관공은 나이가 들면서 분홍색으로 변하고 대에는 뚜렷한 그물 무늬가 있다.

솔귀신그물버섯
Strobilomyces strobilaceus
그물버섯과
유라시아와 북아메리카에서 드물게 발견된다. 검은색의 솔 같은 비늘이 갓과 대에 있다. 관공은 흰색이다.

8~15cm

오렌지껄껄이그물버섯
Leccinum versipelle
그물버섯과
유라시아에서 발견되는 종류로 노란색이 도는 주황색의 다육질 갓을 가지고 있다. 대에는 검고 솜털 같은 작은 조각이 있으며 육질은 연보랏빛이 도는 검은색이다.

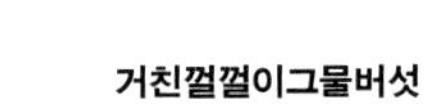

6~15cm

거친껄껄이그물버섯
Leccinum scabrum
그물버섯과
유라시아와 북아메리카에서 자란다. 육질은 자르면 분홍색으로 상기되며 갓은 습기가 많으면 끈적끈적해진다.

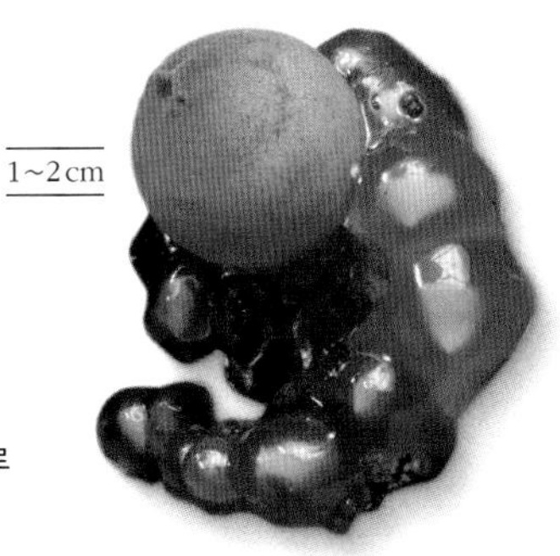

1~2cm

미국연지버섯
Calostoma cinnabarinum
연지버섯과
북아메리카에 사는 종류로 대가 있는 선홍색의 붉은 공 모양 주머니가 젤리층으로부터 나온다.

5~100cm

실버섯
Coniophora puteana
분칠버섯과
전 세계에서 발견되는 균류로 갈색의 조직층을 만든다. 종종 밀랍질이거나 주름이 지며 축축한 목재에 자란다. 건물에 심각한 피해를 준다.

5~9cm

먼지버섯
Astraeus hygrometricus
먼지버섯과
유라시아와 북아메리카에 많은 종류로 껍질이 귤처럼 별 모양으로 벗겨져 안쪽에 있는 포자를 담은 공 모양 주머니를 드러내며, 건조한 날씨에는 다시 닫힌다.

5~8cm

남빛둘레그물버섯
Gyroporus cyanescens
둘레그물버섯과
유라시아와 북아메리카 동부의 산성 토양에서 드물게 자라는 종류로 대는 잘 부러지며 속이 비어 있다.

1.5~5cm

큰마개버섯
Gomphidius roseus
못버섯과
유라시아의 소나무 아래에서 황소비단그물버섯과 공생해 자라는 균류로 장밋빛 분홍색 갓은 끈적끈적하며 주름살은 회색이다.

4~8cm

못버섯
Chroogomphus rutilus
못버섯과
유라시아와 북아메리카 서부의 소나무 아래에서 흔하게 발견되는 종류로 갓은 구릿빛 갈색이고 끝이 뾰족하다.

6~15cm

주름우단버섯
Paxillus involutus
우단버섯과
유라시아와 북아메리카의 혼합림에 흔한 종류로 갈색을 띤 갓은 부드러우며 가장자리가 안으로 말린다. 주름살 또한 부드럽고 갈색이다.

4~10cm

황토색어리알버섯
Scleroderma citrinum
어리알버섯과
유라시아와 북아메리카 삼림에 자란다. 껍질은 두껍고 짙은 색의 비늘을 가지고 있으며 껍질 안쪽에 포자가 차 있다.

2~5cm

거짓송로
Scleroderma bovista
어리알버섯과
유라시아와 북아메리카 삼림에 흔한 종류로 바깥 껍질은 부드럽고 모자이크처럼 잘게 부서진다. 안쪽 자주색이 나는 검은 포자 무리는 갈색으로 건조된다.

2~8cm

꾀꼬리큰버섯
Hygrophoropsis aurantiaca
꾀꼬리큰버섯과
때때로 꾀꼬리버섯류로 오인되는 종류로 유라시아와 북아메리카에 자란다. 주름살은 부드럽고 빼곡하게 달리며 여러 갈래로 갈라진다.

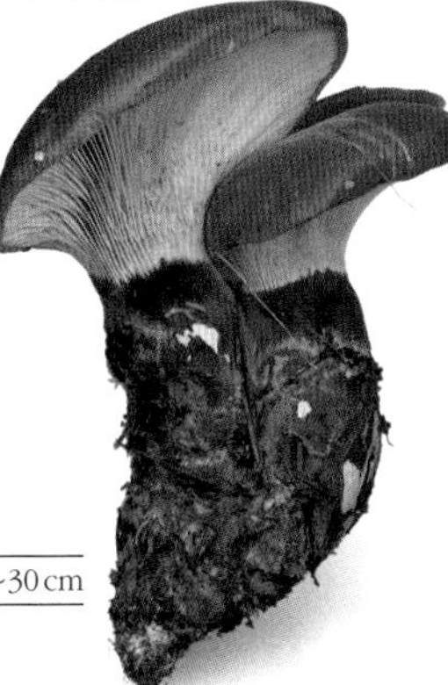

10~30cm

좀우단버섯
Tapinella atrotomentosa
주름버짐버섯과
유라시아와 북아메리카의 소나무 그루터기에서 발견되는 종류로 갓의 가장자리는 안으로 말린다. 주름살은 두껍고 부드럽다.

5~10cm

모래밭버섯
Pisolithus arhizus
어리알버섯과
전 세계 모래땅에서 발견되는 종류로 소나무와 공생한다. 안쪽에 있는 알 같은 포자주머니를 검은색의 젤리 같은 것이 감싸고 있다.

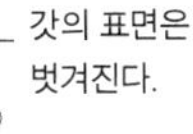
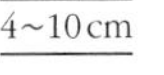
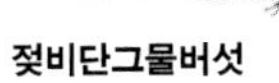

갓의 표면은 벗겨진다.

4~10cm

우유 같은 액체가 나오는 선점

젖비단그물버섯
Suillus granulatus
비단그물버섯과
유라시아와 북아메리카의 소나무 아래에서 흔한 균류로 대에는 턱받이가 없으며 선점(腺点, glandular dots)이 있다.

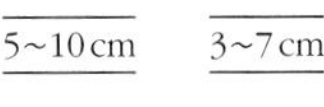

5~10cm

비단그물버섯
Suillus luteus
비단그물버섯과
유라시아와 북아메리카의 소나무에서 발견되는 균류로 갓은 끈적끈적하며 관공은 노란색이다. 대의 기부는 연보라색이고 큰 턱받이가 있다.

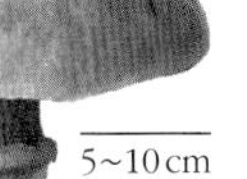

3~7cm

황소비단그물버섯
Suillus bovinus
비단그물버섯과
유라시아와 북아메리카의 소나무 아래에서 흔히 발견되는 종류로 끈적끈적한 갓과 불규칙하게 각이 진 관공을 가지고 있다.

5~10cm

큰비단그물버섯
Suillus grevillei
비단그물버섯과
유라시아와 북아메리카의 낙엽송 숲에서만 발견되는 종류로 노란색이 도는 주황색 내지 붉은 벽돌색이다. 대에는 위를 향하는 턱받이가 있다.

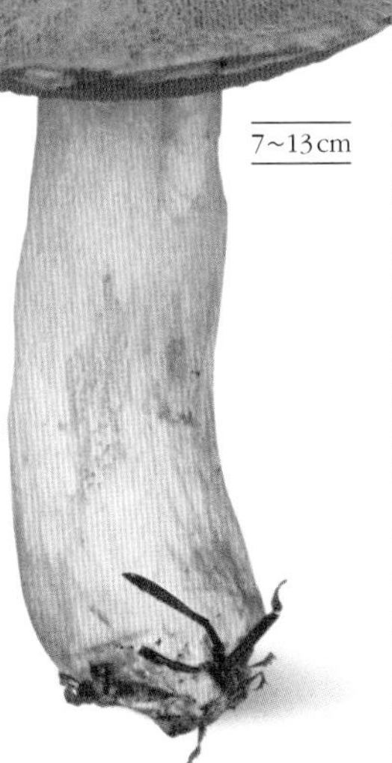

노란색이 도는 갈색의 갓 표면은 건조하고 거칠다.

7~13cm

올리브갈색비단그물버섯
Suillus variegatus
비단그물버섯과
유라시아의 소나무 아래에 많이 자란다. 갓에는 비늘과 계피색이 도는 갈색의 관공이 있다. 대에는 턱받이가 없다.

꾀꼬리버섯

꾀꼬리버섯목에 속하는 종들은 얼핏 주름버섯처럼 보이지만 몇몇 주요한 형질에서 차이를 보인다. 이들은 대와 갓이 있는 자실체를 갖기도 하지만 진정한 주름살이 없으며, 대신에 갓의 아랫면에 주름지거나 접힌, 포자를 생산하는 부드러운 표면이 있다. 포자는 부드럽고 보통 흰색이나 미색이다.

0.5~2cm

뿔나팔버섯
Craterellus cornucopioides
꾀꼬리버섯과
유라시아 전역에서 발견되는 종류로 너도밤나무 낙엽에서 얇은 나팔 모양으로 자란다. 흰 포자를 만든다.

1~6cm

깔때기뿔나팔버섯
Craterellus tubaeformis
꾀꼬리버섯과
유라시아와 북아메리카의 혼합림에서 크게 무리 지어 발견되는 균류로 색이 다양하다. 얇고 뭉툭한 피막을 가지고 있다.

3~8cm

볏싸리버섯
Clavulina coralloides
볏싸리버섯과
유라시아와 북아메리카 삼림에 매우 흔한 종류로 흰색의 가지가 산호 무리처럼 자란다. 각각의 가지는 끝이 뾰족하게 갈라진다.

5~15cm

불규칙적이며 종종 갈라지는 갓

턱수염버섯
Hydnum repandum
턱수염버섯과
유라시아와 북아메리카에 나타나는 균류로 탁한 주황색을 띠며 모양이 불규칙적이고 갓 아래에는 작은 가시가 있다.

갓은 종종 중앙부가 오목하다.

2~12cm

가장자리가 안으로 말린다.

꾀꼬리버섯
Cantharellus cibarius
꾀꼬리버섯과
유라시아와 북아메리카에서 발견되는 종류로 주름살의 가장자리는 뭉툭하며 수많은 맥이 나 있다. 살구 냄새가 난다.

가늘어지는 대

방귀버섯

방귀버섯목은 자낭각(子囊殼, peridium)이라고 불리는 두꺼운 외벽을 가지고 있으며 이 외벽은 갈라지고 접혀서 별 모양이 된다. 이들은 중앙에 먼지버섯과 같은 자낭을 드러내게 되며 자낭의 끝에 있는 관공을 통해 돌기가 있는 짙은 갈색의 포자를 방출한다. 방귀버섯목은 낙엽 아래나 벗겨진 모래 토양에서 발견된다.

3~6.5cm

줄무늬방귀버섯
Geastrum striatum
방귀버섯과
방귀버섯류 중 제일 작은 종류로 유라시아에서 발견된다. 옅은 회색의 포자주머니는 자루가 있으며 끝이 날카롭고 줄무늬를 따라 열린다.

포자주머니 아래 있는 깃

4~12cm

목도리방귀버섯
Geastrum triplex
방귀버섯과
유라시아와 북아메리카에 자라는 흔한 방귀버섯 종류이다. 외벽은 갈라져서 포자주머니 주위에 컵 모양의 깃으로 남는다.

3~6cm

테두리방귀버섯
Geastrum fimbriatum
방귀버섯과
유라시아와 북아메리카에서 발견되는 균류로 지구본처럼 생겼으며 옅은 갈색의 자실체는 5~9개의 팔처럼 갈라진다. 회색의 포자 주머니는 술처럼 열린다.

5~8cm

아치방귀버섯
Geastrum fornicatum
방귀버섯과
팔처럼 생긴 구조가 원판 모양의 조직을 만들어 토양에 붙어 있다. 자루가 있는 포자주머니는 돌출된 구멍을 가지고 있고 유라시아와 북아메리카에 자란다.

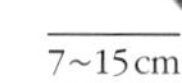

7~15cm

페퍼폿
Myriostoma coliforme
방귀버섯과
유라시아와 북아메리카의 건조한 모래땅에서 매우 드물게 발견되는 종류로 큰 포자주머니에 여러 개의 관공이 있다.

나팔버섯

어떤 종은 꾀꼬리버섯목의 꾀꼬리버섯류에 속하기도 하지만, 나팔버섯목에 대한 DNA 분석 결과 말뚝버섯목에 속한 말뚝버섯과 더욱 유연관계가 높은 것으로 나타났다. 이들은 종종 큰 자실체를 형성하며 솔방울버섯속의 단순한 곤봉 모양에서부터 나팔버섯속처럼 복잡한 포자 생산 표면을 갖는 나팔 모양까지 형태가 다양하다.

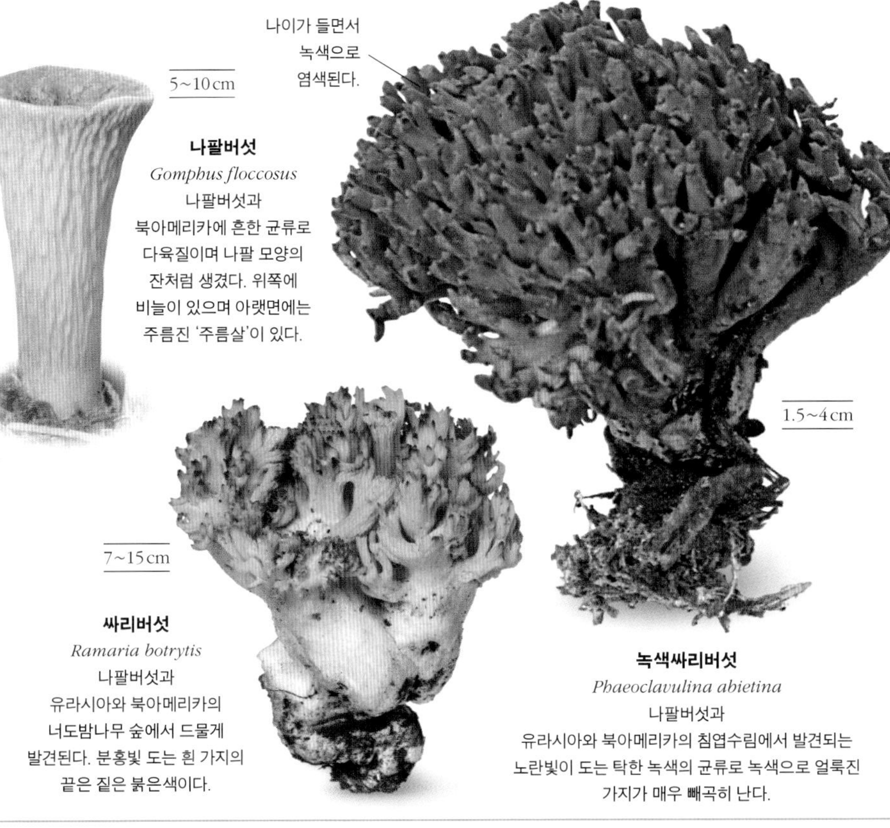

방망이싸리버섯
Clavariadelphus pistillaris
방망이싸리버섯과
유라시아와 북아메리카에 드물게 자라는 균류로 크게 부푼 곤봉체를 형성한다. 표면은 부드럽거나 약간 주름지며 자주색이 도는 갈색의 얼룩이 있다.

나팔버섯
Gomphus floccosus
나팔버섯과
북아메리카에 흔한 균류로 다육질이며 나팔 모양의 잔처럼 생겼다. 위쪽에 비늘이 있으며 아랫면에는 주름진 '주름살'이 있다.

나이가 들면서 녹색으로 염색된다.

직립싸리버섯
Ramaria stricta
나팔버섯과
유라시아와 북아메리카에 꽤 흔한 종류로 항상 부식된 나무나 나무 조각에 자란다. 가지는 옅은 갈색이며 붉게 얼룩진다.

싸리버섯
Ramaria botrytis
나팔버섯과
유라시아와 북아메리카의 너도밤나무 숲에서 드물게 발견된다. 분홍빛 도는 흰 가지의 끝은 짙은 붉은색이다.

녹색싸리버섯
Phaeoclavulina abietina
나팔버섯과
유라시아와 북아메리카의 침엽수림에서 발견되는 노란빛이 도는 탁한 녹색의 균류로 녹색으로 얼룩진 가지가 매우 빼곡히 난다.

조개버섯

목재를 분해하는 목재부후균류가 속한 조개버섯목은 나무를 갈색으로 부패시키는 특징이 있다. 조개버섯목에는 조개버섯과만 포함되며 조개버섯과에는 조개버섯속이 포함된다. 널리 알려진, 침엽수 목재에 자라는 선반버섯류도 이 속에 속한다.

아니스메이즈길
Gloeophyllum odoratum
조개버섯과
부패된 침엽수 목재에서 자라는 균류로 유라시아와 북아메리카에서 발견된다. 불규칙한 선반 모양이며 노란색의 관공이 있다. 아니스 열매 향이 난다.

붉은목이

붉은목이목은 둥글거나 가지를 치는 젤리 같은 자실체를 가지고 있으며 보통 밝은 주황색을 띤다. 부드럽거나 주름진 독특한 담자기에는 담자뿔이라 불리는 2개의 뚱뚱한 대가 있으며 각각은 하나의 포자를 담고 있다. 주로 죽은 나무를 먹으며 자란다.

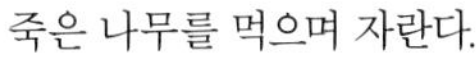

등황색끈적싸리버섯
Calocera viscosa
붉은목이과
침엽수에 붙어 자라는 균류로 유라시아와 북아메리카에서 발견된다. 곤봉체는 보통 가지를 치며 갈라지고 젤리 같은 표면은 고무처럼 느껴진다.

소나무비늘버섯

소나무비늘버섯목에는 다양한 형태의 균류가 포함되어 있다. 판 모양의 버섯, 아교뿔버섯속과 털구름버섯속 같은 다공균류, 이끼버섯속과 같은 여러 주름버섯류 등이 속한다. 이 목은 분자 생물학적 연구를 통해 정의되었으며 형태학적인 공통 형질이 거의 없다. 대개 나무에 붙어 자라며 목재를 흰색으로 부패시킨다.

암갈색소나무비늘버섯
Hymenochaete rubiginosa
소나무비늘버섯과
유라시아에서 발견되는 선반 모양의 균류로 서로 겹쳐 난다. 떨어진 참나무 목재에서 자란다. 단단한 자실체는 동심원으로 무늬가 나 있다.

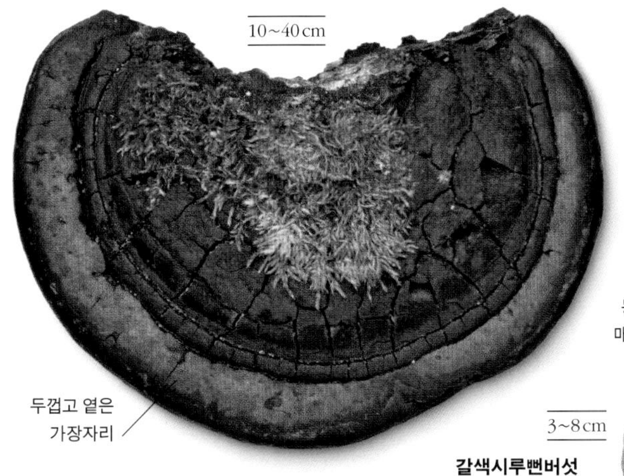

말똥진흙버섯
Phellinus igniarius
소나무비늘버섯과
유라시아와 북아메리카에서 선반 모양으로 자라는 회색 혹은 검은색의 균류로 수년 동안 자란다. 말발굽 모양이며 매우 목질화되어 있다.

갈색시루뻔버섯
Mensularia radiata
소나무비늘버섯과
짙은 붉은색이 도는 갈색의 균류로 가장자리는 보다 옅다. 유라시아와 북아메리카의 오리나무나 다른 나무에 선반처럼 붙어 자란다.

겨우살이버섯
Coltricia perennis
소나무비늘버섯과
유라시아와 북아메리카 산성 황야에서 빈번히 발견되는 균류로 자실체는 얇은 포도주잔 모양이며 동심원을 이루는 무늬가 있다.

애이끼버섯
Rickenella fibula
이끼버섯분계군 내에서 소속 불명
유라시아와 북아메리카의 이끼가 많은 초지에 흔한 균류로 크기가 작다. 주황색의 갓은 방사상의 무늬가 있으며 중앙부는 어두운 색이다.

구멍장이버섯

구멍장이버섯목에는 다양한 균류가 포함된다. 대부분은 다공균류로 포자를 관이나 가시 안에 형성하는 목재 분해자이다. 대개 완전히 발달한 대가 없으며 선반 혹은 판 모양의 자실체를 가지고 나무에 붙어 자란다. 다른 종류는 매우 짧은 대를 가지고 있으며 나무 아랫부분에서 자란다. 토양에서 자라는 종류도 일부 있다.

윗면

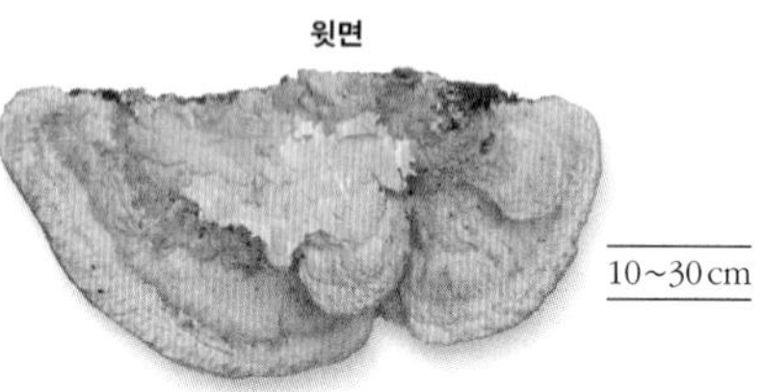

10~30cm

아랫면

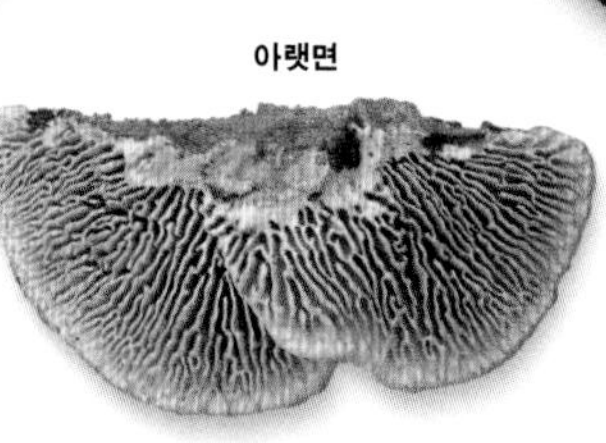

미로버섯
Daedalea quercina
잔나비버섯과
유라시아와 북아메리카의 떨어진 참나무 위에서 발견되며 다년생이다. 선반 모양이며 긴 미로 같은 관공이 아랫면에 있다.

선반 모양으로 층을 만든다.

15~30cm

털이 나는 표면

해면버섯
Phaeolus schweinitzii
잔나비버섯과
유라시아와 북아메리카의 침엽수 아래에서 종종 발견되는 균류로 크고 모피 깔개 같은 선반 모양으로 자란다. 염색 제조에 사용된다.

10~25cm

소나무잔나비버섯
Fomitopsis pinicola
잔나비버섯과
유라시아와 북아메리카에 자라는 말굽 모양의 목질화된 선반형 균류이다. 소나무 혹은 자작나무 위에서 발견된다.

10~50cm

5~30cm

자작나무버섯
Fomitopsis betulinas
잔나비버섯과
크고 신장처럼 생긴 선반형 균류로 옅은 갈색 내지 흰색이다. 자작나무에 해를 주는 기생 생물로 유라시아와 북아메리카에서 발견된다.

덕다리버섯
Laetiporus sulphureus
잔나비버섯과
큰 선반형 균류로 유라시아와 북아메리카에서 발견된다. 보통 참나무에 자라며 때때로 다른 나무 위에 자라기도 한다.

10~60cm

10~30cm

불로초(영지버섯)
Ganoderma lucidum
불로초과
짙은 붉은색 내지 자주색이 도는 갈색의 선반형 균류로 표면은 광택이 난다. 옆에서 긴 대가 나기도 한다. 유라시아와 북아메리카에서 발견된다.

잔나비불로초
Ganoderma applanatum
불로초과
유라시아와 북아메리카에서 발견되는 목질화된 선반형 균류로 수년 동안 살며 크게 자란다. 떨어진 포자는 계피색이 나는 갈색이다.

왕잎새버섯
Meripilus giganteus
왕잎새버섯과
구멍장이버섯류 중에 가장 크며 선반 모양의 자실체는 서로 겹쳐 나고 두꺼우며 다육질이다. 유라시아와 북아메리카의 너도밤나무나 다른 나무 주변에서 자란다.

가장자리는 물결치고 갈라진다.

10~50cm

검은색 얼룩이 지는 표면

10~20cm

존드로제트
Podoscypha multizonata
아교버섯과
참나무 뿌리가 묻혀 있는 토양에서 자라는 균류로 매우 드물다. 유라시아에서 발견되며 빼곡하게 밀집되어 원형의 무리를 짓는다.

아교버섯
Phlebia tremellosa
아교버섯과
유라시아의 통나무 위에서 발견되는 종류로 윗면은 색이 옅고 매우 부드러우며 아랫면은 노란색 내지 주황색으로 능선이 빼곡하게 있다.

4~15cm

3~7cm

줄버섯
Bjerkandera adusta
아교버섯과
유라시아와 북아메리카에서 흔히 발견되는 선반형 균류로 아랫면에 회색의 관공이 있다.

5~30cm

말굽버섯
Fomes fomentarius
구멍장이버섯과
회색빛이 도는 갈색의 말굽 모양의 선반형 균류로 다년생이다. 유라시아나 북아메리카의 자작나무 위 혹은 다른 낙엽수 위에서 자란다.

8~15cm

도장버섯
Daedaleopsis confragosa
구멍장이버섯과
유라시아와 북아메리카에 매우 흔한 선반형 균류로 특히 버드나무 위에 자란다. 반원형이며 미색의 관공에는 분홍색이 도는 적색의 얼룩이 있다.

윗면

3~10cm
아랫면

조개껍질버섯
Lenzites betulina
구멍장이버섯과
유라시아와 북아메리카의 자작나무 위에서 흔히 발견되며 단단하고 가죽질이다. 주름살 같은 능선에 있는 관공은 매우 길게 신장할 수 있다.

10~60cm

구멍장이버섯
Cerioporus squamosus
구멍장이버섯과
초여름, 유라시아와 북아메리카에서 발견된다. 원형 또는 부채 모양의 선반형 균류로 동심원상의 비늘이 있으며 아랫면에 관공이 있다.

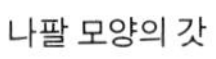
나팔 모양의 갓
매우 부드러운 대의 기부
5~20cm

검정대구멍장이버섯
Polyporus durus
구멍장이버섯과
나팔 모양의 갓은 가죽질이고 대는 기부가 검다. 유라시아와 북아메리카의 떨어진 너도밤나무 통나무 위에 자란다.

5~20cm

결절구멍장이버섯
Polyporus tuberaster
구멍장이버섯과
유라시아와 북아메리카의 떨어진 나뭇가지 위에 자라는 종류로 땅에 뿌리를 내리고 크게 무리 지어 자라기도 한다.

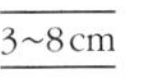
3~8cm

겨울구멍장이버섯
Lentinus brumalis
구멍장이버섯과
유라시아와 북아메리카의 떨어진 나뭇가지 위에서 자라는 작은 균류로 다소 크고 대까지 달리는 관공을 가지고 있다. 대는 중앙부 혹은 중앙부에서 벗어난 곳에 달린다.

3~10cm

주걱간버섯
Pycnoporus cinnabarinus
구멍장이버섯과
유라시아와 북아메리카의 죽은 낙엽수 목재 위에서 자라는 균류로 드물다. 붉은빛이 도는 주황색이며 가죽질이고 일년생이다.

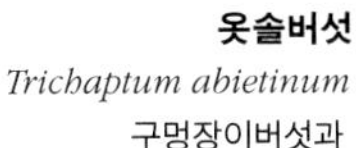
2~4cm

옷솔버섯
Trichaptum abietinum
구멍장이버섯과
유라시아와 북아메리카의 떨어진 침엽수 위에서 발견된다. 부채 모양의 선반형 균류이다. 옅은 회색의 동심원 무늬가 있으며 종종 조류에 의해 녹색으로 물들곤 한다. 가장자리는 자주색이다.

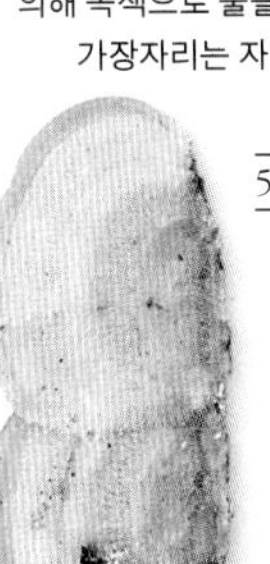
5~12cm

흰구름버섯
Trametes hirsuta
구멍장이버섯과
반원형의 선반형 균류로 미세한 털로 덮여 있다. 유럽과 북아메리카의 죽은 낙엽수 목재 위에서 자란다.

2~7cm

구름버섯(운지버섯)
Trametes versicolor
구멍장이버섯과
유라시아와 북아메리카에서 발견되는 선반형 균류로 색이 매우 다양하다. 표면에 흰 관공이 있으며 서로 다른 색깔의 동심원 무늬가 있다.

노란빛이 도는 주황색의 다육질 선반

10~30cm

대합송편버섯
Trametes gibbosa
구멍장이버섯과
미색의 선반형 균류로 종종 조류에 의해 녹색으로 물든다. 관공은 길고 미로 같다. 유라시아와 북아메리카의 떨어진 낙엽수의 통나무에서 자란다.

10~40cm

꽃송이버섯
Sparassis crispa
꽃송이버섯과
유라시아와 북아메리카의 침엽수 기부에서 자라는 균류로 미색의 열편(裂片, lobe)은 꽃송이처럼 납작하고 다육질이다.

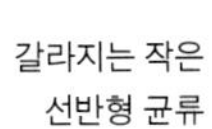
갈라지는 작은 선반형 균류

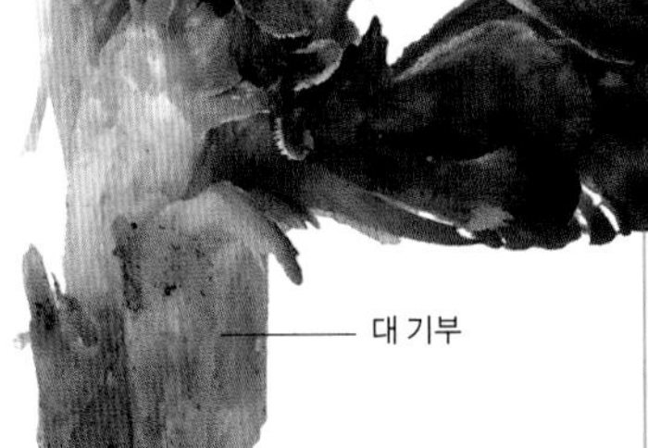
2~6cm
대 기부

잎새버섯
Grifola frondosa
꽃송이버섯과
유라시아와 북아메리카에서 자란다. 참나무 기부에 햇빛이 드는 곳에서 발견된다. 작은 선반형의 자실체가 빽빽이 모여 자란다.

무당버섯

무당버섯목에서는 무당버섯속과 노루털버섯속이 가장 유명하다. 이들은 전형적인 버섯과 비슷하지만 진정한 주름버섯목과는 유연관계가 멀다. 무당버섯목은 갓과 대를 제외하고 매우 다양한 형태의 자실체를 가지고 있으며, 돌기가 난 포자를 생성한다. 노루털버섯속은 자르면 흰색 혹은 다른 색의 유액을 낸다.

간젖버섯
Lactarius hepaticus
무당버섯과
유라시아에서 소나무와 공생하는 버섯으로 부드러운 갓의 가장자리에는 홈이 있다. 주름살을 자르면 흰색의 유액을 내며 노란색으로 염색된다.

벽돌색젖버섯
Lactarius quietus
무당버섯과
유라시아의 참나무 아래 흔한 종류로 붉은빛이 도는 갈색의 갓에는 어두운 부분이 있다. 육질은 달콤한 기름 냄새를 풍긴다.

비취젖버섯
Lactarius blennius
무당버섯과
유라시아에 흔하며 너도밤나무와 함께 자란다. 축축하면 끈적끈적해지는 갓은 회색빛이 도는 녹색이며 가장자리에 점이 있다.

걸레젖버섯
Lactarius turpis
무당버섯과
유라시아와 북아메리카의 자작나무 숲에 흔하게 자라는 종류로 녹색 내지 거의 흑색이며 갓은 끈적끈적하다.

맛젖버섯
Lactarius deliciosus
무당버섯과
유라시아와 북아메리카에서 소나무와 함께 발견되는 균류로 갓은 주황색 무늬와 점무늬가 있으며 나이가 들면 녹색으로 염색된다. 육질은 주황색이 도는 적색의 유액을 낸다.

큰붉은젖버섯
Lactarius torminosus
무당버섯과
유라시아와 북아메리카의 자작나무 아래서 흔하게 발견되는 버섯으로 갓은 어두운 분홍색이고 털이 있으며 뚜렷하게 구획되어 있다.

민맛젖버섯
Lactarius camphoratus
무당버섯과
자실체가 건조해지면 카레 냄새가 나며 수주일 동안 살아남을 수 있다. 유럽과 북아메리카에서 발견된다.

그을음젖버섯
Lactarius fuliginosus
무당버섯과
유라시아의 낙엽수림에서 흔치 않게 발견되는 종류로 갓과 대는 어두운 갈색이며 흰색의 유액을 낸다. 유액은 분홍색으로 빠르게 색이 변한다.

굴털이
Lactifluus piperatus
무당버섯과
유라시아와 북아메리카의 혼합림에서 드물게 발견되는 종류로 갓은 나팔 모양이며 매우 밀집되어 있는 얇은 주름살을 가진다. 자르면 흰 유액을 낸다.

건조하고 부드러운 갓 표면

5~15cm

5~10cm

청머루무당버섯
Russula cyanoxantha
무당버섯과
유라시아와 북아메리카의 혼합림에서 자라는 버섯으로 갓은 자주색이 도는 연보라색 내지 녹색으로 색상이 다양하다. 주름살은 갈래 진 모양이며 유연하고 기름기가 있다.

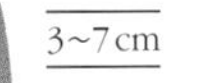

피무당버섯
Russula sanguinaria
무당버섯과
유라시아와 북아메리카에서 발견되며 소나무에 공생한다. 진홍색의 갓과 붉은 스테이크 같은 색상의 대를 가지고 있다.

3~7cm

비치우드식크너
Russula mairei
무당버섯과
유라시아에서 너도밤나무와 함께만 발견되는 종류로 진황색의 갓과 푸른색이 도는 흰색의 주름살을 가지고 있다.

4~9cm

구릿빛무당버섯
Russula aeruginea
무당버섯과
유라시아와 북아메리카의 자작나무 아래에서 흔히 발견되는 버섯으로 옅은 녹색 내지 풀색의 갓에는 녹이 슨 것 같은 작은 점이 나 있다. 포자는 옅은 미색이다.

5~10cm

노랑늪무당버섯
Russula claroflava
무당버섯과
유라시아와 북아메리카 자작나무 숲의 습지에 있는 이끼 위에 자란다. 갓과 옅은 노란색의 주름살 그리고 흰색의 대에는 모두 회색빛이 도는 검은색 얼룩이 나 있다.

5~12cm

3~8cm

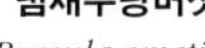

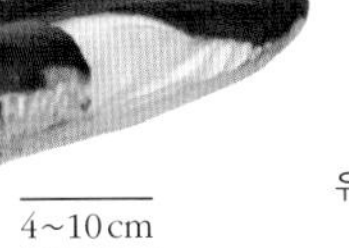

4~10cm

쪼개무당버섯
Russula ochroleuca
무당버섯과
유라시아에서 흔히 발견되는 버섯 중 하나로 노란색이 도는 황토색 또는 녹색이 도는 노란색의 갓과 흰 주름살을 가지고 있다.

냄새무당버섯
Russula emetica
무당버섯과
유라시아와 북아메리카의 습기 찬 소나무 숲에서 자란다. 갓은 진홍색이며 주름살과 대는 순수한 흰색이다.

건조하고 딱딱한 갓 표면

4~12cm

주름살은 붉은색 가장자리를 갖기도 한다.

대는 종종 붉게 상기된다.

앵초무당버섯
Russula sardonia
무당버섯과
유라시아에서 발견되는 종류로 소나무와 공생한다. 자주색에서 녹색 혹은 노란색까지 색이 다양하며 과일 냄새가 난다.

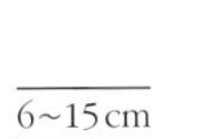

8~15cm

깔때기무당버섯
Russula foetens
무당버섯과
주황색이 도는 갈색의 큰 균류로 갓의 가장자리는 홈이 지고 우툴두툴하다. 유라시아와 북아메리카에서 자라며 시고 고약한 냄새를 풍긴다.

장미무당버섯
Russula lepida
무당버섯과
유라시아에서 발견되는 균류로 갓은 짙은 홍색으로 건조하고 딱딱하며 빠르게 색이 바랜다. 대는 빨갛고 육질은 삼목과 비슷한 냄새를 풍긴다.

6~15cm

포도무당버섯
Russula xerampelina
무당버섯과
유라시아와 북아메리카에서 발견되는 균류로 이와 연관된 많은 종류가 현미경하에서 혹은 서식지에 의해서 구분된다.

0.5~2cm

솔방울털버섯
Auriscalpium vulgare
솔방울털버섯과
유라시아와 북아메리카의 솔방울 위에서 자라는 독특한 버섯으로 구부러진 숟갈처럼 생겼다. 미세한 가시가 작고 모피 같은 갓에 매달려 난다.

2~6cm

10~50cm

5~25cm

10~40cm

꽃구름버섯
Stereum hirsutum
꽃구름버섯과
유라시아와 북아메리카에서 발견된다. 완전히 껍질 같은 모양에서 작고 겹쳐 나는 선반형까지 형태가 다양하다. 윗면에 털이 나며 아랫면은 부드럽다.

흰꽃구름버섯
Stereum rugosum
꽃구름버섯과
유라시아와 북아메리카에서 자라는 종류로 나무 위에 작은 껍질처럼 자라거나 때때로 작은 선반처럼 자란다. 자르면 윗면에서 붉은 유액이 나온다.

뿌리버섯
Heterobasidion annosum
뿌리버섯과
유라시아와 북아메리카 침엽수에 기생하는 종류로 껍질 모양에다 옅은 갈색이며 나이가 들면 검어진다.

산호침버섯
Hericium coralloides
노루궁뎅이과
유라시아와 북아메리카의 너도밤나무 위에서 발견되는 종류로 멸종 위기에 직면해 있다. 자실체는 흰색으로 가지를 치며 아랫면에는 가시가 달려 있다.

목이

종종 다른 교질균류와 함께 분류되기도 하지만 목이목은 독특한 담자기를 가지고 있어 교질균류와 구분된다. 담자기의 모양은 다양하지만 모두 막에 의해 네 부분으로 분할되어 있으며 네 부분은 각각 하나의 포자를 생성한다.

2~10cm

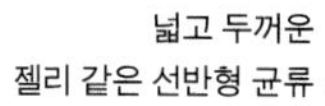

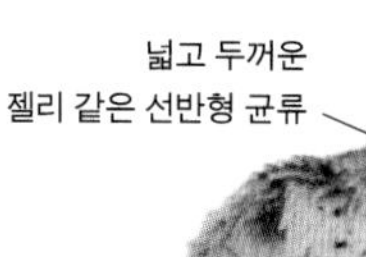

좀목이
Exidia nigricans
목이과
온대 유라시아와 북아메리카에서 발견되는 종류로 딱딱한 나무 위에 빈번히 자란다. 건조되어 딱딱해지면 주름이 지고 검게 된다.

1~8cm

넓고 두꺼운 젤리 같은 선반형 균류

부드럽고 못 같은 가시가 아랫면에 있으며 이곳에서 포자가 형성된다.

4~15cm

주름목이
Auricularia mesenterica
목이과
유라시아에서 발견되며 죽은 나무, 특히 느릅나무 위에 흔하게 자란다. 아랫면은 주름지고 고무 같으며 회색빛이 나는 자주색이다.

4~12cm

목이
Auricularia auricula-judae
목이과
유라시아와 북아메리카의 죽은 낙엽수 위에 흔히 자란다. 얇고 탄성이 있는 '귀'가 있으며 바깥쪽은 부드럽고 안쪽은 주름져 있다.

혓바늘목이
Pseudohydnum gelatinosum
소속 불명
유라시아와 북아메리카에서 발견되는 종류로 반투명한 회색 내지 옅은 갈색을 띠고 있다. 침엽수의 그루터기에서 종종 발견된다.

사마귀버섯

사마귀버섯목에는 선반버섯류, 판 모양의 버섯, 사마귀버섯, 톱니 모양의 버섯 등이 포함되어 있다. 대부분 거칠고 가죽질인 육질을 가지고 있으며 일반적으로 혹이나 가시가 난 포자를 생산한다. 분자 생물학적 연구에 의해 인식된 사마귀버섯목은 형태적인 공통 형질이 거의 없다.

5~10cm

드랩투스
Bankera fuligineoalba
노루털버섯과
유라시아의 침엽수림에서 드물게 발견되는 균류로 짧고 단단한 대를 가지고 있다. 갓의 아랫면은 회색빛이 도는 흰색의 작은 가시로 덮여 있다.

다육질의 두꺼운 비늘

푸른색이 나는 녹색의 대 기부

4~14cm

무늬노루털버섯
Hydnellum scabosum
노루털버섯과
유라시아와 북아메리카의 혼합림에서 드물게 자라는 종류이다. 갓은 불규칙적인 비늘을 가지고 있으며 중앙부는 오목하다. 아랫면의 가시는 옅은 담황색이다.

3~10cm

단단하고 부드러운 대

검은살팽이버섯
Phellodon niger
노루털버섯과
유라시아와 북아메리카의 혼합림에 자라는 종류로 드물다. 마르면 호로파(fenugreek) 냄새가 난다. 갓은 불규칙적인 모양이며 회색 내지 자주색이 도는 검정색으로 아랫면에 회색 가시가 있다.

3~15cm

데빌스투스
Hydnellum peckii
노루털버섯과
유라시아와 북아메리카의 침엽수림에서 흔하게 발견된다. 갓은 납작하고 혹이 많으며 목질화되어 있고 종종 피 같은 빨간 방울을 흘린다. 아랫면에는 옅은 갈색의 가시가 있다.

누더기 같은 가장자리

4~10cm

사마귀버섯
Thelephora terrestris
사마귀버섯과
유라시아와 북아메리카의 삼림 혹은 황야에서 꽤 흔하게 발견되는 균류로 토양 위 혹은 나무 부식물 위에 자란다. 부채 모양의 자실체는 서로 겹쳐 자라며 가장자리는 옅은 색이고 술처럼 된다.

말뚝버섯

말뚝버섯목의 많은 종들이 말뚝버섯과 같이 남근(男根, phallus)처럼 생겼으며 일부 가짜 덩이버섯류를 포함한다. 말뚝버섯은 때때로 몇 시간에 걸쳐 '알'에서 '부화'한다.

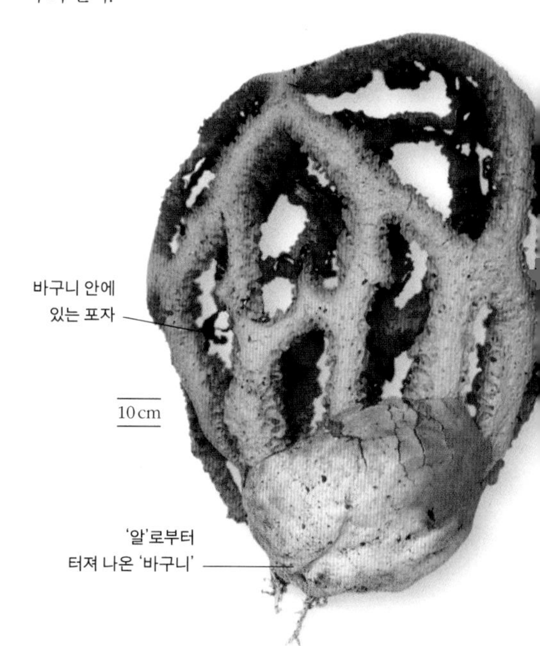

바구니 안에 있는 포자

10cm

'알'로부터 터져 나온 '바구니'

붉은바구니버섯
Clathrus ruber
바구니버섯과
유라시아의 공원이나 정원에서 드물게 발견된다. 붉은색 '바구니' 안에 검은색의 포자가 들어 있다. 바구니는 작고 옅은 '알'에서 '부화'한다.

2.5~14cm

데빌스핑거스
Clathrus archeri
바구니버섯과
오스트레일리아로부터 도입된 종류로 주로 유라시아 남부에서 드물게 발견된다. 빨간 '팔'은 흰 '알'에서 나온 것이며 고약한 냄새가 나는 검은 포자를 가지고 있다.

떡병균

떡병균목에는 소수의 균류가 포함되며 주로 식물에 균영(菌癭, gall)을 형성하는 기생 생물이다. 포자를 만드는 세포는 잎 표면에 층을 형성한다. 정금나무를 포함해 주로 재배를 하는 산앵도나무속에 질병을 일으킨다.

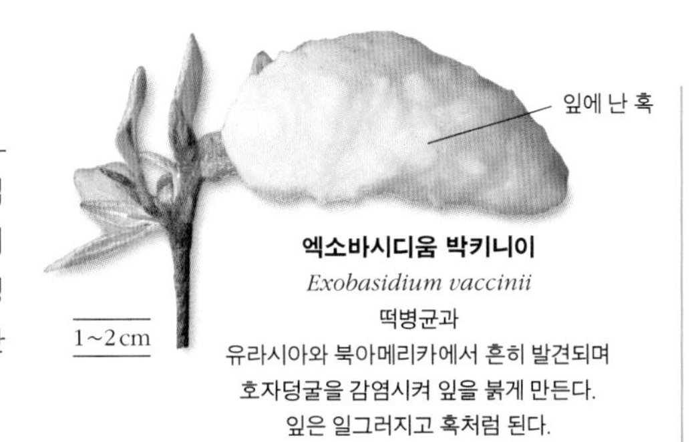

엑소바시디움 박키니이
Exobasidium vaccinii
떡병균과
유라시아와 북아메리카에서 흔히 발견되며 호자덩굴을 감염시켜 잎을 붉게 만든다. 잎은 일그러지고 혹처럼 된다.

유로키스티스

유로키스티스목은 유로키스티스속에 속하는 깜부기병균 등이 포함되어 있으며 아네모네, 양파, 밀, 호밀과 같은 현화식물에 기생해 숙주에 심각한 상해를 입힌다.

아네모네깜부기병균
Urocystis anemones
유로키스티스과
유라시아와 북아메리카에 발견되는 깜부기병균으로 아네모네나 다른 식물의 잎에 고름주머니처럼 생긴 가루 같은 어두운 갈색 돌기를 만든다.

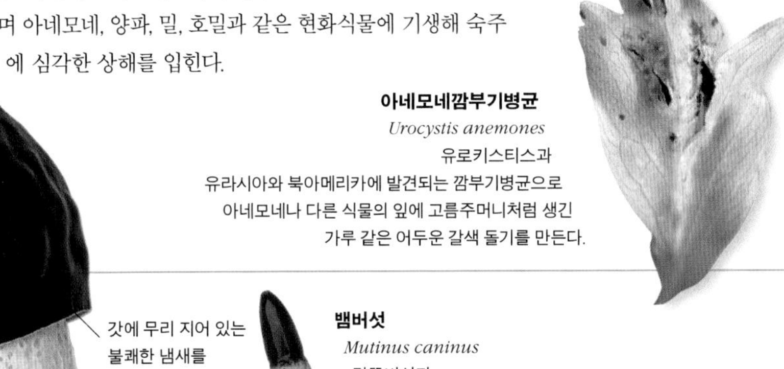

뱀버섯
Mutinus caninus
말뚝버섯과
유라시아와 북아메리카의 혼합림에서 흔하게 발견된다. 끝은 초록빛이 도는 검은 포자로 덮여 있으며 흰 '알'로부터 나온 스펀지 같은 대와 연결되어 있다.

팔루스 메룰리누스
Phallus merulinus
말뚝버섯과
오스트레일리아에서 주로 발견되는 열대 균류로 흰 '알'을 깨고 나온다. 비슷한 종류가 많이 있으며 어떤 종류는 화려한 색의 '치마'를 가지고 있다.

말뚝버섯
Phallus impudicus
말뚝버섯과
유라시아의 혼합림에서 흔하게 발견되는 종류이다. 포자로 덮여 있는 벌집 같은 갓은 '알'로부터 짧은 시간 안에 '부화'되어 나온다. 역한 냄새는 몇 미터까지 퍼진다.

녹균

녹균목은 7,000종 이상의 균류가 속하는 매우 큰 무리로 많은 종류가 작물에 기생한다. 다양한 숙주를 갖는 복잡한 생활사를 띠며 생활사의 단계에 따라 다른 종류의 포자를 만든다.

나무딸기노란녹균
Phragmidium rubi-idaei
프라그미디움과
유라시아와 북아메리카에서 자라는 녹균으로 잎의 윗면에 녹병을 유발한다. 잎 뒷면에 검은 포자를 두어 겨울 동안 살아남는다.

장미녹균
Phragmidium tuberculatum
프라그미디움과
북아메리카와 유라시아에 흔한 종류이다. 잎 뒷면에 주황색의 녹병을 일으키며 줄기를 비틀어지게 한다. 녹병은 늦여름에 검게 변한다.

알렉산더녹균
Puccinia smyrnii
녹균과
유라시아에서 발견되는 균류로 알렉산더(*Smyrnium olusatrum*)의 잎에 무사마귀를 일으킨다.

접시꽃녹균
Puccinia malvacearum
녹균과
유라시아와 북아메리카에서 발견되며 접시꽃에 해로운 균류이다. 작은 녹병으로 잎을 덮으며 오래된 잎은 죽고 떨어진다.

푸키니아 알리이
Puccinia allii
녹균과
유라시아와 북아메리카의 마늘, 양파, 부추 등에 흔한 균류로 감염된 잎에 녹병을 일으킨다. 갈라지면 먼지 같은 포자를 공기 중에 방출한다.

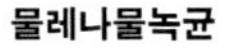

물레나물녹균
Melampsora hypericorum
멜람프소라과
유라시아에서 흔한 종류로 물레나물류의 잎 뒷면에 녹병을 일으킨다.

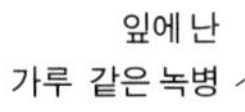

푸크시아녹균
Pucciniastrum epilobii
푸키니아스트룸과
유라시아의 푸크시아와 분홍바늘꽃에 기생하는 종류로 잎에 감염되어 잎 뒷면에 녹병을 일으킨다.

자낭균

자낭균류는 자낭이라고 불리는 둥근 모양의 자낭에서 포자를 만든다. 자낭균은 균류의 매우 큰 무리로 컵 모양이나 접시 모양의 종류가 포함된다.

문	자낭균문
강	7
목	56
과	226
종	약 3만 3000

많은 자낭균류가 선명한 색을 띤다. 그러나 이러한 색이 어떤 생물학적 기능을 수행하는지는 불확실하다.

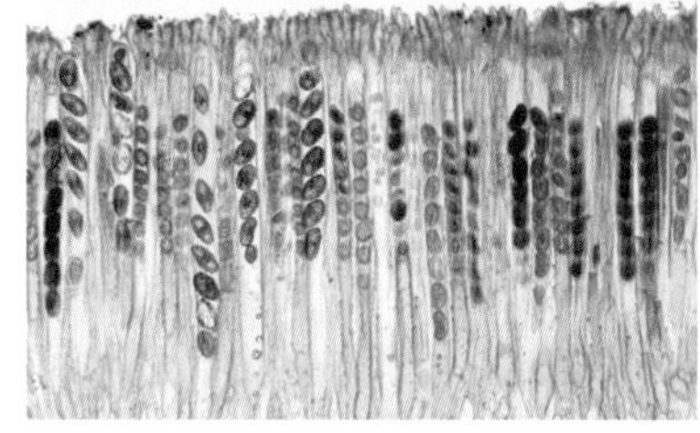

포자를 생산하는 자낭을 현미경으로 본 것이다. 빽빽한 층에 배열되어 있는 자낭은 각각 8개의 포자를 가지고 있다.

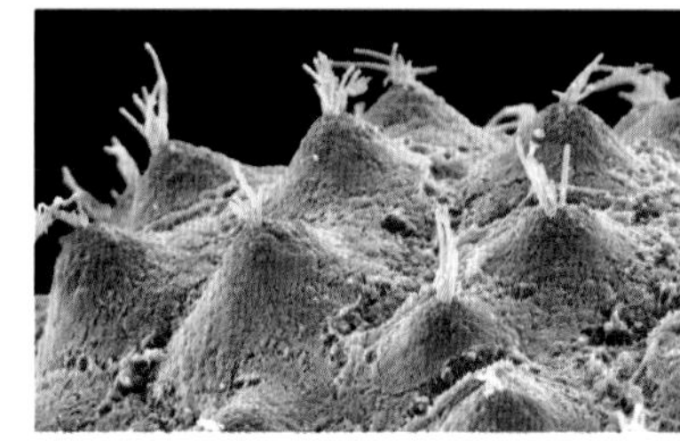

많은 종이 자낭을 자낭각(子囊殼, perithecium)이라고 불리는 특별한 보호방 안에 생산한다. 자낭각에서 포자를 내보낸다.

논쟁

영웅이냐 악당이냐?

자낭균류는 식물이나 조류뿐만 아니라 딱정벌레와 같은 절지동물과 공생 관계를 이룬다. 그러나 세계에서 가장 해로운 병원균도 자낭균류에 포함된다. 예를 들어 크리포넥트리아(*Cryphonectria*)는 최근에 수백만 그루의 밤나무를 죽인 주범이다. 아마 균류의 다른 어떠한 무리도 이렇게 대조적인 영향을 끼치지는 않을 것이다.

자낭균류는 아주 작은 크기에서부터 20센티미터에 이르는 등 다양한 크기를 가지며 다양한 서식처에서 발견된다. 죽거나 죽어 가는 혹은 살아 있는 생물의 조직에서 살아가며 담수나 염분이 많은 물에 떠서 살기도 한다. 많은 종류가 기생 생물로 일부는 농작물에 심각한 해를 끼친다. 다른 종류는 식물과 공생을 하는 균근이며 일부는 페니실린과 같은 의약품으로 중요하거나 심각한 질병을 일으키는 병원균도 있다. 예를 들어 프뉴모키스티스 이로베키이(*Pneumocystis jirovecii*)는 면역 체계가 약한 사람의 폐에 심각한 감염을 일으킬 수 있다. 인류 역사에 중추적인 역할을 한 효모도 자낭균류에 속한다. 효모는 알코올과 빵 생산에 필수적이다.

자낭균류는 컵, 곤봉, 감자, 단순한 판 또는 선반, 뾰루지, 방패 등 다양한 모양의 자실체를 가지고 있다. 자실체의 종류에 따라 포자를 생산하는 자낭은 외부의 특수화된 자실층에서 자라거나 자실체 내부에 포함되어 있기도 하다. 모든 종류가 유성 세대를 갖는 것은 아니다. 대부분의 효모는 무성 분열, 즉 출아법(出芽法, budding)으로 자라고 새로운 지역에 빠르게 정착한다. 그곳에서 작은 눈이 효모 세포의 바깥에 만들어지고 후에 이 눈이 분리되어 새로운 세포가 된다.

반균류

자낭균류와 연관된 반균류는 컵 모양의 자실체를 가지고 있다. 자실체 위쪽은 원반 혹은 선반 모양으로 열려 있어 바람과 빗물을 이용해 안쪽 표면에 줄지어 있는 포자를 퍼트린다. 일부 종류에서는 자낭이 물을 흡수한 후 이 압력을 이용해 포자를 자실체로부터 30센티미터 떨어진 곳까지 방출한다. 썩은 통나무나 떨어진 가지, 낙엽을 자세히 관찰해 보면 매우 작은 컵들의 세상이 펼쳐진다. 큰 컵을 가지는 종류의 경우 컵을 흔들면 강력한 포자의 방출이 일어나 안개 같은 포자의 구름을 볼 수 있으며 간혹 소리가 나기도 한다.

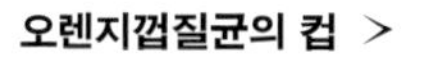

오렌지껍질균의 컵 >
오렌지껍질균은 많은 균류가 적응한 형태인 간단한 컵 모양의 자실체를 가지는 좋은 예이다.

동충하초

동충하초목에 속하는 균류는 생생한 색깔과 포자를 만드는 구조로 구별된다. 보통 노란색, 주황색, 빨간색을 띠며 종종 다른 균류나 곤충에 기생한다. 가장 잘 알려진 종류는 동충하초속으로 곤봉 혹은 나뭇가지 같은 자실체를 가지고 있다. 어떤 종류는 의약용으로 이용된다.

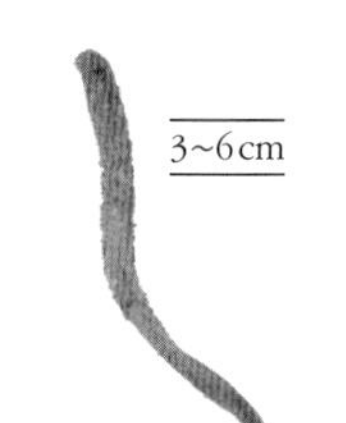

3~6cm

5~13cm

갈색균핵동충하초가 기생하는 펄스트러플

동충하초
Cordyceps militaris
동충하초과
유라시아와 북아메리카에서 발견되는 균류로 나방의 번데기에 기생한다. 곤봉체의 끝에는 포자를 형성하는 작은 기관이 달려 있다.

갈색균핵동충하초
Tolypocladium ophioglossoides
잠자리동충하초과
유라시아와 북아메리카에서 발견되며 땅속에 묻힌 펄스트러플에 기생한다. 노란색의 곤봉체를 형성하며 길게 신장된 끝은 초록빛이 도는 검은색이다.

쿠션 같은 둥근 자실체

꽃에 난 자주색의 맥각병

감염된 그물버섯의 자실체

1.5cm

20~30cm

알보리수버섯
Nectria cinnabarina
알보리수버섯과
유라시아와 북아메리카의 습기 찬 숲에 많이 자라는 균류로 미성숙한 상태에서는 분홍색의 '뾰루지'를 만들며 성숙하면 붉은 갈색의 집단을 만든다.

맥각균
Claviceps purpurea
맥각균과
독을 가지고 있는 균류로 유라시아와 북아메리카에서 발견된다. 초본과 곡물에 기생한다.

황분균
Hypomyces chrysospermus
점버섯과
북아메리카와 유라시아에서 발견되며 그물버섯류 위에 자란다. 표면은 솜털 같으며 금빛 노란색으로 변한다.

콩꼬투리버섯

콩꼬투리버섯목은 자좌(子坐, stroma)라고 불리는 목질화된 조직으로 둘러싸인 방 안에 포자를 생성하는 세포를 만든다. 대개 나무에 살지만 동물의 배설물, 나뭇잎, 토양에 살거나 곤충과 공생하는 경우도 있다. 경제적으로 중요한 식물에 기생하는 종류도 포함되어 있다.

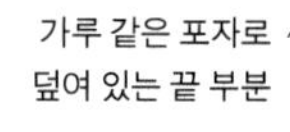

가루 같은 포자로 덮여 있는 끝 부분

1~1.5cm

1~4cm

2~8cm

콩꼬투리버섯
Xylaria hypoxylon
콩꼬투리버섯과
유라시아와 북아메리카의 죽은 목재에서 흔히 발견되는 종류로 매우 부드러운 검은 대를 가지고 있으며 심지가 없는 초처럼 생겼다.

다형콩꼬투리버섯
Xylaria polymorpha
콩꼬투리버섯과
유라시아와 북아메리카의 죽은 목재에서 자란다. 부서지기 쉬운 검은색의 곤봉체를 만든다. 단단한 표면과 작은 관공, 두껍고 흰 육질을 가지고 있다.

손톱버섯
Poronia punctata
콩꼬투리버섯과
유라시아와 북아메리카의 말 배설물에서 발견되며 수가 감소하고 있다. 납작한 원판 모양으로 포자를 방출하는 작은 구멍이 많이 나 있다.

대가 없는 자실체는 단단하고 부서지기 쉽다.

죽은 물푸레나무

2~10cm

0.5~1cm

무른방석꼬투리버섯
Hypoxylon fragiforme
콩꼬투리버섯과
유럽과 북아메리카의 너도밤나무 통나무 위에 무리 지어 자란다. 자실체는 단단하고 둥글며 포자를 방출하는 작은 방을 지닌다.

콩버섯
Daldinia concentrica
콩꼬투리버섯과
유라시아와 북아메리카에서 발견된다. 둥근 자실체를 반으로 자르면 동심원상의 구획이 나타난다. 바깥층에서 검은 포자를 방출한다.

흰가루병균

흰가루병균목은 현화식물의 잎이나 열매에 기생하는 흰가루병균이 대표적이다. 균사체(菌絲體, mycelium)의 균사(菌絲, hypha)는 숙주의 세포로 파고 들어가 양분을 얻는다.

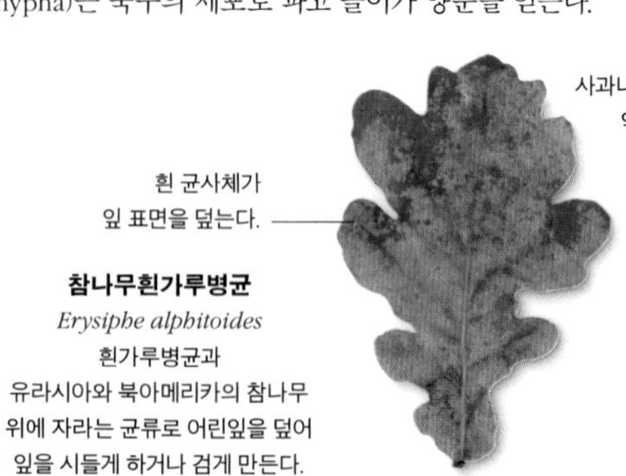

흰 균사체가 잎 표면을 덮는다.

참나무흰가루병균
Erysiphe alphitoides
흰가루병균과
유라시아와 북아메리카의 참나무 위에 자라는 균류로 어린잎을 덮어 잎을 시들게 하거나 검게 만든다.

사과나무 잎에 악영향을 미친다.

흰가루병

사과나무흰가루병균
Podosphaera leucotricha
흰가루병균과
유라시아 및 북아메리카의 사과나무 잎에 흔한 흰가루병균류로 처음에는 잎 뒷면에 흰색의 점처럼 나고 후에 빠르게 퍼진다.

흰가루병균
Golovinomyces cichoracearum
흰가루병균과
유라시아와 북아메리카에 발견되는 종류로 국화과 식물에 주로 나타난다. 잎을 작은 조각으로 덮으며 나중에는 결국 잎을 죽게 한다.

그을음병균

그을음병균목은 주로 잎에서 발견되는 자낭균류이다. 곤충이 배설하는 단물이나 잎에서 나오는 액체를 먹으며 자란다. 일부 종류는 인간의 피부에 문제를 일으킨다.

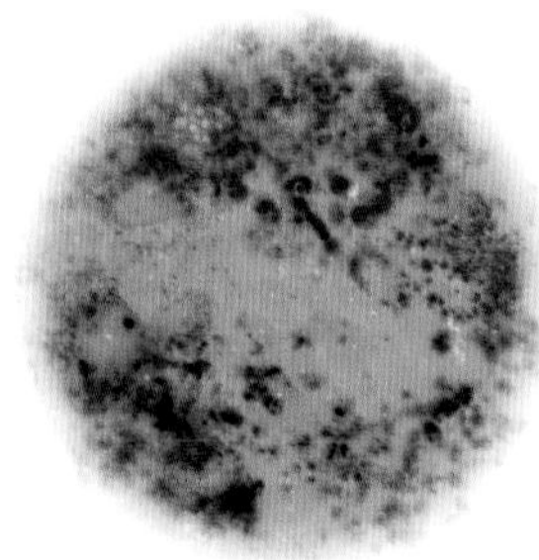

클라도스포리움 클라도스포리오이데스
Cladosporium cladosporioides
다비디엘라과
유라시아와 북아메리카에 흔한 곰팡이류로 축축한 욕실 벽에 자란다. 어떤 사람에게는 알레르기 반응을 유발시키기도 한다.

고무버섯

고무버섯목에 속하는 균류는 컵 모양의 자실체를 가지는 다른 반균류와는 달리 원반 혹은 컵 모양의 자실체를 갖는다. 이들의 자낭에는 정단 뚜껑(apical lid)이 없다. 대부분의 종류가 부식질이 풍부한 토양, 죽은 통나무 혹은 다른 유기 물질에 산다. 이 목에는 또한 식물에 기생하며 큰 해를 끼치는 종류도 포함되어 있다.

갈색자루접시버섯
Rutstroemia firma
자루접시버섯과
갈색의 갓과 가는 대로 이루어진 균류로 떨어진 가지, 특히 참나무 가지 위에 자란다. 유럽에서 발견되며 숙주 나무를 검게 변하게 한다.

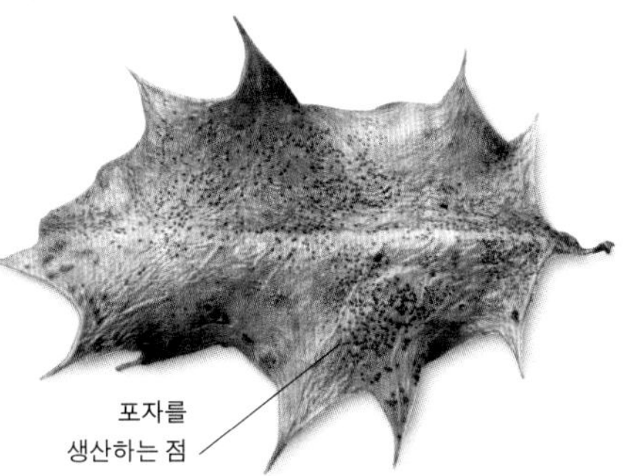

트로킬라 일리키나
Trochila ilicina
살갗버섯과
떨어진 호랑가시나무 잎에 많이 사는 균류로 유라시아와 북아메리카에서 발견된다. 잎 표면에 포자를 생산하는 점 같은 구조를 만든다.

검은 점

장미검은무늬병균
Diplocarpon rosae
살갗버섯과
유라시아와 북아메리카의 장미 이파리에서 흔하게 발견되는 균류로 검은무늬병을 일으킨다. 이 병은 자라 검은색 큰 점을 만든다.

3~7cm

녹두콩나물버섯
Geoglossum fallax
콩나물고무버섯과
유라시아와 북아메리카의 목초지에 자라는 균류로 드물다. 검고 납작한 곤봉체를 만드는 종류 중 하나로 현미경을 통해 구별할 수 있다.

고무버섯
Bulgaria inquinans
고무버섯과
유라시아와 북아메리카에서 발견되는 종류로 갈색의 바깥 표면을 가지고 있다. 안쪽 표면은 포자를 생산하며 부드럽고 검은색에 탄력이 있다.

포자를 생산하는 안쪽 표면

갓의 부드러운 표면

0.5~3cm

균핵술잔버섯
Dumontinia tuberosa
균핵버섯과
아네모네 뿌리에 기생하며 유럽에 흔한 종류이다. 길고 검은 대와 단순한 모양의 갈색 갓을 가지고 있다.

0.5~3cm

자주색고무버섯
Neobulgaria pura
압정버섯과
유라시아의 떨어진 너도밤나무 통나무에서 흔하게 발견되는 종류로 반투명하고 고무 같다. 색이 옅은 주황색에서 연보라색까지 다양하다. 원반 모양의 자실체는 종종 겹쳐서 일그러진다.

사과나무갈색썩음균
Monilia fructigena
균핵버섯과
유라시아에 매우 흔한 균류로 사과나 배에 처음 나타나며 벚나무류에서도 발견된다. 과일을 갈색으로 썩게 만든다.

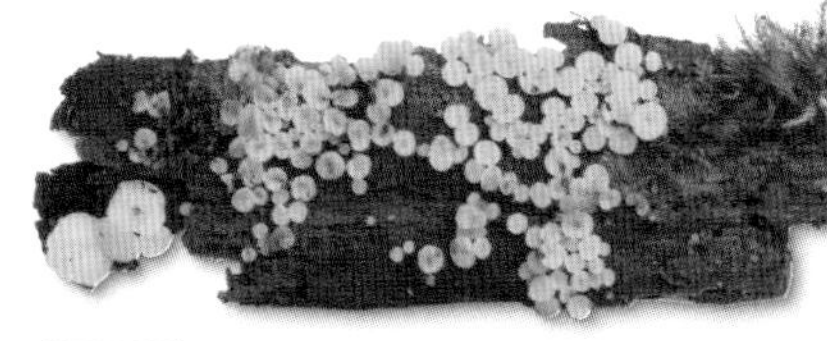

황색고무버섯
Bisporella citrina
압정버섯과
유라시아의 죽은 목재에 흔한 종으로 무리 지어 자란다. 금빛이 나는 노란색의 원반 모양으로 때때로 가지 전체를 덮는다.

0.2~1cm

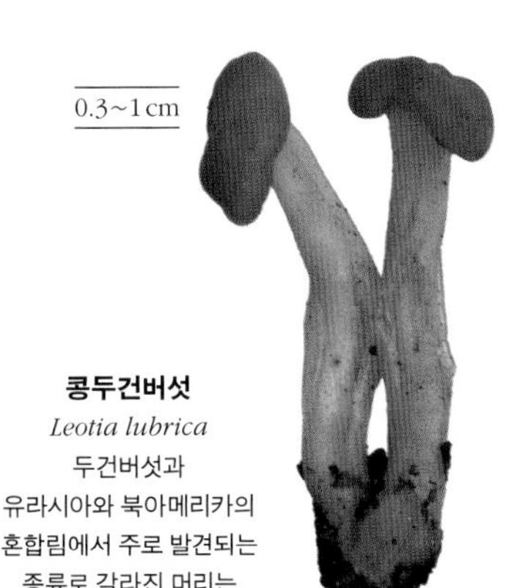

콩두건버섯
Leotia lubrica
두건버섯과
유라시아와 북아메리카의 혼합림에서 주로 발견되는 종류로 갈라진 머리는 가장자리가 뒤로 말린다.

변형술잔녹청균
Chlorociboria aeruginascens
압정버섯과
유라시아와 북아메리카에서 드물게 발견된다. 성숙한 갓은 푸른 녹색이며 떨어진 참나무 위에 자라 녹색으로 염색한다.

짧은대꽃잎버섯
Ascocoryne cylichnium
압정버섯과
유라시아의 떨어진 너도밤나무에서 꽤 흔하게 발견되는 종류로 성숙하면 젤리 같은 불규칙한 원반 모양으로 자란다.

습지등불버섯
Mitrula paludosa
압정버섯과
유라시아와 북아메리카에서 봄과 초여름에 낮은 물가에 있는 식물 위에 자란다. 머리는 둥근 혀 모양이다.

주발버섯

주발버섯목에 속하는 종류들은 일반적으로 자낭의 끝에 덮개가 있으며 이 덮개가 열려 포자를 방출한다. 곰보버섯, 덩이버섯 등 경제적으로 중요한 종류를 포함한다.

어스컵
Geopora arenicola
털접시버섯과
유라시아에 흔한 균류로 모래땅 속에 자라 찾기가 힘들다. 포자를 형성하는 안쪽 면은 부드럽다.

헤어즈이어
Otidea onotica
털접시버섯과
유라시아와 북아메리카의 활엽수림에 무리 지어 발견된다. 큰 갓은 한쪽으로 찢어진다.

접시버섯
Scutellinia scutellata
털접시버섯과
자실체는 진홍색의 접시 모양이며 검은 털이 나 있다. 유라시아와 북아메리카의 축축하고 썩은 나무 위에 흔히 자란다.

오목땅주발버섯
Tarzetta cupularis
털접시버섯과
유라시아와 북아메리카 삼림의 알칼리 토양에서 흔히 자라는 종류로 포도주잔 같은 모양이며 짧은 대가 있다.

마귀곰보버섯
Gyromitra esculenta
게딱지버섯과
북아메리카와 유라시아 전역에서 발견되는 독성이 있는 균류로 봄에 침엽수 아래에서 자란다. 광택이 나는 갓은 주름진 뇌처럼 생겼다.

들주발버섯
Aleuria aurantia
털접시버섯과
유라시아와 북아메리카의 자갈이 많은 진흙 길에서 종종 발견되는 종류로 가는 주황색의 갓을 가지고 있다.

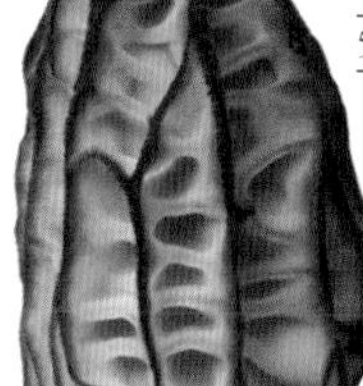
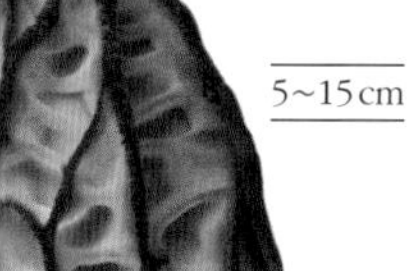

게딱지버섯
Disciotis venosa
곰보버섯과
유라시아와 북아메리카의 축축한 삼림에 자라는 균류로 봄에 발견된다. 대는 짧고 염소 냄새가 난다. 안쪽 표면은 갈색이며 주름져 있고 바깥 표면은 색이 옅다.

곰보버섯
Morchella esculenta
곰보버섯과
북아메리카와 유라시아의 석회질 토양에서 자라는 유명한 균류이다. 스펀지처럼 속이 빈 갓을 가지고 있으며 대도 속이 비어 있다.

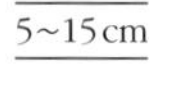

반쪽곰보버섯
Morchella semilibera
곰보버섯과
속이 비었으며 비듬 같은 옅은 대 위에 능이 있는 어두운 '골무'가 달린다. 유라시아와 북아메리카의 혼합림에서 봄에 주로 나온다.

골무곰보버섯
Verpa conica
곰보버섯과
흔하지 않은 균류로 유라시아와 북아메리카 삼림의 석회질 토양 위에 자란다. 부드럽고 골무 같은 갓이 속이 빈 대 위에 난다.

키다리곰보버섯
Morchella elata
곰보버섯과
봄 동안에 유라시아와 북아메리카 삼림에서 흔하게 발견되는 종류이다. 분홍색이 도는 담황색 내지 검은색 갓과 십자 모양의 검은 능선, 속이 빈 대를 가지고 있다.

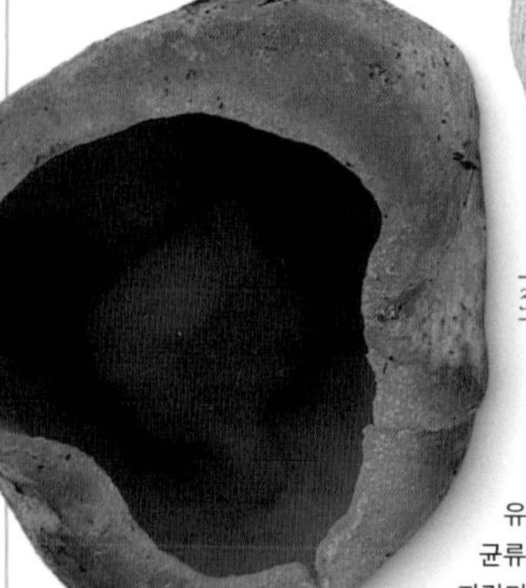

주발버섯
Peziza vesiculosa
주발버섯과
유라시아와 북아메리카에 흔한 균류로 퇴비, 지푸라기, 거름에 주로 자란다. 부서지기 쉬운 갓은 우툴두툴한 가장자리를 가지고 있다.

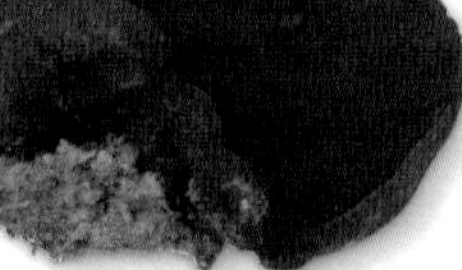

셀러컵
Peziza cerea
주발버섯과
유라시아와 북아메리카에서 발견되는 균류로 축축한 벽돌에서 종종 발견된다. 안쪽은 어두운 황토색이며 바깥쪽은 옅은 색이다.

자주주발버섯
Peziza badia
주발버섯과
유라시아와 북아메리카의 삼림에서 흔히 발견되는 종류로 안쪽 표면에서 포자를 만든다. 컵 모양의 갈색 갓은 나이가 들면서 녹색으로 변한다.

2~7cm

페리고드덩이버섯
Tuber melanosporum
덩이버섯과
지중해 지역의 참나무 주변 땅속에서 자라는 덩이버섯류로 개나 돼지를 이용해 찾는다.

2~8cm

흰덩이버섯
Tuber magnatum
덩이버섯과
이탈리아와 프랑스에서 유명한 값비싼 덩이버섯류이다. 유럽 남부의 알칼리 토양에서 자라며 참나무나 포플러나무 위에서 재배할 수 있다.

2~5cm

여름덩이버섯
Tuber aestivum
덩이버섯과
유럽의 중부 및 남부에서 발견되는 매우 값비싼 덩이버섯이다. 다양한 활엽수 가까이 땅속에서 자란다.

1~8cm

주홍술잔버섯
Sarcoscypha austriaca
술잔버섯과
유라시아와 북아메리카의 떨어진 나뭇가지 위에서 자라며 겨울에서 초봄까지 발견된다. 주홍색의 갓을 가지고 있으며 바깥쪽은 보다 옅은 색을 띤다.

2~6cm

5~15cm

주름안장버섯
Helvella crispa
안장버섯과
독성이 있는 것으로 알려져 있다. 유라시아와 북아메리카의 혼합림에 흔하며, 얇은 안장 같은 갓이 골이 있으며 부서지기 쉬운 대 위에 난다.

요정안장버섯
Helvella lacunosa
안장버섯과
유라시아와 북아메리카의 혼합림에서 발견된다. 어두운 갓은 갈라지며 회색의 대는 세로로 홈이 나 있고 원주 모양이다.

흰가사동충하초

흰가사동충하초목은 푸른곰팡이 및 누룩곰팡이로 잘 알려진 목이다. 항생 물질로 처음 발견된 페니실린을 만드는 페니실리움속과 인간에게 심각한 질병을 일으키는 누룩곰팡이속이 포함된다.

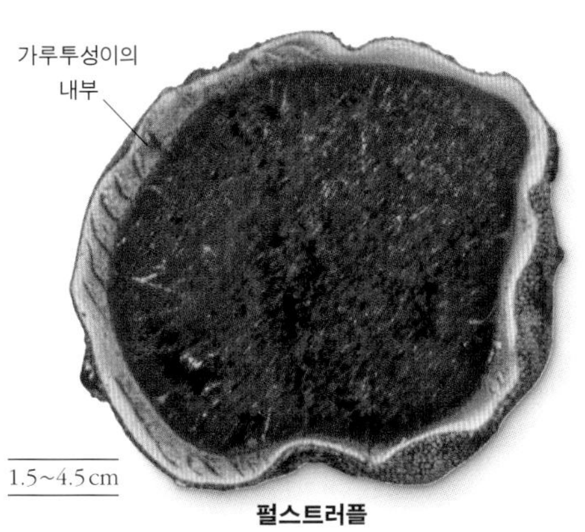

1.5~4.5cm

펄스트러플
Elaphomyces granulatus
에라포미케타과
유라시아와 북아메리카 침엽수 아래 모래땅에 흔히 자라는 균류로 붉은빛이 도는 갈색의 덩이 모양이다. 표면이 거칠며 자줏빛이 도는 검은색의 안쪽에는 포자가 무리 지어 있다.

색찌끼버섯

색찌끼버섯목에 속하는 타르점무늬병균류는 잎, 나무껍질, 솔방울, 장과와 같은 식물을 감염시킨다. 많은 종이 침엽수의 잎을 공격해 잎을 떨어트린다. 가장 흔한 것이 단풍잎의 타르점무늬병이다.

1~2cm

흑문병균
Rhytisma acerinum
색찌끼버섯과
북아메리카와 유라시아의 단풍나무 위에 흔히 자라는 균류로 가장자리가 연노란색인 불규칙적인 점무늬를 잎에 만들어 해를 준다.

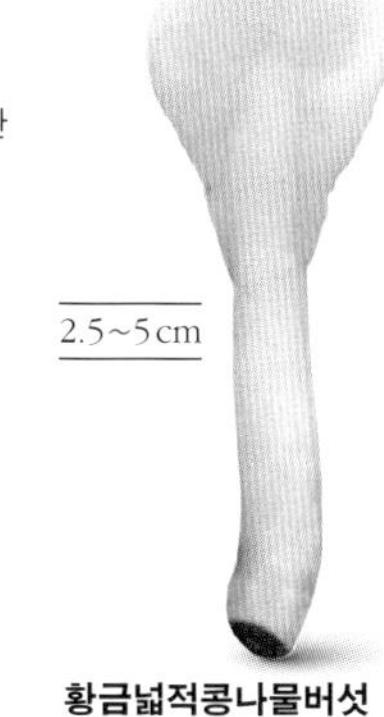

2.5~5cm

황금넓적콩나물버섯
Spathularia flavida
투구버섯과
유라시아와 북아메리카의 축축하고 이끼가 있는 침엽수림에 흔하다. 머리는 납작하고 옅은 색이나 어두운 노란색이며 고무 같다.

외자낭균

외자낭균목의 많은 종이 식물에 기생하며 대부분 타프리나속에 속한다. 모든 종이 두 단계로 성장하는데, 부생(腐生) 단계에서는 효모처럼 출아법으로 번식하지만 기생 단계에서는 식물 조직에서 자라며 잎을 일그러뜨리고 혹을 만든다.

20~95cm

버취비점
Taphrina betulina
외자낭균과
유라시아에서 흔하게 발견되는 종류이다. 자작나무에 가늘고 길며 연약한 가지를 모여 나게 하는 빗자루병을 일으킨다.

14~40cm

복숭아나뭇잎오갈병균
Taphrina deformans
외자낭균과
유라시아와 북아메리카의 복숭아나 승도복숭아류를 감염시키는 종류로 잎을 돌돌 감기게 하거나 주름지게 하고 붉은 자주색으로 변하게 한다.

얇은공버섯

일반적으로 얇은공버섯목에 속하는 균류는 플라스크 모양의 자실체에 자낭을 형성한다. 자낭의 벽은 2개 층으로 되어 있다. 성숙 시 안쪽의 벽은 바깥쪽 너머로 돌출해 포자를 방출한다. 많은 종류가 식물에 살며 일부는 지의류를 형성한다.

배흑성병균
Venturia pyrina
벤투리아과
유라시아와 북아메리카의 배를 키우는 과수원에서 흔한 기생 생물이다. 열매를 왜곡시키고 탈색시키며 심지어는 익기 전에 떨어트린다.

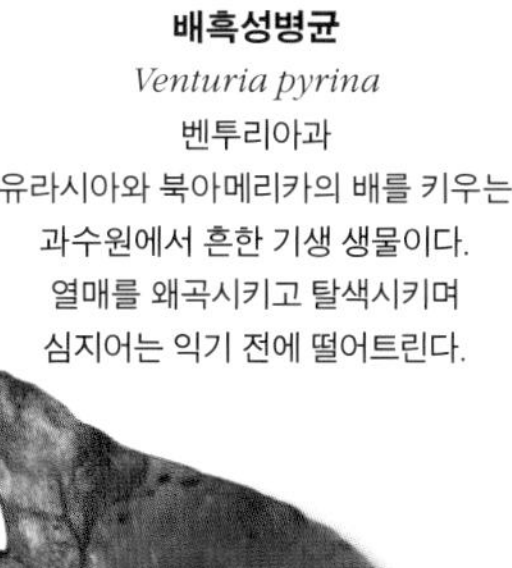

렙토스파이리아 아쿠타
Leptosphaeria acuta
얇은공버섯과
유라시아와 북아메리카에서 흔하게 발견되며 쐐기풀 줄기에 감염된다. 작은 원뿔형의 돌기를 형성하고 줄기 표면을 통해 밖으로 내보내서 포자를 방출한다.

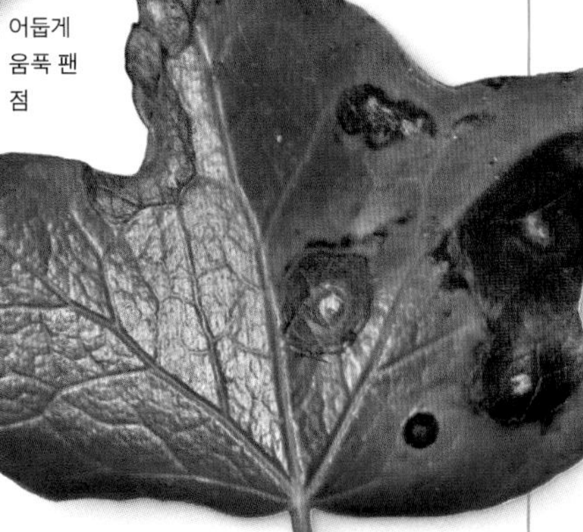

보에레미아 헤데리콜라
Boeremia hedericola
디디멜라과
유라시아 및 북아메리카에서 발견되는 종류로 담쟁이덩굴의 잎에다 둥글고 희게 손상을 입힌다. 잎은 갈색으로 변하고 죽는다.

지의류

바다의 노출된 바위 위에서부터 사막의 바위 속에 이르기까지 지의류는 전 세계의 가장 혹독한 지역에서 생존하고 있다. 지의류는 다른 생물이 살아갈 수 있는 토대를 만드는 자연의 개척자이다.

문	자낭균문 담자균문
강	10
목	15
과	40
종	약 1만 8000

무성의 분아는 실처럼 생긴 균류의 균사와 조류 세포의 꾸러미이다. 사진에서는 분아가 출아를 한 뒤에 퍼지기를 기다리고 있다.

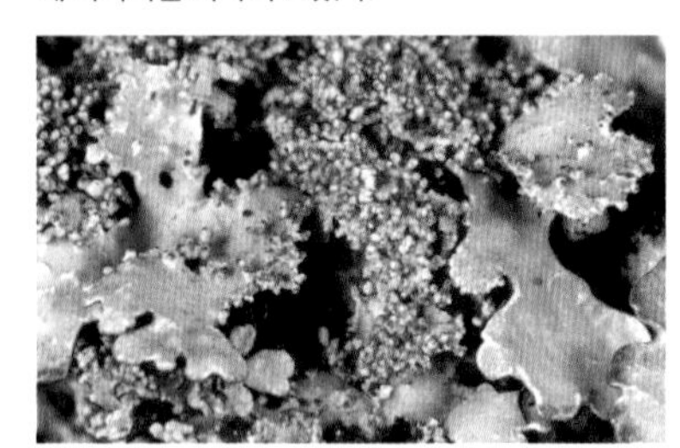

지의류의 가장자리에 있는 작은 못 같은 세포가 무성의 열아로, 이들이 떨어져서 새로운 지의류를 형성한다.

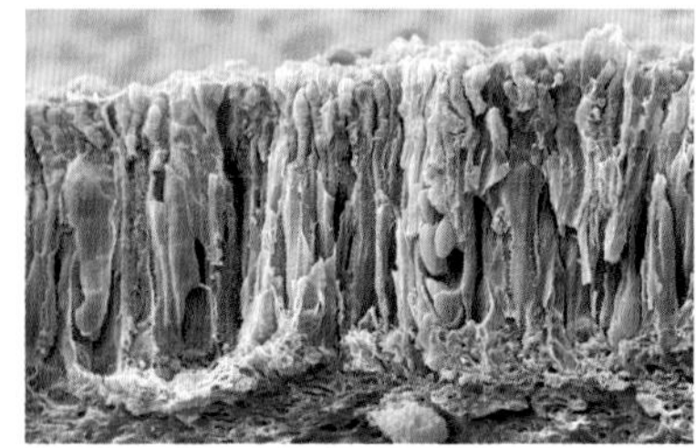

현미경을 통해 본 지의류 세포의 절단면이다. 포자를 생성하는 자낭이 조류 세포로부터 나온다.

논쟁

있을 법하지 않은 동반자?

지의류의 진화는 신비로 남아 있다. 아직까지도 과학자들은 어떻게 그리고 왜 균류와 조류가 함께 살게 되었는지를 이해하려고 노력하고 있다. 아마 처음에는 서로 상대방을 공격했던 것이 나중에 동반자 관계로 발전한 것일지도 모른다. 모든 지의류가 공생 관계에 있는 것은 아니다. 어떤 종류는 기생 관계에 있을 수도 있다.

지의류는 하나의 생물이 아니며 녹조류 혹은 남세균과 균류가 서로 공생을 하며 살아가는 복합체이다. 조류는 광합성을 통해 양분을 공급하고, 균류는 수분을 유지시키고 무기물을 붙잡아 조류를 도와준다. 균류는 일반적으로 자낭균류이나 드물게 담자균류이기도 하며 이렇게 지의류를 구성하는 균류가 무엇이냐에 따라 지의류를 분류한다. 균류는 조류의 광합성 세포를 둘러싸고 있으며 지의류마다 독특한 균류의 조직이 조류를 싸고 있다. 둘의 결합으로 조류나 균류가 혼자서는 살 수 없는 극단적인 환경에서도 살아갈 수 있다. 지의류는 남극으로부터 400킬로미터 정도 떨어진 곳에서도 발견되지만 건조한 돌담이나 바위, 나무껍질 등 보다 친숙한 장소에서도 살고 있다.

지의류는 형태에 따라 잎 모양을 가지는 엽상지의류, 껍질 모양으로 생긴 고착지의류, 가지를 치는 수지상지의류의 3종류로 구분된다. 그러나 이러한 종류 외에 털 같은 사상지의류, 물을 흡수하는 교질지의류 등도 있다.

생식

많은 지의류가 포자를 이용한 유성 생식을 한다. 포자는 균류에 의해 생성되며 보통 자낭반(子嚢盤, apothecium)이라고 불리는 컵 모양 혹은 원반 모양의 특별한 구조에서 만들어진다. 이들이 다른 지의류를 형성하고 살아남기 위해서는 방출된 포자가 주변에 있는 적합한 조류에 내려앉아야 한다. 다른 지의류는 자낭각(子嚢殼, perithecium)이라는 특별한 방 안에 포자를 생성한다. 자낭각은 작은 화산처럼 생겼으며 위쪽에 난 구멍으로 포자를 방출한다. 출아 혹은 몸의 특수 부위를 잘라 내는 방법으로 무성 생식을 할 수도 있다. 이러한 분아(粉芽, soredium) 혹은 열아(裂芽, isidium)에는 균류 세포와 조류 세포가 혼합되어 있으며 살기 적합한 곳에 떨어지면 새로운 지의류로 자라나게 된다. 북아메리카의 바위로 된 해안가에서는 수십 킬로미터에 걸쳐 지의류가 자라고 있다. 이러한 크기로 자라는 데에는 수백 혹은 수천 년이 걸렸을 것이다.

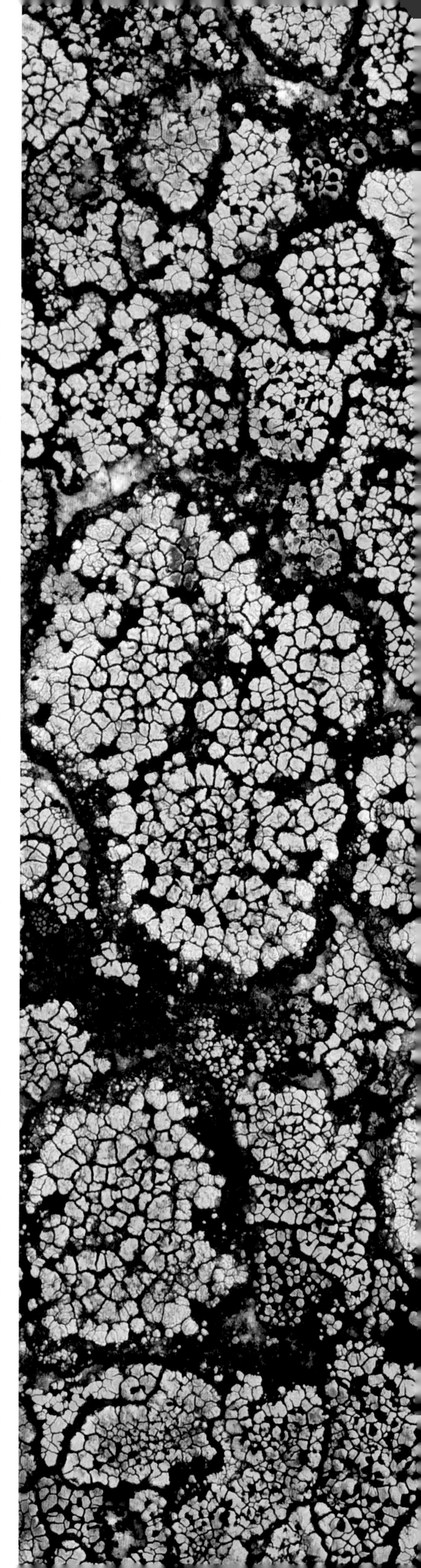

퍼져 나가는 맵라이큰 >
일반적인 지의류인 리조카르폰은 건조하고 바위가 노출된 혹독한 환경에 정착할 수 있다.

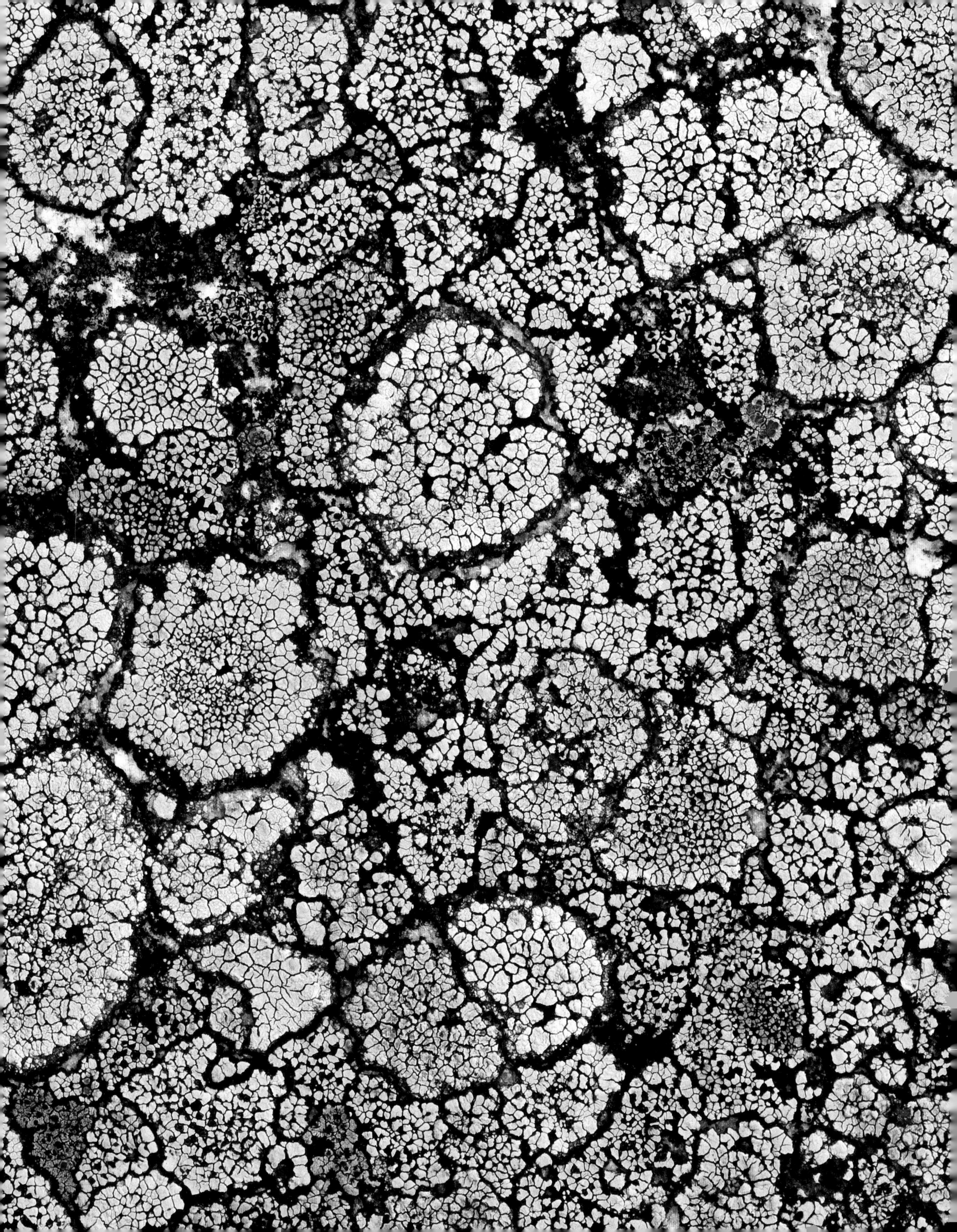

» 지의류

5~10cm

오렌지라이큰
Caloplaca verruculifera
주황철사나무풀지의과
중앙에 원반 모양의 자낭반이 있는 열편을 갖는 지의류이다. 유라시아와 북아메리카의 해안가 바위에서 발견되며 종종 새의 횃대 가까운 곳에 자란다.

2.5~7.5cm

골든아이라이큰
Teloschistes chrysophthalmus
주황철사나무풀지의과
유라시아와 아메리카 및 열대 지방에서 자라며 심각한 멸종 위기에 직면해 있다. 오래된 과수원이나 울타리, 작은 교목 위에 자란다. 가지를 치는 열편은 큰 주황색의 원반 구조를 만든다.

2.5~7.5cm

가장자리가 올라가는 둥근 열편

월라이큰
Xanthoria parientina
주황철사나무풀지의과
북아메리카, 유라시아, 아프리카 및 오스트레일리아의 나무, 벽, 지붕 위에 자라는 지의류로 노란색이 나는 주황색의 열편을 가지고 있다.

5~15cm

비어드라이큰
Usnea filipendula
매화나무지의과
북쪽 지역에 주로 발견되는 초록빛이 도는 회색의 지의류로 나무에 매달려 자란다. 가시가 있는 자낭반이 끝에 형성된다.

2.5~7.5cm

레인디어모스
Flavocetraria nivalis
매화나무지의과
북아메리카와 유라시아의 산이나 고산의 황야에서 발견된다. 갈색의 납작한 잎 같은 엽이 있으며 가장자리에 가시가 있다.

2.5~7.5cm

해머드실드라이큰
Parmelia sulcata
매화나무지의과
납작한 열편은 회색빛이 도는 녹색이며 끝이 둥글고 표면에는 가루 같은 생식 기관이다. 북아메리카와 유라시아의 나무 위에 흔히 발견된다.

2.5~7.5cm

호리로제트라이큰
Physcia aipolia
지네지의과
유라시아와 아메리카의 나무껍질에서 자라는 지의류로 회색 내지 갈색이 도는 회색이다. 거친 조각 모양을 형성하며 가장자리가 갈라진다. 검은 자낭반을 갖는다.

2.5~7.5cm

파우더헤디드튜브라이큰
Hypogymnia tubulosa
매화나무지의과
덩굴 혹은 나무줄기에 흔한 지의류로 열편의 위는 회색이 도는 녹색이고 아래는 검다. 유라시아와 북아메리카에서 발견된다.

2.5~7.5cm

후디드튜브라이큰
Hypogymnia physodes
매화나무지의과
전 세계의 나무, 바위, 벽에서 발견되는 지의류로 옅은 회녹색의 열편을 가지고 있으며 열편의 가장자리는 밀랍질이다. 자낭반은 드물게 달리며 붉은 갈색이고 가장자리가 회색이다.

1~5cm

데빌스매치스틱
Cladonia floerkeana
사슴지의과
유라시아와 북아메리카의 토탄이 많은 흙에 흔한 종류로 대에는 초록빛이 도는 회색의 비늘이 많이 달리며 끝에는 자주색의 자낭반이 달린다.

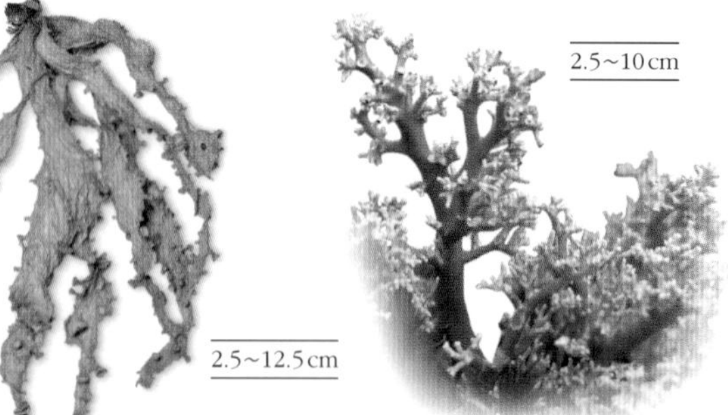

2.5~12.5cm

카틸리지라이큰
Ramalina fraxinea
매화나무지의과
유라시아와 북아메리카의 나무 위에 자라는 지의류로 회녹색의 납작한 가지를 형성한다. 가지에는 자낭반이 점처럼 달린다.

2.5~10cm

코랄라이큰
Sphaerophorus globosus
산호지의과
유라시아 북부 및 북아메리카 산지의 바위 위에 자란다. 균류는 분홍색이 도는 갈색의 가지가 빼곡히 나서 쿠션처럼 자라며 둥근 자낭반을 가지고 있다.

2.5~10cm

블랙실드
Tephromela atra
흑적지의과
옅은 회색의 고착된 열편을 가지고 있는 지의류로 건조된 죽처럼 보인다. 자낭반은 검은색이며 북아메리카와 유라시아의 노출된 바위 위에 자란다.

2.5~10cm

스톤월림라이큰
Lecanora muralis
주황접시지의과
바위나 콘크리트 위에서 종종 자라는 지의류이다. 회색이 도는 녹색의 열편은 바깥쪽으로 뻗어 나간다. 유라시아와 북아메리카에서 발견된다.

2.5~10cm

레인디어라이큰
Cladonia portentosa
사슴지의과
사슴지의류의 하나로 북아메리카와 유라시아의 황야에 흔하다. 얇고 속이 빈 가지는 반복해서 갈라진다.

5~50cm

블랙타르라이큰
Verrucaria maura
구멍사마귀지의과
유라시아와 북아메리카의 해안가를 따라 바위 위에 나타나는 지의류로 어두운 회색의 금이 가는 껍질에 자낭반을 가지고 있다.

20~30cm

도그라이큰
Peltigera praetextata
손톱지의과
유라시아와 북아메리카의 바위 위에서 발견되는 지의류로 회색이 도는 검은색의 큰 열편을 가지고 있으며 열편의 가장자리는 옅은 색이고 자낭반은 적갈색이다.

2.5~5cm

블리스터드젤리라이큰
Collema furfuraceum
김지의과
납작하고 주름지며 젤리 같은 열편을 지녔다. 유라시아와 북아메리카의 비가 많이 내리는 지역 나무나 바위 위에서 발견된다.

녹색의 열편이 중앙에서 퍼져 나간다.

5~15cm

트리렁워트
Lobaria pulmonaria
투구지의과
유라시아와 북아메리카 및 아프리카의 해안가 나무껍질에서 주로 발견된다. 서식지 파괴로 개체수가 감소하고 있다. 가지를 치는 열편은 뒷면이 옅은 주황색이다.

5~20cm

록트라이프
Lasallia pustulata
석이지의과
유라시아 및 북아메리카산 지의류로 해안가나 고지대의 양분이 많은 바위 위에 무리 지어 발견된다. 윗면은 회갈색으로 난형의 돌기가 많이 나 있다.

2.5~7.5cm

페탈드록트라이프
Umbilicaria polyphylla
석이지의과
유럽과 북아메리카의 산지 바위 위에서 흔하게 발견된다. 부드럽고 넓은 열편의 윗면은 어두운 갈색이며 아랫면은 검은색이다.

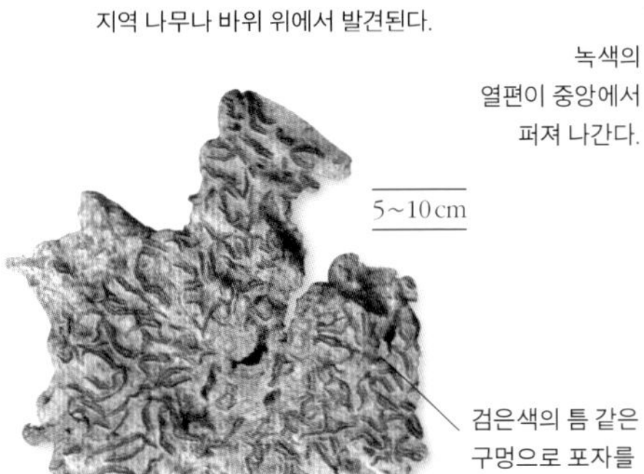

5~10cm

검은색의 틈 같은 구멍으로 포자를 방출한다.

스크립트라이큰
Graphis scripta
문자지의과
북아메리카와 유라시아의 나무껍질에서 종종 발견되는 지의류로 얇은 회녹색의 껍질을 형성한다. 틈 같은 구멍을 통해 포자를 방출한다.

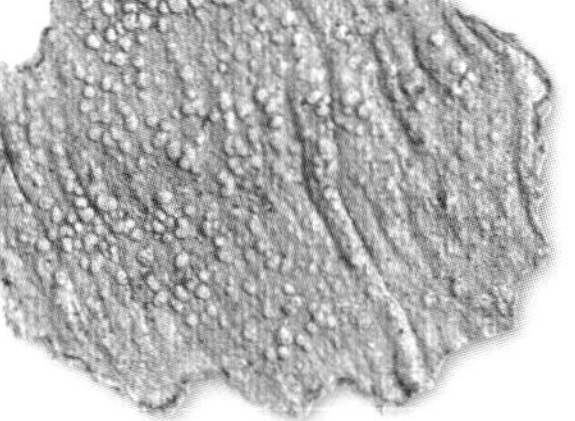

2.5~7.5cm

페르투사리아 페르투사
Pertusaria pertusa
닭살지의과
유라시아와 북아메리카의 나무껍질에서 흔히 자란다. 회색의 껍질처럼 자라며 가장자리는 옅은 색이다. 껍질에는 작은 구멍이 있는 돌기가 무리 지어 덮여 있다.

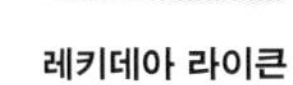

2.5~10cm

레키데아 라이큰
Lecidea fuscoatra
검은접시지의과
북아메리카와 유라시아의 오래된 벽돌 벽과 규토질의 바위에 흔한 종류이다. 회색의 조각나기 쉬운 껍질 같은 형태로 자라며 검은 자낭반이 함몰되어 있다.

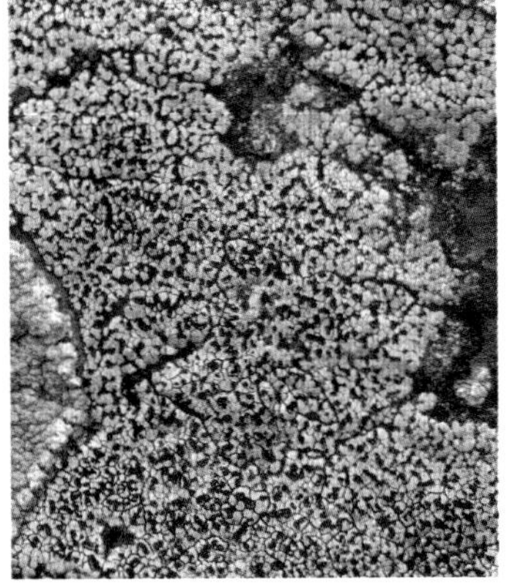

5~65mm

맵라이큰
Rhizocarpon geographicum
리조카르폰과
북반구의 산지와 북극의 바위 위에 흔한 종류로 납작한 헝겊 조각처럼 자라며 포자로 이루어진 검은 줄무늬가 테를 두르고 있다.

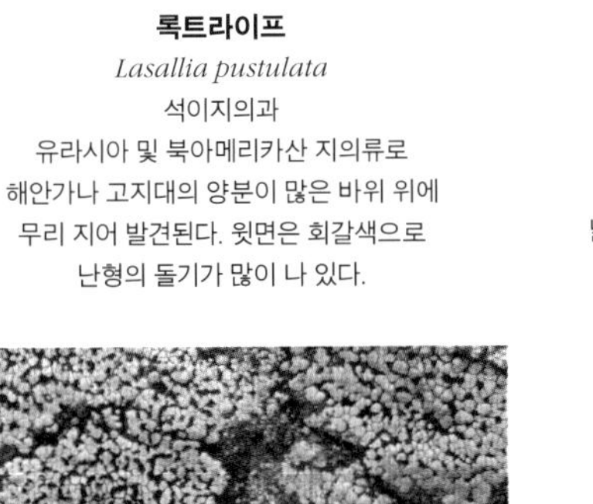

5~20cm

크랩아이라이큰
Ochrolechia parella
살색사마귀지의과
북아메리카 및 유라시아의 벽이나 바위 위에 헝겊 조각처럼 자란다. 보통 표면에는 분홍색이 도는 갈색의 자낭반이 많이 달린다.

반구형의 자낭반

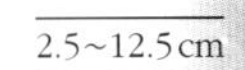

2.5~12.5cm

바이오미케스 루푸스
Baeomyces rufus
신선지의과
모래 토양이나 바위 위에 회녹색의 껍질처럼 자라는 지의류로 갈색의 공 같은 자낭반이 수 밀리미터의 자루 위에 달린다. 유라시아와 북아메리카에서 발견된다.

동물

동물계는 모든 생물 중에서 가장 큰 분류군이다. 먹이를 먹거나, 포식자에게 먹히는 것을 피하기 위해 동물들은 자신을 둘러싼 세계에 대해 독특하게 반응한다. 대부분 무척추동물이지만 포유류를 비롯한 척삭동물은 몸 크기, 힘, 속도 면에서 월등하다.

» 250

무척추동물

무척추동물은 몸의 형태가 매우 다양할 뿐만 아니라 광범위한 생활사를 나타낸다. 곤충이 가장 큰 분류군을 구성하지만 해파리, 지렁이, 단단한 껍데기를 가진 동물들도 여기에 포함된다.

» 322

척삭동물

세계에서 가장 큰 동물들의 대부분은 척삭동물이다. 외형상으로는 털, 깃털 또는 중첩된 비늘로 덮여 있지만 내부적으로는 모두 등뼈를 가지고 있어 골격의 일부를 구성한다.

무척추동물

140만 종가량이 동정되어 있으며 동물은 지구상의 생물들 중에서 가장 큰 계를 구성한다. 압도적인 다수가 무척추동물, 즉 척추가 없는 동물들이다. 무척추동물은 특히 다양성이 높으며 많은 수가 현미경으로만 볼 수 있을 정도로 작지만 큰 것은 몸길이가 10미터 이상이 되기도 한다.

무척추동물은 최초로 진화한 동물이다. 초기에는 몸집이 작고 몸이 부드러우며 물에서 생활을 했는데, 현존하는 많은 무척추동물이 아직도 이러한 특징들을 보유하고 있다. 현재로부터 약 4억 8500만 년 전에 종료된 캄브리아기 동안에 무척추동물은 극적인 진화를 이루어 어마어마하게 다양한 몸 형태와 서로 다른 생활사를 발달시켰다. 이러한 진화적 '폭발'에 의해 현존하는 대부분의 무척추동물 분류군(문) 또는 그 이하 수준의 분류군들이 생겨났다.

엄청난 생물 다양성

무척추동물에는 전형적인 형태가 없으며, 많은 문들 간에도 공통점이 거의 없다. 가장 단순한 형태의 무척추동물들은 머리나 두뇌가 없으며 대개 몸속 체액의 압력에 의해 몸 형태를 유지한다. 다른 극단적인 경우는 절지동물로서 잘 발달된 신경계와 정교한 감각 기관(예를 들어 겹눈)을 가지고 있다. 또한 이들에게는 외골격(exoskeleton)이라 불리는 단단한 껍데기에 유연한 관절을 이용해 구부릴 수 있는 다리가 있다는 점도 중요하다. 이러한 특별한 몸 구조 덕분에 절지동물은 물속과 지상뿐만 아니라 공중까지 자연에 존재하는 모든 서식지에 침투해 두드러진 성공을 거두었음이 입증되었다. 무척추동물에는 또한 껍데기를 가진 동물, 특히 광물 결정이나 골판에 의해 강화된 껍데기를 가진 동물들도 포함된다. 그러나 척추동물과 같은 경골성의 내골격을 가진 예는 없다.

구분된 생활사

대부분의 무척추동물의 삶은 알에서 시작된다. 일부는 부화할 때부터 성체의 축소판과 같은 형태를 갖지만 많은 수가 성체와 전혀 다른 형태로 출발한다. 유생이 자라나면서 몸 형태와 먹이 그리고 먹이를 찾는 방법도 달라진다. 예를 들어 성게는 유생 시기에 부유 생활을 하면서 바다에서 여과 섭식을 하지만 성체가 되면 바위에서 조류를 긁어 먹는다. 유생에서 성체로의 변화, 즉 변태 과정은 점진적일 수도 있지만 어린 동물의 몸이 파괴되면서 즉시 성체의 몸이 구성되는 갑작스러운 방식을 취하기도 한다. 변태를 통해서 무척추동물은 하나 이상의 먹이 자원을 취할 수가 있으며 종종 엄청나게 먼 거리로 분산하는 데 도움이 되기도 한다.

해면동물
가장 단순한 동물 중 하나로 체와 유사한 구조를 가지고 있으며 광물 결정으로 이루어진 내골격이 있다. 9,000종 이상이 속한다.

절지동물
동물계에서 가장 큰 문으로 120만 종 이상이 동정되어 있다. 여기에는 곤충, 갑각류, 거미류, 순각류 및 배각류가 포함된다.

무척추동물

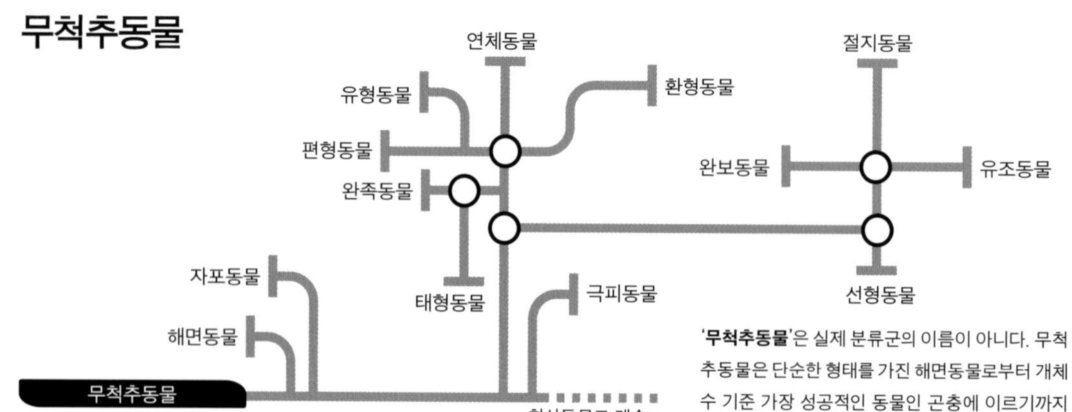

'**무척추동물**'은 실제 분류군의 이름이 아니다. 무척추동물은 단순한 형태를 가진 해면동물로부터 개체수 기준 가장 성공적인 동물인 곤충에 이르기까지 다양한 동물을 포함한다.

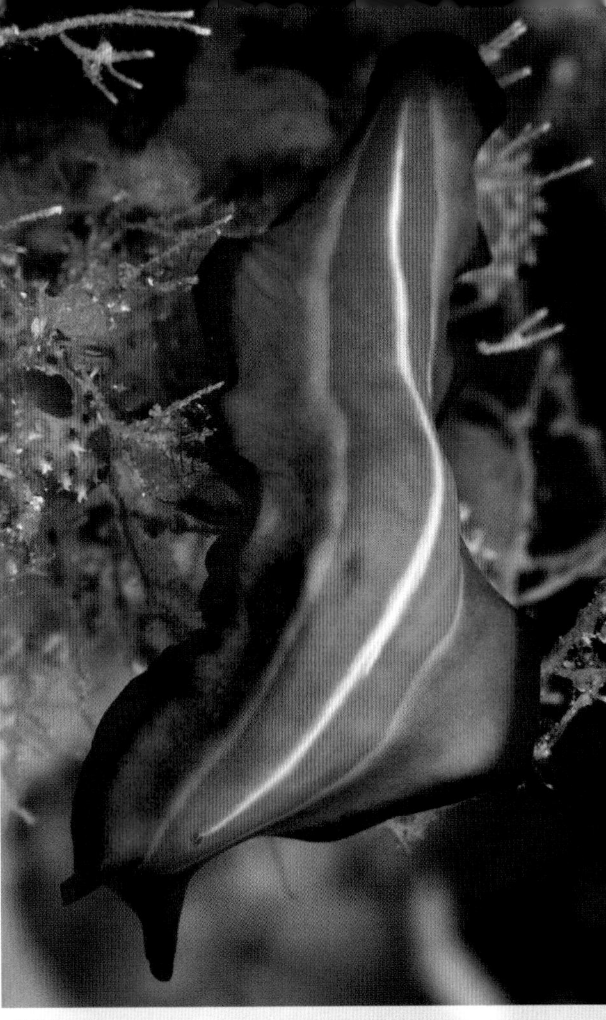

자포동물

부드러운 몸을 가지고 있으며 자세포를 이용해 먹이를 죽인다. 약 1만 1947종이 알려져 있으며 거의 대부분 바다에서 생활한다.

편형동물

편형동물문에는 약 3만 종이 있으며 납작하고 얇은 몸에 머리와 꼬리 부분의 구별이 가능하다.

환형동물

환형동물문에는 1만 8000여 종이 속하며 구불구불한 몸이 고리 모양의 체절로 나뉘어 있다. 지렁이와 거머리 등이 속한다.

갑각류

주로 물에서 살며 아가미로 호흡하는 절지동물이다. 갑각아문으로 분류되며 게와 가재를 포함해 7만 종 이상이 존재한다.

연체동물

가장 다양한 무척추동물 분류군 중 하나인 연체동물문에는 거의 7만 2000종이 속한다. 복족류, 이매패류, 두족류 등이 포함된다.

극피동물

극피동물문의 동물들은 5축 방사 대칭의 형태를 가진 것이 특징이며 피부 속에 작은 석회질판으로 이루어진 골격이 있다. 약 7,450종이 있다.

해면동물

몸 구조가 단순하며 대부분 바다에 사는 동물로, 성체는 일생 동안 바위, 산호 및 난파선 잔해에 부착된 상태로 산다. 담수에 사는 종은 소수에 불과하다.

해면동물문에 속하는 동물들은 종이처럼 얇은 형태에서부터 거대한 통 모양에 이르기까지 크기와 모양이 다양하지만 기본 구조는 모두 동일하다. 서로 다른 형태의 특수 세포를 갖되 내장 기관이 없다는 것이다. 해면동물의 표면에 있는 작은 입수공을 통해 들어온 물이 수관계(水管系)를 통해 몸 전체로 흐르면 위강 또는 수관의 안쪽 면을 덮은 세포들이 먹이인 세균이나 다른 작은 플랑크톤을 섭취하고 남은 물을 출수공을 통해 밖으로 배출한다.

다수가 전형적인 '해면' 구조를 가지고 있지만 일부는 골격의 성질에 따라 돌처럼 단단하거나 부드럽거나 심지어 끈적거리기도 하는데, 해면의 골격은 이산화규소(실리카) 또는 탄산칼슘으로 이루어진 골편으로 구성된다. 골편의 형태와 수가 달라서 종을 구별하는 기준으로 사용될 수 있다.

문	해면동물문
강	4
목	32
과	144
종	9,000 이상

석회해면

석회해면강의 골격은 별 모양의 탄산칼슘 골편이 밀집된 형태이며 각각의 골편이 3개 내지 4개의 축을 가지고 있다. 모양이 다양하고 만져 보면 바스락거리며 대부분의 종이 크기가 작고 잎 모양 또는 관 모양이다.

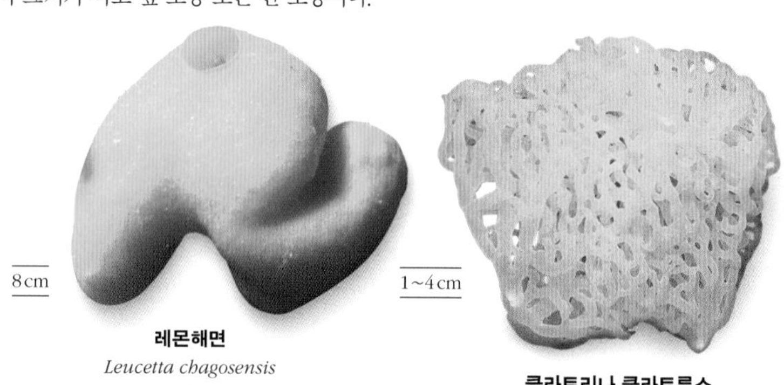

8cm

레몬해면
Leucetta chagosensis
솜해면과
서태평양의 가파른 산호초에서 자라는 주머니 모양의 해면으로 밝고 선명한 색상을 띤다.

1~4cm

클라트리나 클라트루스
Clathrina clathrus
클라트리니다이과
지중해에 분포하며 폭이 수 밀리미터밖에 안 되는 많은 수의 관으로 구성되고 특유의 노란색을 띤다.

출수공을 둘러싼 골편

2~5cm

지갑해면
Sycon ciliatum
무화과해면과
대서양 북동부 해안에 분포하는, 구조가 단순하고 속이 비어 있는 해면으로 출수공 주변을 뾰족한 석회질 골편이 둘러싸고 있다.

10cm

작은 입수공을 통해 물이 몸속으로 들어간다.

레우코니아
Leuconia sp.
바이리이다이과
대서양 북동부에 분포하며 잎 모양이나 방석 모양에서 층상 구조에 이르기까지 형태가 다양하다. 물살이 센 지역에서 자란다.

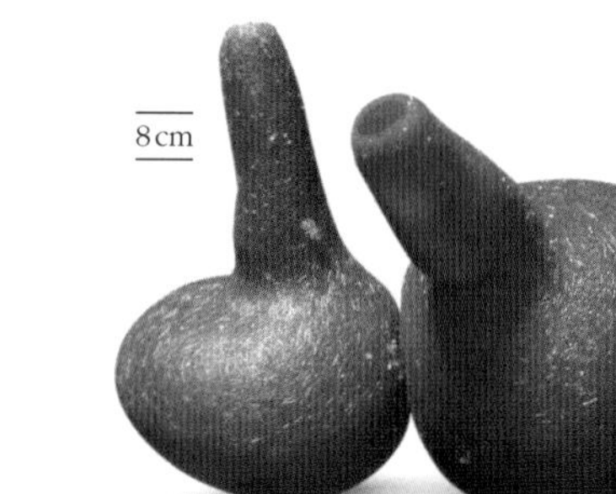

8cm

빨간지갑해면
Grantessa sp.
이강해면과
작은 박 모양의 섬세한 해면으로 말레이시아와 인도네시아의 얕은 바다에 있는 산호 사이에서 자란다.

보통해면

보통해면강의 85퍼센트 이상이 속한다. 외형은 다양하지만 대부분 이산화규소 골편과 스폰진(spongin)이라 불리는 유연한 유기질 콜라겐 구조물로 된 골격을 가지고 있다. 바위에 납작하게 붙어 자라는 소수 종은 골격이 없거나 스폰진만을 가지고 있다.

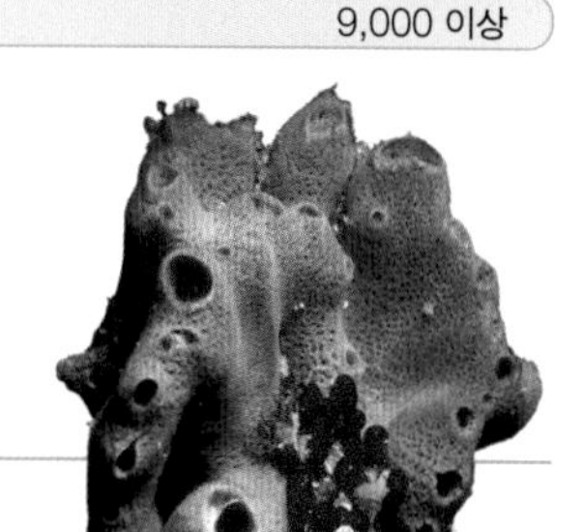

1m

푸른해면
Haliclona sp.
칼리니다이과
드물게 푸른색을 띠는 해면으로 보르네오 북부의 산호 또는 암석 꼭대기에서 흔히 자란다.

1m

갈색관해면
Agelas tubulata
아벨라시다이과
불규칙한 갈색 관이 배열되어 이루어진 덩어리들로 구성된다. 카리브 해와 바하마 바다 깊은 곳의 산호초에서 흔히 발견된다.

35cm

지중해목욕해면
Spongia (Spongia) officinalis
각질해면과
골격에 탄성이 있어서 세척 및 건조 후에도 형태를 유지하기 때문에 목욕할 때 사용하기에 이상적이다.

5~10cm

코끼리은신처해면
Pachymatisma johnstonia
죠디아해면과
대서양 북동부의 청정 해안에 서식하며 조직이 질기고 넓은 면적의 바위나 난파선 잔해를 뒤덮을 수 있다.

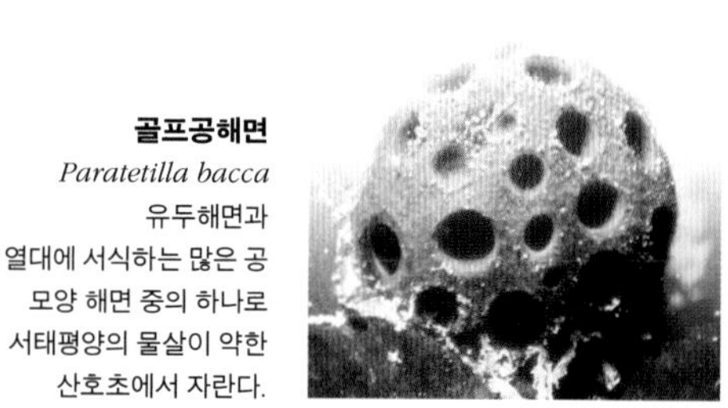

12cm

골프공해면
Paratetilla bacca
유두해면과
열대에 서식하는 많은 공 모양 해면 중의 하나로 서태평양의 물살이 약한 산호초에서 자란다.

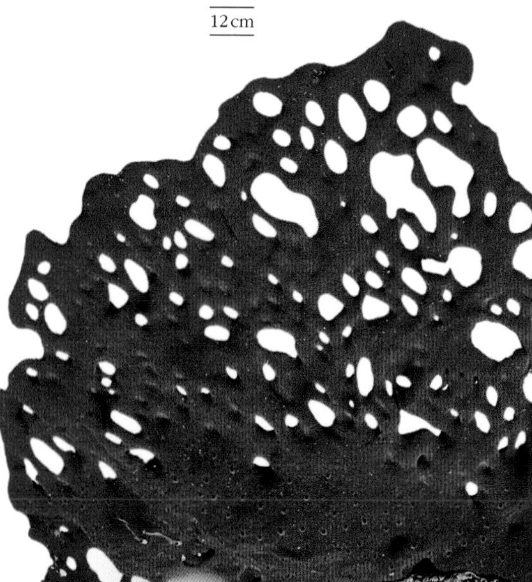

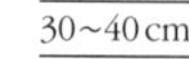

30~40cm

빨간나무해면
Negombata magnifica
포도스퐁기이다이과
이 아름다운 빨간색의 바다 해면을 양식하려는 시도가 일부 성공을 거두고 있다. 의학적으로 중요할 수도 있는 화학 물질을 함유하고 있다.

50 cm

천공해면
Cliona celata
클리오나이다이과
유럽에 서식하며 노란 덩어리처럼 보이지만 상당 부분이 패각이나 석회질 암석을 뚫고 눈에 보이지 않는 곳에서 자란다.

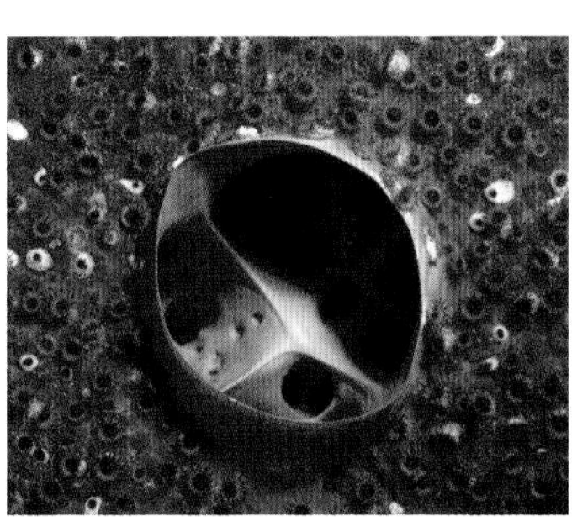

천공해면
Cliona delitrix
클리오나이다이과
카리브 해에 서식하며 여러 개의 커다란 출수공을 통해 물을 배출한다. 산을 분비해 산호에 구멍을 뚫는다.

15~30 cm

엘로핑거해면
Callyspongia (Callyspongia) nuda
예쁜이해면과
열대 태평양에 서식하는 해면으로 체내에 함유하는 화학 물질 때문에 화려한 색을 띤다. 이 해면의 추출물은 제약 산업에 이용된다.

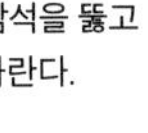

빵부스러기해면
Halichondria panicea
해변해면과
대서양 북동부에 서식하며 바위가 많은 해안이나 얕은 물가를 얇게 뒤덮는 형태로 자란다. 몸 색깔은 공생 관계에 있는 조류로 인한 것이다.

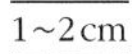

스피라스트렐라 쿵크타트릭스
Spirastrella cunctatrix
나선별해면과
대양에서 발견되는 다채로운 색상의 해면 중 하나로 물체의 표면을 감싸며 자란다. 지중해와 대서양 북부 연안의 바위를 뒤덮는다.

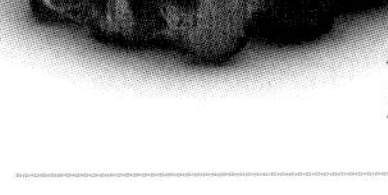

2 m

통해면
Xestospongia testudinaria
바위해면과
인도양-태평양에 사는 거대한 해면으로 작은 물고기나 무척추동물이 이 해면 위나 안에서 살아간다.

0.8~2 m

아플리시나 아르케리
Aplysina archeri
아플리시니다이과
카리브 해 산호초에 사는 우아하고 긴 모양의 이 해면은 물결에 따라 부드럽게 흔들거린다.

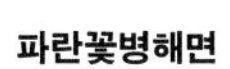

30~40 cm

45 cm

파란꽃병해면
Callyspongia plicifera
예쁜이해면과
카리브 해에 흔히 서식하는 해면으로, 하늘색 내지 보라색의 꽃병 모양이 산호초에 색을 더한다. 표면에는 이랑과 골이 있다.

동골해면

130종 미만의 해면으로 이루어진 이 작은 강은 온대와 열대 바다 모두에서 발견된다. 작은 규산질 골편을 가지고 있거나 전혀 없기 때문에 가장 부드럽다. 플랑크톤 유충의 형태가 독특하다.

10~15 cm

부드러운 산호 폴립

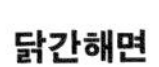

닭간해면
Plakortis lita
판해면과
닭간해면이라는 이름은 이 해면의 형상과 감촉을 반영한 것이다. 안팎이 어두운 갈색이고 감촉이 부드러우며, 서태평양의 산호초에서 발견된다.

육방해면

육방해면강은 심해에 사는 소수의 해면이 속한 분류군으로 최대 20미터 높이의 산호초와 유사한 언덕을 형성하기도 한다. 6개의 축이 있는 별 모양의 규산질 골편이 하나로 융합되어 단단한 격자 모양의 골격을 형성한다.

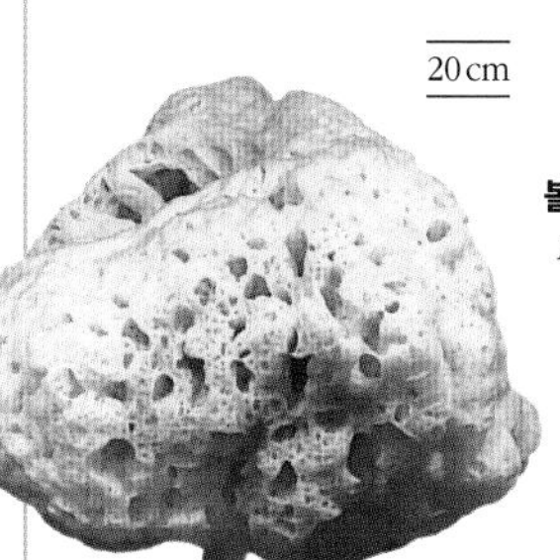

20 cm

볼로소마육방해면
Bolosoma sp.
해로동굴해면과
통통한 버섯처럼 생긴 볼로소마 해면은 심해에 서식하며 길고 가는 줄기로 해류를 견뎌 낸다.

35 cm

비너스의꽃바구니
Euplectella aspergillum
해로동굴해면과
열대 바다의 수심 150미터 아래에서 자라며 빅토리아 시대 사람들은 섬세한 규산질 골격 때문에 이 해면을 채집해 전시하곤 했다.

규산질 골편으로 이루어진 단단한 격자

자포동물

자포동물문에는 해파리, 산호충 및 말미잘이 포함된다. 이들은 촉수에 있는 자포(쏘는 세포)로 살아 있는 먹이를 잡아 단순한 주머니 모양의 장에서 소화시킨다.

모든 자포동물은 물에 살며 대부분 해수 종이다. 몸 형태는 2가지인데, 해파리처럼 유영 생활을 하는 종 모양의 메두사 형태와 말미잘처럼 고착 생활을 하는 폴립 형태가 있다. 메두사형과 폴립형 모두 머리나 앞뒤의 구분이 없다. 1개의 장 입구를 둘러싼 촉수를 사용해 먹이를 섭취하고 찌꺼기를 배출한다.

자포동물의 신경계는 신경섬유로 이루어진 단순한 그물 구조로 구성되며 뇌가 없다. 따라서 이 동물의 행동 양식은 대개 단순하다. 육식성이지만, 상자해파리를 제외하고는 적극적으로 먹이를 추적하지 못한다. 대신 대부분의 자포동물은 유영하던 동물들이 촉수의 사정거리 내에 들어올 때까지 기다린다.

자포

자포동물의 외피(일부 종에서는 내피를 포함해)는 자포동물문 특유의 작은 쏘는 캡슐로 무장하고 있다. 쏘는 기능이 있는 이러한 기관을 자포(cnidocyst 또는 cnidocyte)라고 부르며 자포동물이라는 이름은 여기서 유래한 것이다. 자포는 촉수에 밀집되어 있으며 자포동물이 잠재적인 먹이와 접촉했을 때 또는 공격을 받을 때 발생하는 물리적 접촉이나 화학적 신호에 의해 촉발된다. 각각의 자포는 현미경 수준의 작은 독주머니를 가지고 있으며 작은 나선 모양의 '작살'을 이용해 상대방의 피부에 독을 주입한다. 일부 자포동물의 독은 인간의 피부를 통과해 심각한 통증을 유발할 수 있으나, 거의 대부분은 인간에게 해가 없다.

세대 교번

다수의 자포동물은 메두사형과 폴립형을 번갈아 취하며, 대개는 둘 중 하나가 지배적으로 나타난다. 일부 종에서는 둘 중 한 형태가 전혀 나타나지 않기도 한다. 유영 생활을 하는 메두사는 대개 번식기에 나타난다. 대부분의 종에서 체외 수정을 하는데, 정자와 난자를 수중에 방사하면 작은 편형동물 모양의 플랑크톤성 유생으로 발달한다. 이들이 한 장소에 고착해 폴립형으로 성장한다. 특화된 폴립은 다시 새로운 메두사형을 만들어 생활사를 완결한다.

문	자포동물문
강	6
목	22
과	278
종	약 1만 1947

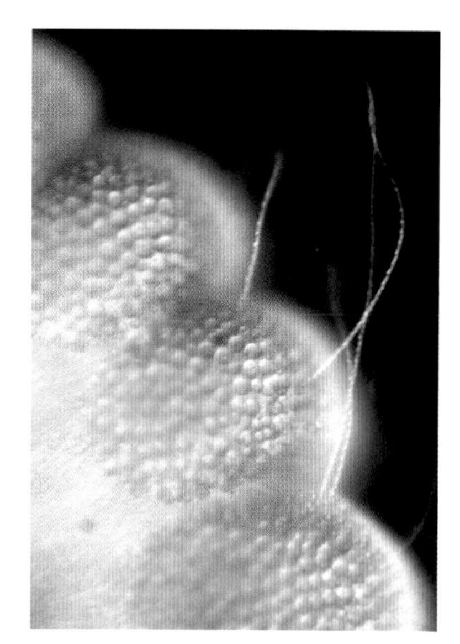

이 현미경 사진은 독이 든 작살을 발사하도록 자극된 자포(쏘는 세포)를 보여 준다.

상자해파리

상자해파리강은 열대와 아열대의 물속에 산다. 이들은 단순히 흘러 다니는 것이 아니라 이동 방향과 속도를 조절하는 능력이 더 뛰어나다는 점에서 일반 해파리와 다르다. 종 모양의 갓 아래쪽에 달린 펄럭이는 치마폭 모양의 막을 이용해 상당한 속도로 이동할 수 있다. 투명한 갓 옆에는 덩어리처럼 생긴 눈이 있고 장애물을 피하거나 먹이의 위치를 감지할 정도의 시력을 갖추고 있다.

종(영종)

0.3~3m

바다말벌
Chironex fleckeri
키로드로피다이과
인도양-태평양에 살며 상자해파리 중 가장 크다. 특히 심한 통증을 유발하는 독을 가지고 있어 인간이 사망한 예도 있다.

자루눈해파리

십자해파리강의 생활사에서 쉽게 관찰되는 단계는 성체뿐이다. 다른 해파리와 달리 헤엄치지 않고 자루를 이용해 고착 생활을 한다. 입 주위에 8개의 팔이 방사형으로 나 있고 끝에 촉수 덩어리가 있다. 다른 단계는 매우 작은 플라눌라 유생과 폴립(스타우로폴립)이다.

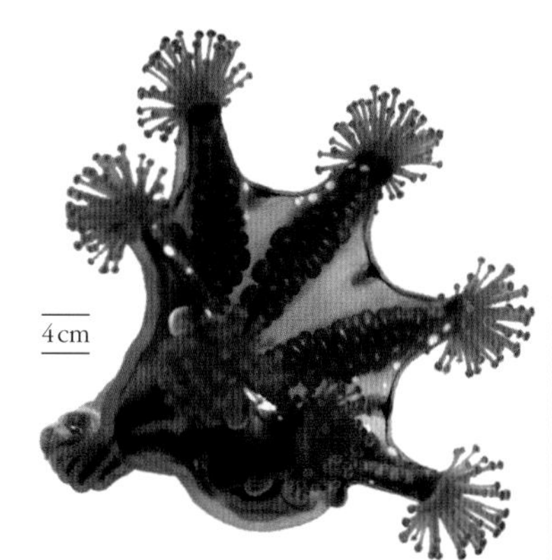

4cm

자루눈해파리
Haliclystus auricula
자유손목해파릿과
이 종은 대서양과 태평양의 얕고 차가운 바다에 사는 조류와 해초에 붙어 살며 촉수의 자포를 사용해 먹이를 잡는다.

해파리

해파리의 종 모양은 해파리강의 생활사 중 메두사 단계이다. 폴립 단계는 축소되었거나 일부 심해 종에서 생략되어 있다. 폴립은 횡분열을 거쳐 출아법에 의해 새로운 작은 크기의 메두사를 생성한다. 근구해파리는 종 주변에 촉수가 달려 있지 않은 것이 특징이다.

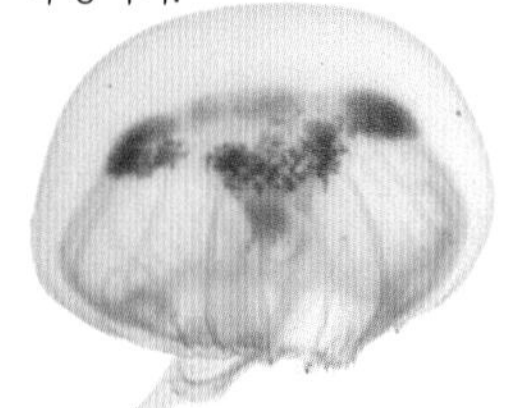

20~40cm

달해파리
Aurelia aurita
울마리다이과
세계적으로 널리 분포하는 속으로 4개의 긴 '팔'과 작은 곁다리 촉수들을 가지고 있다. 번식을 위해 해안에 무리를 지어 몰려오며 강어귀에서 폴립이 되어 정착한다.

14~16cm

얼룩석호해파리
Mastigias papua
마스티기이다이과
다른 근구해파리류와 마찬가지로 몸속에 해조류가 들어 있으며 점액을 이용해 플랑크톤성 먹이를 잡는다. 육지에서 멀리 떨어진 양도(洋島) 지역을 포함해 남태평양의 석호에 들어온다.

20~30cm

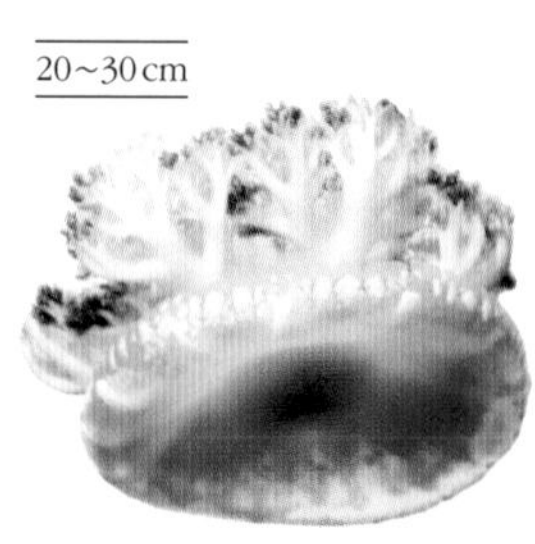

거꾸로해파리
Cassiopea andromeda
카시오페이다이과
언뜻 보기에는 말미잘처럼 생겼으며 인도양-태평양의 석호 밑바닥에 사는 근구해파리의 일종이다. 입이 위쪽에 있고 종이 규칙적으로 진동하면서 물을 순환시킨다.

히드라

히드라충강은 해저의 표면을 따라 군체를 형성하고 가지를 쳐서 폴립으로 이루어진 작은 숲을 형성한다. 일부는 수평 방향으로 줄기를 뻗어 몸을 표면에 고정시킨다. 히드라 군체는 뿔 모양의 투명한 덮개로 지지되며 일부 폴립은 유성 세대인 메두사를 생성한다. 담수 히드라는 단독 생활을 하는 폴립에서 직접 성 기관을 발달시킨다.

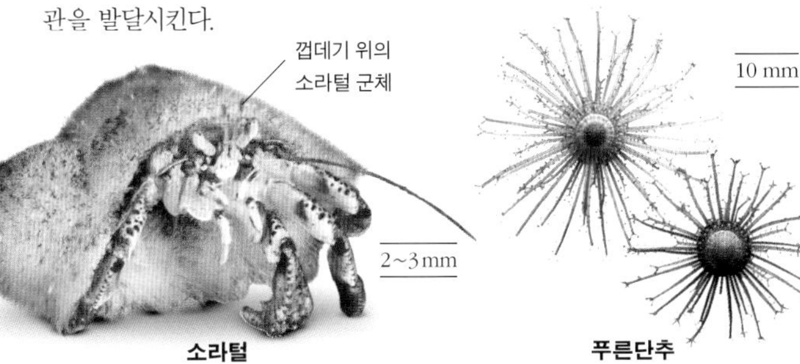

소라털
Hydractinia echinata
히드락티니이다이과
군체를 이루는 가시히드라류에 속한다. 대서양 북동부에 분포하며 집게가 쓰고 다니는 소라껍데기 표면에 자란다.

푸른단추
Porpita porpita
포르피티다이과
열대 바다에 살며 군체를 이루는, 해파리와 유사한 히드라로서 간혹 많이 변형된 개별 폴립으로 간주되기도 한다.

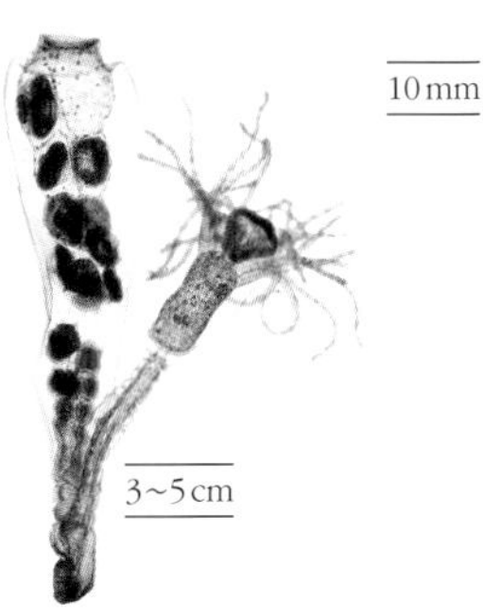

오벨리아
Obelia geniculata
캄파눌라리이다이과
전 세계에 분포하는 히드라로서 조간대의 해초 위에 많다. 수평 방향의 기는 줄기에서 돋아난 컵 모양의 폴립이 지그재그 모양의 군체를 이룬다.

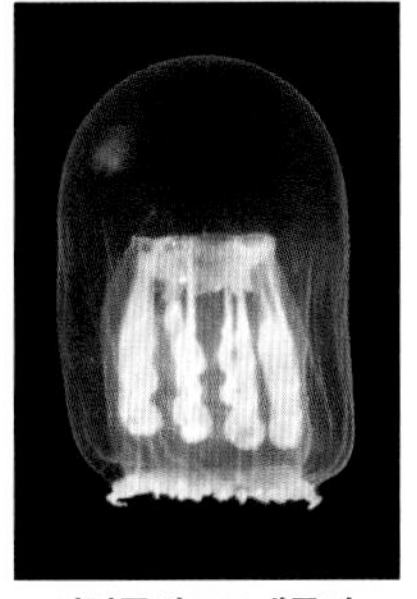

여덟줄히드로메두사
Melicertum octocostatum
멜리케르티다이과
북대서양과 북태평양에 살며 컵 모양 폴립을 갖는 히드라와 가까운 과에 속한다. 주로 메두사 형태로 알려져 있다.

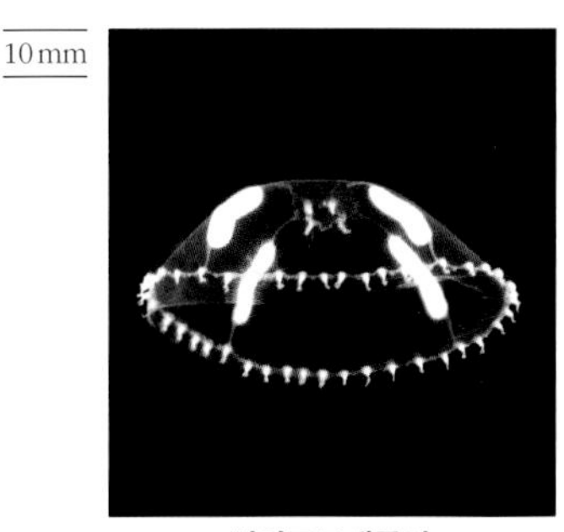

컵히드로메두사
Phialella quadrata
피알렐리다이과
전 세계적으로 널리 분포하며 근연종인 오벨리아처럼 가지 치는 군체를 형성하고 유영 생활을 하는 메두사를 퍼뜨려 유성 생식을 한다.

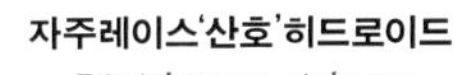

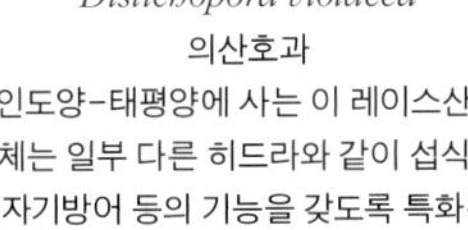

자주레이스'산호'히드로이드
Distichopora violacea
의산호과
인도양-태평양에 사는 이 레이스산호 군체는 일부 다른 히드라와 같이 섭식이나 자기방어 등의 기능을 갖도록 특화된 폴립을 가지고 있다.

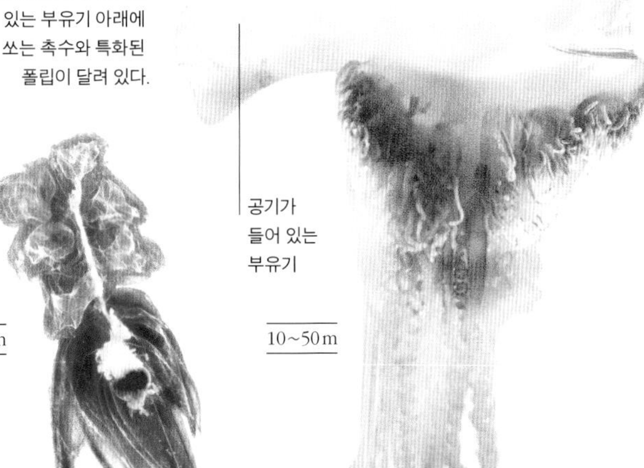

애기백관해파리
Physalia physalis
피살리아이다이과
해파리처럼 보이지만 실제로는 바다에 사는 히드라 군체이다. 공기가 들어 있는 부유기 아래에 쏘는 촉수와 특화된 폴립이 달려 있다.

홀라스커트술관히드라
Physophora hydrostatica
피소포리다이과
전 세계에 널리 분포하며 유영 생활을 하는 히드라 군체로서 근연종인 애기백관해파리보다 부유기가 작으며 돌출된 영종(泳鍾)을 가지고 있다.

깃털히드로이드
Aglaophenia cupressina
아갈라오페니이다이과
깃털히드로이드와 근연종인 바다고사리류는 컵 모양 폴립을 갖고 군체를 형성하는 히드라류에 속한다. 인도양-태평양에 산다.

유령해파리
Cyanea capillata
키아네이다이과
극지방에 사는 대형 해파리로서 다수의 촉수가 밀집해 있다. 독성이 강하며 어류도 잡아먹는다.

심해관해파리
Periphylla periphylla
페리필리다이과
영종을 둘러싼 홈이 있는 것이 특징인 관해파리류에 속하며 잘 알려지지 않은 심해 종 중 하나이다.

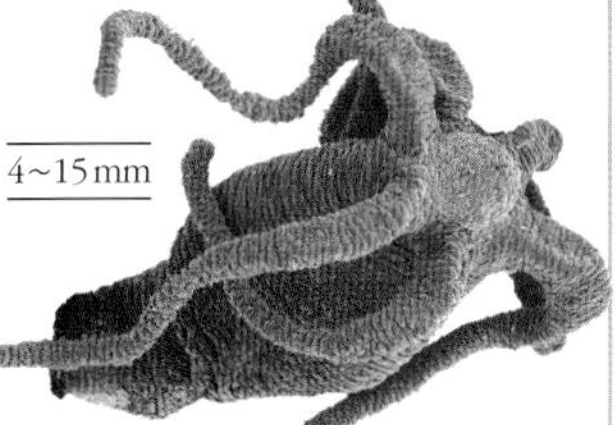

히드라
Hydra vulgaris
히드라과
메두사 단계가 없으며 담수에 사는 폴립으로 출아법에 의해 무성 생식을 한다. 전 세계적으로 널리 분포하며 찬물에 사는 종으로 색깔은 환경이나 먹이 또는 공생하는 조류의 색에 따라 달라진다.

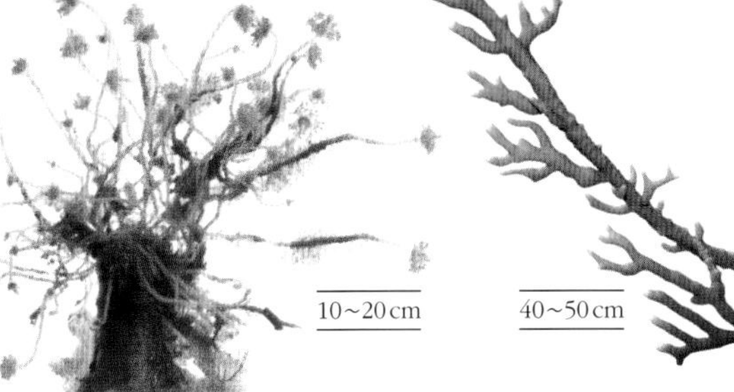

핑크하트히드로이드
Tubularia sp.
투불라리이다이과
투불라리아속의 히드라는 긴 줄기의 2곳, 즉 폴립의 기부와 입 주위에 촉수가 둥글게 돋아 있는 폴립형이다.

불히드라산호
Millepora sp.
밀레포리다이과
같은 과에 속하는 다른 종들과 마찬가지로 맹독이 있는 군체성 히드라로서 석회질의 골격이 있고 산호초를 형성한다. 진짜 산호충과는 먼 친척이다.

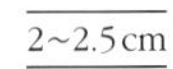

민물해파리
Craspedacusta sowerbii
꽃모자해파릿과
전 세계의 연못, 호수 및 하천에 살며 작은 폴립이 출아법에 의해 지배적인 형태인 메두사로 발달한다.

말미잘과 산호

다른 자포동물과 달리 말미잘과 산호는 유영 생활을 하는 메두사 단계가 없고 일생 동안 고착 생활을 한다. 산호충강의 폴립 중 다수가 꽃 모양을 띠고 있으며 정자와 난자를 생산한다. 단독 생활을 하는 말미잘과 군체를 형성하는 바다조름, 연산호, 열대 산호초를 조성하는 돌산호류가 포함된다.

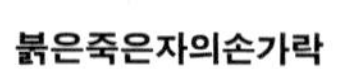

붉은죽은자의손가락
Alcyonium glomeratum
바다맨드라밋과
유럽 해안의 바위로 막힌 곳에서 발견된다. 다른 죽은자의손가락보다 가늘고 똑바로 선 형태이다. 색상은 노랑에서 빨강까지 다양하다.

바다부채산호
Gorgonia ventalina
바다부채산호과
카리브 해에 사는 이 종을 비롯해 직립한 부채 모양의 군체를 형성하는데, 중앙에 고르고닌(gorgonin)이라 불리는 유연한 각질로 된 골격이 있어 군체를 지지한다.

독버섯가죽산호
Sarcophyton trocheliophorum
바다맨드라밋과
연산호류에 속하며 인도양-태평양의 열대 산호초 위에 가죽과 유사한 거대한 군체를 형성한다. 광합성하는 조류로부터 영양을 공급받아 빠르게 성장한다.

바다딸기
Gersemia rubiformis
곤봉바다맨드라밋과
줄기 구조를 가진 연산호류에 속하며 밝은 분홍빛의 덩어리 모양 군체를 형성한다. 태평양과 대서양 북부 지방에 분포한다.

카네이션산호
Dendronephthya sp.
곤봉바다맨드라밋과
인도양-태평양의 열대 산호초에 분포한다. 줄기 구조를 가진 연산호류의 전형적인 형태로 폴립이 덩어리로 배열되어 있고 색이 화려하다.

죽은자의손가락
Alcyonium digitatum
바다맨드라밋과
유럽산이며 두꺼운 엽을 가진 전형적인 연산호이다. 단단한 골격이 없는 살덩어리에 폴립 군락이 부착되어 있다.

붉은산호
Corallium rubrum
산호과
지중해에 분포하며 실제로는 산호가 아니라 바다부채류에 속한다. 석회질의 바늘로 구성된 작은 망상 골격을 가지고 있다. 보석으로서 가치가 높다.

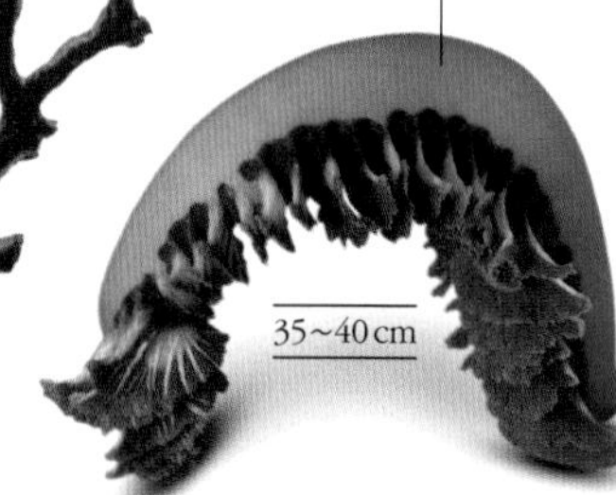

콩팥바다조름
Sarcoptilus grandis
바다조름과
온대 지역의 바다에 널리 분포하는 바다조름류이다. 몸 양쪽에 콩팥 모양의 가지가 줄지어 돋아나 있다.

오렌지바다조름
Ptilosarcus gurneyi
바다조름과
밝은색을 띠는 바다조름류 중 하나로 북아메리카의 태평양 연안에 살며 포식자에게 위협을 받으면 굴속으로 숨는다.

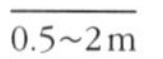

흰회초리산호
Junceella fragilis
회초리산호과
회초리산호는 바다부채류와 근연종으로 실처럼 생겼으며 칼슘으로 강화된 각질의 축으로 지지된다. 인도네시아의 산호초에 산다.

붉은회초리산호
Ellisella sp.
회초리산호과
엘리셀라속의 회초리산호는 2갈래로 갈라진 군체를 형성하며 일부는 빽빽한 해저 덤불을 형성하기도 한다. 열대와 온대 수역에 분포한다.

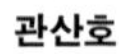

관산호
Tubipora musica
투비포리다이과
인도양-태평양에 사는 연산호류이다. 수직 방향의 석회질 관 기부가 뿌리처럼 얽힌 연결망으로 군체에 연결되어 있다. 관 안에 폴립이 있다.

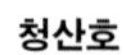

청산호
Heliopora coerulea
청산호과
단단한 석회질 골격에도 불구하고 돌산호류보다는 연산호류와 가깝다. 청산호목에 속하는 유일한 종이다.

10~20cm

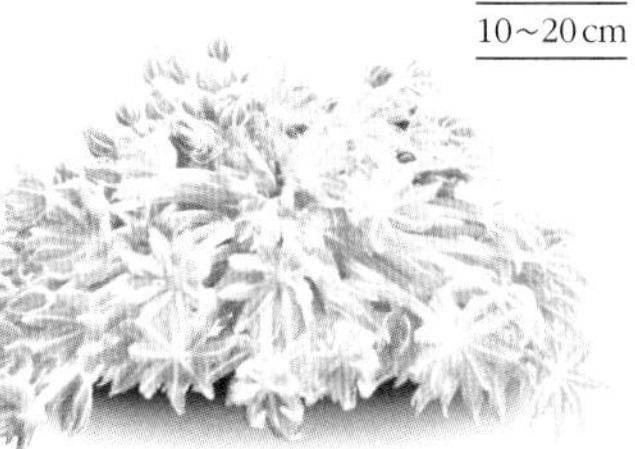

화분산호
Goniopora columna
구멍돌산호과
폴립은 데이지꽃 모양으로 잡아당기면 엄청난 길이로 늘어난다. 인도양-태평양에 살며 엽산호의 근연종이다.

4~5m

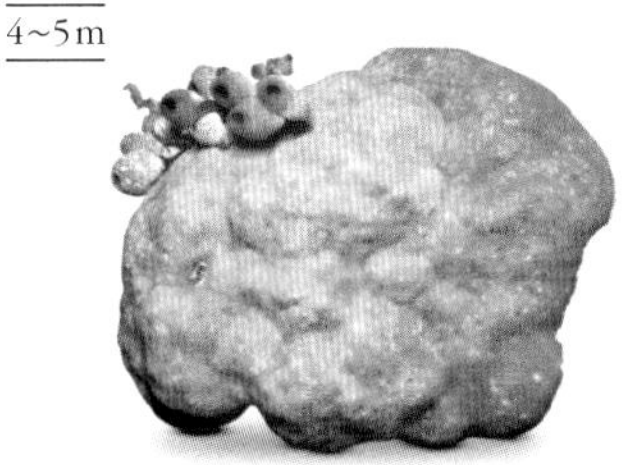

엽산호
Porites lobata
구멍돌산호과
인도양-태평양에서 산호초를 형성하는 가장 흔한 산호 중 하나로 거대한 군체를 형성해 강한 파도가 휩쓸고 지나간 자리를 뒤덮는다.

1~2m

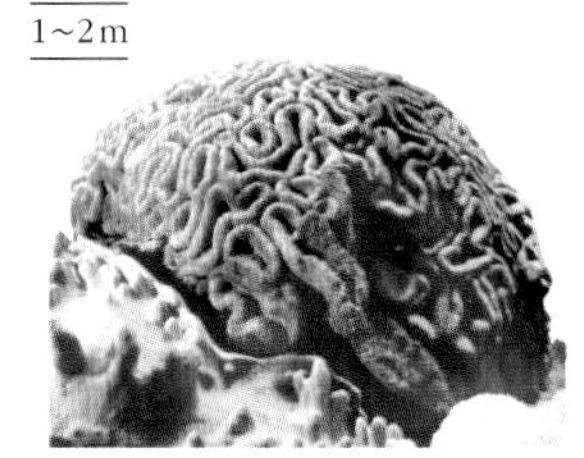

엽상뇌산호
Lobophyllia sp.
엽상뇌산호과
이 뇌산호류의 거대한 군체는 납작하거나 돔형을 취하며 인도양-태평양의 열대 산호초에 분포한다.

10~12cm

달리아말미잘
Urticina felina
해변말미잘과
이 말미잘의 끈적끈적한 돌출부에 다량의 쇄설물이 들러붙기 때문에 촉수를 움츠렸을 때는 작은 자갈 더미처럼 보인다. 북극 주변에 산다.

1~3m

사슴뿔산호
Acropora sp.
단풍돌산호과
가지를 뻗는 사슴뿔산호류는 열대에서 가장 큰 산호초를 만드는 부류에 속한다. 광합성을 하는 조류로부터 먹이를 공급받아 빠르게 성장한다.

1m

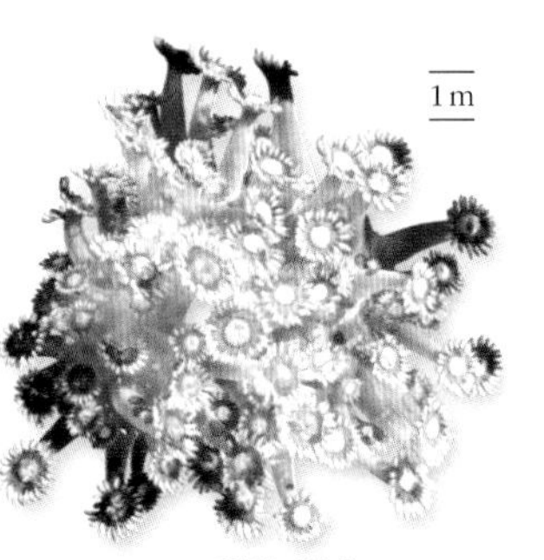

데이지산호
Goniopora sp.
구멍돌산호과
열대 산호초에 사는 고니오포라속 돌산호의 기다란 폴립에는 24개의 촉수가 달려 있다. 산호 중에서 가장 꽃 모양에 가까운 부류이다.

1~3m

굵은홈뇌산호
Colpophyllia sp.
파비이다이과
뇌를 닮은 반구형의 구조는 뇌산호의 전형적인 형태이다. 광합성을 하는 조류를 함유하며 열대에 산호초를 형성한다.

10~20cm

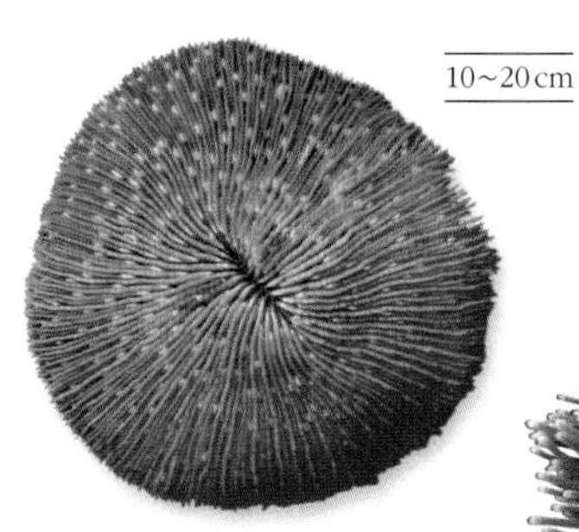

버섯산호
Fungia fungites
버섯산호과
열대 버섯산호류로 산호초를 형성하지 않고 다른 종들과 함께 단독 생활을 하는 폴립 형태로 해저를 기어 다닌다.

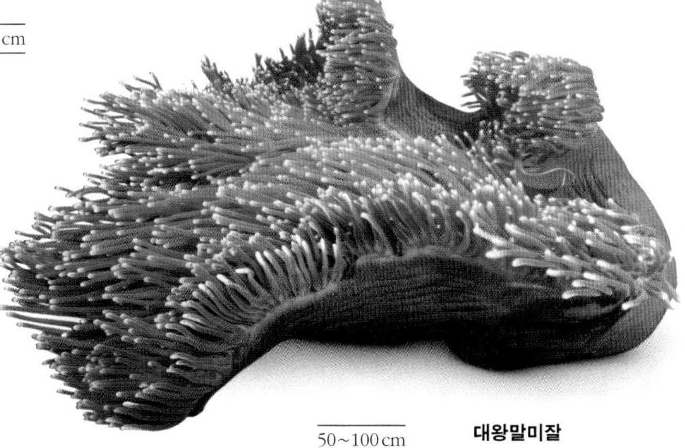

50~100cm

대왕말미잘
Heteractis magnifica
스티코닥틸리다과
인도양-태평양의 산호초에 사는 거대한 말미잘로 흰동가리를 포함한 다양한 어류와 공생하는 것으로 유명하다.

10~15mm

100~200m

대서양한류산호
Desmophyllum pertusum
카리오필리이다이과
영양을 공급해 주는 조류를 함유하지 않는 다른 심해 산호와 달리, 북대서양에 사는 이 산호는 비록 속도는 매우 느리지만 거대한 산호초를 형성한다.

2.5~15cm

깃털말미잘
Metridium senile
깃털말미잘과
전 세계적으로 널리 분포하며 솜털 같은 촉수 덩어리를 특징으로 하는 말미잘류에 속한다. 분열해 유전적으로 동일한 개체군을 형성할 수 있다.

5~7cm

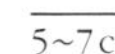

뱀타래말미잘
Anemonia viridis
해변말미잘과
유럽의 조간대에 흔히 서식하는 말미잘로 길고 화려한 촉수를 가지고 있으며 썰물 때에도 촉수를 움츠리는 경우가 드물다.

데본셔컵산호
Caryophyllia (Caryophyllia) smithii
카리오필리이다이과
대서양 북동부의 찬 바다에 살고 일부가 큰 말미잘 형태의 폴립을 갖는 분류군에 속한다. 따개비가 들러붙는 경우가 잦다.

10~15cm

관말미잘
Cerianthus membranaceus
꽃말미잘과
관말미잘류는 쏘는 기능이 없는 독특한 자포로 점액질에서 펠트 같은 관을 만들고 이를 이용해 퇴적층에 굴을 판다. 유럽의 해안 진흙 속에 산다.

50~100cm

대서양흑산호
Antipathes sp.
해송과
주로 심해에서 발견되는 흑산호는 좁은 뿔 모양의 외골격 속에 가시 모양의 폴립이 들어 있다.

편형동물

가장 단순한 구조를 가진 동물 중 하나인 편형동물은 납작한 몸에 산소와 먹이를 제공할 수 있는 습한 서식지라면 어디에서든지 살아간다.

편형동물은 편형동물문이라는 거대한 문에 속하며 바다와 담수 연못, 심지어는 다른 동물의 체내에 살기도 한다. 외형상으로는 거머리를 닮았으나 실제로는 훨씬 단순한 동물이다. 혈관계와 호흡계가 없어 체외의 물에서 체표면 전체를 통해 산소를 흡수한다. 가장 작은 편형동물은 소화계가 없어서 먹이도 같은 방법으로 흡수한다. 다른 종들은 입과 항문을 겸하는 하나의 구멍과 여러 갈래로 갈라진 내장이 있어서 영양분을 순환시키는 혈관계 없이도 전신의 조직에 영양분을 공급할 수 있다.

유영 생활을 하는 일부 편형동물은 현미경을 통해서나 관찰할 수 있을 정도의 극미한 섬모 운동을 통해 미끄러지듯 움직이면서 물속의 쇄설물을 먹는다. 다른 무척추동물을 먹는 편형동물도 있다.

체내 기생충

촌충류와 흡충류는 기생충이다. 이들의 납작한 몸은 숙주동물의 몸속에서 영양분을 흡수하기에 완벽한 구조이다. 많은 종이 한 숙주에서 다른 숙주로 이동하는 복잡한 수단을 가지고 있으며 1종 이상의 동물을 숙주로 삼기도 한다. 이들은 먹이 속에 숨거나 때로는 피부를 뚫고 숙주의 몸속으로 들어간다. 일단 들어가면 점점 몸속 깊은 곳으로 들어가서 내장 벽을 뚫고 중요한 장기에 몸을 단단히 고정해 살아가기도 한다.

문	편형동물문
강	4
목	41
과	약 420
종	약 3만

논쟁

새로운 문?

아코일란이라 불리는, 소화계와 뇌가 없는 일군의 작은 해양 동물들을 기존에는 편형동물로 분류했다. 이들이 방사 대칭의 몸을 가진 자포동물과 달리 좌우 대칭 구조를 지닌 최초의 살아 있는 동물로서 새로운 고유의 문에 속해야 한다는 논쟁적인 연구도 있다.

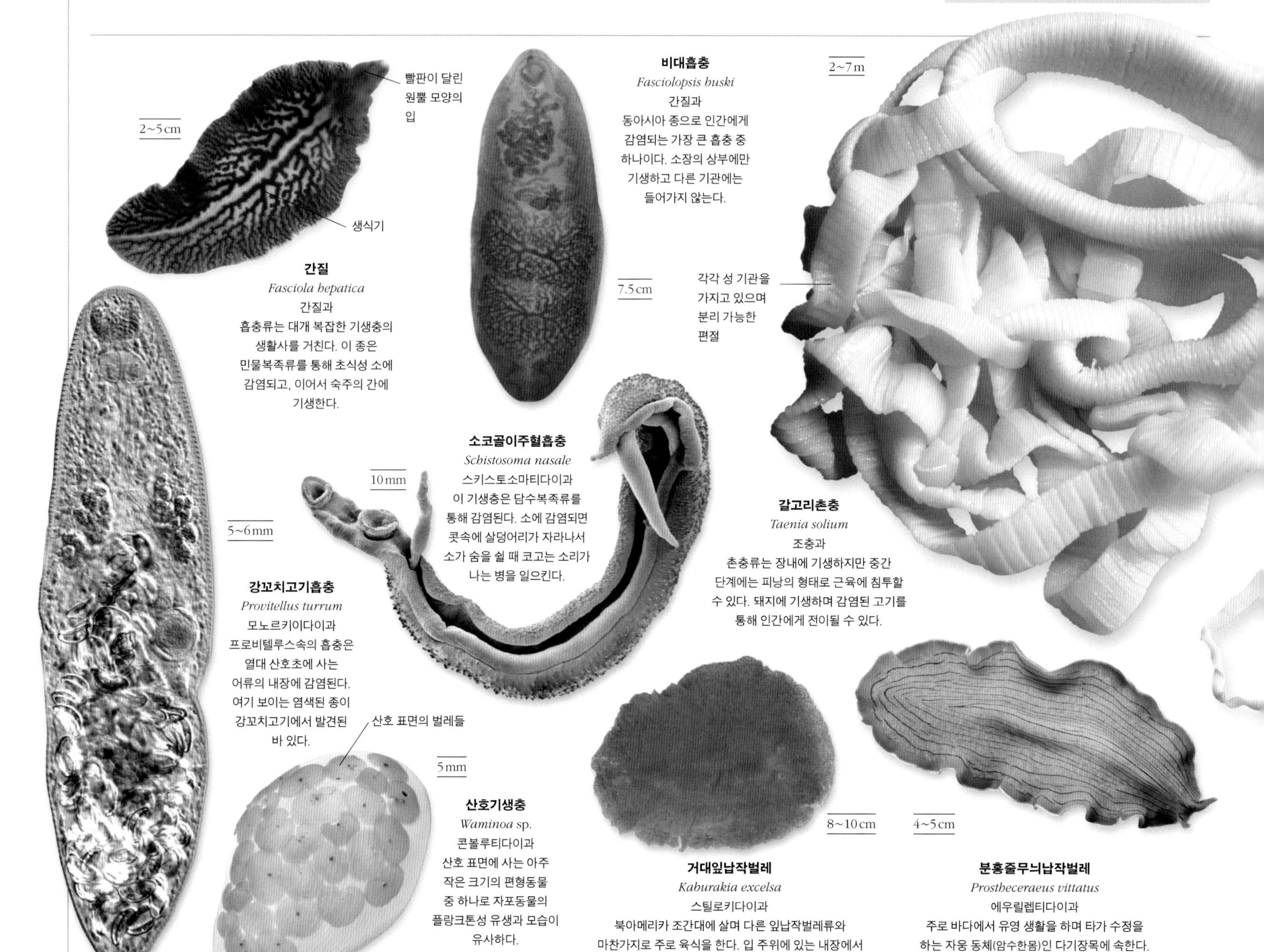

간질
Fasciola hepatica
간질과
흡충류는 대개 복잡한 기생충의 생활사를 거친다. 이 종은 민물복족류를 통해 초식성 소에 감염되고, 이어서 숙주의 간에 기생한다.

비대흡충
Fasciolopsis buski
간질과
동아시아 종으로 인간에게 감염되는 가장 큰 흡충 중 하나이다. 소장의 상부에만 기생하고 다른 기관에는 들어가지 않는다.

소코골이주혈흡충
Schistosoma nasale
스키스토소마티다이과
이 기생충은 담수복족류를 통해 감염된다. 소에 감염되면 콧속에 살덩어리가 자라나서 소가 숨을 쉴 때 코고는 소리가 나는 병을 일으킨다.

갈고리촌충
Taenia solium
조충과
촌충류는 장내에 기생하지만 중간 단계에는 피낭의 형태로 근육에 침투할 수 있다. 돼지에 기생하며 감염된 고기를 통해 인간에게 전이될 수 있다.

강꼬치고기흡충
Provitellus turrum
모노르키이다이과
프로비텔루스속의 흡충은 열대 산호초에 사는 어류의 내장에 감염된다. 여기 보이는 염색된 종이 강꼬치고기에서 발견된 바 있다.

산호기생충
Waminoa sp.
콘볼루티다이과
산호 표면에 사는 아주 작은 크기의 편형동물 중 하나로 자포동물의 플랑크톤성 유생과 모습이 유사하다.

거대잎납작벌레
Kaburakia excelsa
스틸로키다이과
북아메리카 조간대에 살며 다른 잎납작벌레류와 마찬가지로 주로 육식을 한다. 입 주위에 있는 내장에서 연장된 구조물로 먹이를 감싼다.

분홍줄무늬납작벌레
Prostheceraeus vittatus
에우릴렙티다이과
주로 바다에서 유영 생활을 하며 타가 수정을 하는 자웅 동체(암수한몸)인 다기장목에 속한다. 대서양에 산다.

노랑줄무늬헛뿔납작벌레
Pseudoceros dimidiatus
프세우도케로티다이과
바다에 사는 다기장목은 유영 생활을 하는 대형 납작벌레들이다. 화려한 색깔을 띠어 포식자에게 맛이 없음을 경고한다. 이 종은 인도양-태평양에 산다.

땅가래벌레
Bipalium kewense
가래벌렛과
가래벌레류는 대개 열대에 살며 습한 환경을 필요로 한다. 아시아 종으로 우연히 전 세계의 온실에 유입되었다.

꽃납작벌레
Pseudobiceros flowersi
프세우도케로티다이과
인도양-태평양에 살며 산호초 주위에 사는 다른 다기장목과 마찬가지로 물결치는 가장자리를 이용해 헤엄친다. 석호의 돌무더기 아래에서 발견되었다.

금가루납작벌레
Thysanozoon nigropapillosum
프세우도케로티다이과
이 속의 다수가 표면이 울록불록한 구조물로 덮여 있는데, 이 종은 끝부분이 노란색을 띤다. 몸의 나머지는 벨벳 같은 검은색이며 인도양-태평양에 산다.

황갈색민물납작벌레
Dugesia lugubris
플라나리아과
삼기장목에 속하는 편형동물들은 내장이 3갈래로 갈라져 있다. 이 종은 유럽산으로 담수 생태계에서 발견된다. 나머지는 해양성이다.

뉴질랜드땅납작벌레
Arthurdendyus triangulatus
게오플라니다이과
흙 속에 사는 대형 편형동물로 뉴질랜드 원산이나 유럽에 침입했다. 지렁이를 잡아먹는다.

갈색민물납작벌레
Dugesia tigrina
플라나리아과
북아메리카의 담수 서식지 원산이지만 유럽에 도입되었다.

개울납작벌레
Dugesia gonocephala
플라나리아과
두게시아속의 납작벌레 중 다수는 이 벌레처럼 흐르는 물에 살며 물의 흐름을 감지할 수 있는 귓바퀴와 비슷한 감각 기관을 가지고 있다. 유럽에 산다.

선형동물

단순한 원통형의 구조를 가진 선형동물은 놀랍도록 성공적인 분류군이다. 지구상 거의 어느 서식지에서도 생존할 수 있고 가뭄에 대한 내성도 뛰어나며 대단히 빠르게 번식한다.

문	선형동물문
강	2
목	17
과	약 160
종	약 2만 6000

선형동물문에 속하는 동물들은 전 세계에 산재해 있다. 1제곱미터의 흙 속에 수백만 마리의 선형동물이 존재할 수 있으며 담수와 해수 서식지에도 살고 있다. 많은 종이 기생성이다. 선형동물들은 번식력이 매우 뛰어나서 하루에 수십만 개의 알을 낳기도 한다. 환경 조건이 악화되는 경우에는 열, 서리 또는 가뭄을 견뎌 내기 위해 피낭(被囊, cyst) 속에 숨어 휴면한다.

선형동물들은 근육질의 체강이 있으며 내장의 양쪽 끝에 구멍, 즉 입과 항문이 있다. 원통형의 몸은 절지류와 비슷한 단단한 큐티클층으로 덮여 있어서 주기적으로 허물을 벗으며 성장한다.

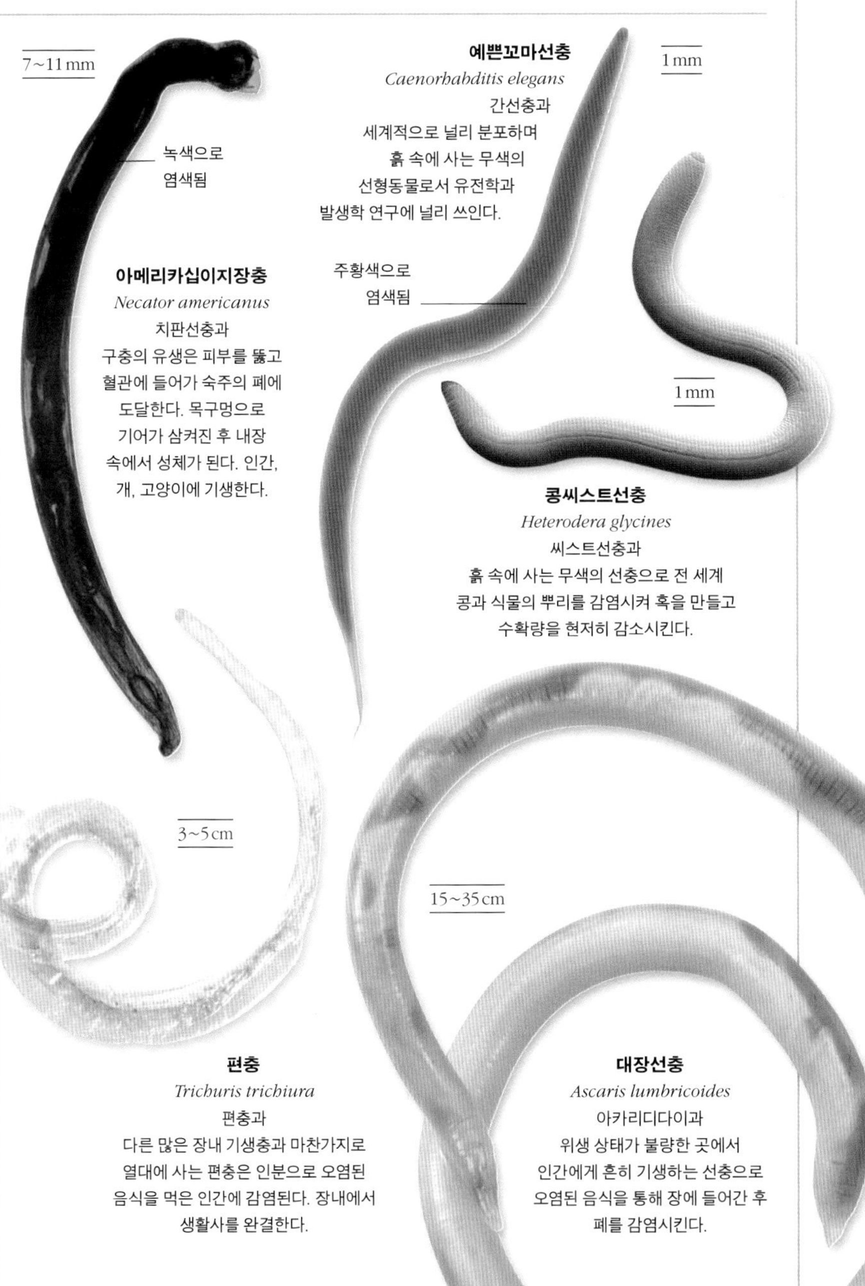

아메리카십이지장충
Necator americanus
치판선충과
구충의 유생은 피부를 뚫고 혈관에 들어가 숙주의 폐에 도달한다. 목구멍으로 기어가 삼켜진 후 내장 속에서 성체가 된다. 인간, 개, 고양이에 기생한다.

예쁜꼬마선충
Caenorhabditis elegans
간선충과
세계적으로 널리 분포하며 흙 속에 사는 무색의 선형동물로서 유전학과 발생학 연구에 널리 쓰인다.

콩씨스트선충
Heterodera glycines
씨스트선충과
흙 속에 사는 무색의 선충으로 전 세계 콩과 식물의 뿌리를 감염시켜 혹을 만들고 수확량을 현저히 감소시킨다.

편충
Trichuris trichiura
편충과
다른 많은 장내 기생충과 마찬가지로 열대에 사는 편충은 인분으로 오염된 음식을 먹은 인간에게 감염된다. 장내에서 생활사를 완결한다.

대장선충
Ascaris lumbricoides
아카리디다이과
위생 상태가 불량한 곳에서 인간에게 흔히 기생하는 선충으로 오염된 음식을 통해 장에 들어간 후 폐를 감염시킨다.

환형동물

편형동물보다 복잡한 근육과 기관계(氣管系)를 가지고 있는 환형동물문의 많은 동물이 수영이나 굴 파기 솜씨가 뛰어나다.

환형동물에는 지렁이, 원참갯지렁이, 거머리가 포함된다. 대부분 혈관계가 발달했으며 몸길이와 같은 단단한 체액주머니(체강, coelom)가 있어 내장의 움직임과 체벽의 움직임이 독립적이다. 몸통의 체절에 각각 대응하도록 체강도 여러 체절로 나뉘어 있다. 각각의 체절에는 근육이 배치되어 있고 근육들의 상호 작용에 의해 물결처럼 수축과 이완을 반복함으로써 앞뒤로 이동하거나 몸을 구부릴 수 있다. 덕분에 많은 환형동물이 지상에서든 물속에서든 운동성이 뛰어나다.

바다에 사는 환형동물인 육식성 원참갯지렁이와 여과 섭식을 하는 근연종들은 몸을 따라 작은 발들이 달려 있고 발에는 짧고 뻣뻣한 강모가 있어 헤엄을 치거나 굴을 파거나 걷는 데 도움이 되기도 한다. 이처럼 체절과 강모가 있는 동물들을 다모류라고 부른다.

땅에 사는 환형동물인 지렁이는 비교적 털이 적으며 쇄설물을 먹고 죽은 식생을 분해하며 흙 속에 공기를 넣기 때문에 자원 순환의 측면에 있어서 중요한 동물이다. 많은 거머리가 지렁이보다 좀 더 특화되어 있어서, 빨판을 이용해 숙주로부터 피를 빤다. 거머리의 침 속에는 혈액의 응고를 방지하는 화학 물질이 들어 있다. 다른 거머리류는 육식성이다. 지렁이와 거머리 모두 몸 둘레에 환대(clitellum)라고 불리는 안장 모양의 분비샘 구조를 가지고 있어 알에 씌울 보호막을 만든다.

문	환형동물문
강	4
목	7
과	약 130
종	약 1만 8000

2~7cm

실지렁이
Tubifex sp.
물지렁잇과
전 세계에 널리 분포한다. 하수로 오염된 진흙 속에 머리를 파묻고 꼬리 부분을 좌우로 움직여 산소를 뽑아내는 것을 볼 수 있다.

50cm

메가드릴지렁이
Glossoscolex sp.
글로소스콜레키다이과
글로소스콜렉스속의 지렁이들은 아메리카 중부와 남부에 살며 지렁이 중 가장 큰 종류이다. 우림 서식지에서 많이 발견된다.

10~15cm

줄지렁이
Eisenia foetida
낚시지렁잇과
유럽산으로 썩어 가는 식생에 살며 방어용으로 톡 쏘는 냄새가 나는 물질을 분비한다. 다른 지렁이들처럼 '안장' 모양의 분비샘이 있어서 알에 보호막을 씌운다.

15~25cm

지렁이
Lumbricus terrestris
낚시지렁잇과
유럽이 원산이나 다른 지역에도 도입되었다. 낙엽을 굴속으로 끌고 들어가서 밤에 먹이로 삼는다.

4~7cm

크리스마스트리관갯지렁이
Spirobranchus giganteus
석회관갯지렁잇과
여과 섭식과 산소 흡수를 위한 나선형의 촉수 다발을 가진 것이 특징이며, 열대 산호초에 널리 분포한다.

유조동물

유조동물은 절지동물의 근연종임에도 몸이 부드럽다. 원산지인 아메리카, 아프리카, 오스트랄라시아의 어두운 숲속 땅 위를 거대한 애벌레처럼 느릿느릿 기어 다니지만 보기와는 다르게 매우 뛰어난 사냥꾼이다.

지렁이처럼 생긴 몸에 배각류처럼 많은 다리가 있지만 유조동물문이라는 별도의 문을 구성한다. 유조동물은 원산지인 아메리카, 아프리카 및 오스트랄라시아 지역의 열대 우림에서도 거의 찾아보기가 어렵다. 이들은 개방된 장소를 피하고 돌 틈이나 낙엽 속에 숨는 것을 좋아한다.

밤이나 비가 온 후에 밖으로 나와 다른 동물을 사냥한다. 유조동물의 사냥 방식은 매우 독특한데, 입을 양쪽으로 벌렸을 때 노출되는 분비샘으로부터 끈적끈적한 점액질을 분무해 먹이를 꼼짝 못하게 한 다음 잡아먹는다.

문	유조동물문
강	1
목	1
과	2
종	약 200

10cm

남아프리카우단지렁이
Peripatopsis moseleyi
페리파톱시다이과
남아프리카우단지렁이는 남반구 전역에 분포하는 과에 속한다.

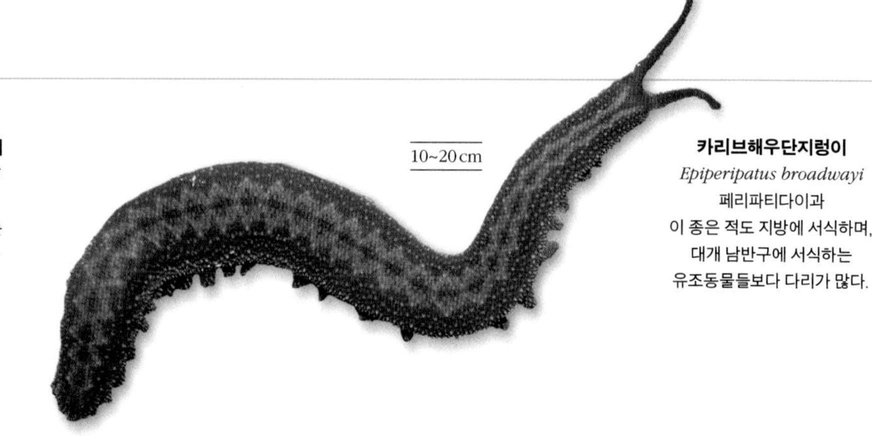
10~20cm

카리브해우단지렁이
Epiperipatus broadwayi
페리파티다이과
이 종은 적도 지방에 서식하며, 대개 남반구에 서식하는 유조동물들보다 다리가 많다.

6~30cm

불갯지렁이
Hermodice carunculata
고슴도치갯지렁잇과
열대 대서양 앞바다에 사는 다모류로 산호초의 단단한 골격으로부터 산호의 부드러운 살을 빨아 먹는다. 다리에 난 강모에 찔리면 따끔따끔한 통증을 유발한다.

10~20cm

가시고슴도치갯지렁이
Aphrodita aculeata
고슴도치갯지렁잇과
북유럽의 얕은 물에 살며 진흙 속에 굴을 파고 사는 고슴도치갯지렁이이다. 비늘은 털로 덮여 있다.

2.5~3cm

해삼갯지렁이
Gastrolepidia clavigera
폴리노이데아과
인도양-태평양에 사는 다모류로 납작한 등 비늘을 가지고 있다. 해삼에 기생한다.

12~25cm

아레니콜라
Arenicola marina
검은갯지렁잇과
지렁이처럼 생긴 다모류로 바닷가의 모래나 진흙 속에 굴을 파고 퇴적물을 삼켜 그 속의 유기물을 먹는다.

1~4m

빗울타리갯지렁이
Sabellaria alveolata
꽃갯지렁잇과
대서양과 지중해에 살며 모래와 패각 파편을 이용해 관을 만든다. 개체군이 밀집해 벌집 모양의 암초를 형성한다.

5~15cm

녹색불꽃부채발갯지렁이
Eulalia viridis
부채발갯지렁잇과
부채발갯지렁이는 다리에 잎 모양의 노를 가진 활동적인 육식 동물이다. 유럽산으로 조간대의 바위와 켈프 사이에 산다.

8~10cm

태평양깃털총채벌레
Sabellastarte sanctijosephi
꽃갯지렁잇과
인도양-태평양의 열대 수역에 사는 갯지렁이로 해안의 산호초와 썰물 때 생기는 웅덩이에서 흔히 발견된다.

25~40cm

왕원참갯지렁이
Alitta virens
네레이디다이과
부채발갯지렁이와 가까운 친척으로 2갈래로 갈라진 다리를 가지고 있다. 대서양에 살며 굴을 파는 종으로 물리면 아프다.

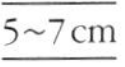

5~7cm

붉은관벌레
Serpula vermicularis
석회관갯지렁잇과
세계적으로 널리 분포하는 종으로, 다른 석회관갯지렁이처럼 단단한 백악질의 관을 만든다. 관 속에 숨은 뒤 입구를 막을 수 있도록 변형된 촉수를 가지고 있다.

2~3mm

북부나선관벌레
Spirorbis borealis
석회관갯지렁잇과
이 벌레가 만드는 작은 나선형 관은 대서양 해안을 따라 자라는 갈조류인 푸쿠스와 켈프에 부착되어 있다.

갈라파고스민고삐수염벌레
Riftia pachyptila
시보글리니다이과
태평양 해저 화산 주변 열수 분출공의 유황 성분이 풍부한 물속에 산다. 붉은 깃털 부분은 화학 물질로부터 유기물을 합성하는 세균의 보금자리가 된다.

2~2.4m

닻 역할을 하는 부분

물곰

현미경으로만 볼 수 있을 정도로 작은 크기에 뭉툭한 다리를 가진 민첩한 동물인 물곰은 미생물 및 매우 단순한 무척추동물들과 함께 수생 군집을 이룬다. 대부분이 무성 생식으로 번식하고 건조한 조건에서도 생존하는 능력을 지닌 덕분에 전 세계로 확산되었다.

분류학상으로는 느리게 걷는다는 의미의 완보동물에 속하며 수초로 이루어진 작은 숲속을 발톱이 있는 4쌍의 짧은 다리로 기어 다닌다. 대부분 몸길이가 1밀리미터 이하이다. 이끼나 해조류에 달라붙어 바늘처럼 생긴 턱으로 잎의 세포를 뚫은 뒤 수액을 빨아 먹는다.

많은 물곰류가 암컷으로만 이루어지고 미수정란으로부터 무성 생식으로 번식한다. 서식지가 건조해지면 일종의 휴면 상태인 크립토비오시스(cryptobiosis)가 되는데 다시 비가 올 때까지 때로는 수년 동안 깍지 속에 움츠리고 기다린다.

문	완보동물문
강	3
목	5
과	20
종	약 1,000

이끼물곰
Echiniscus sp.
가시곰벌렛과
많은 물곰류가 이끼에서 살지만, 건조한 상태에서도 생존하는 능력 덕분에 많은 종이 전 세계로 분산되었다.

0.25mm

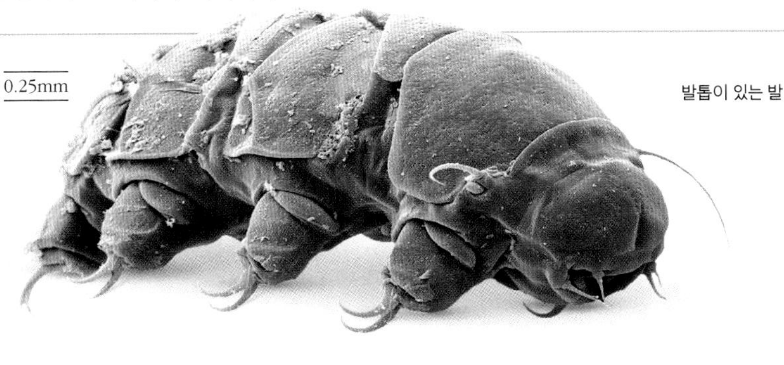

발톱이 있는 발

0.25mm

해초물곰
Echiniscoides sigismundi
에키니스코이디다이과
잘 알려지지 않은 바다 물곰류의 일종으로 전 세계 해안 지역의 해초 사이에서 발견된 바 있다.

절지동물

날개 달린 곤충과 물속의 갑각류를 포함하는 절지동물문은 관절이 있는 다리와 유연한 외피에 힘입어 지구에서 가장 다양한 분류군이 되었다.

지금까지 알려진 절지동물의 종 수만으로도 다른 모든 문의 종 수를 합한 것보다 많지만, 아직 발견되지 않은 종이 훨씬 더 많을 것이라는 점에는 의문이 없다. 이들은 초식 동물, 육식 동물, 물속에서 먹이 입자를 걸러 내는 여과 섭식자뿐만 아니라 꿀이나 피 등 액체를 빨아 먹는 동물에 이르기까지 유난히 다양한 생활사를 가지고 있다. 절지동물은 키틴(chitin)이라 불리는 질긴 물질로 이루어진 외골격으로 덮여 있다. 이러한 외골격은 이동을 위해 관절을 구부릴 수 있을 정도로 충분히 유연하다. 절지동물이 성장하면서 주기적으로 탈피를 하게 되는데, 매번 조금 더 큰 외골격으로 교체된다. 외골격은 곤충의 몸을 보호하는 갑옷 역할과 매우 건조한 서식지에서 수분 손실을 막아 주는 역할을 한다.

체절

절지동물은 환형동물과 유사한, 체절이 있는 조상으로부터 진화한 것으로 생각된다. 모든 절지동물에서 체절이 분화되어 있는데, 특히 배각류와 순각류에서 뚜렷하게 나타난다. 다른 분류군에서는 다양한 체절이 서로 융합되어 독립된 부분을 구성한다. 곤충은 감각 기관이 있는 머리, 다리와 날개가 달린 근육질의 가슴, 내장 기관이 들어 있는 배로 나뉜다. 거미와 일부 갑각류에서는 머리와 가슴이 하나로 융합되어 머리가슴을 구성하고 있다.

호흡

갑각류처럼 물에 사는 절지동물들은 아가미로 숨을 쉰다. 곤충과 다지류 등 땅에 사는 절지동물의 몸에는 공기가 드나들 수 있는 작은 관이 전신에 그물처럼 연결되어 있는데, 이것을 기관(氣管, trachea)이라 부른다. 측면에는 기관으로 공기가 들어가는 구멍인 기문(氣門, spiracle)이 있다. 대개 한 체절당 1쌍의 기문이 있으며 기문 안쪽에 기문을 여닫을 수 있는 작은 근육이 있어 공기의 흐름을 조절한다. 이러한 방식으로 산소가 직접 몸 안의 모든 세포로 확산된다. 일부 거미들은 배 부분에 있는 여러 개의 잎 모양 방을 통해 호흡하는데 이는 수중 생활을 하던 조상들의 아가미로부터 진화한 것이다. 대부분 2가지 호흡계를 조합해 사용한다.

문	절지동물문
강	19
목	123
과	약 2,300
종	약 120만

논쟁

위장과 의태

많은 절지동물이 주위 환경과 비슷한 색깔이나 형태를 지님으로써 포식자의 눈에 띄지 않게끔 잘 적응되어 있다. 예를 들어 대벌레는 나뭇가지와 똑같이 생겼기 때문에 움직이지 않고 있을 때에는 포식자가 찾아내기가 매우 어렵다. 반대로 말벌과 같은 절지동물들은 맛이 없거나 독이 있어서 위험하다는 것을 경고하기 위해 화려한 색을 진화시켰다. 말벌나방은 전혀 해가 없지만 말벌과 똑같은 모습에 똑같은 소리를 내어 포식자를 내쫓는다. 외형은 비슷하지만 해부학적 특징이 전혀 다르기 때문에 각각 말벌나방은 나비목에, 말벌은 벌목에 속한다.

배각류와 순각류

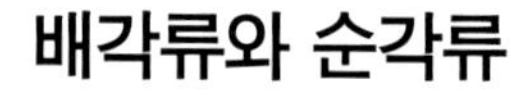

배각류와 순각류를 합쳐 다지류라 부르며, 체절이 많은 것이 공통점이다. 배각류는 대개 한 체절당 2개의 다리가 있고 순각류는 한 체절에 1개의 다리가 있다. 배각류는 초식성이지만 순각류는 육식성이다.

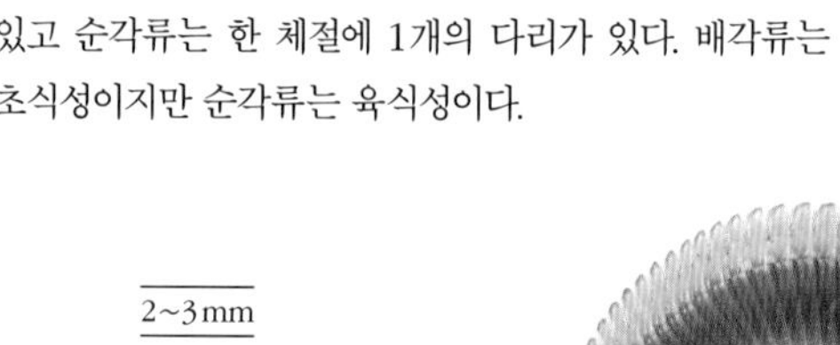

2~3mm

가시노래기
Polyxenus lagurus
폴릭세니다이과
방어용 가시가 있는 노래기류이다. 북반구에 분포하는 작은 동물로 나무껍질이나 낙엽 속에 산다.

1~2cm

미국작은머리노래기
Brachycybe sp.
안드로그나티다이과
북아메리카에 사는 작고 납작한 배각류를 대표하는 종으로 썩은 나무와 낙엽 속에 산다.

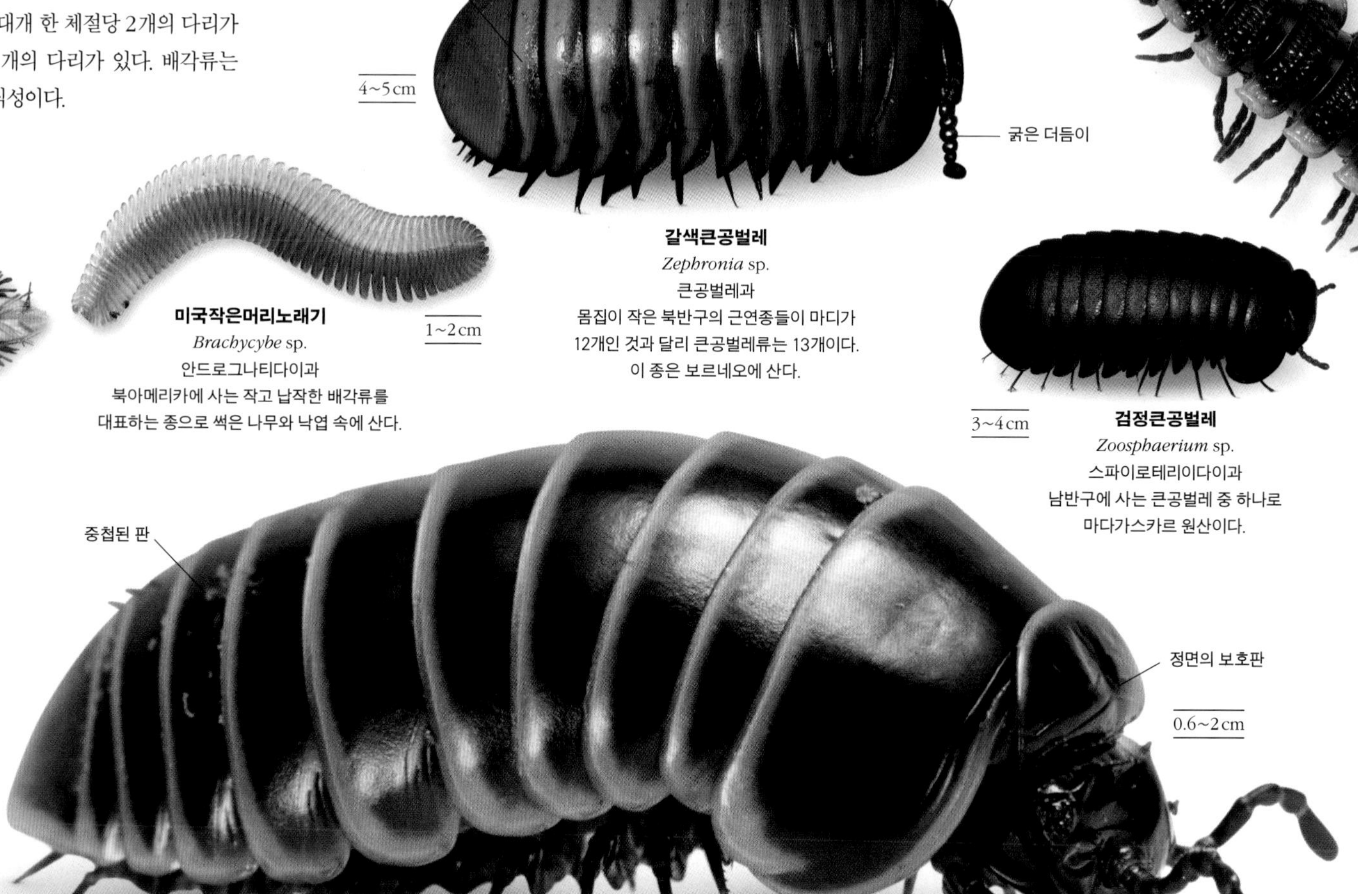

갈색큰공벌레
Zephronia sp.
큰공벌레과
몸집이 작은 북반구의 근연종들이 마디가 12개인 것과 달리 큰공벌레류는 13개이다. 이 종은 보르네오에 산다.

검정큰공벌레
Zoosphaerium sp.
스파이로테리이다이과
남반구에 사는 큰공벌레 중 하나로 마다가스카르 원산이다.

흰테두리공벌레
Glomeris marginata
글로메리다이과
유럽에 산다. 공벌레류는 다른 배각류보다 마디 수가 적고 위협을 받으면 몸을 공처럼 둥글게 마는 습성이 있다.

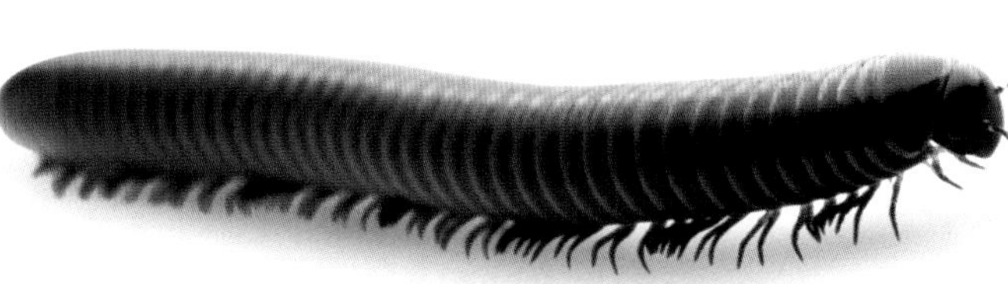

2~6cm

검은뱀노래기
Tachypodoiulus niger
갈퀴노래깃과
가까운 근연종들과 달리 특이하게 흰 다리가 달렸다. 서유럽에 살며 땅 위에서 많은 시간을 보내는데 심지어 나무나 벽을 기어오르기도 한다.

7.5~13cm

아메리카거대노래기
Narceus americanus
스피로볼리다이과
대서양 해안에 사는 커다란 배각류로 아메리카에 살며 몸이 원통형인 노래기류에 속한다. 근연종들과 마찬가지로 방어용으로 유독한 화학 물질을 내뿜는다.

1.5~3cm

갈색뱀노래기
Julus scandinavius
갈퀴노래깃과
체절 둘레에 고리가 있는 원통형 배각류들이 포함된 큰 과에 속한다. 유럽의 활엽수림, 특히 산성 토양에서 발견된다.

20~38cm

아프리카거대노래기
Archispirostreptus gigas
스피로스트렙티다이과
배각류에서 가장 큰 종 중 하나로 열대 아프리카에 산다. 방어용으로 자극적인 화학 물질을 방출한다.

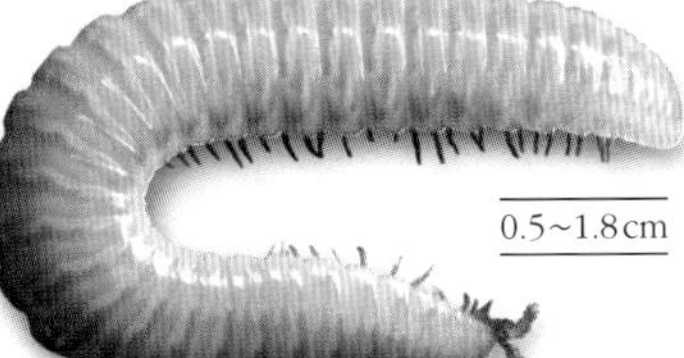

0.5~1.8cm

천공노래기
Polyzonium germanicum
폴리조니이다이과
원시적인 배각류로 유럽에 산발적으로 분포한다. 삼림 지대에 살며 몸을 둥글게 말면 밤송이처럼 보인다.

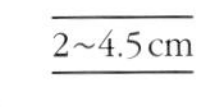

1.5~3cm

동부납작등노래기
Polydesmus complanatus
띠노래깃과
띠노래기류는 외골격 위에 돌출물이 있어서 등이 납작해 보인다. 동유럽에 살며 빠르게 달릴 수 있다.

2~4.5cm

노란땅지네
Geophilus flavus
땅지넷과
눈이 없는 지네류는 다른 순각류보다 체절과 다리가 많다. 유럽 종으로 땅속에서 사는데 아메리카와 오스트레일리아에 유입되었다.

4~6cm

탄자니아납작등노래기
Coromus diaphorus
옥시데스미다이과
열대 아프리카에서 유래했으며 눈이 없고 등이 납작한 노래기류의 전형적인 특징인 반짝이고 울퉁불퉁한 표면이 특히 두드러지는 종이다.

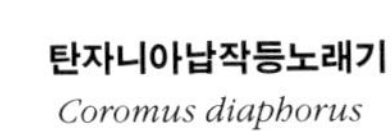

2~3cm

고리무늬돌지네
Lithobius variegatus
돌지넷과
영국에만 서식하는 것으로 알려졌으나 현재는 유럽 대륙에서도 발견되는데 원산지의 개체군은 다리에 고리 무늬가 없다.

2~3cm

갈색돌지네
Lithobius forficatus
돌지넷과
나무껍질이나 바위, 돌멩이 아래에 숨어 있는 지네로 15개의 마디를 가진 것이 특징이다. 전 세계에 널리 분포하며 숲이나 정원, 해안에서 자주 발견된다.

2.5~5cm

집그리마
Scutigera coleoptrata
그리맛과
전형적인 순각류로 다리가 길고 겹눈을 가지고 있으며 무척추동물 중 가장 빨리 달리는 종류 중 하나이다. 지중해 지역이 원산이나 다른 곳에도 유입되었다.

20~25cm

'송곳니'로 독을 주입한다.

체절마다 1쌍의 관절이 있는 다리

호랑이왕지네
Scolopendra hardwickei
왕지넷과
거대한 왕지네류에 속하며 화려한 경고색을 가지고 있다. 인도에 살며 호랑이 무늬가 있는 종 중 하나이다.

10~15cm

파란다리지네
Ethmostigmus trigonopodus
왕지넷과
왕지네와 가까운 근연종으로 아프리카 전역에 널리 분포하며 푸른빛이 도는 다리를 가진 여러 종 중 하나이다.

거미

절지동물문 내에 있는 거미강에는 육식성 거미와 전갈, 진드기와 피를 빠는 후기문진드기류가 포함된다.

거미와 그 근연종인 투구게를 합쳐 발톱처럼 생긴 입을 가졌다는 뜻에서 협각류라고 부른다. 협각류는 머리와 가슴이 융합되어 하나의 부분을 이루는데 이곳에 감각 기관, 뇌, 걸어 다닐 수 있는 4쌍의 다리가 달려 있다. 다른 절지동물과 달리 협각류는 더듬이가 없다.

노련한 사냥꾼

전갈, 거미와 그 근연종들은 땅에 사는 포식자로 먹이를 빠르게 마비시켜 죽이는 기술을 진화시켰다. 거미들은 협각(鋏角)을 이빨처럼 사용해 독을 주입하고 많은 종이 그물을 쳐서 먹이를 잡는다. 전갈은 꼬리에 있는 독가시로 먹이를 잡는다. 다리와 협각 사이에는 1쌍의 다리처럼 생긴 다리수염(pedipalp)이 있다. 전갈의 다리수염은 집게처럼 변형되어 있으며 수컷 거미의 다리수염은 곤봉 모양으로 정자를 운반하는 데 사용한다.

현미경 수준의 다양성

진드기류는 너무 작아서 육안으로는 보이지 않는다. 이들은 거의 모든 서식지에서 살며 유기물을 주워 먹거나 다른 작은 무척추동물을 잡아먹거나 기생 생활을 한다. 일부는 모낭, 깃털 또는 모피 속에 살며 숙주에게 해를 끼치지 않지만 다른 종들은 질병이나 알레르기를 일으키기도 한다. 후기문진드기 중 일부는 피를 빨며 병원균을 옮기기도 한다.

문	절지동물문
강	거미강
목	12
과	661
종	약 10만 3000

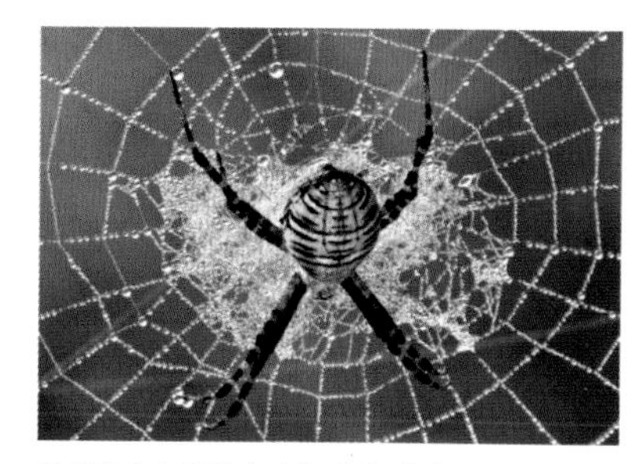

긴호랑거미 암컷이 이슬 맺힌 방사형 그물 중앙에 앉아 곤충 먹이가 날아들기를 기다리고 있다.

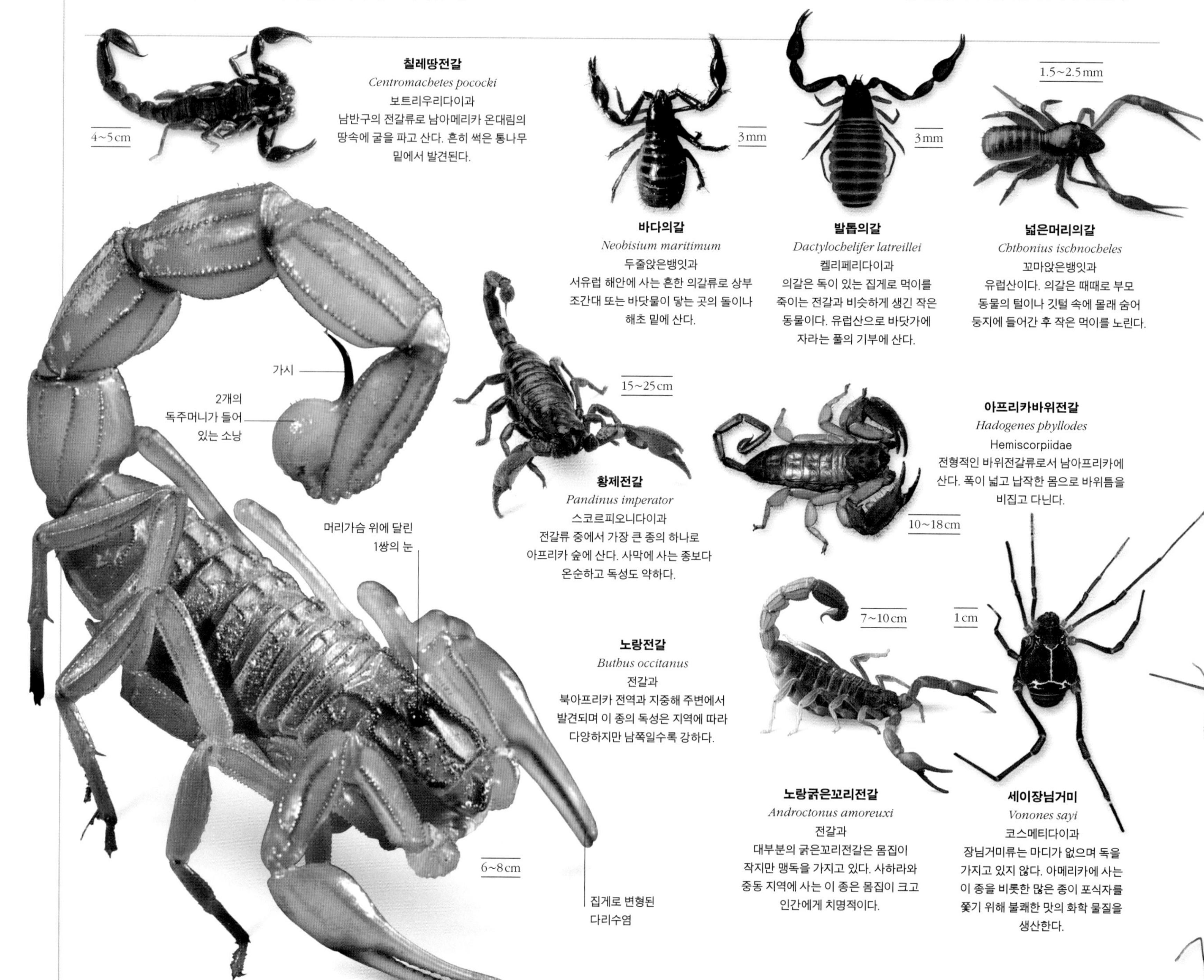

칠레땅전갈
Centromachetes pococki
보트리우리다이아과
남반구의 전갈류로 남아메리카 온대림의 땅속에 굴을 파고 산다. 흔히 썩은 통나무 밑에서 발견된다.

바다의갈
Neobisium maritimum
두줄앉은뱅잇과
서유럽 해안에 사는 흔한 의갈류로 상부 조간대 또는 바닷물이 닿는 곳의 돌이나 해초 밑에 산다.

발톱의갈
Dactylochelifer latreillei
켈리페리다이과
의갈은 독이 있는 집게로 먹이를 죽이는 전갈과 비슷하게 생긴 작은 동물이다. 유럽산으로 바닷가에 자라는 풀의 기부에 산다.

넓은머리의갈
Chthonius ischnocheles
꼬마앉은뱅잇과
유럽산이다. 의갈은 때때로 부모 동물의 털이나 깃털 속에 몰래 숨어 둥지에 들어간 후 작은 먹이를 노린다.

황제전갈
Pandinus imperator
스코르피오니다이과
전갈류 중에서 가장 큰 종의 하나로 아프리카 숲에 산다. 사막에 사는 종보다 온순하고 독성도 약하다.

아프리카바위전갈
Hadogenes phyllodes
Hemiscorpiidae
전형적인 바위전갈류로서 남아프리카에 산다. 폭이 넓고 납작한 몸으로 바위틈을 비집고 다닌다.

노랑전갈
Buthus occitanus
전갈과
북아프리카 전역과 지중해 주변에서 발견되며 이 종의 독성은 지역에 따라 다양하지만 남쪽일수록 강하다.

노랑굵은꼬리전갈
Androctonus amoreuxi
전갈과
대부분의 굵은꼬리전갈은 몸집이 작지만 맹독을 가지고 있다. 사하라와 중동 지역에 사는 이 종은 몸집이 크고 인간에게 치명적이다.

세이장님거미
Vonones sayi
코스메티다이과
장님거미류는 마디가 없으며 독을 가지고 있지 않다. 아메리카에 사는 이 종을 비롯한 많은 종이 포식자를 쫓기 위해 불쾌한 맛의 화학 물질을 생산한다.

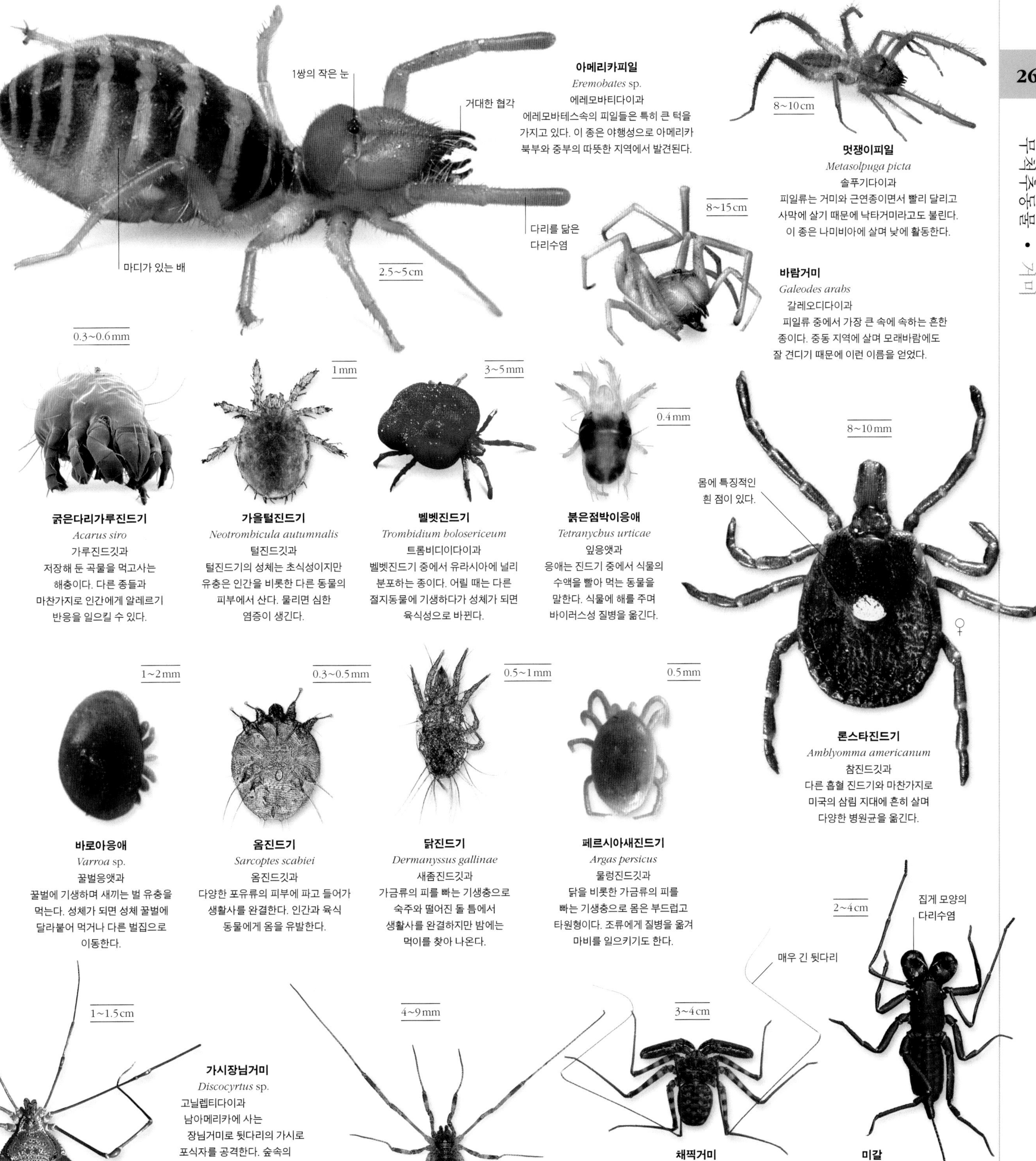

아메리카피일
Eremobates sp.
에레모바티다이과
에레모바테스속의 피일들은 특히 큰 턱을 가지고 있다. 이 종은 야행성으로 아메리카 북부와 중부의 따뜻한 지역에서 발견된다.

멋쟁이피일
Metasolpuga picta
솔푸기다이과
피일류는 거미와 근연종이면서 빨리 달리고 사막에 살기 때문에 낙타거미라고도 불린다. 이 종은 나미비아에 살며 낮에 활동한다.

바람거미
Galeodes arabs
갈레오디다이과
피일류 중에서 가장 큰 속에 속하는 흔한 종이다. 중동 지역에 살며 모래바람에도 잘 견디기 때문에 이런 이름을 얻었다.

굵은다리가루진드기
Acarus siro
가루진드깃과
저장해 둔 곡물을 먹고사는 해충이다. 다른 종들과 마찬가지로 인간에게 알레르기 반응을 일으킬 수 있다.

가을털진드기
Neotrombicula autumnalis
털진드깃과
털진드기의 성체는 초식성이지만 유충은 인간을 비롯한 다른 동물의 피부에서 산다. 물리면 심한 염증이 생긴다.

벨벳진드기
Trombidium holosericeum
트롬비디이다이과
벨벳진드기 중에서 유라시아에 널리 분포하는 종이다. 어릴 때는 다른 절지동물에 기생하다가 성체가 되면 육식성으로 바뀐다.

붉은점박이응애
Tetranychus urticae
잎응앳과
응애는 진드기 중에서 식물의 수액을 빨아 먹는 동물을 말한다. 식물에 해를 주며 바이러스성 질병을 옮긴다.

론스타진드기
Amblyomma americanum
참진드깃과
다른 흡혈 진드기와 마찬가지로 미국의 삼림 지대에 흔히 살며 다양한 병원균을 옮긴다.

바로아응애
Varroa sp.
꿀벌응앳과
꿀벌에 기생하며 새끼는 벌 유충을 먹는다. 성체가 되면 성체 꿀벌에 달라붙어 먹거나 다른 벌집으로 이동한다.

옴진드기
Sarcoptes scabiei
옴진드깃과
다양한 포유류의 피부에 파고 들어가 생활사를 완결한다. 인간과 육식 동물에게 옴을 유발한다.

닭진드기
Dermanyssus gallinae
새좀진드깃과
가금류의 피를 빠는 기생충으로 숙주와 떨어진 돌 틈에서 생활사를 완결하지만 밤에는 먹이를 찾아 나온다.

페르시아새진드기
Argas persicus
물렁진드깃과
닭을 비롯한 가금류의 피를 빠는 기생충으로 몸은 부드럽고 타원형이다. 조류에게 질병을 옮겨 마비를 일으키기도 한다.

가시장님거미
Discocyrtus sp.
고닐렙티다이과
남아메리카에 사는 장님거미로 뒷다리의 가시로 포식자를 공격한다. 숲속의 돌멩이나 통나무 아래에 산다.

통거미
Phalangium opilio
참통거밋과
유라시아와 북아메리카에 흔한 종으로 수컷은 턱에 돌출한 뿔 장식이 있다.

채찍거미
Phrynus sp.
프리니다이과
채찍거미는 실제로는 거미가 아니다. 긴 채찍 모양의 앞다리와 먹이를 잡는 데 사용하는 집게가 있지만 독은 없다. 모두 열대에 산다.

미갈
Thelyphonus sp.
텔리포니다이과
이 종과 같은 열대 미갈은 채찍 모양의 꼬리에 가시나 독은 없다. 그러나 배에서 산성 액체를 분사할 수 있다.

» 거미

2~5cm

깔때기그물거미
Atrax robustus
깔때기그물거밋과
오스트레일리아에 사는 사나운 거미로 암컷은 깔때기 모양의 구멍을 파고 입구에 거미줄을 친다. 짝을 찾으러 다니는 수컷에게 물리면 위험하다.

5~7.5cm

멕시코붉은무릎타란툴라
Brachypelma smithi
테라포시다이과
새잡이거미 또는 짐승빛거미라고도 불리는 대형 거미이다. 대형 곤충을 잡아먹거나 가끔 소형 척추동물을 잡아먹는다.

5~7.5cm

차코타란툴라
Acanthoscurria insubtilis
테라포시다이과
남아메리카에 사는 이 종을 포함한 대형 타란툴라들은 설치류가 파놓은 구멍에 산다. 먹이를 기다려 매복하는 포식자이다.

오렌지개코원숭이거미
Pterinochilus murinus
테라포시다이과
아프리카에 살며 다리 관절이 개코원숭이의 손가락을 닮았다 해서 개코원숭이거미라고 불리는 부류에 속한다. 이빨과 다리수염을 사용해 굴을 판다.

5~6cm

다리수염

이빨이 있으며 앞쪽을 향한 협각

8개의 작은 눈

털이 난 갈색의 몸

거미줄을 내는 방적돌기

1~2cm

북아메리카덫문거미
Ummidia audouini
큰덫문거밋과
북아메리카에 사는 거미로 코르크와 유사한 덫 문과 줄을 설치해 둔다. 덫 아래 거미줄이 쳐진 굴에서 기다리다가 먹이가 함정에 걸리면 나온다.

1.5~2mm

여섯눈거미
Oonops domesticus
알거밋과
6개의 눈을 가진 작은 분홍색 거미로 유라시아 따뜻한 지역에 분포한다. 영국을 포함한 북쪽에서는 집안에서만 발견된다.

1~1.5cm

쥐며느리거미
Dysdera crocata
돼지거밋과
유럽에 사는 야행성 거미로 쥐며느리를 잡아 단단한 외골격을 뚫는 거대한 이빨이 있다. 쥐며느리가 많은 습한 장소에서 발견된다.

0.6~1.6cm

다리에 흰 줄무늬

주홍거미
Eresus kollari
주홍거밋과
유라시아 종으로 수컷만이 무당벌레와 유사한 무늬를 가지고 있다. 관목이 우거진 비탈에 굴을 파고 입구에 그물을 쳐서 먹이를 잡는다.

3mm

난쟁이거미
Gonatium sp.
접시거밋과
작은 북반구 거미 중 하나로 '돈거미'라고 불리기도 한다. 얇은 판 같은 그물을 만들며 거미줄을 풍선처럼 활용해서 바람을 타고 이동한다.

3~6mm

북반구가죽거미
Scytodes thoracica
가죽거밋과
가죽거미들은 먹잇감에 끈적끈적하고 독이 있는 액체를 뿌려 움직이지 못하게 한 후 잡아먹으며 움직임이 둔하다. 이 종은 북반구 전역에 분포한다.

4~13mm

유럽정원거미
Araneus diadematus
왕거밋과
북반구에 살며 방사형 그물을 치는 종으로 삼림, 관목 지대 및 정원에서 발견된다. 다양한 바탕색에 흰 십자 무늬가 있는 것이 특징이다.

알주머니

♀

7~10mm

집유령거미
Pholcus phalangioides
유령거밋과
다리가 가는 유령거미들은 위협을 받으면 그물을 진동시킨다. 많은 종이 동굴에 살지만 전 세계에 널리 분포하는 이 거미는 인간의 집에 산다. 암컷은 턱으로 알을 운반한다.

0.6~4.5cm

아메리카금실무당거미
Trichonephila clavipes
왕거밋과
열대의 금실무당거미류 중에서 유일하게 아메리카에 사는 종이다. 다리에 촘촘한 솜털이 있는 것이 특징이다.

2~9mm

가시호랑거미
Gasteracantha cancriformis
왕거밋과
미국 남부와 카리브 해 지역에 살며 방어용 가시를 가진 호랑거미 중 하나이다. 몸 색깔과 가시의 형태가 다양하다.

북부과부거미
Latrodectus mactans
꼬마거밋과
특히 인간에게 위험한 독을 가진 작은 거미이다. 북아메리카 종으로 암컷이 수컷보다 몸집이 크고 흔히 짝짓기 후에 수컷을 잡아먹는다.

타란툴라늑대거미
Lycosa tarantula
늑대거밋과
단 하나의 진정한 타란툴라이다. 지중해 지역에 사는 대형 늑대거미로 '새잡이거미'로 불리는 털이 있는 거미들과는 다른 종류이다.

유럽늑대거미
Pardosa amentata
늑대거밋과
전형적인 늑대거미로 갈색 털로 덮여 있으며 그물 없이 땅 위에서 사냥한다. 암컷은 알주머니를 운반하며 새끼가 태어나면 등에 태워 이동한다.

아기방닷거미
Pisaura mirabilis
닷거밋과
유럽산으로 암컷이 턱으로 알주머니를 몸 아래쪽에 달고 다니다가 거미줄로 '텐트'를 짜서 그 안에 새끼를 넣어 보호한다.

굴왕거미
Meta menardi
갈거밋과
메타속의 거미들은 굴에 살며 물방울 모양의 알주머니를 달고 다닌다. 이 종은 유럽산이다.

물거미
Argyroneta aquatica
물거밋과
유일하게 물에 사는 거미로 유라시아의 연못에서 발견된다. 물속에서 공기 방울을 만들고 그 안에서 작은 물고기 등의 먹이를 잡아먹는다.

거대집거미
Tegenaria duellica
가게거밋과
얇은 판 같은 그물과 관 모양의 은신처를 만드는 거미류에 속하며 북반구 전역의 건물에서 흔히 발견된다.

뗏목거미
Dolomedes fimbriatus
돌로메디다이과
유럽의 습지에 사는 거미이다. 작은 물고기를 잡아먹으며, 다리로 수면을 진동시켜 먹이를 유인한다.

브라질방랑자거미
Phoneutria nigriventer
너구리거밋과
밤에 돌아다니는 습성 때문에 방랑자거미라는 이름이 붙여졌다. 브라질의 숲속에 살며 물리면 위험하다.

게거미
Misumena vatia
게거밋과
암컷은 흰색에서 노란색으로 색깔을 바꾸어 꽃 속에 위장하고 있다가 꿀을 먹으러 오는 곤충을 습격한다. 북반구에 산다.

갈색농발거미
Heteropoda venatoria
스파라시다이과
열대와 온대 지역에 널리 분포하며 몸집은 크지만 위험하지 않다. 바퀴벌레를 잡아먹어서 집에서 환영받기도 한다.

예쁜깡충거미
Chrysilla lauta
깡충거밋과
깡충거미들은 특히 열대에 다양한 종이 산다. 동아시아에 사는 이 종과 마찬가지로 많은 종이 화려한 색을 가지고 있으며 의사소통에 일부 이용하는 것으로 보인다.

갈색깡충거미
Evarcha arcuata
깡충거밋과
유라시아의 초원에 살며 예리한 양안시(binocular vision)와 복잡한 구애 행동을 가진 수천 종의 깡충거미 중 하나이다.

멕시코붉은무릎타란툴라

Brachypelma smithi

통통하고 털이 많은 몸 때문에 멕시코붉은무릎타란툴라는 거미라기보다는 포유동물처럼 보일 수도 있다. 무척추동물로서는 드물게 이 거미의 암컷은 최장 30년까지 살 수 있는 반면 수컷의 수명은 기껏해야 6년이다. 주된 먹이는 다른 절지동물이지만 몸집이 커서 '새잡이거미'라는 별명을 가지고 있으며 기회만 있으면 작은 포유류나 파충류를 쓰러뜨릴 수도 있다. 원산지인 멕시코에서는 언덕에 굴을 파고 사는데 굴속에서 안전하게 탈피와 산란을 할 수 있으며 굴에 숨어 있다가 먹이를 습격하기도 한다. 서식지 파괴로 위협받고 있으며 애완용으로 인기가 높아 많이 사육된다.

크기 몸길이 5~7.5센티미터
서식지 열대 활엽수림
분포 멕시코
먹이 대부분 곤충

공기의 움직임과 촉각을 예민하게 감지하는 특수한 털로 덮인 다리

폭신한 발바닥

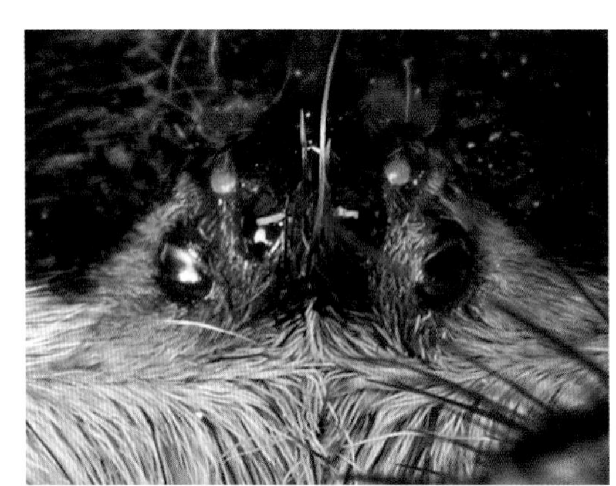

< 눈
다른 대부분의 거미들처럼 타란툴라도 머리 앞부분에 8개의 홑눈이 배열되어 있다. 그럼에도 시력이 나빠서 시각보다는 촉각으로 주위 환경 및 먹이의 존재를 감지한다.

< 관절
다른 절지동물과 마찬가지로 타란툴라도 다리에 관절이 있다. 각각의 다리는 외골격으로 이루어진 7개의 관이 유연한 관절로 연결되어 있다. 관절을 움직이기 위해 근육이 배열되어 있다.

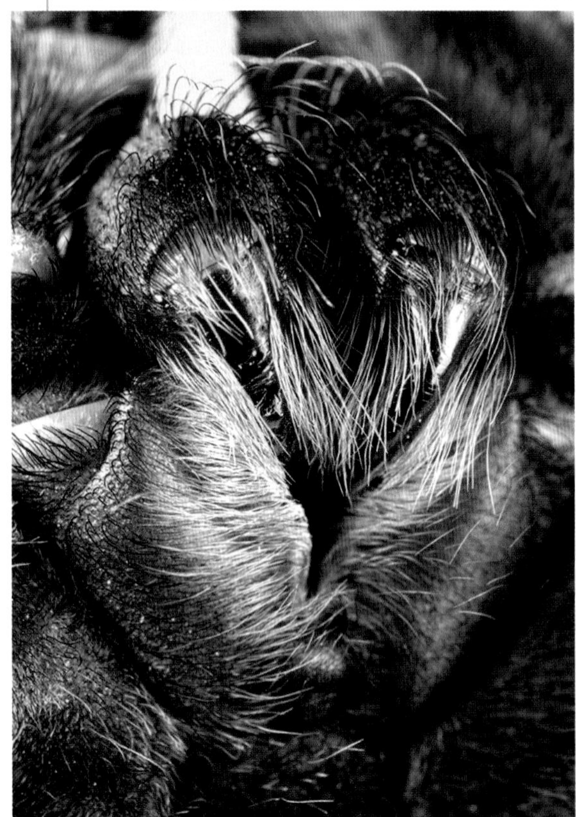

∧ 독이 있는 이빨
다른 거미들의 이빨이 서로 마주 보도록 구부러져 있는 것과 달리 타란툴라의 이빨은 먹이를 공격할 때 앞으로 향한다. 양쪽 이빨이 머리에 있는 근육질의 주머니로부터 독을 주입해 먹이를 마비시킨다.

< 발
각각의 발끝에는 2개의 발톱이 있어서 움직일 때 물체를 잡을 수 있다. 다른 육식성 거미와 마찬가지로 매끄러운 표면을 걷기 편리하도록 발바닥에 솜털이 있다.

< 방적돌기
배에 있는 실샘에서 액체 상태의 거미줄을 생산한다. 타란툴라는 뒷다리를 사용해 방적돌기라 불리는 관으로부터 실을 자아낸다. 실이 고체화되면 알주머니를 만들거나 굴 입구에 그물을 친다.

∧ 무기로 사용하는 털

아메리카의 많은 열대 타란툴라들처럼 이 거미도 뒷다리를 배에 비벼서 꺼끌꺼끌하고 독이 있는 털을 날려 자신을 보호한다. 이 작고 가벼운 털들은 포식자의 얼굴 주변을 날아다니며 눈, 코, 입에 들어가 두드러기를 일으킨다. 피부에 박히면 심한 염증을 일으킨다.

아랫면 >

머리와 가슴이 융합되어 하나의 부분을 이루며 다리와 입이 여기에 위치한다. 배에는 호흡과 생식을 위한 구멍이 있으며 뒷부분에는 2쌍의 방적돌기가 있다.

바다거미

이 연약하게 생긴 해양 동물은 열대의 얕은 바다와 산호초의 해초 사이에서 살며, 빨대 같은 주둥이를 무척추동물에 꽂고 체액을 빨아 먹는다. 가장 큰 종들은 깊은 바다에 산다.

바다거미강의 동물들은 실제로는 거미가 아니며 다른 절지동물들과도 현저히 다르기 때문에 일부 과학자들은 현존하는 어떤 분류군과도 멀리 떨어진 고대의 혈통에 속한다고 보고 있다. 다른 과학자들은 바다거미가 거미의 먼 친척뻘이라고 본다. 대부분의 바다거미는 몸길이가 1센티미터 미만으로 몸집이 작다. 이들은 3쌍 내지는 4쌍의 다리를 가졌으며 머리와 가슴은 융합되어 있다.

발톱처럼 생긴 입 대신 뾰족한 빨대 같은 주둥이를 가지고 있는데, 이것을 피하 주사기처럼 무척추동물 먹이에 꽂고 체액을 빨아 먹는다. 막대 모양의 몸은 아가미를 필요로 하지 않으며 체표면에 있는 모든 세포로부터 직접 산소를 흡수한다.

문	절지동물문
강	바다거미강
목	1
과	13
종	1,348

거대바다거미
Colossendeis megalonyx
콜로센데이다이과
바다거미 중 가장 큰 종의 하나로 남극 주변의 깊은 바다에 산다. 다리 길이가 70센티미터에 이른다.

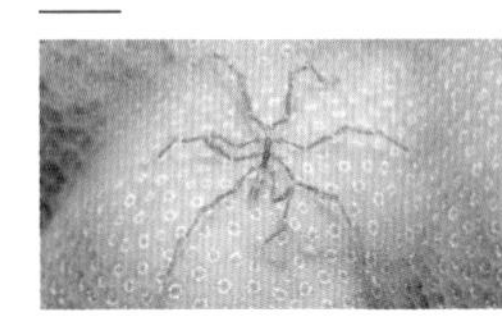

가시바다거미
Endeis spinosa
엔데이다이과
유럽 해안에서 발견되지만 다른 지역에도 분포할 것으로 생각된다. 길쭉한 몸에 긴 원통형의 주둥이를 가지고 있다.

뚱보바다거미
Pycnogonum litorale
송장바다거밋과
다른 바다거미들과 달리 몸이 두껍고 짧고 휘어진 다리에 발톱이 있다. 유럽산으로 말미잘을 잡아먹는다.

노랑무릎바다거미
미기록 종
각시바다거밋과
오스트레일리아의 산호초에 사는 종을 비롯한 일부 바다거미들은 화려한 색을 가지고 있는데, 주위의 알록달록한 환경에서 보호색으로 기능한다.

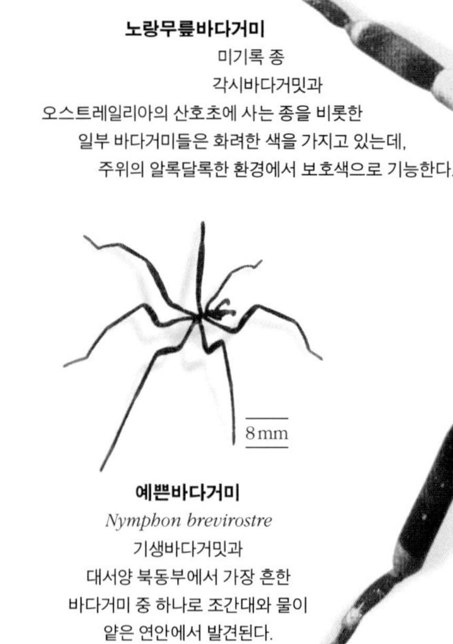

예쁜바다거미
Nymphon brevirostre
기생바다거밋과
대서양 북동부에서 가장 흔한 바다거미 중 하나로 조간대와 물이 얕은 연안에서 발견된다.

투구게

투구게가 속해 있는 퇴구강은 저서 생활을 하는 거미와 전갈의 근연종들로 이루어진 작은 분류군이다. 선사 시대에 처음 등장한 이후로 오늘날까지 존재하기 때문에 '살아 있는 화석'으로 불린다.

투구게가 지구상에 최초로 나타난 협각류였던 선사 시대에는 지금보다 훨씬 많은 종이 존재했다. 갑각류처럼 단단한 갑각(甲殼, carapace)이 있지만 더듬이가 없고 발톱처럼 생긴 턱이 있는 것으로 보아 투구게는 거미류와 가장 가까운 것으로 보인다.

배 아래쪽에 있는 잎 모양의 아가미는 지상의 거미들이 호흡할 때 쓰는 책허파(book lung)와 유사한 내부 기관의 원시적인 형태이다. 다리수염은 다섯 번째 다리 쌍으로 기능하므로 거미보다 1쌍의 다리가 더 있는 셈이다. 투구게들은 바다 밑의 진흙을 파헤쳐 먹이를 잡는다. 번식을 위해 해안가에 많은 수가 모이며, 모래 속에 알을 낳는다.

문	절지동물문
강	퇴구강
목	1
과	1
종	4

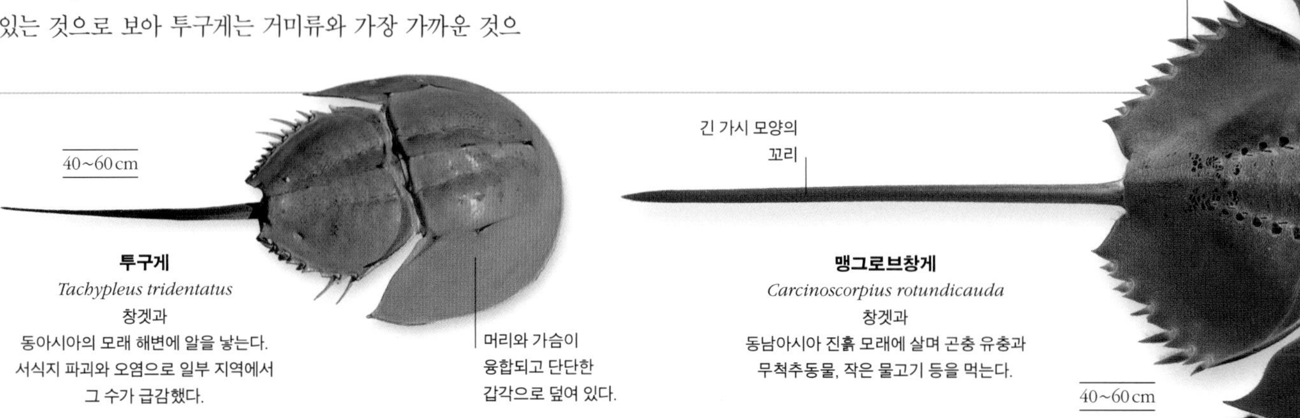

투구게
Tachypleus tridentatus
창겟과
동아시아의 모래 해변에 알을 낳는다. 서식지 파괴와 오염으로 일부 지역에서 그 수가 급감했다.

맹그로브창게
Carcinoscorpius rotundicauda
창겟과
동남아시아 진흙 모래에 살며 곤충 유충과 무척추동물, 작은 물고기 등을 먹는다.

갑각류

대부분의 갑각류는 수중 생활을 하며, 아가미가 있고 기어 다니거나 헤엄치는 데 적합한 다리를 가지고 있다. 소수는 성체가 되면 고착 생활을 하거나, 기생 생활 혹은 육상 생활을 한다.

갑각류의 몸은 기본적으로 머리, 가슴, 배로 나뉘어져 있지만 머리와 가슴이 융합된 부류가 많다. 게, 가재 및 참새우의 경우 정면의 덮개가 머리와 가슴 전체를 감싸 단단한 껍데기를 형성하기도 한다. 갑각류는 유일하게 2쌍의 더듬이와 원시적인 2갈래의 부속지를 가진 절지동물이다.

가슴에 달린 다리는 대개 이동할 때 사용되지만 일부 종에서는 먹이를 잡거나 적을 방어하는 집게발로 변형되었다. 많은 갑각류가 배에도 잘 발달된 다리를 가지고 있으며 새끼를 품는 데 사용한다. 대부분의 갑각류는 아가미로 호흡하며 물속에서 살지만, 쥐며느리와 일부 육상 생활을 하는 게는 변형된 호흡 기관을 가지고 있어 지상의 습한 장소에서 살 수 있다.

일생 동안 물속에서 사는 갑각류는 물의 부력이 몸을 받쳐 주기 때문에 두껍고 무거운 외골격을 발달시킬 수 있었다. 많은 종의 외골격이 미네랄로 강화되어 있으며 탈피할 때마다 재흡수된다. 또한 부력이 몸을 받쳐 주기 때문에 지상에 사는 근연종들보다 몸집이 크다.

세계에서 가장 큰 절지동물은 심해에 사는 긴다리게로 다리 길이가 4미터에 이른다. 반면 일생의 대부분을 플랑크톤으로 사는 갑각류도 많은데, 작은 유생 또는 다 자란 새우와 크릴 등이 있다.

문	절지동물문
아문	갑각아문
목	56
과	약 1,000
종	약 7만

논쟁

갑각류의 조상

갑각류에는 독특한 특징들이 많은데, 여기에는 2배로 많은 더듬이와 2갈래로 나뉜 부속지가 포함된다. 이는 갑각류가 하나의 공통 조상으로부터 유래했음을 의미한다. 그러나 최근의 DNA 분석에 의하면 곤충류도 갑각류로부터 진화했다고 한다.

물벼룩과 근연종

새각류는 원시적인 담수 갑각류로서, 단기간 존재하는 웅덩이에서 번성하는 플랑크톤에 속하며 알의 형태로 긴 건기를 보낸다. 가슴에는 호흡과 여과 섭식에 사용하는 잎 모양의 다리가 있다. 물벼룩은 대개 투명한 갑각으로 싸여 있다.

1~1.5cm

브라인슈림프
Artemia salina
아르테미이다이과
부드러운 몸에 자루눈이 달린 동물로 전 세계의 염수 웅덩이에서 발견되며 거꾸로 서서 헤엄친다. 알껍데기가 단단해 여러 해 동안의 가뭄도 견뎌 낸다.

2~5mm

큰물벼룩
Daphnia magna
물벼룩과
북아메리카에 사는 물벼룩으로 근연종들과 마찬가지로 갑각 안에 알을 품을 수 있다. 이 알들은 수정되지 않은 채 부화해 연못을 가득 채우게 된다.

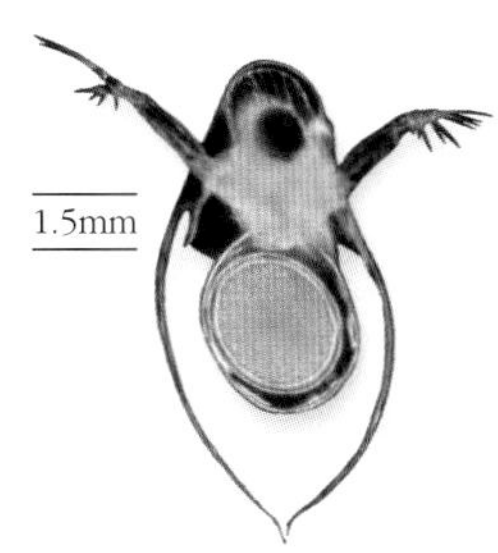

1.5mm

바다물벼룩
Evadne nordmanni
포도니다이과
헤엄치는 모습이 벼룩이 뛰는 모양과 흡사한 데서 이름을 따왔다. 대부분 고여 있는 담수 웅덩이에 살지만 이 종은 바닷물에 산다.

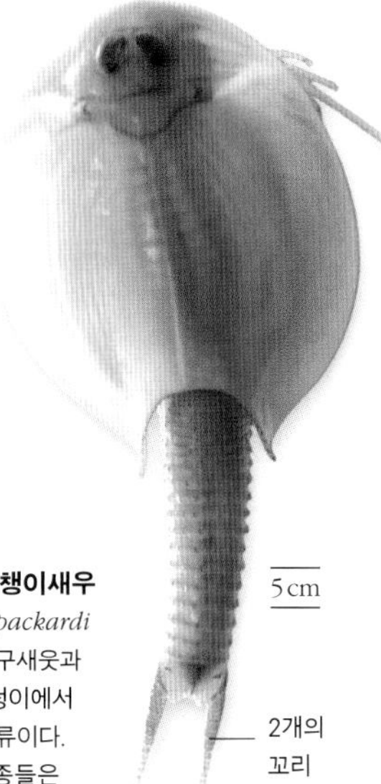

5cm

2개의 꼬리

봄웅덩이올챙이새우
Lepidurus packardi
투구새웃과
배갑류는 일시적인 담수 웅덩이에서 생활하는 원시적인 갑각류이다. 캘리포니아에 사는 이 종의 근연종들은 2억 2000만 년 동안 거의 변하지 않았다.

따개비와 요각류

다른 해양성 갑각류와 마찬가지로, 막실로포다강의 동물들은 작은 플랑크톤성 유생으로 생활사를 시작한다. 따개비 유생은 머리를 아래로 해 바위에 몸을 부착시킨다. 대부분의 요각류는 유영 생활을 하지만 일부는 기생 생활을 한다.

1~2.5mm

큰검물벼룩
Macrocyclops albidus
검물벼룩과
요각류는 플랑크톤을 잡아먹는 작은 포식자들이다. 널리 분포하는 이 종은 모기 유충도 잡아먹어 모기 개체군을 통제하는 데 쓰일 수 있다.

0.5~1.5cm

도토리따개비
Semibalanus balanoides
옛따개빗과
조간대에 사는 종으로 건조에 민감하며, 북대서양의 바위가 많은 해안에 있는 노출된 만각류대(barnacle zone) 아랫부분에 가장 풍부하다.

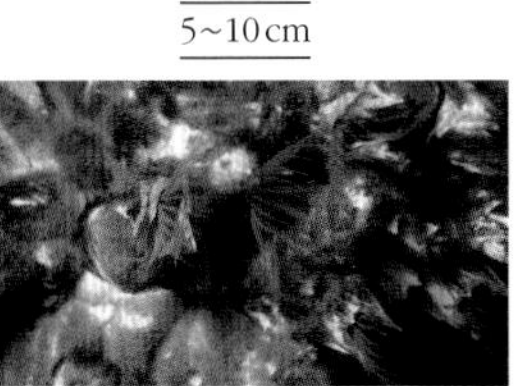

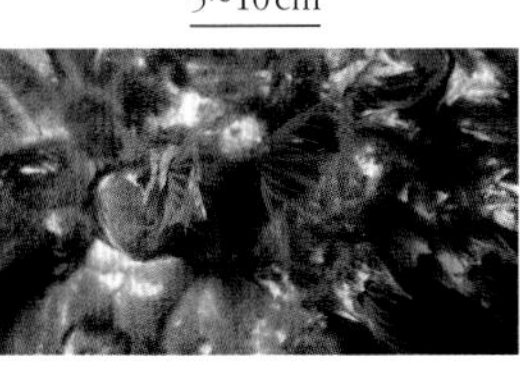

5~10cm

큰도토리따개비
Balanus nubilus
따개빗과
세계에서 가장 큰 따개비로 태평양의 북아메리카 해안 조간대 아래의 바위에 달라붙어 있다.

심해조개삿갓
Neolepas sp.
옛조개삿갓과
해저 화산의 열수 분출공 주변에 살며 세균을 비롯한 다른 유기체들을 여과 섭식한다.

5~10cm

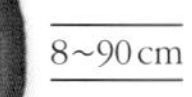

8~90cm

조개삿갓
Lepas anatifera
조개삿갓과
주로 바다의 표류 화물에 유연한 자루를 통해 달라붙어 있다. 이 종은 대서양 북동부의 온대 바다에 서식한다.

1.8cm

바닷니
Caligus sp.
물잇과
바다 어류에 기생하는 요각류를 대표하는 종으로 연어와 그 근연종에 기생하는 갑각류이다.

2~3cm

아시아도토리따개비
Tetraclita squamosa
사각따개빗과
인도양-태평양 바닷가의 조간대에 산다. 최근 연구에 따르면 5개의 아종으로 구분되었다.

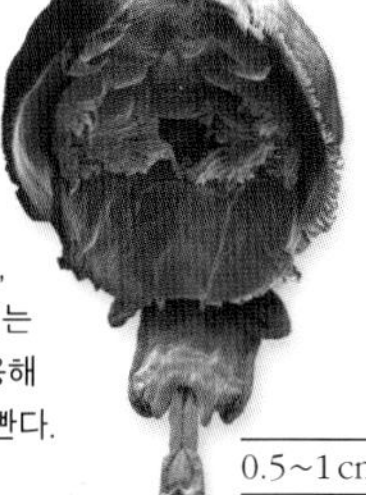

0.5~1cm

물이
Argulus sp.
아르굴리다이과
타원형의 갑각을 가진, 납작하고 빠르게 헤엄치는 갑각류이다. 빨판을 이용해 물고기에 달라붙어 피를 빤다.

3~5mm

북극노벌레
Calanus glacialis
노벌렛과
북극해의 플랑크톤 중에서 이 요각류는 먹이 사슬의 중요한 부분을 차지한다.

씨새우

씨새우는 패충강에 속한다. 다리만 오므리면 2개의 껍데기가 경첩으로 이어진 갑각 속에 몸 전체가 들어가게끔 되어 있어서 위협을 받았을 때 몸을 갑각 속에 숨길 수 있다. 이 작은 갑각류는 바다와 담수 서식지의 식생을 기어 다니며 일부는 더듬이를 사용해 헤엄친다.

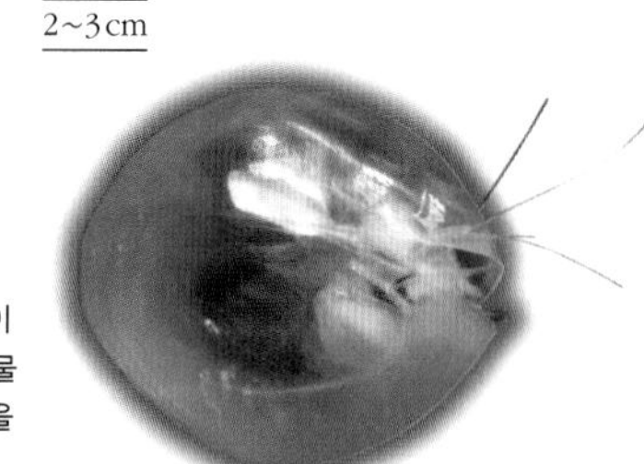

2~3cm

큰씨새우
Gigantocypris sp.
키프리디니다이과
대부분의 씨새우들은 2장의 갑각을 가진 작은 갑각류지만 이 종은 몸집이 큰 심해 종으로 생물 발광성 먹이를 사냥하는 큰 눈을 가지고 있다.

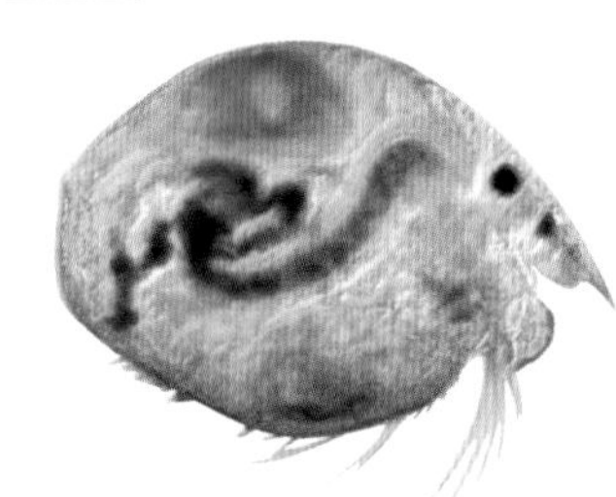

0.5~2mm

기는씨새우
Cypris sp.
참씨벌렛과
널리 분포하는 담수 갑각류로 유기 쇄설물 사이를 기어 다니는 작고 단단한 갑각을 가진 씨새우류에 속한다.

게와 근연종

연갑류는 갑각류에서 가장 다양한 분류군이다. 기본적으로 머리, 가슴, 배로 이루어져 있고 여러 개의 다리가 있다. 연갑류에 속하는 2개의 큰 목에는 휘어진 갑각이 융합된 머리가슴을 둘러싸고 아가미강(腔)을 가지고 있는 십각류와 갑각이 없고 지상에 사는 갑각류 중 가장 큰 분류군인 등각류(쥐며느리와 근연종)가 포함된다.

4~6cm

남극크릴
Euphausia superba
난바다곤쟁잇과
플랑크톤을 먹고사는 이 갑각류 무리는 남반구 바다 생태계에서 고래, 물범, 바닷새들의 먹이가 되는 중요한 구성원이다.

1~1.8cm

잔존주머니쥐새우
Mysis relicta
곤쟁잇과
투명하고 다리에 깃털이 있는 주머니쥐새우는 육아낭 속에 유생을 담고 다닌다. 대부분 해안가에 살지만 이 종은 북반구의 민물에서 발견된다.

1.5~2.2cm

모래톡토기
Orchestia gammarellus
도약옆새웃과
단각류(옆면이 납작한 갑각류)에 속하며 유럽의 조간대에 산다. 배를 튕겨 톡톡 뛰어다니기 때문에 모래톡토기라고 불린다.

1~2cm

민물새우
Gammarus pulex
옆새웃과
북유럽에 사는 단각류로서 담수 하천에 풍부하며 유기 쇄설물을 먹는다. 가까운 사촌들은 기수(汽水, 바닷물과 민물이 섞여 바닷물보다 염분이 적은 물)에 서식한다.

13mm

유럽가시바다대벌레
Caprella acanthifera
바다대벌렛과
가느다란 몸으로 천천히 움직이는 육식성 단각류로 약간의 다리가 있다. 유럽의 바위 웅덩이 속에 자라는 해초에 달라붙어 있다.

1~1.5cm

민물벌레
Asellus aquaticus
물벌렛과
담수 쥐며느리류에 속하며 유럽에 흔한 종으로 고인 물속의 쇄설물 속을 기어 다닌다.

19~36cm

큰심해모래무지벌레
Bathynomus giganteus
모래무지벌렛과
몸집이 큰 쥐며느리의 친척으로 해저를 기어 다니며 죽은 동물을 주워 먹거나 간혹 살아 있는 먹이를 잡기도 한다.

2~3cm

유럽갯강구
Ligia oceanica
갯강굿과
유럽의 해안에 사는 대형 쥐며느리로 조간대 위의 바위틈에 산다. 유기 쇄설물을 먹는다.

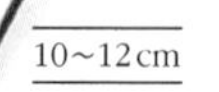

10~12cm

검은머리쥐며느리
Porcellio spinicornis
양쥐며느릿과
인가 주변, 특히 석회암이 풍부한 서식지에서 자주 발견되며 특이한 무늬를 가지고 있다. 유럽 원산이나 북아메리카에 도입되었다.

1~1.8cm

공벌레
Armadillidium vulgare
공벌렛과
공벌레는 위협을 받았을 때 몸을 공처럼 둥글게 마는 것이 특징이다. 이 종은 유라시아에 널리 분포하며 다른 곳에도 도입되었다.

20~36cm

얼룩새우
Penaeus monodon
보리새우과
인도양-태평양에 분포하며 널리 양식되는 대형 새우로 수정란을 돌보지 않고 바로 바다로 방출하는 부류에 속한다.

싱가포르대나무새우
Atyopsis moluccensis
새뱅잇과
새뱅잇과의 새우들은 대부분 강 등의 민물에 산다. 동남아시아에 사는 이 새우는 부채 모양의 앞다리로 잡은 먹이 입자를 여과 섭식한다.

5~7.5cm

20~30cm

줄무늬다리가시가재
Panulirus femoristriga
닭새웃과
인도양-태평양에 서식한다. 진짜 가재와 달리 가시가재들은 집게발이 없고 가시가 있는 묵직한 외골격에 길고 튼튼한 더듬이가 있다.

공작갯가재
Odontodactylus scyllarus
오돈토닥틸리다이과
얕고 따뜻한 바다에 사는 갯가재들은 영리하고 무시무시한 포식자이다. 인도양-태평양에 사는 이 종은 앞다리에 달린 '곤봉'으로 게나 고둥의 껍데기를 박살 낸다.

3~18cm

자루눈

갑각

강한 일격을 날릴 수 있는 곤봉 모양의 부속지

7~11cm

참새우
Palaemon serratus
징거미새웃과
갑각의 가장자리가 톱날 모양이며 몸집이 크고 상업적으로 중요하다. 대서양 북동부 해안에 분포하며 조간대에 많이 서식한다.

4~5cm

이솝새우
Pandalus montagui
도화새웃과
북대서양의 찬 바다에 사는 이 새우의 수컷은 13~16개월 후에 암컷으로 변하기도 한다. 다른 개체들은 성별을 바꾸지 않고 평생 수컷이나 암컷으로 남는다.

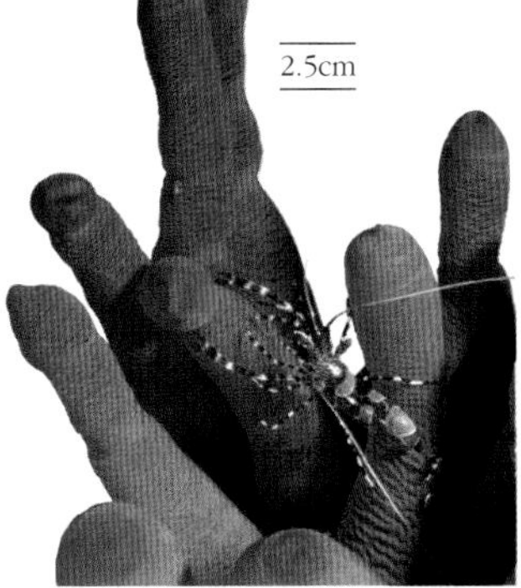

2.5cm

얼룩청소새우
Periclimenes yucatanicus
징거미새웃과
카리브 해 연안에 분포한다. 말미잘 속에 살며 산호초에 사는 다른 종들과 마찬가지로 물고기의 몸에 붙어 있는 죽은 세포나 기생충을 잡아먹는다.

8~12cm

흰발톱가재
Austropotamobius pallipes
가잿과
가재는 몸집이 작고 대부분 야행성이며 민물에 산다. 바닷가재와는 친척이다. 이 종은 유럽의 하천에 살며 가재 중 유일하게 영국이 원산지이다.

5cm

마블새우
Saron marmoratus
꼬마새웃과
등에 혹이 있는 새우류에 속하며 인도양-태평양의 산호초에 분포한다. 야행성 포식자로 자기보다 작은 동물을 잡아먹으며 밤에는 붉은색으로 변한다.

3~5cm

유럽자주새우
Crangon crangon
자주새웃과
일부 유럽 해안에서 식용으로 포획되며 얕은 바다에 사는 갑각류이다. 모래 속에 숨어 눈과 더듬이만 내놓는 습성이 있다.

길고 뻣뻣한 더듬이

20~24cm

길고 가시가 있는 집게발

5~20cm

커다란 더듬이

조각부채새우
Parribacus antarcticus
매미새웃과
가시가재와 친척으로 집게발이 없다. 부채새우류는 더듬이가 납작한 판 모양이다. 이 종은 야행성으로 모래가 깔린 열대 산호초에 산다.

5~12cm

톱니부채새우
Ibacus brevipes
매미새웃과
인도양-태평양에 살며 넓적한 부채 모양의 꼬리를 펄럭여 포식자로부터 잽싸게 도망칠 수 있다.

노르웨이가재
Nephrops norvegicus
가시발새웃과
북대서양에 사는 종으로 진흙 속에 굴을 파고 망둥이와 공생한다. 몸집이 작은 바닷가재로 상업적으로는 랑구스틴이나 스캠피라는 이름으로 판매된다.

»

》 게와 근연종

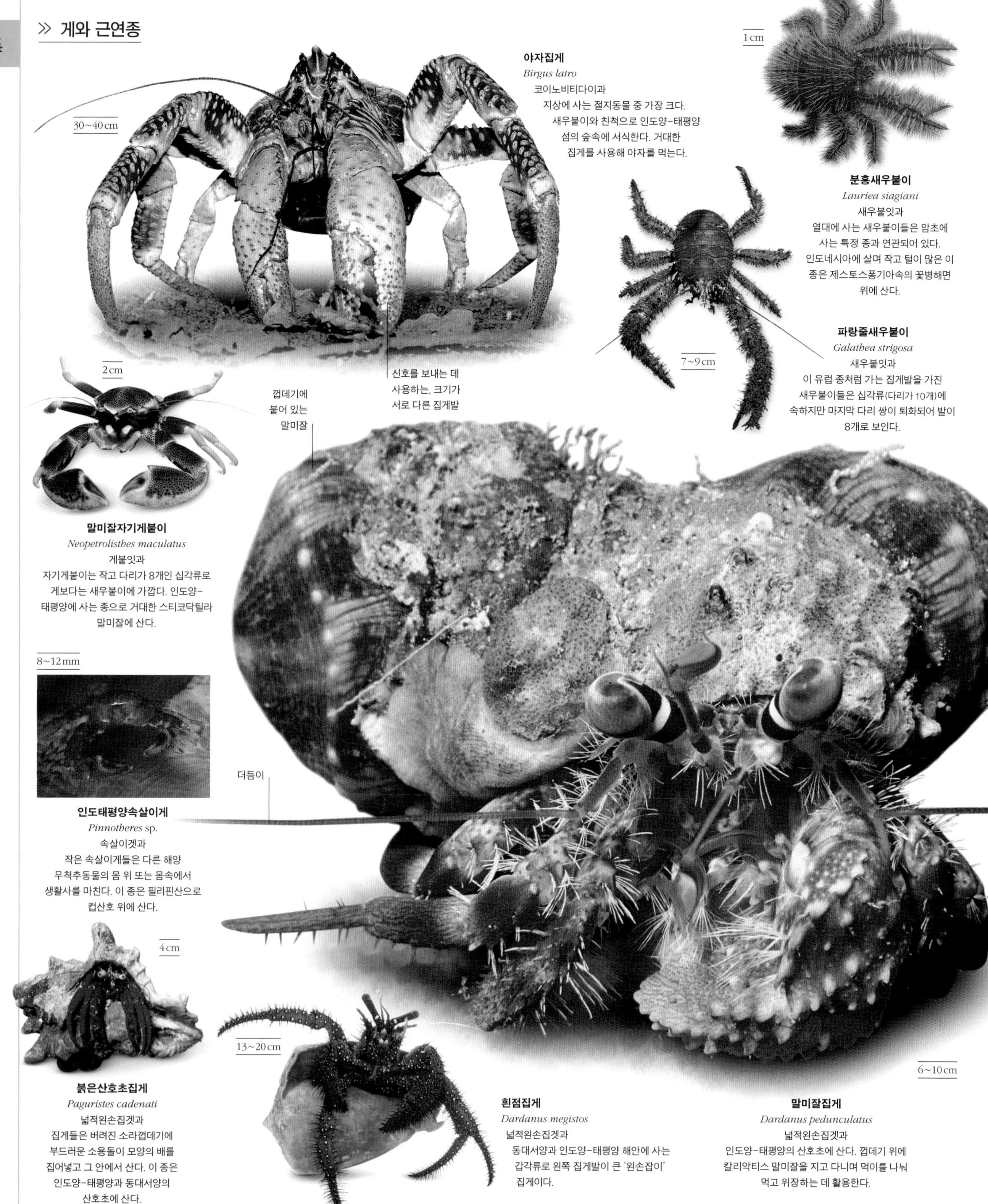

야자집게
Birgus latro
코이노비티다이과
지상에 사는 절지동물 중 가장 크다. 새우붙이와 친척으로 인도양-태평양 섬의 숲속에 서식한다. 거대한 집게를 사용해 야자를 먹는다.

분홍새우붙이
Lauriea siagiani
새우붙잇과
열대에 사는 새우붙이들은 암초에 사는 특정 종과 연관되어 있다. 인도네시아에 살며 작고 털이 많은 이 종은 제스토스퐁기아속의 꽃병해면 위에 산다.

파랑줄새우붙이
Galathea strigosa
새우붙잇과
이 유럽 종처럼 가는 집게발을 가진 새우붙이들은 십각류(다리가 10개)에 속하지만 마지막 다리 쌍이 퇴화되어 발이 8개로 보인다.

말미잘자기게붙이
Neopetrolisthes maculatus
게붙잇과
자기게붙이는 작고 다리가 8개인 십각류로 게보다는 새우붙이에 가깝다. 인도양-태평양에 사는 종으로 거대한 스티코닥틸라 말미잘에 산다.

인도태평양속살이게
Pinnotheres sp.
속살이겟과
작은 속살이게들은 다른 해양 무척추동물의 몸 위 또는 몸속에서 생활사를 마친다. 이 종은 필리핀산으로 컵산호 위에 산다.

붉은산호초집게
Paguristes cadenati
넓적왼손집겟과
집게들은 버려진 소라껍데기에 부드러운 소용돌이 모양의 배를 집어넣고 그 안에서 산다. 이 종은 인도양-태평양과 동대서양의 산호초에 산다.

흰점집게
Dardanus megistos
넓적왼손집겟과
동대서양과 인도양-태평양 해안에 사는 갑각류로 왼쪽 집게발이 큰 '왼손잡이' 집게이다.

말미잘집게
Dardanus pedunculatus
넓적왼손집겟과
인도양-태평양의 산호초에 산다. 껍데기 위에 칼리악티스 말미잘을 지고 다니며 먹이를 나눠 먹고 위장하는 데 활용한다.

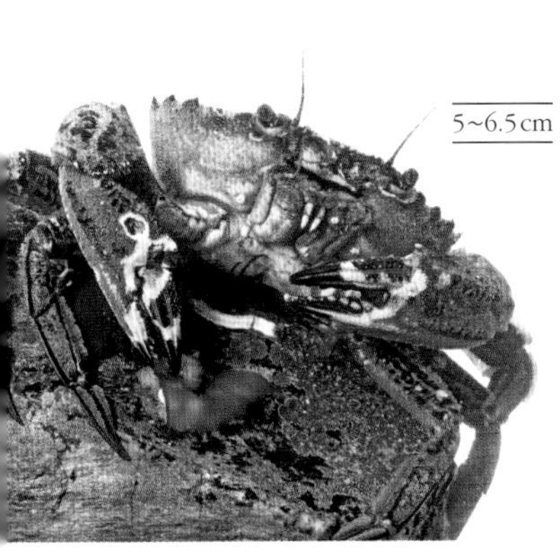

벨벳꽃게
Necora puber
주름꽃겟과
꽃게들은 뒷다리가 노처럼 생겼다. 이 종은 성질이 사납고 눈이 붉으며 대서양 북동부의 바위가 많은 해안 저지대에 흔하다.

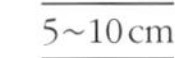

파랑꽃게
Portunus pelagicus
꽃겟과
인도양-태평양에 사는 꽃게로 모래 또는 진흙이 있는 해안을 좋아하며 어린 개체들은 조간대에 들어간다. 다른 꽃게들처럼 여러 무척추동물을 잡아먹는다.

5~10cm

패각과 유사한 갑각

은행게
Cancer pagurus
은행겟과
상업적으로 가장 중요한 유럽산 게로 연안에 서식한다. 넓은 '파이 껍질' 같은 갑각을 가지고 있으며 수명이 20년 이상이다.

4.5~9cm

점박이산호게
Carpilius maculatus
산호겟과
인도양과 태평양에 살며 몸집이 크다. 산호에 살고 색채가 화려한, 비슷한 3개 종 중 하나로 다른 많은 친척들은 화석으로만 남아 있다.

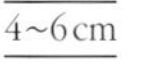

두드러기상자게
Calappa hepatica
금겟과
인도양-태평양에 분포하는 모래를 파는 게로 땅거북처럼 생겼다. 집게발로 얼굴을 가리는 습성이 있어서 부끄럼쟁이게라고도 부른다.

4~5cm

대서양해면치레
Dromia personata
해면치렛과
대서양에 분포하는 게로 포식자를 피해 숨기 위해 해면 조각을 이고 다닌다. 친척인 원시적인 집게들처럼 뒷다리가 퇴화되었다.

2~3cm

알락자갈게
Leucosia anatum
밤겟과
작은 마름모꼴의 몸통에 긴 집게발이 달린 밤겟과에 속하며 인도양에 사는 이 게는 몸에 알록달록한 무늬가 있다.

30~40cm

긴다리게
Macrocheira kaempferi
이나키다이과
다리 길이가 4미터에 달하며, 세계에서 가장 큰 절지동물이다. 태평양 북서부에 살며 수명은 100년에 달하는 것으로 알려져 있다.

8~10cm

크리스마스섬붉은게
Gecarcoidea natalis
게카르키니다이과
육상 생활을 하는 게로 크리스마스 섬의 숲속에만 굴을 파고 산다. 매년 어마어마한 수의 게들이 알을 낳기 위해 바다로 행진한다.

1~3cm

파나마화살게
Stenorhynchus debilis
한뿔두드럭겟과
화살게들은 작고 자루눈이 달렸으며 머리가 뾰족한 거미게류이다. 이 종은 동태평양에 살며 산호초에서 죽은 동물을 주워 먹는다.

4~5cm

유럽민물게
Potamon potamios
포타미다이과
유럽의 대형 분류군에 속하며 알칼리성 민물에 산다. 유럽 남부에 서식하며 육상에서 많은 시간을 보낸다.

자루눈

1~2cm

오렌지농게
Gelasimus vocans
달랑겟과
농게는 해변에서 굴을 파고 사는 종류로 수컷은 한쪽 집게발이 다른 쪽보다 월등히 커서 이를 이용해 신호를 보낸다. 이 종은 서태평양 해안의 진흙 속에 산다.

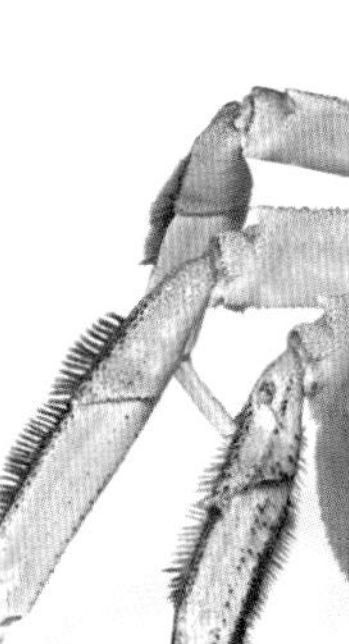

10~15cm

아프리카무지개게
Ocypode (Cardisoma) armatum
달랑겟과
서아프리카 해안에 사는 종으로 과일, 채소, 동물을 먹는다. 암게만 바다로 가서 산란한다.

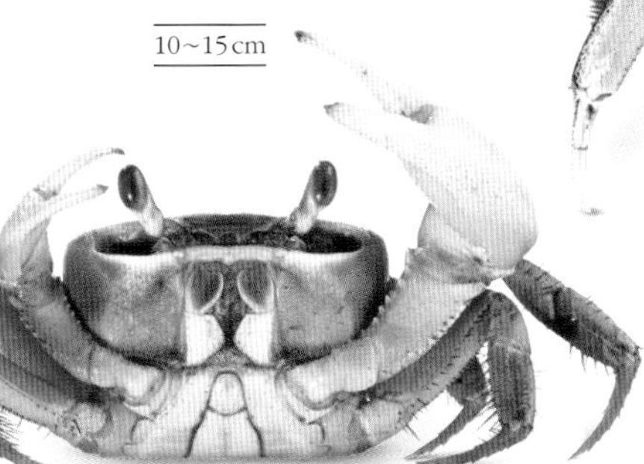

5~6cm

털이 난 집게발

중국털장갑게
Eriocheir sinensis
바루니다이과
동아시아가 원산으로 집게발에 털이 있으며 굴을 파는 민물게이다. 북아메리카와 유럽에 도입되어 유해 동물로 취급되고 있다.

아프리카무지개게

Ocypode (Cardisoma) armatum

아프리카 무지개게는 모래사장, 모래 언덕, 맹그로브 습지, 강어귀 해안선 위에 자기만의 깊은 굴을 판다. 굴속이나 굴 주변에서 짝짓기를 하고 나면, 암컷은 배 아래에 2~3주 동안 수정란을 가지고 다니다가 얕은 물에 풀어 놓는다. 암컷 1마리당 수백만 마리의 부유유생을 생산할 수 있지만, 그중 살아서 육지로 돌아오는 개체는 소수에 불과하다.

∨ 구강

구기 주변의 강모가 먹이에서 모래알을 털어내고 아래턱 안쪽으로 밀어넣는다.

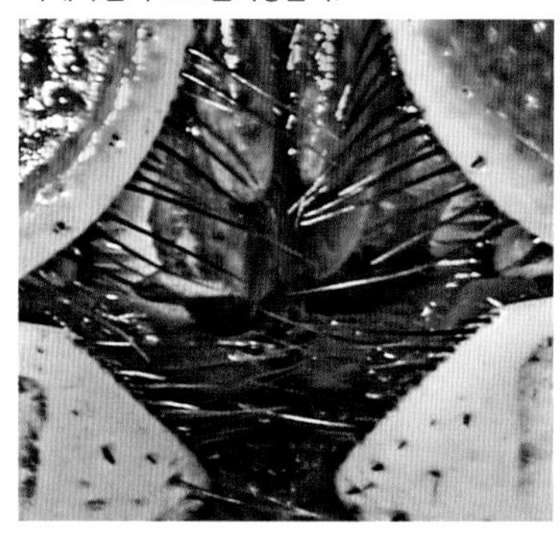

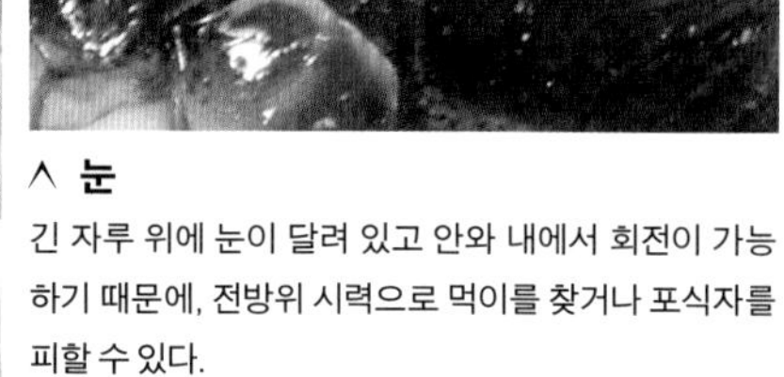

∧ 눈

긴 자루 위에 눈이 달려 있고 안와 내에서 회전이 가능하기 때문에, 전방위 시력으로 먹이를 찾거나 포식자를 피할 수 있다.

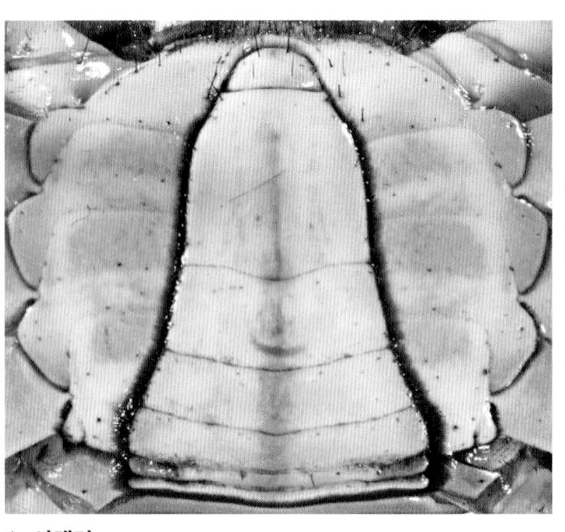

∧ 아랫면

사진 속의 수컷은 배가 좁다. 알 덩어리를 운반하는 암컷의 배는 면적과 폭이 넓다.

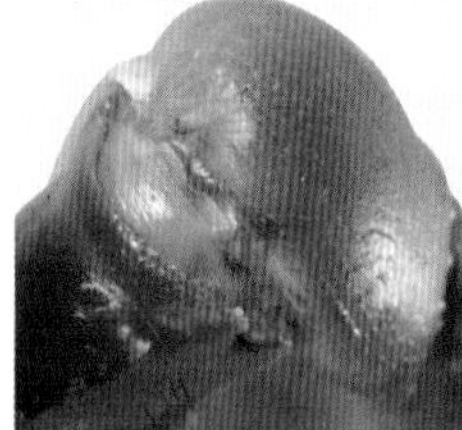

∧ 다리 관절

게의 관절 각각은 인간의 관절처럼 한 평면에서 움직이지만, 여러 개의 관절이 각자 다른 평면에서 움직이기 때문에 매우 민첩하게 움직일 수 있다.

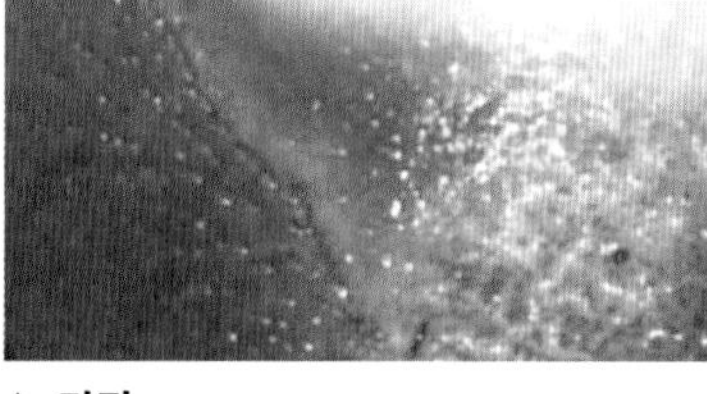

∧ 갑각

게가 성장을 위해 갑각을 벗는 것을 탈피라고 한다. 낡은 갑각이 열리도록 몸에 물을 흡수해 벗어버리고 나면, 그 아래에 새로 더 크게 만들어진 갑각이 드러난다.

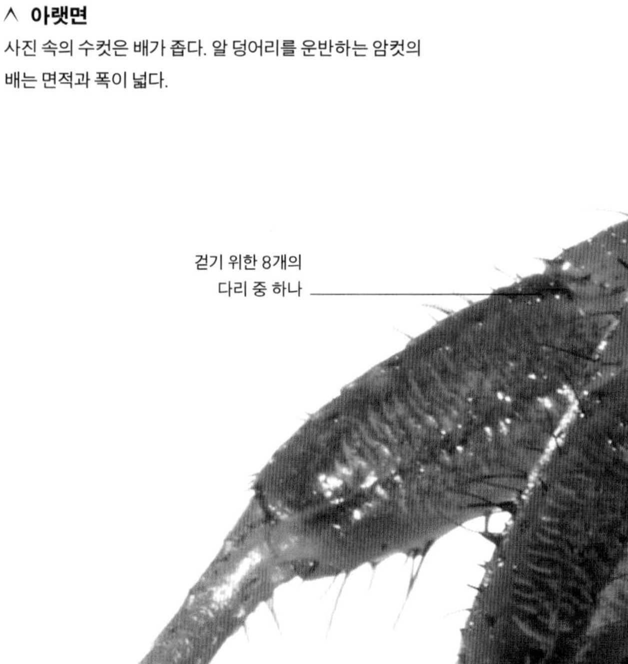

크기 10~15센티미터
서식지 모래와 진흙이 있는 해안
분포 서아프리카의 대서양 해안
먹이 주로 부패 중인 동식물을 먹는 기회주의적 섭식자

∨ 먹이줍기

아프리카무지개게는 주로 밤에 활동하며, 먹이를 찾으러 나왔다가 위협을 느끼면 굴로 돌아간다. 동식물의 찌꺼기, 죽은 생선과 곤충을 먹으며 먹이를 찾는 과정에서 수많은 작은 모래 공들을 남긴다.

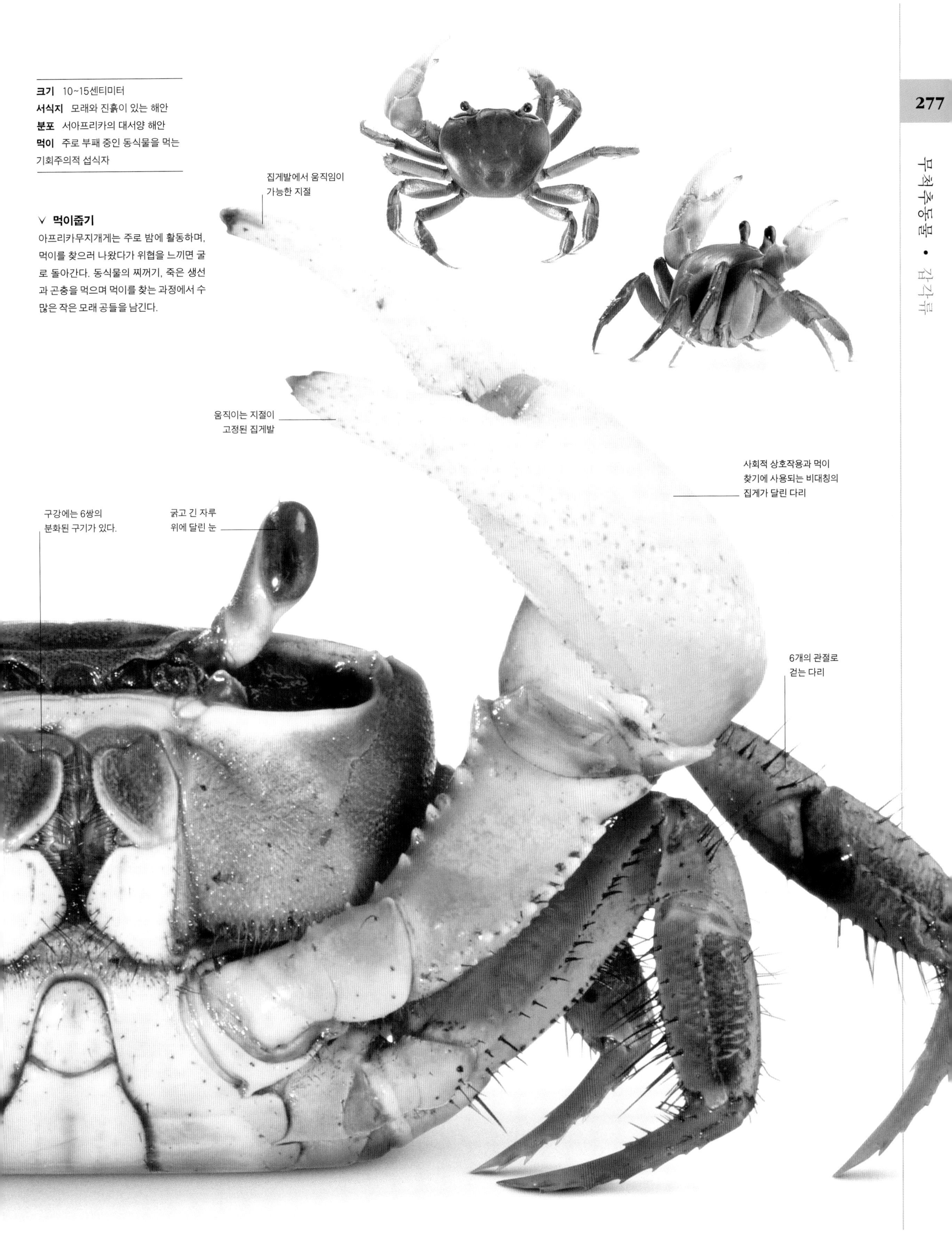

곤충

곤충은 4억여 년 전에 지상에 처음으로 나타났으며, 오늘날 지구상의 다른 어떤 강보다도 많은 수의 종을 보유하고 있다. 초식성의 메뚜기나 귀뚜라미부터 사나운 포식자 사마귀, 죽은 먹이를 먹는 바퀴까지 엄청난 다양성을 보이지만 서로가 놀라울 정도로 비슷하다.

곤충은 다양한 생활사를 진화시켰다. 대부분이 육상 생활을 하지만 담수 종도 상당히 많다. 그에 반해 바다에 사는 종은 없다. 곤충들은 많은 특징들을 가지고 있는데, 예를 들면 작은 몸집, 효율적인 신경계, 높은 번식률 그리고 많은 종의 성공에 기여한 비행 능력 등이다. 곤충에는 딱정벌레, 파리, 나비, 나방, 개미, 벌 그리고 잠자리와 매미 등 흔히 '벌레'라고 불리는 동물들이 포함된다.

곤충의 엄청난 다양성에도 불구하고 이들은 서로 놀라울 정도로 닮았다. 곤충의 기본적인 신체 구조인 머리, 가슴, 배의 세 부분은 진화를 통해 수차례 변형되어 엄청나게 많은 변형 구조를 만들어 내었다. 머리는 6개의 마디가 융합되어 만들어졌는데, 뇌를 비롯해 주요 감각 기관인 겹눈, 홑눈(ocelli, 2차적으로 빛을 감지하는 감각 기관) 그리고 더듬이가 달려 있다. 턱은 식성에 따라 변형되었는데 액체를 빨기 적합한 구조 또는 고체 먹이를 씹기 편리한 구조를 취하고 있다.

가슴은 3개의 마디로 이루어져 있는데 각각의 마디에 1쌍의 다리가 달려 있다. 뒤쪽 2개의 마디에는 대개 각각 1쌍씩 날개가 달려 있다. 다리도 각각 여러 개의 마디로 이루어져 있는데 걷기, 달리기, 뛰뛰기, 땅 파기, 헤엄치기에 적합하도록 다양하게 변형되어 있다. 배는 대개 11개의 마디로 구성되는데 소화 기관과 생식 기관을 담고 있다.

문	절지동물문
강	곤충강
목	29
과	약 1,000
종	약 110만

논쟁

몇 종이나 있을까?

실제로 존재하는 곤충 종의 수는 지금까지 기술된 것보다 훨씬 많을 것으로 생각되며, 현재도 매년 수많은 종이 새로 발견되고 있다. 추정치는 약 110만 종을 상회한다. 그러나 곤충이 풍부한 우림 지역에서의 채집 연구에 따르면 1000만~1200만 종을 넘을 것이라고 한다.

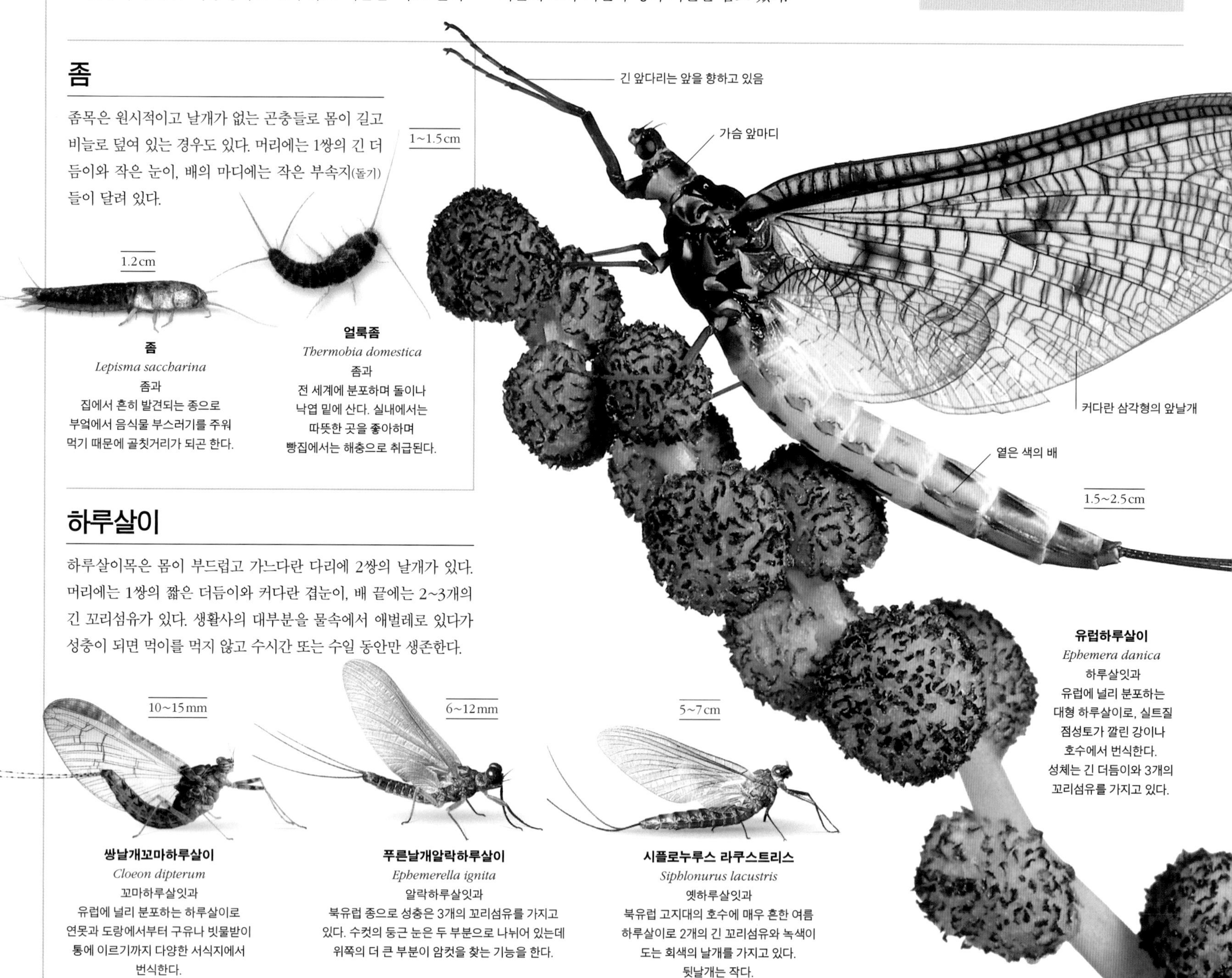

좀

좀목은 원시적이고 날개가 없는 곤충들로 몸이 길고 비늘로 덮여 있는 경우도 있다. 머리에는 1쌍의 긴 더듬이와 작은 눈이, 배의 마디에는 작은 부속지(돌기)들이 달려 있다.

좀
Lepisma saccharina
좀과
집에서 흔히 발견되는 종으로 부엌에서 음식물 부스러기를 주워 먹기 때문에 골칫거리가 되곤 한다.

얼룩좀
Thermobia domestica
좀과
전 세계에 분포하며 돌이나 낙엽 밑에 산다. 실내에서는 따뜻한 곳을 좋아하며 빵집에서는 해충으로 취급된다.

하루살이

하루살이목은 몸이 부드럽고 가느다란 다리에 2쌍의 날개가 있다. 머리에는 1쌍의 짧은 더듬이와 커다란 겹눈이, 배 끝에는 2~3개의 긴 꼬리섬유가 있다. 생활사의 대부분을 물속에서 애벌레로 있다가 성충이 되면 먹이를 먹지 않고 수시간 또는 수일 동안만 생존한다.

유럽하루살이
Ephemera danica
하루살잇과
유럽에 널리 분포하는 대형 하루살이로, 실트질 점성토가 깔린 강이나 호수에서 번식한다. 성체는 긴 더듬이와 3개의 꼬리섬유를 가지고 있다.

쌍날개꼬마하루살이
Cloeon dipterum
꼬마하루살잇과
유럽에 널리 분포하는 하루살이로 연못과 도랑에서부터 구유나 빗물받이 통에 이르기까지 다양한 서식지에서 번식한다.

푸른날개알락하루살이
Ephemerella ignita
알락하루살잇과
북유럽 종으로 성충은 3개의 꼬리섬유를 가지고 있다. 수컷의 둥근 눈은 두 부분으로 나뉘어 있는데 위쪽의 더 큰 부분이 암컷을 찾는 기능을 한다.

시플로누루스 라쿠스트리스
Siphlonurus lacustris
옛하루살잇과
북유럽 고지대의 호수에 매우 흔한 여름 하루살이로 2개의 긴 꼬리섬유와 녹색이 또는 회색의 날개를 가지고 있다. 뒷날개는 작다.

잠자리와 실잠자리

잠자리목의 곤충들은 특징적인 긴 몸에 자유롭게 움직이는 머리와 큰 눈을 가지고 있어 모든 각도를 잘 볼 수 있다. 성체는 비슷한 크기의 2쌍의 날개를 가지고 있어 빠르게 날며 먹이를 사냥할 수 있다. 애벌레들은 물속에서 특수한 턱을 이용해 먹이를 잡는다. 잠자리는 둥근 머리에 몸이 튼튼한 반면 실잠자리는 좀 더 몸이 가늘고 머리가 넓으며 눈 사이의 폭이 넓다.

쉴 때 뒤로 젖힌 날개

푸른실잠자리
Coenagrion puella
실잠자릿과
유럽 북서부에 살며 수컷은 푸른색과 검은색의 무늬가 있는데 흔히 물 위에 떠다니는 식물 위에서 쉬는 것을 발견할 수 있다. 암컷도 검은 무늬가 있지만 다른 부분은 녹색이다.

3.5cm

발마다 2개의 발톱이 있다.

6~8cm

쌍점장수잠자리
Cordulegaster maculata
장수잠자릿과
미국 동부와 캐나다 남동부에서 발견되는 잠자리로 나무가 우거진 서식지의 깨끗한 하천을 좋아한다.

5.8~7.8cm

왕자북방잠자리
Epitheca princeps
북방잠자릿과
북아메리카에 널리 분포하는 종으로 새벽부터 해 질 녘까지 연못, 호수, 개울, 강 주변을 배회하는 것을 볼 수 있다.

3.6cm

청실잠자리
Lestes sponsa
청실잠자릿과
유럽과 아시아에 넓은 띠 형태로 흔히 분포한다. 식생이 풍부한 고인 물 또는 유속이 느린 곳에서 발견된다.

4.2~4.8cm

띠물잠자리
Calopteryx splendens
물잠자릿과
유럽 북서부에 사는 이 대형 물잠자리 수컷은 몸에 금속성의 청록색 광택이 있고 날개에는 푸른 띠무늬가 있다. 암컷은 초록색 광택이 있고 날개에는 무늬가 없다.

5.3cm

들판부채장수잠자리
Gomphus externus
부채장수잠자릿과
미국에 널리 분포하는 잠자리로, 따뜻하고 화창한 낮에 날아다니며 유속이 느리고 진흙이 많은 하천과 강에서 번식한다.

7.5~8.8cm

혜성왕잠자리
Anax longipes
왕잠자릿과
브라질에서 매사추세츠까지 분포하며 호수나 큰 연못 위를 흔들림 없이 차분하게 날아다니는 것을 발견할 수 있다.

6.5~7.6cm

일리노이잔산잠자리
Macromia illinoiensis
잔산잠자릿과
북아메리카 종으로 주로 자갈이나 바위가 많은 하천과 강 위를 날아다니지만 때로는 물에서 멀리 떨어진 도로나 산길 위에서도 발견된다.

날개 기부가 붉은빛을 띤다.

3개의 긴 꼬리섬유

붉은색 또는 어두운 주황색의 배

7~8cm

회색페탈테일
Tachopteryx thoreyi
페탈루리다이과
북아메리카 동해안의 습한 활엽수림에서 발견되는 대형 잠자리로 늪이나 용천에서 번식한다.

2.4~3.4cm

흰다리방울실잠자리
Platycnemis pennipes
방울실잠자릿과
중부 유럽 종으로 유속이 느리고 잡초가 우거진 수로나 강에서 번식한다. 뒷다리의 경절(tibia)이 확장되어 털이 난 것처럼 보인다.

4~4.6cm

넓적잠자리
Libellula depressa
잠자릿과
중부 유럽과 중앙아시아의 도랑과 연못에서 번식한다. 수컷은 배 위쪽이 푸르고 암컷은 황갈색이다.

5~7.5cm

불꽃잠자리
Libellula saturata
잠자릿과
미국 남서부에 흔하며 따뜻한 연못과 하천, 심지어 온천을 좋아한다.

강도래

강도래목은 몸이 부드럽고 날씬하며 1쌍의 가느다란 꼬리섬유와 2쌍의 날개를 가지고 있다. 유충은 물속에서 산다.

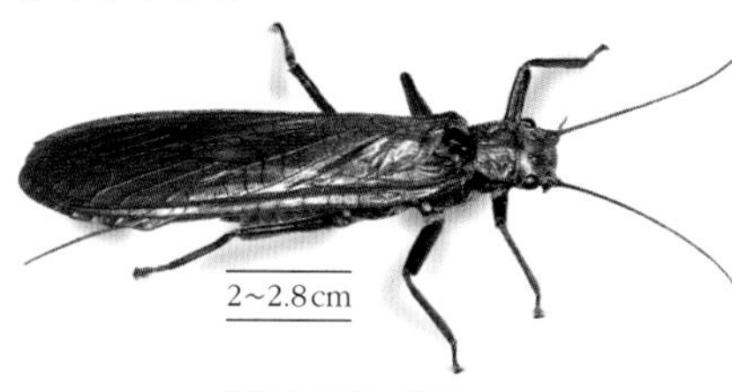

페를라 비풍크타타
Perla bipunctata
강도랫과
고지대의 돌이 많은 하천을 좋아하며 수컷은 암컷보다 날개가 짧고 몸 크기가 절반밖에 되지 않는다.

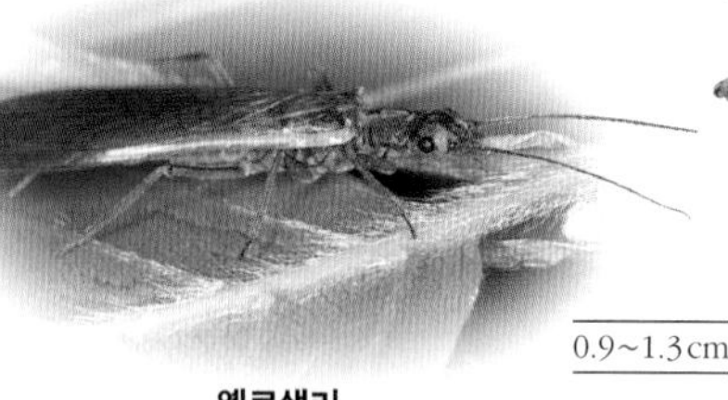

옐로샐리
Isoperla grammatica
그물강도랫과
특히 석회암 지대에 많이 서식하는 종으로 깨끗하고 바닥에 자갈이 깔린 하천과 돌이 많은 호수를 좋아한다. 수컷이 암컷보다 몸길이가 짧다.

대벌레와 가랑잎벌레

대벌레목은 느리게 움직이는 초식 곤충들로 나뭇가지 또는 나뭇잎 모양의 몸은 부드럽거나 가시가 나 있다. 다수가 포식자를 피하기 위한 위장 수단을 가지고 있다.

4.2~6.8cm

두줄대벌레
Anisomorpha buprestoides
대벌렛과
미국 남부에 분포하며 가슴에 있는 분비샘에서 산성의 방어용 액체를 방출할 수 있다.

10~15.5cm

정글님프대벌레
Heteropteryx dilatata
헤테로프테리기다이과
말레이시아에서 발견되는 특이한 곤충이다. 암컷은 날개가 없고 녹색이나, 수컷은 몸집이 작고 날개가 있으며 갈색을 띤다.

7~9.4cm

자바잎벌레
Phyllium bioculatum
필리이다이과
동남아시아산으로 암컷은 크고 날개가 있으며 나뭇잎을 닮았다. 수컷은 작고 갈색이다.

커다란 부채 모양의 뒷날개

납작한 잎 모양의 배

집게벌레

집게벌레목은 날씬하고 약간 납작하며 죽은 동물을 주워 먹는 곤충이다. 짧은 앞날개 밑에 큰 부채 모양의 뒷날개가 접혀 있다. 유연한 배 끝에는 1쌍의 다목적용 집게가 있다.

집게벌레
Forficula auricularia
집게벌렛과
나무껍질과 낙엽 아래에서 발견된다. 암컷이 알과 유충을 돌본다.

1.6~3cm

큰집게벌레
Labidura riparia
큰집게벌렛과
유럽 종 중에서 가장 크며 모래가 많은 강둑과 해안 지역에 특히 많다.

사마귀

사마귀목의 포식성 곤충으로 삼각형의 자유롭게 움직이는 머리에 큰 눈이 있다. 가시가 있고 크게 발달한 앞다리는 먹이를 낚아채기 적합하도록 특수하게 변형된 것이다. 1쌍의 단단한 앞날개로 그 아래에 접혀 있는 더 크고 얇은 뒷날개를 덮어 보호한다.

삼각형의 머리 위에 있는 커다란 겹눈

신장된 앞가슴 (첫째 가슴마디)

잎 모양의 앞날개

6~9cm

가시가 있는 큰 퇴절(腿節)

항라사마귀
Mantis religiosa
사마귓과
사마귀가 먹이를 낚아채는 데는 채 1초도 걸리지 않으며, 앞다리의 날카로운 가시로 먹이를 찌른다.

머리에 난 볏

5~7cm

왕관사마귀
Empusa pennata
엠푸시다이과
머리에 특이한 모양의 볏이 있고 몸이 가느다란 사마귀로 동유럽에 서식한다. 작은 파리를 먹으며 녹색 또는 갈색이다.

3~7cm

난초사마귀
Hymenopus coronatus
애기사마귓과
동남아시아 종으로 꽃잎을 닮은 색채와 꽃잎 모양의 다리를 가지고 있어 나뭇잎 사이에 숨어 있다 작은 먹이를 습격한다.

메뚜기와 귀뚜라미

메뚜기목은 대개 초식성이다. 이들은 2쌍의 날개를 가지고 있지만 일부는 날개가 작거나 아예 날개가 없다. 크게 발달한 뒷다리는 뜀박질에 사용된다. 앞날개를 서로 비비거나 뒷다리를 날개 가장자리에 비벼 소리를 낸다.

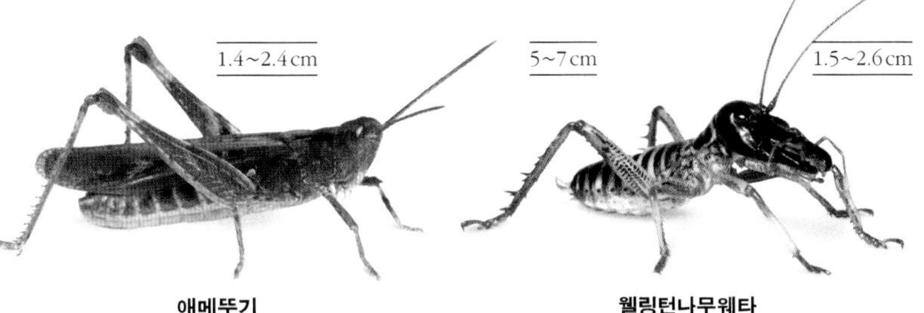

1.4~2.4cm

애메뚜기
Chorthippus brunneus
메뚜깃과
풀이 짧고 건조한 목초지에서 흔히 발견된다. 화창한 낮에 가장 활동적이다.

5~7cm

웰링턴나무웨타
Hemideina crassidens
웨타과
뉴질랜드 원산의 야행성 곤충으로 썩은 나무나 나무 그루터기에 산다. 식물성 먹이와 작은 곤충을 먹는다.

1.5~2.6cm

아프리카동굴귀뚜라미
Phaeophilacris bredoides
동굴귀뚜라밋과
중앙아프리카 종으로 죽은 동식물을 주워 먹는다. 어두운 미소 서식지 생활에 적응한 매우 긴 더듬이가 있다.

4cm

잎말이어리여치
Hyalogryllacris subdebilis
어리여칫과
오스트레일리아 종으로 상대적으로 긴 날개와 몸길이의 최대 3배에 달하는 매우 긴 더듬이를 가지고 있다.

5~8cm

이집트땅메뚜기
Schistocerca gregaria
메뚜깃과
아프리카 종으로 단독 생활을 하다가 비 온 후에 유충의 수가 늘어나면 모여 사는 형태로 바뀐다. 수십억 마리가 떼를 이루어 농작물을 초토화시킨다.

1.3~1.8cm

알을 낳기 위한 산란관

참나무여치
Meconema thalassinum
여칫과
유럽 종으로 활엽수림 지역에서 발견되며 어두워진 후에 작은 곤충을 잡아먹는다. 암컷은 길고 휜 산란관을 가지고 있다.

3.6~4.6cm

유럽땅강아지
Gryllotalpa gryllotalpa
땅강아짓과
유럽 종으로 두더지처럼 힘센 앞다리를 이용해 땅을 판다. 흙이 축축하고 모래가 많이 섞인 목초지나 강둑에서 발견된다.

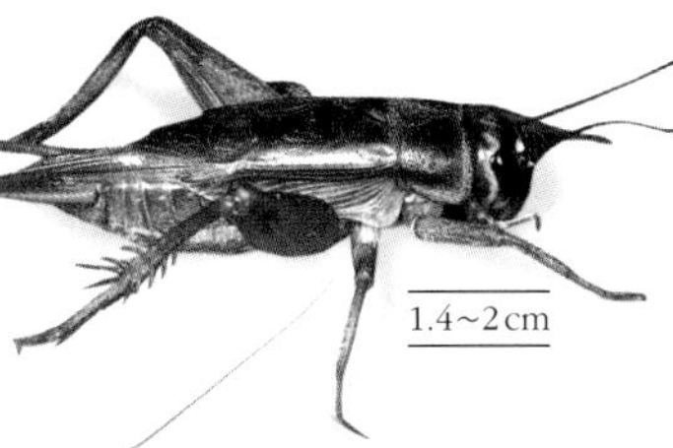

1.4~2cm

집귀뚜라미
Acheta domesticus
귀뚜라밋과
야행성으로 아름다운 귀뚤귀뚤 소리를 낸다. 서남아시아와 북아프리카가 원산이나 유럽으로 퍼졌다.

1.7~2.3cm

왕귀뚜라미
Gryllus bimaculatus
귀뚜라밋과
남유럽, 아프리카 일부 및 아시아에 널리 분포하며 나무나 쇄설물 아래의 땅에 산다.

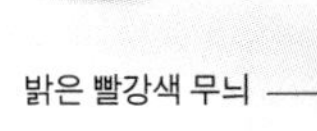

울퉁불퉁한 표면

밝은 빨강색 무늬

6~8cm

거품메뚜기
Dictyophorus spumans
섬서구메뚜깃과
남아프리카 종으로 화려한 색깔은 독이 있음을 포식자들에게 알리기 위한 경고색이다. 가슴에 있는 분비샘에서 유독한 거품을 생산한다.

바퀴

바퀴목은 죽은 먹이를 먹으며 납작한 타원형의 몸을 가지고 있다. 머리는 아래쪽을 향하고 있어서 방패 모양의 앞가슴등판에 가려 잘 보이지 않는다. 2쌍의 날개에 배 끝에는 감각 기관인 쌍꼬리(cerci) 1쌍이 있다.

5~8cm

마다가스카르휘파람바퀴벌레
Gromphadorhina portentosa
왕바큇과
날개가 없는 대형 바퀴로 전 세계에서 애완용으로 사육된다. 수컷은 가슴에 돌기가 있어서 수컷끼리 싸울 때 사용한다.

짧은 쌍꼬리

애벌레

2.7~4.4cm

미국바퀴
Periplaneta americana
왕바큇과
아프리카 원산으로 지금은 전 세계에서 발견된다. 배나 음식 창고에 산다.

0.8~1.3cm

연갈색의 앞가슴등판

검은바퀴
Ectobius lapponicus
Ectobiidae
유럽 종으로 몸집이 작고 빠르다. 낙엽 또는 가끔 나뭇잎에서도 발견된다. 미국에 도입되었다.

흰개미

둥지를 짓는 사회성 곤충으로 번식을 하는 왕 또는 여왕개미, 일개미 그리고 병정개미의 계급으로 구성된 군체를 이룬다. 일개미는 색이 옅고 날개가 없다. 번식을 하는 개체들은 날개가 있지만 혼인 비행 후에 떨어진다. 병정개미는 머리와 턱이 크다.

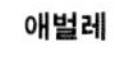

집흰개미
Coptotermes formosanus
집흰개밋과
중국 남부, 대만, 일본이 원산으로 다른 지역으로 퍼져 심각한 해충이 되었다.

6~7mm

0.8~1.5cm

태평양습재흰개미
Zootermopsis angusticollis
습재흰개밋과
북아메리카의 태평양 해안을 따라 발견되는 흰개미로 썩어서 균이 자란 나무 속에 둥지를 만들고 그 나무를 먹는다.

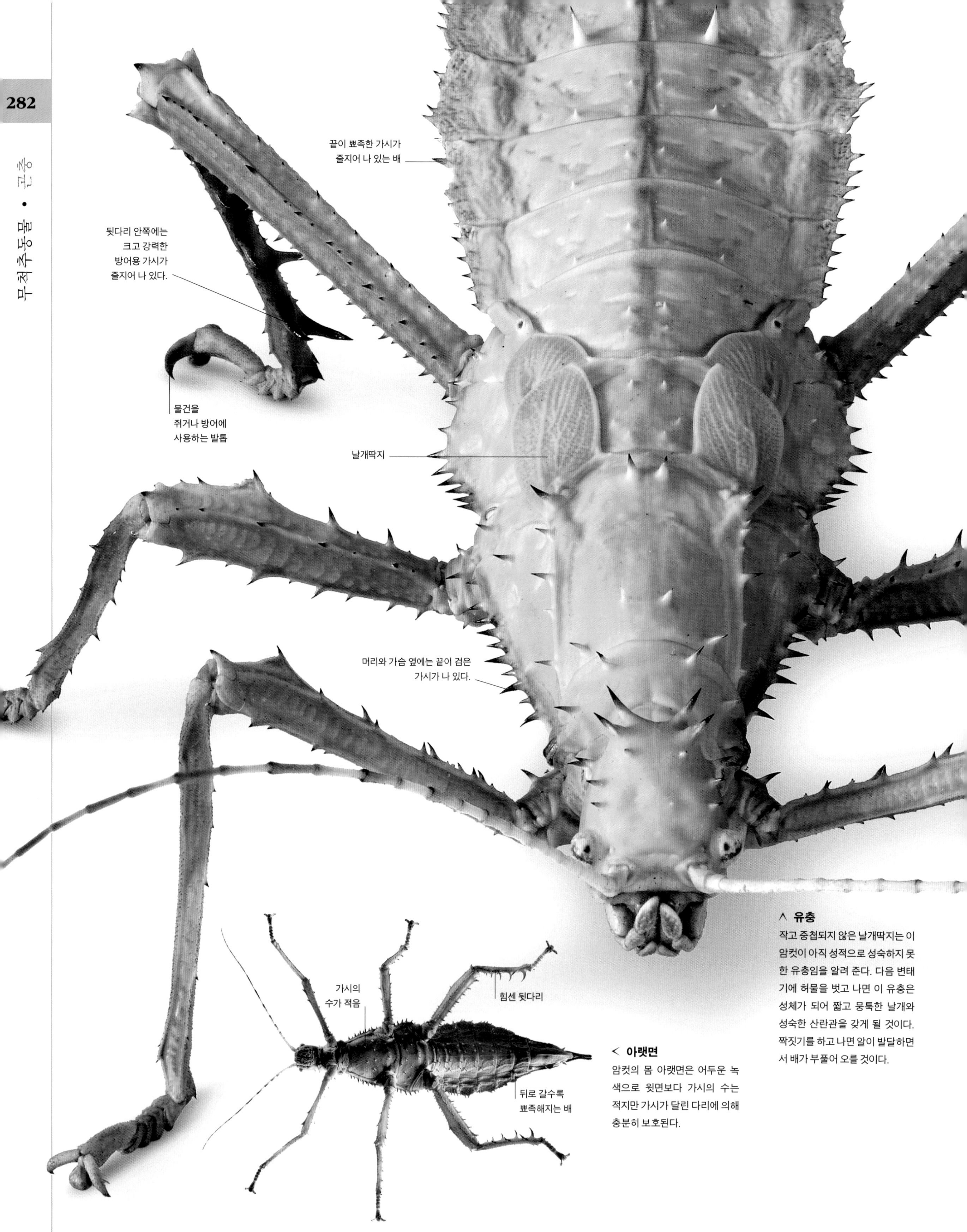

끝이 뾰족한 가시가
줄지어 나 있는 배

뒷다리 안쪽에는
크고 강력한
방어용 가시가
줄지어 나 있다.

물건을
쥐거나 방어에
사용하는 발톱

날개딱지

머리와 가슴 옆에는 끝이 검은
가시가 나 있다.

∧ 유충

작고 중첩되지 않은 날개딱지는 이 암컷이 아직 성적으로 성숙하지 못한 유충임을 알려 준다. 다음 변태기에 허물을 벗고 나면 이 유충은 성체가 되어 짧고 뭉툭한 날개와 성숙한 산란관을 갖게 될 것이다. 짝짓기를 하고 나면 알이 발달하면서 배가 부풀어 오를 것이다.

가시의
수가 적음

힘센 뒷다리

뒤로 갈수록
뾰족해지는 배

< 아랫면

암컷의 몸 아랫면은 어두운 녹색으로 윗면보다 가시의 수는 적지만 가시가 달린 다리에 의해 충분히 보호된다.

정글님프대벌레

Heteropteryx dilatata

이 종은 말레이시아정글님프라고도 불린다. 암컷은 몸집이 크고 몸 윗면은 밝은 녹색에 몸 아랫면은 어두운 녹색이다. 다 자란 수컷은 몸집이 훨씬 작고 날씬하며 색깔도 더 어둡다. 암수 모두 날개가 있으나 암컷은 날지 못한다. 유충과 성충 모두 두리안, 구아바, 망고를 포함한 다양한 식물의 잎을 먹고산다. 알을 가지고 있는 암컷 성충은 매우 공격적이 되기도 한다. 위협을 받으면 짧은 날개를 이용해 커다란 쉿쉿 소리를 내면서 가시가 달린 강력한 뒷다리를 벌려 방어 자세를 취한다. 공격을 받으면 적을 발로 찬다. 활기가 넘치는 야행성 곤충으로 애완용으로서 세계적인 인기를 누리고 있다.

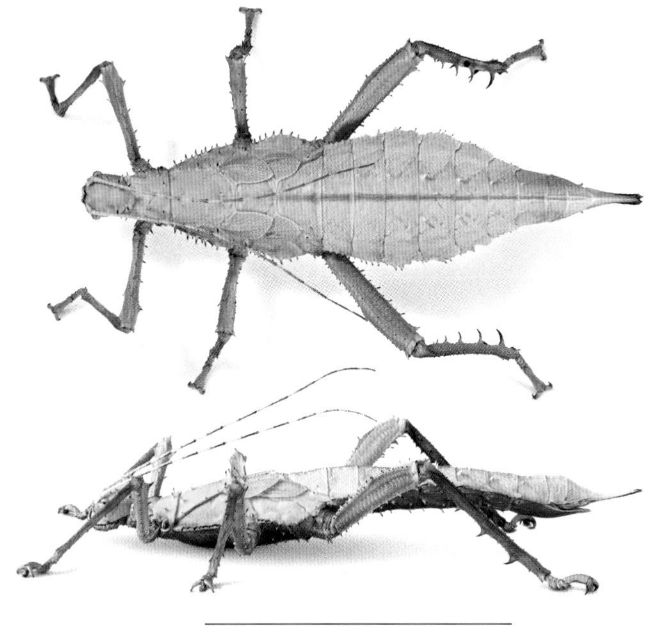

크기 최대 15.5센티미터
서식지 열대 숲
분포 말레이시아
먹이 다양한 식물의 잎

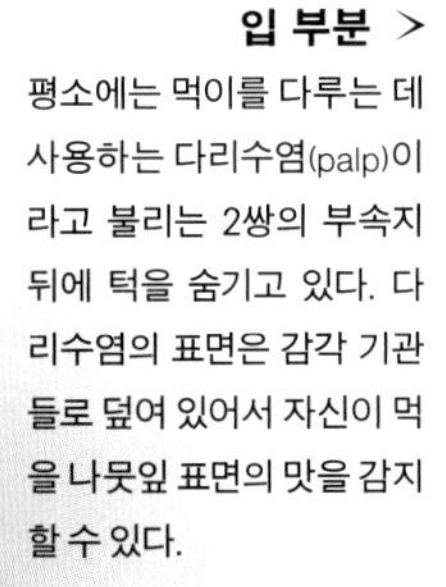

입 부분 >
평소에는 먹이를 다루는 데 사용하는 다리수염(palp)이라고 불리는 2쌍의 부속지 뒤에 턱을 숨기고 있다. 다리수염의 표면은 감각 기관들로 덮여 있어서 자신이 먹을 나뭇잎 표면의 맛을 감지할 수 있다.

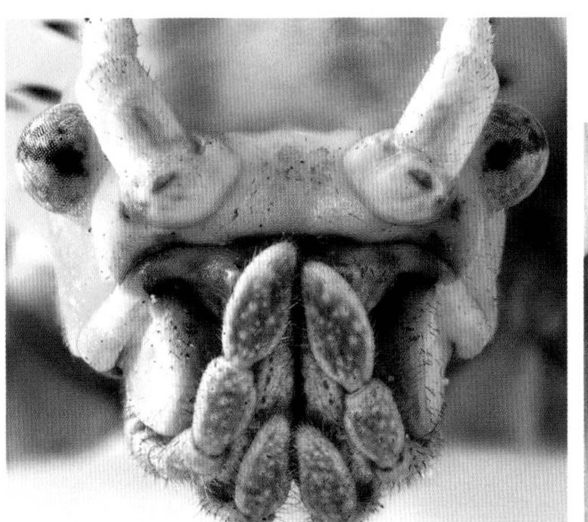

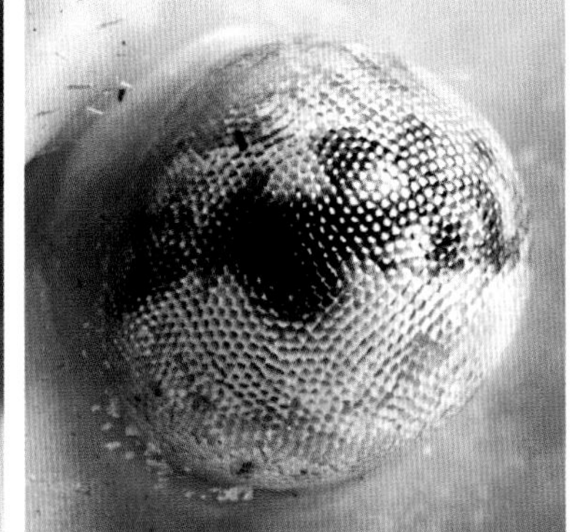

< 겹눈
곤충의 전형적인 눈 형태인 겹눈을 가지고 있다. 다른 많은 육식 곤충들처럼 정확할 필요는 없으나 움직임이나 잠재적인 적을 탐지할 수 있을 정도의 시력이 필요하다.

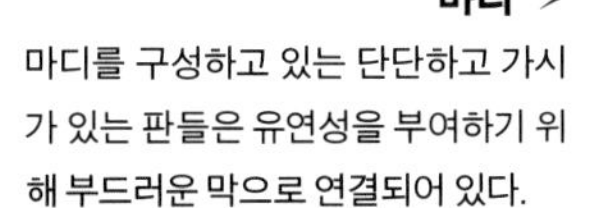

마디 >
마디를 구성하고 있는 단단하고 가시가 있는 판들은 유연성을 부여하기 위해 부드러운 막으로 연결되어 있다.

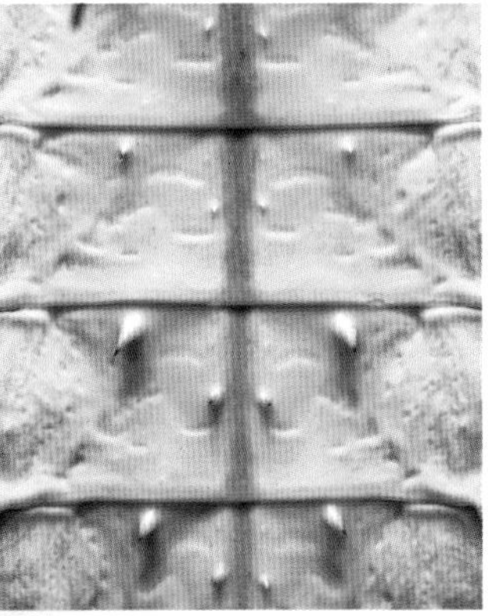

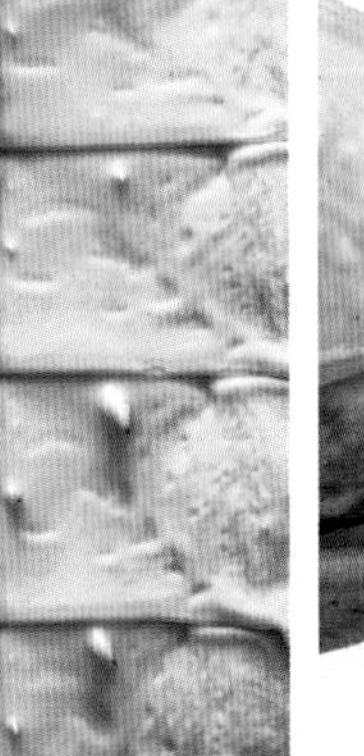

∧ 산란관
암컷은 평생 동안 알을 최대 150개까지 낳을 수 있다. 알을 숨기기에 적합한 낙엽이나 촉촉한 흙에 산란관을 사용해 커다란 알을 한 번에 1개씩 낳는다.

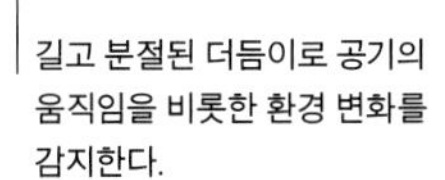

길고 분절된 더듬이로 공기의 움직임을 비롯한 환경 변화를 감지한다.

∧ > 발
여러 개의 짧은 부절(tarsus) 마디와 길고 가시가 있는 끝 마디로 구성되며 1쌍의 날카롭고 휜 발톱이 있다.

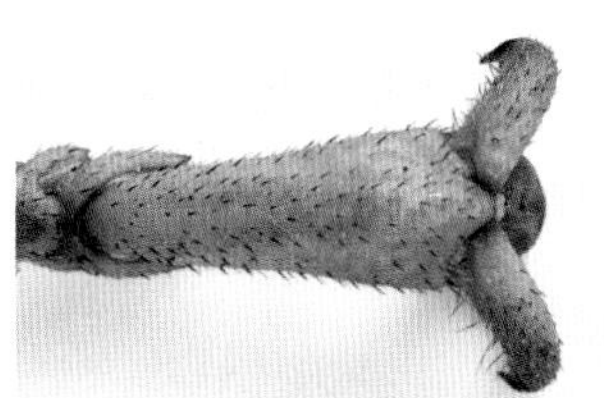

노린재

육상과 수중 서식지에 풍부하고 널리 분포하는 노린재목(반시목)의 곤충들은 작고 날개가 없는 종에서 물고기나 개구리를 잡을 수 있는 거대한 수서 곤충들까지 다양하다. 입으로 식물의 수액이나 용해된 먹이 조직 또는 혈액 등의 액체를 빨아 먹을 수 있다. 많은 종이 식물을 해치는 해충이고 질병을 옮기기도 한다.

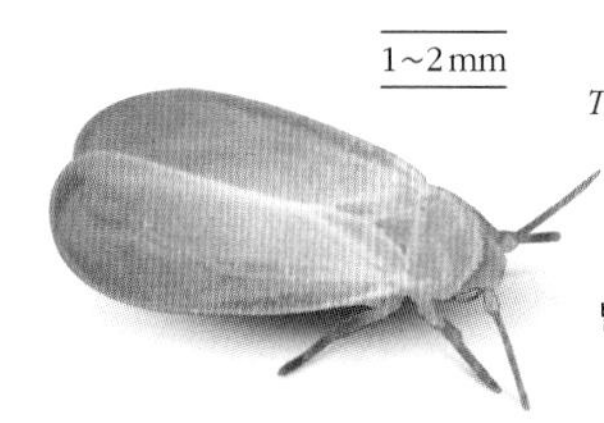

1~2mm

온실가루이
Trialeurodes vaporariorum
가루잇과
나방처럼 생긴 작은 곤충으로 전 세계 온대 지역에서 발견되며 온실 작물에 심각한 피해를 준다.

3~5mm

미국루핀진딧물
Macrosiphum albifrons
진딧물과
미국산으로 암컷이 수정하지 않고 많은 자손을 만들 수 있기 때문에 짧은 시간 내에 식물에 피해를 줄 수 있다.

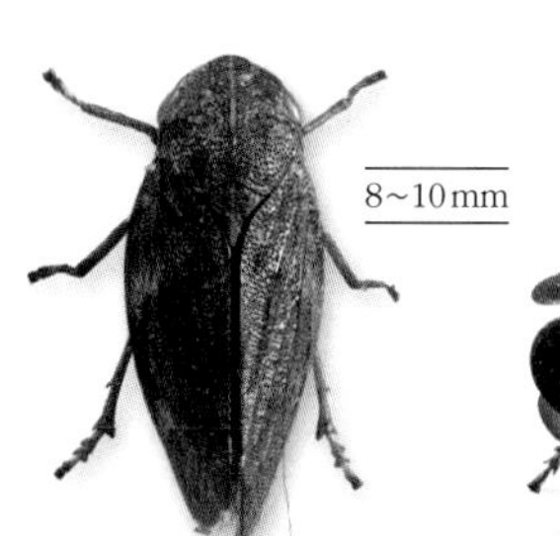

8~10mm

어리흰띠거품벌레
Aphrophora alni
거품벌렛과
유럽 전역의 다양한 교목과 관목에서 흔히 발견되는 거품벌레로 연갈색에서 어두운 갈색까지 색상이 다양하다.

9~11cm

유럽쥐머리거품벌레
Cecopis vulnerata
쥐머리거품벌렛과
눈에 잘 띄는 색을 가진 이 유럽 종의 유충은 지하에 만든 보호용 거품 덩어리 속에서 식물 뿌리의 수액을 먹으며 군집 생활을 한다.

뚜렷한 어두운색의 가장자리

3.5~4cm

인도매미
Angamiana aetherea
매밋과
인도산으로 다른 매미들처럼 수컷은 암컷에게 구애하거나 공격성을 나타내기 위해 시끄러운 소리를 낸다.

옅은 색의 뒷날개 기부

35~40mm

아삼매미
Platypleura assamensis
매밋과
북인도에서 알려졌지만 부탄과 중국 일부에서도 발견되며 온대 활엽수림을 좋아한다.

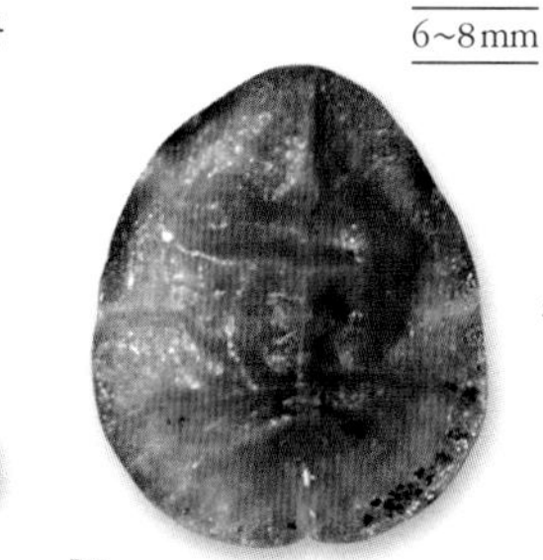

6~8mm

칠엽수깍지벌레
Pulvinaria regalis
밀깍지벌렛과
이 유럽산 깍지벌레는 칠엽수 나무껍질에서 흔히 발견되지만 다른 다양한 활엽수도 공격한다.

1.3~1.8cm

유럽매미충
Ledra aurita
매미충과
북유럽에 살고 몸이 납작한 매미충으로 얼룩덜룩한 색깔 때문에 지의류로 뒤덮인 참나무 위에 있으면 잘 보이지 않는다.

6~8mm

키카델라 비리디스
Cicadella viridis
매미충과
유럽과 아시아에 분포한다. 축축한 습지나 늪지의 풀과 골풀을 먹으며 정원의 연못 근처에서도 발견된다.

8cm

커다란 눈 무늬

악어머리뿔매미
Fulgora laternaria
꽃매밋과
아메리카 중남부 및 서인도에서 발견된다. 둥글넓적한 머리는 한때 빛을 내는 것으로 생각되었다.

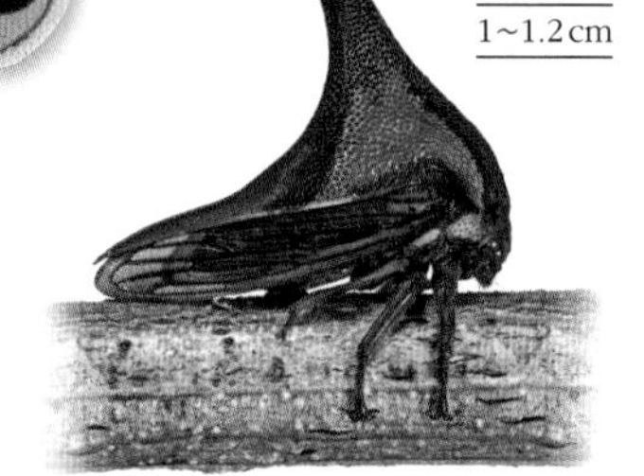

1~1.2cm

가시매미
Umbonia crassicornis
뿔매밋과
아메리카 중남부에서 발견되며 몸 거의 대부분이 커다란 가시 모양의 앞가슴등판 아래에 숨겨져 있다.

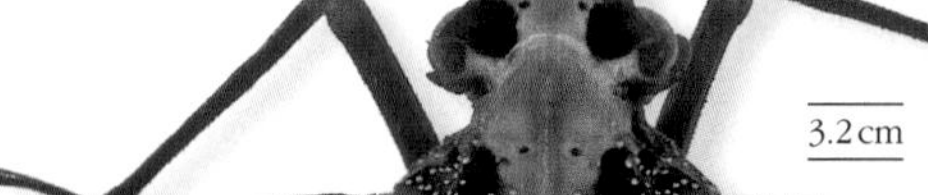

길게 신장된 머리

앞날개를 가로지르는 뚜렷한 무늬

화려한 색의 뒷날개

3.2cm

용머리꽃매미
Phrictus quinquepartitus
꽃매밋과
무사마귀머리매미라고도 불리는 종으로 코스타리카, 파나마, 콜롬비아 그리고 브라질 일부에서 발견된다.

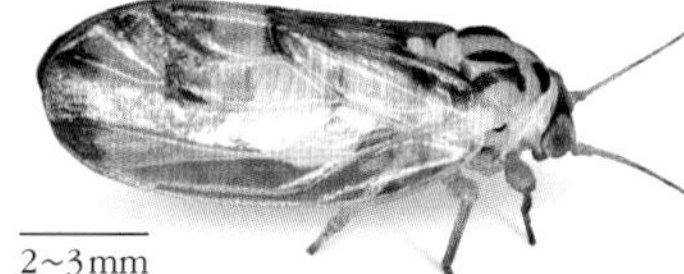

2~3mm

물푸레나무이
Psyllopsis fraxini
나무잇과
물푸레나무에서 흔히 발견되며 이 종의 유충이 잎을 먹으면 나뭇잎 가장자리에 붉게 부풀어 오른 혹이 생긴다.

3~4mm

유럽엉겅퀴방패벌레
Tingis cardui
방패벌렛과
유럽 대분에 살며 서양가시엉겅퀴, 사향엉겅퀴 및 늪엉겅퀴를 먹는다. 몸이 가루 왁스로 덮여 있다.

1~1.2cm

유럽광대노린재
Eurygaster maura
광대노린잿과
다양한 풀을 먹지만 가끔 곡물을 먹어 해충이 되기도 한다.

1~1.6cm

뿔노린재
Acanthosoma haemorrhoidale
뿔노린잿과
이 매력적인 유럽 종은 산사나무의 새순과 열매를 먹으며 때로는 참나무와 같은 다른 활엽수에서도 산다.

4mm

꽃노린재
Anthocoris nemorum
꽃노린잿과
육식 곤충으로 다양한 식물에서 발견된다. 몸집은 작지만 인간의 피부도 뚫을 수 있다.

5mm

자작나무넓적노린재
Aradus betulae
넓적노린잿과
유럽 종으로 납작한 몸으로 자작나무의 껍질 아래에 숨어서 곰팡이류를 먹는다.

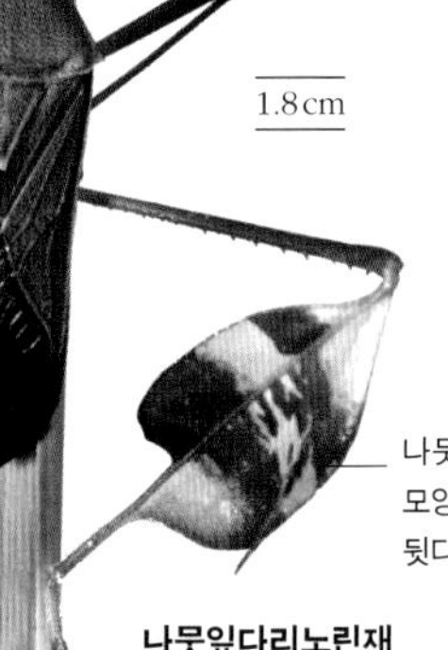

1.8cm

나뭇잎다리노린재
Anisocelis affiffinis
허리노린잿과
멕시코와 중앙아메리카에서 발견된다. 초식성으로 나뭇잎 모양의 다리를 이용해 위장해 포식자를 피한다.

8~10cm

큰물장군
Lethocerus sp.
물장군과
열대 지역에 널리 분포하는 종으로 힘센 앞다리와 독이 있는 침으로 개구리나 물고기처럼 자신보다 큰 척추동물 먹이도 잡을 수 있다.

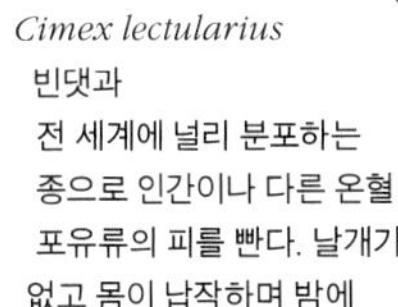

4~5mm

빈대
Cimex lectularius
빈댓과
전 세계에 널리 분포하는 종으로 인간이나 다른 온혈 포유류의 피를 빤다. 날개가 없고 몸이 납작하며 밤에 활동한다.

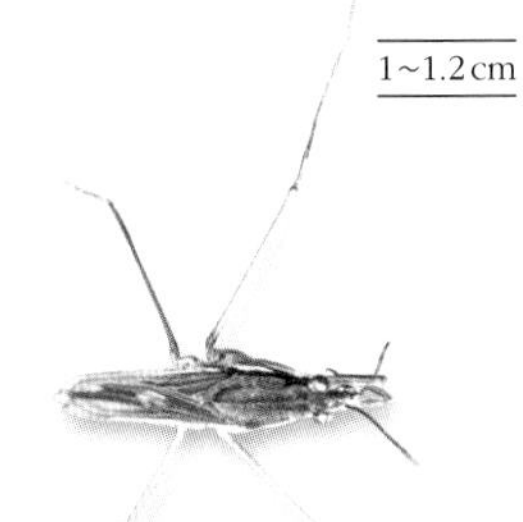

1~1.2cm

참소금쟁이
Gerris lacustris
소금쟁잇과
널리 분포하며 물 위를 쏜살같이 달리는 모습을 보고 즉시 알아볼 수 있다. 자신이 만든 파문을 이용해서 먹이의 위치를 알아낸다.

8~15mm

유럽물벌레
Corixa punctata
물벌렛과
노처럼 생긴 힘센 뒷다리로 헤엄친다. 유럽에 흔한 종으로 연못의 조류와 쇄설물을 먹는다.

8~11mm

두꺼비벌레
Nerthra grandicollis
두꺼비벌렛과
아프리카 종으로 두꺼비처럼 표면이 우둘투둘하고 색깔이 칙칙해 진흙이나 쇄설물 속에 숨어 있다가 곤충 먹이를 습격한다.

1~1.5cm

빈대물둥구리
Ilyocoris cimicoides
물둥구릿과
수면으로부터 공기를 가져와 접혀진 날개 아래에 공기 방울을 만든다. 호수나 유속이 느린 강의 얕은 가장자리에서 먹이를 사냥한다. 유럽이 원산이다.

1~1.3cm

유럽실소금쟁이
Hydrometra stagnorum
실소금쟁잇과
느리게 움직이는 유럽산 곤충으로 연못, 호수 및 강의 가장자리 근처에 살며 작은 곤충이나 갑각류를 잡아먹는다.

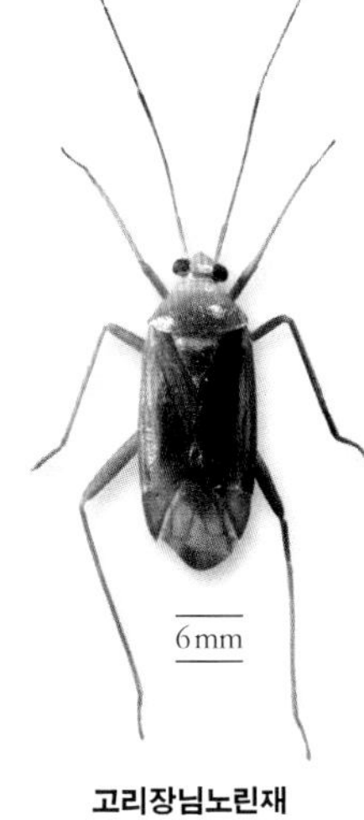

6mm

고리장님노린재
Lygocoris pabulinus
장님노린잿과
널리 분포하는 종으로 라즈베리, 배, 사과 등의 과일을 비롯한 다양한 식물에 심각한 피해를 줄 수 있다.

»

≫ 노린재

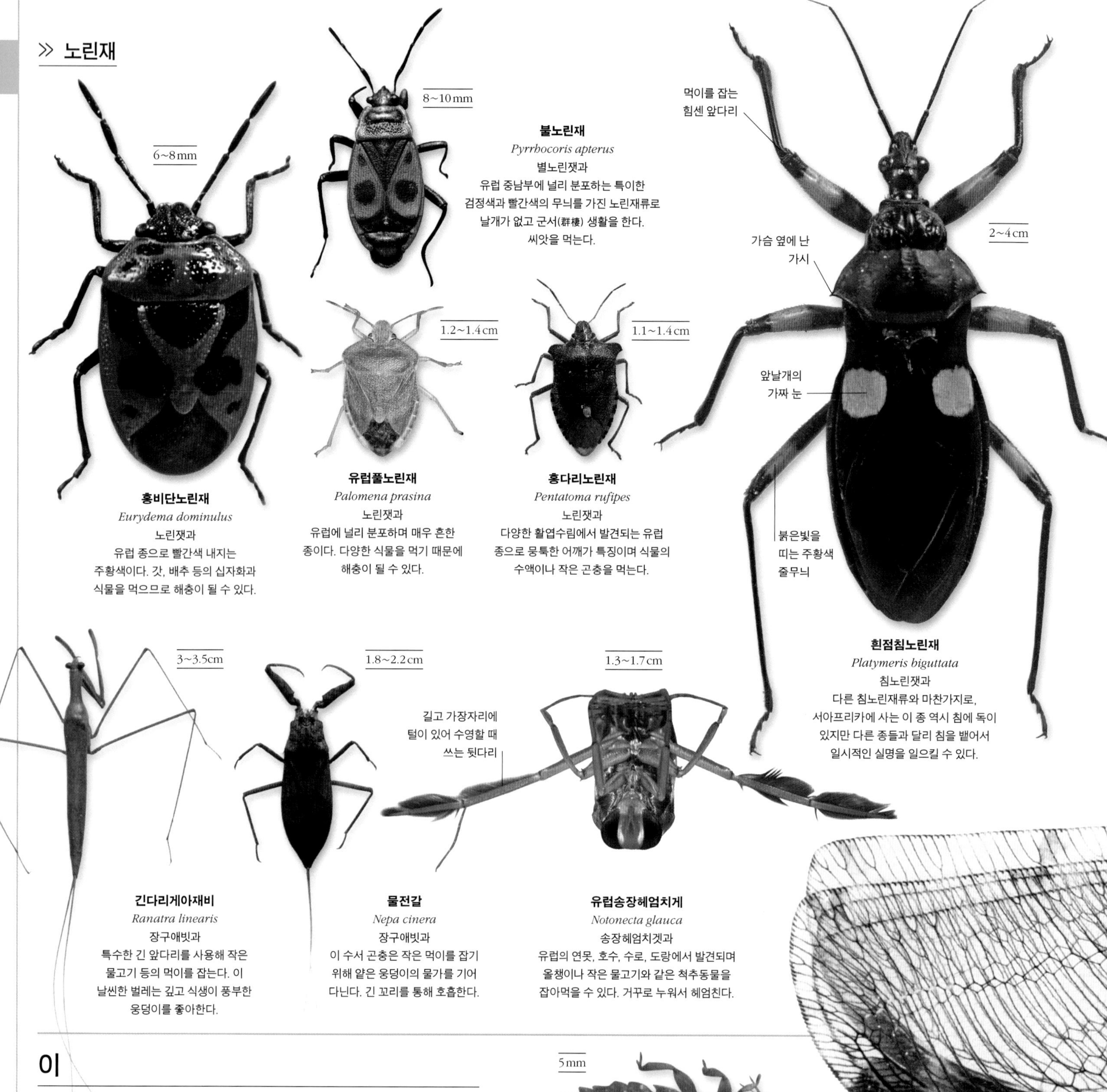

불노린재
Pyrrhocoris apterus
별노린잿과
유럽 중남부에 널리 분포하는 특이한 검정색과 빨간색의 무늬를 가진 노린재류로 날개가 없고 군서(群棲) 생활을 한다. 씨앗을 먹는다.

홍비단노린재
Eurydema dominulus
노린잿과
유럽 종으로 빨간색 내지는 주황색이다. 갓, 배추 등의 십자화과 식물을 먹으므로 해충이 될 수 있다.

유럽풀노린재
Palomena prasina
노린잿과
유럽에 널리 분포하며 매우 흔한 종이다. 다양한 식물을 먹기 때문에 해충이 될 수 있다.

홍다리노린재
Pentatoma rufipes
노린잿과
다양한 활엽수림에서 발견되는 유럽 종으로 뭉툭한 어깨가 특징이며 식물의 수액이나 작은 곤충을 먹는다.

흰점침노린재
Platymeris biguttata
침노린잿과
다른 침노린재류와 마찬가지로, 서아프리카에 사는 이 종 역시 침에 독이 있지만 다른 종들과 달리 침을 뱉어서 일시적인 실명을 일으킬 수 있다.

긴다리게아재비
Ranatra linearis
장구애빗과
특수한 긴 앞다리를 사용해 작은 물고기 등의 먹이를 잡는다. 이 날씬한 벌레는 깊고 식생이 풍부한 웅덩이를 좋아한다.

물전갈
Nepa cinera
장구애빗과
이 수서 곤충은 작은 먹이를 잡기 위해 얕은 웅덩이의 물가를 기어 다닌다. 긴 꼬리를 통해 호흡한다.

유럽송장헤엄치게
Notonecta glauca
송장헤엄치겟과
유럽의 연못, 호수, 수로, 도랑에서 발견되며 올챙이나 작은 물고기와 같은 척추동물을 잡아먹을 수 있다. 거꾸로 누워서 헤엄친다.

이

이목의 날개 없는 곤충들은 체외 기생충으로, 새나 포유류의 몸에 붙어산다. 입은 피부 조각을 씹거나 피를 빨 수 있도록 변형되었으며 다리는 털이나 깃털을 꽉 움켜잡을 수 있는 구조이다.

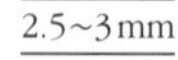

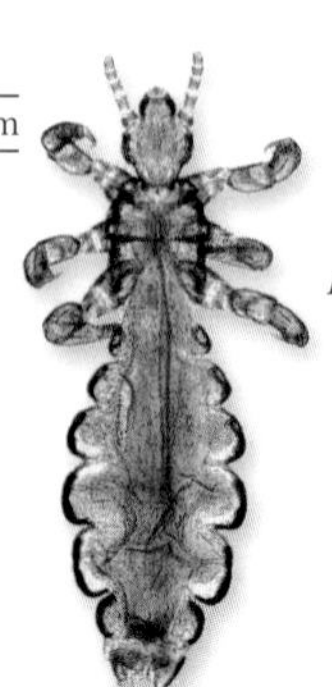

머릿니
Pediculus humanus capitis
잇과
이는 사람의 머리카락에 '서캐'라고 불리는 알을 붙인다. 취학 아동들이 집단 감염되곤 한다. 가까운 종이 침팬지에 기생한다.

2.5~3mm

이
Pediculus humanus humanus
잇과
이 아종은 옷이 발명된 후 머릿니로부터 진화했으며, 머리카락 대신 옷에 알을 붙인다. 질병을 옮긴다.

5mm

큰참닭털이
Menacanthus stramineus
새털잇과
전 세계에 널리 분포하며 닭에 기생하는 체외 기생충이다. 옅은 색에 몸이 납작하며 깃털을 씹어서 깃털이 빠지게 하거나 질병을 옮긴다.

1~2mm

염소털이
Damalinia caprae
짐승털잇과
전 세계의 염소에서 발견되는 무는 이이다. 양에서도 수일 동안 생존할 수 있지만 번식을 하지는 못한다.

수피좀과 책좀

다듬이벌레목의 곤충들은 흔히 식생이나 쓰레기 더미에 살며 작고 납작하고 몸이 부드럽다. 머리에는 실 같은 더듬이가 있고 눈이 튀어나와 있다. 미생물을 먹거나 저장된 물건을 손상시키는 해충이다.

4~6mm

프소코케라스티스 깁보사
Psococerastis gibbosa
다듬이벌렛과
유럽 및 아시아 일부가 원산으로, 상대적으로 몸집이 큰 수피좀이다. 다양한 활엽수림과 침엽수림에 산다.

0.6~1.5mm

리포스켈리스 리파리우스
Liposcelis liparius
리포스켈리다이아과
매우 넓게 분포하는 종으로 어둡고 축축한 미소 서식지를 좋아한다. 도서관이나 곡물 창고의 습도가 너무 높으면 이 종이 서식해 피해를 입힌다.

총채벌레

총채벌레목은 몸집이 아주 작고 2쌍의 좁고 가장자리에 털이 있는 날개를 가지고 있다. 커다란 겹눈과 물체를 뚫어 액체를 빨 수 있는 특수한 입을 가지고 있다.

1~1.5mm

꽃총채벌레
Frankliniella sp.
총채벌렛과
꽃총채벌레는 전 세계에서 발견되며 땅콩, 목화, 고구마, 커피 등의 작물에 피해를 준다.

약대벌레

약대벌레목은 앞가슴이 길고 머리 폭이 넓으며 2쌍의 날개를 지녔다. 삼림에 살고 진딧물이나 다른 부드러운 먹이를 먹는다.

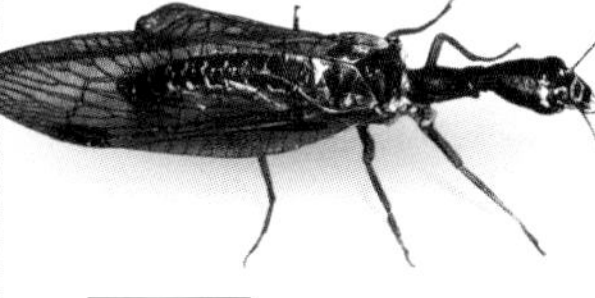

1.6~1.8cm

라피디아 노타타
Raphidia notata
라피디이다이과
유럽의 활엽수림이나 침엽수림에서 발견되며 대개 참나무에 살면서 진딧물을 잡아먹는다.

좀뱀잠자리와 뱀잠자리

뱀잠자리목은 2쌍의 날개를 지녔으며 쉬고 있을 때는 날개가 지붕처럼 몸을 덮고 있다. 수중 생활을 하는 유충은 배에 아가미가 있고 육식성이며, 지상으로 올라와 흙, 이끼 또는 썩은 나무 속에서 번데기가 된다.

동부뱀잠자리
Corydalus cornutus
뱀잠자릿과
북아메리카에서 발견되는 종으로 수컷은 싸우거나 암컷을 잡을 때 쓰는 매우 긴 턱을 가지고 있다.

10~14cm

좀뱀잠자리
Sialis lutaria
좀뱀잠자릿과
널리 분포하는 이 종의 암컷은 물가의 나뭇가지나 나뭇잎에 최대 2,000개의 알 덩어리를 낳는다.

1.4~2.6cm

풀잠자리와 근연종

풀잠자리목의 곤충들은 특징적인 눈과 물기 적합한 입을 가지고 있다. 쉴 때는 그물 모양의 시맥(翅脈)이 있는 여러 쌍의 날개가 지붕처럼 몸을 덮고 있다. 유충의 입은 낫 모양으로 날카로운 빨대를 형성한다.

1.4cm

만티스파 스티리아카
Mantispa styriaca
사마귀붙잇과
작은 사마귀처럼 생긴 이 곤충은 유럽 중남부에서 발견된다. 약간의 나무가 있는 지역에 살며 작은 파리를 사냥한다.

4cm

숟가락날개풀잠자리
Nemoptera sinuata
네몹테리다이과
유럽 남동부 지역에 흔히 분포하는 섬세한 곤충으로 삼림 지대나 넓은 초지에 자라는 꽃의 꿀과 꽃가루를 먹는다.

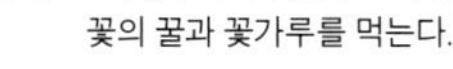

3cm

뿔잠자리
Libelloides macaronius
뿔잠자릿과
공중에서 곤충 먹이를 잡는 이 종은 따뜻하고 화창한 날에만 날아다닌다. 유럽 중남부와 아시아 일부에 분포한다.

1~1.2cm

초록풀잠자리
Chrysopa perla
풀잠자릿과
널리 분포하는 유럽 종으로 특유의 청록색이 도는 체색에 검은 무늬가 있다. 활엽수림에서 흔히 발견된다.

반점이 있는 날개

큰풀잠자리
Osmylus fulvicephalus
보날개풀잠자릿과
유럽 종으로 개울이 가깝고 그늘진 삼림 지대의 식생에서 발견되며 작은 곤충과 꽃가루를 먹는다.

1.3cm

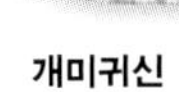

개미귀신
Palpares libelluloides
명주잠자릿과
지중해 지역에 살며 몸집이 크고 낮에 날아다니는 종이다. 날개에는 특유의 얼룩무늬가 있으며 거친 초원과 따뜻한 관목, 모래 언덕에 서식한다.

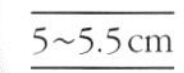

5~5.5cm

수컷은 암컷을 꽉 움켜쥐기 위한 특수한 기관을 가지고 있음

딱정벌레

곤충강에서 가장 큰 목 중 하나인 딱정벌레목은 크기가 다양하다. 가장 큰 특징은 시초(翅鞘, elytra)라 불리는 단단해진 앞날개로, 몸의 정중선에서 만나 더 큰 얇은 막 형태의 뒷날개를 보호한다. 딱정벌레들은 모든 수중 및 육상 서식지를 점유하고 있으며 식성도 다양해서 초식, 육식뿐 아니라 죽은 동물을 주워 먹는 종도 있다.

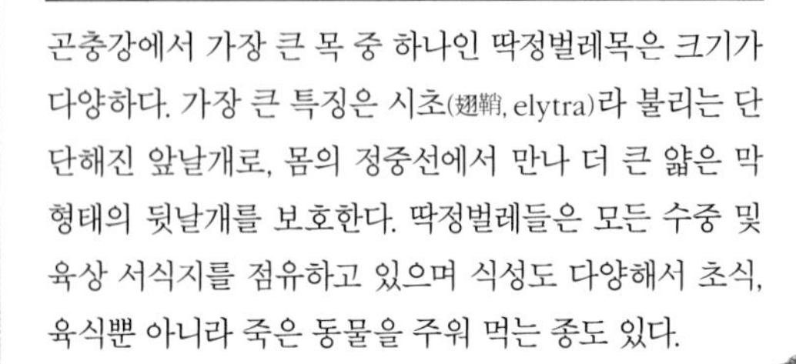

2.8~3.4cm

보라딱정벌레
Carabus violaceus
딱정벌렛과
밤에 사냥하는 딱정벌레로 정원을 비롯한 여러 서식지에서 흔히 발견된다. 유럽과 아시아 일부가 원산이다.

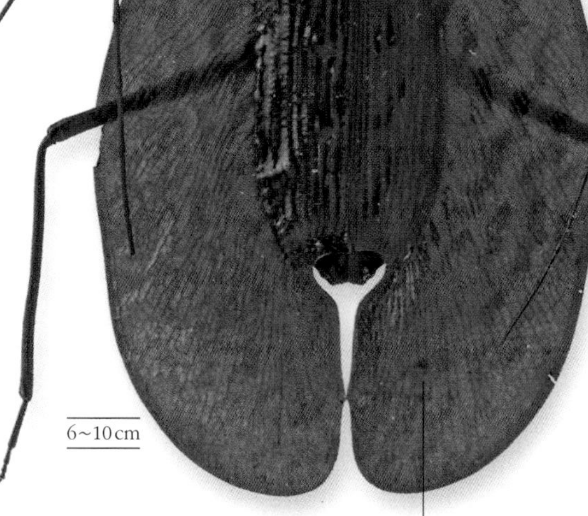

6~10cm

바이올린딱정벌레
Mormolyce phyllodes
딱정벌렛과
동남아시아 종으로, 특이한 몸 형태 덕분에 까치발버섯이나 나무껍질 아래로 비집고 들어가 곤충의 유충이나 달팽이를 잡아먹는다.

3~5mm

나무좀빗살수염벌레
Anobium punctatum
빗살수염벌렛과
건물이나 가구의 목재 속에서 번식하도록 적응한 탓에 현재 널리 분포하는 심각한 해충이 되었다.

4cm

보석비단벌레
Chrysochroa chinensis
비단벌렛과
인도와 동남아시아가 원산이며 금속성의 광택이 있는 딱정벌레이다. 유충은 활엽수의 목질부에 구멍을 판다.

8~10mm

유럽병대벌레
Rhagonycha fulva
병대벌렛과
유럽산 딱정벌레로 여름에 꽃 위에서 흔히 발견된다. 목초지와 삼림 가장자리에 서식한다.

7~10mm

진개미붙이
Thanasimus formicarius
개미붙잇과
유럽과 북아시아의 침엽수림에 산다. 유충과 성충 모두 나무껍질 딱정벌레의 유충을 잡아먹는다.

8~10mm

황띠수시렁이
Dermestes lardarius
수시렁잇과
유럽과 아시아 일부에서 발견되는 딱정벌레로 죽은 동물을 먹지만 건물에 살면서 저장된 음식을 먹기도 한다.

2.5~3.8cm

큰물방개붙이
Dytiscus marginalis
물방갯과
유럽과 아시아 북부 수초가 우거진 연못과 호수에 사는 대형 딱정벌레이다. 곤충, 개구리, 영원 및 작은 물고기를 잡아먹는다.

3cm

딸깍벌레
Chalcolepidius limbatus
방아벌렛과
이 딱정벌레는 남아메리카의 따뜻한 지역에 있는 삼림이나 초원에서 발견된다. 유충은 썩은 나무나 흙 속에 살며 육식성이다.

금속성의 광택이 있는 시초

5~8mm

유럽물맴이
Gyrinus marinus
물맴잇과
흔한 유럽 종으로 연못이나 호수의 표면을 돌아다닌다. 노처럼 생긴 다리로 물 위를 미끄러지듯이 움직인다.

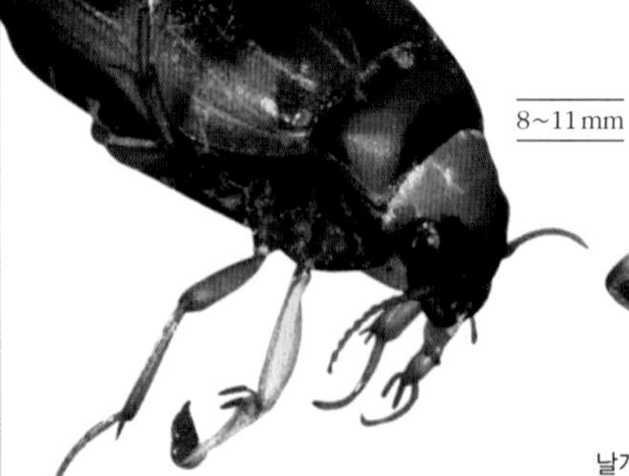

8~11mm

헤르만딱정벌레
Hygrobia hermanni
히그로비이다이과
유럽 종으로 유속이 느린 강이나 진흙이 많은 연못에 살며 작은 무척추동물 먹이를 잡아먹는다. 손으로 잡으면 끽끽 소리를 낸다.

2.5cm

수컷은 날개가 있다.

북방반딧불이
Lampyris noctiluca
반딧불잇과
유럽과 아시아에 분포하며 거친 초원을 좋아한다. 개똥벌레라고도 불리는 암컷은 날개가 없으며 짝을 유혹하기 위해 녹색에 가까운 빛을 낸다.

6~10mm

네점풍뎅이붙이
Hister quadrimaculatus
풍뎅잇과
유럽에 널리 분포하며 동물의 배설물이나 사체에서 발견된다. 작은 곤충이나 곤충의 유충을 먹는다.

1.5~2cm

휘어진 뿔

미노타우르금풍뎅이
Typhoeus typhoeus
금풍뎅잇과
서유럽의 모래가 많은 지역에서 발견되며 양이나 토끼 배설물을 굴에 묻어 유충에게 먹인다.

넓적나무좀
Lyctus opaculus
개나무좀과
북아메리카 종으로 목재 속에서 번식하며 나무를 갉아 먹어 고운 가루로 만든다.

그물날개홍반디
Platycis minutus
홍반딧과
유라시아 전역의 오래되고 나무가 우거진 삼림 지대의 썩은 나무 주변에서 발견된다.

긴무늬송장벌레
Nicrophorus investigator
송장벌렛과
북반구 전역의 삼림 지대와 초원에서 발견된다. 작은 동물의 사체를 땅에 묻고 암컷이 거기에 알을 낳으면 유충이 이를 먹고 자란다.

6~17cm

헤라클레스장수풍뎅이
Dynastes hercules
풍뎅잇과
장수풍뎅이(디나스테스속)에서 가장 큰 종으로 중앙 및 남아메리카 우림의 썩어 가는 열매를 먹는다. 유충은 썩어 가는 나무 속에서 자란다.

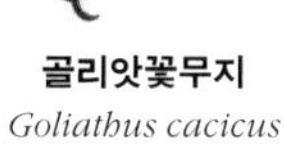

골리앗꽃무지
Goliathus cacicus
풍뎅잇과
세계에서 가장 무거운 이 곤충은 아프리카 적도 지역에 살며 성체는 잘 익은 열매나 나무의 수액을 먹는다.

유럽사슴벌레
Lucanus cervus
사슴벌렛과
유럽 중남부의 삼림 지대에 사는 화려한 벌레이다. 유충은 썩어 가는 참나무 그루터기 속에 살며 성체가 되는 데 4년이 걸린다. 수컷은 암컷을 차지하기 위해 커다란 뿔 모양으로 확장된 턱을 무기로 싸운다.

밑빠진벌레
Glischrochilus hortensis
밑빠진벌렛과
흘러내려 발효된 수액이나 잘 익은 과일을 먹는 것이 종종 관찰되는 서유럽 종으로 썩은 자작나무 주변에 산다.

1~2.1cm

파나이우스 데몬
Phanaeus demon
소똥구릿과
중앙아메리카 원산으로, 금속성의 초록색을 띠는 이 벌레는 초원이나 목초지에서 거대한 초식 동물의 똥 속에 알을 낳는다.

곤봉 모양의
더듬이

보는 각도에
따라 다르게
반짝이는 금빛

유럽반날개
Staphylinus olens
반날갯과
유럽 종으로 삼림 지대와 정원의 낙엽 속에서 발견된다. 놀라면 배를 들어 위협적인 자세를 취한다.

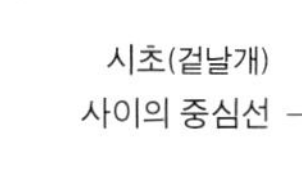

에무스 히르투스
Emus hirtus
반날갯과
유럽 중남부 원산인 털이 많은 반날개류로 소나 말의 똥이나 사체에 꼬이는 다른 곤충을 먹는다.

2~3.2cm

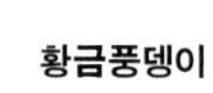

길고 분절된 더듬이

황금풍뎅이
Chrysina aurigans
풍뎅잇과
코스타리카와 파나마에서 발견되는 이 풍뎅이는 낙엽수림에 서식하며 대개 썩은 통나무 속에 산다. 성충은 야행성이며 빛을 좋아한다.

2~3.5cm

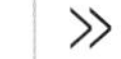
»

≫ 딱정벌레

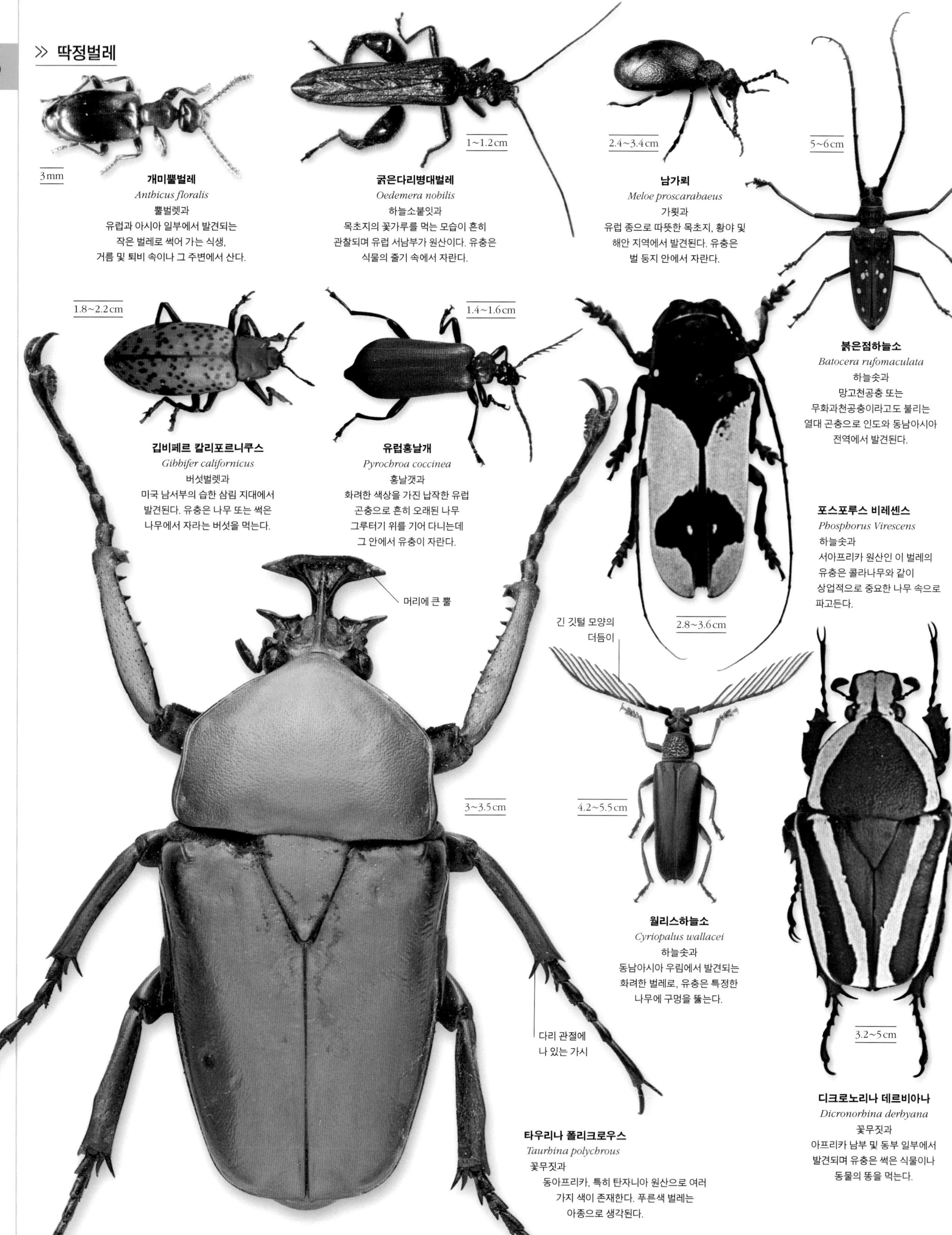

개미뿔벌레
Anthicus floralis
뿔벌렛과
유럽과 아시아 일부에서 발견되는 작은 벌레로 썩어 가는 식생, 거름 및 퇴비 속이나 그 주변에서 산다.

굵은다리병대벌레
Oedemera nobilis
하늘소붙잇과
목초지의 꽃가루를 먹는 모습이 흔히 관찰되며 유럽 서남부가 원산이다. 유충은 식물의 줄기 속에서 자란다.

남가뢰
Meloe proscarabaeus
가룃과
유럽 종으로 따뜻한 목초지, 황야 및 해안 지역에서 발견된다. 유충은 벌 둥지 안에서 자란다.

붉은점하늘소
Batocera rufomaculata
하늘솟과
망고천공충 또는 무화과천공충이라고도 불리는 열대 곤충으로 인도와 동남아시아 전역에서 발견된다.

깁비페르 칼리포르니쿠스
Gibbifer californicus
버섯벌렛과
미국 남서부의 습한 삼림 지대에서 발견된다. 유충은 나무 또는 썩은 나무에서 자라는 버섯을 먹는다.

유럽홍날개
Pyrochroa coccinea
홍날갯과
화려한 색상을 가진 납작한 유럽 곤충으로 흔히 오래된 나무 그루터기 위를 기어 다니는데 그 안에서 유충이 자란다.

포스포루스 비레센스
Phosphorus Virescens
하늘솟과
서아프리카 원산인 이 벌레의 유충은 콜라나무와 같이 상업적으로 중요한 나무 속으로 파고든다.

월리스하늘소
Cyriopalus wallacei
하늘솟과
동남아시아 우림에서 발견되는 화려한 벌레로, 유충은 특정한 나무에 구멍을 뚫는다.

디크로노리나 데르비아나
Dicronorhina derbyana
꽃무짓과
아프리카 남부 및 동부 일부에서 발견되며 유충은 썩은 식물이나 동물의 똥을 먹는다.

타우리나 폴리크로우스
Taurhina polychrous
꽃무짓과
동아프리카, 특히 탄자니아 원산으로 여러 가지 색이 존재한다. 푸른색 벌레는 아종으로 생각된다.

3~3.5cm

♀

보석잎벌레
Sagra buqueti
잎벌렛과
이 벌레는 동남아시아, 특히 태국의 줄기가 굵은 특정 덩굴 식물 속에서 자란다. 열대의 다른 화려한 종들처럼 수집용으로 판매된다.

6~8mm

주홍백합벌레
Lilioceris lilii
잎벌렛과
유럽과 아시아 원산의 화려한 색을 가진 해충으로 백합류가 자라는 다른 지역으로 퍼졌다.

7~9mm

북방달무리무당벌레
Anatis ocellata
무당벌렛과
유럽 원산으로 침엽수 특히 가문비나무와 소나무에 사는 진딧물을 먹는다.

5~8mm

칠성무당벌레
Coccinella septempunctata
무당벌렛과
유라시아에서 흔히 발견되며 현재는 북아메리카 대륙에도 정착했다.

3~5mm

누에콩바구미
Bruchus rufimanus
잎벌렛과
누에콩 등 농작물에 피해를 준다. 성충은 꽃가루를 먹고 유충은 씨 속으로 굴을 판다.

4~5mm

잎갈나무무당벌레
Aphidecta obliterata
무당벌렛과
유럽 종으로 잎갈나무, 전나무, 소나무 등의 침엽수에 살며 깍지벌레나 진딧물을 먹는다.

3~4mm

이십이점박이무당벌레
Psyllobora vigintiduopunctata
무당벌렛과
유럽 종으로 목초지의 키 작은 식물에 살며 다른 무당벌레와 달리 흰곰팡이 등과 같은 진균류를 먹는다.

2~3cm

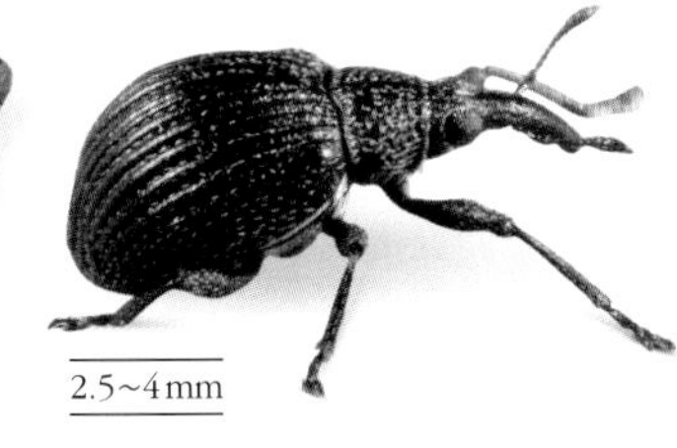

2.5~4mm

밥티시아침봉바구미
Trichapion rostrum
침봉바구밋과
이 작은 침봉바구미는 북아메리카 대초원에 자라는 흰색과 크림색 밥티시아(*Baptisia*, 인디고 염료의 원료 식물)의 씨앗을 먹는다.

2.6cm

기린목거위벌레
Trachelophorus giraffa
거위벌렛과
마다가스카르 우림에 산다. 목으로 디카이탄테라(*Dichaetanthera*) 나무의 잎을 말면 암컷이 그 안에 알을 낳는다.

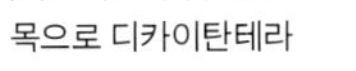

1~1.3cm

크라토소무스 로다미
Cratosomus roddami
바구밋과
중앙 및 남아메리카에 서식한다. 유충은 특정한 야생 과일나무의 줄기와 껍질에 구멍을 뚫는다.

1.8~2cm

오니마크리스 칸디디펜니스
Onymacris candidipennis
거저릿과
주행성으로 긴 다리와 흰 날개덮개 덕분에 아프리카 남서부 해안의 건조한 사막에서도 생존할 수 있다.

2~2.4cm

교회거저리
Blaps mucronata
거저릿과
날개가 없고 땅에 사는 종으로 대개 밤에 활동하며 어둡고 습한 곳에서 발견된다. 썩은 유기물을 먹는다.

물건을 쥐는 데
쓰는 발톱

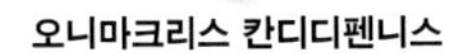

푸른띠바구미
Eupholus linnei
바구밋과
동인도네시아의 특정 섬에서 발견되는 멋진 색상의 바구미로 에우폴루스속의 다른 많은 종들처럼 참마를 먹는다.

8~12mm

검은덩굴바구미
Otiorhynchus sulcatus
바구밋과
유럽, 북아메리카 및 오스트랄라시아에 널리 분포하는 바구미로 다양한 정원 식물과 농작물에 피해를 준다.

밑들이

밑들이목의 육식 곤충들은 대개 긴 원통형의 몸에 폭이 좁고 긴 날개는 민무늬이거나 어두운색의 점 또는 줄무늬가 있다. 일부 종은 날개가 짧거나 아예 날개가 없는 경우도 있다. 커다란 눈과 실 같은 더듬이가 달린 머리는 마치 새의 부리처럼 아래쪽으로 늘어나 있고 그 끝에 먹이를 물어뜯는 턱이 있는 것이 특징이다.

유럽밑들이
Panorpa communis
밑들잇과
서유럽 원산으로 그늘진 생울타리나 숲 가장자리에 살며 쐐기풀 위에서 쉬는 것을 흔히 볼 수 있다.

눈밑들이
Boreus hyemalis
보레이다이과
작고 날개가 없는 유럽 종으로 가을과 겨울에만 볼 수 있다. 이끼 속에서 번식한다.

벼룩

벼룩목은 납작하고 날개가 없으며 포유류와 일부 조류의 피를 빨아 먹는 체외 기생충이다. 머리가 짧고 입은 바늘처럼 생겼으며 몸 옆면에 1쌍의 홑눈이 있다. 뜀뛰기 좋게 뒷다리가 크게 발달했다.

고양이벼룩
Ctenocephalides felis
벼룩과
전 세계적으로 흔한 종이다. 개에서도 발견되며 인간을 포함해 여러 동물의 피를 빤다.

파리

파리목은 1쌍의 얇은 막으로 된 앞날개를 가지고 있는 것이 특징이다. 뒷날개는 퇴화해 1쌍의 평형곤(halteres, 균형을 잡는 역할을 하는 기관)이 되었다. 대부분이 꽃의 수분을 돕거나 해충을 잡아먹거나 쓰레기를 먹어 인간에게 이롭지만 야생 동물이나 가축, 인간에게 병원균을 옮기기도 한다. 일부는 작물에 피해를 준다.

모기
Culex sp.
모깃과
전 세계적으로 1,000종 이상의 종이 쿨렉스속이다. 일부는 병원균을 옮기지만 먹이 사슬에서 중요한 역할을 한다.

아그로미자 론덴시스
Agromyza rondensis
굴파릿과
유럽 전역에서 발견되는 작은 파리이다. 유충은 다양한 초본 식물의 잎에 구멍을 만든다.

빌로드재니등에
Bombylius major
재니등엣과
북반구 온대 지역에 널리 분포하는 등에이다. 성충은 꽃의 꿀을 먹으며 유충은 벌 둥지에 기생한다.

큰청파리매
Blepharotes splendidissimus
파리맷과
동오스트레일리아에서 발견되는 대형 파리이다. 날 때 특유의 붕붕 소리를 내며, 날아다니는 상당히 큰 먹이도 잡는다.

세인트마크털파리
Bibio marci
털파릿과
봄에 볼 수 있는 흔한 유럽 파리로 가끔 많은 수가 모여 어지럽게 날아다니며 풀 또는 키 작은 식생에서 짝짓기를 하는 것을 볼 수 있다.

플라티우라 마르기나타
Platyura marginata
케로플라티다이과
서유럽에 널리 분포하는 종으로 나무가 우거진 지역에 산다. 유충은 썩은 나무 속에 살며 다른 작은 곤충을 잡아먹는다.

다시네우라 시심브리이
Dasineura sisymbrii
혹파릿과
야생 갓류의 꽃 머리 부분에 알을 낳는 작은 파리이다. 유충이 자라는 부분 주위는 옅은 색의 스펀지 같은 혹이 생긴다.

고자리파리
Delia radicum
꽃파릿과
작은 유럽 종으로 야생 또는 사람이 재배하는 십자화과 식물(양배추, 순무, 유채 등)에 심각한 피해를 주기도 한다.

장수깔따구
Chironomus plumosus
깔따굿과
북반구 전역에 분포한다. 유충은 붉은장구벌레라고도 불리며 연못의 진흙 바닥에 산다.

4~6mm

풀파리
Meromyza pratorum
노랑굴파릿과
이 파리는 북반구 전역에 분포하며 특히 모래가 많은 해안에 많다. 유충은 갈대 또는 물대 줄기에 구멍을 판다.

집파리
Musca domestica
집파릿과
전 세계에 분포하고 주위에서 가장 흔히 볼 수 있는 파리로 음식에 여러 가지 병원체를 옮긴다.

튀어나온 빨간 눈

주홍색의 날개 기부

6~8mm

2~3cm

적에게 잡히면 잘라 버릴 수 있는 긴 다리

늪각다귀
Tipula oleracea
각다귓과
유럽 원산이나 북아메리카에 유입되어 지금은 남아메리카 고원 지역 일부에도 산다. 물가에서 자주 발견된다.

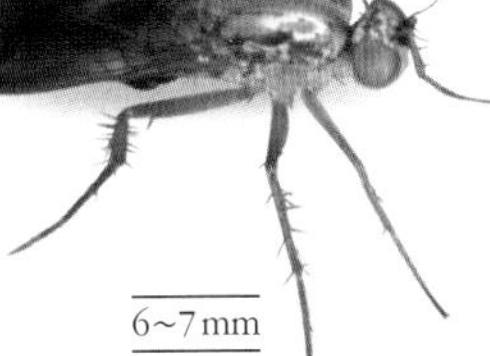

6~7mm

포이킬로보트루스 노빌리타투스
Poecilobothrus nobilitatus
장다리파릿과
유럽 종으로 물가의 습한 서식지에서 발견된다. 수컷은 양지바른 곳에서 날개를 흔들어 과시 행동을 한다.

4~6mm

꼬마집파리
Fannia canicularis
판니이다이과
거의 모든 썩어 가는 반액상 물질에서 번식할 수 있으며 주로 인가 주변에서 산다.

4mm

시물리움 오르나툼
Simulium ornatum
먹파릿과
유럽과 아시아에 주로 분포하나 다른 지역에도 유입되었다. 성충은 동물의 피를 빨며 소사상충(絲狀蟲, 강에 사는 파리가 옮기는 피부병으로 사람에게 실명을 유발할 위험이 있음)을 옮긴다.

3~5mm

나방파리
Clogmia albipunctata
나방파릿과
널리 분포하며 작은 나방을 닮은 파리이다. 유충은 배수로, 나무 구멍, 하수구와 같이 어둡고 습한 장소에서 자란다.

1.4~1.8cm

쉬파리
Sarcophaga carnaria
쉬파릿과
유럽과 아시아에 널리 분포하며 썩은 물질로부터 즙이나 액체를 빨아 먹는다. 암컷은 동물의 사체에 유충을 낳는다.

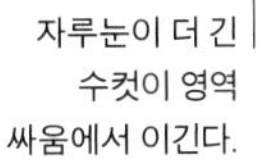

자루눈이 더 긴 수컷이 영역 싸움에서 이긴다.

로스차일드알락파리
Achias rothschildi
알락파릿과
파푸아뉴기니에 사는 종으로 수컷은 매우 긴 자루눈을 가지고 있는데 영역 다툼과 짝짓기 과시용이다.

1.5~1.8cm

8~14mm

페루기네우스벌붙이파리
Sicus ferrugineus
벌붙이파릿과
유럽 종으로 호박벌의 뱃속에 알을 낳는다. 유충은 체내 기생충으로 자라서 결국 숙주를 죽이고 나온다.

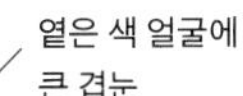

옅은 색 얼굴에 큰 겹눈

1~2mm

농장등에모기
Culicoides nubeculosus
등에모깃과
유럽에 널리 분포하는 파리로 동물의 배설물이나 오수로 오염된 진흙 속에서 번식한다. 성충은 말이나 소의 피를 빤다.

1~1.2cm

붉은빰검정파리
Calliphora vicina
검정파릿과
유럽과 북아메리카에서 발견되는 종으로 도시에서 흔히 발견되며 죽은 비둘기나 설치류에서 번식한다.

»

똥파리
Scathophaga stercoraria
똥파릿과
북반구의 많은 지역에서 발견되는 매우 흔한 파리로, 소나 말의 똥에서 번식한다. 유충은 똥을 먹고 자라지만 성충은 똥에 꼬이는 다른 곤충을 잡아먹는다.

6~11 mm

먹이를 공격하는 데 쓰는, 근육질에 이빨이 있는 주둥이

노랗고 까슬까슬한 몸

1.3~1.5 cm

줄무늬갈색등에
Tabanus bromius
등엣과
유럽과 중동에 널리 분포하며 주로 말을 공격하지만 인간을 포함한 다른 동물의 피를 빨기도 한다.

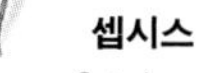

3~5 mm

셉시스
Sepsis sp.
꼭지파릿과
흔하고 널리 분포하는 파리로 다양한 서식지에서 산다. 유충은 동물의 배설물이나 썩은 물질 속에서 자란다.

2~3 mm

노랑초파리
Drosophila melanogaster
초파릿과
실험동물로 흔히 사용되며 널리 분포하는 종으로 배에 특이한 어두운 점이 있고 썩은 과일에서 번식한다.

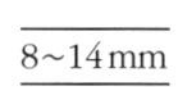

8~14 mm

늪노랑등에
Rhagio tringarius
노랑등엣과
육식 곤충으로 유럽 대부분 지역의 습한 관목지나 웅덩이에 자라는 키 작은 식생에서 발견된다.

1~1.2 cm

시르푸스 리베시이
Syrphus ribesii
꽃등엣과
꿀을 먹는 이 파리의 유충은 북반구에서 진딧물의 주된 천적이다. 체색이 말벌이나 벌을 닮았다.

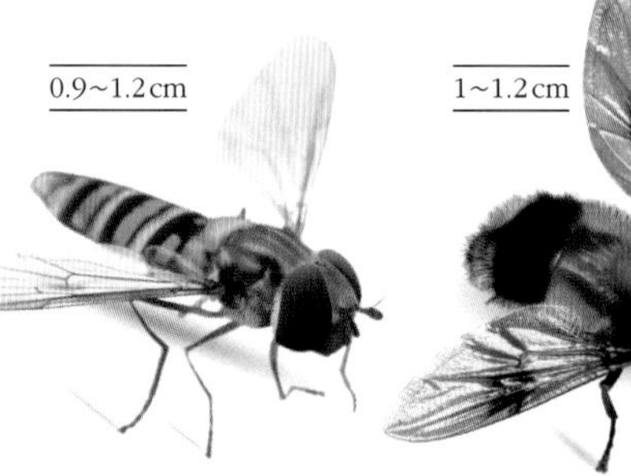

0.9~1.2 cm

마멀레이드납작꽃등에
Episyrphus balteatus
꽃등엣과
유럽 종으로 정원을 포함한 다양한 서식지에서 흔히 발견되며 꽃가루와 꿀을 먹는다. 유충은 진딧물을 먹는다.

1~1.2 cm

레우코조나 레우코룸
Leucozona leucorum
꽃등엣과
이 북반구 종은 봄과 초여름에 습한 삼림 지대의 꽃을 찾는다. 유충은 진딧물을 먹는다.

1.5~2 cm

꽃등에
Eristalis tenax
꽃등엣과
유럽 종으로 북아메리카에 도입되었다. 꿀벌을 흉내 낸 형태를 하고 있으며 유충은 고인 물에서 번식한다.

8 mm

말이파리
Hippobosca equina
이파릿과
유럽과 아시아 일부의 나무가 우거진 지역에서 주로 발견되는 흡혈 파리로 말, 사슴, 때로는 소를 공격하기도 한다.

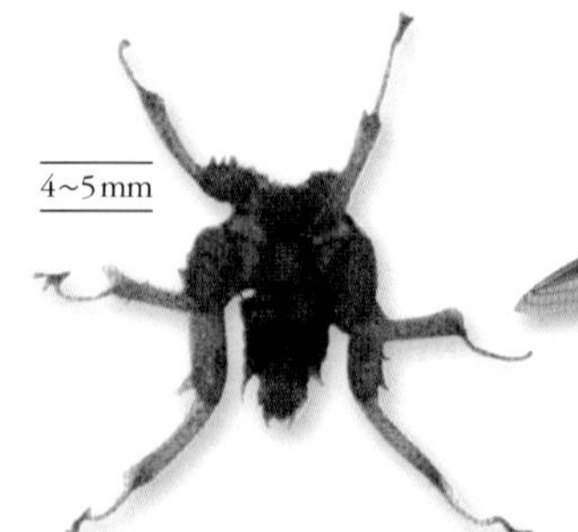

4~5 mm

페니킬리디아 풀비다
Penicillidia fulvida
거미파릿과
아프리카 사하라 이남에 널리 분포하는 흡혈 파리로 날개가 없고 다양한 박쥐에서 기생하는 체외 기생충이다.

1.5~7 cm

가우로미다스 헤로스
Gauromydas heros
미디다이과
남아메리카에 사는 곤충으로 세계에서 가장 큰 파리이다. 가위개미의 둥지에서 살며, 유충은 풍뎅이 애벌레를 먹는 것으로 생각된다.

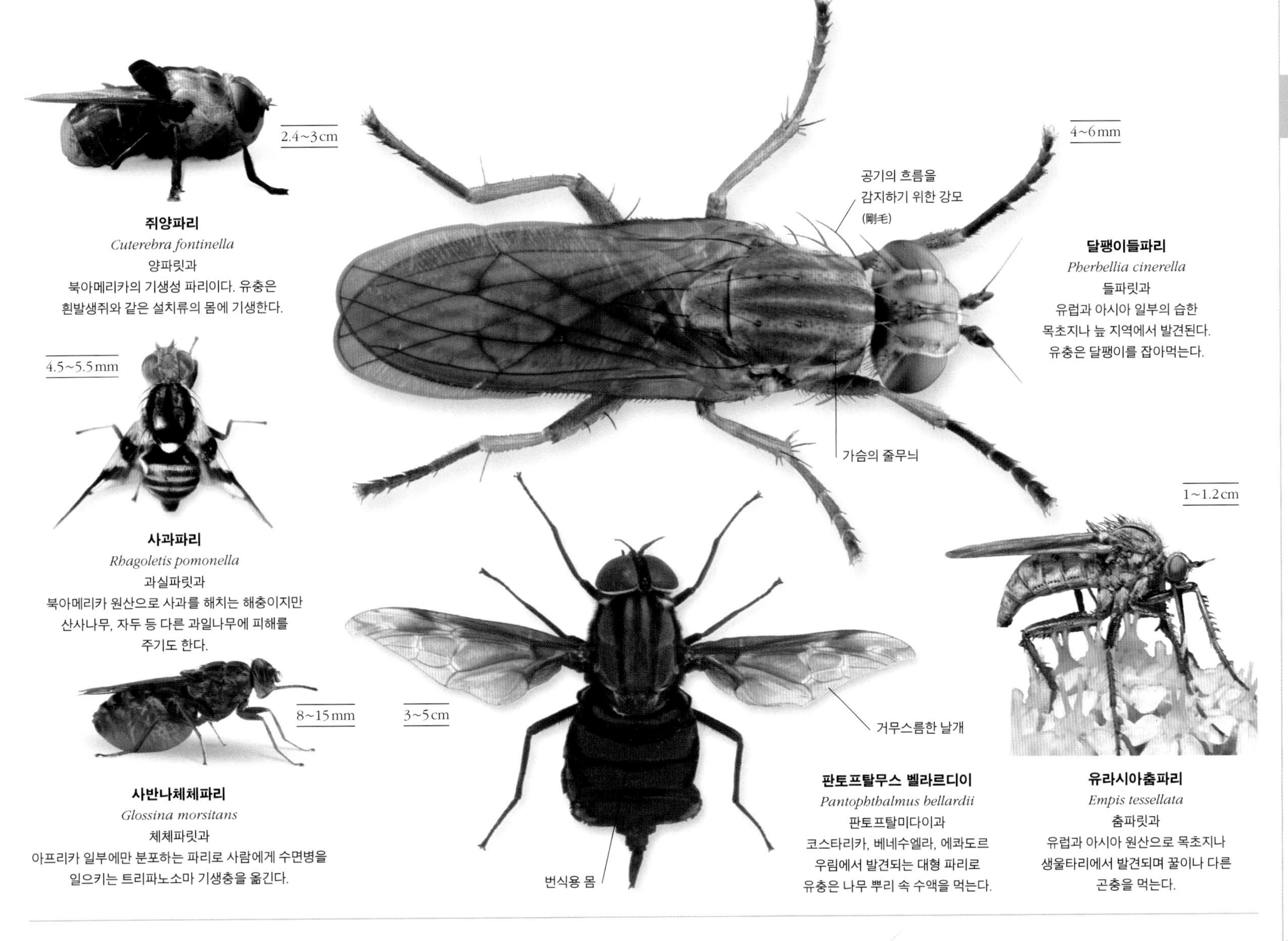

쥐양파리
Cuterebra fontinella
양파릿과
북아메리카의 기생성 파리이다. 유충은 흰발생쥐와 같은 설치류의 몸에 기생한다.

달팽이들파리
Pherbellia cinerella
들파릿과
유럽과 아시아 일부의 습한 목초지나 늪 지역에서 발견된다. 유충은 달팽이를 잡아먹는다.

사과파리
Rhagoletis pomonella
과실파릿과
북아메리카 원산으로 사과를 해치는 해충이지만 산사나무, 자두 등 다른 과일나무에 피해를 주기도 한다.

사반나체체파리
Glossina morsitans
체체파릿과
아프리카 일부에만 분포하는 파리로 사람에게 수면병을 일으키는 트리파노소마 기생충을 옮긴다.

판토프탈무스 벨라르디이
Pantophthalmus bellardii
판토프탈미다이과
코스타리카, 베네수엘라, 에콰도르 우림에서 발견되는 대형 파리로 유충은 나무 뿌리 속 수액을 먹는다.

유라시아춤파리
Empis tessellata
춤파릿과
유럽과 아시아 원산으로 목초지나 생울타리에서 발견되며 꿀이나 다른 곤충을 먹는다.

날도래

날도래목의 곤충들은 나비목과 가까운 친척이다. 몸매가 날씬하고 날개는 비늘 대신 털로 덮여 있어 겉모습은 나방을 닮았다. 머리에는 긴 실 모양의 더듬이가 있고 입의 발달 상태가 미약하다. 쉬고 있을 때는 2쌍의 날개가 텐트처럼 몸을 덮고 있다. 날도래 유충은 물에 살며 종종 작은 돌이나 식물 조각으로 종 특이적인 이동식 피난처를 만들곤 한다.

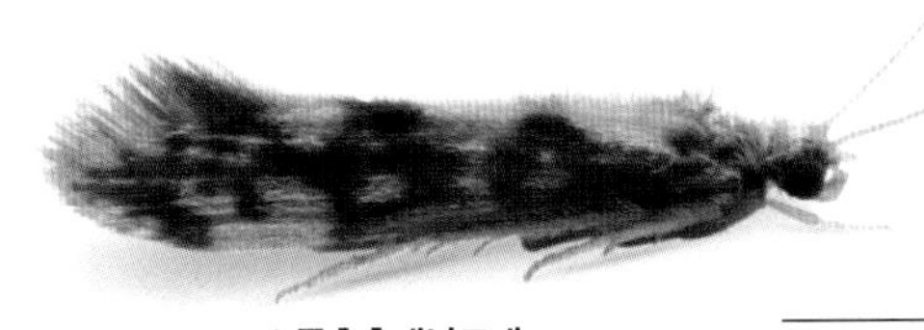

3~4.5mm

소금후추애날도래
Agraylea multipunctata
애날도랫과
이 작은 날도래는 북아메리카에 널리 분포하며 흔히 볼 수 있다. 날개가 좁고 조류가 풍부한 연못이나 호수에서 번식한다.

2.8~3.2cm

큰빨강날도래
Phryganea grandis
날도랫과
유럽 종으로 수초가 우거진 호수나 유속이 느린 강에서 번식한다. 유충은 잘라진 나뭇잎 조각을 나선형으로 배열해 껍질을 만든다.

1.2~1.5cm

8~13mm

점박이입술날도래
Philopotamus montanus
입술날도랫과
유럽 종으로 짧은 더듬이가 있으며 유속이 빠르고 바위가 많은 하천에서 번식한다. 유충은 바위 밑에 관 모양의 그물을 만든다.

1.2~1.7cm

얼룩줄날도래
Hydropsyche contubernalis
줄날도랫과
저녁에 날아다니며 강이나 하천에서 번식한다. 유충은 물속에 살며 먹이를 잡기 위해 그물을 짠다.

얼룩우묵날도래
Glyphotaelius pellucidus
우묵날도랫과
유럽 종으로 호수나 작은 연못에서 번식한다. 유충은 시든 나뭇잎 조각으로 껍질을 만든다.

나방과 나비

나비목의 곤충들은 미세한 비늘로 덮여 있다. 이들은 커다란 겹눈과 주둥이(proboscis)를 가지고 있다. 유충은 번데기를 거쳐 변태해 성충이 된다. 대부분의 나방은 야행성이며 날개를 펼친 상태로 쉰다. 나비는 낮에 활동하며 날개를 접은 상태로 쉰다.

헤라클레스나방
Coscinocera hercules
산누에나방과
뉴기니와 오스트레일리아에서 발견되며 세계에서 가장 큰 나방 중 하나이다. 수컷만이 긴 뒷날개꼬리를 가지고 있다.

아메리카달나방
Actias luna
산누에나방과
북아메리카에 사는 밝은 노란빛이 도는 녹색 나방으로 특유의 긴 뒷날개꼬리를 가지고 있다. 애벌레는 다양한 활엽수의 잎을 먹는다.

폴리페무스나방
Antheraea polyphemus
산누에나방과
미국과 캐나다 남부에 널리 분포하는 흔한 나방으로 날개에 커다란 눈알 무늬가 있어서 적을 놀라게 한다.

6~9cm

큰표범나방
Hypercompe scribonia
태극나방과
이 화려한 무늬의 나방은 캐나다 남동부에서 남쪽으로는 멕시코까지 분포한다. 애벌레는 다양한 식물을 먹는다.

4.5~7.5cm

참나무솔나방
Lasiocampa quercus
솔나방과
유럽에서 북아프리카에 걸쳐 분포하며, 애벌레는 나무딸기, 참나무, 히스속 및 다른 식물의 잎을 먹는다.

5~8.5cm

래핏나방
Gastropacha quercifolia
솔나방과
유럽과 아시아에서 발견되는 이 대형 나방은 쉬고 있을 때의 모습이 참나무 낙엽 덩어리처럼 보이는 탓에 래핏(lappet, 매달려 있는 잎 모양 구조)이라고 불린다.

5~8cm

소나무래핏나방
Dendrolimus pini
솔나방과
유럽과 아시아 전역의 침엽수림에 널리 분포하며 애벌레는 소나무, 가문비나무 그리고 전나무의 잎을 먹는다.

오스트레일리아까치나방
Nyctemera amicus
태극나방과
오스트레일리아와 뉴질랜드에 널리 분포하며 낮에 활동한다. 애벌레는 개쑥갓이나 금불초와 같은 식물을 먹는다.

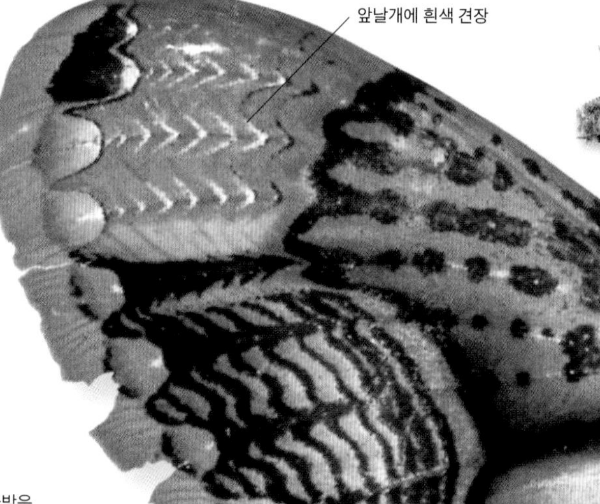

1~1.6cm

고치옷좀나방
Tinea pellionella
곡식좀나방과
서유럽과 북아메리카 일부에서 발견되며 모직 옷이나 카펫에 심각한 피해를 준다.

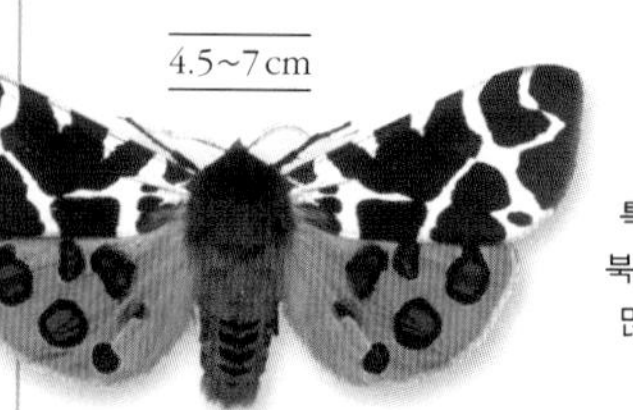

불나방
Arctia caja
태극나방과
특이한 무늬를 가진 이 나방은 북반구 전역에서 발견된다. 털이 많은 애벌레는 다양한 키 작은 식물이나 관목을 먹는다.

7~8cm

붉은줄뒷날개밤나방
Catocala ilia
태극나방과
북아메리카에 널리 분포하는 밤나방으로 뒷날개에 특유의 붉은 줄무늬가 있다. 애벌레는 참나무 잎을 먹는다.

낡은무늬독나방
Orgyia antiqua
태극나방과
현재 북반구 전역에서 발견되는 유럽 종으로 암컷은 날개가 매우 작고 날지 못한다.

24~30cm

큰아그리파나방
Thysania agrippina
밤나방과
아메리카 중부 및 남부 일부에서 발견되는 종으로 세계에서 날개폭이 가장 긴 나방 중 하나이다.

돼지코명나방
Vitessa suradeva
명나방과
인도와 동남아시아 일부 그리고 뉴기니에 분포한다. 애벌레는 독이 있는 관목의 어린잎에 그물을 친다.

4~5cm

6.5~9.5cm

디바나방
Divana diva
카스트니이다이과
남아메리카 열대 우림에서 발견되며 낮에 날아다니는 나방이다. 뒷날개 색깔이 화려함에도 쉬고 있을 때는 눈에 잘 띄지 않는다.

2.4~2.8cm

꼬마까치명나방
Anania hortulata
명나방과
유럽의 생울타리나 불모지에서 흔히 발견되는 나방으로 애벌레는 돌돌 말린 쐐기풀의 잎을 먹는다.

6~10cm

은점유령나방
Sthenopis argenteomaculatus
박쥐나방과
캐나다 남부 및 미국 일부 지역에서 발견된다. 애벌레는 주로 오리나무 뿌리 안에 산다.

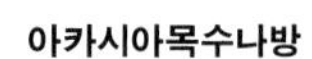

9~12cm

아카시아목수나방
Endoxyla encalypti
굴벌레나방과
오스트레일리아에 사는 특이한 대형 나방으로 애벌레는 단단한 흰색 몸을 가지고 있으며 특정 아카시아나무의 목질부에 구멍을 판다.

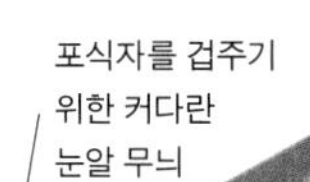

10~16cm

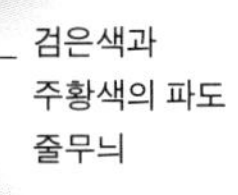

월리치올빼미나방
Brahmaea wallichii
왕물결나방과
북인도, 중국, 일본에 분포하는 대형 나방이다. 애벌레는 물푸레나무, 쥐똥나무, 라일락의 잎을 먹는다.

5~6.5cm

큰에메랄드자나방
Geometra papilionaria
자나방과
유럽과 아시아 온대 지역에 분포한다. 애벌레는 주로 자작나무 잎을 먹는다.

3~4cm

은흑자나방
Rheumaptera hastata
자나방과
북반구에 분포하며 특이한 무늬를 가진 주행성 나방으로, 영어 이름(Argent and Sable)은 은백색과 검은색을 뜻하는 문장(紋章) 용어에서 유래했다.

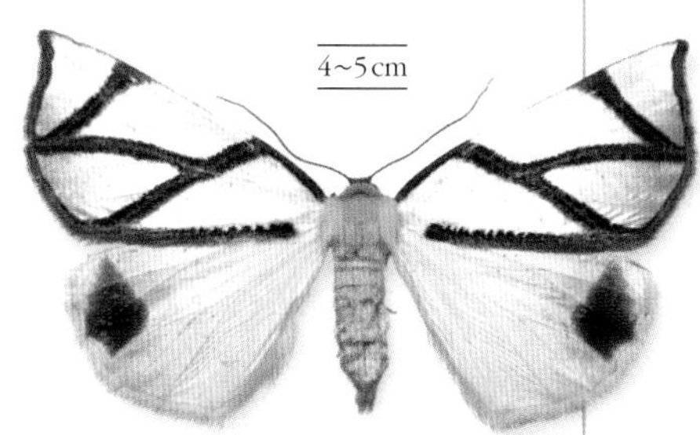
4~5cm

클라라공단나방
Thalaina clara
자나방과
오스트레일리아 동부, 동남부 및 태즈메이니아 북부에 분포하는 이 나방의 애벌레는 아카시아 잎을 먹는다.

7~7.5cm

구릿빛디스파니아나방
Dysphania cuprina
자나방과
동남아시아에 널리 분포하며 화려한 색을 가진 나방으로 낮에 날아다닌다. 맛이 없어 새들이 먹지 않는 것으로 생각된다.

4~6cm

누에나방
Bombyx mori
누에나방과
중국 원산으로 수천 년 동안 뽕잎을 먹여 사육해 왔다. 고치에서 비단실을 뽑는다.

2.5~3cm

흰털날개나방
Pterophorus pentadactyla
털날개나방과
유럽의 건조한 초원, 불모지, 정원에서 흔히 발견되는 특이한 모양의 나방으로 애벌레는 생울타리의 메꽃을 먹는다.

»

≫ 나방과 나비

리젠트팔랑나비
Euschemon rafflesia
팔랑나빗과
오스트레일리아 동부의 열대와 아열대 숲 지대가 원산인 화려한 색상의 나비로 꽃에서 꿀을 빠는 모습이 관찰된다.

구아바팔랑나비
Phocides polybius
팔랑나빗과
텍사스 남부에서 남쪽으로 아르헨티나까지 발견된다. 애벌레는 구아바 잎을 돌돌 말아 그 안에서 산다.

3.5~5cm

호박벌나방
Sesia apiformis
유리나방과
포식자를 쫓기 위해 호박벌과 비슷한 형태를 갖고 있지만 실제로는 쏘지 않는다. 애벌레는 유럽과 중동의 미루나무와 버드나무의 줄기와 뿌리에 구멍을 뚫는다.

5.5~6.5cm

매끈가장자리재주나방
Phalera bucephala
재주나방과
유럽에서 동쪽으로 시베리아까지 분포하는 나방이다. 쉬고 있을 때는 위장하기 위해 날개를 접어서 몸을 감싸는데 그 모습이 부러진 나뭇가지와 매우 흡사하다.

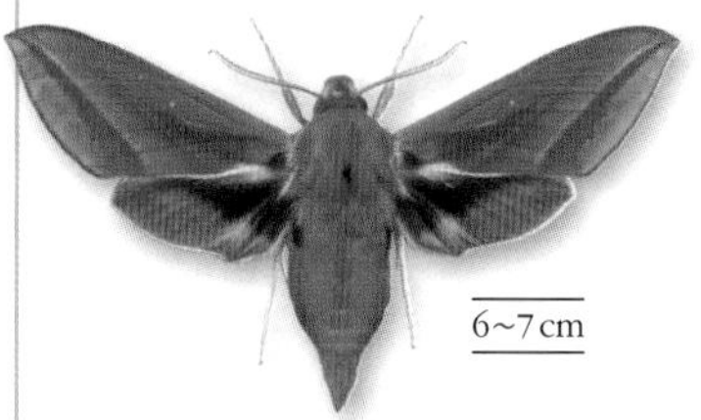

주홍박각시
Deilephila elpenor
박각싯과
이 아름다운 분홍빛의 박각시는 유럽과 아시아의 온대 지역에 널리 분포한다. 애벌레는 갈퀴덩굴과 바늘꽃류를 먹는다.

아프리카초록박각시
Euchloron megaera
박각싯과
특이한 색의 박각시로 아프리카 사하라 이남에 널리 분포한다. 애벌레는 포도과 덩굴 식물의 잎을 먹는다.

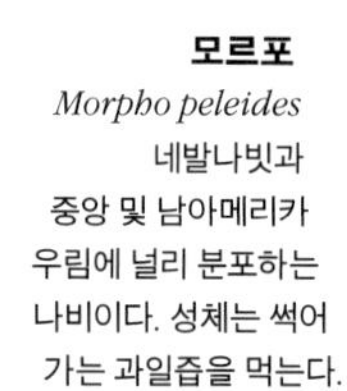

모르포
Morpho peleides
네발나빗과
중앙 및 남아메리카 우림에 널리 분포하는 나비이다. 성체는 썩어 가는 과일즙을 먹는다.

여섯점알락나방
Zygaena filipendulae
알락나방과
화려한 색을 가지고 있으며 맛이 없어 새가 먹지 않는다. 낮에 날아다니며 유럽의 목초지나 숲속의 빈터에서 발견된다.

꼬마나무뱀눈나비
Euptychia cymela
네발나빗과
캐나다 남부에서 멕시코 북부까지 분포하며 숲속에 사는 나비이다. 애벌레는 물이 가까운 빈터에 자라는 풀을 먹는다.

모나크나비
Danaus plexippus
네발나빗과
계절에 따라 이동하는 것으로 널리 알려졌다. 아메리카 원산이지만 지금은 전 세계에 널리 분포한다. 애벌레는 밀크위드류를 먹는다.

흰제독나비
Ladoga camilla
네발나빗과
유럽과 아시아, 일본의 온대 지역에서 발견된다. 애벌레는 인동덩굴의 잎을 먹는다.

여왕딸깍나비
Hamadryas arethusa
네발나빗과
멕시코에서 볼리비아에 이르는 지역의 숲에 서식한다. 날아다닐 때 나는 딸깍딸깍 소리에서 이름을 따왔다.

보라오색나비
Apatura iris
네발나빗과
유럽과 일본을 포함한 아시아 전역의 축축한 참나무숲에서 발견된다. 수컷은 보는 각도에 따라 다르게 반짝이는 보라색 날개를 가지고 있는 반면 암컷은 평범한 갈색이다.

인도잎나비
Kallima inachus
네발나빗과
아래쪽에서 보면 갈색의 잎처럼 생겨서 날개를 접고 있을 때는 완벽한 위장이 된다. 인도에서 중국 남부까지 분포한다.

배추흰나비
Pieris rapae
흰나빗과
오늘날 전 세계에 분포하고 있다. 애벌레는 야생 또는 경작지의 배추와 겨자를 먹는 해충이다.

캘리포니아보병나비
Zerene eurydice
흰나빗과
캘리포니아 일부 또는 간혹 애리조나 서부에서만 발견된다. 나파폴스인디고라는 관목에서 번식한다.

오렌지팁
Anthocharis cardamines
흰나빗과
유럽과 일본을 포함한 아시아 온대 지역의 목초지에서 발견된다. 애벌레는 황새냉이나 울타리겨자를 먹는다.

주황막대무늬노랑나비
Phoebis philea
흰나빗과
브라질 남부로부터 중앙아메리카, 미국 남부, 이보다 북쪽에서도 가끔 발견된다. 애벌레는 차풀을 먹는다.

마다가스카르석양나방
Chrysiridia rhipheus
제비나방과
보는 각도에 따라 다르게 반짝이는 인편을 가진 화려한 색의 나방이다. 낮에 날아다니며 마다가스카르 고유종이다. 등대풀과의 독이 있는 특정한 관목 종을 먹는다.

범무늬흰나비
Dismorphia amphione
흰나빗과
멕시코에서 남아메리카까지의 넓은 지역에 흔히 분포하는 화려한 색의 나비로 포식자로부터 자신을 보호하기 위해 맛이 없는 다른 나비와 비슷한 형태를 갖고 있다.

꼬마우체부나비
Heliconius erato
네발나빗과
중앙아메리카에서 브라질 남부에 이르는 지역의 숲 가장자리나 넓은 평야에서 흔히 발견된다. 애벌레는 시계꽃의 잎을 먹는다.

올빼미나비
Caligo idomeneus
네발나빗과
남아메리카 원산의 대형 나비로 몸 아랫면에 눈에 잘 띄는 올빼미 눈 무늬가 있어서 쉬고 있을 때 포식자를 쫓을 수 있다.

상제나비
Aporia crataegi
흰나빗과
유럽, 북아프리카, 일본을 포함한 아시아 지역에 분포하며 특이한 무늬를 가진 나비로 산사나무나 블랙손류 식물에서 번식한다.

클레오파트라
Gonepteryx cleopatra
흰나빗과
지중해 연안 국가에서 흔히 발견되며 특히 나무가 약간 있는 해안 지역에 많다. 애벌레는 갈매나무류를 먹는다.

»

» 나방과 나비

큰미끈나비
Cressida cressida
호랑나빗과
오스트레일리아와 파푸아뉴기니에 분포하며 먹이 식물인 쥐방울덩굴이 자라는 초원 및 건조한 삼림에서 발견된다.

제브라호랑나비
Photographium marcellus
호랑나빗과
북아메리카 동부의 습한 삼림에서 발견되는 나비로 검은색과 흰색 무늬가 있다. 애벌레는 파파야나무에 산다.

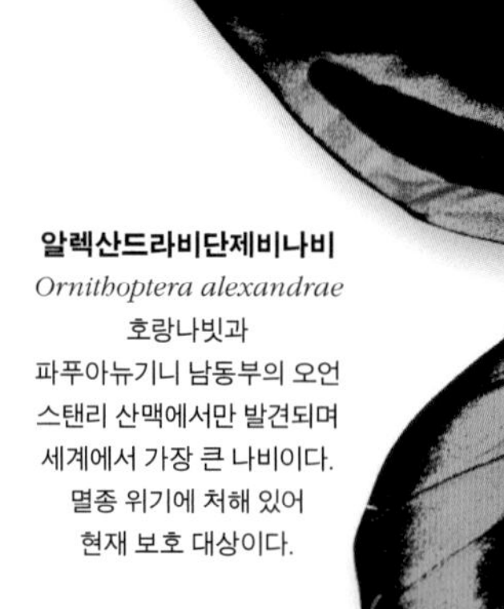

알렉산드라비단제비나비
Ornithoptera alexandrae
호랑나빗과
파푸아뉴기니 남동부의 오언 스탠리 산맥에서만 발견되며 세계에서 가장 큰 나비이다. 멸종 위기에 처해 있어 현재 보호 대상이다.

라자브룩뒷노랑제비나비
Troides brookiana
호랑나빗과
보르네오와 말레이시아의 열대 우림에 살며 성체는 과일즙과 꿀을 빨아 먹는다. 애벌레는 쥐방울덩굴을 먹는다.

프리아무스비단제비나비
Ornithoptera priamus
호랑나빗과
파푸아뉴기니와 솔로몬 제도에서 오스트레일리아 북부까지 분포하는 대형 나비이다. 애벌레는 쥐방울덩굴을 먹는다.

산호랑나비
Papilio machaon
호랑나빗과
습한 목초지, 소택지 또는 북반구의 다른 서식지에서 발견된다. 애벌레는 다양한 미나리류 식물을 먹는다.

녹색용꼬리나비
Lamproptera meges
호랑나빗과
인도, 중국을 포함한 남아시아와 동남아시아에서 발견된다. 나비지만 꽃에서 먹이를 얻는 동안 공중에 붕 떠 있다.

아폴로모시나비
Parnassius apollo
호랑나빗과
유럽과 아시아 지역 산악 지대의 꽃이 많은 목초지에서 발견된다. 애벌레는 꿩의비름류 식물을 먹는다.

8~9 cm

푸른삼각나비
Graphium sarpedon
호랑나빗과
인도와 중국, 파푸아뉴기니 및 오스트레일리아에 널리 분포하는 흔한 나비로 꿀을 먹거나 웅덩이의 물을 마신다.

드문호랑나비
Iphiclides podalirius
호랑나빗과
이름과 달리 유럽, 중국, 아시아 온대 지역에 널리 분포하는 나비이다. 애벌레는 블랙손을 먹는다.

스패니시페스툰
Zerynthia rumina
호랑나빗과
프랑스 남동부, 스페인, 포르투갈, 북아프리카 일부 지역의 관목지, 목초지 그리고 바위가 많은 언덕에 산다. 애벌레는 버스워트류 식물을 먹는다.

8~14cm

새똥호랑나비
Papilio glaucus
호랑나빗과
북아메리카에 널리 분포한다. 어린 애벌레는 새똥처럼 생겼으며 다양한 나무와 관목 잎을 먹는다.

작은주홍부전나비
Lycaena phlaeas
부전나빗과
유럽, 북아프리카 그리고 일본을 포함한 아시아에 흔히 분포하는 종으로 북아메리카에서도 발견된다. 애벌레는 수영이나 소리쟁이류 식물을 먹는다.

3.5~4.5cm

2.5~3cm

암고운부전나비
Thecla betulae
부전나빗과
유럽과 아시아 온대 지역의 생울타리, 관목지 및 삼림 지대에서 발견된다. 애벌레는 밤에 블랙손을 먹는다.

3~4cm

블루타롭스
Menander menander
부전나빗과
파나마에서 남아메리카 북부에 이르는 열대 우림에 서식한다. 빠르게 나는 나비이다. 생활사나 애벌레에 대해서는 거의 알려진 것이 없다.

2.5~3.5cm

아도니스블루
Lysandra bellargus
부전나빗과
유럽 종으로 백악질 초원 지대에서 발견되며 애벌레는 편자베치 식물을 먹는다. 수컷은 푸른색이나 암컷은 갈색이다.

2~2.5cm

소노란블루
Philotes sonorensis
부전나빗과
희귀종으로 캘리포니아의 바위가 많은 작은 개울가 또는 사막의 절벽에만 서식한다. 애벌레는 꿩의비름 또는 만년초라 불리는 다육 식물을 먹는다.

3~4cm

버건디공작표범나비
Hamearis lucina
부전나빗과
유럽 중부에서 우랄 산맥에 걸쳐 분포하며 먹이 식물인 카우스립이나 달맞이꽃 등의 꽃이 많은 목초지를 좋아한다.

잎벌, 말벌, 꿀벌, 개미

벌목에 속하는 곤충들은 대개 날 때 작은 갈고리에 의해 연결되는 2쌍의 날개를 가지고 있다. 잎벌을 제외하고는 허리가 잘록하며 암컷은 적을 쏘도록 변형할 수 있는 산란관을 가지고 있다. 많은 말벌류가 육식성이거나 기생성이다. 꿀벌은 중요한 수분 매개자이다.

줄기벌
Cephus nigrinus
나무벌과
날씬하고 전신이 검은색인 잎벌로 유럽 서부에 널리 분포한다. 유충은 초본 식물의 줄기 안쪽을 파고 들어간다.

7~9mm

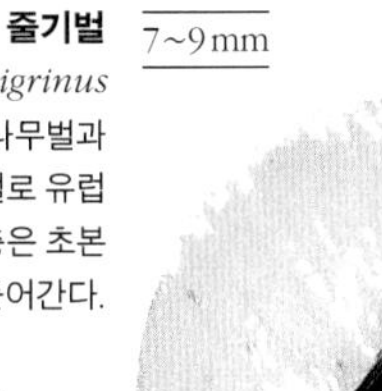

날개 가장자리에 미세한 털

7~9mm

텐트레도 아르쿠아타
Tenthredo arcuata
잎벌과
유럽 종으로 눈에 잘 띄는 검은색과 노란색의 무늬를 지녔으며 목초지에 산다. 클로버에 알을 낳는다.

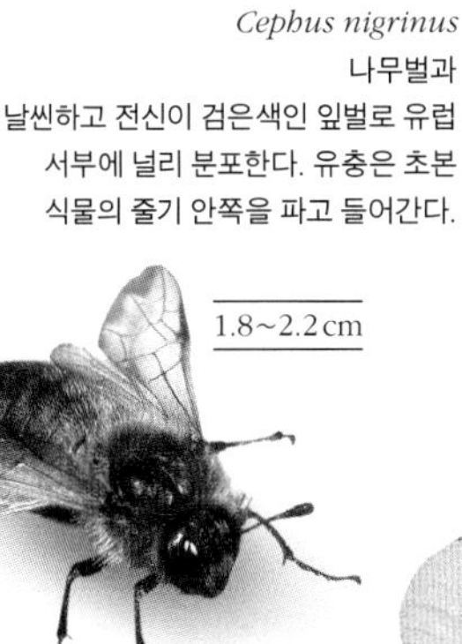

1.8~2.2cm

유럽수중다리잎벌
Trichiosoma lucorum
수중다리잎벌과
통통한 몸매를 가진 유럽산 수중다리잎벌로 삼림 지대, 생울타리 및 관목지에서 발견된다. 유충은 자작나무와 버드나무를 먹는다.

2~4cm

날씬한 더듬이

큰 머리

페르기드잎벌
미기록 종
페르기다이과
오스트레일리아와 남아메리카에서 발견되는 초식성 잎벌이다. 유칼립투스나무를 공격하며 어린 유충은 군서성이다.

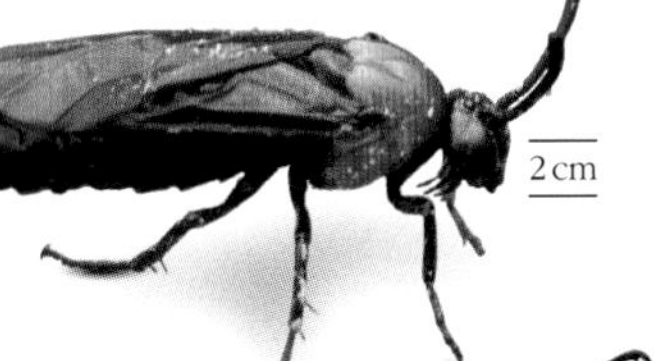

2cm

7~9mm

장미등에잎벌
Arge ochropus
등에잎벌과
날개 가장자리 부분이 검은색인 것이 특징인 이 유럽산 등에잎벌은 위가 평평한 꽃에서 먹이를 찾는다. 유충은 야생 장미를 먹는다.

7~10mm

솔납작잎벌
Acantholyda erythrocephala
납작잎벌과
유럽과 아시아가 원산이지만 현재 캐나다까지 분포하게 되었다. 유충은 거미줄 아래에서 군집 생활을 하거나 잎을 말아 그 속에서 산다.

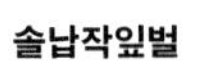

잣나무송곳벌
Urocerus gigas
송곳벌과
북반구 전역에 분포하는 특이한 종이다. 암컷은 침엽수에 깊은 구멍을 뚫어서 그 안에 알을 낳는다.

산란관

»

≫ 잎벌, 말벌, 꿀벌, 개미

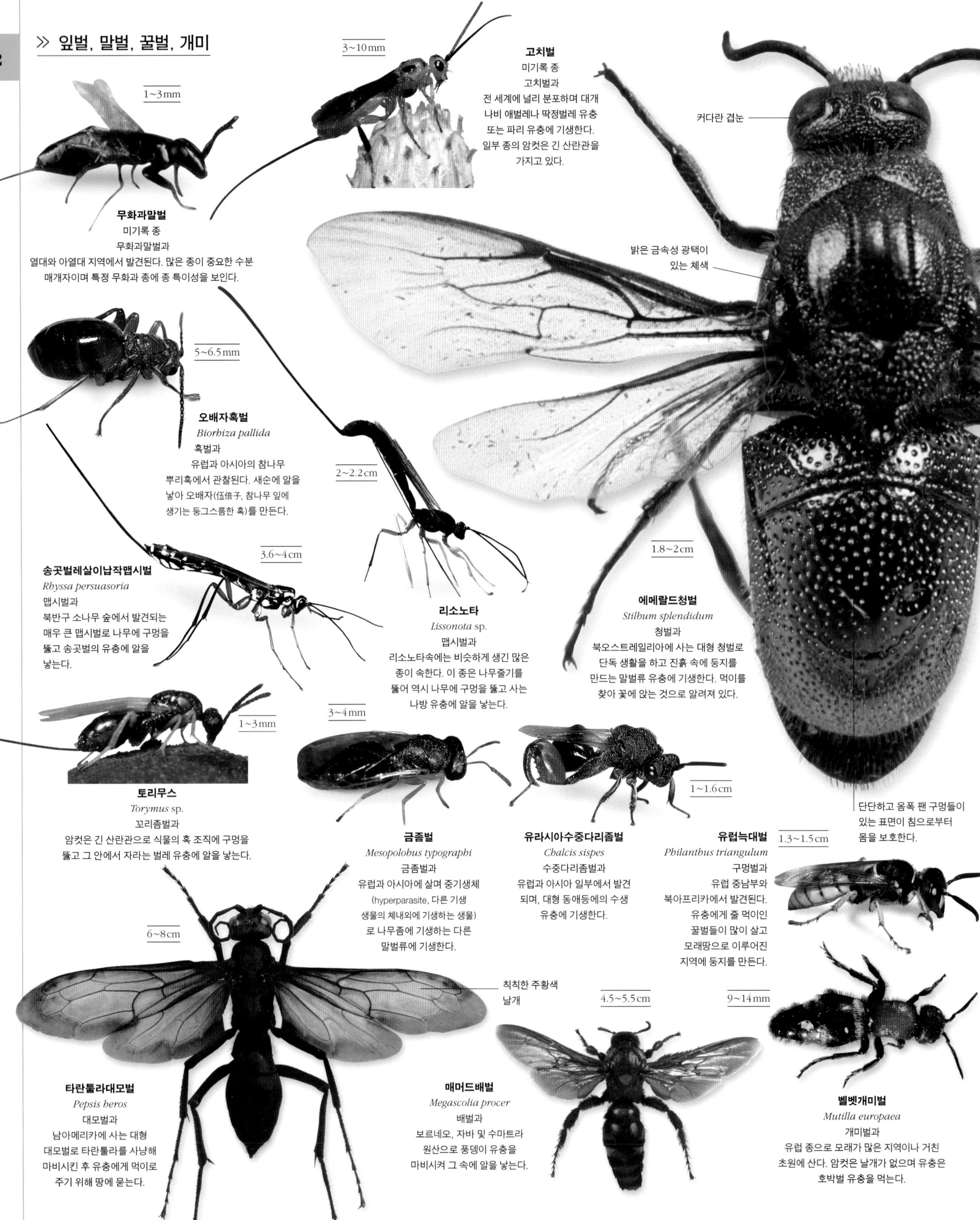

무화과말벌
미기록 종
무화과말벌과
열대와 아열대 지역에서 발견된다. 많은 종이 중요한 수분 매개자이며 특정 무화과 종에 종 특이성을 보인다.

고치벌
미기록 종
고치벌과
전 세계에 널리 분포하며 대개 나비 애벌레나 딱정벌레 유충 또는 파리 유충에 기생한다. 일부 종의 암컷은 긴 산란관을 가지고 있다.

오배자혹벌
Biorbiza pallida
혹벌과
유럽과 아시아의 참나무 뿌리혹에서 관찰된다. 새순에 알을 낳아 오배자(五倍子, 참나무 잎에 생기는 둥그스름한 혹)를 만든다.

송곳벌레살이납작맵시벌
Rhyssa persuasoria
맵시벌과
북반구 소나무 숲에서 발견되는 매우 큰 맵시벌로 나무에 구멍을 뚫고 송곳벌의 유충에 알을 낳는다.

리소노타
Lissonota sp.
맵시벌과
리소노타속에는 비슷하게 생긴 많은 종이 속한다. 이 종은 나무줄기를 뚫어 역시 나무에 구멍을 뚫고 사는 나방 유충에 알을 낳는다.

에메랄드청벌
Stilbum splendidum
청벌과
북오스트레일리아에 사는 대형 청벌로 단독 생활을 하고 진흙 속에 둥지를 만드는 말벌류 유충에 기생한다. 먹이를 찾아 꽃에 앉는 것으로 알려져 있다.

토리무스
Torymus sp.
꼬리좀벌과
암컷은 긴 산란관으로 식물의 혹 조직에 구멍을 뚫고 그 안에서 자라는 벌레 유충에 알을 낳는다.

금좀벌
Mesopolobus typographi
금좀벌과
유럽과 아시아에 살며 중기생체(hyperparasite, 다른 기생 생물의 체내외에 기생하는 생물)로 나무좀에 기생하는 다른 말벌류에 기생한다.

유라시아수중다리좀벌
Chalcis sispes
수중다리좀벌과
유럽과 아시아 일부에서 발견되며, 대형 동애등에의 수생 유충에 기생한다.

유럽늑대벌
Philanthus triangulum
구멍벌과
유럽 중남부와 북아프리카에서 발견된다. 유충에게 줄 먹이인 꿀벌들이 많이 살고 모래땅으로 이루어진 지역에 둥지를 만든다.

타란툴라대모벌
Pepsis heros
대모벌과
남아메리카에 사는 대형 대모벌로 타란툴라를 사냥해 마비시킨 후 유충에게 먹이로 주기 위해 땅에 묻는다.

매머드배벌
Megascolia procer
배벌과
보르네오, 자바 및 수마트라 원산으로 풍뎅이 유충을 마비시켜 그 속에 알을 낳는다.

벨벳개미벌
Mutilla europaea
개미벌과
유럽 종으로 모래가 많은 지역이나 거친 초원에 산다. 암컷은 날개가 없으며 유충은 호박벌 유충을 먹는다.

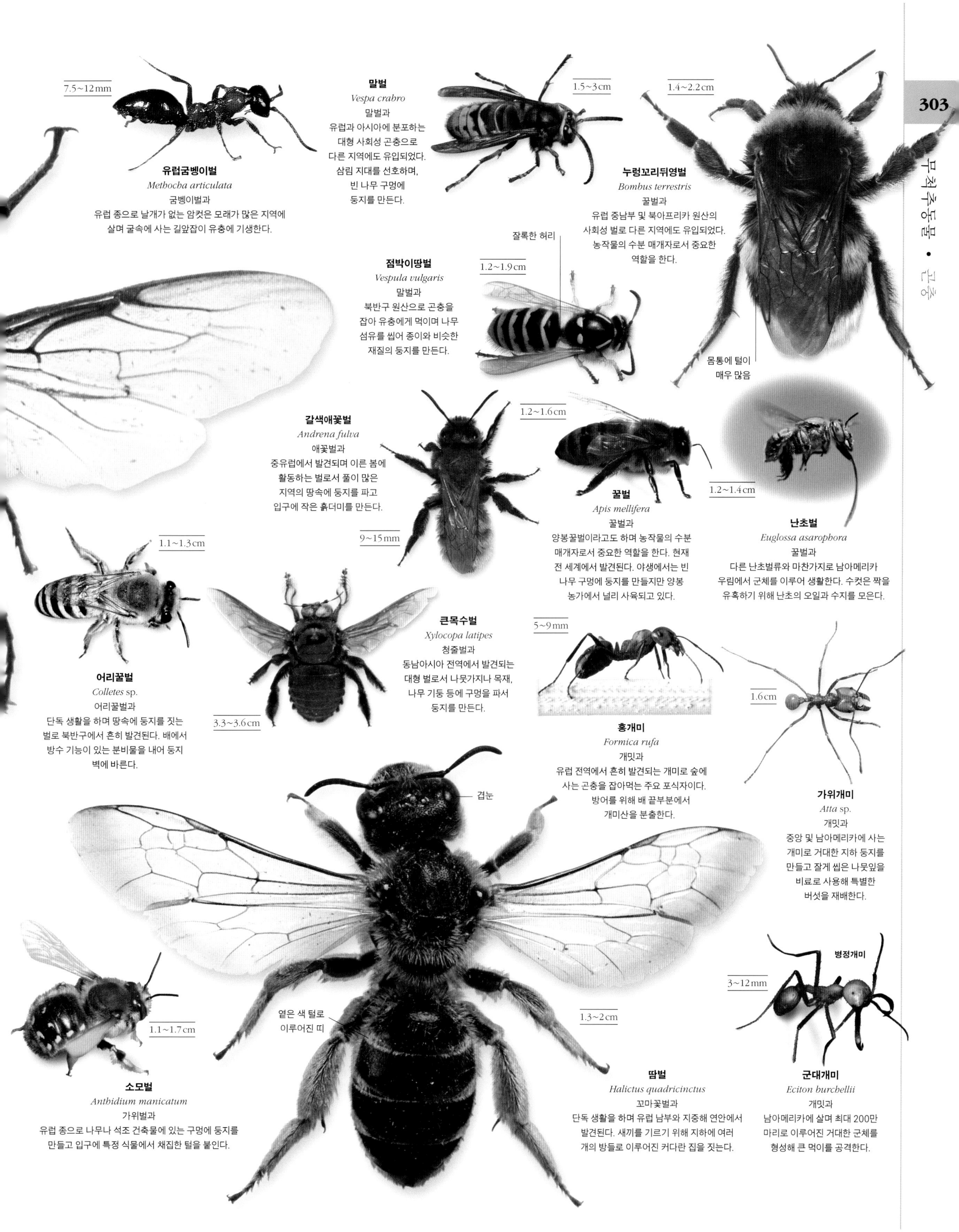

유럽굼벵이벌
Methocha articulata
굼벵이벌과
유럽 종으로 날개가 없는 암컷은 모래가 많은 지역에 살며 굴속에 사는 길앞잡이 유충에 기생한다.

말벌
Vespa crabro
말벌과
유럽과 아시아에 분포하는 대형 사회성 곤충으로 다른 지역에도 유입되었다. 삼림 지대를 선호하며, 빈 나무 구멍에 둥지를 만든다.

누렁꼬리뒤영벌
Bombus terrestris
꿀벌과
유럽 중남부 및 북아프리카 원산의 사회성 벌로 다른 지역에도 유입되었다. 농작물의 수분 매개자로서 중요한 역할을 한다.

점박이땅벌
Vespula vulgaris
말벌과
북반구 원산으로 곤충을 잡아 유충에게 먹이며 나무 섬유를 씹어 종이와 비슷한 재질의 둥지를 만든다.

갈색애꽃벌
Andrena fulva
애꽃벌과
중유럽에서 발견되며 이른 봄에 활동하는 벌로서 풀이 많은 지역의 땅속에 둥지를 파고 입구에 작은 흙더미를 만든다.

꿀벌
Apis mellifera
꿀벌과
양봉꿀벌이라고도 하며 농작물의 수분 매개자로서 중요한 역할을 한다. 현재 전 세계에서 발견된다. 야생에서는 빈 나무 구멍에 둥지를 만들지만 양봉 농가에서 널리 사육되고 있다.

난초벌
Euglossa asarophora
꿀벌과
다른 난초벌류와 마찬가지로 남아메리카 우림에서 군체를 이루어 생활한다. 수컷은 짝을 유혹하기 위해 난초의 오일과 수지를 모은다.

어리꿀벌
Colletes sp.
어리꿀벌과
단독 생활을 하며 땅속에 둥지를 짓는 벌로 북반구에서 흔히 발견된다. 배에서 방수 기능이 있는 분비물을 내어 둥지 벽에 바른다.

큰목수벌
Xylocopa latipes
청줄벌과
동남아시아 전역에서 발견되는 대형 벌로서 나뭇가지나 목재, 나무 기둥 등에 구멍을 파서 둥지를 만든다.

홍개미
Formica rufa
개밋과
유럽 전역에서 흔히 발견되는 개미로 숲에 사는 곤충을 잡아먹는 주요 포식자이다. 방어를 위해 배 끝부분에서 개미산을 분출한다.

가위개미
Atta sp.
개밋과
중앙 및 남아메리카에 사는 개미로 거대한 지하 둥지를 만들고 잘게 씹은 나뭇잎을 비료로 사용해 특별한 버섯을 재배한다.

소모벌
Anthidium manicatum
가위벌과
유럽 종으로 나무나 석조 건축물에 있는 구멍에 둥지를 만들고 입구에 특정 식물에서 채집한 털을 붙인다.

땀벌
Halictus quadricinctus
꼬마꽃벌과
단독 생활을 하며 유럽 남부와 지중해 연안에서 발견된다. 새끼를 기르기 위해 지하에 여러 개의 방들로 이루어진 커다란 집을 짓는다.

군대개미
Eciton burchellii
개밋과
남아메리카에 살며 최대 200만 마리로 이루어진 거대한 군체를 형성해 큰 먹이를 공격한다.

끈벌레

유형동물문에 속하는 동물들은 바다에서 살아가며 다른 무척추동물을 잡아 먹는 탐욕스러운 포식자들이다. 기다란 주둥이로 먹이를 잡아서 통째로 삼키거나 체액을 빨아 먹는다.

문	유형동물문
강	4
목	4
과	48
종	1,350

끈벌레는 부드러운 점액질의 원통형이나 약간 납작한 몸매를 하고 있다. 많은 종이 단순히 해저를 꿈틀거리며 돌아다니지만 일부 종은 헤엄을 치기도 한다. 특히 구두끈벌레는 최대 30미터까지 자라는 것으로 기록되어 있다. 끈벌레의 주둥이(proboscis)는 내장의 일부가 아니라 입 바로 윗부분의 머리에 있는 주머니와 연결되어 있다. 몇몇 종의 주둥이에는 날카로운 가시가 있어 먹이를 꽉 잡거나 구멍을 뚫거나 심지어는 먹이를 마비시키기 위해 독을 주입하기도 한다. 이처럼 중무장을 하고 있기 때문에 갑각류, 다모류, 연체동물과 같은 다른 무척추동물을 잡아먹을 수 있다. 무기가 없는 다른 끈벌레들은 죽은 생물을 먹고산다.

태형동물

태형동물문은 산호와 비슷한 군체를 형성하는 작은 동물들로 이루어져 있다. 이들은 촉수를 가지고 있으며 여과 섭식을 한다. 암석 표면을 갉아 먹는 무척추동물들의 먹이가 된다.

문	태형동물문
강	3
목	7
과	약 160
종	6,409

많은 태형동물들이 산호와 비슷하게 생겼지만 실제로는 자포동물보다 훨씬 진보된 동물이다. 단일 유전자로 이루어진 하나의 군체는 개충(zooid)이라 불리는 수천 개의 작은 몸으로 구성되며 각각 입 주위에 부채 모양의 촉수들이 있어 입안으로 넣었다 뺐다 할 수 있다. 촉수 위에 나 있는 미소한 털들을 채찍처럼 움직여 먹이 입자를 입 속으로 흘려보내면 U자 모양의 내장으로 연결된다. 소화되고 난 찌꺼기는 체벽에 있는 항문을 통해 몸 밖으로 내보낸다. 군체는 종에 따라 다양한 형태를 취한다. 일부는 바위나 해초의 표면을 껍질처럼 뒤덮지만 꺼끌꺼끌한 덤불 형태를 이루거나 다육질의 엽을 만들기도 한다.

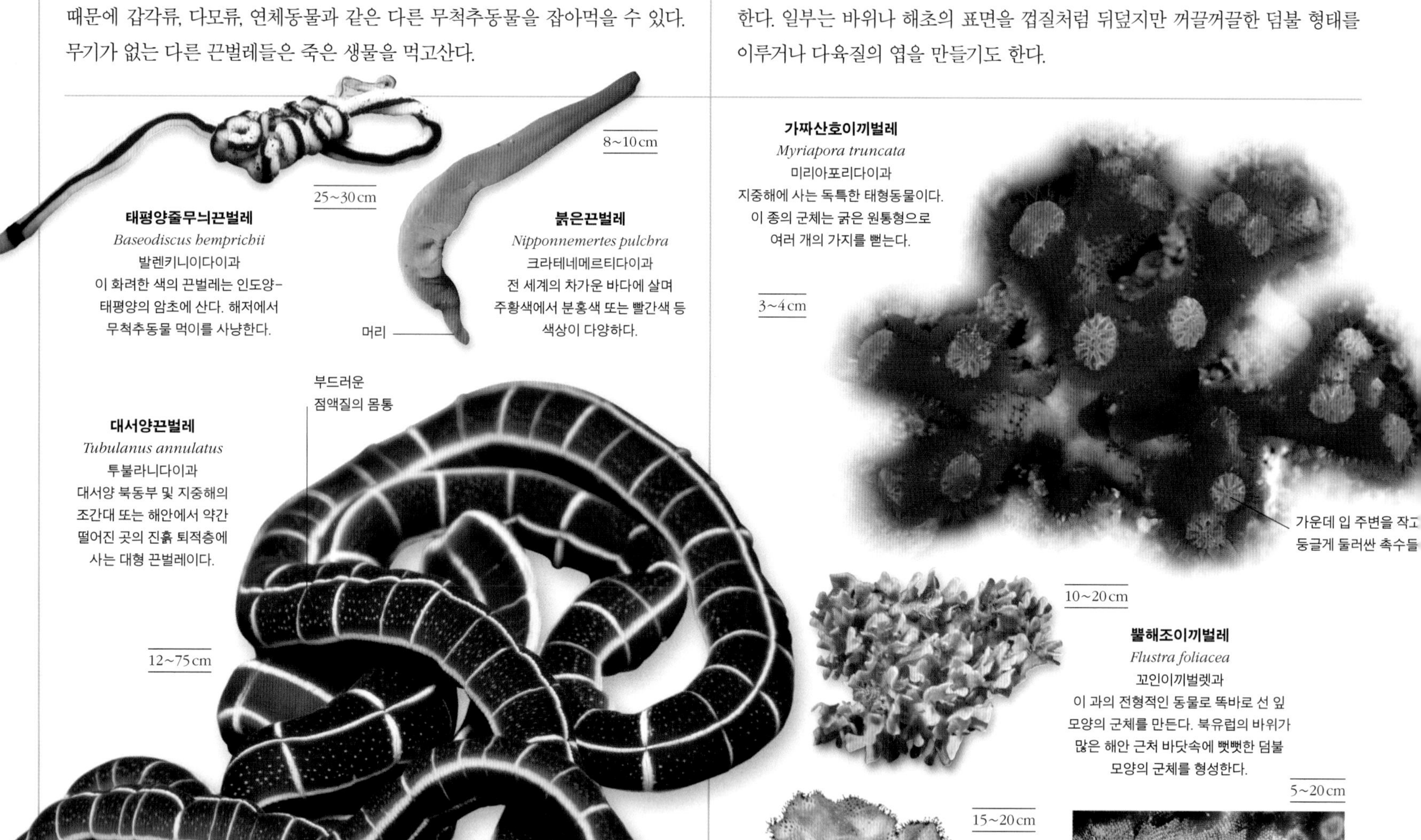

태평양줄무늬끈벌레
Baseodiscus hemprichii
발렌키니이다이과
이 화려한 색의 끈벌레는 인도양-태평양의 암초에 산다. 해저에서 무척추동물 먹이를 사냥한다.

붉은끈벌레
Nipponnemertes pulchra
크라테네메르티다이과
전 세계의 차가운 바다에 살며 주황색에서 분홍색 또는 빨간색 등 색상이 다양하다.

대서양끈벌레
Tubulanus annulatus
투불라니다이과
대서양 북동부 및 지중해의 조간대 또는 해안에서 약간 떨어진 곳의 진흙 퇴적층에 사는 대형 끈벌레이다.

가짜산호이끼벌레
Myriapora truncata
미리아포리다이과
지중해에 사는 독특한 태형동물이다. 이 종의 군체는 굵은 원통형으로 여러 개의 가지를 뻗는다.

뿔해조이끼벌레
Flustra foliacea
꼬인이끼벌렛과
이 과의 전형적인 동물로 똑바로 선 잎 모양의 군체를 만든다. 북유럽의 바위가 많은 해안 근처 바닥속에 뻣뻣한 덤불 모양의 군체를 형성한다.

분홍레이스이끼벌레
Iodictyum phoeniceum
연구멍이끼벌렛과
때때로 '레이스산호'라고 잘못 불리기도 하는 레이스이끼벌레들은 키가 크고 단단한 군체를 형성한다. 화려한 색상을 가지고 있으며 오스트레일리아 남부와 동부 해안 주변에 산다.

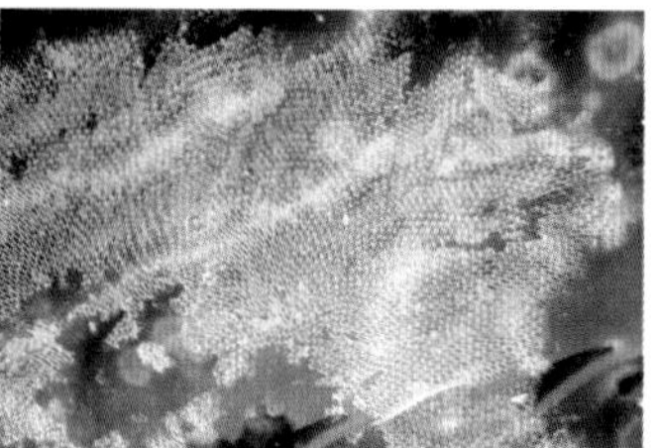

레이스막이끼벌레
Membranipora membranacea
막이끼벌렛과
바다의 깔개로 알려진 태형동물로 레이스 모양의 얇은 판을 형성해 사물의 표면을 덮는다. 대서양 북동부에 자라는 켈프의 엽상체 위에서 빠른 속도로 군체를 형성한다.

완족동물

완족동물은 겉보기에는 조개와 매우 비슷하게 생겼지만 조개와 달리 촉수를 사용해 먹이를 먹는다. 이들은 연체동물과 다른 원시적인 문에 속한다.

문	완족동물문
강	3
목	5
과	약 30
종	414

완족동물의 부드러운 몸은 2장의 패각 속에 들어 있는데 한쪽 껍데기가 다른 쪽 껍데기보다 크다. 이 패각은 고무와 비슷한 버팀대에 의해 해저에 부착되거나 직접 바위에 달라붙어 있다. 연체동물과는 달리 완족동물의 패각은 동물의 양옆에 위치하는 대신 동물의 윗부분과 아랫부분을 감싸고 있다. 하지만 패각 안쪽 면에 근육질의 외투막이 붙어 있어 외투강(mantle cavity)을 둘러싸고 있는 점은 연체동물과 마찬가지이다.

외투강 안에는 태형동물이 지닌 것과 같은 아주 작은 털이 달린 고리 모양 촉수가 있으며 이 털들이 채찍처럼 움직여서 먹이를 중앙의 입 쪽으로 흘려보낸다.

화석 기록에 따르면 완족동물은 고생대의 따뜻하고 얕은 바다에서 지금보다 훨씬 흔했고 종 다양성도 높았다. 그러나 공룡의 시대가 도래하면서 극적으로 감소하기 시작했는데, 아마도 조개류가 좀 더 성공적이었기 때문인 것으로 생각된다.

유럽램프조개
Terebratulina retusa
칸켈로티리디다이과
대서양 북동부에서 지중해에 이르는 지역에서 발견되며, 서양배 모양의 패각을 가지고 있고 짧은 버팀대를 이용해 수직의 바위에 달라붙는다.

태평양램프조개
Terebratalia transversa
테레브라탈리이다이과
북태평양에 흔히 분포하는 램프조개로 짧은 버팀대를 가진 종은 표면이 매끄럽거나 골이 파인 다양한 패각을 가지고 있다.

무경첩램프조개
Novocrania anomala
크라니이다이과
북대서양에 사는 완족동물로 패각이 바위에 달라붙어 있는 모습이 언뜻 보기에는 삿갓조개처럼 생겼다.

연체동물 >>

연체동물문은 높은 다양성을 보이는 거대 분류군으로 바위에 붙어사는 여과 섭식자인 조개류에서부터 게걸스럽게 갉아 먹는 달팽이와 민달팽이류, 활동적이고 지능이 높은 문어와 오징어류까지 다양한 동물을 포함한다.

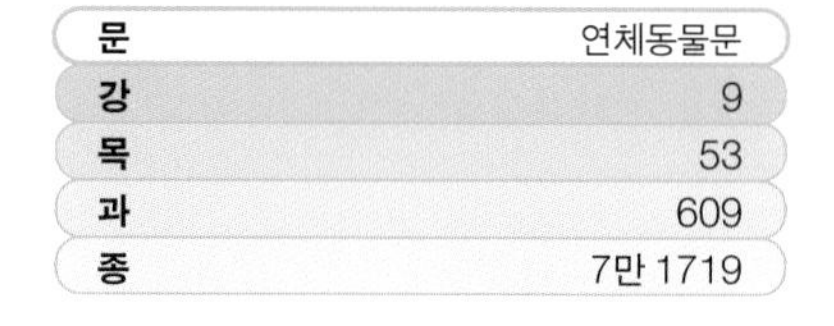

문	연체동물문
강	9
목	53
과	609
종	7만 1719

전형적인 연체동물은 부드러운 몸에 커다란 근육질의 발이 있으며 머리에는 눈과 촉수가 있다. 내장 기관은 외투막으로 둘러싸인 내장괴(visceral hump) 안에 들어 있다. 외투막은 내장괴의 가장자리에 걸쳐져 외투강이라 불리는 하나의 홈을 구성하는데, 이 부분은 호흡에 사용된다. 외투막에서는 패각의 구성 물질을 분비한다. 대부분의 연체동물이 치설(radula)이라 불리는 혀를 이용해 먹이를 먹는데 키틴질의 이빨로 뒤덮인 치설이 앞뒤로 움직여 먹이를 입안으로 밀어 넣는다. 조개류에는 치설이 없으며 패각을 통해 물을 빨아들여 먹이를 먹는다.

삿갓조개들이 주위의 바위 표면에 있는 먹이들을 갉아 먹었다. 하지만 자기 패각 꼭대기에 자라는 녹조류에는 닿지 못했다.

패각이 있든 없든

패각은 단순히 포식자로부터 몸을 보호하기 위한 장치가 아니라 몸이 건조해지는 것을 막아 주는 역할도 한다. 몇몇 달팽이들은 심지어 패각의 입구를 봉인하기 위한 뚜껑(오퍼큘럼(operculum))을 가지고 있다. 패각은 주위의 물과 먹이로부터 얻은 미네랄에 의해 강화된다. 패각의 바깥쪽 면은 거친 단백질층으로 덮여 있는 반면 안쪽은 몸통이 미끄러지듯 움직일 수 있도록 표면이 매끈하다. 몇몇 종은 패각 안쪽에 진주층(자개)이 있다. 패각이 없는 종류는 방어를 위해 불쾌한 맛을 내는 화학 물질, 심지어 독을 사용하기도 하고, 화려한 색상으로 경고하기도 한다.

대부분의 두족류, 즉 문어, 오징어와 같이 촉수를 가진 연체동물들은 외견상 패각이 없다. 두족류는 전적으로 육식을 하며 살코기를 씹을 수 있도록 단단한 부리를 가지고 있다. 근육질의 발은 두족류의 특징적인 촉수(다리)로 변형되어 먹이를 쥐거나 헤엄치는 데 사용된다.

산소로 호흡하기

대부분의 연체동물이 물속에 살기 때문에 아가미로 호흡한다. 아가미가 외투강 안쪽으로 돌출해 있어 이를 통해 물이 흐른다. 달팽이류와 민달팽이류는 외투강이 공기로 가득 차 있어서 폐로 기능한다. 민물 고둥 역시 다수가 폐를 가지고 있어서 숨을 쉬기 위해 자주 수면으로 올라와야 한다.

무판류

무판류는 깊은 바다 밑 퇴적층에 굴을 파고 살며 쇄설물이나 다른 무척추동물을 잡아먹고 사는 작은 원통형의 동물이다. 패각이 없지만 혀처럼 생긴 치설을 비롯해 연체동물만의 특징들을 가지고 있다. 외투강은 몸 뒷부분의 작은 구멍으로 퇴화되어 배설물을 배출하는 역할을 한다.

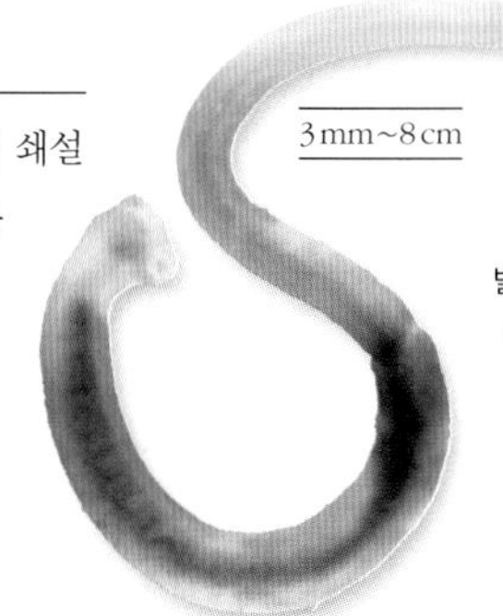

반짝이벌레
Chaetoderma sp.
카이토데르마티다이과
벌레 모양 연체동물로 단단한 각피로 덮여 있다. 북대서양 진흙 퇴적층에 굴을 파고 산다.

이매패류

고도로 특수화된 수생 연체동물로 인대로 연결된 2장의 패각을 가지고 있어 쉽게 알아볼 수 있다. 패각을 열어 먹이나 산소가 풍부한 물을 얻는다.

이매패류(조개)는 좌각과 우각으로 이루어진 2장의 패각이 인대로 연결되어 있는 것이 특징이다. 포식자로부터 몸을 보호하고 몸이 건조해지는 것을 막기 위해 몸 전체 또는 대부분을 패각 안에 넣고 강력한 근육을 이용해 꽉 조여서 밀봉한다. 바닷가에 사는 종들은 정기적으로 썰물 때에 노출된다.

가로 길이가 6밀리미터밖에 안 되는 삼각산골조개에서부터 최대 1.4미터까지 자라는 거거(giantclam)에 이르기까지 크기가 다양하다. 몇몇 종은 족사(足絲, byssys)라 불리는 섬유 다발을 이용해 바위나 단단한 표면에 달라붙어 살고 잘 발달된 근육질의 발로 진흙 퇴적층에 굴을 파는 종들도 있다. 가리비를 비롯한 소수의 이매패류는 분사 반동 추진법으로 물을 뿜어서 이동하며 유영 생활을 하기도 한다.

이매패류는 수관이라 불리는 관을 통해 패각의 안으로 물을 빨아들이거나 밖으로 내보낸다. 변형된 아가미를 통해 물이 흐르면서 물속의 산소와 먹이를 공급받는 것이다.

이매패류와 인간

홍합, 대합, 굴 등은 인간의 중요한 식량 자원이며 진주조개는 외부 물질의 표면을 진주질로 코팅해 값비싼 진주를 생산하기도 한다. 또한 이매패류는 오염이 심한 곳에서는 살지 못하기 때문에 수질 오염 정도를 측정하는 척도로서도 유용하다.

문	연체동물문
강	이매패강
목	19
과	105
종	9,735

여왕가리비가 포식자인 불가사리의 접근을 피하기 위해 2장의 패각을 마주쳐 잽싸게 달아나고 있다.

굴과 가리비

굴목에 속하는 조개들은 바닷물에서 걸러 낸 작은 먹이 입자들을 먹는다. 많은 굴 종류가 다른 이매패류에서는 족사 다발을 생산하는 분비샘에 의해 바위에 고정되어 평생을 해안가의 물속에 잠긴 채 생활한다. 반면 가리비류는 2장의 패각을 여닫으면서 자유롭게 헤엄쳐 다닌다.

10~12cm

닭벼슬굴
Lopha cristagalli
굴과
굴은 가리비와 가까운 사촌으로 식용으로나 진주 양식용으로 가치가 높다. 이 종은 인도양-태평양에 산다.

12~15cm

큰가리비
Pecten maximus
가리빗과
자유롭게 헤엄칠 뿐만 아니라 로켓처럼 분사 추진 방식을 써서 도망칠 수도 있다. 식용으로 중요한 종으로 유럽 해안가의 고운 모래에 산다.

10~12cm

고양이혀국화조개
Spondylus linguafelis
국화조갯과
화려한 색의 외투막과 가시가 있는 패각을 지닌 굴 종류로 태평양에 산다. 고양이혀라는 이름은 패각 바깥쪽에 돋아난 가시 때문에 붙은 것이다.

8~10cm

식용굴
Ostrea edulis
굴과
유럽에 흔했으나 지금은 일부 지역에서 남획되고 있는 상업적으로 중요한 종이다. 번식기인 여름에는 먹을 수 없다.

돌조개와 근연종

돌조개의 패각은 2개의 강인한 근육에 의해 닫히며 경첩 부분을 따라 일렬로 이빨이 돋아나 있다. 근연종들과 마찬가지로 발이 퇴화되고 아가미가 크게 발달해 먹이 입자를 효율적으로 걸러 낸다.

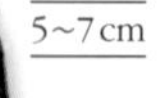

5~7cm

노아돌조개
Arca noae
돌조갯과
돌조개는 모서리가 각지고 패각이 두꺼운 이매패류이다. 노아돌조개는 대서양 동부의 바위가 많은 해안의 조간대에 살며 족사를 이용해 바위에 달라붙는다.

5~6cm

유럽밤색무늬조개
Glycymeris glycymeris
밤색무늬조갯과
밤색무늬조개는 돌조개의 사촌으로 몸이 둥근 것이 특징이다. 이 종은 대서양 북동부에 살며 유럽에서 잡힌다. 단맛이 나지만 너무 익히면 질겨진다.

홍합

홍합목은 특유의 길쭉하고 비대칭적인 패각을 가지고 있으며 족사 다발을 이용해 바위에 달라붙는다. 2개의 패각근 중에서 1개만 잘 발달되어 있다.

8~10cm

진주담치
Mytilus edulis
홍합과
유럽에서 상업적으로 가장 중요한 홍합으로 수명이 길고 조밀하게 서식한다. 강어귀의 염분이 낮은 물에도 견딘다.

키조개와 근연종

진주조개목에는 키조개뿐만 아니라 진주조개, 말다래조개, 귀조개 등이 속한다. 진주조개는 해수 진주를 만들어 내어 상업적 가치가 높다.

25~40cm

깃발키조개
Atrina vexillum
키조갯과
서유럽 해안에 산다. 족사가 달린 삼각형의 패각을 가지고 있으며 부드러운 퇴적층에 산다.

석패류

이매패류에서 유일하게 민물에 사는 분류군이다. 유생들은 패각으로 물고기를 붙잡은 후 아가미나 지느러미에서 낭자(cyst)를 형성하고 혈액이나 점액을 빨아 먹다가 유패(어린 조개)가 되면 떨어져 나온다.

9~10cm

백조대칭이
Anodonta sp.
석패과
유라시아에 서식한다. 납줄개(어류)는 이 종과 같은 살아 있는 민물조개 속에 알을 낳는다.

10~15cm

담수진주조개
Pinctada margaritifera
마르가리티페리다이과
고품질의 진주를 생산하는 것으로 잘 알려져 있으며, 유라시아와 북아메리카의 유속이 빠른 강바닥의 모래나 자갈 속에 묻혀서 산다.

우럭과 구멍뚫이조개

우럭목의 조개들은 수관이 길고 대개 진흙 속에 굴을 파거나 나무 또는 바위에 구멍을 뚫는다. 석공조개의 패각 앞부분은 무른 암석에 구멍을 뚫는 공구의 역할을 한다. 좀조개는 패각을 이용해 목재에 구멍을 뚫는다.

12~15cm

대서양돌맛조개
Pholas dactylus
석공조갯과
대서양 북동부에 사는 흔한 석공조개류로 인광(燐光)을 낸다. 나무나 진흙 속에 굴을 파고 산다.

12~15cm

우럭
Mya arenaria
우럭과
껍데기가 얇은 식용 조개로 북대서양에 서식한다. 진흙이 풍부한 강어귀에 특히 많이 살며 부드러운 퇴적층에 굴을 판다.

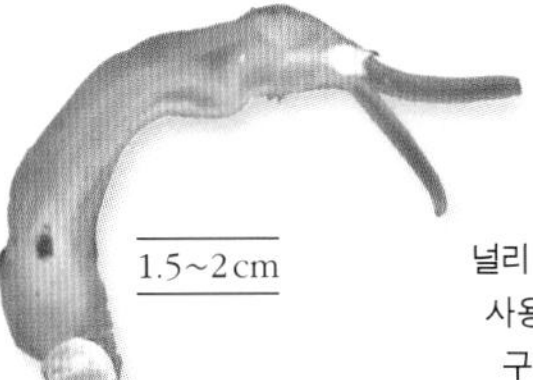

1.5~2cm

배좀벌레조개
Teredo navalis
배좀벌레조갯과
널리 분포하며 골이 파인 패각을 드릴처럼 사용해 목재에 얇은 석회막이 덮인 깊은 구멍을 만듦으로써 배를 손상시킨다.

물뿌리개조개와 근연종

석공조개목에는 납작조개와 열대에 사는 물뿌리개조개 등이 포함된다. 물뿌리개조개는 겉모양만 봐서는 이매패류와 전혀 다르게 생겼는데, 석회질의 관 속에 들어 있으며 앞쪽 끝에 있는 구멍 난 판을 통해 먹이와 물을 빨아들인다.

15~17cm

필리핀물뿌리개조개
Verpa philippinensis
물뿌리개조갯과
인도양-태평양에 산다. 넓적하고 끝에 구멍이 뚫려 있으며 미세한 관으로 된 술 장식이 달린 외형 때문에 물뿌리개 조개라고 불린다. 일부가 퇴적층에 파묻힌 채로 생활한다.

새조개와 근연종

이매패강에서 가장 큰 목으로 다양한 해양 동물이 포함된다. 수관이 짧고 서로 융합되어 있는 경우가 많다. 새조개 등 일부 종들은 민첩하게 움직이며 굴을 파거나 심지어 발로 뛰기도 한다. 다른 종들은 족사를 이용해 바위에 달라붙어 생활한다.

3~4cm

얼룩홍합
Dreissena polymorpha
드레이세니다이과
민물에 살며 족사를 이용해 물체에 달라붙지만 족사를 떼고 날씬한 발로 기어 다닐 수도 있다. 동유럽 원산이나 다른 곳에도 도입되어 생태계를 교란하고 있다.

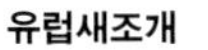

4~5cm

유럽새조개
Cerastoderma edule
새조갯과
모래에 굴을 파고 사는 새조개의 패각에는 방사상의 골이 파여 있다. 대서양 북동부에 분포하는 종으로 북유럽에서 대량으로 잡히곤 한다.

15~20cm

대서양맛조개
Ensis siliqua
작두콩가리맛조갯과
대서양 북동부에 분포하는 이 종과 같은 맛조개들은 굴에서 살며 수관을 밖으로 뻗어서 먹이를 먹거나 호흡을 한다. 놀라면 근육질의 발을 사용해 재빨리 숨는다.

2~4cm

요람삼각조개
Donax cuneatus
삼각조갯과
표면을 빠르게 파고 들어가는 습성이 있다. 삼각형의 쐐기 모양 패각을 가진 부류에 속하며 인도양-태평양 열대 지역에 산다.

5~6cm

긴돌고부지
Trapezium oblongum
돌고부짓과
인도양-태평양에 사는 이매패류로 족사를 이용해 바위에 달라붙어 생활하며, 주로 돌 틈이나 산호 파편 아래에서 발견된다.

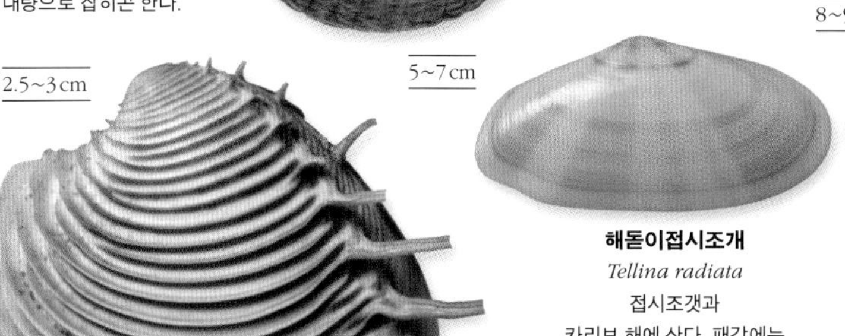

2.5~3cm

여신의빗백합
Hysteroconcha dione
백합과
패각에 돋아 있는 빗살 모양의 가시에서 이름을 땄다. 아메리카 대륙의 열대 해안 지역에서 발견된다.

5~7cm

해돋이접시조개
Tellina radiata
접시조갯과
카리브 해에 산다. 패각에는 다양한 줄무늬가 있으며 해변에서 자주 발견된다.

8~9cm

서아프리카접시조개
Peronaea madagascariensis
접시조갯과
열대에 살며 장밋빛 패각을 지녔다. 접시조개류는 퇴적층 속에 길고 탄력적인 수관을 뻗어 먹이 입자를 찾는다.

3~4cm

줄무늬접시조개
Tellinella virgata
접시조갯과
인도양-태평양에 사는 종으로 다른 접시조개류처럼 패각에 장식 무늬가 있다.

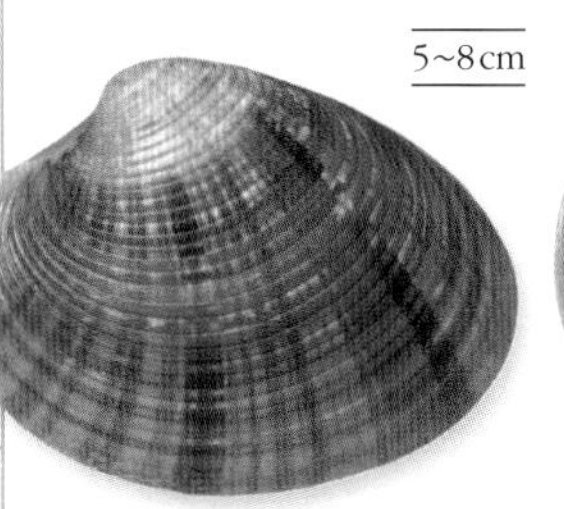

5~8cm

붉은칼리스타(석양조개)
Callista erycina
백합과
백합조개는 수집가들에게 인기가 높은데 인도양-태평양에 사는 이 조개도 마찬가지이다.

6~8cm

고리떡조개
Dosinia anus
백합과
뉴질랜드 해안에서 발견되는 백합류로 많은 식용 조개 중 하나이다.

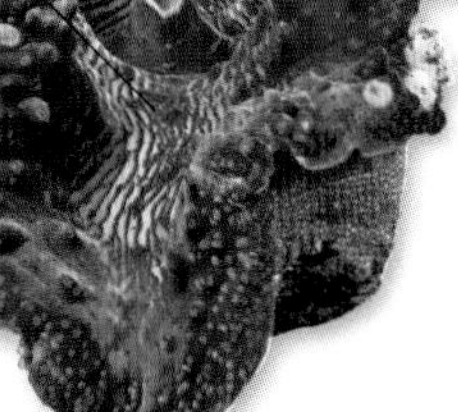

1~1.4m

거거
Tridacna gigas
새조갯과
세계에서 가장 큰 이매패류로 인도양-태평양에 분포하며 산호 주변 모래 바닥에 살고 수명이 길다. 멸종 위기에 처해 있다.

커다란 비늘 모양의 주름

30~40cm

주름대합
Tridacna squamosa
새조갯과
인도양-태평양에 사는 다른 근연종과 마찬가지로 낮에는 화려한 외투막 속에 사는 조류가 광합성을 해 먹이를 만들 수 있도록 패각을 열어 둔다.

복족류

복족류는 연체동물 중에서 가장 큰 강이다. 배를 땅에 대고 기어 다니기 때문에 배에 발이 달렸다는 뜻의 복족류라는 이름이 붙었다.

대부분의 달팽이와 민달팽이류는 1개의 근육질의 발을 이용해 점액질을 따라 미끄러지듯 움직이며, 표면이 꺼끌꺼끌한 혀 모양의 치설을 이용해 먹이를 긁어 먹는다. 대부분의 복족류가 식물이나 해조류, 물속의 바위를 덮은 미생물 등을 치설로 긁어 먹지만 나머지 종들은 육식성이다. 대개 머리와 몸이 뚜렷이 구별되며 감각 기관인 더듬이가 잘 발달되어 있다. 달팽이들은 고리 또는 나선 모양의 패각을 가지고 있어 그 안에 몸을 숨길 수 있는 반면 민달팽이류는 진화 과정에서 패각이 사라졌다. 이밖에도 복족강에는 나새류(갯민숭달팽이)처럼 기본적인 달팽이류와 구조가 많이 다른 동물들도 포함된다. 복족류는 본래 바다 동물로부터 진화했기 때문에 현재도 바다에 다양한 종이 존재하며 민물이나 육상에서도 산다.

비틀림

어린 복족류는 자라면서 비틀림(torsion)을 겪게 되는데, 그 결과 패각 속의 몸통이 180도 비틀어져 호흡 기관인 외투강이 머리보다 위에 위치하게 된다. 이로써 연약한 머리 부분을 안전한 패각 안쪽으로 움츠릴 수 있다. 바다달팽이류의 경우 이 형태가 성체가 되어서까지 유지되기 때문에 아가미가 앞에 있다는 의미의 전새류(前鰓類)라고 부르기도 한다. 반대로 갯민숭달팽이류는 몸이 다시 반대 방향으로 비틀려 아가미가 뒤로 가기 때문에 후새류(後鰓類)라고 부른다.

문	연체동물문
강	복족강
목	21
과	409
종	6만 7000

논쟁

공통의 비틀림

바다달팽이들은 자라면서 비틀림을 겪기 때문에 원래는 같은 무리로 분류되었다. 하지만 모든 달팽이들의 조상이 이러한 특징을 가지고 있었을 것으로 생각되어, 지금은 다른 특징들을 기준으로 바다달팽이들을 여러 개의 분류군으로 나눈다. 정확한 유연 관계에 관해서는 아직도 의견이 분분하다.

삿갓조개

해조류를 갉아 먹고사는 원시적인 복족류로 약간의 나선이 있는 원뿔형 패각을 가지고 있다. 몸이 건조되거나 파도에 쓸려 나가는 것을 방지하기 위해 강력한 근육을 사용해 조간대의 암석에 단단히 붙어산다.

3~5 cm

삿갓조개
Patella vulgata
삿갓조갯과
대서양 북동부의 파도가 높은 곳에 살며 바위 위의 해조류를 갉아 먹은 후 바위가 움푹 파인 곳으로 돌아간다.

갈고둥과 근연종

갈고둥류에는 바다, 민물, 육상에 사는 동물들이 포함되는데 일부는 나선형의 패각을 가지고 있으나 삿갓조개처럼 생긴 패각을 가진 동물들도 소수 있다. 패각에 뚜껑이 있는 종들도 있다.

2~5 cm

이빨갈고둥
Nerita peloronta
갈고둥과
패각 입구의 핏빛처럼 빨간 무늬 때문에 '피흘리는이빨갈고둥'이라고도 불리며 카리브 해 조간대 지역에 산다. 장기간 물 밖에서도 생존할 수 있다.

1.2~2 cm

갈지자갈고둥
Neritina communis
갈고둥과
인도양-태평양의 맹그로브에 서식하며 같은 개체군 내에서도 흰색, 검은색, 빨간색, 노란색의 패각이 나타난다.

밤고둥과 근연종

바다에 사는 복족류로, 솔처럼 생긴 치설을 이용해 해조류와 미생물을 갉아 먹는다. 패각은 첨탑 모양의 꼭대기에 구멍이 뚫려 있는 것부터 나선으로 이루어진 피라미드형과 구형 등 모양이 다양하며 패각 안에 몸을 숨긴 뒤 뚜껑으로 입구를 막는다.

8~12 cm

큰밤고둥
Rochia nilotica
구멍밤고둥과
밤고둥류는 두꺼운 진주층을 가진 종류가 많다. 이 종은 인도양-태평양에 사는 대형 종으로 진주 단추의 재료로 남획되고 있다.

리스터구멍삿갓조개
Diodora listeri
구멍삿갓조갯과
구멍삿갓조개는 전복이나 밤고둥과 가깝다. 대서양 서부에 살며 '구멍'을 통해 산소가 고갈된 물을 내뿜는다.

2~2.5 cm

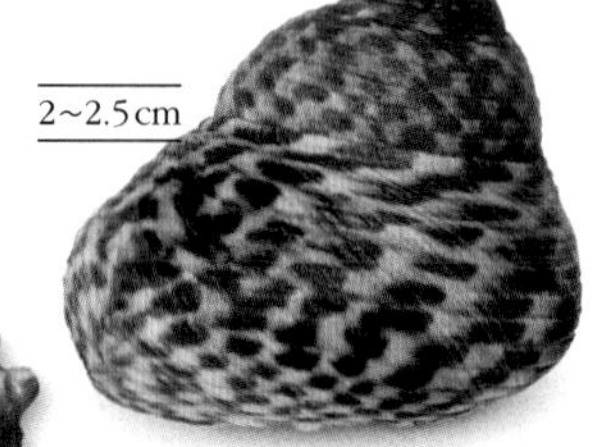

바둑판무늬밤고둥
Phorcus turbinatus
밤고둥과
밤고둥류는 원뿔 모양의 패각을 가지고 있으며 입구는 둥근 오퍼큘럼으로 막혀 있다. 이 종은 지중해에 산다.

5~7 cm

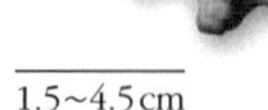

은색입소라
Turbo argyrostomus
소랏과
소라는 밤고둥과 가까운 친척이지만 석회화된 오퍼큘럼을 가지고 있다. 이 종은 인도양-태평양에 산다.

20~30 cm

붉은전복
Haliotis rufescens
전복과
전복은 귀 모양의 패각 안쪽에 두꺼운 진주층이 있으며 물을 내보내기 위해 구멍이 뚫려 있다. 전복 중에서 가장 큰 종으로 태평양 북동부에 살며 켈프를 갉아 먹는다.

나사고둥과 근연종

길쭉한 나선 모양의 나사고둥류는 대개 진흙이나 모래가 많은 퇴적층에 산다. 이들은 외투강을 통해 순환하는 물속에 있는 작은 입자들을 먹는다. 바다, 민물 및 강어귀에 서식하며 느리게 움직이고 종종 많은 수가 함께 생활하기도 한다.

2.5~5.5cm

큰송곳고둥
Turritella terebra
나사고둥과
인도양-태평양에 분포한다. 진흙 퇴적층에 사는 여과 섭식자로 나사고둥, 송곳고둥 등 여러 이름으로 불리는 분류군에 속한다.

6~17cm

거친짜부락고둥
Rhinoclavis aspera
짜부락고둥과
짜부락고둥은 인도양-태평양의 열대 지역에 분포하며 얕은 바다 퇴적층에 많이 산다. 단단한 물체에 실 모양으로 알을 낳아 붙인다.

서인도지렁이고둥
Vermicularia spirata
나사고둥과
카리브 해에 살며 유영 생활을 한다. 수컷은 풀어진 나선 모양의 패각을 고체에 부착시키는데 종종 해면 속에 파묻혀 있다. 좀 더 크게 자라면 정주성의 암컷이 된다.

2.5~16cm

오래된 가시는 종종 부러져 있음

햇살비단무늬고둥
Stellaria solaris
비단무늬고둥과
비단무늬고둥은 자갈이나 다른 동물의 패각 등을 붙여 위장한다. 이 종은 인도양-태평양에 산다.

6~13cm

패각에 들러붙은 쇄설물

총알고둥, 물레고둥과 근연종

바다달팽이 중 가장 크고 다양한 목인 카이노가스트로포다는 3개의 분류군으로 나뉜다. 실꾸리고둥과 보라고둥이 속한 프테노글로시드는 자유롭게 떠다니거나 헤엄을 치면서 자포동물을 선택적으로 잡아먹는 포식자이다. 총알고둥, 별보배고둥 및 수정고둥이 속하는 리토리니드는 해조류를 갉아 먹는다. 물레고둥과 근연종들은 패각에 있는 나선 홈을 따라 긴 수관을 내밀어 먹이를 잡는다.

2.5~7cm

예쁜실꾸리고둥
Epitonium scalare
실꾸리고둥과
실꾸리고둥은 말미잘과 산호를 잡아먹으며 먹이를 자르기 편리한 턱을 가지고 있다. 인도양-태평양에 산다.

2~4cm

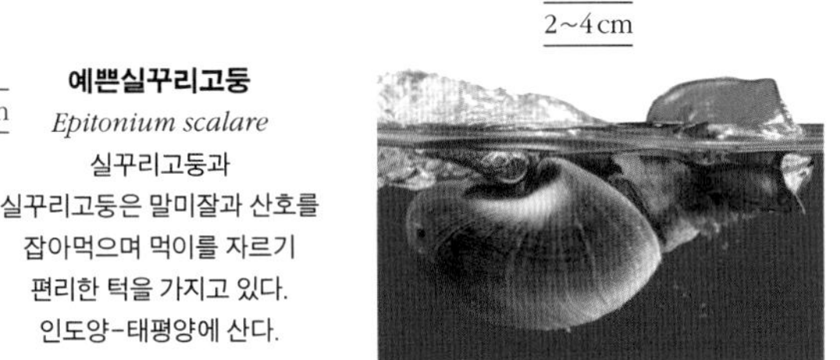

진보라고둥
Janthina janthina
실꾸리고둥과
열대의 바다를 떠돌아다니며 자포동물을 잡아먹는다. 점액질로 거품 덩어리를 만든 후 물에 뜬 상태를 유지한다.

호랑개오지
Cypraea tigris
개오짓과
기어 다닐 때 외투막의 육질로 된 엽 부분이 매끈한 패각 주위를 잘 감싸고 있다. 인도양-태평양에 살며 다른 무척추동물을 잡아먹는다.

10~15cm

1.5~6cm

광대모자고둥
Capulus ungaricus
매부리고둥과
유연관계가 없는 삿갓조개를 닮았다. 북대서양에서 돌이나 가리비 같은 다른 연체동물의 패각에 달라붙어 산다.

2~5cm

대서양짚신고둥
Crepidula fornicata
배고둥과
여과 섭식자로 짝짓기 탑을 만들며 꼭대기에 있는 작은 수컷이 아래쪽의 죽은 암컷을 대체하기 위해 성을 전환한다.

펠리칸발고둥
Aporrhais pespelecani
아포라이디다이과
수정고둥의 근연종으로 진흙에 살며 물갈퀴가 달린 발처럼 생긴 부위를 패각 밖으로 뻗어 쇄설물을 주워 먹는다. 지중해와 북해에 서식한다.

30~42cm

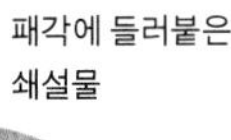

2~3cm

15~31cm

유럽총알고둥
Littorina littorea
총알고둥과
유럽에 사는 이 종을 포함한 총알고둥들은 조간대에 서식하며 둥그스름한 나선형 패각의 입구를 오퍼큘럼으로 막는다.

거대수정고둥
Aliger gigas
수정고둥과
수정고둥은 열대에 살며 바위 등의 표면에 있는 먹이를 갉아 먹는다. 이 종은 대서양 서부에 사는 거대한 고둥으로 패각의 입구가 치맛자락처럼 펼쳐져 있다.

»

» 총알고둥, 물레고둥과 근연종

큰개구리고둥
Tutufa bubo
개구리고둥과
열대 바다에 사는 개구리고둥은 표면이 울퉁불퉁하다. 이 종은 인도양-태평양에 살며 주둥이를 사용해 갯지렁이를 침으로 마취시킨 후 잡아먹는다.

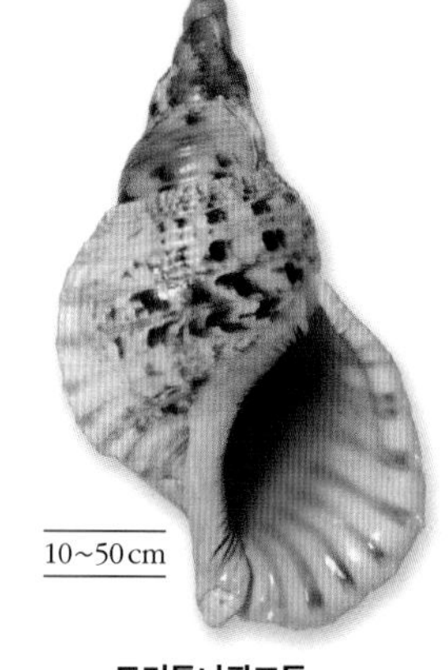

트리톤나팔고둥
Charonia tritonis
장군나팔고둥과
열대 조간대에 사는 트리톤나팔고둥과 그 근연종인 개구리고둥 및 계란고둥은 다른 무척추동물을 잡아먹는 포식자이다. 이 종은 인도양-태평양에 살며 사나운 악마불가사리를 잡아먹는다.

폴리구슬우렁이
Euspira nitida
구슬우렁잇과
모래에 구멍을 파서 조개를 잡아먹는 구슬우렁잇과에 속하는 유럽 종이다. 구슬우렁이라는 이름은 구슬 목걸이처럼 생긴 알 띠에서 따왔다.

북부물레고둥
Buccinum undatum
물레고둥과
북대서양에 살며 다른 연체동물이나 관벌레를 잡아먹는 대형 고둥으로, 죽은 동물을 먹기도 한다. 식용으로 인기가 높다.

2~3cm

태평양뿔소라
Drupa ricinus
뿔소랏과
뿔고둥 또는 주름고둥류라고도 불리는 과에 속하며 인도양-태평양의 산호초에 살면서 갯지렁이를 잡아먹는다.

3~4cm

주름고둥
Nucella lapillus
뿔소랏과
대서양 북부에 분포하는 주름고둥류는 치설을 이용해 따개비나 연체동물의 패각에 구멍을 뚫어 먹이를 잡는다.

텍스타일청자고둥
Conus textile
청자고둥과
청자고둥은 치설을 작살처럼 사용해 먹이를 포획하고 독을 주입한다. 이 종은 인도양-태평양에 산다.

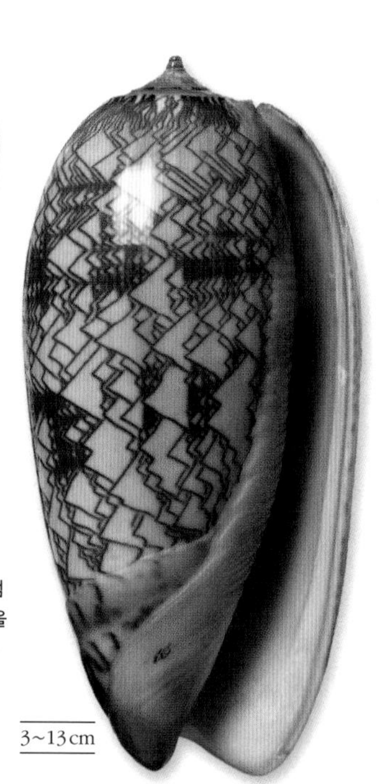

천막대추고둥
Oliva porphyria
대추고둥과
대추고둥류에서 가장 큰 종으로 멕시코와 남아메리카의 태평양 연안에 산다. 패각의 색상이 화려하고 광택이 있다.

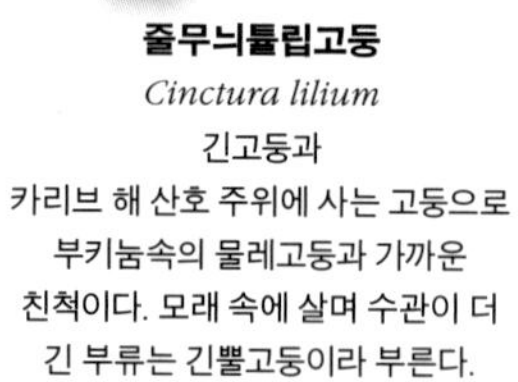

줄무늬튤립고둥
Cinctura lilium
긴고둥과
카리브 해 산호 주위에 사는 고둥으로 부키눔속의 물레고둥과 가까운 친척이다. 모래 속에 살며 수관이 더 긴 부류는 긴뿔고둥이라 부른다.

6~11cm

황제하프고둥
Harpa costata
하르피다이과
하프고둥은 모래에 살며 넓적한 발로 게를 잡은 후 침으로 소화시켜서 먹는 포식자이다. 이 종은 인도양에 산다.

오거고둥
Terebra subulata
송곳고둥과
전형적인 송곳고둥으로 인도양-태평양에 살며 패각에 무늬가 있다. 송곳고둥류는 모래를 파고 들어가 벌레를 잡아먹는다.

우렁이

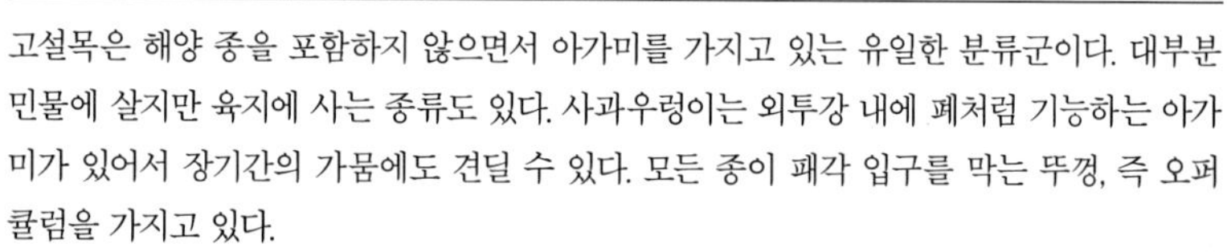

고설목은 해양 종을 포함하지 않으면서 아가미를 가지고 있는 유일한 분류군이다. 대부분 민물에 살지만 육지에 사는 종류도 있다. 사과우렁이는 외투강 내에 폐처럼 기능하는 아가미가 있어서 장기간의 가뭄에도 견딜 수 있다. 모든 종이 패각 입구를 막는 뚜껑, 즉 오퍼큘럼을 가지고 있다.

운하사과우렁이
Pomacea canaliculata
사과우렁잇과
아메리카 열대 지역에 사는 전형적인 사과우렁이로 다른 지역에 도입되어 생태계를 교란하고 있다.

3~4cm

유럽논우렁이
Viviparus viviparus
논우렁잇과
유럽 종으로 아가미가 있고 민물에 산다. 사과우렁이와 사촌 간으로 사과우렁이처럼 패각의 뚜껑 역할을 하는 오퍼큘럼을 가지고 있다.

군소

물맛을 감지하는 더듬이가 크게 발달해 마치 귀처럼 보인다. 군소목의 동물들은 작은 내패각을 가지고 있으며 무각거북고둥처럼 발을 펄럭거리며 헤엄친다.

점박이군소
Aplysia punctata
군솟과
해초를 먹는 다른 군소들처럼 유럽에 사는 이 종은 번식을 위해 많은 수가 모인다. 포식자의 공격을 받으면 먹물을 내뿜는다.

무각거북고둥

무각익족목은 근육질의 발이 얇게 펄럭거리며 마치 물속에서 날아다니는 것처럼 헤엄치기 때문에 '바다의 요정'이라고도 불린다. 사촌인 유각익족목(바다나비)도 물속을 나는 듯 헤엄치지만 연약한 패각이 남아 있다.

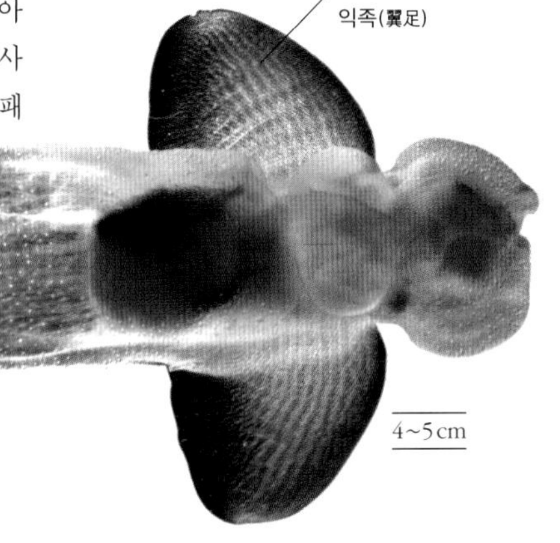

무각거북고둥
Clione limacina
무각거북고둥과
부드럽고 투명한 '날개'를 이용해 자유롭게 헤엄쳐 다닌다. 찬물에 살며, 가까운 복족류인 북극바다나비를 잡아먹는다.

갯민숭달팽이

나새목은 민숭달팽이 중에서 가장 큰 목이다. 아가미가 외투강 내에 들어 있지 않고 등 쪽에 노출되어 있다. 많은 종에 독이 있으며 독성을 나타내기 위해 화려한 색이나 무늬를 가지고 있다.

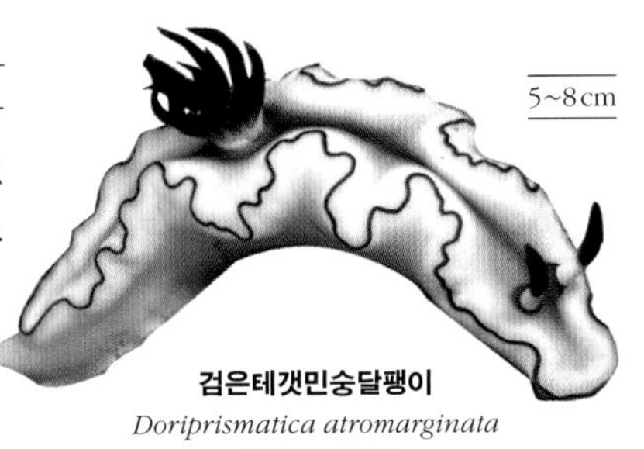

검은테갯민숭달팽이
Doriprismatica atromarginata
갯민숭달팽잇과
인도양-태평양에 흔한 종으로 얕은 물에 살며 해면을 먹는다. 회백색에서 옅은 노란색까지 색이 다양하다.

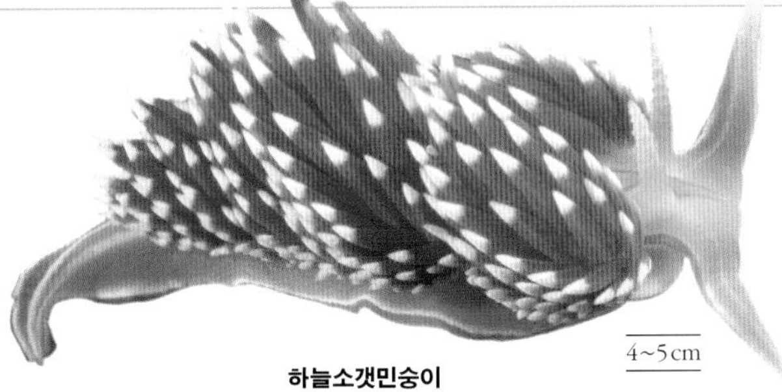

하늘소갯민숭이
Hermissenda crassicornis
하늘소갯민숭잇과
북태평양 조간대에 사는 종으로 먹이인 해파리로부터 얻은 살아 있는 자포를 몸의 곁가지 부분에 저장한다.

10~13cm

흑갯민숭이
Phyllidia varicosa
흑갯민숭잇과
인도양-태평양에 살며 연안의 바위나 돌무더기, 모래에 흔히 서식한다. 해면을 잡아먹는다.

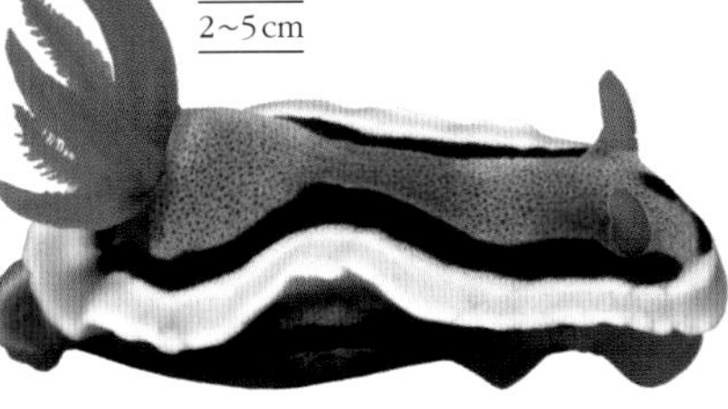

안나갯민숭달팽이
Chromodoris annae
갯민숭달팽잇과
서태평양에 살고 변이가 심한 종으로 크로모도리스속의 다른 종들처럼 해면을 먹는다.

유럽불꽃갯민숭이
Okenia elegans
불꽃갯민숭잇과
전형적인 불꽃갯민숭잇과 동물로 멍게를 잡아먹는다. 지중해를 포함한 유럽의 바다에 분포한다.

산소를 흡수하는 아가미

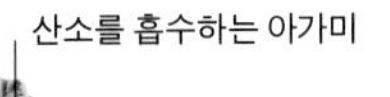

네온빛깔갯민숭이
Nembrotha kubaryana
민달팽이갯민숭잇과
인도양-태평양에 사는 민달팽이로 멍게를 잡아먹으며, 점액질 속에 방어용 화학 물질이 들어 있다. 이 종의 많은 사촌들이 태형동물을 잡아먹는다.

겉아가미

머리 쪽 끝

외투막

30~40cm

스패니시댄서
Hexabranchus sanguineus
여섯가지갯민숭달팽잇과
인도양-태평양에 사는 거대한 갯민숭달팽이로, 붉은 외투막을 나풀거리며 자유롭게 헤엄치는 모습이 플라멩코 무용수의 주름치마와 닮았다 해 스패니시댄서라는 이름이 붙었다.

물달팽이

히글로필라상목에 속하는 달팽이들은 외투강이 폐로 발달했다. 다른 대부분의 해양 복족류와 달리 이들은 숨을 쉬기 위해 수면에 올라와야 한다. 주로 초식성으로 알칼리성이나 중성의 수초로 막힌 고인 물 혹은 유속이 느린 민물에 흔하다.

큰연못달팽이
Lymnaea stagnalis
물달팽잇과
북반구 온대 지역에 널리 분포하며 고인 물이나 유속이 느린 민물에 흔하다.

유럽왼돌이물달팽이
Physella acuta
왼돌이물달팽잇과
대부분 달팽이의 패각은 입구가 오른쪽(관찰자 쪽에서 볼 때)에 있지만 민물에 사는 왼돌이물달팽잇과의 패각은 왼쪽에 있다.

민물삿갓조개
Ancylus fluviatilis
또아리물달팽잇과
진짜 삿갓조개가 아니라 삿갓조개를 닮은 종이다. 유럽산으로 물살이 빠른 곳에 흔하다.

큰또아리물달팽이
Planorbarius corneus
큰또아리물달팽잇과
보통의 달팽이들의 나선형 패각이 3차원인 것과 달리, 또아리물달팽이는 2차원이다. 이 유럽 종을 비롯해 대개 고여 있는 민물에 산다.

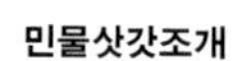

달팽이와 민달팽이

병안목에는 외투강 속의 폐로 공기 호흡을 하는 달팽이와 민달팽이가 속한다. 더듬이 끝에 눈이 달려 있으며 많은 종이 자웅 동체(암수한몸)이고 양성의 생식 기관을 모두 가지고 있다. 교미할 때 뾰족한 창 모양의 교미기(交尾器)를 주고받는다.

아프리카왕달팽이
Lissachatina fulica
왕달팽잇과
동아프리카에 사는 거대한 달팽이로 전 세계의 기후가 따뜻한 지역에 도입되어 생태계를 교란하고 있다.

쿠바달팽이
Polymita picta
케폴리다이과
쿠바 산간 지역의 숲에서만 발견되는 달팽이이다. 패각의 색이 다양해 수집용으로 인기 있다.

갈색정원달팽이
Cornu aspersum
헬리키다이과
유럽의 숲, 생울타리, 사구 및 정원에 널리 서식하며 패각에 주름이 있고 색이 다양하다.

유각민달팽이
Testacella haliotidea
테스타켈리다이과
유럽 종으로 외부에 작은 패각이 있는 민달팽이의 전형적인 형태를 하고 있다. 지렁이를 잡아먹는다.

둥근지붕평탑달팽이
Discus patulus
평탑달팽잇과
평탑달팽이는 납작한 나선형의 패각과 원시적 특징들을 가지고 있는 달팽이류이다. 이 종은 북아메리카의 삼림 지대에 산다.

유럽검은민달팽이
Arion ater
아리오니다이과
유럽 북쪽에서 발견되는 개체들은 대부분 검은색이나 다른 지역에서 발견되는 것들은 주황색이다. 식물뿐 아니라 정원의 쓰레기를 먹어 치우기도 한다.

식용달팽이
Helix pomatia
헬리키다이과
중유럽의 칼슘이 풍부한 토양에 널리 서식한다. 해당 지역에서 가장 큰 달팽이이며 식용으로 사육되곤 한다.

태평양바나나민달팽이
Ariolimax columbianus
아리올리마키다이과
북아메리카 서부 해안의 습한 침엽수림에 산다. 색깔은 노란색이다.

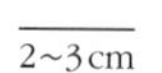

갈색테달팽이
Cepaea nemoralis
헬리키다이과
서유럽에 살며 식용달팽이와 가까운 사촌이다. 다양한 서식지에 맞게 위장하기 위해 패각의 색상과 무늬의 변이가 심하다.

재색뾰족민달팽이
Limax cinereoniger
뾰족민달팽잇과
뾰족민달팽이는 작은 내패각을 가지고 있다. 이 종은 유럽의 삼림에 살며 몸집이 크고 여러 색깔 변이를 가지고 있다.

두족류

두족류는 연체동물문에 속하는 동물 중에서 민첩한 포식자이다. 정교한 신경계를 가지고 있어 빠르게 움직이는 먹이도 사냥할 수 있다.

두족류에는 무척추동물 중에서 가장 지능이 높은 동물들이 포함된다. 많은 종이 색소가 들어 있는 피부 속 색소체를 이용해 감정을 전달한다. 두족강은 다리의 개수에 따라 분류된다. 오징어와 갑오징어는 헤엄치는 데 사용하는 8개의 다리 외에 먹이를 잡기 위한 빨판이 달려 있는 2개의 좀 더 긴 촉완을 가지고 있다. 문어는 별도의 촉완이 없는 대신에 8개의 다리 모두에 빨판이 있다. 두족류의 외투막은 아가미가 들어 있는 체강을 둘러싸고 있다. 산소 공급을 위해 외투막 측면을 통해 물을 흡수하며 그 후 아가미를 지나 짧은 깔때기 모양 구조물을 통해 배출한다. 물이 배출될 때의 반동으로 빠르게 이동할 수 있다. 오징어, 갑오징어와 일부 문어류는 외투막 양옆에 난 지느러미를 사용해 넓은 바다에서 헤엄쳐 다닌다. 대부분의 문어는 해저 바닥에서 시간을 보낸다.

두족류 중에서 앵무조개만이 나선형의 패각을 가지고 있다. 오징어의 패각은 퇴화되어 펜 모양의 구조물을 이루고 있으며 몸의 내부를 지지하는 역할을 한다. 갑오징어의 경우는 비슷한 형태의 석회화된 구조를 가지고 있는데 이를 오징어의 '뼈'라고 부른다. 대부분의 문어류는 아예 패각이 없다.

두족류는 빠르게 움직이며 팔을 이용해 먹이를 잡은 후 앵무 부리를 닮은 부리로 먹어 치운다. 오징어는 자유롭게 헤엄치는 먹이를 잡는 반면 갑오징어와 문어는 게와 같이 느리게 바닥을 기어 다니는 갑각류를 사냥한다.

문	연체동물문
강	두족강
목	9
과	약 50
종	822

북태평양문어가 자기방어를 위해 검은 색소가 든 먹물을 내뿜으며 포식자로부터 달아나고 있다.

앵무조개
Nautilus pompilius
앵무조갯과
인도양-태평양에 서식한다. 오로지 화석으로만 알려진 작은 두족류 분류군 중에서 지금까지 현존하는, 가장 크고 잘 알려진 종이다.

오스트레일리아왕갑오징어
Sepia apama
갑오징엇과
갑오징어 중 가장 큰 종으로 오스트레일리아 남부 해안 부근의 수초가 우거진 곳이나 암초에 서식한다.

큰갑오징어
Sepia latimanus
갑오징엇과
인도양-태평양 전역에 널리 분포하는 대형 갑오징어이다. 산호초에 많이 서식하며 참새우와 새우를 잡아먹는다.

유럽갑오징어
Sepia officinalis
갑오징엇과
다른 갑오징어류와 마찬가지로 진흙 퇴적층에서 산란하기 위해 해안으로 이동한다. 유럽과 남아프리카 앞바다에서 발견된다.

불꽃갑오징어
Metasepia pfefferi
갑오징엇과
인도양-태평양에 살며 갑오징어로서는 특이하게 촉완을 사용해 해저를 걸어 다닌다. 최근 독이 있음이 알려졌다.

채찍오징어
Mastigoteuthis sp.
마스티고테우티다이과
채찍오징어들은 넓적한 지느러미를 사용해 깊은 바닷속을 배회하며 긴 촉완을 뻗은 채 먹이를 기다린다.

베리꼴뚜기
Euprymna berryi
꼴뚜깃과
인도양-태평양에 사는 이 종을 비롯한 꼴뚜기류는 몸집이 작은 갑오징어의 사촌이다. 이들은 '뼈'가 아닌 펜 모양의 구조물을 가지고 있으며 둥그스름한 몸에 잎 모양의 지느러미가 있다.

흰오징어
Sepioteuthis lessoniana
오징엇과
인도양-태평양에 살며 1쌍의 커다란 지느러미 때문에 갑오징어처럼 보인다. 빛을 내는 세균이 들어 있는 특수한 기관으로 빛을 깜빡거려 의사소통을 한다.

유럽오징어
Loligo vulgaris
오징엇과
대서양 북동부 및 지중해에 흔히 분포하며 상업적 가치가 높은 종이다. 다른 오징어들과 마찬가지로 옆지느러미가 있다.

스피룰라
Spirula spirula
스피룰리다이과
깊은 바다에 사는 작은 두족류로 부레 역할을 하는, 기체로 채워진 나선형 패각을 가지고 있다. 밤에는 해수면으로 올라온다.

»

참문어

Octopus vulgaris

통발에서 가재를 꺼내는 일에서든 재빠른 게를 사냥하는 일에서든 참문어는 모든 무척추동물을 통틀어 가장 지능이 높은 동물 중 하나이다. 바다에 사는 이 연체동물은 시력이 뛰어나고 물건을 쥐거나 기어 다니는 데 사용할 수 있는 8개의 다리를 가지고 있다. 문어는 즉각적으로 몸의 색깔을 바꿀 수도 있고 매우 좁은 돌 틈에도 비집고 들어갈 수 있다. 또한 단단한 부리로 먹이를 물어뜯어 보금자리 주변의 모래에 파편을 흩어 놓곤 한다. 다재다능한 것에 비해서는 수명이 짧은 편이다. 갓 부화한 어린 문어는 50만 마리의 형제들과 함께 해양 플랑크톤으로 살다가 2개월이 지나면 해저로 내려간다. 포식자에게 잡아먹히지 않는 한 1년이 지나면 성숙해 죽기 전에 산란을 한다. 참문어는 열대와 따뜻한 온대 수역에 널리 분포하며 여러 개의 유사 종으로 구성되어 있을 가능성도 있다.

크기 다리 길이 1.5~3미터
서식지 바위가 많은 해안
분포 열대와 따뜻한 온대 수역에 널리 분포
먹이 갑각류와 패각이 있는 연체동물

근육질의 외투막이 호흡 기관인 아가미를 비롯해 중요한 기관들이 들어 있는 체강을 둘러싸고 있다.

> 지능이 높은 연체동물
문어는 신경계가 잘 발달하고 민첩한 포식자이다. 신경의 3분의 2가 다리에 위치하고 있어 뇌와 상당히 높은 독립성을 가지고 작동한다. 실험에 따르면 이 신경계는 높은 수준의 문제 해결 능력을 가지고 있으며 장기 기억과 단기 기억력도 뛰어나다.

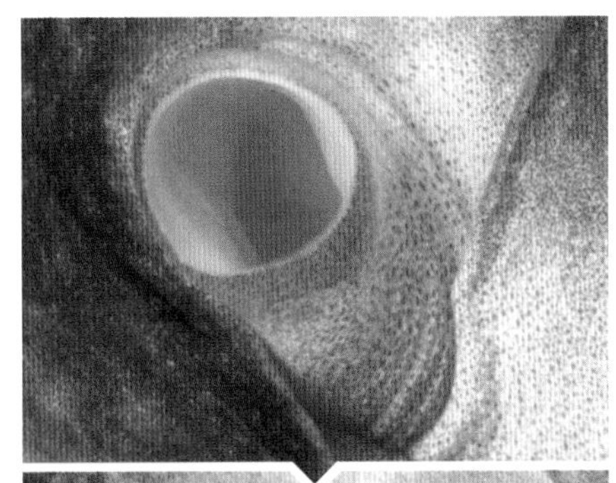

∧ 깔때기 구조의 열린 모습과 닫힌 모습

문어의 외투막 옆쪽 머리 바로 뒤에는 깔때기 모양의 구조물이 있는데 이 구조물은 3가지 기능을 한다. 첫째 아가미에서 산소를 흡수한 후 물을 몸 밖으로 내보내고, 둘째 잽싸게 이동하기 위해 제트 분사 방식으로 물을 분출하고, 셋째 적으로부터 달아나면서 적의 시야를 가리기 위해 먹물을 뿜어낸다.

∨ 몸 아랫면

문어는 두족류이기 때문에 글자 그대로 머리에 발이 달려 있다. 8개의 자유롭게 움직이는 다리는 머리 아래에서부터 방사형으로 뻗어 있으며 한가운데에 입이 보인다.

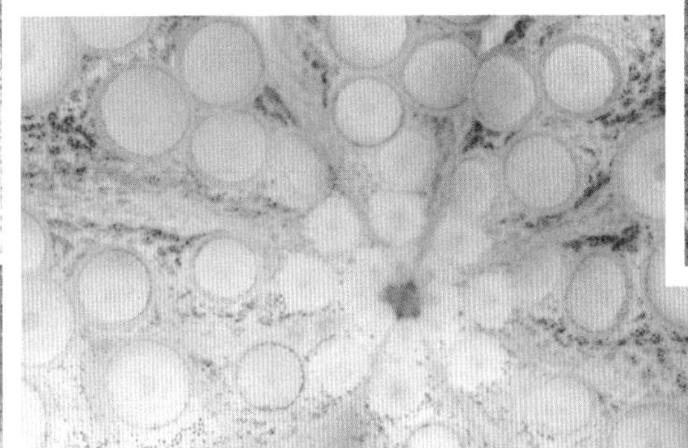

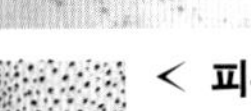

< 피부

피부에는 색소체라 불리는 특수한 세포가 있다. 색소체에는 색소가 들어 있어서 주위 환경에 따라 또는 문어의 감정 상태, 즉 화가 났다거나 공포감을 나타내기 위해 피부색이 변한다.

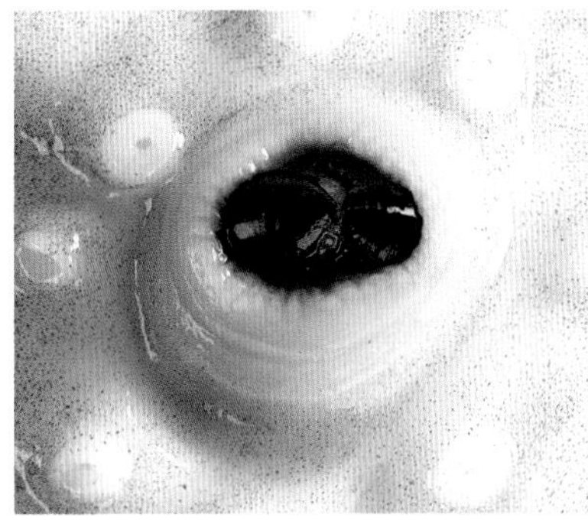

< 부리

참문어는 여러 먹이 중에 주로 갑각류를 잡아먹는다. 문어의 턱에는 앵무 부리를 닮은 부리가 있는데 이 부리는 게나 가재류의 단단한 갑각도 뚫기에 충분할 만큼 강력하다.

∧ 빨판

각각의 다리에는 2줄의 빨판이 있다. 이 빨판들은 문어가 물건을 잘 잡을 수 있게 해 해저나 산호초 주위를 쉽게 돌아다닐 수 있도록 한다. 또한 빨판에는 문어가 만진 물건의 맛을 감지할 수 있게 해 주는 수용기가 있다.

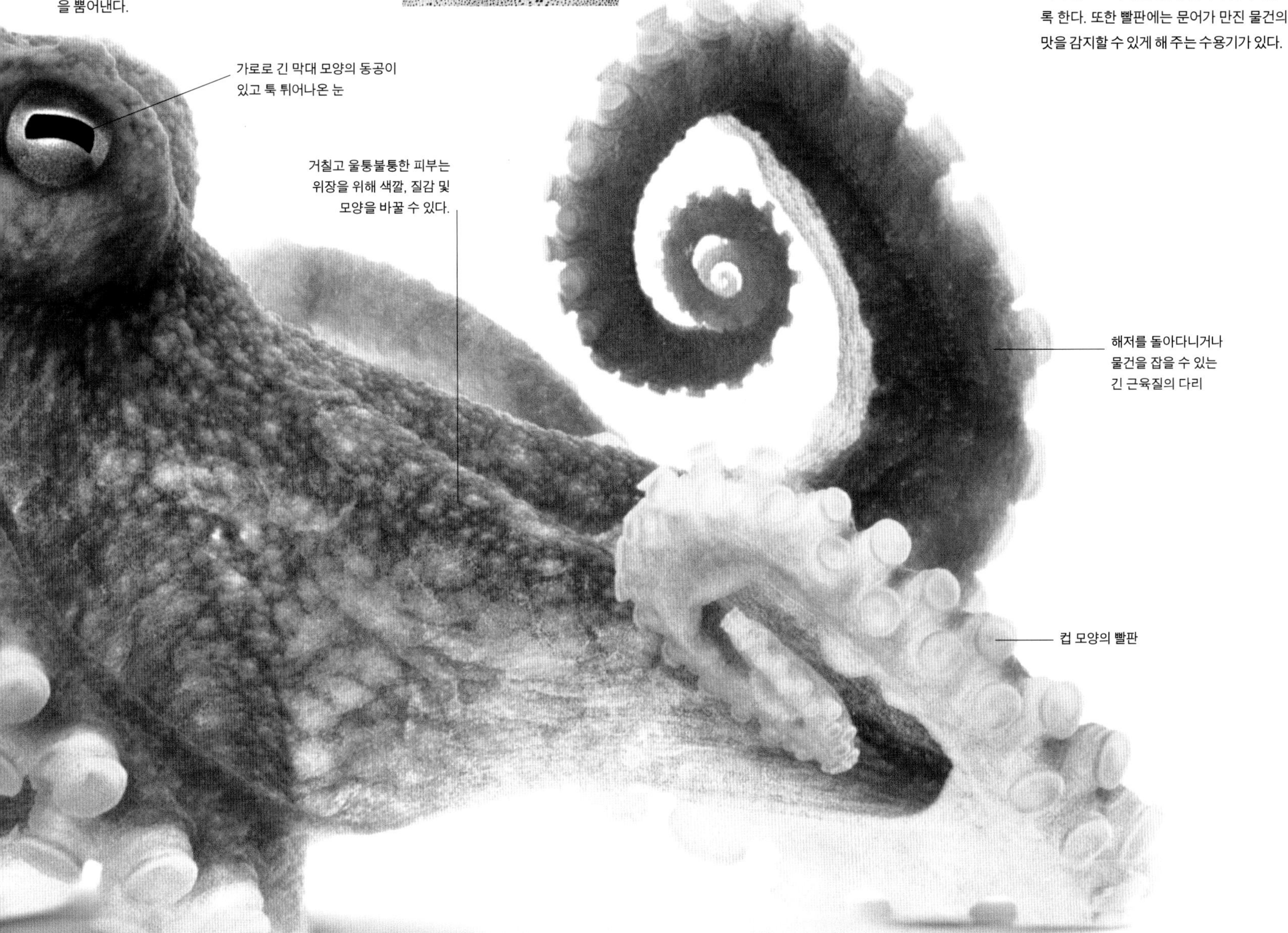

≫ 두족류

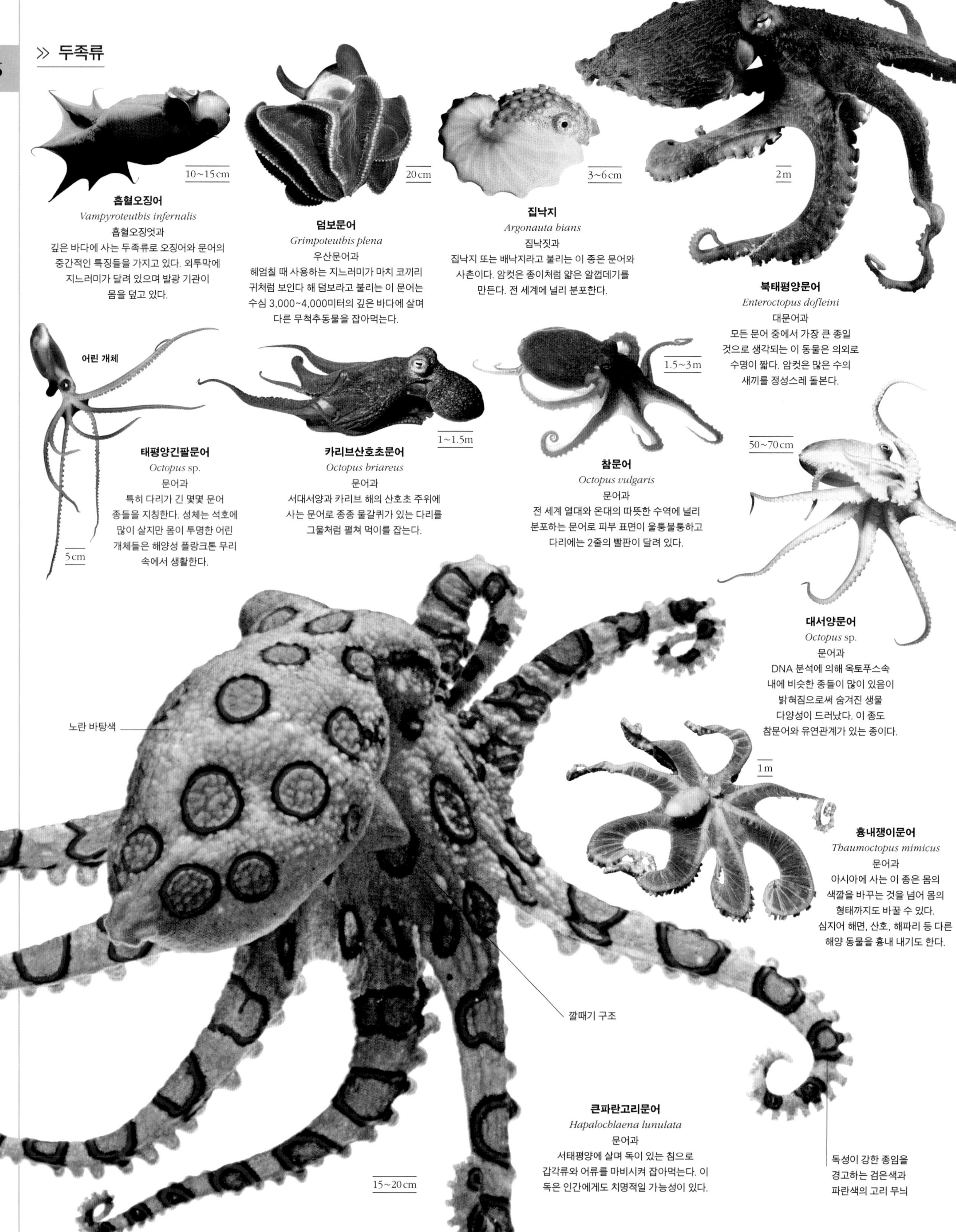

흡혈오징어
Vampyroteuthis infernalis
흡혈오징엇과
깊은 바다에 사는 두족류로 오징어와 문어의 중간적인 특징들을 가지고 있다. 외투막에 지느러미가 달려 있으며 발광 기관이 몸을 덮고 있다.

덤보문어
Grimpoteuthis plena
우산문어과
헤엄칠 때 사용하는 지느러미가 마치 코끼리 귀처럼 보인다 해 덤보라고 불리는 이 문어는 수심 3,000~4,000미터의 깊은 바다에 살며 다른 무척추동물을 잡아먹는다.

집낙지
Argonauta hians
집낙짓과
집낙지 또는 배낙지라고 불리는 이 종은 문어와 사촌이다. 암컷은 종이처럼 얇은 알껍데기를 만든다. 전 세계에 널리 분포한다.

북태평양문어
Enteroctopus dofleini
대문어과
모든 문어 중에서 가장 큰 종일 것으로 생각되는 이 동물은 의외로 수명이 짧다. 암컷은 많은 수의 새끼를 정성스레 돌본다.

태평양긴팔문어
Octopus sp.
문어과
특히 다리가 긴 몇몇 문어 종들을 지칭한다. 성체는 석호에 많이 살지만 몸이 투명한 어린 개체들은 해양성 플랑크톤 무리 속에서 생활한다.

카리브산호초문어
Octopus briareus
문어과
서대서양과 카리브 해의 산호초 주위에 사는 문어로 종종 물갈퀴가 있는 다리를 그물처럼 펼쳐 먹이를 잡는다.

참문어
Octopus vulgaris
문어과
전 세계 열대와 온대의 따뜻한 수역에 널리 분포하는 문어로 피부 표면이 울퉁불퉁하고 다리에는 2줄의 빨판이 달려 있다.

대서양문어
Octopus sp.
문어과
DNA 분석에 의해 옥토푸스속 내에 비슷한 종들이 많이 있음이 밝혀짐으로써 숨겨진 생물 다양성이 드러났다. 이 종도 참문어와 유연관계가 있는 종이다.

흉내쟁이문어
Thaumoctopus mimicus
문어과
아시아에 사는 이 종은 몸의 색깔을 바꾸는 것을 넘어 몸의 형태까지도 바꿀 수 있다. 심지어 해면, 산호, 해파리 등 다른 해양 동물을 흉내 내기도 한다.

큰파란고리문어
Hapalochlaena lunulata
문어과
서태평양에 살며 독이 있는 침으로 갑각류와 어류를 마비시켜 잡아먹는다. 이 독은 인간에게도 치명적일 가능성이 있다.

군부

연체동물 중에서 가장 원시적인 동물인 군부는 몸이 납작하고 바위에 달라붙어 산다. 대부분 바위 표면의 해조류와 미생물 막을 갉아 먹으며, 바닷가에 서식한다.

군부의 패각은 흔히 '사슬갑옷'이라고도 불리는데, 8개의 각판이 맞물려 있지만 몸을 구부려 울퉁불퉁한 바위 표면을 미끄러져 돌아다니거나 적의 공격을 받았을 때 몸을 도르르 말 수 있을 정도로 충분히 유연하다. 군부는 눈이나 촉수가 없으나 패각에 빛을 감지하는 세포들이 있어서 빛에 반응할 수 있다. 각판의 가장자리는 육대(girdle)라고 불리는 외투막 구조물로 덮이거나 둘러싸여 있다. 외투막은 군부의 몸 주위를 근육질의 치마처럼 감싸서 군부의 몸 양쪽 홈을 따라 돌출되어 있는데, 이 홈을 따라 물이 흐르면서 홈 안쪽으로 나와 있는 아가미에 산소를 공급하게 된다. 꺼끌꺼끌한 혀처럼 생긴 치설은 철분과 실리카로 강화된 미세한 이빨로 덮여 있어서 바위 표면을 덮고 있는 가장 질긴 해조류도 갉아 먹을 수 있다.

문	연체동물문
강	다판강
목	2
과	20
종	1,026

8cm

마블군부
Chiton marmoratus
군붓과
카리브 해에 살며 다른 군부와 마찬가지로 패각 전체가 아라고나이트라 불리는 석회질 광물로 이루어져 있다.

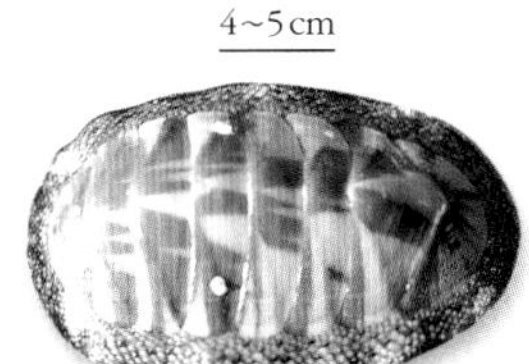

4~5cm

초록군부
Chiton glaucus
군붓과
다양한 색상을 가진 군부로 뉴질랜드와 태즈메이니아의 해안선을 따라 발견된다. 밤에 활동한다.

2~8cm

서인도곱슬군부
Acanthopleura granulata
군붓과
카리브 해에 살며 가장자리가 뾰족뾰족하다. 햇볕을 견딜 수 있어서 물 밖에 노출되는 조간대에서도 살 수 있다.

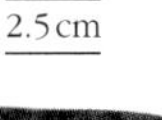

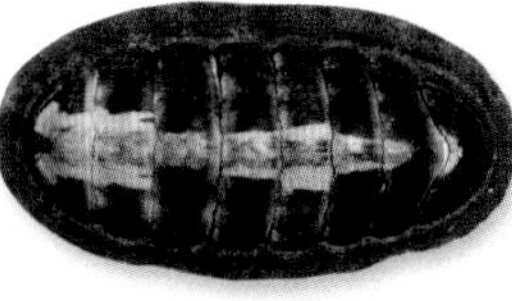

2.5cm

연두군부
Ischnochiton comptus
연두군붓과
연두군붓과에 속하는 동물들은 가장자리의 육대에 가시나 비늘이 있다. 이 종은 서태평양 해안의 조간대에서 흔히 발견된다.

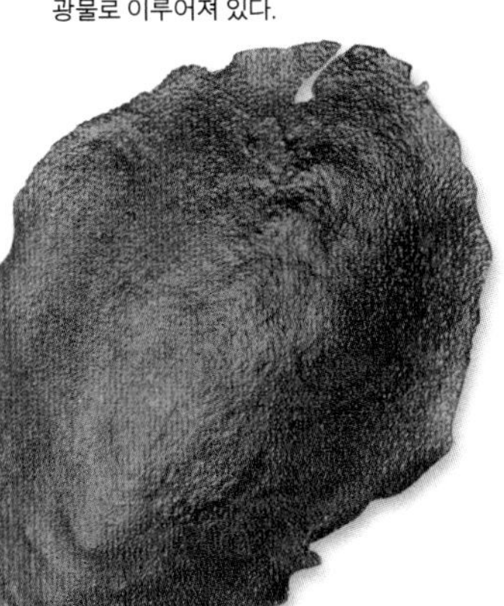

30~33cm

말군부
Cryptochiton stelleri
가시군붓과
가시군붓과는 사슬갑옷 같은 각판을 근육질의 육대가 덮고 있다. 이 종은 북태평양에 사는 종들 중 가장 크며 가죽 표면 같은 피부를 가지고 있다.

5~8cm

털따가리
Mopalia ciliata
따가릿과
육대에 억센 털이 나 있어서 털따가리라고 불리며 북아메리카 태평양 해안에 산다. 장기간 정박 중인 배 밑에서 가끔 발견된다.

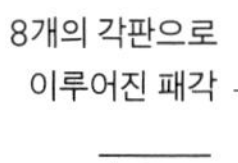

4~7cm

남아프리카털군부
Chaetopleura papilio
카이토플레우리다이과
남아프리카 해안의 바위 밑에서 발견되며 각판에 갈색 줄무늬가 있고 육대에는 억센 털이 나 있다.

4~5cm

줄무늬북방군부
Tonicella lineata
연두군붓과
북태평양 해안에서 발견되며 홍조류를 먹고 있을 때 위장할 수 있도록 밝은색을 띤다.

굴족류

특이한 모양으로 진흙을 파는 굴족류는 바닷속 퇴적층에 살며 상아 모양의 패각을 가지고 있다. 다른 연체동물과 달리 패각 양쪽 끝이 모두 열려 있다.

문	연체동물문
강	굴족강
목	2
과	13
종	576

굴족류는 흔한 동물이지만 대개 해안에서 멀리 떨어진 곳에 살며 빈 상아 모양의 넓적한 아랫부분이 진흙 속에 묻혀 있기 때문에 드물게 관찰된다. 눈이 없는 머리와 발을 퇴적층 깊숙이 뻗은 다음, 화학 물질을 탐지해 진흙의 맛을 감지할 수 있는 두사(catacula)라고 불리는 촉수와 유사한 기관을 사용해 먹이를 찾는다. 촉수로 작은 무척추동물이나 쇄설물 등의 먹이를 입으로 가져온 후 연체동물이 공통적으로 가지고 있는 꺼끌꺼끌한 혀 모양의 치설을 사용해 갈아서 먹는다. 굴족류는 아가미가 없다. 패각의 긴 방향으로 위치해 있고 물로 가득 차 있어서 산소를 추출해 낼 수 있는 관을 근육질의 외투막이 감싸고 있다. 산소의 농도가 낮아지면 발을 수축시키고 꼭대기의 구멍으로 오래된 물을 뿜어낸다. 이때 동일한 경로로 신선한 물이 몸속으로 들어오게 된다.

3~4cm

유럽뿔조개
Antalis dentalis
뿔조갯과
대서양 북동부에 널리 분포하는 굴족류로 해안 부근의 모래 속에 산다. 한 장소에서 빈 패각이 대량으로 발견되곤 한다.

5~8cm

예쁜뿔조개
Pictodentalium formosum
뿔조갯과
일본, 필리핀, 오스트랄라시아 및 뉴칼레도니아 열대 지역에 분포한다. 바닷속 퇴적층에서 발견되는 종으로 색상이 화려하다.

극피동물

극피동물문에는 여과 섭식을 하는 바다나리에서부터 해조류를 갉아 먹는 성게와 육식성의 불가사리에 이르기까지 여러 가지 다양하고 신기한 해양 생물들이 포함된다.

무척추동물에서 전적으로 소금물에서만 사는 동물로만 이루어진 문은 극피동물문이 유일하다. 극피동물은 해저를 느릿느릿 기어 다니는 동물들로 대부분이 5축 방사 대칭의 신체 구조를 가지고 있다. 극피동물이라는 명칭은 '피부에 가시가 있다.'는 뜻으로, 이 동물들의 내골격을 이루는 단단한 석회질 구조인 소골편(ossicle)을 가리킨다. 불가사리의 경우 연부 조직 안에 소골편들이 흩어져 있어서 몸이 상당히 유연하지만, 성게의 경우에는 소골편들이 서로 융합되어 있어서 단단한 내패각을 구성하고 있다. 해삼의 소골편은 너무 작고 드문드문 분포하고 있거나 아예 없어서 몸 전체가 부드럽다.

관족

극피동물은 유일하게 수관계(水管系)를 가진 동물이다. 대개 몸 위쪽에 체처럼 구멍이 숭숭 뚫린 판이 있어서 이를 통해 바닷물이 몸 중앙으로 흘러 들어간다. 이 물은 극피동물의 몸 전체로 통하는 관을 통해 순환한 후 체표면 근처에 있는, 앞뒤로 움직이거나 물체 표면에 달라붙을 수 있는 작고 부드러운 돌기, 즉 관족(管足, tube feet)으로 보내진다. 바다나리류의 관족은 깃털처럼 생긴 팔의 위쪽을 향하고 있어서 먹이 입자를 잡은 후 중앙의 입으로 이동한다. 다른 극피동물에서는 수천 개의 관족이 아래를 향하고 있어서 퇴적층이나 바위 위로 다 함께 몸을 끌어당겨 이동하는 데 사용된다.

방어

피부는 거칠고 가시가 있어서 잠재적인 포식자로부터 효과적으로 몸을 보호하지만 다른 방어 수단도 가지고 있다. 성게는 무시무시한 가시로 온몸을 뒤덮고 있어서 인간에게 심각한 상처를 입힐 수도 있다. 많은 종들이 작은 집게 모양 돌출물을 가지고 있는데 간혹 독이 있는 경우도 있다. 이것은 쇄설물 덩어리를 제거하거나 잠재적인 포식자를 쫓는 데 사용된다.

몸이 부드러운 해삼류는 유독한 화학 물질을 품고 있어서 화려한 색으로 이러한 독성을 경고한다. 일부 해삼류는 최후의 수단으로 끈적끈적하게 얽힌 덩어리나 내장을 토해 내기도 한다.

문	극피동물문
강	5
목	35
과	173
종	7,447

해저를 돌아다니는 극피동물인 악마불가사리의 몸에 나 있는 왕관을 쓴 모양의 관족을 촬영한 것이다.

바다나리

바다나리는 기본이 되는 팔을 5개 가지고 있으며 여기에서 여과 섭식을 한다. 입과 항문은 별 모양의 중심에서 위를 향하고 있으며 깃털처럼 생긴 팔을 이용해 바닥을 기어 다니거나 줄기를 이용해 몸을 고정한 채로 생활하는 바다나리들도 있다.

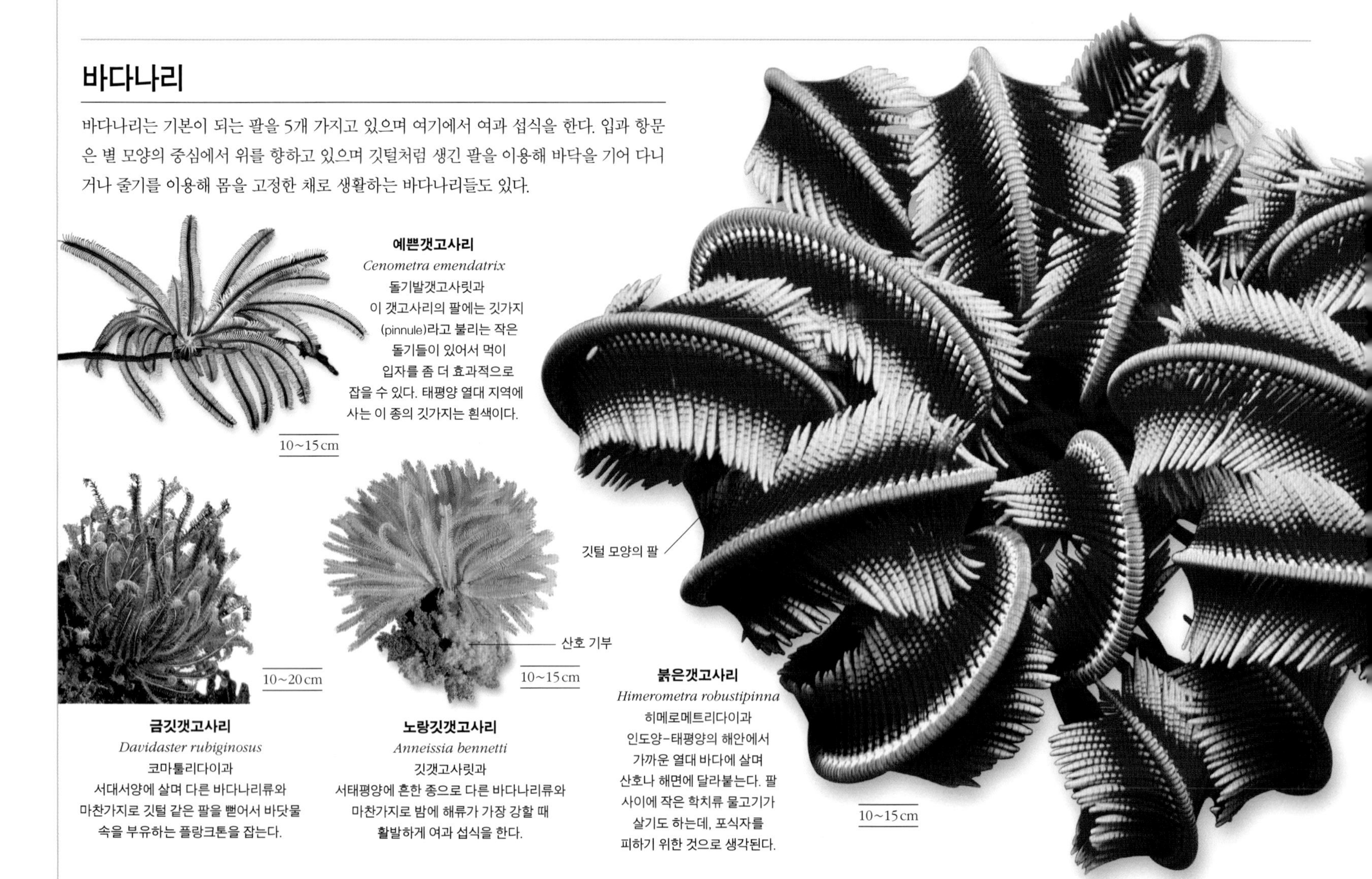

예쁜갯고사리
Cenometra emendatrix
돌기발갯고사릿과
이 갯고사리의 팔에는 깃가지(pinnule)라고 불리는 작은 돌기들이 있어서 먹이 입자를 좀 더 효과적으로 잡을 수 있다. 태평양 열대 지역에 사는 이 종의 깃가지는 흰색이다.

금깃갯고사리
Davidaster rubiginosus
코마툴리다이과
서대서양에 살며 다른 바다나리류와 마찬가지로 깃털 같은 팔을 뻗어서 바닷물 속을 부유하는 플랑크톤을 잡는다.

노랑깃갯고사리
Anneissia bennetti
깃갯고사릿과
서태평양에 흔한 종으로 다른 바다나리류와 마찬가지로 밤에 해류가 가장 강할 때 활발하게 여과 섭식을 한다.

붉은갯고사리
Himerometra robustipinna
히메로메트리다이과
인도양-태평양의 해안에서 가까운 열대 바다에 살며 산호나 해면에 달라붙는다. 팔 사이에 작은 학치류 물고기가 살기도 하는데, 포식자를 피하기 위한 것으로 생각된다.

성게와 근연종

성게는 그 자체로 하나의 강을 형성한다. 성게의 소골편들은 서로 단단히 맞물려 하나의 큰 패각을 형성한다. 성게의 가시는 이동과 방어에 도움을 준다. 입은 대개 아래를 향하고 항문은 위쪽을 향하고 있어서 그 사이에 관족이 배열되어 있다.

10~11 cm

인도태평양연잎성게
Sculpsitechinus auritus
구멍연잎성겟과
인도양-태평양 해안의 모래 속에 산다. 전형적인 구멍연잎성겟과 동물로 납작한 모양이 연잎을 닮았다 해 연잎성게라고 불린다.

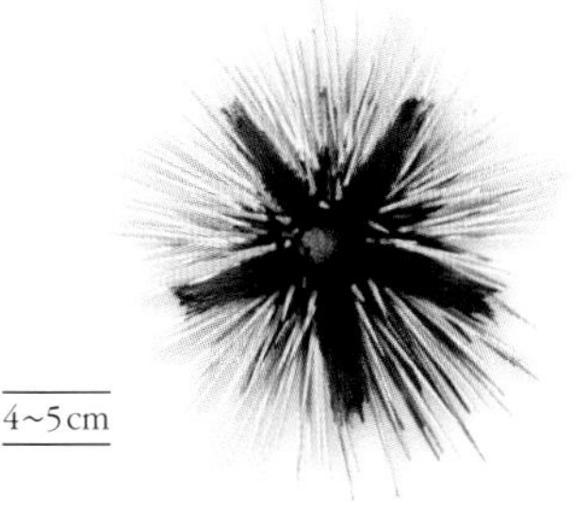

4~5 cm

줄무늬성게
Echinothrix calamaris
디아데마티다이과
인도양-태평양의 암초 부근에 살며 짧은 가시에는 통증을 유발하는 독이 있다. 동갈돔이 종종 이 성게들 사이에 숨곤 한다.

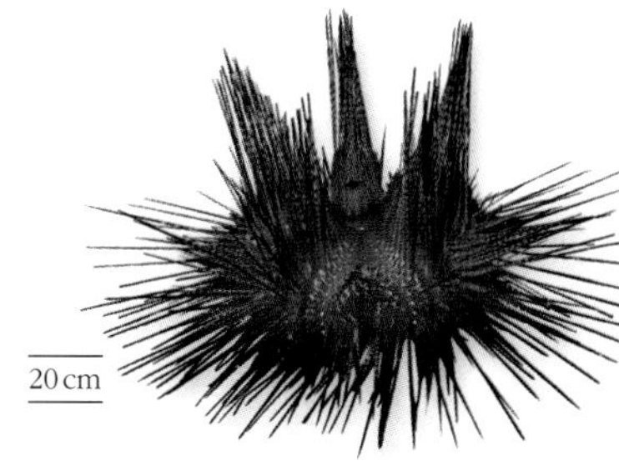

20 cm

붉은성게
Astropyga radiata
디아데마티다이과
인도양-태평양의 석호에 살며 길고 속이 빈 가시를 가진 열대 성게류에 속한다. 도리페 프라스코네(*Dorippe frascone*)라는 게의 등에 업혀 다니는 경우가 많다.

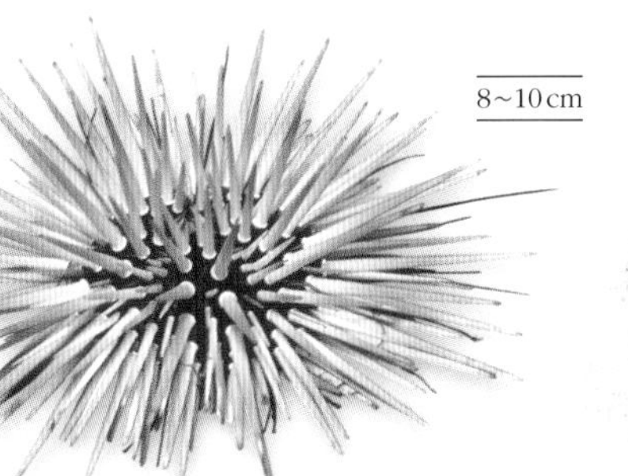
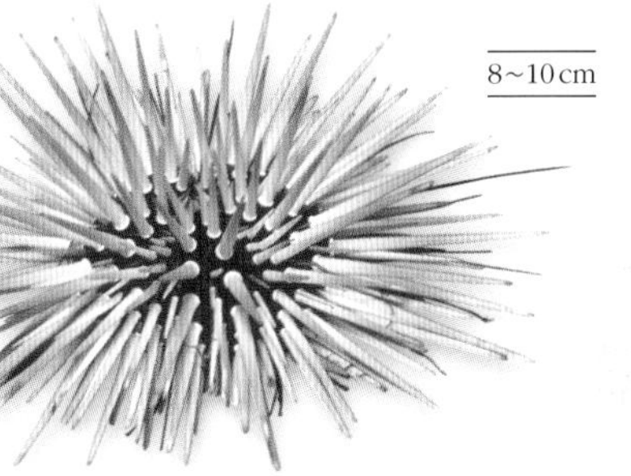

8~10 cm

마타성게
Echinometra mathaei
만두성겟과
인도양-태평양에 서식하며 굵은 가시를 가진 성게류에 속한다. 산호초의 틈새에서 산다.

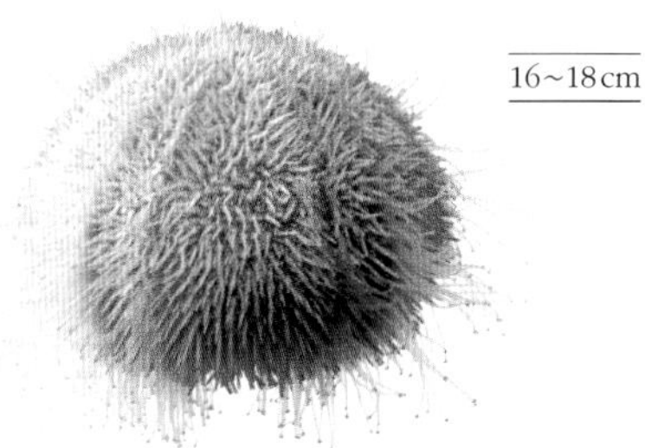

16~18 cm

대서양성게
Echinus esculentus
에키니다이과
대서양 북동부 해안에 흔히 분포하는 크고 둥근 성게로 색상이 다양하다. 무척추동물이나 켈프 등의 해조류 표면을 갉아 먹는다.

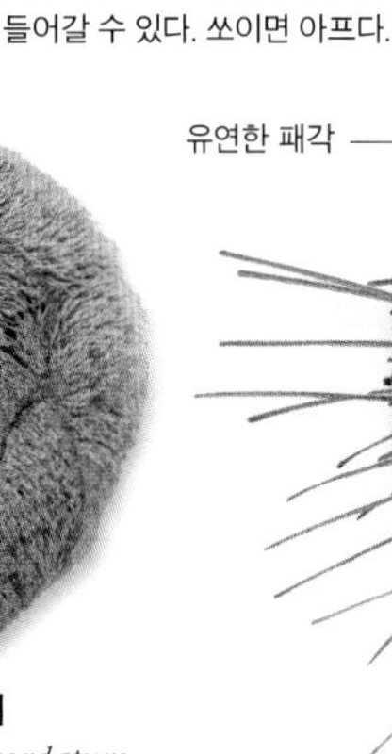

20~25 cm

불성게
Asthenosoma varium
에키노투리다이과
인도양-태평양의 모래가 많은 석호에 사는 납작한 성게로 패각이 유연해 돌 틈으로 들어갈 수 있다. 쏘이면 아프다.

8~10 cm

자주성게
Strongylocentrotus purpuratus
새치성겟과
북아메리카 태평양 해안을 따라 자라는 수중 켈프 군락에 서식하는 성게로 의학 연구용으로 자주 이용된다.

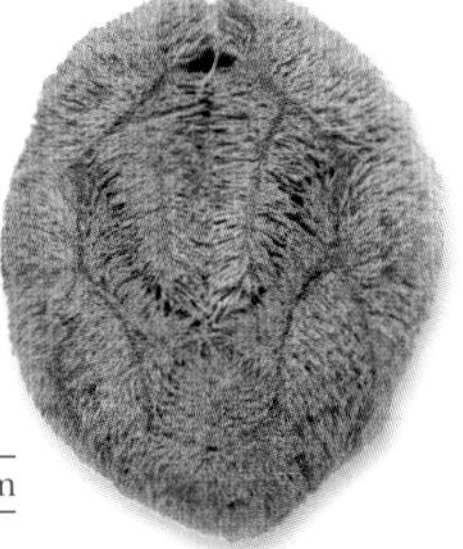
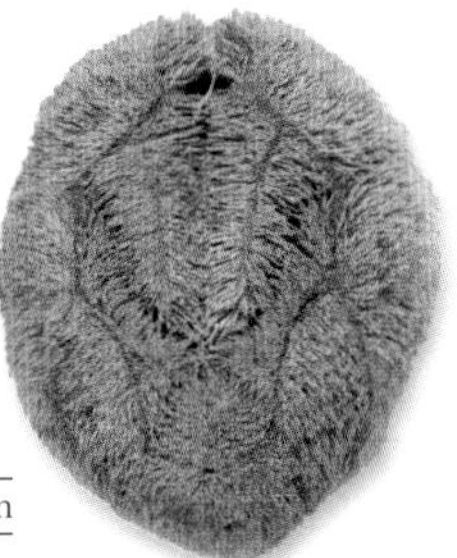

7~8 cm

감자성게
Echinocardium cordatum
모래무지염통성겟과
전 세계에 널리 분포하는 이 종과 같은 염통성게류는 다른 성게들처럼 방사 대칭 구조가 없으며 굴을 파고 쇄설물을 먹는다.

해삼

해삼은 부드러운 관 모양으로 한쪽 끝에는 먹이를 수집하는 촉수가 둥글게 둘러싼 입이 있고 반대쪽에는 항문이 있다. 촉수를 사용해 퇴적층에 굴을 파거나 여러 줄의 관족을 사용해서 바닥을 기어 다닌다.

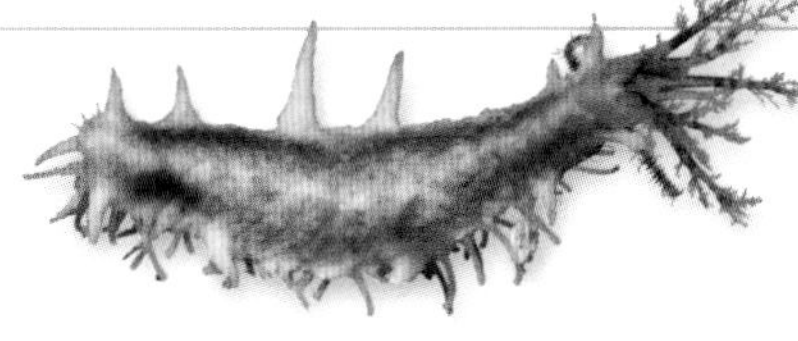

5~8 cm

노랑해삼
Colochirus robustus
광삼과
인도양-태평양에 살며 두꺼운 피부를 가진 광삼과에 속한다. 몸이 울퉁불퉁한 돌출물로 덮여 있는 종이 많다.

15~18 cm

사과해삼
Pseudocolochirus violaceus
광삼과
사과해삼은 암초 부근에 살며 색상이 화려하고 독성이 강하다. 관족은 노란색이나 주황색이지만 몸의 색깔은 다양하다.

38~60 cm

점박이해삼
Bohadschia argus
해삼과
마다가스카르의 서인도양 주변에서부터 남태평양까지 분포하는 대형 종으로 점무늬가 있고 색상은 다양하다.

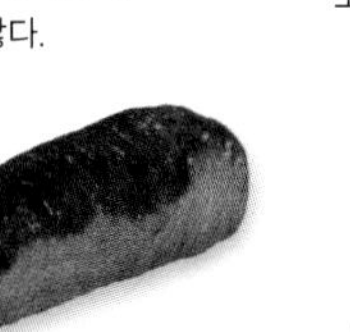

25~30 cm

식용해삼
Holothuria (Halodeima) edulis
해삼과
대형 해삼들은 특히 열대 바다에 풍부하다. 인도양-태평양에 사는 이 종은 포획해 말려서 쓴다.

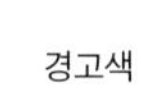

60 cm

충수해삼
Synapta maculata
닻해삼과
인도양-태평양에 사는 전형적인 닻해삼으로 부드럽고 벌레처럼 생겼다. 퇴적층에 굴을 파고 살며 관족이 없다.

35~40 cm

캘리포니아대왕해삼
Apostichopus californicus
돌기해삼과
북아메리카 태평양 해안에서 가장 큰 해삼 중 하나로, 살로 이루어진 가시가 있으며 지역 별미 음식이다.

60~75 cm

가시해삼
Thelenota ananas
돌기해삼과
살로 이루어진 가시가 몸을 뒤덮고 있는 해삼류에 속한다. 인도양-태평양 산호초 주위의 모래층에 산다.

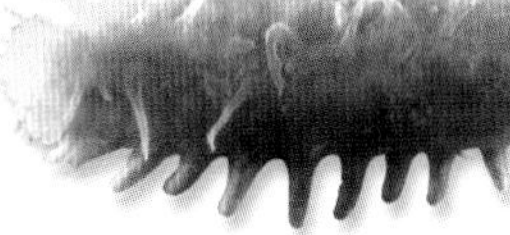

30 cm

심해해삼
Kolga hyalina
엘피디이다이과
전 세계에 널리 분포하며 해저 1,500미터 깊이에 산다. 거의 알려지지 않은 해삼 중 하나이다.

거미불가사리

길고 가늘며 때때로 갈래 진, 쉽게 부러지는 팔에서 이름을 따왔다. 몸 중앙의 원판 부분에 장으로 통하는 하나의 구멍, 즉 입이 몸 아래쪽을 향하고 있다. 일부는 팔을 사용해 먹이 입자를 수집하며, 다른 동물을 잡아먹는 종들도 있다.

짧은가시뱀거미불가사리
Ophioderma sp.
뱀거미불가사릿과
대서양 서부 해안에 서식하는 거미불가사리로 물속에 잠긴 수초 밭에 살면서 새우 등 다른 무척추동물을 잡아먹는다.

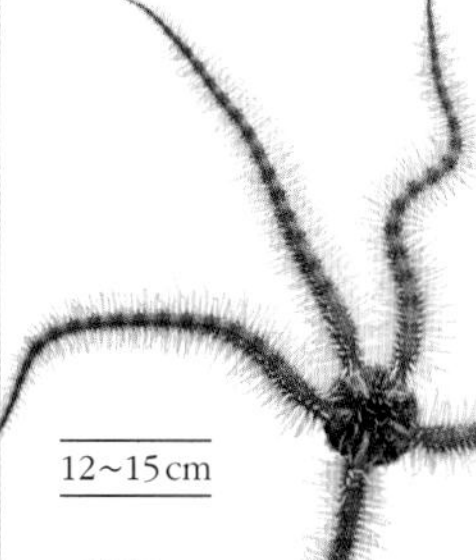

가시거미불가사리
Ophiothrix fragilis
가시거미불가사릿과
대서양 북동부에 사는 거미불가사리로 종종 밀도 높은 개체군이 발견된다. 팔에 가시가 있고 일부를 세워 먹이 입자를 수집한다.

20~30cm

검은뱀털거미불가사리
Ophiocomina nigra
뱀털거미불가사릿과
유럽에 사는 대형 거미불가사리로 먹이 입자를 여과 섭식하거나 쇄설물을 주워 먹는다. 물살이 빠르고 바위가 많은 해안에서 흔히 볼 수 있다.

유럽삼천발이
Gorgonocephalus caputmedusae
삼천발잇과
유럽의 해안에 흔한 종으로 뱀처럼 꼬이고 가지가 많은 팔 때문에 삼천발이라고 불린다. 물살이 센 곳일수록 먹이를 더 많이 얻을 수 있기 때문에 더 큰 개체들이 발견된다.

불가사리

불가사리는 관족을 이용해 바다 밑을 기어 다닌다. 관족들은 불가사리의 팔에 있는 홈을 따라 배열되어 있다. 불가사리강에 속하는 대부분이 팔이 5개지만 모양이 둥그스름한 종도 있다. 많은 종이 느리게 기어 다니는 다른 동물을 사냥하며 일부는 쇄설물을 주워 먹는다. 피부에는 단단한 소골편들이 박혀 있어 뻣뻣할 것 같지만 먹이를 잡을 수 있을 정도로 충분히 유연하다.

35~40cm

보라햇님불가사리
Solaster endeca
햇님불가사릿과
팔의 개수가 많고 몸집이 크며 가시가 있는 불가사리이다. 북반구의 수온이 낮고 해안에서 약간 떨어진 진흙 속에 살며 7~13개의 팔이 있다.

팔의 기부가 넓다.

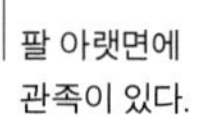

몸 윗면은 거칠고 가시가 있다.

50~60cm

칠손이불가사리
Luidia ciliaris
검은띠불가사릿과
대서양에 사는 대형 불가사리로 다른 불가사리들과 달리 팔이 7개이다. 관족이 길어서 재빠르게 다른 극피동물을 추격할 수 있다.

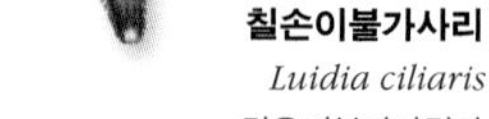

20~24cm

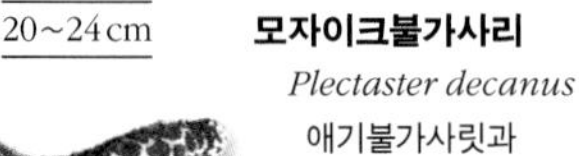

모자이크불가사리
Plectaster decanus
애기불가사릿과
태평양 서남부의 바위가 많은 해변에 사는 화려한 종으로 같은 과에 속하는 다른 종들과 마찬가지로 색상 변이가 매우 심하다.

20~25cm

혹애기불가사리
Echinaster callosus
애기불가사릿과
몸이 뻣뻣하고 원뿔 모양의 팔을 가진 부류에 속한다. 서태평양에 살며 특이하게 분홍색과 흰색의 혹이 있다.

10~12cm

빨간방석불가사리
Porania (Porania) pulvillus
포라니이다이과
윗면이 매끈하고 팔이 짧으며 가장자리에 가시로 이루어진 장식이 있다. 유럽의 바위가 많은 해안, 켈프의 부착기 위에서 자주 발견된다.

10~12cm

붉은애기불가사리
Henricia oculata
애기불가사릿과
대서양 북동부 조수 웅덩이나 켈프가 우거진 곳에 살며 혹애기불가사리의 사촌이다. 점액질을 분비해 먹이 입자를 수집한다.

10~25cm

황토불가사리
Pisaster ochraceus
불가사릿과
대서양불가사리의 사촌으로 북아메리카의 태평양 연안에 서식한다. 무척추동물을 사냥하는데 주로 홍합류를 잡아먹는다.

대서양불가사리
Asterias rubens
불가사릿과
대서양 북동부에 흔하며 다른 무척추동물을 잡아먹는다. 다른 극피동물과 달리 강어귀의 낮은 염분에도 잘 견딘다. 종종 국지적으로 거대한 개체군을 이룬다.

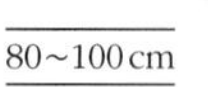

대왕해바라기불가사리
Pycnopodia helianthoides
불가사릿과
세계에서 가장 큰 불가사리 중 하나로 팔이 많고 연체동물이나 다른 극피동물을 잡아먹는다. 태평양 북동부 해안에서 약간 떨어진 곳의 해초 사이에 산다.

악마불가사리
Acanthaster planci
악마불가사릿과
인도양-태평양에 사는 거대한 불가사리로 산호 폴립을 잡아먹기 때문에 산호초 생태계를 위협한다. 10~20개의 팔이 있으며 약간의 독성을 품은 날카로운 가시가 나 있어서 인간에게 피해를 줄 수 있다.

파랑불가사리
Linckia laevigata
빨강불가사릿과
뱀팔불가사리라고도 부르는 이 부류는 표면이 매끄럽고 가시가 없다. 이 종은 인도양-태평양에 살며 대개 파란색이지만 보라색이나 주황색을 띠는 것도 있다. 쇄설물을 먹는 새우류와 함께 발견된다.

보라불가사리
Ophidiaster ophidianus
빨강불가사릿과
이 불가사리는 대서양 북동부의 물이 따뜻한 곳이나 지중해 주변의 자갈이 많은 해저 또는 멀리 서아프리카에서도 발견된다.

혹방석불가사리
Pentaceraster cumingi
오레아스테리다이과
몸집이 크고 특이한 무늬를 가진 방석불가사리로 태평양 동부와 중부 열대 지역의 모래 또는 자갈이 깔린 해저에 산다.

목걸이불가사리
Fromia monilis
뾰족불가사릿과
다른 뱀팔불가사리와 달리 포식자를 쫓기 위한 화려한 색을 가지고 있다. 인도양-태평양에 살며 서쪽으로는 홍해까지 분포한다.

쿠밍판불가사리
Neoferdina cumingi
뾰족불가사릿과
현대목에 속하는 불가사리들 모두가 몸 윗면에 과립성 판이 배열되어 있지만 이 종을 비롯한 뱀팔불가사리들은 특히 눈에 잘 띄는 색을 지녔다.

붉은장군불가사리
Protoreaster lincki
오레아스테리다이과
방석불가사리류에 속하며 인도양에 산다. 어릴 때는 해조류를 갉아 먹으나 성체가 되면 다른 무척추동물을 잡아먹는다.

과립불가사리
Choriaster granulatus
오레아스테리다이과
인도양-태평양의 자갈이 깔린 경사면이나 산호초에 서식한다. 방석불가사리류에 속하며 얕은 바다의 해조류나 쇄설물을 갉아 먹는다.

인도양태평양방석불가사리
Culcita novaeguineae
오레아스테리다이과
인도양-태평양에 살며 산호를 먹는다. 자라면서 팔이 짧아져서 성체가 되면 모서리가 뭉툭한 방석 모양이 된다.

명아주불가사리
Anseropoda placenta
별불가사릿과
대서양 동부에 분포하는 종으로 몸이 얇고 납작하며 팔의 구분이 어렵다. 해저를 기어 다니는 갑각류를 잡아먹는다.

꼬마방석불가사리
Asterina gibbosa
별불가사릿과
명아주불가사리와 같은 과에 속하며 팔이 짧고 색이 다양하다. 대서양 북동부의 바위가 많은 해안에서 죽은 생물을 주워 먹는다.

아이콘불가사리
Iconaster longimanus
뾰족불가사릿과
인도양-태평양에 사는 이 종은 플랑크톤성 유생 단계를 거치지 않고 큰 노른자가 있는 알을 낳는다.

척삭동물

척삭동물문은 전체 동물 종의 3~4퍼센트에도 못 미치지만 현존하는 가장 크고, 빠르고, 지능적인 동물들을 포함하고 있다. 대부분이 뼈나 연골로 이루어진 골격을 가지고 있지만, 척삭동물을 정의하는 특징은 척수의 진화적 전신인 척삭이라 불리는 막대 모양의 구조이다.

화석 증거에 따르면 최초의 진정한 척삭동물은 몸 길이가 수센티미터에 불과한 작은 유선형의 동물이었다. 적어도 5억 년 전에 살았으며, 뻣뻣하지만 유연한 연골성의 척삭(脊索, 척색)을 제외하고는 몸에 단단한 부분이 없었다. 척삭이 몸의 끝에서 반대쪽 끝까지 뻗어 있어 근육이 서로 잡아당길 수 있는 뼈대 역할을 했다. 오늘날의 척삭동물은 모두 이러한 특징을 물려받았으나, 평생 간직하는 것은 일부에 불과하다. 어류, 양서류, 파충류, 조류, 포유류를 포함하는 대부분의 종에서는 초기 배아에서만 척삭이 나타난다. 배아가 발달할수록 척삭은 사라지고 연골 또는 경골로 이루어진 내골격으로 대체된다. 척수를 보호하는 척추를 가지고 있기 때문에 이러한 동물들을 척추동물이라 부른다.

껍데기나 외골격과 달리 경골성의 골격은 광범위한 규모로 존재한다. 민물고기의 일종인 파이도키프리스 프로게네티카(*Paedocypris progenetica*)는 가장 작은 척추동물로서 길이가 1센티미터 미만이고 몸무게는 지구상에 존재해 온 동물 중 가장 큰 대왕고래의 10억분의 1에 불과하다.

생활사

가장 단순한 척삭동물에 속하는 멍게에 골격이나 척추가 없고 성체 단계에서 고착 생활을 한다는 것은 놀라운 일일지도 모른다. 그러나 멍게의 플랑크톤 유생 단계에서 척삭이 있다는 사실은 우리처럼 척추동물과 공동 조상을 가지고 있음을 나타낸다. 단순한 척삭동물과 달리 척추동물은 잘 발달한 신경계와 상당한 크기의 뇌를 가지고 있어서 반응이 빠르고 신속하게 움직이는 경우가 많다. 새, 포유류와 일부 어류는 먹이에서 얻은 에너지로 최적의 체온을 일정하게 유지한다.

척삭동물은 다양한 방식으로 번식하고 새끼를 키운다. 오리너구리와 바늘두더지를 제외한 모든 포유류는 새끼를 낳는다. 다른 척삭동물은 대부분 알을 낳지만, 조류를 제외한 모든 척추동물에는 새끼를 낳는 종이 존재한다. 자손의 숫자는 부모가 새끼를 돌보는지 여부와 관계가 있다. 새끼를 전혀 돌보지 않는 일부 어류는 수백만 개의 알을 낳지만 포유류와 조류는 훨씬 적은 수의 '가족'을 갖는다.

미색동물
미색동물아문에는 3,000종 넘게 포함된다. 유생은 척삭을 가지고 있으며 올챙이와 유사한 외형을 갖는다. 성체는 여과 섭식자이다.

양서류
8,200종 이상이 있으며 개구리와 두꺼비, 도마뱀, 영원 및 무족영원류를 포함한다. 수생 유생으로 시작해서 성체가 되면 육상 생활을 한다.

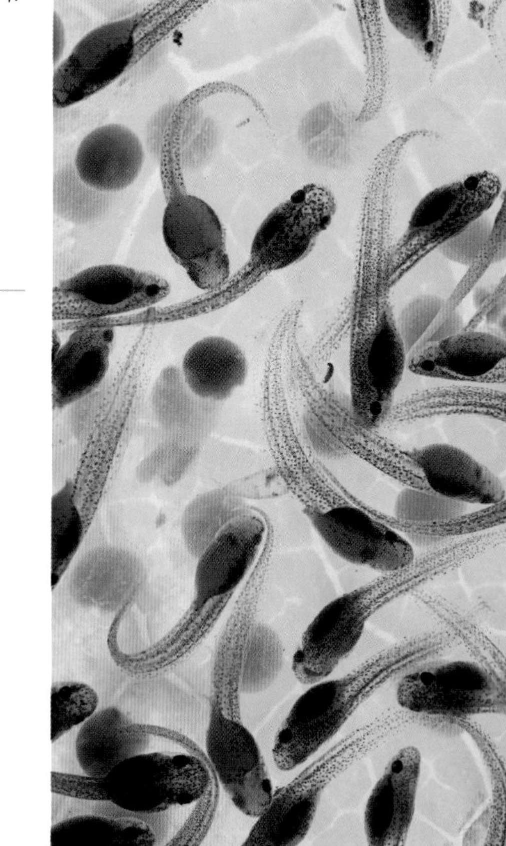

무척추동물

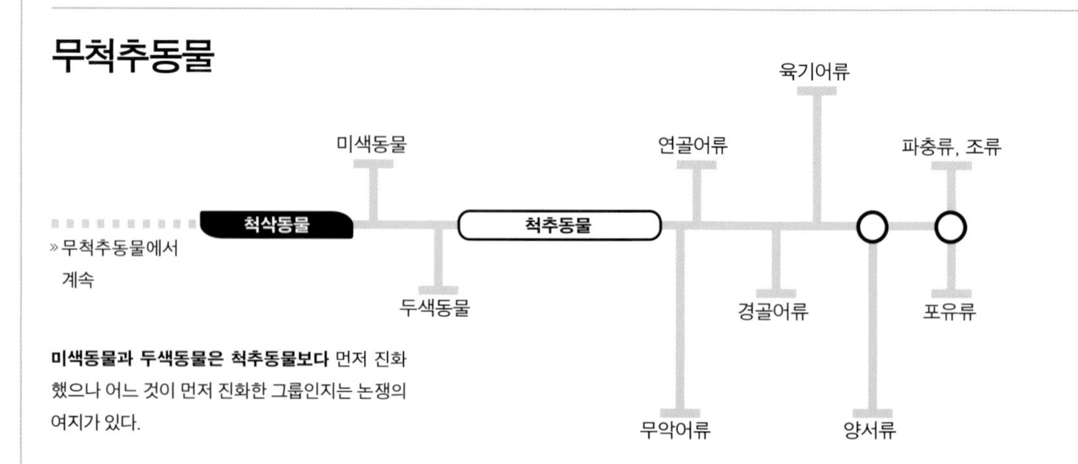

미색동물과 두색동물은 척추동물보다 먼저 진화했으나 어느 것이 먼저 진화한 그룹인지는 논쟁의 여지가 있다.

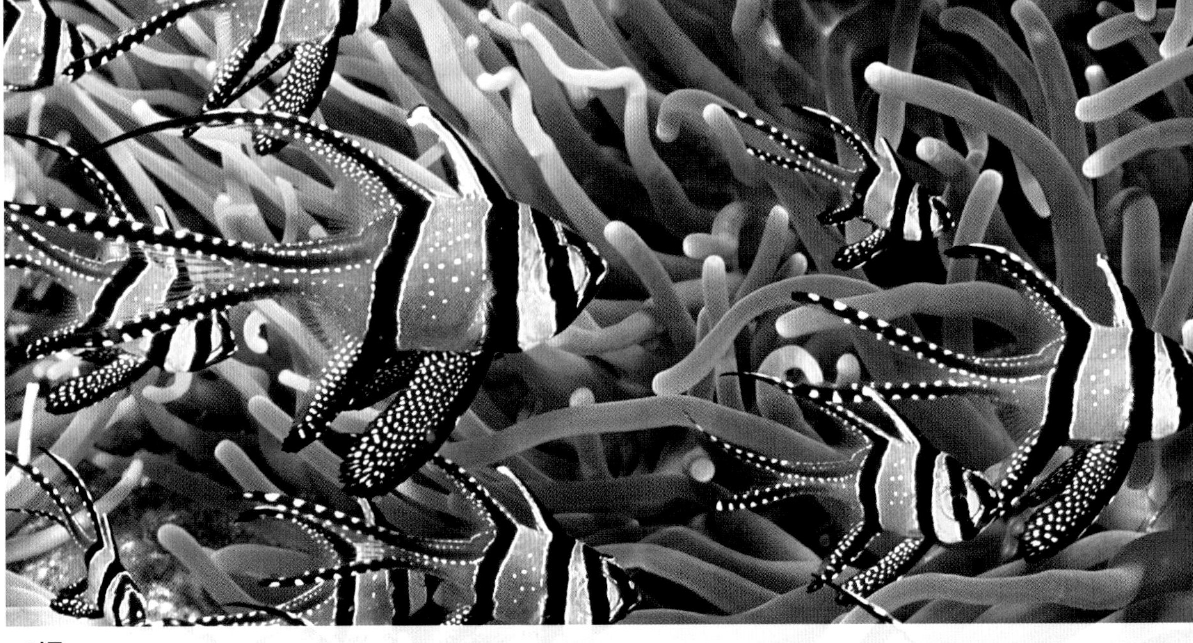

두색동물

평생 척삭을 갖고 있는, 몸이 작고 가는 해양 동물로서 해저에 몸을 반쯤 묻은 채로 생활한다. 두색동물아문에는 20종이 있다.

어류

어류는 척삭동물문에서 가장 종류가 다양하고 수가 많다. 척추동물아문에서 다양한 진화적 역사에 따라 어류아강 그룹별로 나뉘는 여러 개의 강으로 분류된다. 현존하는 3만 4000종이 알려져 있다.

파충류

1만 1000종 넘게 존재하며 남극을 제외한 모든 대륙에 서식한다. 조류 및 포유류와 달리 변온 동물이며 몸이 비늘로 덮여 있다.

조류

현존하는 동물 중 유일하게 깃털이 있다. 약 1만 종이 있으나 1만 8000종으로 보는 최신 연구도 있다. 모두 알을 낳고 다수 종이 고도로 발달한 양육 행동을 보인다.

포유류

털가죽이나 털(고래는 수염도 있다.)로 쉽게 식별이 가능하며 새끼에게 젖을 먹여 기르는 유일한 동물이다. 6,300여 종이 알려져 있다.

어류

어류는 척삭동물 중 가장 다양한 분류군이며 작은 담수 웅덩이와 깊은 바다를 포괄하는 모든 유형의 수중 서식지에서 발견된다. 거의 예외 없이 깃털 같은 아가미로 물에서 산소를 흡수하고 거의 대부분이 지느러미를 사용해 헤엄을 친다.

문	척삭동물문
강	무악어강 먹장어강 판새강 전두어강 조기강 실러캔스강 폐어강
목	66~81
과	560~588
종	약 3만 3900

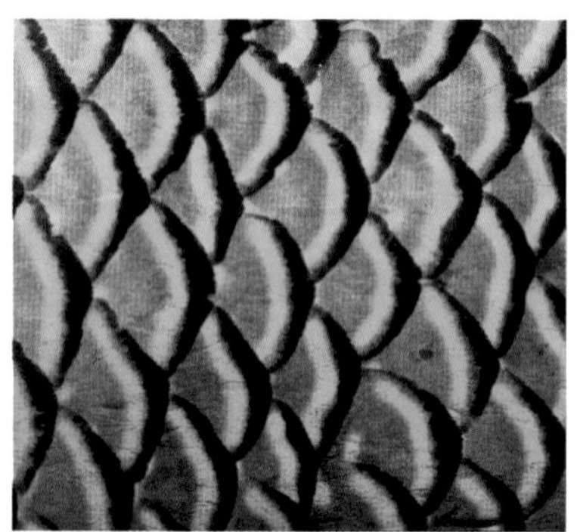

앵무고기의 몸 전체를 촘촘히 덮은 비늘이 부상을 방지하는 유연한 막을 형성하고 있다.

포식성 상어가 서로 밀착해서 헤엄치는 거대한 정어리 떼 한가운데로 뛰어들고 있다.

금색안경후악치 수컷의 입은 둥지 역할을 한다. 알을 돌보는 동안에는 먹이를 먹지 않는다.

어류는 자연적인 단일 분류군이 아니라 실제로는 7개의 척추동물 강으로 구성되어 있으며 그중에서 인간과 친숙한 경골어류가 현재까지는 가장 수가 많다. 대부분의 어류는 변온 동물이므로 체온이 주변 수온과 일치한다. 백상아리와 같은 소수 포식자들은 따뜻한 피를 뇌, 눈 그리고 주된 근육으로 계속 흐르게 해 매우 차가운 물속에서도 활동적으로 사냥을 할 수 있다. 대부분의 어류는 경골성의 비늘로 피부가 덮여 있어 마모와 질병으로부터 몸을 보호한다. 빠르게 헤엄치는 종에서는 비늘의 무게가 가볍고 간소화되어 있다. 일부 어류는 해저에서 바닥을 미끄러지거나 몸을 질질 끌며 움직이지만 대부분은 지느러미를 이용해 헤엄친다. 가오리를 제외하고는 대개 꼬리지느러미가 주된 추진력을 제공한다. 1쌍의 가슴지느러미와 배지느러미(각각 몸 옆면과 아래쪽에 달려 있음)는 몸 위쪽에 달린 3개 이하의 등지느러미와 1개 또는 2개의 뒷지느러미의 도움을 받아 안정성과 기동성을 제공한다. 어류는 다른 어류 또는 다른 동물이 물속을 지나갈 때 발생하는 진동을 감지하는 특수한 감각 기관을 사용해, 특히 무리 속에서 다른 개체와 충돌하는 것을 피한다. 대부분의 어류는 몸의 양쪽 면에 1줄로 이어진 감각 기관을 가지고 있는데 이를 측선이라고 한다. 다른 척삭동물들처럼 청각, 촉각, 시각, 미각 및 후각을 사용하지만 측선은 어류만이 지니고 있는 기관이다.

번식 전략

어류에 속하는 7개의 강은 번식 전략도 서로 다르다. 대부분의 경골어류와 육기어강에 속하는 일부 종들은 체외 수정을 하고 대량의 알과 정자를 직접 물에 방출하는데, 이중 대부분이 치어가 되기 전에 잡아먹히거나 죽는다. 반대로 연골어류(상어, 가오리 및 은상어)는 체내 수정을 하며 알이나 좀 더 발달된 단계의 새끼를 낳는다. 이러한 번식 방식은 대량의 에너지를 소모하게 되므로 한 번에 극소수의 새끼만을 생산할 수 있지만 생존율이 높다. 칠성장어류의 알은 부화 후 수개월간 유생의 형태로 있다가 변태를 거쳐 성체가 된다.

눈부신 광경 >

거대한 말미잘 사이에 숨은 방가이동갈돔의 매혹적인 색상은 수족관 소유주들을 매료시킨다.

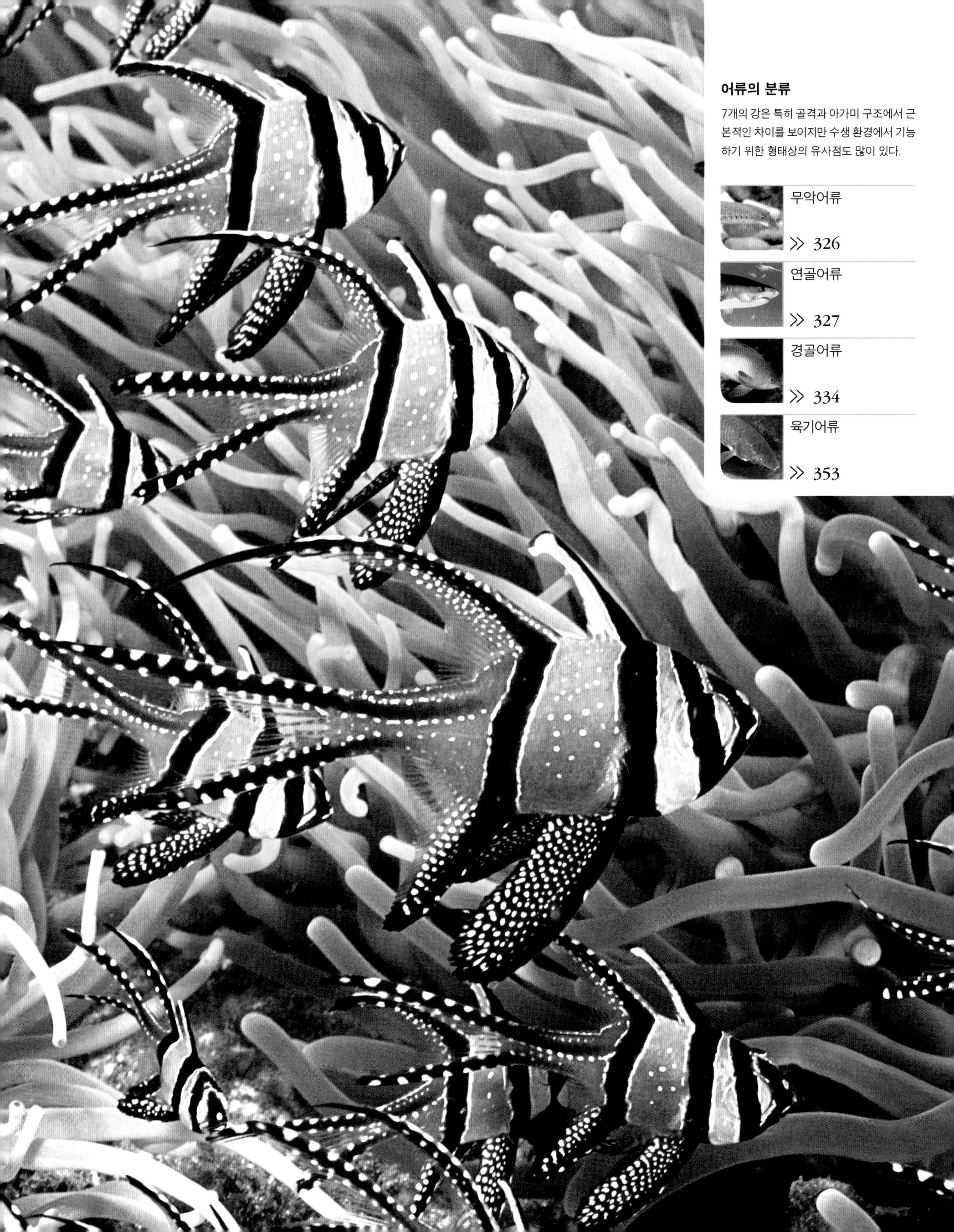

어류의 분류

7개의 강은 특히 골격과 아가미 구조에서 근본적인 차이를 보이지만 수생 환경에서 기능하기 위한 형태상의 유사점도 많이 있다.

무악어류

다른 척추동물과 달리, 무악어류는 이빨은 있지만 물어뜯을 수 있는 턱이 없다. 과거에는 다양하고 풍부하게 존재했지만, 현재는 소수만이 살아남았다.

무악어류에는 칠성장어와 먹장어라는 두 가지 분류군이 있으며, 이들 사이의 관계에 대해서는 여전히 논란이 있다. 칠성장어는 턱이 없는 대신 거친 이빨로 둘러싸인 둥근 빨판 입을 갖고 있는 반면, 먹장어는 혀 안쪽에 이빨이 있는 슬릿 모양의 입을 가지고 있다. 몸의 측면을 따라 둥근 아가미 구멍들이 이어져 있는데, 칠성장어는 7개이고, 먹장어는 1~16개로 다양하다. 두 분류군 모두 척삭이라고 불리는 단순한 막대 모양의 구조물에 근육이 부착되어 신체를 지지한다. 칠성장어는 척색 주위에 여러 개의 연골 지지대를 갖는 경우도 있다.

다양한 생활사

깊은 바다에서 사는 먹장어와 달리, 칠성장어는 전 세계의 온대 연안과 담수에 서식하며 번식은 담수에서만 한다. 연안에 서식하는 종들은 소하성 동물, 즉 연어처럼 강을 거슬러 올라와 산란한 후 죽는 동물이다. 알이 부화하면 암모코이테스(ammocoetes)라 불리는 지렁이처럼 생긴 유생이 되는데 땅속으로 굴을 파고 다니며 진흙 속의 유기물을 먹고 산다. 소하성 유생이 3년 정도 성장해 성체가 되면 바다로 나가서 몇 년간 생활한다. 담수종은 강과 호수에서 서식하며 번식한다. 먹장어는 해저에 알을 낳는다.

기생동물과 청소동물

칠성장어는 성체가 되면 더 큰 물고기에 기생하는 것으로 악명 높다. 칠성장어는 빨판 입으로 달라붙어 살과 피 중 하나 또는 둘 다를 먹으며 숙주의 피부 속으로 파고든다. 그물을 손상시키고 양어장 물고기를 죽여 어부들에게 피해를 주기도 한다. 그러나 많은 칠성장어, 특히 담수종은 작은 무척추동물만 먹는다. 빨판 입은 물고기가 물살을 거슬러 상류로 헤엄칠 때에 바위에 달라붙어 쉬거나 강바닥에 둥지를 만들기 위해 자갈을 옮길 때에도 유용하다. 먹장어는 해저 진흙 속의 굴에 살며 밤에 살아 있는 무척추동물 또는 죽은 무척추동물을 먹는다. 기회가 생기면 썩어 가는 고래나 물고기 사체에서 살점을 발라내서 먹기도 한다. 포식자로부터 공격을 받으면 먹장어는 아가미를 막는 점액을 다량 만들어 낸다.

문	척삭동물문
강	무악어강 먹장어강
목	1
과	3
종	38

논쟁

칠성장어와 먹장어는 친척일까?

전통적으로는 칠성장어와 먹장어를 원구류로 묶고 턱이 있는 척추동물과 별개의 분류군으로 보았다. 형태학적 정밀 분석과 초기의 분자 생물학적 연구에 따르면 칠성장어는 턱이 있는 척추동물과 가깝고 먹장어는 척추가 없는 척삭동물에 가깝다고 했다. 2010년 이후에 진보된 유전자 기법(마이크로-RNA)으로 분석한 결과 칠성장어와 먹장어를 하나로 묶을 수 있다는 강력한 증거가 나왔다.

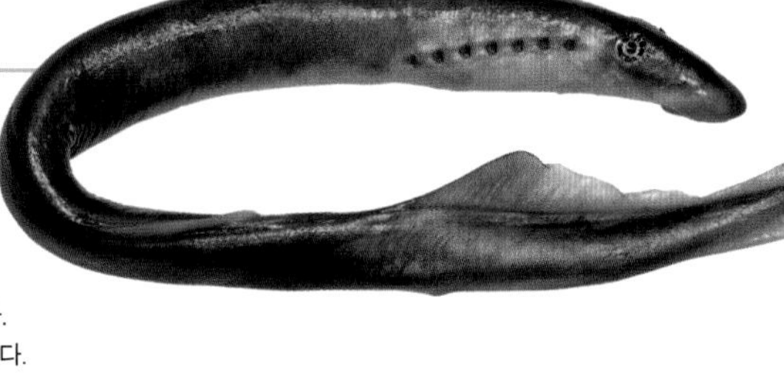

바다칠성장어
Petromyzon marinus
칠성장어과
종종 북대서양의 연어에 기생한다. 숙주에 달라붙은 후 살을 긁어 먹는다.

칠성장어와 먹장어

턱이 없는 물고기인 무악어류에는 칠성장어목과 먹장어목의 두 가지 분류군만이 존재한다. 이들은 턱이 없고 뱀장어와 같은 형태에 척삭이 있다는 공통점이 있지만 해부학적으로 많은 차이가 있다. 칠성장어는 담수에서 긴 유생 단계를 보내는 반면, 먹장어는 해저에 알을 낳으며 부화한 새끼는 성체와 형태가 같다.

브룩칠성장어
Lampetra planeri
칠성장어과
북유럽에서는 흔히 발견되는 칠성장어로 유생과 성체 모두 하천이나 강에 산다. 변태하고 나면 성체는 먹이를 먹지 않고 모든 에너지를 산란하는 데 사용한 후 죽는다.

태평양칠성장어
Entosphenus tridentatus
칠성장어과
일부 개체군은 땅으로 둘러싸인 호수에 서식한다. 바다에 사는 개체들은 향고래에 기생해 피와 살을 파먹기도 한다.

Atlantic hagfish
Myxine glutinosa
f:Myxinidae
먹장어는 냄새와 감각 촉수로 먹이를 감지한다. 먹이를 먹거나 방어용 점액을 방출할 때 몸을 고정하기 위해 몸을 꼬아 매듭을 만든다. 이 종은 북대서양과 지중해에 서식한다.

연골어류

다른 척추동물들과 달리 단단한 뼈 대신 부드럽게 휘어지는 연골로 이루어진 골격을 가진 어류이다. 대부분 예민한 감각을 소유한 포식자이다.

상어, 가오리, 은상어 모두 연골어류지만 은상어는 다른 연골어류들과 구별되는 해부학적 특징을 가지고 있다. 은상어의 위턱은 두개골과 융합되어서 독립적으로 움직일 수 없다. 또한 이빨은 계속해서 자라난다. 반대로 상어와 가오리는 단단한 에나멜로 덮인 이빨이 주기적으로 빠지고, 사용하던 이빨 뒤에 숨겨져 있던 다른 1줄의 이빨로 대체되는데, 이것이 상어를 지구상에서 가장 무시무시한 포식자가 되도록 해준다. 3가지 연골어류(상어, 가오리, 은상어)의 피부는 모두 순린(楯鱗)이라 불리는 이빨처럼 생긴 비늘로 보호된다.

먹이를 찾아서

대부분의 연골어류가 대양을 집 삼아 살아가는데 많은 종은 해저에 살며, 보다 큰 포식성 상어 종이나 플랑크톤을 주식으로 삼는 연골어류는 좀 더 먼바다를 배회한다. 황소상어와 100종 이상의 다른 상어들은 연안에 들어와 강을 거슬러 헤엄치기도 하고 소수 종이 완전히 강에서 살기도 한다. 먼바다에 사는 대부분의 연골어류는 끊임없이 움직이는데, 이는 경골어류와 달리 몸이 물에 떠 있도록 유지해 주는 공기주머니인 부레가 없어서 멈추는 순간 가라앉을 수 있기 때문이다. 고래상어와 같이 수면 근처에 사는 종들은 거대한 지방성 간을 가지고 있어서 이와 같은 현상을 방지할 수 있다.

포식성 상어는 상처 입은 어류나 포유류의 피 냄새를 맡아 먹잇감을 찾아내는 놀라운 능력이 있다. 또한 연골어류는 생물체를 둘러싼 미약한 전기장을 감지하는 능력이 있는데, 이 능력은 연골어류만이 지닌 것은 아니지만 특히 잘 발달되어 있다.

번식

모든 연골어류는 교미를 하고 체내 수정을 한다. 은상어와 여러 작은 상어 및 가오리들은 알을 낳는데 각각 단단한 피낭에 의해 보호되며 이 피낭을 통상적으로 '인어의 지갑'이라고 부른다. 연골어류 60퍼센트 정도가 자궁 속에서 난황에 의해 영양분을 공급받거나 태반을 통해 어미와 연결되어 충분히 자란 새끼를 낳는다. 포유류와 달리 어린 새끼는 독립적이고 어미도 새끼를 돌보지 않는다.

문	척삭동물문
강	판새강 전두어강
목	14~17
과	57
종	1,338

백상아리가 공포의 포식자답게 면도날처럼 날카롭고 다시 자라는 이빨을 드러내고 있다.

은상어

융합된 판 모양의 이빨 때문에 토끼고기라 불리기도 하는 전두어강은 약 56종으로 이루어진 은상어목 하나가 속한 연골어류의 작은 강이다. 2개의 등지느러미 중 첫 번째 지느러미 앞에 있는 강력한 독가시를 사용해 심해 서식지에서 자신을 보호한다.

1.3m

태평양코은상어
Rhinochimaera pacifica
코은상엇과
긴 원뿔 모양의 주둥이는 먹이의 전기장을 감지하는 감각공으로 덮여 있다.

어두운 심해에서도 앞을 잘 볼 수 있는 커다란 눈

점박이쥐고기
Hydrolagus colliei
은상엇과
다른 은상어들과 마찬가지로, 태평양 북동부에 사는 이 종은 커다란 가슴지느러미를 펄럭이거나 활짝 펴고 헤엄치면서 먹이를 찾아다닌다.

1.3m

통소상어
Callorhinchus milii
통소상엇과
오스트레일리아 남부와 뉴질랜드에 사는 통소상어는 코끼리 코처럼 살로 이루어진 긴 주둥이를 괭이처럼 사용해서 해저의 진흙 속에서 조개를 파낸다.

쥐고기
Chimaera monstrosa
은상엇과
일반적으로 지중해 및 대서양 동부의 해저 300미터 아래에 살며, 작은 집단을 이루어 헤엄치면서 해저에서 무척추동물을 잡아먹는다.

가슴지느러미를 펄럭여 헤엄친다.

신락상어

대부분의 상어들이 5쌍의 아가미구멍을 가지고 있는 것과 달리 신락상어목에 속하는 상어들은 6쌍 내지 7쌍의 아가미구멍을 가지고 있다. 알려진 6개의 종은 심해에 산다. 그중 길고 부드럽고 장어를 닮은 몸체의 주름상어 두 종은 최근 별도의 분류군인 주름상어목으로 분류되었다.

5.5m

돌목상어
Hexanchus griseus
신락상엇과
바위가 많은 해산 주변에 출몰하며 초록 눈에 체중이 600킬로그램에 달하는 초대형 상어이다.

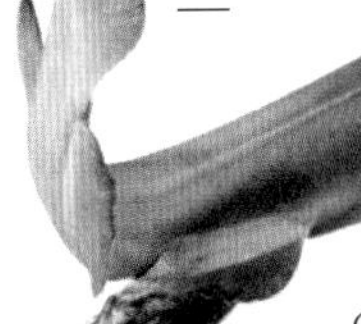

2m

주름상어
Chlamydoselachus anguineus
주름상엇과
산발적인 기록에 의하면 이 상어는 전 세계적으로 널리 분포한다. 빛나는 하얀 이빨로 먹이인 물고기나 오징어를 유인한다.

돔발상어와 근연종

돔발상어목에는 적어도 143종 이상의 다양한 종이 속하며 돔발상어, 등불상어, 슬리퍼상어, 거친돔발상어 및 솔개지느러미상어가 속한다. 모두 2개의 등지느러미가 있고 뒷지느러미는 없다. 현재까지 연구된 모든 종이 새끼를 낳는다.

곱상어
Squalus acanthias
돔발상엇과
온대 전역에서 발견되며 한때 수가 많았으나 남획으로 지금은 멸종 위기에 처해 있다. 100살까지 살며 느리게 성장하고 늦게 번식한다.

큰이빨쿠키커터상어
Isistius brasiliensis
솔개지느러미상엇과
열대 지역에 널리 분포하는 상어로 돌고래나 대형 물고기를 공격한다. 두꺼운 입술로 빨아들이며 먹이의 살을 물고 비틀어 뜯어낸다.

45cm

벨벳배등불상어
Etmopterus spinax
등불상엇과
이 등불상어는 대서양 동부의 심해에 산다. 배에 있는 작은 발광 기관으로 짝을 찾는다.

2.4~4.3m

그린란드상어
Somniosus microcephalus
슬리퍼상엇과
극지방에 사는 몇 안 되는 상어로 거대하고 느릿느릿하며 바다에 빠져 죽은 육상 동물의 사체를 먹곤 한다.

거친 피부

돛 모양 지느러미 위의 가시

1.5m

각돔발상어
Oxynotus centrina
거친돔발상엇과
최근에 고유의 가시비늘상어목으로 분류된 심해 상어로 돛처럼 생긴 2개의 등지느러미와 꺼끌꺼끌한 피부를 가지고 있다. 대서양 동부에 산다.

수염상어

수염상어목에는 약 46종의 상어가 있으며 2개의 등지느러미, 1개의 뒷지느러미 및 콧구멍 아래로 수염처럼 늘어진 감각 기관이 있다. 고래상어를 빼면 해저에서 물고기와 무척추동물을 먹고산다.

고래상어
Rhincodon typus
고래상엇과
어류 중에서 가장 큰 종으로 열대의 대양을 돌아다니며 플랑크톤이나 작은 물고기를 먹는다. 개체마다 독특한 점무늬가 있다.

견장두툽상어
Hemiscyllium ocellatum
얼룩상엇과
꼬리가 긴 이 상어의 견장처럼 생긴 눈에 잘 띄는 무늬는 포식자를 탐지하는 용도로 여겨진다. 지느러미를 이용해 남태평양 산호 사이를 기어 다닌다.

1.2m

여러 갈래로 뻗은 술 장식처럼 생긴 '수염'

술장식워베공
Eucrossorhinus dasypogon
수염상엇과
태평양 남서부 산호초에 사는 이 종은 술 장식처럼 생긴 수염과 납작한 몸, 위장색 때문에 발견하기가 어렵다.

3m

대서양수염상어
Ginglymostoma cirratum
대서양수염상엇과
대서양과 동태평양의 따뜻한 연안에 살며 낮에는 바위틈에 숨어 있다가 밤에 나타나 먹이를 사냥한다.

톱상어

납작한 머리 양쪽에 아가미가 있으며 톱니가 있는 기다란 주둥이, 즉 톱을 가지고 있다. 톱에는 2개의 기다란 수염 모양의 감각 기관이 있어 흙 속의 먹이를 찾는 데 도움이 된다. 9종 중 대부분이 열대 지방에 산다.

1.4m

긴코톱상어
Pristiophorus cirratus
톱상엇과
오스트레일리아 남쪽의 모래가 많은 해저에 산다. 톱으로 먹이를 잡고 포식자를 탐지한다.

괭이상어

노처럼 생긴 가슴지느러미가 있으며 해저에 사는 작은 상어이다. 뭉뚝하고 경사진 머리와 먹이를 으스러뜨리는 이빨, 그리고 2개의 등지느러미 앞에 날카로운 가시가 있다. 독특한 나선형 알을 낳는다.

1.7m

가시

포트잭슨상어
Heterodontus portusjacksoni
괭이상엇과
오스트레일리아 남부에 서식한다. 노처럼 생긴 앞지느러미를 사용해서 해저를 기어 다니며 성게를 잡아먹는다.

전자리상어

몸 전체가 납작하며 커다란 머리 양옆에 아가미구멍이 있다. 가오리류와 형태가 비슷하지만 가오리는 아가미가 몸 아래쪽에 있다는 것이 차이점이다. 전자리상어목에는 1개의 과가 있고 25개의 종이 여기에 속한다. 전자리상어는 가슴지느러미를 사용해 고개를 쳐들고 먹이를 매복 습격한다.

흉상어

흉상어목은 상어류 중에서 가장 크고 다양한 목으로 295종 이상의 상어가 속한다. 대부분이 대형 포식자지만, 작고 수가 많은 두툽상어들도 포함된다. 모두 2개의 등지느러미와 1개의 뒷지느러미를 갖고 있다.

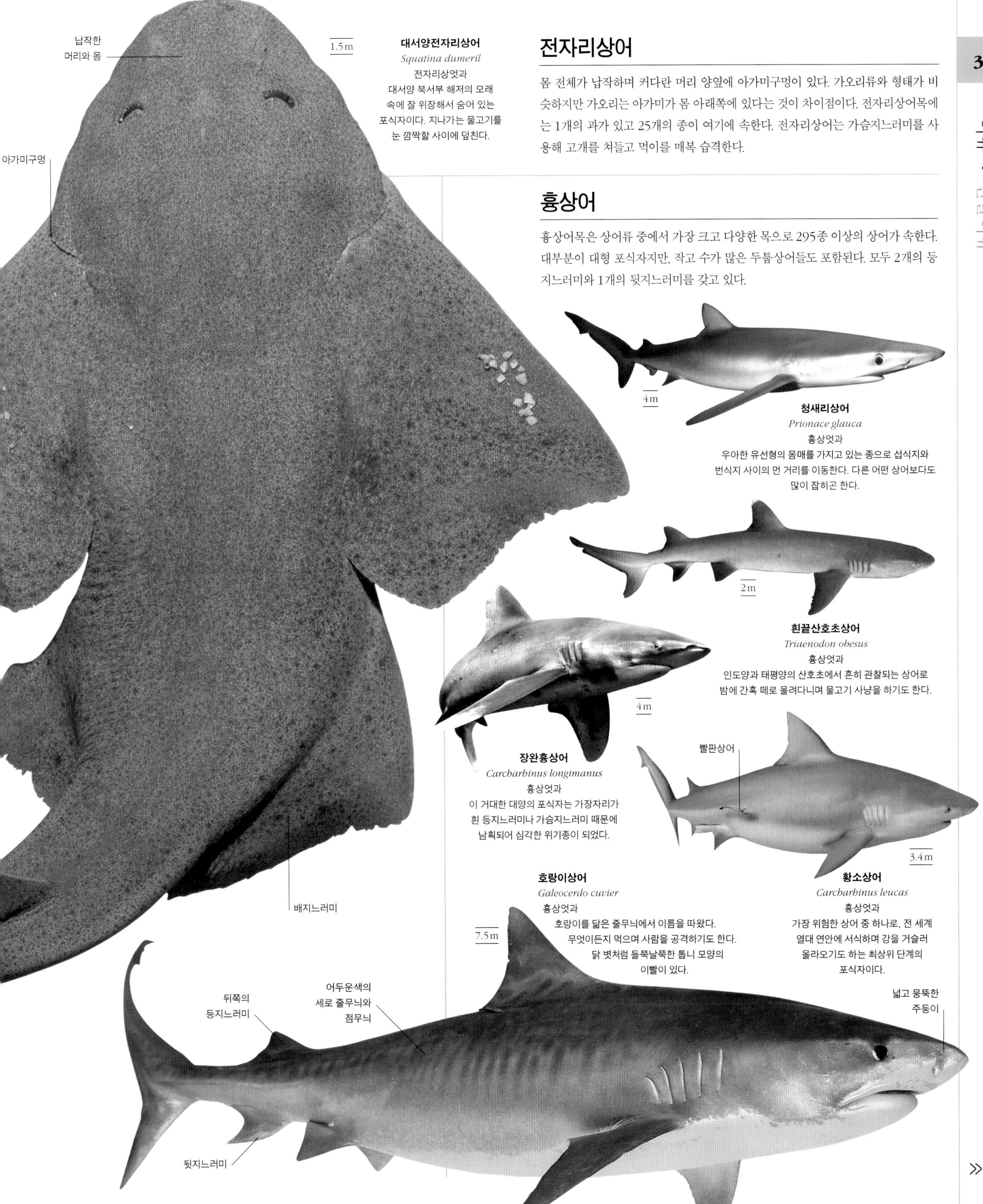

대서양전자리상어
Squatina dumeril
전자리상엇과
대서양 북서부 해저의 모래 속에 잘 위장해서 숨어 있는 포식자이다. 지나가는 물고기를 눈 깜짝할 사이에 덮친다.

청새리상어
Prionace glauca
흉상엇과
우아한 유선형의 몸매를 가지고 있는 종으로 섭식지와 번식지 사이의 먼 거리를 이동한다. 다른 어떤 상어보다도 많이 잡히곤 한다.

흰끝산호초상어
Triaenodon obesus
흉상엇과
인도양과 태평양의 산호초에서 흔히 관찰되는 상어로 밤에 간혹 떼로 몰려다니며 물고기 사냥을 하기도 한다.

장완흉상어
Carcharhinus longimanus
흉상엇과
이 거대한 대양의 포식자는 가장자리가 흰 등지느러미나 가슴지느러미 때문에 남획되어 심각한 위기종이 되었다.

호랑이상어
Galeocerdo cuvier
흉상엇과
호랑이를 닮은 줄무늬에서 이름을 따왔다. 무엇이든지 먹으며 사람을 공격하기도 한다. 닭 볏처럼 들쭉날쭉한 톱니 모양의 이빨이 있다.

황소상어
Carcharhinus leucas
흉상엇과
가장 위험한 상어 중 하나로, 전 세계 열대 연안에 서식하며 강을 거슬러 올라오기도 하는 최상위 단계의 포식자이다.

»

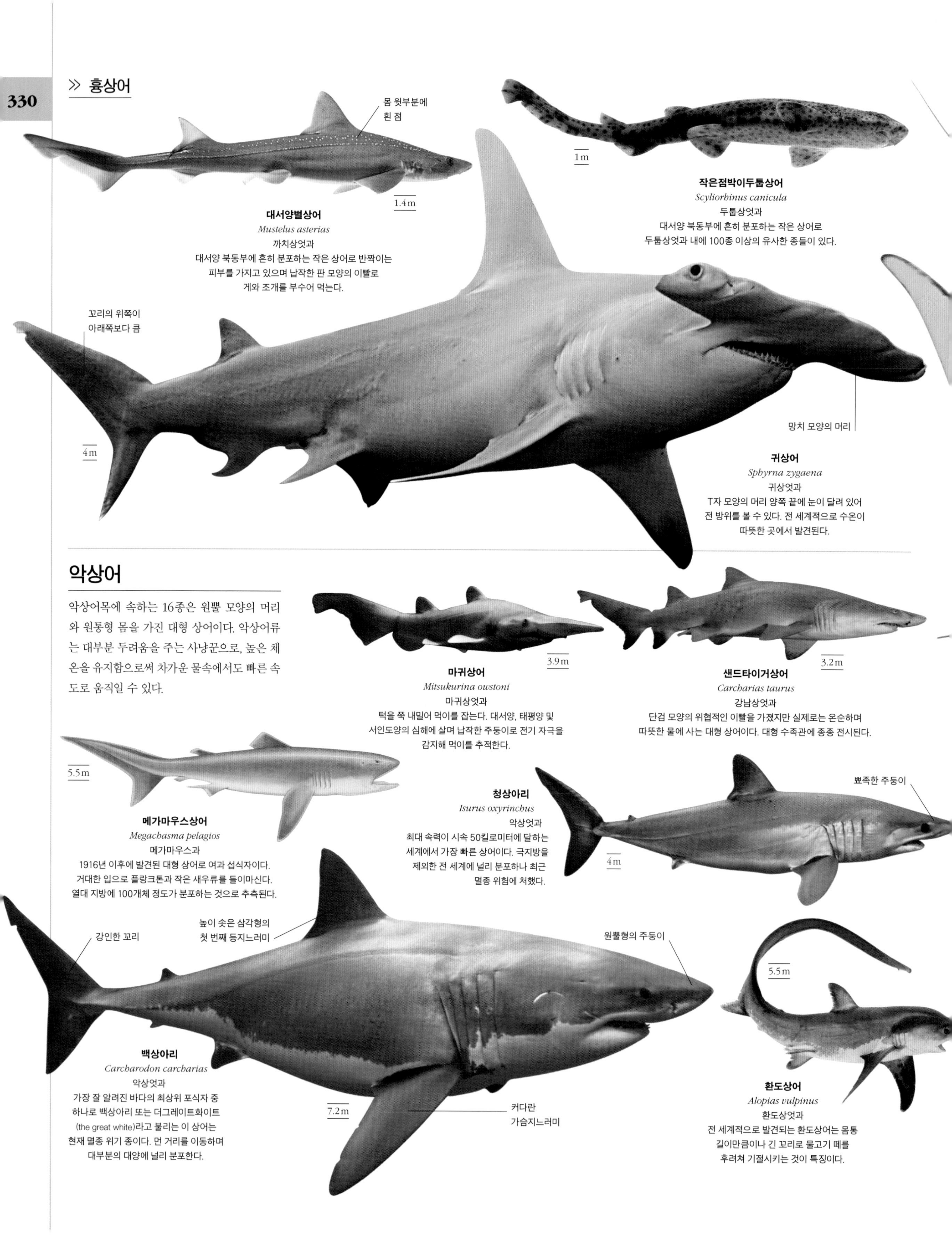

대서양별상어
Mustelus asterias
까치상엇과
대서양 북동부에 흔히 분포하는 작은 상어로 반짝이는 피부를 가지고 있으며 납작한 판 모양의 이빨로 게와 조개를 부수어 먹는다.

작은점박이두툽상어
Scyliorhinus canicula
두툽상엇과
대서양 북동부에 흔히 분포하는 작은 상어로 두툽상엇과 내에 100종 이상의 유사한 종들이 있다.

귀상어
Sphyrna zygaena
귀상엇과
T자 모양의 머리 양쪽 끝에 눈이 달려 있어 전 방위를 볼 수 있다. 전 세계적으로 수온이 따뜻한 곳에서 발견된다.

악상어

악상어목에 속하는 16종은 원뿔 모양의 머리와 원통형 몸을 가진 대형 상어이다. 악상어류는 대부분 두려움을 주는 사냥꾼으로, 높은 체온을 유지함으로써 차가운 물속에서도 빠른 속도로 움직일 수 있다.

마귀상어
Mitsukurina owstoni
마귀상엇과
턱을 쭉 내밀어 먹이를 잡는다. 대서양, 태평양 및 서인도양의 심해에 살며 납작한 주둥이로 전기 자극을 감지해 먹이를 추적한다.

샌드타이거상어
Carcharias taurus
강남상엇과
단검 모양의 위협적인 이빨을 가졌지만 실제로는 온순하며 따뜻한 물에 사는 대형 상어이다. 대형 수족관에 종종 전시된다.

메가마우스상어
Megachasma pelagios
메가마우스과
1916년 이후에 발견된 대형 상어로 여과 섭식자이다. 거대한 입으로 플랑크톤과 작은 새우류를 들이마신다. 열대 지방에 100개체 정도가 분포하는 것으로 추측된다.

청상아리
Isurus oxyrinchus
악상엇과
최대 속력이 시속 50킬로미터에 달하는 세계에서 가장 빠른 상어이다. 극지방을 제외한 전 세계에 널리 분포하나 최근 멸종 위험에 처했다.

백상아리
Carcharodon carcharias
악상엇과
가장 잘 알려진 바다의 최상위 포식자 중 하나로 백상아리 또는 더그레이트화이트(the great white)라고 불리는 이 상어는 현재 멸종 위기 종이다. 먼 거리를 이동하며 대부분의 대양에 널리 분포한다.

환도상어
Alopias vulpinus
환도상엇과
전 세계적으로 발견되는 환도상어는 몸통 길이만큼이나 긴 꼬리로 물고기 떼를 후려쳐 기절시키는 것이 특징이다.

가오리와 매가오리

대부분의 가오리와 홍어(홍어목), 매가오리(매가오리목)는 해저에 살지만 날개처럼 생긴 가슴 지느러미를 퍼덕여 헤엄친다. 넓적한 원반형의 몸은 이러한 생활 방식에 매우 적합하다. 매가오리의 길고 가느다란 꼬리에는 독가시가 있다. 몇몇 가오리는 대부분의 시간에 헤엄을 치며 소수의 종이 담수에서 발견된다.

1.4m

색가오리
Dasyatis pastinaca
색가오릿과
대부분의 색가오리류는 열대 지방에 살지만, 이 종은 지중해에서 북유럽 해안에 이르는 지역의 퇴적층에 산다.

90cm

푸른점가오리
Taeniura lymma
색가오릿과
인도양과 서태평양에 있는 대부분의 산호초에서 발견되는 가오리로 꼬리에 독침이 있다.

90cm

유럽홍어
Raja clavata
가오릿과
유럽에 서식하는 홍어이다. 방어용으로 등의 중앙선을 따라 기부가 넓고 특이하게 구부러진 가시가 늘어서 있다.

몸길이만큼 긴 꼬리

가슴 지느러미

갈색을 띠는 몸 윗부분

2.9m

푸른홍어
Dipturus flossada
가오릿과
매우 유사한 2종의 대형 유럽 홍어 중 하나로서 여전히 *Dipturus batis*로 알려진 경우도 있다. 길고 뾰족한 주둥이와 푸른색의 배를 특징으로 한다.

9m

큰쥐가오리/암초쥐가오리
Mobula birostris/Mobula alfredi
매가오릿과
모든 가오리 중에서 가장 큰 이 두 열대 종은 여과 섭식자이며 머리뿔이라고 불리는 특수한 입 덮개를 사용해 플랑크톤을 빨아들인다.

거대하고 끝이 뾰족한 '날개'

플랑크톤을 빨아들이는 머리뿔

헬러둥근가오리
Urobatis halleri
둥근가오릿과
물이 얕고 모래가 많은 곳에 살며 독가시가 있기 때문에 해수욕하는 사람들에게 위협적인 존재이다. 캘리포니아에서 파나마에 이르는 연안에서 발견된다.

58cm

3.3m

점매가오리
Aetobatus narinari
매가오릿과
전 세계의 열대 바다에서 발견된다. 가슴지느러미를 새의 날개처럼 퍼덕이며 헤엄친다.

4m

가시나비가오리
Gymnura altavela
나비가오릿과
대서양의 수온이 따뜻한 곳 해저를 미끄러지듯 헤엄쳐 다니며 무척추동물과 물고기를 잡아먹는다.

톱가오리, 가래상어

톱가오리와 가래상어는 해저에 살며 먹이를 사냥한다. 몸이 납작하며 꼬리를 이용해서 헤엄친다. 톱가오리의 주둥이는 단단한 칼날 모양으로 양 모서리에 일정한 크기의 톱니가 있다. 외형은 톱상어를 닮았지만 가오리처럼 몸 아래에 아가미가 있다. 최근의 연구에 따르면 7종의 톱가오리와 가래상어는 부삽코가오리목에 속한다.

대서양수구리
Pseudobatos lentiginosus
가래상엇과
삽 모양의 주둥이로 모래 속의 연체동물과 게를 파낼 수 있다. 주로 멕시코 만에서 발견되며 현재는 점점 더 희귀해지고 있다.

75cm

7.6m

작은이빨톱가오리
Pristis pectinata
톱가오릿과
해안의 따뜻한 물에 살며 톱으로 물고기 떼를 공격하거나 해저를 휘저어서 무척추동물을 잡는 종으로서 점점 더 희귀해지고 있다.

전기가오리

전기가오리의 날개 부분에는 먹이를 기절시키거나 포식자를 쫓기에 충분한 양의 전기를 발생시키는 특수한 기관이 있다. 이들은 둥근 판 모양의 몸통에 꼬리가 굵고 끝 부분이 부채 모양이다.

1m

마블전기가오리
Torpedo marmorata
전기가오릿과
해저에서 물고기를 사냥할 때 먹이를 기절시키기 위해 최대 200볼트의 전압을 발생시킬 수 있다. 갓 태어난 아주 작은 새끼도 전기를 발생시킨다.

푸른점가오리

Taeniura lymma

색가오리의 가시 돋친 꼬리는, 드물기는 하지만 치명적일 수도 있는 고통스러운 상처를 남기는 것으로 악명이 높다. 그러나 열대의 푸른점가오리는 다른 색가오리들과 마찬가지로 오로지 자신을 방어하기 위해서 가시를 사용할 뿐이다. 산호의 돌출부 아래 숨은 채 대부분의 시간을 모래 위에 꼼짝 않고 가만히 누워서 보낸다.

종종 가장자리가 푸른색을 띠는 꼬리가 다이버들에게 들키곤 하는데, 방해를 받으면 날개처럼 생긴 2개의 가슴지느러미를 펄럭이며 도망친다. 푸른점가오리를 관찰하기에 가장 적합한 시간대는 밀물이 들어올 때이다. 이때 수심이 얕은 곳에서 무척추동물을 잡아먹기 위해 해안으로 헤엄쳐 온다.

크기 꼬리 포함 70~90센티미터
서식지 산호초 내 모래로 된 부분
분포 인도양, 서태평양
먹이 연체동물, 게, 새우, 벌레

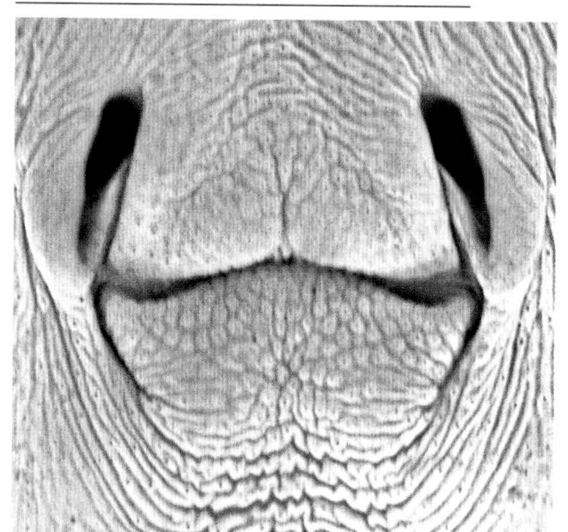

< 입
색가오리는 몸 아랫부분에 있는 입을 사용해 모래 아래 숨어 있는 연체동물과 게를 찾아낼 수 있다. 작은 이빨로 이루어진 입 속의 2개의 판으로 먹이의 껍데기를 부순다.

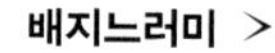

배지느러미 >
암컷 푸른점가오리의 몸 아래쪽에 있는 2개의 배지느러미 사이로 질 입구가 보인다. 암컷은 교미 후 수개월 내지는 수년의 임신 기간을 거쳐 최대 7마리의 새끼를 낳는다.

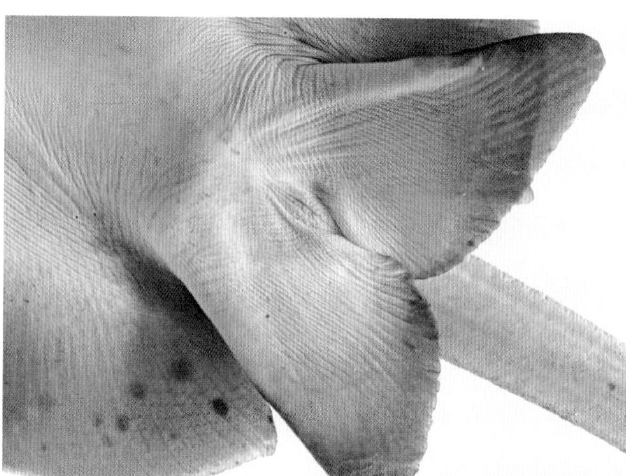

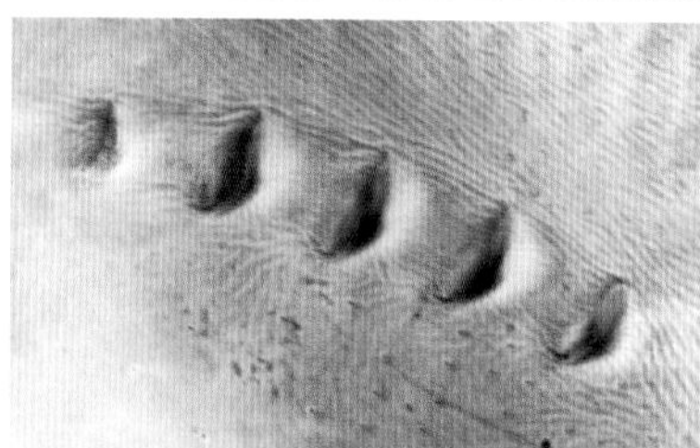

< 아가미구멍
물이 아가미를 통과하고 나면 몸 아래쪽에 있는 5쌍의 아가미구멍을 통해 몸 밖으로 배출된다.

∨ 숨구멍
물이 머리 꼭대기 눈 뒤에 있는 2개의 숨구멍을 통해 아가미로 유입되고 아래의 아가미구멍을 통과해 빠져나간다. 숨구멍이 높은 곳에 있어서 모래가 들어오는 것을 방지할 수 있다.

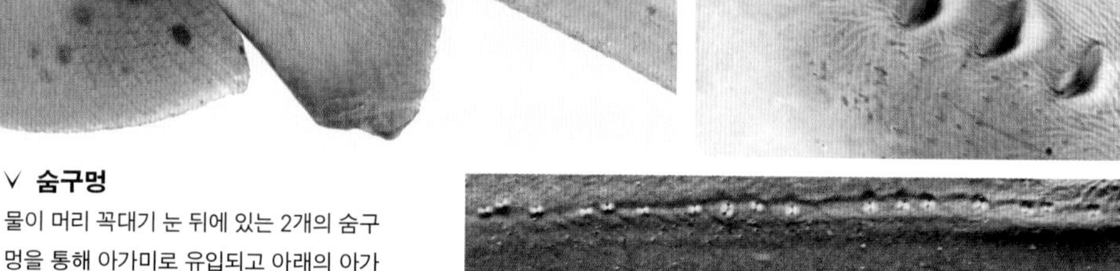

< 등의 가시
비교적 몸이 매끈한 편이지만, 등 중앙부의 2개의 평행선을 따라 작은 가시들이 돋아나 있고 몸 전체에도 흩어져 있다.

∧ 가시로 무장한 꼬리
꼬리에 1개 또는 2개의 날카롭고 미늘이 있는 가시가 있어서 공격받거나 밟혔을 때 상대방에게 물리적 손상을 주면서 독을 주입한다.

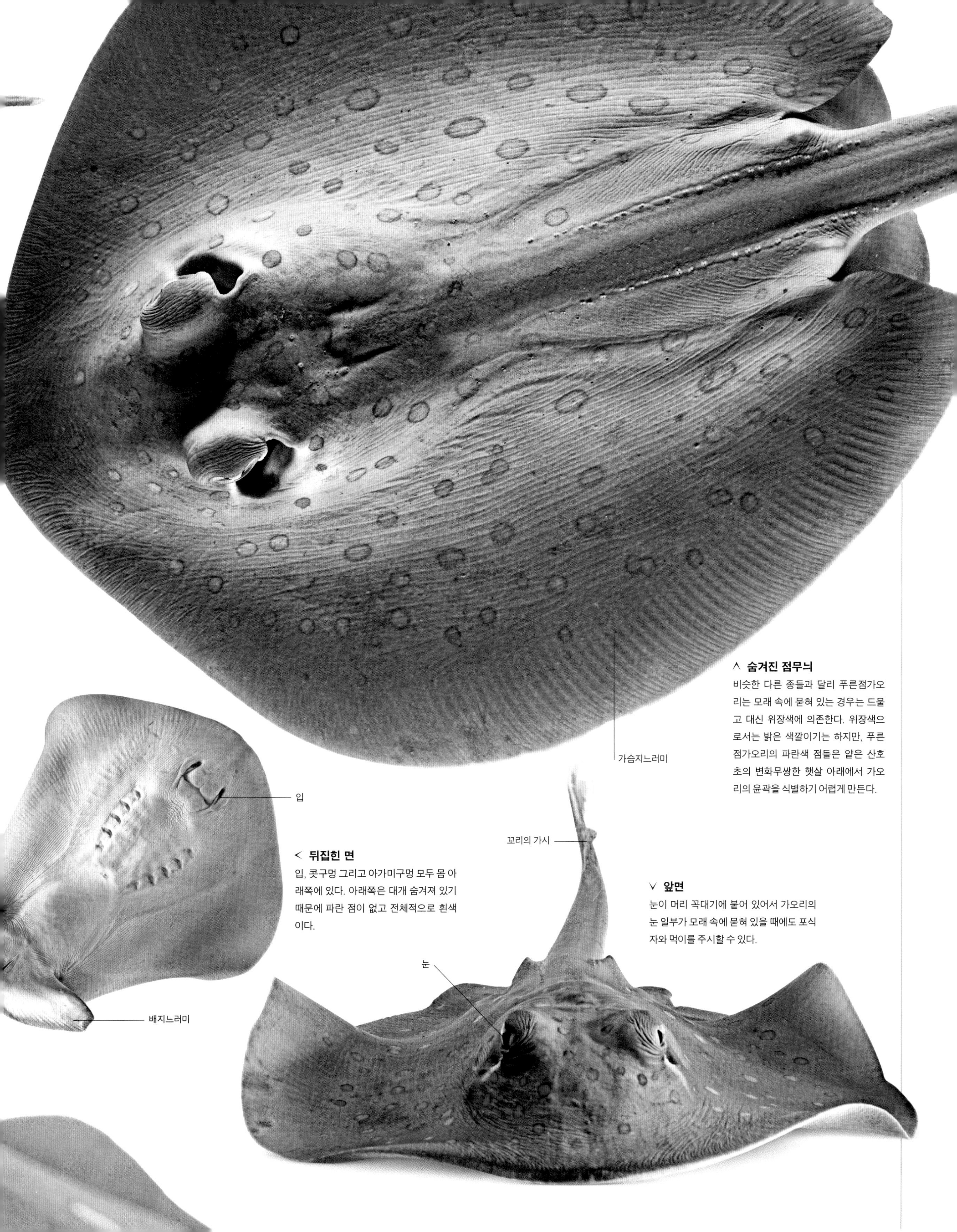

∧ 숨겨진 점무늬

비슷한 다른 종들과 달리 푸른점가오리는 모래 속에 묻혀 있는 경우는 드물고 대신 위장색에 의존한다. 위장색으로서는 밝은 색깔이기는 하지만, 푸른점가오리의 파란색 점들은 얕은 산호초의 변화무쌍한 햇살 아래에서 가오리의 윤곽을 식별하기 어렵게 만든다.

< 뒤집힌 면

입, 콧구멍 그리고 아가미구멍 모두 몸 아래쪽에 있다. 아래쪽은 대개 숨겨져 있기 때문에 파란 점이 없고 전체적으로 흰색이다.

∨ 앞면

눈이 머리 꼭대기에 붙어 있어서 가오리의 눈 일부가 모래 속에 묻혀 있을 때에도 포식자와 먹이를 주시할 수 있다.

경골어류

단단하고 석회화된 경골성의 골격을 가지고 있다. 지느러미는 경골성 또는 연골성의 막대가 부챗살처럼 연결된 기조(ray)에 의해 지지된다.

경골어류는 연골어류보다 정밀하게 움직인다. 자유롭게 움직일 수 있는 다용도의 지느러미를 이용해 한자리를 맴돌거나 감속하거나 심지어 뒤로 헤엄치는 등의 기동성을 나타낸다. 경골어류의 지느러미는 섬세하고 유연하거나 또는 단단하고 가시가 있어 방어, 과시 및 위장 등의 중요한 이차적인 역할을 하기도 한다.

저서 생활을 하는 종을 제외한 대부분의 경골어류는 부레라고 불리는 공기주머니로 부력을 조절한다. 혈류를 통해 부레에 기체를 더하거나 빼서 다양한 깊이에서 부력을 조절할 수 있다.

무수한 적응

어류의 절대 다수가 경골어류에 속하며, 조그마한 망둑어에서 거대한 우럭에 이르기까지 분류군 내의 다양성도 어마어마하다. 경골어류에 속하는 종들은 열대 산호초에서 남극 대륙의 빙하 아래에 이르기까지, 깊은 바닷속에서 얕은 사막의 오아시스까지 상상할 수 있는 모든 수중 서식지에서 살 수 있도록 진화했다. 초식성, 육식성 및 사체를 먹는 종들까지 다양한 식성을 가지고 있으며 수많은 천재적인 사냥 기법과 방어 전략 그리고 종간 공생을 나타낸다.

많이 낳는 게 안전

대부분의 경골어류는 알과 정자를 물에 방사하며 체외 수정을 한다. 때로는 좀 더 적은 수의 알을 낳아 부모가 돌보기도 한다. 예를 들어 후악치와 일부 시크리드는 알과 새끼를 입에 넣어서 보호하는 반면 큰가시고기와 다수의 놀래기류는 수초나 쇄설물을 이용해 둥지를 짓는다. 어떤 종들은 알을 열심히 보호하느라 다이버들을 공격하기도 한다. 그러나 대부분의 어류가 막대한 수의 알을 낳는다. 수백만 개의 부유하는 알과 어린 치어들은 다른 수생 동물들의 중요한 먹잇감이 되지만 살아남은 개체들은 이동해 종을 퍼뜨린다. 이와 같은 방식으로 번식하는 어류 개체군은 남획의 영향을 덜 받기 때문에 어획이 중단되면 빠른 시간 내에 원래 수준을 회복하지만, 남획이 계속된다면 대서양대구처럼 다산하는 종이라 하더라도 결국은 수가 줄어들고 말 것이다.

문	척삭동물문
강	경골어강
목	47~59
과	495~523
종	약 3만 2400

파란볼나비고기 1쌍이 함께 자신들의 산호초 영역을 순찰하고 있다.

철갑상어와 근연종

철갑상어목에 속하는 물고기 28종 중에서 철갑상엇과만이 유일하게 바닷고기를 포함한다. 두개골과 일부 지느러미의 기저가 경골로 이루어져 있으나 나머지 골격 대부분은 부드럽고 휘어지는 연골로 되어 있다. 이들과 외형이 비슷한 상어들처럼 꼬리가 비대칭이어서 윗부분이 더 길다.

주걱철갑상어
Polyodon spathula
주걱철갑상엇과
북아메리카 습지에 서식하는 종으로 기다란 노 모양의 위턱을 가지고 있다. 민물고기로서는 드물게 플랑크톤을 여과 섭식하는 종이다.

철갑상어
Acipenser sturio
철갑상엇과
이름 그대로 경골성 판으로 덮여 있다. 캐비어 때문에 남획되어 심각한 멸종 위기에 처해 있다. 연안에 서식하지만 번식을 위해 강으로 헤엄쳐 올라온다.

민물꼬치고기

원시적인 형태의 담수성 포식자로 북아메리카 원산이다. 긴 원통형의 몸은 두껍고 몸에 딱 붙는 비늘에 의해 보호된다. 기다란 턱에 바늘처럼 생긴 이빨이 있다.

긴코민물꼬치고기
Lepisosteus osseus
레피소스테이다이과
노련한 포식자인 이 길고 가느다란 물고기는 물속 식생 속에 숨어서 움직이지 않고 있다가 갑자기 튀어나와 먹이를 잡는다.

풀잉어와 당멸치

작은 분류군인 당멸치목은 은색이며 하나의 등지느러미와 끝이 갈라진 꼬리를 가지고 있다. 외형이 청어와 비슷하다. 특수한 목구멍 뼈(인후판, gular plate)를 가지고 있으며 바닷고기지만 일부는 강어귀나 강으로 올라오기도 한다.

대서양풀잉어
Megalops atlanticus
풀잉엇과
대서양 해안을 따라 발견되며 간혹 강으로 올라오기도 한다. 고인 물에서는 부레를 원시적인 폐로 활용해 수면 위의 공기를 마신다.

1m

당멸치
Elops saurus
당멸칫과
당멸치는 대서양 서쪽 해안 근처에서 큰 무리를 지어 돌아다닌다. 놀라면 해수면 위로 뛰어오른다.

골설어

이름 그대로 골설어목의 물고기들은 혀와 입천장에 많은 수의 날카로운 이빨이 나 있어서 먹이를 잡아서 물고 있는 데 도움이 된다. 이들은 민물고기로 주로 열대 지방에 산다. 특이한 모양의 물고기가 많다.

아라파이마
Arapaima gigas
아라파이마과
남아메리카산으로 최대 200킬로그램에 달하는 가장 큰 민물고기 중 하나이다. 부레가 폐처럼 작동하며 주기적으로 공기를 들이마셔야 한다.

코끼리고기
Gnathonemus petersii
코끼리고깃과
아프리카에 살며 약한 전자기파를 발생시켜 흙탕물에서 길을 찾는다. 긴 아래턱으로 진흙 속에서 먹이를 탐지한다.

광대칼고기
Chitala chitala
칼고깃과
동남아시아의 습지에 사는 날씬하고 등이 굽은 물고기이다. 고인 물에서는 공기를 들이마셔 부레에서 산소를 흡수한다.

뱀장어

뱀장어목의 물고기들은 비늘이 없거나 깊이 파묻혀 있어서 피부가 매끄러우며 가늘고 긴 뱀 같은 몸통을 가지고 있다. 지느러미는 대개 등 전체나 꼬리 주변 그리고 배 쪽을 따라 하나로 길게 이어져 있다. 해수와 담수 서식지에서 발견된다.

1.5m

얼룩말곰치
Gymnomuraena zebra
곰칫과
열대 지방에 살며 얼룩말 같은 줄무늬를 가지고 있다. 자갈처럼 생긴 이빨이 촘촘히 박혀 껍데기가 단단한 게, 연체동물 및 성게를 먹는다.

보석곰치
Muraena lentiginosa
곰칫과
동태평양의 산호초에 사는 곰치로 호흡을 하기 위해 일정한 간격으로 입을 열었다 닫았다 한다.

점박이정원장어
Heteroconger hassi
먹붕장어과
산호초 주변의 모래땅에 군락 또는 '정원'을 이룬다. 꼬리를 모래땅에 묻고 식물처럼 흔들거리다가 방해를 받으면 도망친다.

40cm

유럽먹붕장어
Conger conger
먹붕장어과
북대서양과 지중해에 사는 먹붕장어로 난파선을 집으로 삼는다. 낮에는 돌 틈에 숨어 있다가 대개 밤에 나와서 다른 물고기를 사냥한다.

굵은 몸통

3m

매끄러운 피부

1.3m

리본곰치
Rhinomuraena quaesita
곰칫과
어린 리본곰치는 검은 몸통에 노란 지느러미가 있으며 성체가 되면 밝은 파란색의 수컷이 된다. 나중에 성이 전환되면 노란색의 암컷이 된다. 인도양과 서태평양에서 발견된다.

줄무늬물뱀
Myrichthys colubrinus
바다뱀과
인도양과 서태평양에 살며 해가 없는 물고기지만 독이 있는 바다뱀과 매우 비슷하게 생겨서 포식자로부터 공격을 받지 않는다. 모래 구멍 속의 작은 물고기를 잡아먹는다.

97cm

유럽뱀장어
Anguilla anguilla
뱀장어과
멸종 위기 종으로 생활사의 대부분을 담수에서 보내는 뱀처럼 생긴 물고기이다. 대서양을 건너 사르가소 해까지 이동해 산란한 후 죽는다.

1.3m

심해장어

심해장어목에 속하는 물고기들은 깊은 바다에 살며 뱀장어와 비슷한 괴상한 생김새에 꼬리지느러미, 가슴지느러미, 비늘이 없다. 또한 갈비뼈가 없고 턱이 커서 입을 크게 벌릴 수 있다. 뱀장어처럼 일생에 한 번 산란하고 곧 죽는 것으로 알려져 있다.

펠리칸심해장어
Eurypharynx pelecanoides
심해장어과
장어처럼 생긴 어류로 거대한 턱과 크게 늘어나는 위장을 가지고 있어서 자기 몸만 한 먹이도 삼킬 수 있다. 심해에 산다.

젖빛고기와 근연종

젖빛고기를 포함한 2종을 제외하면 압치목에 속하는 모든 물고기가 민물에 산다. 이들은 1쌍의 배지느러미가 배 뒤쪽에 달려 있다.

젖빛고기
Chanos chanos
젖빛고깃과
크고 끝이 갈라진 꼬리가 있으며 빠른 속도로 헤엄친다. 플랑크톤만을 먹으며 동남아시아에서 양식한다.

부리연어
Gonorynchus greyi
압칫과
오스트레일리아와 뉴질랜드 원산으로 얕은 만에 살며 위협받으면 모래 속에 뛰어들어 숨는다.

정어리와 근연종

청어목은 경골어류에서 가장 큰 바닷고기 목으로 상업적으로 중요한 종들을 포함한다. 은색에 느슨한 비늘, 하나의 등지느러미, 끝이 갈라진 꼬리, 용골 모양의 배를 가지고 있다. 대부분 무리를 지어 다니며 상어나 참다랑어 등의 먹이가 된다.

페루멸치
Engraulis ringens
멸칫과
남아메리카 서쪽 해안을 따라 거대한 무리를 지어 사는 작은 고기로 플랑크톤을 먹으며 인간, 사다새, 대형 물고기들의 주된 먹이가 된다.

알리스샤드
Alosa alosa
청어과
성체는 봄에 바다로부터 유럽의 강으로 이주해 산란하며, 때로는 매우 먼 거리를 헤엄치기도 한다.

대서양청어
Clupea harengus
청어과
은빛으로 큰 무리를 지어 다니니며 플랑크톤 요각류를 먹는다. 대서양 북동부에서 대량으로 어획된다.

잉어와 근연종

잉어목은 가장 큰 민물고기 목 중 하나로 전 세계적으로 4,000종 이상이 존재한다. 표준적인 '물고기 모양'으로 하나의 등지느러미가 있으며 대개 비늘이 크다. 이빨은 턱이 아니라 목구멍에 있다. 미꾸리, 피라미, 잉어 등이 포함된다.

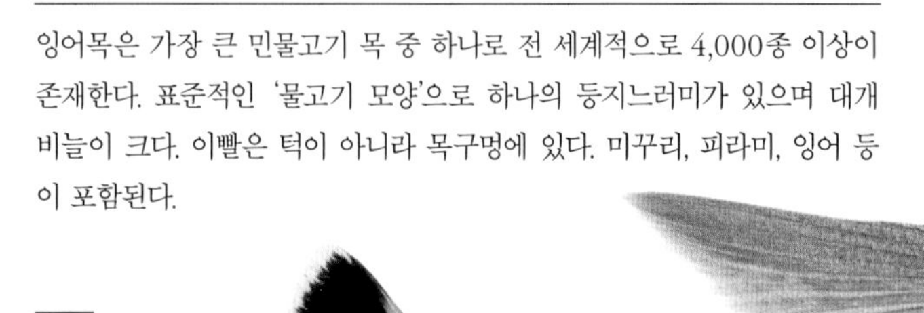

광대미꾸리
Chromobotia macracanthus
미꾸릿과
동남아시아의 습지가 원산으로 저서 섭식자이다. 눈 옆에 있는 날카로운 가시로 자신을 보호한다.

타이거바브
Puntigrus tetrazona
잉엇과
인도네시아의 수마트라 섬과 보르네오 섬 원산으로 관상용으로 널리 사육된다.

11cm

납줄개
Rhodeus amarus
잉엇과
유럽산으로 홍합의 외투강 속에 알을 낳는다. 알이 부화해서 치어가 되면 헤엄쳐서 떠난다.

1.5m

초어
Ctenopharyngodon idella
잉엇과
아시아 원산으로 수생 식물을 먹는다. 수로 안에 자라는 수초를 먹기 때문에 막힌 수로를 뚫는 용도로 유럽과 미국에 도입되었다.

10cm

금붕어
Carassius auratus
잉엇과
중앙아시아와 중국이 원산으로 전 세계에 도입되었으며 현재 많은 변종이 있다.

잉어
Cyprinus carpio
잉엇과
앞으로 내밀 수 있는 입과 감각 기관인 수염을 이용해 진흙을 파헤쳐 먹이를 찾는다. 현재 전 세계에 도입되었으며 중국과 유럽 중부가 원산이다.

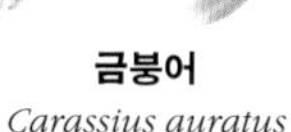

제브라피시
Danio rerio
잉엇과
활동적인 작은 물고기로 자주 산란하며 남아시아의 연못이나 호수에서 흔히 볼 수 있다. 수족관이나 연구실에서 사육된다.

카라신과 근연종

대부분 육식성으로 잘 발달된 이빨을 가진 민물고기이다. 보통의 등지느러미 외에 꼬리 근처에 작은 기름지느러미가 하나 더 있다. 카라신목의 23과 중에 피라니아가 가장 악명 높은 포식자이다.

12cm

멕시칸테트라
Astyanax mexicanus
카라신과
멕시칸테트라의 일반적인 형태는 하천에 살고 시각 능력이 뛰어나지만 이 종은 동굴 속 웅덩이에 살며 장님이다.

33cm

붉은피라니아
Pygocentrus nattereri
세라살무스과
남아메리카 원산으로 강에 살며 대개 무척추동물과 물고기를 먹지만, 피를 따라 몰려든 피라니아 떼는 면도날처럼 날카로운 이빨로 대형 포유동물을 죽일 수 있다.

6.5cm

민물자귀어
Gasteropelecus sternicla
가스테로펠레키다이과
남아메리카에 살며 곤충을 먹는다. 물 밖으로 뛰어올라 포식자를 피하거나 공중에서 벌레를 잡을 수 있다.

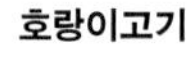

1m

호랑이고기
Hydrocynus vittatus
알레스티다이과
아프리카 원산이며 강에 사는 대형 포식자이다. 송곳니처럼 생긴 이빨로 자기 몸의 절반 크기의 물고기를 잡아먹는다.

40cm

긴입디스티코두스
Distichodus lusosso
디스티코돈티다이과
다른 피라니아 사촌들과 달리 유순한 초식 물고기이다. 아프리카 적도 지방의 하천에 산다.

메기

대부분의 민물 메기들은 기다란 몸에 수염이 있으며 등지느러미와 가슴지느러미 앞부분에는 날카로운 가시가 있다. 메기목에 속하는 대부분의 종이 꼬리 근처의 등에 작은 기름지느러미를 가지고 있다.

32cm

쏠종개
Plotosus lineatus
쏠종갯과
이 열대성 바닷고기의 어린 개체는 자신을 보호하기 위해 공 모양의 밀집된 무리를 이룬다. 성체는 단독 생활을 하며 지느러미의 독가시로 방어한다.

1m

타이거쇼벨노즈
Pseudoplatystoma fasciatum
피멜로디다이과
남아메리카 종으로 밤에 긴 수염으로 하상(河床, riverbeds)을 뒤지며 작은 물고기를 사냥한다.

5m

유럽메기
Silurus glanis
메깃과
유럽 중부와 아시아의 습지에 사는 대형 메기로 최대 300킬로그램까지 나가지만 남획으로 인해 현재는 그 정도의 큰 개체는 잡히지 않는다.

긴 뒷지느러미

투명한 몸을 통해 보이는 가시

수염의 감각 기관으로 먹이를 탐지

15cm

투명메기
Kryptopterus bicirrhis
메깃과
동남아시아 원산의 작은 물고기로 종종 물속에서 움직이지않고 있으며 몸이 투명해 포식자의 눈에 잘 띄지 않는다.

52cm

브라운불헤드
Ameiurus nebulosus
붕메깃과
북아메리카산으로 지느러미에 있는 가시를 이용해 둥지를 지키는 동안 포식자를 내쫓는다.

연어와 근연종

해수 종, 담수 종뿐만 아니라 소하성(溯河性, 바다에 살다가 산란을 위해 담수로 이동하는) 어류도 포함된다. 연어목의 물고기들은 강한 포식자로서 커다란 꼬리, 하나의 등지느러미 그리고 이보다 훨씬 작은 기름지느러미를 가지고 있다.

홍연어
Oncorhynchus nerka
연어과
산란기 붉은색으로 변한 연어는 북태평양에서 북아메리카 혹은 아시아 강으로 헤엄쳐 가 죽는다. 강 상류로 향하는 여정 중 갈색곰에게 잡아먹히곤 한다.

시스코
Coregonus artedi
연어과
북아메리카의 호수와 큰 강에 널리 분포하는 물고기로 무리 지어 플랑크톤과 무척추동물을 먹는다.

북극곤들매기
Salvelinus alpinus
연어과
차고 맑은 물에서만 산다. 일부는 고위도 지방의 호수에 사는 반면 일부는 바다에서 강으로 이주한다.

무지개송어
Oncorhynchus mykiss
연어과
북아메리카 원산이지만 낚시 및 식용으로 전 세계의 담수에 도입되었다.

파이크와 근연종

북반구 전역의 차가운 민물에서 발견되는 파이크류의 물고기들은 움직임이 빠르고 민첩한 포식자이다. 등지느러미와 뒷지느러미가 몸 뒤쪽 꼬리 근처에 치우쳐 있어 즉각적으로 앞으로 튀어 나갈 수 있다.

펄고기
Umbra krameri
펄고깃과
이 물고기의 서식지인 다뉴브 강과 드나이스터 강 수계의 작은 수로나 운하가 사라져 현재 유럽에서는 희귀종이 되었다.

매퉁이와 근연종

다양한 해수 종이 속하는 목으로 수심이 얕은 연안과 깊은 바다에 서식한다. 홍메치목의 물고기들은 입이 크고 작은 이빨이 많이 나 있으며 큰 먹이도 잡을 수 있다. 1개의 등지느러미와 훨씬 작은 기름지느러미가 있다.

샛비늘치와 근연종

샛비늘치는 작고 날씬한 물고기로 발광포(photophore, 빛을 내는 기관)를 이용해 깊고 어두운 심해 서식지에서 의사소통을 한다. 눈이 크고 많은 수가 밤에 먹이를 찾아 수면으로 올라온다.

꽃동멸
Synodus variegatus
매퉁잇과
인도양과 태평양의 열대 산호초에 살며 산호의 머리 부분에 가만히 몸을 고정하고 있다가 갑자기 화살처럼 달려들어 다른 물고기를 잡아먹는다.

물천구
Harpadon nehereus
매퉁잇과
인도양-태평양 지역에서는 장마철이 되면 삼각주로 떠내려 오는 먹이를 찾으러 이 작은 물고기들이 무리 지어 온다.

더듬이고기
Bathypterois longifilis
긴촉수매퉁잇과
가슴지느러미와 배지느러미로 해저 진흙 위에 몸을 고정하고 있다가 기다란 가슴지느러미로 먹이를 탐지한다.

점박이샛비늘치
Myctophum punctatum
샛비늘칫과
대서양의 어두운 심해에 사는 샛비늘치로 인상적으로 배열된 발광포를 의사소통과 위장술에 사용한다.

드래곤피시와 근연종

심해에 살며 대부분이 발광포를 이용해 사냥하고 숨거나 짝을 찾는다. 앨퉁이목의 물고기들은 대부분 무섭게 생긴 포식자로 이빨이 크고 간혹 뺨에 긴 수염이 있는 경우도 있다.

북부빨간불느슨턱
Malacosteus niger
스토미이다이과
전 세계 온대, 열대 및 아열대 바다에 사는 물고기로, 먹이인 새우에게는 보이지 않는 붉은색의 생물 발광을 내뿜는다.

슬로안큰니고기
Chauliodus sloani
스토미이다이과
입을 다물면 밖으로 튀어나오는 투명한 송곳니를 가지고 있다. 발광포를 사용해 열대와 아열대의 바닷속에서 빛을 방출한다.

태평양자귀어
Argyropelecus affinis
앨퉁잇과
은색의 얇은 몸으로 포식자들이 찾지 못하도록 위장하거나 숨는다. 온대, 열대, 아열대 수역에 산다.

오리부리 모양의 주둥이

99 cm

큰민물꼬치고기
Esox niger
민물꼬치고깃과
북아메리카 종으로 사냥할 때 지느러미를 섬세하게 움직여 한자리에 정지하고 있다가 갑자기 번개 같은 속도로 먹이를 덮친다.

뒷날개고기

뒷날개고기는 납작하고 뱀장어처럼 생긴 몸에 1개의 긴 뒷지느러미가 있어서 앞뒤로 움직일 수 있다. 전기뱀장어는 특이하게 길고 둥근 몸을 가지고 있다. 전기뱀장어목의 물고기들은 민물에 살며 전기 충격을 가할 수 있다.

60 cm

2.5 m

전기뱀장어
Electrophorus electricus
전기뱀장어과
대형 남아메리카 종으로 최대 600볼트의 전기 충격을 발생시킨다. 다른 물고기를 죽이거나 인간을 기절시키기에 충분하다.

띠무늬칼고기
Gymnotus carapo
전기뱀장어과
중앙아메리카와 남아메리카 습지의 진흙탕 속에 살며 미약한 전류를 발생시켜 주위 사물을 감지한다.

바다빙어와 근연종

바다빙어는 작고 얇은 연어처럼 생겼으며 대부분이 연어와 같이 꼬리 근처의 등에 1개의 기름지느러미가 있다. 바다빙어목의 일부 종은 특이한 냄새가 난다. 유럽산 바다빙어는 오이 냄새를 풍긴다.

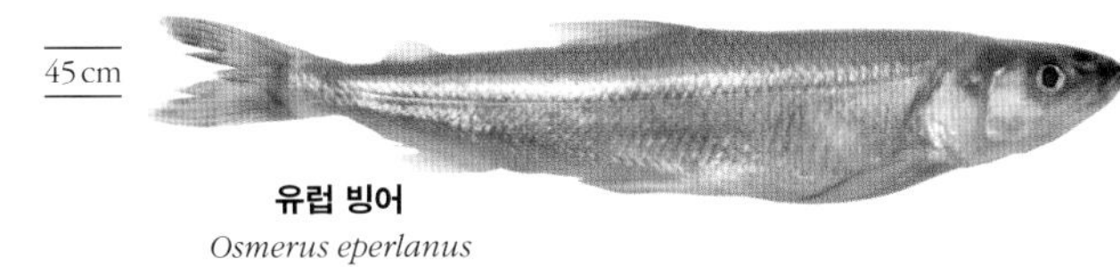

유럽 빙어
Osmerus eperlanus
통안어과
청어와 송어의 교배종처럼 생긴 이 물고기는 북해 하구에서 흔히 볼 수 있다. 봄에는 바다에서 강으로 헤엄쳐 올라가서 산란한다.

열빙어
Mallotus villosus
바다빙엇과
차가운 북극해와 부근에서 발견되는 작은 물고기로 큰 무리를 지으며, 바닷새들의 주요 먹이이다. 열빙어의 풍부도에 따라 새들의 번식 성공도가 결정된다.

산갈치와 근연종

이악어목에 속하는 23종은 모두 해수 종으로 먼바다에 살며 화려한 색깔을 띤다. 성체의 지느러미는 진홍색이다. 등지느러미의 기조가 긴 띠 모양으로 신장되어 있는 종이 많다. 대부분이 대양을 배회하며 드물게 관찰된다.

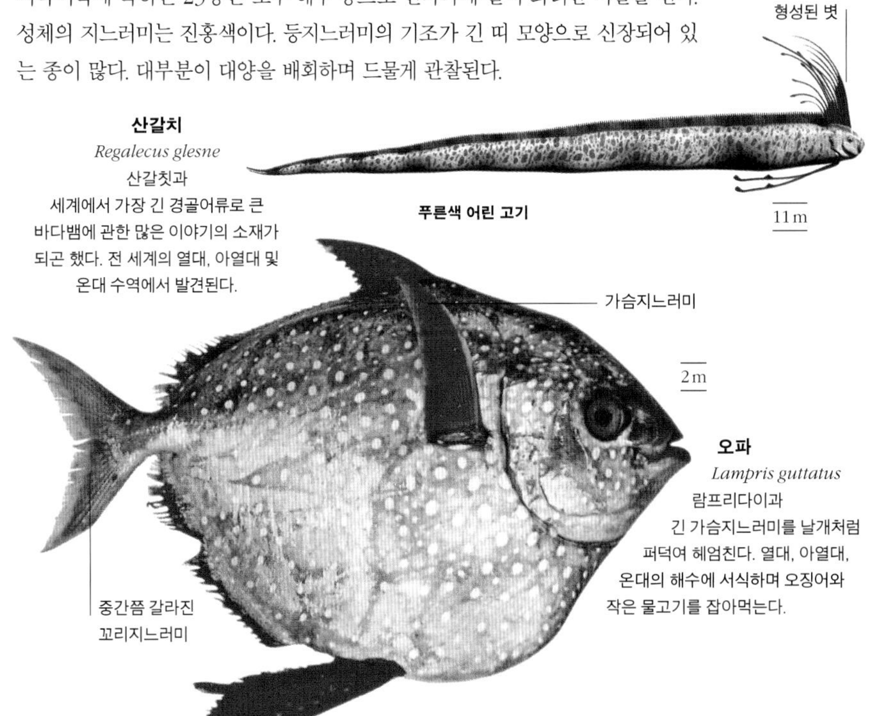

산갈치
Regalecus glesne
산갈칫과
세계에서 가장 긴 경골어류로 큰 바다뱀에 관한 많은 이야기의 소재가 되곤 했다. 전 세계의 열대, 아열대 및 온대 수역에서 발견된다.

오파
Lampris guttatus
람프리다이과
긴 가슴지느러미를 날개처럼 퍼덕여 헤엄친다. 열대, 아열대, 온대의 해수에 서식하며 오징어와 작은 물고기를 잡아먹는다.

아귀와 근연종

아귀목에는 376종 이상이 속하며 바닷고기 중 가장 특이하게 생긴 물고기들을 포함한다. 머리 꼭대기에 있는 변형된 지느러미 기조(심해 종의 경우 생물 발광을 함)는 먹이를 꾀어 동굴처럼 생긴 입안으로 들어오게 하는 미끼 역할을 한다.

20cm

붉은입술박쥐고기
Ogcocephalus darwini
부칫과
특이한 모양의 박쥐고기로 1쌍의 가슴지느러미와 배지느러미로 몸을 지탱해 먹이를 찾아 기어 다닌다. 붉은 입술은 수수께끼이다.

22cm

코핀피시
Chaunax endeavouri
점씬벵잇과
남서태평양의 해저 진흙 위에서 작은 물고기가 사정거리 안에 들어올 때까지 기다린다.

2m

유럽아귀
Lophius piscatorius
아귓과
대서양 북동부에 살며 입 근처에 달린 해초 모양의 펄럭이는 장식물을 이용해 위장한다. 번개처럼 빠른 속도로 먹이를 덮친다.

11.5cm

옴씬벵이
Antennarius maculatus
씬벵잇과
산호의 일부처럼 위장하고 다리처럼 생긴 가슴지느러미를 이용해 산호초를 기어오른다.

20cm

부채지느러미아귀
Caulophryne jordani
카울로프리니다이과
어두운 심해에서는 짝을 찾기 어렵다. 일단 찾으면 작은 수컷은 암컷의 몸에 평생 들러붙는다.

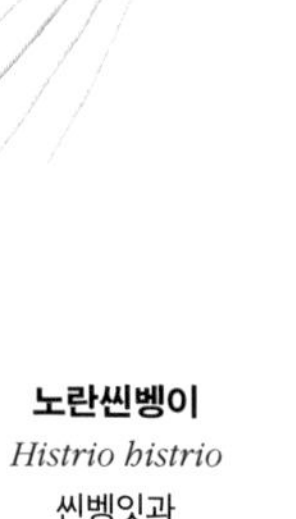

20cm

노란씬벵이
Histrio histrio
씬벵잇과
대부분의 씬벵이가 해저에 사는 것과 달리 노란씬벵이는 모자반과 매우 비슷하게 생겨서 바다에 떠다니는 모자반 사이에 숨어 지낸다.

위장에 쓰이는 피부 덮개

기어 다닐 때 쓰는 커다란 가슴지느러미

대구와 근연종

대구목에는 상업적으로 중요한 바닷고기 종이 다수 포함된다. 대부분 등에 2개 내지 3개의 부드러운 등지느러미가 있으며 빰에는 수염이 달려 있다. 민태류는 심해에 살며 길고 얇은 꼬리를 가지고 있다.

2m

빰의 수염

대서양대구
Gadus morhua
대구과
남획으로 인해 대서양대구의 평균 체중은 최대 기록인 90킬로그램 이상에서 11킬로그램으로 감소했다.

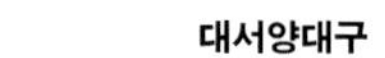

91cm

명태
Gadus chalcogrammus
대구과
빰에 수염이 없고 아래턱이 돌출한 점이 대구와 다르다. 차가운 북극해에 산다.

50cm

쇼어로클링
Gaidropsarus mediterraneus
로타과
입가에 3쌍의 수염이 있으며 뱀장어처럼 생긴 물고기로 대서양 북동부의 바위 웅덩이에서 먹이를 찾는다.

끝이 둥글고 화려한 색상의 꼬리지느러미

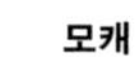

1.2m

모캐
Lota lota
로타과
대구목의 다른 종들과 달리 민물에 산다. 북반구 전역의 깊은 호수와 강에서 발견된다.

1m

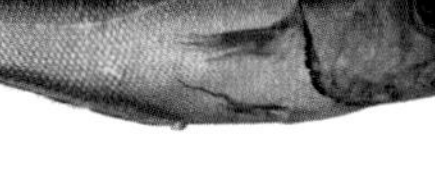

태평양민태
Coryphaenoides acrolepis
민탯과
흔한 민태류로 비늘로 뒤덮인 긴 꼬리와 구근 모양의 머리 때문에 태평양쥐꼬리고기라고도 불린다.

첨치

대부분이 바다에 서식하며 길고 가는 뱀장어처럼 생겼다. 얇은 가슴지느러미와 긴 등지느러미 및 뒷지느러미가 있으며 많은 종이 꼬리지느러미까지 연결되어 있다.

21cm

숨이고기
Carapus acus
카라피다이과
다 자란 숨이고기는 해삼의 몸속에 숨어 산다. 해삼의 항문을 통해 꼬리부터 들어갔다가 밤에는 나와서 먹이를 찾는다.

숭어

숭어류는 은색의 줄무늬와 떨어진 2개의 등지느러미를 가지고 있다. 첫 번째 등지느러미에는 날카로운 가시가 있지만 두 번째는 부드러운 기조로 이루어져 있다. 전 세계에 널리 분포하며 초식성으로 미세한 해조류와 유기 쇄설물을 먹는다.

75cm

황금숭어
Liza aurata
숭엇과
대서양 북동부의 항구, 강어귀 및 연안 수역에 무리를 지어 출몰한다.

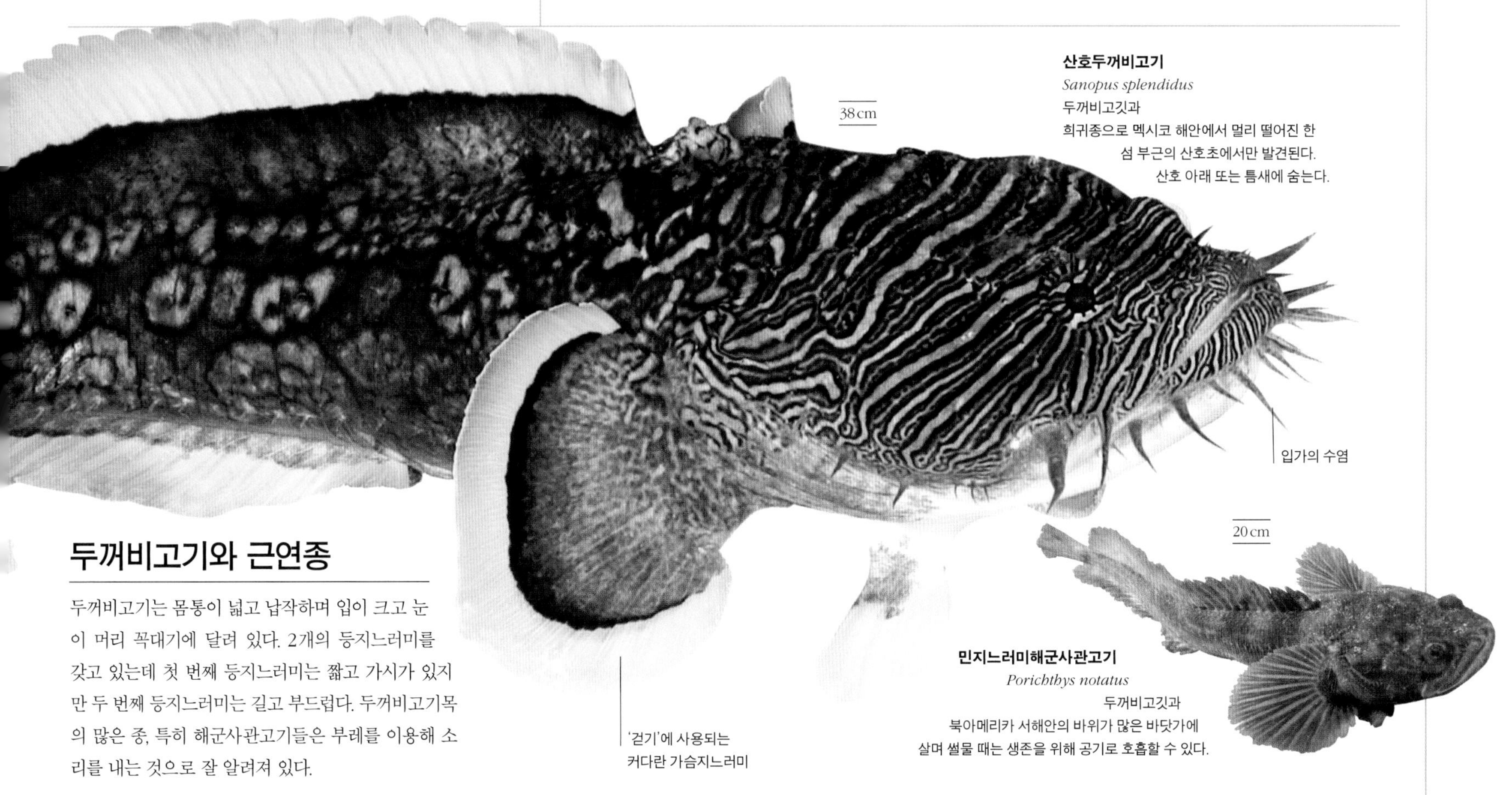

산호두꺼비고기
Sanopus splendidus
두꺼비고깃과
희귀종으로 멕시코 해안에서 멀리 떨어진 한 섬 부근의 산호초에서만 발견된다. 산호 아래 또는 틈새에 숨는다.

두꺼비고기와 근연종

두꺼비고기는 몸통이 넓고 납작하며 입이 크고 눈이 머리 꼭대기에 달려 있다. 2개의 등지느러미를 갖고 있는데 첫 번째 등지느러미는 짧고 가시가 있지만 두 번째 등지느러미는 길고 부드럽다. 두꺼비고기목의 많은 종, 특히 해군사관고기들은 부레를 이용해 소리를 내는 것으로 잘 알려져 있다.

민지느러미해군사관고기
Porichthys notatus
두꺼비고깃과
북아메리카 서해안의 바위가 많은 바닥가에 살며 썰물 때는 생존을 위해 공기로 호흡할 수 있다.

색줄멸

작고 날씬한 은색의 물고기로 큰 무리를 짓는 경우가 많다. 색줄멸목에는 330종 이상이 속하는데 해수 종과 담수 종이 모두 포함된다. 대부분 2개의 등지느러미가 있는데 첫 번째 등지느러미에는 유연한 가시가 있고 1개의 뒷지느러미가 있다.

실지느러미무지개고기
Iriatherina werneri
무지개고깃과
다 자란 수컷은 긴 지느러미를 이용해 암컷에게 구애 행동을 한다. 동남아시아와 북오스트레일리아의 수초가 많은 담수에 산다.

캘리포니아그루니온
Leuresthes tenuis
색줄멸과
그루니온은 만조 시 밤에 모래 해변에 함께 낳은 수천 개의 알을 놓아둔다.

동갈치와 근연종

길고 가느다란 막대 모양의 몸통에 부리처럼 길게 신장된 턱이 있는 은색의 물고기로 대양에서 적의 눈에 잘 띄지 않는다. 커다란 1쌍의 가슴지느러미와 배지느러미를 가진 날치류도 동갈치목에 속한다.

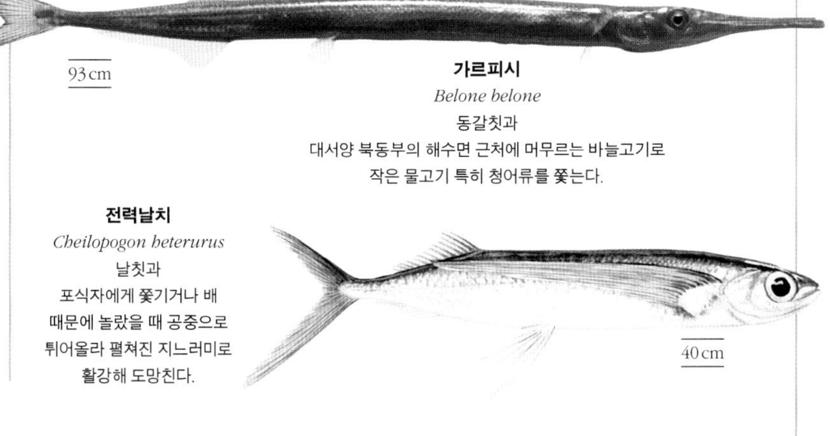

가르피시
Belone belone
동갈칫과
대서양 북동부의 해수면 근처에 머무르는 바늘고기로 작은 물고기 특히 청어류를 쫓는다.

전력날치
Cheilopogon heterurus
날칫과
포식자에게 쫓기거나 배 때문에 놀랐을 때 공중으로 튀어올라 펼쳐진 지느러미로 활강해 도망친다.

송사리와 근연종

송사리목에 속하는 물고기 대부분은 작은 민물고기이다. 1개의 등지느러미와 큰 꼬리가 있다. 10개의 과 중에서 가장 잘 알려진 종은 구피로서 새끼를 낳으며 관상용으로 인기가 높다.

7cm

과시 행동을 할 때 중요한 꼬리

아미에라이어테일
Fundulopanchax amieti
노토브랑키이다이과
작고 화려한 색상의 물고기로 아프리카 카메룬 우림의 하천에 산다. 유사한 종이 많은데 이들을 통틀어 킬리피시라고 부른다.

네눈박이송사리
Anableps anableps
네눈박이송사릿과
남아메리카 종으로 툭 튀어나온 눈이 둘로 나뉘어 있어 수면 위아래 양쪽을 잘 볼 수 있다.

32cm

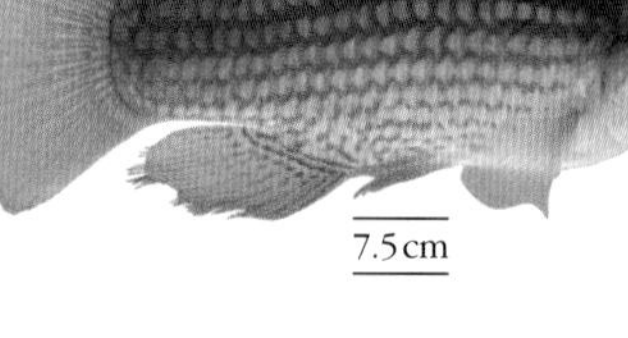

7.5cm

깃발고기
Jordanella floridae
키프리노돈티다이과
초식성의 온순한 물고기로 플로리다의 습지와 하천에 산다. 수컷은 암컷에게 구애를 하고 알을 지킨다.

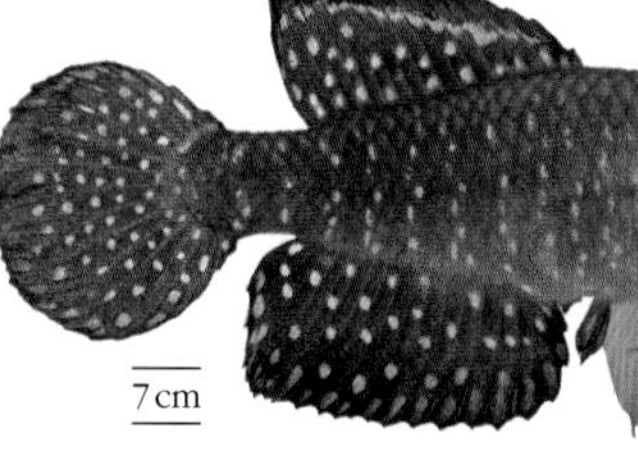

흑진주고기
Austrolebias nigripinnis
리불리다이과
리불리다이과의 이 종과 다른 화려한 색의 물고기들 모두 남아메리카 아열대 지역의 강에 산다.

7cm

5cm

세일핀몰리
Poecilia latipinna
포이킬리이다이과
북아메리카 종으로 커다란 등지느러미로 구애 행동을 한다. 암컷은 새끼를 낳는다.

얼게돔과 러피

이 바닷고기들은 체고가 높고 비늘이 크며 갈라진 꼬리와 날카로운 지느러미 가시가 있다. 이 물고기의 대부분(금눈돔목, 납작금눈돔목)은 야행성이며 종종 붉은색을 띠어 밤에 위장하기 좋다. 적색광이 일차적으로 물에 흡수되므로 일정 깊이 이하에서는 붉은 물고기가 검게 보인다.

왕관얼게돔
Sargocentron diadema
얼게돔과
전형적인 얼게돔류로 다수의 유사 종들과 함께 열대 바다에서 발견된다. 낮에는 돌 틈에 숨는다.

17cm

22cm

파인애플고기
Cleidopus gloriamaris
철갑둥엇과
두꺼운 비늘로 뒤덮이고 가시가 있어 포식자에게 거의 공격을 받지 않는다. 체색은 불쾌한 맛을 암시하는 경고색이다.

12cm

눈빛고기
Photoblepharon palpebratum
아노말로피다이과
밤에 양쪽 눈 아래에 있는 발광 기관을 이용해 신호를 보낸다. 빛이 나는 부분을 덮는 검은 막이 있어 깜박이는 효과를 낸다.

18cm

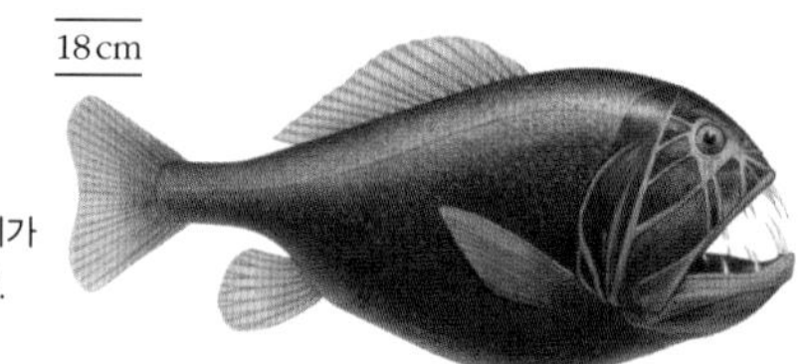

귀신고기
Anoplogaster cornuta
귀신고깃과
이 심해 포식자는 거대한 송곳니로 먹이가 꼼짝 못하게 물고서는 통째로 삼킨다.

75cm

오렌지러피
Hoplostethus atlanticus
부싯돌칫과
가장 느리게 성장하고 장수하는 물고기 중 하나로 수명이 적어도 150년 이상이다.

달고기와 근연종

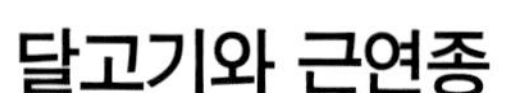

달고기목에 속하는 41종 모두 바다에 산다. 위아래 길이가 길지만 두께가 얇으며 긴 등지느러미와 뒷지느러미가 있다. 앞뒤로 움직이는 턱을 쑥 내밀어 먹이를 잡을 수 있다. 작은 물고기들에게 몰래 접근해 잡아먹는다.

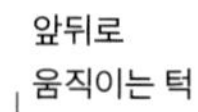

앞뒤로 움직이는 턱

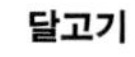

달고기
Zeus faber
달고깃과
몸이 너무 얇아 정면에서는 잘 보이지 않으므로 매우 효율적으로 먹이에게 접근해 덮칠 수 있다.

90cm

큰가시고기

대부분의 큰가시고기류는 고인 물이나 유속이 느린 담수에 서식하지만 바다나방처럼 바다에 사는 종도 있다. 큰가시고기목의 물고기들은 길고 가늘며 단단한 몸의 옆면이 경골성 인판으로 덮여 있고 등에는 날카로운 가시가 있다.

가시

11 cm

경골성 인판

수컷은 번식기에 배가 붉게 변함

큰가시고기
Gasterosteus aculeatus
큰가시고깃과
북반구의 담수 또는 얕은 바다에 널리 분포하는 작은 물고기이다. 수컷은 구애를 위해 매우 정교한 춤을 춘다.

바다나방
Eurypegasus draconis
용고깃과
열대 바다에 산다. 친척인 큰가시고기와 달리 몸이 납작하며 커다란 날개처럼 생긴 가슴지느러미가 있다.

7 cm

학치와 근연종

학치는 몸집이 작고 대개 바다에 살며 저서 생활을 하는 물고기이다. 학치목에 속하는 대부분의 종은 가슴지느러미가 변형된 빨판을 이용해 바위에 달라붙는다. 눈이 머리 위쪽에 치우쳐 있고 1개의 등지느러미가 있다.

8 cm

코네마라학치
Lepadogaster candolii
학칫과
대서양 북동부의 바위가 많은 얕은 곳에 산다. 파도가 강할 때는 물 밖으로 몸이 노출되지만 바위에 단단히 붙어서 떨어지지 않는다.

실고기와 해마

실고기목에 속하는 해마와 다른 유사 종들은 몸이 경골성 판으로 뒤덮여 있어 몹시 단단하다. 이 분류군에는 해수 종과 담수 종이 모두 포함된다. 해마류는 관 모양의 주둥이 끝에 조그만 입이 있어서 작은 플랑크톤성 갑각류를 잡아먹는다.

자세 유지를 도와주는 작은 가슴지느러미

16 cm

큰유령실고기
Solenostomus cyanopterus
유령실고깃과
커다란 배지느러미로 물속을 떠다니거나 수초와 해초 사이를 천천히 헤엄치며 작은 무척추동물을 사냥한다.

긴 관 모양의 주둥이

46 cm

갈대실고기
Phyllopteryx taeniolatus
실고깃과
오스트레일리아산의 크고 특이하게 생긴 종으로 나뭇잎처럼 생긴 피부 조직 덕분에 암질의 산호초에 난 해초 사이에 숨어 있으면 눈에 잘 띄지 않는다.

해초 사이에서 위장하기 좋은 나뭇잎 모양 피부 조직

30 cm

복해마
Hippocampus kuda
실고깃과
다른 모든 해마들처럼 수컷의 배에 육아주머니가 있어서 암컷이 낳은 알을 수컷이 돌본다.

15 cm

면도날고기
Aeoliscus strigatus
새우고깃과
머리를 아래로 해 수직으로 서서 성게 가시 사이에 숨으며 평소에도 같은 자세로 헤엄친다. 인도양-태평양에 서식한다.

18 cm

고리무늬실고기
Dunckerocampus dactyliophorus
실고깃과
전형적인 실고기의 길고 가는 몸을 하고 있으며 산호초 주위에 서식한다. 산호와 바위 사이를 떠다닌다.

80 cm

나팔어
Aulostomus chinensis
주벅대칫과
종종 산호초에서 사냥하는 곱치의 뒤를 몰래 따라다니다가 곱치가 쫓은 작은 물고기를 낚아챈다.

드렁허리와 근연종

열대와 아열대에 서식하는 담수 종으로서 몸의 형태가 뱀장어를 닮았다. 대부분의 드렁허리목은 지느러미가 아주 작거나 없어서 늪과 습지에서 미끄러지듯이 움직이며 진흙 속에 굴을 판다.

불장어
Mastacembelus erythrotaenia
걸장어과
동남아시아 저지대의 범람원 및 유속이 느린 강에 사는 식용 어류로 가시가 있고 곤충의 유충이나 벌레를 먹는다.

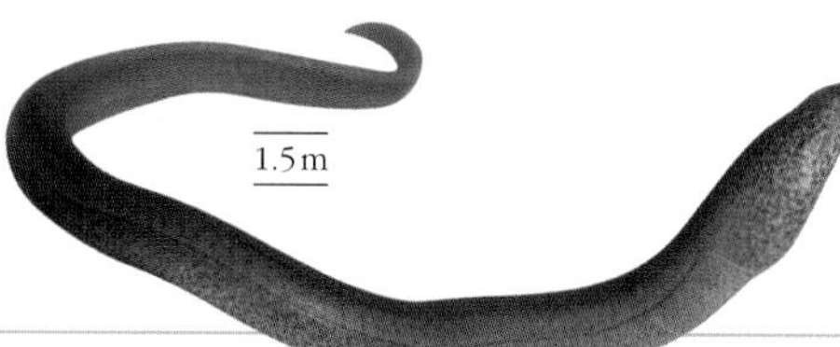

마블드렁허리
Synbranchus marmoratus
드렁허릿과
필요할 때는 공기 호흡을 할 수 있다. 지느러미가 거의 없으며 중앙 및 남아메리카의 작은 수역에 산다.

가자미

가자미목은 어릴 때는 정상적인 직립 형태로 생활한다. 자라면서 옆으로 납작해져서 해저에 한쪽으로 눕게 된다. 이때 아래쪽 눈은 위쪽 눈과 합류하기 위해 위로 이동한다.

1m

유럽가자미
Pleuronectes platessa
가자밋과
북대서양에 살며 상업적으로 중요한 종으로 몸 오른쪽을 위로 해 해저에 엎드려 있다. 밤에 나타나 먹이를 찾는다.

2.5m

아틀란틱핼리벗
Hippoglossus hippoglossus
가자밋과
가자미류에서 가장 큰 종 중 하나로 두 눈이 있는 오른쪽이 위로 가도록 왼쪽으로 눕는다.

70cm

납서대
Solea solea
납서댓과
수명이 30년에 달하지만 상업적 가치가 높기 때문에 대부분 그 기간 동안 생존하지 못한다.

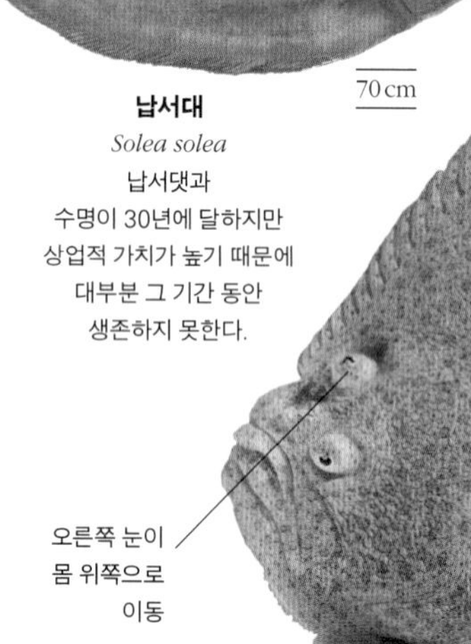

몸 왼쪽이 위로 가게 누움

오른쪽 눈이 몸 위쪽으로 이동

1m

대문짝넙치
Scophthalmus maximus
대문짝넙칫과
해저 환경에 맞게 몸 색깔을 바꾸어 포식자로부터 몸을 피한다. 북대서양에서 유용하다.

복어와 근연종

다양한 해수 종과 담수 종이 포함되어 있으며 개복치와 독이 있는 복어류가 포함된다. 정상적인 이빨 대신 복어목의 물고기들은 융합된 치판이나 소수의 큰 이빨만 가지고 있다. 비늘은 몸을 보호하기 위한 가시 또는 단단한 갑판으로 변형되었다.

50cm

파랑쥐치
Balistoides conspicillum
쥐치복과
산호초에 사는 화려한 색의 물고기로 등의 가시를 세워서 몸을 돌 틈에 밀어 넣어 자세를 고정할 수 있다.

커다란 꼬리

25cm

얼룩거북복
Ostracion meleagris
거북복과
인도양-태평양의 산호초에 산다. 경골성 인판이 융합되어 형성된 단단한 상자 모양의 갑피로 둘러싸여 있으며 피부에 독이 있어 포식자들이 공격하지 않는다.

수컷은 측면이 남보라색이다.

15cm

흰점무늬참복
Arothron hispidus
참복과
피부와 내장에 함유된 신경 독으로 손쉽게 인간을 죽음에 이르게 하거나 포식자를 단념시킬 수 있다.

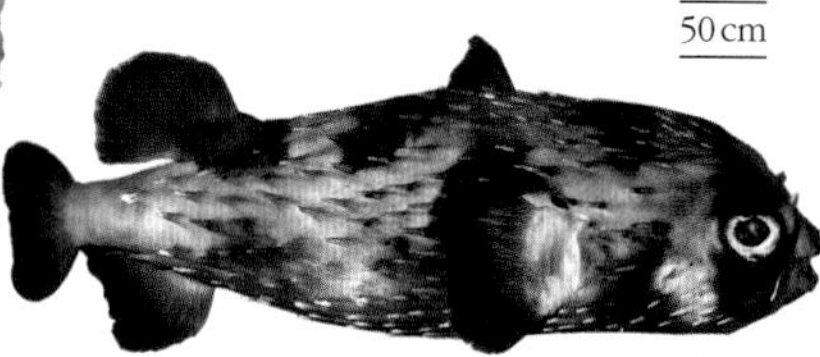

가시복
Diodon holocanthus
가시복과
열대 바다 전역에서 발견되며 포식자를 쫓기 위해 물을 빨아들여 가시투성이의 공 모양이 될 때까지 몸을 부풀린다.

쏨뱅이와 근연종

쏨뱅이목은 바다에 살고 저서 생활을 하는 종들로 이루어진 큰 목이다. 가시가 있는 큰 머리와 뺨을 가로지르는 독특한 경골성 지주가 있다. 대부분 등지느러미에 날카로운 가시가 있는데 일부 종에는 독이 있으며, 다수가 위장에 능란하다.

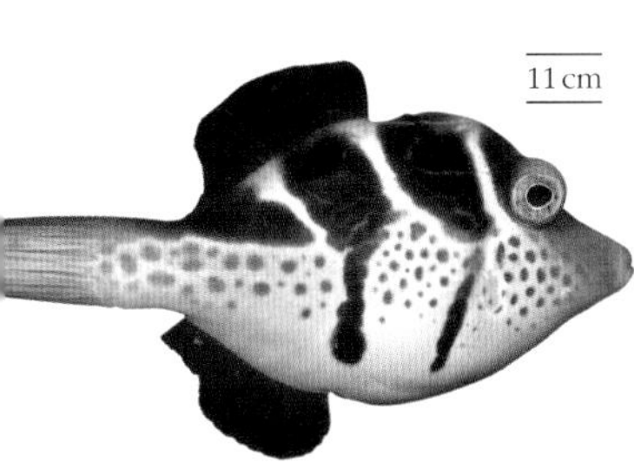

11 cm

흉내쟁이쥐치
Paraluteres prionurus
쥐칫과
독이 있는 안장복어와 모습이 매우 비슷해 포식자들이 꺼린다.

37 cm

작은비늘쏨뱅이
Scorpaena porcus
양볼락과
머리의 피부판과 체색 변화를 이용해 위장하기 때문에 발견하기 어렵다.

75 cm

함지성대
Chelidonichthys lucerna
성댓과
양쪽 가슴지느러미에 있는 3개의 기조를 이용해 해저를 걸어 다니며 숨어 있는 무척추동물을 탐지해 낸다.

어린 고기

38 cm

비상쏠베감펭
Pterois volitans
양볼락과
산호초에 살며 줄무늬는 등지느러미에 독가시가 있음을 경고하는 역할을 한다. 성체는 흰색이 적고 측면에 흰 점이 있다.

경골성 갑피로 이루어진 상자 모양의 뚜껑 부분을 형성하는 평편한 등

작은 입속에 해면을 찢을 수 있는 튼튼한 이빨

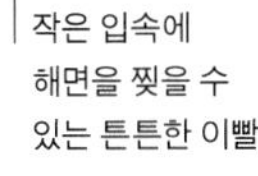

60 cm

뚝지
Cyclopterus lumpus
도칫과
북대서양에 사는 통통한 물고기로, 배에 있는 강력한 빨판을 이용해 파도에 닳은 바위에 달라붙어 알을 보호한다.

21 cm

큰바이칼게르치
Comephorus baikalensis
코메포리다이과
몸의 4분의 1은 기름으로, 부력을 제공한다. 러시아 바이칼 호수의 고유종이다.

3.3 m

개복치
Mola mola
개복칫과
종종 수면에 옆으로 누워 있는 이 물고기는 경골어류 중에서 거의 가장 무겁다. 최고 기록을 보유 중인 혹개복치(*M.alexandrini*)의 기록은 2,300킬로그램이다.

25 cm

긴가시둑중개
Taurulus bubalis
둑중갯과
연안의 얕은 물에 살며 주위 환경에 따라 체색이 다양하게 변한다. 예를 들어 홍조류 사이에 사는 개체는 붉은색을 띤다.

등지느러미의 독가시

위쪽을 향한 큰 입

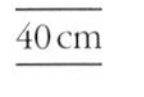

40 cm

암초쑥치
Synanceia verrucosa
쑥칫과
열대 산호초에 살며 위장술이 뛰어나 찾기가 어렵다. 독가시에 쏘이면 사람도 생명까지 위험할 수 있다.

18 cm

둑중개
Cottus gobio
둑중갯과
유럽 대부분 지역의 담수 하천과 강의 돌과 식생 사이에 산다. 수컷이 알을 지킨다.

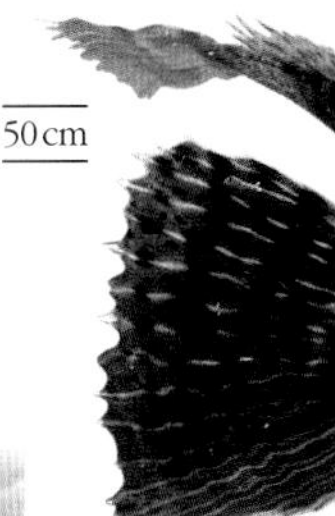

50 cm

죽지성대
Dactylopterus volitans
죽지성댓과
거대한 부채 모양의 가슴지느러미로 물속에서 '난다'. 놀라면 해저에서 '이륙'을 한다.

비상쏠베감펭

Pterois volitans

비상쏠베감펭은 야행성으로 서태평양의 열대 산호초와 암초 주변을 돌아다니며 작은 물고기와 갑각류를 사냥한다. 몸 양쪽에 있는 넓은 가슴지느러미를 펼쳐 먹이를 암초 쪽으로 몬 뒤 전광석화처럼 덮쳐 삼킨다. 때로는 마치 아프리카 평원에서 사냥하는 사자처럼 개방 수역에서 먹이를 소리 없이 몰래 따라다니다 마지막에 갑자기 빠르게 덮쳐 사냥하기도 한다. 독가시로 무장하고 있으며 종종 다이버나 잠재적 포식자가 다가오면 머리를 들고 정면으로 맞선다. 1마리의 수컷이 여러 마리의 작은 암컷을 거느리기도 하며 다른 수컷이 너무 가까이 다가오면 쫓아낸다. 산란기가 되면 수컷이 구애를 위해 암컷 주위를 돌다가 함께 수면을 향해 헤엄쳐 알과 정자를 물속으로 방출한다. 며칠 후 알이 부화하면 플랑크톤성의 유생이 되어 약 1개월간 플랑크톤 속을 떠다니다가 해저에 정착한다.

크기 몸길이 45센티미터
서식지 산호초와 암초
분포 태평양, 서대서양에 도입됨
먹이 어류와 갑각류

> 현란한 경고색
비상쏠베감펭의 화려한 줄무늬는 포식자들에게 이 물고기가 독이 있으며 접근해서는 안 된다는 것을 경고하는 역할을 한다. 육상 동물 중에서는 말벌류가 잡아먹히지 않기 위해 유사한 방법을 사용한다.

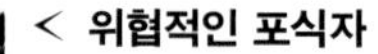

< 위협적인 포식자
이 유능한 포식자는 수족관을 통해 카리브 해로 유입되어 산호초에 사는 고유종 물고기들을 위협하고 있다. 큰 눈과 예민한 후각을 이용해 해질녘에 사냥을 한다.

어두운색의 줄무늬로 눈의 위치를 숨겨 포식자를 혼란시킨다.

머리의 촉수

∧ 다양한 줄무늬
줄무늬의 형태는 개체 변이가 심하며 번식기가 되면 수컷의 무늬가 희미해지면서 매우 어두운 색깔로 변할 수도 있다.

< 가슴지느러미
가슴지느러미의 유연한 기조 일부가 얇은 막으로 연결되어 있으며 둥근 얼룩 같은 무늬가 있다.

독가시 >
등지느러미, 뒷지느러미, 가슴지느러미에 있는 날카로운 가시는 인간에게 엄청난 고통을 주는 독을 주입하는 데 사용될 수 있다. 그러나 치명적인 경우는 드물며 오로지 방어용이다.

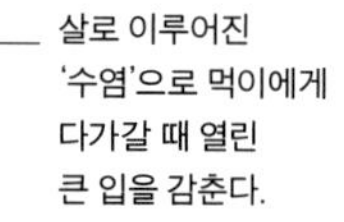

살로 이루어진 '수염'으로 먹이에게 다가갈 때 열린 큰 입을 감춘다.

< 곧추세운 꼬리
대개 머리를 약간 아래로 향하고 꼬리를 들고 있어 언제든지 지나가는 먹이를 덮칠 수 있다. 꼬리는 빠르게 헤엄치기보다는 공격 자세를 유지하는 데 도움이 된다.

여러 개의 가시로
이루어진 등지느러미
비상쏠페감펭이 먹이를
습격할 때 완전히 펼치는
가슴지느러미의 넓은 기조
꼬리
뒷지느러미

농어와 근연종

162개의 과와 거의 1만 종의 물고기가 속하는 농어목은 척추동물 중에서 가장 크고 다양한 목이다. 언뜻 보기에는 농어목 물고기들 사이에 공통점이 별로 없는 것 같지만 이들 모두는 해부학적 유사성을 갖는다. 대부분 등지느러미와 뒷지느러미에 가시와 유연한 기조를 가지고 있다. 배지느러미가 가슴지느러미에 가까이 앞쪽에 달려 있다. 여기 포함된 일부 과는 다른 목 또는 새로운 목으로 분류되어야 한다는 최근 연구가 있다.

60cm

긴지느러미활치
Platax teira
활칫과
인도양-태평양의 산호초에 사는 납작한 물고기로 작은 무리를 지어 다니며 조류와 무척추동물을 먹는다.

16cm

네점나비고기
Chaetodon quadrimaculatus
나비고깃과
전 세계의 산호초에서 다수의 서로 다른 나비고기 종이 발견된다. 이 종은 서태평양에 산다.

90cm

푸른점참돔
Pagrus caeruleostictus
감성돔과
동대서양에서 발견되는 전형적인 참돔류로 머리 경사도가 가파르고 갈라진 꼬리에 긴 등지느러미를 갖고 있다.

80cm

붉은띠고기
Cepola macrophthalma
홍갈칫과
북동 대서양의 수직으로 된 진흙 구덩이에 살며, 지나가는 플랑크톤을 먹는다.

12cm

황토색줄무늬동갈돔
Ostorhinchus compressus
동갈돔과
서태평양의 산호초에 사는 작은 야행성 물고기로 2개의 등지느러미와 큰 눈을 가지고 있다. 수컷은 입속에 알을 보관한다.

40cm

빨간촉수
Mullus surmuletus
촉수과
지중해와 북동 대서양에 흔히 분포하는 종으로 촉수를 움직여 흙 속의 먹이를 탐지한다. 열대성 촉수류의 친척이다.

31cm

초록볼우럭
Lepomis cyanellus
검정우럭과
북아메리카에 널리 알려진 대형 물고기로 호수와 강에서 가장 흔히 볼 수 있다.

30cm

줄무늬물총고기
Toxotes jaculatrix
물총고깃과
동남아시아, 오스트레일리아 및 서태평양 어귀의 맹그로브 기수에 주로 살며 나뭇가지에 매달려 있는 곤충에 입으로 물총을 쏘아 잡아먹는다.

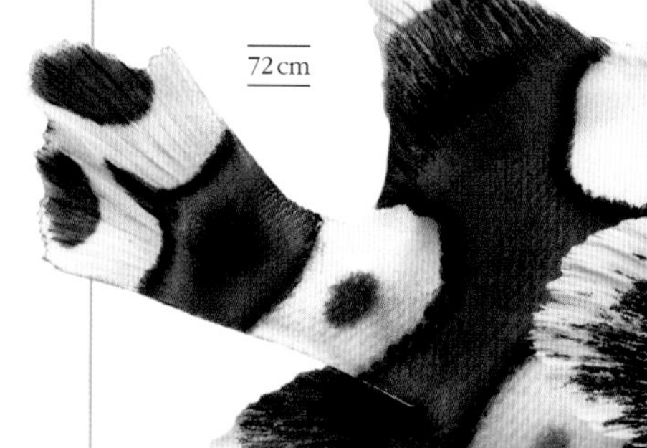

72cm

어린 고기는 갈색 바탕에 검은 테두리가 있는 흰 점이 있다.

광대하스돔
Plectorhinchus chaetodonoides
하스돔과
성체는 크림색 바탕에 검은 점이 있다. 여기 보이는 어린 고기의 체색과 움직임은 독이 있는 편형동물과 유사하다.

1.2m

파랑고기
Pomatomus saltatrix
포마토미다이과
널리 분포하며 탐욕스럽고 공격적인 포식자이다. 무리를 지어 열대와 아열대의 대양을 누비며 자기보다 작은 물고기를 공격한다.

51cm

유럽퍼치고기
Perca fluviatilis
페르키다이과
유라시아 원산으로 널리 분포하는 육식성 담수어종이다. 오스트레일리아 등지에 낚시용으로 도입되었으나 현재는 생태계 교란 종이 되었다.

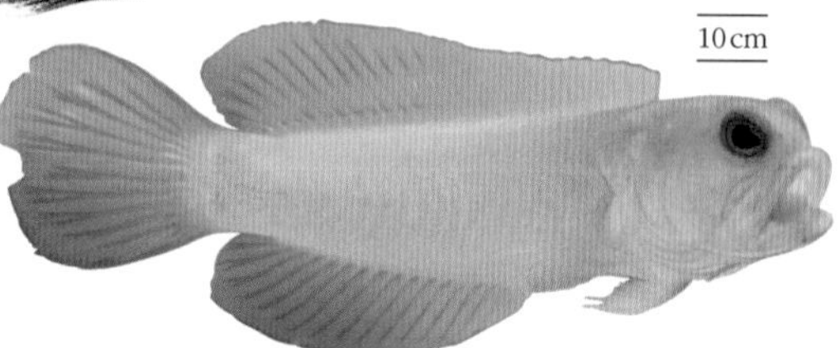

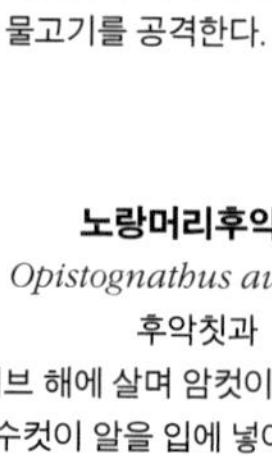

10cm

노랑머리후악치
Opistognathus aurifrons
후악칫과
카리브 해에 살며 암컷이 알을 낳은 후 수컷이 알을 입에 넣어 돌본다.

40 cm

제왕엔젤피시
Pomacanthus imperator
엔젤피시과
인도양-태평양의 산호초에 산다. 어린 고기와 성체는 무늬가 다른데, 이것은 성체가 영역 방어를 위해 어린 고기를 공격하는 것을 방지하는 역할을 한다.

로얄엔젤피시
Pygoplites diacanthus
엔젤피시과
로얄엔젤피시를 비롯한 산호초에 사는 어종들의 화려한 색깔은 다른 종끼리 서로를 인지하고 의사소통을 하는 데 도움이 된다.

25 cm

하나의 긴 등지느러미

10 cm

아마존잎모양고기
Monocirrhus polyacanthus
잎모양고깃과
남아메리카의 담수성 포식자로, 낙엽으로 위장해 떠다니다가 커다란 입으로 방심한 먹이를 재빠르게 삼켜 버린다.

2 m

아메리카다선바리
Polyprion americanus
다선바릿과
어린 고기는 해수면에 떠다니는 표류물 사이로 떠돌아다니는 반면 성체는 난파선, 굴 또는 바위가 많은 지역을 선호한다. 전 세계 대양에 널리 분포한다.

25 cm

은빛무니
Monodactylus argenteus
무니과
인도양-태평양에 사는 납작한 모양의 물고기로 강어귀의 기수에 살며 작은 무리를 지어 다닌다.

목덜미 부분에서 툭 튀어나온 길쭉한 모양의 머리

15 cm

바다골디
Pseudanthias squamipinnis
농엇과
산호초의 절벽이나 절벽 끝에 튀어나온 바위 부근 바닷물에서 플랑크톤을 먹는 작은 물고기이다. 수컷은 자신이 거느리는 여러 암컷을 방어한다.

70 cm

갈색미거
Sciaena umbra
민어과
민어과에 속하는 어류로 대서양 북동부와 지중해에 서식하며 부레를 이용해 큰 소리를 내어 의사소통을 한다.

70 cm

험프백그루퍼
Cromileptes altivelis
농엇과
인도양-태평양의 산호초에 사는 종으로 다른 그루퍼류와 마찬가지로 성장하면서 암컷에서 수컷으로 성별이 바뀐다.

2.5 m

말라바그루퍼
Epinephelus malabaricus
바리과
이 인도-태평양 종은 암초부터 하구까지 다양한 서식지에서 발견된다. 많은 그루퍼와 마찬가지로 이 종도 약 10세가 되면 암컷에서 수컷으로 성별이 바뀐다.

높은 등지느러미

주머니칼고기
Equetus lanceolatus
민어과
서대서양의 수심이 깊은 열대 산호초에 사는 물고기로 특이한 모양과 색깔은 위장을 위한 것이다.

25 cm

40 cm

파란줄무늬퉁돔
Lutjanus kasmira
퉁돔과
빠르게 헤엄치는 퉁돔류로 낮에는 산호초에서 무리 지어 다니다가 밤에는 흩어져 먹이를 찾는다.

1.2 m

회색옥돔
Caulolatilus microps
옥돔과
북아메리카 동해안에서 멀리 떨어진 진흙과 모래 속에 서식하며 지나치게 차가운 물을 피하기 위해 주로 수심 200미터 이내에 머무른다.

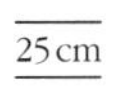

≫

≫ 농어와 근연종

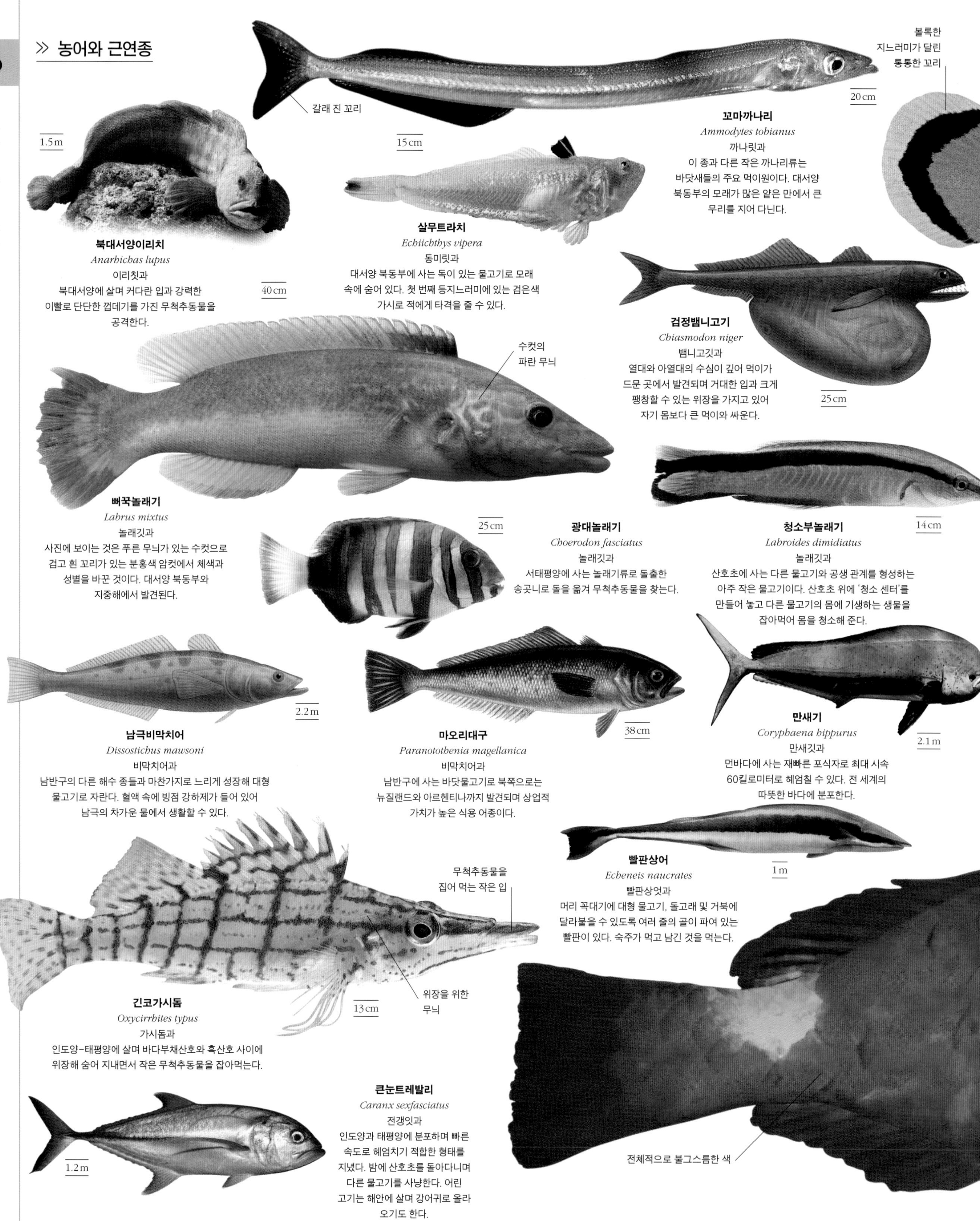

꼬마까나리
Ammodytes tobianus
까나릿과
이 종과 다른 작은 까나리류는 바닷새들의 주요 먹이원이다. 대서양 북동부의 모래가 많은 얕은 만에서 큰 무리를 지어 다닌다.

북대서양이리치
Anarhichas lupus
이리칫과
북대서양에 살며 커다란 입과 강력한 이빨로 단단한 껍데기를 가진 무척추동물을 공격한다.

살무트라치
Echiichthys vipera
동미릿과
대서양 북동부에 사는 독이 있는 물고기로 모래 속에 숨어 있다. 첫 번째 등지느러미에 있는 검은색 가시로 적에게 타격을 줄 수 있다.

검정뱀니고기
Chiasmodon niger
뱀니고깃과
열대와 아열대의 수심이 깊어 먹이가 드문 곳에서 발견되며 거대한 입과 크게 팽창할 수 있는 위장을 가지고 있어 자기 몸보다 큰 먹이와 싸운다.

뻐꾹놀래기
Labrus mixtus
놀래깃과
사진에 보이는 것은 푸른 무늬가 있는 수컷으로 검고 흰 꼬리가 있는 분홍색 암컷에서 체색과 성별을 바꾼 것이다. 대서양 북동부와 지중해에서 발견된다.

광대놀래기
Choerodon fasciatus
놀래깃과
서태평양에 사는 놀래기류로 돌출한 송곳니로 돌을 옮겨 무척추동물을 찾는다.

청소부놀래기
Labroides dimidiatus
놀래깃과
산호초에 사는 다른 물고기와 공생 관계를 형성하는 아주 작은 물고기이다. 산호초 위에 '청소 센터'를 만들어 놓고 다른 물고기의 몸에 기생하는 생물을 잡아먹어 몸을 청소해 준다.

남극비막치어
Dissostichus mawsoni
비막치어과
남반구의 다른 해수 종들과 마찬가지로 느리게 성장해 대형 물고기로 자란다. 혈액 속에 빙점 강하제가 들어 있어 남극의 차가운 물에서 생활할 수 있다.

마오리대구
Paranotothenia magellanica
비막치어과
남반구에 사는 바닥물고기로 북쪽으로는 뉴질랜드와 아르헨티나까지 발견되며 상업적 가치가 높은 식용 어종이다.

만새기
Coryphaena hippurus
만새깃과
먼바다에 사는 재빠른 포식자로 최대 시속 60킬로미터로 헤엄칠 수 있다. 전 세계의 따뜻한 바다에 분포한다.

빨판상어
Echeneis naucrates
빨판상엇과
머리 꼭대기에 대형 물고기, 돌고래 및 거북에 달라붙을 수 있도록 여러 줄의 골이 파여 있는 빨판이 있다. 숙주가 먹고 남긴 것을 먹는다.

긴코가시돔
Oxycirrhites typus
가시돔과
인도양-태평양에 살며 바다부채산호와 흑산호 사이에 위장해 숨어 지내면서 작은 무척추동물을 잡아먹는다.

큰눈트레발리
Caranx sexfasciatus
전갱잇과
인도양과 태평양에 분포하며 빠른 속도로 헤엄치기 적합한 형태를 지녔다. 밤에 산호초를 돌아다니며 다른 물고기를 사냥한다. 어린 고기는 해안에 살며 강어귀로 올라 오기도 한다.

11cm

광대흰동가리
Amphiprion ocellaris
자리돔과
열대 서태평양에 사는 화려한 색의 물고기로 특수한 점액을 분비해 큰 말미잘의 독이 있는 촉수 사이에서도 안전하게 생활한다.

15cm

푸른자리돔
Chromis cyanea
자리돔과
열대 서대서양에 살며 산호초에서 가장 흔히 발견되는 물고기 중 하나이다. 주황색의 산란관을 통해 알을 낳는다.

23cm

상사줄자돔
Abudefduf saxatilis
자리돔과
자리돔과에서 가장 흔한 물고기로 밝은색의 줄무늬가 있고 몸집이 작으며 대서양의 산호초에서 쉽게 발견할 수 있다.

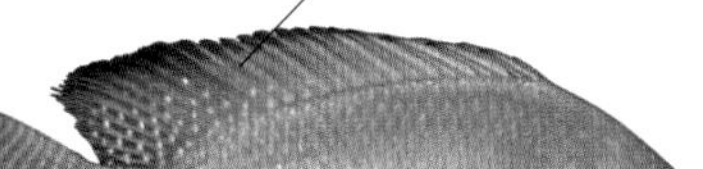

49cm

나일틸라피아
Oreochromis niloticus
시크리드과
아프리카의 호수에 사는 흔한 아종으로 지역의 중요한 식량 자원이다. 암컷은 입안에 2,000여 개의 알을 넣어 돌본다.

13cm

치포케
Melanochromis chipokae
시크리드과
아프리카 말라위 호수의 바위가 많은 호숫가에서만 발견되는 종이다. 시크리드과의 다른 물고기는 다른 호수의 고유종이다.

6.5cm

오키드도티백
Pseudochromis fridmani
프세우도크로미다이과
산호초에 사는 물고기들 중 가장 화려한 색을 가진 종의 하나로 홍해에만 살며 절벽의 돌출부 아래에 숨는다.

10cm

제브라시크리드
Amatitlania nigrofasciata
시크리드과
중앙아메리카의 강과 하천이 원산이나 다른 지역에 도입되어 먹이와 서식지를 두고 경쟁하는 잠재적인 생태계 교란 종이다.

15cm

담수엔젤피시
Pterophyllum scalare
시크리드과
원판 모양의 납작한 몸을 가진 이 특이한 시크리드류는 남아메리카의 습지가 원산이다. 암수 모두가 알과 치어를 보호한다.

길게 신장된
배지느러미

75cm

통구멍
Kathetostoma laeve
통구멍과
남오스트레일리아 근방에서 발견되며 눈과 입만 내놓은 채 모래 속에 몸을 묻는다.

72cm

흑지느러미빙어
Chaenocephalus aceratus
칸니크티다이과
남반구의 바닷고기로 혈액 속에 천연의 빙점 강하제가 들어 있어 섭씨 영하 2도 이하의 온도에서도 생존할 수 있다.

25cm

황줄베도라치
Pholis gunnellus
황줄베도라칫과
북대서양의 바위 웅덩이에서 발견된다. 비늘이 없어 몸이 미끌미끌하기 때문에 포식자의 수중에서도 쉽게 빠져나와 도망칠 수 있다.

50cm

지중해파랑비늘돔
Sparisoma cretense
파랑비늘돔과
파랑비늘돔류에서 유일하게 암컷의 체색이 수컷보다 화려한 종으로 지중해에 산다. 다른 파랑비늘돔류는 열대에 산다.

산호를 부술 때
쓰는 혹

1.3m

초록혹부리비늘돔
Bolbometopon muricatum
파랑비늘돔과
인도양-태평양의 산호초에 산다. 단단한 부리처럼 생긴 입으로 살아 있는 산호를 부수어 먹고 남은 모래 부스러기는 뱉어 낸다.

»

농어와 근연종

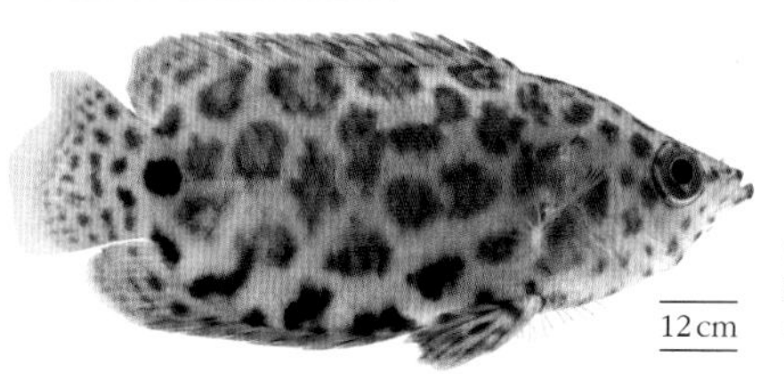

점박이테노포마
Ctenopoma acutirostre
등목어과
아프리카 콩고 유역에서 발견되는 열대성 민물고기이다. 종종 머리를 숙이고 몰래 먹이에게 접근한다.

나비베도라치
Blennius ocellaris
청베도라칫과
대서양 북동부에 분포하며 다른 근연종들처럼 해저에 살면서 빈 패각에 알을 낳아 보호한다.

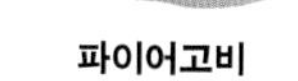

파이어고비
Nemateleotris magnifica
청황문절과
산호초의 굴 위를 맴돌면서 플랑크톤을 수집하다가 위험을 감지하면 안전한 굴속으로 쏜살같이 피한다.

태국버들붕어
Betta splendens
구라미과
아시아산 민물고기로 수컷 특유의 호전적 성격 때문에 경기용으로 수세기 동안 사육되어 왔다.

만다린피시
Synchiropus splendidus
동갈양탯과
태평양 원산으로 열대 산호초의 어류 중 가장 화려한 색을 가진 종에 속한다. 화려한 색상은 포식자에게 맛이 없음을 나타내는 경고색이다.

길게 늘어난 등지느러미의 첫 번째 기조

넓은 꼬리지느러미

연청색양쥐돔
Acanthurus leucosternon
양쥐돔과
인도양에 살며 공격을 받으면 꼬리 기부 양편에 숨겨져 있는 칼날 같은 구조물로 상대방을 벨 수 있다.

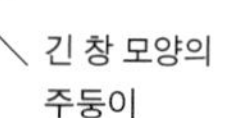

대서양돛새치
Istiophorus albicans
돛새칫과
긴 창처럼 늘어난 위턱을 사용해 물고기 떼를 베어 기절시키는 대양의 포식자이다.

거대한 돛 모양의 등지느러미

긴 창 모양의 주둥이

큰꼬치고기
Sphyraena barracuda
꼬치고깃과
열대와 아열대 수역에 널리 분포하며 단독 생활을 하는 포식자로 먹이에게 몰래 접근한 다음 빠르게 습격한다.

어뢰 모양의 몸통

튀어나온 아래턱

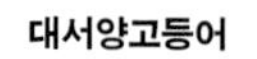

대서양고등어
Scomber scombrus
고등엇과
북대서양에서 큰 무리를 지어 생활하며 작은 물고기와 플랑크톤을 게걸스럽게 먹어 치운다. 유선형의 몸으로 빠르게 헤엄친다.

뒤영벌망둑
Brachygobius doriae
망둑엇과
동남아시아에서 발견되며 저서 생활을 하는 망둑어로 염분이 낮은 기수에도 내성이 있어 강어귀와 맹그로브 숲에 산다.

색망둑
Pomatoschistus pictus
망둑엇과
이 종과 유사한 망둑어들은 대서양 북동쪽의 얕은 퇴적물 지역에서 흔히 발견된다. DNA 분석에 따르면 망둑어들은 별도의 목(망둑어목)으로 분류될 수도 있다.

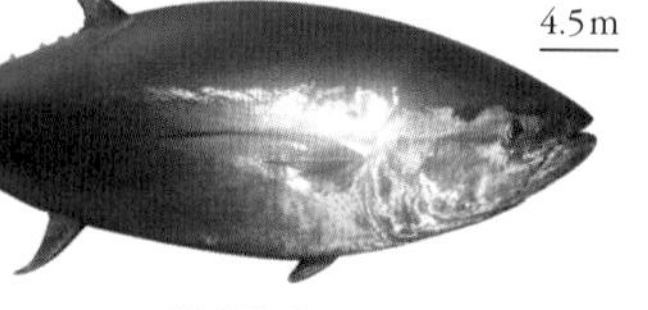

참다랑어
Thunnus thynnus
고등엇과
전 세계에 널리 분포하며 세계에서 가장 상업적 가치가 높은 종에 속한다. 빠르고 활동적인 포식자로 작은 물고기를 사냥하기 위해 넓은 지역을 떠돈다.

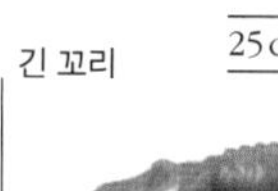

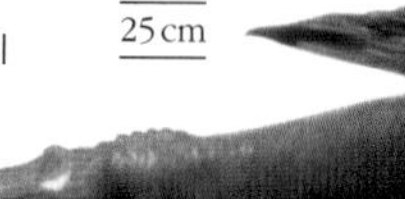

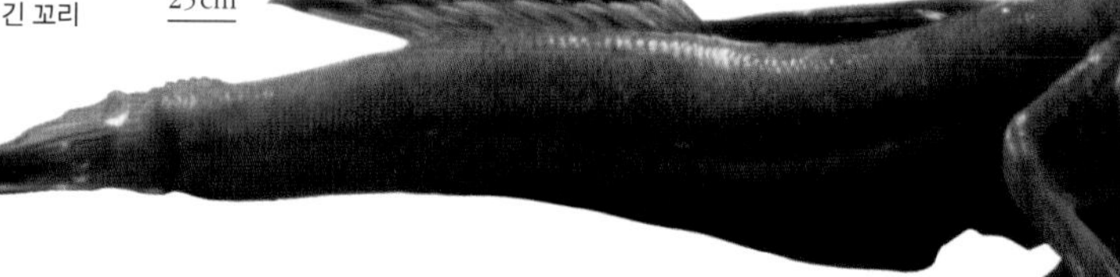

대서양말뚝망둑어
Periophthalmus barbarus
망둑엇과
몸이 축축한 상태로 남아 있는 한, 피부 호흡을 통해 산소를 흡수하면서 여러 시간 동안 물 밖에 머물 수 있다.

육기어류

한때 육상 척추동물의 시조로 여겨지던 육기어류는 원시적인 형태의 팔다리를 닮은 지느러미를 가지고 있으며 지느러미 막 앞에 살로 이루어진 기부가 있다.

경골어류와 마찬가지로 경골성의 단단한 골격을 가지고 있으나 지느러미의 구조가 다르다. 지느러미 막은 몸체로부터 튀어나온 근육질의 돌출부에 의해 지지되며 일부는 1쌍의 가슴지느러미와 배지느러미를 이용해 기어 다닐 수 있을 정도로 강한 근육을 지니고 있다. 돌출부 내의 뼈와 연골은 근육이 달라붙을 수 있는 지지대를 제공한다. 다수 종이 화석으로만 존재하며, 현재는 바다에 사는 실러캔스와 민물에 사는 폐어가 남아 있을 뿐이다.

살아 있는 화석

실러캔스는 야행성으로 숨어 다닌다. 최초의 근대적 표본은 1938년에 발견되었으며, 그 전까지는 6500만 년 전의 화석만이 알려져 있었다. 서인도양 심해의 암석이 많은 지역에서 최초로 발견되었으며 두 번째 종은 1998년 인도네시아에서 발견되었다. 불완전한 등뼈, 잔존하는 척삭, 꼬리 지느러미 중간의 돌출부 등 몇 가지 독특한 구조적 특징을 가지고 있다. 비늘은 경골성의 두꺼운 판으로 이루어져 있으며 장거리를 이동하지는 않는다. 난생인 폐어와 달리 실러캔스는 체내에서 알이 부화해 새끼를 낳는다. 새끼는 약 3년간 어미의 뱃속에 머무르는 것으로 생각되는데, 이는 다른 어떤 척추동물보다도 긴 기간이다.

물 밖에서 숨을 쉬다

조상들 대부분이 바다에 살았던 것과 달리, 현생의 폐어들은 남아메리카, 아프리카 및 오스트레일리아의 담수 서식지에서만 살아간다. 모든 종이 어느 정도는 부레를 이용해 공기 호흡을 할 수 있기 때문에 계절에 따라 웅덩이가 말랐을 때 매우 유용하다.

몇몇 종들은 진흙 속에 묻힌 채 여러 달 동안 견딜 수 있지만 영구적으로 물속에 잠기면 죽는 반면, 다른 종들은 주로 아가미를 통해 호흡하기도 한다. 몸 형태와 일부 종이 유생 단계에서 겉아가미를 갖는다는 사실 때문에 초기 동물학자들은 폐어를 양서류로 분류하기도 했다.

문	척삭동물문
강	실러캔스강 폐어강
목	3
과	4
종	8

논쟁

물고기의 상륙

육상 척추동물은 원시 어류나 바다의 어류와 유사한 조상으로부터 진화했다는 것이 일반적인 견해이지만, 그 조상을 찾는 것은 더 어렵다. 최근 연구에 따르면 폐어는 실러캔스보다 네발동물(포유류와 같이 네 발이 달린 척추동물)과 더 가까운 것으로 나타났다. 2002년 중국에서 발견된 육기어류 화석은 폐어와 네발동물의 연관성을 보여 준다. 논쟁은 계속되고 있지만, 현재 실러캔스는 네발동물의 직접적인 조상이 아닌 것으로 여겨진다.

아프리카폐어

아프리카페어류에 속하는 4종은 모두 긴 몸통과 실처럼 생긴 가슴지느러미와 배지느러미를 가지고 있으며 이들을 합쳐 쌍지느러미라 부른다. 부레가 변형된 1쌍의 폐로 숨을 쉰다.

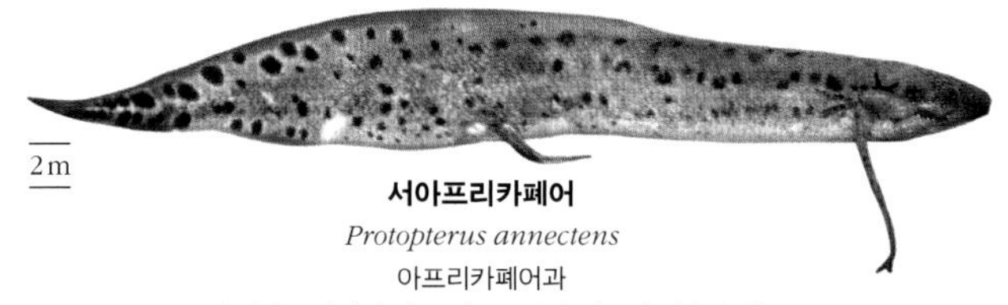

서아프리카폐어
Protopterus annectens
아프리카폐어과
이 폐어는 자신이 살고 있는 호수가 마르면 진흙 속에 몸을 묻고 공기 흡입구가 있는 고치를 만든다.

오스트레일리아폐어

오스트레일리아폐어목에는 1종이 있으며 긴 몸통에 커다란 비늘과 노처럼 저을 수 있는 1쌍의 지느러미, 끝이 뾰족한 꼬리가 있다. 폐를 이용해 단기간 호흡을 할 수 있지만 서식지가 완전히 마르면 살아남지 못한다.

1.8m

다리처럼 생긴 지느러미

오스트레일리아폐어
Neoceratodus forsteri
오스트레일리아폐어과
깊은 웅덩이와 강에 살며 부레로 공기를 삼켜 고인 물에서도 생존할 수 있다.

실러캔스

실러캔스에는 2개의 원시적인 종이 속한다. 가슴지느러미와 배지느러미에 살로 이루어진 기부가 사지의 형태를 이루고 있으며 커다란 경골성의 비늘을 가지고 있다. 살아 있을 때는 금속성의 푸른색에 옅은색 점이 있으나 죽으면 색상이 희미해진다. '머리로 서는' 흥미로운 행동이 수중에서 관찰되었다.

인도네시아실러캔스
Latimeria menadoensis
라티메리다이과
분자 생물학적 연구에 따르면 실러캔스와 외형은 비슷하지만 별개의 종이다. 셀레베스 해에 산다.

흰 점들로 얼룩덜룩한 몸통

2m

근육질의 자루가 달린 지느러미

실러캔스
Latimeria chalumnae
라티메리다이과
남아프리카와 마다가스카르의 해안에서 멀리 떨어진, 지형이 가파르고 바위가 많은 곳에 살며 낮에는 심해 동굴에 숨는다.

양서류

양서류는 담수 서식지에 사는 변온 동물이다. 일부는 평생을 물속에서 살지만 다른 종들은 번식기에만 물을 필요로 한다. 피부는 투습성으로 몸이 건조되는 것을 막아 주지 못하기 때문에 지상에서는 습기가 많은 장소를 찾아야만 생존할 수 있다.

문	척삭동물문
강	양서강
목	3
과	74
종	8,212

다수의 암수 코스타리카금두꺼비가 짝짓기를 위해 웅덩이에 모여 있다. 이 종은 현재 멸종되었다.

이른 봄 북아메리카제퍼슨도롱뇽의 암컷이 물속에 잠긴 나뭇가지에 알 덩어리를 부착시키고 있다.

알이 부화하면 수컷 붉은등독개구리는 올챙이를 브로멜리아드 잎에 고인 물웅덩이로 운반한다.

논쟁

최대의 도전 과제?

전 세계 양서류의 3분의 1이 가까운 미래에 멸종될 위기를 맞고 있으며 이는 생물 다양성 보전에 있어서 거대한 도전 과제이다. 멸종 위험의 주된 원인은 담수 서식지의 파괴와 오염이지만, 양서류의 피부를 통해 침투하는 곰팡이가 일으키는 항아리곰팡이병의 전 세계적인 확산 또한 양서류의 생존을 위협하고 있다.

현존하는 양서류의 3개 목은 하나의 공통 조상을 갖는 것으로 생각되지만 기원은 아직도 불명확하다. 화석 기록상의 최초의 육상 동물(3억 7500만 년 전에 어류로부터 진화한 네발동물)과 2억 3000만 년 전에 살았던 개구리와 유사한 동물 사이에는 어마어마한 간극이 있기 때문이다.

양서류는 특유의 복잡한 생활사를 거치며 각각의 단계에서 전혀 다른 생태적 지위를 차지한다. 대개 양서류의 알은 부화해 수중 생활을 하는 유생(개구리와 두꺼비류에서는 올챙이라고 불린다.)이 되는데 조류와 다른 식물성 물질을 먹으며 종종 고밀도의 개체군을 형성하기도 한다. 유생 단계에서는 성장 속도가 빠르며 육상 생활을 하는 성체가 되기 위해 완전 변태를 거친다. 성체가 된 양서류는 모두 육식성이며 대부분 곤충과 다른 소형 무척추동물을 잡아먹는다. 번식을 위해 연못과 하천에 모일 때를 제외하면 대개는 은밀하게 단독 생활을 한다. 대부분의 양서류는 일생 동안 2종류의 전혀 다른 서식지(수중 서식지와 육상 서식지)를 필요로 한다. 변태 중에는 아가미로 호흡하며 꼬리를 사용해 헤엄치는 수중 생물로부터 폐호흡을 하고 사지를 이용해 이동하는 육상 동물로의 광범위한 해부학적 및 생리학적 변화를 겪게 된다.

다양한 양육 행동

일부 양서류들은 어마어마한 양의 알을 낳아 방치하기 때문에 극소수만이 살아남는 반면 다른 종에서는 다양한 형태의 양육 행동이 진화했다. 양육을 하는 종의 경우, 가능한 한 많은 수의 알을 낳기보다는 대개 훨씬 적은 수의 자손을 낳고 부모가 감당할 수 있는 수의 새끼만을 양육해 번식 성공도를 높이게 된다. 양육 행동의 형태는 포식자로부터 알 또는 유생을 방어하는 것에서부터 미수정란을 올챙이에게 먹이로 주거나 올챙이를 다른 장소로 옮겨 주는 행동에 이르기까지 다양하다. 산파개구리와 독개구리 등 일부 종에서는 수컷이 양육을 책임지는 반면 도롱뇽과 무족영원류에서는 암컷만이 새끼를 보호한다. 소수의 개구리 종에서는 암컷과 수컷이 장기간 짝을 이루어 양육을 분담한다.

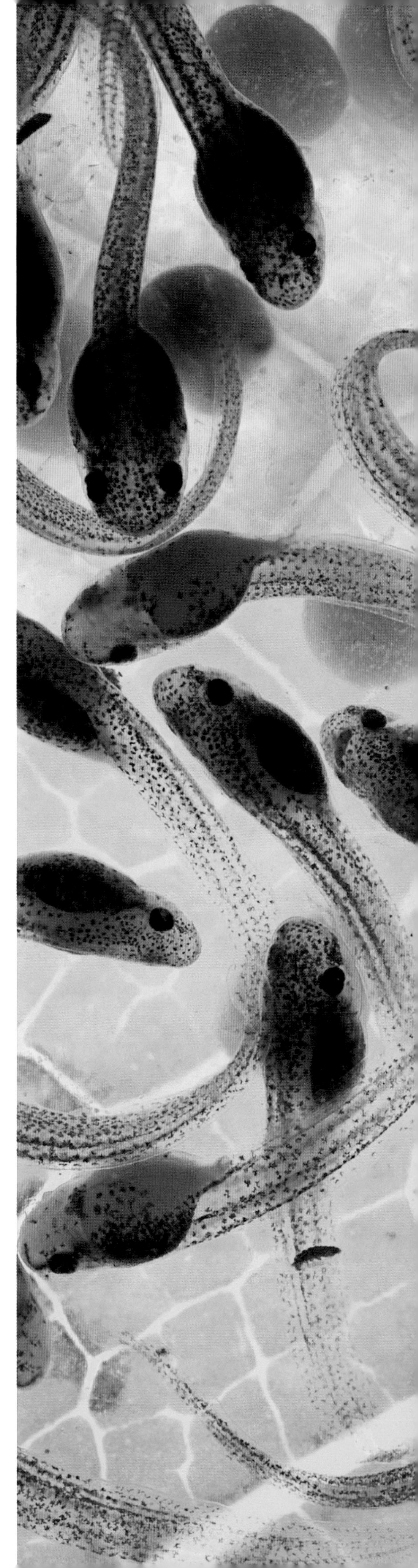

부화 준비 완료 >
부화 직전인 탄자니아미첼리드개구리 올챙이가 난막 속에서 꿈틀거리고 있다.

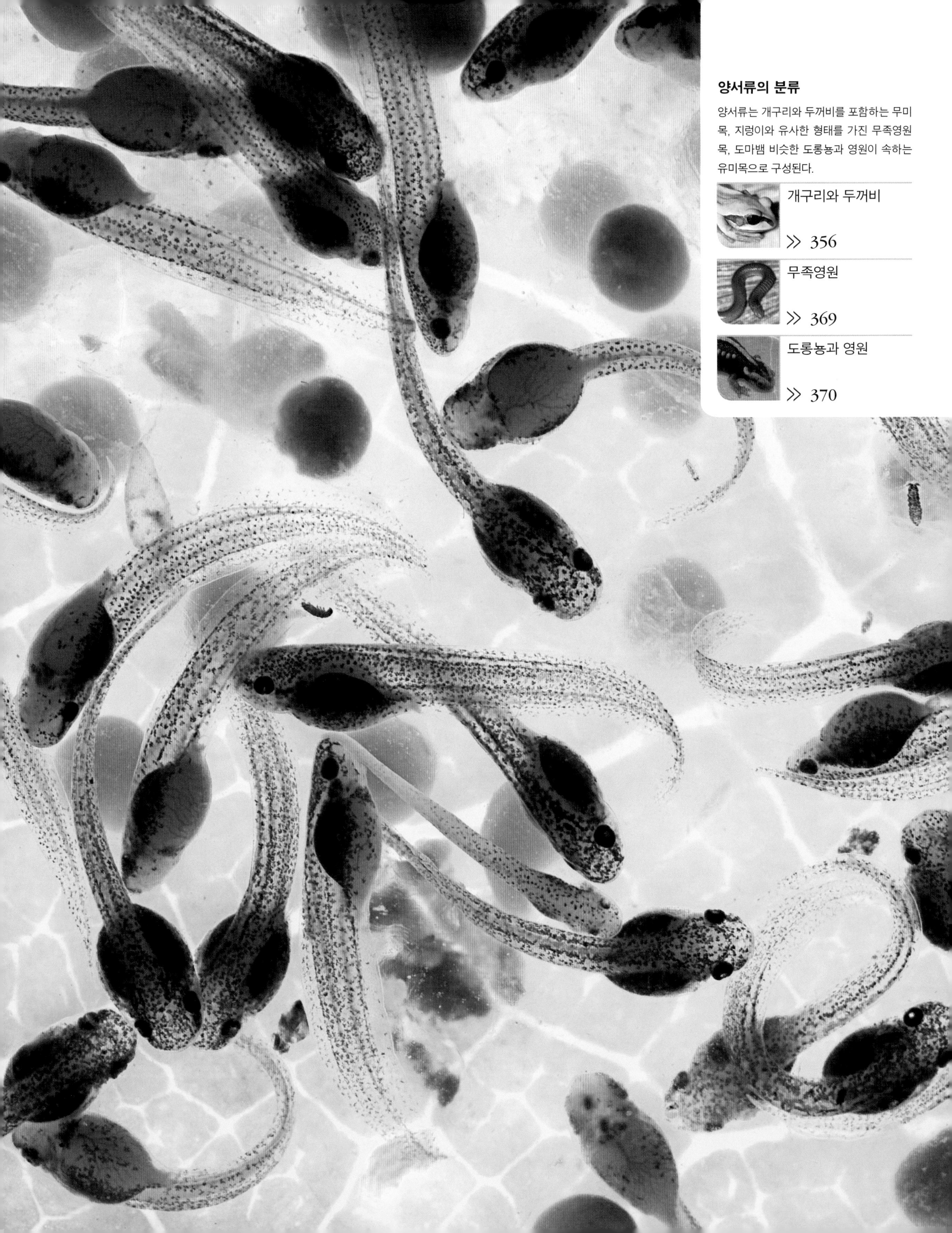

양서류의 분류

양서류는 개구리와 두꺼비를 포함하는 무미목, 지렁이와 유사한 형태를 가진 무족영원목, 도마뱀 비슷한 도롱뇽과 영원이 속하는 유미목으로 구성된다.

개구리와 두꺼비
≫ 356

무족영원
≫ 369

도롱뇽과 영원
≫ 370

개구리와 두꺼비

몸 아래쪽에 가지런히 접혀 있는 힘센 뒷다리와 넓적한 입 그리고 툭 튀어나온 눈은 다른 분류군과 차별화되는 개구리만의 독특한 모습이다.

개구리와 두꺼비의 통칭인 '무미목'은 꼬리가 없는 동물을 의미한다. 성체가 되어서도 꼬리를 가지고 있는 다른 모든 양서류와 달리 무미류는 유생 시기에 가지고 있던 꼬리가 변태 과정에서 점차 사라져 성체 단계에 이르는 독특한 생활사를 가지고 있다. 무미류의 유생은 올챙이라고도 불리며 주로 식물성 물질을 먹고 공 모양의 몸속에 구불구불한 내장이 들어 있다. 반면 성체는 완전한 육식성으로 광범위한 곤충과 기타 무척추동물을 잡아먹으며 몸집이 큰 종들은 작은 파충류와 포유류뿐만 아니라 다른 개구리도 잡아먹는다.

천재적 적응

개구리와 두꺼비는 매복했다가 점프를 해서 먹이를 습격한다. 많은 개구리와 두꺼비의 뒷다리가 점프에 적합하도록 변형되어, 앞다리보다 훨씬 길고 근육이 잘 발달되어 있다. 또한 점프는 이들이 포식자로부터 도망치기 위해 자주 사용하는 효과적인 방법이기도 하다. 그러나 모든 무미류가 점프를 하는 것은 아니다. 다른 많은 종은 수영, 굴 파기, 기어오르기에 적합하게, 또한 일부 소수 종은 공중에서 활강하기 위한 다른 종류의 움직임에 걸맞게 뒷다리가 적응되어 있다. 대부분이 번식지인 웅덩이와 하천에 가까운 습한 서식지에서 살지만, 매우 건조한 환경에서 살도록 적응한 종들도 몇몇 있다. 무미류의 종 다양성이 가장 높은 지역은 열대 우림이다. 다수의 종이 낮에 활동하지만 야행성인 종들도 있다. 일부는 위장에 뛰어난 반면 다른 종들은 밝은 체색을 가지고 있어 독이 있거나 맛이 없음을 광고하기도 한다.

구애와 번식

무미류는 소리를 낼 수 있고 청력이 매우 발달했다는 점에서 다른 양서류와 다르다. 대부분의 수컷이 암컷을 유혹하기 위해 종 특유의 소리를 낸다. 극소수 종을 제외하고는 체외 수정을 하며, 암컷이 산란할 때 수컷이 알 위에 정자를 떨어뜨린다. 이를 위해 수컷이 암컷의 몸에 올라타는 자세인 포접(抱接)을 취한다. 포접에 걸리는 시간은 종마다 다른데, 짧게는 수분에서 길게는 수일이 걸리기도 한다.

문	척삭동물문
강	양서강
목	무미목
과	54
종	7,244

논쟁

개구리냐 두꺼비냐

개구리와 '두꺼비'의 구분은 생물학적으로는 무의미하며 세계 각지에서 각각의 단어가 서로 다른 의미로 사용되고 있다. 예를 들어, 유럽과 북아메리카에서 '두꺼비'라는 용어는 두꺼빗과를 지칭하지만 여기에 남아메리카의 독개구리류도 포함된다. 일반적으로 두꺼비는 피부 표면이 거칠고 천천히 움직이며 종종 땅굴을 파는 반면, 개구리는 피부 표면이 매끄럽고 빠르게 움직이며 민첩하고 물속에서 많은 시간을 보낸다. 아프리카 원산의 피부 표면이 매끄럽고 물에 사는 개구리류를 예전에는 발톱두꺼비라고 불렀으나 지금은 발톱개구리라고 부른다.

산파두꺼비

육상 생활을 하는 작은 개구리인 알리티다이과 개구리의 수컷은 밤에 암컷을 유인하기 위해 소리를 낸다. 수컷은 수정된 알을 자기 등에 붙여서 부화할 때까지 운반하다가 올챙이가 되면 물에 풀어 놓는다. 때때로 하나 이상의 암컷이 낳은 알을 운반하기도 한다. 암컷 한 마리가 여러 수컷과 짝짓기를 해 최대 1,000개의 알을 낳고 물에 떨어뜨린다.

산파두꺼비
Alytes obstetricans
서유럽과 중유럽에서 발견되는 산파두꺼비는 불룩한 몸과 땅을 파기에 적합한 힘센 앞다리를 가지고 있다. 낮에는 굴속에 숨는다.

아프리카청개구리와 근연종

아르트롤렙티다이과의 개구리들은 아프리카 사하라 이남의 숲, 삼림 지대, 초원과 일부 고도가 높은 지역에 분포한다. 높은 소리를 내는 탓에 '끽끽이'라 불리는 작은 종에서부터 대형 청개구리에 이르는 다양한 종을 포함한 대형 분류군이다.

서아프리카꽥꽥이
Arthroleptis poecilonotus
이 작은 개구리의 암컷은 흙 속의 빈 곳에 큰 알을 낳는다. 수컷은 특유의 큰 울음소리를 낸다.

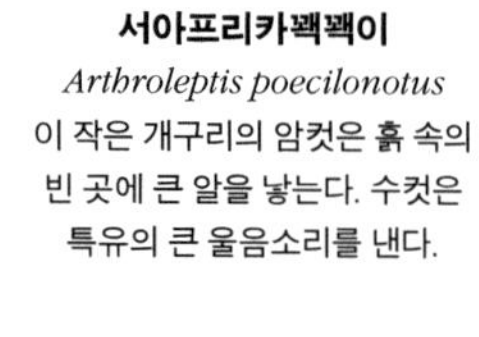

리오베니토긴손가락개구리
Cardioglossa gracilis
저지대의 숲에 살며 하천에서 번식한다. 수컷은 근처의 비탈에서 소리를 낸다.

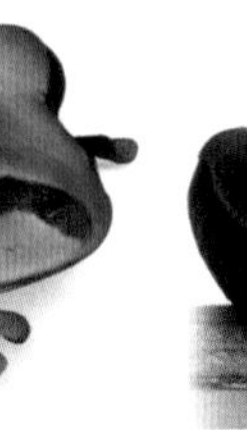

서카메룬숲청개구리
Leptopelis nordequatorialis
서아프리카 산간 지역 초원에 사는 대형 청개구리이다. 번식기가 되면 수컷은 물가에 있는 암컷을 향해 울음소리를 내고 암컷은 연못이나 습지에 산란한다.

아프리카청개구리
Leptopelis modestus
아프리카 서부와 중부 숲속의 하천 근처에서 발견된다. 암컷이 수컷보다 크다.

청개구리사촌

청개구리사촌과의 개구리들은 아메리카 중남부에서 발견되며 많은 종이 몸 아랫면의 피부가 투명해 내장이 들여다보이기 때문에 '유리개구리'라고도 불린다.

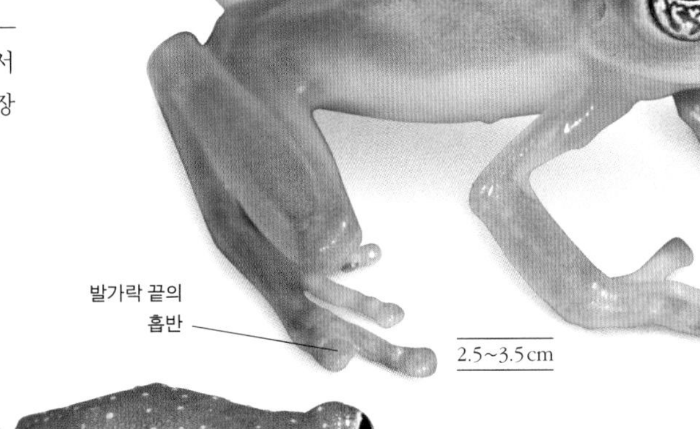

검은 망상 조직이 있는 은색의 눈

발가락 끝의 흡반

2.5~3.5cm

리몬거대유리개구리
Sachatamia ilex
하천 근처의 습한 식생에 있는 나무 위에 사는 개구리이다. 암녹색의 뼈가 피부를 통해 들여다보인다.

2~3cm

플라이슈만유리개구리
Hyalinobatrachium fleischmanni
수컷은 육상 생활을 하며 소리를 내어 영역을 방어하고 암컷을 유인한다. 암컷은 식물 이파리에 알을 낳는다.

2~3cm

흰점코크란개구리
Sachatamia albomaculata
저지대의 숲에서 발견되며 하천 근처에서 번식한다. 수컷은 근처 하층 식생에서 암컷을 부른다.

2~3cm

에메랄드유리개구리
Espadarana prosoblepon
나무 위에 살며 수컷은 영역성이 강하다. 소리를 내어 영역을 방어하며 때로는 거꾸로 매달려 경쟁자와 싸운다.

케라토프리다이

케라토프리다이과는 남아메리카의 뿔개구리로 머리가 크고 넓은 입을 가지고 있어 자기 몸 크기만 한 큰 먹이도 먹을 수 있다. 먹이가 사정거리에 들어올 때까지 잘 위장한 채로 가만히 앉아 기다린다.

눈 위의 '뿔'

넓은 입

9~14cm

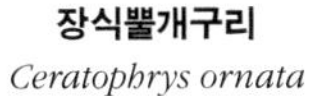

장식뿔개구리
Ceratophrys ornata
아르헨티나 초원에 사는 탐식성 포식자로 많은 비가 내린 후에 일시적으로 생긴 웅덩이와 도랑에 알을 낳아 번식한다.

8~13cm

크랜웰뿔개구리
Ceratophrys cranwelli
땅속에서 시간을 보내는 대형 개구리로 많은 비가 내린 후 밖으로 나와 짝짓기를 하고 웅덩이에 알을 낳는다.

4~10cm

버젯개구리
Lepidobatrachus laevis
납작한 몸에 넓은 입과 송곳니를 가지고 있다. 건기에는 땅속에 고치를 만들어 견디다가 비가 내린 후에 번식한다.

로버개구리

아메리카 대륙에서 발견되며, 크라우가스토리다이과의 개구리들은 올챙이를 거치지 않고 부화하자마자 성체와 동일한 형태로 발달한다. 알은 땅 위나 식생 속에 낳는다. 많은 종이 알을 돌본다.

넓은머리비개구리
Craugastor megacephalus
중앙아메리카에 살며 낮에는 굴속에 숨어 있다가 밤에 나와 활동한다. 낙엽 속에 알을 낳는다.

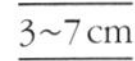

3~7cm

2~5cm

보니타섬로버개구리
Craugastor crassidigitus
중앙아메리카의 습한 숲 지대가 원산이며 땅에서 생활하는 개구리로 커피 농장과 목초지에서도 발견된다.

2.5~5.5cm

비개구리
Craugastor fitzingeri
숲에 살며 수컷이 더 높은 가지에 앉아서 자기보다 몸집이 큰 암컷을 부른다. 땅 위에 알을 낳아 암컷이 보호한다.

두꺼비

두꺼빗과의 동물들은 전 세계에 널리 분포하며 수가 많고 다양하다. 이들은 앞다리가 짧고 뒷다리를 이용해 걷거나 뛰며, 건조하고 우둘투둘한 피부와 눈 뒤에 측두샘(parotoid gland)을 가지고 있는 것이 특징이다. 그러나 두꺼빗과에는 좀 더 날씬하고 다리가 긴 남아메리카와 중앙아메리카의 독개구리와 스텁풋두꺼비도 포함된다.

로커스두꺼비
Amietophrynus rangeri
사하라 건조 지대와 나미브 사막을 제외한 아프리카 전역에서 흔히 볼 수 있는 건장한 두꺼비로 댐과 연못에서 번식한다. 수컷은 오리와 비슷한 귀에 거슬리는 울음소리를 내어 암컷을 유인한다.

말레이시아나무두꺼비
Rentapia hosii
동아시아에서 발견되며 두꺼비로서는 특이하게 나무 위에서 생활한다. 발가락에 빨판이 있어 나무를 기어오를 수 있다.

초록두꺼비
Bufotes viridis
서아시아와 유럽 원산의 화려한 색상의 두꺼비로 모래가 많은 곳에 산다. 봄에 굴에서 나와 연못에서 번식한다.

내터잭
Epidalea calamita
다른 두꺼비에 비해 다리가 짧으며 생쥐처럼 달린다. 유럽 전역에 분포하며 봄과 여름에 번식한다.

케라토바트라키다이

케라토바트라키다이과는 동남아시아, 중국 및 여러 태평양 제도에서 발견되며 커다란 알이 부화하면 올챙이를 거치지 않고 성체와 동일한 모양이 된다. 손가락과 발가락 끝이 남달리 크다.

피지땅개구리
Cornufer vitianus
피지 제도의 여러 섬에서 몽구스가 도입되면서 이 개구리 개체군이 사라져 버렸다.

솔로몬제도뿔개구리
Cornufer guentheri
뾰족한 주둥이와 눈 위에 뿔 모양의 돌출물을 가지고 있다. 낙엽 속에 숨는다.

무당개구리

무당개구릿과는 물에 사는 작은 두꺼비류로 유럽과 아시아에 분포한다. 납작한 몸에 색이 화려한 종이 많다. 무당개구리는 낮에 활동하나 필리핀과 보르네오에 사는 단조로운 색의 정글두꺼비는 야행성이다.

무당개구리
Bombina orientalis
중국과 한국에서 발견되는 작고 납작한 개구리로 피부에서 독을 분비할 수 있다. 공격받으면 밝은색의 배를 드러낸다.

비개구리

브레비키피티다이과의 개구리들은 아프리카 동부와 남부에서 발견된다. 짝짓기 중에는 몸집이 훨씬 작은 수컷이 특유의 피부 분비물을 이용해 암컷의 등에 달라붙는다.

사막비개구리
Breviceps macrops
굴을 파는 개구리다. 물에서 멀리 떨어져 가끔씩 바다 안개에 의해 수분이 공급되는 나미비아의 모래 언덕에서 생활하며 번식한다.

아메리카두꺼비
Anaxyrus americanus
북아메리카 동부에서 발견되는 두꺼비로 색상이 매우 다양하다. 연못에서 번식하며 수컷은 길고 떨리는 소리를 낸다.

코스타리카광대개구리
Atelopus varius
파나마와 코스타리카 원산의 공격적인 종으로 화려하고 다양한 체색을 가지고 있다. 하천 근처에 살며 낮에 활동한다.

트루안도두꺼비
Rhaebo haematiticus
아메리카 중부와 남부의 숲속 낙엽 아래 살며 머리가 넓적하다. 바위가 많은 웅덩이에 긴 실로 된 알을 낳는다.

가이아나뭉뚝발두꺼비
Atelopus barbotini
가이아나 원산의 작은 두꺼비로 몸이 납작하다. 숲속의 하천에서 연중 번식한다.

파나마황금개구리
Atelopus zeteki
파나마 원산이며 색이 화려하다. 큰 비가 내린 후 웅덩이에서 번식한다. 야생에서는 멸종된 것으로 보인다.

유럽두꺼비
Bufo bufo
유럽과 북아프리카 전역에서 발견되며 수컷이 암컷보다 크기가 작고 수가 많아 봄이 되면 약 3대 1의 비율로 교미한다.

초록나무타기개구리
Incilius coniferus
아메리카 중부와 남부 원산의 야행성 두꺼비로 식생 사이를 기어오르는 것이 자주 관찰된다.

독두꺼비
Rhinella marina
가장 큰 두꺼비 중 하나로 아메리카가 원산이지만 오스트레일리아에 도입되어 고유 야생종들에게 심각한 위협이 되고 있다.

코개구릿과

남아메리카에 서식하며 뾰족한 주둥이와 위장색을 가진 두 종이 있으며, 수컷은 알과 올챙이를 입에 물어서 운반한다. 나머지 종들은 드물고 알려진 바가 거의 없다.

다윈코개구리
Rhinoderma darwinii
칠레와 아르헨티나에서 발견되며 수컷이 울음주머니에 알을 넣어 독립할 때까지 키우는 독특한 형태의 양육 행동을 나타낸다.

가는발가락개구리

가는발가락개구릿과는 카리브 해 지역, 미국 남부, 남아메리카 북부에서 발견되며 알이 부화하면 바로 개구리가 된다. 일부 종은 몸 크기가 극히 작아서 뼈마디의 개수가 감소되어 있으며 극소수의 알(때로는 단 1개)을 낳는다.

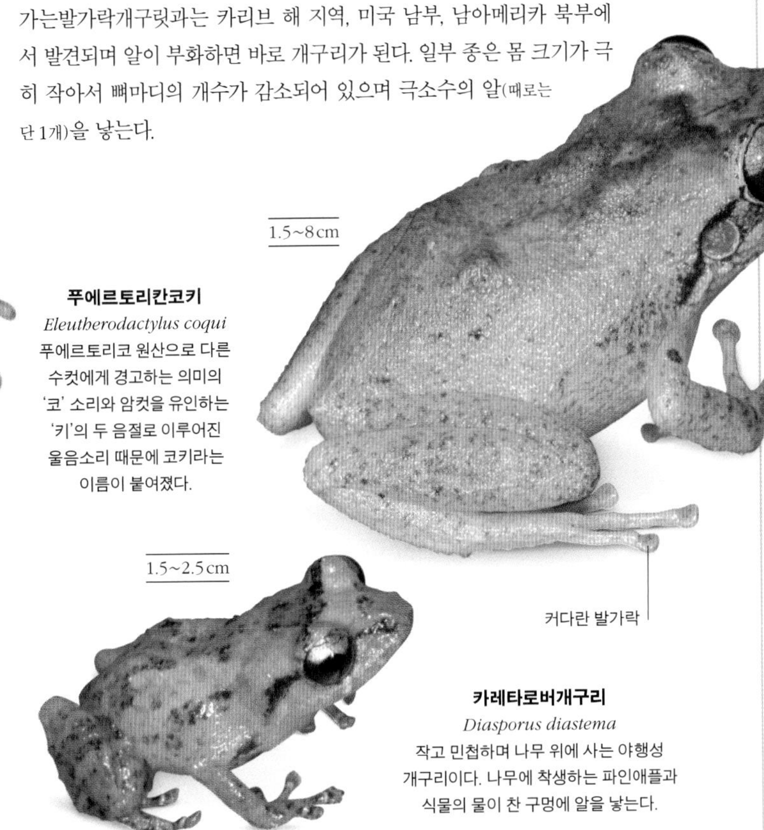

푸에르토리칸코키
Eleutherodactylus coqui
푸에르토리코 원산으로 다른 수컷에게 경고하는 의미의 '코' 소리와 암컷을 유인하는 '키'의 두 음절로 이루어진 울음소리 때문에 코키라는 이름이 붙여졌다.

카레타로버개구리
Diasporus diastema
작고 민첩하며 나무 위에 사는 야행성 개구리이다. 나무에 착생하는 파인애플과 식물의 물이 찬 구멍에 알을 낳는다.

독두꺼비

Rhinella marina

세계에서 가장 큰 두꺼비 중 하나로 엄청난 식욕을 지닌 강인한 생물이다. 바다두꺼비라고 불리기도 하지만, 주로 건조한 환경, 관목지 그리고 사바나 지형에 서식한다. 인간의 주거 지역에 사는 경우도 흔하며 가로등 아래에서 곤충이 떨어지기를 기다리는 경우도 많다. 암컷이 수컷보다 몸집이 크며, 가장 큰 암컷은 한배에 2만 개 이상의 알을 낳을 수도 있다. 수컷은 특유의 느리고 떨리는 저음으로 암컷을 유인한다. 생활사의 모든 단계에서 맛이 없거나 독이 있기 때문에 천적이 거의 없다. 오스트레일리아에서는 통제 불능일 정도로 왕성하게 번식하기 때문에 주요한 생태계 교란 종이 되고 있다.

크기 10~24센티미터
서식지 비산림 서식지
분포 아메리카 중부 및 남부가 원산이나 오스트레일리아와 기타 지역에 도입됨
먹이 육상 무척추동물

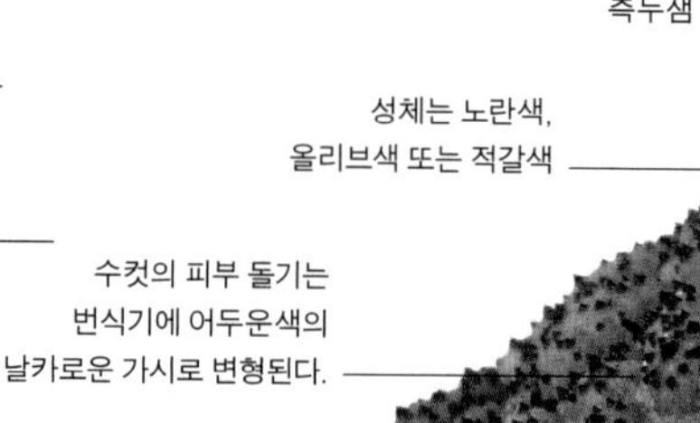

밤의 사냥꾼 >
독이 있는 피부로 무장하고 포식자를 개의치 않는 독두꺼비들은 밤이 되면 낮 동안 숨어 있던 장소에서 나와 먹이를 찾아 뛰어다닌다.

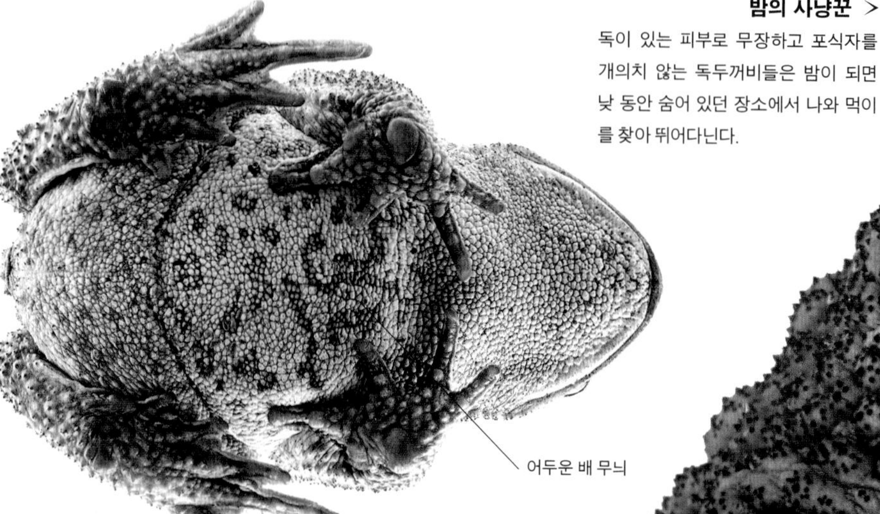

∧ 옅은 색의 배
독두꺼비의 배와 목은 비교적 부드러우며 전체적으로 옅은 색을 띤다. 두꺼비의 피부는 투습성인 탓에 낮에는 수분을 보존하기 위해 숨어 지내야 한다.

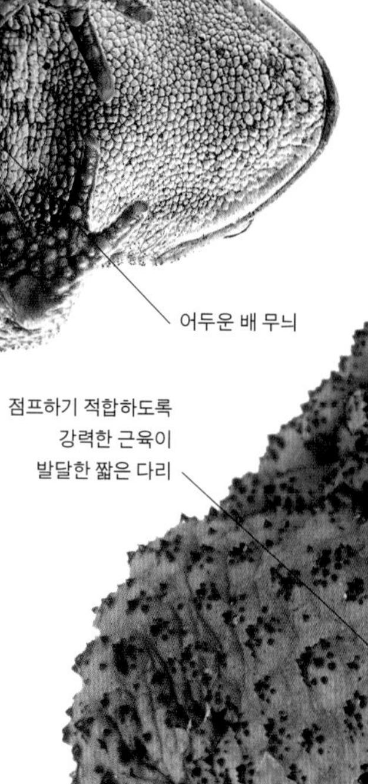

논쟁

생태계 교란 종의 방제

독두꺼비는 1935년 사탕수수 농장의 해충을 방제하기 위해 오스트레일리아 퀸즐랜드에 도입되었다. 이들은 오스트레일리아에서 번성해 고유 동물상을 파괴하고 본래의 서식지에서보다 훨씬 밀도 높은 개체군을 형성했다. 현재도 놀라운 속도로 확산되고 있어 오스트레일리아 동부와 북부 전체에서 발견되며 이보다 더 멀리 이주할 가능성이 높다. 과학자들은 이들의 수를 제한하고 서식지 확대를 억제할 방법을 찾고 있다.

∨ 보는 각도에 따라 색이 다른 홍채

다른 대부분의 두꺼비들처럼 독두꺼비도 커다랗고 돌출된 눈을 가지고 있다. 이들은 시력이 매우 좋아서 움직이는 작은 물체도 탐지할 수 있으며 곤충을 정확하게 낚아챌 수 있다.

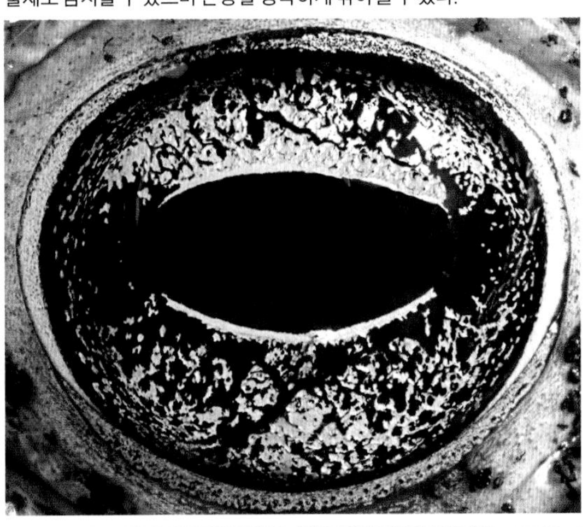

분비샘 >

머리 양옆에 있는 거대한 측두샘은 일부 포식자에게는 불쾌한 맛을 주고 대부분의 포식자에게는 치명적인 강력한 독을 분비한다.

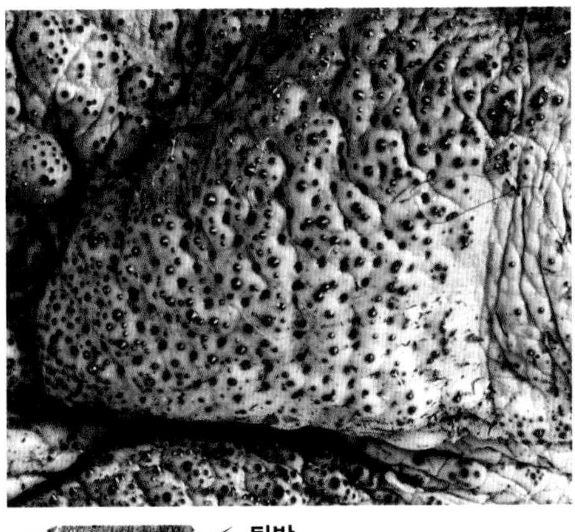

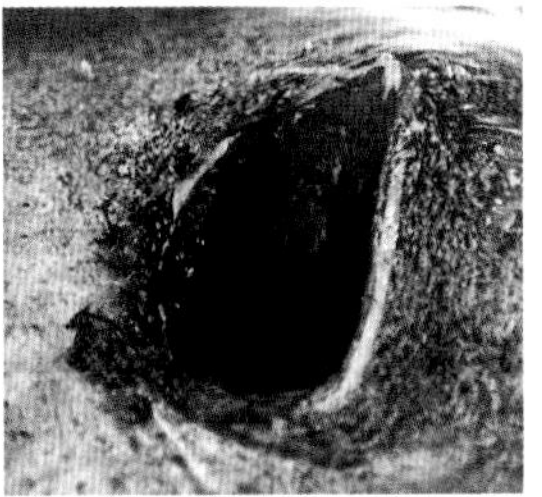

∧ 콧구멍

독두꺼비는 다른 두꺼비보다 먹이를 찾을 때 후각에 많이 의존하며 피부보다는 폐를 통해 더 많이 호흡한다.

귀 >

두꺼비들은 잠재적인 적을 판별하기 위해 귀에 의존한다. 밤에는 특히 암컷이 울음소리를 듣고 수컷을 찾는 데 귀가 중요한 역할을 한다.

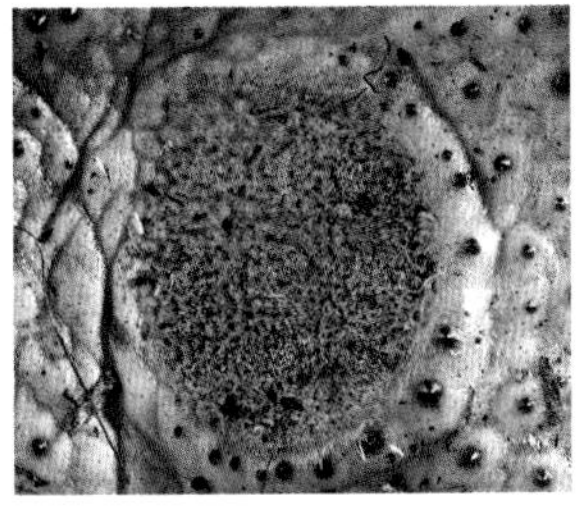

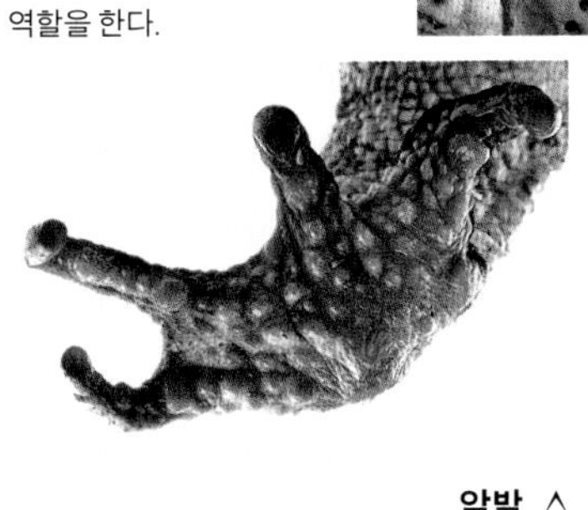

앞발 ∧

번식기가 되면 수컷은 첫 3개의 손가락에 어두운색의 뿔이 달린 교미 패드를 발달시킨다. 이를 통해 교미하는 동안 암컷을 꽉 움켜잡을 수 있다.

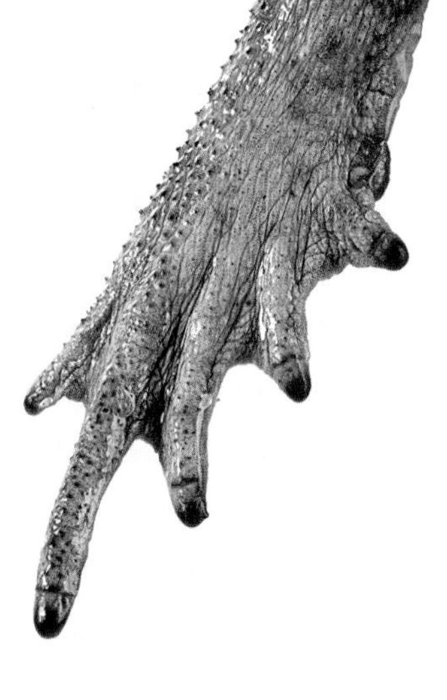

< 뒷발

뒷발의 긴 발가락에는 각각 뿔이 나 있어 두꺼비가 땅에서 뛰어오르거나 점프할 때 미끄러지지 않게 한다.

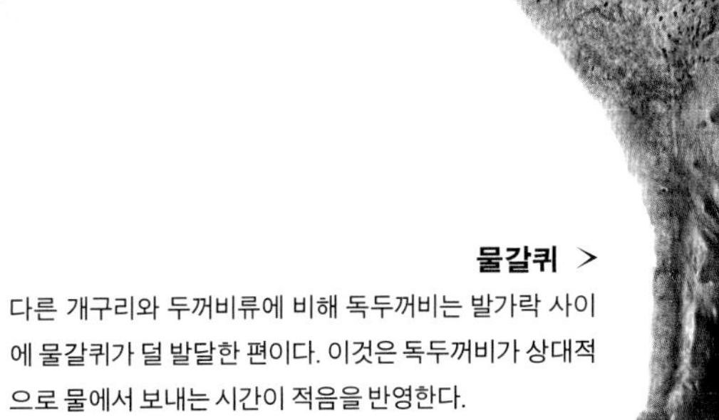

물갈퀴 >

다른 개구리와 두꺼비류에 비해 독두꺼비는 발가락 사이에 물갈퀴가 덜 발달한 편이다. 이것은 독두꺼비가 상대적으로 물에서 보내는 시간이 적음을 반영한다.

독화살개구리

독개구리 또는 독화살개구리라고도 불리는 덴드로바티다이과의 개구리들은 화사한 색상으로 유명하다. 포식자들에게 이 개구리가 먹는 곤충 먹이로부터 유래한 강력한 독이 피부에 함유되어 있음을 알리는 경고색이다. 중앙아메리카와 남아메리카의 숲속에 살며 낮에 활동한다.

흉내쟁이독개구리
Ranitomeya imitator
페루에서 발견되는 개구리로 체색이 다양해서 적어도 3종 이상의 다른 개구리와 외형이 비슷하다.

도리스스완슨독화살개구리
Andinobates dorisswansonae
2006년에 발견되었으며 콜롬비아 안데스 산맥의 숲속에서만 발견된다. 숲의 바닥과 키 작은 브로멜리아드 식물 위에서 산다.

넓적다리점독화살개구리
Allobates femoralis
남아메리카산으로 나뭇잎으로 만든 둥지에 암컷이 낳은 알을 수컷이 지킨다. 알이 부화하면 수컷이 올챙이들을 등에 실어 물가로 나른다.

알락독화살개구리
Phyllobates lugubris
독이 있으며 니카라과에서 파나마에 이르는 저지대 숲의 낙엽 속에서 발견된다. 수컷이 알과 올챙이를 돌본다.

황금독개구리
Phyllobates terribilis
독화살개구리 중에서 가장 독성이 강한 종으로 여겨지는 육상 종으로 콜롬비아 저지대 숲에서 발견된다.

우림로켓개구리
Silverstoneia flotator
코스타리카와 파나마에서 발견된다. 올챙이 때에는 입이 위쪽으로 비틀려 있어 수면 위의 먹이를 잡을 수 있다.

세줄독개구리
Ameerega trivittata
남아메리카에 사는 종으로 낮에, 특히 비 온 후에 운다. 낙엽 속에 알을 낳으며 인가 주변에서 흔히 발견된다.

주머니개구리

중앙 및 남아메리카에서 발견되는 헤미프락티다이과는 등에 알을 지고 다니며 알이 부화하면 올챙이를 거치지 않고 바로 개구리의 형태가 된다. 일부 종이 주머니에 알을 넣어 운반하기 때문에  '주머니개구리'라고 불린다.

수마코뿔개구리
Hemiphractus proboscideus
콜롬비아, 에콰도르 및 페루에서 발견되는 종이다. 암컷은 알을 등에 지고 다니지만 주머니는 없다.

갈대개구리

아프리카청개구리라고도 불리는 대형 분류군인 하이퍼롤리이다이과의 개구리들은 대개 나무, 관목 또는 물가의 갈대를 민첩하게 기어 올라가 짝을 찾고 알을 낳는다. 일부는 화려한 색을 갖고 있으며 암수의 색이 확연히 다르다.

붉은다리카시나
Kassina maculosa
동아프리카에 살며 발가락에 빨판이 있는 수생 개구리이다. 물속에 잠겨 있는 식생에 알을 낳으며 대형 올챙이로 부화한다.

풀라시바나나개구리
Afrixalus paradorsalis
서아프리카에서 발견되며 수면 위의 접힌 나뭇잎에 알을 낳는다. 수컷은 '찰칵'거리는 울음소리로 암컷을 유인한다.

2.5~6cm

초록독화살개구리
Dendrobates auratus
초록독화살개구리의 수컷은 영역을 확보하기 위해 싸운다. 또한 수컷이 알을 보호하다가 알이 부화하면 올챙이들을 나무 구멍에 괴인 작은 물웅덩이로 옮긴다.

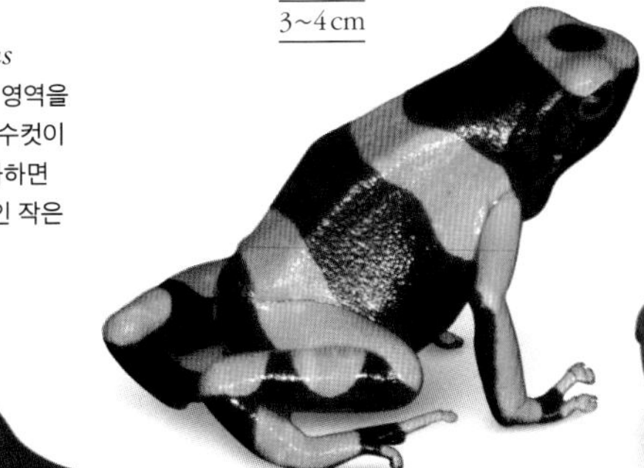
3~4cm

노랑줄무늬독화살개구리
Dendrobates leucomelas
남아메리카 북부의 습한 숲에서 발견되는 개구리로 먹이인 개미로부터 유래된 독을 피부에 함유하고 있다.

염색독개구리
Dendrobates tinctorius
남아메리카 종으로 푸른 색상에 형태가 매우 다양하다. 암수 모두 알을 보호하며 영역을 방어하는 시기에는 매우 공격적이다.

선홍색의 몸
둥그스름한 주둥이
2~2.5cm
빨판이 달린 발가락

딸기독화살개구리
Oophaga pumilio
이 종의 암컷은 올챙이들을 물이 고인 나무 구멍으로 운반하고 미수정란을 먹이로 주면서 새끼를 돌본다.

3~4cm

스플래시백독개구리
Adelphobates galactonotus
브라질 숲속의 낙엽 아래 살며 땅에 알을 낳았다가 올챙이가 되면 물가로 운반한다.

1.5~2cm

리오마데이라독개구리
Adelphobates quinquevittatus
브라질과 페루에서 발견되는 작은 개구리로 올챙이들을 물웅덩이로 운반해 암컷이 미수정란을 먹여 키운다.

2cm

과립독개구리
Oophaga granulifera
코스타리카와 파나마에서 발견된다. 암컷은 새끼에게 미수정란을 먹여 키운다.

2~2.5cm

브라질넛독개구리
Adelphobates castaneoticus
브라질에서 발견된다. 수컷은 개개의 올챙이들을 물이 고인 작은 나무 구멍에 넣어 둔다. 올챙이들은 대식가이다.

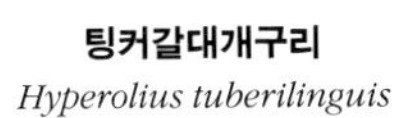
3~4.5cm

팅커갈대개구리
Hyperolius tuberilinguis
몸놀림이 민첩하고 큰 울음소리로 유명하다. 번식기에는 수천 마리의 수컷이 연못 주위에 모여 시끄럽게 합창을 한다.

발가락에 커다란 빨판
2~3.5cm
큰 눈

볼리팜바갈대개구리
Hyperolius bolifambae
서아프리카에 사는 작은 개구리로 관목지에 살며 웅덩이에서 번식한다. 수컷은 고음의 삑삑 소리를 낸다.

오스트레일리아땅개구리

림노디나스티다이과의 개구리들은 오스트레일리아와 뉴기니에서 발견되며 다수의 육상 종과 굴을 파는 개구리가 포함된다. 최근에 멸종한 2종은 특이하게도 위 속에 알을 넣어 돌보았다.

3~6cm

갈색줄무늬늪개구리
Limnodynastes peronii
오스트레일리아에 살며 건기에는 땅속에 몸을 묻어서 버틴다. 많은 양의 비가 내린 후에 번식을 위해 지상으로 나오며 거품으로 만들어 물 위를 떠다니는 둥지에 알을 낳는다.

청개구리

청개구릿과는 전 세계에 널리 분포하는 대형 분류군이다. 특히 신대륙에서 많이 발견된다. 길고 가느다란 다리를 가지고 있으며 손가락과 발가락에는 빨판이 있다. 대부분 나무 위에 살며 야행성이다. 모여서 시끄럽게 합창을 하는 습성을 가진 종이 많다.

멋쟁이잎개구리
Cruziohyla calcarifer
중앙아메리카와 남아메리카 북부에서 발견되며 나무 위 높은 곳에 산다. 기다랗고 물갈퀴가 있는 발을 낙하산처럼 사용해 나무에서 나무로 활강한다.

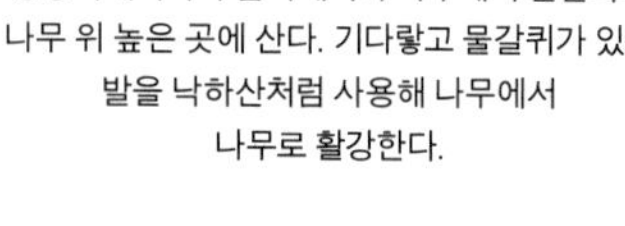

붉은눈개울개구리
Duellmanohyla rufioculis
코스타리카의 숲에서 발견되며 유속이 빠른 하천에서 번식한다. 올챙이들은 변형된 입을 사용해 바위에 달라붙는다.

고성청개구리
Pseudacris crucifer
미국 동부 및 캐나다의 습한 삼림 지대에서 발견되며 특유의 고음으로 봄이 왔음을 알린다.

5~7cm

파라독스개구리
Pseudis paradoxa
수생 종으로 올챙이의 몸길이가 개구리보다 4배나 길기 때문에 '거꾸로'라는 뜻의 파라독스개구리라는 이름을 얻었다. 남아메리카와 트리니다드에서 발견된다.

아마존우유개구리
Trachycephalus resinifictrix
남아메리카 숲의 임관부 높은 곳에서 살며 물이 고인 나무 구멍에 알을 낳으면 올챙이들이 자라서 성체가 된다.

로젠버그검투사개구리
Boana rosenbergi
중앙 및 남아메리카에 산다. 수컷은 암컷이 알을 낳을 수 있도록 습한 땅에 웅덩이를 파고 경쟁자로부터 웅덩이를 지키기 위해 싸운다.

4~5cm

오렌지다리잎개구리
Phyllomedusa hypochondrialis
남아메리카 북부의 건조한 지역에 산다. 식생을 기어오르는 습성이 있으며 피부에 왁스형 분비물을 문질러 수분 손실을 줄인다.

발가락의 빨판

다리주름장식청개구리
Ecnomiohyla miliaria
중앙아메리카의 대형 청개구리로 다리에 피부로 이루어진 주름 장식이 있어 나무에서 나무로 활강할 수 있다.

불린저청개구리
Scinax boulengeri
중앙아메리카와 콜롬비아에서 발견되며 비 온 후에 생긴 웅덩이에서 번식한다. 수컷은 매일 밤 같은 위치에서 짝을 유인하는 울음소리를 낸다.

쿠바청개구리
Osteopilus septentrionalis
쿠바, 케이먼 제도 및 바하마 원산으로 플로리다에 유입된 후 고유 개구리 종을 잡아먹어 감소시키고 있다.

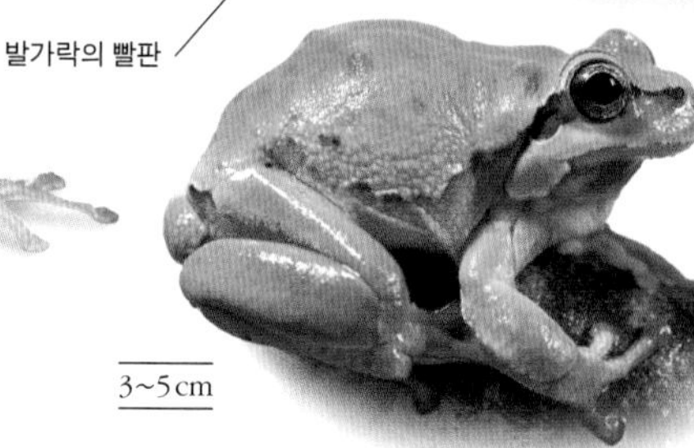

유럽청개구리
Hyla arborea
유럽청개구리의 수컷은 봄에 모여서 암컷을 유인하기 위해 시끄럽게 합창을 한다. 짝을 지으면 가까운 연못으로 내려가 알을 낳는다.

붉은눈청개구리
Agalychnis callidryas
기어오르는 솜씨가 뛰어나며 물 위로 드리워진 나뭇가지 위에서 짝짓기를 한다. 나뭇잎에 낳은 알이 부화하면 올챙이들은 물속으로 떨어진다.

3~5cm

리머개구리
Agalychnis lemur
중앙아메리카산 청개구리로 야행성이며 낮에는 나뭇잎 아래에서 잠을 잔다. 물 위로 드리워진 나뭇잎에 알을 낳는다.

큰넓적머리청개구리
Osteocephalus taurinus
남아메리카의 숲속 나무 위에 사는 종이다. 비 온 후에 짝짓기를 해 웅덩이의 수면에 알을 낳는다.

작은머리청개구리
Dendropsophus microcephalus
중앙 및 남아메리카와 트리니다드에서 발견되며 웅덩이에서 번식한다. 낮에는 희미한 노란색을 띠나 밤에는 적갈색이 된다.

2~3cm

수평 방향의 동공

5~10cm

오스트레일리아 녹색청개구리
Litoria caerulea
오스트레일리아 북동부 및 뉴기니에서 발견되며 민첩하게 나무를 기어오르는 개구리로 종종 인가 주변에서 발견된다.

왕관청개구리
Anotheca spinosa
멕시코와 중앙아메리카 원산인 대형 개구리로 파인애플과 식물 및 바나나나무에 살며 물이 고인 구멍에 알을 낳는다.

가면청개구리
Smilisca phaeota
중앙 및 남아메리카의 습한 숲에 서식하며 밤에만 활동하는 종으로 작은 웅덩이에 알을 낳는다.

경골성 돌출물

5~7.5cm

유카탄투구머리청개구리
Triprion petasatus
멕시코 및 중앙아메리카의 저지대 숲에 서식한다. 나무 구멍에 숨으면서 머리 위의 경골성 돌출물을 사용해 입구를 막는다.

뉴질랜드개구리

레이오펠마티다이과에 속하는 4종의 개구리는 모두 뉴질랜드에만 서식한다. 다른 개구리보다 척추뼈가 많고 헤엄칠 때 양 다리를 번갈아 차는 것이 특징이다. 습한 숲에 살며 야행성이다.

코로만델뉴질랜드개구리
Leiopelma archeyi
뉴질랜드 북섬에서만 발견되는 육상 종으로 통나무 아래에 알을 낳는다. 서식지 파괴와 질병으로 인해 심각한 멸종 위기에 처해 있다.

열대풀개구리

레이우페리다이과는 북아메리카, 중앙아메리카, 남아메리카, 인도 서부의 땅 위에 서식하는 거대하고 다양한 과를 이룬다. 뾰족한 주둥이와 강한 뒷다리를 가졌으며 다양한 방식으로 번식하며 많은 종이 거품 둥지에 알을 낳는다.

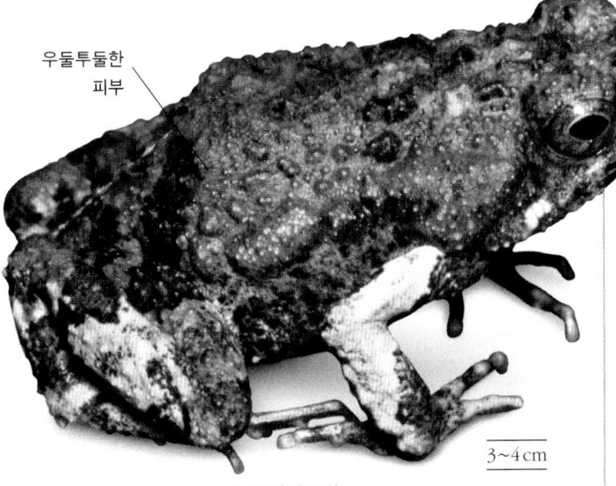

퉁가라개구리
Engystomops pustulosus
중앙아메리카에 사는 이 종은 짝짓기를 하는 동안에 암컷이 분비한 분비물로 수컷이 거품 둥지를 만든 후 그 속에 알을 낳는다.

만텔라

마다가스카르와 마요트 섬에서만 발견되는 만텔라과는 낮에 활동한다. 많은 종이 피부에 강력한 독이 있음을 경고하는 화려한 색을 띠고 있다. 대부분 서식지 파괴 및 반려동물 국제 거래로 인해 위협받고 있다.

4.5~8cm

흰입술개구리
Boophis albilabris
마다가스카르에서만 발견되는 대형 개구리로 번식지인 하천에서 가까운 나무 위에 산다. 뒷발에는 완전한 물갈퀴가 발달해 있다.

5~6cm

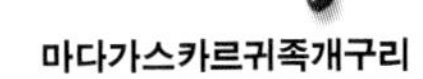

마다가스카르귀족개구리
Spinomantis elegans
암석질의 노두(암석이나 지층이 식생에 덮이지 않고 노출되어 있는 곳)에 서식하는 개구리로 고도가 높은 곳, 심지어 수목 한계선 이상에서도 발견된다. 하천에서 번식한다.

거칠고 촉촉한 피부

2~3cm

마다가스카르황금만텔라
Mantella aurantiaca
마다가스카르 우림에 사는 이 작은 개구리의 화려한 색상은 잠재적인 포식자에게 강력한 독의 존재를 경고하는 기능을 한다.

2~2.5cm

마다가스카르만텔라
Mantella madagascariensis
마다가스카르만텔라는 숲속의 하천에서 번식하며 서식지 파괴로 인해 위협받고 있는 종이다. 수컷은 짧게 짹짹 소리를 낸다.

작은입개구리

다양성이 높은 대형 분류군인 미크로힐리다이과의 개구리들은 아메리카, 아시아, 오스트레일리아 및 아프리카에서 발견된다. 대부분 땅 위를 돌아다니며 일부는 굴속에서 산다. 통통한 뒷다리, 짧은 주둥이, 종종 물방울 형태의 볼록한 몸매를 가지고 있다.

5~7.5cm

줄무늬두꺼비
Kaloula pulchra
아시아에 널리 분포하는 종으로 인가 주변에서 살도록 잘 적응했다. 유독성의 끈적끈적한 피부 분비물을 사용해 자신을 보호한다.

8~12cm

토마토개구리
Dyscophus antongilii
마다가스카르 원산으로 낮에는 흙 속에 숨어 있다가 밤에 먹이를 찾으러 나온다. 끈적끈적한 피부 분비물을 이용해 포식자들로부터 자신을 보호한다.

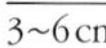

3~6cm

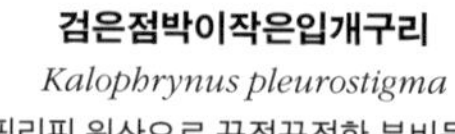

검은점박이작은입개구리
Kalophrynus pleurostigma
필리핀 원산으로 끈적끈적한 분비물을 생산해 자신을 보호한다. 비 온 후의 작은 웅덩이에서 번식한다.

2~3.5cm

캐롤라이나작은입두꺼비
Gastrophryne carolinensis
미국 남동부에서 발견되며 굴을 파는 두꺼비로 모든 규모의 수역에서 번식한다. 수컷의 울음소리는 양의 '매애' 하고 우는 소리와 유사하다.

2~2.5cm

큰몽당발가락개구리
Stumpffia grandis
소형 육상 종으로 마다가스카르 고지 숲의 낙엽 속에서 발견된다.

메고프리다이

메고프리다이이과는 아시아 전역에서 발견되는 작은 분류군으로 체형과 무늬가 나뭇잎 사이에서 위장하기 좋다. 점프하는 경우보다는 걸어 다닐 때가 많다.

눈꺼풀 위 뿔 모양의 돌출물

검은 무늬가 있는 위장색

7~14cm

아시아뿔개구리
Pelobatrachus nasuta
먹이를 기다리는 동안 낙엽 속에 몸을 숨길 수 있다. 암컷은 하천의 돌이나 통나무 아래에 알을 낳는다.

파슬리개구리

펠로디티다이과에는 단 4종이 속하며, 유럽과 코카서스 지역에 국한된다. 초록색 무늬 때문에 파슬리개구리라는 이름을 얻었으며 비 온 후의 넓은 물줄기에 알을 낳는다.

3~5cm

파슬리개구리
Pelodytes punctatus
유럽산으로 매끄러운 수직의 표면을 기어오를 때에는 몸 아랫부분을 빨판처럼 사용한다. 암수 모두 번식기에 소리를 낸다.

혀없는개구리

물속 생활에 잘 적응되어 있어서 몸이 납작하고, 뒷다리에는 완전한 물갈퀴가 있으며 눈은 위로 튀어나와 있어 수면 위도 볼 수 있다. 이름에서 알 수 있듯이 피파다이과의 개구리들은 혀가 없다. 다양한 먹이를 먹으며 동물 사체를 먹기도 한다.

먹이를 찢는 데 쓰는 발톱

3~5cm

프레이저발톱개구리
Xenopus fraseri
아프리카 서부와 중부에서 발견되는 완전 수생 종으로 인간에 의해 변형된 서식지에서 번성하며 식용으로 포획되기도 한다.

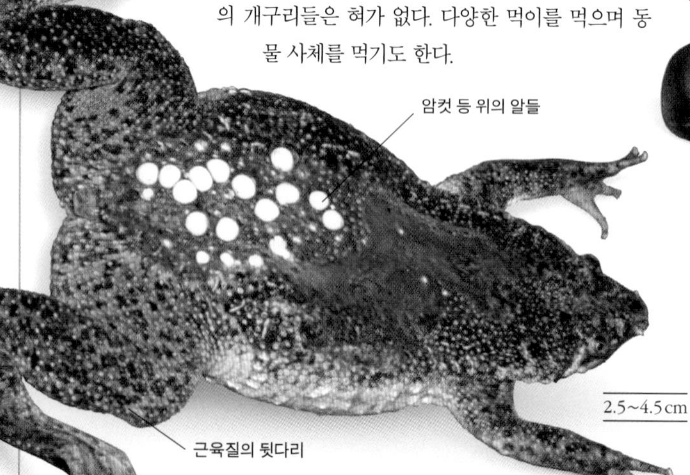

암컷 등 위의 알들

근육질의 뒷다리

2.5~4.5cm

난쟁이수리남두꺼비
Pipa parva
베네수엘라와 콜롬비아에서 발견되는 완전 수생 종으로 암컷의 등 위에서 알이 발달한다.

쟁기발두꺼비

유라시아와 북아프리카에서 발견되는 작은 과인 펠로바티다이과의 개구리들은 뒷다리에 뿔 모양의 돌기가 있는 것이 특징이다. 돌기를 사용해 땅을 판 후 그 안에서 비가 오기를 기다린다.

4~8cm

쟁기발두꺼비
Pelobates fuscus
유럽과 아시아에서 발견되는 종으로 체색이 다양하다. 공격을 받으면 몸이 부풀어 오른다.

디크로글로시다이

아프리카, 아시아 및 태평양 제도의 여러 섬에서 발견되는 다양한 종이 디크로글로시다이과에 속한다. 대부분 육상 생활을 하지만 물 가까이에서 발견된다. 물속에 알을 낳고 독립 생활을 하는 올챙이 단계를 거친다.

인도황소개구리
Hoplobatrachus tigerinus
남아시아에 사는 몸집이 크고 대식가인 개구리로 장마철에 번식한다. 수컷은 특히 큰 소리를 낸다.
6.5~17cm

라자말리흑개구리
Fejervarya kirtisinghei
스리랑카에서만 발견되는 개구리로 하천에서 가까운 낙엽 속에 살며 농장이나 정원에서 번성한다.
2.5~4.5cm

스키터개구리
Euphlyctis cyanophlyctis
남아시아에 널리 분포하는 수생 개구리로 수면 위를 잽싸게 달리는 능력으로 유명하다.
4~6.5cm

마틴흙탕개구리
Occidozyga martensii
중국과 동남아시아에서 발견되는 작은 개구리로 숲속의 하천이나 강 주변의 웅덩이에 산다.
1.5~2cm

골리앗개구리

골리앗개구리과에는 유속이 빠른 강과 하천에서 살며 번식하는 아프리카의 대형 반수생 개구리 6종이 포함된다. 수컷은 울음소리를 내지 않는 것으로 알려져 있으며, 암컷은 강바닥의 자갈과 바위 사이에 알을 낳는다.

골리앗개구리
Conraua goliath
서아프리카산으로 세계에서 가장 큰 개구리이다. 수생 종으로 다리 힘이 세고 발에 물갈퀴가 있어서 빠르게 헤엄칠 수 있다.

참개구리

전형적인 개구리의 형태를 하고 있어 참개구리류로 불리는 대형 분류군으로 세계 대부분의 지역에서 발견된다. 개구릿과에 속하는 대부분이 강력한 뒷다리를 가지고 있어 땅 위에서는 운동선수처럼 뛰어오르고 물속에서는 빠르게 헤엄칠 수 있다. 이른 봄에 번식하며 여럿이 한곳에 모여서 알을 낳는다.

식용개구리
Pelophylax esculentus
널리 분포하는 유럽산 펠로필락스 레소나이(*Pelophylax lessonae*)와 지역 종의 잡종으로 물속이나 물가에 산다.
8~12cm

피커렐개구리
Rana palustris
북아메리카 여러 지역에서 발견되며 봄에 번식한다. 암컷은 2,000~3,000개의 알이 들어 있는 덩어리 형태로 산란한다.
6~7cm

나무개구리
Rana sylvaticus
아메리카산으로는 유일하게 북극권 한계선 이북에서 발견된다. 이른 봄에 물고기가 없는 일시적으로 생긴 웅덩이에서 번식한다.
3.5~8cm

미국황소개구리
Rana catesbeianus
탐욕스러운 포식자로 올챙이가 완전한 성체로 발달하기까지 최대 4년이 걸린다. 북아메리카에서 가장 큰 개구리이다.
9~20cm

산개구리
Rana temporaria
초원개구리라고도 부르며, 대부분의 시간을 지상에서 보내다가 봄에 번식을 위해 연못으로 이동한다. 덩어리 형태의 알을 낳는다.

프리노바트라키다이

프리노바트라키다이과는 사하라 이남 지역에만 서식하는 작은 육상 또는 반수생 개구리들이다. 연중 번식하며 물에 산란한다. 성체가 되기까지 5개월이 소요된다.

황금흙탕개구리
Phrynobatrachus auritus
매우 작은 웅덩이에서만 번식하기 때문에 붙은 이름이다. 땅에 굴을 파고 살며 중앙아프리카 우림에서 발견된다.

장식개구리와 풀개구리

아프리카, 마다가스카르, 세이셸의 넓은 평야에서 발견되는 프티카데니다이과의 개구리들 중 다수는 화려한 색을 가지고 있다. 유선형의 몸과 힘센 뒷다리를 가지고 있어 뜀박질 실력이 출중하다.

마스카렌이랑개구리
Ptychadena mascareniensis
농경지에서 흔히 서식하며 다리가 길고 주둥이가 뾰족하다. 비 온 뒤에 물이 고인 작은 웅덩이, 도랑에서 번식한다.

아프로아시안청개구리

라코포리다이과는 아프리카와 아시아에 널리 분포하며 대부분 나무 위에 산다. 나무에서 나무로 활강하는 비행개구리도 포함된다. 다수가 거품 둥지 속에 알을 낳아 알과 올챙이를 포식자로부터 보호한다.

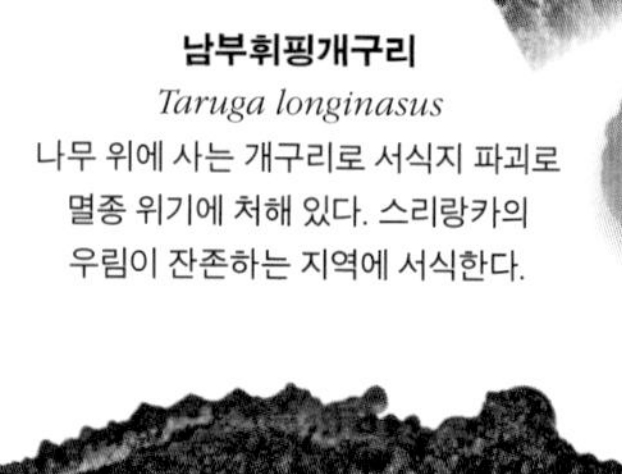

남부휘핑개구리
Taruga longinasus
나무 위에 사는 개구리로 서식지 파괴로 멸종 위기에 처해 있다. 스리랑카의 우림이 잔존하는 지역에 서식한다.

아프리카거품둥지청개구리
Chiromantis rufescens
아프리카 서부 및 중부의 숲에서 발견되며 물 위 나뭇가지에 거품 둥지를 부착시킨다.

7~9cm

이끼개구리
Theloderma corticale
베트남에 분포하며 초록색의 울퉁불퉁한 피부를 이용해 이끼 속에 몸을 감춘다. 위협을 받으면 몸을 둥글게 만다.

반짝거리는 초록색

9~10cm

길고 물갈퀴가 잘 발달해 있는 앞발과 뒷발

월리스비행개구리
Rhacophorus nigropalmatus
동남아시아 우림에 분포하며 나무 위에 산다. 발가락 사이에 물갈퀴가 있어 나무 사이를 활강한다.

픽시케팔리다이

픽시케팔리다이과는 아프리카 사하라 이남에 서식하며, 황소개구리부터 참개구리 또는 작은 이끼개구리까지 크기가 다양하다. 대부분 물속에 알을 낳지만 일부 몸집이 작은 종들은 지상에 알을 낳기도 한다.

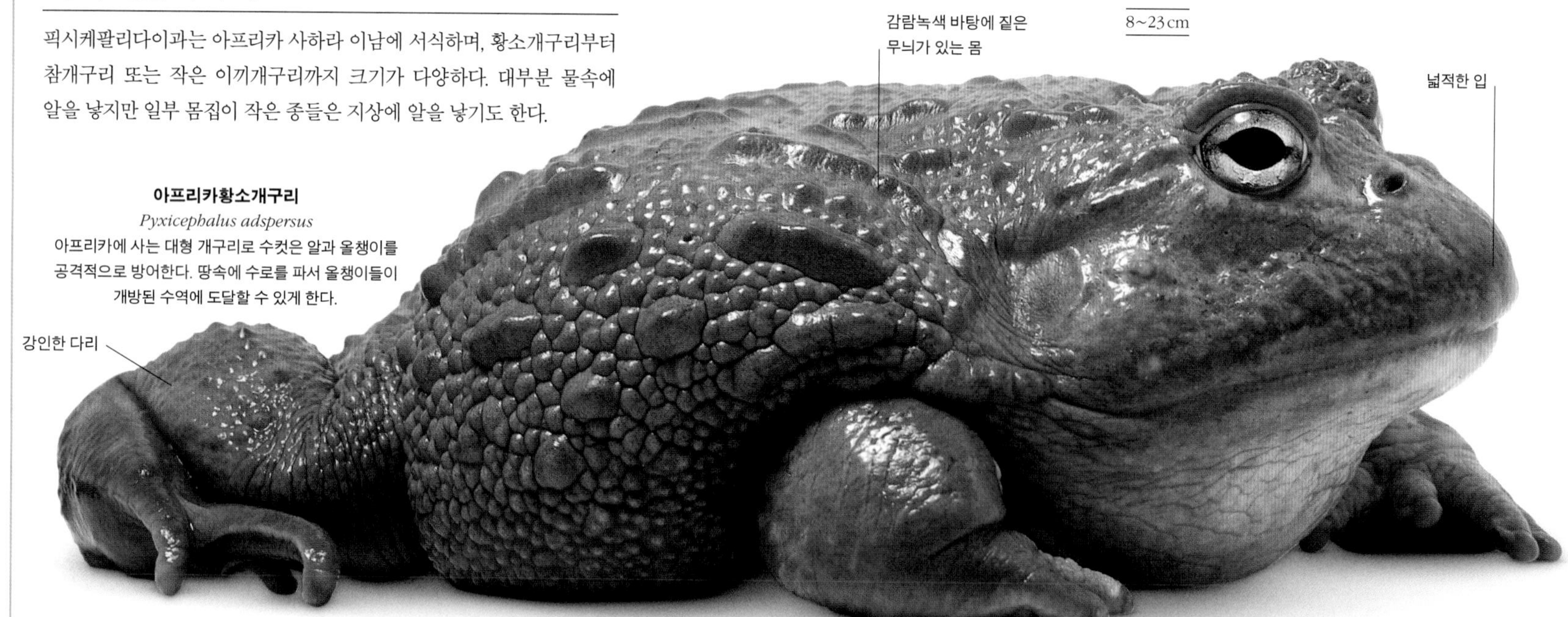

아프리카황소개구리
Pyxicephalus adspersus
아프리카에 사는 대형 개구리로 수컷은 알과 올챙이를 공격적으로 방어한다. 땅속에 수로를 파서 올챙이들이 개방된 수역에 도달할 수 있게 한다.

멕시코굴두꺼비

리노프리니다이과에 속하는 유일한 종인 이 굴두꺼비는 땅을 판 후 작은 입에서 길고 가느다란 혀를 내밀어 개미를 잡아먹는다.

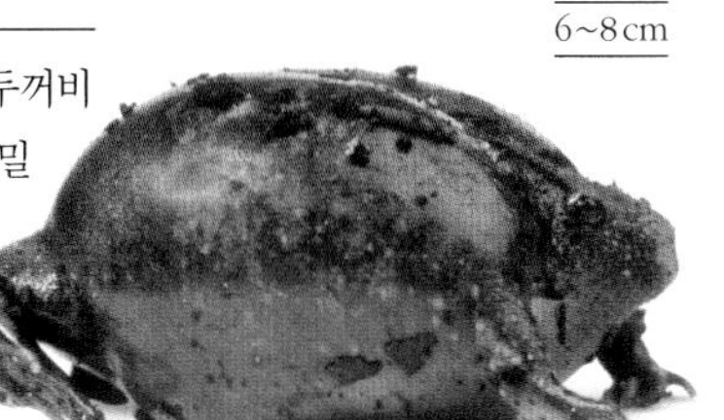

6~8cm

멕시코굴두꺼비
Rhinophrynus dorsalis
특이하게 생긴 이 두꺼비는 대부분의 시간을 땅속에서 보내며 비 온 후에 일시적인 웅덩이가 생겼을 때에만 번식을 위해 지상으로 나온다.

아메리카쟁기발두꺼비

스카피오포디다이과에 속하는 두꺼비들은 건조한 땅에 살며 장기간 땅속에서 지낸다. 비가 온 후에 일시적으로 생긴 웅덩이에서 번식하기 위해 지상으로 나오는데, 이 웅덩이들은 금방 말라 버리기 때문에 올챙이들은 매우 빠르게 발달한다.

5.5~9cm

4~6cm

평야쟁기발두꺼비
Spea bombifrons
북아메리카와 멕시코의 건조한 평야에서 발견되며 낮에는 굴속에 숨어 있다. 다량의 비가 내린 후에 많은 수가 모여서 번식을 한다.

카우치쟁기발두꺼비
Scaphiopus couchii
북아메리카 종으로 건조한 지역에 살며 대부분 땅속에서 보낸다. 밤에 먹이를 찾으러 나오거나 많은 비가 내린 후에 번식을 위해 지상으로 나온다.

얼룩무늬가 있는 녹갈색 피부

스트라보만티다이

남아메리카와 카리브 연안의 소형 개구리들 중 다수가 스트라보만티다이과에 속한다. 올챙이 단계 없이 부화하자마자 성체의 축소판 형태로 발달한다.

1.5~3.5cm

리몬로버개구리
Pristimantis cerasinus
낮에는 낙엽 속에 숨어 있다가 밤에는 나무 위에서 생활하는 작은 개구리로 중앙아메리카의 습한 저지대 숲에서 발견된다.

2~4cm

골든그로인개구리
Pristimantis cruentus
중앙 및 남아메리카에서 발견되는 작은 육상 개구리로 나무줄기 틈새에 알을 낳는다.

1.5~2.5cm

피그미비개구리
Pristimantis ridens
중앙 및 남아메리카 숲에서 발견되는 작은 야행성 개구리로 정원에서 번성하며 낙엽 속에 알을 낳는다.

무족영원

무족영원류는 몸이 길고 다리가 없으며 꼬리가 매우 짧거나 없는 양서류이다. 피부 속에 고리 모양의 체절(體節)이 있어서 마치 마디가 있는 것처럼 보인다.

모든 무족영원류가 열대 지역에 서식한다. 몸길이가 다양하며 땅속에서 뾰족하고 단단한 머리를 삽처럼 사용해 흙을 파고 돌아다닌다. 밤에, 특히 비 온 후에 지렁이, 흰개미 및 기타 곤충을 잡아먹으러 지상으로 나온다. 나머지 종들은 물속에서 지내고 지상으로는 거의 올라오지 않는다. 꼬리에 지느러미가 있고 뱀장어처럼 생겼다. 눈은 원시적인 형태로 먹이와 짝을 찾을 때는 후각에 의존한다. 눈과 콧구멍 사이에는 넣었다 뺐다 할 수 있는 촉수가 있어서 코에 화학적 신호를 전달한다.

모든 무족영원류가 체내 수정을 한다. 일부는 알을 낳지만 다른 종들은 알이 암컷의 체내에 머무른다. 새끼는 아가미가 있는 유생인 경우도 있고 성체의 축소판인 경우도 있다.

문	척삭동물문
강	양서강
목	무족영원목
과	10
종	214

50cm

보라무족영원
Gymnopis multiplicata
중앙아메리카에서 육상 생활을 하며 광범위한 서식지를 차지한다. 알이 암컷의 체내에서 부화한다.

이크티오피이다이

이크티오피이다이과는 아시아에서 발견되며 물 주변의 흙 속에 알을 낳는다. 암컷은 알 주변에 머무르며 유생들이 개방된 수역에 이를 때까지 보호한다.

33cm

머리에서 몸 끝 부분까지 노란 줄이 있음

코타오무족영원
Ichthyophis kohtaoensis
동남아시아의 다양한 서식지에서 발견되는 무족영원류로 지상에 알을 낳지만 유생은 물에서 산다.

데르모피스

아프리카에 서식하는 두꺼운 원통형 무족영원류로서 지표면 아래에 서식하며 대부분 갈색, 회색 또는 짙은 보라색이지만 노란색도 있다. 일부 종에는 눈이 없다. 새끼를 낳는다.

무족영원

무족영원과의 대부분이 땅속에 굴을 파고 산다. 열대 지역에서 발견되며 몸길이가 매우 다양해 1.5미터 이상까지 자라기도 한다. 일부는 알이 부화해 유생 단계를 거치는데 다른 종에서는 유생이 암컷의 체내에서 발달한다.

37~91cm

산타로사무족영원
Caecilia attenuata
아마존 에콰도르의 습한 저지대 숲에서 드물게 관찰되는 회청색의 무족영원으로 굴을 파고 산다. 농장과 정원 등의 하급 서식지에서도 발견된다.

도롱뇽과 영원

개구리 등의 다른 양서류와 달리 도롱뇽과 영원은 일반적으로 도마뱀을 닮은 날씬한 몸매에 긴 꼬리, 그리고 크기가 비슷한 4개의 다리를 가지고 있다.

영원과 도롱뇽을 통틀어 유미류라고도 부르는데 대개 습한 서식지에서 발견되며 주로 북반구에만 분포한다. 캐나다에서 남아메리카 북부 지역까지 아메리카 대륙에 다수가 서식하고 있다. 몸길이가 1미터 이상인 큰 종부터 2센티미터의 아주 작은 종까지 크기가 매우 다양하다.

양서류의 생활사

영원류를 포함하는 몇몇 종들은 생활사의 일부는 물속에서, 일부는 지상에서 보낸다. 일부 도롱뇽들은 일생을 물속에서만 보내는 반면 다른 종들은 전적으로 육상 생활만 하기도 한다. 대부분 매끄럽고 촉촉한 피부를 가지고 있으며 피부 호흡에 더 많이 의존하는 경우도 있고 덜 의존하는 경우도 있다.

폐없는도롱뇽과의 도롱뇽들은 폐가 없으며 전적으로 피부와 입천장을 통해 호흡을 한다. 유미류는 개구리나 두꺼비에 비해 상대적으로 머리가 작으며 눈도 작아서 먹이를 찾거나 사회적 상호 작용을 할 때에는 후각이 가장 중요한 감각 기관이 된다. 대부분의 종, 특히 육상 생활을 하는 종이 야행성이며 낮에는 통나무 또는 바위 밑에 숨어 있다.

번식

대부분의 종에서 알은 암컷의 체내에서 수정된다. 수컷은 음경이 없으며 교미하는 동안에 정포, 즉 정자주머니를 암컷에게 전달한다. 정자를 전달하기 전에 수컷은 정교한 구애 행동을 펼쳐서 암컷이 교미에 협조하도록 유도한다. 물론 암컷이 교미를 거부하기도 한다. 많은 영원류 수컷이 번식기에 등볏과 화려한 교미색을 나타낸다.

많은 종이 물속에다 알을 낳는다. 부화한 유생은 길고 호리호리한 몸에 지느러미 같은 꼬리와 커다란 깃 모양의 겉아가미를 가지고 있다. 유생들은 육식성으로 작은 수생 동물을 잡아먹는다. 전적으로 육상 생활만 하는 도롱뇽들은 예외인데 이들은 지상에 알을 낳으며 유생 단계가 알 내부에서 완료되기 때문에 부화 시에는 성체를 닮았지만 크기만 작은 형태로 나온다.

문	척삭동물문
강	양서강
목	유미목
과	10
종	754

알프스영원 수컷이 교미 전에 암컷의 냄새를 맡고 있다. 냄새는 교미 상대의 종과 성별을 판별하는 데 도움이 된다.

사이렌

사이렌과 도롱뇽들은 수생 종으로 미국 남부와 멕시코에 서식한다. 성체가 된 후에도 유생의 특징을 보유하며 뱀장어를 닮았다. 겉아가미가 있으며 뒷다리가 없다.

매끄럽고 끈적끈적한 피부

50~90cm

큰사이렌
Siren lacertina
작은 앞다리와 지느러미처럼 생긴 꼬리가 있으며 미국 동남부 및 멕시코 북동부의 얕은 강, 호수 및 연못에 산다.

토렌트도롱뇽

미국 북서부의 말단 지역에만 서식하는 리아코트리토니다이과는 4종으로 구성된다. 다부진 체격의 반수생 종들로 물속 바위 밑에 알을 낳으며 유생은 물속에서 산다.

7.5~11.5cm

컬럼비아토렌트도롱뇽
Rhyacotriton kezeri
오리건 및 워싱턴 주의 숲속에만 서식하는 도롱뇽으로 샘물에 산란한다. 과도한 벌목으로 그 수가 심각하게 감소되었다.

영원과 유럽도롱뇽

살라만드리다이과의 도롱뇽들은 소형 또는 중형의 도롱뇽과 영원으로 유럽, 북아프리카, 아시아 및 북아메리카에서 발견된다. 수컷이 정교한 구애 행동을 하는 동안 정포에 담은 정자를 암컷에게 전달하면 암컷의 체내에서 알을 수정시킨다.

12~20cm

캘리포니아영원
Taricha torosa
야행성으로 봄에 짝을 짓기 위해 연못에 들어가 알을 낳는다. 포식자를 물리치기 위해 치명적인 신경 독을 분비한다.

크로커다일영원
Tylototriton verrucosus
중앙아시아에서 발견되며 장마 후에 연못에서 번식한다. 주황색 무늬는 불쾌한 맛의 분비물을 나타내는 경고색이다.

15~30cm

이베리아가시도롱뇽
Pleurodeles waltl
스페인과 모로코에 사는 대형 도롱뇽으로 독특한 방어 행동을 보인다. 포식자에게 잡히면 날카로운 갈비뼈 끝 부분을 피부를 통해 뾰족하게 세운다.

알프스영원
Ichthyosaura alpestris
북유럽에서 널리 발견되는 영원으로 이른 봄에 번식한다. 암컷은 개개의 알을 수생 식물의 잎으로 감싼다.

안경도롱뇽
Salamandrina terdigitata
이탈리아에서만 발견되는 비밀스러운 도롱뇽으로 언덕이 많은 곳의 하천에 산다. 길고 가늘며 납작한 몸매를 가지고 있다.

점없는뭉툭꼬리영원
Paramesotriton labiatus
중국 산간 지역 하천에서 발견된다. 수영하는 데 적합한 큰 꼬리를 가지고 있다. 바위에 알을 부착시킨다.

사르디니아브룩도롱뇽
Euproctus platycephalus
사르디니아 섬에서만 발견되는 날씬한 도롱뇽으로 하천에 살며 바위 밑에 알을 낳는다. 서식지 감소로 멸종 위기에 처해 있다.

불도롱뇽
Salamandra salamandra
유럽에 사는 도롱뇽으로 대부분의 시간을 지상에서 보내며 산란기에만 물에 들어간다. 머리에 독샘이 있어서 적을 향해 독이 있는 분비물을 분사할 수 있다.

동부영원
Notophthalmus viridescens
북아메리카 동부에 살며 연못에서 번식한다. 어린 개체를 에프트(eft)라고 부르는데 육상 생활을 하며 밝은 빨강색에 강한 독이 있다.

로레스탄영원
Neurergus kaiseri
이란에서만 발견되는 종으로 하천에 산다. 애완용으로 인기가 높을 뿐 아니라 서식지 파괴로 인해 멸종 위기에 처해 있다.

일본영원
Cynops pyrrhogaster
물속에서 많은 시간을 보낸다. 화려한 색의 배는 포식자에게 독을 분비하는 독샘의 존재를 알리는 경고색이다.

매끈영원
Lissotriton vulgaris
유럽과 서아시아에 흔히 분포하는 작은 양서류로 연못에서 번식한다. 수컷은 정교한 구애 행동을 보인 뒤 교미한다.

큰볏영원
Triturus cristatus
유럽과 중앙아시아에 널리 분포하며 연못에서 번식하는 대형 종이다. 수컷은 봄에 화려한 등볏을 발달시켜 잠재적인 짝 앞에서 활발하게 과시 행동을 한다.

마블영원
Triturus marmoratus
프랑스와 스페인에서 발견되는 영원으로 삼림 지대, 황야 및 생울타리에 산다. 봄에는 번식을 위해 연못으로 들어간다.

폐없는도롱뇽

폐없는도롱뇽과에는 390종 이상이 포함되며 도롱뇽 중에서 가장 큰 분류군이다. 이 과에 속하는 도롱뇽들은 폐가 없으며 입과 피부를 통해 호흡한다. 6개의 유럽 종을 제외하고는 모두 아메리카 북부, 중부 및 남부의 다양한 서식지를 차지하며 주로 작은 무척추동물을 잡아먹는다.

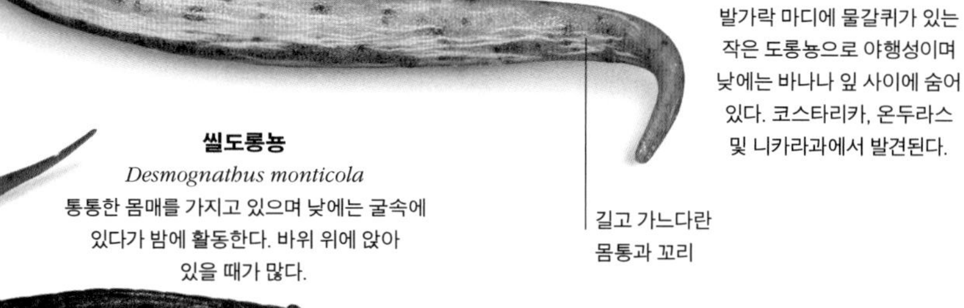

줄무늬도롱뇽
Bolitoglossa striatula
발가락 마디에 물갈퀴가 있는 작은 도롱뇽으로 야행성이며 낮에는 바나나 잎 사이에 숨어 있다. 코스타리카, 온두라스 및 니카라과에서 발견된다.

산그늘도롱뇽
Desmognathus ochrophaeus
대부분 육상 생활을 하는 도롱뇽으로 종종 많은 비가 내린 후에 무리를 지어 숲속에서 먹이를 찾는 모습이 발견된다. 교목이나 관목을 기어오르는 모습이 관찰되기도 한다.

8~13 cm

씰도롱뇽
Desmognathus monticola
통통한 몸매를 가지고 있으며 낮에는 굴속에 있다가 밤에 활동한다. 바위 위에 앉아 있을 때가 많다.

11~15 cm

알렌지렁이도롱뇽
Oedipina alleni
코스타리카 저지대 숲의 낙엽 속에서 발견되는 도롱뇽으로 공격을 받으면 긴 몸과 꼬리를 둥글게 마는 습성이 있다.

10~16 cm

세줄도롱뇽
Eurycea guttolineata
물속 또는 물가에서 발견되며 날씬한 몸매에 3개의 줄무늬가 있다. 헤엄을 잘 치지만 대부분의 시간을 굴속에서 보낸다.

배 옆면을 따라
검은 줄이 있음

7~11 cm

블루릿지두줄도롱뇽
Eurycea wilderae
샘물이나 하천 주변에 서식하는 작은 도롱뇽으로 애팔래치아 산맥 남부의 나무가 우거진 산에서 흔히 발견된다. 가을에 짝짓기를 하고 겨울에 알을 낳는다.

11.5~21 cm

미시시피끈끈이도롱뇽
Plethodon mississippi
활엽수림에서 발견되는 육상 도롱뇽으로 피부에서 끈끈한 분비물을 내어 포식자로부터 자신을 보호한다. 땅 위에 알을 낳는다.

7~12 cm

빨간등도롱뇽
Plethodon cinereus
육상 생활을 하는 도롱뇽으로 낮에는 나무껍질 속에 숨어 있다가 어두워진 후에 나와서 나뭇잎 속의 곤충이나 다른 먹이를 사냥한다.

장수도롱뇽

장수도롱뇽과에는 전적으로 물에서 생활하는 3종의 대형 도롱뇽이 속하며 각각 일본, 중국 및 북아메리카에 분포한다. 벌레에서 소형 포유류까지 다양한 먹이를 먹는다. 몸길이가 약 1.8미터에 이르는 세계에서 가장 큰 도롱뇽인 중국장수도롱뇽이 포함된다.

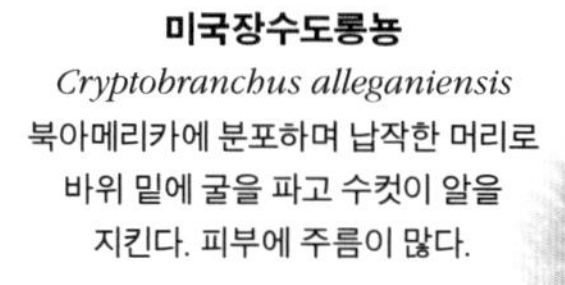

미국장수도롱뇽
Cryptobranchus alleganiensis
북아메리카에 분포하며 납작한 머리로 바위 밑에 굴을 파고 수컷이 알을 지킨다. 피부에 주름이 많다.

30~75 cm

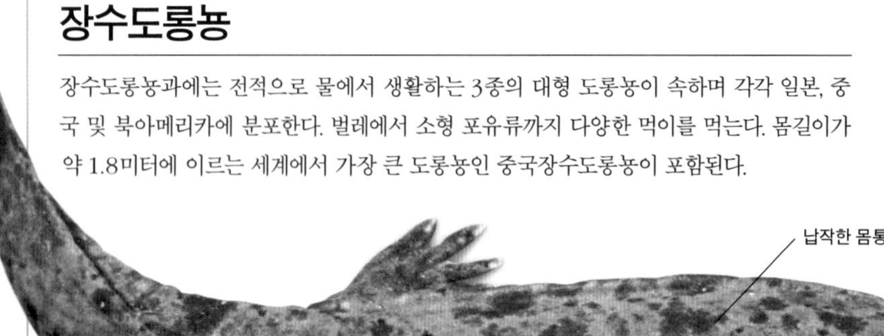

일본장수도롱뇽
Andrias japonicus
물에서 생활하며 서식지 감소로 생존이 위협받고 있다. '덴 마스터(den masters)'라고 불리는 일부 수컷은 암컷이 알을 낳은 굴을 방어한다.

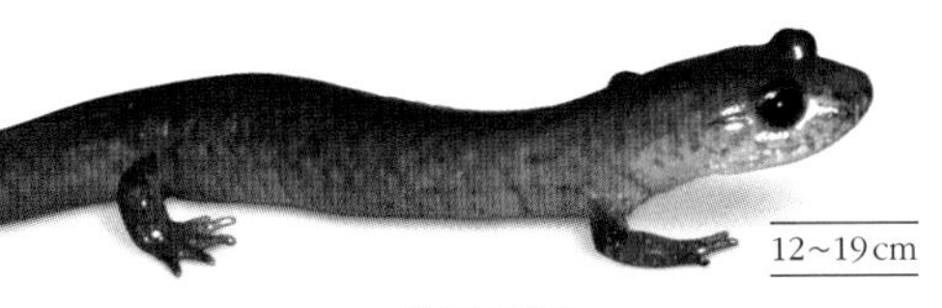

샘물도롱뇽
Gyrinophilus porphyriticus
산속의 하천이나 샘물에 서식하는 민첩한 도롱뇽이다. 체색이 화려하고 흔히 통나무나 바위 밑에 숨어 있는 모습이 관찰된다.

이탈리아동굴도롱뇽
Speleomantes italicus
이탈리아 북부 산지의 하천이나 샘물 주변에서 발견되며 동굴이나 바위틈에 산다.

엔사티나도롱뇽
Ensatina eschscholtzii
북아메리카 종으로 피부가 매끄러우며 꼬리 기부가 좁아 꼬리가 볼록한 모양이다. 적이 나타나면 방어 자세를 취하고 꼬리를 흔든다.

네발가락도롱뇽
Hemidactylium scutatum
육상 생활을 하며 성체는 이끼 속에서 살지만 유생은 물속에서 산다. 꼬리 기부가 잘록한 것이 특징이다.

아시아도롱뇽

도롱뇽과에는 약 50종의 소형 내지 중형 도롱뇽이 속한다. 아시아에만 분포하며 일부는 산지의 하천에서 발견된다. 연못이나 하천에 알을 낳으며 유생에 겉아가미가 있다. 일부 종은 바위를 붙잡기 위한 발톱이 있다.

오이타도롱뇽
Hynobius dunni
일본에 분포하며 멸종 위기 종이다. 암컷이 주머니에 싸인 알을 낳으면 수컷들이 체외 수정을 위해 경쟁한다.

몰도롱뇽

대부분 굴속에 살며 밤에 먹이를 찾으러 나오는 대형 도롱뇽이다. 암비스토마티다이과에는 33종이 있는데 모두 북아메리카에서 발견된다. 일부 종 특히 멕시코의 아홀로틀은 성체가 되어도 물에서 살며 겉아가미와 같은 유생의 특징을 보유한다. 디캄프토돈속에 속하는 4개의 공격적인 대형 도롱뇽은 북아메리카 서부에서 발견되며 옛날에는 별도의 과로 분류되었다.

10~30cm

아홀로틀
Ambystoma mexicanum
다 자란 아홀로틀은 절대 물을 떠나지 않으며 두꺼운 꼬리와 깃 모양의 겉아가미 때문에 매우 덩치가 큰 도롱뇽 유생처럼 보인다.

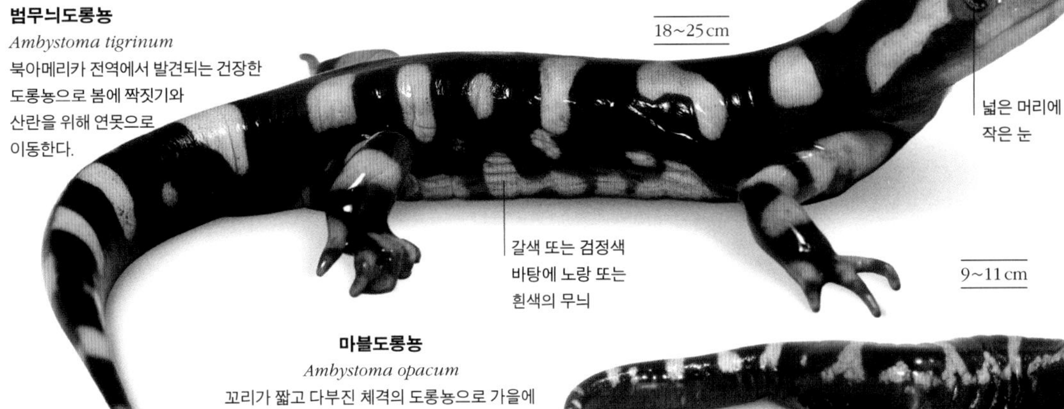

범무늬도롱뇽
Ambystoma tigrinum
북아메리카 전역에서 발견되는 건장한 도롱뇽으로 봄에 짝짓기와 산란을 위해 연못으로 이동한다.

9~11cm

마블도롱뇽
Ambystoma opacum
꼬리가 짧고 다부진 체격의 도롱뇽으로 가을에 번식한다. 연못의 물이 마른자리에 알을 낳아 두면 겨울에 비가 내려 다시 연못이 된다.

아메리카큰도롱뇽

덩치가 크고 공격적인 큰도롱뇽과의 4종은 북아메리카 서부의 습한 침엽수림에서 발견된다. 맑고 오염되지 않은 영구 하천에서 번식하며 유생은 2~4년 정도 성장한 후에 변태를 한다.

캘리포니아거대도롱뇽
Dicamptodon ensatus
야행성의 대형 도롱뇽으로 숲 서식지 파괴 및 감소로 위협받고 있다. 물에서 생활하는 유생 단계를 거친다.

동굴영원과 근연종

동굴영원과의 6종 중 5종은 북아메리카에서 발견된다. 나머지 1종은 유럽에 분포하는 올름이다. 동굴영원과에 속하는 종들은 성체가 되어도 유생의 특징을 보유해 길고 호리호리한 몸매에 겉아가미가 있고 눈이 작다.

머드퍼피
Necturus maculosus
탐욕스러운 포식자인 머드퍼피(물강아지라고 부르기도 함)는 다양한 무척추동물, 어류, 양서류를 잡아먹는다. 암컷은 부화 이전의 알을 공격적으로 방어한다.

20~30cm

올름(동굴영원)
Proteus anguinus
전적으로 수중 생활을 하며 슬로베니아와 몬테네그로의 어둡고 물이 흐르는 동굴 속에 산다. 장님이며 흰색, 분홍색 또는 회색이다.

암피우마

북아메리카 동부에 분포하는 암피우미다이과의 도롱뇽들은 전적으로 수중 생활을 하며 뱀장어처럼 생긴 몸에 매우 작은 다리가 달려 있다. 암컷은 지상에 있는 둥지에서 알을 보호한다. 가뭄이 들면 진흙 속에 굴을 파고 들어가서 고치를 만들어 버틴다. 벌레나 연체동물, 어류, 뱀 및 작은 양서류를 잡아먹는다.

세발가락암피우마
Amphiuma tridactylum
끈적한 피부에 긴 꼬리를 가진 대형 도롱뇽으로 물리면 상당히 아프다. 수컷은 매해 번식하는 반면 암컷은 2년에 한 번 번식한다.

파충류

파충류는 척추동물 중에서 정교하고 다양하며 매우 성공적인 변온(냉혈) 동물 무리이다. 일반적으로 온도가 높고 건조한 환경과 결부되지만, 이들은 세계의 광범위한 서식지와 기후 조건에서 발견된다.

문	척삭동물문
강	파충강
목	4
과	92
종	1만 1050

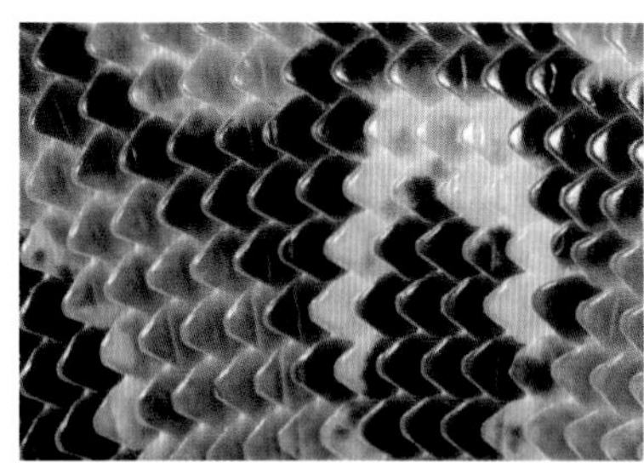

파충류의 비늘은 케라틴 또는 뼈로 두꺼워진 조각들이 중첩되어 형성된 피부 보호막이다.

파충류 알은 탈수를 방지하는 껍데기 덕분에 물 밖에서도 번식이 가능하다.

크로커다일은 몸을 땅에서 뗀 채 걸을 수 있는 반면, 거북은 배를 땅에 끌며 기어 다닐 뿐이다.

파충류는 행동을 통해 체온을 조절한다. 아침 햇살을 쬐어 열에너지를 흡수한다.

최초의 파충류는 2억 9500만 년 이전에 양서류로부터 진화했다. 이들은 현대 파충류뿐만 아니라 포유류와 조류의 조상이기도 하다. 중생대에는 공룡, 물에 사는 어룡, 플레시오사우르 및 하늘을 나는 익룡 등의 파충류가 지구상에 번성했다. 이 기간에 진화한 파충류는 현재까지 존재하고 있으며 6600만 년 전 공룡을 사라지게 만든 대량 멸종에도 살아남았다.

모든 파충류는 피부에 비늘이 있으며 일광욕과 같은 외부 에너지원을 이용한 체온 유지, 즉 행동학적 체온 조절을 특징으로 한다. 그러나 명백한 차이점도 있어서 거북과 땅거북은 단단한 등갑으로 중무장하고 있으며, 도마뱀, 크로커다일 및 옛도마뱀은 사지(네발)와 긴 꼬리를 갖고 있다. 도마뱀, 뱀 및 지렁이도마뱀과 같은 유린목(비늘이 있는 파충류)의 파충류들 중 다수는 사지가 없는 형태로 진화했다.

도마뱀과 뱀류는 전형적으로 고온의 사막 생태계에서 번성하지만 파충류 전체로 보면 열대와 아열대의 모든 서식지에서 발견된다. 또는 좀 더 추운 온대 기후 지역에서 일부 종이 발견되기도 한다. 각각의 생태계에서 파충류는 포식자이자 먹잇감으로 중요한 존재이다. 소수의 대형 도마뱀과 땅거북은 초식만 하지만, 다수의 파충류들이 기회주의적인 잡식 동물이다.

행동과 생존

단독성의 일부 종을 빼면 높은 수준의 사회성을 보인다. 체온이 낮을 때는 느릿느릿 움직이고 비활동적이지만, 일단 햇볕으로 몸을 데워 적정 체온에 도달하고 나면 매우 활동적이 된다. 번식 행동은 수컷이 적극적으로 영역을 방어하고 암컷에게 구애를 하는 등 복잡할 수 있다. 일부 새끼를 낳기도 하지만, 대개는 수컷이 암컷의 난자를 수정시킨 후에 암컷이 땅속 둥지에 알을 낳는다. 모든 파충류는 태어날 때부터 독립적이고 스스로 먹이를 찾는데 몇몇 크로커다일은 2년 이상 부모가 돌보기도 한다. 서식지 파괴나 환경 오염, 기후 변화와 함께 남획은 많은 파충류의 생존을 위협하는 요인이다.

바다거북의 진화적 요소들 >
바다거북은 겉으로는 원시적으로 보일지 모르지만 효율적인 물갈퀴와 납작한 등갑을 지님으로써 수중 생활에 잘 적응했다.

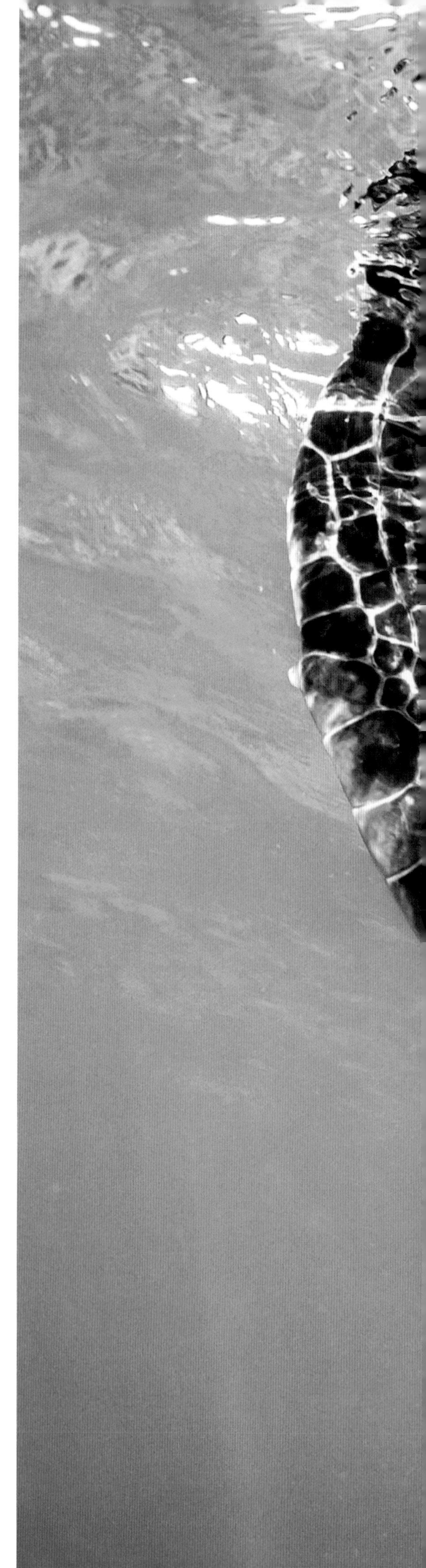

파충류의 분류

파충류는 중생대에 분화되었다. 초기에 거북과 악어가 분화된 후 유린목(도마뱀, 뱀 및 지렁이도마뱀류)이 출현했다.

거북과 땅거북

거북과 땅거북은 2억 년 전의 모습과 크게 다르지 않은 경골성의 등갑, 짧고 튼튼한 다리 그리고 이빨이 없고 부리처럼 생긴 입을 갖고 있다.

거북목에는 바다거북, 담수 거북 및 육지에 사는 땅거북이 포함된다. 멸종된 일부 거북들은 크기가 거대했으나 대형 바다거북들과 고립된 섬에 사는 소수 땅거북들을 제외하고 현존하는 거북들은 대부분 보통 크기이다.

보호와 운동 능력

거북의 등갑은 경골성의 갑에 각질판이 씌워져 있다. 돔형의 윗부분을 배갑, 아랫부분을 복갑이라고 한다. 각질판은 단단한 판들로 이루어져 있으며 매년 오래된 판 아래에 새로운 판이 형성된다. 등갑의 강도는 종마다 다른데 일부 수생 거북은 강도가 매우 약하다. 모든 종이 머리를 등갑 속으로 움츠릴 수 있는 것은 아니어서 어떤 거북들은 등갑 가장자리의 한쪽 어깨 밑으로 머리를 집어넣기도 한다.

땅거북은 천천히 움직이지만, 일부 바다거북은 앞발이 물갈퀴로 변형된 덕분에 시속 30킬로미터의 속도로 수영할 수 있다. 이들은 공기로 호흡해야 하지만 다수의 거북들이 낮은 산소 농도에서도 잘 견뎌 여러 시간 동안 잠수할 수 있다. 거북은 물질대사율이 낮고 일반적으로 장수한다.

일부는 육식을 하고 일부는 초식을 하지만 대부분의 거북이 잡식성이다. 동물성 먹이는 천천히 움직이는 것을 잡거나 가만히 매복했다가 습격해 잡는다. 케라틴질의 날카로운 '부리'로 먹이를 부수어 먹는다.

둥지 짓기와 번식

거북은 영역을 방어하지는 않지만, 넓은 행동 권역을 가지며 사회적 위계를 형성하기도 한다. 종종 강둑이나 호숫가에 모여 일광욕을 하거나 둥지를 짓기도 한다.

수중에서 그리고 지상에서 일부 종의 수컷들은 암컷과 교미하기 전에 정성들여 구애 행동을 한다. 수정은 체내에서 일어나며 암컷 거북은 다른 파충류나 조류처럼 껍데기가 있는 알을 낳는다. 알은 구형이거나 타원형이며, 단단하거나 유연한 껍데기를 가지고 있다. 암컷은 땅속에 구덩이를 파서 만든 둥지에 알을 낳는다. 거의 모든 바다거북이 둥지를 지을 때에만 상륙한다. 모두는 아니지만 다수 종에서 부화 기간의 온도에 따라 새끼의 성별이 결정된다.

문	척삭동물문
강	파충강
목	거북목
과	14
종	353

갓 부화한 바다거북이 바다로 들어가고 있다. 바다거북이 번식하는 해안 다수가 보호 구역으로 지정되었지만 여전히 멸종 위기에 처해 있다.

뱀목거북

남아메리카와 오스트레일리아에 서식하는 뱀목거북과의 거북들은 육식성이거나 잡식성이다. 특징적인 기다란 목은 등갑 속으로 움츠릴 수가 없어서 옆으로 틀어서 등갑 가장자리 아래로 집어넣는다. 타원형의 가죽 같은 표면을 가진 알을 낳는다.

매쿼리뱀목거북
Emydura macquarii
오스트레일리아의 머리 강 유역에 널리 분포하며 양서류, 어류 및 조류를 먹는다. 수컷이 암컷보다 작다.

리만뱀목거북
Chelodina reimanni
뉴기니에 사는 이 거북은 갑각류와 연체동물을 먹는다. 위협을 받으면 커다란 머리를 배갑 아래로 넣는다.

뱀목거북
Chelodina longicollis
오스트레일리아에 서식하는 담수 거북으로 겁이 많으며, 긴 목을 물 밖으로 뻗어 먹이를 잡는다.

마타마타
Chelus fimbriatus
남아메리카에 서식하며 독특한 외형을 이용해 매복했다가 먹이를 습격한 후 입으로 먹이를 흡입한다.

아프리카가로목거북

가로목거북과의 거북들은 대부분 육식성이며 담수에 서식한다. 위협받으면 머리와 목을 구부려 등갑 가장자리 아래로 숨긴다. 아프리카와 마다가스카르 전역에서 발견되며 건기에는 진흙 속에 몸을 묻어서 견딘다.

갈색 배갑

20cm

머리에 헬멧처럼 보이는 비늘

늪가로목거북
Pelomedusa subrufa
사하라 사막 이남 지역에 널리 분포하는 육식성 거북으로 사회성을 띠며 큰 먹이를 잡기 위해 종종 무리를 지어 사냥한다.

큰머리거북

큰머리거북과에 속하는 유일한 종인 큰머리거북은 중국 남부와 동남아시아 숲의 얕은 하천에 서식하는 멸종 위기 종이다. 하천에서 사냥하며 헤엄치기보다는 바닥을 걷는다.

18cm

큰머리거북
Platysternon megacephalum
소형의 육식 거북으로 납작한 몸통에 긴 꼬리가 있으며 머리가 크고 턱의 힘이 세다.

아메리카가로목거북

아프리카가로목거북과 근친 관계로 마다가스카르에 서식하는 1종을 제외하고는 대부분 남아메리카 열대 지역에서 발견된다. 다양한 담수 서식지에서 발견되며 초식성이다. 목을 등갑 속으로 움츠리지 못한다.

32cm

붉은머리아마존강거북
Podocnemis erythrocephala
남아메리카 아마존 유역의 리오네그로 습지에서 발견된다.

늑대거북

북부 및 중부 아메리카 원산으로 공격적인 대형 수생 거북이다. 늑대거북과는 거칠고 단단한 등갑과 어떤 먹이도 으스러뜨릴 수 있는 강인한 턱과 머리를 지녔다. 뛰어난 포식자지만 식물성 먹이도 먹는다.

55cm

늑대거북
Chelydra serpentina
이 강인한 거북은 종종 진흙 속에 반쯤 잠긴 채 먹이를 기다린다. 북아메리카 동부에서 남쪽으로는 에콰도르까지 분포하며 담수에 서식한다.

80cm

악어거북
Macrochelys temminckii
북아메리카 원산으로 세계에서 가장 큰 담수 거북 중 하나이며, 혀에 달린 벌레 모양의 미끼로 먹이를 유인해 잡아먹는다.

자라

북아메리카, 아프리카 및 동남아시아에 분포하며 담수성 포식자이다. 자랏과는 등갑이 납작하고 케라틴질의 각질판 대신 가죽과 비슷한 피부로 덮여 있다. 성체의 등갑 길이는 25센티미터에서 1미터 이상에 이른다.

55cm

가시자라
Apalone spinifera
북아메리카 원산으로 주로 곤충과 수생 무척추동물을 먹는다.

27cm

인도덮개자라
Lissemys punctata
뒷발을 등갑 속으로 끌어당겼을 때 발을 보호할 수 있도록 복갑 뒤쪽에 덮개가 있는 것이 특징이다.

35cm

자라
Pelodiscus sinensis
식용으로 남획되어 동아시아의 원서식지에서는 발견이 어려우나 농장에서 매년 수만 마리가 사육되고 있다.

돼지코거북

돼지코거북과의 유일한 종인 돼지코거북은 잡식성이다. 배갑에 딱딱한 각질판이 없음에도 등갑이 빳빳하다. 주둥이는 물속에 잠겨 있을 때에도 숨을 쉴 수 있도록 적응되어 있다.

돼지코거북
Carettochelys insculpta
야행성으로 뉴기니와 북오스트레일리아에서 발견된다. 바다거북처럼 헤엄치기에 적합하도록 앞발이 물갈퀴로 변형되었다.

흙탕거북

신대륙에 분포하며 위협받았을 때 강렬한 냄새를 방출한다. 흙탕거북과의 거북들은 헤엄치기보다는 호수나 강바닥을 따라 걷는다. 기회주의적 잡식 동물이며 껍데기가 단단한 타원형의 알을 낳는다.

동부흙탕거북
Kinosternon subrubrum
잡식성의 담수 거북으로 미국 동남부의 유속이 낮고 얕은 수로에서 먹이를 잡는다.

냄새거북
Sternotherus odoratus
북아메리카 동부에 서식하는 담수 거북으로 잡식성이다. 위협받으면 구토를 유발하는 냄새를 발산할 뿐 아니라 물기도 한다.

장수거북

장수거북과에는 1종밖에 없다. 이 거북은 찬물에서도 헤엄칠 수 있도록 높은 체온을 유지하는 능력이 있다. 등갑에는 각질판이 없으며 가죽과 유사한 질감의 피부가 지성 조직으로 이루어진 단열층을 덮고 있다.

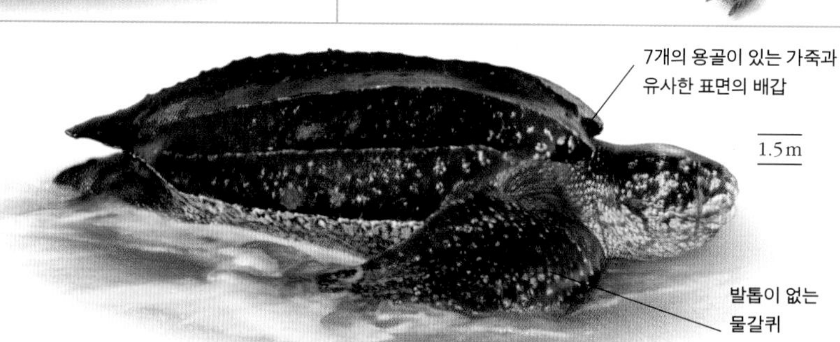

장수거북
Dermochelys coriacea
대양에 살며 주로 해파리를 먹는, 세계에서 가장 큰 거북이다. 북극 지방을 포함해 전 세계에 널리 분포한다.

바다거북

바다거북과는 대양 전체에 분포하며 주로 해안에서 발견된다. 해양 환경에 적응해 유선형의 몸통과 넓고 노처럼 생긴 발을 갖게 되었다. 해안에 둥지를 틀기 위해 상륙한다. 대부분이 멸종 위기에 처해 있다.

붉은바다거북
Caretta caretta
육식성으로 전 세계의 해안 지역에 분포하지만 섭식지와 번식지 사이의 거리가 멀다.

꼬마바다거북
Lepidochelys olivacea
주로 열대의 얕은 해안에 서식하며 광범위한 무척추동물과 조류를 먹는다.

대모
Eretmochelys imbricata
단단한 턱을 사용해 연체동물 등의 먹이를 잡는다. 전 세계의 열대 지역 대양에 분포한다.

바다거북
Chelonia mydas
지상에서 일광욕을 하는 것으로 알려진 유일한 바다거북이다. 온대 지역과 열대 대양에 널리 분포하며 오로지 초식성이다.

늪거북

물에서만 사는 거북부터 물에서만 사는 거북까지 다양하다. 대부분 북아메리카에 서식하나 유럽에 1종이 있다. 먹이는 종에 따라 다양하지만 다수가 초식성이다. 늪거북과는 밝은 색상에 복잡한 무늬가 있는 경우가 많다.

배갑에 줄지은 가시

가짜지도거북
Graptemys pseudogeographica
북아메리카산으로 식생이 풍부한 담수에 서식한다. 암컷이 수컷의 약 2배이다.

27 cm

머리와 목에 노란 줄무늬

강하고 발톱이 있는 앞발

28 cm

붉은귀거북
Trachemys scripta elegans
북아메리카산으로 주로 초식성이며 흔히 애완용으로 거래된다. 새로운 서식지에 침투하는 능력이 뛰어나 유럽과 아시아에 널리 분포한다.

27 cm

노란배거북
Trachemys scripta scripta
놀라면 물속으로 미끄러져 들어간다. 미국 남부에 서식하고 낮에 활동하며 잡식성이다.

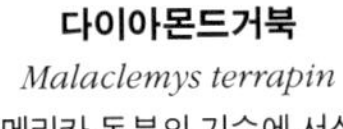

23 cm

다이아몬드거북
Malaclemys terrapin
북아메리카 동부의 기수에 서식하며 낮에 활동한다. 갑각류와 연체동물을 먹기에 적합한 강인한 턱을 가지고 있다.

25 cm

비단거북
Chrysemys picta
북아메리카에 널리 분포하는 소형의 담수 거북으로 여름에 활동적이다. 겨울에는 물속에서 동면한다.

20 cm

캐롤라이나거북
Terrapene carolina
북아메리카에 서식하며 수컷은 교미하는 동안 암컷의 돔형 등갑을 붙잡을 수 있도록 크게 휘어진 발톱을 갖고 있다.

무늬가 뚜렷한 등갑

14 cm

구덩이를 팔 때 사용하는 강인한 발톱

서부상자거북
Terrapene ornata
잡식성으로 북아메리카 중부의 육지에 산다. 더위나 추위를 피하기 위해 구덩이를 판다.

13 cm

점박이거북
Clemmys guttata
점박이 무늬로 구별이 가능한 이 소형 거북은 북아메리카 동부의 습지에서 수생 무척추동물과 식물을 먹고산다.

26 cm

병아리거북
Deirochelys reticularia
북아메리카 습지에 사는 거북으로 겁이 많고 긴 목을 뻗어 가재 또는 다른 먹이를 공격한다.

21 cm

유럽늪거북
Emys orbicularis
유럽에 널리 분포하는 수생 거북이다. 통나무 또는 바위 위에서 일광욕을 하지만 놀라면 재빨리 물에 뛰어든다.

13 cm

조각등숲거북
Glyptemys insculpta
북아메리카 북동부의 습한 숲 지역에 서식한다. 구애하는 동안 수컷과 암컷이 함께 우아한 춤을 춘다.

불규칙한 노란 점무늬가 있는 올리브색 피부

26 cm

블랜딩거북
Emydoidea blandingii
북아메리카 5대호 지역에서 주로 발견되는 이 거북은 잡식성이며 특히 가재를 잡는 기술이 뛰어나다.

38 cm

플로리다붉은배거북
Pseudemys nelsoni
플로리다 지역에만 분포하며 호수나 유속이 느린 하천에 산다. 구애 시에 수컷이 앞발로 암컷의 머리를 쓰다듬는 습성이 있다.

40 cm

붉은배거북
Pseudemys rubriventris
미국 북동부에만 분포하며 잡식성이고 낮에 활동한다. 넓고 깊은 물을 선호한다. 암컷이 수컷보다 크다.

알다브라코끼리거북

Aldabrachelys gigantea

인도양의 섬 지역에 남은 마지막 거대 거북류인 알다브라코끼리거북은 300킬로그램 이상 무게가 나가기도 한다. 알다브라 환상 산호초의 3군데 섬에 남아 있기는 하지만 이 거북의 90퍼센트는 충분하지 못한 물과 식물량에도 불구하고 가장 큰 섬인 그랑드테르에 산다.

열악한 조건으로 인해 개체의 성장이 저해되어 다수의 개체가 성적으로 성숙하지 못하지만, 다른 섬에 사는 대형 거북보다 사회성이 높다. 수컷이 암컷보다 크지만 구애 행동은 조심스럽고 부드럽게 이루어진다. 땅속에 알을 낳으며 우기에 부화한다. 전체 개체군이 자연 재해나 해수면 상승에 취약하다.

크기 1.2미터
서식지 풀이 우거진 지역
분포 알다브라, 인도양
먹이 식물

< 단단한 부리
땅거북의 큰 입에는 이빨이 없다. 날카로운 부리로 식물을 잘라 혀를 이용해 입에 넣은 다음 통째로 삼킨다.

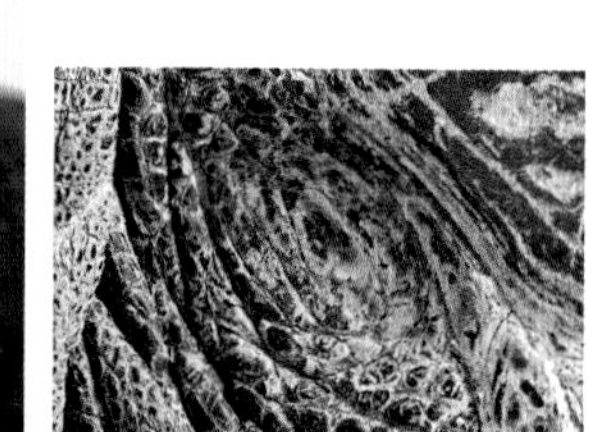

< 귀
땅거북은 귀가 외부에 노출되어 있지 않아 구멍 속에 고막이 위치한다.

∧ 가죽 표면 같은 얼굴
피부가 가죽처럼 질기고 단단하며, 섬에 따라 차이는 있지만 회색이나 갈색이다. 목 주변의 피부는 주름져 있다. 위험을 감지하면 머리를 등갑 속으로 움츠린다.

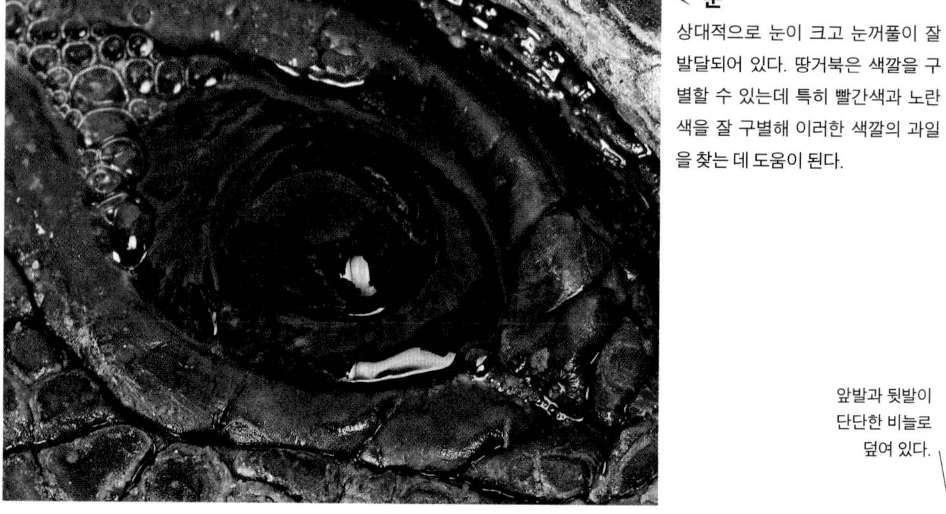

< 눈
상대적으로 눈이 크고 눈꺼풀이 잘 발달되어 있다. 땅거북은 색깔을 구별할 수 있는데 특히 빨간색과 노란색을 잘 구별해 이러한 색깔의 과일을 찾는 데 도움이 된다.

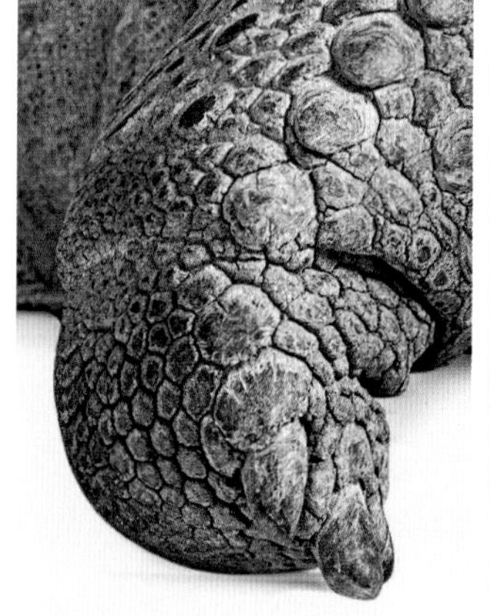

∧ 앞발
앞발은 원통형이며 뒷발보다 길어서 거북이 걸을 때 몸을 땅 위로 들어 올릴 수 있다. 다리는 크고 거친 비늘로 덮여 있다.

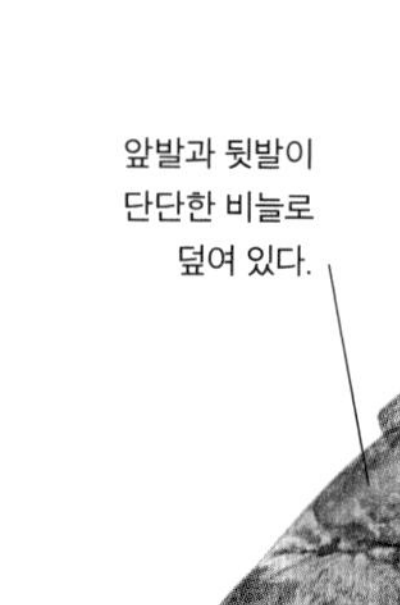

< 땅을 파는 발톱
코끼리처럼 건장한 뒷발을 갖고 있으며 각각의 발에는 5개의 발톱이 있다. 암컷의 발톱이 수컷의 것보다 크며 둥지를 파는 데 사용된다.

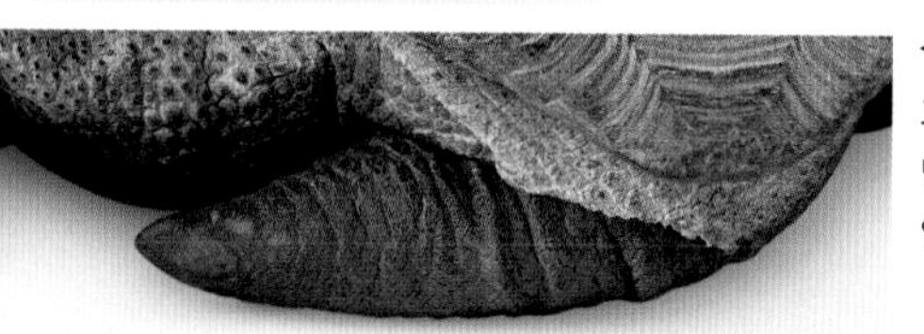

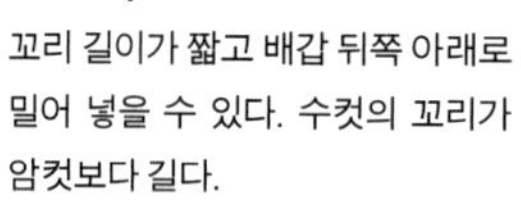

< 꼬리
꼬리 길이가 짧고 배갑 뒤쪽 아래로 밀어 넣을 수 있다. 수컷의 꼬리가 암컷보다 길다.

앞발과 뒷발이 단단한 비늘로 덮여 있다.

뒷발은 코끼리 발처럼 생겼으며 발톱이 있다.

자연이 내려준 긴 수명 ∨
갈라파고스코끼리거북에 비해 머리가 둥글고 주둥이가 뾰족하며 미소 짓는 것처럼 입꼬리가 올라가 있다. 수명은 100년 이상이다.

연못거북(돌거북)

신대륙과 구대륙 모두에서 발견되며 담수 및 육지에서 생활한다. 성체의 등갑 길이는 14~50센티미터이다. 초식성에서 육식성까지 식성이 다양하다. 암수의 형태가 다르고 암컷이 수컷보다 큰 경우가 많다.

갈색땅거북
Rhinoclemmys annulata
초식성의 땅거북으로 중앙아메리카 열대 숲에 서식한다. 아침과 비 온 후에 주로 활동한다.

금화거북
Cuora trifasciata
중국 남부에 사는 육식성 거북이다. 야생 동물 불법 거래 시장에서 고가에 거래되기 때문에 금화거북이라고 불린다. 전통 한약재로 사용되는 탓에 생존을 위협받고 있다.

중국상자거북
Cuora flavomarginata
중국의 논에 서식하는 잡식성 거북으로 깊은 물을 싫어하며 지상에서 여러 시간 동안 일광욕을 하는 습성이 있다.

13cm

헛가시거북
Cyclemys dentata
잡식성으로 동남아시아의 유속이 낮은 하천에 서식한다. 냄새나는 액체를 방출해 자신을 보호한다.

13cm

스팽글리거북
Geoemyda spengleri
중국 남부의 나무가 우거진 산에 살며 작은 무척추동물과 과일을 먹는다. 배갑이 직사각형이고 용골이 있으며 뾰족하다.

땅거북

아메리카, 아프리카 및 유라시아 대륙 남부에서 발견되며 크기가 거대하다. 단단한 돔형 등갑을 가지고 있으며 머리를 등갑 속으로 움츠릴 수 있다. 모두 육지에 살며 코끼리처럼 생긴 다리가 특징이다. 껍데기가 단단한 알을 낳는다.

사막거북
Gopherus agassizii
북아메리카 남서부 사막의 작은 구멍 속에 산다. 주로 초식을 하나 동물을 먹을 때도 있다.

엘롱가타거북
Indotestudo elongata
동남아시아 열대 지역에서 발견되며 과일과 동물 사체를 먹는다. 날씨가 건조할 때는 습한 낙엽 속에 숨는다.

톱니경첩등거북
Kinixys erosa
아프리카 서부의 습지에서 발견되는 잡식성 거북이다. 자라면서 배갑 뒤쪽에 경첩 모양이 발달한다.

70cm

붉은발거북
Chelonoidis carbonaria
동물 사체를 먹는 것으로 알려져 있으나 주로 초식을 한다. 남아메리카 북동부의 다양한 서식지에서 발견된다.

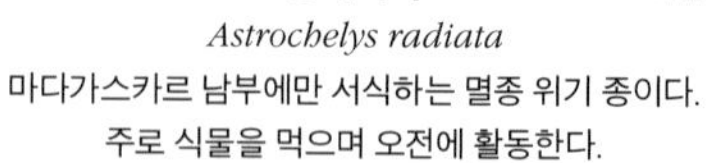

방사거북
Astrochelys radiata
마다가스카르 남부에만 서식하는 멸종 위기 종이다. 주로 식물을 먹으며 오전에 활동한다.

인도별거북
Geochelone elegans
인도와 스리랑카의 건조한 지역에서 발견되는 초식성 거북으로 우기에 짝짓기 및 번식을 한다.

팬케이크거북
Malacochersus tornieri
동아프리카에서 발견되는 잡식성 거북으로 바위가 많은 곳에 산다. 몸이 납작해서 바위틈에 숨을 수 있다.

알다브라코끼리거북
Aldabrachelys gigantea
인도양의 알다브라 환상 산호초에만 서식하는 대형 초식 거북으로 콧구멍을 통해 물을 마실 수 있다.

갈라파고스코끼리거북
Chelonoidis nigra
세계에서 가장 큰 땅거북 중 하나로 주로 초식을 하며 갈라파고스 군도의 서로 다른 섬에 11개의 아종이 있다.

헤르만거북
Testudo hermanni
초식성으로 이탈리아 해안과 프랑스 남부의 건조한 숲에 서식한다. 겨울에는 동면한다.

호스필드거북
Agrionemys horsfifieldii
중앙아시아의 건조한 사막과 스텝 기후 지역에 서식하는 초식 거북으로 낮에는 구멍에 숨어 더위를 피한다.

옛도마뱀

외형은 도마뱀처럼 생겼지만 뉴질랜드의 옛도마뱀은 파충류의 오래된 조상과 같은 목에 속한다. 옛도마뱀의 가장 가까운 친척은 1억 년 전에 멸종했다.

옛도마뱀은 도마뱀과 구별되는 해부학적 특징들을 가지고 있다. 가장 특이한 것은 톱니 모양의 이빨인데, 실제로는 턱뼈에 톱니 모양이 생긴 것이다. 위턱에 2줄, 아래턱에 1줄이 있어서 서로 맞물린다. 옛도마뱀은 수명이 매우 길지만 외래 육상 포식자들에게는 취약하다. 해안의 숲 지대에 서식해 체온이 낮아도 활동할 수 있다.

밤에 구덩이에서 나와 무척추동물 먹이나 새의 알 또는 새끼들을 사냥한다. 수컷은 영역을 방어하는 습성이 있으며 집단으로 번식한다. 알이 형성되는 데 최대 4년이 걸리며 11개월에서 16개월 만에 부화한다. 부화 기간의 온도에 따라 성별이 결정된다.

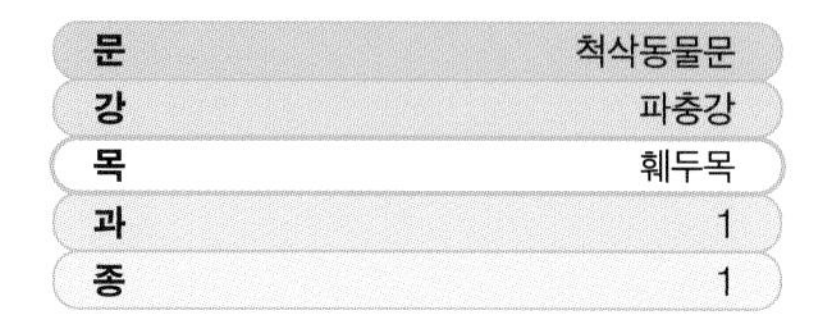

문	척삭동물문
강	파충강
목	훼두목
과	1
종	1

옛도마뱀

흔히 '살아 있는 화석'으로 불리는 옛도마뱀은 공룡과 공존했던 파충류의 대표격이다. 이 원시적인 파충류는 뉴질랜드 연안의 섬에서만 발견된다.

옛도마뱀
Sphenodon punctatus
다리에는 구덩이를 파기에 적합한 발톱이 있다. 포식자로부터 도망치기 위해 꼬리를 자를 수 있으며 수컷은 등에 달린 볏을 이용해 과시 행동을 한다.

도마뱀

도마뱀은 4개의 다리와 1개의 길고 가느다란 꼬리를 갖는 것이 일반적이지만 다리가 없는 종도 많다. 피부에 비늘이 있으며 견고한 턱 관절을 갖고 있다.

모든 도마뱀은 변온 동물이며 주변 환경으로부터 열에너지를 얻는다. 주로 열대나 사막 지역을 우점하지만 극지방에서 아메리카 남단까지 세계적으로 널리 분포한다. 적응력이 뛰어나서 나무 위에서 바위틈까지 광범위한 육상 서식지를 점유한다. 다리가 없는 많은 종들은 구멍을 파도록 적응했고, 소수의 도마뱀은 나무 위를 자유롭게 활강하며, 갈라파고스 군도의 해양 종들을 포함한 다른 종은 물가에서 생활한다.

생존 전략

도마뱀의 몸길이는 작게는 약 1.5센티미터에서 크게는 코모도왕도마뱀처럼 3미터에 달하지만, 대부분은 10센티미터와 30센티미터 사이이다. 대부분 육식성이지만 약 2퍼센트는 주로 초식을 한다. 다수의 도마뱀이 다른 육식 동물의 먹이가 된다.

도마뱀이 포식자를 물리치는 주요 방어 기작은 민첩함, 보호색, 허세로 몸을 부풀려 위협하기이다. 다수의 종이 포식자의 주의를 흐트러뜨리기 위해 꼬리를 자른다. 꼬리는 나중에 다시 자란다. 일부 과의 도마뱀은 피부색을 변화시킬 수 있는데 이러한 능력은 보호색이나 성적 신호 혹은 사회적 신호로 사용된다. 특이하게 많은 도마뱀의 이마에 빛을 감지할 수 있는 솔방울샘이 있어서 '제3의 눈'으로 기능한다.

다양한 생활상

일부 종은 단독 생활을 하지만 많은 도마뱀들이 복잡한 사회 구조를 이루며 수컷은 시각적 신호를 이용해 영역을 유지한다. 다수 종은 땅속 둥지에 알을 낳지만 다른 종들은 부화할 때까지 난관에 알을 보유한다. 실제로 어미가 태반을 통해 새끼에게 양분을 전달하는 태생 동물도 있다.

수컷은 1쌍의 반음경, 즉 성기를 가지고 있어서 체내 수정을 하지만 일부 종들은 처녀 생식, 즉 수컷의 참여 없이 암컷 단독으로 번식을 하기도 한다. 일부 도마뱀은 부화할 때까지 알을 돌보지만 부화 이후에 새끼를 돌보는 경우는 매우 드물다.

문	척삭동물문
강	파충강
목	유린목
과(도마뱀아목)	38
종	6,687

논쟁

유린목: 포괄적 분류군

전통적으로 도마뱀과 뱀은 별개의 분류군으로 여겨졌다. 하지만 현대의 유전자 연구로 그렇지 않다는 것이 확실해졌다. 원시적인 유린목(비늘이 있는 파충류)은 쥐라기 중기에 나타난 도마뱀과 유사한 동물이었다. 가능한 증거들에 따르면 뱀은 백악기 중기에 도마뱀으로부터 진화했다. 이 시기까지 도마뱀은 본래의 진화적 행로로부터 갈라져 다양한 과로 나뉘었다. 그래서 일부 도마뱀과는 다른 도마뱀과들보다 뱀에 더 가깝다. 현존하는 도마뱀 중에서 왕도마뱀이 뱀과 가장 가까운 것으로 생각된다.

카멜레온

카멜레온과에 속하는 종들은 구대륙에만 분포하며, 나무 위 생활에 적응해 긴 다리와 발가락으로 나뭇가지를 움켜쥐거나 꼬리로 휘감을 수 있다. 두 눈이 독립적으로 움직여 곤충이나 작은 척추동물이 어떤 방향에 있든지 위치를 포착할 수 있다. 입에서 길고 끈적거리는 혀를 쏘아 먹이를 잡는다. 몸 색깔을 바꿀 수 있어서 과시용이나 보호색으로 사용한다. 다수의 종이 멸종 위기에 처해 있다.

수염피그미카멜레온
Rieppeleon brevicaudatus
동아프리카산의 희귀한 소형 카멜레온이다. 황갈색의 색상과 무늬 때문에 낙엽처럼 보인다.

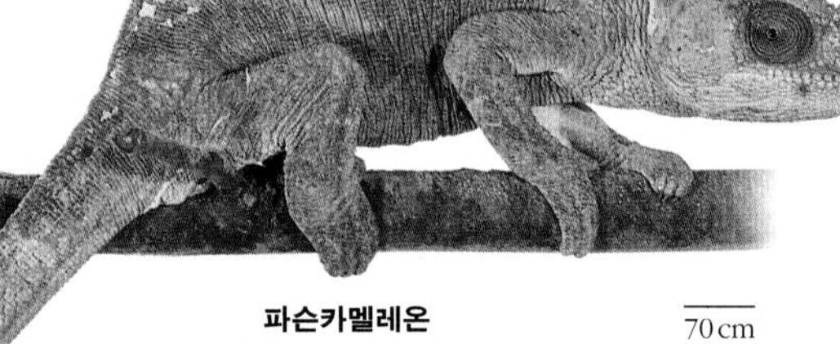

파슨카멜레온
Calumma parsonii
세계에서 가장 큰 카멜레온으로 마다가스카르에만 서식한다. 산림의 임관부에 사는 무척추동물을 사냥한다.

피부색이 녹색이지만 가끔 갈색으로 변한다.

30cm

4개의 발가락으로 나뭇가지를 움켜쥔다.

지중해카멜레온
Chamaeleo chamaeleon
수풀에서 곤충을 찾으며 시간을 보낸다. 북아프리카 및 지중해 주변에서 발견된다.

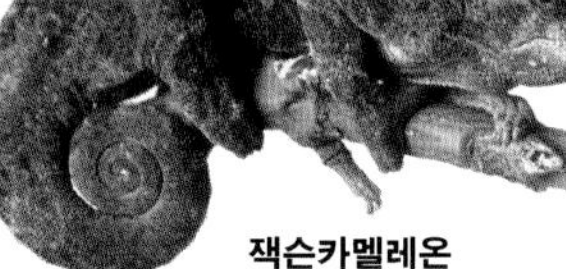

잭슨카멜레온
Chamaeleo jacksonii
나무 위에 살고 낮에 활동하며 동아프리카에서 발견된다. 수컷은 주둥이에 3개의 과시용 뿔이 있다.

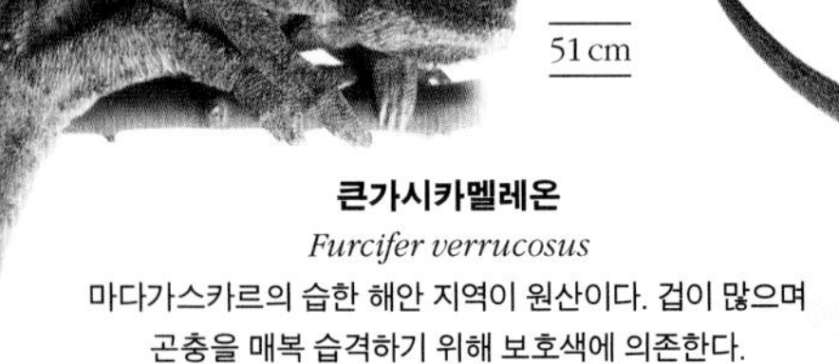

큰가시카멜레온
Furcifer verrucosus
마다가스카르의 습한 해안 지역이 원산이다. 겁이 많으며 곤충을 매복 습격하기 위해 보호색에 의존한다.

56cm

팬서카멜레온
Furcifer pardalis
마다가스카르의 건조한 숲에서만 발견되며 나무 위에서 곤충을 슬며시 낚아챈다. 수컷은 강한 영역성을 나타낸다.

베일드카멜레온
Chamaeleo calyptratus
아라비아 반도 남부 해안에 산다. 수컷은 머리에 큰 투구가 있으며 암컷은 좀 더 작은 투구를 갖고 있다.

아가마도마뱀

아프리카, 남아시아, 오스트레일리아에서 흔히 발견되는 소형 도마뱀으로 이루어진 과로 신대륙의 이구아나와 동등하다. 머리와 등에 가시, 덮개, 볏과 같은 장식이 있으며 껍데기가 부드러운 알을 낳는다. 수컷은 밝은색을 띠지만 암컷은 칙칙하다.

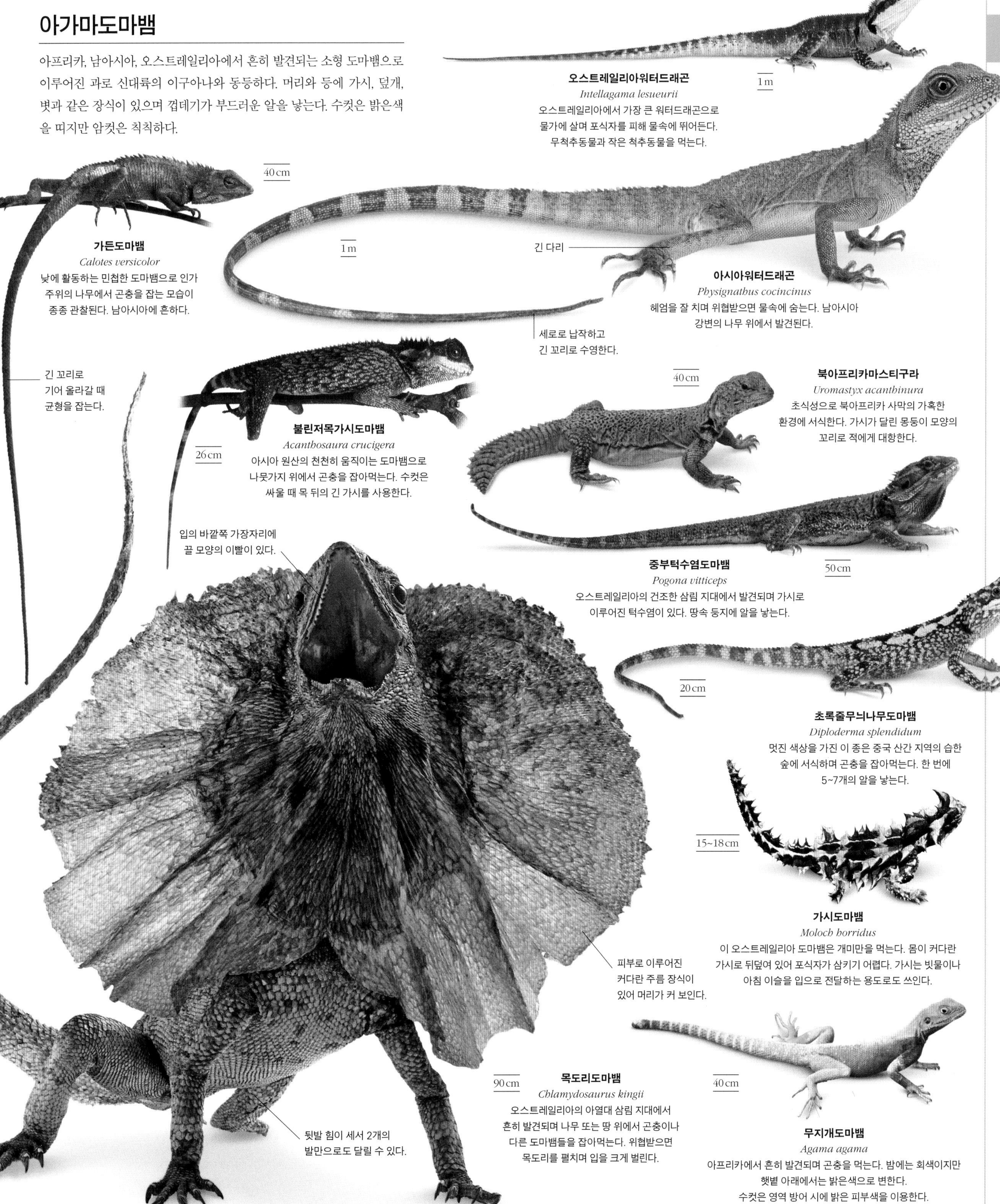

오스트레일리아워터드래곤
Intellagama lesueurii
오스트레일리아에서 가장 큰 워터드래곤으로 물가에 살며 포식자를 피해 물속에 뛰어든다. 무척추동물과 작은 척추동물을 먹는다.

가든도마뱀
Calotes versicolor
낮에 활동하는 민첩한 도마뱀으로 인가 주위의 나무에서 곤충을 잡는 모습이 종종 관찰된다. 남아시아에 흔하다.

아시아워터드래곤
Physignathus cocincinus
헤엄을 잘 치며 위협받으면 물속에 숨는다. 남아시아 강변의 나무 위에서 발견된다.

북아프리카마스티구라
Uromastyx acanthinura
초식성으로 북아프리카 사막의 가혹한 환경에 서식한다. 가시가 달린 몽둥이 모양의 꼬리로 적에게 대항한다.

볼린저목가시도마뱀
Acanthosaura crucigera
아시아 원산의 천천히 움직이는 도마뱀으로 나뭇가지 위에서 곤충을 잡아먹는다. 수컷은 싸울 때 목 뒤의 긴 가시를 사용한다.

중부턱수염도마뱀
Pogona vitticeps
오스트레일리아의 건조한 삼림 지대에서 발견되며 가시로 이루어진 턱수염이 있다. 땅속 둥지에 알을 낳는다.

초록줄무늬나무도마뱀
Diploderma splendidum
멋진 색상을 가진 이 종은 중국 산간 지역의 습한 숲에 서식하며 곤충을 잡아먹는다. 한 번에 5~7개의 알을 낳는다.

가시도마뱀
Moloch horridus
이 오스트레일리아 도마뱀은 개미만을 먹는다. 몸이 커다란 가시로 뒤덮여 있어 포식자가 삼키기 어렵다. 가시는 빗물이나 아침 이슬을 입으로 전달하는 용도로도 쓰인다.

목도리도마뱀
Chlamydosaurus kingii
오스트레일리아의 아열대 삼림 지대에서 흔히 발견되며 나무 또는 땅 위에서 곤충이나 다른 도마뱀들을 잡아먹는다. 위협받으면 목도리를 펼치며 입을 크게 벌린다.

무지개도마뱀
Agama agama
아프리카에서 흔히 발견되며 곤충을 먹는다. 밤에는 회색이지만 햇볕 아래에서는 밝은색으로 변한다. 수컷은 영역 방어 시에 밝은 피부색을 이용한다.

팬서카멜레온

Furcifer pardalis

이 대형 카멜레온은 남아프리카 해안에서 멀리 떨어진 마다가스카르의 고유종으로 최근 모리셔스와 레위니옹 섬에도 도입되었다. 습한 관목지의 나무 위에 서식하며 발이 나뭇가지를 잡기에 적합하도록 적응된 탓에 평평한 곳에서는 잘 걷지 못한다. 낮에 활동하며 나뭇가지를 따라 느리게 이동하면서 곤충을 슬며시 낚아챈다. 표적을 발견하면 양쪽 눈으로 먹이를 주시하고 긴 혀를 쏘아 곤충을 잡은 뒤 커다란 입속으로 끌어당긴다. 이 카멜레온의 특이한 색깔 변화는 보호용이 아니라 감정 변화나 사회적 지위를 나타내는 신호이다. 경쟁자를 만나면 잽싸게 몸을 부풀리며 색깔을 변화시켜 우위를 표시하는데 이것만으로도 승패를 결정짓기에 충분하다.

크기 40~56센티미터
서식지 습한 관목지의 나무
분포 마다가스카르
먹이 절지동물, 갑각류

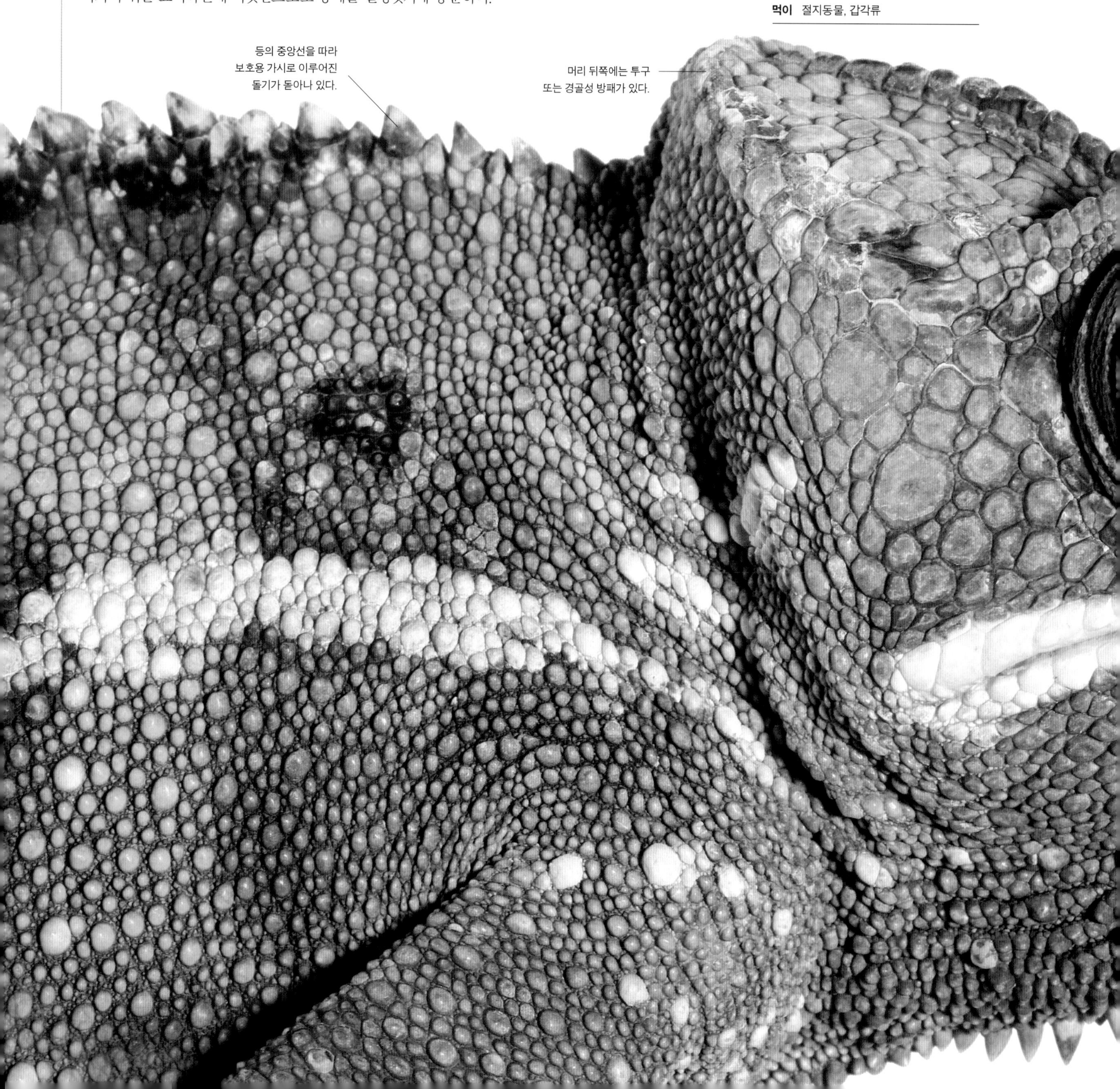

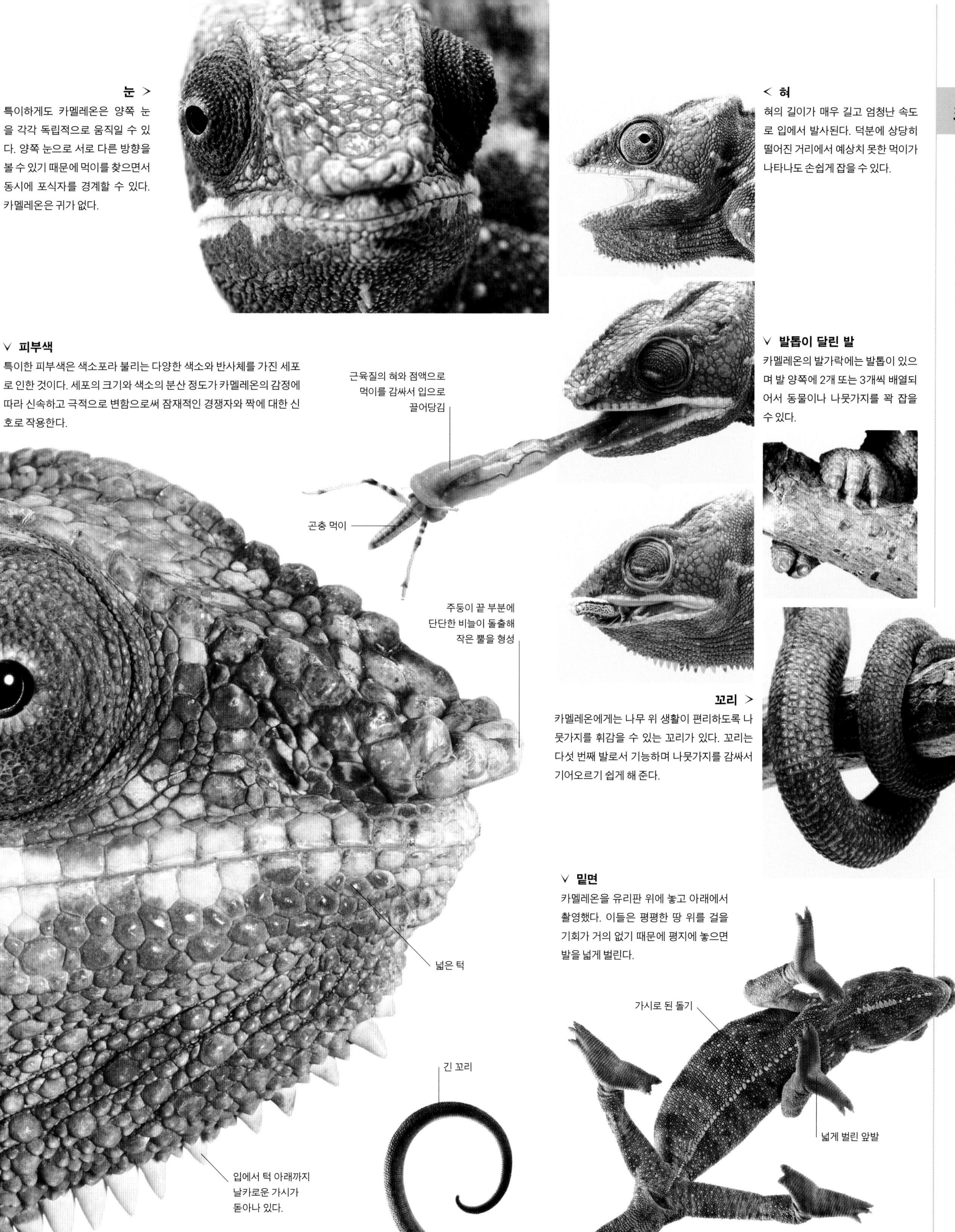

눈 >
특이하게도 카멜레온은 양쪽 눈을 각각 독립적으로 움직일 수 있다. 양쪽 눈으로 서로 다른 방향을 볼 수 있기 때문에 먹이를 찾으면서 동시에 포식자를 경계할 수 있다. 카멜레온은 귀가 없다.

< 혀
혀의 길이가 매우 길고 엄청난 속도로 입에서 발사된다. 덕분에 상당히 떨어진 거리에서 예상치 못한 먹이가 나타나도 손쉽게 잡을 수 있다.

∨ 피부색
특이한 피부색은 색소포라 불리는 다양한 색소와 반사체를 가진 세포로 인한 것이다. 세포의 크기와 색소의 분산 정도가 카멜레온의 감정에 따라 신속하고 극적으로 변함으로써 잠재적인 경쟁자와 짝에 대한 신호로 작용한다.

∨ 발톱이 달린 발
카멜레온의 발가락에는 발톱이 있으며 발 양쪽에 2개 또는 3개씩 배열되어서 동물이나 나뭇가지를 꽉 잡을 수 있다.

꼬리 >
카멜레온에게는 나무 위 생활이 편리하도록 나뭇가지를 휘감을 수 있는 꼬리가 있다. 꼬리는 다섯 번째 발로서 기능하며 나뭇가지를 감싸서 기어오르기 쉽게 해 준다.

∨ 밑면
카멜레온을 유리판 위에 놓고 아래에서 촬영했다. 이들은 평평한 땅 위를 걸을 기회가 거의 없기 때문에 평지에 놓으면 발을 넓게 벌린다.

도마뱀붙이

열대와 아열대 지방에 널리 분포하는 도마뱀붙이상과는 100개 속에 1,000종 이상이 속한다. 특이한 소리를 내며 매끄러운 표면도 기어오를 수 있다. 주로 껍데기가 단단한 알을 낳지만 부드러운 경우도 있으며, 몇몇 종은 태생이다.

12cm

줄도마뱀사촌
Coleonyx variegatus
육상 생활을 하는 도마뱀붙이로 미국 서부 사막에 살며 무척추동물을 잡아먹는다. 다른 도마뱀붙이와 달리 눈꺼풀이 움직인다.

25cm

아프리카굵은꼬리도마뱀붙이
Hemitheconyx caudicinctus
사하라 서부에 흔히 분포하며 꼬리에 지방을 저장한다. 다른 도마뱀붙이와 달리 빨판이 없다.

21cm

표범무늬도마뱀붙이
Eublepharis macularius
중앙아시아 남부 원산이며, 반려 동물로 인기가 높아 다양한 무늬와 색상의 품종이 있다.

15cm

악어도마뱀붙이
Tarentola mauritanica
지중해 지역에 흔히 분포하는 이 민첩한 도마뱀붙이는 곤충을 잡아먹는다. 바위 표면에 살지만 종종 인가에 들어오기도 한다.

20cm

개구리눈도마뱀붙이
Teratoscincus scincus
중앙아시아에 살며 자신을 방어하기 위해 꼬리를 흔들어 큰 비늘을 일렬로 세운 다음 비벼서 쉿 소리를 낸다.

25cm

마다가스카르초록도마뱀붙이
Phelsuma madagascariensis
낮에 활동하며 주로 나무 위에서 발견된다. 다른 도마뱀붙이처럼 껍데기가 단단하고 나뭇가지에 달라붙는 알을 낳는다.

20cm

날도마뱀붙이
Ptychozoon kuhli
동남아시아 우림에 살며, 발가락 사이에 물갈퀴 같은 막이 있어서 나무에서 뛰어내릴 때 떨어지는 속도를 늦춰 준다.

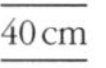

40cm

토케이도마뱀붙이
Gekko gecko
"토-케이" 하는 거친 울음소리에서 이름을 딴 이 대형 도마뱀붙이는 동남아시아 원산으로 종종 인가에 서식한다.

34cm

알락꼬리도마뱀붙이
Cyrtodactylus louisiadensis
뉴기니에서 발견되는 대형 야행성 도마뱀붙이로 육상에서 작은 개구리나 무척추동물을 사냥한다.

15cm

브룩스하우스도마뱀붙이
Hemidactylus brookii
인간과 가까운 곳에 산다. 북인도 원산으로 현재는 홍콩, 상해 및 필리핀에서도 발견된다.

10cm

지중해도마뱀붙이
Hemidactylus turcicus
특유의 고음을 내는 이 작은 유럽산 종은 인가에서 자주 발견되며 빛을 보고 몰려드는 곤충을 잡아먹는다.

넓적발도마뱀

넓적발도마뱀과는 몸이 길고 앞발이 없으며 뒷발은 심하게 퇴화되었다. 오스트랄라시아 지역에만 분포하며 이 과에 속하는 36종 모두 땅속 또는 지상의 곤충을 사냥한다. 도마뱀붙이와 가까운 친척으로 알껍데기가 부드럽다.

12cm

프레이저델마
Delma fraseri
곤충을 먹는 오스트레일리아산 도마뱀으로 스피니펙스 초원에 서식한다. 뻣뻣하고 날카로운 풀잎 사이로 잘 움직인다.

21cm

비늘발도마뱀
Pygopus lepidopodus
뱀처럼 생겼으며 오스트레일리아에 널리 분포한다. 낮에 활동하며 곤충과 거미류를 잡아먹는다.

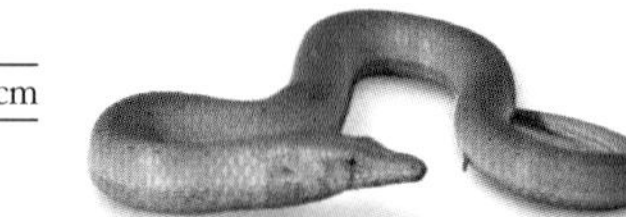

60cm

버튼발없는도마뱀
Lialis burtonis
오스트레일리아 원산이며 긴 톱니 모양의 주둥이로 도마뱀을 꽉 문 뒤 통째로 삼킨다.

아놀도마뱀

아놀도마뱀과는 대부분 카리브 해 주변에 분포한다. 몸집이 작고 나무 위에 살며 곤충을 먹는다. 대개 녹색이나 갈색이지만 감정 상태나 환경에 따라 피부색을 바꾼다. 암수가 공격적으로 영역을 방어한다.

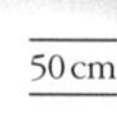

50cm

나이트아놀도마뱀
Anolis equestris
아놀도마뱀 중 가장 큰 종으로 쿠바에만 분포한다. 발가락에 빨판이 있어 매끄러운 벽을 오를 수 있다.

20cm

초록아놀도마뱀
Anolis carolinensis
수컷은 머리를 까딱거리며 밝은색의 턱주머니를 벌름거려 지위를 나타낸다.

볏도마뱀

볏도마뱀과의 9종은 중앙 및 남아메리카의 나무 위에 산다. 이구아나와 가까운 친척으로 잘 발달된 머리볏이 있다. 포식자로부터 잽싸게 달아날 수 있도록 긴 다리와 꼬리를 가지고 있다.

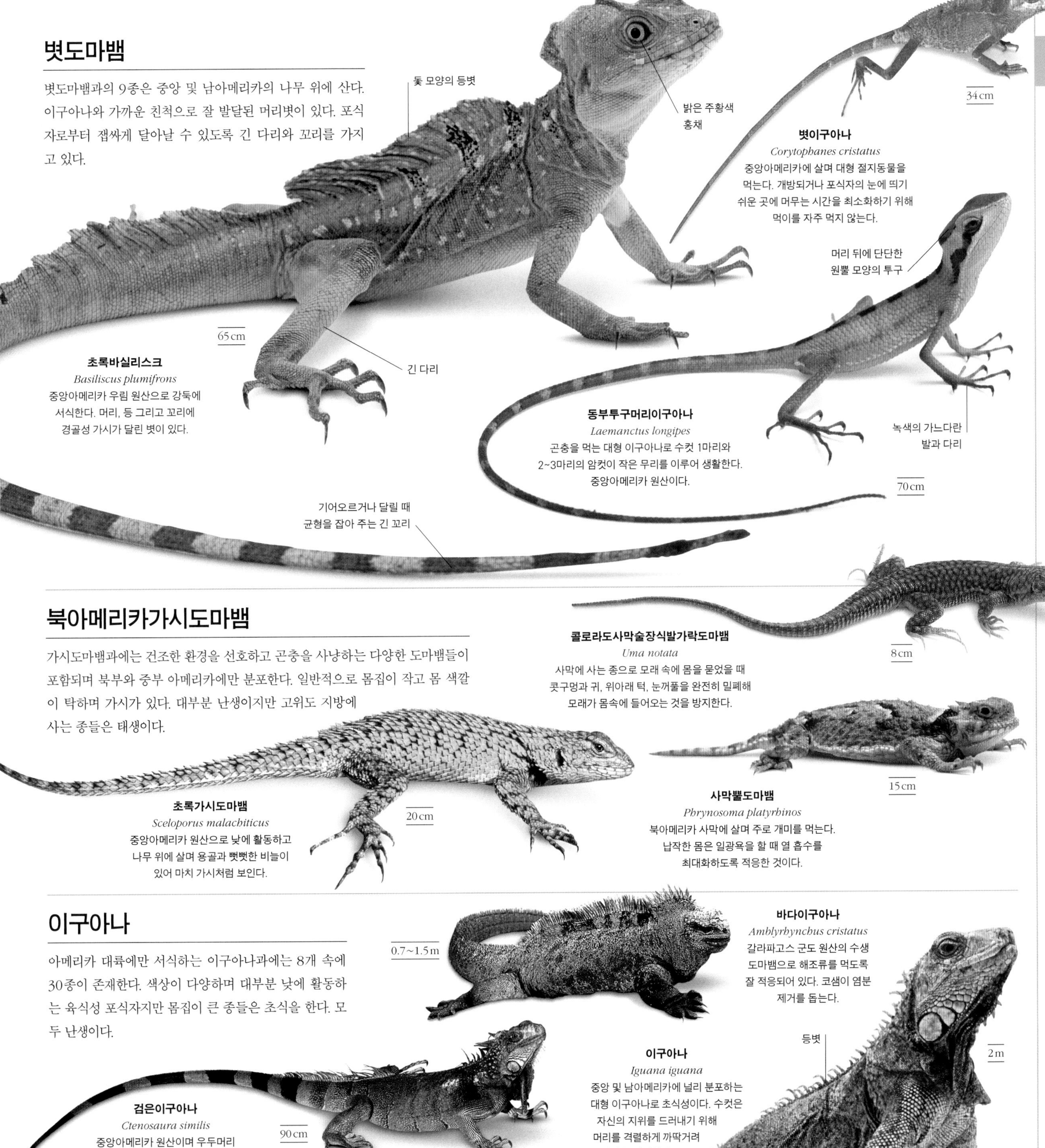

초록바실리스크
Basiliscus plumifrons
중앙아메리카 우림 원산으로 강둑에 서식한다. 머리, 등 그리고 꼬리에 경골성 가시가 달린 볏이 있다.

볏이구아나
Corytophanes cristatus
중앙아메리카에 살며 대형 절지동물을 먹는다. 개방되거나 포식자의 눈에 띄기 쉬운 곳에 머무는 시간을 최소화하기 위해 먹이를 자주 먹지 않는다.

동부투구머리이구아나
Laemanctus longipes
곤충을 먹는 대형 이구아나로 수컷 1마리와 2~3마리의 암컷이 작은 무리를 이루어 생활한다. 중앙아메리카 원산이다.

북아메리카가시도마뱀

가시도마뱀과에는 건조한 환경을 선호하고 곤충을 사냥하는 다양한 도마뱀들이 포함되며 북부와 중부 아메리카에만 분포한다. 일반적으로 몸집이 작고 몸 색깔이 탁하며 가시가 있다. 대부분 난생이지만 고위도 지방에 사는 종들은 태생이다.

콜로라도사막술장식발가락도마뱀
Uma notata
사막에 사는 종으로 모래 속에 몸을 묻었을 때 콧구멍과 귀, 위아래 턱, 눈꺼풀을 완전히 밀폐해 모래가 몸속에 들어오는 것을 방지한다.

초록가시도마뱀
Sceloporus malachiticus
중앙아메리카 원산으로 낮에 활동하고 나무 위에 살며 용골과 뻣뻣한 비늘이 있어 마치 가시처럼 보인다.

사막뿔도마뱀
Phrynosoma platyrhinos
북아메리카 사막에 살며 주로 개미를 먹는다. 납작한 몸은 일광욕을 할 때 열 흡수를 최대화하도록 적응한 것이다.

이구아나

아메리카 대륙에만 서식하는 이구아나과에는 8개 속에 30종이 존재한다. 색상이 다양하며 대부분 낮에 활동하는 육식성 포식자지만 몸집이 큰 종들은 초식을 한다. 모두 난생이다.

바다이구아나
Amblyrhynchus cristatus
갈라파고스 군도 원산의 수생 도마뱀으로 해조류를 먹도록 잘 적응되어 있다. 코샘이 염분 제거를 돕는다.

이구아나
Iguana iguana
중앙 및 남아메리카에 널리 분포하는 대형 이구아나로 초식성이다. 수컷은 자신의 지위를 드러내기 위해 머리를 격렬하게 까딱거려 영역을 방어한다.

검은이구아나
Ctenosaura similis
중앙아메리카 원산이며 우두머리 수컷과 함께 집단생활을 한다. 대개 초식성이지만 간혹 작은 도마뱀류를 잡아먹기도 한다.

도마뱀

도마뱀과에는 1,400종이 있으며 전 세계에 널리 분포한다. 대다수가 낮에 활동하는 포식자지만 일부 종은 야행성이고 다리가 없으며 굴을 파고 살기도 한다. 대부분 난생이나 태생인 종도 많다.

35 cm

밝은 색상의 옆구리

연약한 다리

불도마뱀
Mochlus fernandi
서아프리카의 습한 삼림 지대에 살며 곤충을 잡아먹는다. 색상이 아름다워 사육용으로 인기가 높다.

25 cm

에메랄드나무도마뱀
Lamprolepis smaragdina
서태평양 제도가 원산이며 나무 위에 산다. 나무줄기 위에서 곤충을 잡아먹는다.

21 cm

다섯줄도마뱀
Plestiodon fasciatus
북아메리카산으로 알이 부화할 때까지 주위를 돌돌 말아 보호한다. 삼림 지대를 선호하며 땅에 사는 곤충을 잡아먹는다.

퍼시벌랜스도마뱀
Acontias percivali
아프리카산의 다리 없는 도마뱀으로 낙엽 밑을 파서 무척추동물을 잡아먹는다. 3마리 이하의 새끼를 낳는다.

30 cm

장지뱀

장지뱀과의 도마뱀들은 구대륙의 다양한 서식지에서 발견된다. 활동적인 포식자로서 복잡한 사회 구조를 가지며 수컷이 영역을 방어한다. 거의 대부분의 종이 난생이다. 일반적으로 머리가 크다.

큰모래도마뱀
Psammodromus algirus
지중해 서부 지역에서 발견되는 소형 도마뱀으로 식물이 밀집한 지역에 산다. 번식기가 되면 수컷의 목에 붉은 부분이 나타난다.

7.5 cm

20 cm

점박이도마뱀
Timon lepidus
장지뱀과에서 가장 큰 유럽 종으로 건조하고 식물이 우거진 장소에 산다. 곤충, 알 및 작은 포유류를 먹는다.

태생도마뱀
Zootoca vivipara
유럽 전역 및 알프스의 고도 3,000미터 이하에서 발견되며 땅 위의 다양한 서식지에서 산다. 태생이다.

15 cm

가시발도마뱀
Acanthodactylus erythrurus
이베리아 반도와 북아프리카에서 발견되는 종으로 무른 모래땅 위를 걸을 수 있도록 발가락에 가시 비늘이 있다.

9 cm

그란카나리아왕도마뱀
Gallotia stehlini
그란카나리아 섬의 관목지에만 서식하는 대형 도마뱀으로 낮에 활동하며 초식성이다.

80 cm

7.5 cm

이탈리아벽도마뱀
Podarcis siculus
땅에 사는 종으로 지중해 북부에 분포한다. 풀이 많은 곳에 서식하는데 종종 인가 근처에 살기도 한다.

달리는도마뱀

아메리카의 빨리 달리는 도마뱀으로 광범위한 서식지를 차지한다. 달리는도마뱀과의 작은 종들은 곤충을 먹지만 큰 종들은 육식성이다. 120종 모두 난생이지만 다수의 채찍꼬리도마뱀은 모두 암컷으로 단성 생식, 즉 교미 없이 알을 낳아 번식한다.

아마존달리는도마뱀
Ameiva ameiva
남아메리카에 분포하며 개방된 육상 서식지에서 힘센 턱으로 작은 척추동물과 곤충을 잡는다.

45 cm

방어에 사용하는 긴 꼬리

빨간테구도마뱀
Salvator rufescens
남아메리카 중부의 건조 지역에 사는 대형 도마뱀으로 활동적인 포식자이자 청소동물(죽은 동물을 찾아 먹는 동물)이지만, 식물도 먹는 것으로 알려져 있다.

1.2 m

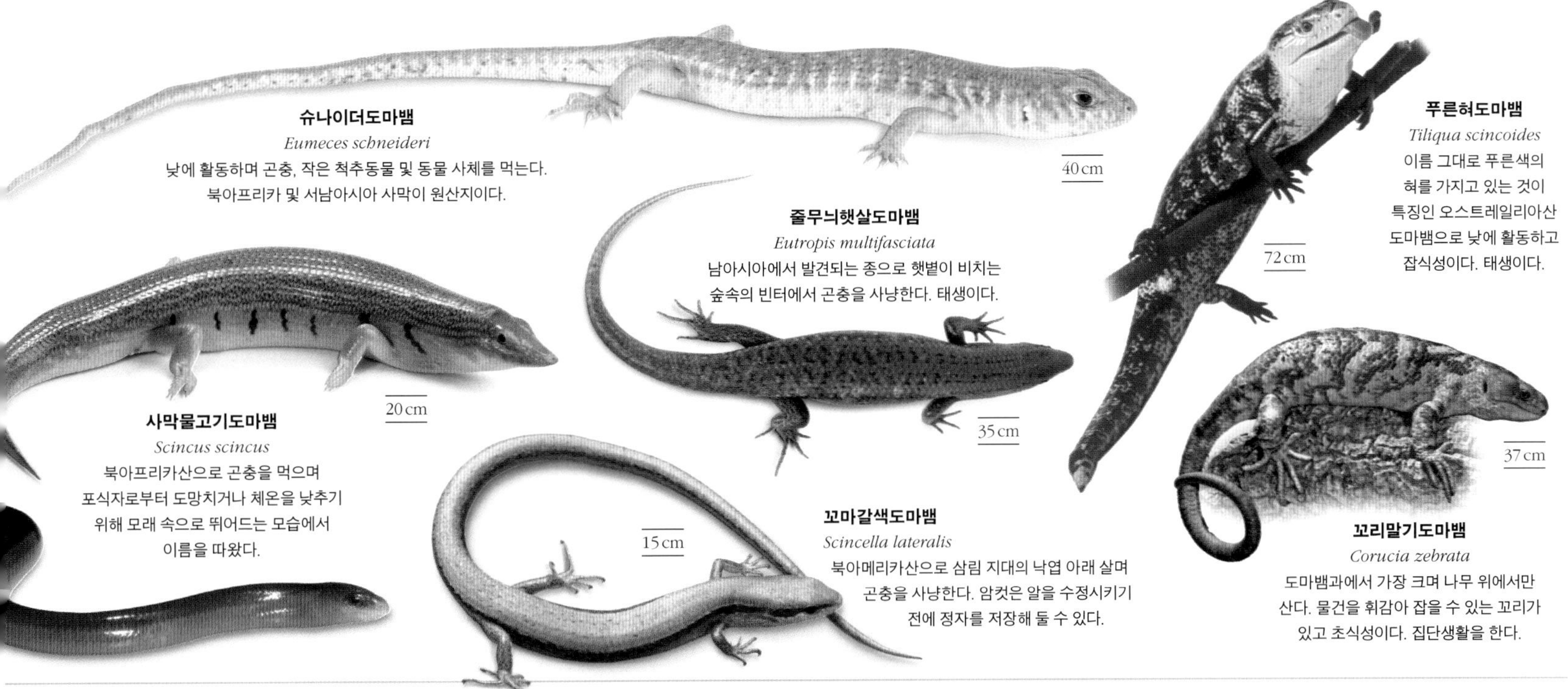

슈나이더도마뱀
Eumeces schneideri
낮에 활동하며 곤충, 작은 척추동물 및 동물 사체를 먹는다. 북아프리카 및 서남아시아 사막이 원산지이다.

줄무늬햇살도마뱀
Eutropis multifasciata
남아시아에서 발견되는 종으로 햇볕이 비치는 숲속의 빈터에서 곤충을 사냥한다. 태생이다.

푸른혀도마뱀
Tiliqua scincoides
이름 그대로 푸른색의 혀를 가지고 있는 것이 특징인 오스트레일리아산 도마뱀으로 낮에 활동하고 잡식성이다. 태생이다.

사막물고기도마뱀
Scincus scincus
북아프리카산으로 곤충을 먹으며 포식자로부터 도망치거나 체온을 낮추기 위해 모래 속으로 뛰어드는 모습에서 이름을 따왔다.

꼬마갈색도마뱀
Scincella lateralis
북아메리카산으로 삼림 지대의 낙엽 아래 살며 곤충을 사냥한다. 암컷은 알을 수정시키기 전에 정자를 저장해 둘 수 있다.

꼬리말기도마뱀
Corucia zebrata
도마뱀과에서 가장 크며 나무 위에서만 산다. 물건을 휘감아 잡을 수 있는 꼬리가 있고 초식성이다. 집단생활을 한다.

판도마뱀

판도마뱀과에는 32종이 있다. 모두 아프리카 사하라 사막 이남 지역에 살며 난생이다. 몸은 원통형이고 암석 지대와 사바나에서 곤충을 사냥하기 적합하도록 잘 발달된 다리가 있다. 단독 생활을 하며 종종 같은 종끼리 공격성을 드러낸다.

거친비늘판도마뱀
Broadleysaurus major
잡식성으로 동아프리카 사바나 지역에 널리 분포한다. 암석 지대의 노두나 흰개미집의 갈라진 틈에 산다.

마다가스카르갑옷도마뱀
Zonosaurus madagascariensis
마다가스카르 원산으로 곤충을 먹는다. 단독 생활을 선호하며 개방되고 건조한 서식지의 땅 위에서 생활한다.

갑옷도마뱀

아프리카 남부 및 동부에만 서식한다. 갑옷도마뱀과라는 이름은 꼬리를 감싸고 있는 가시 비늘로 이루어진 고리에서 유래한 것이다. 몸이 납작해서 태생인 종은 한배에 낳는 새끼 수가 제한되며 난생인 종은 알을 2개 밖에 낳지 못한다.

케이프갑옷도마뱀
Cordylus cordylus
남아프리카 고유종으로 밀집해서 생활한다. 성체는 공격적이며, 우두머리 수컷의 지배하에 사회적 위계를 형성한다.

21 cm

가시 돋친 비늘

작은채찍꼬리도마뱀

남아메리카 열대 지역에 살며 165종이 있다. 일반적으로 몸집이 작고 등에 커다란 비늘이 있다. 낮에 활동하며 곤충을 잡아먹는다. 몸 색깔이 탁해서 낙엽 속에 있을 때 보호색으로 작용한다. 대부분 난생이다.

브로멜리아드도마뱀
Anadia ocellata
중앙아메리카에서 발견되며 나무 위에 사는 종이다. 곤충을 먹으며 나뭇잎 뒤에 숨는다.

악어도마뱀

악어도마뱀은 악어도마뱀과의 유일한 대표이다. 2개의 아종이 중국과 북부 베트남에서 발견된다. 거의 연구된 바가 없는 도마뱀이지만 반려동물로 인기가 높아서 멸종 위기에 있다.

악어도마뱀
Shinisaurus crocodilurus crocodilurus
중국 남부의 광시성 지역에만 서식하는 수생 도마뱀으로 물고기와 올챙이를 먹는다. 강변의 덤불에서 일광욕을 한다.

제노사우루스

제노사우루스는 멕시코에서 주로 발견되며 머리 꼭대기 비늘 아래에 원뿔 모양의 경골성 구조물이 있다. 새끼를 낳아 굴속에서 키운다. 곤충이나 다른 동물을 잡아먹는다.

혹비늘도마뱀
Xenosaurus grandis
멕시코 우림의 땅바닥에서 발견되는 몸이 납작한 도마뱀으로 밤에 날아다니는 곤충을 잡아먹는다. 낮에는 숨어 있다.

밤도마뱀

밤도마뱀과에 속하는 30여 종은 북부와 중부 아메리카에만 서식한다. 실제로는 해 질 녘이나 낮에 비밀스럽게 활동하며 태생이다. 커다란 머리 보호대 같은 구조물이 있으며 배에는 직사각형 비늘이 있다.

노랑점박이밤도마뱀
Lepidophyma flavimaculatum
중앙아메리카의 습한 숲 지대에 있는 썩은 나무에서 발견되며 곤충을 먹는다.

다리없는도마뱀

다리없는도마뱀과는 북아메리카 서부의 사막에서만 발견되며 2종이 있다. 2종 모두 긴 원통형의 몸에 작은 머리를 갖고 있으며 땅속의 무척추동물을 사냥한다. 1~2마리의 새끼를 낳는다.

캘리포니아다리없는도마뱀
Anniella pulchra
애벌레처럼 생긴 도마뱀으로 모래나 부드러운 흙을 파고 곤충을 잡아먹는다. 포식자를 속이기 위해 꼬리를 자를 수 있다.

왕도마뱀

왕도마뱀과는 아프리카, 아시아, 오스트레일리아의 열대 지역에 널리 분포하며 현존하는 도마뱀(도마뱀아목) 중 가장 크다. 기다란 몸통과 강한 다리를 지녔으며 침 속에 독이 분비되는 종이 많다. 몸 크기에 따라 먹이의 종류가 다르다.

1.5m

로젠버그왕도마뱀
Varanus rosenbergi
오스트레일리아 남부 해안 주변에서 발견되며 다양한 먹이를 먹는다. 땅을 잘 파서 땅속의 먹이를 찾기도 한다.

물왕도마뱀
Varanus salvator
남아시아의 우림과 습한 서식지에서 발견된다. 덩치가 커서 다양한 먹이를 사냥할 수 있다.

사바나왕도마뱀
Varanus exanthematicus
아프리카 사하라 사막 이남의 사바나 지역에서 발견되는 종으로 무척추동물, 작은 동물을 먹는다.

무족도마뱀

무족도마뱀과에는 다리가 없는 종도 있고 정상적인 다리가 있는 종도 있다. 대부분 땅 위에 살며 신대륙과 구대륙의 광범위한 서식지에서 발견된다. 주로 곤충을 먹지만 그 밖의 다양한 먹이를 먹는다. 난생이다.

굼벵이무족도마뱀
Anguis fragilis
유럽의 식생이 풍부한 지역에서 발견되는 다리 없는 도마뱀으로 두엄 더미에서 무척추동물을 잡아먹는다.

1.2m

유럽무족도마뱀
Pseudopus apodus
유럽 남부의 건조한 서식지에서 발견되는 다리 없는 도마뱀으로 낮에 대형 곤충과 소형 도마뱀류를 사냥한다.

독도마뱀

북아메리카 서부의 건조한 지역이 원산인 독도마뱀과는 이빨의 홈을 따라 독이 분비되도록 변형된 침샘을 가지고 있다. 밤에 활동하며 다양한 무척추동물을 사냥하거나 사체를 먹기도 한다.

미국독도마뱀
Heloderma suspectum
북아메리카 남서부의 사막에 사는 난생 독도마뱀이다. 곤충이나 땅 위를 돌아다니는 작은 포유류 등의 척추동물을 사냥한다.

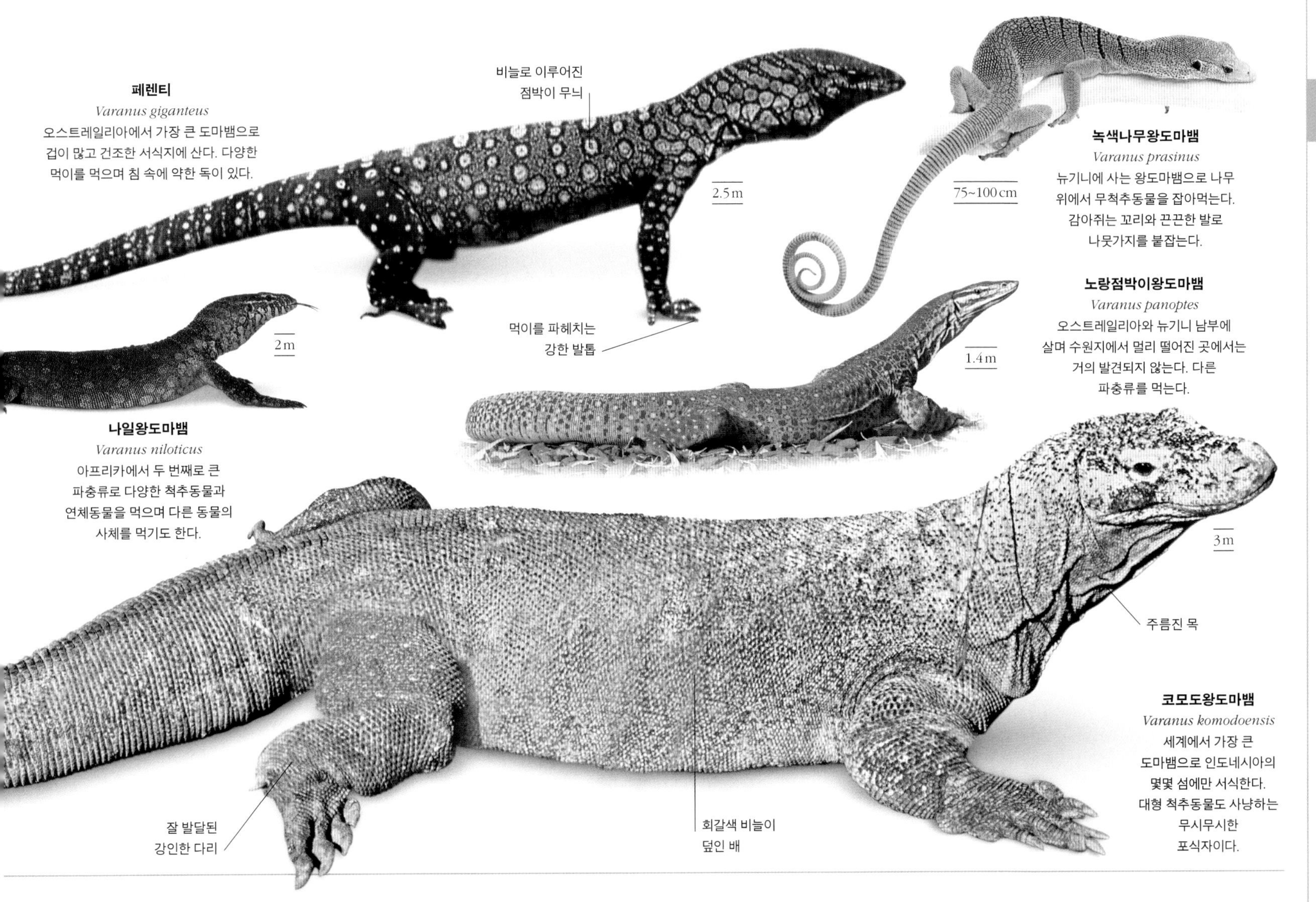

지렁이도마뱀

형태는 다리 없는 도마뱀과 유사하지만 지렁이도마뱀아목에 속하는 파충류들은 해부학적으로나 행동 면에서 도마뱀과 크게 다르다. 후각과 청각으로 땅속 무척추동물을 찾아내고 힘센 턱으로 으스러뜨려 먹는다.

지렁이도마뱀은 지하 생활에 완전히 적응한 파충류로서 대부분의 시간을 땅속에서 보낸다. 대부분의 종이 다리가 완전히 퇴화되어 흔적조차 남아 있지 않으며 매끈한 비늘로 덮인 기다란 몸체를 갖고 있다.

후각과 청각을 이용해서 흙 속에 사는 무척추동물을 사냥하며 힘센 턱으로 먹이를 으스러뜨린다. 특수하게 적응된 머리로 흙을 밀어내면서 몸의 수축과 신장을 반복함으로써 땅속에서 몸을 이동할 수 있다. 질기고 투명한 피부로 눈을 덮어 보호한다.

체내 수정을 하는데 난생인 종도 있고 태생인 종도 있다. 남아메리카, 미국 플로리다, 중동, 유럽 남부에서 발견된다.

문	척삭동물문
강	파충강
목	유린목
과(지렁이도마뱀아목)	6
종	195

지렁이도마뱀

지렁이도마뱀과는 땅을 잘 파도록 적응된 머리를 가졌으며 지하 생활을 한다. 유럽, 아프리카 사하라 사막 이남과 남아메리카에서 발견된다. 후각과 청각으로 흙 속의 무척추동물을 사냥하는 무서운 포식자이다.

뱀

뱀은 길게 신장된 몸과 중첩된 비늘로 이루어진 피부를 가진 포식자이다. 대부분의 종이 독이 있는 이빨 또는 앞니가 있으며 유연하게 연결된 척추뼈 덕분에 몸을 자유롭게 구부리거나 똬리를 틀 수 있다.

열대 지방에 서식하지만 비교적 날씨가 추운 위도 또는 고도에서도 생활할 수 있도록 적응되었기 때문에 남극을 제외한 모든 대륙에서 발견된다. 일반적으로 육상 생활을 하며 나무 위에서 생활하는 종도 많다. 일부는 땅속에서 살거나 반수생, 혹은 바다에서만 생활하기도 한다. 몸 크기가 작은 종은 실처럼 가느다란 것도 있지만 큰 종은 무려 길이가 10미터에 달하기도 한다. 대부분은 30센티미터와 2미터 사이이다.

특유의 후각

뒷다리의 흔적이 외부에 남아 있는 경우도 있지만, 뱀들은 근육 수축을 통해 아랫면의 비늘과 지표면 사이에 견인력을 발생시켜 이동한다. 유연하게 연결된 수많은 척추뼈 덕분에 몸을 자유롭게 구부리거나 똬리를 틀 수 있다. 주기적으로 허물을 벗어 성장한다. 많은 뱀이 단 1개의 길게 신장된 허파로 숨을 쉰다. 근육질의 커다란 위장으로 구성된 단순한 관 모양의 소화 기관을 가지고 있다. 눈을 떴다 감을 수 있는 눈꺼풀 대신 투명한 보호용 비늘에 의해 눈을 보호한다. 시력이 좋은 경우도 있지만 생활사에 따라 차이가 많다. 외부에 노출된 귀가 없어 공기나 땅의 진동을 감지해 소리를 인지한다. 주로 후각에 의존하는데 콧구멍이 아니라 끝이 갈라진 혀에서 공중의 화학 물질을 감지한다. 포유동물이나 조류의 체열을 감지할 수 있는 종도 있다.

생존을 위한 살육

모든 뱀은 육식성이다. 날카로운 이는 뒤쪽으로 휘어져 먹이를 잡아채고 꽉 무는 데 적합하다. 살아 있는 먹이든 독을 주입하거나 꽉 죄어 죽인 먹이든 통째로 삼킨다. 특유의 유연한 턱으로 자신의 머리보다 훨씬 큰 먹이도 한입에 삼킬 수 있다. 보호색, 경고색 또는 의태에 의해 자신을 방어한다. 위협을 받으면 덤벼들어 물 수도 있다.

추운 장소에 사는 종은 태생을 하는 경향이 있으며 따뜻한 기후에 사는 종은 난생이다. 체내 수정을 하고 수컷은 반음경이라 불리는 1쌍의 성기 중 하나에 정자를 저장한다.

문	척삭동물문
강	파충강
목	유린목
과(뱀아목)	30
종	3,789

모하비방울뱀은 위협을 받으면 특유의 방울 소리를 내면서 앞니를 드러내고 상대방을 향해 몸을 꼬아 올려 공격 준비 자세를 취한다.

보아뱀

보아뱀은 대부분 아메리카 중남부에 분포하지만 소수가 마다가스카르 및 뉴기니에서 발견되기도 한다. 숲이나 습지에 서식하며 척추동물을 몸통으로 죄어 잡아먹는다. 보아뱀과에는 현존하는 뱀 중 가장 큰 아나콘다를 포함해 다양한 크기의 뱀이 속한다. 대부분 태생이다.

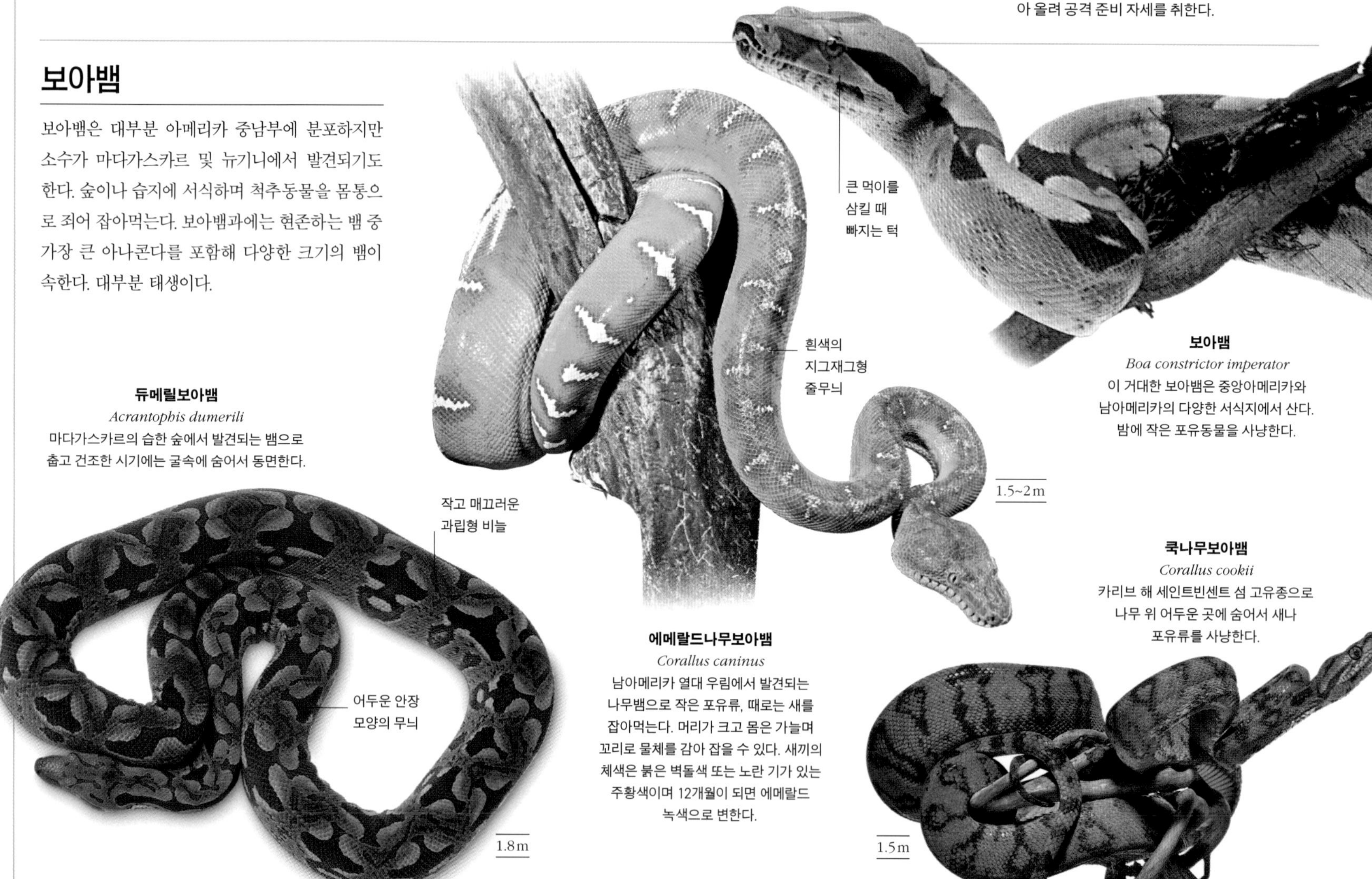

보아뱀
Boa constrictor imperator
이 거대한 보아뱀은 중앙아메리카와 남아메리카의 다양한 서식지에서 산다. 밤에 작은 포유동물을 사냥한다.

듀메릴보아뱀
Acrantophis dumerili
마다가스카르의 습한 숲에서 발견되는 뱀으로 춥고 건조한 시기에는 굴속에 숨어서 동면한다.

에메랄드나무보아뱀
Corallus caninus
남아메리카 열대 우림에서 발견되는 나무뱀으로 작은 포유류, 때로는 새를 잡아먹는다. 머리가 크고 몸은 가늘며 꼬리로 물체를 감아 잡을 수 있다. 새끼의 체색은 붉은 벽돌색 또는 노란 기가 있는 주황색이며 12개월이 되면 에메랄드 녹색으로 변한다.

쿡나무보아뱀
Corallus cookii
카리브 해 세인트빈센트 섬 고유종으로 나무 위 어두운 곳에 숨어서 새나 포유류를 사냥한다.

동아프리카모래보아뱀
Gongylophis colubrinus
아프리카에 살며 몸이 통통하고 꼬리가 짧다. 굴속에서 머리만 내놓고 있다가 먹이를 습격한다.

칼라바땅보아뱀
Calabaria reinhardtii
서아프리카 원산으로 땅속에서 작은 포유동물을 사냥한다. 보아뱀 중에서는 유일하게 난생이다.

무지개보아뱀
Epicrates cenchria
남아메리카산으로 비늘에 빛을 반사하는 미세한 골이 있어 보는 각도에 따라 다른 빛깔로 반짝인다. 숲속에서 포유류를 사냥한다.

뉴기니땅보아뱀
Candoia aspera
뾰족한 주둥이 각도가 구별의 기준이 된다. 육상에서 느리게 움직이며 작은 척추동물을 사냥한다.

고무보아뱀
Charina bottae
높은 고도의 서늘하고 습한 곳을 좋아하고 땅속에서 생활한다. 브리티시컬럼비아 같은 북쪽 지방에서 발견된다.

로지보아뱀
Lichanura trivirgata
미국 서부의 사막에 살며 느리게 움직인다. 매복했다가 포유류를 습격해 몸통으로 죄어 죽인다.

그린아나콘다
Eunectes murinus
남아메리카 수생 종으로 신대륙 뱀 중에 가장 크다. 물속에 숨어 있다가 먹이를 몸통으로 죄어 질식시킨다.

보아뱀

Boa constrictor

보아뱀은 중앙 및 남아메리카의 열대 지방에 서식하는 대형 육상 종이다. 주로 삼림 지대나 관목지에서 발견되지만 다양한 서식지에 쉽게 적응한다. 땅 위에서 꼼짝 않고 매복해 있다가 포유류를 습격해 턱으로 낚아챈 뒤 몸통으로 먹이를 둘러싸고 죄어 천천히 질식사시킨다. 죽음을 맞이한 먹이는 머리부터 삼켜진다. 보아뱀의 아래턱은 앞부분이 좌우로 분리 가능해 아주 큰 먹이도 삼킬 만큼 입을 크게 벌릴 수 있다. 대체로 단독 생활을 하며 번식기가 되면 수컷은 암컷이 뿜어내는 냄새를 따라 적극적으로 짝을 찾아다닌다. 암컷이 수컷보다 몸집이 크며 한 번에 약 30센티미터 길이의 새끼를 30~50마리 낳는다. 사육하는 경우도 많지만 잘 무는 경향이 있어 주의를 요한다.

크기 최대 2.5미터
서식지 개방된 삼림 지대 또는 관목지
분포 중앙 및 남아메리카
먹이 포유류, 조류, 파충류

∧ 색깔 변이
보아뱀에는 수많은 아종이 있는데 크기와 색깔을 기준으로 구별할 수 있다. 지역에 따라서도 색상이 다르다.

> 보호색
비늘에 함유된 색소는 다채로운 무늬를 형성하며 뱀의 윤곽을 식별하기 어렵게 만드는 역할을 한다. 덕분에 몸을 쉽게 숨길 수 있다.

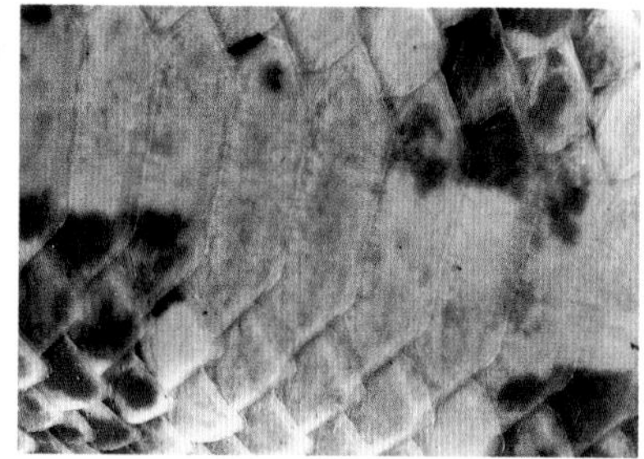

∧ 복부의 비늘
단단한 복부 비늘로 몸을 물체 표면에 고정시켜 몸을 끌어당기거나 나무를 기어오를 수 있다. 주기적으로 허물을 벗는다.

> 상당한 적수
보아뱀은 시각과 후각을 이용해 사냥하기 때문에 삼각형의 머리 위로 눈과 콧구멍이 돌출되어 있다. 자주 먹지 않아도 되어서 작은 먹이를 먹으면 2~3주를 지낼 수 있다. 대형 보아뱀이 사슴을 통째로 잡아먹은 경우에는 적어도 6개월 동안 사냥하지 않아도 된다.

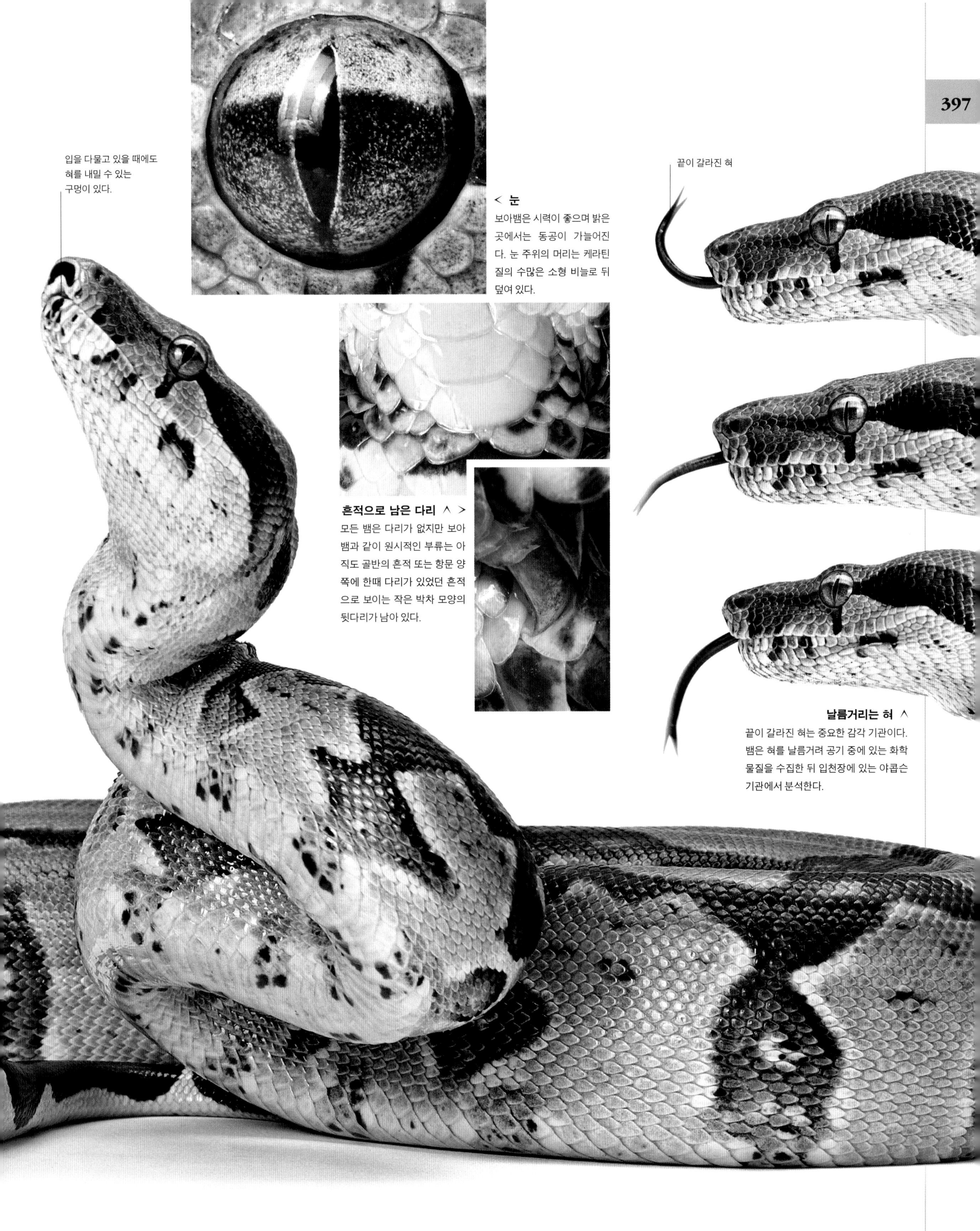

< 눈

보아뱀은 시력이 좋으며 밝은 곳에서는 동공이 가늘어진다. 눈 주위의 머리는 케라틴질의 수많은 소형 비늘로 뒤덮여 있다.

흔적으로 남은 다리 ∧ >

모든 뱀은 다리가 없지만 보아뱀과 같이 원시적인 부류는 아직도 골반의 흔적 또는 항문 양쪽에 한때 다리가 있었던 흔적으로 보이는 작은 박차 모양의 뒷다리가 남아 있다.

날름거리는 혀 ∧

끝이 갈라진 혀는 중요한 감각 기관이다. 뱀은 혀를 날름거려 공기 중에 있는 화학물질을 수집한 뒤 입천장에 있는 야콥슨 기관에서 분석한다.

(무독)뱀

전 세계적으로 2,000종 이상이 속하는 (무독)뱀과는 뱀아목 중에서 가장 큰 과이다. 이 뱀들은 사막에서 습지까지 다양한 서식지에 살며 먹이 또한 다양하다. 난생이 많다.

서부리라뱀
Trimorphodon biscutatus
북아메리카 서부의 암석 지대에 서식한다. 밤에 몰래 돌아다니며 박쥐, 도마뱀 또는 작은 척추동물을 사냥한다.

가터뱀
Thamnophis sirtalis
북아메리카산으로 낮에 활동하며 광범위한 서식지에서 척추동물을 사냥한다. 마니토바에서는 동면 후 짝짓기를 위해 많은 개체가 모여드는 모습이 관찰된다.

루트벤왕뱀
Lampropeltis ruthveni
멕시코 고원에 사는 난생 뱀으로 건조한 삼림 지대에서 설치류나 도마뱀을 사냥한다.

회색땅뱀
Geophis brachycephalus
중앙아메리카산의 작은 야행성 뱀으로 육상 생활을 한다. 주로 지렁이나 부드러운 곤충 애벌레를 먹는다.

긴코쟁이뱀
Rhinocheilus lecontei
뾰족한 주둥이가 특징인 이 뱀은 북아메리카의 건조한 초원에 서식하며 땅속으로 다닌다. 겁이 많고 야행성이며 도마뱀을 잡아먹는다.

캘리포니아산왕뱀
Lampropeltis zonata
이 비밀스러운 뱀은 고도가 높고 나무가 우거진 서식지를 선호한다. 대개 야행성이지만 밤 기온이 낮을 때는 낮에 활동한다.

아프리카알뱀
Dasypeltis scabra
아프리카산으로 오로지 알만 먹기 때문에 새의 번식기에 많은 양을 먹은 후 나머지 기간에는 단식한다.

솔뱀
Pituophis melanoleucus
북아메리카 삼림 지대에 사는 크고 힘센 뱀으로 위협을 받으면 배설강(cloaca)으로부터 악취가 나는 물질을 분출한다.

1m

길고 호리호리한 몸

초록산악경주뱀
Drymobius chloroticus
중앙아메리카 우림에 사는 빠르고 민첩한 뱀이다. 대개 물 근처에서 발견되며 개구리를 먹는다.

서부인디고뱀
Drymarchon corais
북아메리카에서 가장 긴 뱀 중 하나이다. 사막거북과 같은 굴에서 사는 경우도 종종 있다.

3m

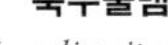

1.4m

북부물뱀
Nerodia sipedon
북아메리카 동부에 서식하는 수생 뱀으로 새끼를 낳으며 밤낮의 구분 없이 활동한다. 양서류와 어류를 먹는다.

1.2m

고리무늬날뱀
Chrysopelea pelias
남아시아산으로 실제로 날아다니는 것은 아니고 높은 가지 위에서 몸을 오므렸다가 쭉 펴면서 활강을 한다.

65cm

짤막한 주둥이

가짜산호뱀
Erythrolamprus mimus
독성이 강한 산호뱀과 유사한 밝은 색상을 가지고 있지만 독이 없는 뱀으로 남아메리카 원산이다.

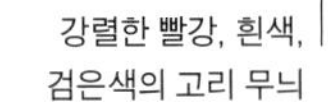

강렬한 빨강, 흰색, 검은색의 고리 무늬

1.8m

묄렌도르프구렁이
Elaphe moellendorffiffi
중국과 베트남의 건조한 석회암 지대에 산다. 길쭉한 주둥이와 비교적 긴 꼬리를 갖고 있다.

2.1m

진흙뱀
Farancia abacura
북아메리카 원산이며 크게 휜 이빨로 수생 도롱뇽을 잡아먹는다. 암컷은 알 주위에 똬리를 틀어 둘러싸고 부화할 때까지 기다린다.

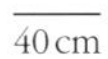

붉은등커피뱀
Ninia sebae
중앙아메리카에 사는 독이 없는 뱀으로 위협적인 자세를 취할 때 목을 길게 늘이는 능력이 있다.

40cm

99cm

북부고양이눈뱀
Leptodeira septentrionalis
중앙아메리카산으로 나무 위에 살며 밤에 활동한다. 척추동물과 청개구리의 알을 찾아내기에 적합한 커다란 눈을 가지고 있다.

1.3m

나무뱀
Imantodes cenchoa
몸이 가늘고 어둠 속에서 도마뱀을 사냥하는 데 적합한 큰 눈을 가지고 있다. 아메리카 열대 우림에서 발견된다.

1m

갈색나무뱀
Boiga irregularis
오스트레일리아 및 뉴기니 원산으로 우연히 서태평양의 괌 섬에 유입되어 고유 동물상을 크게 훼손한 바 있다.

3m

가짜물코브라
Hydrodynastes gigas
남아메리카 우림 원산으로 반수생 뱀이다. 코브라처럼 더 위협적으로 보이도록 목을 넓게 펼 수 있다.

2m

초록덩굴뱀
Oxybelis fulgidus
길고 가느다란 이 뱀은 중앙아메리카와 남아메리카 우림의 나무 위에 산다. 먹이를 잡으면 공중에 든 채로 독이 퍼져 먹이가 움직이지 않을 때까지 기다린다.

1.1m

칼리코뱀
Oxyrhopus petolarius
도마뱀과 다른 소형 척추동물을 먹는다. 남아메리카 우림에 사는 육상 종으로 낮에 활동한다.

특징적인 노란 목

1.2m

회녹색의 몸통

유럽유혈목이
Natrix natrix
유럽 전체에 널리 분포하며 위협을 받으면 종종 죽은 척한다. 물에 들어가는 것을 좋아하고 정기적으로 양서류를 잡아먹는다.

(무독)뱀

1.4m

트링컷뱀
Coelognathus helena
인도에 살며 목을 부풀리고 일어서서 적을 위협한다. 대개 밤에 포유동물을 사냥한다.

초록뱀
Opheodrys aestivus
북아메리카 남동부의 삼림 지대가 원산이며 나무 위에 산다. 낮에 곤충을 잡아먹고 난생이다.

2.4m

붉은꼬리초록쥐잡이뱀
Gonyosoma oxycephalum
움직임이 빨라 나무 위에서 새와 포유류를 사냥한다. 동남아시아 우림에서 발견된다.

가늘고 긴 몸통

60cm

매끈비늘뱀
Coronella austriaca
잡초가 우거진 황야에서 발견되는 유럽산 뱀으로 먹이를 질식시켜 잡아먹는다. 암컷은 알을 낳은 후 몸속에서 부화시킨다.

1m

발칸채찍뱀
Hierophis gemonensis
발칸 지역에만 살며 건조한 관목지와 올리브 밭에서 발견된다. 낮에 도마뱀을 잡아먹는다.

달채찍뱀
Platyceps najadum
지중해 원산으로 건조하고 돌이 많은 서식지에서 발견된다. 낮에 작은 도마뱀류와 메뚜기를 사냥한다.

1.6m

남부물뱀
Nerodia fasciata
습지에 살며 양서류와 어류를 잡아먹는다. 미국 남부에서 발견된다.

20cm

갈색머리지네뱀
Tantilla ruficeps
중앙아메리카 열대 숲에서 발견되며 땅속에 굴을 파고 산다. 낮에 곤충을 사냥한다.

80cm

서부돼지코뱀
Heterodon nasicus
북아메리카 대초원에 사는 뱀으로 두꺼비의 폐를 뚫어 삼키기 쉽게 만들 수 있는 특수한 대형 이빨을 가지고 있다.

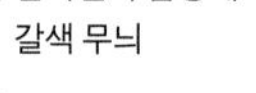
1.8m

돌출된 눈이 달린 머리

희미한 색의 배

근육질의 몸통에 갈색 무늬

왕관뱀
Spalaerosophis diadema cliffordi
북아프리카 사막이 원산인 아종으로 날씨가 서늘할 때는 낮에 활동하다가 여름에는 야행성으로 바뀐다.

1.8m

붉은옥수수뱀
Pantherophis guttatus
북아메리카 남동부에 흔히 분포하지만 드물게 관찰된다. 삼림 지대에서 작은 포유동물을 사냥한다.

2m

노랑쥐잡이뱀
Spilotes pullatus
작은 척추동물을 잡아먹는 대형 뱀으로 물에서 떨어진 데서는 드물게 발견된다. 중앙 및 남아메리카에 널리 분포한다.

아프리카집뱀

주로 아프리카에서 발견되는 뱀으로 육지, 나무 위, 반수생 등 다양한 서식지를 차지한다. 여러 가지 척추동물과 무척추동물을 잡아먹으며 먹이를 감아서 죄거나 독을 써서 제압한다.

75cm

두더지살무사
Atractaspis fallax
동아프리카에 사는 독이 있는 뱀으로 커다란 앞니를 가지고 있다. 땅속에서 다른 지중 척추동물을 잡아먹는다.

2m

몽펠리에뱀
Malpolon monspessulanus
지중해 주변 건조한 관목지 및 바위가 많은 언덕에 사는 가늘고 긴 뱀으로 낮에 작은 척추동물을 사냥한다.

1.8m

마다가스카르큰돼지코뱀
Leioheterodon madagascariensis
돼지 코 모양의 주둥이를 가진 대형 뱀으로 낮에 활동한다. 마다가스카르의 숲이나 초원에 살며 도마뱀이나 양서류를 사냥한다.

아시아파이프뱀

스리랑카와 동남아시아에서 발견되며 땅속에 굴을 파는 작은 뱀으로 관 모양의 몸통과 매끈하고 반짝거리는 비늘을 가지고 있다. 습한 장소에 살고 굴에 숨어 있다가 밤에 나와서 다른 뱀이나 장어류를 사냥한다. 새끼를 낳는다.

실론파이프뱀
Cylindrophis maculatus
스리랑카의 고유종인 독 없는 뱀으로 땅속에 굴을 파며 무척추동물을 먹는다. 납작한 꼬리로 독사인 코브라의 움직임을 흉내 낸다.

65cm

코브라과의 바다뱀아과에 속하는 뱀들로 인도양과 태평양 연안의 열대 지역에 사는 독성이 강한 뱀이다. 수영을 할 수 있도록 적응된, 물갈퀴처럼 생긴 꼬리가 있다. 소수를 제외하고는 물속에서 번식하며 새끼를 낳는다. 장어류와 물고기들을 잡아먹는다.

노랑입술바다뱀
Laticauda colubrina
인도양-태평양 열대 지역에 살며 밤에 물고기를 사냥한다. 땅 위에서도 잘 이동할 수 있다.

1.4m

코브라와 근연종

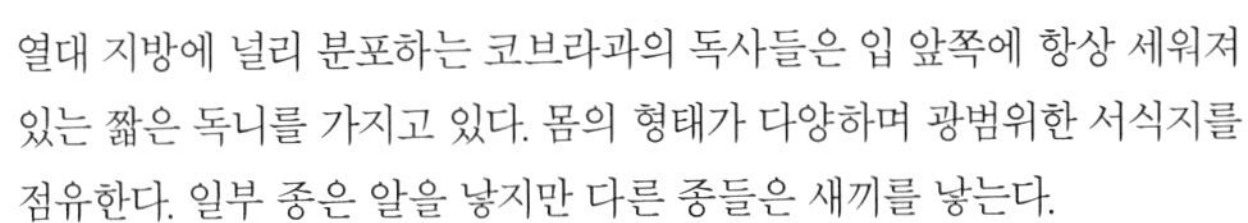

열대 지방에 널리 분포하는 코브라과의 독사들은 입 앞쪽에 항상 세워져 있는 짧은 독니를 가지고 있다. 몸의 형태가 다양하며 광범위한 서식지를 점유한다. 일부 종은 알을 낳지만 다른 종들은 새끼를 낳는다.

중앙아메리카산호뱀
Micrurus nigrocinctus
중앙아메리카의 독이 있는 뱀으로 열대 숲의 낙엽 속에서 먹이를 잡는다. 밝은 색상은 잠재적인 적에 대해 경고색 기능을 한다.

노랑얼굴채찍뱀
Demansia psammophis
오스트레일리아 전역에 널리 분포하는 몸이 가느다란 뱀으로 낮에 도마뱀을 사냥한다. 건조하고 개방된 서식지를 선호한다.

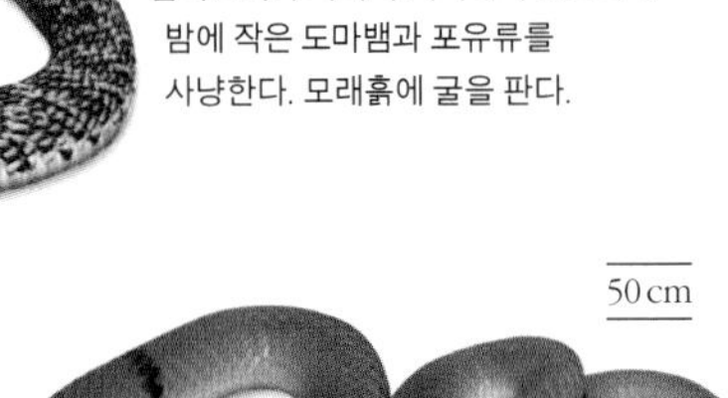

동부방패코뱀
Aspidelaps scutatus fulafulus
남아프리카 사바나 지역에서 발견되며 밤에 작은 도마뱀과 포유류를 사냥한다. 모래흙에 굴을 판다.

로젠뱀
Suta fasciata
오스트레일리아 서부의 건조한 지역에서 발견되는 독사로 도마뱀을 사냥한다.

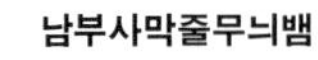

고리무늬갈색뱀
Pseudonaja modesta
오스트레일리아의 건조하고 바위가 많은 지역에서 발견되는 독사로 작은 도마뱀을 잡아먹는다. 서식지 파괴로 위험에 처했다.

남부사막줄무늬뱀
Simoselaps bertholdi
오스트레일리아 서부에 널리 분포하는 작은 뱀으로 땅을 파서 도마뱀을 잡아먹는다. 줄무늬로 포식자를 혼란시킬 수 있다.

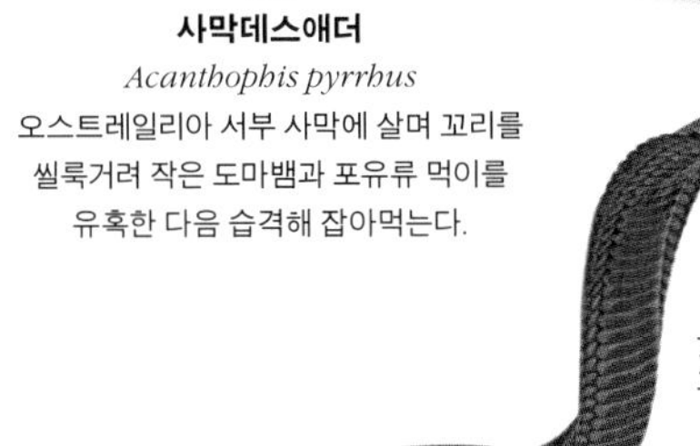

사막데스애더
Acanthophis pyrrhus
오스트레일리아 서부 사막에 살며 꼬리를 씰룩거려 작은 도마뱀과 포유류 먹이를 유혹한 다음 습격해 잡아먹는다.

외눈안경코브라
Naja kaouthia
동남아시아에 흔한 대형 코브라로 삼림 지대와 논, 종종 인가에 가까이 살며 쥐와 다른 뱀을 사냥한다.

이집트코브라
Naja haje
아프리카 북부 및 중부 사막에 살며 작은 척추동물을 사냥하는 대형 코브라이다. 위협을 받으면 목 뒷부분을 펼치고 머리를 쳐든다.

킹코브라
Ophiophagus hannah
아시아 열대 숲에 서식하는 거대한 킹코브라는 주로 다른 뱀을 잡아먹는다. 뱀으로서는 특이하게 암컷과 수컷 모두 알을 보호한다.

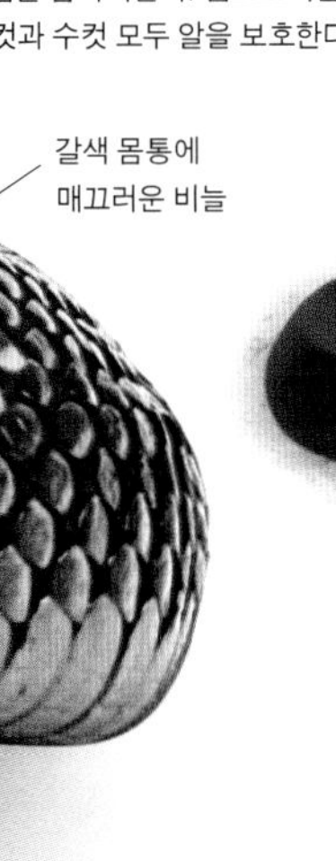

붉은독물총코브라
Naja pallida
아프리카에 살며 위협을 받으면 목 뒷부분을 펼칠 뿐 아니라 적의 얼굴에 독을 뿜는다.

비단구렁이

비단구렁잇과는 아프리카, 아시아 및 오스트레일리아에 분포한다. 안면의 수용기를 통해 정온 동물을 추적해 잡아먹는다. 입으로 먹이를 붙잡지만 몸으로 죄어 질식시켜 죽인다. 일부 종은 알 주위에 똬리를 틀어 몸을 떨 때 발생하는 열을 이용해 알을 따뜻하게 한다.

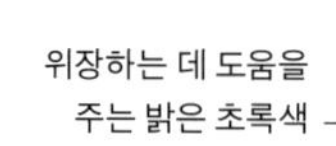

1.5 m

초록나무비단구렁이
Morelia viridis
오스트랄라시아 열대 숲에서 발견되며 나무 위에 산다. 나뭇가지 위를 휘감은 채로 있다가 도마뱀과 작은 포유류를 습격한다.

위장하는 데 도움을 주는 밝은 초록색

붉은비단구렁이
Python curtus
동남아시아 우림에 사는 비교적 작은 비단구렁이로 알 주위에 똬리를 틀어 알을 따뜻하게 유지하고 보호한다.

1.8 m

3 m

검은머리비단구렁이
Aspidites melanocephalus
오스트레일리아 고유종으로 다양한 서식지에서 발견된다. 다른 뱀과 파충류를 잡아먹는다.

버마비단구렁이
Python molurus
원산지인 아시아에서는 드물게 발견되는 반면 플로리다 에버글레이즈 지역에서는 과다 분포하는 양상을 띤다. 조류, 포유류, 파충류 등 광범위한 먹이를 먹기 때문에 지역 생태계에 위협이 된다.

7 m

장님뱀

장님뱀과의 눈은 비늘로 덮여 있어 앞을 보지 못한다. 열대 우림의 낙엽 속에서 발견되며 굴을 파는 작은 뱀으로 주로 땅속의 무척추동물을 먹는다. 위턱에만 이빨이 있다. 대부분 난생이다.

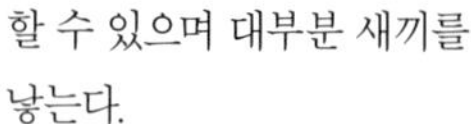

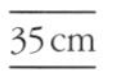

35 cm

유라시아장님뱀
Xerotyphlops vermicularis
유럽산의 지렁이처럼 생긴 장님뱀으로 건조하고 개방된 지역에 산다. 땅을 파서 개미 유충과 같은 무척추동물을 잡아먹는다.

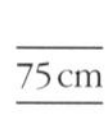

75 cm

검은장님뱀
Anilios nigrescens
오스트레일리아 동부에 사는 굴을 파는 뱀으로 비늘이 단단해 개미의 알과 유충을 먹는 동안 개미의 공격으로부터 버틸 수 있다.

가는장님뱀

가는장님뱀과는 작고 가느다란 뱀으로 땅을 파서 무척추동물을 사냥하는 습성 때문에 드물게 관찰된다. 아메리카, 아프리카, 서남아시아 열대 지방에서 발견된다.

30 cm

세네갈장님뱀
Myriopholis rouxestevae
서아프리카 열대 우림의 땅속에 서식한다. 2004년에 처음 연구되었으며 무척추동물을 잡아먹는 듯하다.

살무사

살무삿과는 몸이 굵고 비늘에 용골이 있으며 머리가 삼각형이다. 입의 앞쪽에 접었다 펼 수 있는 긴 관 모양의 독니로 척추동물의 몸에 독을 주입한다. 눈과 콧구멍 사이에 적외선 수용기가 있어 열을 감지할 수 있으며 대부분 새끼를 낳는다.

1.5 m

풀살무사
Bothrops atrox
아메리카 열대 우림에서 발견되는 독이 있는 뱀으로 끝이 뾰족한 머리가 특징이다. 밤에 조류와 포유류를 사냥한다.

85 cm

60 cm

사막뿔살무사
Cerastes cerastes
북아프리카와 시나이 반도 사막 지역에서 발견되는 독사로 모래 속에 숨어 있다가 작은 포유류와 도마뱀을 습격한다.

돼지코살무사
Porthidium nasutum
중앙아메리카의 주행성 포식자로 습하고 개방된 숲을 선호한다. 눈과 콧구멍 사이에 적외선 수용기가 있으며 새끼를 낳는다.

햇살비단구렁이

햇살비단구렁잇과에 속하는 2종 모두 동남아시아에서만 서식하며 보는 각도에 따라 다른 색으로 빛나는 비늘을 가지고 있다. 숲 서식지의 땅속에 살며 양서류, 다른 파충류 및 작은 포유류를 사냥한다. 알을 낳는다.

점박이비단구렁이
Antaresia maculosa
오스트레일리아 북부의 바위가 많은 언덕에서 발견된다. 박쥐가 서식하는 동굴 입구에서 박쥐를 잡아먹는다.

그물무늬비단구렁이
Python reticulatus
세계에서 가장 긴 뱀 중 하나로 아시아의 우림에 산다. 대형 포유동물을 질식시켜 죽인다.

햇살비단구렁이
Xenopeltis unicolor
납작한 머리를 이용해 썩은 식물 속을 파고든다. 저녁 시간에 양서류와 작은 포유류를 잡아먹는다.

코퍼헤드
Agkistrodon contortrix
바위가 많은 삼림 지대에 살며 띠무늬가 있어 낙엽 속에 숨었을 때 눈에 잘 띄지 않는다. 북아메리카 동부에서 발견된다.

애스프살무사
Vipera aspis
유럽산 살무사로 따뜻하고 건조한 서식지를 선호하며 작은 포유동물을 잡아먹는다. 최대 20마리의 새끼를 낳는다.

애더
Vipera berus
낮에 활동하며 작은 포유류와 도마뱀을 사냥한다. 유라시아의 다양한 서식지에 널리 분포한다.

프레리방울뱀
Crotalus viridis
미국 중서부에 사는 뱀으로 새벽이나 해 질 녘에 포유동물을 사냥한다. 낮에는 바위틈 등에 숨어 있다.

서아프리카가봉북살무사
Bitis gabonica
아프리카 열대 우림에 사는 크고 비늘이 두꺼운 뱀으로 포유동물을 매복 습격해 잡아먹는다.

악질방울뱀
Crotalus atrox
밤에 포유류를 사냥하는 대형 뱀으로 북아메리카 서부의 건조한 지역에 널리 분포한다.

퍼프애더
Bitis arietans
밤에 가장 활동적인 독사로 가만히 매복했다가 척추동물을 습격한다. 아프리카의 바위가 많은 초원에서 발견된다.

말레이살무사
Calloselasma rhodostoma
동남아시아에 살며 밤에 숲에 인접한 개방된 장소에서 설치류와 도마뱀을 잡아먹는다.

악어

악어는 몸집이 크고 육식성이며 물에 사는 파충류이다. 단단한 피부와 힘센 턱이 있는 무서운 포식자지만, 동시에 사회적 동물이며 자상한 부모이기도 하다.

악어목에 속하는 크로커다일, 앨리게이터, 가비알악어 모두 기다란 주둥이에 다수의 날카로운 이빨이 나 있고 유선형의 몸통과 긴 근육질의 꼬리를 갖고 있다. 피부는 경골성 판으로 뒤덮여 있다. 바다악어는 현존하는 파충류 중에서 가장 크다.

수영과 사냥

악어들은 전 세계의 열대 지역에서 발견되며 다양한 담수 및 해양 서식지를 점유한다. 눈, 귀, 코는 머리 꼭대기에 있어서 사냥하는 동안 거의 완전히 잠수한 상태로 있을 수 있다. 힘센 꼬리로 물을 저어 수영하며 지상에서는 튼튼한 다리로 몸을 완전히 땅 위로 들어 올린 채 이동할 수 있다.

어류, 파충류, 조류, 포유류 등 먹이를 가리지 않는 육식동물임에도 불구하고 때로는 이동하는 포유류나 어류와 같이 특정한 먹이를 찾아내어 습격하기 위해 정교한 섭식 행동을 나타내기도 한다. 작은 먹이는 통째로 삼키지만 크기가 큰 먹이는 물에 빠뜨린 다음 사체를 입에 문 채 이리저리 회전하는 방법을 사용해 여러 조각으로 찢어서 먹기도 한다. 위 속에 들어 있는 돌과 강산성의 위액이 먹이의 소화를 돕는다.

사회적 행동과 번식

행동학적인 측면에서 보면 악어들은 다른 파충류들보다는 현존하는 가장 가까운 친척인 조류와 좀 더 공통점이 많다. 성체들은 특히 먹이가 많은 장소에서 느슨한 집단을 형성해 광범위한 음성 신호와 몸짓 언어를 통해 서로 상호 작용을 한다.

번식기에는 지위가 높은 수컷이 영역을 통제하며 암컷과 왕성하게 교미한다. 수정은 체내에서 이루어지며, 암컷이 둥지를 만들어 단단한 껍데기가 있는 알을 낳아 보호한다. 새끼의 성별은 부화하기까지의 온도에 따라 결정된다. 갓 태어난 새끼들이 울음소리로 암컷을 자극하면 암컷은 둥지에서 새끼를 꺼내 입에 넣어서 물까지 운반한다. 새끼일 때는 사망률이 높지만 일단 몸길이가 1미터 이상에 도달하면 자연 상태에서는 천적이 거의 없다.

문	척삭동물문
강	파충강
목	악어목
과	3
종	25

피라냐카이만은 물살이 빠른 곳에서 입을 벌린 채 물고기가 가까이 다가오기를 기다린다.

가비알악어

가비알악어과는 인도에만 서식하며 멸종 위기 종이다. 가늘고 긴 주둥이에 수많은 날카로운 이빨이 있어 물고기를 잡는다. 수컷은 주둥이 끝에 사마귀처럼 피부가 솟아오른 부분이 있다.

감람녹색의 몸통

7m

가비알악어
Gavialis gangeticus
악어목에서 가장 큰 동물 중 하나로 아시아에 서식한다. 주둥이에 일렬로 난 무시무시한 이빨로 물고기를 잡지만 사람을 공격한 예는 알려져 있지 않다.

크로커다일

생활사, 서식지 및 먹이가 비교적 특화되어 있지 않지만 크로커다일과의 악어들은 입을 다물고 있을 때 아래턱에 난 네 번째 이빨이 노출되어 있어 쉽게 알아볼 수 있다. 열대 지방에 살며 강이나 바닷가의 다양한 서식지를 점유한다.

2m

난쟁이악어
Osteolaemus tetraspis
아프리카 열대 숲에 사는 소형 크로커다일로 목과 등에 두꺼운 비늘이 있다. 밤에 물고기와 개구리를 사냥한다.

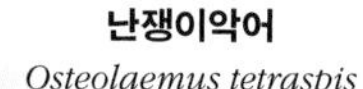

3.5m

쿠바악어
Crocodylus rhombifer
쿠바 고유종인 중간 크기의 크로커다일류로 습지에 살며 어류와 작은 포유류를 사냥한다. 땅속 구멍에 알을 낳는다.

4m

샴악어
Crocodylus siamensis
동남아시아에만 서식하는 대형 크로커다일로 야생에서는 심각한 멸종 위기에 처해 있다. 담수 소택지에서 발견되며 다양한 먹이를 먹는다.

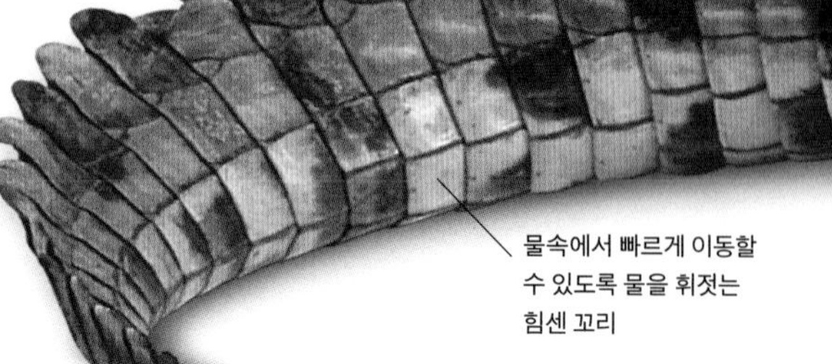

물속에서 빠르게 이동할 수 있도록 물을 휘젓는 힘센 꼬리

앨리게이터, 카이만

앨리게이터과의 악어들은 수중 서식지를 공유하는 어류, 조류, 포유류를 잡아먹는다. 이들은 아메리카 열대 및 아열대 전역의 담수 소택지와 강에 분포한다. 아메리카 이외 지역에 서식하는 유일한 종은 희귀종인 양쯔강악어뿐이다.

미시시피악어
Alligator mississippiensis
보전 노력에 의해 현재는 흔히 볼 수 있는 북아메리카 종이다. 조류, 작은 포유류 및 거북을 잡아먹는다.

2.5m

안경카이만
Caiman crocodilus
다양한 먹이를 먹는다. 아메리카 중부와 남부에 널리 분포하며, 인공적인 수중 서식지에 즉시 적응하는 유일한 악어로 보인다.

양쯔강악어
Alligator sinensis
중국 양쯔 강에 사는 심각한 멸종 위기 종으로 추운 겨울에는 굴을 파서 동면한다.

넓은코카이만
Caiman latirostris
남아메리카 중부에 널리 분포하며 흙더미에 둥지를 만드는 종으로 넓적한 주둥이를 갖고 있는 것이 특징이다. 포유류와 조류를 사냥한다.

1.7m

경골성 기갑

1.5m

쿠비에난쟁이카이만
Paleosuchus palpebrosus
남아메리카산으로 신대륙 악어 중 가장 크기가 작다. 개와 비슷한 구조의 두개골과 경골성 기갑으로 덮인 피부를 가지고 있다.

슈나이더난쟁이카이만
Paleosuchus trigonatus
남아메리카 우림에 사는 반수생 소형 악어이다. 흰개미집에 둥지를 지어 알을 따뜻하게 유지한다.

바다악어
Crocodylus porosus
현존하는 파충류 중 가장 큰 종으로 인도양-태평양 지역에 흔하며 대양을 헤엄쳐 건넌다. 먹이를 가리지 않고 다양한 먹이를 먹는다.

7m

종종 해조류로 뒤덮여 있는 녹갈색의 몸통

머리 위 높은 곳에 달린 눈

5m

나일악어
Crocodylus niloticus
아프리카에 널리 분포하는 대형 악어로 대개 담수에서 살지만 연안에서 발견되기도 한다. 나이에 따라 먹이가 달라지는데 성체가 되면 더 큰 먹이를 먹는다.

쿠바악어

Crocodylus rhombifer

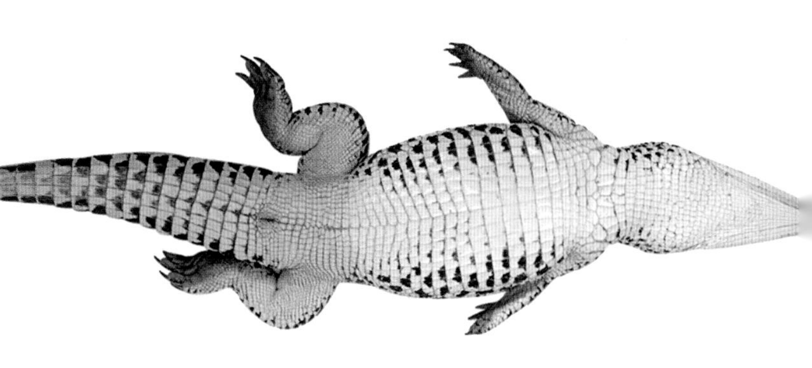

쿠바 원산이며 눈에 잘 띄는 색을 지닌 악어이다. 중간 크기로 힘이 세며 경골성 비늘로 된 기갑을 가지고 있다. 다른 악어류에 비해 육생에 가까우며, 지상에서 움직일 때는 배를 땅에서 높이 쳐들고 높이 걷기(high walk) 자세를 취한다. 좋아하는 먹이는 거북으로, 입 뒤쪽의 강인한 이빨로 등 껍데기를 부수어 먹는다. 1960년대에 밀렵과 서식지 파괴로 소수만 남아 있던 쿠바악어를 포획해 쿠바 섬 남부의 보호 구역인 자파타 습지에 방사했다. 보호를 받고 있음에도 개체군 규모가 여전히 작고 미국산 크로커다일류와 교잡이 일어나 혈통의 순수성이 위협받고 있다.

크기 3~3.5미터
서식지 담수 소택지
분포 쿠바
먹이 물고기, 거북, 작은 포유류

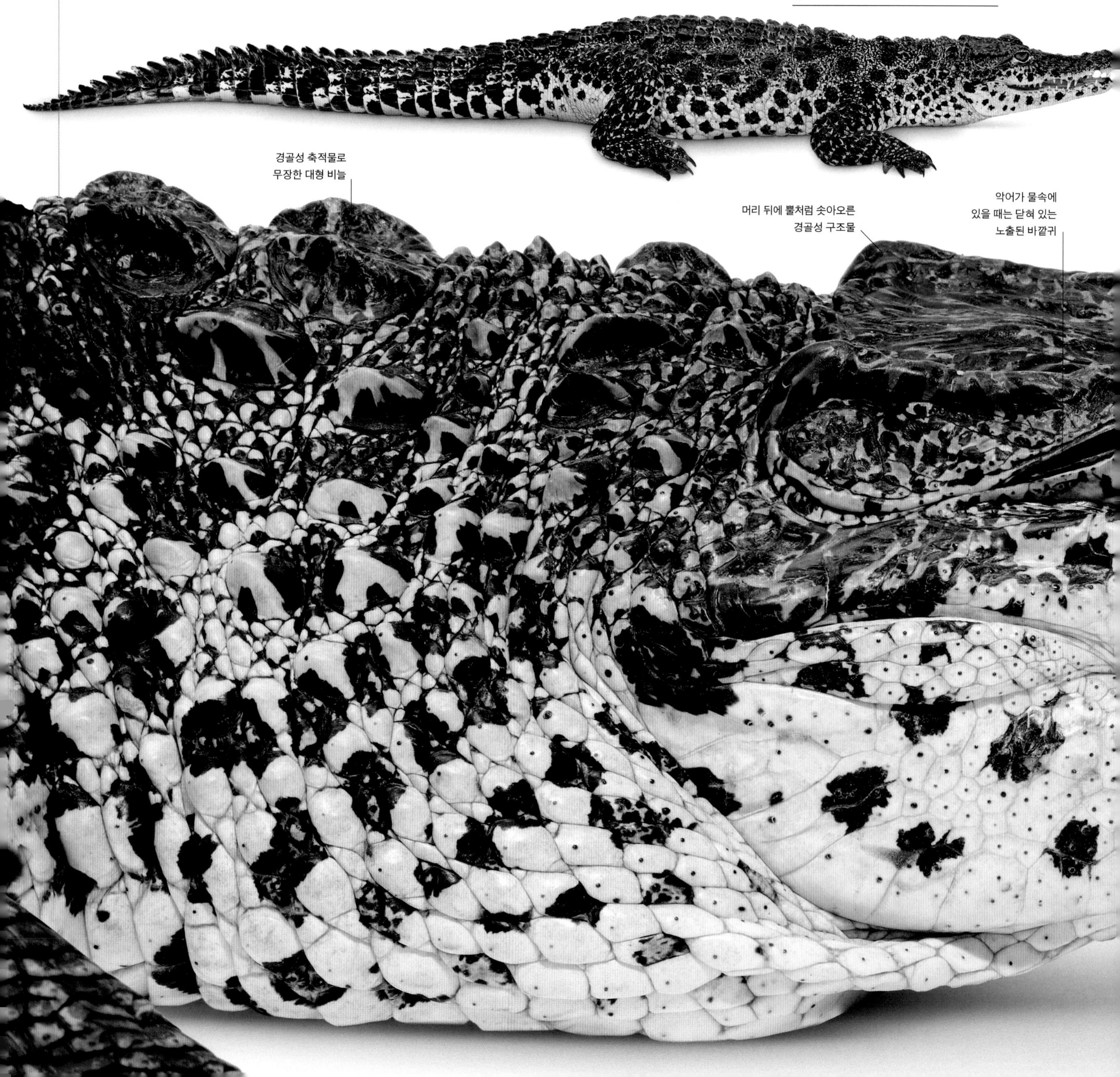

근육질의 다리 ∨ >
쿠바악어는 강인한 뒷발로 짧은 거리를 달릴 수 있다. 5개의 발가락은 수영보다는 주로 걷는 데 사용하기 때문에 물갈퀴가 없다.

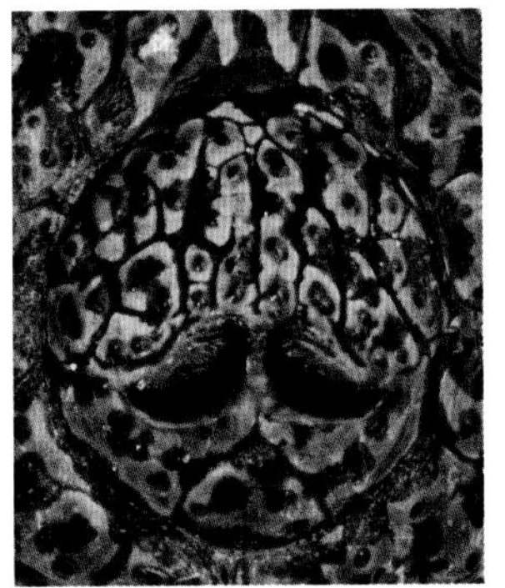

∨ 콧구멍
주둥이 끝 부분에 솟아오른 원반형 코에 1쌍의 콧구멍이 있으며 물속에서 콧구멍을 닫을 수 있는 판막이 있다.

∧ 가공할 위력을 가진 턱
악어는 먹이를 씹을 수 없는 대신 강인한 턱으로 먹이를 붙잡는다. 혀에 있는 예민한 미뢰(味蕾)를 사용해 불쾌한 맛이 나는 물체를 선별해 뱉어 낸다. 입으로부터 수분을 증발시켜 체온을 낮춘다.

∧ 꼬리의 융선
경골성의 돌기가 있는 비늘로 인해 꼬리의 상하 길이가 길어져 수영할 때 유리하다. 다수의 혈관이 분포해 일광욕을 할 때 열 흡수를 돕기도 한다.

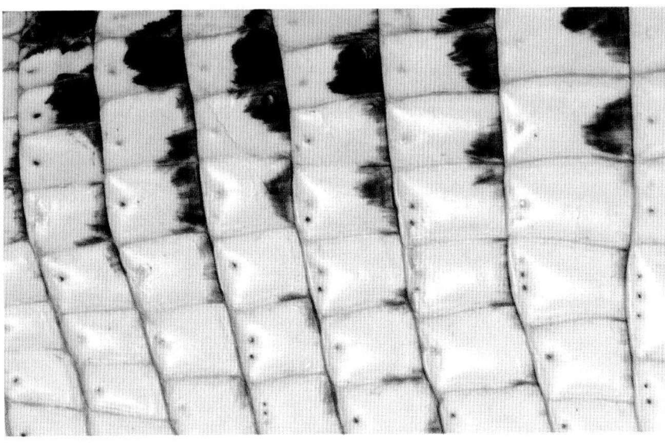

< 복부의 비늘
악어의 배에 있는 비늘은 작고 균일한 크기와 형태를 지닌다. 이 비늘들은 가죽 시장에서 고가에 거래된다.

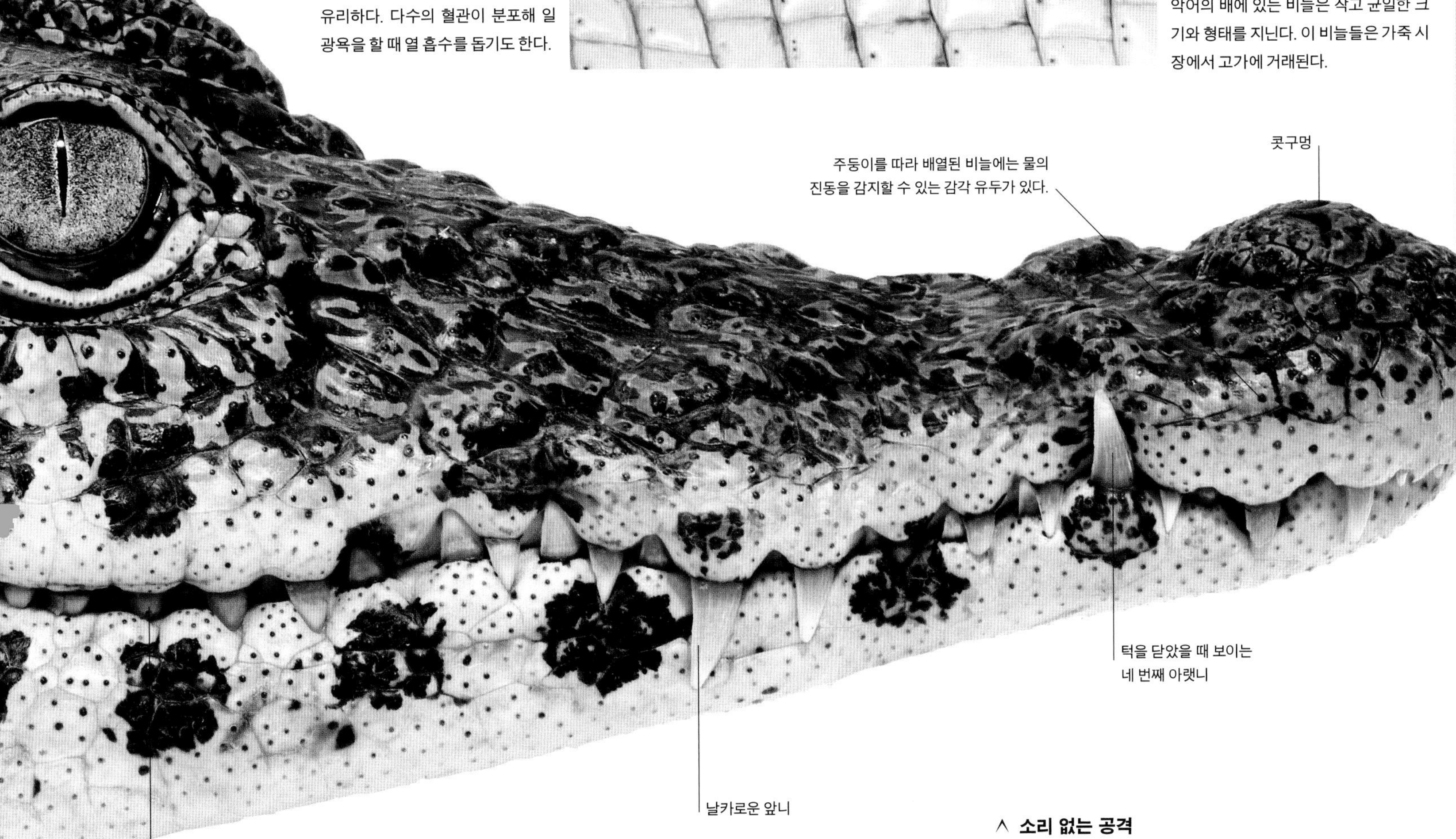

∧ 소리 없는 공격
머리 꼭대기에 위치한 날카로운 눈과 예민한 귀로 몸을 물속에 숨긴 채 먹이의 위치를 추적하고 먹이가 미처 눈치를 채기 전에 공격할 수 있다. 엄청난 힘으로 닫히는 긴 아래턱은 몸부림치는 먹이를 확실하게 붙든다.

조류

새들의 삶은 분주하고 활동적이다. 많은 새들이 눈부시게 아름답다. 복잡한 노래를, 심지어 음악적이기까지 한 노래를 지저귀는 새들도 있다. 새들은 파충류 조상을 연상시키는 특징과 함께 포유류의 지능을 갖추고 포유류처럼 헌신적인 부모이기도 하다.

문	척삭동물문
강	조강
목	40
과	250
종	1만 770

바깥 면이 좁고 안쪽 면은 넓은 비대칭형의 날개깃으로 공중을 좀 더 손쉽게 장악할 수 있었다.

많은 새끼 새들이 만성조(晩性鳥)이다. 깃털도 없고 앞도 보이지 않는 어린 새들은 오랜 기간 부모의 보살핌을 필요로 한다.

베짜는새 수컷이 장래의 짝을 감동시키기 위해 정교하게 만든 둥지는 조류의 지능을 증명한다.

논쟁

새들은 공룡인가?

조류는 전통적으로 공룡을 포함하는 파충류에서 분리된 무리에 속한다. 하지만 오늘날 과학자들은 진화적 관계를 반영하기 위해 공통 조상에서 나온 모든 후손들이 함께 분류되어야 한다고 주장한다(분기학이라고 알려진 방법). 이 주장은 조류가 티라노사우루스와 같은 공룡의 한 부분임을 의미한다.

새들은 깃털이 있는 유일한 생명체이다. 새들은 두 다리로 서는 온혈 척추동물이며 새의 앞발은 날개로 변형되었다. 깃털은 비행을 돕고 몸을 따뜻하게 해 많은 새들이 털로 덮인 포유류처럼 매우 추운 환경에서도 활동적일 수 있다. 또한 깃털은 색깔이 화려할 수 있으며, 짝을 찾고 의사소통을 위한 시각적 신호를 전달하는 데 이용되기도 한다. 새들은 티라노사우루스와 같은 직립형 육식성 공룡에서 진화했다. 이 조상들은 (아마도) 깃털이 있었을 수도 있다.

하늘을 날다

어떻게, 혹은 왜 새의 조상이 하늘을 날게 되었는지는 확실히 알지 못하지만, 새의 몸에 영원히 각인된 결과인 것은 분명하다. 새들의 손목뼈는 팔이 날개로 진화하면서 서로 결합되었다. 퍼덕이는 날개에 힘을 줄 수 있도록 가슴뼈는 더 큰 근육이 있는 커다란 용골로 진화했다. 이미 공룡 조상에게는 공기로 채워졌으나 강한 뼈가 있었다. 하지만 새들은 많은 에너지를 생산하기 위해 물질대사가 빠르고 포유류처럼 사심방 심장에 의해 움직이는 강력한 심장 혈관과 뼈가 결합되어 있다. 뼈에 연결된 공기주머니는 새들의 호흡 능력을 확장시켜 포유류보다 능률적으로 사용한 공기를 폐 밖으로 내보낸다.

많은 파충류의 특징이 새들에게 그대로 남아 있다. 새의 다리 및 발가락의 노출된 부분에는 오톨도톨한 파충류의 비늘이 있다. 배설물은 포유류와 같은 요소의 용액이 아닌 반고형의 요산이다. 신장과 장에서 나온 배설물은 배설강이라고 불리는 일반적인 파충류식 구멍을 통해 섞여서 배출된다. 하지만 빠른 물질대사와 따뜻한 몸의 도움으로 새의 두뇌는 파충류의 두뇌보다 더 발달되어 있다. 따라서 새는 비행에 뛰어난 동물일 뿐만 아니라 먹이를 먹거나 가족을 돌보는 데 있어서도 매우 정교하다. 새끼는 파충류처럼 껍데기가 단단한 알에서 부화하지만, 지능적인 부모는 많은 시간과 에너지를 투자해 새끼가 성숙할 때까지 돌본다. 6000만 년의 진화로 새는 더 이상 깃털 달린 파충류가 아닌 새로운 존재가 되었다.

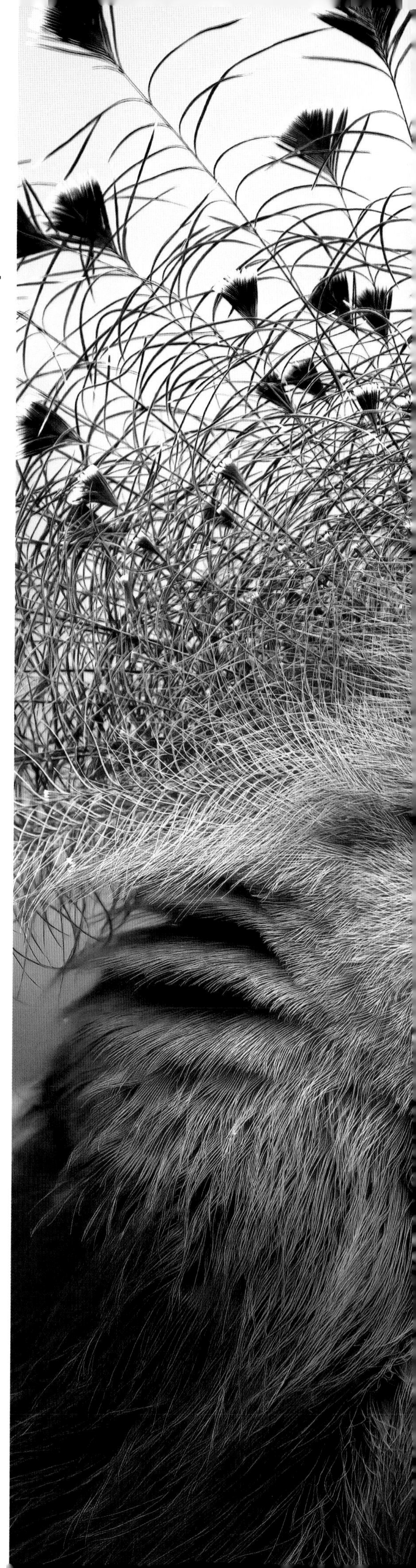

관을 쓴 장관 >
조류의 주목할 만한 색상과 형태는 이 비둘기의 정교한 머리깃처럼 기발함을 넘어선다.

새의 분류

땅 위에 서식하는 몸집이 큰 새(일부는 날 수 없다.), 활공하는 알바트로스, 급강하하는 매, 정지 비행하는 벌새 같은 진정한 하늘의 지배자까지 모두 40목이 있다. 새들의 서식지는 먼바다에서 산봉우리, 사막에서 열대 우림과 습지까지 광범위하다.

도요타조

중앙아메리카와 남아메리카의 숲과 삼림, 초지에 서식하는 도요타조류는 구대륙에 서식하는 자고새류와 유사하지만 평흉류(平胸類)와 가장 가깝다. 주로 땅 위에서 생활한다.

문	척삭동물문
강	조강
목	도요타조목
과	1
종	47

도요타조목의 유일한 과에 속하는 도요타조는 다리가 짧고 몸집은 작고 둥글며 땅 위에서 산다. 모든 도요타조가 꼬리가 짧아 몸이 땅딸막해 보이고 어떤 종은 머리깃이 있다.

평흉류와는 달리 도요타조는 다른 모든 새에서 볼 수 있는, 날개근육이 부착된 흉골이 있다. 평흉류의 새보다 날개가 더 잘 발달되어 있어서 비록 짧은 거리지만 날 수 있다. 그러나 포식자를 만나면 대부분의 경우 날기보다는 뛰어서 달아난다. 도요타조는 다른 새들에 비하면 상대적으로 작은 심장과 폐를 지니고 있다. 이러한 신체적 제약 때문에 아마도 도요타조가 쉽게 지쳐 버리는 듯하다.

몇몇 종은 숲과 삼림 지대에 서식하는 반면, 어떤 종들은 개방된 초지에서 살아간다. 씨앗과 열매, 곤충을 먹으며 종종 작은 척추동물도 먹는다. 몸을 숨기기에 알맞은 깃털의 무늬와 보호색으로 인해 대부분의 도요타조가 야생에서 쉽게 눈에 띄지 않는다. 오히려 독특한 울음소리가 식별의 기준이 되고는 한다.

아름다운 알

도요타조 수컷은 많은 수의 암컷과 짝짓기를 하며, 수컷이 알과 새끼를 돌본다. 둥지는 땅 위에 나뭇잎 더미로 만든다. 도요타조의 알은 선명한 청록색이나 붉은색, 보라색을 띠며 도자기처럼 광택이 난다.

평흉류

평흉류(주조류)에는 현존하는 가장 큰 새가 속해 있다. 모두가 날지 못하며 튼튼한 다리를 지녔다. 개방된 서식지에서 무리 지어 살기도 하지만 숲속에서 단독 생활을 하기도 한다.

문	척삭동물문
강	조강
목	4
과	4
종	13

평흉류는 남반구에서 진화했으며, 이들의 조상은 날았다는 증거가 있다. 날기와 관련된 몇몇 특성이 사라졌지만 일부는 계속 남아 있다. 평흉류는 다른 새에서 볼 수 있는, 강력한 날개근육을 고정시키는 흉골 위의 골융기가 없지만, 여전히 날개는 있으며 비행을 주관하는 뇌 부분이 잘 발달되어 있다.

타조목의 타조는 아프리카의 건조한 개활지에 서식한다. 튼튼한 다리를 가지고 있으며 평지에서 빠른 속도로 달릴 수 있다. 다소 비슷한 외형에 몸집이 조금 작은 레아목의 레아는 남아메리카의 초지에 서식한다. 다른 평흉류와 마찬가지로 이 두 조류 무리는 발가락 수가 적다. 레아는 발가락이 3개, 타조는 2개만 있다. 타조와 레아 모두 전력 질주할 때 균형을 잡을 수 있는 큰 날개를 가지고 있다. 큰 날개는 짝에게 구애할 때에도 쓰인다.

오스트랄라시아 종

오스트랄라시아의 평흉류는 화식조목의 화식조와 에뮤, 그리고 키위새목의 키위새를 포함한다. 관목지나 초지에 서식하는 에뮤를 제외하고 모든 종이 숲속에서 산다. 이 평흉류의 날개는 깃털이라고 하기에는 작고, 덥수룩한 깃털에 가려 잘 보이지 않는다. 뉴질랜드의 국가 상징으로 잘 알려진 야행성 키위는 발가락 수가 감소하지 않은 유일한 평흉류이다.

논쟁

도요타조의 기원

도요타조는 전통적으로 날 수 없는 평흉류와 별도로 분류되었다. 하지만 이 두 분류군은 다른 새에서는 볼 수 없는 독특한 두개골 모양을 공유하고 있는 탓에 조상이 같을 것으로 추정된다. 확신하지는 못하지만 과학자들은 이 공통 조상이 하늘을 날았을 것으로 생각하고 있다.

뿔도요타조
Eudromia elegans
도요타조과
칠레 남부에서 아르헨티나까지 고지대 관목림에 서식한다. 다른 도요타조와는 달리 종종 무리를 지어 산다.

꼬까도요타조
Nothoprocta ornata
도요타조과
안데스 산맥에 분포하는 도요타조로, 페루에서 아르헨티나 북부까지 남아메리카 서부 산간 지대의 초원에 서식한다.

타조 수컷이 땅 위에 얕은 둥지를 파고 있다. 암컷들은 하렘에서 알을 50개까지 낳는다.

북섬갈색키위새
Apteryx mantelli
키위샛과
뉴질랜드산 키위새 중 하나로, 부리 끝에 있는 콧구멍으로 냄새를 맡아 숨어 있는 무척추동물을 찾는 야행성 평흉류이다.

모피 같은 깃털

65~70cm

남섬갈색키위새
Apteryx australis
키위샛과
북섬갈색키위새의 근연종으로 뉴질랜드 남섬에 서식한다. 북섬갈색키위새보다 색이 옅고, DNA 분석 이후 다른 종으로 밝혀졌다.

화식조
Casuarius casuarius
화식조과
화식조류는 열대 우림에 서식하며 과일을 먹는다. 이 종은 뉴기니와 오스트레일리아 북부에 분포하며, 화식조 중 가장 넓은 범위에 서식한다.

에뮤
Dromaius novaehollandiae
에뮤과
오스트레일리아 대륙 전체에 걸쳐 개방된 초지에 서식한다. 오스트레일리아에서 가장 큰 새이다. 화식조처럼 어린 새는 몸에 위장용 줄무늬가 있다.

작은레아
Pterocnemia pennata
레아과
북쪽에 서식하는 근연종인 큰레아보다 몸집이 작으며 안데스 산맥 남부와 파타고니아에서 작은 무리를 이루어 서식한다.

큰레아
Rhea americana
레아과
남아메리카 중부에 서식하는 이 평흉류는 암수 사이에 유대 관계가 없다. 많은 암컷이 알을 낳은 커다란 둥지를 수컷들이 돌본다.

타조
Struthio camelus
타조과
지구에서 가장 큰 조류로 아프리카의 사바나와 반사막 지역에 서식한다. 번식기에 수컷은 여러 마리의 암컷과 짝을 짓는다.

큰알락키위새
Apteryx haastii
키위샛과
얼룩덜룩한 회색 깃털이 있는 키위새 2종 중 하나로, 뉴질랜드 남섬 서부의 산악 지대에서만 서식한다.

소말리타조
Struthio molydophanes
타조과
동아프리카산 타조로 리프트 밸리에 의해 다른 타조 개체군과 격리되었다. 목이 회색이며 이제 다른 종으로 구분된다.

쇠알락키위새
Apteryx owenii
키위샛과
포유류의 도입으로 멸종 위기에 처한 새이다. 뉴질랜드 인근 포식 동물이 없는 섬에 남아 있다.

가금류, 수렵조와 근연종

다리가 튼튼한 수렵조들은 다양한 환경의 서식지에 적응했다. 꿩과 메추라기, 무덤새들이 포함되어 있으며 주로 땅 위에서 생활하고 식물을 먹는다.

비행에 능숙하지만 닭목에 속하는 많은 새가 위험할 때에만 날아오른다. 참메추라기와 메추라기를 제외한 모든 새들이 장거리 이동을 할 수 없다. 대부분의 수렵조는 평생을 땅 위에서 살아간다. 열대 아메리카에 서식하는 봉관조과의 새들만 나무에 서식하며 둥지도 나무 위에 짓는다.

수렵조 중에서 가장 원시적인 새는 인도양-태평양 해역의 숲에 서식하는 큰발무덤새이다. 큰발무덤새는 퇴비나 화산재 더미에 알을 낳고 부패열이나 화산 활동 시 발생하는 열을 이용해 알을 부화시킨다. 다른 모든 수렵조가 적극적으로 부모 역할을 하지만, 오직 암컷만이 새끼를 기른다. 발달이 빠른 새끼들은 부화해서 나온 후에 바로 달리고 먹이를 먹을 수 있다.

수컷 수렵조들은 현란한 깃털을 지니고 있는데 하렘의 암컷들을 유혹하기 위해 종종 이 깃털을 사용해 구애 동작을 한다. 어떤 종은 경쟁자와 싸우기 위해 며느리발톱으로 무장하고 있다.

가축화된 종

포획 상태에서 쉽게 길들여지는 칠면조를 포함해 많은 수렵조와 근연종들이 가축화되어 경제적으로 중요한 의미를 갖는다. 전 세계 가축화된 닭들 모두가 동남아시아의 적색야계 후손들이다.

문	척삭동물문
강	조강
목	닭목
과	5
종	300

논쟁

자고새란?

전통적인 조류 분류학에서는 생물학적 관계가 반영되지 않았다. 많은 수렵조가 자고새로 불리지만 유럽자고새는 다른 새들과 미묘하게 다르다. 수컷이 암컷보다 좀 더 독특한 무늬를 띠고 있는데, 이것은 유럽자고새가 꿩과 보다 가까운 종류임을 의미한다.

무덤새
Macrocephalon maleo
무덤샛과
무덤새류를 통칭하는 영어 이름인 '메가포드(megapode)'는 발이 큰 새란 뜻이다. 인도네시아 술라웨시 섬에 서식하며, 모래 속에 알을 낳고 지하 화산 활동이나 태양열로 부화시킨다.

숲무덤새
Alectura lathami
무덤샛과
오스트레일리아 동부에 서식하는 종으로 수컷은 썩은 식물을 추가하거나 제거하면서 부화 무덤의 온도를 조절한다. 높은 온도에서는 새끼 중 암컷이 많이 부화한다.

큰봉관조
Crax rubra
봉관조과
멕시코에서 에콰도르에 걸쳐 서식한다. 다른 봉관조와 마찬가지로 곱슬곱슬한 머리깃이 있다. 암컷은 갈색인 반면 수컷은 검다.

풀숲무덤새
Leipoa ocellata
무덤샛과
많은 무덤새와 마찬가지로 오스트레일리아 남부에 서식하며 알을 낳기 위해 퇴비 둔덕을 만든다. 주로 다양한 씨앗을 먹지만 잡식성으로 여겨진다.

민얼굴봉관조
Crax fasciolata
봉관조과
이 남아메리카산 봉관조의 얼굴에는 깃털이 듬성듬성 나 있다. 다른 가까운 종과는 달리 늘어진 볏이나 부리의 혹(bill knob)이 없다.

민무늬애기과너
Ortalis vetula
봉관조과
미국 텍사스 주에서 코스타리카까지 분포하는 이 새는 봉관조과 중에서 유일하게 미국에서 볼 수 있는 종이다.

회색머리애기과너
Ortalis cinereiceps
봉관조과
갈색의 봉관조로 온두라스에서 콜롬비아까지의 관목 지대에서 서식한다.

푸른턱우는과너
Pipile cumanensis
봉관조과
남아메리카에 분포하는 이 새의 깃털은 나무 위에서 서식하는 우는과너의 특징인 윤이 나는 검은색을 띤다.

산과너
Penelopina nigra
봉관조과
중앙아메리카에 서식하며 다른 과너에 비해 주로 땅에서 생활한다. 봉관조과에서 유일하게 땅 위에 둥지를 짓는 종이다.

수염과너
Penelope barbata
봉관조과
목의 줄무늬에서 이름을 따왔으며 다른 근연종과 마찬가지로 우림에 서식한다. 에콰도르와 페루에 분포한다.

스픽스과너
Penelope jacquacu
봉관조과
남아메리카에 서식하는 종으로 애기과너와 비슷한 갈색의 과너 무리에 속하지만 다리가 좀 더 짧다. 나무 위에 둥지를 지으며 짝짓기 울음소리가 매우 크다.

카우카과너
Penelope perspicax
봉관조과
스픽스과너의 근연종으로 윤이 나는 갈색을 띤다. 콜롬비아 북부와 서부의 카우카 계곡 지역에서만 서식한다.

검은다리과너
Penelope obscura
봉관조과
붉은색보다 더 어두운 색의 다리를 가진 유일한 갈색 과너로 브라질에서 아르헨티나까지의 남아메리카 중부에 분포한다.

갈색가슴과너
Penelope ochrogaster
봉관조과
갈색 과너의 전형적인 특징인 목 아래 늘어진 피부가 특히 잘 발달되어 있으며, 브라질 중남부 지역에 서식한다.

수리호로호로새
Acryllium vulturinum
호로호로샛과
아프리카산 수렵조인 호로호로새는 무리를 지어 서식하지만 일부일처제이다. 모두 머리에 털이 없다. 이 종은 호로호로새 중 가장 크며 동아프리카에 서식한다.

산메추라기
Oreortyx pictus
메추라기사촌과
아메리카의 다른 메추라기와 마찬가지로 로키 산맥 토착종으로 땅 위에 둥지를 지으며 일부일처제이다.

캘리포니아메추라기
Callipepla californica
메추라기사촌과
미국 오리건 주에서 캘리포니아 주까지 서식하는 이 종은 6개의 깃털로 구성된 앞으로 늘어진 관모가 특징이다.

모래메추라기
Callipepla gambelii
메추라기사촌과
캘리포니아메추라기의 근연종으로 관모가 더 길며 서식지는 겹치지 않는다. 캘리포니아 주 남쪽 사막 지대에서 생활한다.

»

» 가금류, 수렵조와 근연종

추카
Alectoris chukar
꿩과
유라시아 중부에 걸쳐 분포하는 붉은 다리의 자고새류(일반적으로 건조한 지역에서 살며 눈에 띄는 검은 줄무늬가 있는 새) 중 가장 넓은 범위에 서식한다.

아라비아자고새
Alectoris melanocephala
꿩과
몸집이 큰 붉은 다리 자고새로 아라비아 반도와 예멘의 반사막 지역에 서식한다. 향나무 숲을 선호한다.

갈색배산자고새
Arborophila javanica
꿩과
산자고새류는 동남아시아 우림에 서식하며, 몸집이 작고 꼬리는 뭉뚝하며 쉽게 눈에 띄지 않는 색을 하고 있다. 자바 섬에 서식하는 이 종처럼 많은 종이 머리에 독특한 무늬가 있다.

유럽자고새
Perdix perdix
꿩과
배가 검은 유라시아산 수렵조의 작은 속에 포함되는 새들 중 가장 널리 분포한다. 자고새보다 꿩에 더 가깝다.

회색아프리카자고새
Francolinus pondicerianus
꿩과
근연종인 들닭과 마찬가지로 이 남아시아산 자고새 수컷은 싸울 때 사용하는 며느리발톱이 있다.

붉은목아프리카자고새
Francolinus afer
꿩과
숲과 초원에 서식하며 땅 위에 둥지를 짓는 이 종은 콩고 민주 공화국부터 희망봉까지 아프리카에 널리 분포한다.

나무자고새
Rollulus rouloul
꿩과
동남아시아 원산이며 산자고새의 근연종으로 깃털색이 좀 더 다채롭다. 수컷은 불그스름한 머리깃에 암청색을 띠며, 암컷은 머리깃이 없고 녹색이다.

중국대나무자고새
Bambusicola thoracicus
꿩과
아프리카자고새 및 들닭과 가까운 동아시아의 새인 대나무자고새에는 2종류가 있다. 이 종은 중국 특산종이다.

참메추라기
Coturnix coturnix
꿩과
유라시아 서부의 초원과 반사막에 서식하는 작은 종으로, 수렵조로서는 특이하게 서식 범위의 북쪽 개체군은 이동한다.

가문비나무들꿩
Canachites canadensis
꿩과
숲에서 사는 다른 들꿩과 마찬가지로 이 북아메리카 종은 다른 동물들은 먹지 않는 침엽수와 가문비나무의 바늘잎을 소화시킬 수 있다.

푸른들꿩
Dendragapus fuliginosus
꿩과
북아메리카산 들꿩 중 1종으로 부풀릴 수 있는 목주머니가 있다. 거무스름한 이 종은 태평양 해안의 소나무 숲에 서식한다.

뾰족꼬리멧닭
Tympanuchus phasianellus
꿩과
북아메리카산으로 초원멧닭보다 북쪽에 서식하고 더 널리 분포한다. 수컷은 구애 동작을 위한 보라색의 주머니가 있다.

큰초원멧닭
Tympanuchus cupido
꿩과
미국 중부에 서식한다. 다른 초원멧닭과 마찬가지로 수컷은 색깔 있는 목주머니를 부풀려 집단 구애에 참여한다.

쇠멧닭
Tympanuchus pallidicinctus
꿩과
북아메리카의 남부에 서식하는 이 작은 초원멧닭은 색이 있는 목주머니가 있고, 초원멧닭속의 특징인 북치는 소리를 낸다.

큰들꿩
Tetrao urogallus
꿩과
유라시아 서부의 침엽수림에 서식하는 이 종은 들꿩류 중에서 가장 크다. 수컷은 시끄럽게 펑펑 소리를 내며 암컷에게 구애한다.

바위뇌조
Lagopus muta
꿩과
겨울에는 하얗게 변하는 세 근연종 중에서 바위뇌조는 극지 주변의 툰드라와 산에서 산다.

붉은늪뇌조
Lagopus lagopus scotica
꿩과
극지 주변에 널리 분포하는 늪뇌조의 이 영국산 아종은 대부분의 뇌조와는 달리 겨울에 하얗게 변하지 않는다.

칼리지꿩
Lophura leucomelanos
꿩과
히말라야 산맥에서부터 미얀마까지의 숲에서 나타난다. 하와이 섬으로 유입된 개체군이 있다.

호백한
Lophura diardi
꿩과
다른 많은 꿩류처럼 이 동남아시아 새는 얼굴에 털이 없고 피부가 붉다. 이는 로푸라속의 다른 종과 마찬가지로 암수 모두의 일반적인 특징이다.

흰점박이붉은주계
Tragopan satyra
꿩과
트라고판속은 아시아에서 나무에 둥지를 짓는 꿩의 한 속으로, 이 종은 히말라야 산맥에 서식한다. 수컷은 팽창할 수 있는 늘어진 살과 뿔을 이용해 구애를 한다.

꿩
Phasianus colchicus
꿩과
유라시아 중부 및 동부의 삼림 지대가 원산지인 이 종은 서유럽으로 유입되었고 지금은 농장에서 흔히 볼 수 있다.

은계
Chrysolophus amherstiae
꿩과
다른 많은 꿩류처럼 수컷의 깃털만 화려하며, 오직 암컷만이 어린 새를 돌본다. 중국에서 미얀마까지 서식한다.

팔라완공작꿩
Polyplectron napoleonis
꿩과
수컷에게는 근연종인 공작에게 있는 긴 장식깃은 없지만, 눈꼴 무늬가 있으며 보는 각도에 따라 색깔이 달라지는 꼬리깃으로 구애 동작을 한다.

인도공작
Pavo cristatus
꿩과
열대 아시아 종으로 인도와 스리랑카에 서식한다. 수컷은 꼬리 바로 위에 있는 기다란 장식깃을 세우면서 암컷에게 구애한다.

적색야계
Gallus gallus
꿩과
닭의 아시아 조상으로 수컷은 근연종인 아프리카자고새와는 달리 여러 마리의 암컷과 짝을 짓는다. 수컷만 볏과 육수(肉垂, 늘어진 붉은색 피부)가 있다.

들칠면조
Meleagris gallopavo
꿩과
칠면조는 북아메리카가 원산지이며 커다랗고 육수가 있는 수렵조이다. 이 미국 남부 종은 가축화된 칠면조의 조상이다.

물새

이 분류군에 속한 종들은 수면에서 헤엄치기 좋도록 발에 물갈퀴가 달려 있다. 많은 물새들이 식물을 먹지만 어떤 종들은 작은 수생 동물을 먹는다.

물새의 다리는 대부분 짧고 몸 뒤쪽에 치우쳐 있다. 기러기목에 속하는 이 새들은 물갈퀴가 달린 발로 추진하며 헤엄치고, 꼬리 부근의 분비샘에서 나오는 기름으로 깃털의 방수를 유지한다. 남아메리카의 떠들썩오리와 오스트레일리아에 서식하는 까치기러기는 부분적으로 물갈퀴가 달린 발이 있어 대부분의 시간을 땅 위에서 보내거나 습지대에서 걸어 다닌다. 이 새들은 2개의 오래된 과에 속한다. 다른 물새들은 나머지 1과에 분류되고, 가장 원시적인 분류군은 고니오리로 분류된다.

고니, 기러기, 오리

고니와 기러기는 암수의 깃털 무늬가 비슷하다. 목이 길고 날개가 긴 이 새들은 주로 열대 지방을 제외한 지역에 분포한다. 북쪽에 서식하는 많은 종은 북극 인근 지역에서 번식하고, 월동하기 위해 남쪽으로 이동한다. 오리류는 일반적으로 몸집이 더 작고 목이 짧다. 기러기 및 고니와는 달리, 오리 수컷은 대부분 특히 번식기에 암컷보다 화려한 깃을 갖는다. 많은 오리 종에서 암수 모두가 광택깃(speculum)이라고 하는 선명한 색의 날개 무늬가 있다.

물새의 전형적인 '오리부리'는 근육질의 혀로 수생 먹이를 잘 잡아당길 수 있는 내부판이 있다. 기러기는 초지에서 풀을 뜯어 먹지만, 고니는 기다란 목을 이용해 물속에 머리를 깊이 담근다. 흰죽지와 같은 다른 새들은 먹이를 잡기 위해 물속으로 잠수한다. 가장자리가 톱니 모양인 가는 부리로 물고기를 잡는 오리류도 있다. 뛰어난 바다 잠수부인 솜털오리, 검둥오리, 비오리가 속한 분류군이 그렇다.

둥지

대부분의 물새들이 일부일처제에 속하며 몇몇은 평생 1마리와 짝을 맺는다. 둥지는 주로 땅 위에다 짓지만 일부는 나무 안에 짓기도 한다. 해양성 오리들은 번식하기 위해 내륙으로 이동한다. 모든 물새들이 솜털이 난 새끼를 키우는데, 새끼들은 부화하자마자 걷고 물속에서 수영할 수 있다.

문	척삭동물문
강	조강
목	기러기목
과	3
종	177

흰기러기처럼 대형을 지어 날면 공기 저항력을 줄이는 효과가 있어서 에너지를 절약하면서 오랫동안 이동할 수 있다.

붉은가슴기러기
Branta ruficollis
오릿과
검은색 기러기인 흑기러기속에 속하는 새들 중 가장 선명한 색을 띤다. 시베리아 북서부에서 번식하는데, 여우로부터 보호하기 위해 맹금류와 가까운 곳에 둥지를 짓는다.

캐나다기러기
Branta canadensis
오릿과
흑기러기속 기러기들 중에서 가장 큰 종으로 북아메리카 원산이지만 북유럽으로 유입되었다.

흰얼굴기러기
Branta leucopsis
오릿과
그린란드와 러시아의 북극 툰드라에서 번식하는데 절벽 위에 둥지를 지어 포식 동물로부터 피한다.

하와이기러기
Branta sandvicensis
오릿과
하와이 섬에서만 서식하는 이 기러기는 물갈퀴가 축소되고 강한 발톱이 있어 험난한 용암류를 오를 수 있도록 적응했다.

분홍다리기러기
Anser brachyrhynchus
오릿과
이 작은 회색 기러기는 그린란드 및 아이슬란드 툰드라의 바위가 노출된 지역에서 번식하며, 유럽 서부에서 월동한다.

줄기러기
Anser indicus
오릿과
중앙아시아 산지의 공기가 희박한 지역에 적응했다. 히말라야 산맥보다 높이 날아서 이동하며 인도와 미얀마에서 겨울을 난다.

회색기러기
Anser anser
오릿과
유라시아의 초지와 습지에 널리 분포하는 기러기로 전형적인 회색빛 기러기속의 새이다. 가축화된 거위의 야생 원종이다.

흰머리기러기
Anser canagicus
오릿과
알래스카와 시베리아 북동부에 서식하며 연안의 풀과 해초를 뜯어 먹는다. 다른 기러기에 비해 군집성이 약하다.

회색머리기러기
Chloephaga poliocephala
오릿과
남아메리카 고지기러기속에 속하며 다른 기러기에 비해 오리와 가까운 것으로 여겨진다. 이 종은 칠레와 아르헨티나에 서식한다.

이집트기러기
Alopochen aegyptiaca
오릿과
오리와 가까운 남반구 기러기 집단에 속하는 이집트기러기는 아프리카에 걸쳐 널리 분포한다.

장식고니오리
Dendrocygna eytoni
오릿과
기러기 및 오리와 구별되며 영어 이름(whistling ducks)은 독특한 울음소리에서 따왔다. 오스트레일리아에 서식한다.

푸른날개기러기
Cyanochen cyanoptera
오릿과
에리트레아와 에티오피아 토착종으로, 추운 고지에 적응해 두꺼운 깃털을 가지고 있다.

0.9~1.2m

오리고니
Coscoroba coscoroba
오릿과
기러기와 비슷한 이 새는 고니류 중 가장 작다. 칠레와 아르헨티나 남부의 습지에서만 서식한다.

까치기러기
Anseranas semipalmata
까치기러깃과
오스트레일리아 습지에 서식하는 이 종은 다리가 길고 발에는 불완전한 물갈퀴가 있다. 다른 어떤 물새와도 밀접하게 가깝지 않다.

케이프배런기러기
Cereopsis novaehollandiae
오릿과
이 특이한 기러기는 오스트레일리아 남부의 일부 지역과 연안의 섬에서만 서식하며 작은 무리를 지어 초지에서 풀을 뜯어 먹는다.

1.3~1.6m

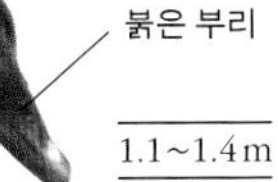

붉은 부리

1.1~1.4m

흑고니
Cygnus atratus
오릿과
날개 끝이 하얀 이 거무스름한 고니는 커다란 집단 번식지에 둥지를 짓는다. 오스트레일리아와 태즈메이니아가 원산으로 뉴질랜드, 유럽, 북아메리카로 도입되었다.

거무스름한 깃

휘파람고니
Cygnus buccinator
오릿과
북아메리카산 종으로 큰고니처럼 소리를 낼 수 있는 고니와 가깝다. 큰 경적 소리를 낸다.

혹고니
Cygnus olor
오릿과
유럽과 중앙아시아에서 번식한다. 다른 고니처럼 머리를 물에 담가 수생 식물을 뜯어 먹는다.

곧은 목

새하얀 몸

1.5~1.8m

1~1.2m

검은목고니
Cygnus melancoryphus
오릿과
남아메리카 남부에 서식하는 이 종은 다른 고니류보다 더 오랜 시간을 물에서 보내며 부유 식물 위에 둥지를 짓는다.

흰등오리
Thalassornis leuconotos
오릿과
아프리카와 마다가스카르에 서식하는 이 새는 고니오리와 가깝지만 오랜 시간을 물에서 보내고 풀로 둥지 섬을 만든다.

30~33cm

아프리카난쟁이기러기
Nettapus auritus
오릿과
다른 난쟁이기러기처럼 이 아프리카 종은 나무 구멍에 둥지를 짓는다. 먹이인 수련이 있는 습지에서 주로 관찰된다.

61~66cm

오리노코기러기
Neochen jubata
오릿과
오리와 가까운 이 남아메리카산 기러기는 강을 따라 위치한 숲 가장자리와 습한 열대 사바나에 서식한다.

83~95cm

관머리떠들썩오리
Chauna torquata
떠들썩오릿과
남아메리카의 소택지에 서식하는 떠들썩오리는 몸집이 큰 새이다. 다른 떠들썩오리처럼 이 종은 날개에 며느리발톱이 있어, 싸울 때 사용한다.

»

≫ 물새

아메리카홍머리오리
Mareca americana
오릿과
물이 얕은 수면에서 종종 거꾸로 몸을 뒤집어 먹이를 찾는다. 북아메리카에서 번식한 후 커다란 무리를 지어 카리브해에서 월동한다.

가창오리
Sibirionetta formosa
오릿과
툰드라의 경계인 시베리아의 춥고 개방된 숲에서 번식하는 이 독특한 오리는 동아시아에서 월동한다.

넓적부리
Spatula clypeata
오릿과
수면성 오리(수면에서 먹이를 먹음)의 암수는 일반적으로 광택깃이라 불리는 색깔 있는 날개 무늬가 있다. 북반구의 습지에 널리 퍼져 있는 이 종의 광택깃은 녹색이다.

청둥오리
Anas platyrhynchos
오릿과
북반구에 널리 분포하며 수면에서 먹이를 찾는다. 청둥오리는 가까운 종과 이종 교배가 가능한데, 이는 이 무리가 최근에 진화되었음을 의미할지도 모른다.

인도집오리
Anas platyrhynchos
오릿과
야생 청둥오리의 길들여진 후손이다. 19세기 말레이 반도와 인도에서 기원한 목이 긴 품종이다.

집오리
Anas platyrhynchos
오릿과
길들여진 대부분의 오리가 청둥오리의 후손이다. 고기와 알, 솜털을 얻기 위해 또는 관상용으로 길러진다.

흰뺨고방오리
Anas bahamensis
오릿과
남아메리카 하구와 맹그로브 습지의 짠물에 서식하는 수면성 오리이다. 온대 지역에 서식하는 고방오리와는 달리 암수가 비슷하다.

꼬마오리
Bucephala albeola
오릿과
북아메리카에서 가장 작은 해양성 오리로 나무 구멍에 둥지를 지으며 종종 딱따구리가 만든 둥지도 사용한다.

흰줄박이오리
Histrionicus histrionicus
오릿과
부력이 매우 좋은 해양성 오리로 물결이 거친 바다를 잘 타며 북아메리카 동부, 아이슬란드, 러시아 서부의 유속이 빠른 하천 옆에 둥지를 짓는다.

미국원앙
Aix sponsa
오릿과
나무에 앉을 수 있는 북아메리카산 새로, 높은 나무 구멍에 둥지를 짓는다. 갓 태어난 새끼 새는 나무 아래 물가로 가기 위해 둥지에서 뛰어내린다.

원앙
Aix galericulata
오릿과
일부일처제로 잘못 알려진 탓에 원산지인 동북아시아에서는 사랑을 상징한다. 나무에 둥지를 지으며 유럽과 캘리포니아로 도입되었다.

산오리
Merganetta armata
오릿과
남아메리카 고지대에 서식하며 헤엄을 잘 친다. 안데스 산맥의 유속이 빠른 곳에서 살며 강기슭의 바위 아래 둥지를 짓는다.

고리무늬쇠오리
Callonetta leucophrys
오릿과
남아메리카산으로 다른 열대성 오리처럼 이동하지 않고 1년 내내 깃털색이 같다.

바다검둥오리
Melanitta perspicillata
오릿과
북아메리카산으로 다른 검둥오리 종처럼 민물 근처에서 번식하고 바다에서 월동한다. 수컷은 몸 전체가 완전히 검다.

두건비오리
Lophodytes cucullatus
오릿과
북아메리카에서 관찰되며 물고기를 잡기 좋게 가장자리가 톱니 모양인 부리가 있다. 발로 강하게 차면서 잠수한다.

청동날개오리
Speculanas specularis
오릿과
남아메리카의 강가를 따라 관찰된다. 서식지에서는 암컷의 짖는 소리 때문에 '짖는오리'라고 불린다.

분홍귀오리
Malacorhynchus membranaceus
오릿과
오스트레일리아에 널리 분포한다. 배에는 얼룩말 무늬가 있고 머리에는 분홍색 반점이 있다. 부리를 여닫으며 플랑크톤을 걸러 먹는다.

붉은세운꼬리오리
Oxyura jamaicensis
오릿과
북아메리카 원산이나 현재 유럽으로 도입되었다. 뻣뻣한 꼬리는 잠수할 때 키 역할을 한다.

댕기흰죽지
Aythya fuligula
오릿과
흰죽지류의 유라시아 종으로 채식을 하는 근연종과는 달리 주로(완전히는 아닌) 무척추동물을 먹는다.

큰흰죽지
Aythya valisineria
오릿과
북아메리카에 서식하는 이 종은 흰죽지류 중 가장 크며 단단한 몸집에 머리가 크다.

흰비오리
Mergellus albellus
오릿과
유라시아 북부에서 발견되는 오리 중 유일하게 희고 작은 오리이다. 구멍에 둥지를 짓는다.

바다꿩
Clangula hyemalis
오릿과
북극해에 서식하는 다른 오리와는 달리 해수 환경뿐 아니라 담수 서식지에서도 번식한다. 수컷은 긴 꼬리가 특징이다.

혹부리오리
Tadorna tadorna
오릿과
기러기처럼 생긴 오리로 주로 유럽 연안에 서식하지만 아시아에서는 겨울 동안 내륙 지방에서 남쪽으로 이동한다. 구멍에 둥지를 튼다.

바다비오리
Mergus serrator
오릿과
북반구 전역에 널리 분포하며 다른 비오리류에 비해 바다에서 많은 시간을 보내고 연안에서 번식한다.

오색솜털오리
Somateria spectabilis
오릿과
북극 툰드라 해안선을 따라 번식한다. 큰 몸집은 무척추동물을 찾아 깊이 잠수하는 데 도움이 되는 것으로 여겨진다.

붉은부리흰죽지
Netta peposaca
오릿과
남아메리카 원산으로 잠수성 흰죽지류와 가깝지만 수면에서 먹이를 먹는 데 오랜 시간을 보낸다. 수컷의 부리만 붉은색이다.

댕기오리
Lophonetta specularioides
오릿과
안데스 산맥에 서식한다. 청둥오리처럼 널리 분포하는 수면성 오리의 선조인 남아메리카 계통의 후손으로 여겨진다.

쇠솜털오리
Polysticta stelleri
오릿과
북극과 아북극 지역에 서식하는 다른 해양성 오리와 마찬가지로 종종 거대한 무리를 지어 남쪽 지역에서 월동한다.

펭귄

대비되는 색상의 깃털, 직립 자세, 어기적거리는 걸음 등 개성 넘치는 모습으로 펭귄은 남빙양을 대표하는 상징적인 동물이 되었다.

남반구의 연안 지역에 서식하는 펭귄은 모두 차가운 물에서 생활할 수 있도록 적응했다. 대부분의 종이 남극 대륙을 에워싼 섬 주변에서 생활하는 반면, 일부는 남아메리카, 아프리카, 오스트랄라시아의 남쪽 해안선에서 관찰된다.

이 날지 못하는 펭귄목의 새들은 알바트로스와 동일한 조상의 후손으로 여겨진다. 북반구에 서식하는 아비류와는 먼 사촌인 듯하다.

특별한 적응

펭귄의 다리는 꼬리 뒤쪽으로 치우쳐 있어 아비류나 논병아리류에서 보이듯 물속에서 훌륭한 추진력을 제공한다. 펭귄은 육지에서 똑바로 서서 걷지만 발에 있는 물갈퀴 때문에 걸음걸이는 볼품없다. 날지 못하는 다른 새와 마찬가지로 펭귄의 날개도 축소되었지만 지느러미처럼 사용할 수 있도록 변형되었다. 사실상, 펭귄은 물속에서 난다.

펭귄의 짧고 빽빽이 밀집된 깃털 속에는 따뜻한 공기를 붙잡아 두는 솜털이 있고, 피부 아래 지방층은 추가적인 보온 효과를 제공한다. 날개 끝은 매끈하고 엉덩이의 분비샘에서 만들어지는 기름을 발라 방수가 된다. 다리와 발을 통과하는 복잡한 혈류 체계는 눈이나 얼음 위에 서 있어도 펭귄의 몸이 차가워지지 않도록 한다. 가장 큰 펭귄 종은 발 위에서 알을 품는다. 모든 펭귄이 방어 피음(counter-shaded plumage, 위는 어둡고 아래는 옅은 색)을 하고 있어서 바닷속에서 얼룩무늬물범과 같은 포식 동물의 눈을 피해 몸을 숨길 수 있다.

먹이 사냥과 보금자리

펭귄은 물고기, 새우, 크릴을 사냥하기 위해 매일 200회 이상 잠수한다. 알을 품거나 새끼를 키울 때, 부모는 교대로 먹이를 찾으러 간다. 남극 유빙에서 번식하는 몇 안 되는 종 중 하나인 황제펭귄의 경우, 암컷이 바다로 사냥을 나가 있는 동안 수컷 혼자 추운 겨울 내내 알을 품는다. 대부분의 펭귄들은 군집을 이루어 번식하며, 종종 번식기마다 매번 같은 둥지로 돌아온다.

문	척삭동물문
강	조강
목	펭귄목
과	1
종	18

논쟁

하늘을 날았던 조상?

20세기 초에는 일반적으로 날지 못하는 새들이 원시적인 것으로 여겨졌다. 일부에서는 배아 연구로 새들이 공룡과 직접적인 연계가 있다는 증거를 찾을 수 있기를 희망했다. 로버트 팰컨 스콧(Robert Falcon Scott)의 마지막 탐험대(1910~1913년)가 한랭한 남극의 겨울을 뚫고 황제펭귄의 서식지까지 용기 있는 여정을 마쳤고, 그 후 펭귄의 알을 찾을 수 있었다. 이때 수집한 알은 과학적인 주목을 받았으며 배아 이론의 반증을 제시했다. 해부학과 화석, DNA를 기반으로 한 최근의 연구 결과들은 펭귄과 다른 날지 못하는 새들의 조상이 하늘을 날았을 지도 모른다고 말한다.

임금펭귄
Aptenodytes patagonicus
펭귄과
황제펭귄과 비슷한 이 아남극 종은 목과 가슴에 주황빛 노란색의 무늬가 있으며, 발 위에 알 하나를 두고 부화시킨다.

황제펭귄
Aptenodytes forsteri
펭귄과
가장 큰 펭귄으로 남극의 얼음 위에서 무리를 지어 번식한다. 수컷은 가혹한 날씨의 겨울 동안 알을 품는다.

서부바위뛰기펭귄
Eudyptes chrysocome
펭귄과
아남극에 서식하는 관모가 있는 펭귄 중 가장 작다. 바위와 자갈을 기어 올라가는 습성에서 이름을 따왔다.

쇠펭귄
Eudyptula minor
펭귄과
구멍에 둥지를 지으며 모든 펭귄 중에서 가장 작다. 뉴질랜드와 오스트레일리아 남부의 해안을 따라 서식한다.

피오르드랜드펭귄
Eudyptes pachyrhynchus
펭귄과
뉴질랜드 남부의 선선한 해안가 숲에 둥지를 지으며 왕관펭귄속의 전형적인 특징인 관모 깃털과 붉은 부리가 있다.

마카로니펭귄
Eudyptes chrysolophus
펭귄과
대서양과 인도양 남부의 먼바다 섬에 서식하지만 관모가 있는 펭귄 중에서 유일하게 남극 반도에서 번식한다.

턱끈펭귄
Pygoscelis antarcticus
펭귄과
턱끈펭귄은 크릴과 물고기를 사냥하기 위해 잠수한다. 남대서양과 남극 바다의 섬에서 번식한다.

젠투펭귄
Pygoscelis papua
펭귄과
남극 반도와 남빙양의 섬에서 번식한다. 나무토막, 돌, 깃털로 간단한 둥지를 만든다.

노랑눈펭귄
Megadyptes antipodes
펭귄과
왕관펭귄속의 관모가 있는 펭귄과 근연종이다. 뉴질랜드산으로 관목 속에 둥지를 짓지만 다른 왕관펭귄속처럼 밀집한 군집을 이루지 않는다.

아델리펭귄
Pygoscelis adeliae
펭귄과
남극과 인접 군도에 서식하는, 꼬리가 붓 모양인 젠투펭귄속에 속한 아델리펭귄은 20만 쌍 이상으로 이루어진 군집을 이루어 번식한다.

갈라파고스펭귄
Spheniscus mendiculus
펭귄과
남아메리카의 서부 해안을 따라 흐르는 훔볼트 해류로 시원해진 열대 바다에 서식하는 유일한 펭귄이다. 바위의 갈라진 틈에 둥지를 짓는다.

훔볼트펭귄
Spheniscus humboldti
펭귄과
남아메리카 남부의 태평양 해안을 따라 서식하는 이 종은 옆구리에서 넓적다리까지 이어지는 진한 줄무늬가 특징이며, 구멍을 파서 둥지를 짓는 무리에 속한다.

마젤란펭귄
Spheniscus magellanicus
펭귄과
훔볼트펭귄과 매우 가까우며 줄무늬가 있다. 남아메리카의 남쪽 끝과 포클랜드 제도에서 군집을 이루어 서식한다.

자카스펭귄
Spheniscus demersus
펭귄과
당나귀 같은 울음소리를 내며 아프리카에서 번식하는 유일한 펭귄이다. 남서부 해안에서 군집 생활을 한다.

임금펭귄

Aptenodytes patagonicus

임금펭귄은 근연종인 황제펭귄의 뒤를 이어 세계에서 두 번째로 큰 펭귄이다. 황제펭귄과는 달리 아남극의 섬에 서식한다. 경쟁자들이 주로 먹는 크릴은 무시하고 깊이(종종 200미터 이상) 잠수해서 물고기를 사냥한다. 한 번에 하나의 알을 낳으며, 1마리의 새끼를 기르는 데 1년 이상 걸린다. 이는 성체가 매년 번식할 수 없고, 선호하는 남빙양의 섬에 다른 나이대의 어린 새가 포함된 거대한 집단 번식지가 영구적으로 유지된다는 것을 의미한다.

몸길이 90~100센티미터
서식지 아남극권 섬의 평평한 연안 지역
분포 남대서양과 남인도양의 섬들
먹이 주로 샛비늘치류, 가끔 오징어

검은 윗부리

펭귄은 바닷물을 마시며, 콧구멍을 통해 여분의 소금을 소금물로 방출한다.

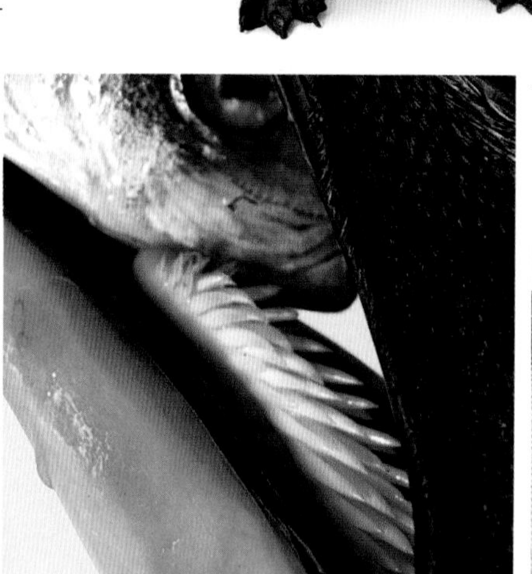

< 꺼끌꺼끌한 혀
펭귄의 혀는 근육질이며 돌기가 있다. 유두 돌기로 불리는 혀 표면의 돌기는 잠수할 때 잡은 물고기를 잘 움켜쥘 수 있도록 가시가 뒤로 향한 모양으로 진화했다.

∨ 예리한 시력
펭귄은 시력에 의존해 사냥하고 물속에서도 잘 본다. 밤에 잠수해 생물 발광하는 샛비늘치를 잡는다. 샛비늘치가 먹이의 대부분을 차지한다.

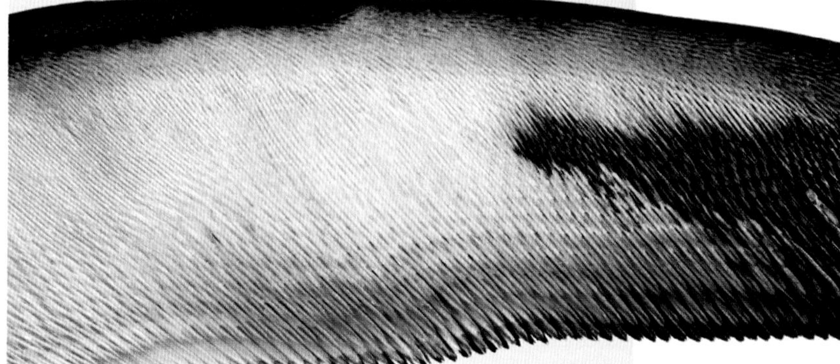

∧ 날개의 추진력
펭귄은 날지 못하는 새지만 잠수하는 동안 날개와 다리로 추진한다. 펭귄은 지느러미 모양의 날개로 물속에서 효율적으로 '날 수 있다.'

< 빽빽한 깃털
바깥 털은 기름이 덮인 방수층이고 내부의 솜털은 단열층으로 배열되어 있어 차가운 물속에서 잠수하기에 알맞다.

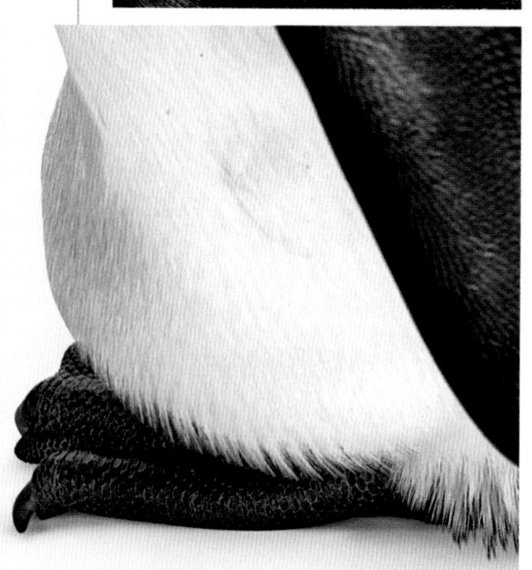

∧ 피부 비늘
다리와 발의 비늘은 모든 새가 파충류에서 기원했음을 의미한다. 거무스름한 피부는 알과 새끼에게 열을 전달하는 데 도움을 준다.

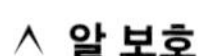

∧ 알 보호
임금펭귄은 단 하나의 알을 발 위, 알주머니라는 따뜻한 피부가 접혀 있는 부분 바로 아래에서 품는다. 새끼는 부화하면 주머니를 은신처로 이용한다.

물갈퀴 진 발 >
물갈퀴가 달린 발을 차는 행동은 물속에서 새를 앞으로 추진시키고, 눈 위에 배를 대고 '썰매'를 탈 때 도움을 준다.

< 단단한 꼬리
뻣뻣한 깃털로 이루어진 짧은 꼬리는 물속에서 키 역할을 한다. 작은 펭귄의 경우, 육지에서 버팀목으로서의 역할을 한다.

∨ 방어 피음 잠수부

임금펭귄은 독특한 노란 무늬 아래에 전형적인 펭귄의 깃털 무늬, 즉 위쪽은 어둡고 아래쪽은 하얀 턱시도 같은 무늬를 하고 있다. 잠수할 때 이런 무늬는 수중 포식 동물로부터 위장할 수 있게 해 준다. 밑에서 보면 하얀 배는 햇빛을 받은 표면 때문에 잘 보이질 않고, 위에서 보면 어두운 등이 물 아래 어둠과 섞인다.

카로티노이드(carotenoids)라는 색소로 인한 노란 반점은 어떤 펭귄 종에서는 나타나지 않는다.

아비

물갈퀴 진 발을 지녔으며 물고기를 먹는 북극 바다의 이 새들은 다리가 몸의 뒤편에 있어 육지에서의 이동은 제한적이지만, 헤엄칠 때는 뛰어난 추진력을 얻을 수 있다.

아비류는 아비목의 유일한 과에 속한다. 영어 이름인 룬(loon)은 번식기에 미치광이처럼(영어로 lunatic) 섬뜩하게 통곡하는 소리 또는 물 밖에서의 꼴사나운 움직임에서 유래한 것으로 알려져 있다. 아비류의 다리는 몸의 맨 끝에 있어서 땅 위에서는 어색하게 다리를 끄는 듯 걸을 수밖에 없지만, 물속에서는 편하게 헤엄치고 잠수한다. 유선형의 몸과 창 모양의 부리는 비슷한 습성을 가지는 펭귄과 유사하다. 확실하지는 않지만 하나의 가능성은 펭귄과 아비의 조상이 같다는 것이다.

뾰족한 날개는 몸 크기에 비해 상대적으로 작은 편이지만, 아비류는 빠른 속도로 날아간다. 몸집이 큰 종의 경우 공중으로 뜨기 위해서는 수면에서 물을 차면서 날아올라야만 한다. 모든 아비류 중에서 오직 아비과의 아비 1종만이 땅에서의 이륙이 가능하다. 아비목의 모든 종이 월동하기 위해 남쪽으로 이동한다.

공동 양육

세력권을 주장하는 아비류의 수컷은 깨끗한 북극 호숫가 초목에 둥지 터를 선택하고, 암컷과 수컷이 함께 알을 품고 새끼를 돌본다. 새끼는 부모의 등을 타기도 하지만, 부화하자마자 헤엄치고 심지어 잠수까지 할 수 있다. 번식기가 지나면 목과 머리의 독특한 줄무늬가 사라지면서 몸 색깔이 밋밋해지는데 이 때문에 다른 종과 구별하기가 더욱 어렵게 된다.

문	척삭동물문
강	조강
목	아비목
과	1
종	5

아비류는 머리를 몸보다 낮게 직선으로 뻗은 채 나는데 마치 곱사등처럼 보인다.

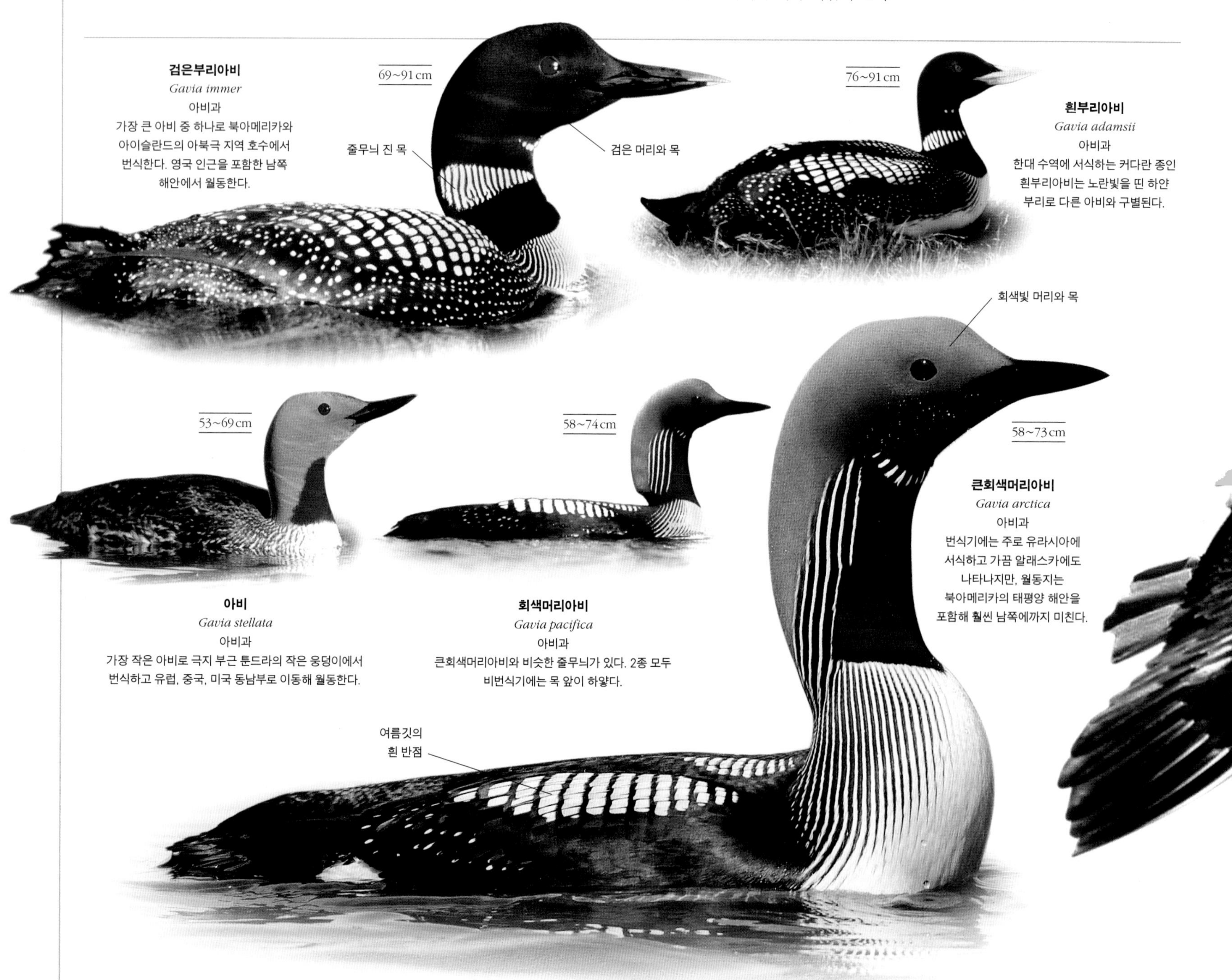

검은부리아비
Gavia immer
아비과
가장 큰 아비 중 하나로 북아메리카와 아이슬란드의 아북극 지역 호수에서 번식한다. 영국 인근을 포함한 남쪽 해안에서 월동한다.

흰부리아비
Gavia adamsii
아비과
한대 수역에 서식하는 커다란 종인 흰부리아비는 노란빛을 띤 하얀 부리로 다른 아비와 구별된다.

아비
Gavia stellata
아비과
가장 작은 아비로 극지 부근 툰드라의 작은 웅덩이에서 번식하고 유럽, 중국, 미국 동남부로 이동해 월동한다.

회색머리아비
Gavia pacifica
아비과
큰회색머리아비와 비슷한 줄무늬가 있다. 2종 모두 비번식기에는 목 앞이 하얗다.

큰회색머리아비
Gavia arctica
아비과
번식기에는 주로 유라시아에 서식하고 가끔 알래스카에도 나타나지만, 월동지는 북아메리카의 태평양 해안을 포함해 훨씬 남쪽에까지 미친다.

알바트로스, 바다제비, 슴새

긴 날개를 지닌 알바트로스와 근연종들은 공중에서 삶의 대부분을 보내고, 물고기를 사냥하기 위해 대양 표면을 훑으며 매우 먼 거리를 이동한다.

슴새목의 이 새들은 번식기를 제외하고는 거의 육지로 돌아오지 않는 비행의 고수들이다. 알바트로스, 바다제비, 슴새는 부리 위에 관 형태의 콧구멍이 있다. 전 세계에 널리 분포하고 대양을 건너는 새지만, 남반구에서 가장 높은 종 다양성을 보여 준다.

다른 새들과는 달리 슴새목의 새들은 바다에서 희박한 먹이를 냄새로 찾는다. 잠수성 소형 종을 제외하고는 거의 대부분이 날개가 길고 몸 뒤쪽에 물갈퀴 진 발이 있어 지상에서 잘 걷지 못한다. 이 새들은 위에서 역류시킨 유독한 기름으로 포식 동물을 내쫓으며 가끔은 공격하기도 한다. 이 기름은 또한 영양분이 충분해서 새끼들에게 먹이로 제공할 수도 있다.

느린 번식

슴새목의 새들은 종종 평생을 함께하는 암수 관계를 맺으며 몸집이 큰 종에서는 수십 년 동안 관계가 유지되기도 한다. 많은 종이 육지와 멀리 떨어진 섬에서 집단 번식하며, 종종 매해 같은 장소로 돌아온다. 작은 종은 움푹한 곳이나 구멍에 둥지를 짓는다. 번식률은 낮지만 부모 새는 새끼를 기르는 데 많은 투자를 한다. 일반적으로 슴새류는 번식기마다 단 한 번의 번식을 시도하고 하나의 알을 낳는다. 긴 포란 기간에도 불구하고 갓 부화한 새끼들은 무력하고 매우 천천히 자란다.

문	척삭동물문
강	조강
목	슴새목
과	4
종	147

수명이 긴 떠돌이알바트로스는 일부일처로 살아간다. 정성스러운 구애 춤으로 암수 결합을 강화한다.

떠돌이알바트로스
Diomedea exulans
알바트로스과
남빙양에 분포하는 알바트로스속 중 가장 큰 새로 일생 동안 단 1마리의 짝을 만나 2년마다 1마리의 새끼를 키운다.

레이산알바트로스
Phoebastria immutabilis
알바트로스과
열대 지방에서 번식하는 이 작은 종을 비롯해 북태평양에 분포하는 알바트로스는 번식기에 하와이를 비롯한 섬에서 둥지를 짓는다.

검은다리알바트로스
Phoebastria nigripes
알바트로스과
다른 북태평양산 알바트로스와 마찬가지로 이 작고 거무스름한 종도 종종 갑자기 날개를 퍼덕이면서 활공을 멈춘다.

풀머바다제비
Fulmarus glacialis
슴샛과
갈매기처럼 생긴 이 바다제비는 북반구에 걸쳐 흔하다. 절벽 위에 둥지를 짓고 포식 동물을 쫓아내기 위해 심한 악취가 나는 위의 기름을 내뿜는다.

검은눈썹알바트로스
Thalassarche melanophrys
알바트로스과
남반구에 분포하는 등이 검은 알바트로스 중 하나로, 매년 1개의 알을 낳고 밀집된 집단 번식지에서 둥지를 짓는다.

»

» 알바트로스, 바다제비, 슴새

검은등슴새
Puffinus lherminieri
슴샛과
이 작은 새는 열대 대양의 섬에서 번식한다. 다른 개체군은 다른 종의 일부로 여겨진다.

분홍발슴새
Ardenna creatopus
슴샛과
어두운색, 밝은색 등 다양한 변이가 존재하며, 칠레의 먼바다 섬에서 번식한다. 여름에는 태평양 동부까지 이동한다.

회색등슴새
Ardenna bulleri
슴샛과
이 슴새는 뉴질랜드 북부의 먼바다 섬에서 둥지를 짓지만, 번식기 이외에는 태평양을 가로질러 배회한다.

코리슴새
Calonectris diomedea
슴샛과
활 모양의 날개로 활강하는 커다란 슴새로 대서양 동쪽 섬들에서 번식하고 겨울에는 좀 더 널리 흩어진다.

남극제비슴새
Pachyptila desolata
슴샛과
아남극 권역에 서식하는 커다란 새로 물고기와 오징어를 사냥하기 위해 잠수한다. 남극 대륙 주변의 섬에서 번식한다.

주아닌제비슴새
Bulweria fallax
슴샛과
인도양 북서부의 열대 지방에 서식하는 바다제비류로, 좌우로 왔다 갔다 하며 난다. 활강하는 슴새류와 매우 가깝다.

흰제비슴새
Pagodroma nivea
슴샛과
남극에서 번식하는 소수의 새 중 하나로, 어떤 새보다도 더 남쪽에서 번식하며 심지어 남극점을 돌아다니기도 한다.

남극고래슴새
Thalassoica antarctica
슴샛과
고래슴새류는 남빙양에 서식하는 회색의 작은 새로, 납작한 부리로 플랑크톤을 거르기 위해 바다 위를 미끄러지듯 날아간다.

검은머리제비슴새
Pterodroma hasitata
슴샛과
쇠파리슴새류로 알려진 다른 작고 빠른 종처럼 열대 지역에 분포한다. 서인도 제도의 섬에서 번식한다.

참치제비슴새
Daption capense
슴샛과
주로 남반구의 극지 부근에 서식하는 슴샛과의 많은 종류 중 하나로, 남극 대륙 인근의 섬에서 번식하고 좀 더 북쪽에서 월동한다.

큰풀머바다제비
Macronectes giganteus
슴샛과
죽은 동물을 먹는 이 새는 대서양 남쪽에서 번식한다. 다른 바다제비와는 달리 땅 위에서도 잘 걸을 수 있는 튼튼한 다리가 있다.

카스트로바다제비
Oceanodroma castro
바다제빗과
북반구에 서식하는 일반적인 바다제비로, 허리에 흰 줄이 있고 꼬리는 갈라진 작은 새이다. 대서양과 태평양에서 모두 볼 수 있다.

논병아리

연못과 호수에서 볼 수 있는 논병아리는 특징적으로 물속 바닥 가까이에서 수영하며 다리로 추진해 잠수한다. 작은 수생 생물을 먹는다.

다른 많은 잠수성 새처럼 논병아리는 몸 뒤쪽에 다리가 있어서 땅 위에서는 서툴지만 물속에서는 민첩하다. 발가락에는 판족(瓣足, 물갈퀴처럼 발가락 전체가 연결되지 않고 각각의 발가락에 독립된 막을 가진 발)이 있어 잠수할 때 강한 발차기가 가능하고, 물을 찰 때 저항력을 최소화할 수 있다. 다른 잠수성 새에서 꼬리가 조타 역할을 하는 것처럼 논병아리는 다리를 조타 장치로 이용한다.

논병아리의 꼬리는 깃털 다발에 지나지 않는다. 방향타보다는 사회적 신호로 사용되며 종종 꼬리를 추켜올려 아래의 하얀 깃털이 드러나게 한다. 깃털은 촘촘하고 미선(尾腺)에서 나오는 기름으로 방수가 잘된다. 조류 중 유일하게 50퍼센트 정도의 파라핀을 분비한다. 논병아리는 날개가 작으며 북반구에 서식하는 종이 내륙에서 겨울을 보내기 위해 해안가까지 이동함에도 불구하고 많은 종이 잘 날지 않는다.

전통적으로 논병아리목의 논병아리들은 아비류, 펭귄류, 알바트로스류와 가까운 것으로 분류된다. 하지만 새로운 연구는 논병아리류가 홍학류와 가까운 것을 시사한다.

의식과 번식

번식기에 몇몇 논병아리 종은 정교한 구애 의식을 수행한다. 논병아리는 담수 서식지에다 식물로 물에 뜨는 둥지를 만든다. 어린 새는 부화 후 바로 움직일 수 있고 헤엄을 치지만 처음 몇 주 동안은 부모 새의 등을 은신처로 찾는다.

문	척삭동물문
강	조강
목	논병아리목
과	1
종	23

뿔논병아리의 구애 의식은 암수가 갈대 덤불을 물고 물에서 2마리가 몸을 일으키며 절정을 맞는다.

논병아리
Tachybaptus ruficollis
논병아릿과
구대륙에 걸쳐 서식하며 작고 땅딸막한 논병아리류 중 가장 널리 퍼져 있다. 번식기에는 목이 불그스름하다.

흰빰논병아리
Rollandia rolland
논병아릿과
남아메리카 남부의 토착종으로 수초가 풍부한 개방호에 서식한다. 안데스 산맥에 분포하는 날개가 짧은 근연종은 날지 못한다.

얼룩부리논병아리
Podilymbus podiceps
논병아릿과
아메리카 대륙에 서식하는 이 새는 좀 더 땅딸막하고 부리가 더 뭉뚝하다. 북쪽에 서식하는 새는 카리브 해에서 월동하지만, 열대 집단은 텃새이다.

큰논병아리
Podiceps grisegena
논병아릿과
유라시아와 북아메리카에 서식하며 좀 더 남쪽에 위치한 해안가에서 월동한다. 다른 논병아리처럼 밤에 이동한다.

검은목논병아리
Podiceps nigricollis
논병아릿과
다른 뿔논병아리속처럼 부리가 날카로운 잠수성 새로 번식기에는 머리깃이 화려하다. 북반구에 걸쳐 서식한다.

뿔논병아리
Podiceps cristatus
논병아릿과
구대륙에 서식하며 구애 행동으로 널리 알려졌다. 다른 논병아리와 마찬가지로 암수 모두 화려하다.

은빛논병아리
Podiceps occipitalis
논병아릿과
남아메리카산으로 염수호나 알칼리성 호수에 모여 집단으로 번식한다. 안데스 산맥에서 포클랜드 섬까지 분포한다.

미국논병아리
Aechmophorus occidentalis
논병아릿과
북아메리카 서부에 서식하는 비슷한 2종 중 하나로 캐나다에서 멕시코까지 분포한다. 북부 집단은 태평양 연안에서 겨울을 보낸다.

홍학

이 놀라운 새들은 염수성 석호와 알칼리성 호수에 서식한다. 한때 황새로 분류되었던 홍학은 지금은 논병아리류와 가까운 것으로 여겨진다.

홍학의 삶은 극단적인 군집성으로 특징지워진다. 홍학목은 커다란 무리를 짓는데, 이 무리는 종종 수백에서 수천 마리에 이르기도 한다. 개체들이 거의 빈틈없이 빽빽하게 모여 있는 탓에 불안한 상황이 발생하면 즉각 이륙하지 못하고 걷거나 뛰어야 한다. 하지만 홍학이 선호하는 서식처가 개방된 곳이고 경계하는 눈들이 많기 때문에 포식 동물은 쉽게 포착된다.

홍학의 구애는 집단 구애 행동으로 이루어진다. 부부는 진흙으로 둥지를 짓고, 영역은 간단히 둥지로부터 목을 얼마나 길게 뻗느냐에 의해 결정된다. 부화 후 얼마 동안 새끼들은 커다란 탁아소에서 무리 지어 지낸다. 부모는 소낭유(鋼囊乳)라고 불리는 액체화된 먹이를 새끼에게 먹인다.

여과 섭식자

홍학은 특별히 적응된 부리를 이용해 독특한 여과 섭식을 한다. 머리를 거꾸로 물속에 넣은 채, 부리 안쪽의 털 같은 구조를 통해 플랑크톤 조류와 새우를 걸러 낸다. 이때 먹이로부터 흡수한 색소가 홍학 고유의 분홍색을 띠게 한다. 유기물을 취하는 곳은 황량한 내륙의 매우 짜거나 가성(苛性, 물질을 삭이는 성질)의 호수이기 때문에 홍학에게는 먹이에 대한 경쟁자가 거의 없다.

문	척삭동물문
강	조강
목	홍학목
과	1
종	6

가장 커다란 홍학 군락 중 일부는 쇠홍학이 먹이를 찾기 위해 무리 지어 있는 아프리카의 리프트 밸리에서 나타난다.

칠레홍학
Phoenicopterus chilensis
홍학과
남아메리카에서 가장 널리 퍼져 있는 홍학으로 페루에서 티에라 델 푸에고 제도까지 분포한다. 분홍색 '무릎'이 있는 회색 다리로 구별된다.

카리브해큰홍학
Phoenicopterus ruber
홍학과
카리브 해에 서식하는 이 종은 큰홍학과는 다르며, 다소 크기가 작고 분홍빛이 더 진하다.

큰홍학
Phoenicopterus roseus
홍학과
아프리카, 남유럽, 중앙아시아에 걸쳐 분포하는 이 새는 홍학 중 가장 크고 가장 널리 분포한다.

안데스홍학
Phoenicoparrus andinus
홍학과
안데스 산맥의 고지대에 제한적으로 서식하는 2종류의 홍학 중 하나이다. 이 독특한 노란 다리의 홍학은 먹이를 찾아 호수 사이를 떠돌아다닌다.

쇠홍학
Phoeniconaias minor
홍학과
가장 작은 홍학으로, 아프리카와 남아시아에 서식하며 높은 염기성의 호수에서 많은 수가 서식한다.

황새

이 분류군에 속하는 대부분의 종이 습지에 서식하며 습지나 풀이 우거진 지역을 긴 다리로 걸어 다닌다. 긴 부리로 먹이를 잡아챈다.

황새목의 황새류는 키가 크고, 꼿꼿이 서 있는 새로, 대부분 탁 트인 공간에서 서식한다. 해오라기처럼 생긴 일부 종은 물가에서 살고, 다른 종은 마른 땅에서 먹이 활동을 한다. 큰 보폭으로 걷지만, 개방된 나뭇가지에 앉을 수 있고, 많은 종이 나무에 둥지를 짓는다. 먹이는 어류, 양서류, 소형 파충류와 포유류, 대형 곤충류로 다양하다. 아프리카에서 황새류는 들불로 도망가는 작은 동물을 먹거나 메뚜기 떼를 활용한다.

황새류는 튼튼하고 어느 정도 뾰족한 부리가 있다. 아프리카황새는 죽은 포유류 사체에서 독수리류를 쫓아내는 것부터 쓰레기 폐기장에서 먹이를 찾아 뒤지는 것까지 무겁고 강력한 부리를 사용한다. 다른 황새류는 부리가 가늘고, 또 다른 황새류의 부리는 점점 가늘어져 부리 끝이 위로 휘거나 아래로 구부러져 있다.

모든 황새류의 날개는 끝이 "손가락처럼 갈라지고" 넓다. 황새류는 새로운 먹이터나 장거리 이동을 위해 먼 거리를 활공하기 전, 높이 올라가기 위해 따뜻한 상승 기류를 타고 범상(soar)한다. 유럽황새의 큰 무리는 지중해의 가장 좁은 지점을 건너는데, 이는 맹금류의 이동 방식과 같다.

집단 번식

황새목의 많은 새들이 번식기에는 군집성을 나타내며, 몇몇 다른 종이 함께 모여 집단으로 둥지를 짓는다. 매우 비밀스럽고 단독 생활을 하는 알락해오라기류만이 예외이다. 모든 종이 처음 몇 주간 둥지에서 돌봐야 하는 무력한 새끼를 키운다.

문	척삭동물문
강	조강
목	황새목
과	1
종	19

황새는 일반적으로 나무 위에 둥지를 짓지만 서유럽에서는 건물 위의 평평한 단을 활용하기도 한다.

나무황새
Mycteria americana
황샛과
따오기 부리를 한 북아메리카의 새로 황새류에 속한다. 부리를 연 채 얕은 물에 넣고 움직이는 먹이를 낚아챈다.

안장부리황새
Ephippiorhynchus senegalensis
황샛과
아프리카산으로 검은머리황새와 비슷하다. 부리 끝이 살짝 위로 향했으며 노란색의 안장 무늬가 있다. 둥지 지을 때를 포함해 부부만 따로 생활한다.

유럽황새
Ciconia ciconia
황샛과
황새속의 3종류는 열대 이외의 지역에서 번식한다. 이 유럽산 새는 상승 기류를 이용해 대륙을 통과하고, 아프리카에서 월동한다.

흰목황새
Ciconia episcopus
황샛과
가장 널리 분포하는 열대 지역의 황새로 아프리카와 아시아 모두에 서식한다. 습지대를 선호하지만, 목초지를 돌아다니기도 한다.

아프리카열린부리황새
Anastomus lamelligerus
황샛과
열대 습지에 서식하는 작은 황새로, 연체동물을 잡아서 먹기 전에 독특한 부리로 다듬는다. 아프리카 대륙과 마다가스카르에 서식한다.

아프리카황새
Leptoptilos crumeniferus
황샛과
다른 대머리황새속의 황새와 마찬가지로 이 아프리카산 종은 머리털이 없어서 깃털을 더럽히지 않고 죽은 동물의 고기를 먹을 수 있다. 머리를 움츠린 채 날 수 있다.

검은머리황새
Jabiru mycteria
황샛과
몸집이 큰 아메리카산 황새로, 남아메리카의 날 수 있는 새 중 가장 키가 크다. 흥분하면 깃털이 없는 목주머니를 팽창시킨다.

»

따오기, 해오라기, 왜가리, 사다새

사다새목에 속하는 종 대부분은 습지에 서식하는 새로, 긴 다리로 습지대나 풀이 무성한 서식지를 헤쳐 나간다. 발가락이 길어 사냥할 때 앞으로 쭉 뻗거나, 맹그로브 습지나 습지대 덤불에서 나뭇가지를 잡고 앉기 좋다. 긴 부리로 먹이를 낚아챈다.

여기에 속하는 많은 새가 양서류와 어류를 먹지만, 때로는 소형 포유류와 곤충류도 먹는다. 왜가리류, 백로류와 덤불해오라기류는 척추뼈가 변형되어 목을 S자로 구부릴 수 있어 번개같이 빠른 추진력으로 먹이를 낚아챌 수 있지만 먹이를 찌를 수는 없다. 따오기류는 가늘고 구부러진 부리로 먹이를 찾지만, 저어새류는 약간 벌어진, 끝이 둥글고 납작한 부리로 먹이를 찾기 위해 얕은 물에서 양옆으로 젓는다. 촉감으로 먹이를 감지하면 부리를 닫는다. 왜가리류와 백로류는 저어새류나 따오기류와는 달리 날 때 목을 집어넣을 수 있다.

사다새류는 몸이 크지만 날개가 넓어 매우 잘 난다. 긴 부리에는 큼지막하고 유연한 주머니가 있다. 먹이를 먹을 때 (대부분 헤엄치지만, 갈색사다새는 물속으로 뛰어들어 잠수한다.) 많은 양의 물을 퍼 올린 뒤 주머니를 비우면서 먹이를 걸러 낸다.

문	척삭동물문
강	조강
목	사다새목
과	5
종	118

새끼 사다새는 부모가 게워 낸 일부 소화된 물고기를 먹기 위해 목구멍 깊숙이까지 들어간다.

아메리카검은댕기해오라기
Butorides virescens
백로과
북아메리카의 습지에 서식하는 작은 해오라기로, 종종 물가에서 먹이로 물고기를 유인하기도 한다.

중대백로
Ardea alba
백로과
백로라기보다는 커다란 흰색의 해오라기로, 이 습지성 새는 전 세계에 걸쳐 널리 퍼져 있다.

왜가리
Ardea cinerea
백로과
유라시아와 아프리카에서 흔하며 다른 커다란 해오라기류와 마찬가지로 집단으로 번식한다. 나무 위에 나뭇가지로 둥지를 짓는다.

애기덤불해오라기
Ixobrychus minutus
백로과
몸집이 작은 해오라기 무리 중에서 구대륙에 분포하는 겁이 많은 종으로 갈대밭 주위에 서식한다. 종종 똑바로 선 채 움직이지 않고 있다.

알락해오라기
Botaurus stellaris
백로과
다른 근연종과 마찬가지로 직접 보기보다는 울음소리를 자주 들을 수 있다. 크고 낮은 소리로 운다.

흰목왜가리
Ardea pacifica
백로과
오스트레일리아와 뉴기니의 습한 지역에 서식하는 이 커다란 해오라기는 습지와 초지에서 곤충과 작은 척추동물을 사냥한다.

쇠백로
Egretta garzetta
백로과
오스트레일리아와 뉴기니의 습한 지역에 서식하는 이 커다란 해오라기는 습지와 초지에서 곤충과 작은 척추동물을 사냥한다.

흰얼굴왜가리
Egretta novaehollandiae
백로과
인도네시아, 오스트레일리아, 뉴질랜드에 서식하는 백로류로, 곤충과 개구리 등 다양한 먹이를 먹는다.

삼색왜가리
Egretta tricolor
백로과
아메리카의 소택지에 서식하며 다른 근연종과 마찬가지로 단검과 같은 부리로 작은 동물을 잡아챈다.

쇠푸른왜가리
Egretta caerulea
백로과
백로류에 속하는 아메리카산 새이다. 자줏빛을 띤 머리와 목은 비번식기에는 잿빛을 띤 푸른색으로 변한다.

황로
Bubulcus ibis
백로과
몸집이 작은 하얀 해오라기로, 전 세계에 널리 분포하고 있다. 초지에서 먹이를 찾으며 종종 흩어지는 먹이를 잡기 위해 가축의 뒤를 따라다닌다.

인도해오라기
Ardeola grayii
백로과
남아시아에서 흔한 해오라기로 수생 먹이를 쫓지만, 물 위를 낮게 날며 물고기를 몰기도 한다.

붉은빛백로
Egretta rufescens
백로과
아메리카산 종으로 백색형과 적색형이 있다. 물고기를 잡을 때 종종 날개를 펼쳐 태양빛을 차단한다.

넓은부리왜가리
Cochlearius cochlearius
백로과
먹이를 퍼담아 올리기 알맞게 적응한 넓은 부리가 있는 해오라기이다. 중앙 및 남아메리카의 맹그로브 습지에 서식한다.

해오라기
Nycticorax nycticorax
백로과
해오라기는 밤에도 잘 볼 수 있다. 오스트레일리아를 제외한 대부분의 따뜻한 지역에서 관찰되며 해오라기 중 가장 널리 퍼진 종이다.

가는목따오기
Threskiornis spinicollis
저어샛과
목 아래에 밀짚처럼 생긴 깃털이 있으며 뉴기니와 오스트레일리아에서 관찰되는 떠돌이새이다.

아프리카검은따오기
Threskiornis aethiopicus
저어샛과
아프리카와 마다가스카르의 습지와 초지에 흔한 새이다. 아메리카와 유럽으로 도입되었다.

오스트레일리아따오기
Threskiornis molucca
저어샛과
오스트레일리아 전역에 서식하는 흔한 종이다. 종종 도시 지역에 몰려들어 유해 종으로 분류되기도 한다.

홍따오기
Eudocimus ruber
저어샛과
트리니다드의 국조로, 열대 아메리카에 서식하며 먹이인 갑각류로부터 진홍색의 색소를 얻는다.

하다다따오기
Bostrychia hagedash
저어샛과
아프리카에서 흔한 종으로 초지, 숲, 공원, 정원 등에서 관찰된다. 하다다라는 이름은 날 때 내는 독특한 울음소리에서 따왔다.

검은얼굴따오기
Theristicus melanopis
저어샛과
남아메리카에서 관찰되며 안데스 산맥에서 파타고니아까지 온대성 초원에 서식한다.

낫부리따오기
Plegadis falcinellus
저어샛과
전 세계 따뜻한 지역에서 관찰되며 따오기 중 가장 널리 퍼진 종이다. 해오라기류와 함께 집단으로 나무에 둥지를 짓기도 한다.

»

» 따오기, 해오라기, 왜가리, 사다새

아프리카저어새
Platalea alba
저어샛과
아프리카의 습지대에 서식하는 유일한 저어새로, 붉은 얼굴과 다리가 특징이다.

노랑부리저어새
Platalea leucorodia
저어샛과
유리시아에서 번식하며 아프리카 및 아시아에서 월동한다. 성숙한 개체는 검은 부리 끝이 노랗고 넓어진다.

진홍저어새
Platalea ajaja
저어샛과
다른 저어새와 마찬가지로 이 독특한 아메리카산 종 역시 물속에서 부리를 좌우로 저으며 작은 수생 동물을 먹는다.

주걱부리황새
Balaeniceps rex
주걱부리황샛과
수단에서 잠비아까지의 습지에서만 서식하는 섭금류의 새로, 커다란 부리를 이용해 진흙탕에서 척추동물을 떠서 올린다.

망치머리황새
Scopus umbretta
망치머리황샛과
아프리카 원산의 습지성 새로, 오랜 시간 남겨지는 새끼를 보호하기 위해 나뭇가지와 진흙으로 두꺼운 벽을 쌓아 거대한 둥지를 짓는다.

아메리카흰사다새
Pelecanus erythrorhynchos
사다샛과
북아메리카의 내륙 호수에서 번식하고 연안에서 월동한다. 번식기에는 부리 위에 납작한 혹이 생긴다.

점무늬부리사다새
Pelecanus philippensis
사다샛과
남아시아 원산으로 다른 대부분의 사다새처럼 수면에서 헤엄치며 먹이를 떠서 낚는다.

갈색사다새
Pelecanus occidentalis
사다샛과
미국 남부에서 남아메리카까지 서식하는 회갈색의 사다새로 해안에서 번식한다. 다른 사다새와 달리 물고기를 잡기 위해 물속으로 뛰어들어 잠수한다.

가마우지, 얼가니새와 근연종

가다랭이잡이목은 해양조류를 포함하는데 일부 가마우지류와 뱀목가마우지는 민물도 찾는다. 여기에 속하는 새들은 네 발가락 사이에 물갈퀴가 있다.

군함조는 광대한 바다를 횡단하지만 물 위에 내려앉는 경우는 거의 없고, 날치를 잡거나 다른 바닷새의 먹이를 뺏는 것 모두 공중에서 이루어진다. 가마우지류와 뱀목가마우지는 수면에서 잠수하면서 다양한 수생 생물을 먹지만 얼가니새와 가다랭이잡이는 높은 곳에서 물로 뛰어들며 물고기만 먹는 새다.

문	척삭동물문
강	조강
목	가다랭이잡이목
과	4
종	61

푸른발얼가니새
Sula nebouxii
얼가니샛과
캘리포니아에서 페루, 갈라파고스 제도의 바위 해안에 서식하는 이 얼가니새는 구애 행동을 할 때 푸른 발을 과시한다.

푸른얼굴얼가니새
Sula dactylatra
얼가니샛과
흑백의 깃과 길고 노란 부리가 있는 가장 큰 열대성 얼가니새이다. 차가운 바다에 서식하는 근연종인 가다랭이잡이와 가장 유사하다.

흰가다랭이잡이
Morus bassanus
얼가니샛과
3종류의 냉수성 가다랭이잡이는 바위 해안가에서 커다란 무리를 지어 번식한다. 이 종은 대서양 북부에 서식한다.

뱀목가마우지
Anhinga anhinga
뱀목가마우짓과
아메리카가 원산지로 가마우지처럼 목이 길고, 곧은 부리로 물고기를 찔러 잡는다.

붉은빰가마우지
Phalacrocorax urile
가마우짓과
일본에서 베링 해까지 관찰되며 깊이 잠수하는 바닷새로, 해양 환경에 매우 잘 적응한 북태평양 가마우지 무리에 속한다.

쇠흰빰가마우지
Microcarbo melanoleucos
가마우짓과
부리가 짧고 체구가 작은 원시적인 오스트랄라시아 무리에 속하며 주로 민물이나 하구에 서식한다.

미국군함조
Fregata magnificens
군함조과
아메리카 원산의 이 종과 같은 군함조들은 먹이를 먹을 기회가 드물고 장시간 비행을 하는 탓에 번식률이 낮다. 새끼를 돌보는 기간도 가장 길다.

열대사다새

제비갈매기처럼 생긴 대형 해양조류로 뾰족하고 긴 꼬리가 돌출되어 있으며, 열대의 섬에서 번식하고 바다에서 주로 먹이를 찾는다.

이 열대새목에는 세 종이 있으며 가다랭이잡이류나 얼가니새류처럼 네 발가락이 모두 물갈퀴로 붙어 있지만 서지는 못한다. 공중에서 물속으로 뛰어들기 전 정지 비행을 하면서 시력으로 먹이를 파악한다. 집단 번식지에서 수컷 무리는 자신을 주시하는 암컷을 감명시키기 위해 빙빙 돌면서 원형 비행을 하고, 뾰족한 꼬리깃을 흔든다.

문	척삭동물문
강	조강
목	열대새목
과	1
종	3

흰꼬리열대사다새
Phaethon lepturus
열대샛과
열대사다새는 제비갈매기처럼 가는 꼬리깃이 있는 해양성 조류로, 다리가 연약해 땅 위에서는 배를 끌며 이동한다. 이 종은 열대 해안에 서식한다.

붉은부리열대사다새
Phaethon aethereus
열대샛과
동태평양에서 대서양까지 분포하는 이 열대성 조류는 구멍에 둥지를 짓는다. 바다에서는 먹이가 드문 탓에 1마리의 새끼를 돌보며 새끼는 천천히 자란다.

맹금류

날 수 있는 주행성 사냥꾼 중, 가장 크고 가장 중요한 분류군인 수리목의 대부분 새는 오로지 육식만 한다. 어떤 서식지에서는 최상위 포식동물이다.

열대 우림에 서식하는 부채머리수리나 원숭이잡이수리와 같은 대형 맹금류는 커다란 원숭이나 작은 사슴을 죽일 정도로 강력하다. 구대륙의 독수리류나 아메리카의 콘도르류와 같은 가장 큰 종은 죽은 동물을 먹지만, 솔개류나 말똥가리류처럼 많은 종이 사체뿐만 아니라 살아 있는 먹이를 잡는다. 예외로는 주로 채식하는 아프리카산 야자민목독수리가 있다.

맹금류는 보통 시각이 예민해서 시력에 의존해 사냥한다. 쇠콘도르는 냄새로 먹이를 감지하고, 다른 종은 이를 지켜본 뒤 숨겨진 사체까지 따라간다. 이 목에 속한 새는 먹이를 찢을 수 있는 튼튼하고 갈고리 진 부리가 있다. 더 큰 독수리류는 가죽과 살을 찢을 수 있는 능력을 갖췄지만, 상대적으로 발은 약하다. 대부분은 머리에 털이 없는데, 동물 사체 안을 살필 때 비위생적이고 끈적이는 것을 막아 준다. 신대륙의 콘도르류는 비슷하게 생긴 구대륙의 독수리류보다 황새류와 더 가까울 수도 있다. 수리류, 새매류, 말똥가리류, 솔개류는 길고 갈고리 진, 날카로운 발톱이 있는 튼튼한 다리로 먹이를 잡아 죽인다. 아프리카 초원에서 서식하는 독특한 뱀잡이수리는 발로 사냥한다.

일부 솔개류의 꼬리는 갈래져 있어 비행할 때 제어력을 높인다. 새를 먹는 새매류는 날개가 다소 짧고 꼬리가 길어 삼림을 통과하는 기동성이 매우 뛰어나며, 날개가 더 길고 넓은 종은 상승 기류를 타고 날아오를 수 있어 적은 노력으로 먼 거리를 활공할 수 있다. 이런 방법으로 무거운 독수리류는 매일 먹이를 찾아 먼 거리를 이동할 수 있고, 일부 종은 매년 장거리 이동을 한다. 날개 끝은 "손가락처럼 갈라져" 날개 끝에서의 난류(暖流)를 줄이고 효율을 높인다.

문	척삭동물문
강	조강
목	수리목
과	4
종	266

쇠콘드르의 날개 아랫면은 색이 옅어, 새가 아래에 있는 먹이를 찾으면서 기울고 비틀고 방향을 바꿀 때 몸이 밝아 보인다.

쇠콘도르
Cathartes aura
콘도르과
이 아메리카산 독수리는 냄새로 썩은 시체를 찾아낸다. 커다란 바위나 나무 그루터기 아래처럼 어두운 틈에서 둥지를 짓는다.

임금콘도르
Sarcoramphus papa
콘도르과
죽은 동물을 찾아 열대 아메리카의 숲 위를 높이 활공하는 커다란 새이다. 화려한 머리와 부리의 늘어진 붉은 피부로 구별된다.

검은콘도르
Coragyps atratus
콘도르과
근연종인 쇠콘도르보다 좀 더 무리를 지어 살며, 미국 중부 지역부터 칠레까지 분포하는 기회주의적인 청소동물이다.

안데스콘도르
Vultur gryphus
콘도르과
남아메리카의 하늘을 나는 육상 조류 중 가장 큰 새이다. 안데스 산맥의 상승 기류를 타고 활공하며 쇠콘도르 같은 다른 청소동물을 따라가거나 눈으로 죽은 동물을 찾는다.

유럽벌매
Pernis apivorus
수릿과
열대성 맹금류 무리에 속하며 벌과 말벌의 유충을 먹는다. 유라시아에서 번식하고 아프리카에서 겨울을 보낸다.

말똥가리
Buteo buteo
수릿과
흔한 맹금류로 밝은색과 어두운 색의 형태가 있다. 북반구 개체군은 열대 아프리카와 아시아에서 겨울을 난다.

긴다리말똥가리
Buteo rufinus
수릿과
유럽 중부와 중앙아시아의 반사막과 산지에서 번식하고 일부 개체군은 겨울을 보내기 위해 북아프리카로 이동한다.

흰꼬리솔개
Elanus leucurus
수릿과
날카로운 눈썹이 있는 솔개로 사냥할 때 자주 정지 비행을 한다. 미국에서 아마존 유역 바깥쪽의 남아메리카까지 분포한다.

흰눈왕새매
Butastur teesa
수릿과
남아시아의 작은 왕새매류로 다른 근연종보다 땅에서 생활하며 땅 위의 작은 동물과 곤충을 사냥한다.

제비꼬리솔개
Elanoides forficatus
수릿과
곤충을 사냥하는 맹금류로 우아하고 민첩하게 비행한다. 미국 남동부와 중앙아메리카에서 번식하며 남아메리카에서 월동한다.

흰머리솔개
Haliastur indus
수릿과
인도에서 오스트랄라시아까지 분포하며 강변이나 해안가에 서식하는 청소동물이다. 물고기와 작은 포유류처럼 살아 있는 먹이를 사냥하기도 한다.

물수리
Pandion haliaetus
수릿과
전 세계에 걸쳐 분포한다. 먹이인 물고기를 잡기 위해 물로 뛰어들며, 뒤로 돌아가는 바깥 발가락으로 미끄러운 먹잇감을 잘 잡을 수 있다.

야자민목독수리
Gypohierax angolensis
수릿과
다른 독수리와 달리 이 아프리카 종은 기름야자열매를 비롯해 주로 식물성 먹이를 먹는다. 그러나 물고기와 동물 사체를 먹기도 한다.

뱀잡이수리
Sagittarius serpentarius
수릿과
땅 위에서 사냥하는 소수의 맹금류 중 하나이다. 다리가 길며 아프리카 사바나에서 작은 동물을 쫓고 종종 움직이지 못하도록 밟아 버린다.

»

» 맹금류

흰머리수리
Haliaeetus leucocephalus
수릿과
북아메리카산 바다수리로 미국의 국가 상징이며 물고기를 사냥하거나 죽은 물고기를 먹는다. 종종 협동 사냥을 한다. 물가의 숲속에서 번식한다.
71~96cm

흰배바다수리
Haliaeetus leucogaster
수릿과
인도에서 오스트랄라시아까지의 호숫가나 강을 따라 분포하며 다른 커다란 수리처럼 물고기를 잡는다. 나뭇가지로 거대한 둥지를 짓는다.
70~90cm

흰머리독수리
Trigonoceps occipitalis
수릿과
아프리카 동부, 북부, 남부에 분포하는 이 수리는 쌍으로 관찰된다. 사체를 먹으러 몰려드는 수가 보통 다른 종보다 훨씬 많다.
72~85cm

흰배줄무늬수리
Aquila fasciatus
수릿과
말똥가리처럼 생긴 수리로 삼림과 산악 지대에 서식하며 날개가 길다. 유라시아 남부에서 북아프리카까지 분포한다.
55~72cm

이집트독수리
Neophron percnopterus
수릿과
야자민목독수리의 근연종으로 유라시아 남부와 아프리카에 서식한다. 타조 알을 깨기 위해 돌을 사용한다.
60~70cm

흰죽지수리
Aquila heliaca
수릿과
이 유라시아 종이 포함된 검독수리속의 새들은 가장 대표적인 수리의 모습을 하고 있다. 완전히 털에 덮인 다리 때문에 '장화를 신은' 것으로 묘사된다.
70~83cm

아프리카뿔매
Aquila spilogaster
수릿과
사하라 사막 이남의 아프리카에 분포하는 작은 맹금류로 나무가 우거진 사바나와 구릉지에서 사냥한다.
55~65cm

검독수리
Aquila chrysaetos
수릿과
북반구에 걸쳐 개활지에서 분포하는 수리로, 우아하게 활공하며 거대한 몸집에 긴 꼬리를 가졌다. 일부 지역에서는 숲에서 생활한다.
60~100cm

관머리뿔매
Spizaetus cirrhatus
수릿과
종종 머리깃을 세우는 이 아시아산 뿔매는 숲에 사는 맹금류이다. 히말라야에서 인도네시아까지 분포하며 흑색형, 백색형 등 다양한 변이가 있다.
61~75cm

아프리카흰등독수리
Gyps africanus
수릿과
사하라 사막 이남의 사바나에서 흔히 볼 수 있는 독수리로 사체 주위로 많은 수가 모인다. 마을이나 작은 도시에서도 관찰된다.

주름얼굴대머리독수리
Torgos tracheliotus
수릿과
가까운 깁스속 수리처럼 아프리카의 매운 건조한 지대에서 동물 사체를 먹는다. 목이 길고 깃털이 더러워지는 것을 막기 위해 머리에 털이 없다.

흰깃민목독수리
Gyps fulvus
수릿과
유라시아 남서부와 아프리카 북동부의 산간 지역에 서식한다. 바위 사이나 암벽의 측면에서 번식하고 잠을 잔다.

루펠독수리
Gyps rueppelli
수릿과
흰깃민목독수리의 아프리카 근연종으로 색이 좀 더 진하며 건조한 지역에 서식한다. 다른 어떤 새보다도 높은 고도에서 난 기록이 있다.

수염수리
Gypaetus barbatus
수릿과
아프리카와 유라시아의 산지에 서식하며 단독 생활을 한다. 꼬리는 쐐기형이다. 주로 골수를 먹으며 골수를 얻기 위해 뼈를 바위에 떨어뜨린다.

검은목테솔개
Busarellus nigricollis
수릿과
달팽이솔개의 근연종으로 중앙아메리카와 남아메리카의 습지에 서식하며, 습지의 부유 식물에 먼저 발을 담근 다음 물고기를 잡는다.

흰말똥가리
Pseudastur albicollis
수릿과
중앙 및 남아메리카 숲에 서식하는 수리매로 파충류, 특히 뱀을 사냥한다. 다소 둔한 것으로 묘사되며 사람이 쉽게 다가갈 수 있는 것으로 알려졌다.

우는참매
Melierax metabates
수릿과
아프리카의 건조한 개활지에 서식하는 수리매로 날 때는 개구리매와 비슷하다. 울음소리가 곱다.

달팽이솔개
Rostrhamus sociabilis
수릿과
미국 플로리다 주, 중앙아메리카와 남아메리카의 습지대에 서식하는 새로 강하게 굽은 부리는 수생 달팽이를 먹기에 적합하다.

아프리카새매
Polyboroides typus
수릿과
사하라 사막 이남의 아프리카에 분포하는 맹금류로 오일야자열매를 먹거나 작은 척추동물을 사냥한다. 이중 관절로 된 다리는 유연해서 나무 구멍 속에 있는 먹이를 잡을 수 있다.

»

루펠독수리

Gyps rueppellii

아프리카 초원의 상징적인 청소동물 중 하나로 세네갈에서 동쪽으로는 수단과 탄자니아까지 분포하며 먹이를 찾아 매우 높은 곳에서 배회한다. 혈액은 특별히 공기가 부족한 곳에서도 산소를 붙들 수 있도록 적응했다. 이른 아침 잠자리 장소인 절벽 꼭대기를 벗어나 지형 상승풍을 타기 위해 건조한 산악 지형을 순찰한다. 동물 사체를 찾기 위해 예리한 시각을 이용하고 포식동물이 사냥감을 두고 떠날 때까지 끈기 있게, 며칠간이라도 기다린다. 다른 독수리들처럼 부드러운 썩은 살과 내장을 먹는다. 하지만 목이 길어서 다른 경쟁자들보다 사체 속 깊숙이 도달할 수 있으며 다시 하늘로 돌아갈 때까지 게걸스럽게 먹는다.

몸길이 85~97센티미터
서식지 건조한 개활지의 골짜기
분포 아프리카 동부와 북부
먹이 동물 사체

> 제3의 눈꺼풀
조류의 전형적인 특징인 이 막은 눈의 표면을 깨끗이 하고 열광적으로 식사를 하는 동안 날아드는 파편들로부터 눈을 보호할지도 모른다.

∨ 하얀 목깃
목 기부를 둘러싼 하얀 솜털은 목둘레 깃털을 형성한다. 야생에서는 죽은 동물의 피와 먼지로 탈색될 것이다.

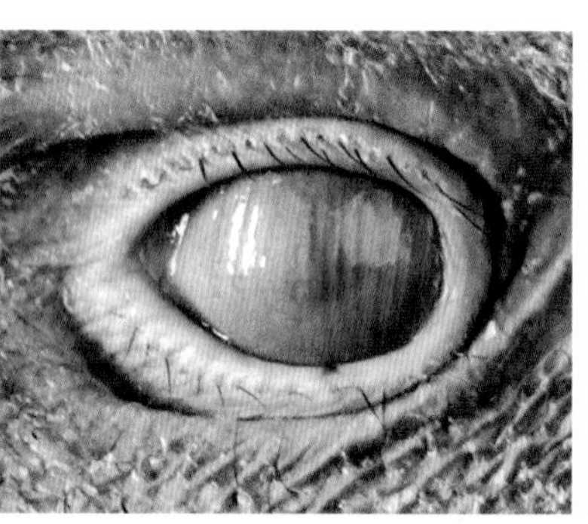

< 부채꼴 모양의 깃
거무스름한 날개깃은 끝이 밝은색으로 넓게 칠해져 있다. 멀리서 보면 부채꼴 모양으로 덧댄 장식처럼 보인다.

콧구멍

구부러진 부리

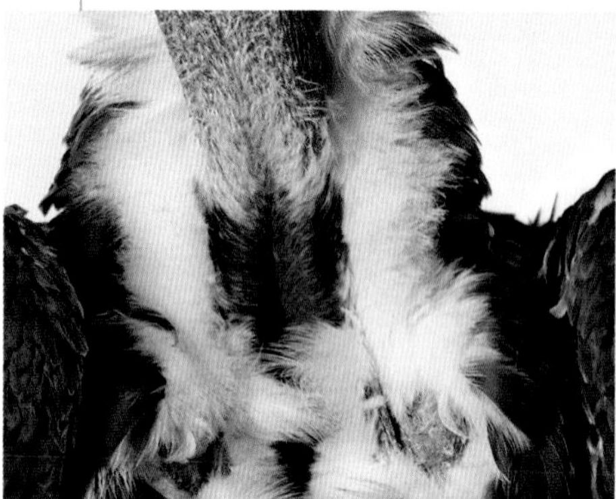

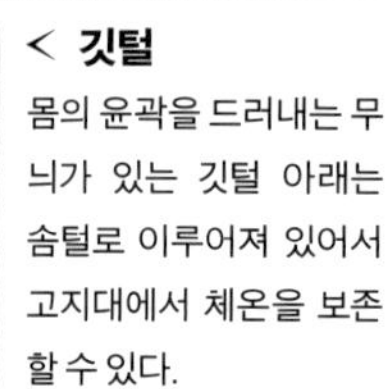

< 깃털
몸의 윤곽을 드러내는 무늬가 있는 깃털 아래는 솜털로 이루어져 있어서 고지대에서 체온을 보존할 수 있다.

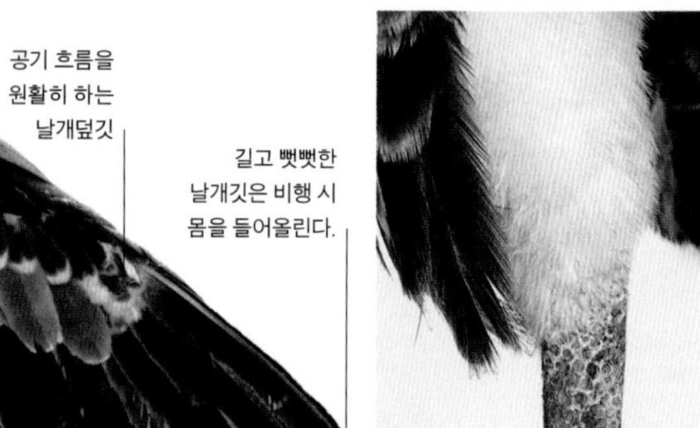

< 다리
보통 새들의 넓적다리는 깃털로 덮여 있지만, 아래쪽 다리에는 털이 없어서 동물 사체를 먹고 난 다음에도 상대적으로 깨끗할 수 있다.

> 피를 위한 머리
머리와 목의 깃털이 성긴 부위는 가끔 혈흔이 묻겠지만 깃털로 완전히 뒤덮인 머리는 커다란 포유류의 사체 안쪽 깊숙이 도달하면서 끈적끈적한 찌꺼기로 더럽혀질 것이다. 독수리의 구부러진 부리는 반쯤 썩은 살을 찢을 수 있으며, 죽은 동물 안을 살피기 충분할 정도로 길다.

< 발
독수리는 다른 동물을 죽이기보다는 걷는 데 발을 이용하기 때문에 맹금류에서 전형적인 커다란 갈고리발톱이 없다.

∧ 날개
길고 넓은 날개는 독수리가 에너지를 절약하며 활공하고 활강하는 데 도움을 준다. 배불리 먹고 난 후에는 이륙이 다소 힘들 것이다.

분홍빛 회색의 머리
피부와 목은 솜털로
살짝 덮여 있다.

» 맹금류

작은잿빛개구리매
Circus pygargus
수릿과
이 종과 같은 유라시아산 개구리매는 아프리카와 남아시아로 이동한다. 목초지나 갈대밭에 서식한다.

서부개구리매
Circus aeruginosus
수릿과
수컷은 암컷과 비슷한 갈색이며 날개와 꼬리에 회색이 있다. 다른 개구리매의 수컷은 모두 회색이다.

잿빛개구리매
Circus hudsonius
수릿과
개구리매류의 특징은 가는 꼬리와 가늘고 끝이 뾰족한 날개, 긴 다리이다. 이 종은 북아메리카에 널리 분포한다.

도마뱀말똥가리
Kaupifalco monogrammicus
수릿과
아프리카 사바나의 토착종으로 메뚜기와 같은 커다란 곤충을 주로 먹지만 작은 척추동물도 먹는다.

검은가슴뱀수리
Circaetus pectoralis
수릿과
아프리카 초원에서 서식하는 수리로 뱀을 포함해 도마뱀과 작은 포유류를 먹는다.

참매
Accipiter gentilis
수릿과
북아메리카와 유라시아에 서식하는 거대한 수리매로 다람쥐와 들꿩을 잡기 위해 높은 나무 사이를 교묘히 날 수 있다.

새매
Accipiter nisus
수릿과
새매속에 포함되는 50여 종의 수리매 중 하나로, 유럽에서 일본까지 삼림 지대에 서식하며 작은 새를 사냥한다.

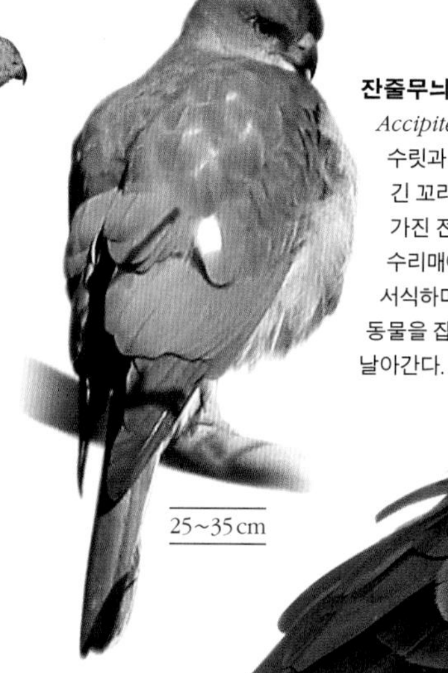

잔줄무늬참매
Accipiter badius
수릿과
긴 꼬리와 짧은 날개를 가진 전형적인 새매속의 수리매이다. 구대륙에 서식하며 새와 같은 작은 동물을 잡기 위해 순식간에 날아간다.

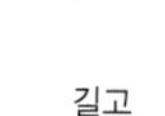

붉은솔개
Milvus milvus
수릿과
다른 솔개속의 새처럼 유럽과 중동에 서식하는 이 종은 다리는 다소 약하지만 활공은 뛰어나다. 종종 죽은 동물을 먹는다.

솔개
Milvus migrans
수릿과
유라시아, 아프리카, 오스트랄라시아에 걸쳐 개활지에서 관찰된다. 물고기와 작은 포유류, 죽은 동물을 포함해 다양한 먹이를 먹는다.

주름깃수리
Spilornis cheela
수릿과
아시아산 뱀수리에 속하며 인도에서 필리핀까지 분포한다. 종종 민물 가까이에서 관찰된다.

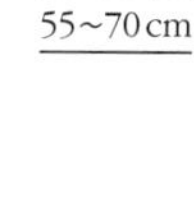

배터러수리
Terathopius ecaudatus
수릿과
아프리카 사바나에 서식하며 뱀수리 중 유일하게 정기적으로 동물 사체를 먹는다. 곡예와도 같은 비행으로 유명하다.

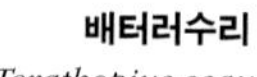

매, 카라카라

매류는 많은 맹금류가 포함된 수리목과 더 이상 근연관계가 가깝지 않은 것으로 나타났고 자신만의 목인 매목으로 분류된다.

부리가 갈고리 진 매류는 수리목과 비슷하지만, 발로 붙들고 있는 먹이를 죽이는 데 사용되는 '홈(notch)'이 추가되어 있다. 날카롭고 갈고리 진 발톱이 있는 발은 강력하다. 대부분은 날개가 길고, 뛰어난 비행사이다. 일부 매류는 큰 곤충과 조류를 공중에서 사냥하지만, 다른 새들은 땅 위에 있는 먹이로 강하한다. 몇몇은 빠른 속도로 공격하기 위해 몸을 굽혀 극적으로 급강하하면서 더 큰 새와 맞대결하기도 한다. 또 다른 새는 지면 위, 고정된 지점에서 '정지 비행(hover)'을 하며 아래에 있는 먹이를 찾고, 종종 먹이동물의 소변에서 방출된 자외선을 이용해 먹이를 감지한다. 카라카라류 역시 지상에서 사냥하고 사체를 찾는다. 다른 맹금류와는 달리, 매류는 둥지를 만들지 않고 다른 종이 사용했던 오래된 둥지나 절벽에서 튀어나온 바위에 알을 낳는다.

문	척삭동물문
강	조강
목	매목
과	1
종	67

매
Falco peregrinus
맷과
가장 빠른 맹금류로서 먹이를 잡기 위해 공중에서 가파르게 급강하한다. 툰드라와 반사막 지역을 포함한 전 세계의 개활지에 널리 분포한다.

비둘기조롱이
Falco amurensis
맷과
다른 매류와는 달리 끊임없이 무리를 짓는다. 시베리아와 중국에 걸쳐 습한 삼림 지대에서 번식하고 아프리카 남부에서 월동한다.

아메리카황조롱이
Falco sparverius
맷과
황조롱이류는 사냥할 때 끊임없이 정지 비행을 하는 작은 매이다. 카리브 해 섬을 포함해 아메리카 대륙에 걸쳐 분포한다.

황조롱이
Falco tinnunculus
맷과
다른 황조롱이류처럼 유라시아와 아시아에 걸친 개활지에 서식하며, 상승 기류를 이용해 정지 비행을 하면서 땅 위의 먹이를 찾는다.

박쥐매
Falco rufigularis
맷과
황혼 무렵, 빠른 속도로 날며 새, 박쥐, 커다란 곤충을 사냥하는 아메리카산 새이다. 멕시코에서 아르헨티나까지 분포한다.

쇠황조롱이
Falco columbarius
맷과
순식간에 비행하는 민첩한 포식 동물로 북반구에 걸쳐 언덕과 황무지 위 공중에서 새를 잡는다.

아프리카난쟁이새매
Polihierax semitorquatus
맷과
땅 위의 곤충과 도마뱀을 사냥하기 위해 급강하하는 아프리카산 새이다. 베짜는새 둥지 안에서 번식하고 다른 새들과 협동으로 새끼를 키운다.

뿔카라카라매
Caracara cheriway
맷과
미국 남부에서 남아메리카 북부에 이르는 개활지에서 흔히 관찰되는 종이다. 나무나 땅 위에 둥지를 짓는다.

줄무늬카라카라매
Phalcoboenus australis
맷과
갓 태어난 양을 공격하는 겁 없는 카라카라매의 성향 때문에 이 종의 서식지인 포클랜드 제도에서 핍박받고 있다.

노랑머리카라카라매
Milvago chimachima
맷과
매처럼 생긴 청소동물로 기름야자나무의 열매를 먹기도 한다. 남아메리카 남부의 초원과 숲 가장자리에서 생활한다.

산카라카라매
Phalcoboenus megalopterus
맷과
매의 근연종인 카라카라매는 다리가 좀 더 길며 느리다. 다른 카라카라매처럼 안데스 고산 지대에 서식하는 이 종은 청소동물이지만 작은 동물을 사냥하기도 한다.

느시

느시류는 중형에서 대형의 육상조류로(날 수 있는 새 중 가장 무거운 새가 포함된다.) 다리는 길고 튼튼하지만 부리는 짧다.

느시목에 속하는 새들은 안정적으로 보폭이 큰 걸음을 걸으며 반사막, 개방된 초지, 농작지의 땅 위에서 곤충, 파충류, 소형 포유류와 식물성 먹이를 집어 먹는다. 날 때는 길고 넓은 날개에 있는 커다란 흰 부분이 잘 보인다. 몸집이 큰 종류는 힘있고 안정적으로 날지만, 작은 종은 날개를 빠르게 퍼덕이며 날아 날개 끝이 네모진 소형 수렵조처럼 보인다. 사회성이 있는 새로 무리를 구성하는데 그 수가 매우 많다.

문	척삭동물문
강	조강
목	느시목
과	1
종	26

큰느시
Ardeotis kori
느싯과
날 수 있는 새 중 가장 무거운 새의 하나로 체중이 19킬로그램까지 나간다. 아프리카 동남부에 걸쳐 서식하며 작은 척추동물, 동물 사체, 식물의 씨앗을 먹는다.

오스트레일리아큰느시
Ardeotis australis
느싯과
오스트레일리아와 뉴기니 남부의 개방성 삼림과 초지에 서식한다. 수컷은 구애 동작을 할 때 목주머니를 부풀린다.

방울깃작은느시
Chlamydotis undulata
느싯과
건조한 지역에 서식하는 새로, 북아프리카와 카나리아 제도의 메마른 사막과 평원에서 관찰된다.

느시
Otis tarda
느싯과
느시는 수컷이 암컷보다 큰데 특히 유라시아 스텝 지대에서 사는 종이 그렇다. 완전한 성체의 깃으로 발달하는 데 6년이 걸린다.

작은느시
Tetrax tetrax
느싯과
이 자그마한 느시는 유라시아에 걸쳐 개활지에서 번식하고 겨울에는 남쪽으로 이동한다. 날 때는 혹부리오리와 비슷해 보인다.

붉은관느시
Lophotis ruficrista
느싯과
아프리카 남부에 서식하며 다른 느시류처럼 화려한 구애 동작을 펼친다. 수컷은 공중제비를 돌며 비행을 하고, 부부가 함께 울음소리를 낸다.

두루미, 뜸부기와 근연종

우아하게 춤을 추는 두루미부터 살금살금 다니는 작은 뜸부기까지 이 목에 포함되는 조류는 건조하거나 습한 서식지 모두에서 살아가는 다양한 육상조류를 포함한다. 두루미목에 속하는 새들은 대개 다리와 부리가 길며 행동적으로 매우 다양하다. 두루미류는 땅을 걸으며 나무 위에 앉지 않는다. 뒷발가락은 축소되거나 사라져 발가락이 짧다. 지느러미발류나 물닭류는 발에 물갈퀴가 아닌 판족이 있다. 뜸부기류와 쇠뜸부기류는 발가락이 길고 깊이 갈라졌지만 매우 가늘어, 습지나 건조한 지역의 갈대밭 같은 울창한 초목 사이를 이동하는 데 도움이 된다. 외딴섬에서 살아가는 일부 종은 날지 못한다.

문	척삭동물문
강	조강
목	두루미목
과	6
종	188

두루미사촌
Aramus guarauna
두루미사촌과
이 작은 두루미의 사촌은 주로 야행성이며 아메리카 열대의 습지에 서식한다. 족집게처럼 생긴 부리로 달팽이의 껍데기에서 속살을 꺼낸다.

노랑발세가락메추라기
Turnix tanki
세가락메추라깃과
동아시아 원산으로 다른 세가락메추라기처럼 열대 초원에 서식한다. 암컷이 더 화려하며 어린 새를 돌봐 줄 황갈색의 수컷을 두고 경쟁한다.

노랑부리검은쇠뜸부기
Amaurornis flavirostra
뜸부깃과
아프리카산 쇠뜸부기로 사하라 사막의 남부에 널리 분포한다. 다른 많은 비밀스러운 근연종과는 달리 종종 야외에서 관찰된다.

메추라기뜸부기
Crex crex
뜸부깃과
초원에 서식하고 겁이 많으며, 귀에 거슬리는 울음소리를 낸다. 유라시아에서 번식하고 아프리카에서 겨울을 보낸다.

필리핀뜸부기
Gallirallus philippensis
뜸부깃과
자신이 속해 있는 다른 인도양-태평양의 웨카뜸부기속이 거의 날지 않는 것과는 달리 이 뜸부기는 필리핀에서 뉴질랜드까지의 다른 많은 대양도로 분산했다.

섬뜸부기
Coturnicops noveboracensis
뜸부깃과
가로 줄무늬가 있는 뜸부기 중 하나이며 북아메리카 원산이다. 작고 비밀스러운 종으로 밤에 딸깍딸깍하는 소리로 쉽게 찾을 수 있다.

노랑점박이뜸부기
Rallus elegans
뜸부깃과
북아메리카 동부와 멕시코, 쿠바에서 관찰된다. 은폐된 지역에서 곤충, 거미, 새우, 달팽이를 사냥한다.

»

≫ 두루미, 뜸부기와 근연종

23~28cm

흰눈썹뜸부기
Rallus aquaticus
뜸부깃과
랄루스속은 습지에 서식하며 부리가 길고 갈대밭을 다닐 수 있도록 몸이 가늘다. 이 유라시아산 종은 다른 랄루스속처럼 풀이 우거진 곳에서는 거의 보이지 않는다.

20~27cm

쇠중남미뜸부기
Rallus limicola
뜸부깃과
북아메리카에서 남아메리카 북부까지 서식하며 장거리 이동을 한다. 비밀스러운 새로 찾기가 어렵다.

회갈색 윗면

희미한 몸의 줄무늬

32~41cm

중남미뜸부기
Rallus longirostris
뜸부깃과
다른 뜸부기류와는 달리 이 아메리카 열대 종은 맹그로브 습지와 염생 습지를 선호한다. 독특한 딱딱 소리를 낸다.

39~40cm

아메리카물닭
Fulica americana
뜸부깃과
북아메리카에서 남아메리카 북부까지 서식하는 이 새는 대표적인 뜸부기류와는 달리 물에서 산다. 얕은 물과 땅 위에서 먹이를 찾는다.

26~33cm

줄무늬지느러미발
Heliornis fulica
지느러미발과
아메리카 열대 지방에 서식하는 지느러미발류이다. 다른 모든 지느러미발처럼 작은 동물을 먹고 물에서 느리게 움직이는 비밀스런 새이다.

끝이 노란 붉은 부리

21~27cm

쇠뜸부기사촌
Porzana fusca
뜸부깃과
아시아 동부의 습지에서 관찰되지만 맹그로브 숲이나 건조한 지역에서도 보인다. 아랫면이 특유의 밤색을 띤다.

20~25cm

자줏빛 파란색의 아랫면

녹색 날개

캐롤라이나쇠뜸부기
Porzana carolina
뜸부깃과
북아메리카의 뜸부기 무리 중 가장 흔한 쇠뜸부기이다. 수심이 얕은 습지에서 번식하고 카리브 해에서 월동한다.

18~22cm

흰눈썹쇠뜸부기
Porzana cinerea
뜸부깃과
짧은 부리와 독특한 울음소리로 쇠뜸부기는 뜸부기와 구별할 수 있다. 이 회색 머리의 새는 전형적인 쇠뜸부기속으로 말레이 반도에서 폴리네시아까지 분포한다.

노란 다리

자색쇠물닭
Porphyrio martinica
뜸부깃과
아메리카 열대 습지에 서식하며 청자색의 깃이 특징적이고 이마판이 파랗다.

30~36cm

쇠물닭
Gallinula chloropus
뜸부깃과
쇠물닭은 거무스름한 깃털에 변덕스럽게 움직이는 시끄러운 새이다. 갈리눌라속에 속하는 종 중 하나로 거의 전 세계에 분포한다.

32~35cm

나팔새
Psophia crepitans
나팔샛과
우렁찬 울음소리에서 이름을 딴 나팔새들은 나는 것이 서투른 육상 조류로 아마존 유역에 서식한다. 이 종은 검은색이며 다른 나팔새처럼 곱사등이 자세를 취한다.

오스트레일리아두루미
Grus rubicunda
두루밋과
이 오스트레일리아산 두루미는 붉은 민머리에 뺨 아래로 검은색 살이 늘어져 있다. 구애 동작으로 화려하게 활보하며 돌아다닌다.

푸른두루미
Anthropoides paradiseus
두루밋과
아프리카 원산으로 긴 날개깃은 꼬리와 비슷하다. 비번식기에는 이동하며 주로 호숫가, 초지, 농장에서 관찰된다.

관머리두루미
Balearica regulorum
두루밋과
아프리카산 관머리두루미는 나뭇가지를 쥘 수 있는 유일한 두루미로, 그 덕분에 나무 위에서 쉴 수 있다. 가장 남쪽에 서식하는 종이다.

두루미
Grus japonensis
두루밋과
개체 수가 감소하고 있는 이 새는 시베리아에서 번식하고 한국과 중국에서 월동한다. 두루미류 중 가장 무거운 종으로, 다른 두루미와 마찬가지로 머리 위에 털이 없고 붉은 반점이 있다.

캐나다두루미
Grus canadensis
두루밋과
북아메리카산 두루미로 서쪽으로 시베리아까지 분포하기도 한다. 가족 단위로 남쪽으로 이동하며 멀리는 멕시코까지 날아간다.

검은목두루미
Grus grus
두루밋과
습지대와 히스 군락지, 툰드라에 서식하는 이 새는 유라시아에서 번식하고 아프리카 남부, 남아시아까지 종종 V자 형태로 이동한다.

카구새, 뱀눈새

최근 두루미와 뜸부기 무리에서 갈라진 카구새와 뱀눈새는 지리적으로 매우 제한된 지역의 축축한 숲에서 살아가는 매우 독특한 새이다.

문	척삭동물문
강	조강
목	뱀눈새목
과	2
종	2

소수의 이 종은 다른 새와의 관계를 찾기가 매우 어렵다. 이 두 종 역시 근연관계가 매우 가까운 것처럼 보이지만 매우 다르게 보인다. 이 새들의 진화 계보상 위치는 여전히 논란이 많다. 카구새는 구애 동작을 하면서 날개를 활짝 펼칠 때 날개를 가로지르는 넓은 회색과 흰색 줄을 보여 준다. 뱀눈새도 마찬가지로 예상치 못한 무늬를 보여 주는데, 과시 행동을 할 때 날개 윗부분과 꼬리를 수평으로 넓게 펼쳐 하나의 넓은 패턴을 만든다.

뱀눈새
Eurypyga helias
뱀눈샛과
해오라기 같은 이 포식자는 중앙 및 남아메리카의 습한 숲속에 서식한다. 구애 동작을 하거나 침입자를 놀라게 할 때 화려한 날개의 반점을 보인다.

카구새
Rhynochetos jubatus
카구샛과
남서태평양 뉴칼레도니아의 숲에서만 서식하는 카구새는 날기 위해 필요한 강한 근육이 없다. 대신 날개는 활강하거나 구애 동작을 할 때 이용된다.

∧ 관과 색깔

빽빽이 들어선 황금색 왕관 모양의 깃과 멋진 검은 이마, 가장자리에 붉은 무늬가 있고(동아프리카산의 무늬가 더 넓다.) 털이 없는 하얀 뺨이 이 종의 얼굴을 돋보이게 한다. 암수 모두 붉은 목주머니가 있어 공기를 넣어 팽창시켰다가 급히 공기를 빼면서 "웅" 하는 소리를 낸다.

관머리두루미

Balearica regulorum

두루밋과에 속하는 관머리두루미는 독특한 춤 동작으로 유명하다. 두루미에게 춤은 생활의 중요한 일부이다. 관머리두루미는 개방된 사바나에서 뛰박질하고, 날개를 펄럭이고, 절을 한다. 때때로 공격성을 완화시키거나 암수 관계를 강화하기 위해 춤을 추기도 하지만, 주로 정교한 머리 장식을 과시하며 구애를 하기 위해 춤춘다. 부리가 좀 더 긴 두루미에서 나타나는 고리 모양의 호흡 기관이 이 종에서는 없기 때문에 나팔 소리를 내는 대신 기러기처럼 끼룩거린다. 관머리두루미 역시 팽창된 붉은 목주머니에서 공기를 내뿜으며 구애를 하는 동안 웅 하는 소리를 낸다. 번식기에는 둥지를 숨길 수 있는 두꺼운 식생이 있는 더 습한 서식지로 옮겨 가 풀 및 사초과의 식물로 둥그런 단을 만든다. 어린 새들은 이곳에 있는 동안 포식 동물로부터 숨을 수 있으며, 부모 새는 (두루미로서는 매우 독특하게) 나무 위에서 쉴 수 있다.

몸길이 1.1미터
서식지 개활지
분포 아프리카 동부, 남부
먹이 풀, 씨앗, 무척추동물, 작은 척추동물

검은 머리깃은 이마를 톡 튀어나와 보이게 만든다.

콧구멍

부리는 다른 두루미 종보다 짧고 두껍다.

제3의 눈꺼풀 >
라틴 어로 '깜박이다'를 뜻하는 '닉타레(nictare)'에서 유래했으며 순막(瞬膜, nictitating membrane)으로도 알려진 반투명한 눈꺼풀이다. 다른 새에서도 볼 수 있으며 눈 표면을 깨끗하게 하기 위해 눈을 가로질러 움직인다.

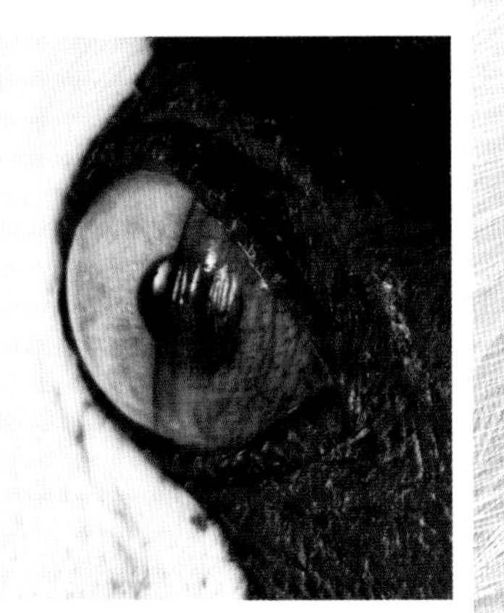

황금빛 깃 >
날개를 접으면 날개깃 바로 위에 있는 윗날개의 긴 황금색 깃이 몸 옆으로 늘어진다.

∨ 주름깃이 있는 목
길고 끝이 가늘어지는 깃으로 인해 두루미 몸통의 윗부분과 목의 아랫부분이 덥수룩해 보인다. 이 새의 깃 대부분은 회색이다.

발과 발톱 >
관머리두루미는 다른 두루미와 달리 뒷발가락이 길다. 덕분에 나무 위에 앉을 수 있다. 아마도 나무에서 살았던 조상의 흔적으로 여겨진다.

∧ 긴 다리
긴 다리로 춤을 추고 물가를 걸어 다니기 좋음에도 불구하고, 다른 두루미 종에 비해 다리가 짧은 편이다.

∧ 날개
하늘 위로 날아갈 때, 날개 아래 하얀 무늬가 선명하게 보인다. 날개가 튼튼하지만 이 열대성 조류는 다른 두루미와 달리 장거리 이동은 하지 않는다.

도요, 물떼새, 갈매기

도요목의 새들은 주로 해안가에 서식하며 외모와 행동이 매우 다양하다. 많은 새들이 진흙이나 물에서 먹이를 찾기에 적합한 긴 다리와 탐침용 부리를 가졌다.

집합적으로 도요목으로 알려진 이 새들은 3개의 주요 분류군으로 나누어진다. 두 분류군은 도요와 물떼새로 구성된다. 물떼새와 근연종들은 주로 다리와 부리가 짧은 새로 땅 표면에서 작은 무척추동물을 먹는다. 댕기물떼새와 같은 새들은 좀 더 건조한 내륙 환경을 선호한다. 물떼새 무리의 다른 종들은 습지대에 좀 더 잘 적응했다. 장다리물떼새와 뒷부리장다리물떼새는 바늘 같은 부리로 얕은 물을 미끄러지듯 훑는 반면, 검은머리물떼새는 길고 튼튼한 부리로 연체동물의 껍데기를 연다. 도요 및 꺅도요와 근연종이 속하는 무리 역시 긴 부리로 깊은 진흙 속에 있는 먹이를 탐색한다. 마도요 같은 이들의 사촌들 또한 다리가 길어서 좀 더 깊은 물속을 헤쳐 나가며 먹이를 찾는다.

해양성 조류

이 목의 세 번째 분류군은 갈매기, 제비갈매기, 도둑갈매기, 바다오리로 구성되며, 물갈퀴가 있어서 도요목을 통틀어 가장 먼바다에서 살아간다. 삶의 대부분을 바다에서 보내는데 엄청나게 먼 거리를 이동하는 새들도 있다. 갈매기는 기회주의적인 포식 동물로 내륙 깊숙한 곳에서도 먹이를 찾는 모습이 관찰된다. 북극해 주변에 분포하고 있는 바다오리는 잠수 실력이 뛰어나 바닷속에서 헤엄치는 먹이를 잘 잡는다. 바다오리의 흑백 깃털은 펭귄과 유사하지만 가까운 친척은 아니다.

문	척삭동물문
강	조강
목	도요목
과	19
종	383

논쟁

갈매기의 기원

개체군이 분기해 다른 종과 과도한 이종 교배를 겪을 때 새로운 종이 나타난다. 유럽에 서식하는 재갈매기가 이러한 방식으로 북극을 둘러싸고 동쪽으로 확산된 아시아 조상에서 갈라져 나온 것으로 여겨진다. 최근의 증거는 재갈매기가 대서양 북쪽에서 고립된 갈매기의 후손임을 뒷받침한다.

돌물떼새
Burhinus oedicnemus
돌물떼샛과
주로 야행성으로 물떼새와 가까우며 유라시아에 널리 분포하고 내륙의 건조한 개펄에 서식한다. 마도요처럼 날카로운 소리를 낸다.

큰돌물떼새
Esacus recurvirostris
돌물떼샛과
큰돌물떼새속의 새로 물가에서 끌 같은 부리로 게 등의 먹이를 사냥한다. 남아시아산 종이다.

흰깍지부리물떼새
Chionis albus
깍지부리물떼샛과
몸이 하얀 깍지부리물떼새 2종 중 하나로 물떼새의 남극 사촌이다. 다른 새의 새끼와 먹이, 동물 사체를 먹는 청소동물이다.

마젤란물떼새
Pluvianellus socialis
깍지부리물떼샛과
흔하지 않은 남아메리카산 섭금류로, 어린 새를 위해 삼킨 먹이를 토해 낸다. 다른 물떼새보다는 깍지부리물떼새와 매우 가깝다.

따오기물떼새
Ibidorhyncha struthersii
따오기물떼샛과
유일하게 부리가 길고 아래로 굽은 물떼새로, 중앙아시아 산악 지대의 돌이 많은 강바닥에서 무척추동물을 찾는다.

아메리카검은머리물떼새
Haematopus bachmani
검은머리물떼샛과
검정색의 검은머리물떼새는 얼룩무늬 종(일반적으로 2가지 이상의 색을 가짐)보다 제한적인 범위에 서식한다. 이 종은 북아메리카의 서부 해안가에서만 분포한다.

검은머리물떼새
Haematopus ostralegus
검은머리물떼샛과
가장 널리 분포하는 검은머리물떼새로 이 얼룩무늬 종은 유라시아 북부에서 번식한다. 다른 종처럼 긴 부리로 쌍각류 연체동물을 연다.

게물떼새
Dromas ardeola
게물떼샛과
게물떼새는 전형적인 물떼새보다는 갈매기에 더 가까운 것으로 여겨진다. 인도양 해안에서 관찰되며 뭉툭한 부리로 게를 잡는다.

붉은가슴장다리물떼새
Cladorhynchus leucocephalus
장다리물떼샛과
장다리물떼새류는 헤엄치는 작은 무척추동물을 사냥한다. 이 오스트레일리아산 종은 아르테미아새우를 사냥하기 위해 염수호에 커다란 무리를 형성한다.

붉은머리뒷부리장다리물떼새
Recurvirostra novaehollandiae
장다리물떼샛과
오스트레일리아의 습지에 서식하는 이동성 조류로 독특한 무늬가 있고 커다란 무리를 이루어 먹이를 찾는다.

뒷부리장다리물떼새
Recurvirostra avosetta
장다리물떼샛과
장다리물떼새의 근연종으로 유라시아산 섭금류이다. 위로 향한 부리를 물속에서 저으며 작은 수생 동물을 잡는다.

굽은부리물떼새
Anarhynchus frontalis
물떼샛과
댕기물떼새의 근연종으로 뉴질랜드에 서식한다. 옆으로 굽은 부리를 사용해 돌 아래에서 무척추동물을 찾는다.

장다리물떼새
Himantopus himantopus
장다리물떼샛과
거의 전 세계에 분포하며 매우 다양한 형태가 있다. 목이 하얀 형태와 검은 형태는 서로 다른 종일 수도 있다.

오스트레일리아꼬마물떼새
Peltohyas australis
물떼샛과
댕기물떼새의 근연종으로 모래색이며 오스트레일리아의 건조한 지역에 분포한다. 종종 물에서 멀리 떨어진 곳에서 서식한다.

아프리카발톱깃물떼새
Vanellus spinosus
물떼샛과
아프리카와 중동의 습지에 서식하며 가면물떼새나 남아메리카댕기물떼새처럼 양 날개에 날개발톱이 있는 댕기물떼새 중 하나이다.

개꿩
Pluvialis squatarola
물떼샛과
검은가슴물떼새류 중 유일하게 노란색이 아닌 회색을 띤다. 아랫면은 얼룩덜룩하며 북극해 연안 툰드라에서 번식한다.

유럽검은가슴물떼새
Pluvialis apricaria
물떼샛과
검은가슴물떼새는 다른 물떼새보다 장다리물떼새나 검은머리물떼새에 더 가깝다. 이 종은 번식기가 되면 배 부분이 검어진다.

가면물떼새
Vanellus miles
물떼샛과
많은 댕기물떼새들이 노랗고 늘어진 피부가 있다. 이 얼굴 장식은 특히 오스트랄라시아산의 이 종에서 두드러진다.

댕기물떼새
Vanellus vanellus
물떼샛과
날 때 찰싹 하는 소리가 난다. 유라시아 원산으로 뾰족하고 독특한 머리깃이 있으며 "위이-입" 하고 독특한 소리로 운다.

흰죽지꼬마물떼새
Charadrius hiaticula
물떼샛과
목에 줄무늬가 있는 물떼새 중에서 가장 널리 분포하는 종의 하나로, 북극해 주변에서 번식하고 아프리카와 서남아시아에서 월동한다.

쌍띠물떼새
Charadrius vociferus
물떼샛과
초지에서 생활하는 물떼새로 북아메리카와 남아메리카 사이를 이동하지만 페루와 칠레의 개체군은 텃새이다.

흰눈썹물떼새
Charadrius morinellus
물떼샛과
툰드라에서 번식하며 암컷은 수컷보다 색이 밝지만 다른 많은 물떼새와 마찬가지로 겨울에는 색이 옅어진다.

»

≫ 도요, 물떼새, 갈매기

아프리카자카나
Actophilornis africanus
자카나과
자카나과를 대표하는 새로 아프리카 습지에 서식하며 가늘고 긴 다리로 부유 식물 위를 걸을 수 있다.

갈색날개자카나
Metopidius indicus
자카나과
인도와 동남아시아에 걸쳐 널리 분포하는 종이다. 수컷은 아래팔뼈가 납작해서 날개로 새끼를 들어 올릴 수 있다.

오스트레일리아자카나
Irediparra gallinacea
자카나과
아시아에서 오스트레일리아까지 관찰되는 종으로 영어 이름(Comb-crested)은 늘어진 머릿살에서 따왔다. 다른 자카나처럼 수컷이 알을 품고 새끼를 돌본다.

물꿩
Hydrophasianus chirurgus
자카나과
아시아 남부에 서식한다. 날개발톱이 있으며 자카나 중 유일하게 비번식기에 긴 꼬리털이 빠지는 등 깃털에 변화가 있다.

남아메리카자카나
Jacana jacana
자카나과
남아메리카 원산으로 지배적인 암컷이 많은 수의 수컷과 번식한다. 이는 아마도 악어가 알을 먹는 데 대한 보상 행동인 듯하다.

떠돌이메추라기
Pedionomus torquatus
떠돌이메추라깃과
메추라기처럼 생긴 이 새는 습지에 서식하는 자카나의 근연종이다. 오스트레일리아의 초지에서 발견되며 이 과의 유일한 종이다.

호사도요
Rostratula benghalensis
호사도욧과
자카나의 근연종으로 암컷 중심의 짝짓기 방식이 같다. 호사도요는 다리가 짧으며 구대륙의 열대 습지에 서식한다.

짧은부리도요
Limnodromus griseus
도욧과
큰부리도요류는 꺅도요와 가깝고 번식기의 깃은 불그스름하다. 짧은부리도요는 아메리카 대륙에서만 분포한다.

붉은가슴도요
Calidris canutus
도욧과
많은 이동성 섭금류처럼 이 종도 극지방에서 번식하며 여름에는 독특한 깃으로, 겨울에는 단조로운 색으로 털갈이를 한다.

민물도요
Calidris alpina
도욧과
전 세계적으로 흔하다. 북극해 주변에서 번식하고 겨울에는 따뜻한 남쪽으로 무리를 지어 이동한다.

꼬마도요
Lymnocryptes minimus
도욧과
꺅도요 무리의 새로 부리가 길고 다리가 짧으며 보호색을 띤 깃털로 위장한다. 구대륙에 서식하며 이 무리 중에서 가장 작다.

꺅도요
Gallinago gallinago
도욧과
섭금류를 대표하는 종으로 전 세계적으로 널리 분포한다. 새끼는 부화 후 곧바로 활발하게 움직인다. 다른 도요류와 달리 꺅도요는 자신의 새끼에게 먹이를 준다.

세가락도요
Calidris alba
도욧과
다른 섭금류보다 더 북쪽인 북극권 내에서 번식한다. 겨울에는 무리를 지어 남쪽에 있는 모래 해변으로 이동한다.

허드슨흑꼬리도요
Limosa haemastica
도욧과
아메리카에 서식하는 흑꼬리도요 2종 중 하나로 허드슨 만의 해안을 포함한 번식지에서 이름을 따왔다.

흑꼬리도요
Limosa limosa
도욧과
흑꼬리도요류를 대표하는 구대륙 종으로 부리는 약간 위로 향해 있다. 먹이를 찾아 내륙 깊숙이 있는 초지, 황야, 목초지까지 도달한다.

지느러미발도요
Phalaropus lobatus
도욧과
번식지는 북극 지역 대부분을 포함한다. 암컷은 깃털이 좀 더 밝은색이며 번식기 동안 수컷을 유혹하고, 새끼는 수컷이 돌본다.

아메리카마도요
Numenius americanus
도욧과
아메리카 원산의 전형적인 마도요로 몸집이 크다. 길고 아래로 구부러진 부리로 진흙 깊숙이 숨은 무척추동물을 찾는다.

중부리도요
Numenius phaeopus
도욧과
중간 크기 마도요류로, 독특하게 떨리는 소리로 울며 극지 부근에서 번식한다. 오스트레일리아에서 월동하는 개체도 있다.

누른도요
Tryngites subruficollis
도욧과
북아메리카의 툰드라와 시베리아의 가장 동쪽에서 번식하며, 남아메리카의 초지에서 월동한다.

붉은발도요
Tringa totanus
도욧과
대부분의 섭금류가 민물 주변에서 번식하지만 구대륙에 서식하는 이 종은 종종 염습지에서 번식한다.

작은미국노랑발도요
Tringa flavipes
도욧과
알래스카와 캐나다의 숲에서 번식하고 카리브 해에서 월동한다.

나그네발도요
Tringa incana
도욧과
알래스카에서 번식하는 종으로 번식기에는 가슴에 줄무늬가 생긴다. 아메리카의 태평양 해안선을 따라 훨씬 남쪽에서 겨울을 보낸다.

미국멧도요
Scolopax minor
도욧과
다른 멧도요 및 꺅도요처럼 이 아메리카산 새는 최고의 위장 실력을 자랑한다. 눈은 포식자를 다각도에서 볼 수 있도록 높이 위치한다.

목도리도요
Philomachus pugnax
도욧과
구대륙의 습지대와 목초지에 서식하는 종으로, 수컷은 번식기에는 회색 겨울깃을 잃고 적갈색과 검정색의 깃털이 나며, 현란한 목깃이 두드러진다.

점무늬가슴도요
Actitis macularius
도욧과
가까운 유라시아산 깝짝도요처럼 이 아메리카산 도요는 건조한 땅 위에서 먹이를 쪼아 먹을 수 있도록 부리가 짧은 편이다.

꼬까도요
Arenaria interpres
도욧과
북반구에서 번식하는 새로 영어 이름(turnstone)은 먹이를 찾기 위해 돌을 뒤집는 행동에서 따왔다.

넓적부리도요
Calidris pygmaea
도욧과
동아시아 원산으로 독특한 숟가락 모양의 부리를 이용해 저어새처럼 먹이인 무척추동물을 찾아 얕은 물가를 훑는다.

흰배씨도요
Attagis malouinus
씨도욧과
부리가 짧은 씨도요류에는 4종이 있다. 남아메리카의 개방된 지역에 서식하는 초식 동물로, 이 종은 대륙 남단에서만 분포한다.

»

≫ 도요, 물떼새, 갈매기

모래달리기물떼새
Cursorius cursor
제비물떼샛과
다리가 긴 사막물떼새는 물떼새와 비슷하며 땅 위에서 생활하고 눈에 잘 띄지 않는다. 주로 야행성이다. 아시아와 아프리카에서 서식하는 철새이다.

오스트레일리아제비물떼새
Stiltia isabella
제비물떼샛과
오스트레일리아와 인도네시아에 서식하는 제비물떼새로 담수 가까이에 서식하지만, 특별한 분비샘이 있어 염수를 마실 수 있다.

검은등제비물떼새
Glareola nordmanni
제비물떼샛과
다른 제비물떼새처럼 이 종 역시 철새이다. 동유럽과 중앙아시아에서 번식하고 아프리카에서 월동한다.

줄무늬가슴사막물떼새
Rhinoptilus cinctus
제비물떼샛과
사막물떼새 대부분이 매우 건조한 사막이나 관목지에 서식하지만, 이 아프리카 종은 삼림에서도 서식한다.

쇠제비물떼새
Glareola lactea
제비물떼샛과
남아시아에 서식하는 작은 새로, 다른 근연종처럼 날면서 곤충을 잡는다. 꼬리는 갈라져 있다.

유럽제비물떼새
Glareola pratincola
제비물떼샛과
대부분의 제비물떼새처럼 남유럽과 아프리카에 서식하는 이 종도 개방된 습지대에서 크고 시끄러운 무리를 구성한다.

붉은눈갈매기
Creagrus furcatus
갈매깃과
유일한 야행성 갈매기로 갈라파고스 제도에서 번식하고 남아메리카에서 월동한다. 먹이는 물고기와 오징어이다.

돌고래갈매기
Leucophaeus scoresbii
갈매깃과
이 갈매기는 다른 새들에게 공격적인 것으로 유명하다. 남아메리카의 남쪽 끝과 포클랜드 제도에서만 서식한다.

웃는갈매기
Leucophaeus atricilla
갈매깃과
복면을 쓴 모습을 하고 있으며 웃는 듯한 소리를 낸다. 아메리카 대륙에 서식하며 해안의 강 하구와 염습지에서 무리 지어 번식한다.

회색사막갈매기
Leucophaeus modestus
갈매깃과
페루와 칠레에서만 서식하는 종으로 지구에서 가장 건조한 지역 중 하나인 아타카마 사막에서 번식한다.

목테갈매기
Xema sabini
갈매깃과
북극흰갈매기의 근연종으로, 북극에서 번식하지만 월동하기 위해 남아메리카나 아프리카까지 먼 거리를 이동한다.

쇠목테갈매기
Rhodostethia rosea
갈매깃과
독특하게 분홍색을 띠는 갈매기로 질퍽질퍽하고 나무가 우거진 북극 툰드라에서 번식하고 바다나 해안을 따라 월동한다.

보나파르트갈매기
Chroicocephalus philadelphia
갈매깃과
북아메리카 원산으로 얼굴에 무늬가 있다. 캐나다의 습한 침엽수림에서 번식하고 카리브 해의 해안가에서 월동한다.

붉은부리갈매기
Chroicocephalus ridibundus
갈매깃과
얼굴이 검은 다른 갈매기처럼 이 갈매기 역시 겨울에는 검은 머리가 흰색으로 변한다. 북반구에서 흔하다.

오스트레일리아갈매기
Chroicocephalus novaehollandiae
갈매깃과
오스트레일리아 원산으로 생김새는 다르지만 붉은부리갈매기와 가깝다. 먹이를 찾기 위해 사람이 거주하는 지역에 들어온다.

갈매기
Larus canus
갈매깃과
북반구에 서식하며 독특한 울음소리를 낸다. 해안뿐만 아니라 내륙의 황무지에서도 번식한다.

태평양갈매기
Larus pacificus
갈매깃과
꼬리에 줄무늬가 있는 남반구 갈매기 무리에 속한다. 오스트레일리아 원산으로 부리가 크고 조개를 돌 위에 떨어뜨려 깬다.

태평양동부갈매기
Larus occidentalis
갈매깃과
북아메리카의 태평양 연안에서 관찰되는 몸집이 큰 갈매기이다. 주로 근해의 섬이나 돌 위에서 무리 지어 둥지를 튼다.

큰재갈매기
Larus marinus
갈매깃과
지구에서 가장 큰 갈매기로 북대서양 연안에 서식한다. 공격적인 포식 동물로, 다른 바닷새나 그들의 새끼를 잡아먹는다.

흰갈매기
Larus hyperboreus
갈매깃과
몸집이 크고 북극에서 번식하는 해양성 갈매기이다. 가까운 근연종인, 북반구에 서식하는 머리가 하얀 갈매기류보다 색이 더 옅다.

큰검은머리갈매기
Ichthyaetus ichthyaetus
갈매깃과
아시아에 서식하는 머리가 검은 갈매기류에 속하며, 러시아에서 번식하고 지중해와 인도양 연안에서 월동한다.

고리부리갈매기
Larus delawarensis
갈매깃과
북아메리카에서 번식하고 카리브 해에서 월동한다. 부리에는 검은 고리 무늬가 있다. 종종 경작지에서 먹이를 찾는다.

재갈매기
Larus argentatus
갈매깃과
검은재갈매기와 가까운 이 종은 유라시아와 북아메리카 동부 연안의 인가에서 종종 관찰된다.

붉은부리회색갈매기
Larus heermanni
갈매깃과
북아메리카 원산의 거무스름한 갈매기로 실제로는 북반구에 서식하는 머리가 하얀 갈매기류와 가깝다. 종종 갈색사다새와 함께 먹이를 찾고 사다새의 먹이를 훔친다.

검은등갈매기
Ichthyaetus hemprichii hemprichii
갈매깃과
따뜻한 지역에서 사는 많은 갈매기처럼 아시아와 아프리카에 서식하는 이 종도 강한 햇빛에 대한 적응으로 깃털이 어두운 색으로 진화했다.

북극흰갈매기
Pagophila eburnea
갈매깃과
총빙(叢氷)에서 멀리 떨어진 곳에서는 잘 관찰되지 않는 북극 갈매기이다. 북극곰이 사냥한 동물을 먹는다.

흰눈테갈매기
Ichthyaetus leucophthalmus leucophthalmus
갈매깃과
검은등갈매기의 근연종으로 홍해 지역에서만 서식한다. 기름 유출로 위험에 처해 있다.

붉은다리세가락갈매기
Rissa brevirostris
갈매깃과
이 세가락갈매기는 북태평양 베링 해의 섬에서만 번식하고, 겨울은 좀 더 남쪽 바다에서 보낸다.

세가락갈매기
Rissa tridactyla
갈매깃과
갈매기 중 수가 가장 많은 종이다. 절벽에 무리를 지어 번식하며 북대서양과 태평양에서 관찰된다.

»

28~33 cm
흰제비갈매기
Gygis alba
갈매깃과
열대 대서양과 인도양의 섬에 서식하는 작고 온 몸이 하얀 종으로 노출된 나뭇가지 위에 알을 낳는다.
40~42 cm
잉카제비갈매기
Larosterna inca
갈매깃과
독특한 무늬가 있는 새로 페루와 칠레에 서식하며 바위가 많은 해안 지대에서 번식한다.
뺨의 흰 줄무늬
진한 붉은색 다리
22~24 cm
검은제비갈매기
Chlidonias niger
갈매깃과
몸집이 작고 민물에 서식하는 제비갈매기로 북반구의 습지에서 번식한다. 겨울은 남아메리카와 아프리카에서 보낸다.
쇠뿔제비갈매기
Thalasseus bengalensis
갈매깃과
큰제비갈매기의 근연종으로 번식기에는 부리가 노란색에서 주황색으로 변한다.
35~37 cm
큰제비갈매기
Thalasseus bergii
갈매깃과
구대륙에 서식하는 제비갈매기로 머리깃이 있는 무리에 속한다. 목 뒤쪽의 검은 털 다발로 구별한다.
46~49 cm
검은 머리 윗부분
47~54 cm
22~24 cm
쇠제비갈매기
Sternula albifrons
갈매깃과
구대륙에 분포하는 쇠제비갈매기는 눈 위로 흰 점이 있으며 연안에 서식하는 무리에 속한다.
아랫날개 끝의 검은 무늬
붉은부리큰제비갈매기
Hydroprogne caspia
갈매깃과
가장 큰 제비갈매기로 대부분의 대륙에서 관찰된다. 다른 해양성 제비갈매기처럼 무리 지어 땅 위에 둥지를 짓는다.
33~36 cm
검은등제비갈매기
Onychoprion fuscatus
갈매깃과
눈 위에 흰 반점이 있는 해양성 종으로 열대 섬에서 번식한다. 시끄러운 군집 생활 때문에 잠을 자지 않는 것으로 알려져 있다.
손더스제비갈매기
Sternula saundersi
갈매깃과
홍해와 인도양에 서식하는 작은 제비갈매기로 한때 쇠제비갈매기의 아종으로 여겨졌다.
23~24 cm
길고 검은 다리
33~38 cm
30~32 cm
굴레무늬제비갈매기
Onychoprion anaethetus
갈매깃과
열대와 아열대 지역에 서식하며 눈 위에 흰 점이 있어 쇠제비갈매기 및 검은등제비갈매기와 비슷해 보인다. 바다에서 많은 시간을 보낸다.
붉은쇠제비갈매기
Sterna dougallii
갈매깃과
가까운 해양성 제비갈매기처럼 겨울에는 머리의 검은 무늬가 희미해진다. 주로 남반구에서 관찰되며 철새이다.
32~34 cm
흰뺨회색제비갈매기
Sterna repressa
갈매깃과
홍해와 인도양에 서식하는 종으로 회색의 다른 제비갈매기보다 거무스름한 깃털로 쉽게 구별된다.
30~32 cm
검은목제비갈매기
Sterna sumatrana
갈매깃과
인도양과 태평양에서 관찰되며 작은 무리를 지어 번식하고 대부분 다른 제비갈매기와 떨어져 지낸다.
33~35 cm
극제비갈매기
Sterna paradisaea
갈매깃과
이 제비갈매기는 동물 중에서 가장 먼 거리(번식지인 북극에서 남극까지)를 이동한다. 물고기와 갑각류를 먹는다.

40~50cm

40~45cm

두껍고
구부러진 부리

46~51cm

52~54cm

갈색제비갈매기
Anous stolidus
갈매깃과
갈색제비갈매기류는 열대에 서식하며, 색이 거무스름하거나 하얗다. 이 종은 그중 가장 크며 전 세계에 널리 분포한다.

포마린도둑갈매기
Stercorarius pomarinus
도둑갈매깃과
도둑갈매기는 갈매기처럼 생긴 공격적인 새이다. 이 북극산 새는 다른 바닷새를 먹으며, 둥지에 다가가면 심지어 사람도 공격한다.

회갈색 몸

검은집게제비갈매기
Rynchops niger
갈매깃과
집게제비갈매기는 조류 중 유일하게 아랫부리가 튀어나와 있으며, 물 표면을 스치듯 날아가며 물고기를 잡는다. 아메리카 대륙에서 관찰된다.

48~53cm

북극도둑갈매기
Stercorarius parasiticus
도둑갈매깃과
도둑갈매기류 중 가장 흔한 북극 종이다. 다른 대부분의 근연종처럼 먹이를 뺏기 위해 다른 바닷새를 공격한다.

남극도둑갈매기
Stercorarius maccormicki
도둑갈매깃과
다른 바닷새를 공격하는 것으로 유명한 거대한 새로 남극 해양에서 번식하는 몇 안 되는 섭금류 중 하나이다.

41~46cm

긴꼬리도둑갈매기
Stercorarius longicaudus
도둑갈매깃과
북극 갈매기류 중 가장 작은 종으로 철새이다. 극지 주변에서 번식하고 좀 더 남쪽에서 월동한다.

24~25cm

37~39cm

24~27cm

17~19cm

아메리카알락쇠오리
Brachyramphus marmoratus
바다오릿과
작은 아메리카산 바다오리로 침엽수림의 나무에 둥지를 짓는다. 독립한 어린 새는 밤에 둥지를 떠나 바다 쪽으로 이동한다.

꼬마바다오리
Alle alle
바다오릿과
이 자그마한 바다오리는 북극의 섬에서 번식하고 좀 더 남쪽 바다에서 월동한다. 작은 물고기와 갑각류를 먹는다.

큰부리바다오리
Alca torda
바다오릿과
북대서양에 서식하며 부리는 납작하고 흰 줄무늬가 있다. 다른 바다오리류처럼 알은 끝이 뾰족해서 절벽 위의 둥지에서 구르지 않는다.

검은수염작은바다오리
Aethia cristatella
바다오릿과
이 북태평양 종은 다른 바다쇠오리처럼 부유성 갑각류를 먹는다. 구애할 때 암수는 등에서 분비되는 기름을 서로에게 발라 준다.

진갈색에서
검은색의 머리

30~32cm

28~29cm

30~36cm

흰수염바다오리
Cerorhinca monocerata
바다오릿과
퍼핀류의 북태평양 근연종으로 퍼핀처럼 구멍을 파서 둥지를 짓는다. 번식기 성체는 코뿔소의 뿔처럼 돌출된 부리를 선보인다.

흰죽지바다오리
Cepphus columba
바다오릿과
이 북태평양의 바다오리는 추운 조건에 완전히 적응해 남반구의 펭귄이 북쪽으로 이동할 수 없듯이 좀 더 따뜻한 물이 있는 남쪽으로 이동하지 않는다.

검은바다오리
Cepphus grylle
바다오릿과
북아메리카 북부와 유라시아의 연안에 서식하며, 집단 번식지에서 둥지는 다른 바다오리에 비해 듬성듬성 위치한다. 겨울에는 주로 해안 가까이에서 보낸다.

38~41cm

흰 날개 무늬

26~29cm

34~36cm

붉은 발

대서양퍼핀
Fratercula arctica
바다오릿과
북대서양에 서식하는 바다오릿과의 몸집이 작은 종으로 다른 퍼핀류처럼 집단 번식지에 구멍을 파고, 보통 바닥에는 풀을 깔아 둥지를 짓는다.

댕기퍼핀
Fratercula cirrhata
바다오릿과
대서양에 서식하는 근연종처럼 태평양에 서식하는 이 커다란 퍼핀 역시 한 번에 많은 양의 물고기를 부리에 물고 있을 수 있다.

바다오리
Uria aalge
바다오릿과
바다오릿과를 대표하는 잠수성 새로 북대서양과 태평양의 연안에서 번식하고, 바다에서 월동한다.

사막꿩

사막꿩들은 극도로 건조한 환경에 살아갈 수 있도록 잘 적응했다. 모래색의 깃털은 사막 환경에 서식하는 이 새들을 효과적으로 숨겨 준다.

둥그스름한 몸과 짧은 다리 때문에 사막꿩들은 땅 위에서 가만히 있을 때에는 종종 자고새로 착각되기도 하지만, 재빠르게 달아나고 공중에서는 곡예 같은 비행을 선보인다. 사막꿩목의 새들은 아시아, 아프리카, 마다가스카르, 남유럽의 매우 건조한 지역에서 관찰된다. 아북극권에 서식하는 들꿩과 가깝지 않고 비둘기와 좀 더 가깝다.

사막꿩류는 날개가 길고 끝이 뾰족하다. 모든 종의 등에 얼룩무늬가 있어서 주변 환경으로부터 효과적으로 몸을 숨겨 주는 보호색의 기능을 한다. 때때로 뚜렷한 갈색 또는 흰 줄무늬가 있거나 머리나 아랫면에 얼룩이 있다. 이른 아침이나 저녁에 무리를 형성하는 사회성이 높은 새로 떼를 지어 물웅덩이로 향하거나 종종 상당히 먼 거리를 이동하기도 한다. 오직 씨앗만을 먹는다.

물 운반자

사막꿩들은 씨앗을 모으는 데 유리하도록 우기에 번식한다. 둥지는 땅바닥에 단지 오목하게 들어간 것에 불과하다. 암컷과 수컷이 모두 알을 품고 어린 새를 돌본다. 놀랍게도 수컷들은 물에서 멀리 떨어진 곳에서 자라는 새끼들에게 수분을 공급한다. 수컷들은 보통 멀리 떨어진 물웅덩이에서 배 깃털을 물로 흠뻑 적셔 수분을 간직한 후 둥지로 돌아온다. 어린 새끼들은 흠뻑 젖은 아비의 깃털에서 물을 받아 마신다.

문	척삭동물문
강	조강
목	사막꿩목
과	1
종	16

나마콰사막꿩이 물웅덩이에서 물을 마시고 있다. 모든 사막꿩은 포식 동물을 혼란시키기 위해 커다란 무리를 이룬다.

사막꿩
Syrrhaptes paradoxus
사막꿩과
중앙아시아 사막꿩 2종 중 몸집이 큰 종으로 발가락은 깃털로 덮였으며, 꼬리와 날개깃이 길다.

줄무늬사막꿩
Pterocles bicinctus
사막꿩과
아프리카 남부의 사바나와 개방된 숲에 서식하며, 수컷의 배에 독특한 줄무늬가 있는 여러 사막꿩류 중 하나이다.

갈색사막꿩
Pterocles exustus
사막꿩과
서식 범위는 세네갈에서 케냐까지, 동쪽으로는 인도까지이다. 이 새는 개방된 사막에서 커다란 무리를 구성한다.

뿔사막꿩
Pterocles coronatus
사막꿩과
목이 노란 사막꿩으로 사하라의 바위 사막에서 파키스탄까지 관찰된다. 높은 온도는 물론 심지어 기수 지역에서도 견딜 수 있다.

리히텐슈타인사막꿩
Pterocles lichtensteinii
사막꿩과
이 작은 새는 다른 사막꿩에 비해 군집력이 약하다. 북아프리카, 동아프리카에서 파키스탄까지의 반사막 지역 및 무성한 관목지에 서식한다.

비둘기

비둘기는 씨앗과 과일을 먹는 데 매우 성공적으로 적응한 초식성 새들이다. 가장 추운 지방을 제외하고는 거의 전 세계에 분포한다.

비둘기목은 초식성 조류로, 나무에 앉을 수 있는 새 중 앵무 다음으로 가장 큰 무리를 구성한다. 앵무의 경우 크고 갈고리 진 부리로 커다란 견과류를 으깰 수 있는 반면, 비둘기는 덜 단단한 부리로 좀 더 작은 씨앗과 곡물을 먹는다. 인도양과 태평양 해역에 서식하는 과실비둘기와 같은 몇몇 열대 비둘기 무리는 열대 우림의 임관부에서 과일만 먹도록 특화되었다.

비둘기목 대부분이 다리가 짧고 일부 종은 땅 위에서 거의 대부분의 시간을 보낸다. 비둘기는 조류 중 독특하게 물을 마실 때 머리를 뒤로 젖히지 않고서 식도에서의 펌프 작용으로 물을 빨아들일 수 있다. 이 작용으로 비둘기는 연속적으로 물을 마실 수 있는데 이는 매우 건조한 지역에서 특별한 장점이 된다. 비둘기는 부리 안에 먹이를 저장할 수 있으며 부리에서 나온 분비물을 새끼에게 먹인다. 이 분비물은 포유류의 젖과 유사하다.

위협과 멸종

많은 비둘기 종이 높은 번식률 덕분에 번창할 수 있었다. 하지만 어떤 종은 인간에 의해 위협받고 있으며, 이미 멸종한 종들도 있다. 17세기, 날지 못해 취약했던 도도의 절멸은 인간으로 인한 것이다. 또한 한때 북아메리카에서 가장 흔한 새 중 하나였던 나그네비둘기는 1900년대에 사냥으로 인해 멸종했다.

문	척삭동물문
강	조강
목	비둘기목
과	1
종	344

논쟁

변형된 비둘기?

19세기 중반 과학자들은 멸종한 모리셔스의 날지 못하던 새인 도도를 비둘기목에 두었다. 최근의 분석에서는 도도가 니코바비둘기와 가까운 것으로 나타났다. 도도는 일찍이 날지 못했을, 인도양과 서태평양 해역에 서식하던 조상과 함께 실제로 변형된 비둘기였던 것이다.

유럽멧비둘기
Streptopelia turtur
비둘깃과
아프리카에서 유라시아까지 분포한다. 근연종인 비둘기속에 속하는 종보다 작고 날씬하다. 대개 서부 유럽산 종처럼 목에 독특한 무늬가 있다.

노래비둘기
Streptopelia senegalensis
비둘깃과
아프리카 및 아시아 남부의 인가와 오아시스에서 흔한 산비둘기류로 독특한 낄낄대는 울음소리에서 이름을 땄다.

뻐꾸기비둘기
Macropygia amboinensis
비둘깃과
꼬리가 긴 긴꼬리비둘기속의 새로 인도양-태평양의 열대 우림에 서식한다. 인도네시아의 몰루카 제도, 뉴기니, 오스트레일리아에 많은 아종이 있다.

나마콰비둘기
Oena capensis
비둘깃과
아프리카흑비둘기의 작은 무리에 속하며 꼬리가 길고 땅 위에서 먹이를 찾는다. 마다가스카르와 사우디아라비아까지 분포한다.

붉은안경비둘기
Columba guinea
비둘깃과
몸집이 큰 아프리카산 비둘기로 사하라 사막의 남부 개활지에서 흔하고 마을이나 인가 주변에서 종종 무리를 짓는다.

분홍비둘기
Nesoenas mayeri
비둘깃과
산비둘기류와 가까울 것으로 여겨지는 희귀한 새로 모리셔스에서만 서식한다. 멸종 위기에 처했던 개체군은 포획 번식 프로그램으로 회복되고 있다.

서양낭비둘기
Columba palumbus
비둘깃과
몸집이 큰 유라시아 서부의 비둘기로 숲과 농장에서 흔히 관찰되고 공원과 정원에도 서식한다.

바위비둘기
Columba livia
비둘깃과
절벽에 서식하는 전형적인 야생 비둘기로 유럽과 아시아의 산악 지대에 서식한다.

집비둘기
Columba livia
비둘깃과
양비둘기의 가축화되고 야생화된 자손들은 전 세계 시가지에서 관찰된다. 다양한 깃털 무늬가 있다.

»

» 비둘기

웜푸과실비둘기
Ptilinopus magnificus
비둘깃과
과실비둘기들은 제왕비둘기의 근연종으로 여러 가지 색을 띤다. 이 거대한 종은 뉴기니와 오스트레일리아의 열대 우림 임관부에 서식한다.

잉카비둘기
Columbina inca
비둘깃과
미국 남부와 중앙아메리카의 건조한 지역에 서식한다. 주로 육상 생활을 하며, 색이 단조로운 열대 아메리카산 비둘기 무리에 속한다.

니코바비둘기
Caloenas nicobarica
비둘깃과
모리셔스의 멸종한 도도와 가까운 것으로 여겨지며 말레이시아에서 뉴기니까지의 연안 지역과 섬의 숲에 서식한다.

다이아몬드비둘기
Geopelia cuneata
비둘깃과
오스트레일리아의 건조한 내륙에 서식하는 작은 떠돌이새로, 물웅덩이에서 거대한 무리를 이루기도 한다.

흰꼬리비둘기
Leptotila verreauxi
비둘깃과
탄식비둘기의 열대 근연종으로 중앙 및 남아메리카에서 널리 분포하며, 북쪽으로는 텍사스까지도 분포한다.

민다나오진분홍가슴비둘기
Gallicolumba criniger
비둘깃과
필리핀의 진분홍가슴비둘기 5종은 피처럼 붉은 가슴 부위가 특징이다. 필리핀 제도의 남부 섬에 서식한다.

술라웨시땅비둘기
Gallicolumba tristigmata
비둘깃과
인도네시아 술라웨시의 숲에 서식하는 육상 조류로 진분홍가슴비둘기와 근연종이다. 오스트레일리아 비둘기들과 가까운 것으로 여겨진다.

탄식비둘기
Zenaida macroura
비둘깃과
애도하는 듯한 울음소리 때문에 이름 붙여졌으며, 꼬리가 길고 중앙 및 북아메리카에 걸친 개활지와 카리브 해에 서식한다.

알락제왕비둘기
Ducula bicolor
비둘깃과
제왕비둘기는 몸집이 크고 과일을 먹는 열대 우림의 조류이다. 동남 아시아와 오스트랄라시아에 서식하는 이 종의 흰 깃털은 먹이 때문에 종종 더러워진다.

에메랄드비둘기
Chalcophaps indica
비둘깃과
보는 각도에 따라 색이 달라지는 녹색을 띤 새로, 인도에서 남서태평양의 섬까지 열대 우림에 서식한다. 땅 위에서 먹이를 찾으며, 씨앗과 과일을 먹는다.

수염비둘기
Lopholaimus antarcticus
비둘깃과
오스트레일리아 동부에 서식하는 매처럼 생긴 커다란 비둘기로 이마와 머리 위에 2개의 깃이 있어 이런 이름이 붙여졌다.

녹색제왕비둘기
Ducula aenea
비둘깃과
인도에서 동남아시아까지의 열대 우림 임관부에서 관찰되는 커다란 새로, 깊고 울리는 울음소리를 낸다. 먹이는 주로 과일이다.

빅토리아왕관비둘기
Goura victoria
비둘깃과
왕관비둘기는 가장 큰 비둘기류이다. 뉴기니 북쪽에 서식하는 이 새는 끝이 하얀 머리깃 때문에 남쪽에 서식하는 종과 구별된다.

웡가비둘기
Leucosarcia melanoleuca
비둘깃과
오스트레일리아 동부에서만 분포하며 퀸즐랜드 남부에서 빅토리아까지의 삼림 지대와 관목에 서식한다. 독특한 무늬가 있다.

꿩비둘기
Otidiphaps nobilis
비둘깃과
최근 연구로 뉴기니에서 육상 생활을 하는 이 비둘기가 왕관비둘기를 포함하는 무리에 속하고 심지어 멸종한 도도와 가까운 것으로 나타났다.

남부왕관비둘기
Goura scheepmakeri
비둘깃과
뉴기니의 남부 숲에 서식한다. 아랫면은 청회색, 가슴은 적갈색이며 레이스 같은 머리관이 있다.

키웨스트메추라기비둘기
Geotrygon chrysia
비둘깃과
메추라기비둘기는 열대 아메리카의 숲에 서식한다. 보는 각도에 따라 색이 달라지는 깃털이 있는 이 종은 바하마를 포함한 카리브 해에 서식한다.

아프리카청비둘기
Treron calvus
비둘깃과
트레론속에 속하는 청비둘기는 20종 이상이며 아프리카와 아시아의 열대 지역에 서식한다. 이 종은 사하라 사막의 남부에 널리 분포한다.

무지개날개비둘기
Phaps chalcoptera
비둘깃과
무지개날개비둘기류는 오스트레일리아에 서식하는 새로, 땅 위에서 먹이를 찾으며 빨리 난다. 보는 각도에 따라 색깔이 달라지는 날개 무늬는 삼림 지역에 널리 분포하는 이 종류에서 광범위하게 나타난다.

스피니펙스비둘기
Geophaps plumifera
비둘깃과
오스트레일리아에 서식하는 무지개날개비둘기로 다년초인 스피니펙스가 많은 매우 건조하고 바위투성이의 서식지에 둥지를 짓는다.

뿔비둘기
Ocyphaps lophotes
비둘깃과
오스트레일리아에 서식하는 여러 종의 무지개날개비둘기 중 하나로 오스트레일리아 대륙에 걸쳐 개활지에 널리 분포한다.

앵무

몇몇 종이 개방된 서식지를 선호하지만, 대부분의 앵무는 열대림에 서식한다. 앵무목의 새들은 다양하고 종종 색상이 화려하다.

앵무류를 가장 쉽게 구별할 수 있는 특징은 아래로 굽은 부리이다. 양 부리는 두개골과 연결되어 있어서 윗부리가 위로 움직일 수 있는 것처럼 아랫부리는 아래로 움직일 수 있다. 이 때문에 앵무류는 부리로 단단한 씨앗이나 견과류를 열 수 있을 뿐만 아니라, 나무를 꽉 붙들고 오를 수 있다. 다리는 튼튼하며 2개의 발가락은 앞을 향하고, 다른 2개의 발가락은 뒤를 향해 있어 발로 먹이를 그러쥐고 잘 다룰 수 있다. 암컷과 수컷 모두 밝은색 깃털을 지니는데 녹색이 많다. 깃털의 구조상 빛을 황색 색소로 산란시키기 때문이다. 오스트랄라시아에 서식하며 독특하게 세워진 머리깃이 있는 코카투 앵무는 깃털 조직이 달라서 녹색이나 파란색을 띠지 않는다.

오스트랄라시아에는 붓 모양의 혀로 꽃의 꿀을 먹는 긴꼬리진홍앵무를 포함해 앵무류의 종 다양성이 높다. 앵무류 무리가 이 일대에서 기원한 것으로 추정되는 이유이다. 가장 원시적인 앵무인 케아와 야행성이고 날지 못하는 카카포 모두 뉴질랜드에 서식한다.

사회성 종들

앵무류는 사회성이 강하며 종종 커다란 무리를 이루어 생활하고 대부분의 종이 탄탄한 암수 관계를 형성한다. 매력적인 특징들 덕분에 반려동물로 인기가 있지만, 또한 그 때문에 많은 종이 멸종 위기에 처해 있다.

문	척삭동물문
강	조강
목	앵무목
과	4
종	398

초록날개금강앵무들이 점토층에 모여 있다. 무기질이 매우 제한적인 환경에서 점토층은 소금을 제공한다.

케아
Nestor notabilis
앵무과
고산 지대에 서식하며 기회주의적인 잡식성 동물로 살아 있는 슴새의 새끼나 죽은 동물을 먹는다. 카카포를 포함한 뉴질랜드의 고대 앵무 무리에 속한다.

카카포
Strigops habroptila
앵무과
유일하게 날 수 없는 앵무로, 몸집이 크고 야행성이며 뉴질랜드에서 떨어진 작은 섬에 서식한다. 수컷은 암컷을 유혹하기 위해 울리는 소리를 낸다.

갈라관앵무
Eolophus roseicapilla
앵무과
유일하게 목과 몸 아랫면이 진분홍색인 코카투앵무로, 몸이 하얀 코카투앵무보다 몸집이 작다. 오스트레일리아에 걸쳐 나무가 흩어진 지역에 넓게 분포한다.

초록사탕앵무
Loriculus vernalis
앵무과
사탕앵무류는 인도양-태평양에 서식하지만, 최근의 유전자 분석은 아프리카에 서식하는 모란앵무류와 매우 가까운 것으로 나타났다. 인도에서 태국까지 분포한다.

사탕앵무
Loriculus galgulus
앵무과
조류치고는 독특하게 사탕앵무류는 몸을 뒤집어서 잔다. 동남아시아의 숲에서 서식하며 몸집이 작고 꼬리가 짧으며 깃털이 주로 녹색이다.

큰유황앵무
Cacatua galerita
앵무과
몸이 흰 코카투앵무류는 빽빽 소리를 지르는 앵무로 서식 범위는 인도네시아에서 환태평양까지 확장된다. 이 종은 뉴기니와 오스트레일리아에 서식한다.

붉은꼬리검은코카투
Calyptorhynchus banksii
앵무과
꼬리판에 색깔이 있는 몇몇 오스트레일리아산 검은코카투앵무 중 1종이다. 윤이 나며 전형적인 구슬픈 소리를 내고 날갯짓이 무겁다.

왕관앵무
Nymphicus hollandicus
앵무과
건조한 오스트레일리아의 내륙에 서식하는 새로 쇠앵무와 비슷하지만 유전자는 작은 코카투앵무임을 나타낸다.

붉은머리진홍앵무
Lorius garrulus
앵무과
뉴기니와 주변 섬에 서식하는 날개가 녹색인 진홍앵무류 중 하나로 이 종은 몰루카 제도에 서식한다.

검은진홍앵무
Pseudeos fuscata
앵무과
진홍앵무로는 독특하게 군데군데 갈색이 있다. 뉴기니 및 가까운 섬에 서식한다.

검은날개진홍앵무
Eos cyanogenia
앵무과
에오스속의 진홍앵무는 몸이 선명한 붉은색 또는 보라색을 띠며 인도네시아 원산이다. 이 종은 뉴기니의 길빙크 만 근처에서만 서식한다.

초록머리작은앵무
Trichoglossus euteles
앵무과
티모르의 섬에서 관찰되며, 작은오색앵무의 꼬리가 긴 근연종이다. 밝은 녹색을 띠며 많은 앵무류를 대표한다.

줄무늬작은앵무
Psitteuteles versicolor
앵무과
오스트레일리아 북부 삼림 지대에 서식하는 몸집이 자그마한 앵무이다. 삼림에 서식하는 다른 앵무처럼 유칼립투스나무의 구멍에 둥지를 튼다.

작은오색앵무
Trichoglossus haematodus
앵무과
다양한 무늬가 있는 종으로 꿀을 얻을 수 있는 꽃이 있는 서식지에서 관찰된다. 서식 범위는 오스트랄라시아의 대부분과 남서태평양의 섬들이다.

큰장수앵무
Alisterus scapularis
앵무과
장수앵무류는 오스트레일리아 열대 우림에 서식하는 새로, 아시아산 쇠앵무류와 진화적으로 연결되어 있다. 이 종은 오스트레일리아 동부 지역에 서식한다.

뉴기니앵무
Eclectus roratus
앵무과
이 앵무의 암수는 너무 달라서 처음에는 다른 종으로 분류되었다. 오스트랄라시아의 열대 우림에서 관찰된다.

사랑앵무
Melopsittacus undulatus
앵무과
오스트레일리아에 분포하는 떠돌이새이다. 건조한 지역에 서식하는 이 작은 앵무는 물웅덩이에서 무리를 이룬다. 씨앗을 먹지만 꿀을 먹는 작은앵무와 가깝다.

붉은이마앵무
Cyanoramphus novaezelandiae
앵무과
뉴질랜드에 서식하는 유일한 쇠앵무이다. 이마에 색깔이 있는 작은 쇠앵무류는 태평양 남서부에서 다양하게 나타난다.

오스트레일리아목테앵무
Barnardius zonarius
앵무과
오스트레일리아에 서식하는 새로 목에 노란 고리 모양이 있다. 머리가 녹색인 형태와 검은색인 형태가 있으며 삼림에 널리 분포한다.

≫

≫ 앵무

부채앵무
Deroptyus accipitrinus
앵무과
꼬리가 짧은 다른 앵무류보다 금강앵무와 좀 더 가까울 것으로 여겨지는 이 남아메리카산 앵무는 흥분하면 목의 붉은 깃을 세운다.

밤색어깨푸른앵무
Neophema pulchella
앵무과
오스트레일리아에 서식하는 몸집이 작고 녹색인 풀앵무 중 하나이다. 이 청록색의 새는 대륙의 남동쪽에 서식한다.

목도리쇠앵무
Psittacula krameri
앵무과
서쪽으로는 북아프리카까지 분포하는 가장 널리 퍼진 아시아산 쇠앵무이다. 이 종은 유럽에도 유입되었다.

검은가면피지앵무
Prosopeia personata
앵무과
피지에서만 서식하는 3종류의 피지앵무 중 하나로, 서식지인 숲이 감소하면서 수가 줄어들고 있다.

장미앵무
Platycercus eximius
앵무과
꼬리가 넓은 장미앵무는 오스트레일리아에서 인근 태평양 섬들까지 분포한다. 전형적인 장미앵무인 이 동부 오스트레일리아산 새는 형태가 다양하며 빰이 희다.

분홍목앵무
Polytelis alexandrae
앵무과
오스트레일리아 중부산 떠돌이새로 하천을 따라 스피니펙스의 다년초 주위에서 무리를 이룬다. 번식기에는 유칼립투스나무에서 작은 무리를 만든다.

긴꼬리청앵무
Polytelis swainsonii
앵무과
오스트레일리아 남동부에 서식하며 오스트레일리아의 꼬리가 긴 앵무류 무리에 속한다. 유칼립투스 숲에서 번식하며, 수가 급격히 감소하고 있다.

회색앵무
Psittacus erithacus
앵무과
아프리카 우림의 토착종으로 지능이 매우 높고 흉내를 잘 낸다. 이 때문에 반려 동물 거래로 수가 급감하고 있다.

가면모란앵무
Agapornis personatus
앵무과
모란앵무류는 몸집이 작은 아프리카산 앵무로 작은 무리를 이룬다. 다른 앵무와는 달리 이 탄자니아산 종은 나무 구멍에 반구형의 둥지를 짓는다.

벚꽃모란앵무
Agapornis roseicollis
앵무과
아프리카 남서부의 건조한 삼림과 반사막 지역에 서식하는 사회성이 높은 모란앵무로 물웅덩이 근처에서 늘 무리를 짓는다.

갈색목앵무
Poicephalus robustus
앵무과
아프리카에 서식하는 대부분 녹회색인 앵무류 무리 중에서 가장 크며, 잠비아에서 희망봉까지의 숲속에 서식한다.

청금강앵무
Ara ararauna
앵무과
금강앵무류는 깃털 진 얼굴에 드문드문 무늬가 있으며 몸집이 크고 꼬리가 길다. 파란색과 노란색 깃을 가진 2종 중 하나로, 이 종은 남아메리카 북부 지방에 서식한다.

푸른이마아마존앵무
Amazona aestiva
앵무과
주로 녹색인 앵무류의 커다란 무리 중 하나로 남아메리카 중동부의 개방된 숲에 서식한다.

세인트빈센트아마존앵무
Amazona guildingii
앵무과
카리브 해에 서식하는 일부 아마존앵무는 멸종 위기에 처해 있다. 이 종은 원산지인 세인트 빈센트 섬에서 번식 프로그램에 의해 보호받고 있다.

붉은뺨금강앵무
Ara rubrogenys
앵무과
몸집이 작은 금강앵무로 볼리비아 중부의 건조한 관목 지역에서만 서식한다. 작은 개체군은 서식지 감소와 야생 동물 밀거래로 위협받고 있다.

금강앵무
Ara macao
앵무과
다른 금강앵무류처럼 시끄럽고 무리를 짓는 새로, 부리는 단단해서 견과류나 야자나무 열매를 깰 수 있다. 서식 범위는 멕시코 남부에서 브라질 중부까지이다.

푸른머리앵무
Pionus menstruus
앵무과
아마존앵무속의 근연종으로 몸집이 작으며, 코스타리카에서 볼리비아까지의 저지대 숲에서 흔하다.

쇠유리앵무
Forpus coelestis
앵무과
아메리카 원산의 작고 녹색인 꼬마앵무류에 속하며 이 종은 에콰도르 서부와 페루에 분포한다. 꼬마앵무류보다 작은 앵무는 뉴기니에 서식하는 피그미앵무류뿐이다.

큰유리금강앵무
Anodorhynchus hyacinthinus
앵무과
거대한 브라질산 앵무이다. 다른 금강앵무류와는 달리 근연종인 난쟁이앵무속과 비슷하게 얼굴 무늬가 눈테로 축소되었다.

황금태양앵무
Aratinga jandaya
앵무과
이 종이 속하는 난쟁이앵무속에는 브라질의 북동부에서 관찰되며 주로 녹색인 금강앵무의 축소판이 포함되어 있다. 몇몇은 황금빛 깃이 있다.

파타고니아태양사랑새
Cyanoliseus patagonus
앵무과
금강앵무의 파타고니아산 근연종으로 흙으로 된 둑의 굴에 집단으로 둥지를 짓는다. 다른 새와는 달리 충실한 암수 관계를 형성한다.

노랑무늬초록앵무
Brotogeris chiriri
앵무과
남아메리카 중부의 토착종이지만 미국의 따뜻한 지역에서는 탈출한 관상조들이 야생화되어 개체군을 형성했다.

녹색쇠앵무
Myiopsitta monachus
앵무과
남아메리카의 온대 지역에 서식하며 집단 번식을 한다. 앵무류 중 유일하게 나뭇가지로 둥지를 지으며 종종 거대한 공용 구조물이 된다.

붉은배태양사랑새
Pyrrhura frontalis
앵무과
난쟁이앵무의 근연종인 검은머리태양사랑새속의 새이다. 이 속의 쇠앵무 대부분이 이 남아메리카 동부산 종처럼 적갈색이나 붉은색의 두드러진 색채를 띤다.

부채머리

아프리카에서만 서식하는 이 무리는 주로 녹색, 파란색, 보라색의 눈에 띄는 화려한 색상의 부채머리류와 칙칙한 회색빛의 고어웨이새(독특한 콧소리의 울음소리에서 이름을 땄다.)류와 바나나새류가 포함된다.

부채머리목의 새들은 발 구조처럼 뻐꾸기류와 공유하는 특징이 있는데, 이는 어떤 관계가 있다기보다는 우연의 일치로 보인다. 이 새들은 숲에 서식하며, 주로 계절 과일을 먹고 살아간다. 부리는 눈에 띄게 짧지만, 긴 꼬리로 나무 임관부에서 먹이를 찾을 때 균형을 잡는다. 나뭇잎 사이를 무겁게 이동하고 숲 공터를 가로질러 단거리를 난다. 부채머리류는 독특하게 구리를 기본 성분으로 한 녹색과 붉은색의 색소 때문에 깃털 색이 매우 선명하다. 종 대부분은 짧고 두껍고 위로 선 볏이 있다.

문	척삭동물문
강	조강
목	부채머리목
과	1
종	23

파란뺠청부채머리
Tauraco bartlaubi
부채머릿과
녹색부채머리 무리 중 머리깃이 파란 종으로 아프리카 동부의 고원 지대 숲에서 관찰된다.

붉은부채머리
Tauraco erythrolophus
부채머릿과
붉은 머리깃을 가진 소수의 부채머리류 중 하나로 다른 녹색 그룹보다 몸통 깃털 색이 어둡다. 앙골라의 상록성 삼림에서 흔히 관찰된다.

흰왕관녹색부채머리
Tauraco corythaix
부채머릿과
녹색부채머리의 근연종으로 하얀 눈 줄무늬가 비슷해 보이지만 머리깃의 끝이 하얗다는 점이 다르다. 남아프리카산이다.

흰뺠청부채머리
Tauraco ruspolii
부채머릿과
독특하게 하얀 머리깃이 있다. 가장 제한적인 범위에 서식하는 부채머리 중 하나로 에티오피아 남부의 숲에서만 서식한다.

녹색부채머리
Tauraco persa
부채머릿과
세네갈에서 앙골라까지 분포하며 녹색부채머리 중 가장 널리 퍼져 있다. 날 때 진홍색 날개깃이 보인다.

보라부채머리
Musophaga violacea
부채머릿과
깃털에 윤이 나는 보라색의 부채머리 2종 중 하나로, 아프리카 서부와 중부의 숲에 서식한다.

안경보라부채머리
Musophaga rossae
부채머릿과
두 번째로 큰 부채머리류로 꼿꼿이 선 붉은 머리깃으로 구별한다. 동아프리카에 서식하며, 보라부채머리와 대응 관계에 놓여 있다.

회색고어웨이새
Corythaixoides concolor
부채머릿과
"카이-와아이" 하고 운다. 아프리카 남부에 서식하는 이 종은 뾰족하고 덥수룩한 머리깃을 가진 전형적인 고어웨이새이다.

맨얼굴고어웨이새
Corythaixoides personatus
부채머릿과
다른 고어웨이새처럼 동아프리카 원산의 이 종은 사바나의 숲에서 관찰된다. 흥분하면 머리깃을 세운다.

큰청부채머리
Corythaeola cristata
부채머릿과
아프리카 서부와 중부에 서식하며 부채 모양의 머리깃이 있다. 부채머리류 중 가장 크고 독특하다.

동부회색바나나새
Crinifer zonurus
부채머릿과
근연종인 고어웨이새처럼 바나나새류는 담갈색을 띤다. 이름과는 달리 바나나가 아닌 무화과를 좋아한다. 아프리카 동부에 서식한다.

호아친

호아친은 남아메리카에 서식하는 수수께끼 같은 새로 나뭇잎만 먹는 완전한 초식성이다.

문	척삭동물문
강	조강
목	호아친목
과	1
종	1

호아친은 다리가 튼튼하고 부리는 짧고 구부러진 것처럼, 일부 특징은 수렵조와 유사하다. 하지만 뻐꾸기류와도 공유하는 특징이 있는데 이 관계는 초기 DNA(데옥시리보핵산) 연구로 밝혀졌다. 이후 연구에서 이에 대한 의문이 제기되었고, 호아친만 포함하는 무리로 남겨져 호아친목을 대표하는 유일한 새가 되었다.

호아친
Opisthocomus hoazin
호아친과
불명확한 분류학적 관계에 놓인 호아친은 남아메리카 강 유역의 숲속에서 식물을 먹고산다. 어린 새는 날개에 발톱이 있어 나뭇가지를 기어오른다.

61~66cm

뾰족한 머리깃

긴 목

뻐꾸기

뻐꾸기류는 다리가 다소 짧고 날개가 길며 주로 부드러운 깃털이 있는 새로 칙칙한 갈색을 띠는 종과 선명한 에메랄드빛 녹색 무늬가 있는 소수의 무리를 포함한다.

두견이목의 모든 새가 발가락 2개는 앞을 향하고 나머지 2개는 뒤를 향하고 있다. 가장 원시적인 뻐꾸기는 아메리카 원산의 육중한 새로 땅 위나 땅 가까이에서 먹이를 찾으며, 전력으로 질주하는 도로경주뻐꾸기처럼 생활 양식이 극단적인 종도 포함한다. 명성에도 불구하고, 모든 뻐꾸기가 다른 새의 둥지에 알을 낳는 것은 아니다. 땅뻐꾸기는 대부분 코칼이나 코아뻐꾸기처럼 구대륙의 비슷한 종이 그렇듯이 둥지를 스스로 만들고 새끼를 기른다. 뻐꾸기가 다른 종의 새 둥지에 알을 낳는 행동, 즉 '탁란(託卵)'은 놀랍게도 구대륙의 뻐꾸기에서 적어도 2번에 걸쳐 독립적으로 진화하였다. 큰점뻐꾸기속의 머리깃이 있는 뻐꾸기류는 어린 새가 숙주 새의 둥지보다 크게 자라며, 너무 빨리 자라는 탓에 숙주의 새끼들을 굶어 죽게 만든다. 유라시아에 서식하는 뻐꾸기를 포함하는 다른 계통의 뻐꾸기들은 새끼가 숙주의 알과 새끼를 적극적으로 내쫓는 데 전념하도록 진화했다.

문	척삭동물문
강	조강
목	두견이목
과	1
종	149

배에 있는 두껍고 검은 줄무늬

긴 날개

28~34cm

히말라야뻐꾸기
Cuculus saturatus
두견잇과
아시아와 오스트레일리아에 분포하는 종으로 구대륙의 줄무늬가 있는 뻐꾸기를 대표한다. 새매와 비슷한데, 이는 숙주가 둥지를 떠나도록 하는 데 도움을 주는 듯하다.

35~40cm

큰점뻐꾸기
Clamator glandarius
두견잇과
유럽에서 아프리카까지 분포하며 까치 둥지에 알을 낳지만 다른 큰점뻐꾸기속의 종처럼 숙주의 새끼를 쫓아내지는 않는다.

자코뱅뻐꾸기
Clamator jacobinus
두견잇과
구대륙에 서식하며 큰 머리깃이 있는 큰점뻐꾸기속에 포함된다. 다른 뻐꾸기처럼 아시아와 아프리카의 열대 지방에 서식하며 경쟁자들이 싫어하는 털이 많은 애벌레를 먹는다.

34cm

32~34cm

뻐꾸기
Cuculus canorus
두견잇과
유라시아에 널리 분포하는 종으로 아프리카와 남아시아에서 월동한다. "뻐꾹" 하는 울음소리로 잘 알려져 있고, 여기에서 뻐꾸기라는 이름이 나왔다.

부채꼬리뻐꾸기
Cacomantis flabelliformis
두견잇과
오스트랄라시아의 삼림 지대에 서식하는 뻐꾸기로 가슴이 갈색이다. 태평양에서 관찰되는 몇 안 되는 뻐꾸기 중 하나이며 피지에서는 유일하다.

24~28cm

흰배뻐꾸기
Cacomantis pallidus
두견잇과
구대륙의 많은 뻐꾸기들이 깃털에 줄무늬가 있지만 이 오스트레일리아산 종처럼 몇몇 종은 미성숙 개체에서만 줄무늬가 나타난다.

30~33cm

흰점박이청뻐꾸기
Chrysococcyx caprius
두견잇과
몸집이 작으며, 갈색의 윤기가 나는 열대성 뻐꾸기의 아프리카산 무리에 속한다. 베짜는새의 둥지에 알을 낳는다.

24cm

회색배뻐꾸기
Cacomantis passerinus
두견잇과
말레이 반도에서 오스트레일리아까지 분포한다. 인도양-태평양에 서식하는 가슴이 갈색인 많은 뻐꾸기 중 하나이다. 뻐꾸기속의 새와 매우 가깝다.

23cm

덤불뻐꾸기
Cacomantis variolosus
두견잇과
아시아에 서식하는 가슴이 갈색인 뻐꾸기와 근연종으로, 아시아 남부에서 번식하며 단조로운 색을 하고 있다. 산간 지대 집단은 겨울에 따뜻한 저지대로 이동한다.

17~19cm

청뻐꾸기
Chrysococcyx klaas
두견잇과
아프리카에 서식하는 작은 뻐꾸기로 흰점박이청뻐꾸기의 매우 가까운 근연종이다. 좀 더 녹색이고 날개에 하얀 점이 없다.

16~18cm

»

뻐꾸기

큰코아뻐꾸기
Coua gigas
두견잇과
코아뻐꾸기는 마다가스카르에 서식하는 땅뻐꾸기로 속눈썹이 길고 얼굴 피부가 파랗다. 이 종은 건조한 연안림에 서식한다.

남아메리카기라
Guira guira
두견잇과
이 덥수룩한 모습의 새는 남아메리카산 뻐꾸기인 애니에 속한다. 시끄러운 무리를 이루며 나무에 공동으로 둥지를 짓는다.

노랑부리뻐꾸기
Coccyzus americanus
두견잇과
몸이 갈색이고 꼬리에 하얀 점무늬가 있으며 아메리카에 서식하는 몇몇 나무뻐꾸기류 중 하나로 남아메리카와 북아메리카를 이동한다.

검은배뻐꾸기
Piaya melanogaster
두견잇과
아메리카에 서식하는 다른 나무뻐꾸기류처럼 직접 둥지를 짓고 새끼를 돌보는 종이다. 콜롬비아에서 볼리비아까지 분포한다.

큰코칼
Centropus sinensis
두견잇과
다른 코칼처럼 이 남아시아산 종은 튼튼한 다리에 긴 뒷발톱과 며느리발톱이 있다.

꿩꼬리뻐꾸기
Dromococcyx phasianellus
두견잇과
아메리카산 땅뻐꾸기로 남아메리카 열대 지방의 숲 바닥에 서식하고, 좀 더 작은 연작류 새의 둥지에 알을 낳는다.

꿩파수계
Centropus phasianinus
두견잇과
오스트랄라시아 종으로 번식기에는 검은색이고 풀 속에 컵 모양의 둥지를 만든다. 이 종이 속한 코칼은 주로 수컷이 양육을 담당한다.

공작꼬리뻐꾸기
Dromococcyx pavoninus
두견잇과
꿩뻐꾸기류의 몸집이 좀 더 작은 근연종으로 남아메리카 열대 지역에 서식한다. 육상 포식 동물로 무척추동물을 먹는다.

홈부리애니
Crotophaga sulcirostris
두견잇과
부리가 큰 아메리카산 뻐꾸기로 캘리포니아에서 아르헨티나까지 분포한다. 공동으로 둥지를 사용하는 애니는 비행에 서툴지만 잘 달린다.

붉은부리땅뻐꾸기
Carpococcyx renauldi
두견잇과
아시아에 서식하는 3종류의 땅뻐꾸기 중 하나로, 마다가스카르에 서식하는 코아뻐꾸기와 가깝다. 이 새는 동남아시아의 우림에 서식한다.

큰도로경주뻐꾸기
Geococcyx californianus
두견잇과
아메리카에 서식하는 땅뻐꾸기로 빨리 달리는 포식 동물이다. 도로경주뻐꾸기류는 사막에서 살고 선인장 안에 둥지를 짓는다. 서식 범위는 미국에서 멕시코까지이다.

검은뻐꾸기
Eudynamys scolopaceus
두견잇과
탁란을 하는 이 열대성 새는 아시아에서 오스트랄라시아까지 분포하며 뻐꾸기류로는 드물게 과일을 먹는다. 수컷은 검은색이고 암컷은 회갈색이다.

올빼미

올빼미목의 새들은 예리한 감각, 강력한 무기, 소리 없는 날갯짓으로 최고의 밤 사냥꾼으로 적응했다. 단지 소수만이 낮에 활동한다.

맹금류와 가깝지 않음에도 불구하고, 올빼미목은 맹금류와 비슷하게 갈고리 진 부리와 강한 발톱을 갖추고 있다. 대부분의 종이 낮에 쉴 때 위장을 할 수 있는 깃을 가지고 있다. 가면올빼미는 하트 모양의 안반(顔盤, 일부 조류에서 얼굴의 깃털이 오목하게 들어간 부분)이 있어 독특하며, 매처럼 생긴 쇠올빼미류에서 거대한 수리부엉이까지 다양한 종류의 과가 있지만 동그란 안반을 가진 올빼미류가 좀 더 일반적이다.

시력과 청력

모든 올빼미류의 눈은 크고 정면을 향해 있어 빛을 효율적으로 받아들이고 어두운 조건에서도 잘 볼 수 있다. 두 눈으로 보는 시력은 먹이를 공격할 때 거리를 잘 분간할 수 있지만 눈구멍에 고정되어 있는 탓에 움직이는 먹이를 따라가기 위해서는 머리 전체를 돌려야만 한다. 깃털 아래 감춰진 길고 유연한 목으로 넓은 범위에서 움직임을 포착할 수 있다. 올빼미류는 소리를 커다란 귓구멍으로 잡아 주는 안반의 도움으로 청각이 매우 예민하다. 아래쪽으로 향한 부리는 소리의 혼선을 최소화한다. 올빼미류는 소리를 통해 정확하게 먹이의 방향을 찾을 수 있다. 대부분의 야행성 종이 한쪽 귀가 다른 귀보다 약간 높은 위치에 있어서 수직 방향으로 나는 소리도 감지할 수 있다.

소리 없는 사냥꾼들

사냥하는 올빼미류 대부분이 먹이를 급습하고 움켜잡기 위해 다리를 뻗는다. 접근은 크고 동그란 날개로 아주 적은 펄럭거림만 있을 뿐 거의 소리 없이 이루어진다. 톱니 모양 날개깃의 부드러운 술은 날갯짓 소리를 약하게 하고, 공기의 흐름을 분산시킨다. 낮에 활동하는 몇몇 종은 이런 톱니 모양의 깃털이 없다.

대부분이 생쥐 및 들쥐와 같은 작은 포유류를 먹지만 좀 더 작은 종은 큰 곤충을 먹고, 몇몇 올빼미는 물고기만을 먹기도 한다. 작은 먹이는 통째 삼키고 커다란 동물의 사체는 갈고리 진 부리로 찢어 먹는다. 뼈나 가죽처럼 소화되지 않는 부분은 위에서 압축한 후 펠렛(pellet)의 형태로 뱉어 낸다.

문	척삭동물문
강	조강
목	올빼미목
과	2
종	243

논쟁

신대륙소쩍새

(구대륙)소쩍새속에 속하는 올빼미는 60종이 넘는다. 이 작고 은밀한 무늬의 새는 서식지인 숲에서 울음소리로 확인할 수 있다. 개개의 종이 음의 주파수와 간격이 다른 울음소리를 내지만 명확하게는 2개의 무리로 나누어진다. 구대륙에 서식하는 소쩍새류는 음이 느리고, 신대륙소쩍새는 음이 빠르고 날카롭게 지저귀는 소리를 낸다. 이러한 차이는 몇몇 조류학자들이 신대륙소쩍새들을 원래의 속과 분리해 자신만의 속인 신대륙소쩍새속으로 둘 만한 충분한 이유가 된다. 최근의 DNA 연구 결과는 이러한 분리를 뒷받침한다.

가면올빼미
Tyto alba
가면올빼밋과
사막과 극지방을 제외한 사실상 전 세계에 분포하며, 올빼미류 중 가장 널리 퍼진 종이다. 소름 끼치는 날카로운 소리를 낸다.

회색가면올빼미
Tyto glaucops
가면올빼밋과
히스파니올라의 카리브 해 섬 건조한 숲에서만 서식한다. 가면올빼미와의 경쟁에 밀려 위협받고 있다.

소쩍새
Otus scops
올빼밋과
유라시아 서부에 서식하는 몸집이 잡고 민첩한 올빼미로 털이 촘촘하며 나무나 건물의 틈에 둥지를 짓는다.

적갈색 몸

22~24cm

마다가스카르소쩍새
Otus rutilus
올빼밋과
마다가스카르에서만 서식하는 올빼미로 숲이 우거진 지역에서 흔하다. 대부분 회색이지만 소수의 적갈색 새들이 우림에 분포한다.

19~25cm

서부신대륙소쩍새
Megascops kennicottii
올빼밋과
북아메리카 서부에서 흔한 올빼미로 강과 가까운 숲이 우거진 지역을 선호하지만 정원이나 마을에서도 관찰된다.

신대륙소쩍새
Megascops asio
올빼밋과
북아메리카 동부 도처에 널리 분포하고 있는 올빼미로 회색이나 적갈색의 다양한 형태가 있다. 적갈색은 좀 더 동쪽에 분포한다.

»

» 올빼미

큰회색올빼미
Strix nebulosa
올빼밋과
극지 주변 지역에 분포하는 커다란 올빼미로 침엽수림에 서식한다. 낮에도 사냥하며 커다란 설치류와 새를 먹는다.

갈색올빼미
Strix leptogrammica
올빼밋과
이 숲올빼미는 인도와 동남아시아의 저지대 열대림에 서식한다. 직접 보기가 매우 어려우며 독특한 울음소리로 구별할 수 있다.

올빼미
Strix aluco
올빼밋과
유라시아 도처에서 관찰되며 농장, 마을, 정원에도 자주 출몰한다. 숲올빼미류와 가까운 무리에 속한다.

아메리카올빼미
Strix varia
올빼밋과
북아메리카 동부가 원산지인 커다란 숲올빼미로, 공격적이며 현재 서쪽으로 확산해 좀 더 작은 점박이올빼미를 쫓아내고 있다.

긴점박이올빼미
Strix uralensis
올빼밋과
큰회색올빼미의 근연종으로 유라시아 북부의 침엽수림 및 활엽수림에 서식하고 마을에도 나타난다.

점박이올빼미
Strix occidentalis
올빼밋과
북아메리카 서부가 원산지인 이 숲올빼미는 성숙한 침엽수림에 서식하며 날다람쥐류 및 비슷한 크기의 먹이를 사냥한다.

붉은신대륙소쩍새
Megascops ingens
올빼밋과
남아메리카 북부의 습한 산림에 서식한다. 잘 알려지지 않은 종으로 다른 많은 신대륙소쩍새보다 몸집은 크고 귀는 작다.

남아메리카소쩍새
Megascops choliba
올빼밋과
아메리카 열대 지방에 가장 널리 분포하고 있는 신대륙소쩍새로 코스타리카에서 아르헨티나까지 서식한다. 갈색형과 회색형이 있다.

사막수리부엉이
Bubo ascalaphus
올빼밋과
사하라 사막에 서식하는 새로 근연종인 수리부엉이보다 몸집이 작고 몸 색깔이 연하며 다리는 더 길다.

수리부엉이
Bubo bubo
올빼밋과
몸집이 가장 큰 올빼미류 중 하나로 유라시아에 걸쳐 널리 분포하고 있다. 사슴처럼 큰 동물도 사냥한다.

검은머리신대륙소쩍새
Megascops atricapilla
올빼밋과
신대륙소쩍새는 아메리카 대륙의 숲에서 다양화되었다. 많은 종들이 뚜렷한 귀깃이 있다. 이 종은 브라질 중부와 남부에서만 서식한다.

아메리카수리부엉이
Bubo virginianus
올빼밋과
아메리카 대륙에서 가장 널리 분포하는 올빼미인 이 수리부엉이는 알래스카에서 아르헨티나까지의 숲이나 사막 등 다양한 서식지에서 관찰된다.

아프리카수리부엉이
Bubo lacteus
올빼밋과
아프리카에서 가장 큰 올빼미이다. 사하라 사막의 남쪽에 널리 분포하며 작은 수렵 동물을 먹는다.

엘프올빼미
Micrathene whitneyi
올빼밋과
멕시코의 사막에 서식한다. 곤충을 사냥하는 다른 올빼미처럼 조용히 날 필요가 없는 탓에 몸집이 큰 종에서 나타나는 소리를 죽이는 술이 달린 날개깃이 없다.

긴꼬리올빼미
Surnia ulula
올빼밋과
난쟁이올빼미의 근연종으로 아북극의 숲에서 관찰된다. 이 새는 작은 머리, 긴 날개, 주행성인 특징들로 가장 매와 비슷한 올빼미이다.

흰얼굴올빼미
Ptilopsis granti
올빼밋과
사하라 사막 이남의 아프리카에 서식한다. 나뭇가지로 만든 다른 새의 둥지에서 번식한다.

줄무늬올빼미
Pseudoscops clamator
올빼밋과
남아메리카에 분포하는 귀깃이 있는 올빼미로 개방된 습지대에 서식하고 지피 식생(地被植生)이나 낮은 나무 구멍에 둥지를 짓는다.

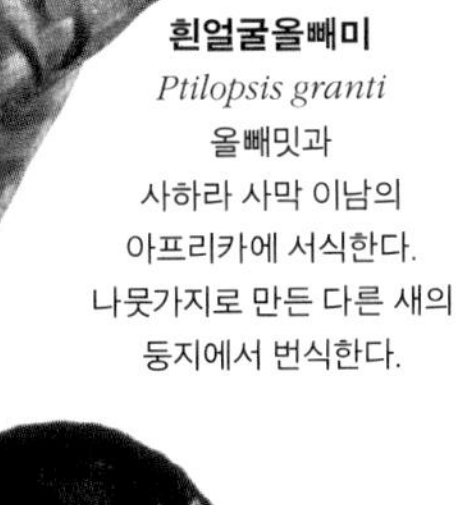

흰올빼미
Nyctea scandiaca
올빼밋과
북극에 서식하는 수리부엉이류로 몸집이 크고 땅에 둥지를 짓는다. 개방된 툰드라에서 번식하고 레밍쥐와 뇌조를 먹는다.

안경올빼미
Pulsatrix perspicillata
올빼밋과
이 종은 중앙아메리카와 남아메리카의 숲에 서식하는 독특한 종이다. 어린 새들은 검은 얼굴과 대조되는 흰색을 띤다.

꼬마올빼미
Glaucidium minutissimum
올빼밋과
몸집이 작은 근연종처럼 파라과이와 브라질 남동부의 삼림에 서식하는 이 올빼미도 밤과 낮에 모두 활동적이다.

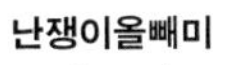

난쟁이올빼미
Glaucidium gnoma
올빼밋과
난쟁이올빼미류는 자그마한 몸집에도 불구하고 자기보다 큰 먹이에 겁 없이 덤빈다. 북아메리카의 서부 지역에 서식하는 이 종이 뇌조를 공격하는 장면이 관찰되었다.

붉은난쟁이올빼미
Glaucidium brasilianum
올빼밋과
전형적인 난쟁이올빼미로 아메리카에 서식하며, 포식 동물을 혼란시키게끔 머리 뒤에 눈꼴 무늬가 있다. 흥분하면 꼬리를 튕긴다.

쿠바난쟁이올빼미
Glaucidium siju
올빼밋과
많은 올빼미류가 죽은 나무 구멍에 둥지를 짓지만 난쟁이올빼미들은 오래된 딱따구리의 둥지를 선택한다. 이 종은 쿠바에서만 서식한다.

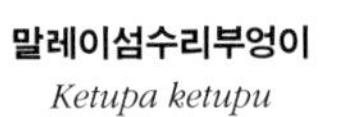

말레이섬수리부엉이
Ketupa ketupu
올빼밋과
수리부엉이의 동남아시아산 근연종으로 물고기나 다른 수생 먹이를 긴 발톱이 있는 발로 사냥한다.

≫

» 올빼미

칡부엉이
Asio otus
올빼밋과
북반구 대부분의 숲과 황야지에서 관찰되며 긴 귀깃을 납작하게 해 보이지 않게 할 수 있다.

쇠부엉이
Asio flammeus
올빼밋과
아메리카 대륙을 포함해 유라시아, 북아프리카의 개활지에 서식하며 태평양의 섬들에서도 관찰된다.

북방올빼미
Aegolius funereus
올빼밋과
북쪽 극지 주변의 숲에 서식하는 이 올빼미는 눈 아래 숨은 작은 포유류의 위치를 능숙하게 찾아낸다. 낮에 사냥한다.

굴올빼미
Athene cunicularia
올빼밋과
다리가 길고 부분적인 주행성으로 아메리카 대륙에 걸쳐 초지와 사막에 서식한다. 프레리독이나 다른 동물의 굴에 둥지를 짓는다.

펠섬수리부엉이
Scotopelia peli
올빼밋과
아프리카에 분포하는 가장 큰 섬수리부엉이로 강가 숲에 서식하며 유속이 느린 물가에 낮게 앉아 사냥한다. 주로 물고기를 먹지만 게와 개구리도 먹는다.

짖는올빼미
Ninox connivens
올빼밋과
인도네시아 몰루카 제도에서 오스트레일리아까지 삼림에서 분포하는 솔부엉이로 개처럼 짖는 울음소리에서 이름을 따왔다.

뉴질랜드솔부엉이
Ninox novaeseelandiae
올빼밋과
전형적인 오스트랄라시아의 솔부엉이로 눈이 크고 노란색이다. 올빼미로서는 드물게 수컷이 암컷보다 크다.

줄무늬흰배올빼미
Ciccaba nigrolineata
올빼밋과
멕시코에서 에콰도르까지의 열대 밀림에 서식하며 가로 줄무늬가 있다. 올빼미속의 숲올빼미와 매우 가깝다.

메사이트

마다가스카르의 숲과 관목에 서식하며 곤충을 먹는 이 소형 조류는 전혀 날지 못하거나 거의 날지 않는다.

메사이트목에 속하는 새는 영역 방어를 위해 노래를 활용하는 점에서는 연작류와 비슷하지만 사회적인 조류다. 작은 무리가 먹이를 함께 먹고, 휴식하고, 함께 깃털을 다듬는다. 이 과의 두 종은 암수가 비슷한 일부일처제지만, 다른 종은 암컷과 수컷 간의 무늬가 다르고, 일부다처제다.

문	척삭동물문
강	조강
목	메사이트목
과	1
종	3

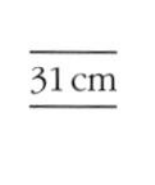

흰가슴메사이트
Mesitornis variegatus
메사이트과
인간의 간섭을 받지 않은 고립된 낙엽수림 세 곳에 서식하며, 곤충, 거미류, 씨앗을 찾아 땅 위 낙엽 무더기에서 작은 무리가 모여 먹이 활동을 한다.

쏙독새

모든 쏙독새류와 근연종들은 야행성이다. 대부분이 곤충을 먹는데, 유난히 넓은 부리를 벌려 비행 중인 먹이를 한입에 잡아챈다.

밤에 활동하는 게걸스러운 포식 동물로 낮에는 보호색의 깃털로 몸을 숨긴다. 쏙독새류는 올빼미와 생김새가 비슷해서 일부 조류학자들은 두 집단이 근연관계에 있을 것으로 믿고 있다. 하지만 최근 연구 결과에 따르면 쏙독새는 칼새 및 벌새와 관련 있다. 약한 발, 일부 종이 동면 상태에 들어간다는 사실 등이 이를 뒷받침한다.

쏙독새목은 일반적으로 머리가 크고 날렵한 공중 동작에 적합한 긴 날개를 가졌다. 짧은 부리를 매우 크게 벌려 나는 곤충을 잡는다. 특히 이름에서도 알 수 있듯 오스트랄라시아에 서식하는 넓은부리쏙독새가 입을 가장 크게 벌리는데, 이 새는 작은 척추동물을 먹는다. 무리 중에서 기름쏙독새만 초식성으로 과일을 먹으며 낮에는 동굴에서 쉰다.

이 무리의 모든 새가 위장의 달인이다. 쏙독새류는 땅 위에서 숲 바닥과 완벽하게 섞인다. 나무에서는 발각되지 않도록 나뭇가지 위에 몸을 세로로 하고 앉는다. 넓은부리쏙독새와 포투쏙독새는 불안해지면 몸을 움직이지 않고 완벽한 위장을 위해 눈까지 감는다.

최소한의 둥지

모든 쏙독새가 최소한의 둥지만 짓는다. 소쩍새는 나뭇잎 뭉치 위에 알을 낳고 기름쏙독새는 동굴 안의 튀어나온 바위 위 배설물 더미에다 둥지를 짓는 반면, 포투쏙독새는 나뭇가지 위 우묵한 곳을 이용한다.

문	척삭동물문
강	조강
목	쏙독새목
과	4
종	122

큰포투쏙독새가 거대한 입을 벌리고 있다. 비행 중인 곤충을 한입에 퍼 담을 수 있는 이 무리의 주요 특징을 보여 준다.

기름쏙독새
Steatornis caripensis
기름쏙독샛과
쏙독새류의 과일을 먹는 근연종으로 남아메리카 북부 동굴에 둥지를 지으며 야행성 조류 중 유일하게 음파 탐지로 방향을 찾는다.

갈색넓은부리쏙독새
Podargus strigoides
넓은부리쏙독샛과
오스트레일리아에 서식하는 야행성 조류로 나뭇가지에 앉아 있다가 사냥한다. 다른 넓은부리쏙독새처럼 낮에는 가만히 움직이지 않고 쉬는데, 마치 부러진 나뭇가지처럼 보인다.

아메리카쏙독새
Chordeiles minor
쏙독샛과
이 종은 다른 쏙독새류와 달리 부리에 털이 없다. 공중에서 곤충을 추격할 때 도움이 되는 듯하다. 북아메리카와 남아메리카를 이동한다.

붉은푸어윌쏙독새
Nyctiphrynus ocellatus
쏙독샛과
푸어윌쏙독새는 몸집이 작은 아메리카산 쏙독새로 애절하고 단조로운 소리를 낸다. 이 어두운 색의 종은 열대림에 서식한다.

포투쏙독새
Nyctibius griseus
포투쏙독샛과
포투쏙독새류는 중앙아메리카와 남아메리카에 서식하는 야행성 조류로 곤충을 먹는다. 흐느끼는 듯한 소리를 내며 깃털은 완벽하게 나무껍질처럼 보인다.

푸어윌쏙독새
Phalaenoptilus nuttallii
쏙독샛과
미국과 멕시코의 매우 건조한 지역에 서식하는 몸집이 작은 쏙독새이다. 겨울에 동면처럼 휴면 상태에 들어가는 몇 안 되는 조류이다.

포라크
Nyctidromus albicollis
쏙독샛과
중앙아메리카와 남아메리카에 분포하는 쏙독새로 관목 지역에 서식한다. 밤에 종종 비포장도로 위에서 쉬는 것이 관찰된다.

≫ 쏙독새

유럽쏙독새
Caprimulgus europaeus
쏙독샛과
북반구의 온대 지방에 서식하는 많은 쏙독새처럼 이 종도 철새이다. 유라시아 서부의 황야와 삼림에 서식하며 아프리카에서 겨울을 보낸다.

점무늬꼬리쏙독새
Caprimulgus maculicaudus
쏙독샛과
멕시코에서 파라과이까지 분포한다. 구대륙의 쏙독새보다 아메리카 열대 지방에 서식하는 아메리카쏙독새와 좀 더 가까운 것으로 여겨진다.

넓은꼬리쏙독새
Caprimulgus macrurus
쏙독샛과
구대륙쏙독새 중 가장 널리 분포하고 있는 종으로 파키스탄에서 오스트레일리아와 뉴기니까지 서식한다.

민무늬쏙독새
Caprimulgus inornatus
쏙독샛과
모리타니아에서 사우디아라비아까지 분포하며 남쪽으로 라이베리아, 콩고, 탄자니아까지 이동한다.

흰꼬리쏙독새
Caprimulgus saturatus
쏙독샛과
유전적으로 구대륙쏙독새보다 아메리카산 푸어윌쏙독새에 더 가까운 것으로 여겨진다. 코스타리카와 파나마의 산악 지대 숲에 서식한다.

긴꼬리쏙독새
Caprimulgus climacurus
쏙독샛과
몇몇 쏙독새의 긴 꼬리는 구애 행동에 사용되는 것 같다. 이 아프리카산 종은 세네갈에서 에티오피아까지 분포한다.

제비꼬리쏙독새
Hydropsalis climacocerca
쏙독샛과
아마존 강 유역에 서식하는 종으로 남아메리카 쏙독새 무리에 속한다. 수컷의 긴 꼬리는 하얀 무늬가 있으며 끝이 두 갈래로 갈라졌다. 긴 꼬리는 암컷을 유혹하는 데 사용되는 듯하다.

마다가스카르쏙독새
Caprimulgus madagascariensis
쏙독샛과
마다가스카르와 세이셸의 알다브라 섬에 서식하는 쏙독새로 딱딱한 바닥에서 구슬이 튀는 듯한 소리를 낸다.

짧은꼬리쏙독새
Lurocalis semitorquatus
쏙독샛과
아메리카 열대 지방에 서식하는 여러 쏙독새 중 하나로 꼬리가 짧고 날개가 길어 곤충을 쫓기 위해 나는 모습이 박쥐처럼 보인다.

꿩꼬리쏙독새
Macropsalis creagra
쏙독샛과
많은 쏙독새 수컷이 아름다운 꼬리를 가지고 있다. 이 종은 아메리카 열대 쏙독새에서 진화했으며 남아메리카 동부에서만 서식한다.

깃발날개쏙독새
Macrodipteryx longipennis
쏙독샛과
아프리카에 서식하며 나방과 딱정벌레를 포함한 곤충을 먹는다. 번식기 수컷은 몸보다도 긴 깃발 같은 날개깃이 있는데, 구애 동작으로 이 깃을 세운다.

벌새, 칼새

모든 새 중에 가장 빠른 칼새의 돌진하는 듯한 비행과 소리를 내며 나는 벌새의 정지 비행은 이 목의 새들이 비행 기술의 달인임을 나타낸다.

칼새와 벌새 모두 칼새목에 속한다. 칼새목의 새들은 겨우 매달릴 수 있을 정도의 자그마한 발을 가지고 있지만 그에 대한 보상으로 공중에서는 뛰어난 조정 기술을 보인다. 칼새는 날아다니는 곤충을 잡기 위해 하늘을 스치듯 날아간다. 벌새는 뒤로도 날 수 있도록 조정하는 날개가 있고, 일부는 초당 70번 이상의 날갯짓으로 씽 소리를 내며 난다. 이는 고열량의 꿀을 연료로 몸안에서 활발한 물질대사가 이루어지기 때문에 가능하다.

벌새는 어린 새에게 단백질원으로 곤충과 거미를 먹인다. 벌새는 골무 크기의 둥지를 붙이기 위해 거미줄을 이용하는 반면, 칼새는 침을 사용한다. 칼새는 거의 전 세계에 분포하며 대양의 섬에서도 볼 수 있다. 벌새는 오직 아메리카 대륙에서만 관찰된다.

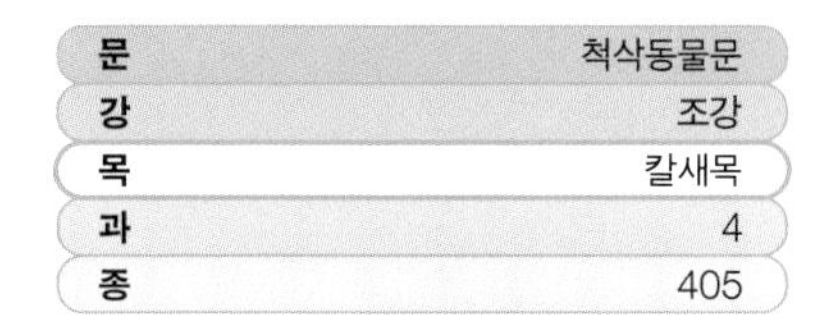

문	척삭동물문
강	조강
목	칼새목
과	4
종	405

유럽칼새
Apus apus
칼샛과
유라시아산 칼새로 절벽이나 건물의 구멍에 둥지를 지어 인가에서도 흔히 볼 수 있는 새이다. 아프리카에서 월동한다.

굴뚝칼새
Chaetura pelagica
칼샛과
원래는 동굴과 나무 구멍에 둥지를 지었지만 지금은 주로 도심지의 굴뚝을 이용한다. 북아메리카 동부에 서식하며 남아메리카에서 겨울을 보낸다.

큰칼새
Tachymarptis melba
칼샛과
어두운 꼬리 아랫면과 하얀 배로 구별할 수 있으며 유라시아 남부와 아프리카, 마다가스카르에 분포한다. 커다란 곤충을 먹는다.

흰배칼새
Aeronautes saxatalis
칼샛과
북아메리카 서부 및 중앙아메리카의 협곡이나 산지에서 관찰되며 저녁에 무리를 지어 휴식한다.

흰꼬리활벌새
Phaethornis eurynome
벌샛과
활벌새류는 색이 흐릿하며 헬리코니아속의 꽃에 꽂을 수 있는 길고 휜 부리를 가졌다. 이 종은 남아메리카 동부 지방에 서식한다.

낫부리벌새
Eutoxeres aquila
벌샛과
서식 범위는 코스타리카에서 페루까지이다. 아래로 휜 부리로 비슷하게 휘어진 헬리코니아속의 꽃에서 먹이를 얻는다.

초록이마창벌새
Doryfera ludovicae
벌샛과
안데스 산맥의 숲에 서식한다. 겨우살이를 포함해 5종의 착생 식물(다른 식물 위에 자라는 식물)에서 꿀을 얻는다.

흰엉덩이푸른귀벌새
Colibri serrirostris
벌샛과
대부분 산악 지대 숲에 서식하는 푸른귀벌새 무리에 속한다. 이 종은 남아메리카 초원에 서식한다.

보라색검날개벌새
Campylopterus hemileucurus
벌샛과
검날개벌새류는 날개깃의 두꺼운 깃축에서 이름을 따왔다. 중앙아메리카에 서식하며 남아메리카 이외 지역에서 가장 큰 벌새이다.

»

≫ 벌새, 칼새

두건녹색얼굴벌새
Augastes lumachella
벌샛과
안면이 녹색인 녹색얼굴벌새류는 산악 지대 사바나와 같은 건조한 지역에 서식한다. 이 종은 브라질 동부에 분포한다.

브라질루비벌새
Clytolaema rubricauda
벌샛과
수컷의 꼬리가 루비 같은 붉은색인 이 벌새는 브라질 동남부에서 관찰되지만 안데스 산맥에 서식하는 종과 가깝다.

붉은턱벌새
Archilochus colubris
벌샛과
크기가 벌만 한 이 조그만 벌새는 미국 동부에서 유일하게 번식하는 벌새이다. 겨울을 보내기 위해 멕시코 만까지 쉬지 않고 날 수 있다.

루비토파즈벌새
Chrysolampis mosquitus
벌샛과
남아메리카의 개활지에서 서식하며 머리끝은 검붉고 목은 노란색이지만 빛이 약한 곳에서는 새까맣게 보이기도 한다.

긴꼬리벌새
Aglaiocercus kingi
벌샛과
안데스 산맥에 서식하는 매우 다양한 벌새 무리에 속하는 새로, 삼림 경계 지역과 정원에 서식한다. 수컷의 꼬리는 길고 깊게 갈라져 있다.

갈색꼬리벌새
Boissonneaua flavescens
벌샛과
콜롬비아, 베네수엘라, 에콰도르에서 관찰되는 안데스 산맥 벌새의 근연종으로 종종 다른 새들과 함께 숲의 임관부 중간층의 현화식물 근처에서 먹이를 찾는다.

갈색배벌새
Amazilia yucatanensis
벌샛과
중앙아메리카에 분포하는 에메랄드빛을 띠는 벌새의 큰 무리에 속하며 멕시코의 개방된 삼림 지대에 서식한다.

푸른뺨사파이어벌새
Chlorostilbon notatus
벌샛과
금속성 광택의 녹색 깃이 있는 에메랄드빛 벌새 중 하나로 이 종은 남아메리카 북부의 숲과 농장에 서식한다.

푸른목벌새
Lampornis clemenciae
벌샛과
중앙아메리카에서 기원한 '산의 보석'이라 불리는 벌새 무리에 속하며, 몸집이 큰 멕시코산이다. 좀 더 북쪽 개체군은 철새이다.

흰목잉카벌새
Coeligena torquata
벌샛과
잉카벌새류는 안데스 산맥이 원산지로 숲에 서식하는 벌새 무리에 속한다. 이 종은 이 무리에서 가장 널리 분포하는 종 중 하나로 콜롬비아에서 볼리비아까지 서식한다.

검은귀벌새
Adelomyia melanogenys
벌샛과
안데스 산맥에서 흔한 벌새로 코우케트에 속하는 근연종보다 흐린 색을 띤다. 암수 모두 비슷하다.

안나벌새
Calypte anna
벌샛과
북아메리카 서부에 서식하는 꿀벌새류로 다른 벌새보다 좀 더 북쪽에서 겨울을 보낸다. 다양한 종류의 꽃에서 꿀을 먹는다.

9~10cm

흰눈썹벌새
Basilinna leucotis
벌샛과
에메랄드빛의 벌새로 미국 애리조나 주 남부에서 니카과라까지 분포한다. 산간 지대의 하천 가까이 있는 소나무 숲과 떡갈나무 숲을 자주 찾는다.

13cm

안데스산벌새
Oreotrochilus estella
벌샛과
안데스 산맥의 '코우케트' 벌새로 이 무리의 어떤 종보다 높은 지역에 서식한다. 공중에서 먹이를 찾으며, 공기가 너무 희박해 정지 비행은 할 수 없다.

10cm

넓적부리벌새
Cynanthus latirostris
벌샛과
멕시코의 관목림에 서식하는 벌새로 수컷은 암컷을 유혹하기 위해 앞뒤로 날며 진자 같은 움직임의 구애 동작을 선보인다. 에메랄드 벌새 무리에 속한다.

9cm

루시퍼벌새
Calothorax lucifer
벌샛과
미국 남부에서 멕시코까지 분포한다. 반사막 지대에 서식하며, 특히 용설란이 서식하는 곳을 선호한다.

보랏빛 목 무늬

곧고 검은 부리

제비꼬리벌새
Thalurania furcata
벌샛과
중앙아메리카에 서식하는 에메랄드빛 벌새의 남아메리카 근연종으로 저지대 숲에 서식하며 남쪽으로 아르헨티나 북부까지 분포한다.

보는 각도에 따라 색이 변하는 녹색 목

10cm

10cm

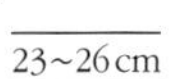

23~26cm

창부리벌새
Ensifera ensifera
벌샛과
부리가 몸보다 길다. 안데스 산맥의 잉카벌새 무리에 속하며 트럼펫 모양의 시계꽃이 있는 지역을 선호한다.

5~6cm

꿀벌새
Mellisuga helenae
벌샛과
이 자그마한 벌새는 쿠바에서만 서식하지만 북아메리카산 이동성 벌새와 가깝다. 수컷은 모든 새 중에서 가장 작다.

12cm

라켓꼬리벌새
Ocreatus underwoodii
벌샛과
잉카벌새 무리에 속하는 꿀벌 크기의 벌새로, 안데스 산맥의 숲에 서식한다. 협과류 같은 덤불의 꽃을 선호한다.

흰줄가슴벌새
Heliomaster squamosus
벌샛과
이 종이 속한 별목벌새류는 수컷의 멱에 선명한 줄무늬가 있으며 중앙아메리카의 '산의 보석'이라 불리는 무리와 가깝다. 이 종은 브라질 동부에 서식한다.

눈 주변의 하얀 반점

7~9cm

적갈색 윗면

갈색벌새
Selasphorus rufus
벌샛과
작은 몸에 비해 가장 먼 거리를 이동하는 새로 공격적으로 영역을 지키는 꿀벌새류이다. 알래스카에서 멕시코까지 이동한다.

9cm

9cm

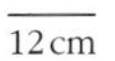

12cm

흰목벌새
Florisuga mellivora
벌샛과
아메리카 열대 저지대 임관부에서 서식하며 몸집이 크다. 유전자 연구에 따르면 이 과의 다른 무리와는 별개의 작은 계통에 속한다.

9cm

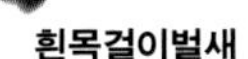

흰목걸이벌새
Heliangelus strophianus
벌샛과
콜롬비아에서 에콰도르까지 우림의 덤불에 서식하는 천사벌새류이다. 천사벌새류는 안데스 산맥 코우케트 무리에 속한다.

칼리오페벌새
Stellula calliope
벌샛과
이동성 꿀벌새로 북아메리카 서부의 개방된 숲에서 번식하고 멕시코의 반사막 지역에서 월동한다.

댕기벌새
Stephanoxis lalandi
벌샛과
중앙아메리카의 몸집이 큰 검날개벌새류와 가까운 듯하지만 남아메리카 동부의 산림에서 발견된다.

비단날개새

비단날개새목은 열대림에 서식하는 색상이 화려한 새이다. 주로 과일을 먹으며 넓은 부리, 섬세한 깃과 함께 독특한 발 구조를 지니고 있다.

비단날개새목에 속하는 까마귀 크기의 새들은 열대 아메리카, 아프리카, 아시아에 분포한다. 수컷은 암컷보다 깃털이 선명하다. 꼬리가 길고 날개가 짧은 비단날개새들은 놀라면 숨어 있던 장소에서 달려서 도망가지만 실제로는 비행에 능숙하다. 앞에서부터 2개의 발톱은 뒤를 향하고 뒤에서부터 2개의 발톱이 앞을 향하고 있다. 비단날개새목의 이러한 발 구조는 다른 새들에서는 볼 수 없는 특이한 형태이다. 발이 너무 약한 나머지 나뭇가지에 앉아 있을 때에는 발을 끄는 동작 이외에는 움직이기가 어렵다.

비단날개새는 넓은 부리로 커다란 과일을 다루고 애벌레와 같은 무척추동물을 잡는다. 또한 부리로 썩은 나무나 흰개미집에 둥지를 지을 구멍을 파기도 한다.

문	척삭동물문
강	조강
목	비단날개새목
과	1
종	43

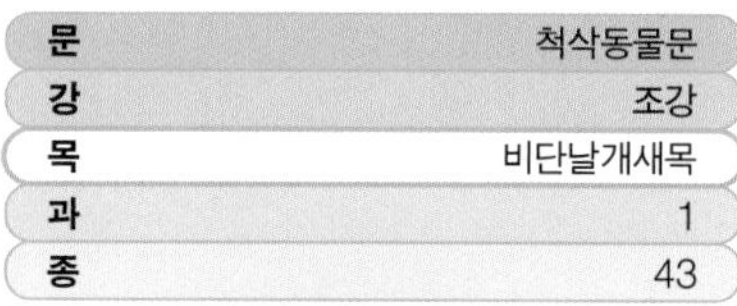

진한 청보라색 머리

보는 각도에 따라 색이 변하는 청록색 깃

35~100cm

긴 꼬리(수컷만)

31~36cm

붉은머리비단날개새
Harpactes erythrocephalus
비단날개샛과
아시아산 비단날개새로 히말라야 산맥에서 수마트라까지 분포하며 다른 많은 근연종처럼 나무 위에 움직이지 않고 오래 앉아 있다.

27~32cm

귤빛가슴비단날개새
Harpactes oreskios
비단날개샛과
윗면이 흐릿하고 아랫면은 밝은색으로 많은 아시아산 비단날개새의 전형적인 형태를 하고 있다. 이 종의 원산지는 동남아시아이다.

26~28cm

쿠바비단날개새
Priotelus temnurus
비단날개샛과
서인도비단날개새속의 2종 중 하나로 카리브 해에서만 서식하며 쿠바의 국조이다.

끝이 삐죽삐죽한 꼬리

장식비단날개새
Pharomachrus mocinno
비단날개샛과
보는 각도에 따라 색이 변하는 깃을 지녔다. 중앙아메리카에 서식하며 수컷의 꼬리는 전체 몸길이의 절반을 차지할 정도로 길다.

28~30cm

청머리비단날개새
Trogon elegans
비단날개샛과
서식 범위가 미국을 포함하는 유일한 비단날개새로 미국 애리조나 주 남부에서 중앙아메리카까지의 산간 숲에 서식한다.

25~27cm

가면비단날개새
Trogon personatus
비단날개샛과
남아메리카의 산간 숲에서 서식하는 이 새의 수컷은 깃이 청머리비단날개새와 비슷하다.

쥐새

허둥지둥하는 설치류와 같은 행동을 보이는 데서 이름을 따온 쥐새는 단조로운 색과 긴 꼬리를 지녔다. 사하라 사막 이남의 아프리카에서만 서식한다.

문	척삭동물문
강	조강
목	쥐새목
과	1
종	6

쥐새는 쥐새목의 유일한 과로, 갈색이나 회색조의 깃털은 부드러우며 곧게 선 볏이 있고 꼬리가 길다. 무리 생활을 하며 날렵한 이 새는 행동 면에서는 쇠앵무류와 유사하다. 나무에서 생활하며 가지가 많은 컵 모양의 둥지를 짓는다. 어린 새는 이미 발달이 진행된 단계에서 부화해 금방 비행 기술을 배운다. 조류학자들은 유럽에서 발견된 쥐새의 화석을 증거로 들어, 쥐새류가 선사 시대에 아프리카 이외의 지역에서 좀 더 다양했던 무리의 후손일 것이라 생각한다. 다른 새들과의 관계는 불확실하며 비단날개새, 물총새, 혹은 딱따구리와 가까울 수도 있다.

얼룩쥐새
Colius striatus
쥐샛과
가장 크고 널리 분포하는 쥐새의 하나로 나이지리아에서 남아프리카까지의 사바나와 개방된 삼림에 서식한다.

33~35cm

30~35cm

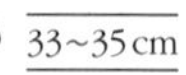

푸른목쥐새
Urocolius macrourus
쥐샛과
이 종이 속한 우로콜리우스속은 콜리우스속의 쥐새보다 비행 기술이 뛰어나며 쥐 같은 모습이 덜하다. 세네갈에서 탄자니아까지 분포하며 관목지에 서식한다.

물총새와 근연종

파랑새목은 전세계에 널리 분포한다. 여기 속하는 모든 새의 발가락 3개는 연작류처럼 앞을 향하고 있어 나뭇가지에 앉을 수 있지만, 2개의 바깥 발가락은 기부에서 붙어 있다.

물총새류는 주로 선명한 녹색과 파란색인데 이는 색소 때문이 아니라 깃털의 미세구조에서 빛이 산란하기 때문이다. 다양한 생활상을 따르는데, 모든 새가 많은 사람이 아는 영어 이름(kingfisher, 왕의 낚시꾼)을 반영하지는 않는다. 물고기를 먹는 종은 시력으로 먹이 위치를 파악해 고정된 나뭇가지나 공중에서 정지 비행 후에 물로 뛰어든다. 다른 새는 도마뱀류, 설치류, 곤충류 등 육상동물을 사냥한다. 큰 머리와 튼튼한 목은 새가 효율적으로 잠수하는 데 도움이 되고, 끝이 뾰족한 긴 부리는 미끄러운 먹이를 잡도록 도와준다. 물고기를 먹는 새는 부리가 가는데, 숲물총새류는 숟가락처럼 생긴 넓은 부리로 마른 땅에서 먹이를 바로 잡는다. 짧은 다리는 나무에 앉는 데 적합하지만, 걷지는 못한다. 하지만 이 발은 흙이나 모래둑의 긴 둥지 구멍을 파는 데 사용한다.

다른 근연종

이 목의 다른 무리인 아메리카산 벌잡이새사촌류와 구대륙의 파랑새류는 모두 육상 사냥꾼이다. 모든 물총새류 근연종은 부리 형태가 다양하다. 공중에서 사냥하는 벌잡이새류는 긴 부리로 독을 쏘는 곤충을 자기 머리에서 멀리 떨어뜨려 잡으며, 부리를 겸자처럼 사용해 곤충의 독을 짜낸다.

문	척삭동물문
강	조강
목	파랑새목
과	6
종	177

부리는 단검처럼 생겼지만 물고기를 먹는 다른 모든 새처럼 먹이를 찌른다기보다는 붙잡는다.

분홍가슴파랑새
Coracias caudatus
파랑샛과
다른 코라키아스속의 파랑새류처럼 이 아프리카산 새는 육상 동물을 사냥한다. 도마뱀, 설치류, 커다란 무척추동물을 급습한다.

푸른파랑새
Coracias garrulus
파랑샛과
코라키아스속에서 가장 널리 분포하며 공중제비와 같은 구애 행동을 보인다. 유라시아 서부에 서식하며 아프리카에서 월동한다.

푸른배파랑새
Coracias cyanogaster
파랑샛과
중앙아프리카에 서식하며 다른 많은 근연종처럼 나무 구멍에 둥지를 짓는다. 넓은 지역에서 흔히 볼 수 있다.

갈색머리파랑새
Coracias naevius
파랑샛과
다른 종에 비해 다소 밋밋한 색을 띤 몸집이 큰 파랑새류로 사하라 사막 이남 아프리카의 건조한 지역에 서식한다.

라켓꼬리파랑새
Coracias spatulatus
파랑샛과
둘로 갈라진 독특한 꼬리가 있는 파랑새로 동아프리카에 서식한다. 바깥 꼬리 깃털이 깃발 모양을 하고 있다.

흰목땅파랑새
Atelornis pittoides
땅파랑샛과
땅파랑새류는 주로 육상 활동을 한다. 이 종은 우림에 서식하며 이 과에서 가장 밝은색을 띤다.

파랑새
Eurystomus orientalis
파랑샛과
날개 아래에 흐릿한 동전 무늬가 있다. 히말라야 산맥에서 오스트레일리아까지 삼림에 서식한다.

노란부리파랑새
Eurystomus glaucurus
파랑샛과
아프리카에 서식하며, 코라키아스속보다 날개가 길고 날아다니는 먹이를 쫓기 위해 좀 더 날렵하다.

긴꼬리땅파랑새
Uratelornis chimaera
땅파랑샛과
다른 땅파랑새류처럼 이 종은 마다가스카르 남서부의 건조한 숲에 서식하며 땅속에 구멍을 파 둥지를 짓는다.

»

≫ 물총새와 근연종

자메이카난쟁이새
Todus todus
난쟁이샛과
난쟁이새들은 카리브 해에 서식하며 물총새처럼 생긴 조그만 녹색의 새이다. 납작한 부리로 공중에서 곤충을 잡는다. 이 종은 자메이카의 삼림에서만 관찰된다.

흰목푸른날개물총새
Halcyon smyrnensis
물총샛과
남아시아 원산으로 다른 숲물총새처럼 매우 시끄럽다. 울거나 웃는 것 같은 소리를 낸다.

회색머리물총새
Halcyon leucocephala
물총샛과
숲물총새는 숲에서 주로 곤충을 먹는 무리이다. 이 종은 아프리카 원산으로 물고기도 먹는다.

아프리카피그미물총새
Ispidina picta
물총샛과
강물총새에 속하는 아프리카산 종이지만 주로 물에서 떨어진 삼림이나 사바나에서 곤충을 먹는다.

녹색물총새
Chloroceryle americana
물총샛과
아메리카 열대 지방에 서식하는 물총새로 물고기와 수생 곤충을 잡기 위해 물속으로 뛰어들며 종종 물가 바위 위에 앉아 있다.

웃음물총새
Dacelo novaeguineae
물총샛과
오스트레일리아의 삼림 지대에 널리 분포하는 몸집이 큰 숲물총새로 무척추동물과 파충류를 먹는다. 시끄럽게 낄낄거리는 소리로 운다.

노랑부리물총새
Syma torotoro
물총샛과
이 숲물총새는 뉴기니와 오스트레일리아 북부의 우림에 서식한다. 주로 곤충을 먹지만 지렁이와 작은 도마뱀도 먹는다.

청물총새
Ceyx azureus
물총샛과
다른 강물총새처럼 강둑을 따라 구멍에 둥지를 짓는다. 오스트레일리아와 뉴기니의 개울 및 맹그로브 숲에서 관찰된다.

쇠물총새
Ceyx pusillus
물총샛과
오스트랄라시아의 맹그로브 숲에 서식하는 자그마한 강물총새이다. 작은 물고기, 곤충의 유충, 작은 갑각류를 먹는다.

물총새
Alcedo atthis
물총샛과
유라시아와 아프리카 북부에서 관찰되며, 몸집이 작고 꼬리가 짧은 구대륙의 강물총새 무리를 대표한다.

알락물총새
Ceryle rudis
물총샛과
아프리카에서 남아시아까지 분포하는 물물총새로 강과 호수에 서식하며 종종 작은 무리를 구성한다. 오랜 시간 한 지점에서 정지 비행할 수 있다.

목도리물총새
Megaceryle alcyon
물총샛과
북아메리카에 서식하는 물물총새로 잠수해서 먹이를 잡기 전에 물 위에서 종종 정지 비행을 한다.

30~35cm

긴꼬리물총새
Tanysiptera sylvia
물총샛과
뉴기니와 오스트레일리아 북부에서 서식하는 이 종과 같은 많은 숲물총새는 흰개미집 꼭대기 구멍에 둥지를 짓는다.

하얀 가운데 꼬리깃

37cm

갈색날개호반새
Pelargopsis amauroptera
물총샛과
맹그로브 숲에 서식하는 숲물총새로 인도에서 말레이 반도까지 분포한다.

37~41cm

황새부리호반새
Pelargopsis capensis
물총샛과
아시아 남부 숲속 물가에서 관찰된다. 특히 근연종인 갈색날개호반새의 서식 범위 이외의 지역에 분포한다.

흰목물총새
Todiramphus chloris
물총샛과
맹그로브 숲을 선호하는 숲물총새로 아시아 남부에서 환태평양 국가를 거쳐 연안 지역에 널리 분포한다.

46cm

갈색벌잡이새사촌
Baryphthengus martii
벌잡이새사촌과
다른 벌잡이새사촌처럼 중앙아메리카와 남아메리카 북부에 서식한다. 통통한 부리를 가졌으며 커다란 곤충과 작은 척추동물을 급습한다.

청록색 머리 위

41cm

푸른이마벌잡이새사촌
Momotus momota
벌잡이새사촌과
아메리카 열대 지방에 서식하는 밝은색 종으로 근연종인 벌잡이새 및 다른 많은 물총새처럼 강둑에 굴을 파서 둥지를 짓는다.

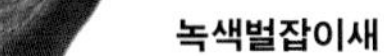

33cm

푸른눈썹벌잡이새사촌
Eumomota superciliosa
벌잡이새사촌과
다른 벌잡이새사촌처럼 중앙아메리카에 서식하며, 라켓 모양의 꼬리 끝에는 약한 깃가지가 튀어나와 있다.

25~29cm

유럽벌잡이새
Merops apiaster
벌잡이샛과
유라시아 남서부에서 아프리카까지 분포하며 공중에서 곤충을 잡는다. 벌을 먹기 전, 먹이로부터 독침을 제거한다.

23cm

무지개벌잡이새
Merops ornatus
벌잡이샛과
오스트레일리아에 서식하는 유일한 벌잡이새로 최남단의 개체군은 오스트레일리아 북부와 인도네시아에서 월동하기 위해 북쪽으로 이동한다.

22~24cm

흰이마벌잡이새
Merops bullockoides
벌잡이샛과
아프리카에 서식하며 거대한 무리를 이루어 번식한다. 번식을 하지 않는 새가 어린 새를 돌봐 주는 복잡한 사회 체계를 갖추고 있다.

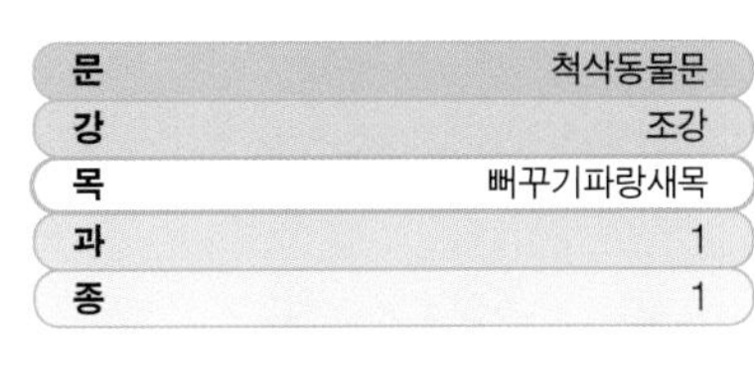

22~25cm

녹색벌잡이새
Merops orientalis
벌잡이샛과
아프리카와 남아시아의 건조한 개활지에서 분포하며 다른 벌잡이새 종보다 느슨하게 집단 번식을 한다.

뻐꾸기파랑새

마다가스카르의 숲에서 서식하는 희귀한 단 한 종만으로 구성된 뻐꾸기파랑새목은 남아메리카에 서식하는 비단날개새목과 매우 가까운 곳에 위치하지만, 다른 목과의 관련성은 불명확하다.

뻐꾸기파랑새는 단절되어 남아 있는 숲에서 생존했지만 다른 마다가스카르의 종에 비해 멸종 위기에 근접하지는 않았다. 딱새류처럼 대형 곤충을 먹지만 소형 파충류도 먹는다. 뻐꾸기류와 비슷하게 대부분의 새는 잡지 않을 털이 많은 애벌레를 소화한다. 역시 뻐꾸기류와 비슷하게 발가락 2개는 앞을 향하고 2개는 뒤를 향하고 있다.

문	척삭동물문
강	조강
목	뻐꾸기파랑새목
과	1
종	1

40~50cm

뻐꾸기파랑새
Leptosomus discolor
큰파랑샛과
마다가스카르에서 작은 동물을 사냥한다. 파랑새류와 가까운 관계는 아니다. 겉모습은 뻐꾸기와 비슷하며 나무 구멍에 둥지를 짓는다.

»

삽 모양 부리를 가진 암살자 ∨

건조한 산림 가장자리에서 살아가는 용감한 물총새인 웃음물총새는 먹이를 찾아 노출된 곳에 앉는다. 삽 형태의 부리와 근육질의 목으로 작은 뱀이나 설치류를 낚아채는데, 큰 먹이는 진압하기 위해 땅에 내리친다.

뾰족한 머리깃이
짧은 볏을 이룬다.

커다란 눈 아래에
있는 넓고 진한 색의
뺨 부분

작은 먹이를
뜰 수 있는 아랫부리

흰 배면은 아래에 있는 먹이가
하늘에 있는 새를 볼 수 없도록
도와준다.

웃음물총새

Dacelo novaeguineae

웃음물총새(쿠카부라)는 시끄럽기로 유명하다. 처음에는 시끄러운 웃음소리로 시작하다 몇몇 새들과 시끄러운 합창으로 퍼지고 짧고 날카로운 스타카토 음절이 오스트레일리아의 덤불 속에서 메아리쳐 울린다. '웃는 바보'는 이 새의 큰 머리와 짧은 다리 때문에 붙은 별명이며, 다른 별명인 '부시먼의 시계'는 동틀 녘과 저물녘에 규칙적으로 우는 데서 따왔다. 둥지는 나무 그루터기에서 속이 빈 부분이나 흰개미집을 부리로 파낸 구멍 속이다. 다른 물총새류와 마찬가지로 3개에서 5개의 새하얀 알을 낳는다. 먹이가 부족하면 마지막 알은 작은데 그 결과 부화한 연약한 새끼 새는 힘센 다른 형제자매에게 죽게 된다. 성체 웃음물총새 부부는 일평생 짝을 유지하는데 전년도에 태어난 최대 5마리의 미성숙 새들이 둥지 활동을 돕는다. 모든 새가 알을 품고 새끼 새를 품고 먹이를 먹인다. 이 종은 널리 분포하며 상대적으로 흔하지만, 최근 오스트레일리아 삼림에서 발생한 들불은 많은 개체군에게 심각한 영향을 끼쳤다.

몸길이 41~47센티미터
서식지 개방된 무성한 삼림, 유칼립투스 숲
분포 오스트레일리아 동부, 오스트레일리아의 다른 지역과 뉴질랜드로 유입
먹이 도마뱀, 뱀, 소형 포유류, 곤충, 지렁이, 달팽이, 다른 무척추동물

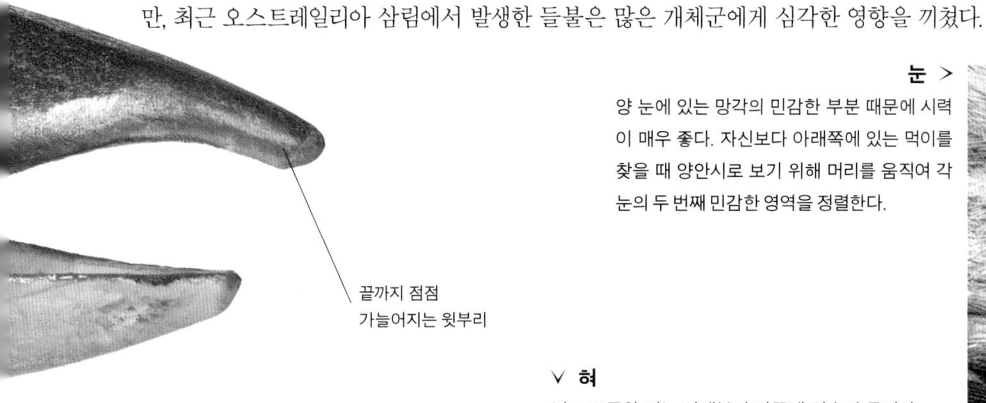

끝까지 점점 가늘어지는 윗부리

눈 >

양 눈에 있는 망각의 민감한 부분 때문에 시력이 매우 좋다. 자신보다 아래쪽에 있는 먹이를 찾을 때 양안시로 보기 위해 머리를 움직여 각 눈의 두 번째 민감한 영역을 정렬한다.

∨ 혀

넓고 뾰족한 혀는 아랫부리 안쪽에 깊숙이 들어가 있다. 점액으로 끈적하며 뒤쪽에 작은 '갈고리'가 있어 꿈틀거리거나 근육질의 먹이를 조작하고 삼키는 데 도움을 준다.

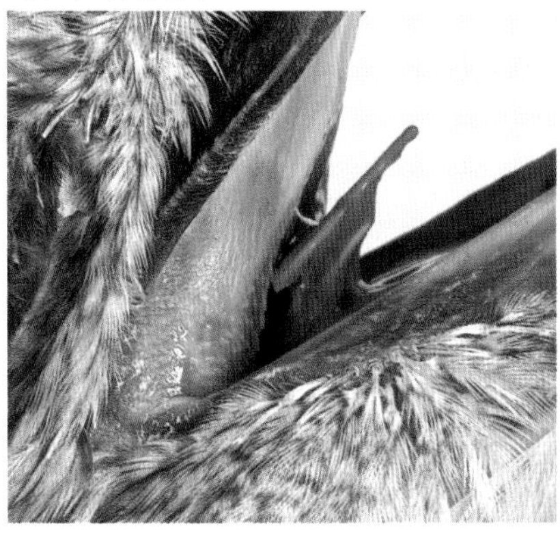

∨ 다리

다른 물총새류처럼 긴 바깥발가락과 가운데발가락은 붙어있다. 매우 짧은 다리는 앉을 때 안정적으로 꼿꼿한 자세를 취하도록 하지만, 땅 위에서는 발을 끌며 걷을 수밖에 없다.

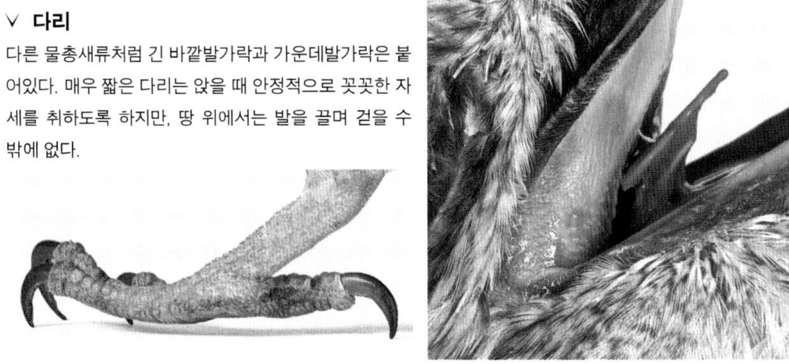

< 콧구멍

부리 기부의 윗부분에 열려 있는 콧구멍은 모래나 진흙으로 막힐 위험을 최소화한다. 뒤쪽에 있는 길고 뻣뻣한 깃털은 눈을 보호한다.

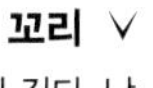

꼬리 ∨

물총새류치고 꼬리가 길다. 날 때 12개의 깃털이 모두 보일 정도로 꼬리를 활짝 펼친다.

꼬리깃은 안쪽 깃보다 바깥 깃에 흰 줄이 더 많다.

날개 ∧

짧고 넓은 날개는 익형(翼型)으로 구부러져 있다. 두꺼운 근육질의 '팔' 안쪽은 점점 가늘어지다 뒤쪽 칼날 형태의 비행깃과 날개끝에서 평평해진다.

코뿔새, 후투티, 후투티사촌

구대륙에 서식하는 코뿔새목에는 코뿔새류(조류 세계에서 몇몇 거인들을 포함해), 후투티류, 후투티사촌류, 그리고 유사한 긴칼부리새류(scimitarbill)가 있다. 일부는 색이 선명하고, 모두 눈에 띄는 무늬가 있고 형태가 독특하다.

후투티류는 땅 위를 걸어 다니며 가늘고 구부러진 부리로 무척추동물과 소형 파충류를 찾고 후투티사촌류는 나무 위를 뛰어다니며 벗겨진 나무껍질 안을 탐색한다. 코뿔새류의 부리는 더 크고 길며 부리 위에 크고 뿔 같은 장식이 있다. 중형에서 삼림에 서식하는 대형 종까지 크기가 다양하다. 아프리카코뿔새류는 매우 크고 무거운 새로, 땅 위에서만 먹이를 찾는다. 일부 코뿔새는 나무 구멍에 둥지를 지으며 수컷이 암컷을 안에 둔 채 진흙으로 막아 버리고 새끼 새가 부화할 때까지 좁은 틈으로 암컷에게 먹이를 먹인다.

문	척삭동물문
강	조강
목	코뿔새목
과	4
종	74

붉은부리코뿔새
Tockus erythrorhynchus
코뿔샛과
코뿔새속은 아프리카 원산의 몸집이 작은 포식 동물이다. 부리는 주로 붉거나 노랗다. 이 종은 세네갈에서 나미비아까지 사바나 및 삼림 지대에 서식한다.

트럼펫코뿔새
Bycanistes bucinator
코뿔샛과
아프리카 동남부의 숲속에 서식한다. 근연종인 은빛뺨코뿔새와 비슷하지만 얼굴 피부가 붉은색이다.

은빛뺨코뿔새
Bycanistes brevis
코뿔샛과
과일을 먹는 얼룩무늬의 코뿔새로 동아프리카의 숲에 서식한다. 다른 코뿔새처럼 수컷의 부리가 암컷보다 크며 돌출된 투구 모양의 돌기가 있다.

아시아알락코뿔새
Anthracoceros albirostris
코뿔샛과
아시아산 얼룩무늬 코뿔새 중 가장 널리 분포하는 종으로 히말라야 산맥에서 인도네시아 발리까지의 숲 및 경작지에 서식한다.

말라바알락코뿔새
Anthracoceros coronatus
코뿔샛과
다른 대부분의 아시아산 코뿔새처럼 인도에서 스리랑카까지 서식하는 이 종 역시 잡식성이며 많은 과일을 먹는다.

아프리카코뿔새
Bucorvus abyssinicus
코뿔샛과
아프리카 초원의 육상에 서식하는 2종류의 육식성 코뿔새 중 하나이다. 이 종은 세네갈에서 케냐까지 분포하며 남쪽에 서식하는 다른 종보다 좀 더 건조한 지역에서 잘 견딜 수 있다.

후투티
Upupa epops
후투티과
아프리카와 유라시아의 나무 구멍에 둥지를 튼다. 나비처럼 펄럭펄럭 날고 튼튼한 부리로 땅을 파서 땅에 사는 무척추동물을 찾는다.

후투티사촌
Phoeniculus purpureus
후투티사촌과
아프리카의 삼림성 후투티이다. 딱따구리처럼 나무를 오르지만 후투티와 같은 부리로 썩은 나무 속 무척추동물을 찾는다.

딱따구리, 왕부리새

딱따구리목의 새들은 주로 나무에 서식하고 구멍에 둥지를 틀며 발 구조가 동일하다. 딱따구리목에서 절반 이상의 종이 딱따구리이다.

딱따구리는 거의 전 세계에 분포한다. 딱따구리목은 일반적으로 대지족(對趾足, 2개의 발가락은 앞으로, 나머지 2개는 뒤로 향해 있음)이며, 나무 몸통에 매달려 있고 빳빳한 꼬리로 지지한 채 튼튼한 부리로 나무를 두드린다. 딱따구리는 길고 미늘이 있는 혀로 먹이를 꺼내 먹는다. 그 밖의 다른 새들은 주로 열대 지방에서만 서식한다. 벌꿀길잡이새들은 벌집에 침입해 밀랍을 먹으며 자카마는 커다란 곤충을, 뻐끔새는 파리를 사냥한다.

오색조는 톱니 모양의 부리로 과일을 먹는데, 아메리카 열대 지방에 서식하는 오색조들은 왕부리새의 근연종이다. 벌꿀길잡이새는 다른 새의 둥지에 알을 낳지만 이 무리의 다른 새들은 나무 구멍, 굴 또는 흰개미집의 흙더미에 둥지를 짓는다.

문	척삭동물문
강	조강
목	딱따구리목
과	9
종	445

흰목왕부리새
Ramphastos tucanus
왕부리샛과
다른 왕부리새처럼 남아메리카 북부에 서식하는 이 종도 나무 구멍에서 번식하고 종종 버려진 딱따구리의 둥지를 이용한다.

붉은가슴왕부리새
Ramphastos dicolorus
왕부리샛과
왕부리속에 속하는 몸집이 가장 작은 새 중에서 유일하게 아랫면 대부분이 붉은색이다. 남아메리카의 동부 지역에 서식한다.

붉은부리왕부리새
Ramphastos tucanus cuvieri
왕부리샛과
아마존 유역에 서식하며 종종 흰목왕부리새의 아종으로 여겨지는데, 흰목왕부리새보다 좀 더 어두운 색의 부리로 구별된다.

넓은왕부리새
Ramphastos vitellinus
왕부리샛과
왕부리속에 속하는 새들은 검은 몸에 가슴은 하얗거나 노랗다. 이 변이가 많은 남아메리카산 종의 가슴 색깔은 아종에 따라 다르다.

토코왕부리새
Ramphastos toco
왕부리샛과
남아메리카 북부에 분포하며 왕부리새 중 가장 크다. 숲에 서식하는 다른 종과는 달리 이 종은 좀 더 개방된 삼림 지역에 서식하기도 한다.

에메랄드쇠왕부리새
Aulacorhynchus prasinus
왕부리샛과
몸집이 작은 녹색 왕부리새 무리 중 가장 널리 분포한다. 이 종은 멕시코에서 볼리비아까지 서식하며 여러 아종이 있다.

점부리쇠왕부리새
Selenidera maculirostris
왕부리샛과
브라질 남부에 서식하는 종으로 2가지 색을 지닌 쇠왕부리새 중 하나이다. 이 종은 왕부리새 중 유일하게 암수 색깔이 다르다. 암컷은 갈색 얼룩이 있다.

노랑쇠왕부리새
Pteroglossus bailloni
왕부리샛과
브라질 동남부에서 관찰되는 이 왕부리새의 깃털은 황록색을 띤다. 좀 더 밝은색을 띠는 중부리새와 가깝다.

목걸이중부리새
Pteroglossus torquatus
왕부리샛과
멕시코 남부에서 남아메리카 북부의 습한 숲에 서식하며 중부리새 중 가장 북쪽에 분포한다.

밤색귀중부리새
Pteroglossus castanotis
왕부리샛과
중부리새들은 부리가 길고 군집 생활을 하는 왕부리새류이다. 대부분 엉덩이는 빨간색이며 배에 눈에 띄는 줄무늬가 있다. 이 종은 남아메리카의 북서쪽에 서식한다.

» 딱따구리, 왕부리새

검은부리오색조
Lybius guifsobalito
왕부리샛과
아메리카와 아시아의 오색조들은 숲에서 서식하지만 아프리카산 오색조들은 개활지에서 살아간다. 이 종은 동아프리카에 분포한다.

잔점박이오색조
Capito niger
왕부리샛과
남아메리카 북부에 서식하는 이 오색조는 눈에 잘 띄지 않지만 개구리 같은 울음소리로 구별할 수 있다.

붉은머리오색조
Eubucco bourcierii
왕부리샛과
코스타리카에서 페루까지 관찰된다. 오색조 중에서는 특이하게도 조용한 편이다.

수염오색조
Lybius dubius
왕부리샛과
오색조는 부리의 기부에 뻣뻣한 털로 된 감각 기관이 있는데, 서아프리카와 중앙아프리카에 서식하는 이 종에서는 특히 길다.

푸른목오색조
Psilopogon asiaticus
왕부리샛과
아시아에 서식하는 오색조는 종종 과일을 먹는 다른 새와 함께 숲의 임관부에서 먹이를 찾는다. 이 종은 히말라야 산맥에서 태국까지 분포한다.

코퍼스미스
Psilopogon haemacephalus
왕부리샛과
숲 가장자리와 관목지에서 널리 서식한다. 끊임없이 울려 퍼지는 "통크-통크" 하며 쾅쾅거리는 울음소리는 남아시아에서 흔히 들을 수 있다.

진홍이마오색조
Psilopogon rubricapillus
왕부리샛과
몸집이 작은 아시아산 오색조로 스리랑카와 인도 남서부 지역에서만 서식한다. 인가에서 흔히 볼 수 있는 새이다.

갈색머리오색조
Psilopogon zeylanicus
왕부리샛과
전형적인 아시아산 오색조로 히말라야 산맥에서 인도, 스리랑카까지 분포한다. 과일을 먹으며, 특히 무화과를 선호한다.

붉은이마쇠오색조
Pogoniulus pusillus
왕부리샛과
동아프리카 연안의 강가 근처 숲에 제한적으로 서식하며, 곤충 및 겨우살이 열매와 같은 과실을 먹는다.

큰오색조
Psilopogon virens
왕부리샛과
몸집이 가장 큰 아시아산 오색조로 히말라야 산맥 동쪽에서 태국까지의 산악 지대 숲에 분포하며 시끄러운 소리를 낸다.

노랑허리쇠오색조
Pogoniulus bilineatus
왕부리샛과
쇠오색조는 몸집이 작고 종일 반복적으로 노래를 부르는 흑백의 아프리카산 오색조 종류이다. 이 종은 사하라 사막의 남부에 널리 분포한다.

노랑이마쇠오색조
Pogoniulus chrysoconus
왕부리샛과
근연종인 붉은이마쇠오색조보다 널리 분포하며, 사하라 사막 이남의 아프리카 사바나와 건조하고 개방된 삼림 지대에 분포한다.

붉은이마오색조
Tricholaema diademata
왕부리샛과
옆구리잔점박이오색조와 가까운 동아프리카산 오색조로, 좀 더 건조한 환경에 서식한다. 나무 구멍에 둥지를 짓는다.

옆구리잔점박이오색조
Tricholaema lacrymosa
왕부리샛과
중앙아프리카와 동아프리카의 습한 삼림 지대에 서식하는 오색조로 주로 무화과와 장과류를 먹는다.

흰점박이오색조
Trachyphonus darnaudii
왕부리샛과
아프리카에 서식하는 점박이오색조속은 개활지에 서식하고 땅 위에서 많은 시간을 보낸다. 이 종은 동아프리카에 걸쳐 분포한다.

왕부리오색조
Semnornis ramphastinus
왕부리샛과
콜롬비아와 에콰도르의 우림에 서식하며 오색조와 왕부리새의 중간 형태이다. 오로지 과일만 먹는다.

붉은머리점박이오색조
Trachyphonus erythrocephalus
왕부리샛과
아프리카에 서식하며 육상 생활을 하는 전형적인 오색조이다. 곤충, 과일, 씨앗, 심지어 작은 도마뱀을 먹는다. 종종 흰개미집에 둥지를 짓기 위해 구멍을 판다.

청수염오색조
Psilopogon pyrolophus
왕부리샛과
쐐기형의 꼬리가 있는 유일한 아시아산 오색조로 동남아시아에 서식하며 역시 얼굴에 억센 털 다발이 있고 매미처럼 운다.

녹색등벌꿀길잡이새
Prodotiscus zambesiae
벌꿀길잡이샛과
벌꿀길잡이새는 곤충, 과일, 심지어 밀랍까지 먹는다. 이 아프리카산 종은 동박새류의 둥지에 알을 낳고, 어린 새는 숙주의 새끼를 죽인다.

개미잡이
Jynx torquilla
딱따구릿과
유라시아의 삼림 지대에 서식하며 개미를 잡아먹는 새이다. 전형적인 딱따구리보다 부리가 약하다.

줄무늬가슴애기딱따구리
Picumnus aurifrons
딱따구릿과
애기딱따구리류는 조그마한 동고비처럼 생긴 딱따구릿과의 한 무리이다. 짧은 부리로 썩은 나무에서 곤충을 사냥한다. 이 종은 남아메리카 중부에 서식한다.

황금술애기딱따구리
Picumnus exilis
딱따구릿과
몸집이 더 큰 딱따구리에서 볼 수 있는 지지용의 뻣뻣한 꽁지깃이 없어서 수직으로 나무줄기에서 보내는 시간이 적다. 남아메리카에 서식한다.

흙색애기딱따구리
Picumnus limae
딱따구릿과
다른 애기딱따구리와 마찬가지로 둥지를 파기에는 부리가 너무 작아서 딱따구리가 사용했던 나무 구멍을 다시 사용한다. 이 종은 브라질 동부에서만 서식한다.

황색목도리애기딱따구리
Picumnus temminckii
딱따구릿과
파라과이 동부, 브라질 남동부, 아르헨티나 북동부의 숲에서만 서식하는 애기딱따구리로 무늬와 색으로 위장을 잘한다.

점박이애기딱따구리
Picumnus pygmaeus
딱따구릿과
점박이애기딱따구리는 브라질 북동부 열대림에서만 서식하며 비교적 흔하다.

»

» 딱따구리, 왕부리새

30 cm

땅딱따구리
Geocolaptes olivaceus
딱따구릿과
남아프리카 원산으로 특이하게 땅 위에서 생활하며, 개미를 먹는다. 황량한 바위 지역에 서식하고 둑에 구멍을 파서 둥지를 짓는다.

18 cm

누비아딱따구리
Campethera nubica
딱따구릿과
유럽에 서식하는 유럽청딱따구리의 근연종으로, 아프리카 북동부의 건조한 지역에 서식하며 주로 둘씩 짝을 지어 관찰된다.

18~22 cm

노랑배즙빨기딱따구리
Sphyrapicus varius
딱따구릿과
즙빨기딱따구리류는 나무에 구멍을 내서 수액을 마신다. 이 종은 꼬리 끝이 갈라져 있으며, 북아메리카에서 번식하고 카리브 해로 이동한다.

28 cm

황금등딱따구리
Dinopium javanense
딱따구릿과
열대 지역에 서식하는 딱따구리로 인도에서 동쪽으로는 보르네오와 자바 섬까지 분포하며 맹그로브 숲을 포함한 다양한 삼림 지대에 서식한다.

15~17 cm

하트무늬딱따구리
Hemicircus canente
딱따구릿과
동남아시아의 몸집이 작고 머리깃이 있는 두 근연종 중 하나로, 등 위에 검은 하트 모양 무늬가 있다.

45~57 cm

♀

까막딱따구리
Dryocopus martius
딱따구릿과
유라시아 북부의 삼림 지대에 서식하는 거대한 딱따구리로, 정수리가 빨갛고 몸이 대부분 검은 딱따구리의 작은 분류군에 속한다.

40~49 cm

관머리딱따구리
Dryocopus pileatus
딱따구릿과
북아메리카에서 가장 큰 딱따구리이다. 유라시아에 서식하는 까막딱따구리와는 달리 이 속의 아메리카 종은 머리깃이 있다.

빨간 머리 위

얼굴에 빨간 줄이 있는 수컷

날개 위 하얀 무늬

23 cm

녹색날개딱따구리
Piculus chrysochloros
딱따구릿과
아메리카 열대 지방에서 사는 등이 녹색을 띠는 딱따구리 무리를 대표하는 새이다. 종종 여러 종이 섞여 나무 표면에서 먹이를 찾는 혼합 무리를 쫓아다닌다.

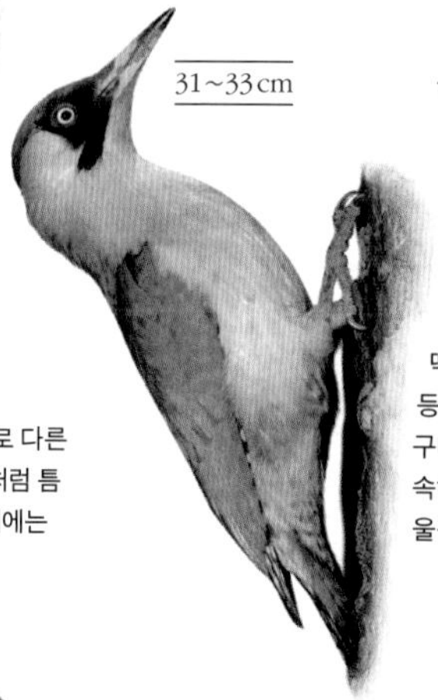

31~33 cm

유럽청딱따구리
Picus viridis
딱따구릿과
등이 녹색인 딱따구리로 구대륙에 서식하는 무리에 속하며, 악을 쓰는 독특한 울음소리를 낸다.

19~23 cm

하얀 아랫면

붉은머리딱따구리
Melanerpes erythrocephalus
딱따구릿과
북아메리카에 서식하는 독특한 딱따구리로 자신의 영역 안에 있는 다른 새의 둥지와 알을 파괴하는 공격적인 종이다.

24 cm

줄무늬딱따구리
Melanerpes carolinus
딱따구릿과
북아메리카에서 흔한 종으로 다른 멜라네르페스속 딱따구리처럼 틈 사이에 먹이를 저장한다. 배에는 약간의 붉은 기운만 있다.

19 cm

노랑얼굴딱따구리
Melanerpes flavifrons
딱따구릿과
대부분의 멜라네르페스속은 깃털에 부분적으로 줄무늬가 있다. 몇몇 종은 이 남아메리카 종처럼 색이 화려하기도 하다.

31 cm

삼각붉은머리딱따구리
Campephilus robustus
딱따구릿과
캄페필루스속은 머리가 붉고 몸은 검은색과 흰색이 섞여 있다. 이 새는 남아메리카 동부에서만 서식한다.

좁은부리딱따구리
Colaptes auratus
딱따구릿과
영어 이름(flicker)은 날 때 보이는 날개 아래의 무늬에서 따왔다. 이 종은 아메리카에 서식하며 이종 교배하는 적색형과 황색형이 있다.

수염딱따구리
Picoides villosus
딱따구릿과
세가락딱따구리의 북아메리카산 근연종으로 먹이인 나무좀의 유충이 늘어나면서 점점 개체 수가 늘고 있다.

오색딱따구리
Dendrocopos major
딱따구릿과
얼룩무늬 딱따구리 중 가장 널리 분포한다. 유라시아 원산으로 유럽에서 동남아시아까지의 숲과 정원에서 흔히 볼 수 있다.

중오색딱따구리
Dendrocoptes medius
딱따구릿과
유럽과 서남아시아에서만 서식하는 얼룩무늬 딱따구리로 근연종인 오색딱따구리보다 나무를 두드려 세력권을 과시하는 행동을 자주 하지 않는다.

세가락자카마
Jacamaralcyon tridactyla
자카마과
색이 가장 흐린 자카마로 건조한 숲에 서식하며 흙 둑에 둥지를 짓는다. 발가락 2개는 앞을, 1개는 뒤를 향해 있다.

큰자카마
Jacamerops aureus
자카마과
자카마 중에서 가장 크다. 코스타리카에서 볼리비아까지 분포하며 주로 곤충을 먹고 간혹 작은 도마뱀을 먹는다.

붉은꼬리자카마
Galbula ruficauda
자카마과
중앙아메리카와 남아메리카에 서식하며, 윗면은 보는 각도에 따라 색이 달라지는 녹색이고 아랫면은 붉은색이다.

밤색자카마
Galbalcyrhynchus purusianus
자카마과
자카마류는 공중에서 나비와 같은 큰 곤충을 잡는 데 뛰어나다. 이 종은 남아메리카에 분포하는 2종류의 밤색 종 중 하나이다.

흰귀뻐끔새
Nystalus chacuru
뻐끔샛과
남아메리카 중부에 서식하는 이 종 역시 다른 뻐끔새처럼 묵직한 부리로 작은 동물을 잡아먹는다. 머리가 크고 몸은 볼록한 새이다.

검은이마비둘기뻐끔새
Monasa nigrifrons
뻐끔샛과
몸이 검은 비둘기뻐끔새류는 뻐끔새의 근연종이다. 이 시끄러운 남아메리카산 종은 종종 원숭이 무리 아래에서 먹이를 찾는다.

적갈색수녀뻐끔새
Nonnula rubecula
뻐끔샛과
수녀뻐끔새류는 뻐끔새류 중에서 몸집이 작고 색깔이 칙칙한 무리이다. 이 새는 남아메리카산 종으로 덩굴 식물이 경계를 이룬 숲에 서식한다.

제비뻐끔새
Chelidoptera tenebrosa
뻐끔샛과
나무 위에 앉은 모습은 흰털발제비와 닮았으며 나는 모습은 박쥐와 닮았다. 남아메리카 북부에 서식하며, 강을 따라 날아다니는 곤충을 기습한다.

느시사촌

느시사촌목, 느시사촌류는 남아메리카의 건조한 사바나 삼림 지대에 서식하는 크고, 다리가 길고 시끄러운 육상조류로, 다른 조류 목과의 관계는 불명확하다.

문	척삭동물문
강	조강
목	느시사촌목
과	1
종	2

한때 두루미류와 함께 묶였던 느시사촌류는 매류와 가까운 위치에 있다. 두 종은 남아메리카에서 현존하는 조류 중 가장 큰 육상조류에 포함되며 번식과 야간 휴식을 위해 나무 임관부로 갈 때를 빼고는 거의 날지 않는다. 울음소리가 매우 커, 직접 관찰하는 것보다 소리를 더 자주 듣는다.

목과 가슴에 엉기성기 난 깃털

날개깃의 줄무늬는 거의 보이지 않는다.

느시사촌
Cariama cristata
느시사촌과
느시사촌류는 남아메리카 초원의 토착종으로 이미 멸종된 육식성의 거대한 공포새와 근연종이다. 이 종은 작은 먹이를 자를 수 있는 낫 모양의 발톱이 있다.

75~90cm

연작류

참새목은 모든 조류 종의 60퍼센트 가까이를 차지하는 거대한 목이다. 특별한 발 구조 때문에 나뭇가지에 앉는 조류로 알려져 있다.

연작류는 다른 많은 새들처럼 4개의 발가락을 가지고 있으며 그중 3개는 앞을 향하고 나머지 1개는 뒤를 향해 있다. 착륙하는 동안 근육이 자동적으로 다리의 힘줄을 조이면서 발가락이 나뭇가지 둘레를 고정하게 된다. 심지어 잠을 잘 때도 안정감이 있다.

참새목에 속하는 새들은 빽빽한 우림에서 매우 건조한 사막과 심지어 추운 북극 툰드라까지 전 세계 거의 모든 육상 환경에서 관찰된다. 벌새만 한 아메리카산 딱새에서 거대한 유라시아산 도래까마귀까지 크기도 매우 다양하다.

다양화

참새목의 새들은 다양한 먹이 환경에 적응했다. 곤충을 먹는 새는 나뭇잎을 뒤지고 공중에서 먹이를 잡을 수 있게끔 입을 넓게 벌릴 수 있는 바늘 같은 부리가 있다. 꽃의 꿀을 마실 수 있도록 길게 구부러진 부리가 있는 반면, 씨앗을 깨뜨리기 위한 뭉툭한 부리도 있다. 상대적으로 큰 뇌와 높은 물질대사율은 연작류로 하여금 추운 날씨에도 끄떡없게 만들었다. 일부 종에서는 간단한 도구를 이용할 수 있는 지능을 보이기도 한다. 새끼들은 털이 없고 무력해서 부모의 보살핌을 받는데, 간단한 컵 모양의 둥지에서 정교한 진흙 둥지나 풀을 엮어 매달은 주머니까지 다양한 둥지에서 성장한다. 일부 연작류들은 다른 종의 둥지에 알을 낳는 탁란 행동을 보인다.

노래 부르는 새

연작류는 주로 발성 기관에 기초해 2개의 무리로 나누어진다. 첫 번째 무리는 명금류사촌아목으로 모든 연작류의 5분의 1을 구성한다. 명금류사촌아목은 구대륙의 열대 지방에 서식하지만 아메리카 대륙에서 최고의 다양성을 나타낸다. 넓적부리새, 팔색조, 산적딱새를 포함한다. 두 번째 무리는 참새아목으로 남은 모든 연작류를 포함하며, 명금류로 잘 알려져 있다. 새들이 종종 소리로 의사소통을 하지만 특히 많은 연작류가 성대 구조 덕분에 구애나 영역 방어에서 중요한 역할을 하는 복잡한 노래를 부를 수 있다. 독특한 노래는 종을 구별하는 데 이용되기도 한다.

문	척삭동물문
강	조강
목	참새목
과	141
종	6,456

논쟁

오스트레일리아 밖에서

초기 DNA 분석은 까마귀하목과 참새하목의 두 연작류 무리를 확인해 주었다. 까마귀하목은 주로 까마귀 및 극락조와 같은 육식성 조류와 과일을 먹는 조류를 포함한다. 모든 조류 종의 4분의 1 이상을 차지하는 광범위한 참새하목에는 박새, 태양새, 되새가 포함된다. 그 후 보다 발달된 분자 생물학적 기술은 금조와 같은 몇몇 원시적인 오스트레일리아의 무리가 이 둘에 속하지 않음을 밝혀 냈다. 화석 증거와 함께 이러한 유전학적 결과는 연작류가 까마귀하목과 참새하목이 나타나기 이전에 오스트랄라시아에서 다양화되었음을 제안한다.

넓적부리새

칼립토메니다이과와 넓적부리샛과는 열대 아프리카와 아시아의 숲에 서식하는 새들이다. 주로 넓은 부리를 이용해 나무 위에 있는 곤충을 잡지만, 아시아에 서식하는 청넓적부리새 1종은 과일을 먹는다.

청넓적부리새
Calyptomena viridis
동남아시아산 녹색을 띤 넓적부리새 3종 중 1종으로 과일만 먹으며 공 모양의 매달린 둥지를 짓는다.

붉은배검은넓적부리새
Cymbirhynchus macrorhynchos
이 독특한 색깔의 동남아시아산 넓적부리새는 물가 숲에 서식한다. 나뭇가지 끝에 매달려 있는 주머니 모양의 둥지를 짓는다.

노랑배검은넓적부리새
Eurylaimus ochromalus
아시아에 서식하며 곤충을 먹는 넓적부리새로 미얀마에서 보르네오와 수마트라까지의 우림 중간층 및 상층부에서 먹이를 찾는다.

눈매팔색조

눈매팔색조과는 마다가스카르에 서식하며, 혀끝이 붓 모양이다. 꽃의 꿀을 먹는 조상으로부터 진화한 것으로 여겨진다. 1개 속은 현재 과일을 먹으며, 다른 종들은 근연종은 아니지만 꽃의 꿀을 먹는 태양새류와 닮았다.

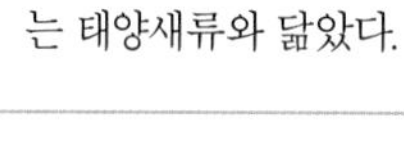

가늘고 아래로 굽은 부리

9cm

태양새사촌
Neodrepanis coruscans
마다가스카르 동부에 서식하는 2종의 부리가 긴 새 중 하나이다. 전형적인 태양새처럼 꽃의 꿀을 먹는 행동이 발달되었지만 태양새와 가깝지는 않다.

팔색조

구대륙에 서식하는 과로 열대 지역 숲의 지표면에서 곤충을 먹는다. 팔색조과는 몸통이 둥글고 부리는 짧으며 많은 종의 깃털이 화려하다. 암수 모두 알을 품는다.

푸른날개팔색조
Pitta moluccensis
남중국에서 보르네오와 수마트라까지 분포하는 푸른날개팔색조는 번식기에는 밀림에 서식하지만 연안의 관목지에서 월동한다.

19cm

인도팔색조
Pitta brachyura
히말라야 산맥 남부, 인도, 스리랑카에 서식하며 땅 위나 땅 가까이에 반구형의 둥지를 짓는다.

무희새

무희샛과의 새들은 장식새와 가깝다. 밝은색의 수컷은 암컷을 유혹하기 위해 렉(lek)이라 부르는 무리를 만든다. 많은 종이 정교한 춤으로 구애를 한다. 암컷이 둥지를 짓고 홀로 새끼를 돌본다.

장식새와 근연종

아메리카 열대에 서식하는 연작류의 다양한 무리로 장식샛과에는 과일을 먹는 새와 곤충을 먹는 새가 포함된다. 수컷은 화려하며 암컷에게 구애할 때 소리를 많이 낸다. 어떤 종은 구애 행동을 나무 위에서 하고, 어떤 종은 땅 위에서 한다.

아라리프무희새
Antilophia bokermanni
1998년에서야 알려진 새로 절멸 위기에 처한 종이다. 오직 브라질 북동부의 아라리프 고원에서만 서식한다.

푸른무희새
Chiroxiphia caudata
브라질 남부 우림에 서식하는 가장 화려한 새 중 하나로 흐느껴 우는 듯한 고양이 소리를 낸다.

붉은등무희새
Ilicura militaris
브라질 남동부에 서식하는 이 무희새의 수컷은 중앙의 꼬리깃이 길고 암컷을 유혹하기 위해 엉덩이 깃털을 세운다.

줄무늬가슴무희새
Machaeropterus regulus
남아메리카 북부에 서식하는 눈에 잘 띄지 않는 종이다. 수컷은 구애 행동을 할 때 벌레처럼 윙윙거리는 소리를 낸다.

황금머리무희새
Pipra erythrocephala
남아메리카에 서식하며 수컷은 구애 동작을 할 때 뒴박질을 하고 날개로 씽 소리를 내거나 한 방향 또는 뒤쪽으로 미끄러진다.

종꿀빨기새
Procnias nudicollis
쇳소리와 같은 울음소리를 낸다. 다른 종꿀빨기새처럼 남아메리카 동부에 서식하는 이 새의 수컷은 깃털이 하얗다.

황금목과일먹이새
Pipreola chlorolepidota
과일먹이새류는 체격이 다부진 녹색의 새로 수컷은 보통 머리가 검고 목은 붉은색이거나 노란색이다. 이 종은 안데스 산맥에 서식하며 몸집이 작다.

붉은목과일먹이새
Querula purpurata
수컷의 목에는 눈에 잘 띄며 보는 각도에 따라 색이 달라지는 자줏빛 붉은색의 무늬가 있다. 공중에서 정지 비행을 하는 동안 과일을 딸 수 있다. 아마존 강에 서식한다.

검은꼬리타이티라새
Tityra cayana
임관부에 서식하는 새로 머리가 큰 과일먹이새에 속한다. 나무 구멍에 둥지를 짓고 종종 딱따구리가 버린 둥지를 이용한다.

안데스바위새
Rupicola peruvianus
안데스 산맥에 서식하는 큰 장식새로, 수컷은 머리깃이 화려하고 집단 구애 행동을 한다. 암컷은 돌 사이에 둥지를 짓고 홀로 새끼를 돌본다.

산적딱새와 근연종

아메리카 대륙에 널리 분포하는 산적딱샛과의 새들은 남아메리카 조류 군집에서 모든 연작류의 3분의 1을 차지한다. 곤충을 먹으며 일반적으로 나무 위에 앉아 먹잇감을 기다리거나 나뭇잎에서 먹이를 찾는다.

17~21cm

큰볏산적딱새
Myiarchus crinitus
널리 분포하는 산적딱새로 몸집이 큰 이동성 조류이다. 다른 근연종처럼 날면서 곤충을 잡는데, 먹이를 찾을 때 종종 정지 비행을 한다.

15cm

숲산적딱새
Contopus virens
'피-우-위'라는 독특한 울음소리를 내는 새로, 먹이를 기습 공격한다. 나뭇가지에 앉아 있다가 곤충을 잡기 위해 날아오른다. 북아메리카 동부에서 번식한다.

22cm

회색 머리

끝은 옅은 적갈색인 갈색 꼬리

열대왕산적딱새
Tyrannus melancholicus
몸집이 크고 기습 공격을 하는 종으로 북아메리카 남부에서 남아메리카까지 분포하며, 개방된 지역에서 번식하고 공격적으로 영역을 방어한다.

15cm

진갈색 윗면

붉은색 아랫면

다홍산적딱새
Pyrocephalus rubinus
개활지에 서식하며 땅 가까이에서 먹이를 찾는다. 수컷은 선명한 붉은색인 반면, 암컷은 주로 회색과 흰색을 이룬다.

10cm

벌잡이산적딱새
Todirostrum cinereum
중앙 및 남아메리카에 서식하는 자그마한 종으로 날아올라 먹이를 찾는 무리를 대표한다. 근연종보다는 좀 더 개방된 지역을 선호한다.

19cm

절벽산적딱새
Hirundinea ferruginea
남아메리카 북부와 중부에 서식하는 딱새로 제비처럼 공중에서 먹이를 잡으며 노출된 바위에 앉아서 쉰다.

17cm

검은산적딱새
Sayornis nigricans
열대 지역의 지표면과 가까운 곳, 종종 물가에서 먹이를 찾는다. 피라미류를 잡기 위해 연못으로 뛰어든다. 꼬리를 자주 흔든다.

개미새

아메리카 열대 숲에 서식하는 개미샛과는 두툼한 부리를 지녔다. 지표면 근처에서 곤충을 사냥하고 몇몇은 군대개미를 따라다니다 달아나는 곤충을 잡아먹기도 한다.

18cm

흰수염개미때까치
Biatus nigropectus
흔하지 않은 종으로 대나무 숲에서 곤충을 먹을 수 있는 브라질 남동부에서만 서식한다. 삼림 벌채로 멸종 위기에 처해 있다.

개미몽당꼬리새, 개미지빠귀

꼬리가 짧은 개미몽당꼬리새는 나무에서 사는 개미지빠귀보다 땅 위에서 보내는 시간이 많다. 둘 다 남아메리카의 숲에 서식하며 곤충을 먹고산다. 개미잡이샛과에 속한다.

18cm

흰수염개미몽당꼬리새
Grallaria alleni
콜롬비아와 에콰도르의 고립된 지역에서 관찰되는 희귀한 종이다. 습한 산간 지대 숲의 덤불에서 서식한다.

요정굴뚝새

요정굴뚝샛과는 작고 꼬리는 쫑긋 섰으며, 곤충을 먹는다. 북반구의 굴뚝새류와 비슷하지만, 꽃의 꿀을 먹는 꿀빨기새와 더 가깝다. 수컷은 파란색과 검정색의 무늬가 있다. 에뮤요정굴뚝새와 초원굴뚝새류는 초지에 서식하며 좀 더 갈색을 띤다.

줄무늬초원굴뚝새
Amytornis striatus
이 중앙오스트레일리아 종은 다른 초원굴뚝새처럼 관목 아래에서 지나다닐 수 있는 스피니펙스 다년초를 선호한다.

15~18cm

15cm

알락요정굴뚝새
Malurus lamberti
오스트레일리아에 서식하는 요정굴뚝새 중 가장 널리 분포하며, 반구형의 둥지를 짓는다. 어린 새는 다음 새끼를 기르는 데 도움을 준다.

꼬리세움새, 반달가슴새

다리가 튼튼하며 잘 날지 못하는 남아메리카산 새인 꼬리세움샛과와 반달가슴샛과는 남아메리카의 연작류 중 육상 생활에 가장 잘 적응한 종이다. 몇몇 종은 긴 뒷발톱으로 흙이나 나뭇잎 더미를 긁으며 먹이를 찾는다.

14~15cm

목걸이반달가슴새
Melanopareia torquata
반달가슴새류는 꼬리세움새류보다 꼬리가 더 길고 최근 새로운 과인 반달가슴샛과로 분리되었다. 이 브라질산 종은 건조한 서식지에서 산다.

각다귀잡이

덤불에서 곤충을 먹고사는 새이다. 각다귀잡잇과는 땅딸막하고 꼬리가 짧으며 다리는 길다. 은밀히 생활하며 지표면 가까이에서 기습 공격을 하거나 이삭줍기 기술을 이용해 먹이를 찾는다.

붉은각다귀잡이
Conopophaga lineata
다른 각다귀잡이 종보다 수가 많으며, 남아메리카 동부에 서식하고 종종 다른 종과 섞인 혼합 무리를 이루며 교란된 서식지를 사용한다.

13cm

서부요정굴뚝새
Malurus splendens
요정굴뚝새들은 탄탄한 암수 관계를 유지하지만 다른 개체와 짝짓기를 하기도 한다. 이 종은 오스트레일리아 가장 남쪽에 서식한다.

14cm

하얀 목

22cm

밝은 노란색의 아랫면

큰노랑깃산적딱새
Pitangus sulphuratus
아메리카 열대 지방에 널리 분포한다. 기습 공격을 하는 전형적인 산적딱새지만, 지표면 근처에서 먹이를 찾기도 한다.

바우어새, 고양이지빠귀

오스트랄라시아에 서식하는 바우어샛과의 새들은 대부분 과일을 먹는다. 밝은색 깃을 지닌 수컷 바우어새는 암컷을 유혹하기 위해 바우어(bower, 정자)라 불리는 둥지를 짓는다. 수컷은 많은 수의 암컷과 짝짓기를 한다.

23cm

청고양이지빠귀
Ailuroedus crassirostris
고양이와 같은 울음소리를 낸다. 수컷은 짝을 찾기 위해 땅 위에 나뭇잎들을 둔다. 이 종은 뉴기니와 오스트레일리아 동부에 서식한다.

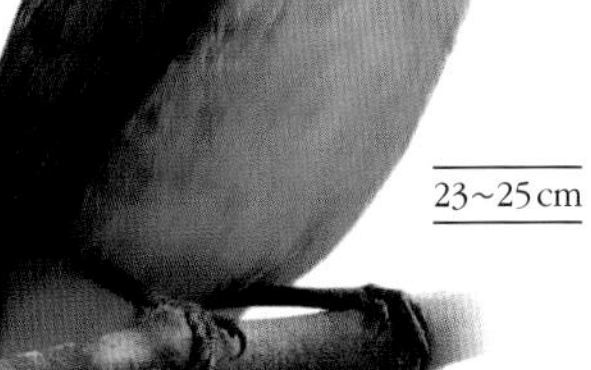

23~25cm

녹색 윗면

황금바우어새
Prionodura newtoniana
오스트레일리아 북부에 서식하는 몸집이 조그만 이 새의 수컷은 짝을 찾기 위해 나뭇가지로 최대 3미터에 달하는 탑을 만든다.

금조

오스트레일리아에 서식하는 금조과는 몸집이 크고 육상 곤충을 먹는다. 수컷은 구애용 흙더미 위에서 긴 꼬리와 깃털 장식을 부채꼴로 펼치면서 구애한다.

80~96cm

금조
Menura novaehollandiae
가장 흔한 금조류로 오스트레일리아 남동부와 태즈메이니아의 숲에서 관찰된다. 수금 모양의 바깥 꼬리 깃털은 무늬로 장식되어 있다.

오스트랄라시아나무타기

나무타깃과의 새들은 북반구에 서식하는 나무발발이와 비슷하게 진화했지만, 근연관계는 없다. 나무발발이와는 달리 나무를 오를 때 꼬리로 지지하지 않는다.

16~18cm

갈색나무타기
Climacteris picumnus
오스트레일리아 동부에서 흔한 종으로, 북부에 서식하는 종은 등이 검고, 남부에 서식하는 종은 등이 갈색이다.

화덕딱새와 근연종

화덕딱샛과의 아메리카산 새들은 숨은 무척추동물을 사냥하는 데 능숙하고 다양한 모양의 둥지를 짓는다. 나뭇가지 둥지, 터널 둥지 그리고 진흙으로 만든 화덕 모양의 둥지 등이 있다.

19~20cm

18~20cm

흰눈화덕딱새
Automolus leucophthalmus
독특하게 홍채가 하얀 남아메리카 새로 다른 많은 곤충을 먹는 새들처럼 먹이를 쫓기 위해 혼합 무리를 이룬다.

붉은화덕딱새
Furnarius rufus
남아메리카 중부와 남부에 널리 분포하는 이 새는 전형적인 화덕딱새로 화덕 모양의 진흙 둥지를 짓는다.

꿀빨기새

꿀빨기샛과의 새들은 오스트레일리아와 태평양 남서부의 섬에 서식한다. 길고 끝에 술이 있는 혀로 꽃의 꿀을 먹으며, 식물의 꽃가루 매개자로서 중요한 역할을 한다.

10~11cm

주홍꿀빨기새
Myzomela sanguinolenta
오스트레일리아 동부에 서식하는 부리가 긴 꿀빨기새 무리에 속한다. 꽃을 찾아다니며 종종 이마에 꽃가루를 묻혀 이동한다.

황록색 날개

25~30cm

파란얼굴꿀빨기새
Entomyzon cyanotis
오스트레일리아와 뉴기니에 서식하는 몸집이 크고 시끄러운 꿀빨기새로 다른 종보다는 곤충을 많이 먹지만 과일을 먹기도 한다.

19~21cm

르윈꿀빨기새
Meliphaga lewinii
꿀빨기새의 부리가 짧은 무리 중 하나로 오스트레일리아 동부에 서식하며 곤충, 열매, 장과류를 먹는다.

13~16cm

가시부리꿀빨기새
Acanthorhynchus tenuirostris
황야 지대에 서식하는 꿀빨기새의 고대 무리로 이 과에서 꿀 빨기에 가장 전문화된 종이다. 오스트레일리아 동부에 서식한다.

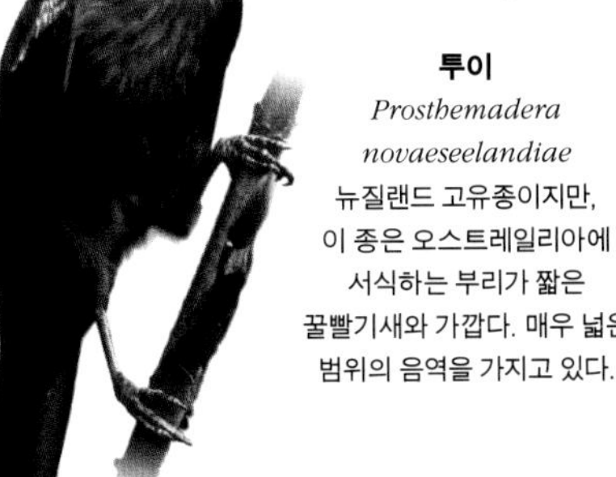

29~32cm

투이
Prosthemadera novaeseelandiae
뉴질랜드 고유종이지만, 이 종은 오스트레일리아에 서식하는 부리가 짧은 꿀빨기새와 가깝다. 매우 넓은 범위의 음역을 가지고 있다.

16~19cm

흰수염꿀빨기새
Phylidonyris novaehollandiae
오스트레일리아 남부와 태즈메이니아에 서식하며, 하얀 수염이 있다. 다른 꿀빨기새처럼 수액을 빨아 먹는 특정 곤충이 분비하는 설탕 용액의 부산물을 먹는다.

숲발발잇과에 속하며 열대 아메리카에 서식한다. 나무 타기의 전문가로 뻣뻣한 꼬리로 지지하고 날카롭고 단단한 앞발가락으로 나무껍질을 움켜쥘 수 있다.

19cm

갈색숲발발이
Lepidocolaptes falcinellus
이 전형적인 황갈색의 숲발발이는 남아메리카의 남동부 숲에서만 관찰된다.

뉴질랜드굴뚝새와 근연종

뉴질랜드굴뚝샛과는 오스트레일리아와 인근 섬에 서식하는 작은 과이다. 오스트레일리아의 가장 작은 새인 쇠부리오스트레일리아굴뚝새를 포함한다. 날개와 꼬리는 짧고 색은 칙칙하며, 다리는 다소 길다. 곤충을 먹는다.

11cm

노랑허리 뉴질랜드굴뚝새
Acanthiza reguloides
뉴질랜드굴뚝새류는 주로 회색, 갈색, 노란색을 띤다. 이 동부산 종은 다른 무리의 많은 종처럼 이마에 잔점 무늬가 있다.

흰 줄무늬 사이에 있는 거무스름한 얼굴 부분

11~14cm

흰눈썹덤불굴뚝새
Sericornis frontalis
덤불굴뚝새류는 오스트랄라시아의 잡목림에 서식한다. 주로 갈색이지만 이 종을 포함한 몇몇 종은 머리에 하얀 무늬가 있으며, 오스트레일리아와 태즈메이니아에 널리 분포한다.

보석새

오스트레일리아에 서식하는 땅딸막한 새인 보석샛과는 뭉툭한 부리로 나무에서 수액을 빠는 곤충을 잡아먹는다.

8~10cm

점박이보석새
Pardalotus punctatus
보석새 4종 중 3종이 하얀 반점이 있다. 매우 활동적이며, 오스트레일리아 남부와 동부의 건조한 숲에 서식한다.

숲제비, 숲까치와 근연종

동남아시아, 뉴기니, 오스트랄라시아에 서식하는 숲제빗과에는 공중에서 곤충을 잡는 숲제비가 포함되며, 이들은 기류를 타고 범상(soar)하는 소수의 연작류다. 오스트랄라시아에 서식하는 숲까치와 피리까치, 땅 위에서 생활하는 오스트레일리아까치는 지능이 높고 시끄러운 잡식성 조류다.

19cm

가면숲제비
Artamus personatus
거무스름한 얼굴과 두꺼운 부리의 숲제비로 오스트레일리아 내륙의 좀 더 건조한 지역에 서식하고 주로 떠돌아다닌다. 다른 숲제비처럼 종종 거대한 무리를 구성한다.

34~44cm

오스트레일리아까치
Gymnorhina tibicen
오스트레일리아에 널리 분포하고 있는 종으로 매우 다양한 흑백의 깃털이 있다. 다채롭고 고운 노래를 부르며 흉내도 잘 낸다.

까마귀류, 어치류

까마귓과는 전 세계에 분포하며 가장 큰 연작류 몇 종을 포함한다. 똑똑하며 기회주의적인 새로 복잡한 사회 조직과 탄탄한 암수 관계를 형성한다. 까마귀들은 도구를 사용하고 놀이를 하며, 심지어 자기 인식을 한다.

33~39cm

유라시아갈까마귀
Corvus monedula
유라시아 서부와 북아프리카에 서식하는 몸집이 작은 까마귀로 바위틈에 둥지를 짓고 해안가 절벽이나 도시에서 관찰된다.

56~69cm

큰까마귀
Corvus corax
북반구의 개활지에서 두루 관찰되는 이 새는 가장 널리 분포하는 까마귀이며, 가장 큰 연작류이다.

25~30cm

푸른어치
Cyanocitta cristata
북아메리카에 서식하는 다채로운 색상의 어치로 가족 구성원 간에 단단한 관계를 형성한다. 도토리를 좋아하고 도토리를 분산시켜 참나무 분포에 도움을 준다.

매우 긴 꼬리

46~50cm

흰배까마귀
Corvus albus
도래까마귀의 근연종으로, 부리는 육중하며 개활지에 서식한다. 아프리카와 마다가스카르에 분포하는 까마귀류 중 가장 흔한 종이다.

46cm

까치
Pica pica
개방된 삼림에서 반사막까지의 서식지에서 흔히 관찰되는 유라시아산 새이다. 아시아에 서식하는 다른 까치류보다 까마귀속의 까마귀와 조금 더 가깝다.

이오라

이오라과에 속하는 이 우림의 새들은 주로 임관부 상층에서 활동한다. 녹색과 노란색의 깃털은 곤충을 찾는 나뭇잎 속에서 새들을 숨겨 준다. 수컷은 정교한 구애 동작을 한다.

15cm

이오라
Aegithina tiphia
이오라 중 가장 작고 가장 널리 분포한다. 아시아의 열대 지방에 걸쳐 인도에서 보르네오까지 관찰되며, 종종 교란된 서식지에서도 관찰된다. 컵 모양의 둥지를 만든다.

45~48cm

떼까마귀
Corvus frugilegus
유라시아에서 연중 일상적으로 무리를 지으며, 얼굴에 털이 없는 까마귀이다. 개방된 시골의 나무에 집단으로 둥지를 짓는다.

47~52cm

까마귀
Corvus corone
유라시아에서 흔하며 주로 단독 생활을 하는 종으로, 다양한 종류의 먹이를 먹는다. 썩은 고기는 물론 작은 동물과 식물성 먹이를 먹는다.

꾀꼬리

때까치 및 까마귀와 가까운 구대륙 연작류인 꾀꼬릿과는 숲의 임관부에서 살며 곤충과 과일을 먹는다. 많은 종이 눈에 띄는 노란색과 검정색의 깃을 가지고 있다.

27~29 cm

24 cm

황금꾀꼬리
Oriolus oriolus
유라시아 서부와 중부의 삼림 지대에서 번식하는 꾀꼬리로 남쪽으로 이동해 아프리카에서 월동한다.

오스트레일리아무화과새
Sphecotheres vieilloti
무화과새는 오스트랄라시아에 서식하며 꾀꼬리의 근연종으로 부리가 더 굵다. 이 종은 오스트레일리아 북동부에 서식한다.

때까치

때까칫과는 개활지에 서식하며 먹이인 곤충이나 작은 척추동물을 가시에 꽂아 저장한다. 대부분 아프리카와 유라시아에 분포한다.

17~18 cm

붉은등때까치
Lanius collurio
번식지는 유럽에서 시베리아까지며, 아프리카에서 월동한다. 다른 라니우스속의 새처럼 고운 소리로 운다.

덤불때까치와 근연종

덤불때까칫과는 아프리카에서만 서식한다. 주로 관목이 우거진 개방된 삼림 지대에서 관찰되고 커다란 곤충을 잡을 수 있는 갈고리 모양의 부리가 있다.

진홍가슴덤불때까치
Laniarius atrococcineus
아프리카에 서식하는 덤불때까치에 속하며 붉은색과 검정색의 깃털이 있다. 이 종은 아프리카 남부에서 서식한다.

23 cm

귤색의 부리

67 cm

붉은부리푸른까치
Urocissa erythrorhyncha
히말라야 산맥에서 동아시아의 숲까지 서식하는 종으로 다른 새의 둥지에서 새끼 새를 훔치고 죽은 동물의 털을 뽑는다.

잉카어치
Cyanocorax yncas
과일과 씨앗을 먹는다. 남아메리카 개체군은 중앙아메리카 개체군과 다른 종으로 여겨질 만큼 매우 다르게 생겼다.

29 cm

물까치
Cyanopica cyanus
무리를 지어 번식하는 사회적인 종이다. 삼림 지대에서 집단생활을 하는 이 종은 별개의 두 개체군(포르투갈과 동아시아에)이 있는데 다른 종으로 여겨질 수도 있다.

31~35 cm

34 cm

어치
Garrulus glandarius
북아메리카산 어치보다 구대륙 까마귀와 좀 더 가까우며, 화려한 색의 이 삼림성 조류는 가을에 습관적으로 도토리를 저장한다.

바람까마귓과는 구대륙 열대 지방에 서식하는 몸이 검고 꼬리가 긴 새로, 곤충을 급습한다. 공격적인 새로 종종 둥지를 방어하기 위해 자기보다 큰 종을 공격하기도 한다.

26 cm

뿔바람까마귀
Dicrurus forficatus
마다가스카르에 서식하며 꼬리가 길고 끝이 갈라졌으며 눈은 붉은색이다. 부리의 기부에 독특한 깃털 다발이 있다.

큰부리때까치와 근연종

육식성 연작류인 큰부리때까칫과는 아프리카산 헬멧때까치와 마다가스카르산 종류를 포함한다. 무척추동물, 파충류, 개구리를 먹으며 먹잇감과 사냥 기술에 따라 끌, 낫, 단도 모양으로 부리 형태가 다양하다.

20 cm

흰헬멧때까치
Prionops plumatus
사하라 사막 이남의 아프리카에 널리 분포하는 새로, 종종 적은 수가 무리를 짓는다. 다양한 음역대의 소리를 낸다.

20 cm

붉은등큰부리때까치
Schetba rufa
마다가스카르의 숲에서 흔하며, 때까치와 비슷하게 생겼지만 그리 가깝지는 않다.

안경딱새와 근연종

안경딱샛과에 속하는 안경딱새와 근연종들은 아프리카에 서식하며 곤충을 먹는다. 부리는 납작하고 갈고리 졌으며, 기부에 짧고 뻣뻣한 털이 있다. 딱새처럼 갑자기 먹이를 잡아챈다.

자주색안경딱새
Platysteira cyanea
안경딱새류는 눈 주변의 붉은 피부 때문에 이름 붙여졌다. 사하라 사막 이남의 아프리카에 걸쳐 삼림 지대에 서식하는 흔한 종이다.

13 cm

비레오새

아메리카에 서식하는 휘파람새류와 겉모습은 비슷하지만 비레오샛과의 종들은 다소 부리가 두껍고, 까마귀, 구대륙의 꾀꼬리, 때까치와 좀 더 가깝다. 나뭇잎을 훑거나 공중에서 곤충을 잡고, 약간의 과일도 먹는다.

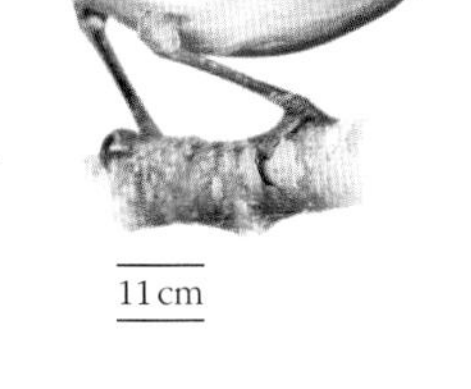

검은머리비레오새
Vireo atricapilla
북아메리카에서 번식하고 멕시코로 이동한다. 다른 비레오새는 암수가 같지만 이 종은 수컷은 머리가 검은 반면 암컷은 머리가 회색이다.

11 cm

12~13 cm

붉은눈비레오새
Vireo olivaceus
소리를 많이 쓰는 비레오새의 이 북아메리카 개체군은 남아메리카로 이동하고 같은 종의 텃새 아종과 합쳐진다.

박새

박샛과는 몸집이 작고 활발하게 움직이며 구멍에 둥지를 짓는 새로 북아메리카, 유라시아, 아프리카의 나무가 우거진 서식지에서 관찰된다. 나뭇잎에 있는 곤충을 훑기 위해 종종 거꾸로 매달려 있고 견과류와 씨앗을 잘 깬다.

곤줄박이
Sittaparus varius
서식지는 동북아시아, 일본, 타이완의 침엽수림과 대나무 숲을 포함한 숲 지역이다.

12~15cm

아메리카쇠박새
Poecile atricapillus
호기심이 많고 곡예하듯 날아다니는 전형적인 박새류로, 북아메리카에서 흔히 볼 수 있는 새이다. 다른 박새류처럼 씨앗을 저장한다.

14~16cm

관깃박새
Baeolophus bicolor
북아메리카 동부에 서식하는 종으로 다른 박새류처럼 곤충을 주식으로 먹고 씨앗으로 보충한다. 씨앗을 단단히 잡고서 부리로 박살 낸다.

노랑배박새
Parus major
유라시아에 널리 분포하는 박새류로 숲에서 황야 지대까지 서식하고 발성 범위가 넓다.

11~12cm

푸른박새
Cyanistes caeruleus
유럽, 터키, 북아프리카의 활엽수림에서 흔히 볼 수 있는 새로 정원에 둔 모이대에 자주 온다.

스윈호오목눈이

스윈호오목눈잇과는 몸집이 작고 부리는 바늘 모양이며 아프리카와 유라시아에 서식한다. 1종은 아메리카에 서식한다. 거미줄 및 부드러운 재료를 이용해 나뭇가지에 매달린 플라스크 모양의 둥지를 짓는다.

유럽스윈호오목눈이
Remiz pendulinus
이 과의 새들 중 유라시아에 걸쳐 넓은 서식 범위를 갖고 있는 유일한 종으로, 매달린 둥지를 지을 수 있는 나무가 많은 습지대에 서식한다.

노랑머리박새
Auriparus flaviceps
다른 스윈호오목눈이류와는 달리 노랑머리박새는 구형의 집을 짓는다. 미국 남부와 멕시코의 사막 같은 관목 지역에 서식한다.

극락조

극락조과의 새들은 주로 뉴기니의 우림에 서식하며 대부분 과일을 먹는다. 수컷은 화려한 깃털을 과시하며 정교한 구애 동작을 보여 주고, 대부분의 에너지를 짝짓기 의식에 쏟아붓는다. 남겨진 암컷들은 혼자 어린 새를 돌본다.

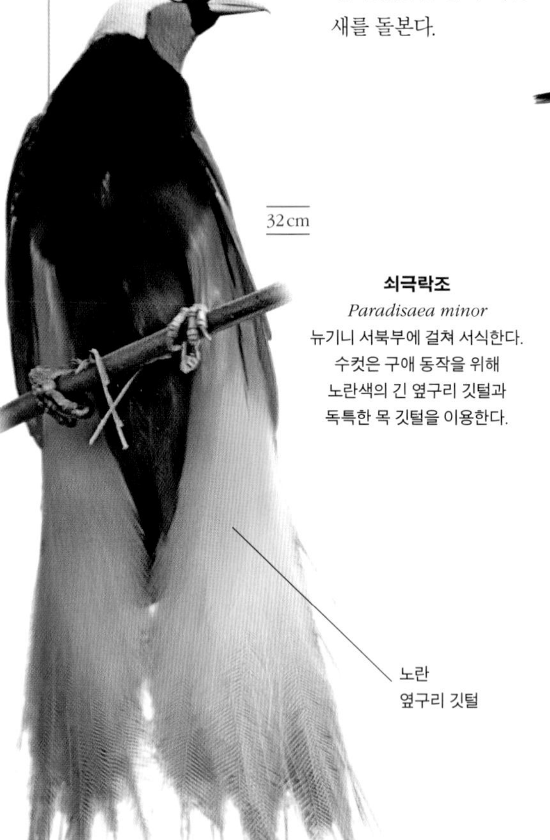

쇠극락조
Paradisaea minor
뉴기니 서북부에 걸쳐 서식한다. 수컷은 구애 동작을 위해 노란색의 긴 옆구리 깃털과 독특한 목 깃털을 이용한다.

오스트레일리아울새

오스트레일리아울샛과는 몸집이 땅딸막하고, 머리는 둥글며, 곤충을 먹는다. 유럽 및 아메리카의 울새와는 가깝지 않으며, 오스트랄라시아에서 남서태평양의 섬까지 분포한다. 몇몇 종은 협동 번식을 한다.

갈색오스트레일리아울새
Microeca fascinans
흔히 볼 수 있는 울새로 넓은 부리를 이용해 파리류를 잡는다. 오스트레일리아와 뉴기니에 걸쳐 삼림 지대에서 널리 분포한다.

노랑배오스트레일리아울새
Eopsaltria australis
오스트레일리아 동부의 삼림 지대와 정원에서 흔히 볼 수 있는 새로 낮은 위치에 앉아 있다가 무척추동물을 기습 공격해 지면에서 잡아챈다.

여샛과는 장과류를 먹으며 날개 위에 끝이 붉고 광택이 있는 깃털이 있다. 3종이 북아메리카와 유라시아의 추운 북쪽 숲에 서식한다.

황여새
Bombycilla garrulus
윤이 나는 이 새는 분홍빛이 도는 갈색에 꼬리 아래 깃털이 밤색이다. 북부 타이가 숲에서 번식하고 남쪽으로 이동하는 기간 동안 장과를 맺는 관목 주위에 모인다.

오목눈이

오목눈잇과의 새들은 몸집이 작고, 항상 움직이며 깃털로 안을 댄 거미줄로 짠 반구형의 둥지를 짓는다. 대부분이 유라시아에서 관찰되며, 1종이 북아메리카에 서식한다. 곤충을 먹는다.

14cm

오목눈이
Aegithalos caudatus
가장 널리 분포하는 오목눈이류로 유라시아 북부에서 중부의 삼림 지대에 분포한다. 비번식기에는 무리를 지어 끊임없이 활동한다.

비단털여새

중앙아메리카에 서식하는 비단털여샛과에는 4종만 있다. 비단털여새라는 이름은 근연종인 여새와 비슷한 부드러운 깃털과 먹이를 먹는 행동에서 따온 것이다.

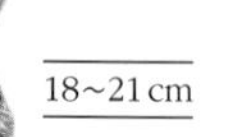

비단털여새
Phainopepla nitens
미국 남부와 멕시코에 서식하는 새로 삼림 지대에서 군락을 이루어 둥지를 짓지만 사막에서 번식할 때는 텃세가 강하다.

긴꼬리딱샛과의 새들은 일반적으로 꼬리가 길며, 넓은 부리로 파리류를 잡는다. 대부분의 종은 구대륙의 열대 숲에 서식한다. 까치종다리를 제외하고 나무에서 생활하며 이끼로 꾸민 컵 모양의 둥지를 짓는다.

검은 머리

26~30cm

적갈색 윗면

긴 꼬리깃

아프리카긴꼬리딱새
Terpsiphone viridis
다양한 색깔의 형태가 있지만 모든 수컷은 긴 꼬리깃이 있다. 사하라 사막의 남쪽 사바나에 서식한다.

17~38cm

까치종다리
Grallina cyanoleuca
다른 종과는 달리 이 오스트레일리아산 새는 땅 위에서 많은 시간을 보내고 커다란 진흙 둥지를 짓는다.

오스트레일리아진흙둥지새

오스트레일리아진흙둥지샛과는 사회적인 2종으로 구성되고 땅 위에서 먹이를 찾으며 풀로 컵 모양의 큰 둥지를 짓는다. 둥지는 나뭇가지 위에 진흙으로 고정시켜 만든다.

갈색진흙둥지새
Struthidea cinerea
땅 위에서 생활하는 새로 무리를 지어 어울린다. 오스트레일리아 북부와 동부의 삼림에 서식한다.

29~32cm

종다리

종다릿과는 고운 소리를 내며 건조하고 개방된 지역에 서식한다. 대부분 아프리카에 분포한다. 땅 위에서 오랜 시간을 보내는 데 필요한 안정감을 제공해 줄 긴 뒷발가락이 있다.

해변종다리
Eremophila alpestris
북아메리카의 극지방과 유라시아 툰드라에서 번식한다. 멀리 남쪽 해안 지대에서 겨울을 보낸다.

14~17cm

18~20cm

큰긴다리종다리
Alaemon alaudipes
다리가 긴 종다리로 부리는 약간 굽었으며 북아프리카와 중동의 매우 건조한 서식지에서 생활한다. 늘 땅 위를 뛰어다닌다.

18~19cm

종다리
Alauda arvensis
유라시아에 걸쳐 영국 제도에서 일본까지 흔히 분포하는 새로, 개활지에 서식하며 공중에서 부르는 아름다운 노래로 유명하다.

직박구릿과 대부분은 유라시아와 아프리카의 따뜻한 지역에서 관찰되며 군집 생활을 한다. 시끄러우며 과실을 먹는다. 많은 종에서 부드러운 깃털은 담갈색이며 꼬리 아래에 붉거나 노란 무늬의 깃털이 있다.

23~25cm

검은직박구리
Hypsipetes leucocephalus
인도, 중국, 태국의 숲과 정원에서 흔히 볼 수 있는 새로, 머리가 검은 아종과 하얀 아종이 있다.

붉은 빰 무늬

20cm

붉은수염직박구리
Pycnonotus jocosus
인도에서 말레이 반도까지 서식하는 흔히 볼 수 있는 아시아산 직박구리이다. 삼림에서 사는 기회주의자로 종종 마을 근처에서도 관찰된다.

제비

제빗과에 속하는 칼새처럼 생긴 새로 날개가 길고 꼬리는 둘로 갈라졌다. 짧고 납작한 부리와 넓게 벌어지는 입으로 날면서 곤충을 쉽게 잡을 수 있다. 진흙으로 둥지를 짓거나 나무 구멍 또는 둑의 깊은 구멍을 이용한다.

20cm

큰줄무늬제비
Cecropis cucullata
아프리카의 초지에 서식하며 대륙의 남쪽에서 번식하고 겨울을 보내기 위해 북쪽으로 이동한다.

12~14cm

갈색제비
Riparia riparia
다른 제비처럼 이 종도 열대 지방에서 겨울을 보내기 위해 남쪽으로 이동한다. 북반구에 걸쳐 강둑에 집단으로 둥지를 짓는다.

12~15cm

나무제비
Tachycineta bicolor
북아메리카의 나무가 있는 습지에 서식한다. 곤충을 주식으로 하며 장과류로 보충하는 덕분에 다른 제비류보다 북쪽에서 번식할 수 있다.

15~19cm

제비
Hirundo rustica
전 세계에 걸쳐 분포하며, 제비 종 중 가장 널리 서식한다. 원래는 동굴에 둥지를 짓지만 지금은 건물도 이용한다.

꼬리치레, 웃음지빠귀와 근연종

일반적으로 휘파람새류보다 더 사교적이고, 더 시끄럽고, 이동을 별로 하지 않는 꼬리치레류와 웃음지빠귀류는 티말리이다이과(Timaliidae)의 상사조과에 속하며, 다양한 종류의 휘파람새 또는 지빠귀 형태로 진화했다. 일부 종은 색이 매우 선명하다.

흰귀시비아새
Heterophasia auricularis
시비아새는 꽃의 꿀을 먹는 꼬리치레류이다. 타이완에서만 서식하며 산림에서 종종 독특한 소리를 들을 수 있다.

16~17 cm

갈색머리꼬리치레
Timalia pileata
동남아시아의 키 작은 덤불에 서식하며 종종 딱새 및 다른 꼬리치레와 물가에서 어울리는 모습이 관찰된다.

은회색 귀 무늬

암적색 날개 무늬

18 cm

흰귀울새
Leiothrix argentauris
동남아시아 산악 지대에 서식하는 새로 살금살금 숨어 다닌다. 민라새, 시비아새, 웃음지빠귀가 포함된 노래하는 꼬리치레류에 속한다.

14 cm

붉은꼬리민라새
Minla ignotincta
박새와 비슷한 몸집이 작은 꼬리치레류로 시끄럽다. 네팔, 중국, 미얀마의 산악림 임관부에 서식한다.

33 cm

큰목걸이웃음지빠귀
Garrulax pectoralis
웃음지빠귀는 숲에 서식하는 몸집이 큰 꼬리치레류로 웃는 소리를 낸다. 종종 혼합 무리를 이루어 지낸다. 이 종은 히말라야 산맥과 동남아시아에 서식한다.

모기잡잇과에 속하는 아메리카산 새로 몸집이 작고 곤충을 먹는다. 굴뚝새류와 가깝지만 겉모습은 좀 더 휘파람새 같다. 굴뚝새류의 몇몇 종처럼 먹이를 찾을 때 꼬리를 세우는 종도 있다.

푸른모기잡이
Polioptila caerulea
북아메리카에 서식하는 모기잡이는 곤충을 몰기 위해 끝이 하얀 꼬리를 세운다. 근연종과는 달리 수컷은 머리에 검은 무늬가 없다.

나무발발이

나무발발잇과는 북반구에 서식하며 몸집이 작고 곤충을 먹는다. 꼬리를 버팀목 삼아 수직으로 선 나무줄기 위에서 먹이를 찾는다.

나무발발이
Certhia familiaris
가장 널리 분포하는 나무발발이속의 새이다. 유라시아에 걸쳐 영국에서 일본까지의 활엽수림과 침엽수림에서 관찰된다.

구대륙휘파람새와 근연종

크고 전세계에 널리 분포하는 꼬리치렛과와 소수의 종으로 구성된 마다가스카르의 마다가스카르솔샛과와 같은 몇몇 과는 부리가 가늘고, 곤충을 먹는 다양한 무리로 구성되어 있다. 일부는 숲에서 서식하고 일부는 키가 작은 덤불, 빽빽한 풀숲 또는 키가 큰 갈대밭 서식지에서 살아간다. 많은 새에 미묘한 무늬가 있어 구별하기 어렵다.

13~15 cm

담황색 아랫면

연두휘파람새
Hippolais icterina
유라시아의 삼림에 서식하는 종으로 개개빗과의 다른 개개비류보다 좀 더 아름다운 소리를 낸다. 겨울에는 아프리카 남부까지 이동한다.

13 cm

흰눈썹개개비
Acrocephalus schoenobaenus
유라시아에서 번식하고 아프리카에서 월동하는 많은 개개비류 중 하나로 습지에 서식한다.

19~23 cm

검은수염 풀휘파람새
Sphenoeacus afer
남아프리카의 관목지에서 서식하며, 다른 구대륙휘파람새에서 따로 갈라져 진화한 고대 아프리카의 무리, 아프리카휘파람샛과에 속한다.

18~24 cm

갈색풀휘파람새
Cincloramphus cruralis
오스트레일리아산 풀휘파람샛과의 이 '풀휘파람새'는 개활지에서 서식하는 떠돌이새다. 노출된 곳에 앉아 있다 날아올라 기습 공격을 한다.

15 cm

굴뚝새사촌
Chamaea fasciata
몸 색깔은 칙칙하며 꼬리는 위로 향해 있는 굴뚝새사촌은 꼬리치렛과 중 유일하게 신대륙에서 서식하는 종이다. 뱁새류와 가까운 것으로 여겨진다.

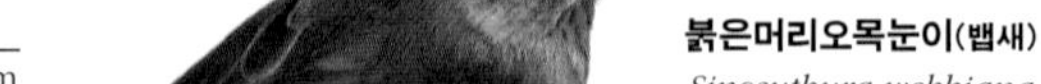

12 cm

붉은머리오목눈이(뱁새)
Sinosuthura webbiana
꼬리가 긴 아시아산 뱁새류는 씨앗을 부수는 뭉뚝한 부리를 지녔지만 곤충을 먹는 구대륙의 휘파람새류가 포함되는 꼬리치렛과에 속한다. 이 종은 중국과 한국에 서식한다.

14 cm

검은머리명금
Sylvia atricapilla
휘파람새속의 수컷들은 검은색과 갈색의 무늬가 있다. 유라시아에 널리 분포하는 이 종의 경우 암컷의 머리에 갈색 무늬가 있다.

12~13 cm

흰수염휘파람새
Sylvia cantillans
휘파람새속의 많은 새처럼 이 종도 관목이 우거진 지중해의 서식지에서 번식하고 아프리카에서 겨울을 보낸다.

수염오목눈이

수염오목눈잇과에는 수염오목눈이, 단 한 종만 있다. 갈대밭 전문가로 여름에는 곤충을 먹고 겨울에는 갈대 씨앗을 소화하기 위해 위가 단단해진다.

16~17cm

수염오목눈이
Panurus biarmicus

동박새

동박샛과의 대부분이 눈 주변에 특징적인 고리 모양의 하얀 깃털이 있다. 꼬리치레류와 매우 가깝고 혀끝이 붓 모양이며 꽃의 꿀을 전문으로 먹는다.

13cm

흰목유히나새
Yuhina bakeri
머리깃이 있는 유희나새는 이제 동박새과로 분류되며, 꽃의 꿀을 먹도록 진화했다. 이 종은 히말라야 산맥의 동부에 서식한다.

11cm

넓은눈테동박새
Zosterops poliogastrus
개방된 삼림에 서식하며 에티오피아, 케냐, 탄자니아의 고립된 산악 지방에만 분포한다. 아종이 동일 지역에서 관찰된다.

파랑나뭇잎새

파랑나뭇잎샛과에 속하는 2종은 동남아시아 숲의 임관부에서 관찰되며 과일, 특히 무화과를 좋아한다. 수컷만이 선명한 파랑색을 띠며 암컷은 흐린 녹색이다.

아시아파랑나뭇잎새
Irena puella
가장 널리 분포하는 파랑나뭇잎새로 인도에서 인도네시아까지 분포하며 종종 코뿔새와 비둘기처럼 다른 과일을 먹는 새와 함께 먹이를 먹는다.

상모솔새

상모솔샛과의 새들은 가장 작은 연작류에 속하며 색깔 있는 머리깃이 있고 시원한 북반구에서 관찰된다. 대사율이 높아 깨어 있을 때에는 끊임없이 먹이를 찾아야 한다. 바늘처럼 생긴 부리로 나뭇잎에서 조그맣고 부드러운 무척추동물을 찾는다.

9cm

상모솔새
Regulus regulus
상모솔새류는 모두 침엽수림에 적응했다. 이 유라시아산 종은 특별히 발에 홈이 있고 발바닥이 부드러워 바늘 같은 잎에 매달릴 수 있다.

11cm

붉은관상모솔새
Regulus calendula
이 북아메리카산 종은 머리에 붉은 무늬가 있고, 모든 상모솔새류의 특징인 머리깃은 정수리깃을 세울 때 잘 보인다.

동고비와 근연종

동고빗과에 속하는 동고비류와 티코드로미다이과의 유일한 종인 나무타기사촌은 나무발발이류보다 더 활발하게 움직이며, 꼬리로 몸을 지지하지 않는다. 이들은 곤충과 함께 씨앗을 먹으며, 때로는 틈 사이에 먹이를 숨겨 둔다.

16~17cm

나무타기사촌
Tichodroma muraria
유라시아 중부의 산악 지대에 서식하며 날카로운 부리로 바위에서 곤충을 찾는다.

14cm

동고비
Sitta europaea
널리 분포하는 삼림성 조류로 다른 동고비류처럼 나무껍질의 틈에 견과류를 끼워 넣어 부순다.

11cm

붉은가슴동고비
Sitta canadensis
북아메리카에 서식하며 동고비와 무늬가 비슷하지만 수컷은 좀 더 색이 선명하다.

굴뚝새

굴뚝새를 제외한 굴뚝샛과의 다른 새들은 아메리카 대륙에서만 서식한다. 대부분의 종이 소리를 많이 내지만 눈에는 잘 띄지 않는다. 날개가 짧고 덤불 속에서 곤충을 찾는다. 심지어 땅 위에서 자는 종도 있다.

10cm

굴뚝새
Troglodytes troglodytes
서식 범위가 유라시아를 포함하는 유일한 굴뚝새류로 북반구에 걸쳐 관찰된다. 지역별로 많은 수의 아종이 있다.

18~23cm

선인장굴뚝새
Campylorhynchus brunneicapillus
가장 큰 굴뚝새류로 캘리포니아와 멕시코의 사막에 서식하며, 땅 위에서 무리를 지어 먹이를 찾는다.

14cm

뷰익굴뚝새
Thryomanes bewickii
꼬리가 길며 캘리포니아와 멕시코의 건조하고 개방된 삼림 지대에 서식한다. 다양한 노래를 부른다.

흉내쟁이지빠귀와 근연종

흉내쟁이지빠귓과의 새들은 아메리카 대륙의 대부분과 카리브 해 및 갈라파고스 제도에 서식한다. 대부분 회색이나 갈색이며 다리가 튼튼하고 소리를 많이 낸다. 몇몇 종은 소리를 흉내 낼 수 있다.

낫부리지빠귀사촌
Toxostoma curvirostre
미국 남부의 매우 건조하고 관목이 우거진 지역에 서식하는 새로 긴 부리를 이용해 땅속에서 무척추동물을 찾는다.

27 cm

열은 회색의 윗면

긴 꼬리

21~26 cm

흉내쟁이지빠귀
Mimus polyglottos
북아메리카에 서식하며 다양한 노래를 밤낮으로 부르는 것으로 유명하다.

21~24 cm

고양이흉내쟁이
Dumetella carolinensis
고양이처럼 "야옹" 하는 소리를 내며 북아메리카에 서식하고 땅 위에서 먹이를 찾는다. 중앙아메리카와 카리브 해에서 월동한다.

찌르레기, 쇠찌르레기

찌르레깃과 대부분이 군집 생활을 하고 시끄러우며, 금속성 광택이 있는 깃을 갖고 있다. 아시아 남부에서 태평양까지 분포하는 근연종을 포함한 쇠찌르레기류와 아프리카에서 유라시아까지 분포하는 전형적인 찌르레기류로 나누어진다.

27~31 cm

구관조
Gracula religiosa
아시아의 열대 숲에 서식하며 관상조로 유명하다. 울음소리와 흉내를 내는 능력으로 유명하다.

50 cm

까치찌르레기
Streptocitta albicollis
꼬리가 길고 까치처럼 생긴 쇠찌르레기류로 인도네시아 술라웨시 섬과 인근 섬의 우림에서 주로 둘씩 짝을 이뤄 서식한다.

25 cm

흰찌르레기
Leucopsar rothschildi
인도네시아 발리의 우림에서만 관찰되는 매력적인 새로 서식지 파괴와 조류 거래로 심각한 멸종 위기에 처해 있다.

소등쪼기새

소등쪼기샛과의 소등쪼기새류는 아프리카 사바나를 파형 비행으로 낮게 날아간다. 발이 튼튼해 새들이 먹이를 찾으면서 대형 동물의 가죽에 단단히 달라붙을 수 있지만 다리가 짧아 땅 위를 걷기에는 적합하지 않다.

노랑부리소등쪼기새
Buphagus africanus
사하라 사막 이남의 아프리카 사바나에서 흔하며, 자주 거대한 포유동물 위에 앉아 기생충을 먹지만 상처를 쪼기도 한다.

19~22 cm

구대륙딱새, 지빠귀딱새

지빠귀와 가까운 솔딱샛과는 넓은 부리로 날아다니는 곤충을 잡아채는 전형적인 딱새와 울새류, 밤울음 새, 사막딱새를 포함하는 지빠귀딱새로 나누어진다. 어떤 종은 색이 밝지만 이 조그마한 새의 대부분은 회색이거나 갈색이다.

18 cm

13 cm

검은딱새
Saxicola torquatus
전형적인 지빠귀딱새류로 몸집이 작다. 꼿꼿한 자세로 앉고 귀에 거슬리는 소리를 내며 곤충을 먹는다. 유라시아와 아프리카의 초지에서 흔하다.

적갈색 꼬리 기부

14 cm

큰유리새
Cyanoptila cyanomelaena
아시아 열대 지방에 서식하는 선명한 푸른색 딱새류의 거대한 무리에 속한다. 동아시아 숲의 높은 곳에서 먹이를 찾는다.

14 cm

유럽울새
Erithacus rubecula
지빠귀딱새와 가까운 새로 유라시아 서부와 아프리카 북부의 울타리나 삼림 지대에 서식한다. 영국에서는 정원에서도 흔히 관찰된다.

15~16 cm

사막딱새
Oenanthe oenanthe
사막딱새류는 개활지에 서식하는 엉덩이가 흰 지빠귀딱새이다. 이 종은 유라시아에 걸쳐 가장 널리 분포하는 종이며, 아프리카에서 겨울을 보낸다.

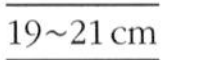

19~21 cm

흉내쟁이딱새
Thamnolaea cinnamomeiventris
몸이 거무스름한 아프리카산 지빠귀딱새에 속하며 식물이 우거진 바위로 된 서식지에서 나타난다. 마을 근처에서는 사람을 따르기도 한다.

13~14 cm

흰눈썹짧은날개새
Brachypteryx montana
이제 솔딱샛과로 분류되는 이 짧은날개새는 주로 땅 위를 뛰어다니며 아시아의 숲에서 관찰된다. 히말라야에서 인도네시아 자바 섬까지 분포한다.

14 cm

붉은꼬리딱새
Phoenicurus phoenicurus
적갈색의 꼬리에서 이름을 땄으며 지빠귀딱새처럼 생겼다. 주로 아시아에서 관찰된다. 이 종은 유라시아 서부에서 중부까지 분포하며 동아프리카로 이동한다.

지빠귀와 근연종

지빠귓과에 속하는 대부분의 지빠귀들은 땅 위에서 지렁이, 달팽이, 곤충을 포함한 무척추동물을 먹는 삼림성 조류이다. 전 세계에서 관찰되지만 대부분이 구대륙에 분포한다. 많은 종이 아름다운 노래를 부른다.

알락찌르레기
Sturnus vulgaris
유라시아 원산이지만 북아메리카에 도입되어 흔히 볼 수 있는 찌르레기이다. 공중에서의 거대한 군무 이후 무리를 이루어 잠을 잔다.

청찌르레기
Lamprotornis splendidus
사하라 사막 이남의 아프리카에 널리 분포하며 금속성 광택으로 반짝이는 깃털이 특징인 아프리카 찌르레기의 무리에 속한다.

힐데브란트찌르레기
Lamprotornis hildebrandti
동아프리카의 나무가 우거진 사바나에 서식하는 윤기 나는 종으로 대형 육상 곤충을 먹는다. 종종 다른 찌르레기 종과 무리를 이룬다.

에메랄드찌르레기
Lamprotornis iris
서아프리카에 서식하는 윤기 나는 종으로 주로 과일, 특히 무화과를 먹는다. 개미를 먹기도 한다.

동부파랑지빠귀
Sialia sialis
북아메리카 동부에 서식하며 개방된 삼림 지대와 들판에서 흔히 볼 수 있다. 종종 오래된 딱따구리 둥지를 이용한다.

귤빛지빠귀
Zoothera citrina
구대륙 호랑지빠귀속의 많은 지빠귀 중 하나인 이 종은 히말라야 산맥에서 인도네시아 발리 섬까지 관찰된다.

꼬까지빠귀
Ixoreus naevius
북아메리카 서부의 성숙한 침엽수림에서 관찰되는 새로 공원이나 정원에서 겨울을 보낸다. 다른 지빠귀류처럼 땅 위 나뭇잎 더미에서 먹이를 찾는다.

흰꼬리울새
Myiomela leucura
히말라야 산맥부터 인도차이나 반도에 이르는 강기슭 숲에 서식하는 새로 보통 방해받지 않는 한 땅에서 가까이 지낸다.

흰눈썹울새
Luscinia svecica
밤울음새의 근연종으로 유라시아 북부의 습한 지역에서 번식하고 아프리카와 동남아시아로 이동한다.

노래지빠귀
Turdus philomelos
유럽에서 시베리아까지 분포하며 삼림 및 정원에 서식한다. 자주 단단한 표면을 모루대로 이용해 달팽이 껍데기를 으깬다.

아메리카지빠귀
Turdus migratorius
유럽울새와는 달리 이 북아메리카산 지빠귀는 종종 25만 마리의 개체가 모여 겨울 집단을 이룬다.

밤울음새
Luscinia megarhynchos
유라시아 서부와 중부의 덤불에 서식하는 새로 밤낮으로 부르는 시끄럽고 풍부한 노랫소리로 유명하다.

알락딱새
Ficedula hypoleuca
주로 아시아산 딱새들이 포함되는 이 거대한 속은 지빠귀딱새류와 가깝다. 이 삼림성 조류는 유럽에서 시베리아까지 분포한다.

대륙검은지빠귀
Turdus merula
유럽과 북아프리카부터 인도까지 흔히 볼 수 있는 삼림성 조류로 꼬리가 길다. 심하게 텃새를 부리며 종종 정원에서 볼 수 있다.

유럽개똥지빠귀
Turdus pilaris
유라시아 북부에서 번식하고 겨울에는 좀 더 남쪽으로 이동해, 들판에서 무리를 이룬다.

나뭇잎새

나뭇잎샛과에 속하는 과일을 먹는 새들은 동남아시아의 숲에 서식한다. 주식인 꽃의 꿀을 얻기 위해 끝이 붓 모양인 혀를 이용한다. 수컷은 녹색이 특징적인데, 목 앞은 파랗거나 검다.

20cm

귤빛가슴나뭇잎새
Chloropsis hardwickei
아름다운 소리로 우는 이 새는 히말라야 산맥에서 말레이 반도까지의 고지대 숲의 임관부에 서식한다.

천인조와 근연종

천인조과의 아프리카산 천인조와 근연종인 새들은 뻐꾸기처럼 밀랍부리류에 탁란을 한다. 새끼 새의 입 무늬와 먹이를 조르는 행동이 밀랍부리류 새끼의 행동과 비슷해서 숙주를 속일 수 있다.

12~38cm

봉황참새
Vidua paradisaea
동아프리카에 서식하는 전형적인 천인조로, 번식기의 수컷은 매우 긴 꼬리깃이 발달해 구애 비행에 이용한다.

작고 군집성이 크며 종종 밝은색을 띠는 밀랍부릿과의 새들은 열대 아프리카, 아시아, 오스트레일리아에 분포한다. 초지나 개방된 삼림 지대에 서식하고 씨앗을 먹으며 돔 모양의 둥지를 짓는다. 암수가 새끼 양육을 분담한다.

14cm

푸른밀랍부리
Uraeginthus ianthinogaster
대부분 몸 색깔이 파란 밀랍부리의 속에 포함되며 동아프리카의 건조한 삼림 지대에 서식한다.

10cm

푸른등밀랍부리
Mandingoa nitidula
아프리카 서부에서 남부까지의 덤불에 서식하는 새로, 몸의 아랫면에 하얀 반점이 있고 다른 밀랍부리보다 훨씬 비밀스럽다.

10cm ♀ ♂

금화조
Taeniopygia guttata
오스트레일리아의 건조한 지역이 원산지인 금화조는 전 세계적으로 유명한 관상조이다.

16cm

문조
Lonchura oryzivora
원산지는 자바 섬과 발리 섬으로 멸종 위기 취약 종이며 곡물을 먹는다. 벼의 유해 종이자 반려동물 거래로 인해 사냥되고 있다.

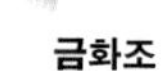

10cm

밀랍부리
Estrilda astrild
아프리카에 걸쳐 많은 수가 서식한다. 다른 근연종처럼 씨앗을 먹으며 개활지에서 무리를 지어 쉴 새 없이 움직인다.

12cm ♀ ♂

멜바단풍새
Pytilia melba
피틸리아속 밀랍부리의 수컷은 날개에 빨간 무늬가 있다. 이 아프리카산 새의 둥지에 봉황참새가 탁란을 한다.

12cm

거무스름한 부리

배에 있는 흑백의 비늘무늬

향마니킨방울새
Lonchura punctulata
남아시아의 관목에서 흔한 새이다. 암수가 겉모습이 비슷하다.

12cm

붉은머리청홍조
Erythrura psittacea
청홍조류는 동남아시아에서 태평양까지 서식하는 몸의 대부분이 녹색인 밀랍부리이다. 뉴칼레도니아의 초원에서도 관찰된다.

꽃새

꽃샛과의 땅딸막한 새들은 열대 아시아와 오스트랄라시아에 서식하는 태양새와 가깝다. 주로 과일을 먹으며, 태양새처럼 꽃에서 꿀을 얻기도 한다. 부리는 좀 더 짧다.

10~11cm

겨우살이새
Dicaeum hirundinaceum
오스트레일리아에 서식하며 겨우살이의 열매를 빨리 소화시킬 수 있는 작은창자가 있다. 이 기생 식물의 씨앗을 분산시키는 데 중요한 역할을 한다.

구대륙참새

뭉뚝한 부리에 씨앗을 먹는 참샛과의 새로, 아프리카와 유라시아에서 두루 관찰된다. 전형적인 참새를 비롯해, 이 분류군에는 피레네 산맥에서 티베트의 산악 지대까지 서식하는 눈참새도 포함된다.

15cm

집참새
Passer domesticus
원산지는 유라시아와 북아프리카로, 전 세계 인간 거주 지역에서 잘 적응하고 있다.

물까마귀

물까마귓과에 속하는 물까마귀들은 연작류 중 유일하게 물속에서 헤엄치고 잠수할 수 있다. 수중 생활에 잘 적응해 기름으로 방수된 깃털과 산소를 담고 있는 혈액 같은 독특한 특징이 있다.

18cm

흰가슴물까마귀
Cinclus cinclus
온대성 유라시아에 걸쳐 널리 분포하는 이 종은 유속이 빠른 하천에서 번식하지만 겨울에는 유속이 느린 곳으로 이동한다.

붉은점밀랍부리
Amadina fasciata
수컷의 새빨간 목 반점에서 이름을 따왔다. 건조한 아프리카의 삼림 지대에서 흔히 볼 수 있으며 종종 사람의 거주지 근처에서도 관찰된다.

호금조
Erythrura gouldiae
청홍조류의 색이 화려한 근연종으로, 오스트레일리아 북부에 서식하며 멸종 위기에 처해 있다. 떠돌이새로 수컷의 얼굴은 붉거나 검다.

밭종다리, 할미새

모든 대륙에서 분포하는 할미샛과는 개활지에 서식하며 곤충을 먹는다. 할미새들은 대부분 꼬리가 길며, 거무스름한 논종다리에 비해 색이 더 밝다. 몇몇 종은 물 가까이에 서식한다.

15cm

붉은가슴밭종다리
Anthus cervinus
북극의 툰드라에서 번식하는 밭종다리로, 번식기에 수컷은 적갈색으로, 암컷은 분홍색으로 목 색깔이 변한다.

14~17cm

밭종다리
Anthus rubescens
땅 위를 다니는 전형적인 밭종다리로, 극지방의 툰드라에서 번식하고 좀 더 남쪽의 해안과 들판에서 월동한다.

15cm

노랑힝둥새
Tmetothylacus tenellus
개방된 덤불이나 초지에 서식하는 새로, 동아프리카의 수단에서 탄자니아까지 분포한다.

황록색 등

16~17cm

노란 아랫면

긴발톱할미새
Motacilla flava
유라시아에 널리 분포하며 아프리카, 인도, 오스트레일리아에서 월동한다. 머리에 회색이나 검은색 무늬가 있는 종을 포함해 아종이 다양하다.

17~20cm

알락할미새
Motacilla alba
전형적인 할미새로 유라시아 전체에 널리 분포하며, 종종 농장과 도시에도 출현한다.

태양새

구대륙 열대 지방에 서식하는 태양샛과는 작고 재빨리 움직이며 꽃의 꿀을 먹는다. 긴 목과 구부러진 부리, 긴 혀가 있어서 아메리카 대륙에 서식하는 벌새와 비슷하다. 수컷은 반짝이는 화려한 색을 띠며 맹렬히 세력권을 보호한다.

줄무늬가슴거미잡이태양새
Arachnothera affinis
거미를 사냥하며 단조로운 색에 긴 부리를 지닌 종이다. 다른 태양새처럼 동남아시아산의 이 새는 꿀과 함께 무척추동물을 먹는다.

길고 구부러진 부리

15cm

선명한 진홍색 가슴

붉은가슴태양새
Chalcomitra senegalensis
사하라 사막 이남의 아프리카에서 흔하게 관찰되는 커다란 태양새이다. 다양한 삼림 지역에 서식한다.

10cm

자색태양새
Cinnyris asiaticus
남아시아에 서식하는 이 새는 다른 태양새처럼 새끼에게 주로 곤충을 먹인다. 번식기 이후, 수컷의 화려한 깃털은 사라진다.

베짜는새

베짜는샛과는 군집성이 크고 씨앗을 먹으며 정교한 둥지를 짓는다. 암컷은 수컷이 지은 둥지를 보고 택한다. 대부분이 아프리카 원산이며 소수가 아시아 남부에서 관찰된다.

밤색베짜는새
Ploceus rubiginosus
가장 많은 수를 포함하고 있는 베짜는새속에 속하는 종으로 동아프리카에서 관찰된다.

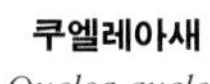

쿠엘레아새
Quelea quelea
세계에서 가장 수가 많은 새로 널리 알려진 이 아프리카산 종은 거대한 무리를 구성해 농작물에 심각한 피해를 준다.

15~40cm

붉은목베짜는새
Euplectes ardens
번식기에 수컷은 검은색이며, 몇몇은 과시 비행을 하는 동안 꼬리를 부채꼴처럼 넓게 펼친다. 사하라 사막 이남의 아프리카에서 널리 분포한다.

10~11cm

노랑머리금란조
Euplectes afer
아프리카 원산으로 번식기의 수컷은 무늬가 선명하며 암컷과 비번식기의 수컷은 붉은색이거나 검정색이다.

바위종다리

주로 땅 위에 서식하는 연작류로, 바위종다릿과의 새들은 부리가 가늘고 유라시아에 서식한다. 대부분이 고지대에 적응했지만 겨울에는 먹이인 곤충을 대신할 씨앗을 찾기 위해 저지대로 이동한다.

유럽억새풀새
Prunella modularis
다른 바위종다리와는 달리 저지대에 서식하며, 보통 무리를 구성하지 않는다. 온대성 유라시아에 널리 분포한다.

되새와 근연종

되샛과의 되새들은 유라시아, 아프리카, 아메리카 대륙의 열대 지역에서 매우 다양하게 분포한다. 꽃의 꿀을 먹는 가는 부리의 새부터 씨앗을 먹는 부리가 커다란 밀화부리와 콩새까지, 다양한 먹이에 대처할 수 있도록 진화했다.

12 cm

유럽검은방울새
Carduelis carduelis
검은방울새는 엉겅퀴와 같은 키 큰 식물의 이삭에서 씨앗을 꺼낼 수 있도록 가늘고 뾰족한 부리가 있다. 이 종은 유라시아에 널리 분포한다.

12~13 cm

검은방울새
Carduelis tristis
밝은 노란색의 검은방울새와 검은머리방울새는 아메리카, 특히 남아메리카에서 다양화되었다. 이 이동성 종은 북아메리카에 서식한다.

15 cm

푸른머리되새
Fringilla coelebs
유럽에서 가장 흔한 되새로 북아시아에서도 관찰된다. 겨울에는 종종 다른 되새와 함께 먹이를 찾는다.

17 cm

솔잣새
Loxia curvirostra
솔잣새류는 침엽수의 구과에서 씨앗을 꺼낼 수 있도록 독특하게 부리가 서로 엇갈려 있다. 이 종은 북반구의 침엽수림에 널리 분포한다.

12 cm

노랑이마카나리아
Serinus mozambicus
이 새는 대부분이 노란색인 아프리카산 카나리아 무리에 속한다. 사하라 사막의 남부에 흔하다.

15~17 cm

회색이마갈색양진이
Leucosticte tephrocotis
멋쟁이새와 가까운 삼림성 되새로 북아메리카의 바위가 많은 고지대에 서식한다.

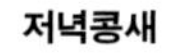

커다란 흰색의 날개 무늬

저녁콩새
Hesperiphona vespertina
되샛과에 속하는 밀화부리류들은 홍관조가 속한 멧샛과와 특징을 공유하지만 근연관계는 없다. 부리는 씨앗을 깰 정도로 육중하다. 이 종은 북아메리카에 서식한다.

찌르레기사촌과의 북아메리카산 종들은 외견상 검은지빠귀와 비슷하지만 가깝지는 않다. 분류군으로 보면 이 새들은 되새류와 좀 더 가깝다. 단단한 먹이를 비틀어 깰 수 있도록 틈을 벌릴 수 있는 강력한 부리가 있다.

28~34 cm

긴꼬리검은찌르레기
Quiscalus quiscula
북아메리카 원산의 기회주의자들로 쓰레기 폐기장과 옥수수 작물을 급습한다. 안쪽에 돌기가 있는 부리로 도토리를 열 수 있다.

21~26 cm

노랑머리검은찌르레기
Xanthocephalus xanthocephalus
북아메리카 서부의 습지대에 서식하는 이 새는 무리를 지어 번식하고 포식자를 피하기 위해 물 위에 둥지를 짓는다.

17~24 cm

붉은날개검은찌르레기
Agelaius phoeniceus
습지 환경에 서식하는 북아메리카산 새로 종종 좀 더 크고 우세한 노랑머리검은찌르레기와 함께 무리를 지어 둥지를 짓는다.

19~26 cm

동부초원종다리
Sturnella magna
북아메리카 동부의 개활지에 서식하며 땅 위에 풀로 지붕을 얹어 둥지를 짓는다.

19~22 cm

갈색머리카우새
Molothrus ater
이 북아메리카산 새는 다른 명금류의 둥지에 많은 수의 알을 낳는다. 어린 새는 다양한 숙주 부모 새가 기르게 된다.

18~20 cm

볼티모어찌르레기홍내쟁이
Icterus galbula
봄과 여름에는 곤충과 유충을 먹지만 겨울에는 꿀과 장과류로 먹이를 바꾼다.

15~20 cm

흰허리찌르레기사촌
Dolichonyx oryzivorus
땅 위에 둥지를 트는 북아메리카산 새로 남아메리카의 중부 지역으로 이동해 월동한다.

37~46 cm

뿔큰매달린둥지새
Psarocolius decumanus
다른 열대 아메리카의 큰매달린둥지새처럼 개방된 숲에서 나뭇가지 끝에 매달린 긴 둥지를 짓는다.

푸른목녹색풍금조
Chlorophonia cyanea
과일을 먹는 녹색풍금조류는 이름대로 주로 녹색이다. 이 종은 남아메리카에 걸쳐 숲속에서 널리 서식한다.

자줏빛목노랑배풍금조
Euphonia chlorotica
노랑배풍금조류은 주로 과일, 특히 겨우살이의 열매를 먹는 작은 새이다. 이 종은 남아메리카 북부에 서식한다.

집양진이
Carpodacus mexicanus
북아메리카에 서식하는 집양진이는 전형적인 양진이류로 수컷은 붉은색이거나 옅은 색을 띤다. 양진이류는 특히 온대 아시아 지역에서 다양하다.

솔양진이
Pinicola enucleator
북반구 침엽수림에 서식하는 이 밀화부리류의 부리는 매우 가까운 근연종인 멋쟁이새와 비슷하다.

멋쟁이새
Pyrrhula pyrrhula
멋쟁이새류는 부리가 짧고 두꺼우며 머리는 크다. 이 종은 가장 널리 분포하는 멋쟁이새 종류로, 유라시아 온대 지역을 가로질러 삼림 지대에서 관찰된다.

하와이꿀빨기멧새
Drepanis coccinea
부리가 길고 꽃의 꿀을 먹는 이 새는 하와이에서만 관찰된다. 산간 지대의 숲에 서식하며, 높은 고도에서 가장 큰 개체군이 나타난다.

큰부리밀화부리
Eophona personata
독특한 무늬가 있는 새로 시베리아와 일본 북부의 추운 북쪽 숲에서 번식하며 중국 남부에서 겨울을 난다.

아메리카솔새

되새류와 관련된 아메리카솔샛과는 곤충을 먹으며, 남북 아메리카에 걸쳐 관찰된다. 열대 지방의 종들은 텃새이지만 온대 지방의 종들은 철새이다. 수컷은 겨울에 밝은 깃털을 털갈이한다.

몸 전체에 있는 흑백의 줄무늬

11~14cm

줄무늬아메리카솔새
Mniotilta varia
북아메리카에 서식하는 이 솔새는 동고비류처럼 나무줄기를 오르락내리락한다. 뒷발톱이 길어 나무껍질을 붙잡을 수 있다.

18cm

노랑가슴딱새
Icteria virens
북아메리카에 서식하는 새로, 솔새류치고는 비교적 몸집이 크다. 낮뿐만 아니라 밤에도 노래하고 다른 새의 소리를 흉내 낸다.

노란 몸

12~13cm

흐릿한 갈색의 발과 다리

노랑아메리카솔새
Setophaga aestiva
북아메리카에서 카리브 해까지 널리 분포하며 지역별로 다양한 종류의 아종이 있다.

14cm

밤색가슴솔새
Setophaga castanea
북아메리카 동부의 가문비나무 숲에서 번식한다. 개체 수는 먹이인 잎말이나방과에 속하는 나방 유충의 풍부도에 따라 변동한다.

13cm

두건솔새
Setophaga citrina
붉은꼬리솔새처럼 미국 동부의 활엽수림에 서식하며 공중에서 곤충을 사냥한다.

11~13cm

붉은꼬리솔새
Setophaga ruticilla
북아메리카에 서식하는 이 새는 활발하게 먹이를 찾아다니며, 곤충을 몰기 위해 주황빛과 검은빛의 날개와 꼬리를 재빨리 보여 준다. 공중에서도 먹이를 잡는다.

15cm

물지빠귀솔새
Parkesia noveboracensis
북아메리카에 서식하며 땅에서 생활하는 솔새로, 몸집이 크고 꼬리를 까딱거린다. 습한 삼림 지대의 나뭇잎 더미에서 먹이를 찾고 물가 덤불에 둥지를 짓는다.

13cm

노랑머리버들솔새
Protonotaria citrea
수목이 울창한 습지에 서식하는 이 종은 아메리카솔새로서는 독특하게 나무 구멍에 둥지를 짓는다. 때때로 오래된 딱따구리의 구멍을 이용한다.

11~14cm

노랑목솔새
Geothlypis trichas
습한 지역에 서식하며 다른 북아메리카산 솔새류처럼 이동하는 종이다. 캘리포니아와 멕시코에서 월동한다.

12cm

녹색날개솔새
Vermivora chrysoptera
북아메리카 동부에 서식하는 아메리카솔새로 관목이 우거진 개활지와 농장에서 번식하며 삼림 벌채로 이득을 얻는 종이다.

멧새와 근연종

전형적인 멧새류인 멧샛과는 구대륙에 서식하며 주로 땅 위에서 씨앗을 찾는다. 구대륙과 신대륙에 있는 긴발톱멧새는 긴발톱멧샛과에 속하며 역시 다리가 짧고 초원에서 툰드라 산 정상에 이르는 땅 위에 서식한다.

검은머리멧새
Emberiza melanocephala
관목지와 올리브나무 숲에 서식하는 머리가 검은 멧새로 중동에서 번식하고 인도에서 월동한다.

17cm

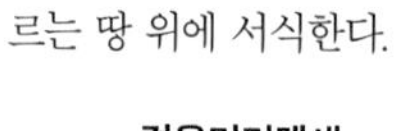

수컷의 배는 노란색이고 머리는 검다.

15cm

긴발톱멧새
Calcarius lapponicus
멧새류의 근연종으로 긴 뒷발톱에서 이름을 따왔다. 이 종은 번식기 동안 극지 주변에 분포한다.

아메리카참새

신대륙멧새과의 새들은 참새류보다는 구대륙의 멧새류와 비슷하다. 특히 작고 날카로운 윗부리와 약간 비뚤어진 절단면이 있는 부리 모양이 비슷하다. 많은 종의 머리에 줄무늬가 있으며, 옆구리에 줄무늬가 있는 종도 있고 없는 종도 있고 단색을 띠는 종도 있다. 이들은 땅 위를 깡충깡충 뛰어다니며 씨앗을 찾는다.

진한 회색 몸

15~16cm

검은눈방울새
Junco hyemalis
이 종이 속한 검은방울새류는 무리를 지어 육상 생활을 하는 회갈색의 북아메리카산 참새이다. 이 종은 겨울에 정원의 모이대에서 자주 볼 수 있다.

19cm

노랑넓적다리멧새
Pselliophorus tibialis
신대륙참새 중 시끄럽고 열대 지방에 서식하는 무리로 코스타리카와 파나마의 산간 우림 지대에서만 관찰된다.

22cm

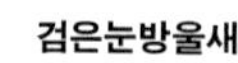

얼룩검은멧새
Pipilo maculatus
얼룩검은멧새가 속한 발풍금새류는 꼬리가 긴 신대륙참새이다. 이 종은 북아메리카의 덤불이 있는 서식지에서 관찰되며 옆구리가 적갈색이다.

풍금조와 근연종

풍금조과는 남아메리카의 열대 숲에서 관찰되는 화려한 새들로 구성되어 있다. 되새와 관련된 새들은 과실, 곤충, 씨앗, 꽃의 꿀을 포함한 다양한 먹이를 이용하게끔 진화했다.

알락씨먹이멧새
Sporophila corvina
아메리카 열대 지방에 서식하는 무리에 속하며, 뭉툭한 부리로 씨앗을 먹는 새이다. 깃털의 무늬가 다양하다.

11cm

14cm

검은가면멧새
Coryphaspiza melanotis
남아메리카 중부의 초원에서 서식하며 땅 위에서 먹이를 찾는 새 중 하나이다. 풍금조과에 속한다.

14cm

푸른꿀먹이새
Chlorophanes spiza
다부진 체격의 새로 숲의 임관부에 서식하며 통통하고 아래로 굽은 부리를 이용해 과일을 먹는다. 다른 풍금조류와 혼합 무리를 이루는 것이 종종 관찰된다.

18~19cm

자주풍금조
Piranga olivacea
피란가속 풍금조의 수컷 대부분이 번식기에 붉게 변한다. 북아메리카에 서식하는 이 종은 철새이다.

18cm

서부풍금조
Piranga ludoviciana
북아메리카 서부에서 번식하고 중앙아메리카에서 월동한다. 번식기 수컷의 몸이 대부분 노란색을 띠는 유일한 피란가속 풍금조이다.

15cm

갈라파고스큰땅방울새
Geospiza magnirostris
갈라파고스 제도의 토착종으로 씨앗을 먹는다. 다른 갈라파고스방울새보다 땅에서 먹이를 찾는 시간이 적다.

15cm

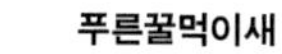

황금목테풍금조
Iridosornis jelskii
안데스 산맥의 숲에 서식하는 머리에 노란 줄무늬가 있는 풍금조 중 하나로 이 종은 페루와 볼리비아에 서식한다.

18cm

푸른날개산풍금조
Anisognathus somptuosus
산악 지대 우림에 서식하는 이 종을 포함해 남아메리카 북부에 서식하는 대부분의 산풍금조는 파란색과 노란색을 띤다.

여우참새
Passerella iliaca
북아메리카에 걸쳐 널리 분포하는 몸집이 거대한 참새로 등과 가슴에 붉은 줄무늬가 있다. 하층 식생부에서 먹이를 찾는다.

흰날개멧새
Calamospiza melanocorys
북아메리카 대초원에 서식하는 새로 땅 위에 둥지를 짓는 신대륙 참새에 속한다.

흰정수리멧새
Zonotrichia leucophrys
북아메리카에 서식하며 주로 하층 식생부나 땅 위에서 관찰된다. 이 종은 머리에 독특한 흑백의 무늬가 있다.

노래참새
Melospiza melodia
알래스카에서 멕시코까지 분포하는 북아메리카에서 흔한 새로 다양한 아종이 있다. 선율적인 노래를 부르는 습성에서 이름을 따왔다.

치피참새
Spizella passerina
머리 위가 적갈색인 새로 북아메리카의 개방된 삼림 지역에서 흔히 볼 수 있다. 치피참새는 독특하게 떨리는 소리로 운다.

붉은뿔멧새
Paroaria coronata
파로아리아속의 새들은 남아메리카에서 관찰된다. 이 종은 개방된 삼림에 흔히 보인다.

푸른꿀새
Cyanerpes cyaneus
아메리카 대륙의 열대 지역에 서식하는 꿀빨기멧새류는 이름대로 꽃의 꿀을 먹는다. 이 종은 가장 널리 분포하며 부리는 아래로 굽었다. 수컷의 겨울깃은 암컷처럼 번식기 이후 흐린 녹색이 된다.

푸른얼굴풍금조
Tangara cyanicollis
남아메리카 북부의 개방된 숲에 서식하는 새로, 특히 보는 각도에 따라 색이 달라지는 깃을 가진 풍금조 무리에 속한다.

홍관조와 근연종

주로 부리가 두툼한 이 새들은 멧새류처럼 씨앗을 먹으며 많은 종이 풍금조처럼 밝은색이다. 멧새 및 풍금조 모두와 가까운 홍관조과는 되새류에서 분화된 아메리카산 연작류의 거대한 무리에 속한다.

붉은가슴밀화부리
Pheucticus ludovicianus
아메리카산 홍관조는 이동성 조류로, 보통 묵직한 부리를 이용해 커다란 씨앗 및 딱정벌레와 같은 곤충을 먹는다.

홍관조
Cardinalis cardinalis
미국 동부와 멕시코에 서식하는 이 새의 수컷은 먹이에서 얻은 카로티노이드로 인해 붉은색을 띤다.

오색멧새
Passerina ciris
미국 남부에서 번식하고 중앙아메리카와 카리브 해에서 월동한다. 수컷만이 눈에 띄는 3가지 색의 무늬가 있다.

유리멧새
Passerina cyanea
푸른색의 멧새류 중 가장 넓은 범위에서 분포하는 종으로, 캐나다와 남아메리카 사이를 이동한다. 수컷은 겨울에 푸른 깃을 잃는다.

포유류

포유류는 매우 성공한 동물이다. 거의 모든 육상 서식지에서 거주할 수 있고, 어떤 종은 숨을 참은 채 바다 깊숙이 들어갈 수 있다. 하지만 포유류는 생물 역사상 비교적 최근인 2억 1000만 년 전에 분화한 집단이다.

문	척삭동물문
강	포유강
목	28
과	160
종	약 6,300

두개골과 직접 이어진 하나의 턱뼈는 태즈메이니아 주머니너구리와 같은 포유동물이 강력한 힘으로 물 수 있게 한다.

고래수염은 케라틴이라는 단백질로 구성되어 있다. 수염고래는 이 수염으로 바닷물을 걸러 입속에 먹이를 몰아넣는다.

어린 혹멧돼지들은 태어난 뒤 처음 몇 주 동안 어미로부터 모유를 빨면서 필요한 영양분을 얻는다.

논쟁

균등한 진화

유대목 동물들의 특징은 다소 체온이 낮은 것을 포함해 종종 원시적인 단계로 묘사된다. 유대목의 새끼들은 배아 단계에서 태어나고 주머니에서 발달하며, 이는 극히 평범하게 새끼를 낳는 태반이 있는 포유동물보다 덜 진보했다는 것을 의미한다. 실제로는 두 계통 모두 1억 7500만 년 전 비슷한 시기에 진화했다.

여러 적응들의 독특한 조합 덕분에 포유류는 파충류를 대신해 지구 동물계의 지배적인 존재가 될 수 있었다. 포유류는 파충류처럼 공기 호흡을 하지만 비늘로 뒤덮인 조상과는 달리 온혈 동물이며 끊임없이 연료(음식)를 태워 따뜻한 체온을 유지할 수 있다. 직접적으로 태양열에 의존하지 않고도 가장 효율적으로 생명을 유지할 수 있는 화학적 과정을 신체 내부에 갖추고 있는 것이다. 포유류는 독특하게 털이 있어 열 손실을 줄이고 차가운 기후나 밤에도 활동할 수 있다. 털은 털갈이를 하고 다시 자라기 때문에 계절에 따라 조절이 가능하다.

환경에 따른 변화

포유류의 기본 골격은 곧은 사지가 아래로부터 몸을 지탱해 주는 형태로 매우 튼튼하다. 이러한 구조는 육상에 서식하는 포유류가 걷고 달리고 뛰어오를 수 있도록 해 주며, 또한 적응력이 매우 뛰어나서 바다표범이나 고래목의 동물들은 수영을 할 수 있도록, 박쥐류는 날 수 있도록, 일부 영장류는 나무 사이를 돌아다니거나 오를 수 있도록 변형되었다. 두개골에는 두개골과 바로 이어진 아래턱뼈가 달린 강력한 턱이 있으며 매우 다양한 먹이 형태에 적응해 이빨 구조 또한 다양하다. 또한 파충류에서 아래턱의 역할을 했던 특정 뼈들이 포유류에서는 새로운 용도, 즉 속귀를 구성하는 3개의 조그만 뼈가 되어 청각을 강화시키게 되었다. 포유류의 두개골은 다른 어떤 무리들의 뇌보다도 큰 뇌를 보호하는 역할도 한다. 커다란 뇌는 지능으로 나타나며 타의 추종을 불허하는 학습 능력과 기억력 그리고 복잡한 행동으로 이어진다.

이러한 능력은 세밀하게 조정되는 데 시간이 필요하기 때문에 어린 포유류는 어미의 젖샘에서 생산되는 모유를 먹으면서 오랜 양육 기간을 거쳐 학습을 하게 된다. 젖샘은 피지샘에서 진화했는데, 원래는 피부를 유지하기 위해서, 그리고 아마도 난세포가 마르는 것을 방지하기 위해서 분비물을 배출했던 것으로 보인다.

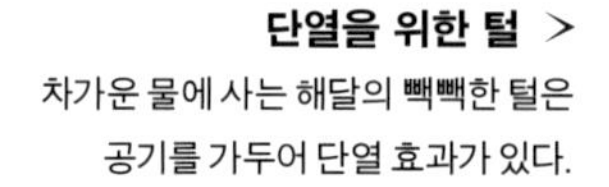

단열을 위한 털 >

차가운 물에 사는 해달의 빽빽한 털은 공기를 가두어 단열 효과가 있다.

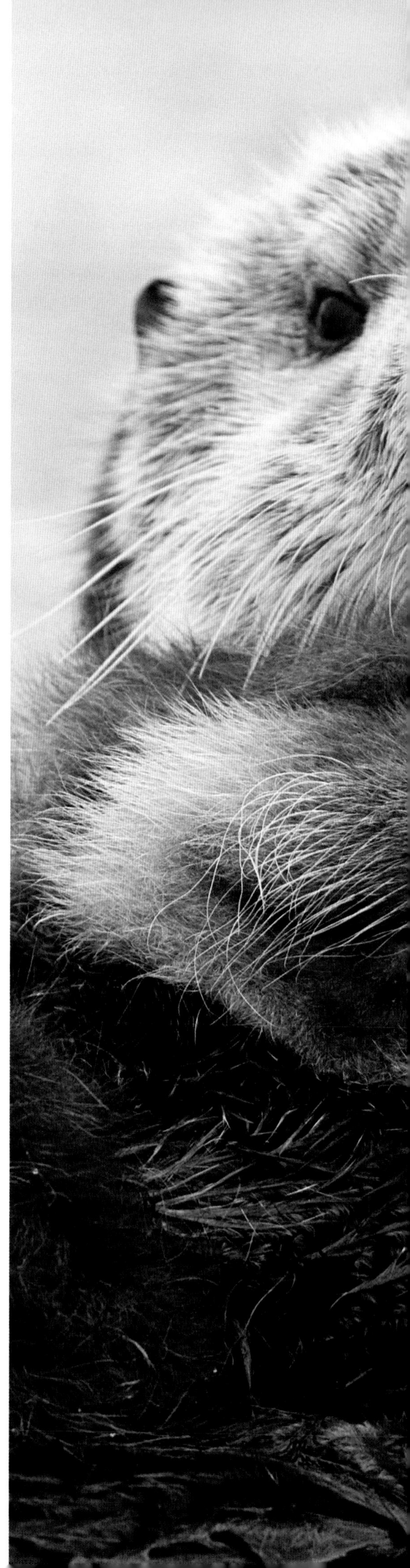

포유류의 분류

포유류는 크게 3개의 무리로 나뉜다. 알을 낳는 단공류, 주머니가 있는 유대류 그리고 태반이 있는 포유동물이다. 후자의 무리가 가장 다양하다.

알을 낳는 포유류

단공류로 알려진 이 포유동물 무리에는 현재 5종만이 있다. 모두 특화된 주둥이가 있으며 알을 낳는다.

알을 낳는 포유류 중에서 오리부리처럼 생긴 주둥이가 있는 오리너구리, 긴코가시두더지 및 짧은코가시두더지가 단공목을 구성한다. 이들은 뉴기니, 오스트레일리아, 태즈메이니아의 다양한 서식지에서 관찰된다.

오리너구리와 가시두더지는 부드러운 껍데기의 알을 낳고 알은 10일 정도의 포란 기간을 거쳐 부화한다. 새끼는 암컷의 젖샘에서 분비되는 모유를 먹는데, 단공류는 젖꼭지가 없다. 갓 태어난 가시두더지는 가시가 날 때까지 어미의 주머니 안에서 생활하고, 이후에는 오리너구리처럼 몇 달 동안 굴에서 머문다.

단공류는 먹이를 찾고 먹을 수 있도록 주둥이가 특화되었다. 오리너구리는 부분적으로 수중 생활을 한다. 납작하고 감각 수용기로 덮인 오리부리 같은 부리로 물속에서, 심지어는 매우 탁한 환경에서도 먹이인 무척추동물을 찾을 수 있다. 육상 생활을 하는 가시두더지의 원통형으로 생긴 기다란 주둥이와 기다란 혀는 개미 또는 흰개미의 집을 수색하거나 벌레를 찾는 데 적합하다. 오리너구리와 가시두더지 모두 이빨이 없으며 대신 혀 위에 표면이 오돌토돌하거나 거친 가시가 나 있다.

이름 속 의미

단공류(單孔類)는 '하나의 구멍'이라는 뜻으로 소화 기관, 비뇨 기관, 생식 기관이 몸 뒤로 하나로 이어진 배설강에서 이름을 따왔다.

문	척삭동물문
강	포유강
목	단공목
과	2
종	5

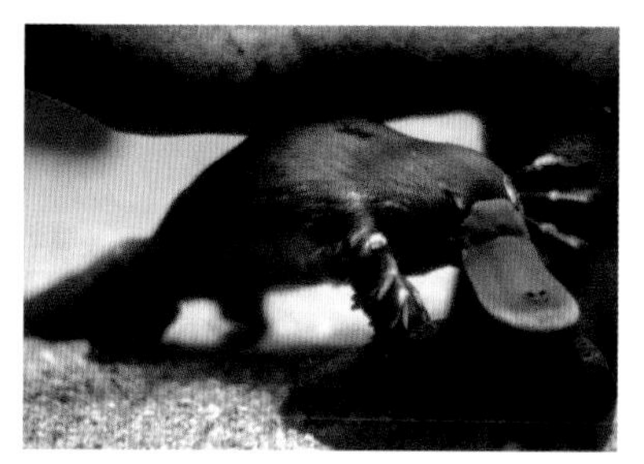

오리너구리의 크고 물갈퀴 진 앞발은 추진력을 내며 뒷발과 꼬리는 키 역할을 한다.

오리너구리

오리너구릿과에 속하는 유일한 종으로 반수중 생활에 매우 잘 적응했다. 유선형의 몸에 방수되는 털과 물갈퀴 진 발, 납작한 꼬리가 있다. 수컷은 뒷발에 각각 독이 있는 며느리발톱이 있다.

가시두더지

가시두더짓과는 긴코가시두더지 및 짧은코가시두더지로 구성된다. 둥근 몸은 털과 가시로 덮여 있고 긴 주둥이는 곤충, 개미류, 벌레를 찾는 데 적합하다.

오리너구리
Ornithorhynchus anatinus
오스트레일리아 동부 및 태즈메이니아의 강과 하천에 서식하는 희귀한 종으로 전기 수용기로 덮여 있는 부드러운 부리로 무척추동물을 사냥한다.

가시두더지
Tachyglossus aculeatus
오스트레일리아, 태즈메이니아, 뉴기니에 널리 분포하며 복부 내 주머니에 하나의 알을 낳는다.

세가락가시두더지
Zaglossus bartoni
가장 큰 단공류로 뉴기니 동부의 숲으로 뒤덮인 산악 지대에 서식한다.

주머니가 있는 포유류

이 포유류들은 덜 성숙한 단계에서 태어나는 새끼를 돌보며, 새끼들은 일반적으로 어미의 복부 주머니에서 완전히 성장한다.

유대류는 사막 및 건조한 관목림에서부터 열대 우림까지 다양한 서식지에 분포한다. 대부분은 육상이나 수목 생활을 하지만 몇몇 종은 활공하며 1종은 수중 생활을 하고 2종류의 유대류 두더지는 땅속에서 생활한다.

유대류의 먹이 역시 다양해서 많은 종류가 육식성, 식충성, 초식성, 잡식성 등이다. 꿀과 꽃가루를 먹는 유대류도 있다. 몸무게가 4.5그램을 넘지 않는 세계에서 가장 작은 포유류인 플라니갈레부터 90킬로그램이 넘는 붉은캥거루까지 크기도 다양하게 분포한다.

초기 발생

어린 유대류는 앞을 보지 못하며 털이 없는 상태에서 태어난다. 새끼들은 어미의 털을 헤치고 길을 만들며 젖꼭지에 달라붙어 젖을 빤다. 유대류의 절반 정도에서 젖꼭지가 육아주머니 안에 있다. 어떤 유대류는 한 번에 오직 1마리의 새끼를 낳지만 다른 종류는 12마리 또는 그 이상 낳기도 한다. 새끼가 주머니 안에 있는 기간은 태반이 있는 포유류의 임신 기간과 같다.

캥거루를 포함한 일부 다른 유대류들은 어린 새끼가 이미 주머니를 차지하고 있을 경우 새로운 배아가 자궁에 착상하기 전에 배아의 발달을 멈출 수 있다. 임신은 기존 새끼가 다 자라서 주머니가 비게 되면 이어진다.

7개의 목

유대류로 알려진 주머니가 있는 포유류들은 현재 7개의 주요 분류군으로 나누어진다. 여기에는 주머니쥐목에 속하는 아메리카산 주머니쥐, 새도둑주머니쥐목의 새도둑주머니쥐, 칠레주머니쥐목의 유일한 종인 모니토델몬토, 주머니고양이목인 오스트레일리아산 육식성 유대류, 반디쿠트목의 반디쿠트, 주머니두더지목의 주머니두더지가 있다. 그리고 마지막으로 유대류의 대표적 상징 동물인 캥거루를 비롯해 코알라, 웜뱃, 오스트레일리아주머니쥐, 왈라비가 포함되어 있는 유대류의 가장 큰 목인 캥거루목의 오스트레일리아산 유대류가 있다.

문	척삭동물문
강	포유강
목	7
과	18
종	350 이상

논쟁

그렇게 원시적이지 않다?

새끼들이 어미 뱃속의 태반에서 영양분을 장기간 공급받지 않은 채 초기 단계에 태어나기 때문에 주머니가 있는 포유류는 한때 원시적인 것으로 여겨졌다. 그러나 보다 정밀한 연구 결과들을 통해 과학자들은 현재 이러한 번식 전략이 환경에 대한 적응인 것을 비롯해, 주머니가 있는 포유류가 태반이 있는 동물만큼 진보된 존재임을 밝혀 냈다. 캥거루는 서로 다른 나이대의 독립하지 않은 어린 새끼 2마리를 돌보며, 이 새끼들에게 만일 무슨 일이 생기면 수정란이 곧바로 발달을 하기 시작한다. 유대류의 이런 번식 전략은 혹독한 환경 조건이 완화될 때 주머니가 있는 포유류가 즉시 회복할 수 있음을 의미한다.

새도둑주머니쥐

새도둑주머니쥣과의 무리는 다른 아메리카산 유대류보다 적은 앞니의 개수로 구별된다. 8종 모두 남아메리카 서부의 안데스 산맥에 분포한다.

9~14cm

검은새도둑주머니쥐
Caenolestes Caenolestes fulginosus
콜롬비아, 에콰도르, 베네수엘라의 고지대에 서식하며 커다란 아랫앞니로 먹이를 죽인다.

모니토델몬토

칠레주머니쥣과의 유일한 종으로 콜로콜로라고도 불리는 이 동물은 추위에 잘 적응했다. 온도가 내려가거나 먹이 공급이 줄어들면 에너지를 보전하기 위해 단기 가수면 상태와 장기 동면을 함께 활용한다.

8~13cm

모니토델몬토
Dromiciops gliroides
칠레와 아르헨티나의 서늘한 대나무 숲과 온대 우림에서 서식하며 빽빽한 털이 있어 열 손실을 줄인다.

주머니두더지

오스트레일리아에 서식하는 2종류의 주머니두더지가 주머니두더짓과에 속한다. 사지는 짧고 발톱은 크며 뿔 모양의 비막(鼻膜)이 땅을 파는 데 도움을 준다. 바깥귀가 없고 눈은 기능을 하지 못한다.

11~14cm

남부주머니두더지
Notoryctes typhlops
오스트레일리아 중부의 모래사막과 스피니펙스 다년초가 자라는 초지에 서식하며, 구멍을 파는 데 뛰어나다.

주머니쥐

신대륙에 서식하는 주머니쥣과의 뾰족한 주둥이에는 예민한 수염이 있고 귀에는 털이 없다. 많은 종이 꼬리로 물건을 잡을 수 있어 나무를 오를 때 도움이 된다. 어떤 주머니쥐는 주머니가 없다.

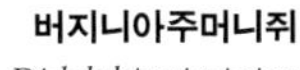

37~50cm

버지니아주머니쥐
Didelphis virginiana
아메리카 대륙에 서식하는 유대류 중 가장 큰 종으로 미국과 멕시코, 중앙아메리카의 초지, 온대림 및 열대림에 서식한다.

20~32cm

갈색귀양털주머니쥐
Caluromys lanatus
서부양털주머니쥐로도 불리며 단독 생활을 하는 주머니쥐로 남아메리카 중서부의 습한 숲에서 분포하며 나무 위에서 생활한다.

16~28cm

민꼬리양털주머니쥐
Caluromys philander
이 양털주머니쥐는 물건을 잡을 수 있는 긴 꼬리가 있어서 남아메리카 동부와 중부의 습한 우림 임관부 사이를 이동한다.

»

» 주머니쥐

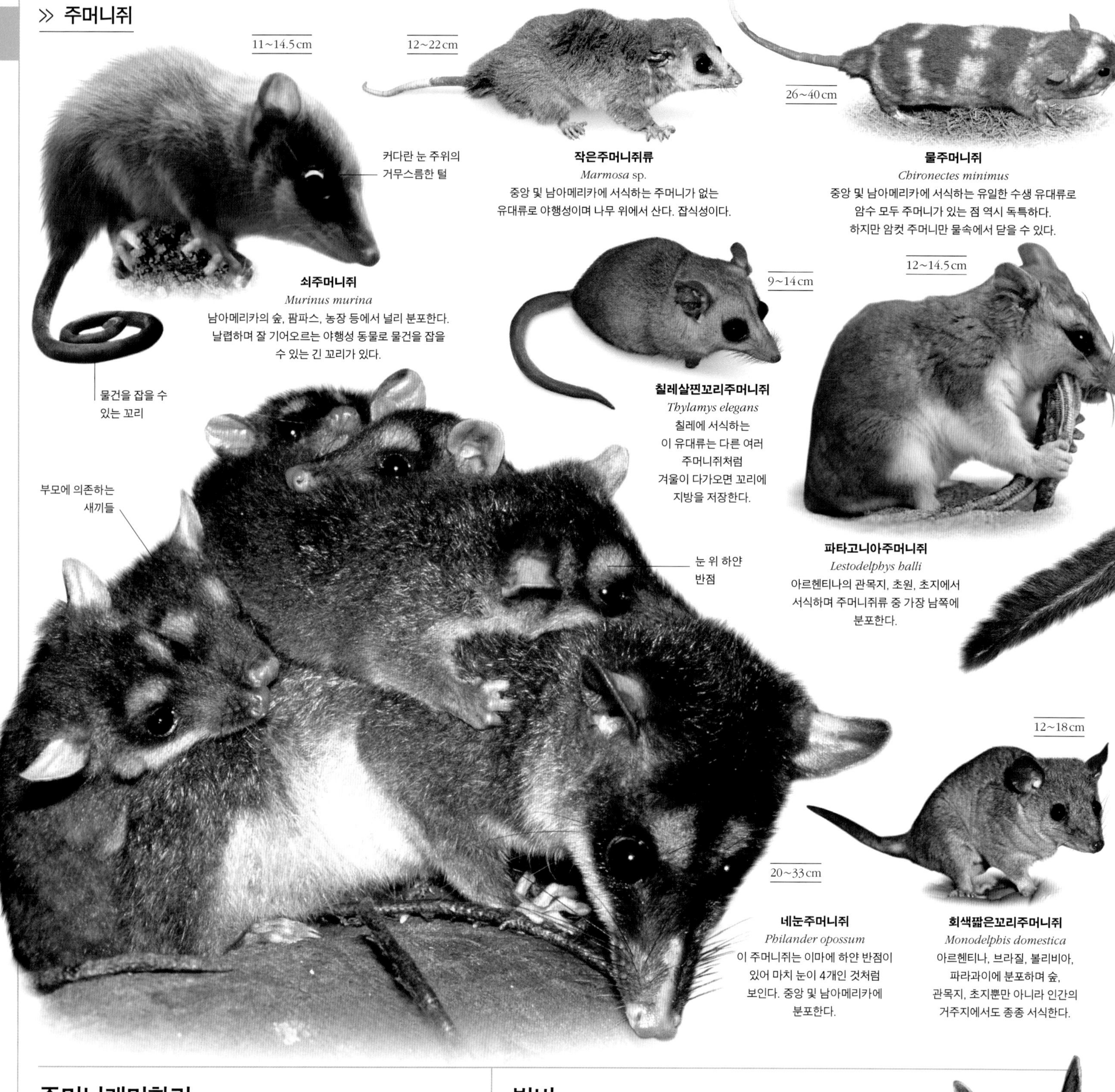

작은주머니쥐류
Marmosa sp.
중앙 및 남아메리카에 서식하는 주머니가 없는 유대류로 야행성이며 나무 위에서 산다. 잡식성이다.

물주머니쥐
Chironectes minimus
중앙 및 남아메리카에 서식하는 유일한 수생 유대류로 암수 모두 주머니가 있는 점 역시 독특하다. 하지만 암컷 주머니만 물속에서 닫을 수 있다.

쇠주머니쥐
Murinus murina
남아메리카의 숲, 팜파스, 농장 등에서 널리 분포한다. 날렵하며 잘 기어오르는 야행성 동물로 물건을 잡을 수 있는 긴 꼬리가 있다.

칠레살찐꼬리주머니쥐
Thylamys elegans
칠레에 서식하는 이 유대류는 다른 여러 주머니쥐처럼 겨울이 다가오면 꼬리에 지방을 저장한다.

파타고니아주머니쥐
Lestodelphys halli
아르헨티나의 관목지, 초원, 초지에서 서식하며 주머니쥐류 중 가장 남쪽에 분포한다.

네눈주머니쥐
Philander opossum
이 주머니쥐는 이마에 하얀 반점이 있어 마치 눈이 4개인 것처럼 보인다. 중앙 및 남아메리카에 분포한다.

회색짧은꼬리주머니쥐
Monodelphis domestica
아르헨티나, 브라질, 볼리비아, 파라과이에 분포하며 숲, 관목지, 초지뿐만 아니라 인간의 거주지에서도 종종 서식한다.

주머니개미핥기

주머니개미핥깃과의 유일한 종이다. 모피에는 독특한 줄무늬가 있으며 땅을 팔 수 있는 튼튼한 발톱, 흰개미를 둥지에서 꺼낼 수 있는 매우 긴 혀가 있다.

22~29cm

주머니개미핥기
Myrmecobius fasciatus
오스트레일리아 서부의 유칼립투스 숲과 삼림 지대에서만 관찰되는 주행성 유대류로 흰개미만 먹는다.

빌비

작은빌비가 멸종된 이후 긴귀반디쿠트과에는 오직 1종만이 존재한다. 매우 건조한 지역에 서식하는 이 야행성 유대류는 먹이에서 수분을 섭취하기 때문에 물을 마실 필요가 없다.

큰빌비
Macrotis lagotis
오스트레일리아 중부 사막에서 굴을 파고 산다. 부드러운 털과 삼색 꼬리, 토끼처럼 긴 귀가 있다.

주머니고양이, 두나트와 근연종

주머니고양잇과의 동물들은 턱이 강력하고 날카로운 송곳니가 있으며 70종 이상의 크고 작은 육식성 유대류로 구성된다. 엄지발가락을 제외하고 각 발가락에 날카로운 발톱이 있다.

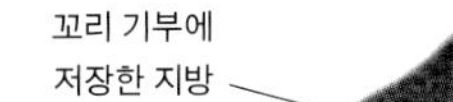

엉덩이와 가슴에 있는 하얀 줄무늬

꼬리 기부에 저장한 지방

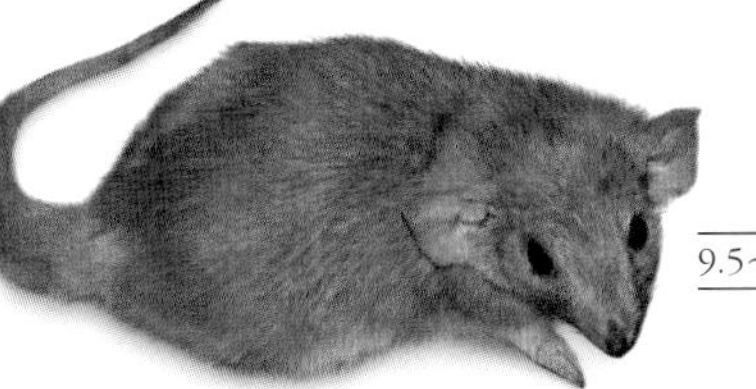

9.5~10.5cm

살찐꼬리가짜엔테치누스
Pseudantechinus macdonnellensis
야행성으로 곤충을 먹으며 꼬리의 기부에 지방을 저장한다. 오스트레일리아 중서부의 매우 건조하고 바위가 많은 지대에 서식한다.

태즈메이니아주머니너구리
Sarcophilus harrisii
가장 큰 육식성 유대류로 밤에 사냥한다. 태즈메이니아에 걸쳐서 다양한 서식지에서 산다.

57~65cm

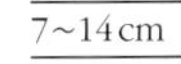

7~14cm

갈색엔테치누스
Antechinus stuartii
오스트레일리아 동부의 고유종으로 모든 수컷은 1개월간의 짝짓기 기간 내에 죽는 독특한 종이다.

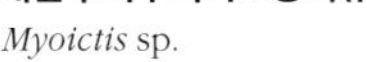

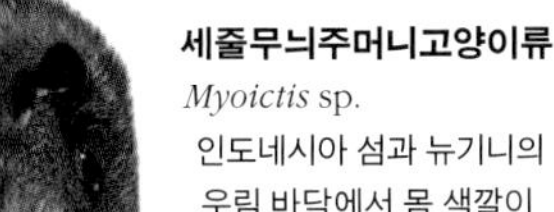

19~24cm

세줄무늬주머니고양이류
Myoictis sp.
인도네시아 섬과 뉴기니의 우림 바닥에서 몸 색깔이 훌륭한 위장색이 된다.

12~23cm

26~40cm

서부주머니고양이
Dasyurus geoffroii
추디취로도 불리는 야행성 사냥꾼으로 오스트레일리아 남서부에 서식하며 나무를 오를 수 있음에도 주로 땅 위에서 산다.

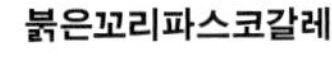

10.5~12.5cm

붉은꼬리파스코갈레
Phascogale calura
육식성 유대류로 오스트레일리아 남서부의 삼림 지대에 서식하며, 기부가 빨간 꼬리의 끝에는 검은 털 다발이 있다.

볏꼬리물가라
Dasycercus cristicauda
오스트레일리아 중서부에 분포하는 육식 동물로 사막, 황야, 초지와 같은 매우 건조한 지역에 서식한다. 꼬리에 지방을 저장한다.

7~10cm

주머니뛰는쥐
Antechinomys laniger
커다란 뒷다리로 껑충껑충 달리며, 오스트레일리아 남부와 중부의 삼림 지대, 초지, 반사막 지대에 걸쳐 서식한다.

5~7.5cm

좁은코플레니갈레
Planigale tenuirostris
머리는 납작하며 야행성 유대류이다. 오스트레일리아 남동부의 저지대 관목지와 건조한 초지에 서식한다.

5~7.5cm

내룩닝가우이
Ningaui ridei
뾰족뒤쥐처럼 주둥이가 뾰족하며 야행성 포식자이다. 오스트레일리아 중부의 건조한 스피니펙스 초지에 산다.

6~9cm

굵은꼬리스민토프시스
Sminthopsis crassicaudata
오스트레일리아 남부의 개방된 초지에 서식한다. 몸집이 작은 야행성의 유대류이다.

반디쿠트

이 잡식성 유대류는 오스트레일리아와 뉴기니에 걸쳐 분포한다. 둘째와 셋째 발가락이 결합된 뒷발과 3쌍의 아랫앞니가 특징인 반디쿠트과 동물들의 털은 짧고 거칠거나 가시가 있다.

22.5~38cm

가시반디쿠트
Echymipera kalubu
뉴기니의 숲에 서식하는 야행성 동물로 곤충을 먹는다. 원뿔형 주둥이, 가시가 있는 털, 털 없는 꼬리가 특징이다.

검은색소과다증 종

28~36cm

황갈색 거친 털

서부갈색반디쿠트
Isoodon obesulus
코가 짧은 반디쿠트로 오스트레일리아 남부와 캥거루 섬 및 태즈메이니아를 포함한 몇몇 섬의 관목이 많은 황야 지대에 서식한다.

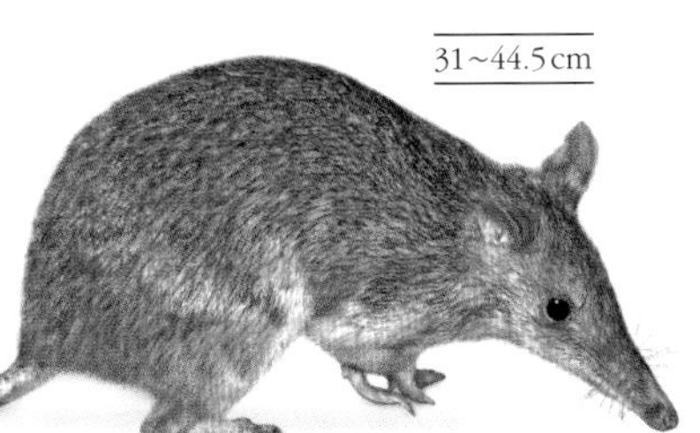

31~44.5cm

긴코반디쿠트
Perameles nasuta
오스트레일리아 동부 연안의 우림과 삼림 지대에 서식하는 야행성 반디쿠트로 곤충을 찾아 땅을 파며 먹이를 찾는다.

27~35cm

동부띠무늬반디쿠트
Perameles gunnii
몸통의 털에 있는 미색 줄무늬에서 이름을 땄으며 오스트레일리아와 태즈메이니아의 초지와 풀로 덮인 삼림 지대에 서식한다.

코알라

코알라과에 속하는 유일한 종으로 강력한 앞발, 마주 볼 수 있는 손가락과 발가락, 날카롭게 구부러진 발톱으로 인해 나무를 능숙하게 탄다. 먹이인 유칼립투스 잎의 영양가가 낮기 때문에 매일 20시간까지 잔다.

코알라
Phascolarctos cinereus
거의 유일한 먹이인 유칼립투스 잎만 먹는 코알라는 오스트레일리아 동부의 숲과 삼림 지대에 서식한다. 단독 생활을 하며 야행성이다.

꼬마주머니쥐

몸집이 작고 물건을 쥘 수 있는 꼬리가 있는 야행성 유대류로 곤충, 과일, 꿀과 화분을 먹는 잡식 동물이다. 꼬마주머니쥣과의 4종은 오스트레일리아 토착종이며 나머지 1종은 오스트레일리아와 뉴기니에 서식한다.

긴꼬리꼬마주머니쥐
Cercartetus caudatus
수목 생활을 하는 유대류로 뉴기니 및 오스트레일리아 퀸즐랜드 북동부의 온대 강우림에 서식한다.

산꼬마주머니쥐
Burramys parvus
오스트레일리아의 바위가 많은 고지대에서 육상 생활을 하며, 겨울에는 몇 달 동안 눈 아래에서 동면한다.

반지꼬리주머니쥐와 근연종

반지꼬리주머니쥣과에는 반지꼬리주머니쥐와 여우원숭이처럼 생긴 큰주머니날다람쥐가 속해 있다. 이 과의 동물은 모두 수목 생활을 하며 나뭇잎만 먹는다. 커다란 장의 입구에 확장된 주머니가 있어서 먹이로부터 흡수한 섬유소를 발효시킨다.

반지꼬리주머니쥐
Pseudocheirus peregrinus
이 날렵한 유대류는 오스트레일리아 동부와 태즈메이니아의 광범위한 서식처에 분포한다. 뉴질랜드에서는 유해 동물이 되었다.

붓꼬리반지꼬리주머니쥐
Hemibelideus lemuroides
오스트레일리아 퀸즐랜드주의 북동부 우림 일부 지역에서만 관찰되는 종으로 야행성이다.

웜뱃

꼬리와 다리가 짧고 체격이 다부진 유대류로 커다란 앞발과 기다란 발톱으로 땅을 판다. 웜뱃과는 거친 풀을 먹으며 튼튼한 턱으로 풀을 잘게 갈고, 긴 내장에서 소화시킨다.

애기웜뱃
Vombatus ursinus
오스트레일리아 남동부의 숲, 황야, 연안의 관목지에서 서식하며 길이가 200미터에 달하는 구멍을 팔 수 있다.

남부털코웜뱃
Lasiorhinus latifrons
오스트레일리아 중남부에 서식하며 사육장에서는 군집 생활을 하지만 홀로 먹이를 먹는다.

쿠스쿠스와 근연종

쿠스쿠스과에는 쿠스쿠스, 붓꼬리주머니쥐 및 근연종이 포함된다. 대부분 뒷다리에 마주 볼 수 있는 엄지와 물건을 쥘 수 있는 꼬리가 있어서 수목 생활을 한다. 쿠스쿠스의 꼬리는 일부분 혹은 전체에 털이 없는 반면, 붓꼬리주머니쥐의 꼬리에는 털이 있다.

42~74 cm

반점쿠스쿠스
Spilocuscus maculatus
암수의 형태가 다르며 오직 수컷만 반점이 있다. 뉴기니와 오스트레일리아 북동부 우림에 서식한다.

구부러진 강한 발톱

47~57 cm

술라웨시쿠스쿠스
Ailurops ursinus
쿠스쿠스 중 몸집이 가장 큰 종으로 술라웨시 섬을 비롯한 인도네시아 섬의 온대 강우림 임관부에 서식한다.

야간 시야에 도움이 되는 큰 눈

49~54 cm

산붓꼬리주머니쥐
Trichosurus cunninghami
오스트레일리아 남동부의 습한 숲에 서식하며 고도 300미터 이상인 지역에서 산다.

털로 덮인 꼬리

30~47 cm

비늘꼬리주머니쥐
Wyulda squamicaudata
오스트레일리아 북서부 킴벌리에서만 관찰되는 야행성 주머니쥐로 단독 생활을 하며 한 번에 1마리의 새끼만 키운다.

33~60 cm

쿠스쿠스류
Phalanger sp.
이 속에 속하는 쿠스쿠스들은 뉴기니와 인근 섬에 서식한다. 경쟁을 피하기 위해 각기 다른 고도에서 산다.

34~45 cm

큰주머니날다람쥐
Petauroides volans
가장 큰 주머니날다람쥐로 나무 사이 100미터 이상의 거리를 이동할 수 있다. 오스트레일리아 동부에 서식한다.

희끗희끗한 회색 털

32~40 cm

녹색반지꼬리주머니쥐
Pseudochirops archeri
두툼하고 녹색을 띤 털에서 이름을 땄다. 단독 생활을 하는 이 주머니쥐는 오스트레일리아 퀸즐랜드 주 가장 북쪽 우림에서만 관찰된다.

물건을 쥘 수 있는 꼬리

데인트리강반지꼬리주머니쥐
Pseudochirulus cinereus
여우원숭이와 비슷하게 생겼으며 오스트레일리아 퀸즐랜드 북동부 데인트리 강가 산악 지대의 열대 우림에 서식한다.

34~37 cm

주머니날다람쥐, 줄무늬주머니쥐

주머니하늘다람쥐과에는 줄무늬주머니쥐를 비롯해 큰주머니날다람쥐를 제외한 주머니날다람쥐류가 포함된다. 주머니날다람쥐는 앞다리와 뒷다리 사이에 털로 덮인 얇은 막이 있다. 줄무늬주머니쥐는 강한 냄새를 풍기고, 가늘고 긴 넷째 손가락이 있어 나무 속에서 딱정벌레류를 찾을 수 있다.

등을 따라 검은 줄무늬가 나 있음

24~28 cm

줄무늬주머니쥐
Dactylopsila trivirgata
외모와 악취가 스컹크를 닮은 줄무늬주머니쥐는 오스트레일리아 북동부와 뉴기니에 서식하며 나무에서 생활하는 야행성 동물이다.

15~17 cm

리드비터주머니쥐
Gymnobelideus leadbeateri
오스트레일리아 빅토리아 주의 고지대 축축한 숲에서 관찰되며 곤충을 비롯해 나무의 수액과 고무를 먹는다.

곤봉 모양의 꼬리

15~21 cm

두꺼운 꼬리

유대하늘다람쥐
Petaurus breviceps
유칼립투스나무의 달콤한 수액을 좋아하며 오스트레일리아 북동부와 뉴기니, 인근 섬의 토착종이다.

꿀주머니쥐

꿀주머니쥣과에는 오직 1종만이 있으며, 몸집이 아주 작다. 다른 주머니쥐보다 이빨 수가 적으며 꽃을 탐침할 수 있는 술로 덮인 긴 혀가 있다.

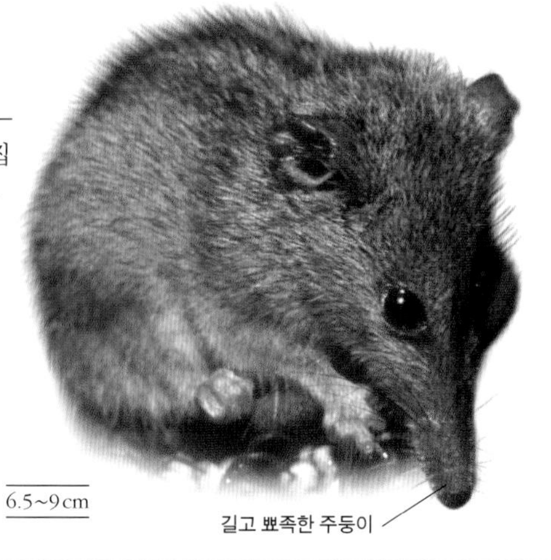

꿀주머니쥐
Tarsipes rostratus
오스트레일리아 남서부의 황야와 삼림 지대에 서식하며 꽃의 꿀과 꽃가루만을 먹는다.

꼬마주머니하늘다람쥐

깃털꼬리주머니쥣과에는 꼬마주머니하늘다람쥐와 넓은발가락깃털꼬리주머니쥐, 깃털꼬리주머니쥐 3종이 있다. 모두 꼬리 가장자리에는 빳빳한 털이 나 있다.

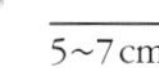

꼬마주머니하늘다람쥐
Acrobates pygmaeus
이 종은 활공하는 유대류 중 가장 작다. 오스트레일리아 동부 숲에서 살며 꿀을 먹는다.

캥거루와 근연종

캥거루과에 속하는 캥거루와 왈라비는 뜀뛰기를 위한 긴 뒷다리가 있는 중형에서 대형의 동물이다. 뒷다리의 첫째 발가락은 사라졌으며, 둘째와 셋째 발가락은 살집으로 둘러싸여 털 손질을 위한 짧은 발톱 형태로 남았고, 길고 튼튼한 넷째와 다섯째 발가락으로 체중을 지탱한다.

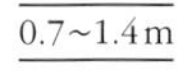

붉은캥거루
Osphranter rufus
현존하는 가장 큰 유대류로 오스트레일리아 전역에 걸쳐 초원 지대와 사막에 서식한다.

50~108cm

긴털왈라비
Osphranter robustus
오스트레일리아 본토 대부분에 걸쳐 널리 분포하며 종종 암석이 노출된 부분에서 그늘을 찾는다.

45~53cm

파르마숲왈라비
Notamacropus parma
오스트레일리아 그레이트 디바이딩 산맥의 토착종으로 다양한 숲 서식지에서 산다.

60~85cm

큰귀왈라비
Notamacropus agilis
왈라비로서는 흔치 않게 오스트레일리아와 뉴기니 2곳에서 모두 서식하며 초지나 개방된 삼림에서 산다.

큰캥거루
Macropus giganteus
오스트레일리아 동부에 널리 분포하며 건조한 삼림 지대, 덤불, 관목지에 서식한다. 태즈메이니아에 아종이 하나 있다.

0.7~2.2m

검은캥거루
Macropus fuliginosus
수정란이 자궁에 착상하는 것을 지연하는 번식 전략을 쓰지 않는 유일한 캥거루이다. 이 종은 캥거루 섬을 포함해 오스트레일리아 남부에 서식한다.

66~92cm

적갈색 윗면

쉴 때는 지지 역할을 하며 이동할 때는 균형을 잡는 긴 꼬리

붉은목왈라비
Notamacropus rufogriseus
태즈메이니아와 배스 해협의 섬을 포함한 오스트레일리아 남동부 해안가의 숲과 관목지에 서식한다.

쥐캥거루

포토루, 베통, 쥐캥거루 등의 작은 유대류가 포함되며, 몸집이 더 큰 캥거루과의 동물과 유사점이 많다. 성체 쥐캥거루과 동물은 턱 양쪽에 톱니 모양의 작은 어금니가 위와 아래에 각각 하나씩 있다.

긴코쥐캥거루
Potorous tridactylus
오스트레일리아 남동부의 황야와 숲에 서식하며 땅속 균류를 파낼 수 있는 강인하고 구부러진 발톱이 있다.

붓꼬리베통
Bettongia penicillata
오스트레일리아 남서부의 숲과 초지에 서식한다. 물건을 쥘 수 있는 꼬리로 둥지 재료를 옮긴다.

사향쥐캥거루

사향쥐캥거루과에는 1종만이 있다. 비교적 원시적인 동물로 다른 캥거루 종과는 달리 첫째 발가락이 남아 있으며, 발가락은 마주 보고 붙잡는 데 도움이 된다.

사향쥐캥거루
Hypsiprymnodon moschatus
오스트레일리아 퀸즐랜드 주 북부 열대 우림에 서식하는 주행성 종이다. 낙과, 씨앗, 균류를 먹는다.

북부발톱꼬리왈라비
Onychogalea unguifera
모래발톱꼬리왈라비로도 불리는 중형의 캥거루로 오스트레일리아 북부에 걸쳐 서식한다.

검은옆구리발톱꼬리왈라비
Onychogalea fraenata
이 야행성 왈라비는 한때 멸종된 것으로 여겨졌다. 오스트레일리아 퀸즐랜드의 협소한 지역에만 야생 개체군이 남아 있다.

붉은목숲왈라비
Thylogale thetis
오스트레일리아 동부에 서식하는 숲왈라비로, 풀, 나뭇잎, 새싹을 먹기 위해 밤에 숲 가장자리를 돌아다닌다.

붉은토끼왈라비
Lagorchestes hirsutus
말라라고도 불리며 오스트레일리아 본토에 서식했지만 현재는 오스트레일리아 서부의 2개 섬에서만 서식한다.

갈색뉴기니캥거루
Dorcopsis muelleri
숲에서 사는 캥거루로 뉴기니 서부와 연안의 3개 섬 저지대 우림에 서식하는 고유종이다.

쿠아카왈라비
Setonix brachyurus
오스트레일리아 본토에서는 희귀한 몸집이 작은 유대류로 남서쪽 해안 로트네스트 섬과 볼드 섬에서 관찰된다.

도리아나무오름캥거루
Dendrolagus dorianus
나무에 서식하는 유대류 중 가장 무거우며 자주 땅 위로 내려온다. 뉴기니 산간 지대 숲에 서식한다.

검은꼬리왈라비
Wallabia bicolor
다른 왈라비보다 색상이 어두운 편이며 오스트레일리아 동부 열대 및 온대림, 습지대에 서식한다.

굿펠로나무오름캥거루
Dendrolagus goodfellowi
얼룩나무오름캥거루로도 불리는 뉴기니 산악 우림의 토착종으로 나뭇잎과 과일을 먹는다.

붓꼬리바위타기왈라비
Petrogale penicillata
오스트레일리아 남동부에 서식하며 거칠고 푹신한 뒷다리가 있어 바위가 많은 서식지에서 뛰뛰기할 때 손쉽게 바닥에 밀착한다.

룸홀츠나무오름캥거루
Dendrolagus lumholtzi
나무오름캥거루 중 가장 작으며 오스트레일리아 퀸즐랜드 주 북부의 우림에서 관찰된다.

∨ 큰 부머

부머라고 알려진 붉은캥거루 수컷은 암컷보다 훨씬 크며 몸무게는 종종 2배가 되기도 한다. 오직 수컷만이 붉은색이며 '푸른 비행사'로 알려진 암컷은 전체적으로 청회색을 띤다. 수컷은 암컷에게 다가가기 위해 싸우는데 싸움은 권투 경기의 형태로 치러진다.

붉은캥거루

Osphranter rufus

캥거루는 오스트레일리아에서 진화했으며 영양처럼 풀을 뜯어 먹는 동물의 생태적 지위를 채운다. 영양과 마찬가지로 캥거루들은 위가 커서 많은 양의 풀을 먹을 수 있다. 모든 초식 동물들에게 야생에서 살아가는 것은 위험하며, 캥거루들은 포식 동물을 피하기 위한 여러 가지 적응법을 영양과 공유한다. 무리를 이루며 감각이 예민하고 주위의 위험을 감지할 수 있을 만큼 큰 데다 뛰어난 가속도를 자랑한다. 붉은캥거루는 가장 크고 재빠른 캥거루로 시속 50킬로미터 이상 껑충껑충 뛸 수 있다. 암컷만이 육아주머니가 있으며 새끼를 첫 7개월 동안 품을 수 있다. 붉은캥거루는 가뭄에 잘 적응하고, 다른 동물에게는 독이 되는 명아주류의 관목을 먹을 수 있다.

크기 0.7~1.4미터
서식지 관목지, 사막
분포 오스트레일리아
먹이 초식성

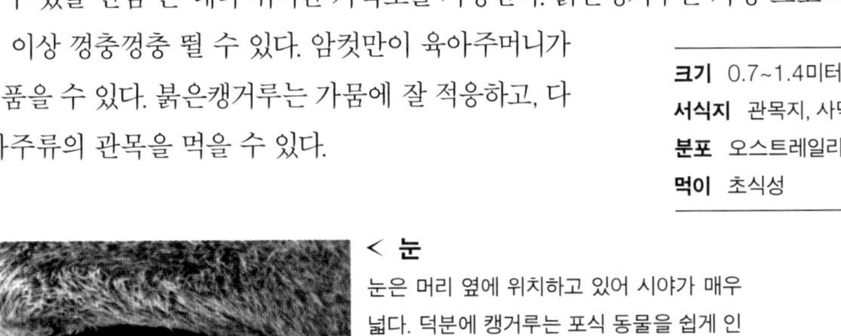

< 눈
눈은 머리 옆에 위치하고 있어 시야가 매우 넓다. 덕분에 캥거루는 포식 동물을 쉽게 인지할 수 있다.

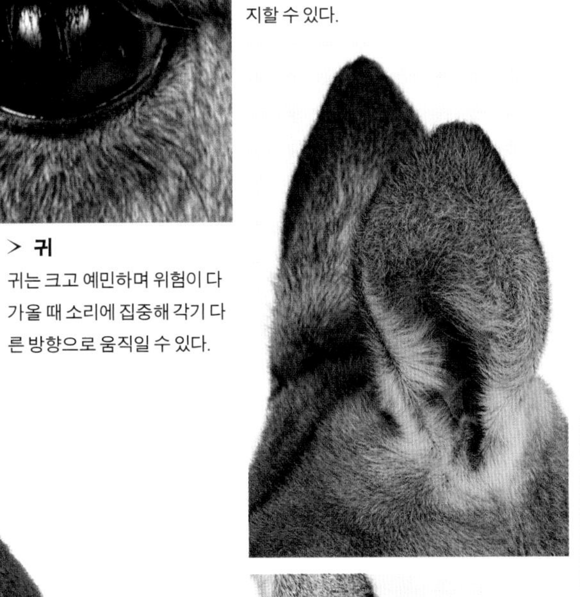

> 귀
귀는 크고 예민하며 위험이 다가올 때 소리에 집중해 각기 다른 방향으로 움직일 수 있다.

∨ 강력한 싸움꾼
수컷 캥거루의 가슴은 넓고 근육질이다. 싸움 중 앞발로 경쟁 상대를 칠 수 있지만 가장 강력한 강타는 뒷다리로 날리는 이중 차기이다.

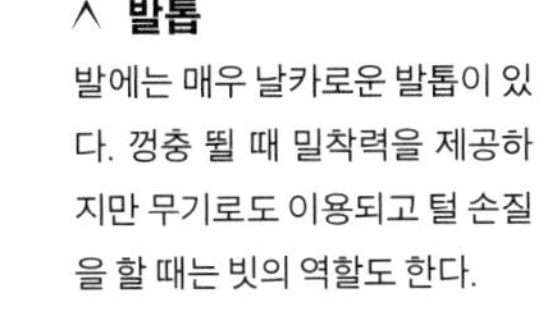

∧ 발톱
발에는 매우 날카로운 발톱이 있다. 껑충 뛸 때 밀착력을 제공하지만 무기로도 이용되고 털 손질을 할 때는 빗의 역할도 한다.

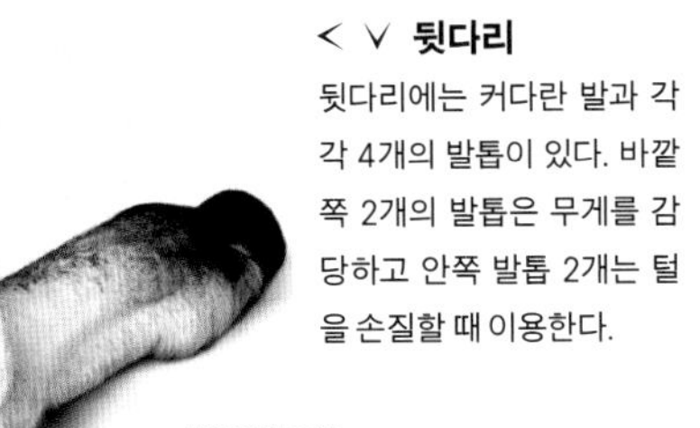

< ∨ 뒷다리
뒷다리에는 커다란 발과 각각 4개의 발톱이 있다. 바깥쪽 2개의 발톱은 무게를 감당하고 안쪽 발톱 2개는 털을 손질할 때 이용한다.

꼬리는 뜀뛰기를 할 때 균형을 잡아 주고 가만히 서 있을 때는 다섯 번째 다리 역할을 하며 지지해 준다.

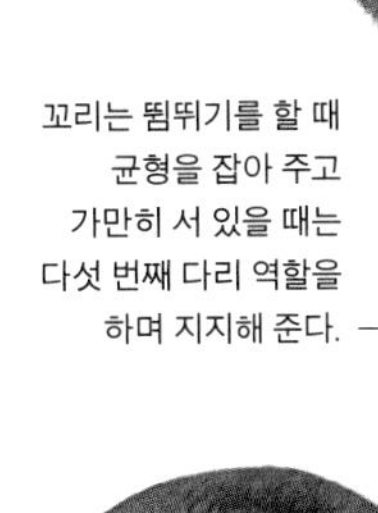

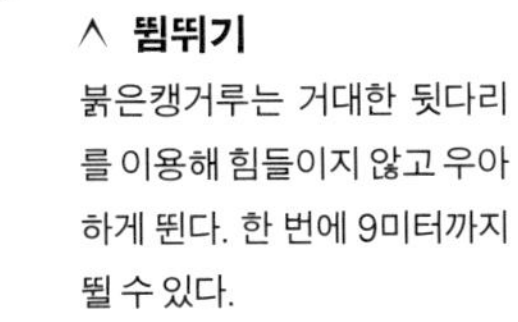

∧ 뜀뛰기
붉은캥거루는 거대한 뒷다리를 이용해 힘들이지 않고 우아하게 뛴다. 한 번에 9미터까지 뛸 수 있다.

도약땃쥐

이전에는 코끼리땃쥐로 알려졌던 도약땃쥐는 단독으로 하나의 과를 이룬다. 겉모습은 전형적인 땃쥐류와 비슷하지만 실제로는 연관되어 있지 않다.

길쭉하고 신축성 있는 주둥이로 구별되는 도약땃쥐는 꼬리와 다리가 길며 몸집이 작다. 네 다리로 이동하기도 하며 특별히 빨리 움직일 필요가 있을 때는 깡충깡충 뛰기도 한다. 도약땃쥐는 암컷과 수컷 간에 상호 교류가 거의 없음에도 불구하고 특정 장소 내에서 쌍을 이루어 살아간다. 암컷과 수컷은 심지어 종종 각자의 둥지를 짓기도 하며, 각각 같은 성별의 침입자에 대항해 공동으로 영역을 방어한다.

많은 도약땃쥐가 주로 낮에 활발하게 움직이며, 자신의 영역 주위에 정리된 이동로의 연결망을 유지하고 먹이를 찾아 순찰한다. 위험에 처하게 되면 이 연결망을 통해 재빨리 탈출한다. 아프리카에서만 서식하며 숲과 사바나부터 아주 건조한 사막까지 다양한 서식지에서 생활한다. 어떤 종류는 바위틈이나 몸집이 더 큰 다른 종이 얕게 판 구멍에 마른 나뭇잎을 덮은 둥지를 쉼터로 이용한다.

주로 곤충을 먹지만 어떤 종은 거미와 지렁이를 먹기도 한다. 낮 시간 동안 민감한 코를 이용해 먹이를 찾아 땅 위나 나뭇잎 더미 아래를 파헤치고 긴 혀로 먹이를 퍼 올린다.

활동적인 새끼

종에 따라 다르지만 도약땃쥐 1쌍은 연중 몇 차례에 걸쳐 새끼를 키운다. 1~3마리의 새끼들은 몸집이 작지만 잘 발달된 채 태어나고 재빨리 활동한다.

문	척삭동물문
강	포유강
목	도약땃쥐목
과	1
종	20

논쟁

도약땃쥐만의 목

도약땃쥐의 분류에 대해서는 논란이 매우 많다. 이전에는 땃쥐 및 고슴도치와 연계되어 있거나 굴토끼 및 멧토끼가 포함된 토끼목에 속하는 것으로 생각되었다. 또는 유제류의 먼 친척인 것으로 여겨지기도 했다. 현재는 도약땃쥐목이라는 고유의 목을 구성하고 있다.

도약땃쥐

도약땃쥐목의 동물들은 아프리카에서만 관찰되며 사막부터 산간 지대 및 숲까지 다양한 서식지에서 분포한다. 주로 곤충을 먹으며 움직이는 긴 코로 먹이를 찾고 혀를 이용해 먹이를 입안에 집어넣는다.

부시벨드도약땃쥐
Elephantulus intufi
아프리카 남부의 건조한 관목지에 널리 분포하며 거대한 영역을 보유하고 동성의 경쟁자에 대항해 격렬히 방어한다.

바위도약땃쥐
Elephantulus rupestris
아프리카 남서부의 바위가 많은 관목지에 서식한다. 낮에 활동적이고 바위틈 그늘에 있다가 먹이를 찾으러 나간다.

붉은도약땃쥐
Elephantulus rufescens
아프리카 남부와 동부에서 관찰되며 긴 털은 불그스름한 옅은 갈색이며 꼬리는 머리와 몸길이를 합한 만큼 길다.

검은발도약땃쥐
Elephantulus fuscipes
중앙아프리카의 덥고 건조한 초원에 서식하며 잘 알려져 있지 않은 종이다. 실제로는 도약땃쥐의 다른 속에 속할 것으로 여겨진다.

북아프리카도약땃쥐
Osphranter rozeti
아프리카 북부에 분포하는 유일한 도약땃쥐로 사막에서 산다. 경고할 때 매우 긴 꼬리로 치면서 발로 땅을 두드린다.

16~21cm

네가락도약땃쥐
Petrodromus tetradactylus
다양한 습한 서식지에서 관찰되며 가장 널리 분포하는 도약땃쥐 중 하나이다. 아프리카 중부에서 남부까지 분포한다.

25~29cm

검은엉덩이붉은도약땃쥐
Rhynchocyon petersi
동아프리카 연안림에 서식하는 몸집이 큰 종이다. 몸의 앞부분은 주황색으로 시작해서 몸에서 진한 빨간색이 되고 엉덩이에서는 점차 검은색으로 바뀐다.

작은귀도약땃쥐
Macroscelides proboscideus
아프리카 남부에 서식하는 중형의 도약땃쥐로 지구에서 가장 건조한 지역에서 생활한다. 엄격한 일부일처 생활을 하며, 수컷은 짝을 강하게 보호한다.

텐렉과 금빛두더지

아프리카땃쥐목은 3과로 구성된다. 금빛두더쥐류는 굴속에서만 생활하며, 텐렉류와 땃쥐텐렉류는 다양한 서식지에서 진화했고, 수달땃쥐류는 강변과 습지에서 살아간다. 아프리카땃쥐목에 속하는 종 대부분이 아프리카 대륙의 토착종이며 텐렉류는 마다가스카르에서도 서식한다. 금빛두더지는 원통형의 몸과 굴속 생활에 적응한 해부학적 특징 등 겉모습이 서로서로 매우 비슷하다. 반면 텐렉은 다양한 서식지의 환경을 반영하는 여러 가지 특징을 지니고 있다.

텐렉의 다양한 종이 지상 생활이나 반수목 생활을 할 수 있는 열대림에서 관찰된다. 수달땃쥐류는 하천과 강에서 살며 수달처럼 수중 생활을 하고, 굴을 파는 텐렉도 있다. 최근까지 텐렉과 금빛두더지는 주로 곤충을 먹는 식성과 겉모습이 비슷하다는 이유로 두더지류나 땃쥐류, 고슴도치류로 분류되었다. 지금은 독립적으로 진화한 아프리카땃쥐목으로 알려져 있으며, 코끼리류, 바위너구리류, 바다소류와 가장 밀접하게 관련되어 있다.

독특한 특징들

텐렉과 금빛두더지가 가진 특징들은 한때는 원시적인 것으로 여겨졌으나 지금은 가혹한 환경에 적응한 결과로 받아들여진다. 여기에는 느린 물질대사율과 체온과 같은 특징이 포함된다. 이 동물들은 차가운 조건에서 에너지를 줄이기 위해 3일까지 동면 상태에 들어갈 수 있는 능력이 있다. 또한 신장의 기능이 매우 효율적이어서 물을 적게 마셔도 생활할 수 있다.

문	척삭동물문
강	포유강
목	아프리카땃쥐목
과	3
종	55

그랜트사막금빛두더지가 메뚜기를 먹고 있다. 밤에 지표면에서 먹이를 찾는데 주로 흰개미를 먹는다.

금빛두더지

이 두더지류는 유럽, 아시아, 북아메리카에 분포하는 전형적인 두더지(두더지과) 및 오스트레일리아의 주머니두더지(주머니두더짓과)와 굴을 파는 습성이 비슷하다. 아프리카 남부에 서식하는 금빛두더짓과의 동물들은 다리가 짧으며 땅을 팔 수 있는 강력한 발톱이 있고, 방수가 되는 빽빽한 털과 질긴 피부(특히 머리에)가 있다. 피부에 덮여 기능을 하지 못하는 눈이 있고 바깥귀는 없다.

줄리아나금빛두더지
Neamblysomus julianae
남아프리카의 건조한 산악 지대, 특히 모래흙에 서식하는 고유종으로 종종 서식 범위 내의 관개가 잘된 정원에서도 관찰된다.

희망봉금빛두더지
Chrysochloris asiatica
비밀스런 종임에도 불구하고 남아프리카의 일부 지역에서는 흔한 종이다. 앞발의 커다란 둘째 발톱으로 땅을 판다.

호텐토트금빛두더지
Amblysomus hottentotus
이 금빛두더지는 앞발의 기다란 둘째 및 셋째 발가락으로 땅을 파서 200미터 길이의 터널을 만든 다음 그곳에서 산다.

그랜트사막금빛두더지
Eremitalpa granti
전 세계에서 가장 건조한 지역 중 하나인 아프리카 남서부 해안 사구에 서식하며 터널을 만든다기보다는 모래 사이를 헤엄친다.

텐렉

아프리카와 마다가스카르에 서식하며 몸의 형태가 다양하다. 근연관계가 없는 땃쥐, 쥐, 고슴도치, 수달 등과 비슷하다. 체중은 5그램에서 1킬로그램 이상이 되기도 한다. 주로 야행성으로 곤충을 먹으며 시력은 약하지만 민감한 수염을 이용해 먹이의 위치를 찾는다.

작은바늘텐렉
Echinops telfairi
털은 가시로 변형되었으며 방어할 때 몸을 공 모양으로 마는 특징 등이 전형적인 고슴도치류와 놀랍도록 닮았다.

줄무늬텐렉
Hemicentetes semispinosus
꼬리가 없으며 털은 거칠고 가시가 있다. 2가지 색을 띠며 검정색 몸에 머리 위 털과 줄무늬가 노란색이다.

텐렉
Tenrec ecaudatus
적갈색으로 몸집이 크다. 지상 생활을 하며 몸을 따라 가시가 있다. 암컷은 어떤 포유류보다도 많은 최대 29개의 젖꼭지가 있다.

쌀텐렉류
Oryzorictes sp.
잘 발달된 앞발로 굴을 파는 동물이며 발톱은 길고 눈과 귀는 작다. 습지대와 논에서 개체 수가 매우 늘어날 수 있다.

바늘텐렉
Setifer setosus
마다가스카르에 널리 분포하며 심지어 도심지에서도 나타난다. 식성이 다양해 곤충, 지렁이류, 썩은 고기에서 과일까지 먹는다.

흙돼지

흙돼짓과에는 흙돼지 1종만이 있으며 땅을 파는 데 잘 적응했다. 흙돼지는 등이 활 모양으로 굽었으며 피부는 두껍고, 귀는 길며, 주둥이는 관 모양이다. 길고 가는 혀로 곤충을 잡아먹는다.

문	척삭동물문
강	포유강
목	관치목
과	1
종	1

흙돼지의 발가락(앞발에는 4개, 뒷발에는 5개)은 발톱이 납작해서 구멍을 파거나 곤충의 집을 파헤치는 데 사용되며 예민한 후각으로 곤충을 찾아낸다.

길고 가는 혀로 많은 수의 곤충을 잡는다. 이빨은 매우 독특한데, 흙돼지가 고유의 목으로 분류될 수 있는 주요한 이유 중 하나이다. 어린 흙돼지는 턱 앞에 앞니와 송곳니가 있는 채 태어나지만 빠진 뒤에는 다시 교체되지 않는다. 안쪽 이빨에는 에나멜이 없고 뿌리가 열려 있으며 평생 자란다.

흙돼지

사하라 사막 이남의 아프리카 사바나와 덤불에 서식한다. 단독 생활을 하며 야행성이다. 납작한 발톱이 있는 앞다리로 개미나 흰개미집을 파헤친다.

흙돼지
Orycteropus afer
노르스름한 피부의 흙돼지는 종종 굴을 파거나 먹이 활동을 할 때 흙 때문에 붉은색으로 더럽혀진다. 거친 털이 드문드문 덮고 있다.

듀공과 매너티

바다소목은 완전히 물속에서만 살아가는 초식 동물로 이루어진 작은 목으로 듀공과 매너티를 포함한다. 바다소들은 습지 및 강에서부터 해양성 습지와 연안 해역에 이르기까지 다양한 열대 서식지에서 생활한다. 유선형의 몸과 조종 장치 역할을 하는 앞발, 추진력을 제공하는 납작한 꼬리는 수중 생활에 크나큰 장점이다.

문	척삭동물문
강	포유강
목	바다소목
과	2
종	4

바다소들은 수중 생활에 완전히 적응했다. 노처럼 생긴 앞발은 조종 장치로 적응했고, 뒷다리는 근육 속에 2개의 작은 뼈로 남아 보이지 않는다. 몸은 유선형이며 납작한 꼬리는 추진력을 제공한다. 피부 아래의 두꺼운 지방층은 열을 보존할 수 있다.

자연적인 부력에 대항하기 위해 듀공과 매너티의 뼈는 밀도가 높고 폐와 횡격막은 척추의 전체 길이에 이른다. 그 결과로 유체 역학적인 몸이 되었으며 비록 천천히 움직일지라도 물속에서 자세를 바꿀 때 미세하게 조정할 수 있다. 바다소목에 속한 2개의 과 4종 모두가 멸종 위기에 처해 있다.

바위너구리

털로 덮여 있고 꼬리가 짧으면서 통통한 바위너구리는 바위너구리목에 속하는 유일한 과이다. 한때 아시아와 아프리카, 유럽을 포함해 구대륙에 서식하던 주요 육상 초식 동물이었지만 지금은 5종만이 남아 있다. 종종 햇볕을 쬐기 위해 무리 지어 있는 모습이 관찰된다.

문	척삭동물문
강	포유강
목	바위너구리목
과	1
종	5

아시아, 아프리카, 유럽의 화석 기록이 보여 주듯이, 멸종된 바위너구리의 어떤 종은 몸길이가 1미터가 넘기도 했다.

대부분의 풀을 먹는 동물과는 달리, 바위너구리는 식물을 씹기 전에 앞니보다는 어금니를 이용해 식물을 저민다. 비교적 소화가 잘 안 되는 먹이를 먹기 때문에 복잡하지만 효율적인 소화기 계통을 갖추고 있고 세균을 이용해 질긴 식물 성분을 분해시킨다.

바위너구리는 내부 체온을 조절하지 못하는 등 수많은 원시적인 포유류의 특징을 가지고 있으며 코끼리와 몇 가지 연관성을 드러낸다. 윗앞니가 짧은 엄니로 확장되었고 발바닥은 예민하며 뇌 기능이 높다.

듀공

듀공과의 유일한 종이다. 느리게 움직이는 해양 초식 동물로 아래로 처진 근육질 주둥이를 이용해 물속 해초류를 뿌리째 뜯어 먹는다.

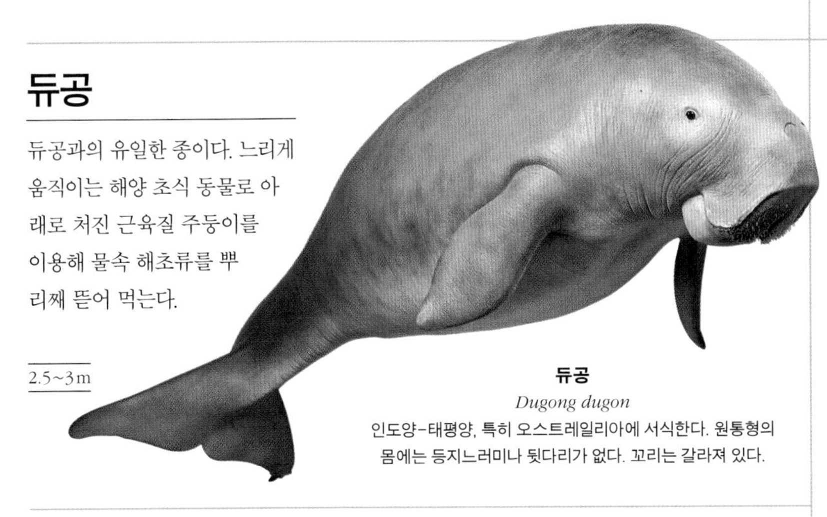

2.5~3m

듀공
Dugong dugon
인도양-태평양, 특히 오스트레일리아에 서식한다. 원통형의 몸에는 등지느러미나 뒷다리가 없다. 꼬리는 갈라져 있다.

매너티

듀공보다 주둥이가 짧은 매너티과는 꼬리가 갈라져 있기보다는 노 모양이다. 상당히 느릿느릿 움직이며 대부분의 낮 시간 동안 물속에서 자고 매 20분마다 숨을 쉬기 위해 수면으로 부상한다.

2.5~3.9m

플로리다매너티
Trichechus manatus latirostris
살아 있는 바다소 중 가장 큰 플로리다매너티는 미국 남동부의 민물과 연안 해역에서 모두 서식한다. 수생 식물을 먹는다.

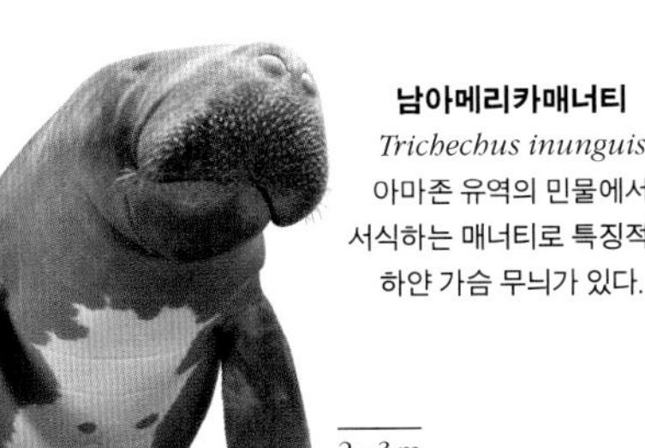

2~3m

남아메리카매너티
Trichechus inunguis
아마존 유역의 민물에서 서식하는 매너티로 특징적인 하얀 가슴 무늬가 있다.

2.5~3.9m

카리브해매너티
Trichechus manatus manatus
멕시코에서 브라질까지 서식하며 플로리다 아종보다 몸집이 작고 해안에서 좀 더 먼 곳에서 관찰된다.

바위너구리

바위너구릿과는 아프리카와 중동에 서식하는 통통하고 꼬리가 짧은 초식 동물이다. 햇볕을 쬐고 온기를 유지하기 위해 무리 지어 꼭 붙어 있는 모습이 자주 관찰된다. 너무 더우면 그늘을 찾는데, 이러한 방법으로 체온을 조절한다.

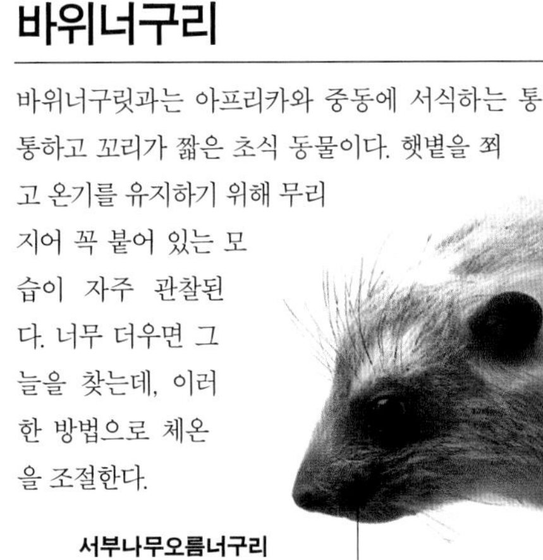

44~57cm

서부나무오름너구리
Dendrohyrax dorsalis
아프리카 서부와 중부에 서식하는 몸 색깔이 짙고 반수목 생활을 하는 종으로 허리 아래와 엉덩이에 독특한 하얀 무늬가 있다.

32~56cm

노랑반점바위너구리
Heterohyrax brucei
아프리카에 걸쳐 바위가 많은 서식지에서 생활하는 종으로 25개 아종이 있다. 풀과 과일을 먹으며 작은 척추동물을 잡아먹기도 한다.

32~60cm

남부나무오름너구리
Dendrohyrax arboreus
아프리카 남부에 분포하며 나무를 잘 타는 동물로 주로 속이 빈 나무에 서식한다. 밤에 영역을 지키기 위해 꽥 소리를 낸다.

39~58cm

바위너구리
Procavia capensis
아프리카와 중동에서 집단생활을 한다. 오랜 기간 햇볕을 쬔다. 촉촉하고 고무 같은 발바닥은 매끈한 바위 표면에 잘 접지할 수 있게 한다.

∧ 두뇌의 힘

오래전부터 코끼리의 기억력이 좋다고 알려진 것처럼, 이제 코끼리는 문제를 해결하고, 도구를 사용하고, 감정을 표현하며 다른 코끼리와 협력하는 것으로 알려졌고, 이는 모든 육상 동물 중 제일 영리한 종 가운데 하나라는 것을 증명한다.

긴 코와 윗입술은 자유롭게 움직이는 코끼리코를 만든다.

아프리카코끼리

Loxodonta africana

성숙한 수컷 아프리카코끼리는 현존하는 육상 포유류 중 제일 크며, 특별한 경우 체중이 10톤까지 나간다. 뇌, 눈, 코끼리코, 귀, 엄니와 이빨을 포함한 머리만 400킬로그램이 넘는다. 수컷보다 작은 암컷은 으뜸 암컷과 가까운 친척 그리고 자식으로 구성된 결속력이 강한 무리를 형성한다. 수컷 코끼리는 나이 많은 수컷이 이끄는 느슨한 무리를 형성하지만, 번식기에 머스(musth) 상태가 되면 단독 생활을 하면서 번식할 수 있는 암컷에게 다가가기 위해 싸울 것이다. 코끼리는 장수하며 60대까지 생존할 수 있다.

눈 ∨
긴 눈썹은 측면에 있는 작은 눈을 보호하는데, 시력은 고작 10m까지만 선명하게 볼 수 있다. 다른 감각 기관으로 이 한계를 보완한다.

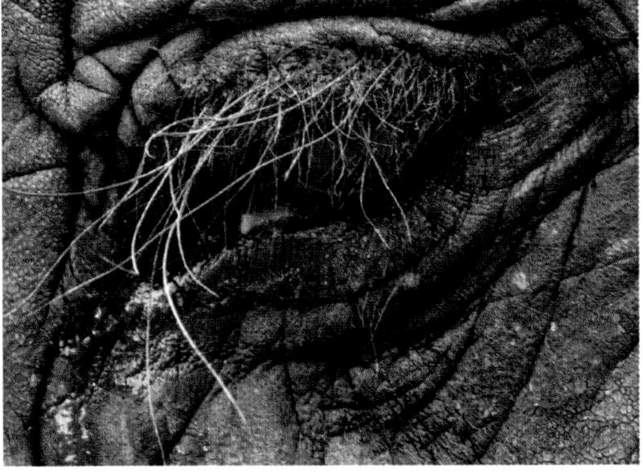

코끼리코의 피부 ∨
코끼리코에는 코를 따라 짧은 감각 털이 있어, 촉각 반응을 향상시킨다.

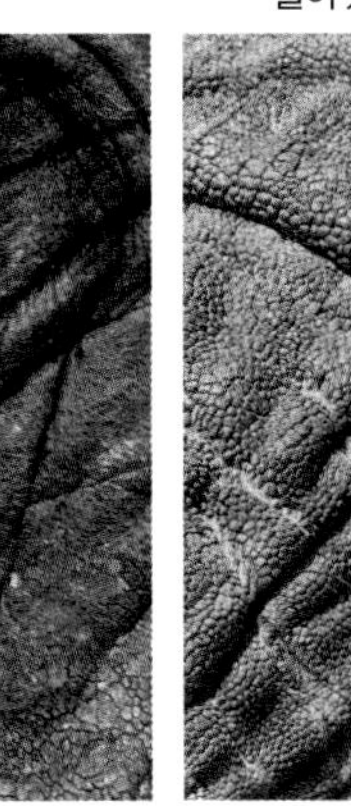

∧ 손가락 같은 끝
코끼리코의 끝은 마주 보는 손가락처럼 돌출되어 있고 매우 민감하며 능수능란하다. 이 코로 땅콩처럼 작은 물체도 집을 수 있다.

귀 >
피부가 얇은 커다란 귀는 체온 조절에 도움이 된다. 또한 분노와 같은 기분을 전달하는 데도 이용한다.

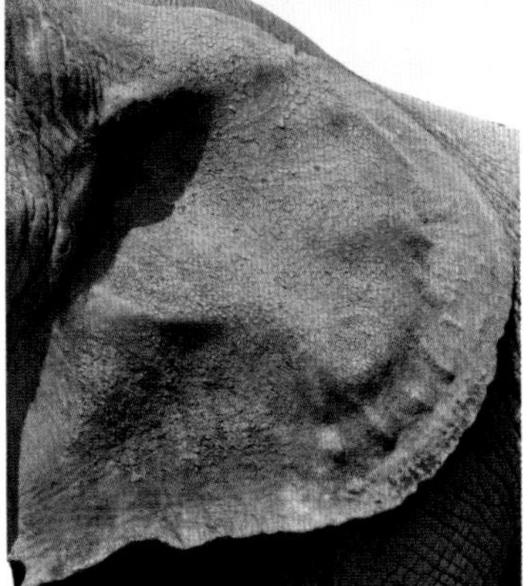

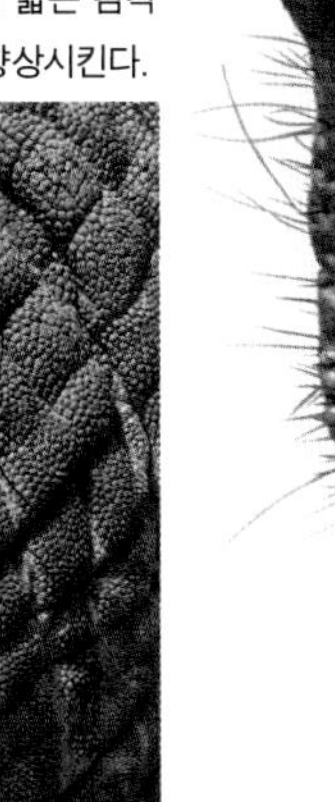

∧ 발
코끼리의 발에는 다른 말단 부위와 함께 감각 수용체가 있다. 땅 아래에서 나는 저주파 소리를 감지하고 먼 거리를 이동할 수 있다.

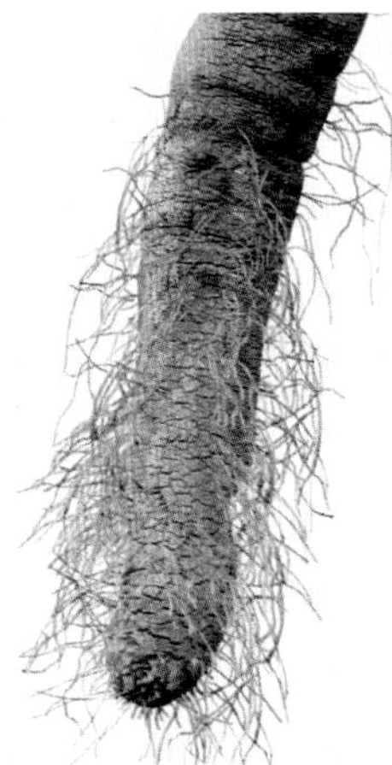

< 꼬리
코끼리는 꼬리를 흔들어 곤충을 쫓는다. 공기 기류를 만들어 곤충이 몸에 내려앉지 못하도록 하고, 내려앉는 곤충은 찰싹 때린다.

엄니는 두 번째 앞니가 길어진 것이다.

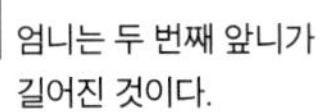

몸길이 2.6~4미터
서식지 건조한 삼림, 덤불, 사바나 초원
분포 주로 동아프리카와 남아프리카, 사하라사막의 남쪽
먹이 잎, 뿌리, 나무껍질, 과일, 씨앗

크고 무거움 >
다소 곧게 뻗은 기둥형 다리로 지탱되는 커다란 덩치는 코끼리가 천천히 움직이는 동물임을 알려 준다. 하지만 돌진할 때는 시속 24킬로미터에 달한다.

머스샘(musth gland)은 코끼리에만 있으며 암수 모두에게 있다.

넓은 복부 공간에 있는 창자는 19미터에 달한다.

코끼리

모든 육상 동물 중 가장 큰 코끼리는 거대한 몸집과 길고 유연한 코, 커다란 귀, 구부러진 상아 엄니가 특징이다. 장비목에 속하는 유일한 무리로 열대 아프리카 및 아시아의 초지와 숲에 서식한다. 가끔 5톤 이상 무게가 나가기도 하는 코끼리는 몸무게를 버틸 수 있는 변형된 골격 구조를 갖추고 있다. 뒷다리는 매우 튼튼하고 발가락은 결합 조직으로 된 발바닥 주변에 퍼져 있다. 큰 빼대는 엄청난 양의 먹이를 필요로 해서 코끼리는 하루에 최대 16시간을 먹는 데 보내며, 최대 250킬로그램의 식물성 먹이를 섭취한다.

코끼리의 귀, 코, 입

코끼리의 코는 윗입술과 결합되어 있는 근육질로 매우 다재다능하며, 작은 조각의 먹이도 움켜쥘 수 있다. 물을 빨아들일 수 있으며, 헤엄칠 때는 물 밖으로 빼내 숨을 쉴 수도 있다. 코의 감각 기관은 냄새와 진동을 알아챌 수 있어서 의사소통을 돕는다. 코끼리의 커다란 귀 역시 의사소통에 사용되며 귀를 펼치는 것은 공격의 신호이다. 귀를 끊임없이 펄럭이는 것은 체온을 낮추는 데 도움을 준다. 상아는 계속해서 자라는 앞니로 나무뿌리나 소금을 파헤치고 길을 만들며 영역을 표시하는 데 이용된다.

사회 구조

코끼리 암컷과 수컷은 서로 다른 사회적 행동을 보인다. 암컷 무리는 나이 많은 암컷 우두머리가 이끌고 혈연관계인 암컷과 새끼들로 구성되어 있다. 수컷 코끼리는 단기간 유대 관계를 이루며 번식기 동안 침입하는 수컷 경쟁자와는 격렬하게 싸운다.

문	척삭동물문
강	포유강
목	장비목
과	1
종	3

논쟁

2종 혹은 1종?

대부분의 동물학자들은 아프리카에 서식하는 코끼리를 아프리카코끼리와 좀 더 덩치가 작은 난쟁이코끼리의 2종으로 인식하고 있다. 2종 간의 신체적인 차이는 DNA에도 반영되어 있지만 그렇다 하더라도 서식 범위가 겹치는 곳에서는 번식을 할지도 모른다. 이런 이유로 많은 보호 단체에서는 여전히 모든 아프리카산 코끼리를 1종으로 여기고 있다.

코끼리

코끼리와 멸종된 맘모스를 포함하는 코끼릿과는 긴 코에 큰 귀, 두꺼운 피부와 엄니가 있는 거대한 초식 동물 무리이다. 코끼리들은 울부짖는 것에서부터 아(亞)음속(30헤르츠 이하 주파수의 음)의 웅웅 소리까지 먼 거리에서도 의사소통이 가능한 다양한 소리를 낸다.

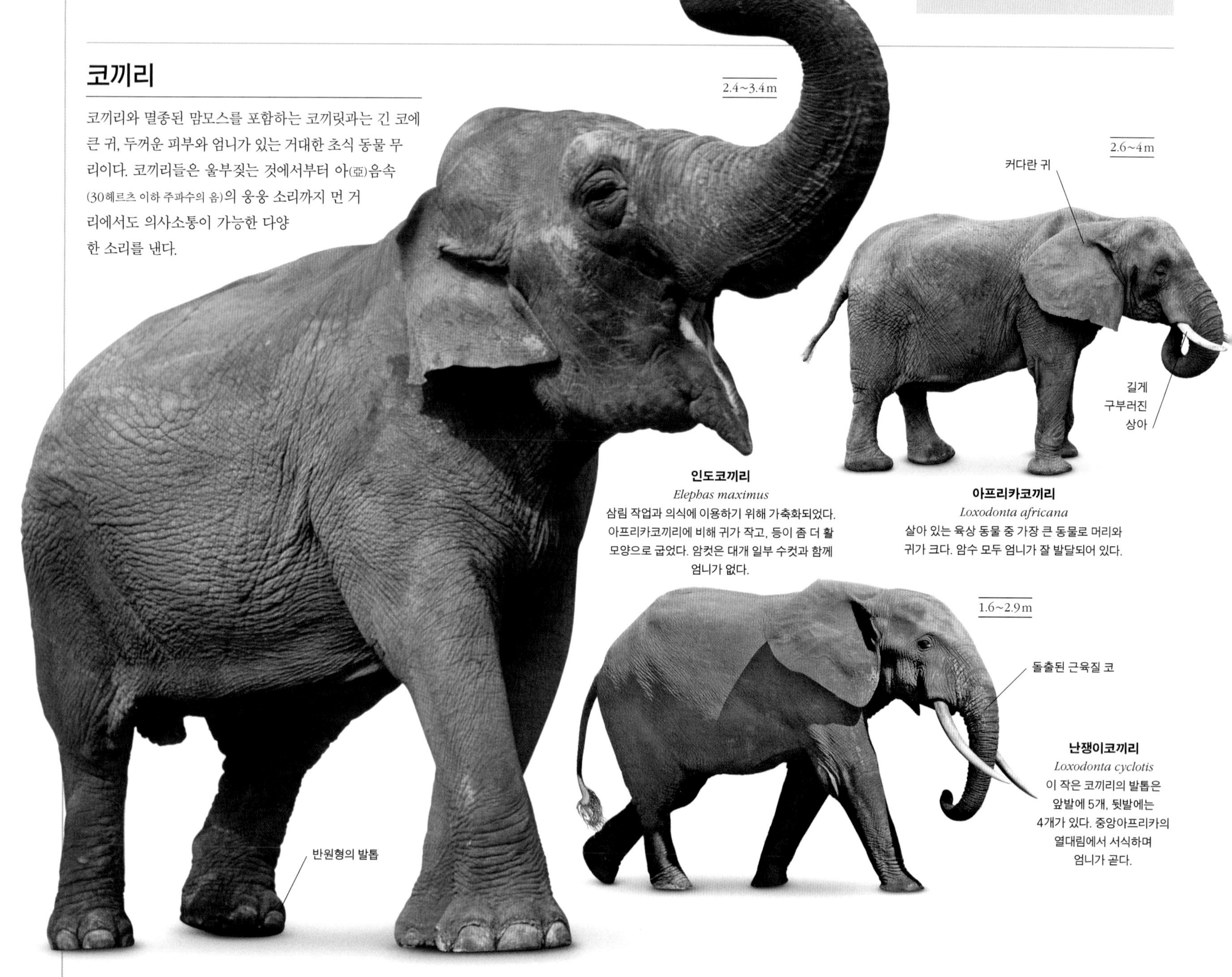

인도코끼리
Elephas maximus
삼림 작업과 의식에 이용하기 위해 가축화되었다. 아프리카코끼리에 비해 귀가 작고, 등이 좀 더 활 모양으로 굽었다. 암컷은 대개 일부 수컷과 함께 엄니가 없다.

아프리카코끼리
Loxodonta africana
살아 있는 육상 동물 중 가장 큰 동물로 머리와 귀가 크다. 암수 모두 엄니가 잘 발달되어 있다.

난쟁이코끼리
Loxodonta cyclotis
이 작은 코끼리의 발톱은 앞발에 5개, 뒷발에는 4개가 있다. 중앙아프리카의 열대림에서 서식하며 엄니가 곧다.

아르마딜로

포유류로서는 독특하게도 갑옷을 둘러 쉽게 알아볼 수 있는 아르마딜로는 형태와 크기, 색깔이 다양하다. 모두 아메리카 대륙의 토착종이다.

피갑목의 유일한 무리인 아르마딜로류는 다양한 서식지에 걸쳐 분포하며 주로 곤충과 다른 무척추동물을 먹는다. 다리가 짧은 편임에도 불구하고 아르마딜로는 빨리 달릴 수 있으며, 포식자를 피하기 위해 강한 발톱으로 굴을 판다. 윗면을 가로질러 딱딱한 판들로 덮인 뼈가 있는 껍데기는 아르마딜로의 주요한 방어 도구이다.

대부분의 종에서 어깨부터 엉덩이까지 뻣뻣한 보호막으로 덮여 있으며, 등에서 옆구리를 덮는 유연한 피부로 나누어진 다양한 수의 띠가 있다. 이 덕분에 어떤 종들은 연약하고 털로 덮인 복부를 보호하기 위해 몸을 공 모양으로 말 수 있다. 아르마딜로의 천적은 소수에 불과하다. 사냥과 서식지 감소로 인한 위협에도 불구하고 어떤 아르마딜로 종은 서식 범위가 확대되고 있다.

갑옷은 무겁지만 아르마딜로는 매우 효율적으로 헤엄을 친다. 위와 장을 공기로 채워 부력을 증가시켜 물을 건널 수 있으며 물속에서 몇 분 동안 머무를 수도 있다. 아르마딜로는 몇 분간 물속에서 숨을 참을 수 있어, 헤엄쳐서 강을 건너기보다 하천 바닥을 걸어간다.

서식지

대부분의 아르마딜로가 야행성이지만 낮에도 종종 모습을 드러낸다. 주로 단독 생활을 하며 짝짓기 기간 동안에만 다른 개체와 어울린다. 때때로 수컷은 경쟁자를 향해 공격성을 보이기도 한다.

문	척삭동물문
강	포유강
목	피갑목
과	2
종	20

속설과는 달리 모든 아르마딜로가 방어를 위해 몸을 공처럼 마는 것은 아니다. 오직 세띠아르마딜로속의 종들만이 그렇다.

아르마딜로

아르마딜로과는 아메리카 대륙에서만 관찰된다. 몸의 윗부분을 가로질러 뼈가 있는 판으로 덮여 있으며, 구멍을 파거나 무척추동물을 찾기 위해 날카로운 발톱을 이용한다. 20여 종 중 몇 종은 위협을 받으면 연약한 복부를 보호하기 위해 공 모양으로 말 수 있다.

긴코아르마딜로류
Dasypus sp.
이 속에는 7종이 있으며 바위가 많고 그늘진 곳에 서식한다. 주로 배에 드문드문 노란빛의 털이 있다.

안데스털보아르마딜로
Chaetophractus vellerosus
독특하게 비늘 사이에 다량의 털이 있으며 남아메리카 고지대의 초지에 서식한다. 고기와 외피 때문에 사냥된다.

큰털보아르마딜로
Chaetophractus villosus
남아메리카 남부의 매우 건조한 서식지에서 산다. 등에 난 보호용 갑옷에 18개 정도의 판이 있고 이 사이에 길고 거친 털이 있다.

피치아르마딜로
Zaedyus pichiy
등에 두꺼운 판이 있으며 몸집은 작고 거무스름하다. 위협받으면 구멍 속에 몸을 끼워 넣고 방어용으로 뾰족한 비늘을 드러낸다.

40~50 cm

여섯띠아르마딜로
Euphractus sexcinctus
다른 아르마딜로보다 낮에 더 활동적인 종으로 갈색을 띠는 노란색이다. 초지와 숲에서 먹이를 찾고 식물과 동물성 먹이를 먹는다.

11~15 cm

애기아르마딜로
Chlamyphorus truncatus
아르헨티나 중부에 서식하는 자그마한 종으로 지하 동굴 속을 헤엄치듯 움직인다. 머리는 마모를 줄이기 위해 보호 장치에 숨겨져 있다.

0.75~1 m

왕아르마딜로
Priodontes maximus
가장 큰 아르마딜로로 단단한 갑옷을 갖추고 있으며 길고 구부러진 세 번째 앞발가락을 이용해 먹이를 찾거나 방어용으로 땅을 판다.

30~38 cm

둥그스름한 분홍빛 귀

검은빛이 도는 윗면의 관절로 연결된 띠

민꼬리아르마딜로
Cabassous centralis
보호용 판이 있는 이 아르마딜로는 아메리카 중부와 남부에 서식하며 꼬리를 늘이지 않는다. 포식자를 피하기 위해 주로 풀이 빼곡히 자란 곳에 숨는다.

여섯띠아르마딜로

Euphractus sexcinctus

이름과는 달리 이 아르마딜로 종은 몸의 중앙에 6~8개의 갑옷띠가 있다. 몸의 윗부분은 튼튼한 껍데기로 덮여 있는데 껍데기는 윗부분이 딱딱한 물질로 얇게 입혀진 뼈로 된 판들이며 아르마딜로의 피부 속에 들어가 있다. 띠는 껍데기 안에서 몸이 유연하게 움직일 수 있도록 관절 역할을 한다. 그러나 다른 종처럼 완벽히 공 모양으로 몸을 구부릴 수는 없다. 이 여섯띠아르마딜로는 먹이를 찾아 행동권 주변에서 느릿느릿 걸으며 낮 시간을 보내는 주행성 동물이다. 먹이는 나무뿌리 및 새싹에서부터 무척추동물, 썩은 동물까지 다양하다.

몸길이 40~50센티미터
서식지 숲, 사바나
분포 남아메리카, 주로 아마존 유역의 남쪽
먹이 잡식성

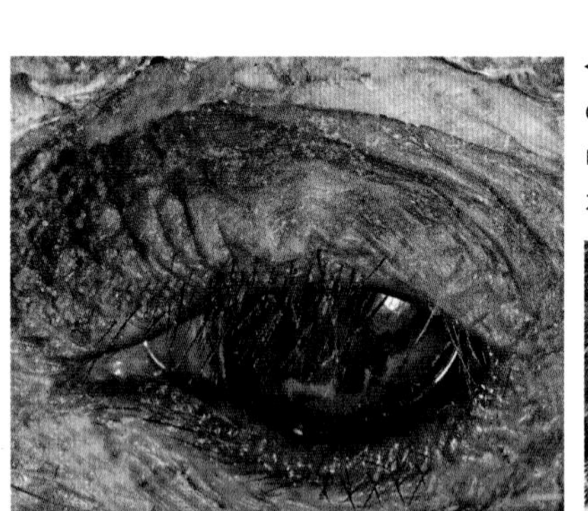

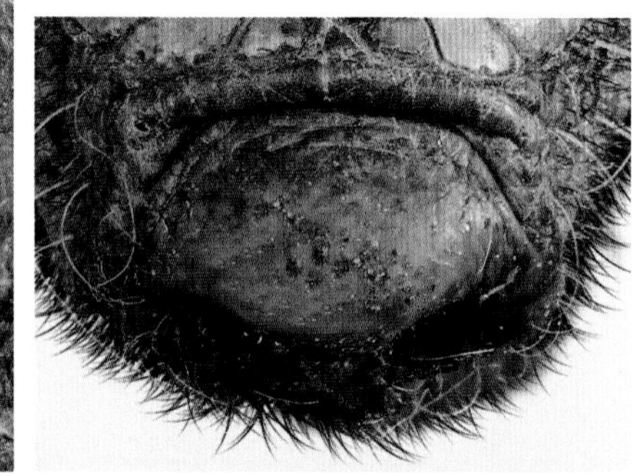

< 숨겨진 눈
아르마딜로의 눈은 머리 보호대에 의해 보호되지만 그 때문에 가시 범위는 다소 제한적이다. 시력이 별로 좋지 않아서 약간의 차이만을 분간할 수 있다.

< 코
아르마딜로는 후각이 예민하다. 먹이를 찾으러 가는 길에 주로 코를 킁킁거리고 흙 속에 묻힌 먹이도 쉽게 찾을 수 있다.

머리는 좁고 뾰족하며 서로 융합되어 있는 뼈판들로 구성된 갑옷에 의해 보호된다.

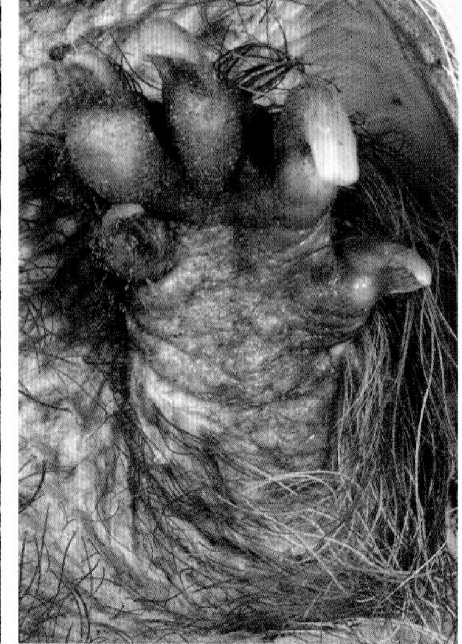

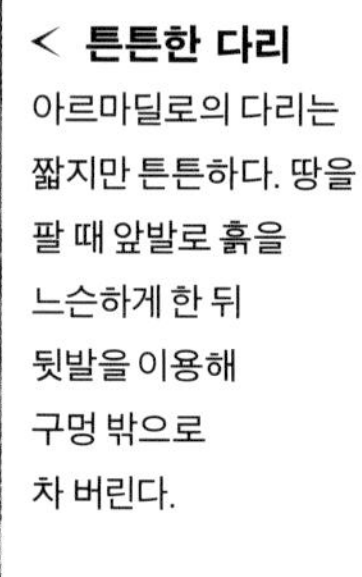

< 튼튼한 다리
아르마딜로의 다리는 짧지만 튼튼하다. 땅을 팔 때 앞발로 흙을 느슨하게 한 뒤 뒷발을 이용해 구멍 밖으로 차 버린다.

∧ 털북숭이 피부
뼈가 있는 껍데기는 6~8개의 띠로 끊어지며 유연한 피부와 분리된다. 길고 꺼칠꺼칠한 털은 띠와 띠 사이에 생기는데, 이 종은 가장 털이 많은 아르마딜로 중 하나이다.

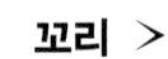

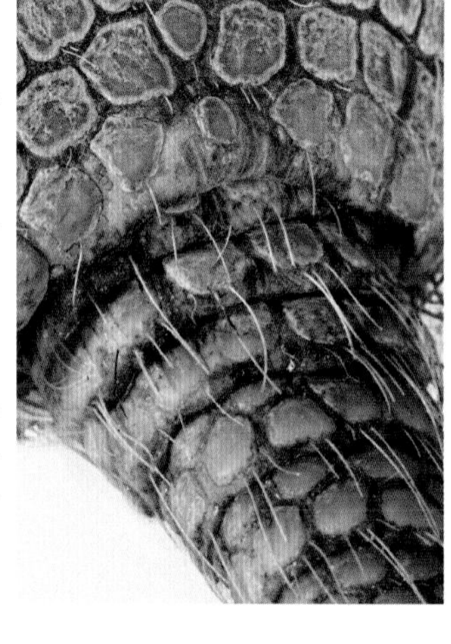

꼬리 >
꼬리 기부의 분비샘이 방어판 내 조그마한 구멍으로 냄새를 방출한다. 아르마딜로는 냄새로 영역을 표시한다.

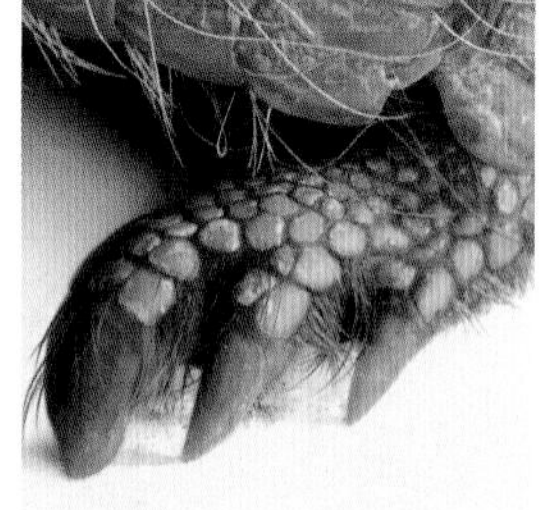

∧ 발톱
길고 튼튼한 발톱으로 단단한 땅을 재빨리 팔 수 있다. 아르마딜로는 몇 분 안에 자신이 충분히 들어갈 수 있는 깊이의 도랑을 팔 수 있다.

∨ 갑옷을 두른 땅 파는 동물

아르마딜로는 가능하다면 도망치는 것을 선호하지만 어쨌든 독특한 껍데기 덕분에 포식자로부터 방어할 수 있다. 또한 껍데기는 땅을 팔 때 찰과상으로부터 피부를 보호한다. 아르마딜로는 먹이(동물성, 식물성 모두)를 찾아 땅을 파고 보금자리의 용도나 즉시 몸을 숨기기 위해 구멍을 파기도 한다.

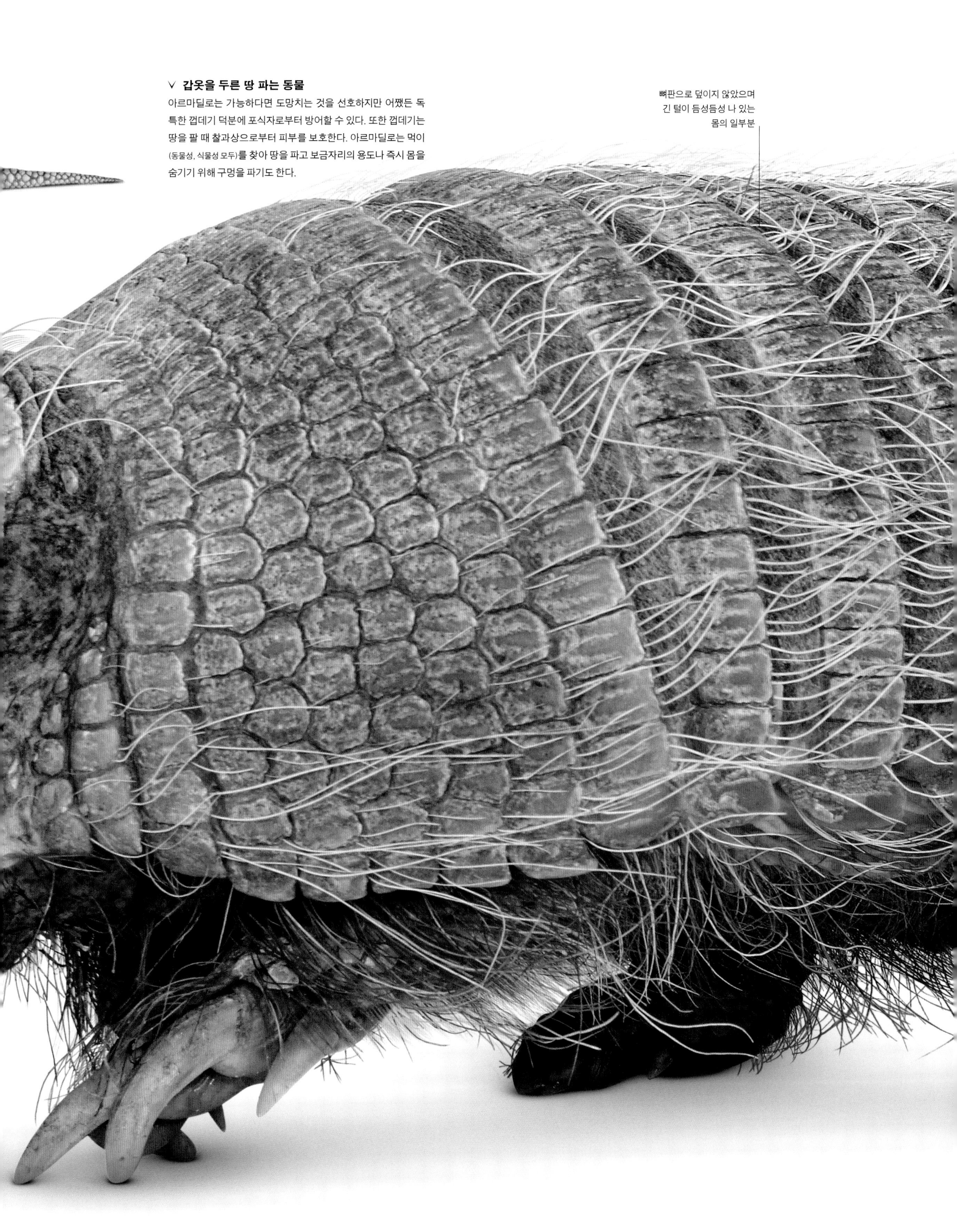

나무늘보와 개미핥기

유모목에 속해 있는 나무늘보와 개미핥기는 형태와 습성이 매우 다르지만 공통된 특징이 있다. 보통 포유류가 가지고 있는 이빨이 이들에게는 없다는 점이다.

유모목의 무리는 1종을 제외하고는 주로 수목 생활을 한다. 오직 큰개미핥기만이 지상 생활을 한다. 모두 중앙아메리카와 남아메리카에 서식한다.

개미핥기는 2개의 과가 있는데 모두 개미, 흰개미 및 다른 곤충을 잡아먹는다. 개미핥기는 길고 끈적끈적한 혀에 의존해 곤충을 잡으며 이빨이 전혀 없는 탓에 삼키기 전에 입안에서 으스러뜨린다.

느릿느릿 이동하는 나무늘보는 초식 동물로 앞니나 송곳니가 없지만 뿌리가 없는 원통형의 치아로 먹이를 갈아 버린다. 먹이인 섬유질이 많은 나뭇잎이 위의 여러 구획을 천천히 통과하면서 세균에 의해 분해되기 때문에 한 끼 식사를 완전히 소화하는 데 약 1개월이 걸린다.

나무 위의 생활

수목 생활을 하는 개미핥기는 물건을 잡을 수 있는 긴 꼬리 덕택에 나무늘보보다 좀 더 활동적인 생활 방식을 영위할 수 있다. 일부 종은 헤엄을 아주 잘 치지만 모든 수목 생활을 하는 종이 땅 위에서 이동하는 데에는 어려움을 겪는다. 걸을 때는 크고 구부러진 발톱 때문에 이동성에 제약이 있다. 나무늘보는 고리처럼 생긴 발톱으로 나뭇가지에 매달릴 수 있다. 개미핥기의 경우, 오직 앞발에만 커다란 발톱이 있다. 이 발톱들은 어마어마한 위력을 자랑하며 먹이를 찾기 위해 개미집을 부수고 스스로를 방어하는 데 사용된다.

문	척삭동물문
강	포유강
목	유모목
과	4
종	16

작은개미핥기속의 종들은 뒷다리로 서서 강력한 앞발로 발차기를 해 자신을 방어한다.

세발가락나무늘보

주로 수목 생활을 하고 야행성이다. 두발가락나무늘보보다 몸집이 작고 더 느리게 이동한다. 3개의 발가락에 있는 길고 구부러진 발톱으로 나뭇가지에 매달린다. 길고 덥수룩한 털은 털에서 자라는 조류 때문에 녹색을 띤다.

59~72cm

갈기세발가락나무늘보
Bradypus torquatus
브라질에 서식하는 몸집이 작은 종으로 털은 길고 거무스름하며 특히 머리와 목 주위가 어두운데, 종종 조류, 진드기, 나방 등이 숨어 있다.

갈색목세발가락나무늘보
Bradypus variegatus
중앙 및 남아메리카 숲에 서식하며 이 과 중에서 가장 널리 분포한다. 암컷은 짝을 유혹하기 위해 날카로운 비명 소리를 낸다.

52~54cm

45~76cm

엷은목세발가락나무늘보
Bradypus tridactylus
남아메리카의 우림에 서식하는 종으로 꼬리와 바깥귀가 거의 없는 독특한 외모를 하고 있다.

두발가락나무늘보

세발가락나무늘보와 달리 앞발에는 2개의 발가락이 있고 주둥이가 좀 더 돌출되었으며 꼬리는 없다. 수목 생활을 하고 주로 야행성이라는 점에서는 비슷하다.

54~88cm

두발가락나무늘보
Choloepus didactylus
남아메리카에서 단독 생활을 하는 이 초식동물은 오리노코와 아마존 유역의 열대림에서 서식한다. 대부분의 시간을 숲의 임관부에서 자거나 쉬면서 보낸다.

애기개미핥기

애기개미핥깃과에는 현재 1종만이 남아 있다. 크고 구부러진 앞발톱과 물건을 잡을 수 있는 꼬리 덕분에 나무 위에서 살아가며 나무 구멍 속에 둥지를 튼다. 개미와 흰개미를 먹는다.

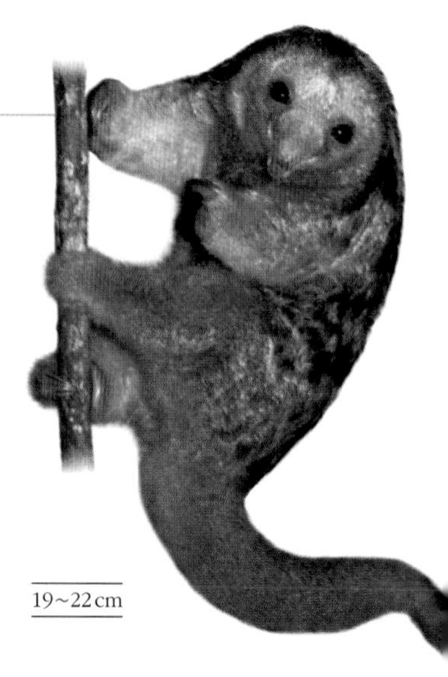

애기개미핥기류
Cyclopes sp.
나무 위에서 살며 야행성이고 느리게 움직인다. 개미핥기 중에서 가장 작은 종이다. 날카로운 발톱은 위협을 받았을 때 포식자에게 대항할 수 있는 효과적인 무기이다.

19~22cm

큰개미핥기와 근연종

중앙 및 남아메리카에 서식하는 개미핥깃과는 주둥이가 가늘고 길다. 강력한 발톱으로 흰개미집과 개미탑을 부순다. 이빨이 없이 끈적끈적한 침과 가시로 덮인 긴 혀로 곤충을 잡는다.

작은개미핥기
Tamandua tetradactyla
단독 생활을 하며 물건을 쥘 수 있는 꼬리가 있다. 하루 중 언제든지 먹이를 찾아다니고, 24시간마다 약 7시간 활동한다.

큰개미핥기
Myrmecophaga tridactyla
몸길이만큼 긴 꼬리가 있는 가장 큰 개미핥기이다. 길고 끈적끈적한 혀로 하루에 최대 3만 마리의 곤충을 잡는다.

토끼와 우는토끼

지상이나 굴속에서 생활하는 초식성 동물의 2개 과가 토끼목을 구성한다. 평생토록 자라는 이빨처럼 설치류와 비슷한 형질을 지니고 있지만 이는 공통되는 생활 방식에 적응한 결과이다.

이 종들은 열대림에서 북극 툰드라까지 다양한 서식지에 분포한다. 모두 초식 동물로 지상에서 생활하거나 굴속에서 생활한다. 이들은 물체를 갉아먹는 동물로 많은 설치류와 먹이가 같다. 설치류처럼 토끼와 우는토끼의 이빨은 일평생 끊임없이 자라며 씹으면서 닳는다. 하지만 이들 무리 간에는 본질적인 차이가 있다. 토끼와 근연종들은 위턱에 4개의 앞니가 있지만, 설치류는 오직 2개만 있다.

비교적 천천히 분해되는 먹이 탓에 이 동물들은 변형된 소화 기관을 가지고 있다. 2가지 형태의 대변을 배설하는데, 추가적인 영양분을 얻기 위해 다시 먹을 수 있는 촉촉한 알갱이와 폐기물로 내보내는 건조한 알갱이가 있다.

포식 동물 피하기

토끼목 중 가장 설치류를 닮은 종인 우는토끼는 포식 동물을 피하기 위해 휘파람으로 경계음을 낸 다음 땅굴이나 바위틈으로 숨는다. 반면, 토끼류는 기다란 귀로 위험을 감지하고 튼튼한 뒷다리로 재빨리 도망간다. 이 동물들의 큰 눈은 거의 360도의 시야를 확보할 수 있도록 머리 양옆에 높이 위치하고 있다. 포식 동물이 관찰되면 멧토끼는 뒷다리로 땅을 두들겨 위험을 경고한다.

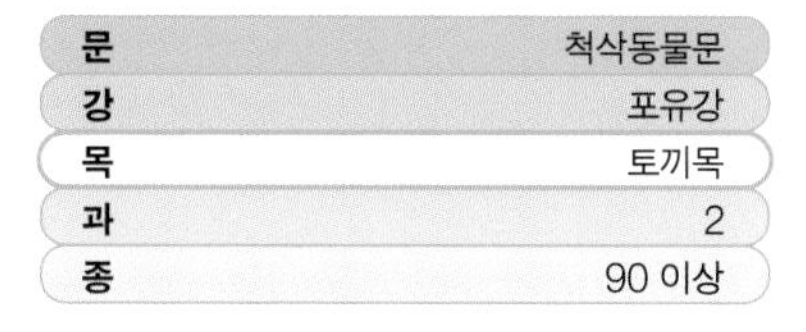

문	척삭동물문
강	포유강
목	토끼목
과	2
종	90 이상

겨울에 생존하기 위해 우는토끼는 다양한 식물을 모아서 건초 더미를 만들어 굴에 저장한다.

토끼

전 세계 대부분의 지역에 서식하는 토낏과는 포식자를 파악하기 위해 움직일 수 있는 귀와 도망치기 위한 긴 뒷다리가 있다. 굴토끼류는 영구적인 땅굴에 서식하지만 단독 생활을 선호하는 멧토끼류는 일시적인 대피처만을 만든다.

36~38cm

털로 덮인 발

굴토끼
Oryctolagus cuniculus
이베리아 반도가 원산지인 이 종은 고기와 모피 때문에 전 세계로 도입되어 지역 서식지와 야생 동물에 파괴적인 영향을 미친다.

난쟁이토끼
Oryctolagus cuniculus
가장 작은 품종 중 하나로 다양한 색깔과 형태가 있다. 둥그스름한 얼굴과 작은 귀로 인기 있는 반려동물이 되었다.

앙고라토끼
Oryctolagus cuniculus
실로 만들 수 있는 길고 부드러운 털 때문에 가치 있는 이 품종은 아나톨리아(지금의 터키)에서 기원한다.

15~30cm

롭이어토끼
Oryctolagus cuniculus
19세기 잉글랜드에서 처음 교배되었으며, 긴 귀는 늘어져 있다. 색깔과 크기가 다양하다.

»

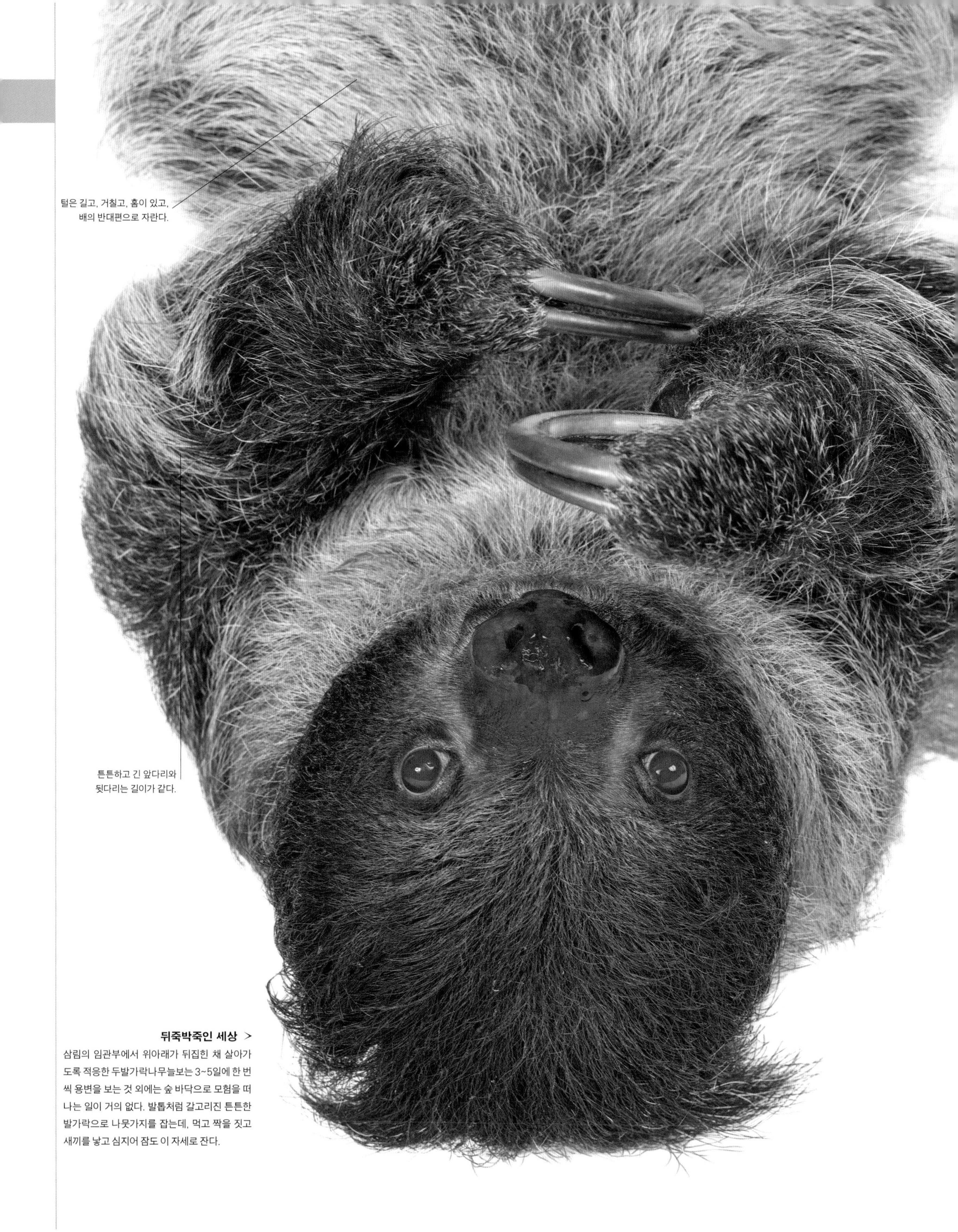

뒤죽박죽인 세상 >
삼림의 임관부에서 위아래가 뒤집힌 채 살아가도록 적응한 두발가락나무늘보는 3~5일에 한 번씩 용변을 보는 것 외에는 숲 바닥으로 모험을 떠나는 일이 거의 없다. 발톱처럼 갈고리진 튼튼한 발가락으로 나뭇가지를 잡는데, 먹고 짝을 짓고 새끼를 낳고 심지어 잠도 이 자세로 잔다.

두발가락나무늘보

Choloepus didactylus

작고 수상(樹上)생활을 하는 두발가락나무늘보는 땅 위에서 살다 불과 1만 년 전에 멸종한 대형 조상과는 많이 다르다. 나무늘보는 매우 느리게 이동하는 포유류 중 하나이며 하루 13시간을 자는데 종종 나무의 가지가 갈라지는 지점에 몸을 공 모양으로 만든 채 자고 밤에 일어나 나뭇잎을 찾는다. 나무늘보의 털은 독특한 미생물, 녹조류, 다양한 곤충이 포함된 하나의 생태계를 유지해 색다르다. 습한 환경에서는 털에 있는 홈에서 조류가 자라기 때문에 녹색 빛깔을 띤다.

몸길이 54~88센티미터
서식지 열대 저지대 삼림
분포 남아메리카, 오리노코 및 아마존 유역
먹이 주로 나뭇잎

눈 >
크고 앞을 향해 있는 눈이지만, 시력이 좋지 않다. 나무늘보는 근시에 색맹으로 눈이 나쁘다.

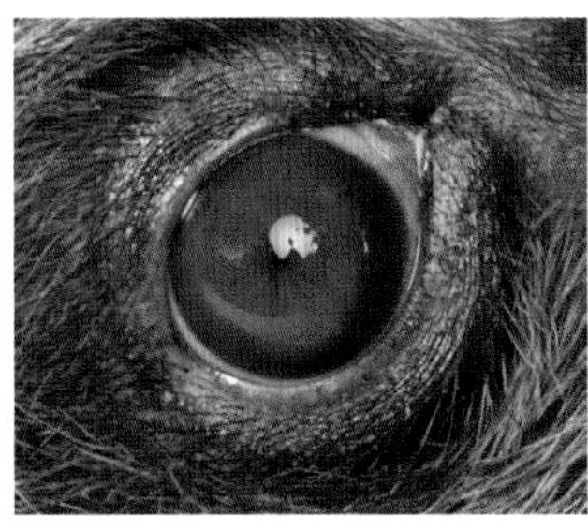

< 이빨
윗니는 5개, 아랫니는 4개이며 말뚝같이 생겼고 에나멜이 없으며 평생 자란다. 앞니가 없다.

코 >
긴 들창코가 있는 짧은 주둥이는 나무늘보가 냄새를 잘 맡도록 해 준다.

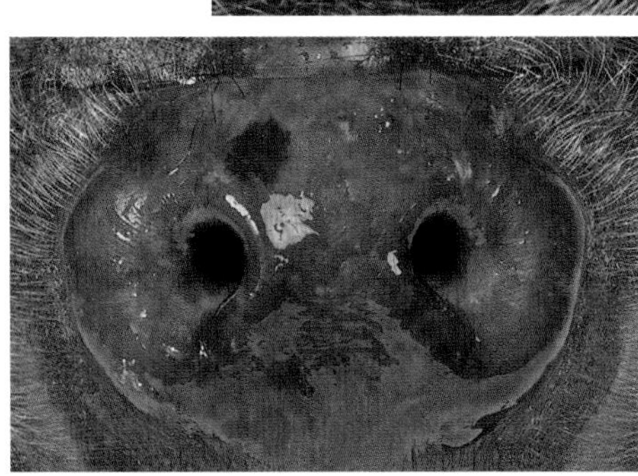

< 귀
나무늘보는 청력이 좋지 않으며 저주파만 들을 수 있다. 외부에 돌출된 귀는 작고 털 속에 숨어 있다.

발톱 ∨ >
앞다리에는 각각 8~10센티미터의 갈고리진 발톱이 있는 발가락이 2개 있다. 뒷다리에는 발가락이 3개 있다.

가운데 나누기 >
위아래가 거꾸로 된 생활 방식을 살기 때문에 가슴과 복부의 정준선의 털 부분은 등으로 향해 빗물이 흘러 내리게 해 준다.

» 토끼

사막솜꼬리토끼
Sylvilagus audubonii
미국 서북부와 멕시코 북부와 중부의 건조한 지역에서 서식하는 사막솜꼬리토끼는 굴을 파는 대신 땅 위에 보금자리를 튼다.

숲멧토끼
Lepus europaeus
여름에는 풀을 먹고 겨울에는 나무껍질과 초목의 눈을 뜯어 먹는다. 겁이 많고 봄에 '권투'로 구애 행동을 할 때를 제외하고는 단독 생활을 한다. 암컷은 짝짓기가 준비될 때까지는 수컷과 싸운다.

습지토끼
Sylvilagus palustris
북아메리카의 습지에 서식하며 헤엄을 잘 친다. 다른 근연종과는 달리 깡충깡충 뛰는 대신 걷는다.

눈신발멧토끼
Lepus americanus
북아메리카의 혹독한 겨울에 적응해 위장을 위해 겨울에는 흰색 털로 바뀌고, 커다란 뒷다리는 부드러운 눈 위에서 이동하기 쉽게 해 준다.

흰꼬리잭토끼
Lepus townsendii
북아메리카 서부에 걸쳐 광범위한 지역에 분포한다. 북쪽 개체군은 겨울에 하얗게 변하는 반면, 남쪽 개체군은 오직 옆구리에만 희끄무레한 부분이 생긴다.

북극토끼
Lepus arcticus
극지방과 산악 지역에 잘 적응한 이 멧토끼는 겨울에는 하얗게 변하는 두툼한 털과 피신처로 눈 속에 파 놓는 구멍 덕분에 겨울을 보낼 수 있다.

검은꼬리잭토끼
Lepus californicus
북아메리카 서부의 대초원과 농장에 널리 분포하는 이 종은 지역적으로 개체 변동이 큰 경향이 있다. 꼬리와 귀 끝이 검다.

영양잭토끼
Lepus alleni
매우 긴 귀와 단열 처리가 잘되고 빛을 반사하는 털 덕분에 이 거대한 멧토끼는 멕시코 불모의 초원에서 몸을 시원하게 할 수 있다.

산악토끼
Lepus timidus
극지방부터 유럽과 아시아의 산간 지대까지 분포하는 이 멧토끼는 겨울에는 털이 하얗게 바뀌고 꼬리는 1년 내내 흰색이다.

갈색멧토끼
Lepus capensis
아프리카와 중동의 개방된 서식지에서 흔한 종으로 가까운 근연종인 숲멧토끼와 매우 유사하다.

우는토끼

우는토낏과는 북아메리카와 아시아의 바위가 많은 산비탈과 개방된 스텝 지대에 서식하는 몸집이 작은 초식 동물이다. 포식자를 의식하면 땅굴이나 바위틈으로 도망치면서 아주 높은 경계음을 낸다.

생토끼
Ochotona princeps
북아메리카 산간 지대의 자갈 비탈에 서식하며 태양 아래 먹이 더미를 말리고 겨울을 나기 위해 굴에 먹이를 저장한다.

설치류

설치류는 자그마한 생쥐에서 돼지 크기만 한 동물까지 몸집이 다양하며 거의 모든 서식 환경에서 산다. 이들은 모든 포유류 종의 거의 절반을 구성한다.

쥐목의 구성원들은 평생 계속 자라는 1쌍의 돌출된 위아래 앞니(종종 주황색이나 노란색을 띤다.)로 구별할 수 있다. 설치류 특유의 행동인 갉아먹는 습성은 이빨이 자라는 비율만큼 다시 닳게 한다. 설치류는 송곳니가 없으며 각각의 턱에 앞니로부터 3개 혹은 4개의 어금니 사이에 빈 공간이 있다. 설치류의 과학적 분류 역시 겉으로는 보이지 않는 이빨과 턱의 특징에 기반을 두고 있다.

종 다양화

다양한 서식 환경과 생활 방식에 맞춰서 설치류는 종종 물갈퀴 있는 발가락과 큰 귀, 또는 껑충껑충 달리기 위한 긴 뒷다리처럼 특별한 적응법을 갖추고 있다. 어떤 설치류는 땅을 파고 어떤 종류는 나무줄기 안이나 물속에서 살지만 바다에서 사는 종은 없다. 설치류의 많은 종이 사막 지역에 서식하며, 거의 물을 마시지 않고도 섭취하는 먹이를 통해서 필요한 수분을 모두 얻을 수 있다.

설치류의 영향

어떤 설치류 종은 수백만 명의 사람을 죽이는 치명적인 질병을 옮긴다. 사람들이 저장해 둔 거대한 양의 음식을 먹거나 오염시키기도 한다. 집쥐는 인류와 가까운 연계를 통해 세계에서 가장 널리 분포하는 야생 포유류가 되었다. 이 종은 남극 대륙을 제외한 모든 대륙에 서식하며 심지어 광산이나 냉장실에서도 살아남는다. 어떤 설치류는 농작물과 나무에 피해를 주거나 번거로운 장소에 구멍을 낸다. 비버는 전체 서식지를 완전히 바꿔 수백 종의 다른 동물과 식물에 영향을 끼칠 수 있다.

긍정적인 측면으로 일부 국가에서는 설치류가 사람을 포함해 포식 동물의 중요한 먹이 자원이 된다. 햄스터와 같은 다수의 작은 설치류들은 특별히 반려동물로 키워진다.

문	척삭동물문
강	포유강
목	쥐목
과	34
종	약 2,500

논쟁

설치류의 조직도

전 세계 거의 모든 서식 환경에서 수많은 생활 방식에 적응해 살아가면서 설치류들은 엄청나게 다양화되었다. 이러한 거대한 종 다양성은 쥐목의 분류를 더욱 더 복잡하게 만든다. 동물 분류학 전문가들은 현대의 설치류들을 두개골, 이빨, 턱의 차이에 따라 2개의 하위 집단으로 나누고 34개 과로 분류하고 있다. 다람쥐 같은 턱을 가진 다람쥐아목은 전 세계에 널리 분포하며 모든 다람쥐와 비버, 쥐처럼 생긴 설치류를 포함한다. 호저 같은 턱을 가진 호저아목은 기니피그, 호저, 친칠라와 카피바라를 포함하며 대부분 남반구와 열대 지방에서만 제한적으로 분포한다.

산비버

한때 널리 분포했던 산비버과에서 단 1종이 오늘날까지 살아남았다. 산비버는 북아메리카 서부의 축축한 삼림과 농장에 있는 땅굴 속에서 산다.

납작한 머리

30~40cm

산비버
Aplodontia rufa
살아 있는 설치류 중 가장 원시적인 형태로 캐나다와 미국 서부 연안의 숲으로 뒤덮인 산에 서식한다.

청설모, 다람쥐

극지방, 오스트레일리아와 사하라 사막을 제외한 거의 모든 곳에 서식하는 다람쥐과는 열대 우림에서 극지방의 툰드라까지, 그리고 나무 꼭대기에서 지하 터널까지 분포한다. 꼬리 숱이 많은 전형적인 나무다람쥐, 굴을 파는 많은 종류의 땅다람쥐, 그리고 마못이 포함된다. 주로 견과류와 씨앗을 먹는다.

23~30cm

동부회색다람쥐
Sciurus carolinensis
미국 동부에서 흔한 종으로 유럽 일부로 도입되어 토착종인 청설모를 천천히 몰아내고 있다.

20~26cm

청설모
Sciurus vulgaris
청설모가 여름털로 털갈이를 할 때 귀의 긴 털은 떨어져 나간다.

17~20cm

아메리카붉은다람쥐
Tamiasciurus hudsonicus
이 붉은다람쥐는 수다스러운 소리와 날카롭게 짖는 소리를 내는데 캐나다와 미국 북부 침엽수림에서 흔히 들을 수 있다.

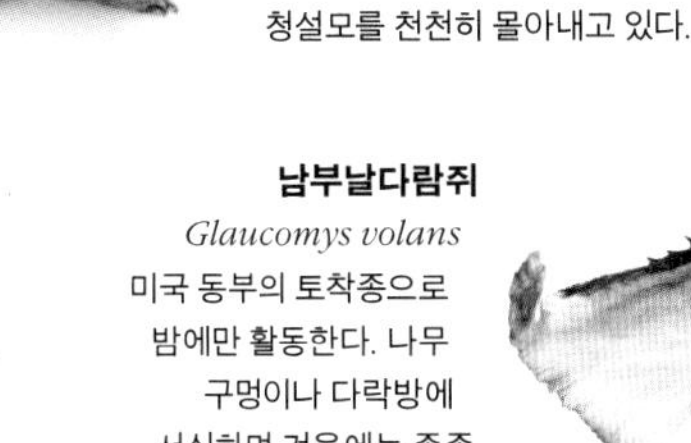

11~14cm

남부날다람쥐
Glaucomys volans
미국 동부의 토착종으로 밤에만 활동한다. 나무 구멍이나 다락방에 서식하며 겨울에는 종종 무리를 이룬다.

30~38cm

누른큰다람쥐
Ratufa affinis
4종의 큰다람쥐 중 하나로 말레이 반도, 보르네오, 수마트라의 숲에 서식한다.

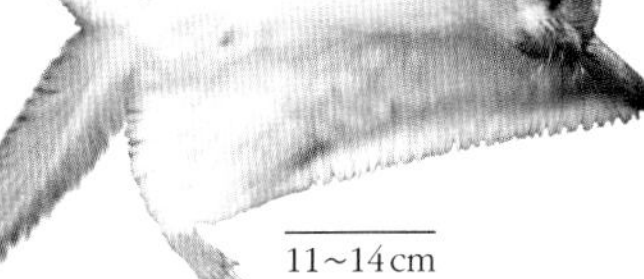

32~39cm

알락큰다람쥐
Ratufa macroura
세계에서 가장 큰 나무다람쥐 중 하나로 인도 남부와 스리랑카에 서식한다. 과일, 꽃, 곤충을 먹는다.

20~26cm

프레보스트삼색다람쥐
Callosciurus prevostii
3가지 색을 띠는 이 다람쥐에는 17개 아종이 있다. 이 종은 말레이시아, 보르네오, 수마트라와 술라웨시와 같은 인근 섬에서 관찰된다.

»

≫ 청설모, 다람쥐

희망봉땅다람쥐
Geosciurus inauris
털이 굵은 다람쥐로 남아프리카 반사막 지대의 엄청난 온도를 피하기 위해 구멍에서 쉰다.

콜롬비아땅다람쥐
Urocitellus columbianus
몸집이 다소 크고 꼬리에 숱이 많다. 미국 아이다호 주에서 캐나다 서부까지의 목초지와 숲 가장자리에서 무리를 구성한다.

흰줄땅다람쥐
Callospermophilus lateralis
몸집이 커다란 줄무늬다람쥐처럼 보이는 이 종은 미국 서부의 숲과 산간 지대에서 흔히 볼 수 있다.

감비아태양다람쥐
Heliosciurus gambianus
세네갈에서 짐바브웨까지의 아프리카에 걸쳐 사바나 삼림 지대에서 흔한 종으로, 주로 아카시아나무의 열매를 먹는다.

호피줄무늬다람쥐
Tamias rufus
북아메리카의 줄무늬다람쥐들은 지역별로 종이 다르다. 이 종은 미국 유타 주, 콜로라도 주, 애리조나 주의 접경 지역에서 서식한다.

동부줄무늬다람쥐
Tamias striatus
땅에 서식하며 줄무늬가 있는 이 종은 미국 동부의 숲 속 야영지에서 흔히 보이며 쉽게 길들일 수 있다.

비버

비버과에는 2종만이 있는데 모피 때문에 사냥된다. 1종은 북아메리카에 널리 분포하고 다른 종은 유럽에 군데군데 서식한다. 둘 다 자갈, 진흙, 나무로 된 댐을 만드는데, 댐은 다른 종의 서식지가 되기도 한다.

비버류
Castor sp.
유럽과 북아메리카에 서식하는 비버는 서로 다른 종이지만 둘 다 강과 호수에서 비슷하게 반수중 생활을 한다.

흙파는쥐

흙파는쥣과는 북아메리카에서 관찰되며 뿌리와 나뭇잎에 쉽게 접근할 수 있는 얕은 구멍에서 혼자 산다. 먹이를 볼주머니에 담아 지하 공간에 저장한다.

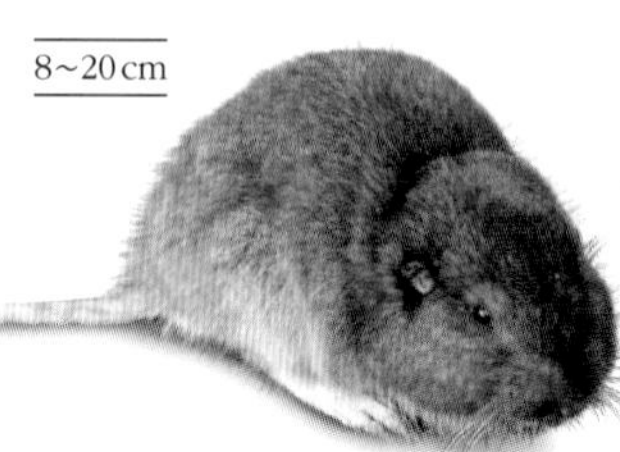

보타흙파는쥐
Thomomys bottae
부드러운 흙과 풀로 덮인 지역에 서식하는 자그마한 동물로 흙무더기를 파헤쳐 농기계에 피해를 줄 수 있다.

동면쥐

동면쥣과는 유럽, 사하라 사막 이남의 아프리카, 중앙아시아 일부에 분포하며, 일본에 1종이 서식한다. 1종을 제외한 모든 종이 부드러운 털이 있고 수목 생활을 한다. 많은 종이 멸종 위기에 처해 있거나 수가 감소하고 있다.

아프리카동면쥐류
Graphiurus sp.
아프리카동면쥐에는 15종이 있다. 겉모습은 모두 비슷하고 사하라 사막 이남의 숲이 울창한 곳에서 산다.

마못류
Marmota sp.
마못의 일부 종들은 북아메리카의 산악 지대 초지와 바위가 많은 지역에 서식하는 반면, 일부는 유라시아에 서식한다. 마못은 종에 따라 8개월까지도 겨울잠을 잔다.

주머니생쥐, 캥거루쥐

주머니생쥣과는 캐나다에서 중앙아메리카까지 다양한 서식지에서 관찰되며, 희귀한 몇몇 종을 제외하고는 일반적으로 흔하다. 캥거루쥐는 주로 사막에 서식한다. 주머니생쥐는 네발로 뛰며 캥거루쥐는 커다란 두 뒷다리로 깡충깡충 뛰어다닌다.

사막주머니생쥐
Chaetodipus penicillatus
미국 남서부와 멕시코 북부의 개방된 모래사막에서 서식하는 몸집이 작은 야행성 설치류 중 1종이다.

10 cm
꼬리 다발의 긴 털

메리엄캥거루쥐
Dipodomys merriami
꼬리를 펼친 채 뛰어가는 이 야행성 동물은 북아메리카의 사막에 서식하며 자그마한 캥거루처럼 생겼다.

검은꼬리프레리독
Cynomys ludovicianus
낮 시간에도 활발한 땅다람쥐로 폭넓은 공용 굴로 이루어진 '마을'에서 살아간다.

해리스땅다람쥐
Ammospermophilus harrisii
소노라 사막과 멕시코 북부에 서식하는 활발한 동물이다. 이 설치류는 태양의 열기 아래에서 매우 활동적이지만 겨울에는 동면한다.

뛰는쥐

뛰는쥣과(날쥐류), 자코디다이과(뛰는쥐류), 스민티다이과(자작나무쥐)로 구성된다. 강력한 뒷다리와 긴 꼬리로 작은 캥거루처럼 껑충껑충 달릴 수 있다.

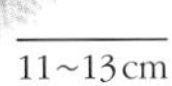

허드슨뛰는생쥐
Zapus hudsonius
북아메리카 북부의 선선한 초지에서 관찰되는 종으로 미국 애리조나 주와 뉴멕시코 주의 산간 지대에 고립된 개체군이 있다.

11~13 cm

쇠이집트날쥐
Jaculus jaculus
북아프리카 사막에 서식하며 세네갈에서 이집트, 남쪽으로는 소말리아, 동쪽으로는 이란까지 분포한다.

큰동면쥐
Glis glis
6개월 이상 겨울잠을 잔다. 슬로베니아 공화국과 같은 지중해 연안 국가에서는 이 쥐를 먹기도 한다.

밭쥐, 레밍쥐, 사향뒤쥐

비단털쥣과는 햄스터, 밭쥐, 레밍쥐와 사향뒤쥐를 포함하는 통통하고 꼬리가 짧은 765여 종의 설치류로 이루어져 있다. 서유럽에서 시베리아와 태평양 연안까지 전 세계에서 관찰된다.

둑밭쥐
Myodes glareolus
새벽과 밤에 주로 활동하는 전형적인 밭쥐로 서유럽의 대부분과 동쪽으로는 러시아까지 분포한다. 관목, 삼림 지대, 정원에 서식한다.

밭쥐
Microtus arvalis
북유럽에 걸쳐 초지에서 구멍을 파고 서식하는 흔한 밭쥐로 극동 지방과 러시아까지 분포한다.

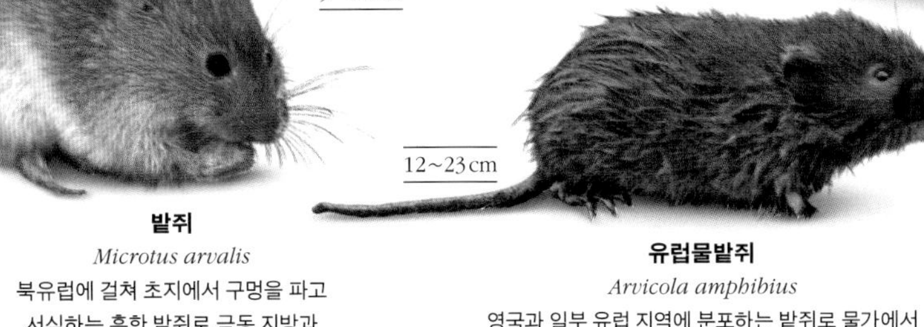

유럽물밭쥐
Arvicola amphibius
영국과 일부 유럽 지역에 분포하는 밭쥐로 물가에서 살지만 러시아와 이란에서는 물에서 떨어진 곳에 서식하며 대규모의 굴을 판다.

유럽동면쥐
Muscardinus avellanarius
나무를 매우 잘 타며 뜀박질도 잘하는 이 동면쥐는 유럽의 관목림에 서식한다. 밤에 꽃과 과일, 곤충을 먹는다.

노르웨이레밍쥐
Lemmus lemmus
유럽 툰드라의 주요한 소형 포유류로 레밍쥐의 개체 수 변동은 많은 북극 포식 동물의 번식에 영향을 끼친다.

초원밭쥐
Lagurus lagurus
이 속에 속하는 유일한 종으로 우크라이나에서 몽골 서부까지 이어지는 건조한 초원에 서식한다.

사향뒤쥐
Ondatra zibethicus
원래는 북아메리카의 강, 연못, 하천에서 서식했지만 유럽으로 도입되어 지금은 널리 분포한다.

밭쥐, 레밍쥐, 사향뒤쥐

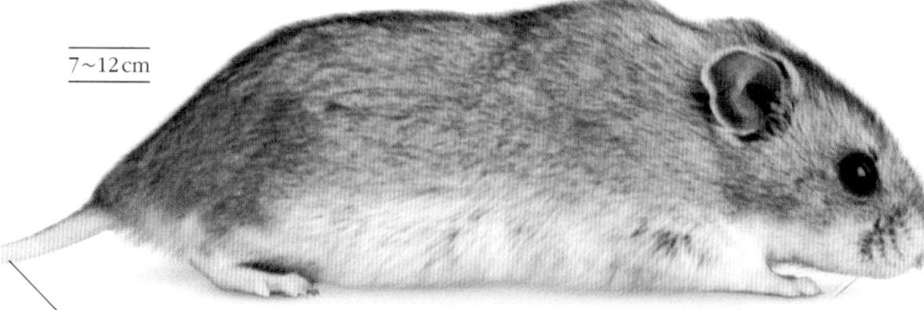

줄무늬난쟁이햄스터
Cricetulus barabensis
곡물과 씨앗을 모으기 위해 농작물에 난입하는 설치류로 농경 지대에서는 심각한 유해 종이 될 수 있다.

사막햄스터
Phodopus roborovskii
중앙아시아의 건조한 초원에 서식하는 자그마한 동물로 반려동물로 인기가 많다. 번식기에 3~4마리의 새끼를 낳는다.

햄스터
Cricetus cricetus
구멍을 파고 단독 생활을 하며 겨울에는 땅속에서 겨울잠을 잔다. 구멍에는 최대 65킬로그램의 먹이를 저장할 수 있다.

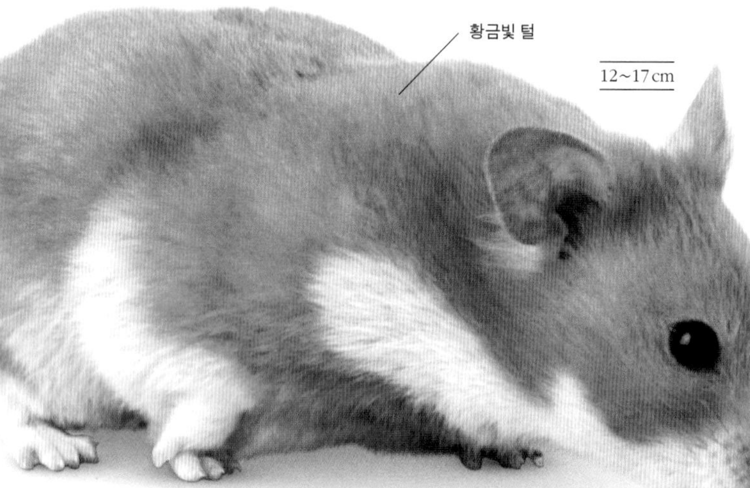

12~17cm

긴털골든햄스터
Mesocricetus auratus
골든햄스터류는 선택적으로 번식되어 이 변종처럼 다양한 이국적인 형태가 만들어졌다. 알비노 변종은 야생에서는 생존하지 못한다.

골든햄스터
Mesocricetus auratus
원래 서식지인 시리아에서는 현재 멸종 위기 종이다. 유럽과 북아메리카에서 가장 사랑받는 반려동물이 되었다.

흰발생쥐
Peromyscus leucopus
매우 흔하고 적응을 잘하는 동물로 미국 중부와 동부의 거의 모든 형태의 육상 서식지에서 산다.

목화쥐
Sigmodon hispidus
지표면에서 살아가는 초식 동물로 수명이 짧다. 미국 남부와 멕시코의 초원에 서식한다.

생쥐, 집쥐와 근연종

모든 포유류 종의 5분의 1이 이 거대한 과에 속한다. 쥣과는 두 극지방을 포함해 거의 전 세계에 분포한다. 어떤 종은 심각한 질병을 옮기며 어떤 종은 농작물에 해를 끼치는 유해 동물이다. 하지만 몇몇 종은 의학 연구에 이용되며 반려동물로 각광받기도 한다.

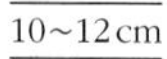

10~12cm

북아프리카가시생쥐
Acomys cabirinus
다른 가시생쥐처럼 방어를 위해 몸에 뻣뻣한 털이 있고, 덥고 건조한 서식지에서 쉽게 몸을 냉각시킬 수 있도록 가죽이 얇다.

아라비아가시생쥐
Acomys dimidiatus
예전에는 홍해 동부에 서식하는 종을 제외하고는 아프리카 북동부의 종과 같은 종으로 여겨졌다.

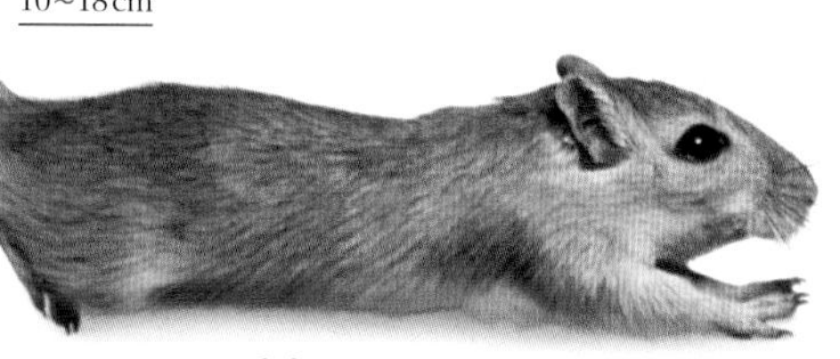

쇼모래쥐
Meriones shawii
북아프리카와 중동의 사막에서 흔한 설치류로 겨울잠을 자지는 않지만 굴에 최대 10킬로그램의 먹이를 저장해 두고 겨울을 난다.

9~14cm

모래쥐
Meriones unguiculatus
야생에서는 커다란 사회성 무리를 구성하며 중앙아시아의 건조한 스텝 지대에 서식한다. 지금은 많은 수가 반려동물로 길러지고 있다.

9~13cm

모래황무지쥐
Gerbillus floweri
사막에 서식하는 대부분의 다른 소형 설치류처럼 몸 색깔이 옅다. 몸 색깔이 훌륭한 위장색이 되는 북아프리카와 중동에서 널리 서식한다.

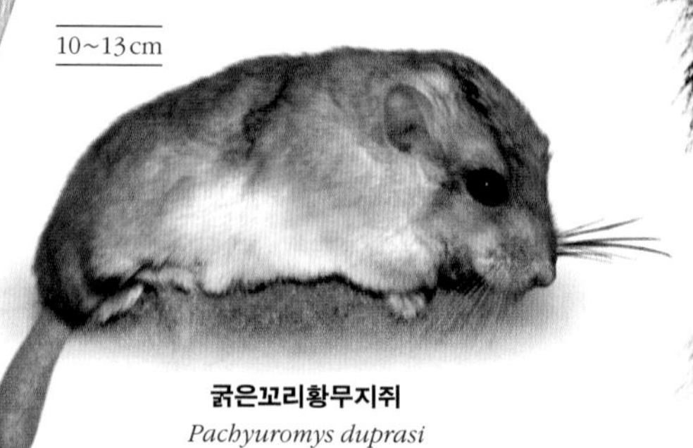

굵은꼬리황무지쥐
Pachyuromys duprasi
사막에 서식하는 많은 소형 포유류처럼 꼬리에 지방을 비축한다. 꼬리에는 털이 없어 초과되는 체열을 방출시킬 수 있다.

북루손큰구름쥐
Phloeomys pallidus
구름쥐의 2종은 키가 큰 나무들로 우거진 필리핀의 숲에 서식하지만 눈에 잘 띄지 않는다. 이 종은 루손 섬 북부에서만 발견된다.

남루손큰구름쥐
Phloeomys cumingi
북부 종보다 몸집이 좀 더 크며 낮에는 속이 빈 나무나 구멍에서 보내고 한 번에 1마리의 새끼를 키운다.

생쥐
Mus musculus
매우 적응력이 높은 이 작고 날씬한 설치류는 전 세계 인류를 따라다니며 심지어는 아남극에서도 서식한다.

흰생쥐
Mus musculus
인위적으로 번식되는 흰쥐는 반려동물로 흔해졌으며 의학 및 과학 연구에도 널리 이용된다.

노랑목들쥐
Apodemus flavicollis
삼림에서 살아가는 야행성 종으로 유럽의 동일 서식지에서 분포하는 들쥐와 구별이 잘 되지 않는다.

산들쥐
Apodemus sylvaticus
유럽에서 가장 수가 많은 야생 쥐로 모든 육상 서식지에서 살아간다. 심지어 산 속에서도 산다.

멧밭쥐
Micromys minutus
유럽에서 가장 작은 쥐로 갈대밭과 옥수수 밭을 포함해 다양한 풀로 덮인 서식지에서 살아간다.

시궁쥐
Rattus norvegicus
집쥐로도 알려져 있으며 현재 전 세계적으로 유해 동물이다. 선박을 따라 이동했으며 심지어 외딴섬에서도 집단 서식한다.

곰쥐
Rattus rattus
배에서 생활하는 능력 때문에 '배의 쥐'로도 종종 불리며, 가래톳 페스트를 옮긴다.

줄무늬풀쥐
Lemniscomys striatus
독특하게 뚜렷한 무늬가 있는 종으로 사하라 사막 이남의 아프리카 대부분 지역 풀이 덮인 서식지에서 흔히 분포한다.

마다가스카르큰쥐
Hypogeomys antimena
몸집이 거대하며 뜀뛰기를 잘하는 쥐의 유일한 종으로 마다가스카르에 서식하는 가장 큰 설치류이다. 서해안의 모래로 뒤덮인 숲에서만 관찰된다.

대나무쥐와 근연종

소경쥣과는 장님두더지쥐, 대나무쥐, 뿌리쥐, 땅굴쥐를 포함한다. 돌출된 큰 앞니는 장님두더지쥐의 특징이다. 지하 생활에 적응한 탓에 겉으로 드러난 눈과 바깥귀가 없다. 동아시아산 대나무쥐의 눈은 육안으로 보인다.

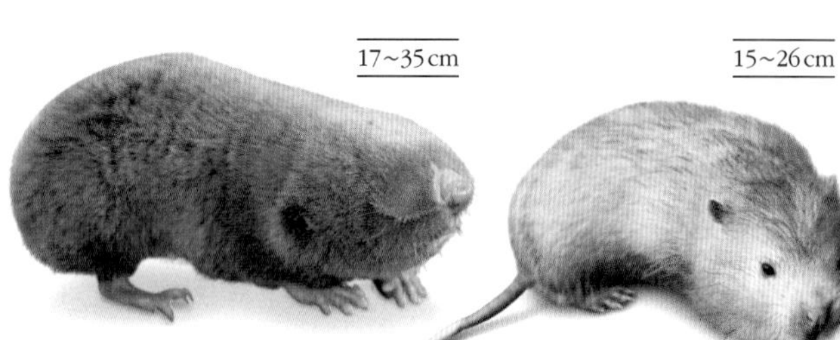

17~35cm

큰장님두더지쥐
Spalax microphthalmus
눈이 먼 이 종은 주둥이에서 눈구멍까지 민감한 수염이 나 있다. 우크라이나와 러시아 남동부의 스텝 지대가 원산지이다.

15~26cm

작은대나무쥐
Cannomys badius
네팔에서 베트남까지 관찰되는 이 속의 유일한 종으로 숲, 초지, 때때로 정원에 깊은 구멍을 판다.

뛰는토끼

몸집과 행동이 토끼와 비슷한 뛰는토낏과는 한 번에 1마리의 새끼만을 낳는다. 1년 내내 번식을 하지만 건조하고 개방된 서식지로 인해 포식자에게 취약할 수밖에 없다.

33~46cm

동아프리카깡충토끼
Pedetes surdaster
깡충토끼는 캥거루와 같은 도약으로 야행성 포식 동물에게서 도망친다. 남아프리카깡충토끼보다 덜 흔한 이 종은 아프리카의 세렝게티 초원에 서식한다.

남아프리카깡충토끼
Pedetes capensis
초본류를 뜯어 먹기 위해 밤에 굴 밖으로 나오며 아프리카 남부의 건조한 지역에서 발견된다.

33~46cm

털이 촘촘한 긴 꼬리

아프리카두더지쥐

땅속 생활을 하는 헤테로케파리다이과(벌거숭이두더지쥐)와 두더지쥣과(두더지쥐류)는 식물의 뿌리를 먹기 위해 돌출된 앞니를 삽처럼 사용해 모래와 부드러운 흙을 판다. 입술은 먼지로부터 입을 보호하기 위해 이빨 바로 뒤에 있다.

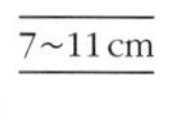

7~11cm

돌출된 긴 앞니

벌거숭이두더지쥐
Heterocephalus glaber
무리를 지어 사는 사회성이 높은 동물로 각각의 개체는 무리 전체를 돕기 위해 서로 다른 전문적인 일을 수행한다.

길고 둥근 꼬리

10~19cm

아프리카두더지쥐
Cryptomys hottentotus
탄자니아에서 남아프리카까지 관찰되는 흔한 종으로 주로 식물의 뿌리를 먹으며 부드러운 흙이 있는 곳과 농장에서 산다.

나마콰사구두더지쥐
Bathyergus janetta
나미비아와 남아프리카 남서쪽이 원산지인 이 종은 이빨보다는 앞발을 이용해 구멍을 판다.

17~24cm

아메리카호저

아메리카호저과는 아메리카 숲 속 나무에서 생활하는 동물로, 일반적으로 10센티미터 미만의 짧은 가시가 있다. 대부분은 물건을 쥘 수 있는 꼬리로 나뭇가지를 붙잡는다.

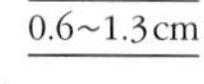

0.6~1.3cm

북아메리카호저
Erethizon dorsatus
북아메리카의 알래스카부터 멕시코에 이르는 숲에 서식하는 동물이다. 가시는 텁수룩한 털 안에 숨겨져 있다.

44~56cm

브라질호저
Coendou prebensilis
남아메리카와 트리니다드 섬의 숲으로 뒤덮인 지역에 서식하는 야행성 종이다. 낮에는 잠을 자며 저녁에 나뭇잎과 새싹을 찾아다닌다.

구대륙호저

대부분의 아프리카와 아시아 남부에서 관찰되는 호저과는 모두 11종으로 굴속에서 생활한다. 길고 뻣뻣한 가시로 덮여 있어서 포식 동물로부터 자신을 보호할 수 있다. 공격받으면 가시가 날카롭다는 것을 상기시키기 위해 종종 달가닥거린다.

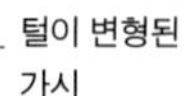

털이 변형된 가시

갈기호저
Hystrix cristata
45~93cm
사하라 사막을 제외한 아프리카의 북부 절반에 걸쳐 널리 분포한다. 친숙한 야행성 설치류이다.

75~100cm

남아프리카호저
Hystrix africaeaustralis
아프리카 남부 대부분에 걸쳐 분포한다. 사바나에 서식하는 이 종은 밤에 홀로 혹은 무리를 지어 먹이를 찾으며 식물의 뿌리와 장과류를 냄새로 찾는다.

비스카차, 친칠라

남아메리카에 서식하는 친칠라과의 6종 모두 눈에 잘 띄는 꼬리와 긴 뒷다리를 지녔다. 보통 사회적인 무리를 이루며 굴이나 바위가 노출된 곳에 서식한다. 대부분의 종이 모피로 착취당하고 유해 동물로 인식되면서 현재는 매우 희귀하다.

체온 조절을 도와주는 큰 귀

공간 인식을 돕는 긴 수염

몸의 균형을 잡아 주는 숱이 많은 꼬리

22~38 cm

친칠라류
Chinchilla sp.
모피로서 가치를 널리 인정받았다. 두툼하고 멋진 털은 원산지인 안데스 산맥의 차가운 날씨로부터 체온을 유지해 주는 역할을 한다.

30~45 cm

산비스카차
Lagidium viscacia
이 날렵한 설치류는 밤의 추위로부터 몸을 보호할 수 있는 빽빽한 털이 있다. 가파르고 바위가 많은 산비탈에서 산다.

아프리카바위쥐

아프리카바위쥣과의 유일한 종으로 아프리카 남부에서만 서식한다. 다른 설치류와 구별되는 평평한 두개골과 유연한 갈비뼈는 바위틈 생활에 적응한 것이다.

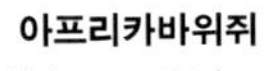

13~25 cm

아프리카바위쥐
Petromus typicus
건조하고 바위가 많은 산비탈에 서식하는 설치류로 해 질 녘과 날이 샐 무렵에 먹이인 씨앗과 새싹을 찾기 위해 바위틈에서 나온다.

사탕수수쥐

사탕수수쥣과의 2종은 건초 및 사탕수수 덤불에서 몸을 숨길 수 있는 옅은 갈색의 거칠고 납작한 털이 있다. 사탕수수쥐는 매년 작은 가족을 두 번 꾸린다.

41~77 cm

사탕수수쥐류
Thryonomys sp.
아프리카산 사탕수수쥐는 2종으로 구성되며 1종은 사바나의 초원에서, 다른 1종은 갈대밭과 습지대에 서식한다.

파카라나

파카라나쥣과에는 1종만이 있다. 겁이 많고 덩치가 크며 느리게 움직인다. 산간 지대 숲에서 단독 생활을 하거나 짝을 이루어 살며 재규어나 사람에게 잡아먹힌다.

70~80 cm

파카라나
Dinomys branickii
서식지인 남아메리카 숲의 감소와 사냥으로 위협받고 있다. 현재 멸종 위기 종이다.

기니피그, 마라, 카피바라

남아메리카에서 가장 널리 분포하고 가장 수가 많은 설치류를 포함한 천축서과는 산의 목초지부터 열대 범람원까지 서식하며 1년 내내 번식한다. 마라류와 카피바라를 제외한 모든 종은 다리가 짧고 땅딸막한 동물이다.

20~40 cm

브라질기니피그
Cavia aperea
기니피그는 주로 저지대에서 생활하지만 이 종은 페루에서 칠레까지의 안데스 산맥에도 서식한다.

20~40 cm

장미기니피그
Cavia porcellus
다양한 털의 변형으로 반려동물이 되었다. 이 종에서는 털이 몸 전체에 상당히 삐죽삐죽하게 나타난다.

긴 귀

60~80 cm

마라류
Dolichotis patagonum
다리가 긴 설치류로 대규모의 공동 굴 체계와 협동 번식 행동이 특징적이다.

20~40 cm

장모기니피그
Cavia porcellus
반려동물로 길러지며 이 품종의 긴 털은 종종 엉켜서 손질이 필요하다.

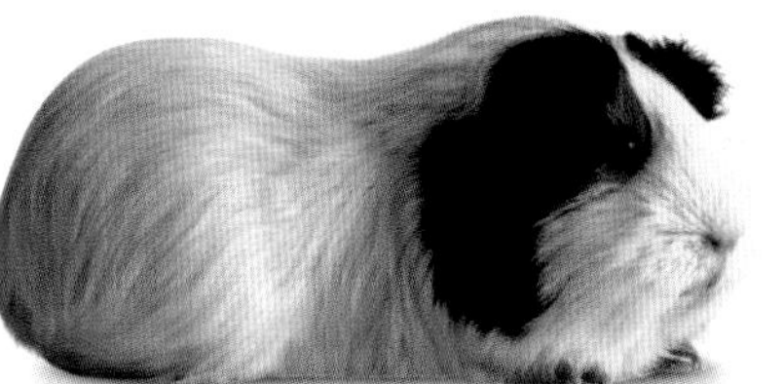

20~40 cm

단모기니피그
Cavia porcellus
500년 전에 처음 식량으로 쓰기 위해 가축화한 종으로 전 세계에서 인기 있는 반려 동물이 되었다.

갈기호저

Hystrix cristata

갈기호저는 위협받으면 미늘이 있는 긴 가시를 세워 겁을 준다. 가시가 박혀 괴로웠던 경험이 있는 포식 동물이라면 다시는 공격을 시도하지 않을 것이다. 사자, 하이에나, 심지어 사람도 감염된 상처로 죽을 수 있다. 이 인상적인 방어 도구에도 불구하고 호저는 비폭력적인 동물이다. 겁이 많아서 쉽게 놀라고 위험이 닥치면 그 자리에서 방어에 나서기보다는 도망가는 것을 선호한다. 광범위한 땅굴 체제를 공유하며 혼자 혹은 가족 단위로 생활한다. 아프리카 북부의 대부분 지역에 서식하는데 한때 유럽 남부에서도 널리 분포했다. 로마에서 발견된 개체군은 오래전에 있었던 개체군의 잔재이거나 로마 시대처럼 비교적 최근에 유입된 결과로 생각된다.

몸길이 45~93센티미터
서식지 사바나의 초지, 삼림 지대, 바위가 많은 지형
분포 사하라 사막을 제외한 북아프리카에서 남쪽으로는 탄자니아까지, 이탈리아
먹이 주로 나무뿌리, 과실과 덩이줄기, 때때로 죽은 동물

< 뾰족하게 세운 털
몸 크기를 부풀리기 위해 가시를 세운다. 구석에 몰린 호저는 위험으로부터 벗어나기 위해 우뚝 서서 허세를 부린다. 이것이 실패하면 꼬리를 돌리고 뒤로 공격하며 공격자의 얼굴을 향해 날카로운 가시 끝을 들이민다.

귀 >
작은 귀는 주로 거친 털 뒤에 숨겨져 있다. 호저는 청각이 좋아서 달아날 때 활용하며, 밤에 다른 동물이 다가오는 소리를 들으면 발을 끌며 물러난다.

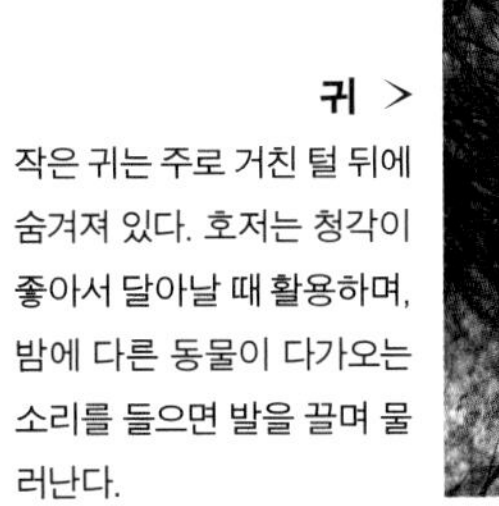

∨ 눈
시력이 약하지만 아프리카의 어두운 밤에 약간은 볼 수 있다. 길을 찾기 위해서는 예민한 청각과 후각을 이용한다.

∨ 입과 이빨
전형적인 설치류의 갉아먹는 이빨이 특화되어 질긴 나무뿌리와 덩이줄기를 씹을 수 있다. 턱근육은 대단히 강력하다.

떨리는 가시 >
호저의 가시는 털이 길어진 것이다. 사람의 피부에 소름이 돋게 하는 것처럼 세밀한 근육이 확장되면서 가시가 설 수 있게 된다.

가시와 마찬가지로 호저는 놀라면 거친 털로 덮인 얇은 가죽을 세울 수 있다.

달가닥거리는 꼬리 ∧
꼬리의 가시들은 속이 비고 부어 있다. 호저는 위험에 처하면 꼬리를 흔들어 달가닥거리는 소리를 내는데 이는 적에게 경고 효과를 발휘한다.

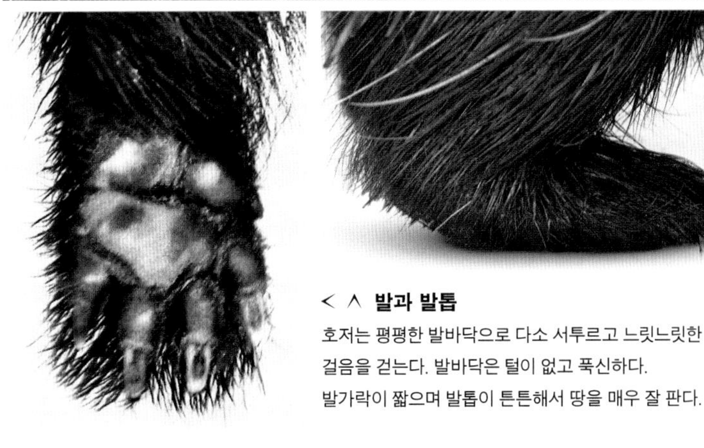

< ∧ 발과 발톱
호저는 평평한 발바닥으로 다소 서투르고 느릿느릿한 걸음을 걷는다. 발바닥은 털이 없고 푹신하다.
발가락이 짧으며 발톱이 튼튼해서 땅을 매우 잘 판다.

카피바라

카피바라아과에는 세계에서 가장 큰 설치류인 카피바라를 포함해 4종이 있다. 카피바라류는 일반적으로 1년에 한 번 번식하고 풀에 가장 영양분이 많을 때인 우기 말에 새끼를 낳는다. 최대 6년까지 산다.

카피바라
Hydrochoeris hydrochaeris
세계에서 가장 큰 설치류로 돼지만 하다. 남아메리카의 늪지대에서 반수중 생활을 한다.

파카

이 과에는 중앙아메리카와 남아메리카에 서식하는 야행성 설치류 2종이 있다. 파카과의 동물은 과일과 씨앗, 식물의 뿌리를 찾아 숲 바닥을 뒤지는데 작은 돼지류와 비슷하다.

파카
Cuniculus paca
주로 숲에 서식하는 설치류로 남아메리카 북부, 멕시코에서 파라과이까지 분포한다.

데구, 아프리카바위쥐와 근연종

데구과는 남아메리카의 남부 지역에 널리 분포하는 작고 부드러운 털을 지닌 동물로 큰어금니는 닳으면 8자 모양이 된다.

데구
Octodon degus
칠레 안데스 산맥의 서쪽 경사면에서 관찰된다. 포식 동물에게 잡힐 경우 꼬리가 쉽게 끊긴다.

후티아, 가시쥐, 뉴트리아쥐

중앙아메리카와 남아메리카에 서식하는 아메리카가시쥣과(Echimyidae)에는 다양한 서식지에서 살아가는 99종이 있으며, 여기에는 나무에서 살거나 굴을 파는 가시쥐와 반수중 생활을 하는 뉴트리아가 있다. 크기, 털 형태, 치아 및 먹이가 매우 다양하지만 계통분류 및 분자 생물학 분석을 통해 같은 무리에 속하는 것으로 밝혀졌다.

아메리카가시쥐류
Proechimys sp.
가시 같은 보호용 털이 있다. 이 특징은 아프리카에 서식하는 가시생쥐와 유사하게 진화한 것이다.

쿠바후티아
Capromys pilorides
이 후티아는 쿠바에서 흔하다. 생존하는 다른 후티아 종들은 서식지 감소와 사냥으로 인해 멸종에 직면했다.

뉴트리아
Myocastor coypus
독특하게 덥수룩한 털과 주황색의 커다란 앞니가 있다. 헤엄치기 위해 뒷다리에 물갈퀴가 있고 비늘로 뒤덮인 꼬리는 두껍다.

아구티쥐

아구티과는 낮에 활발하게 생활하며 긴 다리로 달리고 매우 겁이 많다. 연중 번식이 가능하지만 한 번에 2마리의 새끼만 기른다.

붉은엉덩이아구티쥐
Dasyprocta leporina
남아메리카 북동부의 숲 지대와 소앤틸리스 제도에서 관찰되는 이 종은 밝은 주황색 엉덩이로 구별할 수 있다.

중앙아메리카아구티쥐
Dasyprocta punctata
멕시코부터 남쪽으로는 아르헨티나까지 분포하는 이 아구티쥐는 주로 과일을 먹지만 게를 먹기도 한다. 부부는 평생을 함께 생활하는 것으로 여겨진다.

아자라아구티쥐
Dasyprocta azarae
브라질 남부, 파라과이, 아르헨티나 북부의 숲에 서식하는 이 아구티쥐는 위험에 처하면 짖는다. 다양한 종류의 씨앗과 과일을 먹는다.

청서번티기

겉모습과 행동이 다람쥐를 닮은 작은 포유류이다. 낮에 활발히 활동하며 대부분의 시간을 땅 위에서 곤충이나 지렁이 등 먹이를 찾는 데 보낸다.

청서번티기의 원산지는 동남아시아의 열대 우림이다. 땃쥐와는 관련이 없고 고유의 목인 나무두더지목에 속한다. 나무두더지목은 2개의 과, 20종이 포함된 작은 분류군이다. 청서번티기의 앞발과 뒷발에는 모두 날카로운 발톱이 있어서 나무를 재빨리 오를 수 있지만 나무두더지목이라는 이름과는 달리 대부분이 부분적으로 수목 생활을 할 뿐이다. 잡식성으로 곤충, 지렁이류, 과일을 비롯해 종종 소형 포유류와 파충류, 새를 먹는다.

많은 청서번티기가 집단생활을 하거나 암컷과 수컷이 짝을 지어 생활하지만 일부는 단독 생활을 한다. 매우 빨리 번식하며 나무 틈이나 가지 위에 집을 만들어서 새끼들을 돌본다. 암컷은 새끼를 거의 돌보지 않아 젖을 먹일 때만 가끔 방문할 뿐이다.

문	척삭동물문
강	포유강
목	나무두더지목
과	2
종	23

새깃꼬리투파이

새깃꼬리투파이과에는 동남아시아에 서식하는 새깃꼬리투파이 1종만이 있다. 마치 깃펜처럼 생긴 길고 솜털 같은 꼬리는 나무를 오를 때 균형을 잡도록 도움을 준다.

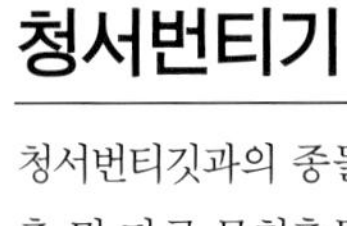

13~15 cm

새깃꼬리투파이
Ptilocercus lowii
두껍고 숱이 많은 대부분의 청서번티기의 꼬리와 달리 이 종은 끝이 덥수룩한 다소 막대기 같은 꼬리를 가지고 있다.

청서번티기

청서번티깃과의 종들은 긴 주둥이로 곤충 및 다른 무척추동물을 비롯해 과일과 나뭇잎을 찾는다. 또한 앞발과 뒷발에 모두 날카로운 발톱이 있어서 나무를 빨리 오를 수 있다.

큰청서번티기
Tupaia tana
청서번티기는 동남아시아의 숲에 서식하는 주행성 동물이다. 이 종은 보르네오와 수마트라 그리고 인근 섬에서 관찰된다.

날원숭이

피익목에 속하는 2종은 비행보다는 활강(gliding)하는 포유류이다. 동남아시아 우림에 서식한다.

날원숭이류는 목에서 앞발가락 끝과 꼬리 끝으로 이어진, 털이 난 피부로 구별한다. 사지를 뻗으면 이 막이 펼쳐지는데 날원숭이가 나무에서 나무로 활강하며 공중에서 이동할 수 있게 한다. 활공 거리는 100미터가 넘을 때도 있다. 날원숭이는 동남아시아 우림의 임관부에서 살며, 낮에는 나무 틈이나 나무 구멍에 머물거나 나뭇가지에 거꾸로 매달려 있고, 밤에 나와 과일과 나뭇잎 등의 먹이를 찾는다. 땅에서는 거의 움직이지 못한다.

날원숭이의 이빨은 독특해서 다른 어떤 포유류의 이빨과도 다르다. 아래턱의 이빨은 빗 모양으로 배열되어 있어서 먹이를 먹을 때뿐만 아니라 털을 손질하는 데 이용되는 것으로 여겨진다.

문	척삭동물문
강	포유강
목	피익목
과	1
종	2

날원숭이

날원숭잇과에 속하는 2종은 눈이 앞을 향해 있어 거리 감각을 제공한다. 이것은 나무에서 나무로 활강할 때 거리를 판단할 수 있게 해 준다. 또한 독특한 빗 모양의 아랫니로 과일이나 꽃과 같은 먹이를 거를 수 있다.

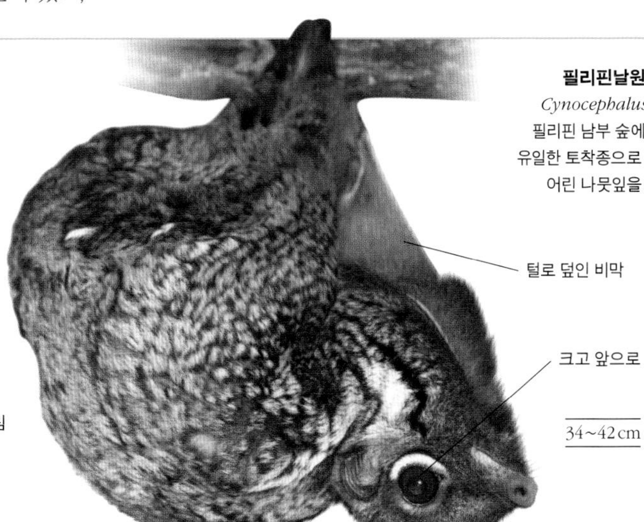

순다날원숭이
Cynocephalus variegatus
이 날원숭이는 혼자 살거나 작은 무리를 짓는데 동남아시아나 인도네시아 섬의 열대림 꼭대기에서 쉬거나 나무 구멍에 서식한다.

필리핀날원숭이
Cynocephalus volans
필리핀 남부 숲에 서식하는 유일한 토착종으로 주로 숲에서 어린 나뭇잎을 먹는다.

34~42 cm

영장류

영장목은 인간과 원숭이, 침팬지 등이 속해 있는 목으로 영장류들은 몸집에 비해 뇌가 크고 눈은 앞을 향해 있어서 3차원으로 볼 수 있다.

인간을 비롯한 소수의 종을 제외하고 영장류는 아메리카 대륙, 아프리카, 아시아의 열대와 아열대 지역에서만 서식한다. 30그램 나가는 난쟁이여우원숭이부터 200킬로그램이 넘는 고릴라까지 몸 크기는 다양하다.

영장류는 후각보다는 시각에 더 많이 의존한다. 많은 종이 수목 생활을 하며 입체시와 같은 특징은 나무 사이를 뛸 때 거리를 측정할 수 있는 정확한 판단력을 제공하며, 마주 보는 엄지와 물건을 감을 수 있는 꼬리는 나뭇가지를 잡을 수 있도록 한다. 긴 다리는 도약을, 긴 팔은 나뭇가지를 잡고 그네처럼 이동할 수 있도록 돕는다. 어떤 영장류는 특정 먹이만 먹지만 많은 종이 잡식성이다.

주요 집단

영장류는 2개의 아목으로 나누어진다. 원원아목에는 주로 야행성 여우원숭이, 로리스, 갈라고 그리고 근연종이 포함된다. 이 종들은 다른 영장류에 비해 후각이 좀 더 발달해 있다. 유인원아목에는 신대륙 및 구대륙의 원숭이와 유인원이 포함되며 많은 종이 주행성이고 원원아목보다 시각에 의존한다.

사회 구조

대부분의 영장류가 사회성이 높아서 작은 가족 단위나 수컷 1마리의 하렘, 또는 커다란 혼성 무리를 이루어 산다. 많은 종에서 높은 지위의 수컷이 암컷을 두고 경쟁하는 특징을 갖는다. 크거나 우세한 수컷을 선호하는 성 선택으로 인해 암컷과 수컷의 크기 및 송곳니와 같은 차이, 즉 성적 이형이 발생했다. 암수는 성적 이형성으로 인해 몸 색깔이 다를 수도 있다.

신대륙의 원숭이들은 대부분 일부일처제로 암수가 함께 새끼의 양육을 맡는다. 구대륙의 원숭이들은 친척 관계인 암컷이 이끄는 무리에서 생활하는 경향이 있고, 수컷은 부모 역할에 최소한으로 참여하거나 참여하지 않는다. 영장류들은 보통 완전히 자라서 번식하기까지 시간이 오래 걸리지만 비교적 오래 산다. 몸집이 큰 유인원은 야생에서 45년까지 살고 포획 상태에서는 더 살 수 있다.

문	척삭동물문
강	포유강
목	영장목
과	16
종	506

논쟁

영장류 거점

오늘날 과학자들은 10년 전보다 더 많은 영장류 종을 종 목록에 올리고 있다. 이는 대부분 지리적 변종인 아종들이 새로운 종으로 인식되면서 생긴 결과이다. 아마존 강 유역에서 강과 산으로 격리된 원숭이 개체군들은 염색체 구조와 같은 미묘한 부분에서 원래의 무리와 달라질 수 있다. 어떤 과학자들은 서식지인 숲이 수천 년 전 지리적 활동으로 고립되었을 때 이러한 원숭이들이 분기된 것으로 여긴다. 다른 많은 종들 또한 동일한 방식으로 고립되어 지리적 변종으로 변화했을 가능성이 높기 때문에 이들이 서식하는 숲들은 생물 다양성을 지키려는 보호 단체들의 특별한 관심을 받고 있다.

갈라고

사하라 사막 이남의 아프리카가 원산지인 갈라고과의 종들은 삼림 지대, 관목 및 나무가 우거진 사바나를 포함한 숲과 같은 다양한 서식지에서 산다. 뒷다리가 앞다리보다 길어서 나무 사이를 크게 도약할 때 유용하다. 종종 소변으로 손과 발을 씻는데 나무를 더 잘 잡고 냄새 흔적을 남기는 데 도움을 준다. 모든 종이 야행성이다.

은색큰갈라고
Otolemur monteiri
갈색큰갈라고와 서식 범위가 일치하지만 좀 더 초목이 밀집된 곳을 선호한다. 이름과는 달리 흑색 형태가 흔하다.

갈색큰갈라고
Otolemur crassicaudatus
가장 큰 갈라고 중 하나로 아프리카 남부의 다양한 숲에 서식한다. 잡식성으로 빗 모양의 이빨로 나무에서 나뭇진을 긁어낸다.

로리스, 포토, 앙완티보

몸집이 작은 야행성의 잡식 동물로 꼬리가 짧고 앞다리와 뒷다리의 길이가 같다. 로리스과는 마주 보는 엄지로 나뭇가지를 잡으며 나무 사이를 갈라고보다 느리고 차분하게 이동한다. 도약이라기보다는 오르는 형태이다.

붉은홀쭉이로리스
Loris tardigradus
스리랑카 고유종인 이 날씬한 영장류는 기다란 사지로 숲의 임관부 사이를 조심스레 이동한다.

18~21 cm

마주 보는 엄지

바이스처럼 잡는 방식

두꺼운 털

커다란 눈 주위의 검은 테

30~34 cm

늘보로리스
Nycticebus coucang
이름에서 알 수 있듯이 나무 사이를 느리고 조심스럽게 이동한다. 동남아시아의 열대림에 서식한다.

20~23 cm

피그미늘보로리스
Nycticebus pygmaeus
라오스, 캄보디아, 베트남, 중국 남부의 대나무 숲과 빽빽한 열대 우림에 서식한다.

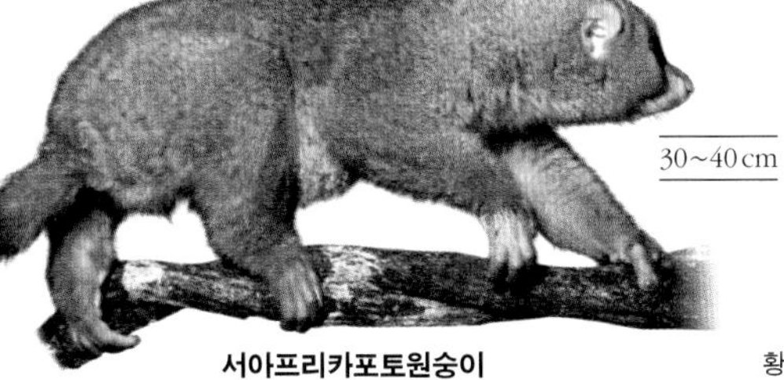

30~40 cm

서아프리카포토원숭이
Perodicticus potto
겁이 많으며 적도 아프리카를 가로지르는 빽빽한 우림에서 산다. 목 뒷부분에 뼈가 드러난 보호막이 있어 포식자로부터 자신을 보호한다.

22~26 cm

황금앙완티보
Arctocebus aureus
황금포토원숭이로도 불리며 적도 아프리카의 서부와 중부에 분포한다. 습한 평지림의 하층에 서식한다.

세네갈갈라고
Galago senegalensis
작은갈라고라고도 불리며 중앙아프리카와 동아프리카 일부에 걸쳐 널리 분포한다. 매우 건조한 사바나 삼림 지대에 서식한다.

12~20 cm

커다란 귀

12~17 cm

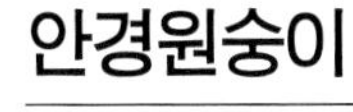

모홀갈라고
Galago moholi
자그맣고 겁이 많은 갈라고로 아프리카 남부에서 작은 무리를 이루어 서식한다. 유연하고 민첩한 이 동물은 삼림 지대를 뛰어다니며 곤충과 나무 수액을 먹는다.

긴 꼬리

12~17 cm

데미도프갈라고
Galagoides demidovii
난쟁이갈라고로도 알려진 이 작은 영장류는 긴 뒷다리로 서아프리카와 중앙아프리카의 우림 임관부 사이를 뛰어다닌다.

안경원숭이

안경원숭잇과는 수목 생활을 하는 종들로 다리뼈가 길고 손가락이 길쭉하며 꼬리가 길고 가늘다. 동그란 머리에 매우 큰 눈이 있어서 곤충을 사냥하는 밤에도 잘 볼 수 있다.

부드러운 털

필리핀안경원숭이
Tarsius syrichta
필리핀의 다양한 우림과 관목지에 서식하는 고유종으로 모든 포유동물 중 몸 크기에 비해 가장 큰 눈을 가진 종이다.

8.5~16.5 cm

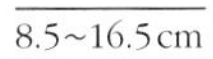

8.5~16 cm

서부안경원숭이
Tarsius bancanus
나무 사이에 매달리고 도약하기에 안성맞춤인 이 종은 호스필드안경원숭이로도 불리며 수마트라와 보르네오의 열대 우림에 서식한다.

길고 가는 꼬리

여우원숭이

마다가스카르의 숲에서 관찰되는 여우원숭잇과는 주로 수목 생활을 하고 열대에 서식하며 네발로 이동하는 여우원숭이로 구성되어 있다. 대부분은 낮과 밤에 모두 활동적이다. 일부 종에서는 암수가 색깔이 다르다.

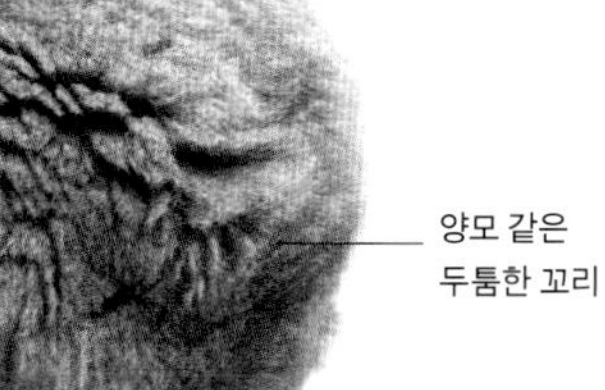

38~40 cm

양모 같은 두툼한 꼬리

꼬리는 몸길이만큼 길다.

반드로
Hapalemur alaotrensis
알라오트라호수여우원숭이로도 불리며 매우 심각한 멸종 위기종이다. 오직 마다가스카르에서 가장 큰 호수인 알라오트라 호 주변의 파피루스 습지와 갈대밭에서만 서식한다.

40~42 cm

큰대나무여우원숭이
Prolemur simus
가장 희귀한 여우원숭이 중 하나로 거의 왕대만을 먹으며 마다가스카르 동남쪽에서 서식한다.

39~46 cm

알락꼬리여우원숭이
Lemur catta
최대 25마리가 무리를 지어 생활하며 주로 땅 위에서 시간을 보낸다. 과일, 초목, 수액, 나무껍질 등을 먹는다.

40~50 cm

흑백목도리여우원숭이
Varecia variegata
가장 큰 여우원숭이로 과일을 먹는 비율이 높다. 여우원숭이로는 드물게 새끼를 위해 나뭇잎으로 보금자리를 만든다.

35~42 cm

붉은배여우원숭이
Eulemur rubriventer
일부일처의 종으로 1쌍의 부부 및 독립하지 않은 새끼들로 구성된 작은 무리를 이루어 생활한다.

38~42 cm

목도리갈색여우원숭이
Eulemur collaris
이 여우원숭이는 팔목에 냄새샘이 있으며 털로 덮인 꼬리에 냄새를 묻혀 의사소통에 이용한다.

39~42 cm

흰머리여우원숭이
Eulemur albifrons
수컷만이 검은 얼굴 주변에 독특한 흰털이 있다. 암컷의 얼굴은 회색이다.

32~37 cm

수컷 뺨의 붉은 무늬

몽구스여우원숭이
Eulemur mongoz
건기에는 주로 야행성이던 몽구스여우원숭이는 우기가 시작되면 주행성이 된다.

움켜잡는 손

♂

검은여우원숭이
Eulemur macaco
이 종은 성적 이형으로 암수의 색깔이 다르다. 수컷만 검정색이며 암컷은 귀에 난 털만 하얗고 회갈색이다.

38~45 cm

♀

난쟁이여우원숭이, 쥐여우원숭이, 포크여우원숭이

모든 영장류 중 가장 작은 난쟁이여우원숭잇과의 무리는 사지가 짧고 눈이 크다. 모두 야행성으로 마다가스카르의 숲에서 수목 생활을 하며, 건기에는 생존하기 위해 휴면 상태가 된다.

흰포크여우원숭이
Phaner pallescens
나무 수액을 먹기에 적합하게 적응한 이 여우원숭이는 혀가 길고 앞어금니(작은 어금니)가 커서 나무껍질을 뜯어낼 수 있다.
22~30 cm

12~15 cm
회색쥐여우원숭이
Microcebus murinus
잡식성인 이 여우원숭이는 곤충, 꽃, 과일을 먹는다. 이동할 때는 (새끼가 어미의 털에 매달리지 않고) 어미가 새끼를 입속에 품어 옮긴다.

10~15 cm
갈색쥐여우원숭이
Microcebus rufus
다양한 숲 서식지에서 생활하는 이 잡식성 종은 다양한 종류의 과일, 곤충, 수액을 먹는다.

26~30 cm
짧은 사지
큰난쟁이여우원숭이
Cheirogaleus major
단독 생활을 하며 주로 과일과 과일즙을 먹는다. 우기에는 꼬리에 지방을 저장한다.

족제비여우원숭이

족제비여우원숭잇과는 마다가스카르에 서식하는 중형의 여우원숭이들이다. 코와 주둥이가 돌출되었고 눈이 크며 수목 생활만 한다. 완전한 야행성이다. 열량이 낮은 나뭇잎만 먹는 식성은 모든 영장류 중 가장 비활동적이라는 것을 의미한다.

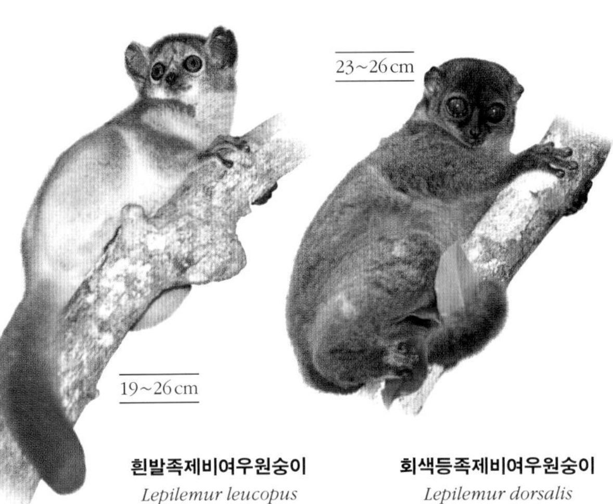

19~26 cm
흰발족제비여우원숭이
Lepilemur leucopus
몸의 윗면은 회색빛, 아랫면은 하얀 여우원숭이로 먹이를 찾는 중간에 오랜 시간 나무줄기에 수직으로 매달려 있다.

23~26 cm
회색등족제비여우원숭이
Lepilemur dorsalis
마다가스카르 서북부와 인근 섬의 습한 숲에서 서식한다. 코와 주둥이가 뭉툭하며 귀는 작다.

마다가스카르손가락원숭이

아이아이과의 유일한 종으로 마다가스카르에 서식하는 마다가스카르손가락원숭이(아이아이)가 있다. 야행성이며 큰 눈, 덥수룩한 털, 매우 긴 손가락과 계속 자라는 앞니가 있다.

30~37 cm
마다가스카르손가락원숭이
Daubentonia madagascariensis
길쭉한 중지로 죽은 나무에서 유충의 위치를 찾아내고 꺼낸다.

시파카와 근연종

마다가스카르의 인드리과에는 가장 큰 여우원숭이인 인드리와 시파카를 비롯해 좀 더 작은 양털여우원숭이가 포함된다. 모두 나무 사이를 뛰어다닐 수 있도록 사지가 길고 튼튼하며 인드리를 제외하고 모두 꼬리가 길다.

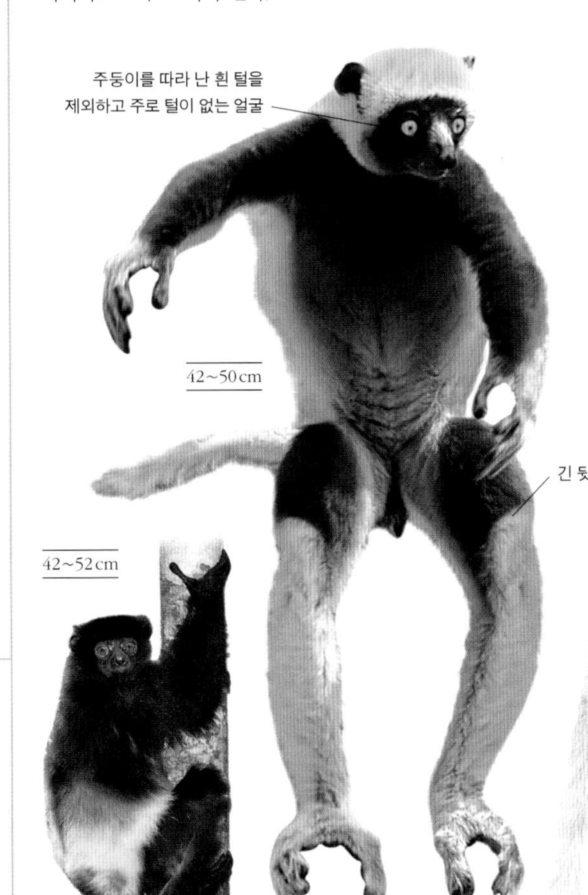

주둥이를 따라 난 흰 털을 제외하고 주로 털이 없는 얼굴
42~50 cm
긴 뒷다리

42~52 cm
밀네에드워드시파카
Propithecus edwardsi
마다가스카르 동남부에서 작은 가족 단위로 서식하며 나무줄기에 매달릴 수 있도록 마주 보는 커다란 엄지가 있다.

코쿠렐시파카
Propithecus coquereli
다른 시파카처럼 이 영장류도 뒷다리로 깡충깡충 뛰며 앞발로 균형을 잡으면서 개방된 지역을 건넌다.

39~45 cm
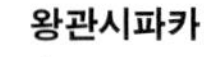
왕관시파카
Propithecus coronatus
마다가스카르 북서부에서 발견된 이 시파카는 건조한 사막에서 살며 나뭇잎이 주식이지만 새순이나 꽃, 나무껍질도 먹는다.

64~72 cm
인드리여우원숭이
Indri indri
여우원숭이 중 가장 큰 무리로 유일하게 흔적으로 남은 짧은 꼬리가 있는 종이다.

울음원숭이, 거미원숭이, 양털원숭이

거미원숭잇과의 울음원숭이, 거미원숭이, 양털원숭이, 양털거미원숭이는 신대륙원숭이 중 가장 덩치가 크다. 모두 물건을 잡을 수 있는 꼬리가 있어 나무 사이를 이동할 때 다섯 번째 팔다리로 사용한다. 거미원숭이는 다른 원숭이에 비해 팔다리가 더 길다.

과테말라검은울음원숭이
Alouatta pigra
멕시코의 유카탄 반도, 벨리즈, 과테말라에서 관찰되는 종으로 11마리까지 모여 무리를 구성한다.

베네수엘라붉은울음원숭이
Alouatta seniculus
이 울음원숭이는 목 안에 큰 설골(舌骨, hyoid bine)이 있어서 수 킬로미터 밖에서도 들을 수 있는 울음소리를 낸다.

망토울음원숭이
Alouatta palliata
옆구리의 긴 보호털이 망토 같아 이런 이름이 붙여졌으며 중앙아메리카와 남아메리카 북부에 서식한다.

콜롬비아거미원숭이
Ateles fusciceps rufiventris
다른 거미원숭이처럼 이 아종은 손에 엄지손가락이 없다. 콜롬비아와 파나마에서 관찰된다.

조프루아거미원숭이
Ateles geoffroyi
낮에 활동적인 이 종은 과일을 먹으며 중앙아메리카 도처에 있는 숲에서 최대 35마리가 모여 상대적으로 큰 무리를 구성한다.

양털거미원숭이
Brachyteles arachnoides
브라질의 숲에서만 관찰되며 서식지 감소로 인해 심각한 멸종 위기에 처해 있다.

회색양털원숭이
Lagothrix cana
체격이 다부진 종으로 브라질, 볼리비아, 페루의 1차림에서 거대한 무리를 구성해 생활한다.

갈색양털원숭이
Lagothrix lagotricha
가장 큰 신대륙원숭이 중 하나로 아마존 유역 상류의 1차림에서 서식한다.

올빼미원숭이

올빼미원숭잇과의 종들은 신대륙에 서식하며 유일한 야행성 원숭이이다. 커다란 눈이 있는 작은 얼굴은 납작하고 둥글며 털이 무성하다. 후각이 매우 잘 발달되어 있다.

35~42cm

검은머리올빼미원숭이
Aotus nigriceps
일부일처의 종으로 브라질, 볼리비아, 페루의 1차림과 2차림에 있는 아마존 강 유역 상류와 중류를 서식지로 삼는다.

30~38cm

올빼미원숭이
Aotus trivirgatus
세줄무늬올빼미원숭이로도 불리는 이 종은 달빛이 비치는 밤에 가장 활발하다. 베네수엘라와 브라질 북부의 숲에 서식한다.

티티원숭이, 사키원숭이, 우아카리원숭이

이 과에는 소형에서 중형의 원숭이가 포함된다. 사키원숭잇과는 주행성이며 수목 생활을 하고 사회적인 동물이다. 모두 치아 구성이 같은데 크고 벌어진 송곳니로 단단한 씨앗과 과실을 다룰 수 있다.

32~42cm

흰얼굴사키원숭이
Pithecia pithecia
흰얼굴사키 또는 기아나사키의 수컷은 검은색이고 얼굴 주변 털의 색은 옅은 반면, 암컷은 회갈색이다.

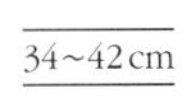

34~42cm

수염사키원숭이
Chiropotes satanas
아마존 강 유역 남부에 서식하는 것으로 알려진 종이다. 수컷은 수염이 있고 이마가 크게 부풀어 있다.

36~53cm

리오타파조스사키원숭이
Pithecia irrorata
민얼굴사키원숭이로도 알려져 있으며 브라질 서부, 볼리비아 북부, 페루 동부에 서식한다. 대부분 씨앗을 먹는다.

37~48cm

몽크사키
Pithecia monachus
겁이 많은 영장류로 브라질 서북부, 페루, 콜롬비아, 에콰도르의 숲 임관부 상층에 서식한다.

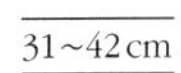

31~42cm

검은이마티티원숭이
Callicebus nigrifrons
과일을 주식으로 하는 이 티티원숭이는 브라질 동남부 상파울루 주변, 대서양 연안의 숲에 서식한다.

28~36cm

목도리티티원숭이
Callicebus torquatus
노란띠티티원숭이로도 알려진 이 종은 브라질의 모래땅에 있는 범람하지 않는 숲을 선호한다. 주로 과일과 씨앗을 먹는다.

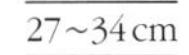

27~34cm

붉은티티원숭이
Plecturocebus cupreus
아마존 남서부 유역의 열대우림에서 서식하는 붉은티티원숭이는 일부일처제이며 영역성이다. 주로 과일을 먹는다.

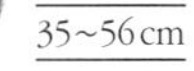

35~56cm

검은머리우아카리
Cacajao ouakary
사회성이 높은 종으로 아마존 북서부 유역에서 30마리 이상의 개체가 모여 무리를 이룬다.

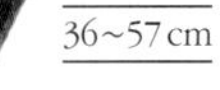

36~57cm

붉은대머리우아카리
Cacajao calvus rubicundus
대머리우아카리의 여러 아종은 아마존 유역의 계절에 따라 범람하는 숲에 서식한다. 이 원숭이의 붉은 얼굴은 건강을 나타내는 신호로 여겨진다.

마모셋원숭이, 타마린

비단원숭잇과는 비교적 작은 사회성 동물로, 중앙아메리카와 남아메리카의 열대와 아열대 지역에 걸쳐 다양한 숲에 서식한다. 모두 주행성이고 수목 생활을 하며 정면을 향하는 눈과 짧은 주둥이가 있다. 마모셋원숭이와 타마린은 물건을 잡지 못하는 긴 꼬리가 있고, 세 번째 어금니가 없으며, 납작발톱(nail) 대신 발톱(claw)이 있다.

괼디원숭이
Callimico goeldii
아마존 상류의 대나무 숲과 같은 밀림의 덤불에 서식하는 이 원숭이는 과일을 따기 위해 우림 임관부 속으로 들어간다.

은색마모셋
Mico argentatus
수액만을 먹는 이 마모셋원숭이는 귀가 크고 턱은 좁으며 짧은 송곳니로 나무껍질을 잘라 낸다.

비단마모셋
Callithrix jacchus
암컷은 보통 2마리의 수컷과 짝짓기를 하며 두 수컷 모두 한배에 난 새끼 2마리의 양육을 돕는다.

조프루아술마모셋
Callithrix geoffroyi
흰머리마모셋으로도 불리는 이 종은 수액을 추출하기 위해 나무껍질을 파낸 구멍에 냄새 표시를 남겨 다른 개체를 단념시킨다.

검은술마모셋
Callithrix penicillata
일부일처의 종으로 주행성이며 나뭇진을 먹을 수 있는 우림 임관부의 상층에 서식한다.

피그미마모셋원숭이
Cebuella pygmaea
세계에서 가장 작은 원숭이로 아마존 유역 상류의 계절에 따라 범람하는 숲에서 나뭇진을 먹는다.

황제타마린
Saguinus imperator
길고 흰 콧수염으로 쉽게 구별되는 이 타마린은 페루, 브라질, 볼리비아의 열대림에 서식한다.

흰입술타마린
Saguinus labiatus
우월한 암컷은 페로몬이라 불리는 화학적 신호를 뿜어내 무리 내 다른 암컷의 번식을 억제한다.

민얼굴타마린
Saguinus bicolor
얼룩무늬타마린으로도 불리며 브라질 마나우스 근처 아마존 중부 저지대 숲에서 서식한다. 나무에서 생활한다.

20~25 cm

솜털머리타마린
Saguinus oedipus
콜롬비아 서북부와 파나마의 매우 제한적인 범위에 서식하며 주로 곤충과 과일을 먹는다.

21~28 cm

붉은손타마린
Saguinus midas
남아메리카 동북부에서 관찰된다. 손과 발이 밝은색을 띠며 납작발톱이 있는 엄지발가락을 제외하고는 모두 손끝에 구부러진 발톱이 있다.

20~27 cm

줄무늬 진 꼬리

갈색망토타마린
Saguinus fuscicollis
2차림과 아마존 상류 유역의 숲 가장자리에 서식하며 곤충, 과일, 과즙, 나뭇진을 먹는다.

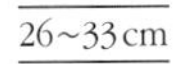

26~33 cm

황금사자타마린
Leontopithecus rosalia
지구에서 가장 심각한 멸종 위기에 처한 종으로 브라질 동남쪽 대서양 연안의 숲에 서식한다.

22~26 cm

황금머리사자타마린
Leontopithecus chrysomelas
브라질 동북부의 바이아 남부 대서양 연안의 숲에서만 서식하는 영장류로 위험에 처하면 갈기를 세워 몸집이 커 보이도록 한다.

다람쥐원숭이, 꼬리감기원숭이

꼬리감는원숭잇과는 한때 여러 종류의 원숭이를 포함했지만, 지금은 다람쥐원숭이류와 꼬리감기원숭이류만 남았다. 귀가 크고, 꼬리가 길며 앞발가락은 뒷발가락보다 짧다. 중앙아메리카 및 남아메리카에 8종류가 있는 다람쥐원숭이류는 사이미리속(*Saimiri*)에 속한다. 꼬리감기원숭이류는 털다발이 있는 사파유스속(*Sapajus*)과 털다발이 없는 케부스속(*Cebus*)으로 나누어진다.

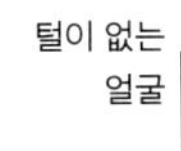

털이 없는 얼굴

물체를 쥘 수 있는 꼬리

37~46 cm

울보꼬리감기원숭이
Cebus olivaceus
남아메리카 중북부의 고유종으로 손으로 먹이를 먹는 동안 물체를 쥘 수 있는 꼬리를 이용해 몸을 지지한다.

33~45 cm

흰턱꼬리감기원숭이
Cebus capucinus
중앙아메리카에서 관찰되는 유일한 꼬리감기원숭이로 온두라스에서 콜롬비아와 에콰도르의 연안까지 서식한다.

27~32 cm

끝이 검은 긴 꼬리

검은머리다람쥐원숭이
Saimiri boliviensis
수컷은 다른 수컷과 경쟁해야 하는 번식기에는 목과 어깨 주변이 두툼해진다.

25~37 cm

밝은 노란색의 팔다리

발가락에 있는 납작발톱

다람쥐원숭이
Saimiri sciureus
사교적인 원숭이로 남아메리카 북부에서 북동부 지역 다양한 숲에서 커다란 무리를 이루어 서식한다.

다람쥐원숭이

Saimiri sciureus

호기심 많고 지능이 발달한 다람쥐원숭이는 다른 영장류에 비해 체질량 대비 뇌의 용량이 가장 크다. 또한 매우 사회적인 동물로 15~50마리의 혼성으로 된 큰 무리를 이루어 산다. 다람쥐원숭이는 동시에 번식하는 동물로, 6개월의 임신 기간을 거쳐 우기(1월~2월) 중 단 한 주 만에 새끼가 전부 태어난다. 새끼 원숭이는 태어나자마자 어미의 배에 매달리지만, 생후 2주 후에는 어미의 등에 올라타기 시작한다. 성장 속도가 빠르며 어린 원숭이는 생후 6개월에 젖을 떼고, 4개월 후에 완전히 독립한다. 다람쥐원숭이는 20년까지 살 수 있다.

몸길이 25~37센티미터
서식지 저지대 우림, 맹그로브 숲
분포 프랑스령 기아나, 가이아나, 수리남, 브라질 북부 아마존
먹이 주로 곤충, 거미류, 과일, 꽃

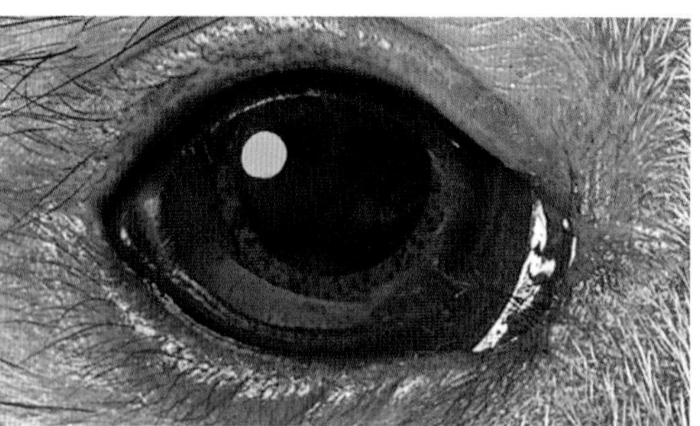

눈 >
서로 모여 앞을 향한 큰 눈 때문에, 선명하게 잘 보고 거리 감각이 좋다. 이런 기능은 나무 위에서 많은 시간을 보내는 원숭이에게 매우 중요하다.

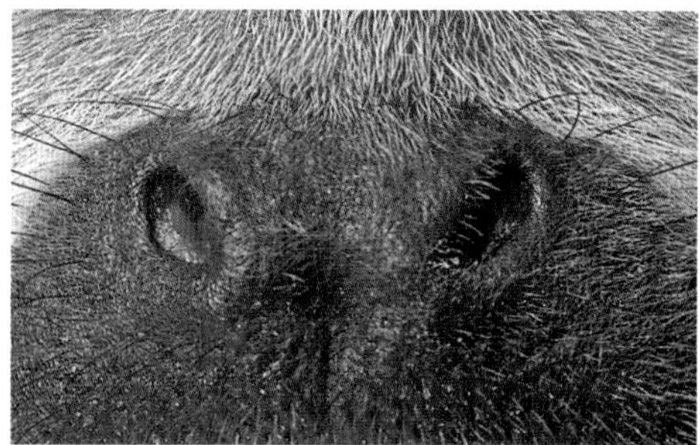

< 콧구멍
넓고 옆으로 향한 콧구멍과 짧은 비부(鼻部) 때문에 냄새를 잘 맡는다고 생각하기 쉽지 않다. 냄새는 무리 구성원 간의 사회적 의사소통과 짝과 잃어버린 새끼를 찾는 데 매우 중요하다.

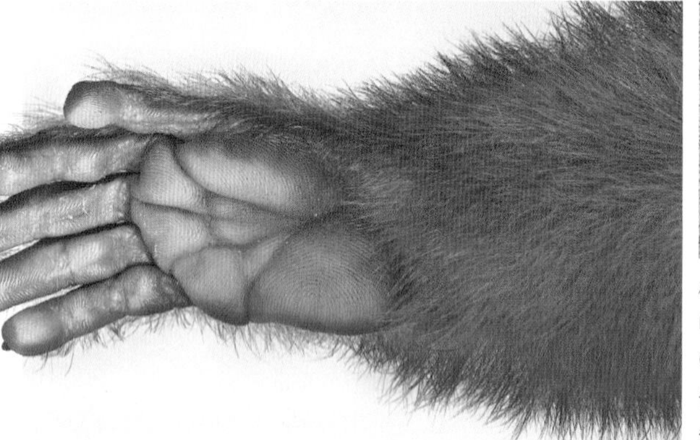

∧ 손
비록 나뭇가지를 붙잡고, 먹이를 들고, 털을 손질하고, 다른 업무를 수행하는 데 손을 쓰기는 하지만, 손가락들이 독립적으로 움직이지 못하고 엄지와 검지는 마주 보지 않아 물체를 집어올릴 수 없다.

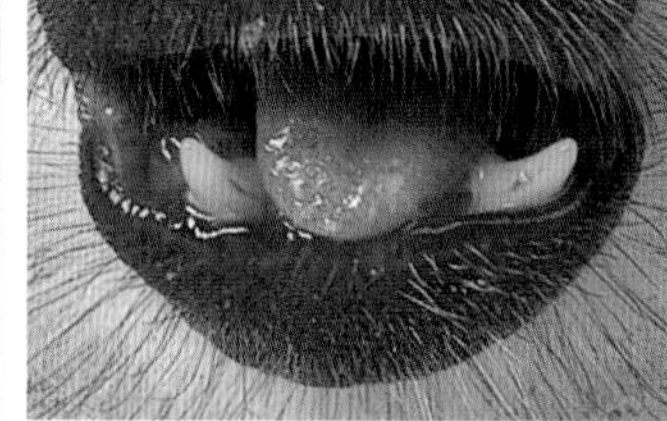

∧ 이빨
다람쥐원숭이는 작고 날카로운 36개의 이빨이 있다. 송곳니는 다른 이빨에 비해 더 길고, 돌출되어 있는데 수컷의 윗송곳니는 암컷의 송곳니보다 더 길다.

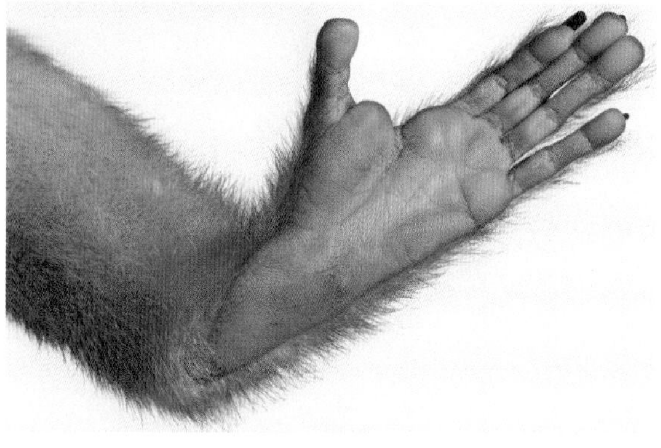

∧ 발
손과 달리, 발에는 크고 끝이 마주 보는 큰 엄지발가락이 있다. 나머지 4개의 발가락과 함께 사용하면 발로 나뭇가지를 붙잡을 수 있다.

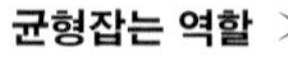

균형잡는 역할 >
꼬리는 적어도 머리와 몸을 합한 것만큼 길다. 꼬리는 다람쥐원숭이가 나뭇가지 위에서 네 발로 움직일 때 균형을 잡는 데 사용된다.

짧고 두꺼운 모피로 덮인 몸

∨ 얼굴 특징

다람쥐원숭이의 얼굴에는 독특한 특징이 몇 가지 있다. 두 눈 위에 난 흰 털은 살짝 아치 형태를 보이고 털이 많은 귀에는 귀깃이 있으며 눈 바로 위에 눈에 띄는 검은 털(강모)이 있다.

구대륙원숭이

아프리카와 아시아에 널리 분포하고 있는 긴꼬리원숭잇과는 콧구멍이 가깝게 붙어 있고 아래로 향해 있으며, 납작발톱이 있다. 대부분 주행성이고 수목 생활을 하지만 개코원숭이는 주로 지상 생활을 한다. 긴꼬리원숭이, 개코원숭이, 짧은꼬리원숭이는 잡식성이며 튼튼한 턱과 볼주머니, 간단한 위가 있다. 콜로부스와 잎원숭이류는 잎을 먹는 초식성으로, 복잡한 위 구조를 갖추고 있고 볼주머니가 없다.

43~53 cm

토크원숭이
Macaca sinica
짧은꼬리원숭이 중 가장 작은 종으로 스리랑카 섬의 습윤림에 서식하는 고유종이다.

44~57 cm

셀레베스도가머리원숭이
Macaca nigra
인도네시아 술라웨시 섬 고유종으로 엉덩이에 털이 없으며 분홍색으로 부풀어 올라 있다. 짝짓기 준비가 된 암컷에서는 이 부위가 부분적으로 부풀어 오른다.

54~64 cm

바바리원숭이
Macaca sylvanus
아시아 이외의 지역에 서식하는 유일한 짧은꼬리원숭이로 알제리와 모로코의 고지대 삼나무 숲과 떡갈나무 숲에 서식한다.

31~63 cm

필리핀원숭이
Macaca fascicularis
동남아시아에 서식한다. 곤충과 개구리뿐만 아니라 게를 잡아먹으며 과일과 씨앗도 먹는 잡식성이다.

사자 같은 갈기

40~61 cm

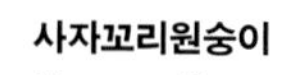

사자꼬리원숭이
Macaca silenus
인도 서남부의 서(西)고츠 산맥 고유종으로 수목 생활을 하며 주로 습윤림과 계절풍림에 서식한다.

입체시를 볼 수 있는 앞으로 향한 눈

37~66 cm

모래색

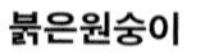

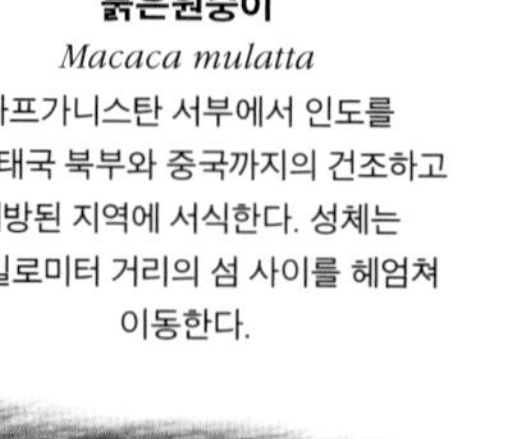

붉은원숭이
Macaca mulatta
아프가니스탄 서부에서 인도를 거쳐 태국 북부와 중국까지의 건조하고 개방된 지역에 서식한다. 성체는 0.8킬로미터 거리의 섬 사이를 헤엄쳐 이동한다.

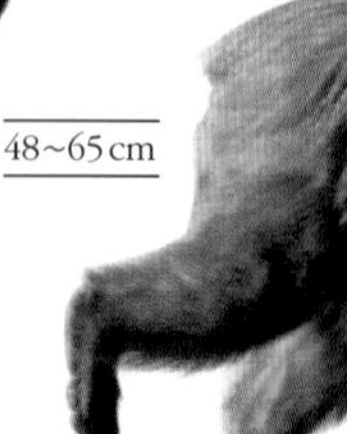

48~65 cm

짧은꼬리원숭이
Macaca arctoides
수목 생활과 지상 생활을 모두 하며 동남아시아의 열대와 아열대 습윤림에 서식한다.

돼지꼬리원숭이
Macaca nemestrina
동남아시아의 우림과 습지대를 포함한 습한 지역에 서식한다. 주로 과일을 먹는다.

보닛원숭이
Macaca radiata
종종 인간의 거주지와 가까운 곳에서 관찰된다. 남인도에 서식하며 잡식성이다. 먹이 때문에 인간에 의존하는 것으로 여겨진다.

일본원숭이
Macaca fuscata
인간을 제외한 영장류 중 가장 북쪽에 서식하며 겨울에 몸을 따뜻하게 유지하기 위해 온천을 이용한다.

흰목긴꼬리원숭이
Cercopithecus albogularis
사이크스원숭이로도 알려진 종으로 나무에 서식하는 잡식성 영장류이다. 잔지바르와 마피아섬을 포함한 아프리카 동부와 동남부에 분포한다.

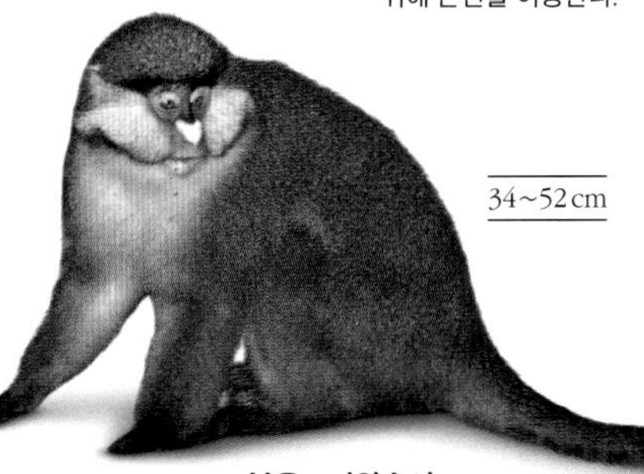

붉은꼬리원숭이
Cercopithecus ascanius
중앙아프리카의 습윤림에 서식하며 수목 생활을 하는 종으로 커다란 볼주머니가 있어 과일을 저장한다.

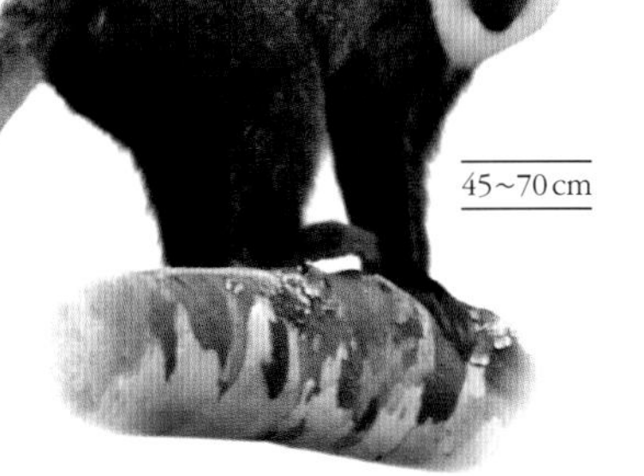

로에스트원숭이
Cercopithecus lhoesti
수목 생활을 하는 긴꼬리원숭이류로 마운틴원숭이로도 불린다. 중앙아프리카 산악 지대의 1차 습윤림에 서식한다.

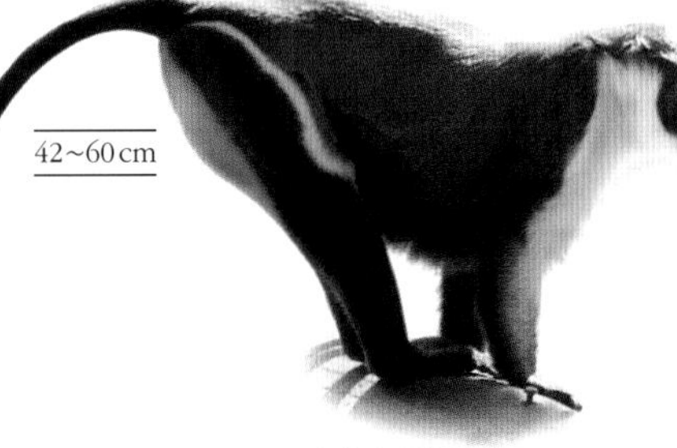

다이아나원숭이
Cercopithecus diana
서아프리카 1차림의 임관부 상층에 서식하며 거의 땅으로 내려오지 않는다.

드브라자원숭이
Cercopithecus neglectus
중앙아프리카 습지대의 숲에서 반지상 생활을 한다. 수컷이 암컷보다 크며 독특한 파란색 음낭이 있다.

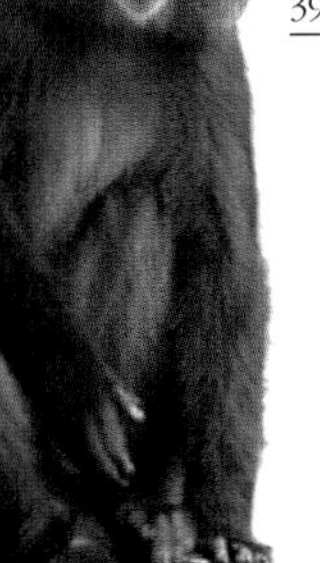
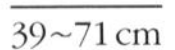

푸른원숭이
Cercopithecus mitis
이 아프리카 종은 40마리까지 모여 사회적 무리를 구성하는데 우세한 으뜸수컷과 여러 마리의 암컷, 자식들로 이루어진다.
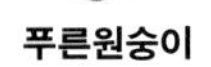

모나긴꼬리원숭이
Cercopithecus mona
나무에 살며 가나에서 카메룬까지의 우림과 맹그로브 숲에 서식한다.
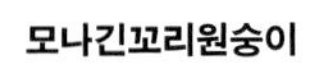

타나강망가베이
Cercocebus galeritus
영역성이 강한 이 망가베이는 콩고 분지의 우림과 습지림에서 서식한다. 최소 35마리로 이루어진 무리를 지어 낮에 먹이를 찾는다.

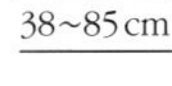

검은볏망가베이
Lophocebus aterrimus
우림을 선호하며 수목 생활을 하는 망가베이원숭이로 콩고 민주 공화국에서 관찰된다.

≫

버빗원숭이
Chlorocebus pygerythrus
사바나와 개방된 삼림 지대에 서식하는 이 원숭이는 에티오피아에서 동아프리카를 거쳐 남아프리카까지 분포한다.

40~66 cm

그리벳원숭이
Chlorocebus aethiops
반지상 생활을 하는 종으로 아프리카 동북부에 서식한다. 얼굴 윗부분에 있는 녹색 기미가 특징이다.

48~88 cm

파타스원숭이
Erythrocebus patas
팔다리가 길며 손가락은 짧아서 달리기에 적합하다. 아프리카 서부에서 동부까지 관찰된다.

26~45 cm

앙골라탈라포인
Miopithecus talapoin
구대륙원숭이 중 가장 작으며 수목 생활을 한다. 아프리카 서부와 중부의 습윤림과 습지가 있는 숲에 서식한다.

맨드릴원숭이
Mandrillus sphinx
중앙아프리카 서부의 우림에서 관찰되는 종으로 독특한 얼굴 무늬가 있는데 암컷과 새끼는 수컷보다 옅다.

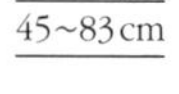

드릴원숭이
Mandrillus leucophaeus
성숙한 우림의 저지대에 서식하는 커다란 지상 원숭이로 카메룬, 나이지리아, 적도 기니 공화국에서만 관찰된다.

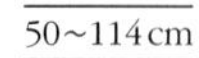

채크마개코원숭이
Papio ursinus
가장 큰 개코원숭이 중 하나로 아프리카 남부에 걸쳐 삼림 지대, 사바나, 초원, 반사막 지대, 산간 지대에 서식한다.

노랑개코원숭이
Papio cynocephalus
기회주의적인 개코원숭이로 잡식성이며 먹이는 식물의 꼬투리, 뿌리, 곤충, 다른 원숭이를 포함한다. 아프리카 남부와 동부에 서식한다.

적갈색 얼굴

61~95 cm

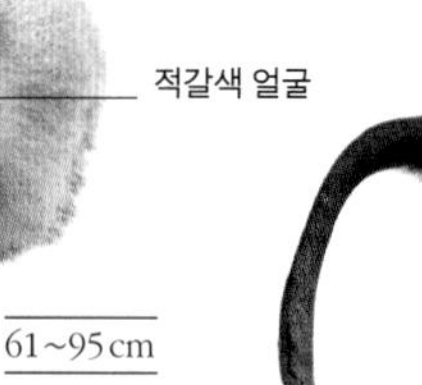

망토원숭이
Papio hamadryas
아프리카 중부와 동부, 특히 에티오피아에서 관찰된다. 수컷은 어깨에 은회색의 긴 망토가 있다.

35~86 cm

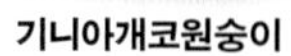

기니아개코원숭이
Papio papio
가장 작은 개코원숭이 중 하나로 서식 범위 역시 가장 좁아서 적도 아프리카 서부에 국한된 지역에서만 서식한다.

보통 부러진 것처럼
보이는 꼬리

녹회색 몸

50~90 cm

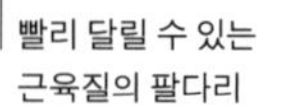

비비
Papio anubis
사하라 사막 이남의 아프리카 사바나와 초원에서 100마리나 되는 무리를 구성한다.

겔라다개코원숭이
Theropithecus gelada
에티오피아의 산악 지대 초지에서 풀을 뜯어 먹는 영장류로 가슴에 독특하게 맨살이 드러난 부분이 있다.

황금들창코원숭이
Rhinopithecus roxellana
두꺼운 털이 있어 중국 서부와 중부의 고산 지대에서 생존하는 데 도움을 준다.

코주부원숭이
Nasalis larvatus
헤엄을 잘 치는 이 원숭이는 보르네오 저지대 강기슭의 우림과 맹그로브 숲에 서식한다. 수컷의 커다란 코에서 이름을 따왔다.

거레저
Colobus guereza
동부흑백콜로부스로도 불리는 이 종은 아프리카 중부와 동부의 열대 습윤림에 널리 분포한다.

앙골라콜로부스
Colobus angolensis
대부분 나무 위에서 생활하며 앙골라, 콩고와 이웃 접경 국가의 다양한 숲에 서식한다.

북부평원회색랑구르
Semnopithecus entellus
하누만랑구르원숭이로도 불리는 이 회색 원숭이는 인도와 파키스탄을 포함한 남아시아에서 관찰된다.

자바원숭이
Trachypithecus auratus
대부분의 수컷과 암컷은 검은색이다. 하지만 일부 개체는 어릴 적의 주황색이 성체가 되어서도 남아 있다.

술회색랑구르
Semnopithecus priam
스리랑카와 인도 동남부에서 관찰되며 다양한 서식지에서 생활한다. 먹이는 주로 나뭇잎이다.

»

맨드릴원숭이

Mandrillus sphinx

맨드릴원숭이는 모든 원숭이 중에서 가장 크며 특히 수컷이 화려하다. 보통 우세한 수컷과 여러 마리의 암컷, 어린 개체들, 낮은 서열의 비번식 수컷들로 이루어진 무리로 생활한다. 종종 여러 무리가 합쳐져 200마리 이상의 집단을 형성하기도 한다. 맨드릴원숭이는 엄격한 계급 사회를 유지한다. 개체들은 자신의 서열을 얼굴 피부와 엉덩이의 화려한 무늬로 과시한다. 우세한 수컷은 무시무시한 모습을 하고 있고 신경질적이다. 피부 색소의 밝은 부분은 호르몬으로 조절되고 색깔은 강인함과 흉포함을 보여 주는 좋은 지표가 된다. 심각한 싸움은 오직 막상막하의 개체끼리만 이루어지는 경향이 있다.

몸길이 55~110센티미터
서식지 밀림
분포 아프리카 중서부, 카메룬 남부에서 콩고공화국 남서부까지
먹이 주로 과일

∨ 강력한 시야
정면을 향한 눈은 맨드릴원숭이에게 입체시를 제공한다. 색을 모두 볼 수 있어서 익은 과일의 위치를 파악할 수 있고 다른 개체의 시각 신호를 구별할 수 있다.

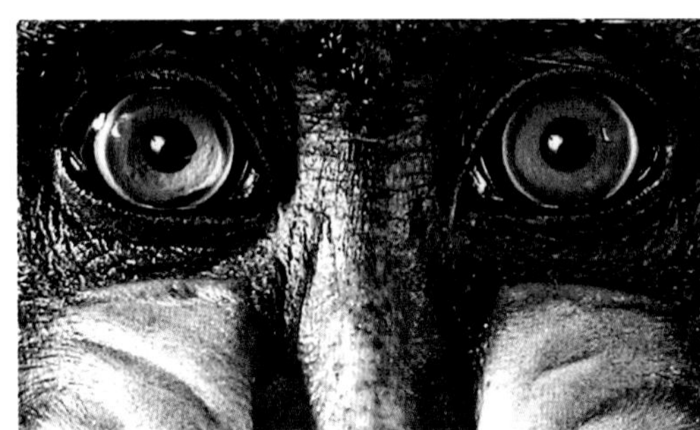

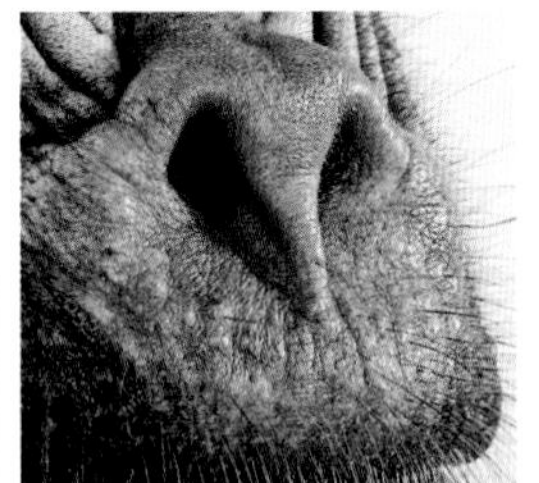

< 비공
수컷 성체는 콧구멍 주위의 피부와 코 가운데가 새빨갛다. 암컷과 어린 맨드릴원숭이는 코가 검다.

< 이빨
긴 송곳니는 주로 싸움이나 과시 행동에 사용된다. 좀 더 작은 어금니는 표면이 울퉁불퉁해서 식물성 물질을 가는 데 이용한다.

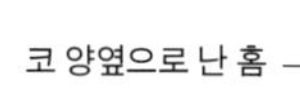

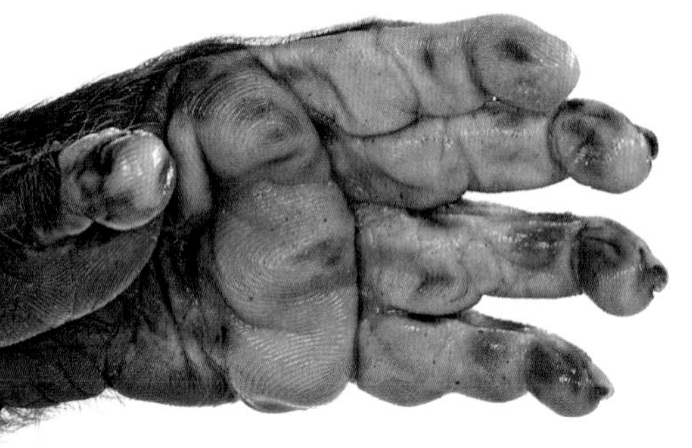

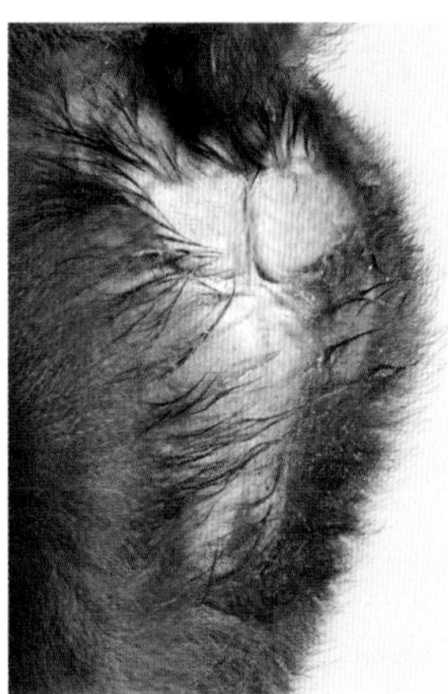

맨드릴원숭이는 모두 엉덩이에 털이 없고 꼬리가 짧다. 서열이 낮은 수컷의 엉덩이는 으뜸수컷보다 색이 옅다.

∧ 움켜잡기
맨드릴원숭이의 엄지는 짧지만 유인원의 엄지처럼 완전히 마주 볼 수 있어 물건을 움켜쥐고 다룰 수 있다.

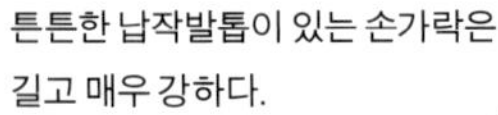

튼튼한 납작발톱이 있는 손가락은 길고 매우 강하다.

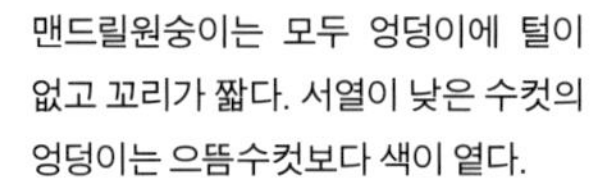

∧ 뒷발
뒷발은 발가락이 길고 움켜쥘 수 있다는 점에서 손과 비슷하다. 맨드릴원숭이는 나무를 잘 타고 종종 나뭇가지 사이에서 잔다.

네 발 >
대부분의 시간을 땅 위에서 보내며 네발로 이동하고 보통 하루에 5~10킬로미터를 돌아다닌다.

으뜸수컷 >
개체가 과시하는 피부색은 번식 조건과 기분에 따라 달라진다. 으뜸수컷은 얼굴과 엉덩이에 가장 선명한 붉은색과 파란색 색조를 띤다.

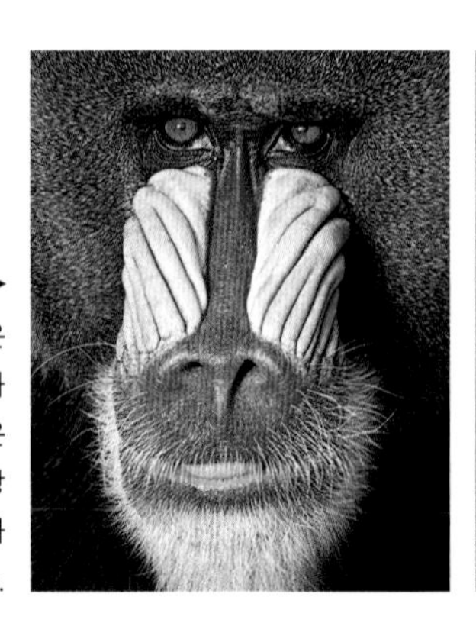

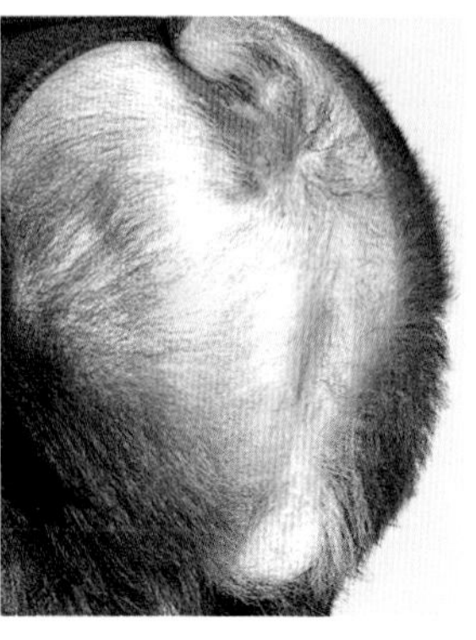

> 강력한 옆모습

맨드릴원숭이의 머리는 단단한 식물성 먹이를 부술 수 있도록 강인한 턱 근육이 있어서 매우 크다. 귀는 대개 작은 편이지만 청력이 좋다. 높은 서열의 수컷에게만 주황색 턱수염이 있다.

긴팔원숭이

긴팔원숭잇과의 긴팔원숭이류(소형 유인원)는 과일을 먹는 중형 영장류이다. 꼬리가 없고 팔 그네 이동(brachiation, 매우 긴 팔을 교대로 옮겨 나무 사이를 이동하는 법)이 특징이다. 긴팔원숭이류는 매일 가족과 암수 관계를 강화하기 위해 노래하고 영역 소유권을 알린다. 어떤 종은 소리를 증폭시킬 수 있도록 확장된 목주머니가 있다.

검은손긴팔원숭이
Hylobates agilis
털색이 다양하지만 모든 검은손긴팔원숭이의 눈썹은 흰색이며 수컷은 뺨이 하얗다. 태국, 인도네시아, 말레이시아에서 서식한다.

45~64 cm

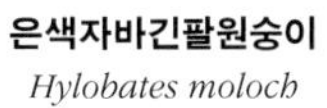

은색자바긴팔원숭이
Hylobates moloch
인도네시아 자바 섬 서부의 고유종으로 암수 모두 머리끝은 검고 몸은 은색을 띤다.

45~64 cm

44~64 cm

회색긴팔원숭이
Hylobates muelleri
이 종은 보르네오에 서식한다. 일부일처제로 부부는 하루 평균 15분 정도를 이중창을 부르는 데 보낸다.

머리 위가 검은 암컷

보닛긴팔원숭이
Hylobates pileatus
암컷은 얼굴과 가슴, 머리 위가 검으며 몸은 은회색을 띠지만 수컷은 모두 검다. 태국, 캄보디아, 라오스에서 관찰된다.

44~64 cm

하얀 손발

81 cm

서부흰눈썹긴팔원숭이
Hoolock hoolock
수컷은 검은색이지만 암컷은 흑갈색의 뺨에 몸은 황갈색이다. 중국, 인도 북동부, 미얀마 서북부에서 관찰된다.

42~59 cm

눈에 띄는 수컷의 머리 꼭대기

♂

♀

45~64 cm

북부흰뺨긴팔원숭이
Nomascus leucogenys
북부흰뺨긴팔원숭이는 미색을 띠고 태어나지만 2살이 되면 색깔이 변한다.

45~64 cm

털이 없는 손바닥

흰손긴팔원숭이
Hylobates lar
몸 색깔이 다양한 흰손긴팔원숭이는 태국, 말레이시아, 수마트라, 미얀마, 라오스의 숲에 서식한다.

은백색 안장 무늬의 털이 엉덩이와 넓적다리로 이어진다.

71~90 cm

노랑뺨긴팔원숭이
Nomascus gabriellae
노랑뺨긴팔원숭이의 수컷은 흑갈색 빰에 몸은 검으며, 암컷은 머리 위가 검고 몸은 담황색이다. 캄보디아, 라오스, 베트남에서 관찰된다.

큰긴팔원숭이
Symphalangus syndactylus
긴팔원숭이 중 가장 큰 종으로 인도네시아의 수마트라 섬과 말레이 반도에 서식한다.

인간과 유인원

사람과는 가장 큰 영장류인 유인원과 인간으로 구성된다. 오랑우탄은 수목 생활을 하는 반면, 침팬지, 고릴라, 인간은 생애 대부분을 땅 위에서 보낸다. 침팬지와 고릴라는 네 다리로 너클 보행(knuckle-walking, 손가락뼈 사이 관절의 등을 땅에 대고 걷는 방법)을 한다. 모두 꼬리가 없으며 수컷이 일반적으로 암컷보다 크고 모든 종의 두개(頭蓋)가 꽤 크다.

동부고릴라
Gorilla beringei
가장 큰 영장류로 2개 아종이 콩고 민주 공화국 동부와 르완다, 우간다의 저지대 숲과 산간 지대의 운무림에 서식한다.

보르네오오랑우탄
Pongo pygmaeus
수목 생활을 하며 과일을 먹는 커다란 보르네오오랑우탄은 보르네오 섬의 1차 우림 임관부에 서식한다.

수마트라오랑우탄
Pongo abelii
수목 생활을 하는 가장 큰 영장류로 수마트라 북부 1차 열대 우림의 제한된 지역에 서식한다.

피그미침팬지
Pan paniscus
침팬지보다 날씬한 보노보 또는 피그미침팬지는 콩고 민주 공화국의 습한 열대 우림에 서식한다.

서부고릴라
Gorilla gorilla
서부고릴라의 2개 아종은 중앙아프리카 서부의 저지대 열대림과 습한 지역에 서식한다. 수컷 성체는 "실버백(은빛등)"이라 불린다.

Pan troglodytes
침팬지의 4개 아종은 적도 아프리카의 건조한 숲, 습윤림, 사바나의 삼림 지대에 분포한다.

인간
Homo sapiens
직립 보행을 하고 털이 없는 인간은 남극 대륙을 제외한 모든 육상 환경에 영구적으로 거주한다.

박쥐

동력 비행이 가능한 유일한 포유류인 박쥐는 주로 밤에 활동한다. 많은 종이 방향을 읽고 먹이를 찾기 위해 반향정위를 이용한다.

박쥐는 열대, 아열대, 온대림, 사바나 초원, 사막, 습지를 포함하는 다양한 서식지에서 전 세계적으로 관찰된다. 대부분 과일먹이박쥐류는 이름에서 알 수 있듯이 과일을 먹는다. 한때 소익수아목(Yangochiroptera, 이앙고키롭테라아목)으로 분류되던 다른 모든 박쥐류는 주로 곤충을 먹는다. 하지만 몇몇 박쥐들은 꽃의 꿀(화밀)과 꽃가루를 먹기도 하며 일부 종은 피를 빨고 또 몇몇 종은 물고기, 개구리, 박쥐와 같은 척추동물을 먹기도 한다.

박쥐는 팔과 손, 손가락뼈가 매우 길게 신장되어 있으며 비행에 적합한 탄력 있는 날개막을 지지한다. 다리 사이에 꼬리막을 지닌 박쥐도 많다. 박쥐들은 일반적으로 강력한 발가락과 발톱으로 거꾸로 매달려 휴식한다.

반향정위 감각

과일먹이박쥐류 박쥐들은 대부분 시각과 후각에 의존하는 반면, 소익수아목 박쥐들은 어둠 속에서 물체에 부딪히지 않고 먹이를 찾기 위해 반향정위(echolocation)라고 불리는 특별한 감각을 이용한다. 입이나 코를 통해 소리의 진동을 발사하고 되돌아오는 반향(反響)에서 주변의 '소리 영상'을 구성한다. 코를 통해 반향정위 소리를 발사하는 종들은 대부분 소리에 집중할 수 있는 정교한 얼굴 장식, 즉 비엽(鼻葉)이 있다. 박쥐의 청각은 매우 예민해서 되돌아오는 반향의 주파수에 정교하게 맞춰져 있다. 어떤 종들은 곤충이 나뭇잎 위를 걸을 때 나는 바스락거리는 소리처럼 먹잇감이 내는 소리를 들을 수 있다.

습성과 적응

박쥐는 사회성이 매우 높은 동물로 수백수천 마리의 군락을 이루며 수만 마리로 구성될 때도 있다. 나무와 동굴 또는 건물, 다리, 광산 안에서 휴식한다. 온대 지역에 서식하는 종은 겨울에는 따뜻한 기후로 이동하거나 동면한다. 겨울 외에도 먹이가 부족해지면 동면할 수 있다. 새끼가 1년 중 최상의 시기에 태어날 수 있도록 정자 보관, 수정 연기, 착상 연기 등과 같은 흥미로운 번식 적응이 발달했다.

문	척삭동물문
강	포유강
목	익수목
과	21
종	약 1,400

논쟁

진화 논쟁

박쥐류의 과들 간 관계에 대한 형태 분석과 유전적 분석은 항상 같은 결과를 내놓지는 않는다. 유전자 연구는 모든 박쥐류가 공통 조상에서 진화했고, 비행이 오로지 한 번 진화했다는 것을 보여 준다. 분자 연구에서는 여전히 2개의 박쥐 분류군을 제안하고 있지만, 관박쥐류처럼 반향정위를 하는 일부 종은 반향정위를 하는 소익수아목보다 반향정위를 하지 않는 과일먹이박쥐류와 더 가까운 것으로 나타났다. 반향정위가 적어도 두 번 이상 진화했거나 과일먹이박쥐류에서 나중에 사라진 것이 아니라면 명백한 수수께끼이다.

과일먹이박쥐

큰박쥣과의 박쥐들은 구대륙의 열대와 아열대 지역에 걸쳐 분포한다. 개처럼 생긴 얼굴에 눈은 크고 귀는 단순하다. 혀를 끌끌 차는 소리를 만들어 반향정위를 하는 루셋큰박쥐속을 제외하고는 시각과 후각을 이용해 먹이를 찾는다. 과일, 꽃의 꿀(화밀), 꽃가루를 먹는다. 양 엄지와 두 번째 손가락에 발톱이 있다.

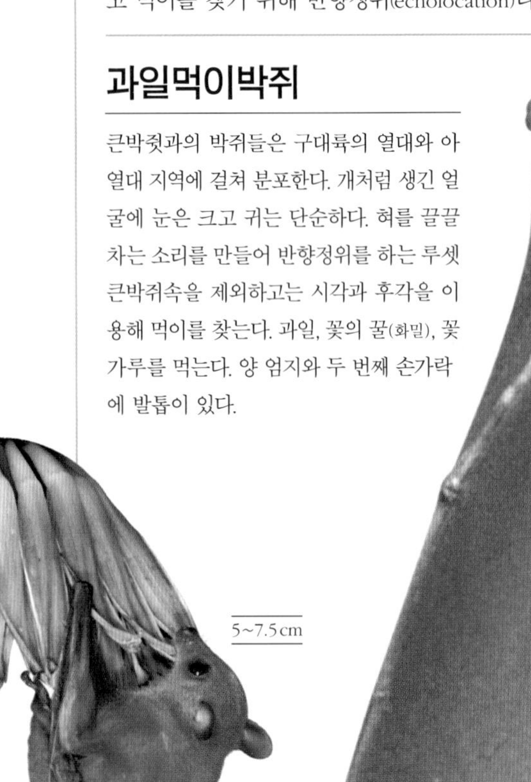

꽃박쥐
Syconycteris australis
파푸아뉴기니에서 오스트레일리아 동부 해안가까지 분포하며, 꽃의 꿀(화밀)을 전문적으로 먹는 종이다. 주둥이 끝이 뾰족하고 혀끝이 솔 모양이어서 꽃 속을 살필 수 있다.

11~18cm

신축성 있는 피부막

어깨장식과일먹이박쥐
Epomops franqueti
수컷이 내는 고음의 소리 때문에 노래하는 과일박쥐로도 불리는 이 종은 아프리카 서부와 중부에 분포한다.

아시아긴혀 과일먹이박쥐
Macroglossus minimus
동남아시아에 분포하는 이 과일먹이박쥐는 긴 혀를 사용해 꽃에서 꿀과 꽃가루를 먹는다.

8~11cm

짧은코과일먹이박쥐
Cynopterus sphinx
과일먹이박쥐 중 유일하게 야자나무 잎으로 텐트를 만든다. 동남아시아와 인도 아대륙에 걸쳐 분포한다.

이집트과일먹이박쥐
Rousettus aegyptiacus
혀를 차는 소리로 반향정위를 하는 이 종은 사하라 사막을 제외한 아프리카와 중동에 걸쳐 분포한다.

망치머리과일먹이박쥐
Hypsignathus monstrosus
수컷은 크기가 암컷보다 훨씬 크고 매우 큰 코가 있다. 아프리카 서부와 중부에서 관찰된다.

조프루아과일먹이박쥐
Rousettus amplexicaudatus
다른 루셋큰박쥐속의 박쥐처럼 과일과 꽃의 꿀(화밀)을 먹는다. 동남아시아 원산으로 수천 마리가 동굴에 모여 쉰다.

몰루카과일먹이박쥐
Dobsonia moluccensis
몰루카 제도에 널리 분포하는 이 박쥐는 오스트레일리아 북쪽 끝에서는 매우 희귀하다.

왈베그어깨장식 과일먹이박쥐
Epomophorus wahlbergi
사하라 사막 이남의 아프리카 숲과 사바나에서 관찰되는 종으로 어깨와 눈썹에 하얀 무늬가 있다.

아프리카모래색 과일먹이박쥐
Eidolon helvum
100만 마리가 군집을 이루는 경우도 있다. 이동성 종으로 사하라 사막 이남의 아프리카에서 널리 분포한다.

쇠붉은큰박쥐
Pteropus scapulatus
오스트레일리아에 서식하는 이동성 박쥐로 주로 유칼립투스 꽃을 먹는다. 종종 파푸아뉴기니에서도 관찰된다.

로드리게스큰박쥐
Pteropus rodricensis
맹그로브 숲과 우림에 서식하는 이 박쥐는 인도양의 로드리게스 섬에서만 관찰된다.

라일큰박쥐
Pteropus lylei
캄보디아, 태국, 베트남에 서식하는 이 박쥐는 나뭇잎을 떼어 버리기 때문에 나무에 심각한 피해를 입힌다.

큰박쥐
Pteropus vampyrus
모든 박쥐 중에서 가장 큰 박쥐로 동남아시아 본토와 섬에서 관찰된다.

인도큰박쥐
Pteropus medius
동남아시아 일부와 인도에 걸쳐 분포하며 숲과 늪지대에서 커다란 군집을 이루어 쉰다.

검은큰박쥐
Pteropus alecto
날개를 편 길이가 1미터 이상 된다. 인도네시아, 뉴기니, 오스트레일리아 북부에 서식한다.

날여우박쥐
Pteropus conspicillatus
인도네시아의 몰루카 제도, 뉴기니, 오스트레일리아 퀸즐랜드 주 동북부의 1차 및 2차 열대 우림에 서식한다.

회색머리큰박쥐
Pteropus poliocephalus
오스트레일리아에서 가장 큰 박쥐로 우림과 삼림 지대 공동 휴식지에서 생활한다.

라일큰박쥐

Pteropus lylei

구대륙의 과일먹이박쥐류인 큰박쥣과를 대표하는 중형의 박쥐이다. 과일먹이박쥐는 사회적 동물로 수백 마리가 낮 동안 휴식과 몸 손질을 위해 나무에 모여 있다가 땅거미가 질 때 잘 익은 과일을 찾기 위해 흩어진다. 나무에 피해를 입힐 수도 있지만 대부분의 과일먹이박쥐들이 많은 경제 작물과 열대 식물의 꽃가루 매개자이며 씨앗을 확산시키는 매우 중요한 역할을 한다. 과일먹이박쥐는 아프리카, 아시아, 오스트레일리아의 열대 지역에서 관찰되지만 이 종은 캄보디아, 태국, 베트남에서만 서식한다. 맹그로브 숲이나 과수원 같은 삼림 지역에서 살아간다.

몸길이 16~24센티미터
서식지 숲
분포 동남아시아와 동아시아
먹이 과일과 잎

모든 박쥐가 엄지에 발톱이 있지만 구대륙의 과일먹이박쥐만은 두 번째 손가락에도 발톱이 있다.

∨ 개처럼 생긴 얼굴

과일먹이박쥐는 길을 찾을 수 있는 큰 눈과 과일, 꽃가루, 꽃의 꿀(화밀) 등을 냄새로 찾아낼 수 있는 기다란 코가 있어 개와 같은 생김새를 띤다. 반향정위를 이용하는 종은 귀가 더 크고 눈이 작다.

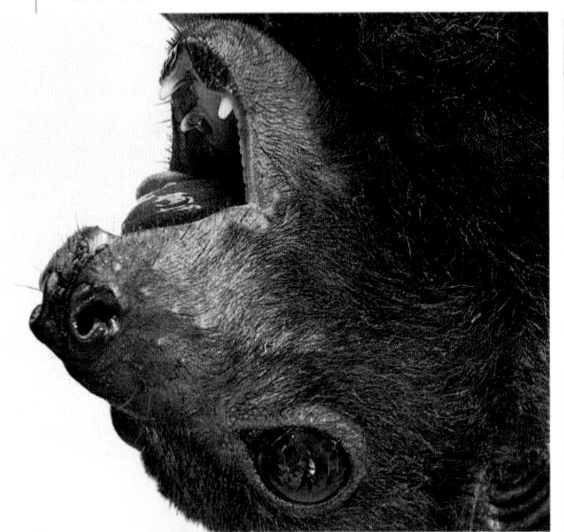

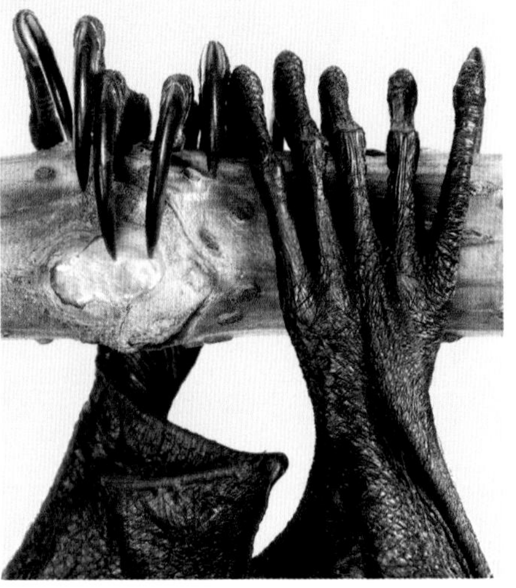

< 매달릴 수 있는 발톱

박쥐의 날카롭게 구부러진 발톱은 나뭇가지에 완벽하게 매달릴 수 있게 한다. 휴식할 때는 근육을 수축할 필요 없이 구부러진 발톱만으로 매달릴 수 있도록 힘줄이 고정된다.

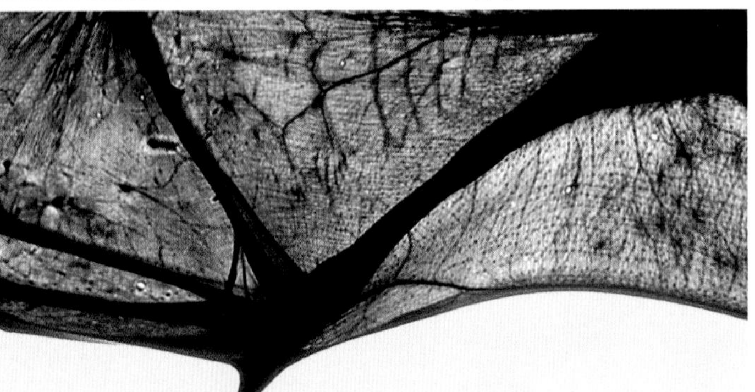

∧ 날개

박쥐의 날개는 몸의 측면과 연결된 가늘고 신축성 있는 막을 길어진 아래팔과 손가락뼈가 지지하는 형태이다. 표면적이 넓어 비행 시 몸을 들어 올릴 수 있다.

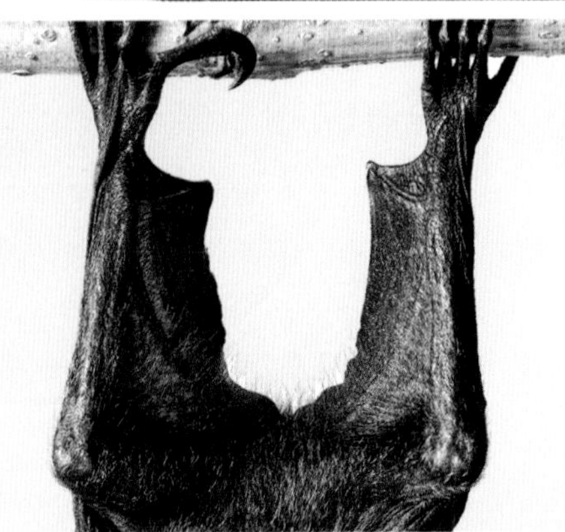

∧ 꼬리가 있을까?

프테로푸스속 박쥐는 꼬리가 없지만 몇몇은 막의 일부가 발목에서부터 튀어나와 있다. 이 막은 며느리발톱(calcars)이라고 불리는 연골로 된 돌출부로 지지된다.

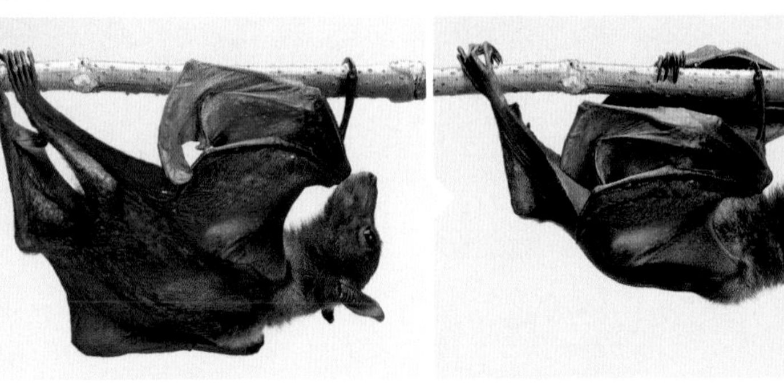

거꾸로 걷기 >

과일먹이박쥐는 커다란 발톱이 있는 엄지를 이용해서 나뭇가지 사이를 이동한다. 발톱은 과일을 다루는 데에도 쓰인다.

∧ 잘 감싸안기

휴식할 때 대부분의 과일먹이박쥐는 가죽 같은 날개를 몸 주위로 접어 거꾸로 매달린다. 종종 과열될 위험에 처하면, 날개를 퍼덕이고 몸에 침을 발라 뜨거운 날씨로부터 몸을 시원하게 유지한다.

일부 박쥐들은 땅 위에서도 잘 움직일 수 있고 편평한 바닥에서 이륙할 수 있다. 박쥐들은 거꾸로 매달림으로써 재빨리 날 수 있게 되었다. 낮에는 거꾸로 매달린 채 자며 온기를 위해 함께 모여 쉰다.

관박쥐

관박쥣과의 종들은 유럽 남부, 아프리카, 아시아, 오스트랄라시아에 걸쳐 분포한다. 관박쥐의 비엽은 특징적으로 말굽 모양이다. 모든 박쥐 중에서 가장 정교한 반향정위 능력을 지녀서 매우 전문적으로 소리 전송과 수신이 가능하다.

쇠관박쥐
Rhinolophus hipposideros
유럽과 북아프리카, 서아시아에 걸쳐 관찰되는 박쥐로 세계에서 가장 작은 박쥐 중 하나이다.

메헬리관박쥐
Rhinolophus mehelyi
동굴에 서식하는 중형의 이 박쥐는 유럽 남부와 동부에서 중동에 걸쳐 부분적으로 분포한다.

큰관박쥐
Rhinolophus ferrumequinum
유럽산 관박쥐 중 가장 큰 종으로 유럽에서 동쪽으로 아시아를 거쳐 일본까지 분포한다.

구세계잎코박쥐

아프리카 대부분과 아시아, 오스트랄라시아에서 관찰되는 구세계잎코박쥣과는 구대륙에 서식하는 잎코박쥐이다. 관박쥐처럼 복잡한 비엽이 있고 뒷다리는 매우 빈약해 네발로 이동할 수 없다.

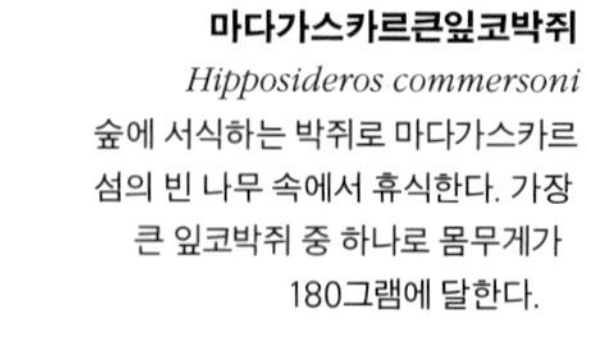

마다가스카르큰잎코박쥐
Hipposideros commersoni
숲에 서식하는 박쥐로 마다가스카르 섬의 빈 나무 속에서 휴식한다. 가장 큰 잎코박쥐 중 하나로 몸무게가 180그램에 달한다.

사바나잎코박쥐
Hipposideros caffer
사바나에 서식하는 종으로 사하라 사막과 아프리카 중부의 삼림 지대를 제외한 아프리카 도처의 동굴과 건물에서 휴식한다.

생쥐꼬리박쥐

생쥐꼬리박쥣과의 가장 독특한 특징은 거의 몸길이만큼 긴 꼬리이다. 주둥이에는 살집이 있고, 크고 단순한 모양의 귀는 기부에서 이어진다.

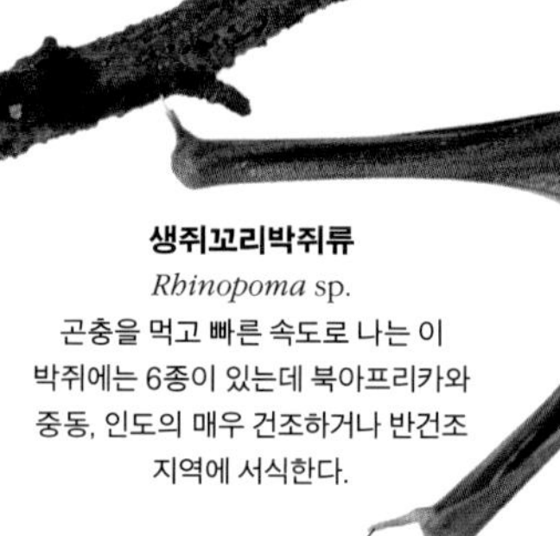

생쥐꼬리박쥐류
Rhinopoma sp.
곤충을 먹고 빠른 속도로 나는 이 박쥐에는 6종이 있는데 북아프리카와 중동, 인도의 매우 건조하거나 반건조 지역에 서식한다.

키티돼지코박쥐

키티돼지코박쥣과의 유일한 종으로 이 자그마한 돼지코박쥐는 길고 넓은 날개가 있어 정지 비행을 할 수 있다. 꼬리와 며느리발톱(연골로 된 발목의 확대 부분)이 없다.

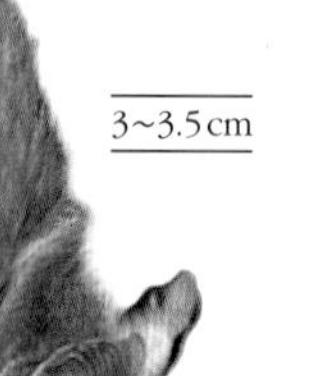

키티돼지코박쥐
Craseonycteris thonglongyai
세계에서 가장 작은 포유류 중 하나로 종종 호박벌박쥐로도 불리며 태국과 미얀마의 강가에 있는 동굴 속에 서식한다.

위흡혈박쥐

위흡혈박쥣과는 반향정위를 하는 박쥐로, 꽤 큰 박쥐 6종이 포함된다. 육식성과 식충성으로 귀와 눈이 크고 꼬리막이 넓지만, 꼬리는 없거나 작다.

귀신박쥐
Macroderma gigas
오스트레일리아 북부 고유종으로 가장 큰 소익수아목 박쥐 중 하나이다. 개구리나 도마뱀과 같은 척추동물을 먹는다.

대꼬리박쥐

대꼬리박쥣과는 꼬리 끝이 꼬리막 사이를 뚫고 나와 마치 보자기에 싸인 듯한 모습을 하고 있다. 많은 종이 날개에 냄새를 저장하는 샘주머니가 있다.

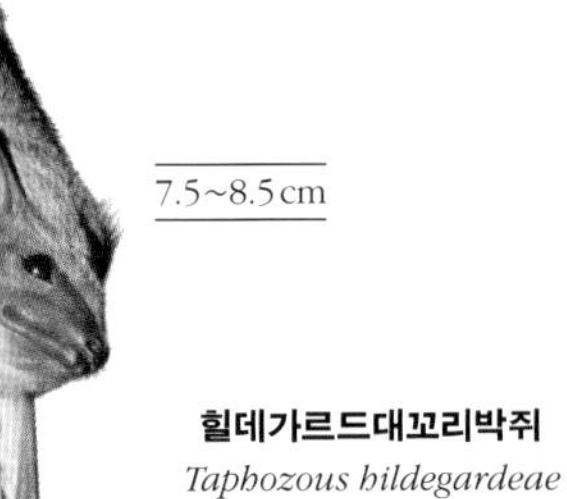

7.5~8.5cm

힐데가르드대꼬리박쥐
Taphozous hildegardeae
휴식을 위해 동굴을 이용하는 박쥐로 케냐와 탄자니아의 연안림에서 곤충을 잡아먹는다.

4~5cm

작은대꼬리박쥐
Emballonura monticola
짧은 꼬리는 다리를 뻗으면 보자기 속으로 들어가는 듯이 보인다. 인도네시아, 말레이시아, 미얀마, 태국에 서식한다.

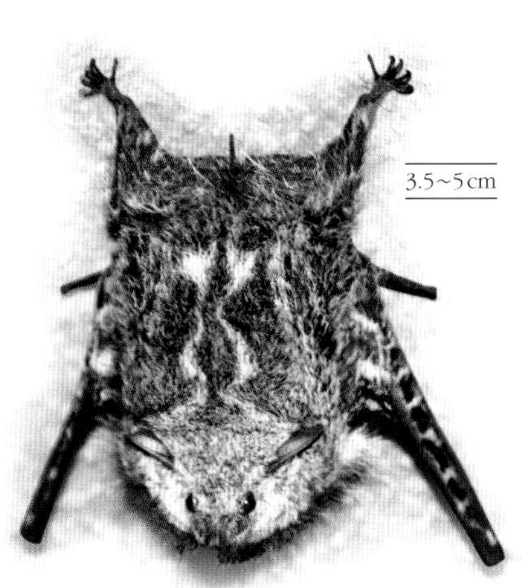

3.5~5cm

코주부박쥐
Rhynchonycteris naso
나뭇가지 아래에서 무리를 지어 휴식하며 하루를 보낸다. 중앙 및 남아메리카의 열대림에 서식한다.

4.5~6cm

큰보자기날개박쥐
Saccopteryx bilineata
수컷은 날개주머니에서 분비되는 자극적인 향으로 암컷을 유혹한다. 중앙아메리카와 남아메리카에서 관찰된다.

신대륙잎코박쥐

아메리카잎코박쥣과는 미국 서남부에서 아르헨티나 북부까지 분포하는 종을 포함한다. 대부분은 귀가 크고 반향정위를 강화시키는 창끝 모양의 비엽이 있다.

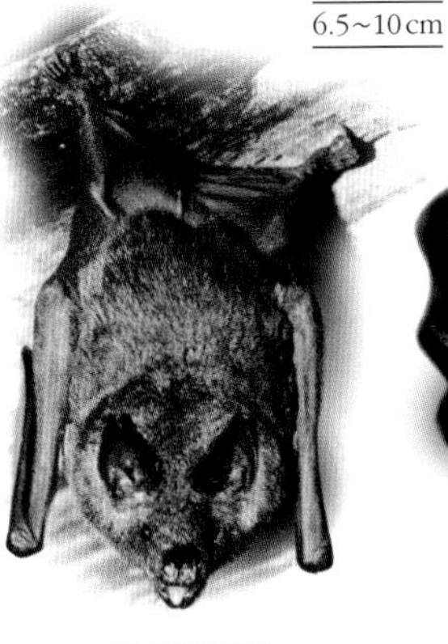

6.5~10cm

흰배창코박쥐
Phyllostomus discolor
이 종은 코에서 음파를 방출한다. 중앙아메리카와 남아메리카 북부에서 관찰된다.

5~7.5cm

텐트박쥐
Uroderma bilobatum
멕시코에서 남아메리카 중부까지의 평지림에서 관찰되는 박쥐로 야자수나 바나나나무 잎을 물어 보금자리를 만든다.

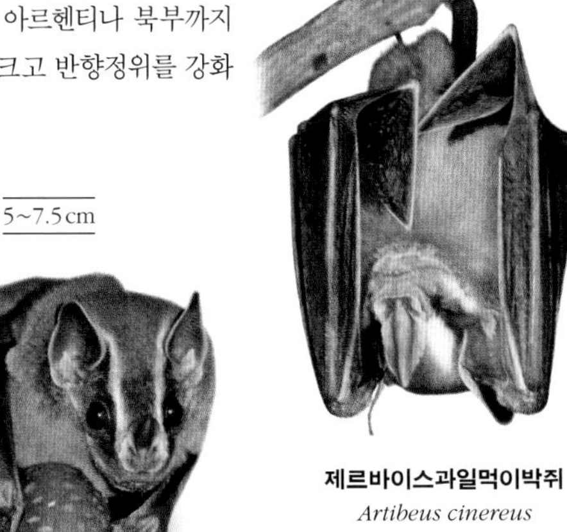

5~6cm

제르바이스과일먹이박쥐
Artibeus cinereus
야자수에서 휴식하는 것을 선호하며 남아메리카 베네수엘라, 브라질, 기아나에 서식한다.

5.5~7cm

세바짧은꼬리박쥐
Carollia perspicillata
중앙아메리카와 남아메리카의 대부분에 걸쳐 습한 상록수림과 건조한 낙엽수림에서 서식한다. 과일을 먹는 종이다.

4.5~6cm

비단짧은꼬리박쥐
Carollia brevicauda
중앙아메리카와 아마존 유역에 널리 분포한다. 과일나무의 씨앗을 퍼뜨려 파괴된 숲의 회복을 돕는다.

6~7.5cm

조프루아박쥐
Anoura geoffroyi
꽃의 꿀(화밀)만 전문적으로 먹는 종으로 주둥이가 길고 어금니가 신장되었으며 혀끝이 솔 모양이다. 중앙 및 남아메리카에 서식한다.

7~9.5cm

돌기입술박쥐
Trachops cirrhosus
돌기입술박쥐는 개구리의 울음소리를 듣고 개구리를 잡는다. 중앙아메리카와 남아메리카 북부의 열대림에 서식한다.

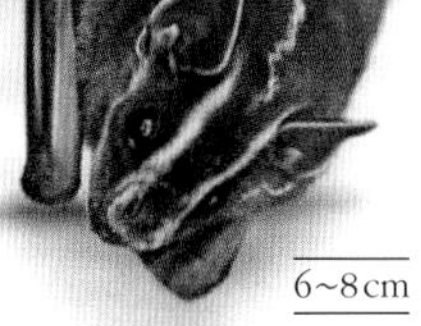

6~8cm

흰줄큰코박쥐
Platyrrhinus lineatus
얼굴과 등에 난 흰 줄에서 이름을 땄으며 남아메리카 중부의 습한 숲에서 휴식한다.

8~10.5cm

캘리포니아잎코박쥐
Macrotus californicus
반향정위보다는 주로 시력으로 나방을 사냥한다. 멕시코 북부와 미국 동남부에 서식한다.

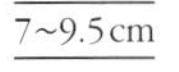

7~9.5cm

보통흡혈박쥐
Desmodus rotundus
다른 포유류의 피를 먹는 것으로 유명한 보통흡혈박쥐는 멕시코와 중앙아메리카, 남아메리카의 다양한 서식지에서 나타난다.

유령얼굴박쥐

유령얼굴박쥣과는 민둥박쥐 및 수염박쥐류로 구성된다. 몇몇 종은 날개가 등에서 이어지고 주둥이 주변에 뻣뻣한 털이 있다.

4.5~6cm

데이비민등박쥐
Pteronotus davyi
다른 박쥐와는 달리 비막이 등을 가로질러 만난다. 멕시코에서 남아메리카까지 분포한다.

불독박쥐

불독박쥣과에는 2종이 있으며, 다리가 길고 발과 발톱이 크다. 도톰한 입술과 볼주머니가 있어서 비행하는 동안 먹이를 저장할 수 있다.

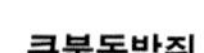

큰불독박쥐
Noctilio leporinus
발톱을 사용해 수면의 물고기를 잡아챈다. 중앙아메리카와 남아메리카의 열대 지역에 서식한다.

깔때기박쥣과

깔때기박쥣과는 귀가 크며 자그맣고 날씬하다. 성체는 이마에 나탈리드 기관이라고 불리는 특수한 감각 기관이 있다.

3.8~4.3cm

멕시코깔때기귀박쥐
Natalus stramineus
곤충을 먹으며 보통 동굴에서 휴식하는 박쥐로 소앤틸리스 제도의 섬을 포함해 중앙아메리카와 남아메리카에 서식한다.

홈얼굴박쥐

홈얼굴박쥣과의 박쥐들은 콧구멍에서 눈 사이의 홈까지 골이 있다. 꼬리 끝의 연골은 Y자 모양으 로 끝난다.

6.5~7.5cm

말레이홈얼굴박쥐
Nycteris tragata
얼굴의 골(주름)은 반향정위 소리를 총괄하는 데 도움이 된다. 미얀마, 말레이시아, 수마트라와 보르네오의 열대림에서 관찰된다.

짧은꼬리박쥐

짧은꼬리박쥣과의 유일한 현생 종은 엄지손가락과 엄지발톱에 추가적으로 갈고리발톱이 있다. 튼튼한 날개는 땅 위에서 이동할 때에는 몸에 맞춰 접을 수 있다.

6~8cm

뉴질랜드짧은꼬리박쥐
Mystacina tuberculata
땅 위에서 날렵하게 움직이는 이 박쥐는 숲의 바닥에 깔린 나뭇잎 더미에서 냄새로 먹이를 찾아낸다.

원반날개박쥐

원반날개박쥣과에는 날개 색상이 어두운 박쥐 5종이 있다. 팔목과 발목에 빨기컵(suction cup)이 있어 휴식할 때 표면이 부드러운 열대의 나뭇잎에 붙을 수 있다.

4~5cm

스픽스원반날개박쥐
Thyroptera tricolor
식충성으로 멕시코 남부에서 브라질 남동부까지의 평지림에 서식한다. 접힌 나뭇잎 안에서 머리를 위쪽으로 하고 쉰다.

큰귀박쥐

큰귀박쥣과의 자유꼬리박쥐류는 꼬리막의 가장자리 밖으로 돌출된 독특한 꼬리가 있다. 튼튼하고 다부진 체격에다 길고 좁은 날개로 빨리 날 수 있다. 날개와 꼬리막은 특히 가죽 같다.

8~9cm

11~14cm

마르틴센큰귀박쥐
Otomops martiensseni
유럽큰귀박쥐와 마찬가지로, 아프리카에 사는 이 종은 인간이 선명하게 들을 수 있을 정도로 특히 낮은 주파수의 초음파를 사용해 사물의 위치를 탐지한다.

4.5~6.5cm

브라질코큰귀박쥐
Tadarida brasiliensis
멕시코와 미국 텍사스 주의 동굴 안이나 다리 아래에서 집단적으로 휴식하는 이 박쥐는 100만 마리까지 모인다.

북방큰귀박쥐
Tadarida teniotis
유럽에 서식하는 유일한 큰귀박쥐로 서식 범위는 지중해에서 남아시아와 동남아시아까지이다.

7~8cm

마스티프박쥐
Molossus pretiosus
건조한 평지림, 개방된 사바나와 선인장 관목지에 서식하며 곤충을 먹는다. 멕시코에서 브라질까지 분포한다.

애기박쥐

496종으로 구성된 애기박쥣과는 박쥣과 중 가장 크다. 극지방을 제외한 전 세계에 분포하며 대부분이 식충성, 즉 곤충을 먹고 산다. 일반적으로 코에 장식이 없고 눈이 작다.

5~6cm

긴날개박쥐
Miniopterus schreibersii
손가락뼈가 길고 날개가 넓은 이 박쥐는 유럽 남서부와 아프리카 북부 및 서부에 부분적으로 분포한다.

기부에서 만나는 귀

4~6cm

회색토끼박쥐
Plecotus austriacus
귀의 길이가 거의 몸길이와 같다. 유럽 중부와 아프리카 북부에 서식한다.

5~8.5cm

큰졸망박쥐
Eptesicus fuscus
건물에서 쉬는 모습이 종종 관찰되며 곤충을 먹는 커다란 갈색 박쥐이다. 캐나다 남부에서 브라질 북부까지와 일부 카리브 해 섬에 분포한다.

6~9cm

영국큰박쥐
Nyctalus noctula
좁고 거무스름한 갈색 날개로 빠르고 힘차게 나는 박쥐로 유럽 북동부와 아시아 일부에서 관찰된다.

4.5~6.5cm

유럽알락애기박쥐
Vespertilio murinus
배의 색깔이 옅고 등은 거무스름한 이 박쥐는 동유럽과 유럽 중부에서 아시아까지의 산, 초원, 삼림에 서식한다.

4~5cm

흰배윗수염박쥐
Myotis nattereri
아프리카 서북부에서 유럽을 거쳐 아시아 서남부까지 분포하며, 천천히 정지 비행을 하면서 술이 있는 꼬리막으로 곤충을 잡는다.

4~5cm

동부집박쥐
Perimyotis subflavus
겨울에는 바위틈, 광산, 동굴에서 동면한다. 서식 범위는 캐나다 남부에서 온두라스 북부까지의 북아메리카 동부를 포함한다.

3.5~5.5cm

유럽기름박쥐
Pipistrellus pipistrellus
가장 널리 분포하는 집박쥐 종으로 서식 범위는 서유럽에서 극동아시아와 북아프리카까지이다.

4.5~5.5cm

나투시우스집박쥐
Pipstrellus nathusii
봄과 가을에 1,900킬로미터 이상을 이동할 수 있는 장거리 이동 동물로 주로 동유럽과 중부 유럽에 서식한다.

4.5~6cm

장식꼬리윗수염박쥐
Myotis thysanodes
꼬리막의 가장자리를 따라 술이 있는 데서 이름을 따왔으며 북아메리카의 서부에 서식한다.

4.5~5.5cm

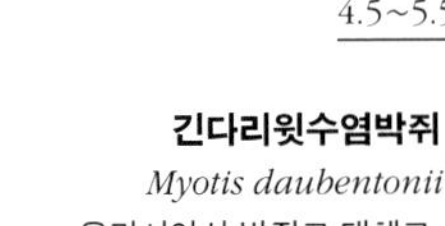

긴다리윗수염박쥐
Myotis daubentonii
유라시아산 박쥐로 대체로 다리가 길어 수면에 모이는 날 곤충을 잡을 수 있다.

고슴도치, 두더쥐와 근연종

2개 목과 4개 과가 합쳐져 새로운 에우리포티프라목(Eulipotyphla)을 구성하며, '뚱뚱하고 앞을 못 본다.'는 뜻이다. 여기에 속하는 모든 동물이 작고, 주둥이가 길며 주로 곤충을 먹는 포유류다.

에우리포티프라목에 속하는 4개의 과는 고슴도칫과(고슴도치류와 짐누라류), 대롱니쥣과(대롱니쥐류), 두더짓과(두더지류와 데스만류), 땃쥣과(땃쥐류)이다. 고슴도칫과에 속하는 종 대부분은 가시가 있고 짐누아류만 털이 있는데, 영역성이 강하고 야행성이다. 대롱니쥣과는 가장 작은 과지만, 제일 큰 두 종이 이 과에 속하고, 두 종 모두 카리브해 섬에 서식한다. 두더짓과는 4개의 과 중 가장 다양한 과로 54개의 종이 있으며, 굴을 파는 다양한 종류의 두더지와 반수중 생활을 하는 데스만이 포함된다. 땃쥣과에는 450종이 있는 가장 큰 과로 지구에서 가장 작은 포유류 중 하나인 사비왜소땃쥐가 포함된다.

독이 있는 타액

땃쥐류, 두더지류, 데스만류, 대롱니쥐류의 길고 움직이며 연골로 된 주둥이는 곤충을 먹는 생활 방식에 잘 적응한 결과이다. 단순한 형태의 날카로운 이빨이 매우 많아 지렁이, 무척추동물, 작은 척추동물을 잡아 죽이는 데 사용한다. 일부 종은 독이 있는 타액을 생산하는데, 대롱니쥐류는 아랫앞니 중 하나의 홈을 따라 독이 흘러나오는데 이 독으로 몸집이 큰 먹이를 죽이기 전에 제압할 수 있다. 반면 고슴도치류는 독성이 있는 타액을 분비하지 않지만, 일부는 뱀독에 면역이 있다.

문	척삭동물문
강	포유강
목	에우리포티프라목
과	4
종	530

뱀독에 대한 면역력은 고슴도치가 어떤 뱀이라도 잠재적인 먹이 자원으로 이용할 수 있도록 해 준다.

고슴도치와 털고슴도치

고슴도칫과는 길고 예민한 주둥이와 짧고 털이 많은 꼬리를 지닌 종들로 무척추동물에서 과일, 새알, 죽은 동물까지 거의 모든 것을 먹는다. 유라시아와 아프리카의 고슴도치는 날카로운 보호용 가시로 덮여 있는 반면, 동남아시아의 털고슴도치는 일반적인 털에 좀 더 집쥐나 주머니쥐처럼 생겼다. 털고슴도치는 냄새샘이 잘 발달해서 영역을 표시하기 위해 강한 마늘 같은 냄새를 풍긴다.

17~19cm

남아프리카고슴도치
Atelerix frontalis
아프리카 남부의 초원 관목지와 정원에 서식하는 종으로 검은 얼굴과 대조적으로 이마를 가로지르는 하얀 줄무늬가 있다.

20~27cm

북아프리카고슴도치
Atelerix algirus
지중해 지역의 다양한 서식지에서 관찰되는 이 귀가 긴 고슴도치는 아랫면과 얼굴색이 옅으며, 이마에는 털이 없고 가르마가 있다.

유럽고슴도치
Erinaceus europaeus
서유럽에 걸쳐 관찰되는 종으로 삼림 지대, 농장과 정원에 서식한다. 선선한 지역에서는 나뭇잎과 풀로 보금자리를 만들어 동면한다.

20~25cm

검은 줄무늬가 있는 옅은 가시

14~26cm

아프리카피그미고슴도치
Atelerix albiventris
이 종은 가장 안쪽의 뒷발가락이 작아졌거나 사라졌기 때문에 네발가락고슴도치로도 불린다.

13~24cm

사막고슴도치
Paraechinus aethiopicus
아프리카와 중동에 서식하는 자그마한 고슴도치로 먹이의 큰 비중을 차지하는 뱀과 전갈의 독에 면역이 되어 있다.

논쟁

과 관계

에우리포티프라목에 속하는 과의 분자 생물학 분석에 따르면 이들은 공통 조상이 있어 자연스럽게 무리를 형성한다. 이 결과에 따르면 땃쥐류는 과거에 생각했던 것처럼 두더지 또는 대롱니쥐보다는 고슴도치 또는 짐누라와 더 근연관계가 있다. 하지만 두더지와 땃쥐와 고슴도치와 짐누라의 관계는 아직 해결되지 않았다.

16~28cm

긴귀고슴도치
Hemiechinus auritus
긴 귀는 열을 발산해 이 야행성 고슴도치가 아프리카 북부와 중앙아시아의 사막에서 시원하게 지내도록 해 준다.

25~46cm

털고슴도치
Echinosorex gymnurus
커다란 집쥐처럼 생겼으며 야행성이다. 말레이시아의 늪지대와 다른 습한 서식지에서 생활한다. 윗부분 털은 흰색이다.

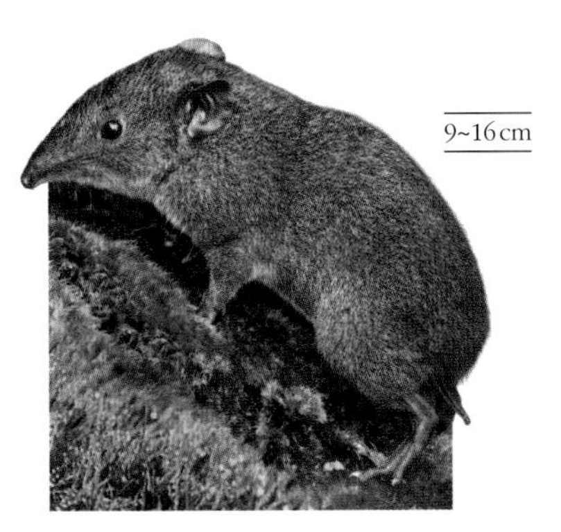

9~16cm

짧은꼬리짐누라
Hylomys suillus
주로 단독 생활을 하는 동남아시아 짐누라 종은 덤불이 무성한 삼림 지대에 서식한다. 움직이는 긴 코를 사용해 먹이인 무척추동물을 찾는데 과일도 먹는다.

대롱니쥐

이 그룹에서 가장 오래된 갈래인 대롱니쥣과는 7500만 년 전 에우리포티프라목에서 분리된 것으로 여겨진다. 길쭉하고 유연하며 연골로 된 주둥이가 있으며, 길고 털이 없이 비늘로 뒤덮인 꼬리, 작은 눈, 뻣뻣하고 거무스름한 털이 있다. 독이 있는 타액이 있어서 작은 파충류 같은 먹잇감을 제압할 수 있다.

히스파니올라대롱니쥐
Solenodon paradoxus
이 과의 현존하는 2종 중 하나로, 카리브 해 쿠바의 동쪽 섬인 히스파니올라에서만 서식하는 것으로 알려져 있다.

쿠바대롱니쥐
Solenodon cubanus
히스파니올라대롱니쥐보다 길고 세밀한 털을 지닌 은밀한 야행성의 종으로 땅굴을 파며 20세기에는 멸종된 것으로 잘못 알려져 있었다.

두더지와 데스만

두더짓과는 몸집이 작고 거무스름하며 털은 짧고 빽빽하다. 예민하고 털이 없는 관 모양의 주둥이가 있으며 땅을 파는 생활에 잘 적응했다. 강력한 발톱이 있고 손은 영구적으로 밖으로 돌출된 삽 모양으로 바뀌었다. 수중 생활을 하는 데스만은 발에 물갈퀴가 있으며 뻣뻣하고 숱이 있는 털과 헤엄치는 데 유용한 길고 납작한 꼬리가 있다.

별코두더지
Condylura cristata
반수중 생활을 하는 북아메리카산 두더지로 주둥이 주변에 11쌍의 분홍빛 촉모가 있어 촉감으로 먹이를 감지할 수 있다.

일본두더지
Mogera imaizumii
일본산의 자그마한 두더지로 부드럽고 깊은 흙에 서식하며 구강 특징으로 가까운 근연종과 구별된다.

유럽두더지
Talpa europaea
땅굴을 파고드는 생활 방식 때문에 비밀스러운 이 두더지는 영구적이고 광범위한 터널 연결망을 형성하며 흙 두둑 표면에 종종 독특한 표시를 남긴다.

러시아데스만
Desmana moschata
이 과 중 가장 큰 종으로 물갈퀴 진 뒷다리와 길고 납작한 꼬리는 헤엄을 쳐서 먹이를 찾는 데 적응한 결과이다.

동부두더지
Scalopus aquaticus
북아메리카산의 땅을 파는 두더지로 일반적으로 축축한 모래흙 속에서 생활하며 귀와 눈은 각각 피부와 털로 덮여 있다.

피레네데스만
Galemys pyrenaicus
피레네 산맥의 하천에서 먹이를 찾는 데스만은 거의 구멍을 파지 않는다. 바위틈이나 물밭쥐가 파 놓은 구멍을 보금자리로 이용한다.

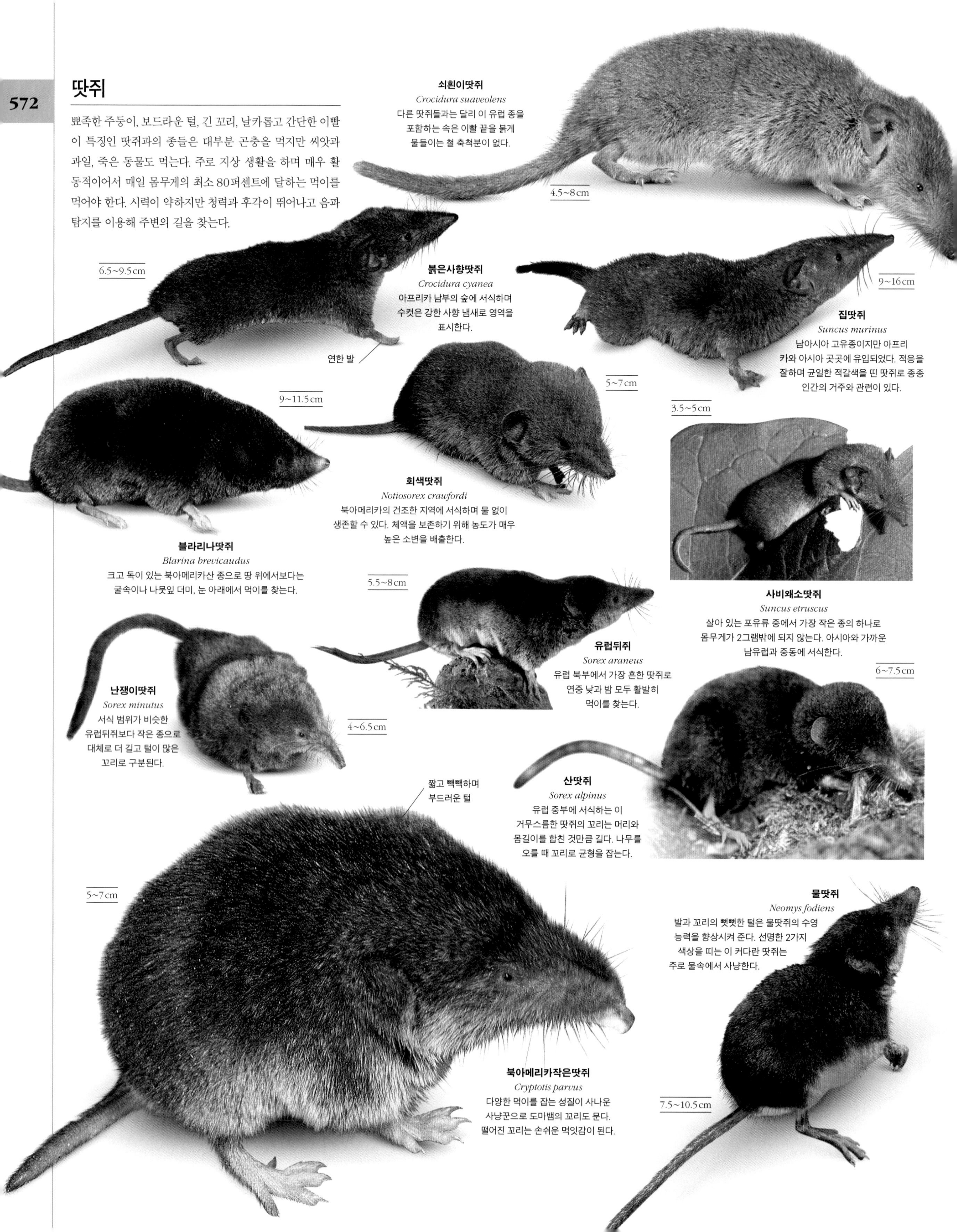

땃쥐

뾰족한 주둥이, 보드라운 털, 긴 꼬리, 날카롭고 간단한 이빨이 특징인 땃쥐과의 종들은 대부분 곤충을 먹지만 씨앗과 과일, 죽은 동물도 먹는다. 주로 지상 생활을 하며 매우 활동적이어서 매일 몸무게의 최소 80퍼센트에 달하는 먹이를 먹어야 한다. 시력이 약하지만 청력과 후각이 뛰어나고 음파 탐지를 이용해 주변의 길을 찾는다.

쇠흰이땃쥐
Crocidura suaveolens
다른 땃쥐들과는 달리 이 유럽 종을 포함하는 속은 이빨 끝을 붉게 물들이는 철 축척분이 없다.
4.5~8cm

붉은사향땃쥐
Crocidura cyanea
아프리카 남부의 숲에 서식하며 수컷은 강한 사향 냄새로 영역을 표시한다.
6.5~9.5cm
연한 발

집땃쥐
Suncus murinus
남아시아 고유종이지만 아프리카와 아시아 곳곳에 유입되었다. 적응을 잘하며 균일한 적갈색을 띤 땃쥐로 종종 인간의 거주와 관련이 있다.
9~16cm

회색땃쥐
Notiosorex crawfordi
북아메리카의 건조한 지역에 서식하며 물 없이 생존할 수 있다. 체액을 보존하기 위해 농도가 매우 높은 소변을 배출한다.
5~7cm

블라리나땃쥐
Blarina brevicaudus
크고 독이 있는 북아메리카산 종으로 땅 위에서보다는 굴속이나 나뭇잎 더미, 눈 아래에서 먹이를 찾는다.
9~11.5cm

사비왜소땃쥐
Suncus etruscus
살아 있는 포유류 중에서 가장 작은 종의 하나로 몸무게가 2그램밖에 되지 않는다. 아시아와 가까운 남유럽과 중동에 서식한다.
3.5~5cm

유럽뒤쥐
Sorex araneus
유럽 북부에서 가장 흔한 땃쥐로 연중 낮과 밤 모두 활발히 먹이를 찾는다.
5.5~8cm

난쟁이땃쥐
Sorex minutus
서식 범위가 비슷한 유럽뒤쥐보다 작은 종으로 대체로 더 길고 털이 많은 꼬리로 구분된다.
4~6.5cm

산땃쥐
Sorex alpinus
유럽 중부에 서식하는 이 거무스름한 땃쥐의 꼬리는 머리와 몸길이를 합친 것만큼 길다. 나무를 오를 때 꼬리로 균형을 잡는다.
6~7.5cm

짧고 빽빽하며 부드러운 털

북아메리카작은땃쥐
Cryptotis parvus
다양한 먹이를 잡는 성질이 사나운 사냥꾼으로 도마뱀의 꼬리도 문다. 떨어진 꼬리는 손쉬운 먹잇감이 된다.
5~7cm

물땃쥐
Neomys fodiens
발과 꼬리의 뻣뻣한 털은 물땃쥐의 수영 능력을 향상시켜 준다. 선명한 2가지 색상을 띠는 이 커다란 땃쥐는 주로 물속에서 사냥한다.
7.5~10.5cm

천산갑

천산갑은 온몸이 커다란 케라틴 비늘로 뒤덮여 있다는 것과 개미집이나 흰개미집을 파헤쳐 먹이를 구한다는 점 때문에 비늘로 뒤덮인 개미핥기로도 알려져 있다.

주로 야행성에 눈이 작은 천산갑은 뛰어난 후각으로 먹이를 찾는다. 걸모습이 북아메리카산 아르마딜로와 다소 비슷하고 먹이도 유사하지만, 천산갑은 유린목이라는 다른 목에 속하며 식육목과 가장 가깝다.

몸에서 노출된 모든 부분을 덮고 있는 각질의 비늘은 천산갑 몸무게의 5분의 1에 달한다. 이런 무게에도 불구하고 천산갑은 헤엄을 잘 친다. 지상 생활을 하는 종과 수목 생활을 하는 종이 있으며 지상 종은 깊은 구멍에서 사는 반면, 나무에서 생활하는 종은 나무 구멍에서 생활한다.

천산갑은 크고 강력한 발톱을 사용해 개미집이나 흰개미집 등 곤충의 둥지를 파낸다. 먹이는 길고 끈끈한 혀로 잡는데 혀는 이빨이 없는 입에서 40센티미터 길이까지 뻗을 수 있다. 앞발톱의 크기 때문에 천산갑은 손목으로 걸으며 앞발을 오므려서 발톱을 보호한다.

공격으로부터의 안전

각질의 커다란 비늘로 이루어진 모피는 포식자로부터 스스로를 방어하는 역할을 하며, 위협을 받거나 잠을 잘 때는 몸을 공처럼 동글게 말아 보호한다. 그 외 방어 능력으로는 항문샘에서 냄새가 역겨운 화학 물질을 배출하는 배출하는 것이며, 이것으로 영역도 표시한다. 뛰어난 방어 기술을 지녔음에도 불구하고 천산갑은 고기와 비늘, 중국 전통 약재로서의 가치 때문에 극심하게 착취당하고 있다.

문	척삭동물문
강	포유강
목	유린목
과	1
종	8

지상 생활을 하는 아프리카산 천산갑은 길고 끈끈한 혀로 곤충을 잡을 뿐만 아니라 물도 마신다.

천산갑과

천산갑과에 속하는 8종은 아프리카와 아시아의 열대 지역에 서식한다. 각질의 커다란 비늘로 피부를 보호하는 매우 독특한 포유류이다. 위협받으면 몸을 공처럼 말며 날카로운 판 끝으로 부가적인 방어가 가능하다. 크고 강력한 앞발톱으로 먹이를 찾기 위해 개미집이나 흰개미집을 파며, 긴 혀의 끈적끈적한 침으로 먹이를 잡는다.

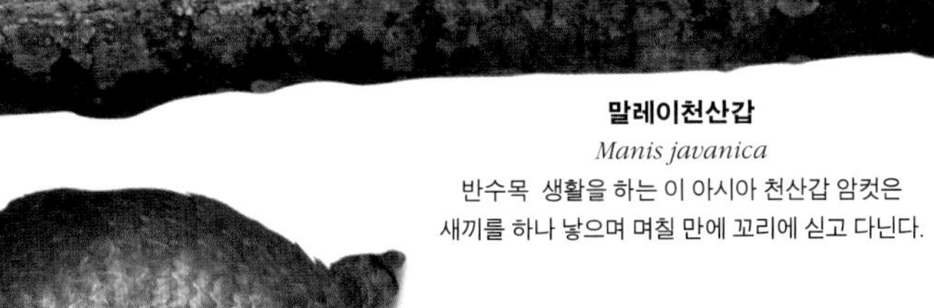

40~65cm

꼬리에 있는 30개의 비늘

맨살의 긴 코

말레이천산갑
Manis javanica
반수목 생활을 하는 이 아시아 천산갑 암컷은 새끼를 하나 낳으며 며칠 만에 꼬리에 싣고 다닌다.

나무타기천산갑
Manis tricuspis
적도 아프리카에서 수목 생활을 하는 이 천산갑은 털색이 옅으며 독특한 삼각 비늘이 있다. 비늘의 끝은 나이가 들면서 닳는다.

25~43cm

긴꼬리천산갑
Manis tetradactyla
서아프리카의 몸집이 작은 천산갑으로 숲의 임관부 상층에 서식한다. 물건을 잡을 수 있는 꼬리는 전체 몸길이의 3분의 2에 달한다.

30~40cm

51~75cm

인도천산갑
Manis crassicaudata
이 천산갑은 비늘이 서로 겹치고 유독한 액체를 분비해 자신을 방어하는데 심지어 호랑이의 관심으로부터 보호할 수 있다.

넓고 둥그런 비늘

사바나천산갑
Manis temminckii
아프리카 남부와 동부에 서식하는 유일한 천산갑으로 매우 비밀스럽다. 야행이며 네 발로 걷다가 먹이를 찾을 때는 두 발로 걷는다.

45~55cm

육식 동물

대부분 고기를 먹는 식육목의 동물들은 사냥에 적합한 몸을 지녔을 뿐 아니라 효과적으로 먹이를 움켜쥐고 죽일 수 있는 송곳니와 어금니가 나 있다.

최초로 알려진 육식동물 화석은 5,500만 년 전으로 거슬러 올라간다. 작고 나무 위에서 생활하며 다소 고양이 같았던 선조들과 달리, 그 후손들은 지구에서 가장 큰 포식 동물의 일부를 포함해 다양한 형태와 생활상을 보여 주고 있다. 식육목은 26센티미터 길이의 쇠족제비부터 코에서 꼬리까지의 길이가 5미터나 되는 남방코끼리물범까지 크기가 다양할 뿐만 아니라, 세상에서 가장 빠른 동물인 치타와 게으르기로 유명한 자이언트판다 모두를 포함하고 있다. 인간에 의해 식육목이 유입된 오스트레일리아를 제외하고는 모든 대륙에서 자연적으로 나타났다. 서식지는 건조한 육지에만 국한되지 않아 34종의 바다표범과 바다사자, 바다코끼리가 바다를 고향으로 두고 있다.

특징

높은 다양성으로 인해 식육목의 동물들에서 공통점을 찾아내는 일은 쉽지 않다. 가장 중요한 공통적인 특징은 이빨이다. 식육목의 모든 종이 4개의 긴 송곳니가 있고, 고기를 찢는 데 적합하게 변형된 열육치(裂肉齒)로 알려진 독특한 어금니 쌍이 있다. 열육치의 날카로운 끝은 동물이 턱을 여닫을 때 1쌍의 가윗날처럼 움직인다.

대부분의 육식 동물이 최소한 적은 양이나마 고기를 먹고 소수는 완전한 육식성이다. 여우와 너구리 같은 일부 종은 잡식성으로 다양한 식물성 및 동물성 먹이를 먹는다. 자이언트판다 1종만이 거의 완전한 초식 동물로 주로 대나무를 먹는다.

단독 생활 혹은 사회성

대부분의 족제비, 곰과 같은 식육목 동물들은 단독 생활을 하지만 늑대, 사자, 미어캣처럼 매우 사회적인 동물도 있다. 사회적인 동물들은 고도로 조직된 협동적인 무리에서 살아가며 사냥, 새끼 양육, 영역 보호에 공동 책임을 진다. 바다표범과 바다사자는 일반적으로 번식기에는 어쩔 수 없이 짝을 찾고 새끼를 낳을 수 있는 건조한 육지로 돌아가 무리 지어 지낸다. 어떤 종의 경우 좋아하는 해변에 수백 마리 혹은 수천 마리가 모여들기도 한다.

문	척삭동물문
강	포유강
목	식육목
과	16
종	288

논쟁

기각류 혹은 식육목

겉모습으로만 본다면 라틴 어로 물갈퀴 진 발을 뜻하는 기각류로 알려진 바다표범과 바다사자, 바다코끼리들은 족제비나 고양이 등의 육식 동물들과 같은 무리에 속할 수 없는 것처럼 생각된다. 하지만 두개골과 이빨 구조 그리고 DNA 정보는 다른 이야기를 들려준다. 기각류는 수영에 적합하도록 변형된 팔다리가 있지만 고래와는 달리 완전한 수중 생활을 하지는 않는다. 그리고 번식을 하기 위해 반드시 육지로 돌아와야만 한다. 화석과 분자 생물학 증거는 바다표범, 바다사자 그리고 바다코끼리가 곰이나 족제비와 비슷하게 생긴 공통 조상을 지니며 약 2300만 년 전 다른 육식 동물에서 분기되었다는 것을 알려 준다.

개, 여우와 근연종

갯과의 중형 동물은 다리가 긴 포유류로 대부분의 종이 꼬리에 숱이 많고 귀가 서 있다. 날렵하고 똑똑한 포식 동물이지만 대부분이 식물성 먹이도 먹는다. 사회성이 높은 회색늑대는 1만 4000년 전 인간에 의해 가축화된 개의 조상으로, 개는 오늘날 그 크기와 형태가 매우 다양해졌다.

북극여우
Alopex lagopus
이 건장한 체격의 여우는 가장 북쪽 지역에 서식한다. 새하얀 색상을 포함해 몸 색깔에 변이가 많다.

블랜포드여우
Vulpes cana
완전한 야행성 종으로 아라비아 반도와 중동의 초원 지대에 서식한다. 무척추동물과 과일을 먹는다.

벵골여우
Vulpes bengalensis
날렵한 잡식성의 이 여우는 네팔과 인도의 개활지에 서식한다. 부부는 수년을 함께 지내며 여러 마리의 새끼를 함께 키운다.

코사크여우
Vulpes corsac
아시아의 초원에 서식하며 사회성이 높고 무리를 이뤄 사는 여우이다. 작은 동물을 기회주의적으로 사냥한다. 식물성 먹이도 먹는다.

키트여우
Vulpes macrotis
미국 서남부에서 관찰되며 땅을 매우 잘 파는 동물이다. 가족들은 입구가 20개나 되는 땅굴에서 산다.

스위프트여우
Vulpes velox
키트여우의 가장 가까운 근연종으로 미국 중부에 서식하며 캐나다에서는 1938년에 멸종되었다가 최근 재유입되었다.

47~55 cm

페넥여우
Vulpes zerda
북아프리카산의 작고 야행성인 이 여우의 독특한 귀는 여러 가지 역할을 한다. 예민한 청력을 제공하고 과열된 체온을 방출한다.

33~41 cm

끝이 까만 뾰족한 귀

35~55 cm

59~90 cm

흰꼬리모래여우
Vulpes rueppellii
북아프리카에서 파키스탄까지 분포하는 작고 사회적인 여우로 다양한 식물과 동물을 먹음으로써 사막 환경에서 살아남는다.

46~60 cm

붉은여우
Vulpes vulpes
적응력이 매우 뛰어난 사냥꾼이자 청소동물로 세계에서 가장 널리 분포하는 식육목 동물이다. 북반구 대부분에 서식한다.

검은 하지

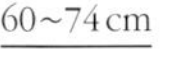
끝이 하얀 크고 숱이 많은 꼬리

박쥐귀여우
Otocyon megalotis
아프리카 동부와 남부의 개방된 초지와 덤불이 많은 대초원에 서식하는 사회적인 여우로 주로 흰개미와 딱정벌레를 먹는다.

팜파스여우
Lycalopex gymnocercus
남아메리카 온대 지역의 초지가 원산지로 단독 생활을 하는 이 여우는 다양한 소형 동물을 사냥하며 때때로 양도 사냥한다.

60~74 cm

흑갈색 털

54~66 cm

49~70 cm

회색여우
Urocyon cinereoargenteus
아메리카 대륙에 걸쳐 숲에서 꽤 흔히 관찰되는 여우지만 코요테와 스라소니의 서식지는 피한다.

45~92 cm

57~77 cm

안데스여우
Pseudalopex culpaeus
남아메리카의 산악 지대에서 단독 생활을 하는 커다란 여우로 다른 여우 종에 비해 더 큰 먹이를 사냥한다.

게잡이여우
Cerdocyon thous
남아메리카의 온대림, 열대림, 초지에 서식하며 적응력이 뛰어난 잡식성 동물로 과일, 동물 사체와 작은 동물을 먹는다.

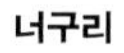

너구리
Nyctereutes procyonoides
동아시아의 습지에 서식한다. 나무를 잘 오르며 동면하는 유일한 갯과의 동물이다.

»

금빛재칼
Canis aureus
종종 전형적인 갯과 동물로 묘사되기도 하는데, 발이 날렵하고 사회적이며 기회주의적인 사냥꾼으로 아프리카와 아시아에 널리 분포한다.

검은등재칼
Canis mesomelas
아프리카산 재칼 중 가장 큰 종으로 적응력이 뛰어난 잡식성 갯과 동물이다. 가족 단위로 생활하며 밤낮 모두 활동적이다.

가로줄무늬재칼
Lupulella adusta
아프리카에 널리 분포하는 재칼로 야행성 청소동물이자 사냥꾼이다. 종종 농장주에 의해 핍박받는다.

코요테
Canis latrans
북아메리카와 중앙아메리카에 널리 퍼져 있는 종이다. 공원에서도 서식하며 종종 회색늑대와 짝짓기를 한다.

에티오피아늑대
Canis simensis
현재 세계에서 가장 희귀한 갯과 동물 목록에 올라 있으며 멸종 위기에 처한 야생 무리는 에티오피아의 고산 지대에서만 서식한다.

붉은늑대
Canis lupus rufus
심각한 멸종 위기에 처한 미국 동남부산 아종으로 1980년대 포획 번식 프로그램의 도움으로 특별한 보호 지역 내에서 생존하고 있다.

북극늑대
Canis lupus arctcos
옅은 털색으로 구별되는 회색늑대의 아종으로 캐나다 일부와 알래스카, 그린란드에 서식한다.

회색늑대
Canis lupus
집에서 기르는 개의 조상으로 적응력이 뛰어나다. 북반구 대부분에 해당하는 넓은 범위에 서식한다.

딩고
Canis familiaris
회색늑대의 커다란 아종으로 약 3,500년 전 오스트레일리아로 도입되어 급격히 오스트레일리아 대륙의 최상위 포식자가 되었다.

골든리트리버
Canis familiaris
사냥감을 회수하기 위해 스코틀랜드에서 교배된 개로 충성심과 현명함으로 훌륭한 반려동물이 되었다. 물을 좋아한다.

바셋하운드
Canis familiaris
사냥감을 쫓기 위해 교배된 개이다. 짧은 다리 덕분에 울창한 초목을 뚫고 쉽게 이동할 수 있다.

달마티안
Canis familiaris
경비견과 사냥 동반용으로 처음 교배된 달마티안은 그 뒤에 마차를 호위하는 마차견이 되었다. 지금은 반려동물로 길러진다.

말라뮤트
Canis familiaris
썰매견으로 알래스카에서 교배된 말라뮤트는 조상인 늑대와 비슷해 초기에 가축화된 종으로 여겨진다.

갈기이리
Chrysocyon brachyurus
기회주의적 잡식 동물로 남아메리카 초원 지대에 서식하며 긴 다리로 키가 큰 풀 너머를 볼 수 있다.

스무드폭스테리어
Canis familiaris
열정적으로 땅을 파며 여우굴에 들어갈 정도로 작은 이 생기 넘치는 개는 유해 조수로부터 농장을 지키기 위해 교배되었다.

콜리
Canis familiaris
원래는 스코틀랜드 산악 지대에서 목축견으로 교배되었으며 두툼한 털로 위장한 탄탄한 몸을 가지고 있다.

치와와
Canis familiaris
가장 작은 개의 품종이지만 치와와의 원산지인 멕시코에서는 성질이 대담하다. 털색은 거의 모든 색이 될 수 있다.

돌승냥이
Cuon alpinus
서식지인 아시아에서 사나운 포식 동물로 알려진 이 야생 갯과 동물은 무리를 지어 생활하며 함께 사슴이나 염소와 같은 커다란 동물을 사냥한다.

아프리카사냥개
Lycaon pictus
매우 조직화된 무리를 지어 사는 멸종 위기에 처한 갯과 동물로 협동해서 사냥하고 새끼를 돌보며 아프거나 다친 동료를 돌본다.

숲개
Speothos venaticus
짧은 다리가 독특한 종으로 아마존 유역의 포식 동물이다. 주로 단독으로 혹은 무리를 지어 설치류를 사냥한다.

북극곰

Ursus maritimus

이 장엄한 동물은 육지만큼이나 바다를 고향 삼아 살아간다. 지구에서 가장 큰 육상 포식 동물이며 육중한 덩치로 느릿느릿 움직이지만 물속에서는 힘들일 필요가 없는 우아한 생명체로 변한다. 북극곰은 진정한 방랑자로 연중 대부분을 북극해의 얼어붙은 광활한 지역에서 배회한다. 여름에는 얼음이 녹으면서 북극곰이 육지로 몰리는 탓에 종종 사람과 마주친다. 어린 북극곰은 어미가 판 동면용 굴에서 한겨울에 태어난다. 어미는 새끼가 태어날 때 동면에서 거의 깨지 않지만 3개월 동안 자면서도 젖을 먹이며 체내 비축분을 분해해 유지방이 많은 모유를 생산한다. 봄이 오면 어린 새끼는 태어날 때보다 몸무게가 훨씬 느는 반면, 어미는 아사 직전이 된다. 어미 곰은 이후 2년 동안 새끼들에게 헤엄치고 물범을 사냥하고 자신을 방어하며 스스로 굴을 파는 법을 가르친다. 기후변화는 북극곰의 서식지와 먹이터를 위협해 이 종을 멸종하게 할 수 있다.

다른 곰과 달리 북극곰은 다소 볼록한 '로마 인'의 코를 가지고 있다.

몸길이 1.8~2.8미터
서식지 북극 빙원
분포 북극해, 러시아의 극지방, 알래스카, 캐나다, 노르웨이, 그린란드의 극지방
먹이 주로 물범

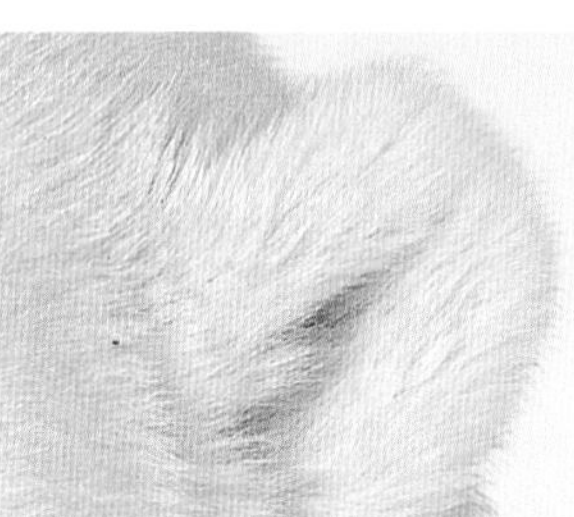

털로 덮인 귀 >
작은 귀는 완전히 털로 뒤덮여 있어서 동상으로부터 보호할 수 있다. 북극곰은 청력이 좋지만 주로 후각에 의존해 먹이의 위치를 찾는다.

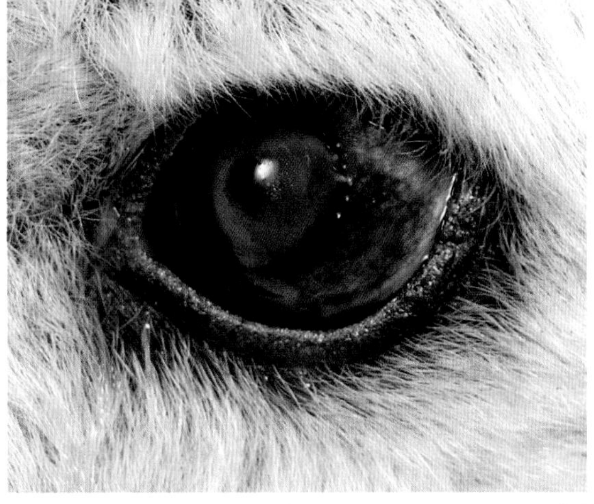

< 거무스름한 눈
거무스름한 눈과 코는 북극곰의 신체 중에서 가장 눈에 잘 띄는 부분이다. 북극곰은 인간과 비슷하게 시력이 매우 좋다.

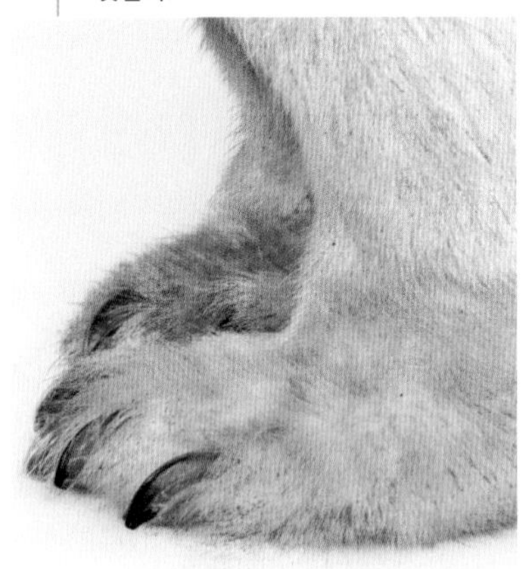

∧ 치명타
앞발은 먹이를 처리하는 주요 도구다. 북극곰은 얼음 아래 있는 물범의 냄새를 맡을 수 있다. 뒷다리로 일어서 앞발로 물범의 은신처를 부순 뒤, 물범을 잡아 밖으로 꺼낸다.

∧ 단열 발바닥
북극곰은 발바닥에 털이 있어 추위로부터 보호한다. 털로 덮인 발바닥은 얼음 위를 걸을 때 미끄러지는 것도 방지한다.

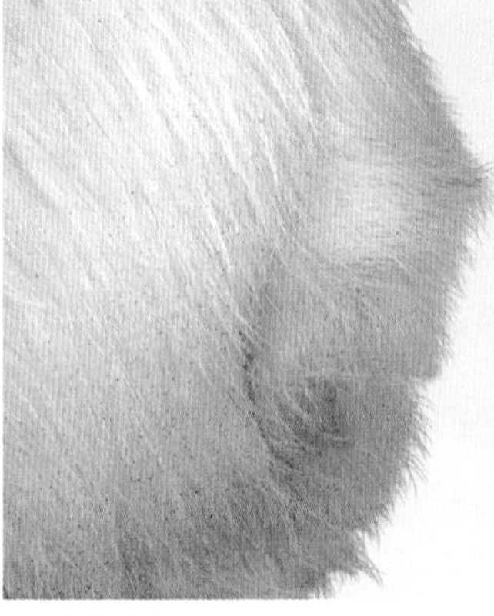

∧ 짤막한 꼬리
북극곰은 긴 꼬리를 이용할 일이 없어서 짧게 줄어들었다. 꼬리는 빽빽한 털 속에 숨어 있다.

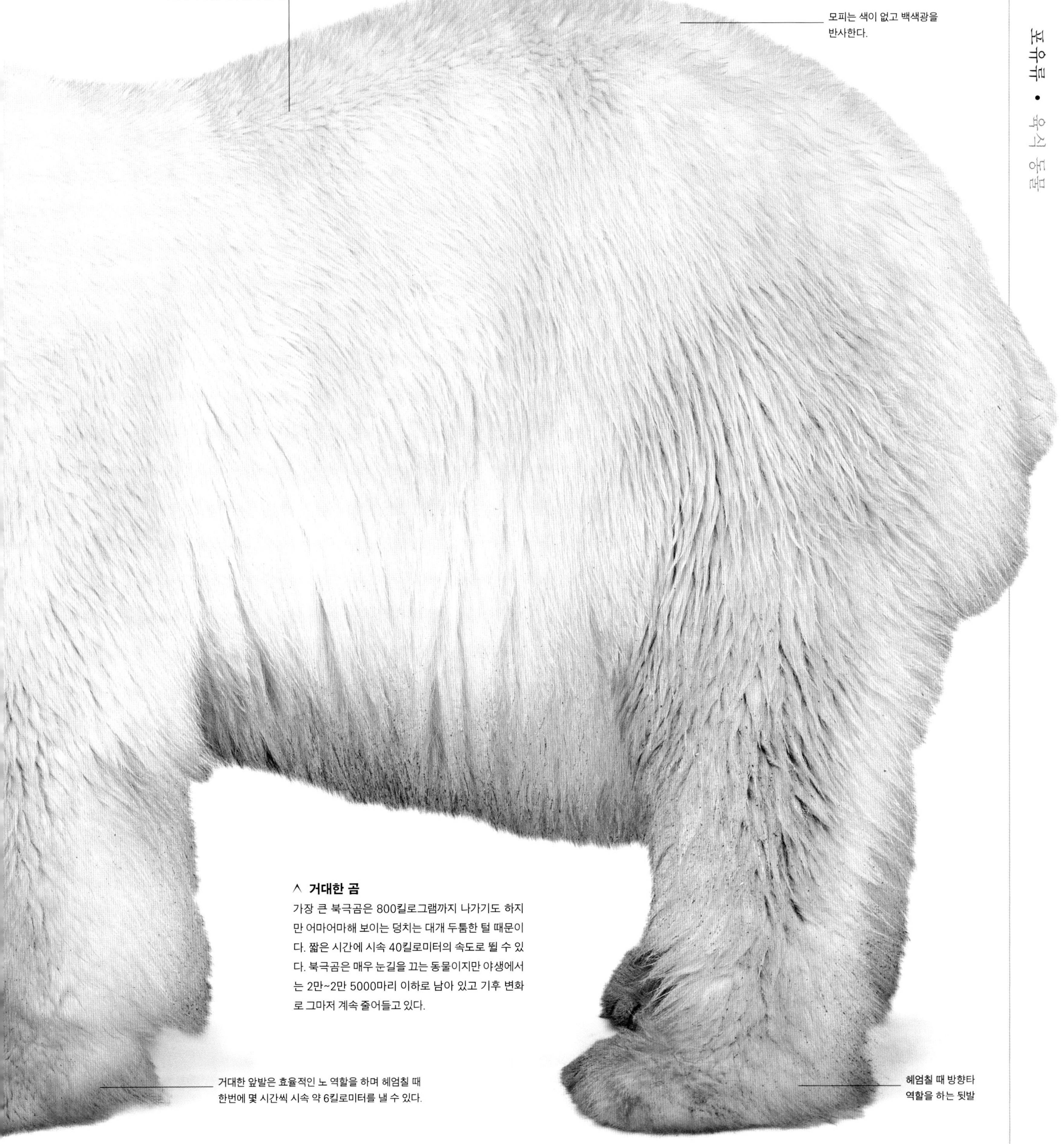

각각의 털은 단열과 부력을
강화하기 위해 속이 비어 있고
모피 속의 공기를 잡아 둔다.

모피는 색이 없고 백색광을
반사한다.

∧ 거대한 곰

가장 큰 북극곰은 800킬로그램까지 나가기도 하지만 어마어마해 보이는 덩치는 대개 두툼한 털 때문이다. 짧은 시간에 시속 40킬로미터의 속도로 뛸 수 있다. 북극곰은 매우 눈길을 끄는 동물이지만 야생에서는 2만~2만 5000마리 이하로 남아 있고 기후 변화로 그마저 계속 줄어들고 있다.

거대한 앞발은 효율적인 노 역할을 하며 헤엄칠 때
한번에 몇 시간씩 시속 약 6킬로미터를 낼 수 있다.

헤엄칠 때 방향타
역할을 하는 뒷발

곰

곰과는 체격이 크고 다부지지만 재빠른 동물로 유럽과 아시아, 아메리카 대륙에 서식한다. 대부분의 곰이 식물성 먹이를 주로 섭취하는 잡식성이다. 하지만 북극곰은 육식만 하고, 종종 다른 과로 분류되기도 하는 자이언트판다는 거의 전적으로 초식 동물이다. 곰들은 새끼를 돌보는 암컷을 제외하고는 단독 생활을 한다.

갈색곰(불곰)
Ursus arctos
먹이의 유동성을 증명하듯이 아시아, 북유럽, 북아메리카를 포함해 서식 범위가 넓다. 계절에 따라 장과류와 산란하는 연어를 비롯해 다양한 먹이를 먹는다.

자이언트판다
Ailuropoda melanoleuca
중국 중부 숲에 서식하는 멸종 위기에 처한 종이다. 식육목임에도 불구하고 주로 대나무만 먹는데, 영양분이 충분히 공급되지 못하는 탓에 저에너지 생활 방식으로 산다.

바다사자

물갯과의 종들은 작은 바깥귀와 육상에서도 이동할 수 있는 뒷다리로 물범류와 구별된다. 이들은 비록 어색하지만 지느러미로 걸을 수 있다. 물갯과는 헤엄을 매우 잘 치지만, 일부 물범과 비교하면 잠수는 얕은 곳에서 짧게 한다. 북대서양을 제외한 대부분의 바다에 분포한다.

바다사자
Eumetopias jubatus
북태평양에 서식하는 종으로 바다사자류 중 가장 크다. 주로 물고기를 먹지만 작은 물범도 먹는다.

뉴질랜드바다사자
Phocarctos hookeri
뉴질랜드 근처 바다에서만 관찰되는 희소한 종으로 근해의 몇몇 섬에서만 번식한다.

1.8~2.7m

1.3~2.5m

오스트레일리아바다사자
Neophoca cinerea
비교적 수가 적은 종으로 오스트레일리아 서부와 남부의 일부 지역에서 번식 집단을 구성한다. 작은 집단은 번식기 외에 함께 지내기도 한다.

남아메리카바다사자
Otaria bryonia
뭉툭한 얼굴에 떡 벌어진 체격의 이 남대서양 바다사자는 남아메리카와 포클랜드 제도에 서식하고, 가끔 협동해서 사냥하며 물고기를 찾아 강으로 들어가기도 한다.

캘리포니아바다사자
Zalophus californianus
공연하는 바다사자로 널리 알려진 종으로 육지와 물속에서 모두 날렵하다. 종종 물 밖으로 부분적으로 뛰어오르기도 한다.

물개
Callorhinus ursinus
번식기를 제외하고 이 종은 북태평양의 해안에서 멀리 떨어진 곳에서 산다. 수컷은 암컷보다 5배 이상 무겁다.

아메리카곰
Ursus americanus
북아메리카의 다양한 서식지에 걸쳐 약 85만~95만 마리의 개체가 생존하며 가장 흔한 곰이다. 어떤 종은 갈색이거나 흰털을 갖고 있다.

반달가슴곰
Ursus thibetanus
숲에 서식하며 널리 분포하는 이 곰은 겉모습, 서식지, 행동이 매우 다양하다. 열대 지역에서는 임신한 암컷만이 동면한다.

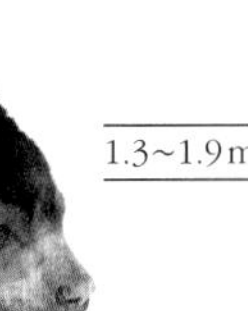

북극곰
Ursus maritimus
육상에서 가장 큰 포식 동물 중 하나인 북극곰은 물속에서도 편안히 지낸다. 일생의 대부분을 북극의 해빙 위에서 보낸다.

말레이곰
Helarctos malayanus
동남아시아의 숲에 사는 겁이 많은 곰으로 곤충, 꿀, 과일, 식물의 싹을 먹는다. 낮에 활동적이지만 불안해지면 야행성이 된다.

안경곰
Tremarctos ornatus
안데스 산맥의 운무림에 서식하는 멸종 위기 취약 종으로 나무를 잘 탄다. 먹이는 과일, 싹, 고기 등 다양하다.

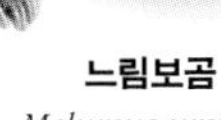

느림보곰
Melursus ursinus
털이 덥수룩한 인도산 곰으로 다양한 서식지에서 살 수 있다. 커다란 발톱으로 흰개미집을 부수며 혼란에 빠진 개미를 빨아 먹는다.

남아프리카물개
Arctocephalus pusillus
남아프리카산과 오스트레일리아산의 2개의 뚜렷한 개체군이 있다. 둘 다 과도한 사냥에 시달리고 있다.

갈라파고스물개
Arctocephalus galapagoensis
바다사자 중 가장 작고 가장 변이가 적은 종이다. 수컷은 암컷보다 살짝 크다.

과달루페물개
Arctocephalus townsendi
길고 끝이 가늘어지는 코가 특징적이다. 바다를 통해서만 들어갈 수 있는 바위가 많은 해변이나 동굴에서 번식한다.

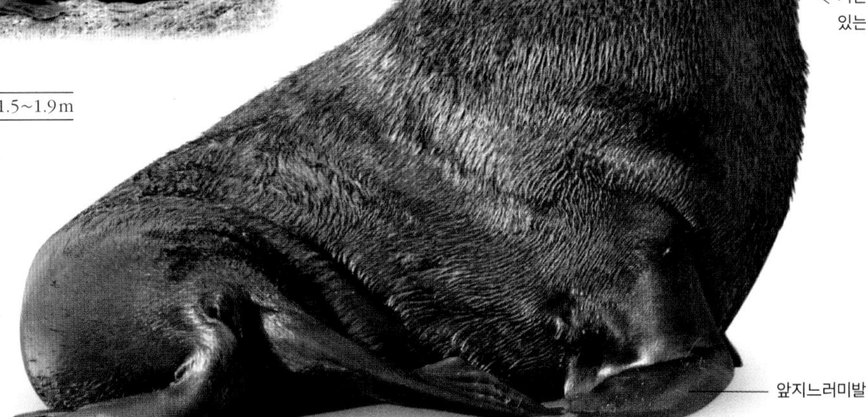

뉴질랜드물개
Arctocephalus forsteri
뉴질랜드와 오스트레일리아의 바위가 많은 해안에서 번식한다. 지금은 법으로 보호받아 더 이상 사냥되지 않고 그 수가 증가하고 있다.

남아메리카물개
Arctocephalus australis
물고기, 오징어, 갑각류를 게걸스럽게 먹는 포식 동물로 남아메리카와 포클랜드 제도의 바위가 많은 해변에서 번식한다.

남극물개
Arctocephalus gazella
남빙양의 드문드문 흩어져 있는 섬에서 번식한다. 과거의 과도한 포획에서 회복되고 있다.

캘리포니아바다사자

Zalophus californianus

캘리포니아바다사자는 극지방, 온대, 아열대의 바다와 육지에서 살기 때문에 다양한 환경에 적응할 필요가 있다. 먹이를 찾는 바다는 차갑지만, 이들이 번식하는 해안은 뜨겁기 때문에 체내 온도를 조절할 효율적인 방법이 필요하다. 단열 작용을 하는 두께 2.5센티미터의 지방층이 있어 바다사자가 물속에서 사냥할 때 몸을 따뜻하게 유지해 주고, 육지에서 너무 더워지면 바다로 들어가 몸을 식히면 된다. 지느러미발은 털이 거의 없고 지방층이 없어 지느러미발 기부의 동맥과 정맥 사이 혈류를 조절해 체내 열을 유지하거나 배출하는 열 교환 시스템을 갖추고 있다. 몸을 식히기 위해 앞지느러미발을 공중에서 흔들기도 하는데, 이는 물속과 육지 모두에서 볼 수 있는 행동이다. 캘리포니아바다사자는 상어와 범고래의 먹이가 된다.

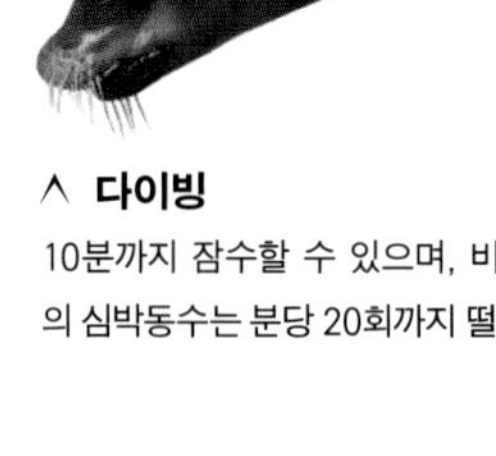

∧ 다이빙
10분까지 잠수할 수 있으며, 바다사자의 심박동수는 분당 20회까지 떨어진다.

귀 >
바다표범과류와는 달리, 바다사자류는 작고 끝이 뾰족하고 외부로 돌출된 귀가 있고, 귀를 접거나 머리 뒤로 돌릴 수 있다. 물속과 육지에서 모두 잘 듣는다.

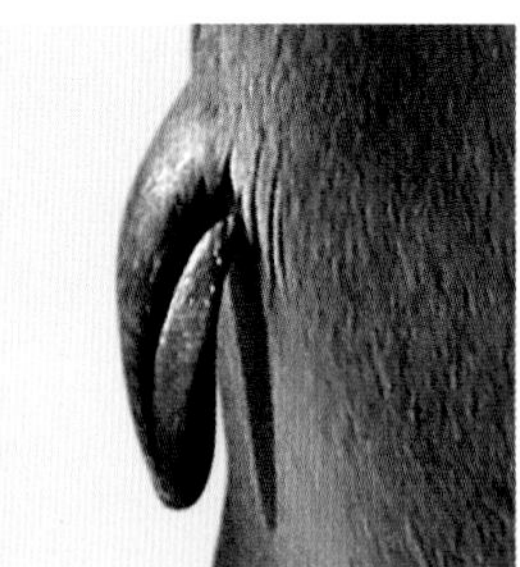

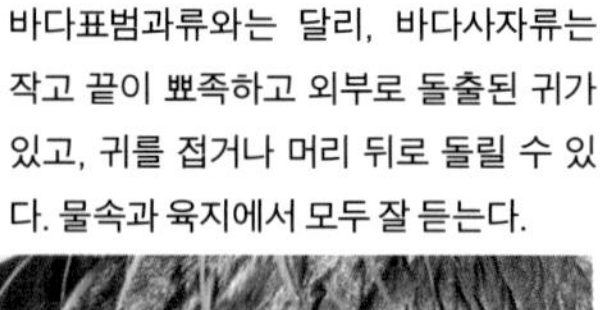

∧ 입
이빨은 34개다. 어렸을 때는 하얗지만 나이가 들면서 검은색으로 바뀐다. 4개의 크고 뒤쪽으로 굽은 송곳니는 먹이를 움켜잡거나 물고 있을 때 사용한다.

∧ 코
바다사자의 콧구멍은 숨을 들이쉬고 내쉴 때만 열린다. 감각 기관인 수염은 물속에 있을 때 물체의 크기와 형태를 가늠하는 데 도움이 된다.

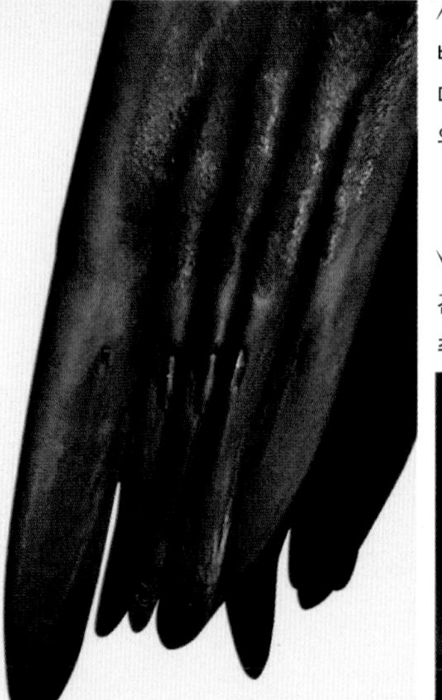

뒷지느러미발 >
물속에서 뒷지느러미발은 몸 뒤쪽을 따라 움직이며 방향을 잡는 데 사용되고, 육지에서 이동할 때는 앞쪽으로 회전하고 앞지느러미발과 함께 사용된다.

∨ 앞지느러미발
긴 앞지느러미발로 추진력을 얻어 수영하며, 시속 최대 21킬로미터까지 낼 수 있다.

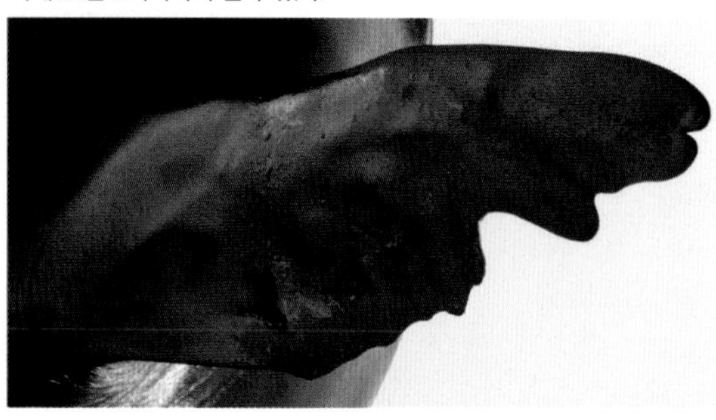

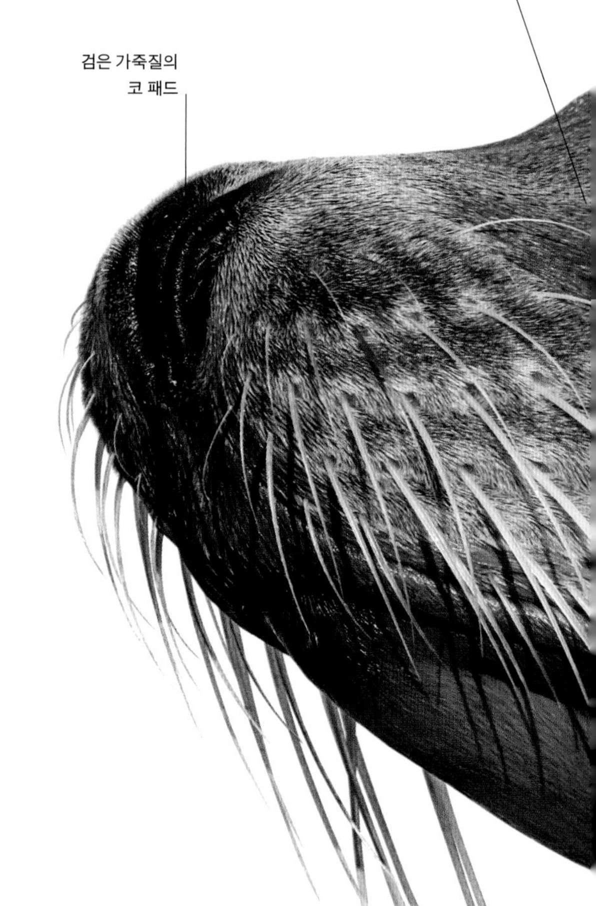

> 암컷 바다사자
캘리포니아바다사자는 성적 이형이다. 암컷은 수컷보다 작고 특히 목, 어깨 부위의 근육이 덜 발달했으며 털색이 밝다. 또한 암컷은 이마의 경사가 완만하게 내려오는데 수컷은 똑바로 서 있다.

몸길이 2~2.4미터
서식지 해안과 연안 바다
분포 태평양 동북부
먹이 주로 물고기

바다코끼리

바다코끼리는 바다코끼릿과의 유일한 종이다. 이 거대한 북극의 기각류는 크고 뚱뚱한 몸에 암수 모두 긴 엄니가 있고, 먹이를 감지하는 민감한 콧수염이 있다. 수천 마리의 바다코끼리들이 해변이나 부빙(浮氷) 위에서 큰 무리를 지어 모여 있는 경우가 종종 있다.

바다코끼리
Odobenus rosmarus
북극의 얕은 물가에 나타난다. 수컷은 암컷보다 2배나 크고, 수중에서 우렁찬 소리를 내서 유혹한다.

바다표범

물범으로도 불리는 물범과의 바다표범은 바다코끼리나 바다사자보다 수중 생활에 더 잘 적응했다. 귓바퀴가 없는 대신 머리 옆에 작은 구멍이 있다. 지느러미발은 땅 위에서는 소용없지만 물속에서는 속도와 민첩성을 제공한다. 주로 냉온대와 한대 수역에서 생활하는 바다표범은 물고기, 무척추동물을 먹는 반면, 얼룩무늬물범은 펭귄을 사냥한다.

로스해물범
Ommatophoca rossii
개체 수가 적고 빠르게 헤엄치는 물범으로 주로 남극의 유빙(遊氷) 아래에서 오징어를 사냥한다. 수컷이 암컷보다 작다.

웨들해물범
Leptonychotes weddellii
포유류 중 가장 남쪽에서 생활하는 종이며, 뛰어난 잠수부로 남극의 빙붕(氷棚) 아래 깊이 잠수할 수 있다. 암컷이 수컷보다 클 수도 있다.

얼룩무늬물범
Hydrurga leptonyx
무시무시한 포식자로 주로 남극 유빙의 가장자리에서 작은 물범, 물고기, 펭귄을 기습 공격하지만 크릴도 먹는다.

회색물범
Halichoerus grypus
북대서양에 서식하며 많은 수가 영국 주변에서 번식한다. 수컷은 암컷보다 3배 정도 무겁다.

턱수염물범
Erignathus barbatus
북극에서 사는 커다란 바다표범으로 바닥에 서식하는 물고기와 무척추동물을 먹으며, 길고 뻣뻣한 수염을 이용해 어느 정도 촉각으로 먹이의 위치를 찾는다.

하와이물범
Monachus schauinslandi
근연종인 지중해물범과 마찬가지로 심각한 멸종 위기에 처했으며, 보호받고 있는 몽크물범의 살아남은 2종 중 1종이다. 현재 1,000마리 미만이 남아 있다.

하프물범
Pagophilus groenlandicus
작은 물범으로 시끄러운 무리를 지으며, 어울리고 쉴 수 있는 북극 유빙을 따라 겨울에는 남쪽으로, 여름에는 북쪽으로 이동한다.

게잡이물범
Lobodon carcinophaga
민첩한 남극산 물범으로 주로 특별히 변형된 이빨을 이용해 물속에서 크릴을 걸러 먹는다.

두건물범
Cystophora cristata
단독 생활을 하는 북극산 물범으로 입 위로 늘어진 부풀릴 수 있는 독특한 코가 있다. 새끼는 5일 만에 독립할 수 있다.

남방코끼리물범
Mirounga leonina
남빙양에 서식하는 이 종의 거대한 수컷은 코가 코끼리 코처럼 생겼으며 몸무게가 3,000 킬로그램까지 나가는 지구에서 가장 큰 식육목 동물이다.

북방코끼리물범
Mirounga angustirostris
북태평양에 사는 커다란 물범이다. 수컷은 코가 코끼리 코를 닮았다. 근연종인 남방코끼리물범처럼 포획으로 멸종 위기까지 갔지만 회복되고 있다.

점박이물범
Phoca largha
주로 시베리아와 캐나다 유콘 주의 북쪽 연안의 부빙에서 관찰되는 작은 물범이다. 성체는 번식을 위해 안정된 부부 관계를 형성한다.

잔점박이물범
Phoca vitulina
항구물범으로도 알려진 조심스러운 종으로 온대 연안을 따라 널리 분포한다. 모래 해안이나 안전한 암초에서 쉰다.

반달무늬물범
Pusa hispida
주로 북극의 빙붕에 서식하는 자그마한 물범이다. 새끼는 포식 동물로부터 보호하기 위해 얼음 아래 은신처에서 낳는다.

바이칼물범
Pusa sibirica
민물에 서식하는 작은 물범으로 시베리아 바이칼 호수에서 관찰된다. 겨울에는 이빨과 발톱을 이용해 얼음 안에 공기구멍을 만들어 둔다.

카스피해물범
Pusa caspica
이 작은 종은 카스피 해에서 약 10만 년 동안 살았다. 특이하게도 수컷은 다른 수컷과 싸우지 않고 오직 1마리의 암컷만을 받아들이는 것으로 알려져 있다.

스컹크와 근연종

아메리카 대륙에 서식하는 고양이 크기 포유류의 작은 무리로 공격자에게 역겨운 냄새의 사향을 뿌리는 독특한 행동에서 이름을 따왔다. 스컹크과의 학명 또한 라틴 어로 '나쁜 냄새'를 뜻하는 단어에서 왔다.

20~32 cm

32~49 cm

팔라완오소리
Mydaus marchei
논란이 많은 아메리카산 스컹크의 근연종으로 오직 필리핀의 팔라완섬과 칼라미안에서만 관찰된다. 주로 무척추동물을 먹는다.

돼지코스컹크
Conepatus humboldtii
칠레 남부와 아르헨티나가 원산지인 이 작은 스컹크는 냄새로 땅속에 있는 먹이인 무척추동물을 찾아내 흙을 판다.

28~31 cm

흰등스컹크
Mephitis macroura
중앙아메리카에 널리 분포하는 스컹크로 다양한 서식지에 살며 과일, 알, 작은 동물 등을 먹는다.

동부얼룩스컹크
Spilogale putorius
미국 동부에 서식하는 대체로 작고 족제비처럼 생긴 스컹크로 다른 스컹크보다 더 민첩하며 나무를 매우 잘 탄다.

19~33 cm

하얀 줄무늬는 포식자에게 악취 분비를 경고한다.

불안해지면 꼬리와 등의 긴 털을 세운다.

17~40 cm

줄무늬스컹크
Mephitis mephitis
캐나다에서 멕시코까지 분포하는 야행성 스컹크로 잡식성이다. 동면하지는 않지만 겨울에 무기력한 상태에 들어가기도 한다.

아메리카너구리와 근연종

너구리곰과에 속하는 아메리카너구리, 킨카주, 올린고너구리는 신대륙의 영리한 식육목 동물이다. 대부분이 잡식성이고 주로 식물성 먹이, 특히 과일을 먹으며, 곤충, 달팽이, 작은 새, 포유류도 먹는다. 아메리카너구리는 이 무리 중에서 가장 크다.

코아티
Nasua nasua
암컷 주도의 느슨한 집단을 이루어 산다. 민첩하게 나무를 타며 주로 과일을 먹는데, 제철이 아닐 때는 동물성 먹이로 대체한다.

43~68 cm

43~58 cm

흰코코아티
Nasua narica
중앙아메리카에 서식하는 사회적인 동물로 잡식성이며 지상에서 먹이를 찾는다. 나무를 잘 타고 종종 나무에서 잔다.

거무스름한 고리 무늬가 있는 꼬리

붉은판다

나무에서 생활하는 초식 동물로 지금은 고유의 과인 아울루리다이과(Auluridae)에 속한다. 동물학자들이 과거에는 곰과 함께 분류했지만, 지금은 가장 가까운 분류군을 스컹크, 아메리카너구리, 족제비가 속한 무리로 둔다.

레서판다
Ailurus fulgens
아메리카너구리처럼 생긴 이 동물은 히말라야산맥의 온대림에서 서식한다. 대나무, 과일, 작은 동물, 새알을 먹는다.

51~78 cm

족제비와 근연종

족제빗과는 유라시아, 아프리카, 아메리카 대륙에 서식한다. 구불구불한 몸과 짧은 다리가 특징이지만 오소리와 울버린은 몸집이 좀 더 탄탄하다. 대부분 활동적인 포식자이며 헤엄을 잘 친다.

20~36 cm

유럽밍크
Mustela lutreola
반수중 생활을 하는 포식 동물로 한때 유럽 중부와 서부에 널리 분포했지만, 지금은 새로 유입된 아메리카밍크를 더 자주 볼 수 있다.

30~43 cm

아메리카밍크
Neovison vison
사납고 살금살금 움직이는 포식 동물로 뛰어난 수영 선수이기도 하다. 모피 농장주에 의해 전 세계로 도입되었다.

꼬리 끝은 눈에 잘 띄는 검은색이다.

30~40 cm

올링기토

Bassaricyon neblina

4종류의 올링고 중 한 종으로 겁이 많고 야행성이며 과일을 먹는다. 에콰도르와 콜롬비아의 안데스 운무림에 서식한다.

41~76 cm

킨카주

Potos flavus

중앙아메리카와 남아메리카의 나무에 서식하는 야행성 동물로 긴 혀로 열매를 따 먹거나 벌집에서 꿀을 채집한다.

물건을 쥘 수 있는 꼬리

희끗희끗한 긴 털

아메리카너구리

Procyon lotor

적응을 잘하는 기회주의자로 북아메리카에 걸쳐 나무나 관목이 우거진 지역을 선호하지만, 종종 인간이 버린 쓰레기 더미를 뒤지기 위해 도시에도 출몰한다.

검은 '마스크'가 작은 눈을 덮고 있다.

44~62 cm

30~37 cm

카코미슬고양이

Bassariscus astutus

중앙아메리카산의 민첩한 잡식성 동물로 밤에 과일이나 작은 동물성 먹이를 찾으며, 종종 영역을 표시하는 냄새를 남기기 위해 잠시 멈춘다.

20~46 cm

유럽긴털족제비

Mustela putorius

활기 넘치는 야행성 종으로 유럽 중부와 서부의 삼림 지대와 목초지에 서식한다. 가축화된 페럿의 원종이다.

20~26 cm

날씬하고 긴 목

11~26 cm

쇠족제비

Mustela nivalis

가장 작은 식육목이지만 사납고 매우 유능한 포식 동물로 쥐를 잡는 데 전문이다.

뾰족한 주둥이

19~34 cm

어민족제비

Mustela erminea

유연하고 맹렬하며 자그마한 포식 동물로 북반구 대부분에서 관찰된다. 가장 북쪽에 서식하는 개체군은 겨울에 흰색으로 바뀐다.

40~50 cm

검은발족제비

Mustela nigripes

20세기 말 야생에서 멸종된 이 날씬하고 땅을 잘 파는 족제비는 미국 중서부의 보호 지역에 재도입되었다.

긴꼬리족제비

Mustela frenata

아메리카 대륙에 널리 분포하는 종으로 생쥐와 들쥐를 사냥한다. 북쪽 개체는 겨울에 하얗게 바뀐다.

»

≫ 족제비와 근연종

돼지코오소리
Arctonyx collaris
동남아시아 원산의 이 오소리는 길쭉한 주둥이로 작은 먹이를 찾기 위해 숲 바닥을 파헤친다.

아메리카오소리
Taxidea taxus
이 통통하고 땅을 잘 파는 동물은 북아메리카 중부에 걸쳐 초원과 삼림 지대에 서식한다. 매우 다양한 식물과 동물을 먹는다.

오소리
Meles meles
다부진 체격의 오소리는 유럽과 아시아의 대부분에 걸쳐 나무가 우거진 지역에 서식한다. 공동으로 이용하는 대규모 굴에서 산다.

벌꿀오소리
Mellivora capensis
유난히 혈기 왕성한 동물로 서아시아, 남아시아, 아프리카에 서식한다. 꿀을 얻기 위해 벌집을 급습하며 흰개미, 전갈, 호저도 먹는다.

큰그리슨
Galictis vittata
오소리와 무늬가 비슷하고 적응력이 뛰어난 잡식성 족제비로 중앙 및 남아메리카 열대림과 초원에서 관찰된다.

울버린
Gulo gulo
이 커다란 족제빗과의 동물은 북아메리카, 유라시아에 널리 분포한다. 게걸스럽게 먹는 습성으로 '대식가'라는 별명이 붙었다.

검은산달
Martes zibellina
시베리아, 중국, 일본의 숲에 서식하는 사나운 포식 동물로 풍성하고 비단처럼 부드러운 모피 때문에 결국 인간에게 사냥당하고 있다.

피셔
Martes pennanti
북아메리카의 빽빽한 숲에 서식하는 이 커다란 담비는 물고기는 거의 먹지 않으며 호저와 맞붙을 수 있는 소수의 포식자 중 하나이다.

소나무산달
Martes martes
유럽 대부분의 숲에 서식하는 이 생기 있는 사냥꾼은 야행성이고 사람을 조심하기 때문에 거의 관찰되지 않는다.

흰가슴산달
Martes foina
유라시아에 널리 분포하며 작은 포유류, 새, 계절에 따라 과일을 찾기 위해 땅거미 질 때 바위틈이나 구멍에서 나온다.

줄무늬긴털족제비
Ictonyx striatus
아프리카산으로 줄무늬가 있는 긴털족제비이다. 밤에 다양한 먹이를 사냥하고 낮에는 속이 빈 통나무나 땅굴에서 쉰다.

아프리카줄무늬족제비
Poecilogale albinucha
아프리카 중부와 남부에서 관찰되는 종으로 스스로 판 구멍에서 산다. 밤에 자신보다 작은 동물, 특히 설치류를 사냥하기 위해 나오며 냄새로 추적한다.

큰수달
Pteronura brasiliensis
남아메리카산 포식 동물로 하루에 3킬로그램의 물고기를 먹는다. 약 1,000~5,000마리가 남은 멸종 위기 종이다.

민발톱수달
Aonyx capensis
사하라 사막 이남의 아프리카 대부분에 걸쳐 숲속의 물가나 습지에서 관찰되는 커다란 수달로, 주로 게, 개구리, 물고기를 먹는다.

작은발톱수달
Aonyx cinereus
지구에서 가장 작은 수달로 인도와 동남아시아의 습지에 서식한다. 서식지 감소와 오염으로 생존이 위협받고 있다.

수달
Lutra lutra
강뿐만 아니라 마시고 씻을 수 있는 민물로 접근할 수 있는 연안의 서식지에서도 생활한다.

북아메리카수달
Lontra canadensis
북아메리카에 널리 분포하는 종으로 초목이 무성한 강과 호숫가에 서식한다. 주로 물고기와 가재를 먹지만 작은 육상 동물도 사냥한다.

해달
Enhydra lutris
차가운 북태평양에서 물고기와 조개류를 사냥하며, 굉장히 빽빽한 모피 덕분에 따뜻함을 유지할 수 있다.

고양이

고양잇과는 가장 전문화된 육식 동물로 많은 종이 식물을 전혀 먹지 않는다. 전체적으로 고양이들은 유연함을 갖추고 있으며, 탄탄한 근육질의 몸은 달리기, 나무 오르기, 도약, 수영에 매우 적합하다. 작은 턱에는 찌르고(송곳니) 자르는 데(열육치) 적합한 날카로운 이빨이 있다. 또한 안으로 넣을 수 있는 발톱이 있다.

표범
Panthera pardus
대형 고양이 중 가장 적응력이 뛰어나며 아프리카와 아시아 남부에 걸쳐 널리 분포한다. 종종 다른 사냥꾼으로부터 피하기 위해 먹이를 나무 속에 숨긴다.

구름표범
Neofelis nebulosa
동남아시아의 숲에 서식하는 몸집이 큰 야행성 고양이로 구름무늬의 모피가 있다. 사냥과 서식지 감소로 수가 줄고 있다.

흑표범
Panthera pardus
흑색증으로 인한 검은색은 표범 중에서는 드물지 않다. 주로 동남아시아의 습한 밀림에서 관찰된다.

재규어
Panthera onca
아메리카 대륙에 서식하는 유일한 대형 고양이로 나무를 잘 타며 수영도 잘한다. 먹이는 사슴, 거북이, 물고기를 포함해 폭넓다.

호랑이
Panthera tigris
지구에서 가장 큰 고양이로 황소만 한 먹이도 때려잡을 수 있는 강력한 힘과 잠복 능력을 지녔다. 아시아에 3,900마리 미만이 남아 있다.

사자
Panthera leo
아프리카의 최상위 포식 동물로 가족 단위로 생활한다. 암컷은 얼룩말과 영양 같은 먹이를 쓰러뜨리기 위해 함께 사냥한다.

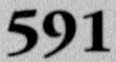

눈표범
Uncia uncia
중앙아시아의 외진 고산 지대가 원산지인 눈표범은 홀로 생활하며 야생 양, 염소, 사슴, 마못을 사냥한다.

스라소니
Lynx lynx
작은 사슴을 공격할 만큼 큰 스라소니이다. 한 번 사냥한 동물로 1주일 정도 먹을 수 있다.

이베리아스라소니
Lynx pardinus
현재는 포획 상태에서 번식하고 있는 스라소니는 전 세계에서 가장 심각하게 멸종 위기에 처한 종이다. 스페인에 400마리 미만의 야생 개체가 남아 있다.

카라칼
Caracal sp.
바위너구리와 작은 영양을 포함한 중형의 먹이를 잡는 야행성 사냥꾼으로 아프리카와 서남아시아의 건조한 관목지에 분포한다.

아메리카스라소니
Lynx rufus
적응력이 뛰어나며 몰래 접근해 먹이를 갑자기 덮치는 포식자이다. 북아메리카에 분포하며 주로 토끼를 사냥한다.

보르네오황금고양이
Catopuma badia
이 희귀한 고양이는 회색과 더 흔한 붉은색의 두 가지 색 형태가 있다. 보르네오 섬에서만 관찰되었다.

아시아황금살쾡이
Catopuma temminckii
황갈색에 종종 얼룩투성이의 커다란 고양이로 동남아시아의 숲으로 뒤덮인 지역에 서식한다. 부부가 협동해서 사냥하고 새끼를 키운다.

캐나다스라소니
Lynx canadensis
빽빽한 숲과 툰드라에 서식한다. 좋아하는 먹이인 눈신발멧토끼의 수에 따라 개체 수가 변동한다.

치타
Acinonyx jubatus
네발동물 중 가장 빨리 달리는 동물로 시속이 102킬로미터에 달한다. 빠른 속도로 아프리카 사바나에서 영양을 잡는다.

»

털로 덮인 귀는 먹잇감이나
위험 등 주변을 감지하기
위해 독립적으로 돌릴 수 있다.

호랑이

Panthera tigris

대형 고양이 중 가장 크고 가장 매력적인 동물로 초자연적인 우아함과 민첩함을 갖춘 강력한 포식자이다. 자연에서의 서식 범위는 인도네시아의 열대 정글부터 가장 큰 개체가 발견된 시베리아의 설원까지이다. 다 자란 수컷은 300킬로그램까지 나가지만 한 번에 10미터를 뛰어오를 수 있다. 성체는 새끼를 데리고 있는 암컷을 제외하고는 홀로 지낸다. 어미는 필수적인 생존 기술을 가르치면서 2년 이상 새끼들을 보살핀다.

몸길이 1.4~2.9미터
서식지 숲, 습지, 덤불숲, 사바나, 바위가 많은 지역
분포 인도에서 중국, 시베리아, 말레이 반도, 수마트라
먹이 주로 사슴과 멧돼지 같은 우제류. 좀 더 작은 포유류와 새도 사냥한다.

동그란 동공 >
동공이 세로로 길게 줄어드는 작은 고양이류와는 달리, 호랑이의 동공은 항상 동그랗다. 야간에 뛰어난 시력을 확보하기 위해 동공을 팽창시키고 밝은 빛이 있으면 작게 수축한다.

하얀 귀 반점 ∨
양쪽 귀 뒤에 있는 두드러진 흰 반점은 의사 전달을 돕는 것으로 생각된다. 어미를 따라다니는 새끼들은 위험 신호를 보내는 귀의 움직임을 알아차릴 것이다.

후각은 의외로 형편없지만 영역을 표시하기 위해 냄새를 사용한다.

긴 수염은 호랑이가 거의 완전한 어둠 속에서도 울창한 덤불 사이에서 방향을 감지할 수 있게 돕는다.

∧ 찌르고 자르기
4개의 긴 송곳니로 호랑이는 먹이를 물어 죽일 수 있다. 면도날 같은 어금니는 열육치로 불리며 손쉽게 고기를 자를 수 있다.

앞다리 >
호랑이는 다리가 길고 발이 커서 빨리 달리며, 먼 거리를 도약하고 황소처럼 큰 먹이를 치명적인 한 방의 후려치기로 쓰러뜨릴 수 있다.

며느리발톱

움츠린 발톱

미끄러지지 않는 발바닥(육구)

< 줄무늬 속 사냥꾼
강렬한 주황색 모피에 있는 진한 검은색 줄무늬는 호랑이가 햇살이 스며드는 초목 사이를 이동할 때 뛰어난 위장 효과를 발휘한다. 동물원에서 볼 수 있는 백호는 보통 포획 상태에서 번식되며 야생에서는 매우 드물다. 확실히 호랑이는 거의 멸종될 정도로 사냥되었으며, 전 세계적으로 야생에 3,900마리 미만이 남아 있다.

∧ 발바닥
호랑이 앞발의 발가락은 5개로 그중 4개는 무게를 지탱하고 다섯 번째는 며느리발톱이다. 사용하지 않을 때는 발톱을 완전히 발 안에 넣을 수 있다.

< 꼬리 끝
긴 꼬리는 보통 땅 바로 위에서 약간 굽은 채로 있다. 호랑이는 먹이를 쫓거나 나무를 오를 때 균형을 잡기 위해 꼬리를 이용한다.

» 고양이

샴고양이
Felis catus
이 우아하고 붙임성 있는 품종은 태국에서 기원했다. 새끼는 미색으로 태어나며 자랄수록 사지에 거무스름한 무늬가 생긴다.

얼룩무늬고양이
Felis catus
얼룩무늬는 품종이 아니라 많은 품종에서 나타나는 털 무늬이다. 원종인 야생 고양이에서 보이는 무늬와 비슷하다.

스핑크스고양이
Felis catus
복숭앗빛의 솜털을 제외하고는 털이 없는 스핑크스고양이는 캐나다에서 발생했다. 추위를 타기 때문에 대개 실내에서 키운다.

코니시렉스
Felis catus
코니시렉스의 털은 솜털로만 이루어져 있다. 모피의 곱슬곱슬함은 유전자 돌연변이 때문에 발생한다.

맹크스
Felis catus
꼬리가 짧은 고양이로 약 300년 전 맨 섬에서 자연적으로 나타났다. 그 후로 작은 섬 개체군에서 급격히 확산되었다.

유럽삵
Felis silvestris silvestris
찾기 어렵지만 맹렬한 포식 동물이다. 현재 핍박과 서식지 감소, 집고양이와의 이종 교배 때문에 수가 줄고 있다.

페르시안고양이
Felis catus
오랫동안 인정받았고 인기 있는 품종의 이 집고양이는 긴 털과 짧은 주둥이가 특징이다.

인도삵
Felis lybica ornata
아시아초원삵으로도 알려진 이 자그마한 고양이는 갈색 점무늬와 옅은 회갈색의 모피로 아프리카산 두 아종과 구별된다.

정글삵
Felis chaus
이집트에서 인도네시아까지 분포하는 몸집이 크고 비교적 흔한 삵으로 초원과 습지대를 선호한다.

모래고양이
Felis margarita
북아프리카, 아라비아, 카자흐스탄의 사막에서만 사는 고양이로 몸집이 작으며, 황무지쥐나 다른 야행성 설치류를 사냥한다.

검은발삵
Felis nigripes
기회주의적인 사냥꾼으로 핍박과 서식지 감소로 원산지인 아프리카 남부에서 위협받고 있다.

서발고양이
Leptailurus serval
아프리카 대부분의 초원에서 관찰되는 독특한 외모의 고양이로 작은 포유류를 사냥하는 날렵한 포식자이다.

마눌고양이
Otocolobus manul
다리가 짧은 고양이로 중앙아시아의 돌이 많은 사막에 서식한다. 모피는 우는토끼나 황무지쥐, 들쥐류를 쫓아다닐 때 유용한 위장이 된다.

마블고양이
Pardofelis marmorata
숲에 사는 희귀한 종으로 나무 위에서의 생활에 적응했다. 동남아시아산 마블고양이는 나무를 매우 잘 타며 주로 새를 사냥한다.

붉은점삵
Prionailurus rubiginosus
인도와 스리랑카에 서식하는 이 생기 넘치는 고양이는 주로 땅 위에서 먹이를 쫓지만 나무도 잘 탄다.

고기잡이고양이
Prionailurus viverrinus
남아시아와 동남아시아에 부분적으로 분포하는 커다란 고양이로 멸종 위기에 처했으며 물새와 육상 동물도 먹는다.

말레이시아삵
Prionailurus planiceps
동남아시아에 서식하며 특이하게 물을 좋아하는 고양이로 드물게 관찰된다. 주로 물고기와 갑각류를 먹는다. 머리를 담그거나 발로 더듬어 먹이를 찾는다.

» 고양이

퓨마
Puma concolor
쿠거, 산사자로도 알려진 퓨마는 캐나다에서 아르헨티나까지 넓은 범위의 바위가 많은 지형에 서식한다.

재규어런디
Herpailurus yagouaroundi
남아메리카에서 가장 크고 가장 널리 분포하는 고양이 중 하나로 낮에 다양한 서식지에서 작은 포유류를 사냥한다.

하이에나와 흙늑대

하이에나과는 청소동물인 하이에나 3종과 곤충만을 먹는 흙늑대로 구성된다. 하이에나는 짧은 뒷다리가 있는 다부지고 개처럼 생긴 몸과 뼈도 부술 수 있는 튼튼한 턱이 특징이다. 머리가 매우 좋고 가족 단위로 생활한다.

흙늑대
Proteles cristata
조심스럽고 턱이 약한 하이에나의 사촌으로 곤충만 먹는다. 아프리카 동부와 남부의 흰개미가 선호하는 건조한 초원에서 산다.

55~80cm

얼룩하이에나
Crocuta crocuta
이 유능한 청소동물은 능숙한 우제류 사냥꾼이기도 하다. 아프리카 사하라 사막 이남의 나무로 뒤덮이지 않은 지역에서 산다.

줄무늬하이에나
Hyaena hyaena
자그마한 줄무늬하이에나는 북아프리카에서 인도까지의 개활지에서 발견된다. 동물 사체와 작은 동물, 과일 등을 먹는 잡식성이다.

갈색하이에나
Hyaena brunnea
아프리카 남부에서 사는 사회성의 청소동물로 밤에 사냥하고 수분이 많은 과일로 먹이를 보완하면서 사막 환경에서 살아남는다.

안데스삵
Leopardus jacobita
외딴 고지대의 제한된 지역에서만 서식하는 희귀한 종으로 거의 관찰되지 않는다. 비스카차라고 하는 친칠라와 비슷한 설치류를 먹는다.

조프루아삵
Leopardus geoffroyi
작은 포유류, 물고기, 새 등을 잘 잡는 뛰어난 사냥꾼으로 볼리비아에서 아르헨티나 남부까지의 초원, 숲, 습지에 퍼져 있다.

42~79cm

콜로콜로
Leopardus colocolo
적응력이 매우 뛰어나며 주로 야행성인 콜로콜로는 남아메리카의 숲에서 초원, 습지대까지 다양한 서식지에서 관찰된다.

호랑고양이
Leopardus tigrinus
숲에 서식하는 이 점박이 고양이는 코스타리카에서 아르헨티나까지 널리 분포하며 설치류와 주머니쥐, 새를 사냥한다. 단독 생활을 하며 야행성이다.

마게이
Leopardus wiedii
희귀성과 밀림을 선호하는 습성 때문에 거의 관찰되지 않으며 멕시코에서 남아메리카 북부까지 분포한다.

오셀롯
Leopardus pardalis
중앙 및 남아메리카의 나무로 뒤덮인 지역에 서식한다. 밤에 사냥하며 설치류를 비롯해 다른 먹잇감을 지상과 물속에서 사냥한다.

마다가스카르식육과

마다가스카르 섬은 1억 년 동안 다른 대륙과 분리되어 있었고 이 지역 포유류들은 독립적으로 진화했다. 이 지역 식육목 동물들은 최근 고유의 마다가스카르식육과로 분리되었다. 고양이, 족제비, 몽구스 등이 포식 동물의 생태적 지위를 채우며 다양화되었다.

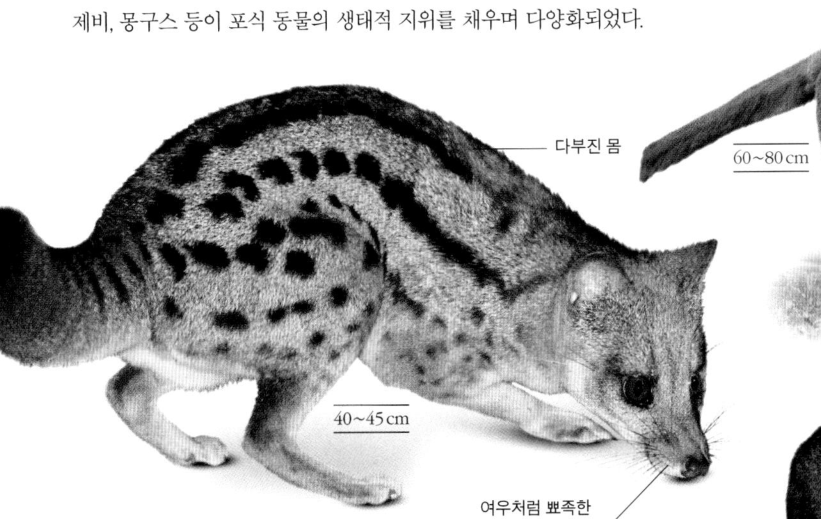

마다가스카르사향고양이
Fossa fossana
사향고양이처럼 생긴 작은 동물로 마다가스카르의 습윤림에 서식한다. 지상과 물속에서 무척추동물을 사냥한다.

60~80cm

포사
Cryptoprocta ferox
고양이 같은 포사는 마다가스카르에서 가장 큰 식육목 동물이다. 주로 여우원숭이를 사냥하지만 잡을 수 있는 거의 모든 소형 동물을 먹는다.

45~50cm

팔라노우스
Eupleres goudotii
숲속 땅 위에 서식하는 야행성 동물로 능숙하게 땅을 판다. 커다란 앞발로 무척추 동물을 파낸다.

줄무늬꼬리몽구스
Galidia elegans
몽구스에 대응하는 마다가스카르 동물로 숲속을 활발히 돌아다닌다. 기회주의적으로 대부분의 식물과 동물성 먹이를 먹는다.

∨ 해체 전문가

이 집요한 청소동물은 동물 사체를 몇 분 만에 흔적도 없이 해체할 수 있다. 큰 고깃덩어리는 다른 청소동물이 도착하기 전에 씹지 않고 통째로 삼킨다. 시간이 좀 더 있으면 남은 부분을 잘라서 근처에 숨겨 둔다. 영양과 같은 초식 동물의 경우 위의 녹색 내용물을 제외하고는 아무것도 남기지 않고 다 먹는다.

등에 난 긴 털로 된 갈기는 하이에나가 쉴 때는 납작하게 누워 있다.

짧은 뒷다리는 상체가 육중해 보이게 하고 살금살금 돌아다니는 인상을 준다.

몸길이 1~1.2미터
서식지 넓은 평야, 사바나 초원, 관목지에서 반사막까지
분포 아프리카 북부와 동부, 중동에서 인도 동부
먹이 주로 죽은 동물

줄무늬하이에나

Hyaena hyaena

숨어서 지내고 비겁한 청소동물로 오랫동안 비난받아 온 대부분의 하이에나가 실제로는 스스로 사냥할 수 있는 능숙한 사냥꾼이다. 줄무늬하이에나는 적어도 아프리카에서는 얼룩하이에나보다 겁이 많고 비사회적으로, 번식기를 제외하고는 홀로 생활한다. 이스라엘과 인도 같은 곳에서는 줄무늬하이에나도 좀 더 가족 단위로 생활하고, 1마리의 다 자란 암컷이 무리를 이끈다. 주로 죽은 동물로 배를 채우지만 먹이의 일부는 과일, 특히 멜론으로 충당한다. 과일은 귀중한 수분을 제공한다. 가축을 공격하고 농작물에 피해를 입힐까 두려워하는 농장주에게는 인기가 없지만 야생에 1만 마리도 채 남지 않은 탓에 보호의 필요성이 점점 더 커지고 있다.

근육질의 어깨와 몸으로 자기 몸무게만 한 사체를 옮기거나 끌 수 있다.

큰 귀는 모든 방향에서 나는 소리를 감지한다.

∨ **목**

목에 있는 까만 무늬는 아마도 동물의 위장에 기여할 것이다. 이 부분의 두꺼운 털은 싸울 때 심각한 부상을 방지할 수 있다.

∧ **입과 이빨**

하이에나의 튼튼한 턱은 대단히 강력한 근육으로 움직인다. 큰 어금니(어금니와 앞어금니)는 뼈를 쉽게 부술 수 있다.

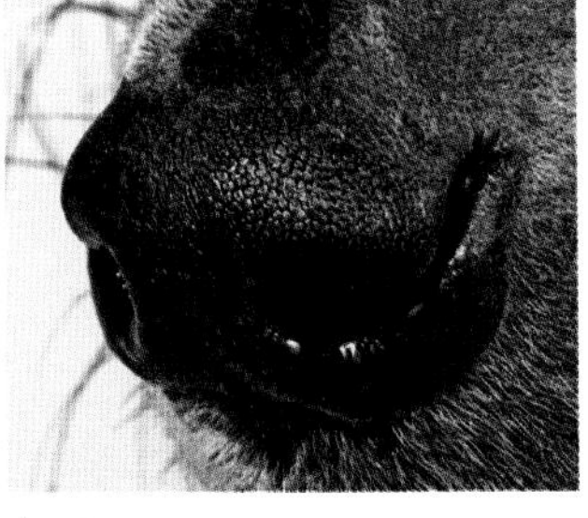

∧ **코**

냄새는 하이에나에게 가장 중요한 감각이다. 종종 일상적인 활동 중에 잠시 멈춰서 꼬리 아래에 있는 분비샘에서 나오는 냄새를 행동권 주변에 있는 바위나 돌출된 곳에 바른다.

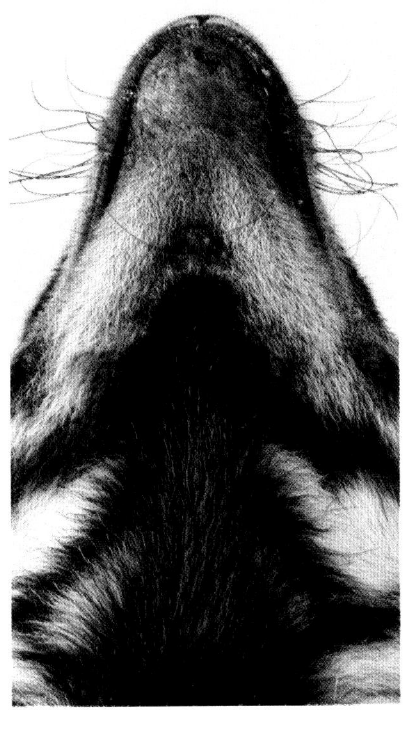

< **털**

다리와 옆구리에 난 검은 줄무늬는 먼지투성이의 서식지에서 위장을 하는 데 큰 도움이 된다.

< ∧ **다리와 발**

앞다리는 뒷다리보다 길고 각각 4개의 발가락이 있는 다부진 발로 끝난다. 발톱은 개의 발톱과 비슷해 짧고 무디며, 안에 넣을 수 없다.

몽구스

몽구스과는 작고 날씬하며 주로 땅에서 생활하는 동물이다. 아프리카와 유라시아의 난대와 열대 지역에 서식하며 복잡한 사회적 무리를 구성하기도 한다. 마다가스카르식육목과 함께 하이에나와 가장 가까운 종으로 여겨진다.

26~46 cm

쐐기 모양의 머리

날카롭고 안으로 들어가지 않는 발톱

노랑몽구스
Cynictis penicillata
아프리카 남부의 건조한 사바나에 서식하는 몽구스로 우세한 수컷이 이끄는 무리에서 생활하지만 먹이는 각자 구한다.

47~69 cm

흰꼬리몽구스
Ichneumia albicauda
아프리카와 아라비아 반도 남부 건조한 서식지에서 발견되는 커다란 몽구스로 곤충과 척추동물, 잘 익은 장과류도 먹는다.

32~34 cm

검은꼬리몽구스
Galerella sanguinea
아프리카에 널리 분포하는 종으로 주로 혼자 산다. 낮에 활동적이며 황혼 바로 직전에 제일 바쁘게 움직인다.

미어캣
Suricata suricatta
반사막에서 무리를 지어 산다. 모든 구성원이 새끼를 돌보고 땅굴을 보수하며 다른 개체가 먹이를 찾는 동안 교대로 보초를 선다.

뾰족한 코

24~29 cm

16~23 cm

남쪽난쟁이몽구스
Helogale parvula
작고 활동적인 종으로 아프리카 초원, 삼림, 잡목림에서 무리를 지어 먹이를 찾는다. 귀뚜라미 및 전갈과 같은 커다란 무척추동물을 먹는다.

30~37 cm

쿠시만스
Crossarchus obscurus
서아프리카의 나무에서 사는 동물로 떠도는 무리를 구성해 사냥한다. 훌륭한 반려동물로 알려져 있다.

30~40 cm

줄무늬몽구스
Mungos mungo
사하라 사막 이남의 삼림에서 무리로 관찰되며 굴에서 생활하고 종종 흰개미집을 판다. 수컷과 암컷은 짝짓기하기 위해 무리를 이끌고 이웃 무리의 행동권 깊숙이 들어간다.

56~61 cm

이집트몽구스
Herpestes ichneumon
희끗희끗한 회색 몽구스로 이집트를 포함해 스페인에서 남아프리카까지 풀로 덮인 넓은 서식지에서 나타난다.

끊긴 줄무늬가 있는 털

45~53 cm

회색몽구스
Urva edwardsii
숲과 대규모 농장에서 자주 나타나는 종으로 종종 쥐를 쉽게 잡을 수 있는 인간 거주지 가까이에서 사냥한다.

33~48 cm

갈색몽구스
Urva fusca
이 흔하지 않은 종은 남인도와 스리랑카의 정글에 나타난다. 다른 몽구스처럼 뱀을 죽일 수 있지만 좀 더 쉬운 먹잇감을 선호한다.

39~47 cm

긴꼬리몽구스
Urva smithii
잘 알려지지 않은 인도산 몽구스로 숲에서 살며 새, 파충류 외에 자신보다 작은 포유류를 사냥한다. 꼬리는 때때로 몸길이보다 길다.

날씬한 꼬리

나무오름사향고양이

비밀스럽고 야행성인 아프리카산 나무오름사향고양이는 나무오름사향고양잇과의 유일한 종으로 4450만 년 전에 사향고양이나 고양이와 같은 조상에서 분리된 것으로 여겨진다.

42~71 cm

나무오름사향고양이
Nandinia binotata
매우 흔하지만 겁이 많은 종으로 중앙아프리카의 나무 위에서 산다. 잡식성이나 주로 과일을 먹는다.

사향고양이, 제네트, 린상

대부분의 종이 털에 진한 무늬가 있는 사향고양이와 제네트(사향고양잇과)와 린상(아시아린상과)은 꼬리가 긴 고양이와 비슷하지만 육식을 전문으로 하지는 않는다. 겁이 많고 야행성인 동물들은 위협을 받으면 꼬리 기부 근처에 있는 분비샘에서 냄새가 역겨운 액체를 뿜어낸다.

61~97 cm

나무사향고양이
Arctictis binturong
물건을 잡을 수 있는 꼬리가 있는 이 동남아시아산 종은 과일과 작은 동물을 찾아 숲의 임관부를 질서 정연하게 이동한다.

67~84 cm

아프리카사향고양이
Civettictis civetta
몸집이 크고 땅에서 생활하는 기회주의적인 잡식 동물이다. 홀로 살며 강한 사향 냄새로 영역을 표시한다.

51~87 cm

흰코사향고양이
Paguma larvata
인도차이나 반도 원산으로 민첩하고 홀로 나무에서 생활한다. 과일, 곤충, 작은 척추동물을 먹는다.

42~71 cm

아시아사향고양이
Paradoxurus hermaphroditus
파키스탄부터 인도네시아까지 서식하며 과일을 좋아해서 야자와 바나나 농장에서는 유해 동물로 여겨진다.

늘어선 검은 반점

나무를 오를 때 균형을 잡아 주는 긴 꼬리

46~52 cm

유럽제네트
Genetta genetta
작은 포유류와 새를 사냥하는 포식 동물로 아프리카와 남유럽의 관목림과 숲에서 널리 분포한다.

49~68 cm

작은사향고양이
Viverricula indica
땅 위에서 사는 자그마한 사향고양이로 파키스탄부터 중국과 인도네시아까지의 숲, 초원, 대나무 숲에 서식한다.

43~58 cm

케이프제네트
Genetta tigrina
남아프리카 동부와 레소토에서 관찰된다. 주로 무척추동물을 먹지만 기러기처럼 큰 먹이와도 맞붙을 수 있다.

54~77 cm

꼬마인도사향고양이
Viverra tangalunga
말레이시아, 인도네시아, 필리핀의 열대림에서만 서식하는 야행성 동물로 주로 땅 위에서 먹잇감을 사냥한다.

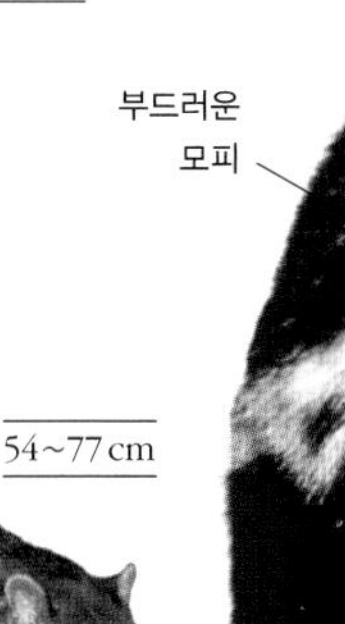

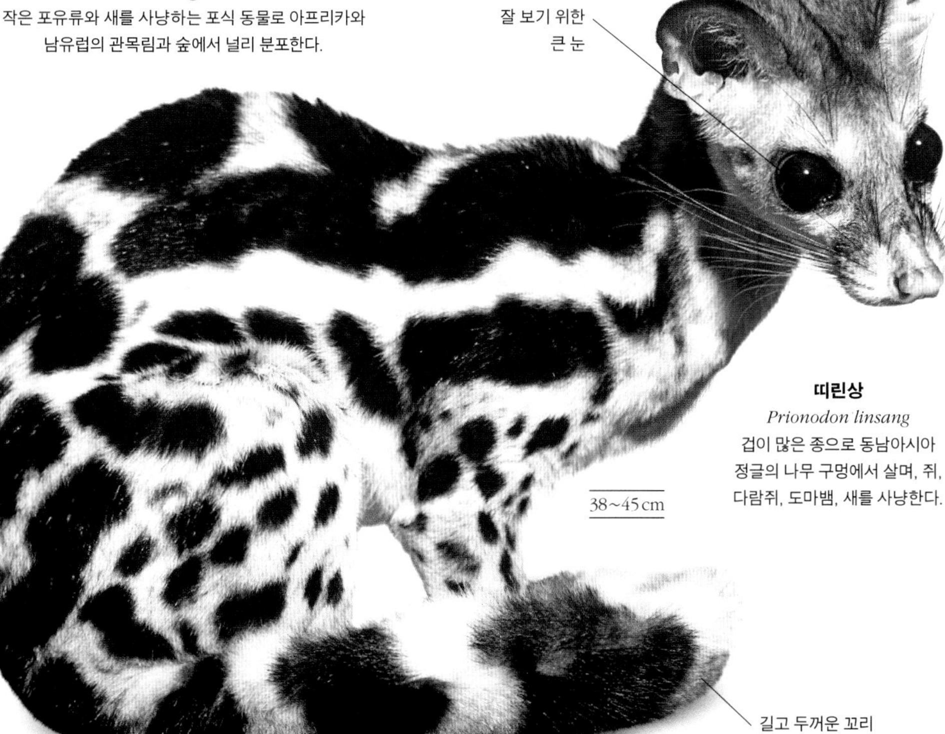

어둠 속에서도 잘 보기 위한 큰 눈

부드러운 모피

길고 두꺼운 꼬리

38~45 cm

띠린상
Prionodon linsang
겁이 많은 종으로 동남아시아 정글의 나무 구멍에서 살며, 쥐, 다람쥐, 도마뱀, 새를 사냥한다.

기제류

기제목의 모든 종이 초식성으로 식물을 뜯어 먹는다. 코뿔소와 말 등 기제목의 동물들은 서로서로 공통점이 거의 없는 것처럼 보이지만 더 이상 존재하지 않는 중간 형태들을 통해 연결되어 있다.

현대 기제류의 동물들은 우아한 말에서부터 돼지처럼 생긴 맥과 거대한 코뿔소까지 겉모습이 매우 다양하다. 소목의 동물과는 달리, 기제류는 대체로 위 구조가 단순하다. 하지만 맹장 안에 있는 세균의 도움을 받으며 주머니처럼 생긴 확장된 결장이 있어서 커다란 장과 식물의 질긴 섬유소를 소화시킬 수 있다.

선사 시대에 기제류는 가장 중요한 초식 포유류였으며, 종종 초원과 숲 생태계에서 우월한 초식 동물이 되었다. 우제류와의 경쟁과 같은 여러 가지 이유로 이 종들의 대부분은 현재 화석 자료를 통해서만 알려져 있다.

무게를 견디는 발가락

기제류는 자신의 무게를 주로 각 발의 세 번째 발가락에 싣는다. 말은 나머지 발가락이 없고 하나 남은 발가락은 잘 발달된 각질의 발굽으로 보호된다. 다른 2개의 과는 더 많은 발가락이 남아 있으며, 코뿔소의 경우 네 다리에 3개의 발가락이, 맥의 경우 뒷다리에 3개, 앞다리에 4개의 발가락이 있다.

마력

한때 남극과 오스트랄라시아를 제외한 전 세계에 분포했던 기제목의 현존하는 종은 주로 아프리카와 아시아가 원산지이다. 오직 맥의 일부 종만이 아메리카 대륙에서 발견되며, 말과의 동물도 이 지역에서 나타났지만 1만여 년 전인 홍적세 말에 멸종했다. 15세기 스페인 정복자들이 현대의 가축화된 말을 아메리카 대륙에 재도입했다.

말들은 오랜 가축화의 역사를 거치면서 특히 짐을 나르고 사람을 태우는 데 이용되었으며, 농업과 삼림 관리에 동력을 제공했다. 처음 길들여진 말과의 동물은 대략 5,000여 년 전 야생 당나귀였던 것으로 보이며 말은 4,000년 전에 길들여졌다. 말은 오늘날 전 세계에 250여 종의 품종이 존재하고 있다.

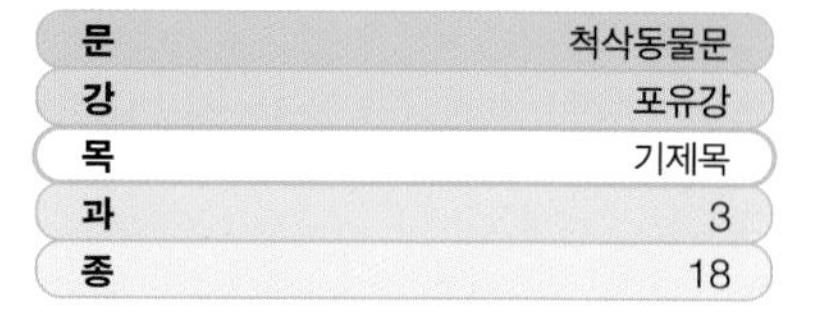

문	척삭동물문
강	포유강
목	기제목
과	3
종	18

검은코뿔소는 잎을 먹는 초식 동물로 물체를 붙들 수 있는 윗입술이 있어서 나뭇가지와 나뭇잎을 잡는 데 사용한다.

코뿔소

거대한 드럼통 모양의 몸과 1개 혹은 2개의 뿔이 있는 큰 머리로 코뿔솟과의 5종을 확실히 구별할 수 있다. 육중한 몸, 뿔, 보호용 피부는 코뿔소에게 천적이 거의 없음을 보장하지만, 주로 혼자 다니는 이 동물들은 사냥과 서식지 파괴로 멸종 위기에 처해 있다. 후장에서 음식을 발효시킬 수 있어서 잎이 무성한 먹이뿐만 아니라 목질 성분도 먹을 수 있다.

수마트라코뿔소
Dicerorbinus sumatrensis
동남아시아 숲에서 사는 매우 심각한 멸종 위기 종으로 코뿔소 중 가장 작다. 2개의 뿔 중 작은 뿔은 보통 조그만 토막에 불과하다.

검은코뿔소
Diceros bicornis
흰코뿔소보다 작지만 더 공격적이다. 심각한 멸종 위기에 처해 있으며 사하라 사막 이남의 아프리카에 서식한다. 물체를 쥘 수 있는 윗입술로 나뭇가지와 나뭇잎을 입속으로 끌어들인다.

맥(테이퍼)

우림에 서식하는 맥과의 동물은 동남아시아, 중앙아메리카, 남아메리카에서 관찰된다. 이 거대한 초식동물의 짧고 유연한 코는 머리 위에 있는 나뭇잎을 움켜쥐거나 물속에서 스노클 역할을 한다. 끝이 하얀 타원형의 귀와 짧은 꼬리가 있는 돌출된 엉덩이도 특징적이다. 어린 맥은 털에 줄무늬와 점무늬가 있다. 앞발에 있는 4개의 발가락과 뒷발의 3개의 벌어진 발굽으로 부드러운 땅 위를 걸을 수 있다.

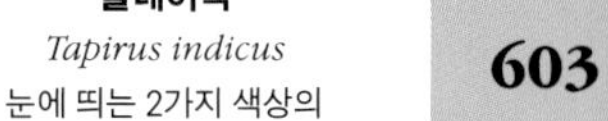

이중색은 몸을 숨겨 준다.

안장 모양의 흰 무늬

길고 신축성 있는 주둥이

1~1.3m

말레이맥
Tapirus indicus
눈에 띄는 2가지 색상의 맥으로 가장 큰 종이며 유일한 아시아산이다. 수컷과 암컷은 동남아시아 우림 내 영역 주위로 겹쳐지는 이동로를 만든다.

0.8~1.2m

아메리카맥
Tapirus terrestris
큰 덩치에도 불구하고 겁이 많고 지나치게 소극적이다. 정글의 덤불 사이를 쉽게 이동한다. 악어가 선호하는 먹잇감이다.

0.8~1.2m

베어드맥
Tapirus bairdii
남아메리카에서 가장 큰 육상 동물이다. 수영과 진흙 목욕을 할 수 있는 울창한 정글과 습지대의 물가 서식지를 선호한다.

80~90cm

산맥
Tapirus pinchaque
모든 맥 중 가장 작은 종으로 안데스 산맥 북부 산간 지대의 운무림에 서식한다. 털북숭이의 두꺼운 모피와 흰 윗입술이 있다.

어깨 앞쪽의 특징적인 혹

1.5~1.8m

가늘고 긴 머리

네모난 입

3개의 발가락

흰코뿔소
Ceratotherium simum
아프리카 사바나에서 관찰되는 사회적인 종으로 가장 무거운 코뿔소이다. 이름의 '흰(white)'은 풀을 뜯기 알맞은 이 동물의 네모난 입을 뜻하는 '넓은(wide)'이 변형된 것이다.

1.7~2m

인도코뿔소
Rhinoceros unicornis
인도와 네팔의 초원, 숲, 습지에 서식하는 뿔이 하나인 코뿔소로 단독 생활을 하며, 목 주변에 두꺼운 주름이 있다.

1.5~1.7m

자바코뿔소
Rhinoceros sondaicus
한때 동남아시아에 널리 분포했던 종으로 지금은 세계에서 가장 희귀한 동물 중 하나이다. 단독 생활을 하며 야행성으로 잎을 먹는 초식 동물이다. 작은 뿔은 길이가 20센티미터를 넘지 않는다.

»

흰코뿔소

Ceratotherium simum

아프리카 초원에 서식하는 이 거인 같은 동물은 두려움에 떨게 만드는 외모에 비해 온화한 성격의 채식주의자이다. 커다란 뿔은 어린 새끼를 보호하거나 자기 방어용으로만 사용된다. 다 자란 코뿔소는 보통 혼자 살지만 때때로 먹이 터를 공유하기 위해 임시적으로 무리를 짓기도 한다. 수컷은 세력권을 주장하고 톡 쏘는 냄새가 나는 소변이나 대변으로 영역을 표시한다. 수컷들은 암컷과의 짝짓기 권리를 두고 경쟁하지만, 대부분 한 차례의 과시 행동으로 약한 수컷이 패배를 인정한 뒤에 끝난다. 서식지 감소와 사냥으로 개체 수가 급격히 감소했다.

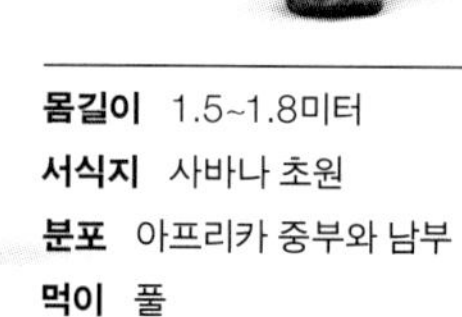

몸길이 1.5~1.8미터
서식지 사바나 초원
분포 아프리카 중부와 남부
먹이 풀

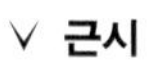

∨ 근시
코뿔소는 다소 근시안이다. 머리 양옆에 위치한 눈은 넓은 시야를 제공하지만, 바로 앞을 보기에는 제약이 있다.

∨ 털이 많은 귀
귀는 코뿔소의 몸 중 가장 털이 많은 부위이다. 뛰어난 청력을 제공하고 모든 방향에서 오는 소리를 감지하기 위해 돌릴 수 있다.

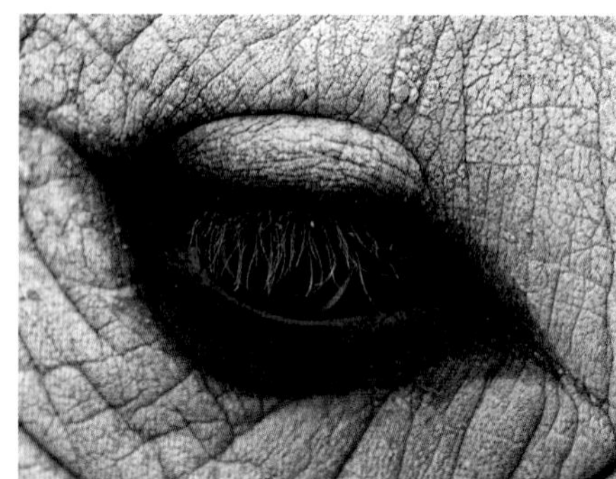

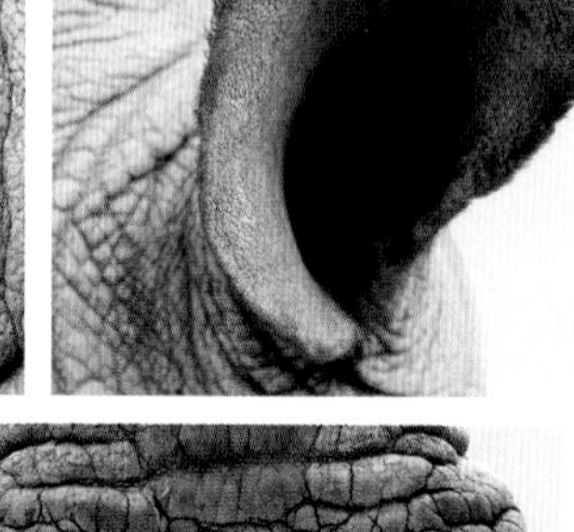

넓은 입 >
흰코뿔소는 오직 풀만 먹고 생존하는 동물 중에서 가장 몸집이 크다. 흰코뿔소의 넓고 곧은 입은 짧은 풀을 뜯어 먹기에 가장 효과적인 모양이다.

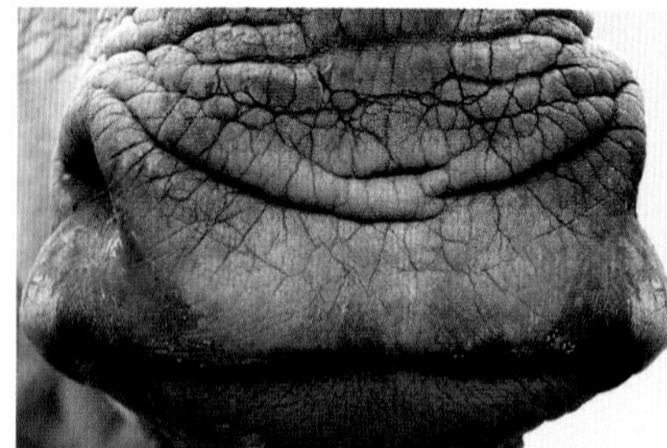

< 털로 된 뿔
코뿔소의 뿔은 케라틴 단백질로 구성된다. 털과 손톱에서 발견되는 성분과 같으며, 사실 코뿔소의 뿔은 굳게 결속된 털 뭉치에 지나지 않는다.

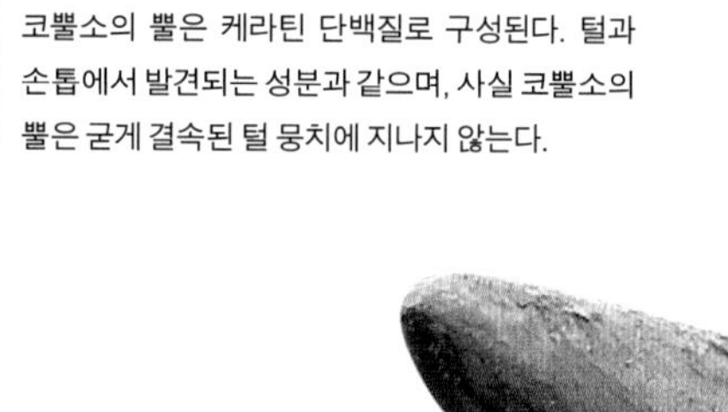

다 자란 흰코뿔소의 앞쪽 뿔은 1.5미터까지 자랄 수 있다.

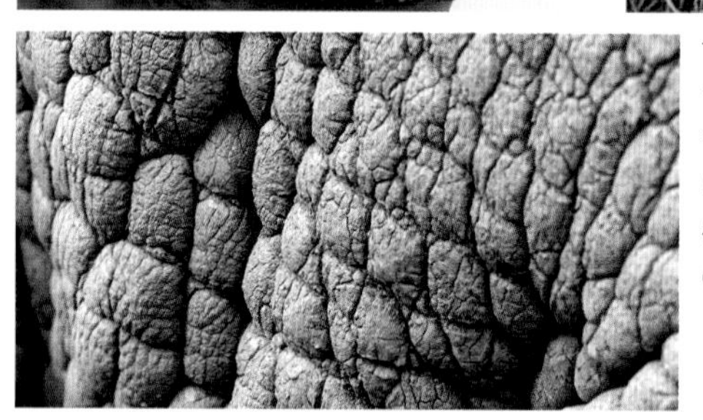

< 가죽
흰코뿔소라는 이름이지만 거칠고 주름진 피부는 흰색이 아닌 회색이다. 2센티미터 정도의 두꺼운 피부는 콜라겐 층으로 구성되어 십자 무늬로 배열되어 있다.

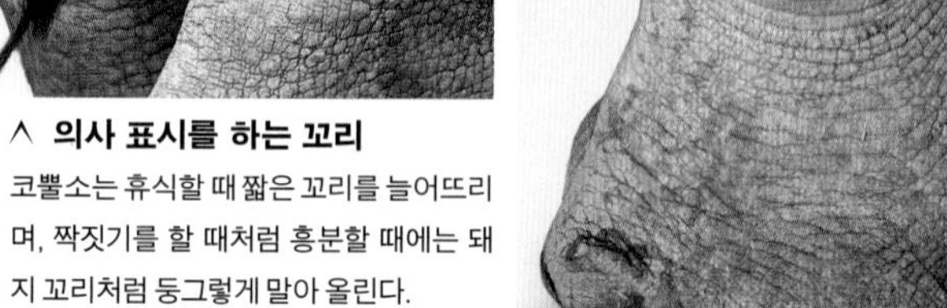

∧ 의사 표시를 하는 꼬리
코뿔소는 휴식할 때 짧은 꼬리를 늘어뜨리며, 짝짓기를 할 때처럼 흥분할 때에는 돼지 꼬리처럼 둥그렇게 말아 올린다.

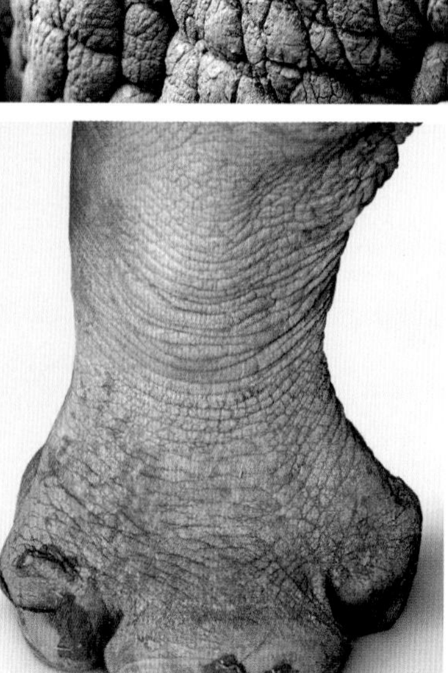

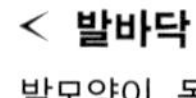

< 발바닥
발모양이 독특해서 코뿔소가 지나간 흔적을 찾는 것은 비교적 쉽다. 일부 능숙한 추적자는 발자국을 통해 각각의 개체를 구별할 수 있다.

< 3개의 발가락
코뿔소는 각각의 발에 발가락이 3개씩 있다. 가운데 발가락이 몸무게의 대부분을 지탱하며, 양옆의 좀 더 작은 발가락은 균형을 잡고 밀착력을 제공한다.

> 온화한 신사
흰코뿔소는 성질이 괴팍하다는 부당한 명성을 얻었다. 실제 흰코뿔소는 평화로우며 심지어 소심한 동물이다. 보통은 약이 오르거나 혼란스러울 때만 공격한다. 검은코뿔소가 훨씬 더 공격적이다.

커다란 콧구멍과 뛰어난 후각은
약한 시력을 대신한다.

말과 근연종

화석 기록은 말과가 거대한 과였음을 말해 주지만, 지금은 단지 9종의 말과 당나귀, 얼룩말이 남아 있다. 무리를 짓거나 일시적인 집단을 만들며, 초원이 펼쳐진 곳과 사막에 서식한다. 사방을 볼 수 있는 시야, 움직일 수 있는 예민한 귀가 있어 포식자의 접근을 알아챌 수 있다. 하나의 발굽이 있는 발가락이 있고 다리는 가늘며, 모피는 갈기와 꼬리의 긴 털을 제외하고는 짧다.

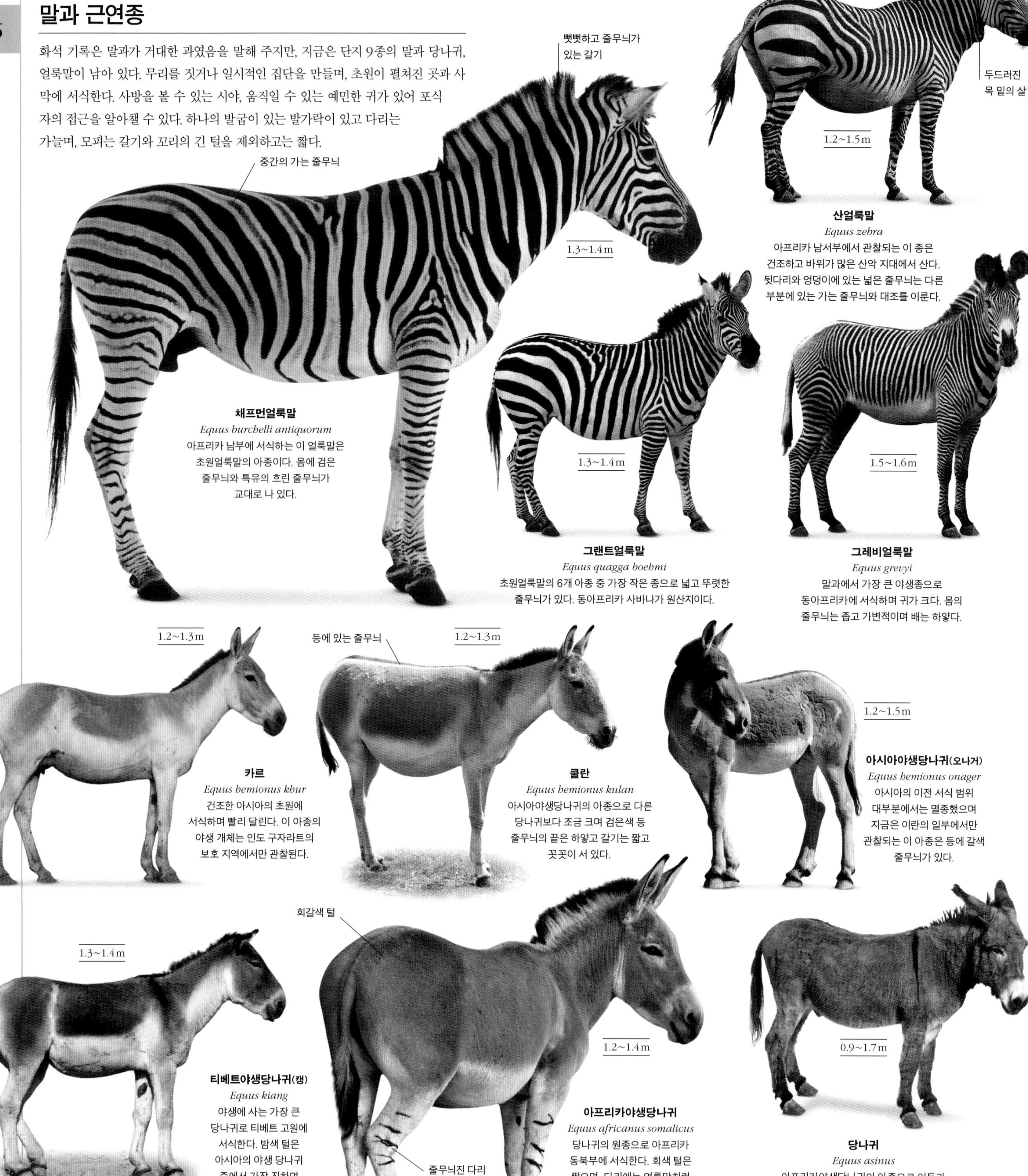

채프먼얼룩말
Equus burchelli antiquorum
아프리카 남부에 서식하는 이 얼룩말은 초원얼룩말의 아종이다. 몸에 검은 줄무늬와 특유의 흐린 줄무늬가 교대로 나 있다.

산얼룩말
Equus zebra
아프리카 남서부에서 관찰되는 이 종은 건조하고 바위가 많은 산악 지대에서 산다. 뒷다리와 엉덩이에 있는 넓은 줄무늬는 다른 부분에 있는 가는 줄무늬와 대조를 이룬다.

그랜트얼룩말
Equus quagga boehmi
초원얼룩말의 6개 아종 중 가장 작은 종으로 넓고 뚜렷한 줄무늬가 있다. 동아프리카 사바나가 원산지이다.

그레비얼룩말
Equus grevyi
말과에서 가장 큰 야생종으로 동아프리카에 서식하며 귀가 크다. 몸의 줄무늬는 좁고 가변적이며 배는 하얗다.

카르
Equus hemionus khur
건조한 아시아의 초원에 서식하며 빨리 달린다. 이 아종의 야생 개체는 인도 구자라트의 보호 지역에서만 관찰된다.

쿨란
Equus hemionus kulan
아시아야생당나귀의 아종으로 다른 당나귀보다 조금 크며 검은색 등 줄무늬의 끝은 하얗고 갈기는 짧고 꼿꼿이 서 있다.

아시아야생당나귀(오나거)
Equus hemionus onager
아시아의 이전 서식 범위 대부분에서는 멸종했으며 지금은 이란의 일부에서만 관찰되는 이 아종은 등에 갈색 줄무늬가 있다.

티베트야생당나귀(캉)
Equus kiang
야생에 사는 가장 큰 당나귀로 티베트 고원에 서식한다. 밤색 털은 아시아의 야생 당나귀 중에서 가장 진하며 겨울에는 털북숭이가 된다.

아프리카야생당나귀
Equus africanus somalicus
당나귀의 원종으로 아프리카 동북부에 서식한다. 회색 털은 짧으며, 다리에는 얼룩말처럼 줄무늬가 있다.

당나귀
Equus asinus
아프리카야생당나귀의 아종으로 이동과 운송을 위해 길들여져 전 세계에 분포한다.

몽골야생말
Equus przewalskii
마지막까지 남은 진정한 야생마로, 종종 다리에 희미한 줄무늬가 있다. 한때는 사육 상태에서만 남아 있었지만 지금은 몽골과 중국의 야생으로 재도입되었다.

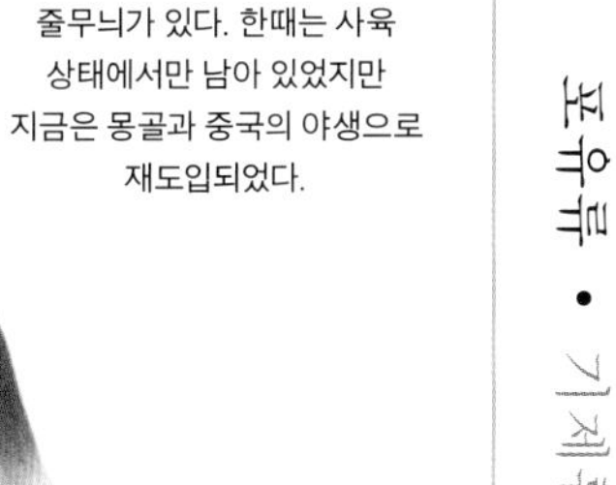

엑스무어조랑말
Equus caballus
이 귀하고 원시적이며 강인한 조랑말은 영국 엑스무어의 반야생 환경에서 살아간다. 항상 회갈색, 적갈색 또는 갈색을 띠며, 몸의 끝은 검다.

샤이어
Equus caballus
네덜란드 혈통을 영국에서 교배시킨 크고 강인한 품종으로, 여전히 농사나 삼림 작업을 위해 무거운 짐을 끄는 목적으로 이용된다.

1.7~1.9m

'움푹 들어간'
독특한 얼굴

아라비안
Equus caballus
날랜 사막의 말인 아라비안은 현대 경주마 개량에 큰 영향을 끼쳤다.

1.5m

핀토
Equus caballus
이 아메리카산 말은 밤색부터 검은색까지 짙은 색의 털에 가변적으로 하얀 부분이 있다.

1.5~1.6m

부드러운 갈기

1.25~1.8m

다양한 모피 색깔

1~1.3m

노새
Equus asinus × E. caballus
수탕나귀와 암말의 잡종
체격이 말과 같지만 부계 특징으로 당나귀의 머리 모양과 긴 귀가 있다. 일반적으로 불임인 이 잡종은 힘이 세서 짐을 끄는 데 사용된다.

버새
Equus caballus × E. asinus
수말과 암탕나귀의 잡종
버새는 당나귀와 같은 체격에 머리, 귀, 갈기는 말과 유사하다.

우제류

발굽 동물 2목 중 하나인 소목은 2개 혹은 4개의 발가락으로 선다. 사슴, 소, 하마, 기린을 포함해 소목의 대부분이 초식 동물이고, 이들은 여러 개의 공간으로 나누어진 발효용 위를 지니고 있다.

우제류는 각각의 발가락 끝에 발굽이 있기 때문에 종종 발굽이 갈라진 동물로 묘사된다. 발굽은 두꺼운 납작발톱으로 둘러싸인 단단하고 고무 같은 발바닥이며 발굽은 사용하면서 닳지만 계속 자란다. 낙타류만 발굽이 없이 두 발가락으로 걸으며 발굽은 작은 납작발톱으로 축소되었다.

되새김질

우제류의 다리는 길며 발은 발굽으로 보호받는데, 종종 초원과 나무로 덮인 서식지까지 광범위한 지역에서 먹이를 찾는다. 대부분의 과는 초본류를 뜯어 먹거나, 싹 또는 나뭇잎을 뜯는다. 소화 기관은 질긴 식물성 물질에 아주 잘 적응했다. 위에는 3개 또는 4개의 방이 있고 내부 영양소가 방출되게끔 식물 세포벽의 섬유소를 소화시키는 세균이 있다. 이와 함께 부분적으로 소화된 음식(새김질거리)은 다음 저작(음식물 등을 넣고 위아래 이빨을 맞부딪치며 씹는 것)을 위해 역류되는데, 이는 반추 과정으로 알려져 있다.

우제류는 또한 창자가 길고 억센 먹이를 갈아 부술 수 있는 매우 크고 넓은 어금니를 지니고 있다. 돼지와 페커리돼지는 조금 다르다. 되새김질하지 않고 좀 더 일반적인 이빨이 있으며 더 잡식성 먹이를 먹는다. 때때로 송곳니는 방어, 싸움, 먹이를 파헤치는 엄니로 더 커졌다.

가축화

오스트랄라시아까지 유입된 소목의 동물들은 남극 대륙을 제외한 모든 대륙에서 발견된다. 크기와 형태가 매우 다양해서 어깨높이가 20센티미터인 애기사슴부터 거의 4미터에 이르는 기린까지 있다.

많은 종이 사람의 식량을 위해 야생에서 사냥되지만, 다른 종들은 가축화되었고 경제적으로 중요하다. 소, 라마, 양, 돼지는 고기와 가죽, 털, 유제품, 운송용으로 이용된다. 가축화로 인해 특별한 용도에 맞춰 독특한 모습을 갖춘 품종이 나타나게 되었다.

문	척삭동물문
강	포유강
목	소목
과	10
종	384

논쟁

한 종 또는 다수의 종?

지난 10년간, 100종이 넘는 새로운 솟과 종이 기술되었는데, 사물을 분류하는 과학자인 분류학자가 특정 솟과의 종류(아종)를 고유한 종으로 분류했기 때문이다. 유전자 증거는 이런 구분을 입증(때로는 반박)하기 위해 사용된다. 기린의 경우 과거 여러 아종이 있는 단일 종으로 구분되었다. 최근 DNA 증거는 기린이 마사이기린(*G. tippelskirchi*), 그물무늬기린(*G. reticulata*), 북부기린(*G. camelopardalis* 3아종), 남부기린(*G. giraffa* 2아종) 4종으로 분류된다는 사실을 뒷받침한다.

페커리돼지

페커리돼짓과는 작은 눈, 연골로 된 끝이 원반 모양인 주둥이처럼 돼지와 공유하는 특징이 많다. 하지만 좀 더 복잡하고 여러 방으로 나누어진 위가 있으며 짧은 엄니는 곧다.

차코페커리돼지
Catagonus wagneri
남아메리카 중부 차코 지역에서 관찰된 커다란 페커리돼지로 처음에는 화석으로만 알려졌으나 1975년에 살아 있는 종이 발견되었다.

흰입페커리돼지
Tayassu pecari
중앙 및 남아메리카에서 커다란 무리를 지어 서식하는 이 종은 무리지어 포식자에 맞서지만 필요하다면 빠르게 도망친다.

목도리페커리돼지
Pecari tajacu
아메리카 대륙의 열대와 아열대 지역에 널리 분포하는 주행성 돼지로 자연 상태에서는 매우 사회성이 높다. 농작물을 자주 급습하기 때문에 농업 지역에서는 해가 되는 것으로 여겨진다.

돼지

구대륙에 서식하는 돼짓과는 소목 중에서 독특하게도 발가락이 4개이다. 가운데 2개의 발가락으로만 걷는다. 근연종 대부분이 방으로 나뉜 위가 있는 것과 달리 돼짓과의 위는 단순하다. 주로 잡식성이며 먹이를 찾기 위해 주둥이와 엄니로 땅을 판다. 꺼칠한 모피에 짧은 꼬리 끝에는 긴 술이 있다.

65~80cm

55~85cm

몰루카바비루사
Babyrousa babyrussa
수컷은 독특한 엄니가 있다. 윗송곳니는 위로 자라 코를 뚫으며 뒤쪽으로 휘어진다. 인도네시아 일부 섬이 원산지이다.

75~110cm

큰숲돼지
Hylochoerus meinertzhageni
아프리카산의 크고 야행성인 돼지로 검은색과 연한 적갈색의 털로 두껍게 덮여 있다.

텁수룩한 갈기

흑멧돼지
Phacochoerus africanus
무사마귀투성이의 얼굴과 2쌍의 엄니가 있다. 풀을 뜯을 때는 종종 앞무릎을 꿇으며 달릴 때는 꼬리를 세운다.

60~85cm

덤불돼지
Potamochoerus larvatus
아프리카의 숲과 갈대밭에서 관찰되는 돼지로 털은 갈색이며, 경계할 때 꼿꼿이 서는 갈기는 색이 옅다.

둥그런 등

55~80cm

강멧돼지
Potamochoerus porcus
아프리카 중부에 서식하는 화려한 색깔의 돼지로, 주둥이에 1쌍의 혹이 있고 얼굴에 독특한 무늬가 있다.

20~25cm

난쟁이멧돼지
Porcula salvania
한때 인도와 네팔에 퍼져 있었던 종으로 몸집이 작고 주둥이가 급격히 가늘어지는 흑갈색 돼지이다. 현재 심각한 멸종 위기에 처해 있다.

90cm

필리핀혹멧돼지
Sus cebifrons
얼굴에 있는 3쌍의 무사마귀는 싸울 때 다른 수컷의 엄니로부터 보호해 준다.

90cm

수염멧돼지
Sus barbatus
동남아시아의 숲에서 관찰되는 이 돼지는 종종 큰 무리를 지어 이동한다. 희끄무레한 '수염'과 꼬리에는 독특한 술이 있다.

긴 털의 좁은 갈기

55~110cm

긴 주둥이는 커다란 원반 형태의 연골에서 끝난다.

멧돼지
Sus scrofa
유라시아에 널리 분포하는 뻣뻣한 털로 뒤덮인 야생 돼지로 가축화된 돼지의 원종이다. 새끼 돼지는 빽빽한 잡목림에서 좋은 위장이 되는 줄무늬가 몸에 있다.

60~80cm

피트래인돼지
Sus scrofa domesticus
고급 살코기를 생산하는 벨기에산 품종으로 몸에 거무스름한 점이 밝은 얼룩 안에 위치한다.

70~80cm

미들화이트돼지
Sus scrofa domesticus
고기를 얻기 위해 영국에서 길러지는 이 돼지는 얼룩무늬가 없는 품종으로 둥그스름한 몸통과 위로 향한 짧은 코가 특징이다.

사향노루

사향노룻과는 아시아 산간 지대의 숲에서 발견되며 야행성에다 단독 생활을 한다. 수컷 성체에는 사향(麝香)샘이 있다. 큰 윗송곳니와 거친 지형을 오르는 데 도움이 되는 긴 뒷다리가 있다.

갈색 털

싸울 때 사용하는 엄니처럼 긴 송곳니

50~60 cm

산사향노루
Moschus chrysogaster
중국 동남부에서 인도 북부에 이르는 고지대 삼림에 서식하며, 사향노루 중 큰 편으로 토끼처럼 긴 귀가 있다. 수컷의 사낭은 사향을 생산하며, 이 사향으로 영역을 표시한다.

애기사슴

아프리카와 아시아 열대 우림에서 관찰되는 애기사슴과의 동물은 몸집이 작은 사슴류와 다소 비슷하지만 뿔이 없다. 수컷은 아래턱뼈 양옆으로 돌출된 윗송곳니가 있다. 애기사슴은 다리가 짧은 편이며 각 발에 돼지처럼 발가락이 4개씩 있다. 위는 나누어져 있어서 질긴 식물성 먹이를 발효시키고 소화시킬 수 있다.

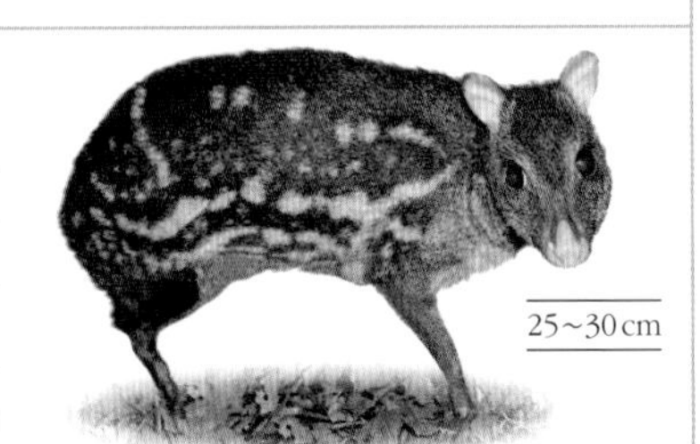

25~30 cm

흰점박이애기사슴
Moschiola meminna
인도와 스리랑카에 서식하는 비밀스럽고 야행성인 이 자그마한 애기사슴은 몸에 반점과 흰 줄무늬가 있다.

독특한 무늬

30~36 cm

물애기사슴
Hyemoschus aquaticus
크고 진한 줄무늬와 반점이 있는 물애기사슴은 아프리카 서부와 중부의 숲에 서식하며, 수영과 잠수를 잘한다.

30~35 cm

큰인도말레이애기사슴
Tragulus napu
매우 작은 크기이지만 아시아에 서식하는 애기사슴 중에서는 제일 크다. 뾰족한 머리에는 검은 줄무늬가 커다란 눈에서 검은 코까지 이어진다.

20~35 cm

자바애기사슴
Tragulus javanicus
지구에서 가장 작은 발굽 동물이다. 동남아시아에 서식하는 다른 애기사슴류와의 관계는 거의 알려진 것이 없다.

사슴

거의 전 세계에 분포하는 사슴과는 아프리카에서는 수가 적으며, 오스트레일리아에는 새로 유입되었다. 숲이나 개방된 서식지에서 주로 살아가지만 많은 종이 중간의 점이 지대(漸移地帶)를 선호한다. 모든 수사슴이 매년 가지뿔을 떨어뜨리며, 이 뿔은 다시 자란다. 암컷들은 1종을 제외하면 뿔이 없거나 오직 짧은 부분만 있다.

1.1~1.6 m

95~110 cm

루사사슴
Rusa timorensis
인도네시아 숲에 서식하는 루사사슴은 오스트레일리아의 건조한 숲 지대로 유입되었고 번창하고 있다. 몸에 비해 귀와 뿔이 크다.

물사슴
Rusa unicolor
두드러진 갈기가 있는 몸집이 크고 짙은 갈색의 물사슴은 남아시아부터 히말라야 산맥의 언덕부까지 도처의 삼림 지대에서 잎을 뜯어 먹는다.

65~75 cm

비자야얼룩사슴
Rusa alfredi
필리핀 고유종인 이 야행성 사슴은 다리가 짧고 독특한 웅크린 자세를 취하며, 색이 옅은 반점이 빽빽하게 나 있다.

짧은 꼬리

45~50 cm

대만문착
Muntiacus reevesi
아시아 동부가 원산지인 대만문착은 서유럽으로 유입되었다. 작은 크기이지만 풀과 잎을 뜯어서 삼림에 피해를 준다.

50~70 cm

가늘고 긴 다리

붉은문착
Muntiacus muntjak
남아시아산 사슴으로 가지가 하나뿐인 짧은 뿔과 큰 윗송곳니로 포식자로부터 자신을 보호하고, 경쟁자로부터 영역을 지킨다.

사불상
Elaphurus davidianus
포획된 개체군으로만 알려졌던 이 종은 중국이 원산지인 것으로 추정되며 1865년 프랑스 선교사에 의해 처음 소개된 후 중국에 다시 도입되었다.

악시스사슴
Axis axis
오스트레일리아와 북아메리카로 도입된 이 사슴은 호랑이가 가장 좋아하는 먹잇감으로 뿔은 수금(竪琴) 모양이다.

돼지사슴
Axis porcinus
아시아의 숲에서 관찰되는 이 사슴은 머리를 숙인 채 달리는 돼지와 비슷한 습성에서 이름을 따왔다.

다마사슴
Dama dama
고기를 얻기 위해 종종 가축화되는 이 종은 점박이 털과 납작한 손바닥 모양의 뿔로 구별한다.

앞머리카락사슴
Elaphodus cephalophus
아시아 산악 지대의 숲에 서식하는 작은 사슴이다. 수컷은 뿔이 작고 엄니는 짧으며 이마에 검은 털 다발이 있다.

바라싱가
Rucervus duvaucelii
인도 습지에 서식하는 이 사슴은 스포츠용으로 미국에 도입되었다. 많이 갈라진 수컷의 뿔은 높이 평가받는다.

붉은사슴
Cervus elaphus elaphus
유럽, 터키, 북아프리카에 서식하는 이 사슴은 서식지에 따라 몸 크기, 뿔의 크기, 갈기의 정도가 다양하다.

와피티
Cervus canadensis
북아메리카와 아시아에서 서식하는 이 종은 겉모습이 붉은사슴과 비슷하지만, 유전학 분석에 따라 고유의 종이 되었다.

대륙사슴(꽃사슴)
Cervus nippon
단단하고 꼿꼿한 뿔로 구별되는 이 사슴은 붉은사슴과도 교배하며 특히 원산지인 동아시아 밖으로 도입될 때 그렇다.

노새사슴
Odocoileus hemionus
꼬리 끝이 검고 2갈래로 갈라진 뿔이 있어서 서식 범위가 겹치는 북아메리카 서부에서 흰꼬리사슴과 구별할 수 있다.

흰꼬리사슴
Odocoileus virginianus
캐나다에서 페루까지 관찰되며 유럽과 뉴질랜드로 도입되었다. 놀라면 꼬리의 흰 아랫면으로 신호를 보낸다.

»

» 사슴

유럽노루
Capreolus capreolus
유럽 관목림과 숲에 서식하는 작은 사슴으로 털은 여름에는 적갈색이며, 겨울에는 좀 더 어두워져서 때때로 거의 검은색이 된다.

순록
Rangifer tarandus
이 사슴의 발바닥은 겨울에 줄어든다. 노출된 발굽 가장자리는 얼음 위를 걸을 때 마찰력을 준다.

늪사슴
Blastocerus dichotomus
습지 서식지에 적응한 늪사슴은 남아메리카 사슴 중 가장 크다. 헤엄을 잘 치고 발가락 사이에 막이 있어 부드러운 흙 위에서도 걸을 수 있다.

말코손바닥사슴
Alces americanus
지구에서 가장 큰 사슴으로 북아메리카의 숲에 서식한다. 수컷의 손바닥 모양 뿔의 지름은 2미터에 달하며 최대 20개의 가지뿔로 갈라진다.

회색마자마사슴
Mazama gouazoubira
중앙 및 남아메리카 관목지에서 홀로 생활하는 사슴으로 주로 과일을 먹으며, 건기에는 선인장류를 먹는다.

붉은마자마사슴
Mazama americana
남아메리카의 정글에 서식하는 이 작고 홀로 생활하는 사슴은 나뭇잎보다 과일을 선호한다. 수컷은 뿔이 짧고 갈라지지 않았다.

남방푸두
Pudu puda
지구에서 가장 작은 사슴 중 하나로 아르헨티나와 칠레의 온대 강우림에 서식한다.

팜파스사슴
Ozotoceros bezoarticus
남아메리카 초지와 습지에 서식하는 날씬한 사슴으로 나뭇가지의 잎을 뜯기 위해 두 다리로 선다.

고라니
Hydropotes inermis
사슴 중에서는 독특하게 암수 모두 뿔이 없다. 긴 윗송곳니는 엄니로 돌출되어 수컷의 경우 8센티미터나 된다.

영양붙이

북아메리카의 화석 자료에 널리 나타난 대로 영양붙잇과에는 뿔이 기이한 형태거나 여럿 있었던 종들이 포함되었다. 오직 영양붙이만 오늘날까지 생존해 있다. 몸의 형태와 갈라진 발굽을 비롯해 영양붙이는 영양(솟과)과 비슷하지만, 영양과는 달리 측면의 발가락이 없으며 번식기가 끝나면 뿔이 떨어진다.

영양붙이
Antilocapra americana
신대륙에서 가장 빠른 동물인 영양붙이는 넓은 초원에서 커다란 무리를 이루며 구대륙에 서식하는 영양과 생태적 대응 관계에 놓여 있다.

소

거대하고 다양한 과인 솟과는 남극 대륙을 제외한 모든 대륙에서 발견된다. 수컷(일부 종에서는 암컷)은 갈라지지 않은 영구적인 뿔이 있는데 종종 뒤틀리거나 홈이 새겨져 있으며, 복잡한 4개의 방이 있는 되새김위가 있다.

1.2~1.4m

닐가이영양
Boselaphus tragocamelus
어깨에서 비스듬히 내려가는 탄탄한 몸을 가진 아시아에서 가장 큰 영양으로, 수컷은 청회색이며 암컷은 황갈색이다.

일런드영양
Taurotragus oryx
나선형의 뿔이 있는 일런드영양은 가장 큰 영양으로 에티오피아에서 남아프리카까지 넓은 초원에 서식한다. 수컷은 때때로 측면에 흰 줄무늬가 있다.

1.3~1.8m

두드러지는 처진 살

느슨하게 휜 나선형 뿔

큰 귀

가슴의 흰색 무늬

흰 줄무늬가 있는 밤색 털

1.2~1.3m

봉고
Tragelaphus eurycerus
서식지인 아프리카 중부와 서부의 밀림에서 위장술이 뛰어난 동물로, 암컷 봉고는 수컷보다 보통 색이 더 밝다. 암수 모두 나선형 뿔이 있다.

55~66cm

네뿔영양
Tetracerus quadricornis
아시아의 숲에서 홀로 사는 종으로 보통 2쌍의 뿔이 있다. 1쌍은 귀 사이에, 나머지는 이마에 있다.

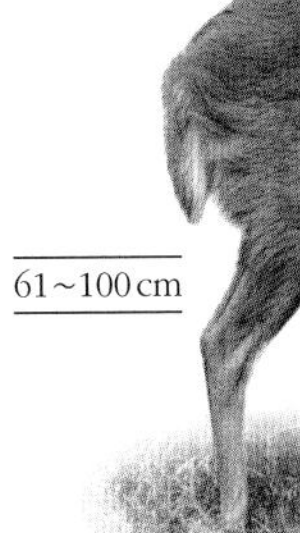

82~121cm

니얄라영양
Tragelaphus angasii
아프리카 남부의 숲에 서식하는 영양으로 뿔은 나선형이며 털은 짙은 갈색으로 측면에 세로로 된 흰 줄무늬가 있다.

61~100cm

부시벅영양
Tragelaphus sylvaticus
사하라 사막 이남 아프리카의 숲에서 널리 분포한다. 다양한 줄무늬와 점이 있는데, 특히 얼굴, 귀, 꼬리에 많다.

0.9~1.3m

시타퉁가영양
Tragelaphus selousi
중앙아프리카의 습지대에 서식하는 이 영양은 헤엄을 매우 잘 쳐서 포식 동물이 공격하면 종종 물로 뛰어들어 피한다.

작은쿠두
Ammelaphus australis
아프리카 동북부의 건조한 관목지에 서식하는 야행성 영양으로 암수 모두 모피 위에 7~14개의 흰 수직 줄무늬가 있다.

1.2~1.6m

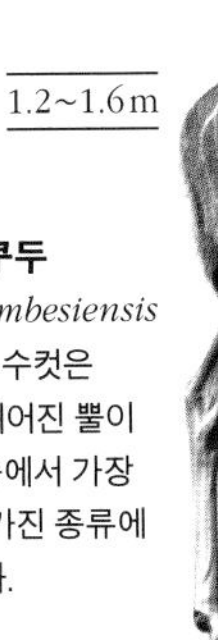

잠베지쿠두
Strepsiceros zambesiensis
완전히 자란 수컷은 두 번 반 정도 휘어진 뿔이 있는데, 영양 중에서 가장 아름다운 뿔을 가진 종류에 속한다.

1~1.1m

»

아프리카물소
Syncerus caffer
예측할 수 없고 위험한 이 물소는 길들여지지 않는다. 초원에서 사는 형태는 숲에서 사는 좀 더 작은 형태보다 뿔이 많이 굽었다.

1.5~1.8m

물소
Bubalus bubalis
대부분 힘과 우유 때문에 가축화되었으며, 일부 야생 물소(*B. arnee*)는 남아시아에 남아 있다. 몸 색깔과 뿔은 변동이 크다.

1.5~1.9m

아노아
Bubalus depressicornis
모든 야생 소 중 가장 작으며 술라웨시 섬의 우림이 원산지이다. 뿔은 다른 물소와 비교해서 곧고 똑바르다.

60~100cm

어깨 위의 독특한 혹

약간 굽은 짧은 뿔

엉덩이의 짧은 털

큰 머리

털수룩한 암갈색 털

아메리카들소
Bison bison
한때 거대한 무리를 이루어 북아메리카를 배회했던 종이다. 남아 있는 소수의 야생 들소는 고기와 가죽을 얻기 위해 포획되어 길러진 개체군으로 인해 줄어들었다.

1.5~2m

유럽들소
Bison bonasus
아메리카들소보다 털은 짧고 뿔은 더 긴 이 종은 지금은 동유럽과 러시아의 1차림에서만 제한적으로 분포한다.

1.5~2m

반텡
Bos javanicus
동남아시아가 원산지이며 지역에서는 짐을 끄는 동물로 길들여졌다. 종아리와 주둥이, 엉덩이, 안점(eye spot)은 희며 몸은 갈색이다.

1.6m

야크
Bos mutus
중앙아시아의 산악 지대에 서식하며 길고 덥수룩한 털로 몸을 따뜻하게 한다. 야생 종은 어두운 색이지만 길들여진 종은 흰 무늬가 있고 색이 더 다양하다.

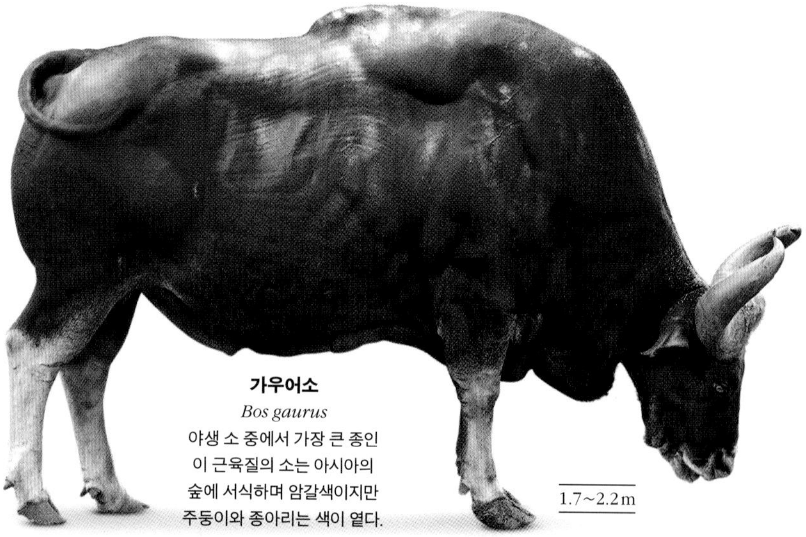

1.4~2m

가우어소
Bos gaurus
야생 소 중에서 가장 큰 종인 이 근육질의 소는 아시아의 숲에 서식하며 암갈색이지만 주둥이와 종아리는 색이 옅다.

1.7~2.2m

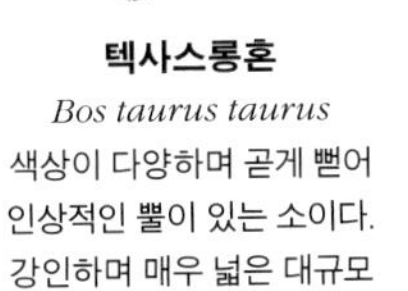

기다란 뿔에서 이 품종의 이름이 나왔다.

1.2~1.5m

텍사스롱혼
Bos taurus taurus
색상이 다양하며 곧게 뻗어 인상적인 뿔이 있는 소이다. 강인하며 매우 넓은 대규모 목장에 적합하다.

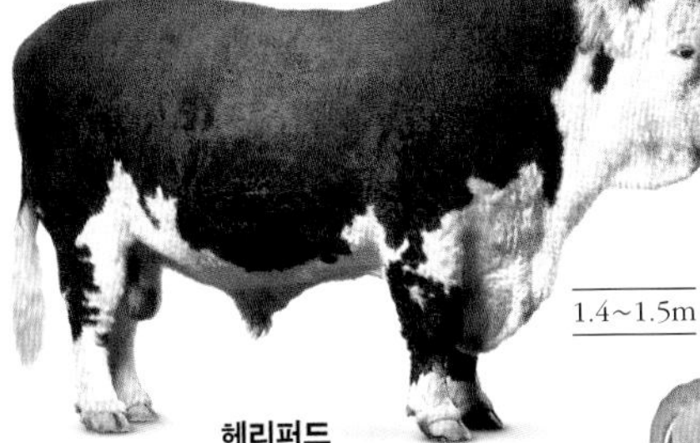

1.4~1.5m

헤리퍼드
Bos taurus taurus
영국에서 기원한 헤리퍼드는 몸 앞부분은 근육질이며 유순한 성질의 육우 품종이다.

1.4~1.5m

은콜레
Bos taurus taurus
아프리카에서 기원한 은콜레의 거대한 뿔은 1.8미터까지 자라고 매우 두꺼우며 뜨거운 조건에서도 시원하게 유지될 수 있도록 도와준다.

35~42cm

맥스웰다이커
Philantomba maxwellii
서아프리카 우림에 사는 회갈색의 자그마한 이 종은 얼굴의 옅은 줄무늬를 제외하고는 독특한 특징이 없다.

30~40cm

짐바브웨푸른다이커
Philantomba bicolor
아프리카 동남부 숲에 서식하는 이 작은 영양의 뿔은 단순한 원뿔형이다. 새로 떨어진 잎, 과일, 씨앗뿐만 아니라 곤충이나 버섯을 먹을 때도 있다.

40~50cm

줄무늬다이커
Cephalophus zebra
털에 무늬가 있는 유일한 다이커이다. 줄무늬는 서아프리카 숲 가장자리의 서식지에서 몸을 숨길 때 도움이 된다.

1.2~1.3m

저지
Bos taurus taurus
유지방이 풍부하고 부드러운 우유를 얻기 위해 길러진 이 품종은 프랑스에서 수입된 품종이 저지 섬에서 개량된 것이다.

65~85cm

서부노랑허리다이커
Cephalophus silvicultor
중앙아프리카에 서식하는 이 커다란 다이커의 털은 암회색이며, 등 위에 눈에 띄는 흰색 또는 노란색 무늬가 있다.

54~58cm

검은이마다이커
Cephalophus nigrifrons
중앙아프리카 숲에서 사는 이 영양의 거무스름한 이마와 눈샘은 색이 옅은 눈썹과 대조적이어서 독특한 외모를 보여 준다.

1.2~1.4m

브라만
Bos taurus indicus
아시아가 기원인 브라만은 현재 열대 지방에서 두루 사육되고 있다. 제부라고도 불리는 이 소는 등 위의 혹이 특징이다.

55~56cm

오길비다이커
Cephalophus ogilbyi
서아프리카의 우림에 서식하는 이 다이커는 몸의 뒷부분이 잘 발달되어 있으며, 엉덩이는 적갈색이다.

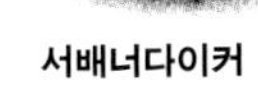

39~68cm

서배너다이커
Sylvicapra grimmia
사하라 사막 이남의 아프리카에 널리 분포하는 자그마한 뿔을 가진 영양으로 다양한 서식지에서 생활하며 종종 낙과를 처리한다.

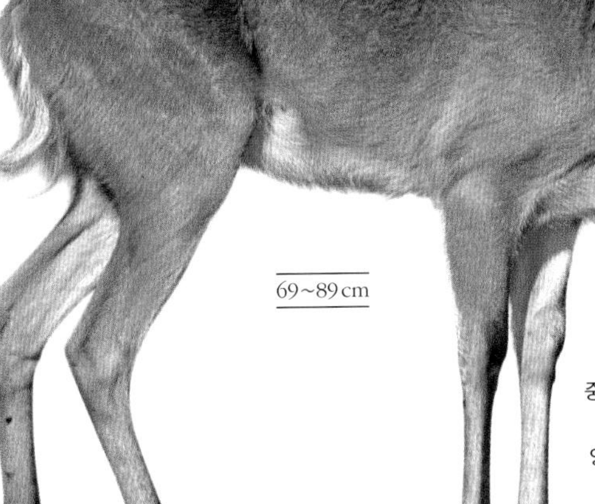

69~89cm

보호르리드벅영양
Redunca bohor
중앙아프리카의 구릉으로 된 초원에서 분포하는 영양으로, 날씬한 암컷은 목이 두껍고 뿔이 있는 수컷과 대조를 이룬다.

65~150cm

리드벅영양
Redunca arundinum
중앙아프리카 남부의 초원에 서식하는 원기 왕성한 영양으로 앞다리에 눈에 띄는 검은 무늬가 있다. 수컷만 뿔이 있다.

»

워터벅
Kobus ellipsiprymnus ellipsiprymnus
이 아프리카산 워터벅은 이름과는 달리 사바나와 삼림 지대에 서식하지만, 포식 동물을 피하기 위해 물로 도피한다.

디파사워터벅
Kobus ellipsiprymnus defassa
서아프리카와 중앙아프리카에 서식하는 이 워터벅의 아종은 꼬리 주변에 하얀 초승달 무늬가 있다기보다는 엉덩이가 완전히 하얗다.

리추에
Kobus leche
군집 생활을 하며 중앙아프리카 남부 습지대를 선호한다. 긴 다리로 얕은 물에서 잘 달릴 수 있다.

우간다코브
Kobus thomasi
동아프리카에 서식하는 사회적인 영양으로, 목 앞에 뚜렷한 흰 무늬가 있다. 수컷의 뿔은 이랑져 있고, 수금 모양이다.

푸쿠
Kobus vardonii
코브영양과 비슷하지만 중앙아프리카 남부에 서식한다. 약간 더 작고, 다부지게 균형 잡힌 체격을 하고 있다.

론영양
Hippotragus equinus
사하라 사막 이남의 사바나에 서식하는 이 영양의 이랑진 뿔은 부드럽게 휘어지며 자란다. 얼굴에 독특한 흑백의 무늬가 있다.

애닥스영양
Addax nasomaculatus
사하라 사막에 서식하며 멸종 위기에 처한 영양으로, 긴 뿔은 나선형으로 두세 번 틀어졌으며 털색은 옅은 모래색이나 흰빛을 띤다.

흰오릭스
Oryx dammah
과거에는 사하라 사막에 걸쳐 분포했던 이 희끄무레한 오릭스는 20세기에 사냥으로 거의 멸종 직전까지 갔지만 현재 일부 지역으로 재도입되었다.

남부세이블영양
Hippotragus niger
강인한 체격에다 거무스름한 털과 얼굴에 두드러진 하얀 줄무늬가 있는 영양이다. 아름다운 뿔은 1미터 이상 자랄 수 있다.

아라비아오릭스
Oryx leucoryx
털이 희며 길게 뻗은 뿔이 있는 이 영양은 최근 이전 서식지인 중동의 일부 지역으로 재도입되었다.

베이사오릭스
Oryx gallarum
얼굴과 다리, 측면, 앞다리에 검은 무늬가 있는 회갈색 영양으로 동아프리카의 사막에 서식하며 길고 거의 휘어지지 않는 뿔이 있다.

겜스복
Oryx gazella
가장 큰 오릭스인 겜스복은 아프리카 남부의 건조한 서식지에 자주 나타나지만, 북아프리카에 성공적으로 재정착했다.

서부하테비스트
Alcelaphus major
몸집이 크고 얼굴이 긴 영양으로 동아프리카의 개방된 초원에 서식한다. 하테비스트는 종마다 색과 뿔 형태가 다르다.

카마하테비스트
Alcelaphus caama
몸은 밤색이며 얼굴과 꼬리는 좀 더 어둡다. 이 영양은 새벽과 해질녘에 가장 활동적이다.

바위타기영양
Oreotragus sp.
바위가 많이 노출된 지역에 서식한다. 자신의 키보다 10배 이상 높이 도약할 수 있다.

리히텐슈타인하테비스트
Alcelaphus lichtensteinii
끝에서 안쪽으로 들어가며 심하게 휜 뿔로 구별되는 이 하테비스트는 중앙 아프리카의 사바나와 범람원에서 발견된다.

중앙오리비영양
Ourebia ourebi hastata
동아프리카에서 앙골라에 이르는 지역에 서식하는 목이 길고 우아한 영양으로 이마에 독특한 흰 줄이 있으며 안면샘이 크고 검다.

본테복
Damaliscus pygargus dorcas
흰 얼굴 무늬가 두드러지는 남아프리카산 영양으로 멸종될 정도까지 사냥되었다. 지금은 보호 지역 내에서만 관찰된다.

세렝게티토피영양
Damaliscus jimela
동아프리카 초지에 서식하며, 수컷 토피영양은 종종 자신의 영역을 지키고 포식 동물을 살피기 위해 흰개미집 위에 서 있다.

검은꼬리누
Connochaetes taurinus
떼 지어 사는 아프리카산 영양으로 아프리카 남부의 사바나 지역에 서식한다.

»

77~87 cm

스프링벅
Antidorcas hofmeyi
사냥에 의해 그 수가 많이 줄어든 이 날렵한 영양은 수금 모양의 뿔이 있으며 아프리카 남부의 건조한 지역에서 잎을 뜯어 먹는다.

53~67 cm

톰슨가젤
Eudorcas nasalis
동아프리카의 평원에 서식하는 가장 수가 많은 가젤영양으로 몸의 양쪽에 넓은 검은색 줄이 있다.

60~85 cm

블랙벅
Antilope cervicapra
시속 80킬로미터까지 속도를 낼 수 있는 블랙벅은 인도와 파키스탄의 초원과 개활 삼림 지대에서 서식한다.

심하게 이랑진 뿔

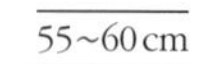

55~60 cm

갑상선가젤
Gazella marica
발정기 수컷의 부풀어 오른 후두에서 이름을 딴 이 중앙아시아산 가젤영양은 독특하게 수컷만 뿔이 있다.

근육이 없는 종아리

55~65 cm

60~65 cm

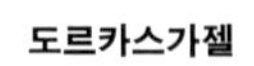

도르카스가젤
Gazella dorcas
북아프리카와 중동의 사막에서 서식하는 이 작은 가젤영양은 물을 마시지 않고 먹이의 수분만으로 생존할 수 있다.

산가젤
Gazella gazella
중동의 산과 평야에 서식하는 종으로 고립된 아종이 있으며 일부는 매우 귀하고 밀렵으로 위협받고 있다.

35~45 cm

38~43 cm

57~79 cm

귄터디크디크영양
Madoqua guentheri
동아프리카의 반사막에 서식하는 이 종은 신축성이 있는 긴 주둥이가 있으며, 온도를 조절하기 위해 부풀릴 수 있다.

다마라디크디크영양
Madoqua damarensis
날카로운 경계음에서 이름을 딴 이 자그마한 영양은 움직일 수 있는 큰 코가 있다. 세력권을 주장하는 짝을 구성한다.

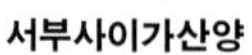

서부사이가산양
Saiga tatarica
현재 매우 심각한 멸종 위기에 처한 종으로 서아시아에만 서식한다. 크고 유연한 코로 겨울의 차가운 공기를 데우고 여름의 먼지를 걸러 낸다.

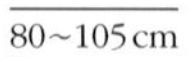

80~105 cm

남부제레누크
Litocranius walleri
목이 길고 뒷다리로 서서 다른 영양이 닿을 수 없는 곳에서 자라는 잎을 뜯어 먹는다. 동아프리카산이다.

33~36 cm

코스탈수니
Neotragus moschatus
동남아프리카의 불그스름하고 자그마한 영양으로 야행성이며 대부분을 빽빽한 관목지에 숨어서 보낸다.

다마가젤
Nanger dama
사하라 사막에 서식하는 매우 희귀한 가젤영양으로 두드러진 2가지 색을 띤다. 하얀 부분은 아종에 따라 다양하지만 모두 목에 하얀 무늬가 있다.

그랜트가젤
Nanger granti
동아프리카의 평원에 서식하는 이 가젤영양은 물을 마시지 않고도 생존할 수 있어서 많은 다른 근연종처럼 대이동을 하지 않는다.

소메링가젤
Nanger soemmerringii
그랜트가젤과 비슷하지만 수는 더 적은 동아프리카산 종으로 얼굴 무늬가 더 진하고 엉덩이의 하얀 반점이 더 크다.

스틴복
Raphicerus campestris
동아프리카에 분포하는 작은 관목영양인 스틴복은 특히 흰 줄이 있는 큰 귀에, 귀 안에 반점이 있으며 끝이 까맣다.

북부그리스복
Raphicerus sharpei
겁이 많고 홀로 생활하며 뭉툭한 뿔이 있는 이 야행성 영양은 아프리카 동부에 서식하며 포식 동물을 피하기 위해 흙돼지가 판 굴에 들어간다.

임팔라영양
Aepyceros melampus
아프리카 평원에 서식하는 영양으로 수컷은 수금 모양의 뿔이 있다. 대형 고양이류의 주요 먹이 자원이다.

샤무아
Rupicapra rupicapra
남유럽과 소아시아의 고지대 산악 바위로 둘러싸인 지역에 서식하는 이 종은 고립된 개체군들이 발견된다. 개체군들은 외형이 미묘하게 다르다.

히말라야산양
Naemorhedus goral
털이 거칠고 염소처럼 생긴 풀을 뜯어 먹는 동물로 약간 굽은 뿔이 있으며 히말라야 산맥의 숲에서 작은 무리를 이루어 산다.

인도차이나시로
Capricornis maritimus
털이 거칠고 독특한 갈기가 있는 종으로 나뭇잎과 새순, 때로는 풀을 먹는다.

로키산양
Oreamnos americanus
로키 산맥의 북부에 서식하며 발을 단단히 딛고 서서 바위를 탄다. 이 염소는 빽빽한 털로 뒤덮인 하얀 모피로 낮은 온도와 강한 바람으로부터 자신을 보호한다.

»

» 소

바바리양
Ammotragus lervia
북아프리카의 건조한 산악 지대에 사는 이 동물은 위협받으면 움직이지 않고 가만히 서 있어서 알아차리기 어렵다.

사향소
Ovibos moschatus
북극 툰드라에 서식하는 사향소는 빽빽한 잔털이 있는 덥수룩한 털로 뒤덮여 있어서 폭풍우로부터 자신을 보호한다.

부탄타킨
Budorcas whitei
인도 동북부, 중국, 부탄의 산악림에서 작은 무리를 이루어 살며 덥수룩한 털과 활 모양의 넓은 주둥이가 있다.

히말라야타르
Hemitragus jemlahicus
바위가 많은 히말라야 산비탈에서 사는 타르는 발바닥에 고무 같은 발굽이 있어서 가파르거나 불안정한 지면에서 접지력 있게 밀착할 수 있다.

티베트푸른양
Pseudois nayaur
티베트 고원의 바위 사막부터 산비탈까지 서식하는 이 종은 포식 동물을 피하기 위해 절벽에 붙어서 지낸다.

와리아아이벡스
Capra walie
에티오피아의 산악 지대에는 계절에 따른 변화가 없기 때문에 다른 아이벡스와 달리 이 희귀한 종은 연중 번식한다.

알프스아이벡스
Capra ibex
알프스 산맥의 수목 한계선 이상에 서식하는 아이벡스로 1미터까지 자라는 뒤쪽으로 휜 뿔이 있으며 특히 수컷의 뿔이 인상적이다.

누비아아이벡스
Capra nubiana
누비아아이벡스는 중동 사막의 산악 지대에서 서식한다. 성숙한 수컷의 체중은 암컷보다 두 배 이상 무겁기도 하다.

마코르염소
Capra falconeri
중앙아시아의 산간 지대에 서식하는 가장 큰 야생 염소로 코르크 마개 따개처럼 생긴 인상적인 뿔과 고기를 얻기 위한 사냥으로 멸종 위기에 처했다.

앙고라염소
Capra hircus
터키에서 기원한 품종으로 내구성이 있는 비단 섬유인 모헤어의 재료가 되는 매우 가치 있는 양모를 생산한다.

바곳염소
Capra hircus
300종 이상의 염소 품종 중 하나로 13세기경 십자군이 고향으로 돌아가면서 데리고 간 품종을 영국에서 개량한 것이다.

황금건지염소
Capra hircus
종종 긴 털이 있는 작은 염소로 우유를 얻기 위해 길러지며 채널 제도의 건지 섬에서 기원했다.

무플론양
Ovis aries orientalis
불그스름한 털과 색이 옅은 안장 무늬가 있는 이 동물의 원산지는 소아시아로 신석기 시대 이후에 일부 지중해의 섬에 정착했다.

맨섬양
Ovis aries
맨 섬에서 기원한 이 원시적이며 강인한 품종은 고기를 위해 길러졌으며, 털은 갈색이고 보통 뿔이 4개이다.

코츠월드양
Ovis aries
영국에서 기원한 얼굴이 하얀 품종으로 강인하고 다목적용이다. 긴 털과 고기를 위해 길러진다.

제이콥양
Ovis aries
얼룩이 있는 아주 오래되고 강인한 품종으로 팔레스타인에서 기원한 것으로 알려져 있다. 무려 3쌍이나 되는 뿔이 있다.

마르코폴로아르갈리양
Ovis ammon
산에서 사는 이 양은 이 야생 양을 중앙아시아에서 처음 기록한 마르코 폴로(1254년경~1324년)에서 이름을 땄다. 수컷의 뿔은 다른 아르갈리양 종 중에서 제일 크다.

살찐꼬리양
Ovis aries
아프리카와 아시아에서 관찰되는 이 품종은 몸의 뒷부분과 부어오른 꼬리에 저장한 지방에 의존해 건조한 조건을 견뎌 낸다.

돌산양
Ovis dalli
몸은 미색이거나 갈색을 띠며, 노르스름하고 휘어진 뿔이 있다. 캐나다와 알래스카의 아북극 산악 지대에 서식한다.

큰뿔양
Ovis canadensis
북아메리카에 서식하며 산악형과 사막형이 있다. 수컷은 우월함을 증명하기 위해 인상적인 뿔을 이용한다. 높은 지위에 있는 수컷만이 암컷에게 접근할 수 있다.

눈산양
Ovis nivicola
색이 옅은 털과 거무스름한 다리가 있는 이 시베리아산 양은 매우 활동적이며 거친 산악 지형을 재빨리 이동한다.

로스차일드기린

Giraffa camelopardalis rothschildi

북부기린의 아종인 로스차일드기린은 동성으로 구성된 작은 무리를 이루며 산다. 암컷은 한 무리에서 다른 무리로 종종 이동하지만 성체 수컷은 홀로 다닌다. 암수는 짝짓기를 위해서만 교류하며, 암컷은 450일의 임신 기간을 거쳐 한 마리의 새끼를 낳는다. 새끼는 보통 12개월 뒤에 젖을 뗀다. 기린의 이동은 걷기와 질주(갤럽, galloping)에만 제한되며 헤엄을 치거나 총총걸음(트롯, trot)을 할 수는 없다. 걸을 때 같은 쪽의 앞다리와 뒷다리가 함께 움직이며 한걸음에 약 4.5미터를 이동한다. 사자나 아프리카들개와 같은 포식 동물로부터 질주해 달아날 때는 최대 시속 55킬로미터까지 낼 수 있다.

몸길이 1.5~1.7미터
서식지 개방된 삼림, 사바나 초원
분포 수단 남부, 케냐, 우간다
먹이 나뭇잎, 어린싹, 씨앗, 나무 열매

성체 수컷의 골축(ossicones) 끝에는 털이 없지만 암컷은 검은 털이 촘촘하게 모여 있다.

크고 움직이는 귀로, 기린이 주변 환경에 방심하지 않도록 한다.

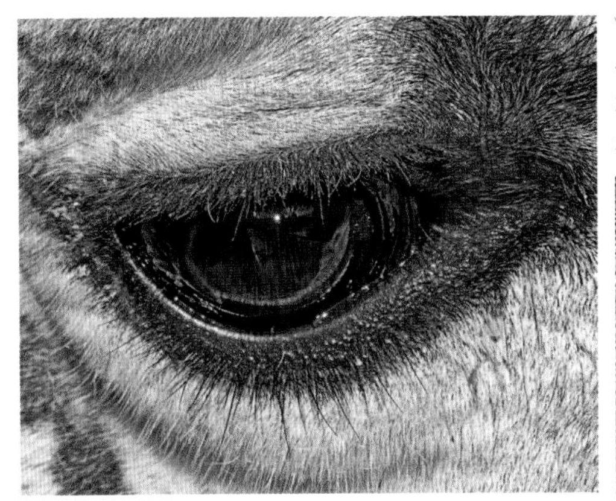

∧ **눈**
머리 양옆에 달린 커다란 눈은 시력이 매우 좋다. 기린의 키와 결합해, 아직 멀리 떨어져 있더라도 포식 동물을 찾을 수 있다.

∨ **콧구멍**
콧구멍을 닫을 수 있어 모래폭풍 때 비강으로 먼지가 들어가는 것을 막고, 먹이를 먹을 때 개미가 들어가는 것을 막는 차단벽 역할을 한다.

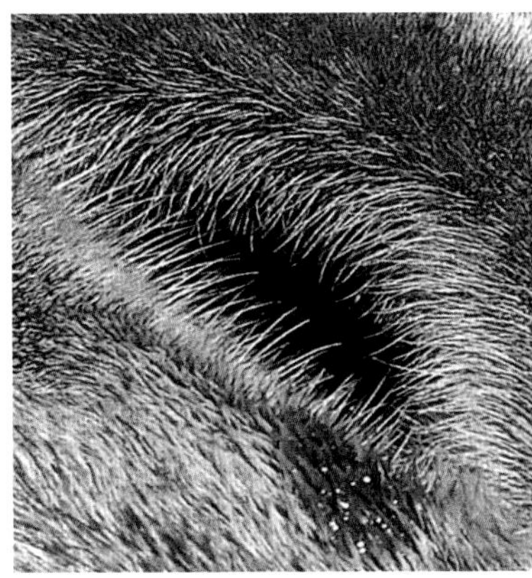

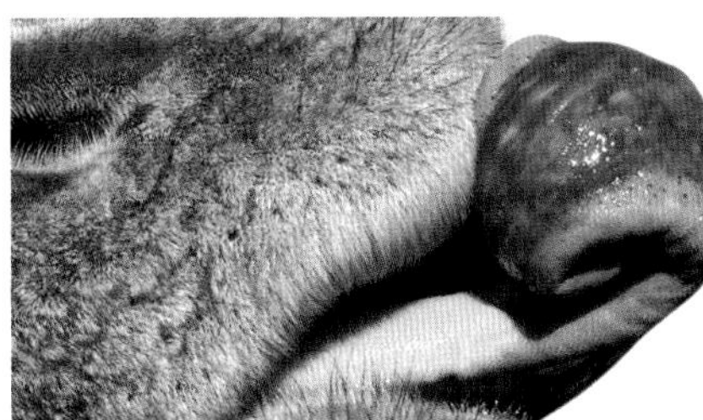

< **구부러진 혀**
물체를 잡을 수 있는 혀와 윗입술은 나무 가시 사이에서 싹을 뽑을 뿐만 아니라 나뭇잎의 가지를 벗길 수도 있다.

꼬리 >
2.5미터까지 자라는 꼬리의 끝은 검은 털 다발로 이루어졌고 곤충을 쫓는 데 사용한다.

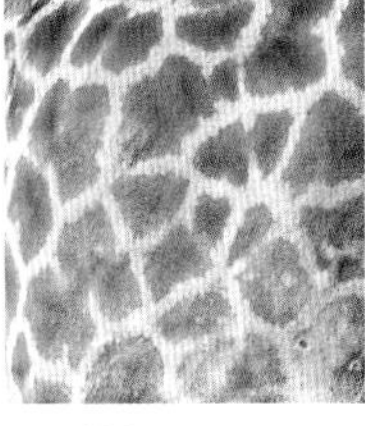

∧ **피부**
진한 피부 부위에는 대형 땀샘이 있어 열을 발산해 체온을 유지한다.

발 >
각각의 긴 다리 끝에는 체중을 지탱하는 발가락이 2개 있고 발굽은 갈라져 있다.

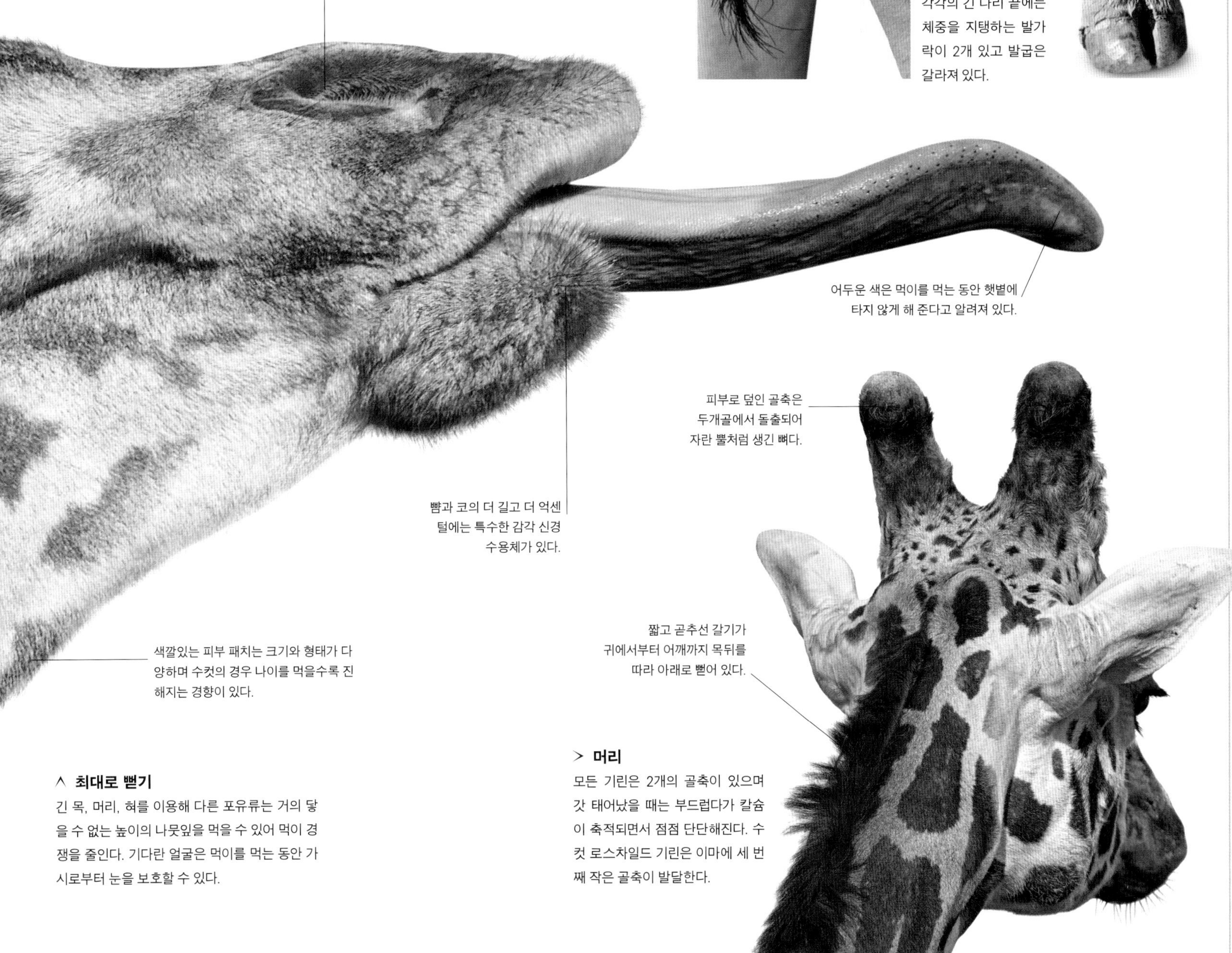

∧ **최대로 뻗기**
긴 목, 머리, 혀를 이용해 다른 포유류는 거의 닿을 수 없는 높이의 나뭇잎을 먹을 수 있어 먹이 경쟁을 줄인다. 기다란 얼굴은 먹이를 먹는 동안 가시로부터 눈을 보호할 수 있다.

> **머리**
모든 기린은 2개의 골축이 있으며 갓 태어났을 때는 부드럽다가 칼슘이 축적되면서 점점 단단해진다. 수컷 로스차일드 기린은 이마에 세 번째 작은 골축이 발달한다.

기린과 오카피

화석 자료로는 매우 다양한 기린과의 동물은 현재는 사하라 사막 이남의 아프리카에 단 5종만 남아 있다. 기린과 오카피는 서식지가 매우 다름에도 불구하고 모두 긴 목과 거무스름한 혀, 피부에 싸인 골축(ossicones 뿔), 나뭇잎 모양의 송곳니처럼 일부 특징을 공유한다. 반면 이들의 갈라진 발굽과 4개의 방이 있는 위, 딱딱한 판으로 대체된 앞니와 같은 특징은 솟과의 동물과 비슷하다.

1.5~1.7m

오카피
Okapia johnstoni
중앙아프리카의 우림에만 서식하는 오카피의 긴 목과 유연한 푸른색 혀는 기린과 분명한 유사점을 보인다.

피부로 덮여 있는 짧은 뿔

수직으로 선 짧은 갈기

큰 귀

경사진 목과 짧은 몸

2.7~3m

그물무늬기린
Giraffa reticulata
케냐 북부에서 에티오피아까지 분포하는 이 기린은 종종 희미한 몸의 바탕에 가운데가 옅은 색인 커다란 다각형 반점이 있다.

2.7~3m

로스차일드기린
Giraffa camelopardalis rothschildi
기린으로는 독특하게도 이 종은 하얀 '양말'을 신었다. 이 양말은 종아리 위로는 이어지지 않는다.

2.7~3m

마사이기린
Giraffa tippelskirchi
어깨 높이 꼭대기가 최대 2.4미터에 달하는 목이 있는 이 기린은 지구에서 가장 키가 큰 포유류이다.

불규칙한 얼룩

2.7~3m

앙골라기린
Giraffa giraffa angolensis
남부기린의 두 아종 중 하나로, 나미비아, 잠비아, 보츠와나, 짐바브웨에서 서식한다.

낙타와 근연종

이 목에서 매우 독특하게 낙타과의 동물들은 발가락이 단 2개이며 발굽이 없다. 각각의 발가락 끝에는 작은 납작발톱과 부드러운 패드가 있어서 산악 지형에서 바닥에 밀착할 수 있으며 부드러운 모래에 빠지는 것을 막아 준다. 또한 독특한 이빨과 타원형 적혈구, 방이 3개인 위가 있으며, 다리에 근육 조직이 있어서 무릎 위로 몸을 눕혀 쉴 수 있다.

단봉낙타
Camelus dromedarius
건조한 지역에서 운송용으로 쓰이는 이 아라비아산 종은 사막 생활에 매우 잘 적응했다. 야생으로 돌아간 오스트레일리아 개체군만이 야생의 특징을 보인다.

쌍봉낙타
Camelus bactrianus
혹이 2개인 이 낙타는 널리 가축화되어 있다. 야생종(*C. ferus*)은 아시아의 사막에 제한적으로 작은 개체군이 위태롭게 서식하고 있다.

라마
Lama glama
과나코에서 유래된 라마는 운송용과 식육용으로 쓸모 있다. 안데스 산맥에서 기원한 이 가축종은 지금은 유럽과 북아메리카에 널리 분포하고 있다.

비쿠나
Vicugna vicugna
안데스 산맥의 낙타과 동물 2종 중 작은 종으로 질 좋은 털 때문에 가축화되었고 이 종에서 알파카가 개발되었다.

과나코
Lama guanicoe
남아메리카의 건조한 산악 지대가 원산지인 과나코는 혈액 속에 고농도의 산소를 운반하는 헤모글로빈이 있어서 극도의 고도에서도 생활할 수 있다.

알파카
Vicugna pacos
안데스 산맥의 고지대에서 풀을 뜯는 무리로 길러졌으나 현재는 전 세계에서 모직의 주요 자원으로 길러지고 있다.

하마

소목 중에서 하마과는 각각의 발에 있는 4개의 발가락으로 걷는 독특한 동물이다. 몸집이 거대하며 통처럼 생긴 몸에 짧지만 튼튼한 다리, 큰 머리가 있다. 엄니 같은 송곳니가 있는 넓은 입은 먹이를 먹고, 싸우고 방어하는 데 이용된다. 수륙 양용의 생활상을 반영해, 콧구멍과 눈은 주둥이 위에 있으며 피부는 부드럽고 땀샘이 없다.

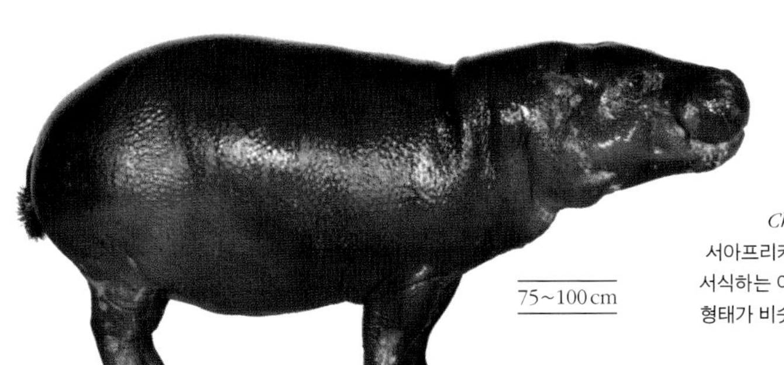

난쟁이하마
Choeropsis liberiensis
서아프리카의 숲으로 뒤덮인 습지대에서 서식하는 이 종은 몸집이 커다란 근연종과 형태가 비슷하지만 주둥이가 비교적 작다.

1.5~1.65m

하마
Hippopotamus amphibius
밤에는 홀로 풀을 뜯고 낮에는 무리를 지어 진흙 속에서 뒹구는 이 종은 현재 아프리카 동부와 남부에서 주로 관찰된다.

쌍봉낙타

Camelus bactrianus

쌍봉낙타는 매우 강인한 동물로 여름에는 섭씨 40도, 겨울에는 영하 29도에 달하는 아시아 남부의 혹독한 사막 환경에서 생존할 수 있다. 낙타는 매우 귀한 풀, 잎, 관목 등의 먹이를 찾기 위해 험난한 지형을 따라 먼 거리를 이동할 수 있도록 적응했다. 물을 찾으면 쌍봉낙타는 10분 만에 100리터 이상을 마실 수 있다. 또한 필요하다면 소금물을 마시며 생존할 수도 있다. 지구 거의 모든 쌍봉낙타가 길들여진 존재이며 1,000마리 미만의 개체만이 중국과 몽골 지역의 사람이 살기 힘든 외딴 야생에 남아 있다. 두 가축 종의 유전적 위치는 오래전부터 확립되어 있었지만, 야생 쌍봉낙타는 최근에서야 분자 유전 자료를 기반으로 별도의 종(*Camelus ferus*)으로 인정되었다.

몸길이 1.8~2미터
서식지 바위 사막, 스텝 지대, 바위가 많은 평원
분포 아시아
먹이 초식 동물

∨ 속눈썹
2줄의 매우 두꺼운 속눈썹은 강한 햇빛과 바람에 날리는 모래나 작은 돌들로부터 눈을 보호하며, 눈을 깜빡거릴 때 날아가는 눈물과 같은 귀한 수분을 저장할 수 있다.

∨ 무릎 보호대
낙타는 무릎을 꿇고, 다리를 그 아래로 접어 넣어 쉰다. 두꺼운 피부 패드가 무릎을 보호한다.

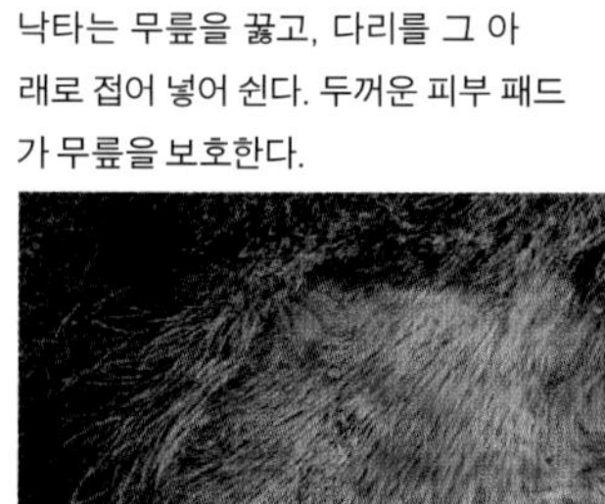

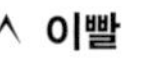

∧ 이빨
낙타는 먹이를 통째로 삼킨 다음, 소화를 돕기 위해 역류시킨 뒤 다시 씹는다. 굶주린 개체는 분해하기 어려운 밧줄이나 가죽을 먹는 것으로도 알려졌다.

∧ 움직이는 입술
반으로 갈라진 윗입술은 독립적으로 움직일 수 있으며, 가시가 있는 나무를 효율적으로 먹는 데 도움이 된다. 혀를 사용하지 않아 수분을 잃을 일이 없다.

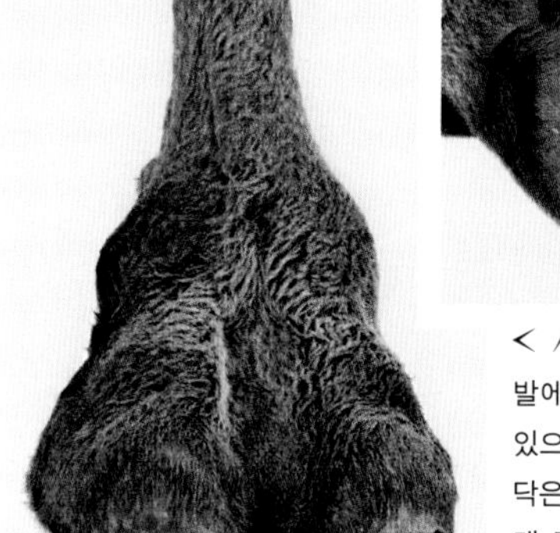

< ∧ 발
발에는 각각 2개의 발가락이 있으며 튼튼하고 푹신한 발바닥은 돌이 많은 땅과 뜨거운 모래, 단단히 다져진 눈 위에서도 잘 대응할 수 있다.

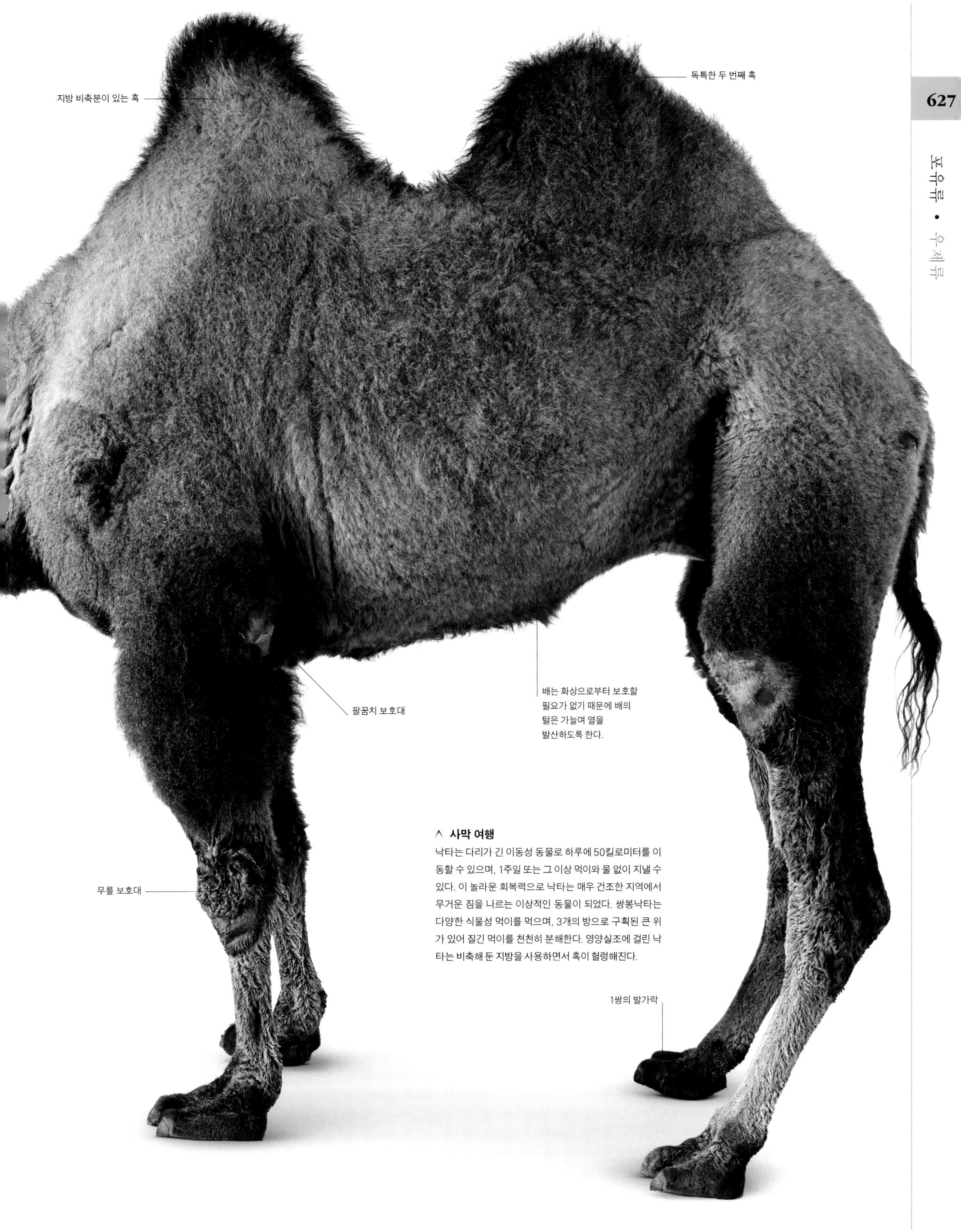

∧ 사막 여행

낙타는 다리가 긴 이동성 동물로 하루에 50킬로미터를 이동할 수 있으며, 1주일 또는 그 이상 먹이와 물 없이 지낼 수 있다. 이 놀라운 회복력으로 낙타는 매우 건조한 지역에서 무거운 짐을 나르는 이상적인 동물이 되었다. 쌍봉낙타는 다양한 식물성 먹이를 먹으며, 3개의 방으로 구획된 큰 위가 있어 질긴 먹이를 천천히 분해한다. 영양실조에 걸린 낙타는 비축해 둔 지방을 사용하면서 혹이 헐렁해진다.

고래와 돌고래

총괄적으로 고래목으로 불리는 이 포유류 분류군은 완전한 수중 생활을 하며, 6종을 제외한 모든 종이 연안과 해양에서 관찰된다.

물속에서의 생활에 완전히 적응한 고래의 몸은 끝으로 갈수록 가늘어지는 유선형으로, 팔다리는 지느러미의 형태로 변형되었다. 눈에 보이는 뒷다리는 없는 대신, 수평으로 된 닻 모양의 꼬리가 있어 추진력을 더한다. 많은 종이 등지느러미가 있다. 피부에는 털이 거의 없으며 몸은 지방층으로 보온이 되는데, 특히 차가운 바다에서 사는 종이 지방층이 두껍다.

숨쉬기와 의사소통

산소를 근육 조직에 저장할 수 있는 능력 덕분에 고래는 매우 깊은 곳에서 오랜 시간 잠수할 수 있다. 숨을 쉬기 위해 반드시 수면으로 다시 올라와야 한다. 숨쉬기는 분수공으로 알려진 콧구멍을 통해 이루어지며, 분수공은 머리 꼭대기에 위치한다. 오래된 공기는 물방울로 배출되는데, 이 물방울의 크기와 각도, 형태로 종을 구분할 수 있다. 심지어 몸이 완전히 잠겼을 때에도 물방울로 구별이 가능하다. 대부분의 종이 소리를 낸다. 어떤 종은 음파 탐지를 위해 연속적으로 딸깍하는 소리를 낸다. 딸깍 소리가 근처에 있는 물체에 반사되면서 고래들은 이동로의 어떤 장애물도 인식할 수 있다. 다른 종들은 휘파람 소리 및 낮은 신음 소리부터 대형 고래들이 내는 복잡한 노래까지 저마다 발성을 이용해 의사소통을 한다. 청력이 좋지만 귀는 눈 뒤의 간단한 구멍으로 축소되었다. 바깥귀는 물이 소리를 전달하는 효과적인 매개체이기 때문에 불필요하며, 동시에 유선형의 몸에 영향을 주는 탓에 바람직하지 않다.

사냥꾼 또는 여과 섭식자

고래는 먹이를 먹는 행동에 기초해 크게 2개의 무리로 나누어진다. 이빨고래는 물고기, 대형 무척추동물, 바닷새, 물범 그리고 종종 몸집이 작은 고래류를 먹으며, 날카로운 이빨로 먹이를 잡고 보통은 먹이를 씹지 않은 채 통째 삼킨다. 반면에 여과 섭식을 하는 수염고래는 체의 역할을 하는 위턱으로 연결된 섬유질의 수염판이 있다. 무척추동물과 작은 물고기가 포함된 물이 흡수되고 혀에 의해 수염판을 통과한 다음 유기체만 남긴 채 물은 방출된다.

문	척삭동물문
강	포유강
목	고래목
과	14
종	약 90

논쟁

땅 위에서 살았던 조상

고래의 분류학적 위치는 오랫동안 과학계에서 논쟁이 되어 왔다. 완전히 수중에 적응한 생활 방식은 다른 목과 공유하고 있는 해부학적 특징을 숨긴다. 오늘날 일반적으로 고래목은 소목, 특히 하마과와 매우 가까운 것으로 인정받고 있으며 목이나 상목 수준에서 경우제류(Cetartiodactyla)로 함께 분류되고 있다. 이를 뒷받침하는 증거는 주로 유전학과 분자 생물학 연구에서 나오지만, 우제류의 복사뼈와 고래 조상의 일부 화석 사이에 보이는 강한 유사점을 포함해 해부학적 지지 또한 날이 갈수록 증가하고 있다.

긴수염고래

냉온대와 한대 수역에서 관찰되는 긴수염고랫과는 쉽게 다가갈 수 있고, 종종 해안가에 나타나서 '사냥하기 적합한' 종으로 여겨졌다. 차가운 수생 환경에 대한 적응으로 두꺼운 지방층이 있다. 긴수염고래류와 그린란드고래는 등지느러미와 목주름이 없고, 고래 중에서 가장 긴 고래수염을 지지하기 위해 강하게 휜 턱이 있다.

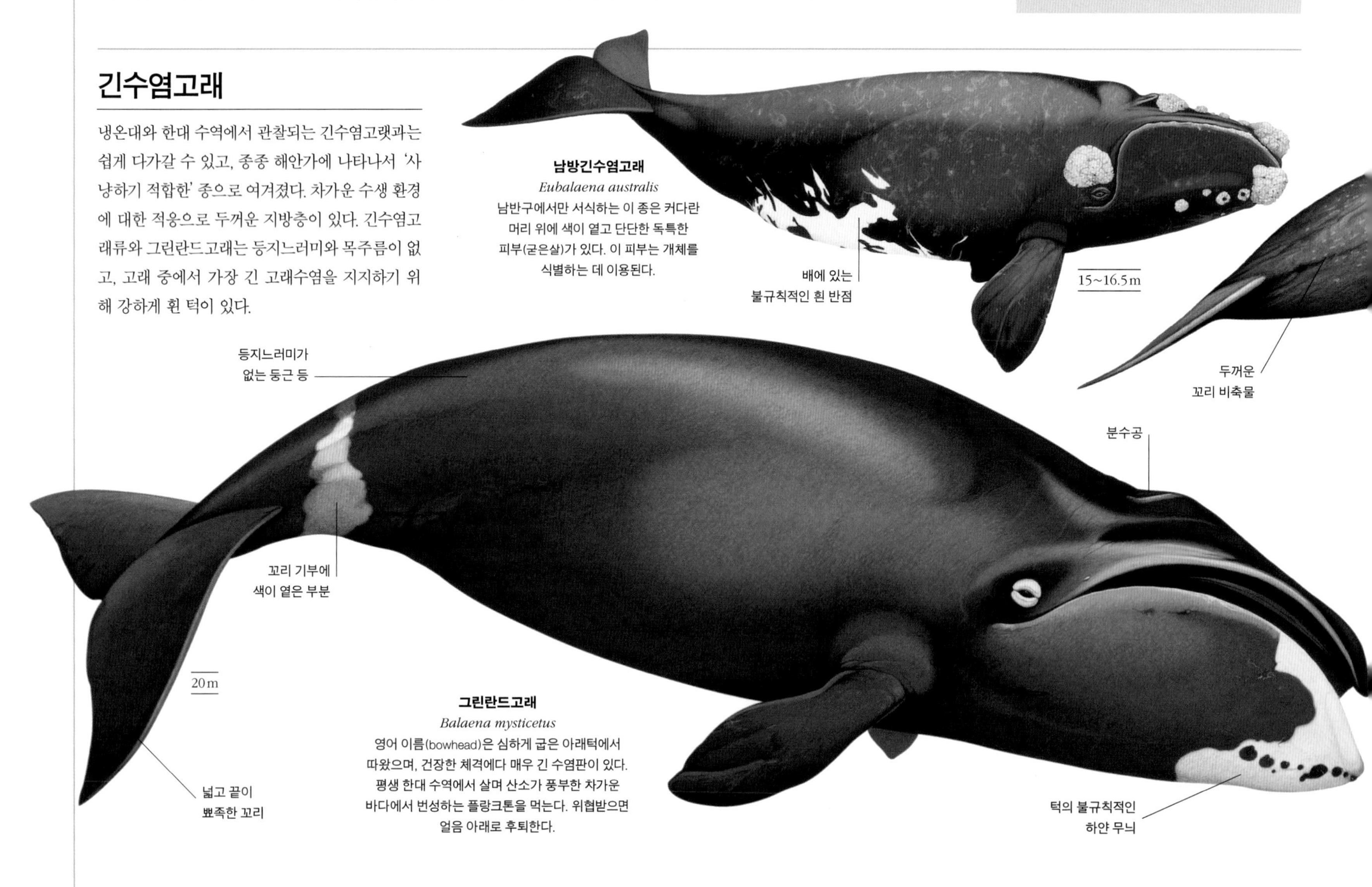

남방긴수염고래
Eubalaena australis
남반구에서만 서식하는 이 종은 커다란 머리 위에 색이 옅고 단단한 독특한 피부(굳은살)가 있다. 이 피부는 개체를 식별하는 데 이용된다.

그린란드고래
Balaena mysticetus
영어 이름(bowhead)은 심하게 굽은 아래턱에서 따왔으며, 건장한 체격에다 매우 긴 수염판이 있다. 평생 한대 수역에서 살며 산소가 풍부한 차가운 바다에서 번성하는 플랑크톤을 먹는다. 위협받으면 얼음 아래로 후퇴한다.

꼬마긴수염고래

꼬마긴수염고랫과는 1종으로 구성되며 남반구의 해역에서만 서식한다. 대부분의 다른 혹고래류와는 달리, 눈에 띄는 작은 등지느러미가 있지만 머리에 굳은살은 없다. 수염판은 상아색이다.

꼬마긴수염고래
Caperea marginata
가장 작은 수염고래로 개체군이 작기 때문에 알려진 것이 없다. 지느러미발은 짧으며 턱은 살짝 휘었다.

수염고래

수염고래류 중에서 가장 큰 과로 영어 이름(rorqual)은 노르웨이 어로 '주름진 고래'를 뜻하는 단어에서 왔다. 목 앞에 있는 주름으로 여과 섭식을 하는 동안 입을 넓게 벌릴 수 있다. 대부분의 수염고랫과는 온대 수역에서 번식하고 여름에 먹이 터인 극지방으로 이동한다. 날씬하고 유선형인 몸에는 기다란 지느러미발이 있고 등지느러미는 몸의 뒤에 치우쳐 있다.

혹등고래
Megaptera novaeangliae
이 독특한 고래는 매우 활동적이며 종종 개체 식별 무늬가 있는 꼬리를 드러낸다. 주변의 먹이를 잡기 위해 공기 방울을 내뿜어 그물을 만든다.

유선형의 긴 몸

22~27m

매우 많은 목주름

참고래
Balaenoptera physalus
빠른 속도 때문에 바다의 그레이하운드라는 별명이 붙은 이 고래는 비대칭적인 턱의 색깔이 독특하다. 종종 무리를 이루는데 6마리 이상이 무리를 구성하기도 한다.

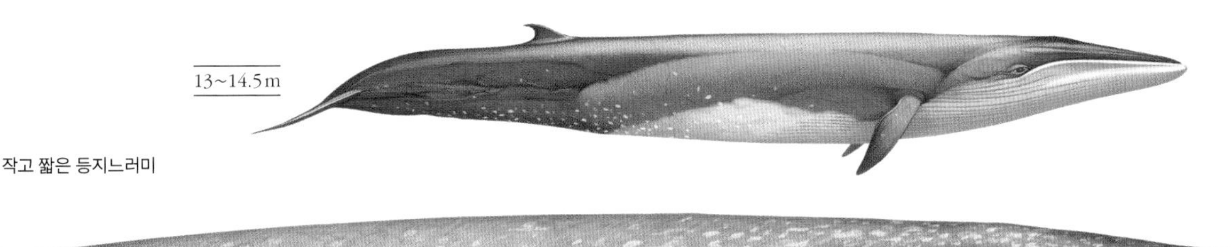

브라이드고래
Balaenoptera edeni
지구 곳곳의 수심이 얕은 열대와 아열대 수역에서관찰되는 이 고래는 주둥이에 있는 3개의 융기한 부분으로 구별한다.

작고 짧은 등지느러미

넓고 납작한 머리

31.5~35m

목 앞에서 배꼽까지 이어지는 홈

대왕고래
Balaenoptera musculus
지구에서 가장 큰 생물로 다른 커다란 고래보다 몸이 더 길며 뒤로 갈수록 점점 더 가늘어진다. 등지느러미는 작고 짤막하다.

17~20m

보리고래
Balaenoptera borealis
주로 온대 수역에서 관찰되는 보리고래는 빠르게 이동한다. 몸의 윗면은 진한 회색이며 아랫면은 색이 옅고, 위로 향한 등지느러미는 약간 굽었다.

6.5~8.5m

밍크고래
Balaenoptera acutorostrata
긴수염고래 중 가장 작은 종으로 주둥이는 뾰족하며 분수공에서 이어지는 돌출된 부분이 있다. 지느러미발에는 보통 흰 무늬가 있다.

귀신고래

귀신고랫과의 유일한 종은 현재 북태평양 동부에서만 서식하며, 대서양에서는 사냥으로 멸종되었다. 베링 해에서 번식을 위해 아열대 수역인 멕시코 바하칼리포르니아의 해안까지 매년 대이동을 한다. 포유류 중에서 가장 긴 거리를 이동하는 셈이다.

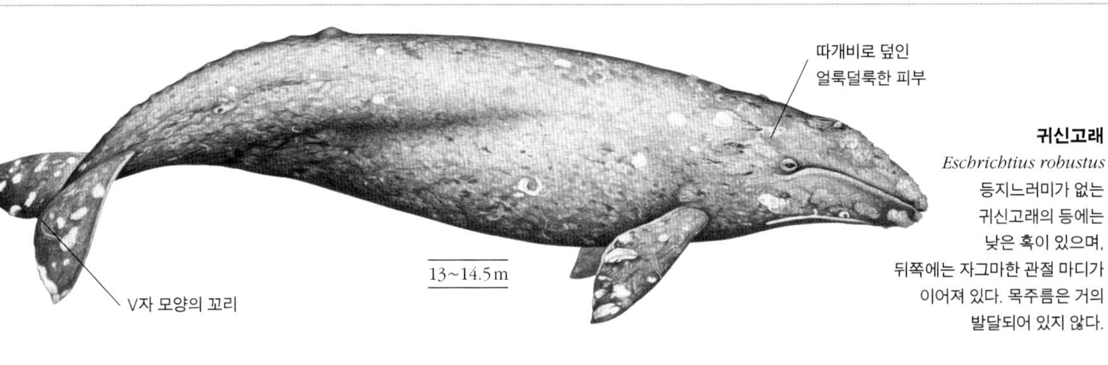

귀신고래
Eschrichtius robustus
등지느러미가 없는 귀신고래의 등에는 낮은 혹이 있으며, 뒤쪽에는 자그마한 관절 마디가 이어져 있다. 목주름은 거의 발달되어 있지 않다.

부리고래

부리고랫과는 먼바다에서 관찰되며 수중 협곡 주변에서 작은 무리를 만든다. 해저 가까이까지 잠수해 먹이를 먹는다. 얼굴의 부리에는 대개 과시용의 이빨이 1~2쌍 있으며, 먹이는 간단히 빨아들인다. 22종 중 어떤 종은 살아 있는 모습이 전혀 관찰되지 않았다.

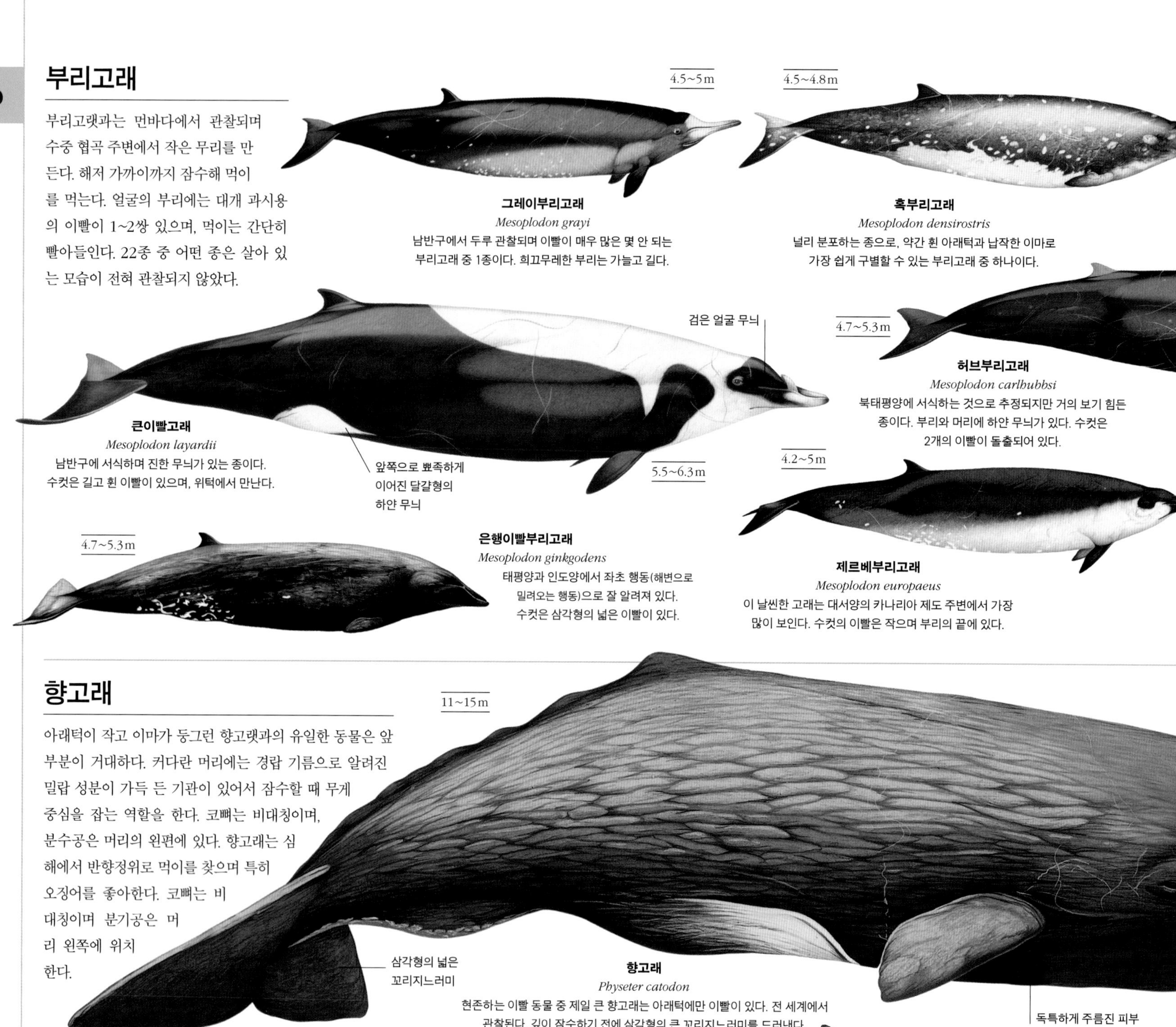

그레이부리고래
Mesoplodon grayi
남반구에서 두루 관찰되며 이빨이 매우 많은 몇 안 되는 부리고래 중 1종이다. 희끄무레한 부리는 가늘고 길다.

혹부리고래
Mesoplodon densirostris
널리 분포하는 종으로, 약간 휜 아래턱과 납작한 이마로 가장 쉽게 구별할 수 있는 부리고래 중 하나이다.

큰이빨고래
Mesoplodon layardii
남반구에 서식하며 진한 무늬가 있는 종이다. 수컷은 길고 휜 이빨이 있으며, 위턱에서 만난다.

허브부리고래
Mesoplodon carlhubbsi
북태평양에 서식하는 것으로 추정되지만 거의 보기 힘든 종이다. 부리와 머리에 하얀 무늬가 있다. 수컷은 2개의 이빨이 돌출되어 있다.

은행이빨부리고래
Mesoplodon ginkgodens
태평양과 인도양에서 좌초 행동(해변으로 밀려오는 행동)으로 잘 알려져 있다. 수컷은 삼각형의 넓은 이빨이 있다.

제르베부리고래
Mesoplodon europaeus
이 날씬한 고래는 대서양의 카나리아 제도 주변에서 가장 많이 보인다. 수컷의 이빨은 작으며 부리의 끝에 있다.

향고래

아래턱이 작고 이마가 둥그런 향고랫과의 유일한 동물은 앞부분이 거대하다. 커다란 머리에는 경랍 기름으로 알려진 밀랍 성분이 가득 든 기관이 있어서 잠수할 때 무게 중심을 잡는 역할을 한다. 코뼈는 비대칭이며, 분수공은 머리의 왼편에 있다. 향고래는 심해에서 반향정위로 먹이를 찾으며 특히 오징어를 좋아한다. 코뼈는 비대칭이며 분기공은 머리 왼쪽에 위치한다.

향고래
Physeter catodon
현존하는 이빨 동물 중 제일 큰 향고래는 아래턱에만 이빨이 있다. 전 세계에서 관찰된다. 깊이 잠수하기 전에 삼각형의 큰 꼬리지느러미를 드러낸다.

쇠돌고래

돌고래보다 작지만 더 통통한 쇠돌고랫과는 작고 머리가 둥글며 턱은 뭉툭하다. 등지느러미는 삼각형이다. 가장 큰 특징은 삽 모양의 납작한 이빨이다. 활동적인 포식자로 물고기, 오징어, 갑각류를 사냥하고 소리로 의사소통을 한다.

1.7~2.5m

까치돌고래
Phocoenoides dalli
북태평양에 서식하는 매우 활동적인 쇠돌고래로 몸은 통통하고 2가지 색상을 띠며 머리는 작다. 먼바다를 선호한다.

둥그스름한
큰 등지느러미

1.5~2.5m

나이가 들면서
넓어지는 것으로
보이는 흰 면

안경돌고래
Phocoena dioptrica
아남극 지역에서 드물게 보이지만 선명하게 경계 진 색깔로 쉽게 구별된다. 윗면의 짙은 남색 피부는 수면 위에서 관찰하기 어렵게 만든다.

울퉁불퉁한 융기 부위

꼬리지느러미

1.4~1.7m

상괭이
Neophocaena phocaenoides
중국의 민물에 서식하는 개체군을 포함해 아시아의 연안 해역에서 두루 관찰되는 이 쇠돌고래는 등지느러미 대신 울퉁불퉁하게 낮은 융기 부위가 있다.

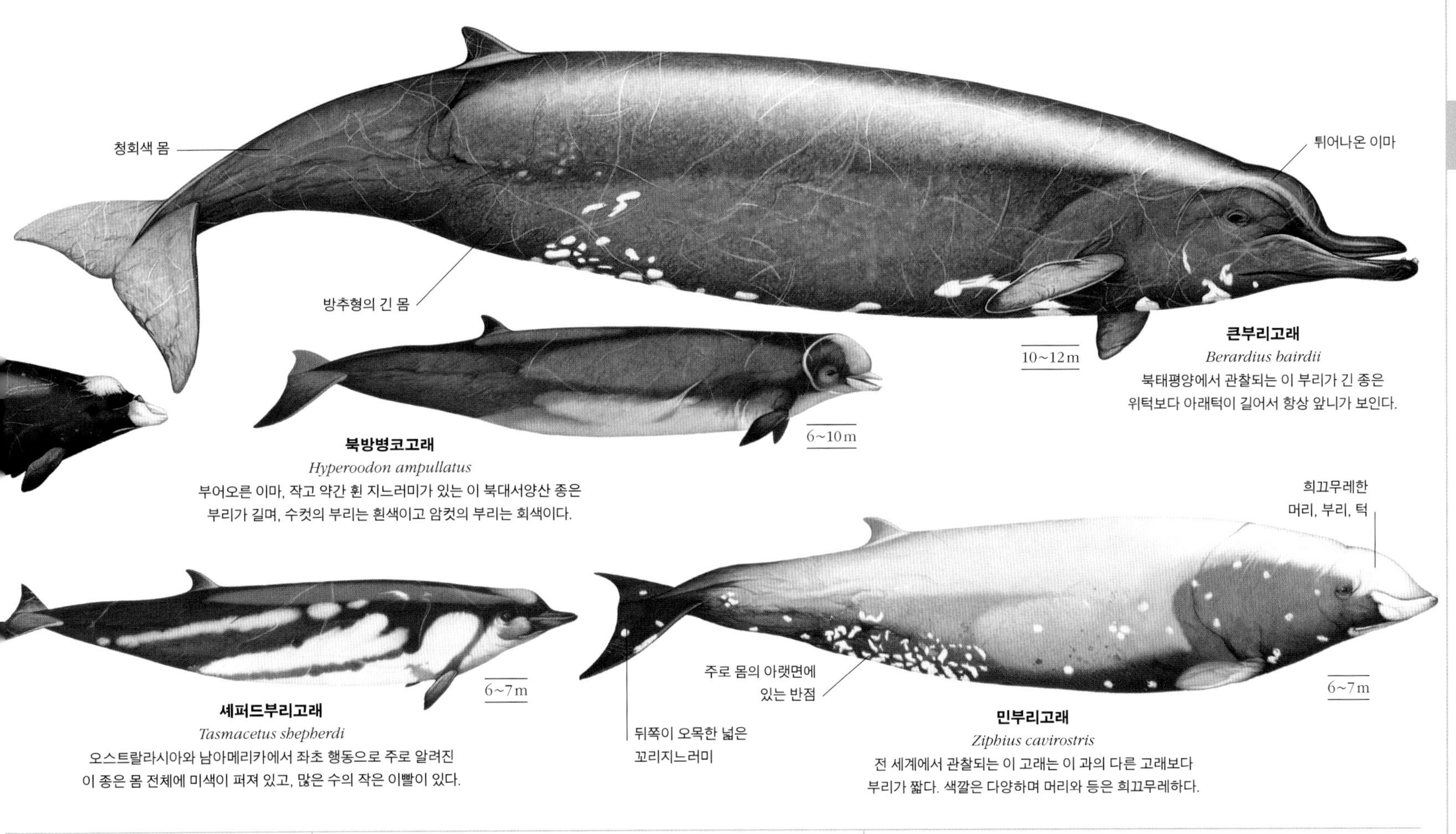

큰부리고래
Berardius bairdii
북태평양에서 관찰되는 이 부리가 긴 종은 위턱보다 아래턱이 길어서 항상 앞니가 보인다.

북방병코고래
Hyperoodon ampullatus
부어오른 이마, 작고 약간 흰 지느러미가 있는 이 북대서양산 종은 부리가 길며, 수컷의 부리는 흰색이고 암컷의 부리는 회색이다.

셰퍼드부리고래
Tasmacetus shepherdi
오스트랄라시아와 남아메리카에서 좌초 행동으로 주로 알려진 이 종은 몸 전체에 미색이 퍼져 있고, 많은 수의 작은 이빨이 있다.

민부리고래
Ziphius cavirostris
전 세계에서 관찰되는 이 고래는 이 과의 다른 고래보다 부리가 짧다. 색깔은 다양하며 머리와 등은 희끄무레하다.

꼬마향고래와 쇠향고래

꼬마향고랫과는 등지느러미가 심하게 뒤쪽으로 휜 소형 고래이다. 양 눈의 뒤쪽에 색이 연한 초승달 형태의 무늬가 특징인데 아가미를 활짝 벌린 상어처럼 보인다.

꼬마향고래
Kogia breviceps
가장 작은 고래 중 하나인 이 종은 온대 수역과 열대 수역의 깊은 곳에 서식한다. 주로 좌초 행동으로 알려졌다.

쇠돌고래
Phocoena phocoena
북반구에 걸쳐 널리 분포하는 쇠돌고래는 가장 친숙한 고래 중 하나이다. 강 하구에서 종종 관찰되며 때때로 강 위까지 나타난다.

버마이스터돌고래
Phocoena spinipinnis
독특하게 뒤쪽을 향한 등지느러미가 있는 거무스름한 쇠돌고래로 남아메리카의 해안 주변에 가장 많이 분포하는 고래 중 하나이다.

바키타
Phocoena sinus
코르테즈 바다(캘리포니아 만) 특유의 이 종은 가장 작고 가장 희귀한 쇠돌고래로 종종 수심이 얕은 석호에 서식해 수면 위로 등이 튀어나오기도 한다.

일각돌고래와 흰돌고래

외뿔고랫과는 겉모습이 다소 독특한 중형의 두 북극 고래가 포함되어 있는 작은 과이다. 만, 하구, 피오르드에서 관찰되고 유빙을 따라다니며 군집성이 강해서 때때로 수백 마리가 무리를 이루기도 한다. 둘 다 등지느러미가 없으며, 부풀어 오른 둥근 이마로 다양한 범위의 소리를 낼 때 이마의 모양을 바꿀 수 있다.

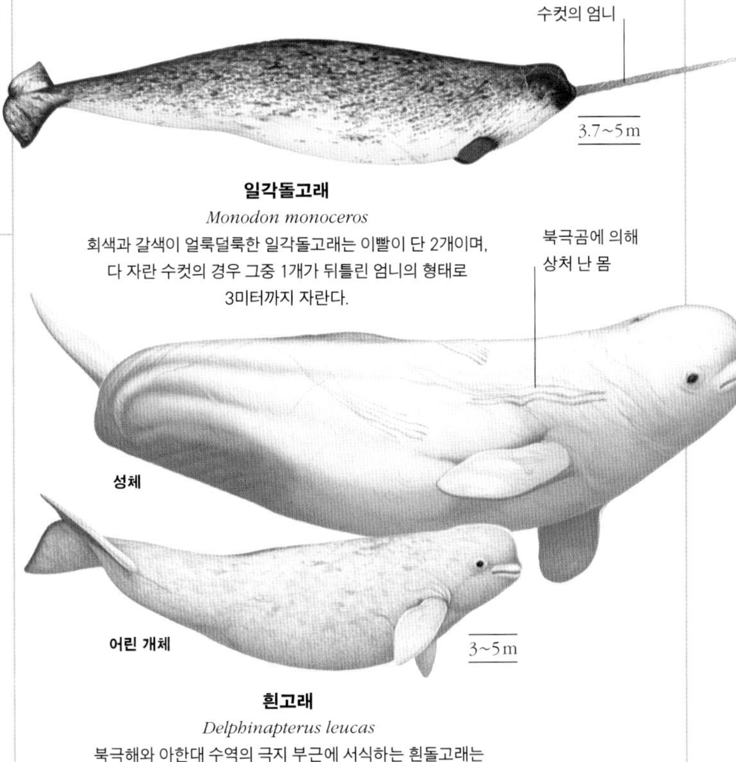

일각돌고래
Monodon monoceros
회색과 갈색이 얼룩덜룩한 일각돌고래는 이빨이 단 2개이며, 다 자란 수컷의 경우 그중 1개가 뒤틀린 엄니의 형태로 3미터까지 자란다.

흰고래
Delphinapterus leucas
북극해와 아한대 수역의 극지 부근에 서식하는 흰돌고래는 겨울에는 유빙 주변과 아래에서 보낸다. 독특하게 성체는 몸 전체가 희다.

참돌고래

전 세계에서 관찰되며 종종 대륙붕 위 얕은 바다에서 모습을 드러내는 참돌고랫과는 일반적으로 약간 휜 등지느러미, 돌출된 부리, 부어오른 이마가 있다. 소형에서 중형으로 색깔과 무늬가 매우 다양하며, 대부분 주로 물고기를 먹고 무리를 지어 이동한다.

모래시계돌고래
Lagenorhynchus cruciger
아남극권에 서식하며 모습을 잘 보이지 않는 돌고래로 측면에 2개의 흰 부분이 있다. 참고래와 함께 어울려, 포경선에서 참고래의 위치를 찾기 위해 이 돌고래를 이용하고는 했다.

흰부리돌고래
Lagenorhynchus albirostris
이 북대서양 종은 매우 약동적이며 자주 배의 선수파를 탄다. 심하게 휜 등지느러미와 두껍고 희끄무레한 주둥이가 있다.

대서양흰줄무늬돌고래
Lagenorhynchus acutus
차가운 북대서양에서만 서식하는 이 돌고래는 윤곽이 뚜렷한 검은색, 회색, 흰색의 반점과 측면에 노란 줄무늬가 있다.

흰배낫돌고래
Lagenorhynchus obscurus
남반구에 걸쳐 연안 해역에 널리 분포하는 이 돌고래는 사교적이며 활발하고 약동적으로 행동해 먹이를 먹으면서 자주 도약한다.

큰머리돌고래
Grampus griseus
독특하게 둥그스름한 머리가 있고 몸은 주로 회색이지만 나이를 먹으면서 점차 밝아지고 상처가 생긴다. 부리가 없으며 등지느러미는 낫 모양이다.

펄돌고래
Lagenorhynchus australis
남아메리카 남부 인근 해안에서 관찰되는 이 돌고래는 흑백돌고래속의 종처럼 하얀 '겨드랑이' 무늬가 있어서 흑백돌고래속과 매우 가까운 것으로 여겨진다.

머리코돌고래
Cephalorhynchus commersonii
남아메리카 남부 주변의 바다와 인도양에서 서식하는 얼룩무늬가 있고 부리가 없는 작은 돌고래로 수영과 도약 실력이 매우 뛰어나다. 꼬리지느러미는 넓고 뭉툭하다.

사라와크돌고래
Lagenodelphis hosei
매우 사교적인 종으로 남반구의 심해에서 관찰된다. 지느러미발과 등지느러미, 부리는 다부진 체격에 비해 작은 편이다.

헥토르돌고래
Cephalorhynchus hectori
뉴질랜드 바다에서만 관찰되며 이 과 중에서 가장 작은 종이다. 등지느러미는 둥글며 뒤쪽 끝이 움푹 들어가 있다.

투쿠시
Sotalia fluviatilis
아마존 유역의 강에 서식하지만 대양에 서식하는 종과 관련이 있다. 몸집이 작은 큰돌고래처럼 생겼다.

짧은부리참돌고래
Delphinus delphis
종종 큰 무리를 구성하는 이 돌고래는 모래시계 같은 측면의 무늬가 특징적이며 물 밖으로 도약할 때 쉽게 볼 수 있다.

강돌고래

보토과에는 아마존강돌고래 세 종이 있으며, 폰토프리이다이과(Pontoporiidae)의 프란시스카나처럼 작은 눈과 튀어나온 이마, 긴 부리로 구별한다. 이들은 인도강돌고래처럼 길고 얇은 부리가 있지만, 입을 다물고 있을 때는 이빨이 보이지 않는다.

아마존강돌고래
Inia geoffrensis
가장 큰 강돌고래인 이 종은 등지느러미가 없는 것으로 구별되며 종종 분홍색을 띤다. 서식 범위가 투쿠시와 겹친다.

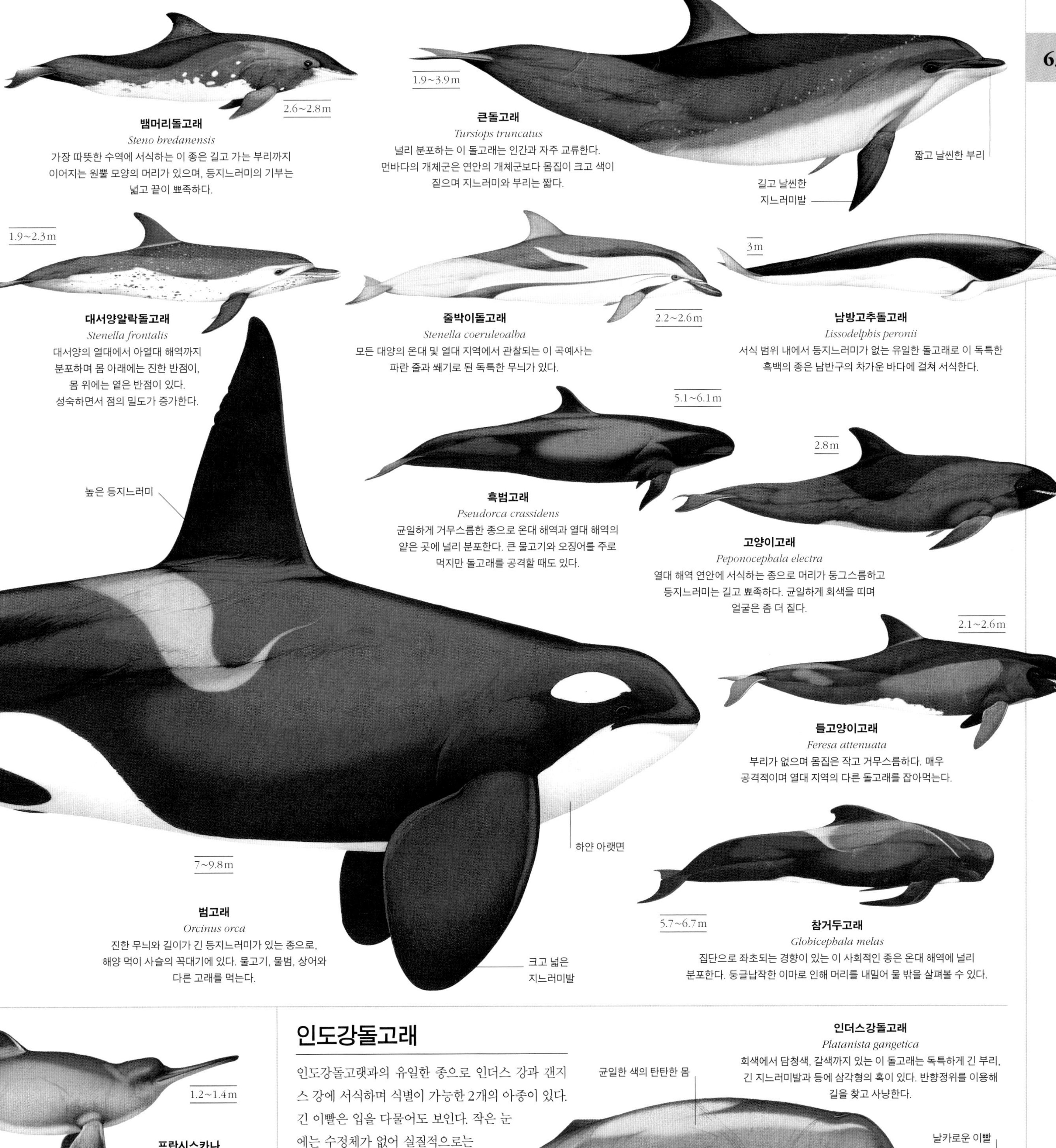

뱀머리돌고래
Steno bredanensis
가장 따뜻한 수역에 서식하는 이 종은 길고 가는 부리까지 이어지는 원뿔 모양의 머리가 있으며, 등지느러미의 기부는 넓고 끝이 뾰족하다.

큰돌고래
Tursiops truncatus
널리 분포하는 이 돌고래는 인간과 자주 교류한다. 먼바다의 개체군은 연안의 개체군보다 몸집이 크고 색이 짙으며 지느러미와 부리는 짧다.

대서양알락돌고래
Stenella frontalis
대서양의 열대에서 아열대 해역까지 분포하며 몸 아래에는 진한 반점이, 몸 위에는 옅은 반점이 있다. 성숙하면서 점의 밀도가 증가한다.

줄박이돌고래
Stenella coeruleoalba
모든 대양의 온대 및 열대 지역에서 관찰되는 이 곡예사는 파란 줄과 쐐기로 된 독특한 무늬가 있다.

남방고추돌고래
Lissodelphis peronii
서식 범위 내에서 등지느러미가 없는 유일한 돌고래로 이 독특한 흑백의 종은 남반구의 차가운 바다에 걸쳐 서식한다.

흑범고래
Pseudorca crassidens
균일하게 거무스름한 종으로 온대 해역과 열대 해역의 얕은 곳에 널리 분포한다. 큰 물고기와 오징어를 주로 먹지만 돌고래를 공격할 때도 있다.

고양이고래
Peponocephala electra
열대 해역 연안에 서식하는 종으로 머리가 둥그스름하고 등지느러미는 길고 뾰족하다. 균일하게 회색을 띠며 얼굴은 좀 더 짙다.

들고양이고래
Feresa attenuata
부리가 없으며 몸집은 작고 거무스름하다. 매우 공격적이며 열대 지역의 다른 돌고래를 잡아먹는다.

범고래
Orcinus orca
진한 무늬와 길이가 긴 등지느러미가 있는 종으로, 해양 먹이 사슬의 꼭대기에 있다. 물고기, 물범, 상어와 다른 고래를 먹는다.

참거두고래
Globicephala melas
집단으로 좌초되는 경향이 있는 이 사회적인 종은 온대 해역에 널리 분포한다. 둥글납작한 이마로 인해 머리를 내밀어 물 밖을 살펴볼 수 있다.

인도강돌고래

인도강돌고랫과의 유일한 종으로 인더스 강과 갠지스 강에 서식하며 식별이 가능한 2개의 아종이 있다. 긴 이빨은 입을 다물어도 보인다. 작은 눈에는 수정체가 없어 실질적으로는 장님이다.

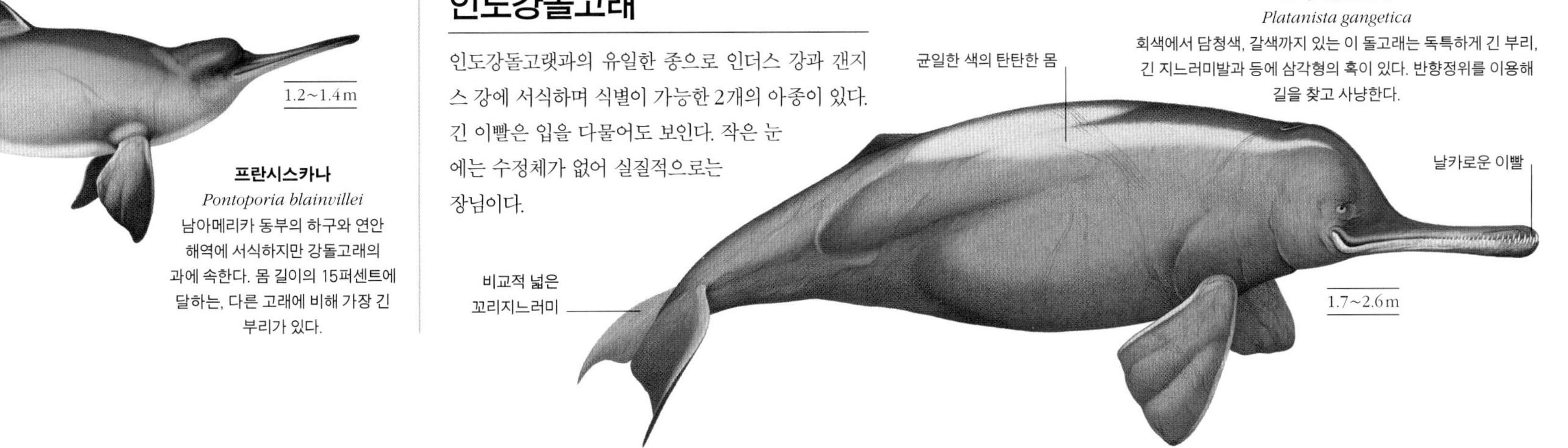

프란시스카나
Pontoporia blainvillei
남아메리카 동부의 하구와 연안 해역에 서식하지만 강돌고래의 과에 속한다. 몸 길이의 15퍼센트에 달하는, 다른 고래에 비해 가장 긴 부리가 있다.

인더스강돌고래
Platanista gangetica
회색에서 담청색, 갈색까지 있는 이 돌고래는 독특하게 긴 부리, 긴 지느러미발과 등에 삼각형의 혹이 있다. 반향정위를 이용해 길을 찾고 사냥한다.

용어 해설

가슴(thorax)
절지동물의 가운데 부분. 가슴 부분에는 강력한 근육이 있으며 다리와 날개가 위치한다. 사지를 가진 척추동물의 가슴(chest)에 대응하는 부위이다.

가슴지느러미(pectoral fin)
물고기의 몸 앞부분, 대개 머리 바로 뒤에 달려 있는 2쌍의 지느러미 중 1쌍. 가슴지느러미는 대개 운동성이 높아서 방향을 조종하는 데 사용된다.

가지뿔(antler)
사슴뿔. 사슴류의 머리 위에 단단하게 자란 부분. 일반 뿔과는 달리 가지뿔은 가지가 있고, 대부분 번식기와 관련되어 매년 주기적으로 새로 자라고 떨어진다.

가축화(domesticated)
완전히 또는 부분적으로 인간의 규제를 받는 동물. 어떤 동물은 야생의 상태와 똑같이 보이지만, 많은 종이 자연에서는 관찰되지 않는 인위적인 품종으로 교배된다.

각섬석(amphibole)
흔한 조암 광물로, 종종 복잡한 구성을 갖는다. 대부분이 철마그네시아 규산염이다.

갈라진 발굽 동물(cloven-hoofed)
반으로 나누어진 것처럼 보이는 발굽을 가진 동물. 사슴류 및 영양류처럼 대부분의 발굽이 갈라진 동물들은 실제로 발이 두 부분으로 나누어져 양쪽에 위치하고 있다.

갑피(carapace)
무척추동물, 갑각류, 일부 파충류 등 어떤 동물의 등에 있는 딱딱한 보호막. 거북류에서는 몸의 윗부분이 껍데기이다.

겉씨식물(gymnosperm)
나자식물. 씨앗이 열매에 둘러싸이지 않은 종자식물. 많은 겉씨식물이 구과 안에 씨앗을 보관한다. 속씨식물 참조.

겨울깃(eclipse plumage)
일부 조류, 특히 물새에서 번식기가 끝난 이후 수컷에게 나타나는 단순한 깃털 색깔.

견과(nut)
표면이 건조하고 단단한 껍데기가 있으며, 그 속에 대개 1개의 씨가 있는 식물의 열매.

겹눈(compound eye)
각각의 구획으로 나누어진 눈으로 각 구획에는 수정체가 있다. 구획의 수는 수십 개에서 수천 개까지 다양하다. 겹눈은 절지동물의 일반적인 특징이다.

겹잎(compound leaf)
복엽. 엽신(잎몸)이 좀 더 작은 소엽으로 나누어진 잎. 단엽 참조.

고래수염(baleen)
일부 고래에서 볼 수 있는 물에서 먹이를 거르기 위해 사용하는 섬유로 된 물질. 고래수염은 가장자리가 해진 판의 형태로 자라며 고래의 위턱에 매달려 있다. 고래는 수염판으로 먹이를 가둔 후에 먹이를 삼킨다.

고유종(endemic)
섬, 숲, 산, 행정 구역 또는 국가와 같은 특정한 지리적 지역이 원산지인 종으로 그 지역 이외에는 관찰되지 않는다.

고치(cocoon)
명주로 만들어진 집. 많은 곤충이 번데기가 되기 전에 고치를 만들고, 거미는 알을 감싸기 위해 고치를 짓는다.

공생(symbiosis)
생태계 내에서 서로 다른 두 종이 갖는 모든 관계. 포식자와 피식자의 관계, 기생 생물과 숙주의 관계 및 상리 공생 등을 모두 포함한다.

과실체(fruitbody)
균류에서 포자를 생산하는 과육이 두툼한 구조로 일반적으로 버섯(주름버섯)이나 선반형 균류의 형태를 띤다.

관목(shrub)
여러 개의 줄기가 있는 목질의 다년생 식물.

광택(lustre)
광물의 표면에서 빛이 반사되어 나타나는 반짝이는 모습.

광합성(photosynthesis)
생물이 빛 에너지를 이용해 먹이와 산소를 만들어 내는 과정. 식물, 조류, 많은 미생물이 광합성을 한다.

교목(tree)
대개 정교한 줄기가 있고 위 부분에 가지가 난 다년생의 목본 식물.

구과(cone)
포자, 밑씨, 꽃가루를 생산하는 포엽 또는 껍질이 모여 구성된 식물의 생식 기관. 구과는 다양한 나무, 특히 소나무에서 관찰된다.

구근(bulb)
변형된 잎으로 구성된 땅속에 있는 식물의 순. 휴면 상태나 무성 생식 동안 영양분을 저장한다.

군집(colony)
함께 생활하고 생존을 위해 업무를 분담하기도 하는, 같은 종으로 이루어진 동물의 집단. 일부 군집 생활을 하는 종(특히 수생 무척추동물)에서 군집의 개체는 평생을 함께 붙어 다닌다. 개미, 꿀벌, 말벌류와 같은 다른 종에서는 각 개체가 독립적으로 먹이를 모으지만 같은 둥지에서 생활한다.

균근(mycorrhiza)
균류와 식물 뿌리 사이의 상리 공생적 결합물. 균류는 당을 얻고 식물은 균류의 긴 균사체를 통해 미네랄 흡수를 증가시킬 수 있다.

균사(hypha)
균류의 몸체를 구성하는 미세한 실 모양의 구조. 많은 균사가 균사체로 알려진 덩어리로 이루어져 있다.

균사체(mycelium)
균류의 몸을 구성하는 실 모양의 균사 덩어리.

균포(volva)
균류 자실체의 대 기부 부분에 있는 주머니 모양의 베일 잔존물.

기공(stoma)
식물 표면에 있으며 크기를 조절할 수 있는 작은 구멍으로 광합성과 호흡에 필요한 기체를 교환한다.

기관(organ)
특정 기능을 수행하는 신체의 구조. 예를 들어 심장, 피부 또는 잎 등을 말한다.

기관계(tracheal system)
미세한 관으로 이루어져 있으며 절지동물(곤충 등)에서 체내에 산소를 공급하기 위한 구조물이다. 기관(spiracle)이라 불리는 구멍을 통해 들어온 공기는 기관계를 통해 각각의 세포로 전달된다.

기름지느러미(adipose fin)
어류의 등지느러미 뒤쪽에 있는 작은 지느러미. 주로 피부로 덮인 지방 조직이다.

기문(spiracle)
일부 어류의 눈 뒤에 있는 구멍으로 아가미로 물이 들어가는 구멍이다. 다른 곤충이나 다족류에서는 기관계에 공기가 들어가도록 체벽에 뚫려 있는 구멍을 말한다.

기생 생물(parasite)
다른 숙주 생물의 위 또는 체내에 살며 숙주로부터 영양분 등을 빨아 먹어 피해를 주는 생물. 기생 생물은 대부분 숙주보다 크기가 작으며 엄청난 수의 자손을 만들어 내는 복잡한 생활사를 가지고 있다. 기생 생물은 종종 숙주를 약화시키지만 대개 죽이지는 않는다.

기저속씨식물(basal angiosperm)
현화식물의 주요 진화 계통에서 다른 식물보다 먼저 분기되어 원시적인 특징을 가진 식물이 속하는 5개의 목. 수련류가 포함된다.

꽃(flower)
현화식물의 가장 큰 생식 기관. 일반적으로 꽃받침, 꽃잎, 수술, 심피로 구성된다.

꽃가루(pollen)
종자식물이 만들어 내는 작은 알갱이로 현화식물이나 겉씨식물의 난세포를 수정시키는 정세포가 들어 있다.

꽃덮개(perianth)
화피. 꽃(꽃받침과 꽃잎이 둥근 모양으로 배열된 것)의 바깥쪽 둥근 구조물 2겹을 가리키는 것으로 특히 꽃받침과 꽃잎이 분화되지 않은 경우를 가리킨다.

꽃받침(calyx)
꽃받침 조각이 돌려나기로 자란 꽃 외부의 컵처럼 생긴 부분.

꽃받침 조각(sepal)
꽃의 꽃잎을 받치는 부분으로 대개 작은 잎 모양이며 꽃이 피기 전의 봉오리를 감싸고 있다.

꽃밥(anther)
현화식물(꽃식물)의 꽃가루를 생산하는 수술에 있는 꼬투리 모양의 구조.

꽃부리(corolla)
화관. 꽃잎을 구성하고 있는 꽃 내부에서 돌려나기로 자란 부분.

꽃잎(petal)
꽃의 화관부(corolla)를 구성하는 개개의 구조물. 대개 수분을 하는 동물을 유혹하기 위해 화려한 색을 가지고 있다.

꽃차례(inflorescence)
무리꽃송이나 하나의 꽃.

낙엽성(deciduous)
계절에 따라 나뭇잎이 떨어지는 식물. 많은 온대 식물이 겨울에 잎을 떨어뜨린다.

난생(oviparous)
알을 낳아 번식하는 방법.

내골격(endoskeleton)
주로 뼈로 구성된 내부 골격. 외골격과는 달리 이런 골격의 종류는 몸의 나머지 부분과 보조를 맞춰 자랄 수 있다.

내부 기생충(endoparasite)
체내 기생충. 다른 생물의 몸 안에 기생해 살아가는 생물. 먹이의 일부를 훔치거나 조직을 직접 먹는다. 내부 기생충은 여러 가지 숙주에 적응하는 복잡한 생활사를 가진다.

내온성(endothermic)
외부 조건에 상관없이 체온을 일정하고 따뜻하게 유지할 수 있는 능력. 온혈성으로도 알려져 있다.

님프(nymph)
곤충의 유충의 일종으로 성체와 비슷한 모양을 하고 있으나 제 기능을 하는 날개나 생식 기관이 없는 미성숙한 단계를 말한다. 님프는 탈피할 때마다 조금씩 형태가 바뀌는 불완전 변태를 통해 성체가 된다.

다년생(perennial)
대개 1년 이상 생존하는 식물을 말한다.

단백질(protein)
고기, 물고기, 치즈, 콩 등의 음식에 들어 있는 성분으로 성장 및 다양한 필수 생물학적 기능을 수행하는 데 사용되는 물질.

단성 생식(parthenogenesis)
수정되지 않은 난세포가 어린 동물로 발달해 모체와 유전적으로 동일한 자손을 만들어 내는 번식 방법. 자웅 이체인 동물이 단성 생식에 의해 만들어 낸 자손은 언제나 암컷이다. 무척추동물에서 흔하다.

담자기(basidium)
버섯 및 근연종(담자균류)의 포자를 생산하는 곤봉처럼 생긴 미세한 구조.

대지족(zygodactyl feet)
두 번째 발가락과 세 번째 발가락은 앞을 향하고, 첫 번째와 두 번째 발가락은 뒤를 향해 쌍을 이루고 있는 특수한 형태의 발. 새가 나무줄기 등의 수직 표면을 기어오르거나 매달리기 쉽도록 적응한 것이다. 앵무새, 뻐꾸기, 부채머리, 올빼미, 왕부리새, 딱따구리와 그 근연종들이 대지족류에 속한다.

더듬이(antenna)
절지동물 및 연체동물과 같은 일부 무척추동물의 머리 위에 있는 감각 기관. 더듬이는 항상 쌍으로 존재하며, 촉각, 소리, 열, 맛을 감지할 수 있다. 크기와 형태는 활용 방법에 따라 매우 다양하다.

덩굴 식물(climber)
바위나 나무와 같은 수직면을 지지대로 이용해 자라는 식물. 덩굴 식물은 다른 식물로부터 영양분을 얻지 않지만 빛을 차단해 식물을 약해지게 할 수 있다.

동면(hibernation)
겨울잠. 겨울에 이루어지는 비활동 상태의 기간. 동면 기간에는 에너지를 절약하기 위해 동물의 신체 활동을 낮은 수준으로 떨어뜨린다.

두발 동물(bipedal)
두 다리로 이동하는 동물.

뒷지느러미(anal fin)
물고기의 아래쪽, 항문 뒤에 있으며 쌍으로 되어 있지 않은 지느러미.

등지느러미(dorsal fin)
물고기의 쌍으로 되어 있지 않은 지느러미. 물고기의 등에 있다.

디엔에이(DNA, deoxyribonucleic acid)
디옥시리보 핵산. 살아 있는 모든 생물의 세포 안에서 관찰되는 화학 물질로 유전 특징을 결정한다.

렉(lek)
수컷(특히 새)들이 모여서 구애를 위해 공동으로 과시 행동을 하는 장소. 여러 해 동안 동일한 장소를 이용하곤 한다.

마그마(magma)
지하에 존재하는 용융된 암석.

매개체(vector)
질병을 일으키는 기생 생물을 한 숙주에서 다른 숙주로 옮기는 생물.

맹금류(raptor)
육식성 조류.

맹장(caecum)
소화관에 달린 작은 주머니로 식물성 먹이를 소화시킨다.

먹이 사슬(food chain)
각각의 동물이 다음 동물에 먹히는 것을 보여 주는 생물들의 연결 고리를 말한다.

목련분계군(magnoliidae)
현화식물의 하위 분류군으로 꽃잎과 꽃받침이 분화되어 있지 않으며 화피 조각(tepal)만을 가지고 있는 원시적인 4개의 목으로 구성된다.

목본 식물(woody plant)
목질부, 즉 두꺼운 벽으로 이루어진 물관으로 구성된 식물에서 발견되는 강화된 조직을 가진 식물.

무기물(inorganic)
탄소 원소를 기반으로 하지 않는 화학 물질.

무성 생식(asexual reproduction)
단 1개체만이 관여해 유전적으로 서로 동일한 자손(클론)을 생산하는 번식법. 미생물, 식물, 무척추동물에서 가장 흔하다.

물질대사(metabolism)
대사, 신진대사. 동물의 체내에서 일어나는 모든 화학 반응의 집합. 이 반응들의 일부는 먹이를 분해해 에너지를 발생시키고 다른 반응은 에너지를 사용해 근육을 수축시키는 등의 여러 가지 작용을 한다.

미네랄(mineral)
자연에 존재하는 무기물로서 일정한 화학 조성과 규칙적인 원자 구조를 가진 물질이다.

미상꽃차례(catkin)
꽃이 매달려 무리지어 달리는 꽃차례로 보통 같은 성별로 이루어진 단순한 꽃으로 이루어져 있다.

미토콘드리아(mitochondria)
진핵 세포 내에서 호흡을 담당하고 있는 과립상의 기관. 산소를 소모해 에너지를 발생시킨다.

밑씨(ovule)
종자식물의 난세포가 담긴 구조물. 속씨식물에서는 씨방에 담겨 있지만 겉씨식물에서는 노출되어 있다. 수정이 끝나면 씨앗이 된다.

반추 동물(ruminant)
여러 개의 위로 구성된 특수한 소화계를 가지고 있으며 발굽이 있는 동물. 여러 개의 위(특히 제1위) 중 하나에 많은 양의 미생물이 살고 있어 식물성 먹이의 소화를 돕는다. 소화를 촉진하기 위해 대개 일부 소화된 음식물을 다시 역류시켜 씹는데 이를 되새김질이라고 한다.

반향정위(echolocation)
고주파 음성의 파동을 이용해 가까운 곳의 물체를 파악하는 방법. 소리의 울림은 물체나 다른 동물로부터 반사되어 소리를 보내는 동물이 주변 모습을 그릴 수 있게 한다. 일부 박쥐와 동굴에 서식하는 새, 이빨고래가 이용한다.

발아(germination)
씨앗이나 포자가 성장을 시작하는 발달 단계.

배설강(cloaca)
몇몇 체내 기관을 공유하는 몸의 뒤쪽으로 향한 구멍. 경골어류 및 양서류와 같은 일부 척추동물에서는 내장, 신장, 번식 기관 모두 이 구멍으로 이용되며, 대부분은 주로 배설용으로 이용한다.

배아(embryo)
발달의 가장 기초 단계에 있는 어린 동물이나 식물.

배지느러미(pelvic fin)
물고기의 몸 뒤쪽에 있는 1쌍의 지느러미로 대개 몸 아래쪽에 달려 있으며 드물게 머리 근처에 있는 경우도 있으나 대개는 꼬리에 가까운 곳에 있다. 대개 몸의 균형을 잡는 데 사용된다.

번데기(pupa)
곤충에서 유충의 형태가 사라지고 성체로 완전 변태하는 단계. 곤충이 번데기 단계가 되면 대개 먹이도 먹지 않고 움직일 수도 없으나, 일부 종의 번데기는 건드리면 꿈틀거리기도 한다. 단단한 껍데기로 보호되며 비단실로 싸여 있는 경우도 있다.

벌레혹(gall)
충영 또는 혹병. 식물에서 다른 생물(균류나 곤충)에 의해 유도된 종양처럼 성장한 부분. 벌레혹이 형성되면 동물들은 안전한 공간을 확보하고 먹이를 쉽게 찾을 수 있다.

베일(veil)
균류의 자실체를 보호하는 얇은 껍질 또는 그물 모양의 조직.

변성암(metamorphic rock)
암석의 성질이 열, 압력 또는 둘 다에 의해 변성되어 형성된 새로운 광물로 이루어진 새로운 암석.

변태(metamorphosis)
많은 동물(특히 무척추동물)에서 어린 동물이 성체가 될 때 일어나는 체형의 변화. 곤충의 경우 완전 변태와 불완전 변태가 있다. 완전 변태는 번데기라고 불리는 휴면 상태에서 이루어지는 완전한 형태 변화를 포함한다. 불완전 변태는 덜 극단적인 일련의 변화를 포함하며 어린 동물이 탈피할 때마다 일어난다.

보호색(cryptic coloration)
동물을 주위 환경으로부터 구별해 보기 어렵게 만드는 색깔과 무늬.

복갑(plastron)
거북과 땅거북의 껍데기의 배 부분.

복제 생물(clones)
유전적으로 똑같은 개체들. 완전히 똑같은 유전자를 공유하는 둘 또는 그 이상의 동일한 생물.

부과(accessory fruit)
위과 또는 덧과실. 꽃의 씨방 및 꽃의 비대한 기부와 같은 다른 구조에서 자란 열매. 사과와 무화과가 대표적인 예이다.

부레(swim bladder)
대부분의 경골어류가 부력을 조절하기 위해 사용하는 공기가 가득 찬 주머니. 주머니 속의 압력을 조절함으로써 물고기가 떠오르거나 가라앉지 않은 채 물속에서 몸을 유지할 수 있다.

부리(beak)
가늘게 돌출된 1쌍의 턱으로 보통 이빨이 없다. 부리는 조류, 거북류, 일부 고래를 포함해 많은 척추동물의 분류군에서 독자적으로 발달했다.

브로멜리아드(bromeliad)
파인애플과에 속하는 현화식물. 대부분 열대 아메리카에서만 자란다. 주로 우림 내 다른 나무 위에 붙어 있으면서 영양분은 얻지 않는 다우림 착생 식물로 살아간다. 많은 종의 잎 형태가 장미꽃처럼 방사상의 배열을 하고 있어 빗물을 모을 수 있으며, 나무 위에 액체가 고인 곳은 곤충의 유충이나 올챙이에게 중요한 탁아소 역할을 한다.

뿌리줄기(rhizome)
지하경. 식물의 줄기가 뿌리처럼 땅속으로 뻗어서 새로운 싹을 내는 것.

뿌리혹(root nodule)
콩과 식물의 뿌리에 생기는, 질소 고정 세균이 들어 있는 둥근 혹.

뿔(horn)
포유류에서 볼 수 있는 머리 위 끝이 뾰족하게 자라는 부분. 속이 비고, 종종 휘어져 있다.

사지동물(quadrupedal)
네발 동물. 4개의 다리로 걷는 동물을 말한다.

산란관(ovipositor)
일부 동물, 특히 곤충 암컷의 몸 밖으로 뻗어 있어 알을 낳는 데 사용되는 관.

상록성(evergreen)
계절에 따라 잎이 떨어지지 않는 식물. 대표적인 예로 침엽수가 있다.

상리 공생(mutualism)
생태계 내에서 서로 다른 2종이 서로에게 이익을 주는 관계. 예를 들어 현화식물과 이들의 수분을 도와주는 곤충은 상리 공생 관계이다.

새싹(shoot)
식물에서 대기 중에 나와 있는 부분. 대개 위쪽으로 자라는 새로운 부분을 말한다.

샐리(sally)
새가 나뭇가지 위에 있다가 무척추동물을 잡기 위해 공중으로 짧게 나는 것.

생물 발광(bioluminescence)
살아 있는 유기체로 빛을 발생시키는 현상을 말한다.

생식 세포(gamete)
성세포. 동물에서는 정자거나 무정란.

생태계(ecosystem)
물리적 환경과 함께 같은 서식지에서 살아가는 생물 종의 집합.

생태적 지위(niche)
한 생물이 차지하는 서식지 내에서의 역할과 지위. 2종이 같은 서식지를 공유하더라도 생태적 지위는 서로 다르다.

생활사(life cycle)
하나의 개체가 생식 세포(성세포)에서 죽음에 이르기까지 거치는 일련의 발달 단계를 말한다.

선반형 균류(bracket)
선반 모양으로 난 균류의 자실체.

섬유소(cellulose)
식물에서 관찰되는 복합 탄수화물. 식물을 구성하는 물질로 이용되며 동물들이 소화하기 어려운 탄력 있는 화학 구조로 이루어져 있다. 식물을 먹는 동물은 위 속에서 미생물의 도움으로 섬유소를 분해한다.

성적 이형(sexual dimorphism)
암컷과 수컷의 신체 외형이 다른 것. 자웅 이체인 동물에서는 언제나 암컷과 수컷의 형태가 다르지만 코끼리바다표범처럼 성적 이형도가 높은 종에서는 양성의 외형이 크게 다를 뿐 아니라 몸집도 차이가 많이 난다.

세포 소기관(organelle)
식물 또는 동물 세포의 일부를 구성하는 특화된 구조물.

세포(cell)
생물을 구성하는 가장 작은 단위로 하나의 세포만으로 살아갈 수 있다.

세포질(cytoplasm)
젤리 같은 세포의 내부. 진핵생물의 세포에서 핵 주변에만 분포한다.

속씨식물(angiosperm)
피자식물. 꽃을 피우고 열매 안에 씨앗이 있는 종자식물이다. 겉씨식물(나자식물) 참조.

송곳니(canine tooth)
포유류에서 먹이를 찢거나 붙잡을 수 있는 형태로 된 끝이 날카로운 단일 이빨. 송곳니는 턱 앞쪽에 위치하며, 식육목 동물에서 매우 잘 발달되었다.

수목성(arboreal)
완전히 또는 부분적(반수목성으로 불림)으로 나무에서 생활하는 것.

수술(stamen)
꽃의 웅성 생식기 부분. 긴 섬유상의 기관 끝 부분에 꽃밥이 달려 있다.

수정(crystal)
독특한 외형과 특정 물리적 특징 및 광학 특징을 가진 단단한 내부 원자 구조를 가진 고체.

수정(fertilization)
난자와 정자의 결합으로 새로운 생물로 발달할 수 있는 세포를 만든다.

숙주(host)
기생 생물이나 공생 생물에게 영양분을 제공하는 생물로 기생 생물은 숙주의 내부나 외부에 서식한다.

순판(scute)
등딱지. 일부 동물의 몸을 덮고 있는 골질의 방패 모양 판 또는 비늘.

식충 동물(insectivore)
곤충을 주식으로 하는 동물.

심피(carpel)
꽃의 자성 생식 기관으로 씨방, 암술대, 암술머리로 나누어진다. 암술로도 알려져 있다.

쌍떡잎식물(discot, dicotyledon)
떡잎이 2개인 현화식물의 집단.

씨앗(seed)
종자식물의 발달 단계 중 하나로 껍질에 싸인 배아로 구성된다.

아가미(gill)
물고기, 양서류, 갑각류, 연체동물의 경우, 물에서 산소를 흡수하는 데 이용하는 기관. 폐와는 달리 아가미는 몸의 외부에서 자란다. 균류에서는 주름버섯의 갓 아래에 있는 포자를 생산하는 날 모양의 구조가 아가미에 해당한다.

알줄기(corm)
구경. 줄기의 기부가 부풀어 오른 형태의 땅속에 있는 식물의 저장 기관.

알칼로이드(alkaloid)
특성 식물이나 균류가 생산하는 맛이 쓰고 간혹 독성이 있는 화학 물질.

암석(rock)
하나 이상의 광물로 이루어진 물질.

암수한그루(monocot, monocotyledon)
자웅 동주. 한 개체 내에 암꽃과 수꽃이 따로 발육하는 식물.

앞니(incisor tooth)
포유류의 턱 앞쪽에 있는 납작한 이빨로 자르거나 물어뜯는 데 적합한 형태이다.

야생화(feral)
가축화된 품종이지만 이후 야생에서 생활하게 된 동물. 도심지의 비둘기, 고양이, 야생마 등이 대표적인 예이다.

어금니(molar tooth)
포유동물에서 턱 안쪽에 있는 이빨. 어금니의 표면은 평평하거나 골이 파여 있으며 뿌리가 깊다. 대개 먹이를 씹는 데 사용된다.

연골(cartilage)
물렁뼈. 척추동물의 골격을 구성하고 있는 고무 같은 물질. 대부분의 척추동물에서 관절을 형성하지만 연골어류에서는 전체 뼈대를 구성한다.

열매(fruit)
꽃의 씨방에서 발달하고 1개 이상의 씨앗을 포함하고 있는 식물의 다육이 두툼한 구조. 열매는 장과류처럼 단순할 수도 있고 별개의 꽃의 열매가 융합되어 복잡할 수 있다. 부과 참조.

열수 광맥(hydrothermal vein)
암석의 화성 활동으로 가열된 물에 의해 변질되거나 침전된 판 모양의 물질 덩어리.

열육치(carnassial tooth)
포유류 중 식육목 동물에서 고기를 자를 수 있도록 발달된 낫처럼 생긴 위쪽 작은 어금니와 아래쪽 어금니.

염색체(chromosome)
유전 정보(DNA)를 담고 있는 세포 내 미세한 실처럼 생긴 구조.

엽록소(chlorophyll)
광합성을 위해 빛 에너지를 흡수하는 엽록체에서 관찰되는 녹색 색소.

엽록체(chloroplast)
광합성을 하는 진핵생물의 세포 안에 있는 과립형 기관. 광합성 참조.

영역(territory)
1개체 또는 일군의 동물이 같은 종의 다른 개체들로부터 방어하는 지역. 영역에는 수컷이 짝을 유혹하는 데 도움이 되는 먹이원 등이 포함된다.

오퍼큘럼(operculum)
덮개 또는 뚜껑. 일부 복족류에서는 동물이 껍데기 속으로 숨은 후 입구를 막는 기능을 한다. 경골어류에서는 아가미 뚜껑을 말한다.

옹이(node)
줄기의 두 부분이 만나는 곳이 부풀어 있는 곳. 옹이에서 잎, 새순, 가지, 꽃 등이 돋는 경우가 많다.

외골격(exoskeleton)
동물의 몸을 지지하고 보호하는 외부 골격. 절지동물의 외골격이 가장 복잡하며, 신축성 있는 관절에서 만나는 단단한 판으로 이루어져 있다. 이런 형태의 골격은 자라지 않고, 주기적으로 탈피하고 교체된다.

외떡잎식물(monocotyledon)
떡잎(cotyledon)을 1장 가지고 있는 현화식물의 일종.

외부 기생충(ectoparasite)
체외 기생충. 다른 생물의 몸 표면에 기생해 살아가는 생물. 일부 동물성 외부 기생충은 평생을 숙주에 붙어살지만, 벼룩과 진드기를 포함한 많은 동물은 다른 곳에서 성장한 뒤 먹이를 찾기 위해 숙주의 몸으로 기어오른다.

외온성(ectothermic)
체온이 주로 주변 환경의 온도에 따라 영향을 받는 것. 변온성으로도 알려져 있다.

용골(keel)
조류의 가슴뼈에 솟아 있는 융기 구조물로 비행에 사용되는 근육이 붙어 있다.

용암(lava)
화산으로부터 분출된 용해된 암석으로 식으면 단단해진다.

원소(element)
더 간단한 화학 형태로 분해될 수 없는 화학 물질.

원핵생물(prokaryote)
세포에 핵을 갖고 있지 않은 생물. 원핵생물에는 고세균과 세균이 있다.

위장(camouflage)
동물이 주위 환경과 동화될 수 있는 색깔이나 무늬. 종종 포식 동물로부터 보호하거나 먹이에 다가갈 때 은폐하는 역할을 한다.

위족(pseudopod)
아메바나 백혈구 같은 세포가 일시적으로 모양을 바꿀 수 있는 것. 앞으로 기어가거나 먹이를 잡는 데 사용된다.

유기물(organic)
탄소 골격을 가진 화학 물질.

유생(larva)
미성숙하지만 독립적이며 그 종의 성체와 형태가 전혀 다른 동물이다. 변태를 통해 성체로 발달한다. 곤충의 경우 번데기라고 불리는 휴면 상태에서 변태가 일어나는 경우가 많다.

유전자(gene)
모든 살아 있는 생물이 가지고 있는 유전의 기본 단위. 일반적으로 특정 단백질을 위한 암호화된 정보를 제공하는 DNA의 부분.

유제류(ungulate)
발굽이 있는 동물.

육상성(terrestrial)
지상성. 전적으로 또는 주로 땅 위에서 생활하는 방식을 말한다.

육식 동물(carnivore)
고기를 먹는 모든 동물을 뜻하기도 하나 식육목에 속하는 포유류를 구분하기 위해 좀 더 제한적으로 사용되기도 한다.

의태(mimicry)
다른 동물이나 나뭇잎, 나뭇가지 등 움

직이지 않는 물체를 닮도록 해 위장하는 형태. 의태는 곤충에서 매우 흔하며, 무해한 종이 물거나 쏘는 위험한 종을 흉내 내는 경우가 많다.

이년생 식물(biennial)
발아에서 죽음까지의 생활상이 2년 안에 끝나는 식물. 일반적으로 첫해에는 영양분을 비축해 다음 철에 번식을 위해 이용하기도 한다.

이동 운동(locomotion)
한 곳에서 다른 곳으로 움직이는 동물들의 다양한 움직임.

이주(migration)
일정한 경로를 따라 다른 지역으로 이동하는 여행. 대부분의 이주성 동물은 번식에 적합한 조건을 찾아서 또는 겨울을 나기 적합한 기후를 찾아 계절에 따라 이동한다.

일년생 식물(annual)
발아에서 죽음까지의 생활사가 한 철 안에 끝나는 식물.

일부다처제(polygamous)
개체가 단일한 번식기 동안 하나 이상의 배우자와 짝짓기를 하는 번식 체계.

일부일처제(monogamous)
번식기 또는 평생 동안 하나의 배우자와만 짝을 짓는 체계. 어린 새끼가 자라는 동안 부모가 돌보는 동물에서 흔히 나타난다.

임신 기간(gestation period)
태생 동물의 수정에서 출산까지의 기간.

입체 시각(stereoscopic vision)
2개의 눈이 앞을 향해 중첩되는 상을 제공함으로써 동물이 원근감을 느끼게 하는 시각. 쌍안시라고도 한다.

잎을 먹는 초식 동물(browser)
초본류보다는 나무나 관목의 잎을 먹는 동물이다.

잎자루(petiole)
엽병. 잎몸을 지지해 줄기에 부착시켜 주는 부분.

자궁(uterus)
포유류의 암컷에서 발달 중인 태아를 보호하고 양분을 공급하는 기관. 태반이 있는 포유동물에서는 태아가 태반을 통해 자궁벽과 연결되어 있다.

자낭(ascus)
자낭균류(자낭균문)에서 포자를 생산하는 주머니 모양의 미세한 구조.

자웅 동체(hermaphrodite)
암수의 번식 기관을 함께 지닌 생물.

자웅 이주(dioecious)
암수딴그루. 암수 부분이 각기 다른 개체에 있는 식물.

작은어금니(premolar tooth)
포유류에서 송곳니와 어금니 사이에 배열된 이빨. 육식 동물에서는 특수하게 발달한 작은어금니가 먹이의 살을 잘라 조각내는 역할을 한다.

잡식 동물(omnivore)
식물과 동물 모두를 주된 먹이원으로 하는 동물.

장과(berry)
하나의 씨방에서 발달한 과육이 두툼하고 씨앗이 많은 열매. 일반적으로 베리로 불리는 많은 과일이 실제 장과가 아닌 복과이다. 산딸기가 대표적인 예이다.

전흉배판(pronotum)
앞가슴등판. 동물의 큐티클에서 가슴 첫째 마디를 덮고 있는 부분으로 단단한 껍데기를 형성한다.

정포(spermatophore)
정자주머니. 수컷에게서 암컷으로 직접 전달되거나 간접적으로(예를 들어 땅 위에 내버려두는) 전달되는 정자 꾸러미. 도롱뇽, 오징어, 일부 절지동물 등에서 만든다.

주둥이(proboscis)
동물의 코 또는 코처럼 생긴 입 부분. 액체를 빨아 먹는 곤충에서는 길고 가느다란 모양이며 사용하지 않을 때는 대개 접어 넣을 수 있다.

주름버섯(agaric)
버섯처럼 생긴 균류의 자실체로, 대와 갓으로 이루어져 있다.

증발암(evaporite deposit)
광물질이 포함된 유동체(보통 바닷물)에서 수분이 증발된 결과로 남은 퇴적암이나 퇴적 물질.

지의류(lichen)
균류와 광합성을 하는 조류가 공생하는 것. 공생 관계를 통해 균류는 당을 얻고 조류는 미네랄을 얻는다.

진정쌍떡잎식물(eudicot, eudicotyledon)
현화식물의 다수를 차지하는 고등한 쌍떡잎 현화식물의 무리.

진핵생물(eukaryote)
세포에 핵이 있는 생물. 원생생물, 균류, 식물, 동물 모두 진핵생물이다.

질소 고정(nitrogen fixation)
대기 중의 질소가 단백질과 같이 좀 더 복잡한 질소 화합물로 변환되는 화학적 과정. 특정 미생물에 의해 이루어진다.

착상 지연(delayed implantation)
포유류에서 난자의 수정과 그 이후의 배아 발달 사이가 지연되는 것. 이런 지연은 먹이의 풍부도와 같은 환경에 따라 출산을 조절해 새끼를 키우는 데 유리하게 한다.

착생 생물(epiphyte)
다른 식물의 표면에 서식하는 식물이나 식물 같은 생물(조류나 지의류와 같은)로 어떤 영양분도 얻지 않는다.

체내 수정(internal fertilization)
번식에서 암컷의 몸 안에서 일어나는 수정의 형태. 체내 수정은 특히, 곤충과 척추동물을 포함하는 많은 육상 동물의 특징이다.

체외 수정(external fertilization)
번식을 할 때 암컷의 몸 밖에서 수정이 되는 형태로 대개 물속에서 이루어지는데 대부분의 어류가 이에 해당한다.

초본 식물(herb, herbaceous plant)
수목(목본성 식물)이 아닌 식물로, 보통 관목이나 나무보다 키가 훨씬 작다.

초본류를 먹는 초식 동물(grazer)
풀이나 조류(algae)를 먹는 동물.

초식 동물(herbivore)
식물이나 조류(algae)를 먹는 동물.

충적 퇴적물(alluvial deposit)
풍화작용으로 모암으로부터 분리된 후 강이나 하천에 침전되어 형성된 충적물.

케라틴(keratin)
머리카락, 발톱, 뿔 등에서 발견되는 질긴 구조 단백질.

콩과 식물(legume)
현화식물 중 콩과에 속하는 식물을 말한다. 뿌리에 질소 고정 세균이 사는 뿌리혹을 만들기 때문에 생태적으로 중요하다.

키틴(chitin)
균류의 세포벽과 특정 동물의 외골격을 구성하는 질긴 탄수화물.

태반(placenta)
동물의 태아가 태어나기 전 모체의 혈류로부터 양분과 산소를 흡수하기 위해 발달시키는 기관.

태생(viviparous)
알이 아닌 새끼를 낳는 번식 형태.

턱(mandible)
대악. 절지동물이 가지고 있는 1쌍의 턱 또는 척추동물에서 아래턱의 전부 또는 일부를 구성하는 뼈를 가리킨다.

털갈이(moult)
환우 또는 탈피. 털, 깃털, 허물을 벗어 새것으로 교체하는 것. 포유류와 조류는 털이나 깃털을 좋은 상태로 유지하거나 보온 정도를 조절하거나 번식에 적합하도록 하기 위해 털갈이를 한다. 곤충 등의 절지동물은 성장을 하기 위해 외골격을 탈피한다.

퇴적암(sedimentary rock)
암석 조각, 유기물 또는 기타 여러 가지 물질이 쌓인 후 단단해져 형성된 암석.

페로몬(pheromone)
같은 종의 다른 동물들에게 영향을 주기 위해 동물이 분비하는 화합물. 대개 공기를 통해 전해지는 휘발성 물질로 일정 거리에 있는 동물에게 반응을 일으킨다.

편리 공생 생물(commensal)
다른 종을 해하거나 도움을 주지 않으면서 그 종과 가까이 생활하는 것.

편모(flagellum)
세포를 추진시키기 위한 채찍 모양으로 된 구조. 편모충류 원생생물에서 이동을 위한 주요 구조이다.

포란(incubation)
조류에서 1마리의 부모 새가 알 위에 앉아 알을 따뜻하게 하는 기간을 말하며, 알이 발달할 수 있게 한다. 포란 기간은 14일 이하에서 몇 달까지 다양하다.

포식자(predator)
다른 동물 즉 먹이를 사냥해 죽이는 동물. 일부 포식자들은 가만히 먹이가 오기를 기다려 공격하지만 대부분은 적극적으로 먹이를 추적해 사냥한다.

포엽(bract)
하나의 꽃이나 무리꽃송이 아래에 난 잎이 변형된 것으로 종종 색이 밝다.

포자체(sporophyte)
식물에서 포자를 만들어 번식하는 단계. 고사리와 종자식물에서 지배적인(가시적인) 단계이다.

플랑크톤(plankton)
대부분 현미경 크기의 작은 생물로서 해수면 등의 개방 수역을 자유롭게 떠돌아다니며 생활하는 생물. 이동 능력이 있는 경우도 있으나 대부분 크기가 너무 작기 때문에 강한 물결에 역행해 이동하지는 못한다. 플랑크톤성 동물을 동물성 플랑크톤이라고 하며 플랑크톤성 조류를 식물성 플랑크톤이라 한다.

핵(nucleus)
진핵 세포의 내부에 있으며 염색체를 담고 있는 구조물.

호르몬(hormone)
몸의 한 부분에서 생산되어 다른 부분의 작용을 바꾸는 화학적 신호.

홀씨(spore)
포자. 전형적인 체세포가 가지고 있는 유전 물질의 절반을 담고 있는 단일 세포. 성세포와 달리 홀씨는 수정을 거치지 않고 스스로 분열해 성장할 수 있다. 균류와 식물에서 만들어진다.

홑잎(simple leaf)
단엽. 엽편이 분리되지 않고 하나로 된 잎.

화석(fossil)
지각에 남은 과거 생명의 흔적. 뼈, 껍데기, 발자국, 배설물, 굴을 파낸 구멍을 포함한다.

화성암(igneous rock)
화산에서 용암이 분출되거나, 지하에서 마그마가 굳어서 형성된 바위.

화피 조각(tepal)
꽃잎과 꽃받침이 분화되지 않은 꽃의 바깥 부분. 화피 조각이 모여 화피(perianth)를 구성한다.

화합물(compound)
화학적으로 서로 반응하는 2개 이상의 원소로 구성된 물질.

효소(enzyme)
모든 살아 있는 생물이 생산해 광합성이나 소화 작용과 같은 화학적 처리 과정을 촉진하는 물질의 집합.

휴면(torpor)
정상 상태보다 대사 속도가 느려져 잠자는 것처럼 된 상태. 동물들은 대개 극심한 추위나 먹이 부족 등으로 인해 생존이 어려운 시기를 넘기기 위해 휴면 상태가 된다.

흔적 기관(vestigial)
퇴화해 기능이 사라졌거나 흔적만 남은 기관.

찾아보기

다

라

사

아

자

차

카

타

파

하

도판 저작권

Consultants at the Smithsonian Institution:

Dr Don E. Wilson, Senior Scientist/Chair of the Department of Vertebrate Zoology;
Dr George Zug, Emeritus Research Zoologist, Department of Vertebrate Zoology, Division of Amphibians and Reptiles;
Dr Jeffrey T. Williams: Collections Manager, Department of Vertebrate Zoology

Dr Hans-Dieter Sues, Curator of Vertebrate Paleontology/Senior Research Geologist, Department of Paleobiology

Paul Pohwat, Mineral Collection Manager, Department of Mineral Sciences;
Leslie Hale, Rock and Ore Collections Manager, Department of Mineral Sciences;
Dr Jeffrey E. Post, Geologist/Curator, National Gem and Mineral Collection, Department of Mineral Sciences

Dr Carla Dove, Program Manager, Feather Identification Lab, Division of Birds, Department of Vertebrate Zoology

Dr Warren Wagner, Research Botanist/Curator, Chair of Botany, and Staff of the Department of Botany

Gary Hevel, Museum Specialist/Public Information Officer, Department of Entomology;
Dana M. De Roche, Department of Entomology

Department of Invertebrate Zoology:
Dr Rafael Lemaitre: Research Zoologist/ Curator of Crustacea;
Dr M. G. (Jerry) Harasewych, Research Zoologist;
Dr Michael Vecchione, Adjunct Scientist, National Systemics Laboratory, National Marine Fisheries Service, NOAA;
Dr Chris Meyer, Research Zoologist;
Dr Jon Norenburg, Research Zoologist;
Dr Allen Collins, Zoologist, National Systemics Laboratory, National Marine Fisheries Service, NOAA;
Dr David L. Pawson, Senior Research Scientist;
Dr Klaus Rutzler, Research Zoologist;
Dr Stephen Cairns, Research Scientist / Chair

Additional consultants:

Dr Diana Lipscomb, Chair and Professor Biological Sciences, George Washington University

Dr James D. Lawrey, Department of Environmental Science and Policy, George Mason University

Dr Robert Lücking, Research Collections Manager/Adjunct Curator, Department of Botany, The Field Museum

Dr Thorsten Lumbsch, Associate Curator and Chair, Department of Botany, The Field Museum

Dr Ashleigh Smythe, Visiting Assistant Professor of Biology, Hamilton College

Dr Matthew D. Kane, Program Director, Ecosystem Science, Division of Environmental Biology, National Science Foundation

Dr William B. Whitman, Department of Microbiology, University of Georgia

Andrew M. Minnis: Systematic Mycology and Microbiology Laboratory, USDA

Dorling Kindersley would like to thank the following people for their assistance with this book:
David Burnie, Kim Dennis-Bryan, Sarah Larter, and Alison Sturgeon for structural development; Hannah Bowen, Sudeshna Dasgupta, Jemima Dunne, Angeles Gavira Guerrero, Cathy Meeus, Andrea Mills, Manas Ranjan Debata, Paula Regan, Alison Sturgeon, Andy Szudek, and Miezan van Zyl for additional editing; Avanika, Helen Abramson, Niamh Connaughton, Sonali Jindal, Anita Kakkar, Nayan Keshan, Chhavi Nagpal, Manisha Majithia, and Claire Rugg for editorial assistance; Sudakshina Basu, Steve Crozier, Clare Joyce, Edward Kinsey, Amit Malhotra, Pooja Pipil, Aparajita Sen, Neha Sharma, Nitu Singh, Sonakshi Sinha, and George Thomas for additional design; Amy Orsborne for jacket design; Richard Gilbert, Ann Kay, Anna Kruger, Constance Novis, Nikky Twyman, and Fiona Wild for proofreading; Sue Butterworth for the index; Claire Cordier, Laura Evans, Rose Horridge, and Emma Shepherd from the DK picture library; Syed Mohammad Farhan, Vijay Kandwal, Ashok Kumar, Nityanand Kumar, Pawan Kumar, Mrinmoy Mazumdar, Shanker Prasad, Mohd Rizwan, Vikram Singh, Bimlesh Tiwary, Anita Yadav, and Tanveer Zaidi for technical support; Mohammad Usman for production; Stephen Harris for reviewing the plants chapter; Dr Gregory Kenicer for his taxonomic advice on plants; and Derek Harvey, for his tremendous knowledge and unstinting enthusiasm for this book.

The publisher would also like to thank the following companies for their generosity in allowing Dorling Kindersley access to their collections for photography:
Anglo Aquatic Plant Co Ltd, Strayfield Road, Enfield, Middlesex EN2 9JE, http://angloaquatic.co.uk; **Cactusland**, Southfield Nurseries, Bourne Road, Morton, Bourne, Lincolnshire PE10 0RH, www.cactusland.co.uk; **Burnham Nurseries Orchids**, Burnham Nurseries Ltd, Forches Cross, Newton Abbot, Devon TQ12 6PZ, www.orchids.uk.com; **Triffid Nurseries**, Great Hallows, Church Lane, Stoke Ash, Suffolk IP23 7ET, www.triffidnurseries.co.uk; **Amazing Animals**, Heythrop, Green Lane, Chipping Norton, Oxfordshire OX7 5TU, www.amazinganimals.co.uk; **Birdland Park and Gardens**, Rissington Rd, Bourton-on-the-Water, Gloucestershire GL54 2BN, www.birdland.co.uk; **Virginia Cheeseman F.R.E.S.**, 21 Willow Close, Flackwell Heath, High Wycombe, Buckinghamshire HP10 9LH, www.virginiacheeseman.co.uk; **Colchester Zoo**, www.colchester-zoo.com; **Cotswold Falconry Centre**, Batsford Park, Batsford, Moreton in Marsh, Gloucestershire GL56 9AB, www.cotswold-falconry.co.uk; **Cotswold Wildlife Park**, Burford, Oxfordshire OX18 4JP, www.cotswoldwildlifepark.co.uk; **Emerald Exotics**; **Shaun Foggett**, www.crocodilesoftheworld.co.uk.

Picture credits
Alamy Images: agefotostock / Marevision 111fbl, 343cra, The Africa Image Library 557, Amazon Images 549, Arco Images GmbH / Huetter C 601, Art Directors & TRIP 143, blickwinkel 144, 146, 188, 307, 325, 326, 569, 615, blickwinkel / Hartl 336clb, Christian Hütter 379bc, Design Pics Inc / Milo Burcham 5ca, 249br, 323br, 506–507, Steffen Hauser / botanikfoto 142, 159tc, Penny Boyd 600, Brandon Cole Marine Photography 521, BSIP SA 93, James Caldwell 267, Rosemary Calvert 20, CuboImages srl 147, Andrew Darrington 291, Danita Delimont 151, Garry DeLong 105, Paul Dymond 458, Emilio Ereza 348, David Fleetham 324, Florapix 148, Florida Images 148, FLPA 547cl, Frank Hecker 328tl, Minden Pictures 621cla, Paulo Oliveira 328cla, 339tr, Poelzer Wolfgang 343cr; Jane Gould 22–23b, Martin Fowler 182, Les Gibbon 305, Rupert Hansen 29, Chris Hellier 143, Imagebroker / Arco / G. Lacz 596cr, Imagebroker / Florian Kopp 580, Indiapicture / P S Lehri 611, Interphoto 29, T. Kitchin & V. Hurst 23, Chris Knapton 27, S & D & K Maslowski / FLPA 28, Jill Morgan 534fcra, Carver Mostardi 567, Tsuneo Nakamura / Volvox Inc 585, The Natural History Museum, London 258, Nature Picture Library / Sue Daly 252cb, National Geographic Image Collection / Joel Sartore 571br, Nic Hamilton Photographic 29, Pictorial Press Ltd, 28, Matt Smith 166, Stefan Sollfors 266, Sylvia Cordaiy Photo Library Ltd 17, Natural Visions 149, Joe Vogan 576, Wildlife GmbH 28, 130, 151, WoodyStock 155; **Maria Elisabeth Albinsson:** CSIRO 95cr, 100bc; **Algaebase.org:** Robert Anderson 104bc, Colin Bates 104tr, Mirella Coppola di Canzano (c) University of Trieste 104cla, Prof MD Guiry 103clb, 104, Razy Hoffman 103bc, E.M.Tronchin & O.De Clerck 104crb; **Ardea:** Ian Beames 545, John Cancalosi 394, John Clegg 259, 272, Steve Downer 316, 566, Jean-Paul Ferrero 274, 511, 601, Kenneth W Fink 563, 612, Francois Gohier 612, Joanna Van Gruisen 610, Steve Hopkin 259, 263, 303, Tom & Pat Leeson 589, Ken Lucas 34, 273, 304, 317, Ken Lucas 595, Thomas Marent 596, John Mason 291, Pat Morris 35, 519, 567, 572, Pat Morris 507, 595, Gavin Parsons 270, David Spears (Last Refuge) 265, David Spears / Last Refuge 271, Peter Steyn 519, Andy Teare 589, Duncan Usher 267, M Watson 374, 610, 624; **Australian National Botanic Gardens:** © M. Fagg 169, B. Fuhrer 111cla; **Nick Baker, ecologyasia:** 566; **Jón Baldur Hlíðberg (www.fauna.is):** 327cr, 338br, 339, 341br, 344c, 509; **Bar Aviad:** Bar Aviad 574; **Michael J Barritt:** 511; **Dr. Philippe Béarez / Muséum national d'histoire naturelle, Paris:** 336tr; **Photo Biopix.dk:** N. Sloth 105, 105, 113, 115, 261, 265, 267, 271, 273, 275, 279, 285, 286, 288, 294, 302; **Biosphoto:** Jany Sauvanet 539; **Ashley M. Bradford:** 293cl; **(c) Brent Huffman / Ultimate Ungulate Images:** Brent Huffman 610, 621; **David Bygott:** 35, 521; **Ramon Campos:** 510; **David Cappaert:** 284tc; **CDC:** Courtesy of Larry Stauffer, Oregon State Public Health Laboratory 93bc, Dr Richard Facklam 93cla, Janice Haney Carr 32cr, 93tc, Segrid McAllister 93cra; **Tyler Christensen:** 302; **Josep Clotas:** 328; **Patrick Coin:** Patrick Coin 263; **Niall Corbet:** 538; **caronsteelephotography.com:** © 6–7; **Corbis:** 13, 22, Theo Allofs 19, 122, 408, Alloy 12, Steve Austin 122, Hinrich Baesemann 424, Barrett & MacKay / All Canada Photos 29, 31, E. & P. Bauer 471, Tom Bean 14, Annie Griffiths Belt 432, Biodisc 33, 238, Biodisc / Visuals Unlimited 286, Jonathan Blair 38, Tom Brakefield 21, 24, 29, Frank Burek 19, Janice Carr 90, W. Cody 19, 107, 118, Brandon D. Cole 321, Richard Cummins 20, Tim Davis 31, Renee DeMartin 24, Dennis Kunkel Microscopy, Inc / Visuals Unlimited 33, 100, Dennis Kunkel Microscopy, Inc. 33, 93, DLILLC 24, 31, 416, 442, Pat Doyle 26, Wim van Egmond 98, Ric Ergenbright 13, Ron Erwin 24, Eurasia Press / Steven Vidler 411, Neil Farrin / JAI 27, Andre Fatras 26, Natalie Fobes 211, Patricia Fogden 354, Christopher Talbot Frank 16, Stephen Frink 350, Jack Goldfarb / Design Pics 19, C. Goldsmith / BSIP 22, Mike Grandmaison 118, Franck Guiziou / Hemis 19, Don Hammond / Design Pics 19, Martin Harvey / Gallo Images 19, 31, Helmut Heintges 24, Pierre Jacques / Hemis 19, Peter Johnson 18, 456, Don Johnston / All Canada Photos 264, Mike Jones 408, Wolfgang Kaehler 18, 26, 238, Karen Kasmauski 27, Steven Kazlowski / Science Faction 16, Layne Kennedy 38, Antonio Lacerda / EPA 15, Frans Lanting 14, 18, 19, 23, 31, 249, 250, 376, 425, 460, 507, Frederic Larson / San Francisco Chronicle 20, Lester Lefkowitz 18, Charles & Josette Lenars 21, Library of Congress - digital ve / Science Faction 28, Wayne Lynch / All Canada Photos 528, Bob Marsh / Papilio 212, Chris Mattison 374, Joe McDonald 354, 533, Momatiuk / Eastcott 31, moodboard 16, 323, 375, Sally A. Morgan 25, Werner H. Mueller 19, David Muench 108, NASA 13, David A. Northcott 389, Owaki - Kulla 15, 19, William Perlman 32, Photolibrary 30, Patrick Pleau / EPA 19, Louie Psihoyos / Science Faction 16, Ivan Quintero / EPA 20, Radius Images 107, 112, Lew Robertson 19, Jeffrey Rotman 19, 332, Kevin Schafer 27, David Scharf / Science Faction 28, Dr. Peter Siver 89, 91, Paul Souders 13, 19, 24, Keren Su 18, Glyn Thomas / moodboard 19, Steve & Ann Toon / Robert Harding World Imagery 415, Craig Tuttle 323, 409, Jeff Vanuga 22, Visuals Unlimited 14, 33, 92, 98, 100, Kennan Ward 13, Michele Westmorland 18, Stuart Westmorland 507, Ralph White 90, Norbert Wu 325, 332, Norbert Wu / Science Faction 320, 323, Yu Xiangquan / Xinhua Press 21, Robert Yin 274, Robert Yinn 322, Frank Young 239, Frank Young / Papilio 211; **Alan Couch:** 511; **David Cowles:** David Cowles at http: / / rosario.wallawalla.edu / inverts 258; **Dick Haaksma:** 111ca; **Greg Kenicer:** 111br; **Whitney Cranshaw:** 290cl; **Alan Cressler:** 262; **Craig Jackson, PhD:** 519cr; **CSIRO:** 336cra; **Matt Carter:** 481bl; **Michael J Cuomo:** www.phsource.us 258; **Ignacio De la Riva:** 365c; **Frank Steinmann:** 362tr; **Dr Frances Dipper:** 252, 253, 253cla; **Jane K. Dolven:** 98bc; **Stepan Koval:** 111cra; **Dorling Kindersley:** Andy and Gill Swash 409cb/Hoatzin, Blackpool Zoo, Lancashire, UK 582–583 (all images), Centre for Wildlife Gardening / London Wildlife Trust 172bc, 174–175 (all images), Colchester Zoo 522–523 (all images), Demetrio Carrasco / Courtesy of Huascaran National Park 145, Frank Greenaway / Natural History Museum, London 291cr, George Lin 409bl, Greg Dean / Yvonne Dean 409cb, 409cb/Cuckoo, Hanne Eriksen / Jens Eriksen 409crb, Jan-Michael Breider 409ca, Natural History Museum, London 284, Roger Charlwood / Liz Charlwood 409c, Roger Tidman 409clb; **Dreamstime.com:** 614, Allnaturalbeth 350cr, Amskad 303, Anolis01 549bl, Amwu 393tr, Anton Zhuravkov 618cb, Antos777 343crb, John Anderson 348, Argestes 162, Michael Blajenov 611, Mikhail Blajenov 619, Steve Byland 534, Bibek Basumatary 149cr, Bluehand 349cb, Bonita Chessier 548, Musat Christian 556, Mzedig 618clb, Clickit 613, Colette6 611, Chonticha Wat 538cla, Ambrogio Corralloni 532, Patrice Correia 600cla, Cosmln 302, David Havel 474–475c, Davthy 547, Dbmz 301, Destinyvispro 621, Docbombay 534, Edurivero 612, Henketv 26–27t, Katharina Notarianni 532tl, Stefan Ekernas 557, Stefan Ekernas 507, Michael Flippo 615, Joao Estevao Freitas 263, Geddy 272, Eric Geveart 560, Daniel Gilbey 618, Katerynakon 96cb, Maksum Gorpenyuk 611, Jeff Grabert 597, Morten Hilmer 584, Chien Mu Hou 610crb, Iorboaz 610, Eric Isselee 35, 529, 533, 535, 542, 614, 615, 617, Industryandtravel 385br, Isselee 383cra, 536, 577br, Jontimmer 612, Jemini Joseph 611, Juliakedo 618, Kcmatt 382tr, Valery Kraynov 33, 162, Adam Larsen 509, Sonya Lunsford 611, Stephen Meese 609, Milosluz 263, Jason Mintzer 532, Mlane 170, Nina Morozova 133, 148, Derrick Neill 532, Duncan Noakes 619, outdoorsman 394cb, 591, Pancaketom 569, Pipa100 339clb, Planetfelicity 328cl, 339crb, Natalia Pavlova 581, Shane Myers 323bl, 374–375, Susan Pettitt 603, Xiaobin Qiu 580, Rajahs 584, Laurent Renault 548, Derek Rogers 584, Dmitry Rukhlenko 614, Sdecoret 22bl, Steven Russell Smith Photos 569, Ryszard 303, Benjamin Schalkwijk 556, Olga Sharan 609, Paul Shneider 611, Sloth92 555, 556, Smellme 547, 620, Tatiana Belova 345ca, Nico Smit 596, 617, Nickolay Stanev 617, Tampatra1 12–13c, Vladimirdavydov 294, Oleg Vusovich 585, Leigh Warner 595, Worldfoto 563, Judy Worley 602, Zaznoba 555; **Shane Farrell:** 264cr, 284br; **Carol Fenwick (www.carolscornwall.com):** 104br; **Hernan Fernandez:** 510; **Flickr.com:** Ana Cotta 549, Pat Gaines 586, Sonnia Hill 152, Barry Hodges 131, Emilio Esteban Infantes 131, Marj Kibby 136, Kate Knight 170, Ron Kube, Calgary, Alberta, Canada 587, John Leverton 603, John Merriman 170, Moonmoths 297br, Marcio Motta MSc. Biologist of Maracaja Institute for Mammalian Conservation 597, Jerry R. Oldenettel 161, Jennifer Richmond 159; **Florida Museum of Natural History:** Dr Arthur Anker 518; **Fotolia:** poco_bw 337c; **FLPA:** 30, Nicholas and Sherry Lu Aldridge 105, Ingo Arndt / Minden Pictures 211, 245, 320, Fred Bavendam 313, 328, Fred Bavendam / Minden Pictures 272, 275, 313, 318, 319, Stephen Belcher / Minden Pictures 275, Neil Bowman 563, Jim Brandenburg 575, Jonathan Carlile / Imagebroker 271, Christiana Carvalho 513, B. Borrell Casals 266, Nigel Cattlin 260, 265, Robin Chittenden 312, Arthur Christiansen 535, Hugh Clark 569, D.Jones 272, 312, Flip De Nooyer /

FN / Minden 203, Tiu De Roy / Minden Pictures 584, Tui De Roy / Minden Pictures 404, 410, 612, Dembinsky Photo Ass 572, Reinhard Dirscher 313, Jasper Doest / Minden Pictures 378, Richard Du Toit / Minden Pictures 35, 507, 518, Michael Durham / Minden Pictures 525, 569, Gerry Ellis 513, 570, Gerry Ellis / Minden Pictures 567, Suzi Eszterhas / Minden Pictures 600, Tim Fitzharris / Minden Pictures 31, Michael & Patricia Fogden 117, Michael & Patricia Fogden / Minden Pictures 354, 519, 535, 567, Andrew Forsyth 506, Foto Natura Stock 35, 539, 539, 563, Tom and Pam Gardner 514, Bob Gibbons 137, 184, Michael Gore 546, 573, 615, Christian Handl / Imagebroker 612, Sumio Harada / Minden Pictures 529, Richard Herrmann / Minden Pictures 345, Paul Hobson 613, David Hoscking 568, 569, Michio Hoshino / Minden Pictures 31, David Hosking 545, 566, 567, David Hosking 123, 262, 411, 520, 535, 537, 538, 555, 557, 572, 576, 580, 581, 586, 600, 610, 614, 615, 619, Jean Hosking 144, David Hoskings 585, G E Hyde 572, Imagebroker 35, 143, 146, 147, 182, 329, 370, 411, 428, 532, 533, 534, 539, 569, 576, 585, 586, 588, 611, 612, 616, 621, 624, 625, Mitsuaki Iwago / Minden Pictures 557, D Jones 262, 266, D. Jones 264, Donald M. Jones / Minden Pictures 532, Gerard Lacz 34, 411, 585, 588, Frank W Lane 518, 538, 549, 562, Mike Lane 550, 575, 588, Hugh Lansdown 554, Frans Lanting 251, 543, 545, 548, 573, Albert Lleal / Minden Pictures 264, 278, Thomas Marent / Minden Pictures 33, 34, 135, 262, 265, 275, 520, 549, 560, 561, Colin Marshall 258, S & D & K Maslowski 251, 535, Chris Mattison 322, 355, 375, Rosemary Mayer 190, Claus Meyer / Minden Pictures 550, 567, Derek Middleton 572, 589, Hiroya Minakuchi / Minden Pictures 254, Minden Pictures 587, Yva Momatiuk & John Eastcott / Minden Pictures 616, Geoff Moon 568, Piotr Naskrecki 358, Piotr Naskrecki / Minden Pictures 263, Chris Newbert / Minden Pictures 253, 307, Mark Newman 589, Flip Nicklin / Minden Pictures 272, 506, Dietmar Nill / Minden Pictures 566, R & M Van Nostrand 35, 545, 618, 620, Erica Olsen 548, Pete Oxford / Minden Pictures 321, 597, 606, P.D.Wilson 271, Panda Photo 254, 572, Philip Perry 600, 601, Fritz Polking 374, Fabio Pupin 375, R.Dirscherl 338, Mandal Ranjit 573, Len Robinson 514, Walter Rohdich 312, L Lee Rue 586, Cyril Ruoso / Minden Pictures 548, 556, Keith Rushforth 124, SA Team / FN / Minden 378, 542, 567, Kevin Schafer / Minden Pictures 528, Malcolm Schuyl 251, 585, Silvestris Fotoservice 122, 568, Mark Sisson 135, Jurgen & Christine Sohns 149, 182, 312, 506, 515, 542, 549, 574, 586, 603, 615, Egmont Strigl / Imagebroker 584, Chris and Tilde Stuart 35, 518, 538, 570, 572, 609, 621, Krystyna Szulecka 163, Roger Tidman 345, Steve Trewhella 212, 254, 272, Jan Van Arkel / FN / Minden 261, Peter Verhoog / FN / Minden 253, Jan Vermeer / Minden Pictures 31, Albert Visage 570, Tony Wharton 113, Terry Whittaker 551, 581, 595, 610, Hugo Willcox / FN / Minden 535, D P Wilson 34, 253, 261, 305, P.D. Wilson 271, Winifred Wisniewski 602, Martin B Withers 507, 510, 511, 514, 515, 532, 568, 600, 615, Konrad Wothe 575, 590, Konrad Wothe / Minden Pictures 375, 507, 538, Norbert Wu 338, Norbert Wu / Minden Pictures 253, 270, 342, 567, Shin Yoshino / Minden Pictures 508, Ariadne Van Zandbergen 613, Xi Zhinong / Minden Pictures 21; **Dr Peter M Forster:** 333crb; **Getty Images:** 3D4Medical.com 95, 97, Doug Allan 351, Pernilla Bergdahl 107, 123, Dr. T.J. Beveridge 33, 92, Tom Brakefield 507, 577, Brandon Cole / Visuals Unlimited 251, Robin Bush 427, David Campbell 535, Carson 92, Brandon Cole 34, 323, Comstock 556, Alan Copson 37, 63, Bruno De Hogues 429, De Agostini Picture Library 34, 252, Dea Picture Library 340, Digital Vision 561, Georgette Douwma 23, 334, Guy Edwardes 507, Stan Elems 270, Raymond K Gehman / National Geographic 584, Geostock 424, Larry Gerbrandt / Flickr 320, Daniel Gotshall 34, 305, James Gritz 251, Martin Harvey 107, 116, 477, Kallista Images 265, Tim Jackson 122, Adam Jones / Visuals Unlimited 195, Barbara Jordan 29, Tim Laman 251, Mauricio Lima 323, Jen & Des Bartlett 573, O. Louis Mazzatenta / National Geographic 23, Nacivet 494, National Geographic 35, 317, 520, 524, 532, 533, 554, Photodisc 35, 525, 557, 612, Radius Images 37, 39, 108, Jeff Rotman 324, Martin Ruegner 107, Alexander Safonov 324, Kevin Schafer 425, David Sieren 107, 111, Doug Sokell 317, Carl de Souza / AFP 550, David Aaron Troy / Workbook Stock 22, James Warwick 410; **Terry Goss:** 325tr, 329crb, 329br; **Michael Gotthard:** 278; **Dr Brian Gratwicke:** 339c; **Agustin Camacho Guerrero:** 510; **Antonio Guillén Oterino:** 33cb, 105fbr; **Jason Hamm:** 338tc; **David Harasti:** 342cra, 349cb; **Martin Heigan:** 281cr; **R.E. Hibpshman:** 340br; **Pierson Hill:** 344tc; **Karen Honeycutt:** 334crb; **Russ Hopcroft / UAF:** 311; **David Iliff:** 333bl; **Laszlo S. Ilyes:** 333cra; **imagequestmarine.com:** 132, 252, 254, 255, 257, 340, 341, Peter Batson 261, 271, 316, Alistair Dove 258, Jim Greenfield 255, 257, 270, Peter Herring 272, 319, David Hosking 275, Johnny Jensen 35, 273, Andrey Necrasov 272, Peter Parks 309, Photographers / RGS 34 (Ribbon worm), 304, Tony Reavill 319, RGS 253, Andre Seale 256, 317, Roger Steene 272, 275, 319, Kåre Telnes 254, 257, 304, 305, 320, Jez Tryner 255, 257, 321, Masa Ushioda 275, Carlos Villoch 257; **Imagestate:** Marevision 323; **Institute for Animal Health, Pirbright:** 293bc; **iStockphoto.com:** Antagain 323bc, 408–409c, E+ / Mlenny 624br, Arsty 34 (Sea Lamprey), 326, micro_photo 105cra, Tatiana Belova 333, Nancy Nehring 101; **It's a Wildlife:** 511, 515; **Iziko Museums of SA:** Hamish Robertson 519clb; **Valter Jacinto:** 303cl; **Courtnay Janiak:** 103br; **Dr. Peter Janzen:** 355, 356, 359, 360, 361, 362, 364, 365, 368; **www.jaxshells.org:** Bill Frank 312; **Johnny Jensen:** 34 (Lungfish), 353tl; **Guilherme Jofili:** 567; **Brian Kilford:** 294tc; **Stefan Köder:** 529; **Ron Kube:** 535; **Jordi Lafuente Mira (www.landive.es):** 333cla; **Daniel Lahr:** Image by Sonia G.B.C Lopes and 96cb; **Klaus Lang & WWF Indonesia:** 603; **Richard Ling:** 313; **Lonely Planet Images:** Karl Lehmann 520; **Frédéric Loreau:** Frédéric Loreau 259; **marinethemes.com:** 328c, Kelvin Aitken 34 (Frilled Shark), 327cb, 327br; **Marc Bosch Mateu:** 349cr; **M. Matz:** Harbor Branch Oceanographic Institution / NOAA Ocean Exploration program 99bc; **Joseph McKenna:** 341bl; **Dr James Merryweather:** 33 (Glomeromycota); **micro*scope:** Wolfgang Bettighofer (http: / / www.protisten.de) 33ca, 96ftr, William Bourland 33bl, 33br, 96br, 99cb, 99br, 100tl, 100tc, 100fcla, Guy Brugerolle 97c, Aimlee Laderman 99clb, Charley O'Kelly 97ftr, David J Patterson 33fcl, 95ftr, 96tl, 96tc, 96cra, 96cl, 96bc, 97tl, 97tc, 97tr, 97cr, 98c, 99cr, 100ftl, David Patterson and Aimlee Ladermann 99tc, David Patterson and Bob Andersen 33c, 33fbl, 99bl, 99fcl, 100c, 100crb, 100bl, David Patterson and Mark Farmer 33fcra, David Patterson and Michele Bahr 99tl, 99tr, David Patterson and Wie-Song Feng 101bl, David Patterson, Linda Amaral Zettler, Mike Peglar and Tom Nerad 33fclb, 95cra, 98tc, 99cla, David Patterson, Shauna Murray, Mona Hoppenrath and Jacob Larsen 100fbr, Hwan Su Yoon 99cra; **Michael M. Mincarone:** 339br; **Michael C. Schmale, PhD:** 341c; **Nathan Moy:** 534; **Andy Murch / Elasmodiver.com:** 332c, 333clb, 341cr; **NASA:** Reto Stockli 10; **Courtesy, National Human Genome Research Institute:** 510; **The Natural History Museum, London:** 25, 293; **naturepl.com:** 252, Eric Baccega 560, Niall Benvie 261, Mark Carwardine 563, Pete Oxford 409tr, Bernard Castelein 560, 574, Brandon Cole 318, Sue Daly 34, 304, 316, Bruce Davidson 545, 601, Suzi Eszterhas 555, Jurgen Freund 255, 319, Nick Garbutt 588, Chris Gomersall 408, Nick Gordon 542, Daniel Heuclin 610bl, Willem Kolvoort 160, 255, 310, Fabio Liverani 275, Neil Lucas 137, Barry Mansell 568, 572, Luiz Claudio Marigo 525, 549, Nature Production 123, 125, 312, 316, 326, 571, NickGarbutt 601, Pete Oxford 470br, 509, 538, 549, 601, Doug Perrine 507, 521, Reinhard / ARCO 205, Michel Roggo 336, Jeff Rotman 316, 319, Joel Sartore / Photo Ark 536tr, Anup Shah 554, 611, 620, David Shale 255, Sinclair Stammers 258, Kim Taylor 253, 260, 263, 271, Dave Watts 511, 512, 515, Staffan Widstrand 549, Mike Wilkes 538, Rod Williams 545, 555, 595, Solvin Zankl 255, ZSSD 556bl. **Natuurlijkmooi.net (www. natuurlijkmooi.net):** Anne Frijsinger & Mat Vestjens 104cr; **New York State Department of Environmental Conservation. All r ights reserved.:** 338tl; **NHPA / Photoshot:** A.N.T. Photo Library 259, 509, 511, 512, 513, 562, Bruce Beehler 508, George Bernard 284, Joe Blossom 609, Mark Bowler 551, Paul Brough 618, Gerald Cubitt 619, Stephen Dalton 568, 613, Manfred Danegger 588, Nigel J Dennis 589, 615, Patrick Fagot 619, Nick Garbutt 35, 543, 547, 601, Adrian Hepworth 587, Daniel Heuclin 511, 512, 515, 537, 539, 542, 543, 571, 608, 610, 620, Daniel Heuclin / Photoshot 586, David Heuclin 573, Ralph & Daphne Keller 513, Dwight Kuhn 571, NHPA / Photoshot 606, Michael Patrick O'Neil / Photoshot 581, Haroldo Palo JR 510, 575, Photo Researchers 570, 571, 572, 601, Steve Robinson 617, Andy Rouse 609, Jany Sauvanet 525, 542, 597, John Shaw 587, David Slater 513, Morten Strange 567, Dave Watts 515, Martin Zwick / Woodfall Wild Images / Photoshot 581; **NOAA:** 253bc, Andrew David / NMFS / SEFSC Panama City; Lance Horn, UNCW / NURC - Phantom II ROV operator 349bc, NMFS / SEFSC Pascagoula Laboratory, Collection of Brandi Noble 348crb; **Filip Nuyttens:** 103bl; **Dr Steve O'Shea:** 313; **Oceanwidelmages.com;** : 326–327c, 515, Gary Bell 34, 270, 273, 320, Chris & Monique Fallows 332crb, Rudie Kuiter 325crb, 328bl, 353bl; **Thomas Palmer:** 103tr; **Papiliophotos:** Clive Druett 536; **Naomi Parker:** 100cl; **E. J. Peiker:** 409; **Philip G. Penketh:** 295tl; **Otus Photo:** 510; **Photo courtesy of the Spencer Entomological Collection, Beaty Biodiversity Museum, UBC:** Don Griffiths 288fcrb; **Photolibrary:** 88, 95, 251, 327, 537, age fotostock 252, 253, 306, 307, 548, 612, age fotostock / John Cancalosi 591, age fotostock / Nigel Dennis 35, 573, All Canada Photos 533, Amana Productions 124, Animals Animals 532, 551, 612, Sven-Erik Arndt / Picture Press 586, Kathie Atkinson 34, 305, Marian Bacon 571, Roland Birke 101, Roland Birke / Phototake Science 271, Ralph Bixler 319, Tom Brakefield / Superstock 606, Juan Carlos Calvin 352, Scott Camazine 33, 101, Corbis 161, Barbara J. Coxe 159, De Agostini Editore 156, Nigel Dennis 507, Design Pics Inc 318, 563, Olivier Digoit 264, 349, Reinhard Dirscheri 307, Guenter Fischer 286, David B Fleetham 318, Fotosearch Value 162, Borut Furlan 313, Garden Picture Library 147, Garden Picture Library / Carole Drake 131, Peter Gathercole / OSF 272, Karen Gowlett-Holmes 257, 320, Christian Heinrich / Imagebroker 178, Imagebroker 180, 513, 525, 534, 620, Imagestate 617, Ingram Publishing 92tr, Tips Italia 547, Japan Travel Bureau 588, Chris L Jones 114, Mary Jonilonis 311, Klaus Jost 327, Juniors Bildarchiv 535, 588, 591, 614, Manfred Kage 101, 102, 265, Paul Kay 304, 309, 321, 333, Dennis Kunkel 35, 102, 259, Dennis Kunkel / Phototake Science 255, Gerard Lacz 411, 507, Werner & Kerstin Layer Naturfotogr 574, Marevision 312, 321, 345, Marevision / age fotostock 275, Luiz C Marigo 509, MAXI Co. Ltd 335, Fabio Colombini Medeiros 34, 260, Darlyne A Murawski 101, 101, 265, Tsuneo Nakamura 585, Paulo de Oliveira 34, 313, 339, 341, OSF 270, 306, 511, 512, 518, 519, 528, 538, 539, 567, 610, 618, OSF / Stanley Breeden 610, Oxford Scientific (OSF) 252, 265, 600, P&R Fotos 267, Doug Perrine 352, Peter Arnold Images 147, 169, 510, 547, 550, 560, 561, 563, 596, 601, Photosearch Value 256, Pixtal 535, Wolfgang Poelzer / Underwater Images 304, Mike Powles 273, Ed Reschke 96, Ed Reschke / Peter Arnold Images 255, 312, Howard Rice / Garden Picture Library 157, Carlos Sanchez Alonso / OSF 572, Kevin Schafer 595, Alfred Schauhuber 286, Ottfried Schreiter 338, Science Foto 104, Secret Sea Visions 321, Lee Stocker / OSF 570, Superstock 568, James Urback / Superstock 585, Franklin Viola 319, Toshihiko Watanabe 152, WaterFrame / Underwater Images 252, 253, Mark Webster 257, Doug Wechsler 507, White 563, 613, 617; **Bernard Picton:** 103ftr; **Linda Pitkin / lindapitkin.net:** 34, 34, 252, 253, 254, 255, 256, 257, 258, 259, 260, 261, 271, 273, 274, 275, 311, 313, 316, 318, 319, 320, 321, 325, 329, 337, 338, 340, 343, 344, 345, 348, 349, 350, 351, 352; **Marek Polster:** 334cra, 507, 537, 550; **Premaphotos Wildlife:** Ken Preston-Mafham 265, Rod Preston-Mafham 266; **Sion Roberts:** 103fcl, 103fcrb; **Malcolm Ryen:** 518; **Jim Sanderson:** 591, 595, 597; **Ivan Sazima:** 328cra; **Scandinavian Fishing Year Book (www.scandfish.com):** 350cb; **Science Photo Library:** 17, 25, 212, Wolfgang Baumeister 92, Dr Tony Brain 94, Dee Breger 89, 95, Clouds Hill Imaging Ltd 258, CNRI 92, 93, 259, Frank Fox 4cra, 89br, 94–95, Jack Coulthard 145, A.B. Dowsett 93, Eye of Science 92, 93, 97, 238, 244, Steve Gschmeissner 34, 261, Lepus 94, 100, Dr Kari Lounatmaa 92, 93, LSHTM 100, Meckes / Ottawa 94, Pasieka 92, Maria Platt-Evans 29, Simon D. Pollard 267, Dr Morley Read 35, 260, 260, Dr M. Rohde, GBF 92, Professor N. Russell 93, SCIMAT 92, Scubazoo 374, Nicholas Smythe 525, Sinclair Stammers 272, M.I. Walker 259, Kent Wood 259; **Shutterstock.com:** LesiChkalll27 4fcra, 107br, 122–123, muhamad mizan bin ngateni 571bl; **SuperStock:** Scott Leslie / Minden Pictures 105ca, Tui De Roy / Minden Pictures 587tl; **Michael Scott:** 107fclb, 111bl, 208; **SeaPics. com:** 34 (Milkfish), 326, 336, 521, Mark V. Erdmann 353, Hirose / e-Photography 332, Doug Perrine 351; **Victor Shilenkov:** photographer: Sergei Didorenko 345cra; **Vasco García Solar:** 509; **Dennis Wm Stevenson, Plantsystematic.org:** 111bc, 124; **Still Pictures:** R. Koenig / Blickwinkel 149, WILDLIFE / D.L. Buerkel 340; **Malcolm Storey, www.bioimages.org.uk:** 244; **James N. Stuart:** 536; **Dr. Neil Swanberg:** 98tr; **Tom Swinfield:** 510; **Tom Murray:** 295cb; **Muséum de Toulouse:** Maud Dahlem 571; **Valerius Tygart:** 507, 521; **Uniformed Services University, Bethesda, MD:** TEM of D. radiodurans acquired in the laboratory of Michael Daly; http: / / www.usuhs.mil / pat / deinococcus / index_20.htm 92ca; **United States Department of Agriculture:** 259; **University of California, Berkeley:** mushroomobserver.org / Kenan Celtik 33tc; **US Fish and Wildlife Service:** Tim Bowman 424cb; **USDA Agricultural Research Service:** Scott Bauer 281crb, Eric Erbe, Bugwood.org 92–93c; **USDA Forest Service (www. forestryimages.org):** Joseph Berger 295cla, James Young, Oregon State University, USA 285c; **Ed Uthman, MD:** 100tr; **www.uwp.no:** Erling Svenson 328ca, 340cr, Rudolf Svenson 326–327b, 338cl; **Ellen van Yperen, Truus & Zoo:** 556; **Koen van Dijken:** 292cra; **Erik K Veland:** 515; **Luc Viatour:** 344bl; **A. R. Wallace Memorial Fund:** 290bc; **Thorsten Walter:** 338bl; **Wikipedia, The Free Encyclopedia:** 130, Graham Bould 317, From Brauer, A., 1906. Die Tiefsee-Fische. I. Systematischer Teil. In C. Chun. Wissenschaftl. Ergebnisse der deutschen Tiefsee-Expedition 'Valdivia', 1898–99. Jena 15:1-432 339clb, Shureg / http: / / commons. wikimedia.org / wiki / File:Leishmania_ amastigotes.jpg 33cl, 97bc, Siga / http: / / commons.wikimedia.org / wiki / File:Anobium_ punctatum_above.jpg 288cla; **D. Wilson Freshwater:** 104tc, 104c, 104clb; **Carl Woese, University of Illinois:** 29; **Alan Wolf:** 568; **WorldWildlifeImages.com/Greg & Yvonne Dean:** 34, 35, 409, 413, 414, 429, 434, 435, 438, 445, 452, 456, 457, 461, 462, 463, 464, 465, 466, 467, 468, 470, 472, 473, 475, 476, 477, 479, 483, 484, 485, 486, 487, 489, 490, 498, 504, 507, 514, 520, 521, 528, 534, 535, 538, 542, 544, 547, 549, 550, 551, 555, 556, 563, 566, 575, 586, 588, 589, 591, 597, 600, 601, 602, 606, 608, 609, 613, 614, 615, 616, 617, 618, 619, 624; **WorldWildlifeImages.com/Andy & Gill Swash:** 388, 413, 417, 418, 433, 435, 436, 450, 460, 464, 465, 466, 468, 469, 470, 471, 472, 473, 474, 475, 476, 482, 483, 484, 485, 486, 487, 488, 489, 492, 504, 505, 533, 554, 557, 568, 576; **Dr. Daniel A. Wubah:** 33ftr; **Tomoko Yuasa:** 98br, 98ftr; **Bo Zaremba:** 292cl; **Zauber :** 35, 507, 543; **Annette Zitzmann:** 543cla.

All other images © Dorling Kindersley